本书系国家社科基金重点项目
“西方德性伦理思想研究”（11AZX009）最终成果

思想文化史书系·西方系列

湖北大学高等人文研究院
中华文化发展湖北省协同创新中心 编

江畅◎著

西方德性思想史

现代卷（上）

Western History of Virtue Thoughts
Contemporary Volume I

人民出版社

目　录

Contents

第一章　现代文明问题与社会德性思想

20世纪以来的西方现代德性思想是与西方近代德性思想一脉相承的，但社会德性问题研究与个人德性问题研究比近代分离得更为明显。这个时期除伦理学家以外的西方大多数思想家关注的问题是社会德性问题，特别是伴随着西方近现代文明繁荣和在西方世界以外流布所出现的各种社会德性问题。在这一历史时期的不同阶段有不同的突出社会德性问题，因而不同阶段的思想家所研究的重点社会德性问题也不尽相同。这一历史时期的学科分类更为分明，不同学科的思想家通常侧重于从自己学科的角度研究不同的社会德性问题，当然也存在着不少从不同学科的角度研究同一社会德性问题的情形。到目前为止的西方现代虽然时间的跨度没有近代长，但这个时期思想家社会德性思想的理论成果更丰富，更有针对性和现实操作性。如果说西方近代思想家的德性思想理论成果更具有开创性的话，那么西方现代思想家的德性思想理论成果更具有诊疗性。这些理论成果一方面通过深化、拓展和修正西方近代形成的主流社会德性思想体系使之成为更适应时代的更完善的主流社会德性思想体系；另一方面也对西方近代以来的主流社会德性思想体系乃至整个西方文明进行了严厉的批判，尽管似乎并不像近代一些思想家那样在批判的同时提出各自不同的社会德性思想体系。现代也是西方近代以来社会德性思想向西方以外世界迅速流布的时期，西方近代以来的社会德性思想通过著作译介、学者讲学、学术交流以及留学生等途径在世界各地得到了相当广泛的传播，并对世界大多数国家产生了广泛而深刻的影响。至少可以说在整个20世纪西方主流社会德性思想是全世界主导性的社会德性思想。当然，这种流布以及各民族国家的民族意识觉醒和本土思想文化的自觉，也反过来程度不同地影响了西方现代社会德性思想。从这种意义上看，现代西方社会德性思想史也是它与非西方社会德性对撞、交融的过程，这一过程还在不断加深着。

一、西方社会德性思想从近代到现代的发展

西方近代与现代的划分并没有一个公认的界线。从西方历史发展内在逻辑看，这个界线应该划在第二次世界大战结束后的20世纪50年代。其理由是，从商业革命爆发到第二次世界大战结束的650年，是西方市场经济体系从兴起到基本完善的过程，也是与市场经济相适应的意识形态、政治制度、价值体系（文化）从兴起到基本完善的过程。而自20世纪50年代开始，整个西方社会进入了一个繁荣的稳定发展历史时期。不过，本书还是遵从我国学术界的惯例大致上把这一界线划分在第一次世界大战前的20世纪初。当然这样划分也有助于我们了解西方现代德性思想复杂的社会现实根基。这个时期是西方近代主流社会德性思想在西方普遍现实化并占据主导地位的时期，也是西方现代社会德性思想与西方现代社会直接交互作用的时期。正是在这种交互作用中西方社会德性思想实现了从近代到现代的历史演进。

（一）西方现代文明的繁荣与问题

奠基于近代的现代西方文明有四大基本构成要素，即市场经济、现代科技、民主政治和现代法治。这四种基本要素在20世纪以前已经基本具备，但直到20世纪才逐步达到完善。

西方的市场经济肇始于14世纪西欧发生的商业革命，经过了约500年的曲折发展，到20世纪30年代后走向完善，其标志是基于凯恩斯主义的国家干预主义。在这个过程中，西方市场经济经历了三次重大的革命性变革，而这三次革命是与经济学理论的革命直接关联的：第一次经济学革命是亚当·斯密所实现的“自由主义革命”。在这次革命前的西方市场经济基本上处于自发、混乱和被鄙视的状态，虽然其间出现过重商主义和重农主义，但它们没能给市场经济发展提供坚实的理论基础，更没能为其提供有力的辩护，自由主义革命最重要的意义在于，它为市场经济提供了理论基础和强有力的辩护，从而一方面使市场经济从自发走向自觉、从混乱走向有序，另一方面使市场经济作为社会的基本经济形式得到了广泛的认同。第二次经济学革命是发生在19世纪的“边际革命”。这次革命使经济学从古典经济学强

调生产、供给和成本，转向现代经济学关注的消费、需求和效用。这次革命的重要实践后果是使市场经济更注重消费者需求的满足和开发，从而给市场经济提供了更广泛的空间和更大的动力，市场经济从此步入发展的快车道。第三次经济学革命是20世纪的凯恩斯革命。凯恩斯主义否定此前西方市场经济的自由放任原则，提倡国家干预原则，认为政府应该成为社会经济秩序的积极干预者，而不应该只是社会经济秩序的消极保护者。这次革命的最重要意义在于调整了政府与市场经济的关系，为克服和避免市场经济的一系列消极后果、使之走向健康有序提供了强有力的保障。三次经济学理论的革命，为西方市场经济发展扫清了主要障碍，使西方市场经济在经济学理论的指导下不仅成为西方社会占绝对统治地位的经济形式，甚至是唯一的经济形式，而且为西方世界在第二次世界大战后迅速走向繁荣，为西方现代文明的发展奠定了坚实的物质基础。

西方现代科技直接源于近代早期弗兰西斯·培根确立的“知识就是力量”的观念，启蒙运动以后的西方哲学对理性的高度推崇为现代科技奠定了坚实基础。西方现代科学的发达也是通过三次科技革命实现的。如同西方的市场经济以经济学理论为先导一样，西方现代技术以现代科学为先导。第一次科技革命是近代早期以现代天文学和经典力学的产生为标志的科学革命；以瓦特蒸汽机的广泛应用为标志的技术革命；由此带来的以机器大工业兴起为标志的产业革命。第二次科技革命是18世纪下半叶到19世纪下半叶发生的包括天文学、地质学、物理学、化学、生物学在内的科学革命；以电力技术发展、电机发明与完善为主要标志的技术革命；由此产生的以电力为标志的产业革命。第三次科技革命是20世纪50年代发生的。它以原子能技术、航天技术以及微电子技术应用为代表，包括人工合成材料、分子生物学和遗传工程等高新科学技术。这次科技革命具有科学技术直接转化为生产力的速度加快、科学与技术密切结合并相互促进、科学技术在各个领域相互渗透等突出特点。这三次科技革命不仅极大地推动了社会生产力的发展和劳动生产率的提高，促进了社会经济结构和生活结构的变化，推动了国际经济格局的调整，更重要的是为市场经济提供了强有力的支持和动力，它们相互作用锻造了现代西方的物质文明。市场经济插上了科学技术的翅膀获得了迅猛的进步，而科学技术在市场经济利益最大化动机的驱使下得到了飞速的发展。如果说市场经济是现代西方文明的根本动力，那么可以说现代科技是现代文明发展的主要手段。

市场经济是一种主体多元化的经济，也是一种主体自主化的经济，与这种经济相适应的政治只能是以社会成员个体（包括个人、企业及其他社会组织）自由、平等为基础的民主政治。西方各国在市场经济经过了近三个世纪后开始逐渐建立起民主政治制度。这种民主政治不同于古希腊的直接民主，它是以近代形成的自由主义政治理论为依据、通过资产阶级革命建立起来的代议制民主，即间接民主。代议制民主理论由创始人洛克，经孟德斯鸠、潘恩等人，到约翰·密尔那里达到成熟。洛克是西方第一位系统阐述"天赋人权"、"宪政民主"、"三权分立"的思想家，其政治哲学奠定了西方近代个人主义和自由主义价值观的理论基础。孟德斯鸠则不仅在洛克分权思想的基础上明确提出立法权、行政权和司法权"三权分立"和以权力制约权力的学说，而且论证了实行法治的必要性、可行性，并提供了实行法治的现实路径。约翰·密尔则进一步从自由主义政治哲学的角度阐发了人的社会自由，尤其是第一次对代议制民主作了系统的阐述。"'代议制'民主理论的突出特点是以个人的自由权利至高无上为前提，强调政府的权力不仅是公民赋予的有限权力，而且在任何情况下都不得干涉公民在法律范围内的自由。"①西方近代各国先后发生的资产阶级革命，将这一理论各具特色地变成了本国的现实。经过近长达300年的反复、斗争的复杂过程，到第二次世界大战结束，以希特勒政权垮台和墨索里尼上绞刑架为标志，民主制度不仅在西方取得全面胜利，而且开始走向健全和完善。

西方近代思想家特别是自由主义思想家在提出代议制民主理论的过程中，几乎一致强调，必须确立法律在国家治理和社会生活中的最高权威地位，必须将一切政治权力置于法律之下，以法律确保公民的自由权利。在他们看来，个人的自由权利的最大危险是政治权力，而且不受制约的权力必然腐败，因此权力必须受制约。权力不仅要用权力制约，更要用法律制约，确立法律的至上权威。法治观念在西方自古以来就存在，但传统法治观念只是将法律作为政治权力治理国家的手段。对于这种观念来说，权力高于法律。与这种传统法治观念不同，现代法治观念将政治权力作为实现国家法律治理的手段，法律不仅高于权力，而且权力只能在法律的范围内并依据法律实行社会管理，即所谓"法无授权不可为"。另一方面，法律又最大限度地保护社会成员个体的自由权利，为了个体的自由权最大限度地得以普遍实现，法

① 江畅：《在借鉴与更新中完善中国民主观念——西方民主理论的启示与警示》，《中国政治大学学报》2014年第5期。

律禁止一切伤害其他社会成员自由权利的行为，即是所谓“法无禁止即可为”。这就是西方的现代法治观念。显然，这种法治观念是与民主观念、人权观念相辅相成的。它们一起构成了近现代西方的“宪政”观念。可以说，西方现代法治发展完善过程大致上是与西方民主政治发展完善过程同步的，只是到20世纪后西方法治面临的问题更多，因而法治思想更丰富，争论也激烈。

以上西方现代文明的四大要素，也是西方现代文明繁荣的四大标志。西方现代文明与西方近代文明是一脉相承、性质相同的，可以统称为西方资本主义文明。西方现代文明走向成熟和繁荣意味着西方资本主义文明走向成熟和繁荣。西方资本主义文明在走向成熟和繁荣的过程中，暴露出许多问题，特别是进入20世纪以后，这种文明的问题暴露得十分充分。而在所有这些问题中，有些问题得到了比较好的解决，如环境污染和生态破坏问题、饥饿问题、劳动强度大和工作时间长等问题，但也有一些问题是属于资本主义文明本身固有的，难以得到彻底解决，充其量只能使之缓和。

西方现代文明所暴露出来的突出而又难以解决的问题，归纳起来有以下八个方面：

第一，贫富两极分化。整个资本主义文明是完全建立在市场经济基础之上的，而市场经济是一种以市场主体利益最大化为驱动力、以凭实力自由竞争的经济。这种竞争的结果必然会导致社会成员的贫富两极化，最严重的情况就是有一部分社会成员陷入马克思所说的“绝对贫困化”，即缺乏起码的生活保障。20世纪西方实行高福利政策以后，基本解决了社会最弱者起码的生活保障问题，但并没有因此解决社会的贫富两极分化问题。例如，美国从本世纪初开始，社会出现两极分化仍在加速。目前，400个最富的美国人占有的财富超过1.5亿底层美国人占有的财富总和。2002年至2007年间，65%的收入落入了最上层纳税者的腰包。虽然美国的劳动生产率自新千年以来得到了巨大提高，但大多数美国人没有从中受益，民众的平均年收入减少了10%以上。[①]

第二，周期性经济危机。自1825年英国第一次发生普遍生产过剩的经济危机以后，西方资本主义世界于1836年、1847年、1857年、1866年、1873年、1882年、1890年、1900年、1907年、1914年和1921年，差不多

① 参见《美国：“1%大国”贫富差距史无前例分化加速》，新华网2011年10月31日，http://news.xinhuanet.com/world/2011-10/31/c_122216588_2.htm。

每隔十年左右就要发生一次这样的经济危机。1929—1933 年又爆发了规模更大、影响更深刻的世界性经济危机。这一次危机是资本主义有史以来最严重的一次危机，与以往的历次危机相比，它有以下新的特点：首先，这次危机持续时间长达 5 年，实际上造成了经济长期萧条的局面，而以往的危机持续时间不过几个月或十几个月。其次，这次危机所造成的生产下降，失业增加，都是以往的危机难以相比的。1932 年，整个资本主义世界的工业生产相比 1920 年下降了三分之一以上。在 5 年时间里，整个资本主义世界总失业人数由 1000 万增加到 3000 万，加上半失业者共达 4000 万至 5000 万人。其中美国失业人数由 150 万增加到 1300 多万，失业率接近 25%。这次危机使整个资本主义世界的工业生产倒退到 1900—1908 年的水平，英国甚至倒退到 1897 年的水平。而以往的经济危机，生产水平通常只是倒退一两年。第三，这场危机不仅仅是一场生产危机，同时也是一场金融危机。它的开端便是纽约股票市场于 1929 年 10 月爆发行情暴跌，之后不少国家的股票交易宣告破产。美国的股票价格平均下跌了 79%。整个资本主义世界的许多银行由于猛烈而持续地爆发挤提存款、抢购黄金的风潮而破产倒闭。更为严重的是，在以往的危机中时常采用的旨在摆脱危机的金融货币政策完全失灵。原来以为实行了国家干预政策之后，能够克服周期性的经济危机，然而，情形并非如此。自 1933 年以后，差不多每隔七八年经济危机就会发生一次，2008 年更爆发了世界性的金融危机。这一系列事实表明，经济危机是以市场经济为基础的西方资本主义文明的痼疾。

第三，社会资本化和物化。近代建立起来的资本主义文明虽然看起来是个体主义、自由主义的，但其根本性质是资本主义的，或者更确切地说，它的出发点和目的是个人解放、自由和幸福，但这种价值体系在使人解放和自由的过程中却发生了异化，经济领域的利益最大化原则逐渐渗透到了整个社会生活，社会最终走向了以资本增殖为轴心，资本渗透它的整个结构和功能，资本控制一切。其结果，个人虽然从专制之下获得了解放，也获得了自由，但整个社会被资本所控制，个人也因此而成为新的奴役力量即被资本所奴役，并没有真正获得解放、自由和幸福。整个社会生活资本化的直接后果是社会生活的物化，用马克思的话说，就是“资产阶级在它已经取得了统治的地方把一切封建的、宗法的和田园诗般的关系都破坏了。它无情地斩断了把人们束缚于天然尊长的形形色色的封建羁绊，它使人和人之间除了赤裸裸的利害关系，除了冷酷无情的‘现金交易’，就再也没有任何别的联系了。

它把宗教虔诚、骑士热忱、小市民伤感这些情感的神圣发作，淹没在利己主义打算的冰水之中。它把人的尊严变成了交换价值，用一种没有良心的贸易自由代替了无数特许的和自力挣得的自由。”[①]这就是资本的逻辑。不受制约的资本逻辑的力量足以使整个社会和人的心灵彻底物化和奴化。用桑德尔的话说，就是现代社会使得我们从“拥有一种市场经济”最终滑入了“成为一个市场社会”。[②]20世纪以来，资本主义文明的资本化、物化问题并没有得到根本的克服。

第四，社会成员政治参与。西方近代建立起来的“代议制”民主，虽然具有直接民主所不具备的优势，但这种民主也有明显的缺陷。“代议制”是通过选民代表来管理国家的，公民作为国家主人的统治权力（主权）仅仅体现在他对“代表”的选举上，一旦选举完成，公民的统治权力就被移交给“代表”。这样一种间接民主的最大弊端在于，社会成员没有真正成为社会的主人，没有真正参与政治和社会管理。除了这一问题之外，“代议制”还存在着“代表”偏离“被代表”意志立法和决策的危险。这些问题早在“代议制”的设计者约翰·密尔那里就已经意识到，但到目前为止，西方国家尚未找到解决这一问题的有效办法。

第五，“寡头统治”。西方的“代议制”民主政治同时也是政党政治。政党以及政党政治是与市场经济相伴随的社会利益分化的结果。从其产生的实质看，政党政治是以存在着不同的政党为前提条件、以获取政治权力为目的的。[③]西方大多数国家的“代议制”民主政治采取的就是这种多党竞争执政的政治形式。这种政治形式的问题是十分明显的。政党总是为某一或某些利益集团支持的，得到支持的政党执政不能不考虑所代表的利益集团的特殊利益，尽管它们总是打着国家利益的旗号，但只要一有机会就会首先考虑集团的利益。因而政党政治很有可能发生偏私。同时，一些大的利益集团一旦形成就相当稳定，作为它们代表的政党总是具有更强的实力，那些代表中小集团利益的政党常常不能与之抗衡。这样，政党政治就会沦为少数大的利益集团操纵国家的工具。这一问题在美国就十分明显。19世纪30年代以来，美

① ［德］马克思、恩格斯:《共产党宣言》，中共中央编辑局编译:《马克思恩格斯文集》2，人民出版社2009年版，第33—34页。

② 参见［美］桑德尔:《金钱不能买什么——金钱与公正的正面交锋》，邓正来译，中信出版社2012年版，引言XV。

③ 关于政党政治的意义和问题，参见江畅:《理论伦理学》，湖北人民出版社2000年版，第235页以后。

国政治实际沦为了民主党和共和党两大党竞争的“寡头政治”。

第六，多数“暴政”。无论是直接民主还是间接民主，其决策的方式只能采取“多数裁决”的方式，因而“多数裁决”成为了民主的一条基本原则。对于民主来说，实行这一原则具有不可避免性，但在实行这一原则的过程中会出现诸多的问题，其中一个最突出并会引起严重社会后果的问题是少数人利益保护的问题。在民主决策的过程中，多数人作出的决策代表的是多数人的利益，而被否决的少数人意见所代表的利益是少数人的利益。也就是说，民主决策总会牺牲少数人的利益。问题还在于，当参与决策的大多数逐渐形成为一种利益共同体之后，它就会成为一种对于少数人利益而言的“暴政”。多数暴政问题实质上就是在民主决策过程中多数人持续损害少数人利益的问题。如何防止多数暴政问题是西方民主实践过程中面临的一个非常棘手的政治难题。

第七，“极权主义”。马尔库塞认为，资本主义这种单向度的社会是新型的极权主义社会。这种社会是在压倒一切的效率和日益提高的生活水准的双重基础上，利用技术力量而不是恐怖力量去压服那些离心的社会力量。资本主义社会由于广告、宣传通过电视、电台、网络等传媒无孔不入地侵入了人们的闲暇时间，闲暇时间成了被商业和政治所控制的非自由时间，私人空间因而被完全占领。当代资本主义社会的物质富裕使人们只满足于眼前的物质需要。他们的物质需要满足了，但心灵却被物化和奴化，他们不再追求自由了，而自由是幸福的前提。更为重要的是，资本主义社会成功地实现了对大众心理意识的操纵，使人们再也没有了否定和批判现实的想法，丧失了想象和实现与现状相反的生活形式的能力。人们内心批判向度的丧失，导致各个领域的一体化，同时又使西方社会的不民主表现为舒舒服服的民主。正是因为实现了对内心意识的操纵和控制，所以当代资本主义社会的极权主义状态在广度和深度方面都超过了以往的极权主义社会。马尔库塞的上述看法深刻揭示了现代西方文明的极权主义特征。

第八，恐怖主义。西方国家为了本国或西方世界的利益，对外进行经济、政治、军事、文化的扩张和渗透，由此导致了战争和恐怖主义。20世纪的两次世界大战都是西方国家发动的，第二次世界大战以后，美国还发动了不少局部战争，至今海外还有不少军事基地。而更令西方国家和全世界头痛的是今天频发的恐怖主义。自“9·11”事件发生以来，恐怖主义已经成为困扰西方乃至全人类的恶魔，生活在今天世界的人类，特别是西方人，很难预测什么时候、什么地方会发生恐怖活动，自己在什么时候、什么地方会成为恐怖活动的牺牲品。这样一种全人类性的人人自危状况是人类前所未有的。导致恐怖主义滋生的原因十分复杂，但可以肯定的是，恐怖主义的猖獗与西方现代化过程中的对外扩张，特别是与发达资本主义国家对其他国家经济上的掠夺、政治和军事上的干预、文化上的渗透有着深刻的关联。

（二）全球化的加快及其挑战

人类的全球化始于西方近代海外探险和殖民，经过 400 多年后，到 20 世纪其速度大大加快。托马斯·弗里德曼在《世界是平的：21 世纪简史》一书中提出，全球化经历了三个伟大的时代。①

第一个时代从 1492 年持续到 1800 年。这个阶段肇始于哥伦布远航开启新世界间的贸易。在这一时期，受到宗教影响或帝国主义影响（或两者的结合），国家和政府利用暴力推倒壁垒，将世界的各个部分合并为一。其主要的问题是：我的国家在全球竞争中处于何种地位？我如何走出国门，利用我的国家的力量和其他人合作。

第二个时代从 1800 年左右开始一直持续到 2000 年，这中间曾被大萧条和两次世界大战打断。在这一时期，推动全球化的主要力量是跨国公司，这些公司到国外去的目的就是要寻找市场和劳动力。正是在这个时代让我们看到了全球经济的诞生和成熟，各国之间有着充足的商品和信息的流动，出现了真正的全球市场，商品和劳动力可以在全球范围内实现套利。这一时期全球化的进程取决于硬件的突破——从早期的蒸汽船和铁路到后来的电话和大型计算机。这个时期的主要问题是：我的公司在全球竞争中处于何种地位，它有哪些机遇可以利用？我怎样通过我的公司同他人开展合作？

2000 年左右我们进入了一个新的纪元，全球化让世界进一步缩小到了微型，同时平坦了我们的竞争场地。如果说全球化第一个时期的主要动力是国家，第二个时期的主要动力是公司，那么全球化的第三个时期的独特动力就是个人在全球范围内的合作和竞争，而这也赋予了它与众不同的新特征。弗里德曼把这种使个人和小团体在全球范围内亲密无间合作的现象称为“平坦的世界”。平坦的世界是个人电脑（允许每一个人以电子的方式书写他自己的东西）、光缆（允许大家能够接触到世界上越来越多的电子内容）、工

① 参见［美］托马斯·弗里德曼：《世界是平的：21 世纪简史》，湖南科学技术出版社 2006 年版，第 8—9 页。

作流程软件（使得全世界所有人无论处于何地，无论距离有多远都能共同编写同样的电子内容）的综合产物。这一整合在2000年左右发生后，全世界的人们马上开始觉醒，意识到他们拥有了前所未有的力量，可以作为一个个人走向全球；他们要与这个地球上其他的个人进行竞争，同时有更多的机会与之进行合作。结果就是，每个人现在都会知道：在当今全球竞争机会中我究竟处在什么位置？我可以如何与他们进行合作。

弗里德曼对全球化进程的划分主要是着眼于经济，如果着眼于整个世界文明，我们大致上可以以1900年为界将全球化的历史进程划分为两个时期，即1900年以前的缓慢生长期和1900年至今的快速演进期。经过大约400年的缓慢积累和扩展，自第一次世界大战开始，全球化进程逐步加快。在整个全球化的过程中，西方世界扮演了最重要的角色。

在20世纪以前，全球化的缘起和推进的主要动力是西方国家海外探险，以及与之伴随的海外殖民和海外扩张。在近代早期，西方人在资本原始积累强有力的推动下到海外冒险，寻找和掠夺财富，从而开辟了新航路，这为随后发生的海外殖民和海外扩张奠定了基础。从16世纪开始到19世纪末，西方列强进行了大规模殖民扩张，完成了对殖民地的瓜分。与此同时西方的商品、宗教和文化开始渗透到世界各地。正如马克思、恩格斯所指出的，“不断扩大产品销路的需要，驱使资产阶级奔走于全球各地。它必须到处落户，到处开发，到处建立联系。”西方的殖民扩张，使世界市场初步形成。“资产阶级，由于开拓了世界市场，使一切国家的生产和消费都成为世界性的了。”①。与此同时，西方殖民扩张对殖民地的经济掠夺和政治控制，又导致了殖民地国家意识的觉醒和国家独立的要求，引发了殖民地的普遍反抗和争取国家独立的斗争运动。这种反抗和斗争最有意义的后果就是使民族国家获得了独立。到20世纪上半叶，人类的国家化最后完成。世界的市场化和国家化是人类全球化的重要标志，它对加速全球化具有决定性的意义，而西方的殖民扩张在推进世界市场化和国家化方面起到了关键作用。“人类从国家化走向世界化具有不可避免性，但是自14世纪开始的近代西方社会革命以及与之伴随的西方国家的殖民扩张大大加快了这一进程，而且对今天人类世界化进程产生了深刻的影响。不仅今天的世界一体化是这一事件的直接后

① ［德］马克思、恩格斯：《共产党宣言》，中共中央编辑局编译：《马克思恩格斯文集》2，人民出版社2009年版，第35页。

果，人类以现在这种方式走向世界化也是由这一事件所造成的。”①

在孙伟平研究员看来，今日全球化发展到如此广度和深度，有其深刻的时代背景和社会文化背景。其中最为关键的有三个方面：其一，全球化是开放性和竞争性的商品流通、特别是市场经济高度发展的产物；其二，全球化是现代科学技术日新月异的发展及其普及与广泛应用的结果；其三，全球化是当代社会面临的一系列决定人类前途和命运的全球性问题凸显的必然结果。② 除以上这些原因之外，全球化进程的加快也与发生在20世纪的两次世界大战、社会主义国家的出现以及“两大阵营”的划分、“苏东剧变”、中国实行的改革开放等重大历史事件都有十分密切的关系。从20世纪直到今天，推动全球化进程加快的原因比近代复杂得多，但不可否认的是，西方世界在这一进程中仍然扮演着主要角色。从上面所指出的全球化加速的原因不难看出这一点：20世纪以来西方世界的市场经济是世界上最发达的市场经济；人类的三次科技革命均发生在西方国家；人类的全球性问题也是最初在西方世界凸显出来的；两次世界大战的发动国和参与国也主要在西方；“冷战”的出现、社会主义阵营解体乃至中国的对外开放都与西方世界有着密切的关联。

20世纪的全球化快速发展深刻改变了人类社会的面貌和整个世界的格局，已经并正在影响整个人类生活方式，包括思维方式、行为方式、交往方式等等。弗里德曼将这种改变和影响称为“从垂直的价值创造模式到水平的价值创造模式的转变”，这种改变是人类的一次“大整顿”，将对人类社会产生重大影响。他说：“当世界开始从垂直的价值创造模式（命令和控制）向日益水平的价值创造模式（联合和合作）转变，当我们同时驱散那一道道‘围墙、天花板和地板’，人们立刻发现他们面临着许多纷纭复杂的变化。但这些变化不只是影响商业运作的方式。变化会影响下列许多方面：个人、团体和公司的组织方式，公司和团体的兴亡，个人如何扮演好其作为消费者、雇员、股东和市民的不同角色，人们如何看待自己的政治地位，以及政府在这一变迁中发挥何种管理作用。这一切不会在一夜之间发生，但随着时间推移，我们对在圆形的世界所习惯了的各种角色、习惯、政治地位和管

① 江畅：《理论伦理学》，湖北人民出版社2000年版，第366页。

② 参见孙伟平：《价值差异与社会和谐——全球化与东亚价值观》，湖南师范大学出版社2008年版，第5—8页。

理实践不得不进行深入调整，以适应平坦的时代。”①

需要特别注意的是，无论是缓慢生长期还是快速演进期，全球化都不是人类自觉而为的，而是人类文明发展的自发后果，因而全球化的快速演进给人类带来了许多过去未曾遇到甚至未曾想到的问题，这些问题对人类传统文明，也对西方近代文明提出了严峻的挑战。

快速演进的全球化提出了以下六个需要人类面对和解决的重大问题：

第一，经济技术一体化与政治文化多元（极）化的冲突。人类正在加速地全球化，这是举世公认的事实。但是，到目前为止的全球化主要还是经济技术方面的全球化，而在政治文化方面却远非如此。目前人类的世界呈现出明显的经济全球化与政治全球化对峙和冲突的局面。关于经济的全球化，学者们有种种描述。拉尔夫·达伦多夫描述说：“从金融市场通向商业、服务业和生产市场的道路不再遥远。一个在牛津订购飞机票的人，可能是与孟买的一个电脑中心联系的。有人服用一种使头脑保持清醒的药丸，药盒上贴的是本国的标签，但是药品却是在新加坡生产的。甚至就连中小企业也毫不犹豫地把眼界延伸到本国国界以外，而在国内保留一个小小的办事处。民族国家的经济统计几乎完全丧失了意义。”② 他认为，经济发展在20世纪90年代就已不再是少数几个国家的事情。它实际上已经成为全球的事业；世界市场不再是一个欧洲共同体的市场，也不再是一个经济合作与发展组织的市场，而是一个几乎包括整个世界的市场。③ 关于科技的全球化，托马斯·弗里德曼认为，碾平世界的10大因素的汇合已经创造了一个全新的平台。这是一个全球性的、以网络为基础的竞争平台，在该平台上存在着多种形式的合作。这一平台能够使得世界上任何地方的个人、群体、公司和大学，出于创新、生产、教育、研究、娱乐（还有战争）等目的进行合作，这是前所未有的创造性平台。这个平台的运作目前已经不再受到地理、空间、时间的限制，在不久的将来甚至不再受到语言的限制。④ 在政治文化方面，塞谬

① ［美］托马斯·弗里德曼：《世界是平的：21世纪简史》，湖南科学技术出版社2006年版，第180页。

② ［德］拉尔夫·达伦多夫：《论全球化》，［德］哈贝马斯等：《全球化与政治》，中央编译出版社2000年版，第202—203页。

③ 参见［德］拉尔夫·达伦多夫：《论全球化》，［德］哈贝马斯等：《全球化与政治》，中央编译出版社2000年版，第205页。

④ 参见［美］托马斯·弗里德曼：《世界是平的：21世纪简史》，湖南科学技术出版社2006年版，第158—159页。

尔·亨廷顿认为在冷战结束后，全球政治在历史上第一次成为多极的和多文化的。在他看来，当代世界仍然存在着中国文明、日本文明、印度文明、伊斯兰文明和西方文明，而且这些文明存在着冲突。实际上，我们从国家的角度看，20世纪以来的世界存在着100多个国家，它们都是具有主权和国格的实体。不言而喻，世界的这种经济技术一体化与文化政治多极化的格局是不可能长期存在下去的。如果经济技术一体化不可改变，那么政治文化可能走向一体化吗？如果可以，那么在当今世界各国都强调国家至上并守卫和弘扬本国本民族文化的情况下，怎样才能走向一体化呢？这一问题是当代最突出、最棘手的问题。

第二，西方文化的渗透与反渗透斗争。西方文化从近代早期就开始向西方以外的世界流布。最初是商品和宗教，后来是技术和价值观念。20世纪以来，西方的商品、基督教、市场经济模式、现代技术和价值观已经扩散到全世界，对整个世界发生着深刻影响。第二次世界大战后，伴随着非西方世界国家的民族觉醒，世界上的许多非西方国家对西方文化采取抵制态度，试图找到一种不同于西方的社会发展道路并构建本土文化，其中最典型的是社会主义国家和伊斯兰世界国家。20世纪资本主义与社会主义两大阵营的对立，今天伊斯兰文化与西方文化的冲突都是反对西方文化的突出表现。客观地说，无论非西方国家对西方文化采取什么态度，今天世界的整个社会物质基础、思想文化和生活方式都在很大程度上来自西方。今天世界的绝大多数非西方国家通行的市场经济，使用的各种现代技术，政治和法律模式，自由、平等、人权等现代观念，要么直接从西方拿来，要么是西方的某种变体。当非西方国家有了自己的民族意识、民族自觉和民族自信的时候，追求民族自强和民族个性这是必然的，也是有意义的。但是，从实际情况看，那些试图在西方道路和文化之外找到一条完全属于自己的道路、建立一种完全本土的文化的努力，似乎都不那么成功。在这样一种情况下，非西方国家是要继续坚持它们对西方的敌对态度，摒弃西方道路和文化，还是应该在西方道路和文化的基础上利用其长处而超越它？换言之，对于非西方国家来说，在构建自己国家的文化时，西方文化是必须否定的吗？而且，假如西方所发明的市场经济、现代科技、民主政治和现代法治是当代人类社会发展的必由之路，非西方国家全盘否定它们对本国的必不可少性，其后果会怎样？这些问题归结起来，就是这样一个问题：非西方国家如果要实现现代化能找到一种不是以市场经济、现代科技、民主政治和现代法治为核心内容的现代化吗？这个问题涉及一个更深层次的值得思考的问题，即源自于某一个国家或地区的文化是否可能就是那个历史时期世界的最先进文化，因而也是一种有竞争力、影响力、渗透力的强势文化。假若如此，在全球化的背景下，它必然会成为世界的主流文化，而要超越它，就必须结合本土实际引进它、利用它。

第三，世界性经济危机问题。历史事实已经证明，市场经济是人类所发现的最有利于社会经济和科技发展的一种经济形式，也是人类走向物质文明繁荣昌盛的必由之路。人类历史上已存在过的自然经济、产品经济和计划经济等经济形式，在推进生产力发展方面根本不能与市场经济相提并论。但是，市场经济的一个最直接的问题就是周期性经济危机。在20世纪以前，由于世界市场还没有完全形成，经济危机主要影响到一个国家或一个地区。而当世界市场逐步形成、全球走向一体化之后，经济危机的范围就开始从局部蔓延到全世界。比如，1929—1933年发生的世界性经济危机（当时由于许多国家没有进入世界市场，因而其范围主要是在西方世界），又如，1997年的亚洲金融危机，其影响也是局部的。当人类一进入21世纪的时候，2007—2009年就爆发了一次全球性金融危机。这次危机是由次级房屋信贷危机所引发的，后来发展成全面金融危机，而且向实体经济渗透，向全球蔓延，给世界经济带来了极其严重的影响。金融危机发生后，无论美国还是世界其他国家，金融市场都是一片混乱；各国货币汇率剧烈波动，给国际经营和外汇兑换带来重大影响；部分国家经济因对外依存度高、外汇储备不足而受到严重冲击。为了应对此次金融危机，各国政府不得不为银行大量注资或收归国有，但即便如此，仍然难以避免大批金融机构倒闭和经济衰退。由于世界经济的一体化，金融系统的问题已经渗透到世界经济体系中。受金融危机的影响，世界经济持续处于衰退低迷状态：订单与消费急剧下降，众多经济实体面临经营困境；裁员加剧，失业率大幅上升；原材料价格大幅下跌等等。自这次金融危机发生以来，世界各国的经济学家、政治家绞尽脑汁，最终也没有找到有效的应对之策。这次金融危机是第二次世界大战以来世界市场完全形成后的一次最严重的涉及世界各国的经济危机。按照马克思和许多经济学家的看法，在市场经济条件下，经济危机是不可完全根除的周期性危机。如果这样，那么应该如何应对周期性的世界性经济危机，就会成为人类始终面临的一个严峻问题。

第四，社会生活市场化问题。事实证明，利益最大化这一市场经济的根本原则对经济领域以外的社会生活具有极强的穿透力，如果没有有效的制度控制就会使整个社会日益市场化。对于人类生活而言，经济生活只是其中的一个领域，但是这个领域是整个人类生活领域的基础。经济价值（表现为金钱、财富等）虽然相对于许多其他价值而言是层次最低的，但它却是强度最大的。当一个人处于极度贫穷的情况下，他就不可能去追求其他价值。这就是人本主义心理学家马斯洛所说的，当人的基本需要得不到满足时，自我实现的需要就不会出现。正因为经济价值具有很大的价值强度，所以，它也会使人们即使在物质需要得到很好满足的情况下还会去贪占更多的经济价值，甚至将其他价值（权利、名誉、地位、美色，甚至人格、良心等）转化为经济价值。这样一来，无论是在贫穷社会还是在富裕社会，最大利益化原则都有可能成为社会普遍通行的原则；无论是个人物质生活是否有保障，他们都有可能将最大利益化原则作为自己行为的基本准则。而当最大利益化原则成为一个社会的基本原则，这个社会就会将价值取向定位于 GDP 的增长，而当最大利益化原则成为个人的基本行为准则时，他就只会追求物质资源的占有。如果这样，一个社会就会发生物化和异化，其结果是人不仅没有经济以外的其他生活，如文化生活、精神生活、情感生活等等，而且必然导致不可再生资源迅速消耗、自然环境生态平衡遭到破坏，必然导致个人被贪欲奴役甚至发生心理疾病。现在的问题是，如果市场经济因其不可替代的特有作用而使人类不得不选择它，那么我们就面临着应当如何防止市场经济的最大利益化这一本应限于经济领域的原则泛化为社会一般原则的问题，面临着应当怎样利用市场经济的积极作用同时防止其消极作用的问题。

第五，世界公正问题。世界各国是通过不同的道路走到今天的，其结果是今天的世界只有少数国家成为拥有实力的强盛国家，即所谓的发达国家，而大多数国家则是缺乏实力的落后国家，即所谓的发展中国家。世界各国强弱呈两极分化，而且这种两极分化有日益增大的趋势。这种两极分化的格局，隐含着贫富国之间的矛盾、对立和冲突，隐含着世界的不公正，隐含着国际竞争和合作的不平等，因而不仅会影响世界的和谐，影响整个人类的普遍幸福，而且最终会影响发达国家的可持续发展。当代世界的不公正体现在经济、政治、文化、教育、社会保障、环境等各个方面，但最明显的在于经济不公正，而且经济不公正是其他所有不公正的主要原因之所在。当代世界经济不公正主要体现为经济不平等，而这种经济不平等尤其体现为当今世界富人与穷人、富国与穷国、富裕地区与贫穷地区两极分化十分严重。导致今天世界经济不公正的原因很复杂，其中最重要的原因有：其一，富裕国家和地区基本上是现代化先行并已实现的国家，而贫穷的国家主要是没有实现现代化或现代化尚未完成的国家。其二，富裕国家和地区都是社会政治稳定的国家和地区，而贫穷的国家和地区大多长期处于动荡和战乱的状态。其三，富裕国家对贫穷国家经济上以及军事上、政治上、文化上的掠夺和渗透。今天世界经济的严重不平等，其根源主要就在于以上三个方面。要消除世界经济的极度不平等，建立经济公正的世界，必须找出导致世界经济极度不平等的根源，建立经济相对平等的国际秩序。因此，如何消除世界各国之间经济极度不平等，如何缩小发达国家与发展中国家实力之间的差距，使各国普遍强盛起来，这是全球化背景下世界各国而不只是发展中国家面临的重大难题。

第六，全球化未来走向特别是是否需要世界政府的问题。在全球化的今天，在世界联系成为一个整体的同时，世界的结构变得越来越复杂，全球性的问题变得越来越多，国家之间的矛盾和冲突越来越容易产生。而且，今天任何一个个人、任何一个国家都不可能离开人类和世界而获得真正的幸福。更为值得注意的是，今天的人类局部（国家或地区）有政府而人类整体无政府的格局，比整体无政府而局部也无政府的格局对整个人类的危害要大得多。今天世界的许多问题就是这种格局导致的。在这种情况下，要彻底根除极端民族（国家）利己主义，要使世界能作为一个有机整体长期存在下去而不致因人类自身的争斗和破坏遭到毁灭，而且使人类的世界更和谐、更美好，必须有一个世界权力机构对世界进行统一管理。只有这样才能使世界结构有序化，使地球的资源得到合理的利用，保护作为人类共同家园的地球，使全球性问题得到妥善而有效的解决，使各国之间的矛盾和冲突得到及时调解。早在20世纪40年代就有有识之士鉴于世界大战的教训提出要建立世界政府的设想，今天有更多学者持有这种主张，而且建立世界政府所需要的客观条件业已成熟。然而，建立世界政府面临着许多难题，如：需不需要建立世界立法机构（类似于国家的议会）？如果需要，其代表如何组成？要不要建立世界军队，如果不建立世界军队，世界政府的权威来自何方？如果建立军队，那么它与各国现有的军队是什么关系？它要不要取代各国的军队？建立了世界政府后，各国还需要自己的国防吗？如果不需要，怎样才能使各国废除自己的国防？它是最高的权威还是各个国家政府是最高权威？也就是说，世界政府与各国政府是什么关系，世界政府是不是最高的权威，它们两者之间是联邦制的，还是单一制的？如何面对和解决这些问题直接关系到全球化的未来走向，也事关人类的未来和前途。

（三）西方现代社会德性理论在问题求解过程中演进

从与社会现实关系的角度看，西方现代社会德性思想（理论）与近代有很大的不同。西方近代思想家们基本上都是根据西方社会发展的趋势提出自己的社会德性理论，而不是对社会现实中存在着的各种问题作出解释和回答，尽管其中的主流社会德性思想后来变成了社会现实。西方现代社会德性思想则基本上都是直接面对西方现代文明暴露出来的问题以及全球化快速演进中出现的问题进行探讨的。如果说西方近代社会德性思想是预言性的，那么可以说西方现代社会德性思想是应对性的，它是在力图从理论上解释和回答现实问题的过程中演进的。而这种现实问题主要是近代主流社会德性思想的现实化过程中暴露出来的问题，其中有些是原来的理论设计本身存在着局限和偏颇导致的，也有不少是原来未曾料想到的，还有些是西方文化在向西方以外世界流布过程中出现的新问题。我们前面谈到的西方现代文明的各种问题以及全球化过程中已出现的和可能出现的问题，大多数为西方现代思想家所注意到，并作出了自己的解释或回答，也有一些并未涉及，也许还有一些至今尚未意识到。不过，总体上来说，这些问题构成了他们的宏观背景问题域，他们的思想是在对这些问题的求解过程中演进的。

从 20 世纪初到今天的整个西方现代社会德性思想历程，大致上可以划分为三个阶段：第一阶段是 20 世纪上半叶，即从 20 世纪初到第二次世界大战结束；第二阶段是 20 世纪 50—70 年代，即从第二次世界大战结束后到 1971 年罗尔斯的《公正论》出版；第三阶段是从 20 世纪 70 年代至今的近半个世纪。显然，社会德性思想演进的这三个阶段是与西方现代社会演进的轨迹相应的：第一阶段是西方现代问题暴露充分且西方各国政府由于两次世界大战而无暇顾及的社会混乱时期。第二阶段是战后西方社会发展的黄金时期。这个时期西方经济高速发展，西方现代文明迅速走向繁荣，同时由于西方各国政府普遍实行所谓“三高”（高工资、高消费、高福利）政策，社会矛盾冲突缓和。第三阶段则是西方社会开始暴露出福利政策的负面作用和现代西方文明达到鼎盛显现出各种问题的时期。

20 世纪上半叶是西方社会灾难深重的时代。在这一历史阶段，至少有三个大的社会问题也许是西方人至今刻骨铭心的。第一个问题是西方社会的两极分化达到了空前的程度，社会中有相当一部分人处于吃不饱穿不暖的

“绝对贫困”状态。在19世纪西方的一些主要国家都先后爆发过工人罢工甚至武装斗争。第一次世界大战和战后的第一次世界性经济危机更加剧了社会底层贫困化的程度。如果说在20世纪以前，西方世界大多数国家资产阶级在政治上尚未站稳脚跟，资本主义政治制度亦尚未完全建立起来，因而“绝对贫困”问题存在具有某种不可避免性的话，那么进入新世纪后，在西方各国资产阶级均取得了全面胜利、资本主义制度完全建立起来的情况下，如果不解决“绝对贫困”的社会问题就有违启蒙精神的承诺，执政者也无法为自己辩护。第二个问题是原本发生在西方各国国内的周期性经济危机第一次演变成为1929年至1933年的资本主义世界的规模空前的经济大危机。这次经济危机不仅加剧了西方各国已经十分尖锐的各种社会矛盾，而且充分显现了作为西方现代文明基础的市场经济自身的局限和弊端，同时也给以“斯密信条”（“一只看不见的手”的理论）和“萨伊定律”（“供给自动创造需求”的理论）为核心的市场机制自动调节理论以致命一击，它们无法解释经济危机爆发的原因，也无法将面临生死存亡的资本主义制度从危机泥潭中拯救出来。这次经济大危机引起了西方社会的普遍恐慌和反思。第三个问题是两次世界大战。在不到半个世纪的时间内主要在西方世界爆发了两次世界大战，这两次世界大战无疑是西方世界和整个人类的空前浩劫，问题在于它们都发生在启蒙思想家所理想的资本主义的自由民主制度之下，这不得不引起西方思想家的深刻忧虑和反思。

正是针对这些问题，一些西方德性思想家积极地提出了自己的应对之策，其中最有影响的是凯恩斯。他在《就业、利息和货币通论》（1936）一书中提出了一整套应对就业、贫困和经济危机的宏观经济学理论和政策方案，主张国家采用扩张性的经济政策，通过增加需求促进经济增长。凯恩斯主义的核心观点是与古典经济学主张的自由放任主义不同甚至对立的国家干预主义。其实，主张国家干预主义的思想家在《通论》出版前的美国已经存在，而且从1933年开始，罗斯福和希特勒事实上都已经开始对经济进行国家干预，但只有凯恩斯给国家干预主义提供了完整的理论体系和有力的理论论证。另一类思想家则从政治理论的角度批判资本主义的“代议制”民主，并提出了各种民主理论和法治理论。其中比较有影响的思想家有熊彼特的民主方法论、柯尔的职能民主论、分析法学学派，等等。另外还有更多的思想家则对西方资本主义社会制度乃至整个西方文明进行了深刻的反思和批判。其中比较有影响的有非理性主义派别生命哲学、现象学、存在主义、精神分析主义，他们主要将西方现代文明的各种问题归结为过分推崇理性的恶果，因而主张返还人的非理性本性的本来面目。除了非理性主义思想家外，还有一些历史学家及其他社会批判家，如施宾格勒、汤因比、阿伦特、贝尔等人，他们或者从人类文明历史演进的角度，或者从资本主义文明自身内在矛盾的角度反思和批判西方现代文明。当然，在这期间也有一些思想家反对国家干预主义，坚持古典自由主义，其重要代表人物是诺贝尔经济学奖得主哈耶克。

20 世纪 50 年代到 70 年代初，这是西方资本主义文明高度发达的时期。经过第二次世界大战后短暂的恢复期，进入 50 年代后，市场经济在国家干预之下克服了自由放任时期的诸多问题，西方各国普遍实行的“三高”（高工资、高消费、高福利）政策及由此兴盛的消费主义，强有力地推动了西方各国的经济快速发展。与此同时，资本主义民主和法治制度走向健全和完善，为经济的快速发展和文化的繁荣提供了有力的保障。但是，即使在这一资本主义文明高度发达的时期，这种文明仍然存在着诸多问题，除了经济危机周期性地爆发之外，还有由社会整体的力量（包括政治的、经济的、技术的力量等）导致的对于个人奴役的所谓“极权主义”问题，由过分刺激消费所导致的享乐主义盛行（包括性解放）的问题，由高福利政策导致的社会发展缺乏动力的问题，以及由过度追求经济增长所导致的环境破坏的问题，等等。这些问题的存在引起了西方青年学生对西方文明的反感以至反叛。50 年代在英国出现了所谓“愤怒青年”，英国的一些青年作家和评论家在其作品中表现出愤世嫉俗情绪，他们对于当时西方社会的种种现象感到不满，进而进行批判，而他们的言论对于社会主流而言相对极端，甚至于带有无政府主义倾向。60 年代在美国出现了“嬉皮士”运动。这一运动在短短的四五年时间里就迅速地蔓延到整个西方世界，至今仍有余波。①1968 年在西欧各国更是爆发了规模宏大的学生反抗运动。当时的

① 这一运动最初源于一些青年人不满足于已经实现的“美国梦”，要求摒弃现存社会价值，特别是摆脱无休止的竞争，而去谋求一种更加自由自在、无忧无虑的生活。于是，他们远离舒适的家庭，抛弃豪华奢侈的生活，搬到农村或城市中比较破旧的廉租区居住，而且排斥美国的整齐光洁的形象，留长发，穿奇装异服，每天抽大麻，使用麻醉药物及其他迷幻药物。“嬉皮士”运动变成了颓废运动。到了这一运动的后期，青年人的理想主义和进取心完全消失，越来越多地强调个人，关心自己的幸福、享受和所需要的东西，不做自己不需要做的事，于是颓废主义变成了绝对的自我中心主义。（参见江畅、戴茂堂：《西方价值观念与当代中国》，湖北人民出版社 1997 年版，第 209—210 页。）

法国大学生深受萨特的存在主义和马尔库塞的新马克思主义的影响，他们把自身的恶劣处境同法国的政治经济制度相联系，而当时如火如荼的越南战争和中国"文化大革命"对学生的影响也非常巨大，青年人将其中的反抗行为高度理想化并仿效着付诸实施。这个时期的西方虽然经济走向繁荣、政治走向稳定，但社会生活甚至比20世纪上半叶更混乱、更糟糕。以性解放、同性恋、色情、毒品为主要标志的享乐主义普遍流行，以"用完即扔"为主要特点的消费主义四处泛滥，西方近代社会生活的那种以节俭和节制为主要内容的禁欲主义被彻底抛弃。西方社会生活走向了彻底世俗化、情欲化和庸俗化。

对这一时期西方社会现实和问题乃至整个近代以来西方文明的反思和批判，产生了在西方影响巨大的法兰克福学派，并兴起了后现代主义。法兰克福学派虽然形成于20世纪20—30年代，但其代表人物（如霍克海默、阿多诺、马尔库塞等）的主要著作大多出版在五六十年代以后，而且其影响也主要在这个时期。法兰克福学派被视为西方"新马克思主义"的典型，并以从理论上和方法论上反实证主义而著称。它借用马克思早期著作中的异化概念和卢卡奇的"物化"思想，提出和建构了一套独特的对资产阶级的意识形态进行"彻底批判"的批判社会理论。法兰克福学派把批判理论置于一切哲学之上，并与每一种哲学对立起来，认为这种批判否定一切事物，同时又把关于一切事物的真理包含在自身之中。在他们看来，自启蒙运动以来整个西方的理性进步过程已堕入实证主义思维模式的深渊，在现代工业社会中理性已经变为奴役而非为自由服务的工具。他们断定，西方的文化，无论是高级文化还是通俗文化，都在执行着同样的意识形态功能。于是，法兰克福学派又把资产阶级意识形态的批判扩展到了对整个"意识形态的批判"。在这个时期被称为法兰克福学派第二代旗手的哈贝马斯也开始崭露头角，他对晚期资本主义合法化的危机进行了深刻的揭露。后现代主义的思想渊源可追溯到19世纪到20世纪上半叶的非理性主义，但作为一种文化思潮最早才出现在20世纪60年代的文学、建筑学和哲学领域，到70年代开始向全世界蔓延，成为一种广泛的文化思潮。属于后现代主义思潮的思想家纷纭杂呈，因而很难给后现代主义作出一个明确的界定。不过，有研究者认为，后现代主义思想均有一种大致相同的后现代思维方式，即所谓"流浪者的思维"。流浪者流浪的过程是不断突破、摧毁界线的过程，而后现代思维方式恰恰就是以持续的否定、摧毁为特征的，它强调否定性、非中心性、破碎性、反正统性、不确定性、非连续性以及多元性。[①]

这个时期除了结构主义和后现代主义对资本主义文明持批判性态度的学派或思潮之外，还有对近代以来占主导地位的价值观和文化持建设性态度的一位重要思想家，即罗尔斯。罗尔斯在1971年出版的《公正论》（中译为《正义论》）中对经济学家凯恩斯提出的国家干预主义理论及其实践作出了系统总结并将其提升为一种政治哲学的基本原则，即“作为公平公正”的原则。如同凯恩斯在经济学上提出的国家干预主义原则修正了古典经济学的自由放任主义原则一样，罗尔斯政治哲学作为公平的公正原则修正了近代古典自由主义的功利主义原则。自20世纪50年代以来，罗尔斯发表了一系列论文阐述他的社会公正论思想，而《公正论》不过是他对这些论文所表达的思想的进一步充实、加强和完善。显然，罗尔斯的公正思想是对古典自由主义的一个重大修正，但其基本立场仍然是自由主义的，只不过是一种不同于古典自由主义的新自由主义。罗尔斯《公正论》的出版标志着自20世纪30年代以来成为西方国家主导原则的国家干预主义在哲学上得到了充分论证和有力辩护。但是，当罗尔斯这样做的时候，立刻引起了坚守古典自由主义的保守自由主义思想家的强烈反对，而这种反对又是与经济上更早出现的反国家干预主义的经济学理论相呼应的。这种理论上的争论使西方现代社会德性思想转向了下一个阶段，即20世纪70年代至今的阶段。

进入70年代，资本主义国家结束了战后发展的“黄金时期”，陷入了“滞胀”的泥潭。流行了近半个世纪的凯恩斯主义在挽救资本主义制度的生命、缓和资本主义内部的种种矛盾、恢复和促进资本主义经济发展等方面发挥了积极作用的同时，也让资本主义国家背上了沉重的包袱：财政赤字激增，债务规模不断扩大，福利支出刚性增长，官僚机构臃肿低效，分配不公日益加深，经济出现萧条或滞胀等。西方经济学界把造成经济滞胀的原因归咎为凯恩斯的需求管理政策，凯恩斯主义本身也已无法自圆其说。于是新经济自由主义卷土重来，再度登上官方经济学的宝座。联邦德国采用弗莱堡学派的主张，实行属于新型自由经营思潮的社会市场经济政策。英国撒切尔政府推行现代货币主义政策。美国里根政府采纳供给学派和货币学派的主张，其中包括稳定物价、自由放任、大搞私有化以及削减社会福利等一系列新自由主义政策。新自由主义的经济政策在一定程度上抑制了通货膨胀，推动了

① 参见王治河：《后现代哲学思潮研究》（增补本），北京大学出版社2006年版，第8页。

经济的发展，直到2008年自美国开始的金融危机的爆发。

在环境方面，20世纪50年代至70年代是西方公害泛滥期。工业化和城市化的快速推进，一方面带来了资源和原料的大量需求和消耗，另一方面使得工业生产和城市生活的大量废弃物排向土壤、河流和大气中，最终造成环境污染的大爆发。如1952年12月5—8日的伦敦烟雾事件，即著名的“烟雾杀手”，导致4000多人死亡；1952年的洛杉矶光化学烟雾事件也造成近400名老人死亡。不过，自1972年6月联合国在瑞典召开的“人类环境会议”以后，西方国家开始对环境进行治理，制定了经济增长、合理开发利用资源与环境保护相协调的长期规划和政策，治理环境污染的投资不断增长，制定各种严格的法律并采取强有力措施控制和预防污染，努力净化、美化、绿化环境。到20世纪80年代，西方国家基本上控制了污染，普遍较好地解决了国内的环境问题。

在社会生活方面，五六十年代那种疯狂的消费主义、享乐主义得到了遏制。60年代性解放运动席卷欧美，许多青年从家庭里出来，自发地聚集在一起，组成性乱交、酗酒、使用麻醉品等反社会行为泛滥的群居村。一些激进的女权主义者甚至提出“不做妻子，不做母亲”和“砸乱家庭”的口号。统计表明，1965年至1975年，欧美的离婚率增长了三成。80年代艾滋病蔓延，加上宗教界和一些保守民间团体的竭力主张“家庭复兴”，认为只有重建纯洁忠贞和严肃负责的两性关系才是解决艾滋病的根本途径。于是，拥护家庭运动由此兴起，社会风气由过度“解放”转向“保守”。作为性革命标志的《花花公子》杂志，1986年的销量从原来的700多万份下跌至340万份。纽约时代广场附近一条出名的“色情街”，70年代全盛时期有20家色情影院，到90年代初只剩下了4家。进入90年代后，处于“性革命”前列的北欧国家，“性革命”的颓势十分明显，美国则进入了保守时代，公众对于婚姻的态度开始回归传统。

基于这一时期的社会现实和社会问题，西方社会德性思想突出地表现为经济学上的新古典自由主义①（通常被简称为“新自由主义”）与新凯恩斯主义之争，哲学上的新自由主义（以罗尔斯为代表的“作为公平的公正”论）

① 需要注意的是，新古典自由主义出现之前，凯恩斯主义被看作是相对于古典自由主义的新自由主义（New Liberalism），新古典自由主义（Neo-Liberalism）出现以后，它也被称为新自由主义。从英文名称看，这两种自由主义的区别是明显的，但译成中文后很容易混淆。因此，当提到“新自由主义”的时候，要弄清楚指的究竟是国家干预主义还是新古典自由主义。

与保守自由主义（以诺齐克为代表的权利论）之争，以及自由主义之争，而且这个时期还出现了德性伦理学的兴盛。

凯恩斯主义由于不能对20世纪70年代西方社会经济出现的问题作出合理的解释，其统治地位被以哈耶克为代表的新自由主义所取代。以哈耶克为首的朝圣山学社提出回复古典自由主义。新古典自由主义崇拜“看不见的手”的力量，认为市场是完全自由的竞争，每个人在经济活动中首先是利己的，私人企业是最有效率的企业，私有化是保证市场机制得以充分发挥作用的基础，要求对现有公共资源进行私有化改革。针对新古典主义的批评，萨谬尔森等人于80年代提出了新凯恩斯主义。新凯恩斯主义与凯恩斯主义只是假定工资和价格的刚性不同，而是在承认单个经济主体具有理性预期并追求最大租赁经营利益的基础上解释工资—价格刚性、非自愿失业、普遍生产过剩等，为凯恩斯主义宏观经济学提供坚实的微观基础；同时它除了继承传统凯恩斯主义重视名义工资和价格的刚性作用之外，还强调经济体系在其他方面的不完全性作用。这两个学派虽然各自经济立场不同，而且争论激烈，但两者都对对方有所吸收和借鉴，表现出自由主义与干预主义两大对立思潮相融合的趋势。

罗尔斯的《公正论》一出版，立即引起了他的哈佛同事诺齐克的批评。诺齐克在1974年出版的《无政府、国家与乌托邦》一书中，完全站在古典自由主义的立场上批评罗尔斯公正论，并根据新的历史条件对古典自由主义作了进一步的阐发和论证，并在此基础上建立了古典自由主义的权利论政治哲学体系。罗尔斯与诺齐克之争产生了广泛的影响，吸引了一大批思想家参与争论，其中最著名的有阿马蒂亚·森、马塞多、哈贝马斯。虽然争论的各方对社会公正的理解不尽相同，但都承认公正问题是当代人类面临的最突出问题，也是需要政治哲学、伦理学、经济学等诸多学科共同研究的最重要问题。这场持续到今天的争论不仅在西方国家产生了极其重要的影响，也对整个世界发生了深远影响。公正问题已成为我们时代的最强音，公正作为一个人类社会的共同理念已成为全世界的共识。新自由主义与保守自由主义之争实际上是西方自由主义哲学内部之争，在两派争论得热火朝天的时候，又杀出了一匹黑马，即以桑德尔为主要代表的社群主义或共同体主义。社群主义源自对罗尔斯《公正论》所隐含的自由主义的批判，针对自由主义忽略了社群意识对个人认同、政治和共同文化传统的重要性，提出只有社群才是政治分析的基本变量，个人及其自我最终由他或他所在的社群决定，主张用公益政治学代替权利政治学。社群主义的兴起与德性伦理学在西方的复兴有着直接关系，麦金太尔就既是社群主义的重要代表人物，也是德性伦理学复兴的旗手。而且两者有着诸多共同之点，其中最突出的是强调共同体对于个人的优先地位、个人的德性对于共同体存续发展的意义，以及对公民进行德性教育的必要性。所有这些观点都是与自由主义根本对立的。此外，社群主义与古典共和主义也有某种关联，在一定意义上可看作是古典共和主义在20世纪的复兴。

二、西方现代社会德性思想的概貌及意义

西方现代社会德性思想极其丰富，在大约100年时间内有关社会德性思想的著述比近代几百年还要多，而且不少思想深奥晦涩。西方现代的许多社会德性思想不仅对西方世界有意义，而且对非西方国家也具有重要启示。更为重要的是，不少西方现代社会德性思想所针对的是当代世界的重大问题，具有一定的普遍性意义。因此，西方现代社会德性思想值得我们高度重视和研究。

（一）现代西方争论的主要社会德性问题

现代西方思想家研究了许多社会德性方面的问题，对于一些重大的社会德性问题都存在着意见分歧，并进行了相当广泛的讨论。从一定意义上说，现代西方社会德性问题的研究是围绕着这些有争议的问题展开的。了解他们争论的一些主要社会德性问题，有助于我们从总体上把握现代西方社会德性思想。

归纳起来，现代西方思想家争论的重大社会德性问题主要有以下六个方面：

第一，社会的首要价值是自由还是基于自由的公正。20世纪30年代当凯恩斯提出国家干预主义时，就有经济学家反对这种主张，在西方经济学内部出现了新自由主义与新古典主义（或保守主义）的争论。在凯恩斯的《就业、利息和货币通论》出版前，哈耶克就与他发生了著名的哈耶克与凯恩斯大论战。《就业、利息和货币通论》出版后，哈耶克于1944年出版的《通往奴役之路》和晚年出版的《致命的自负——社会主义的谬误》（1988年），对国家干预主义进行了系统的批判。从20年代大论战开始后，西方有许多

经济学家参与了这一论战。哈耶克与凯恩斯之间的争论反映了两种不同经济理论和经济政策主张上的重大分歧，代表了西方经济学界坚持自由放任主义还是用国家干预主义取而代之的两种不同的经济学立场。

经济学上的要自由放任主义还是要国家干预主义的争论，在哲学上的反映就是社会的首要价值是自由还是基于自由的公正。哲学上的这种问题是罗尔斯在《公正论》（1971 年）中第一次提出来的。他在《公正论》的开篇就提出“公正是社会制度的首要价值，正像真理是思想体系的首要价值一样。”这样，他就把经济学上的自由放任主义与国家干预主义之争的焦点上升到了国家的价值取向的高度，使问题成为社会制度的首要价值是自由还是公正。罗尔斯的这一观点，很快就遭到了诺齐克的坚决反对，并由此引起了旷日持久的争论。总的来看，对罗尔斯公正论提出批评的人比较多，其中有一些人并不一定是新古典自由主义者，他们只是对《公正论》中存在的各种不一致、缺陷、瑕疵提出批评。为了应对各种批评，罗尔斯后来又先后出版了《政治自由主义》（1993）和《作为公平的公正——公正新论》（2001）。这两部著作在对自己的观念进行辩护和阐发的同时，也对《公正论》一些观点作了修正。争论的双方后来似乎都接受了罗尔斯把公正作为社会制度的首要价值的观点，但对公正作出了各种不同的理解。于是，究竟什么是社会的首要价值之争转变成了什么是公正的争论。显然这种论题的转变并没有改变争论的实质。

需要特别指出的是，无论是凯恩斯的国家干预主义还是罗尔斯的“作为公平的公正”论，其基本立场都是自由主义的，都坚持了自洛克以来的自由主义路线，只是他们认为在资本主义文化发展到 20 世纪面临种种社会问题的新情况下，需要国家对经济和社会作适当的干预，以确保经济社会的稳定和秩序，需要在捍卫个人的自由权利的前提下适当兼顾社会公平。而且他们认为这样做并不威胁和损害个人的自由权利。因此，上述经济学和哲学的两派之争实际上是自由主义内部的争论。争论的结果，无论是在理论上还是在实践上，都出现了某种各自让步和彼此综合的趋向，更重要的是，西方各国实施国家干预政策已经半个多世纪，国家干预经济社会生活已成为事实，而且在现代全球化的背景下，在市场经济和政治生活异常复杂的情况下，国家不可能完全放弃国家干预主义。不过，经济学上的新古典自由主义和哲学上的保守自由主义的兴起，给西方各国政府加上了一道防止国家干预损害个人基本自由权利的紧箍咒，其实践意义十分重大。

第二，共同体的价值高于个人的价值还是相反。西方近代以来的主流社会德性理论和主流价值观是自由主义的。自由主义，无论是近代的自由放任主义，还是现代的国家干预主义，都坚持个人是社会的终极实体，个人的自由不仅是与生俱来、不可转让的，而且是至高无上的。这是自由主义的最基本原则，也是自由主义的主要标志。即便国家干预主义也是以这一原则为基本前提的，甚至可以说是为了更普遍地实现这一原则，因为在社会极度两极分化的情况下，那些最弱者的自由就会自然地被损害而得不到应有的保障。对于自由主义来说，国家作为人们生活的基本共同体，它不仅不是终极实体，甚至根本就不是实体。它是受托者、守夜人、裁判员而非运动员。它存在的唯一意义和价值只是保护公民的自由权利，使之得到普遍实现。如果说国家有价值的话，其价值也仅在于它是为公民自由权利普遍实现服务的，而且也仅仅在于此。个人的价值高于国家的价值，这对于自由主义来说是不言而喻的。到了20世纪80年代，西方一些政治哲学家在德性伦理学复兴的推动下，为西方现代文明的种种问题寻求出路，针对上述自由主义观念提出了一种将基本共同体（国家）利益置于个人价值之上的社群主义。社群主义者之间的观点分歧很大，但他们一般都主张社群优先于个人，公益大于公正，国家应积极有为。他们像共和主义者和德性伦理学家那样，强调公民的德性对于共同体的重要性，强调国家必须对公民进行道德教育，以使他们成为有德性的人。

针对社群主义对自由主义不注重公民个人德性的指责，有的自由主义者（如马塞多）试图构建一种“自由主义德性”或“具有德性的自由主义”。他们有针对性地对自由主义关于德性、公民身份、共同体等问题进行了研究和阐述，论证德性与自由具有基于“公众理性”的兼容性，以给自由主义注入德性内容。由此也可以看出，自由主义与社群主义之间也具有某种综合性。

社群主义虽然强调社群优先于个人，但他们都坚决反对将社群主义与社会主义的集体主义等同起来，他们甚至不愿意使用“社群主义”一词，以防止人们发生误解。实际上，两者之间确实存在着重大的差别。这主要表现在三个方面：（1）社群主义者所理解的共同体（国家）是与自由主义者所理解的国家相同，它是基于社会契约建立的，其主权在民；集体主义所理解的国家（基本的集体）则被认为是阶级斗争的产物，它是一个阶级压迫另一个阶级的工具。（2）社群主义所理解的个人是具有基本自由权利的个人，这种权利是天赋的、不可转让的；集体主义是把人看成社会关系的总和，认为个人并不具有天赋的自由权利。（3）社群主义虽然强调国家具有优先于个人的价值，但国家的基点还是个人，共同体的终极指向是个人；集体主义则以集体为本位，强调国家利益高于个人利益，应当为了国家利益牺牲个人利益。因为存在着上述区别，因而社群主义与集体主义虽然字面上大致相同，但内容和实质完全不同，不可相互混淆。

第三，对“代议制”民主加以完善还是以“参与制”民主取而代之。在近代西方启蒙时期，就存在着以洛克、约翰·密尔为主要代表的“代议制”民主理论与以卢梭为代表的“参与式”民主理论的分野。近代西方各国采用的基本上是“代议制”民主论，也程度不同地吸收了“参与式”民主论的内容。西方根据“代议制”民主论建立起来的民主政治，从一开始就存在着这种民主本身难以克服的问题。到了20世纪，这种问题日益明显和突出，其中最主要的有公民缺乏政治参与、“不服从”、“多数暴政”、以政党为代表的大利益集团控制政治等。相当多的思想家针对这些问题对“代议制”民主进行了激烈的批评，也有少数思想家主张用新的民主形式取而代之。其中比较有影响的有佩特曼、柯尔等人的参与民主论，达尔的多元民主论，哈贝马斯的“程序制”民主论（或协商民主论）。其中主张参与式民主的思想家试图以自己的民主论取代“代议制”民主论，其他思想家虽然对“代议制”提出了种种批评，但并不一定主张完全否定它。

实际上，主张“代议制”民主的思想家也承认“代议制”民主有其自身明显的局限和缺陷，但他们认为一方面参与式的直接民主在大范围内实施有困难，而且间接民主比直接民主效率高，便于决策。更重要的是，卢梭所主张的直接民主是建立在“人民主权”的观念之上的，而这种观念的核心内容是主张公民将一切权力交给作为主权者的全体公民，并完全服从主权者的“公意”。在主张“代议制”民主的思想家看来，实行这样一种直接民主确实有让每一位公民直接参与政治决策的优势，但这也意味着作为主权者的国家可以无限制地干预个人的自由和权力，多数更有可能对少数实行暴政。而这是他们所最担心的。对于他们来说，民主形式与个人自由权利比较起来，个人自由权利重要得多，为了确保个人自由权利不受侵害，必须防止直接民主可能导致的对个人自由权利的伤害。正因为如此，他们仍然坚持“代议制”民主，但在此前提下也提出了许多对这种民主形式进行限制，防止它可能发生的问题和导致的消极后果。例如，熊彼特等人提出的“精英民主”论就主张无论人民参与的程度如何，政治权力始终都应在精英阶层中转让。

由此可以看出，西方大多数思想家在民主问题上的分歧和对立并不十分尖锐，他们的观点在很多方面是可以互补的。综观西方现代各种民主理论，我们可以得出以下五点结论：（1）绝大多数西方思想家都认为民主制度虽然不是尽善尽美的，但却是到目前为止人类所可能选择的最好政治制度。（2）西方思想家大多都在肯定“代议制”必要性的同时，也指出其局限性，因而主张对其作必要的补充。（3）西方思想家普遍认为即使在民主制度下也需要对政治权力加以限制和监控，防止其僭越政治生活领域。（4）许多西方思想家都意识到民主制度本身存在着难以从根本上克服的缺陷或弊端，必须采取有效的措施加以防范。（5）越来越多的西方思想家将民主主体的范围从作为社会成员的个人扩展到作为社会成员的组织。①

第四，法律是否要以道德为基础。西方近代占统治地位的法治理论是自然法理论。自然法学在西方源远流长。这种理论认为自然法是由永恒的、普遍适用的一般原则构成的，自然法与人定法是两个体系，它们之间可能是一致的，也可以是冲突的，自然法作为普遍原则，是制度人定法的依据，也是评判人定法的价值标准。近代格劳秀斯、霍布斯、洛克等以理性为基础提出了系统的自然法理论，他们将自然法归之于理性，并以自然状态、自然权利、自然法为依据，主张以社会契约为基础建立民主政治和实行法治。自然法学是一种价值法学，它把道德作为法律的基础。自19世纪开始，伴随着西方资产阶级革命和西方国家法典的完成，古典自然法学的历史使命也随之完成，其内在的逻辑缺陷开始暴露出来，因而遭到了新兴的分析法学和历史法学的批评，自然法学也由此走向衰落。从19世纪下半叶到20世纪上半叶，分析法学占据了西方法学界的主导地位。19世纪的分析法学受实证主义哲学影响，认为法律的存在是一回事，它的好坏则是另一回事，人们不能因为种种原因认为法律是恶法而拒绝服从它，这即是所谓“恶法亦法”。进入20世纪以后，受逻辑实证主义和语言分析哲学的影响，“新分析法学”逐渐形成。它在法律与道德的关系上仍然坚持19世纪分析法学的立场，他们认为，法律实质上不过是命令或规则，其效力根据是人类意志，它是由人类意志所作出的。20世纪的两次世界大战、美国的民权运动以及反战运动等都呼唤法律对价值的诉求，于是自然法学重新受到重视。在20世纪，新分析法学与新自然法学之间先后发生了三次论战：第一次是英国法理学家、新实证法

① 参见江畅：《在借鉴与更新中完善中国民主理念——西方民主理论的启示和警示》，《中国政法大学学报》2014年第5期。

学的主要代表哈特同美国法理学家、新自然法学的主要代表富勒长达数年的论战；第二次是哈特同英国法官德夫林之间的论战；第三次是哈特同美国法理学家、新自然法学的代表人物德沃金之间的论战。其中第一次论战实际上是西方法理学中传统的自然法学与法律实证主义两大学派之争。新自然法学认为，法律不仅是与道德一致的，而且要以道德为基础。正是道德使法律成为可能，不符合道德要求的法律根本不能称为法律。

第五，道德重在个人的德性品质还是社会的规范。西方的伦理学在近代发生了从重视个人德性问题向重视社会道德规范问题的转变，形成了以边沁、约翰·密尔为主要代表的功利主义和以康德为主要代表的义务论伦理学。这两种伦理学彼此间虽然存在着重大分歧，但它们都认为伦理学应主要关注为人们提供道德原则，而不是关注人们的德性状况。其中，功利主义更适应市场经济发展的需求，因而成为了占统治地位的伦理学。这两种理论特别是功利主义在20世纪初因为被G.E.摩尔指责犯了“自然主义谬误”而沉寂下来，取而代之的是原伦理学。但是，在西方实际道德生活领域通行的仍然主要是规范伦理学的原则特别是功利主义和美国的实用主义。到了20世纪中叶，一些伦理学家在反思导致现代文明种种弊端的过程中，将其责任归咎于近代以来的伦理学只重视社会规范问题而忽视个人德性品质问题。1958年，英国伦理学家安斯库姆发表了《现代道德哲学》一文，第一次对规范伦理学提出了严肃的批评。这篇文章当时在西方学界并没有引起足够重视，但它成为了西方德性伦理学复兴的报春花。到70年代后，批评规范伦理学、主张回到德性伦理学的著作和文章逐渐多起来。1983年麦金太尔出版了《德性之后》一书，该书成为德性伦理学复兴的进军号，从此西方伦理学界兴起了一场复兴德性伦理学的运动。德性伦理学在反对功利主义或结果主义和康德义务论的同时，主张伦理学要关注“人应该怎样生活”的问题，重视个人的品质和德性，并断定伦理学具有不可法典性。受到批评的功利主义者和康德主义者一方面对德性伦理学进行了反批评，认为德性伦理学不能解决自我中心、行为指导、道德运气等问题；另一方面也努力发掘自己理论中的德性思想，以证明自己的伦理学并非不关心、不研究德性问题，只是将德性问题纳入规范问题范围内考虑。在两派的相互批评和诘难中，他们各自或多或少地吸收了一些对方的观点和内容，到今天已经有了某种综合趋势。与此同时，不少其他学科将德性伦理学应用于自己学科领域，形成了一些新的交叉研究领域，如德性认识论、德性法学、德性心理学等。于是，德性问题成为了西方学界的一个热点问题和领域。

第六，社会应奠基于理性之上抑或非理性之上。西方近代是崇尚理性、高扬理性的时代。启蒙思想家勾画出了自由、平等、民主、法治的“理性王国”的美好蓝图，西方政治家通过自己的政治实践使这种“理性王国”逐步变成了现实。但是，在这种“理性王国”初露端倪的时候，其弊端和问题就已经显现出来。近代的社会主义和浪漫主义就是对这种“理性王国”强烈不满的反映，而19世纪德国的意志主义及随后的生命哲学更是对启蒙思想家的理性主义及其勾画的深刻哲学反思。进入20世纪以后，西方近现代文明的弊端和问题日益突出，反叛作为这种文明基础的理性主义的非理性主义思潮一浪高过一浪。源自19世纪的生命哲学延续到了20世纪初。意志主义把意志而不是理性看作人的本原，甚至看作是世界的本原，而生命哲学则把生命冲动而非理性能力作为人的本原。紧接着生命哲学出现的存在主义，以其对现代文明更深刻的批判和对作为人本真状态的“能在”或“自由”的高度推崇而影响了西方20世纪的大半个世纪，直到1968年的学生造反运动。与此同时，生命哲学和存在主义哲学在心理学领域得到了弗洛伊德主义的直接呼应和强有力支持。在存在主义的影响尚未衰退的时候，后现代主义先是在文学、建筑学等领域兴起，后来扩散到哲学领域以至整个西方思想文化领域，成为一种十分广泛的文化思潮。与意志主义、生命哲学和存在主义不同，后现代主义不是去寻找一种取代理性的其他东西（意志、生命、作为自由的存在），而是否定、摧毁这种基础。它反对一切基于理性的东西，如本体、基础、结构、原则和信念等等。

我们注意到，这种自19世纪以来逐渐盛行的非理性主义思潮在西方畅行无阻，几乎没有遇到什么对手。它对作为西方主流价值观根基的理性主义的挑战，很少得到学术界和文化领域的回应，只有那些属于科学主义阵营的思想家仍然在那里倡扬科技理性。这种情形也许代表和表达了西方现代人对现代文明和理性主义的普遍态度和情绪。不过，非理性主义虽然对西方社会产生了深刻影响，程度不同地更新了西方人的传统观念，特别是对理性所持的那种乐观主义态度，但是西方的主流价值观和文化并没有因此而动摇，反倒是西方各国政府加大了政府对社会生活的干预力度，努力克服现代文明导致的种种问题，力图从根本上消除导致人们产生非理性主义观念和情绪的条件和土壤。应当承认，西方各国政府的措施最终取得了成效。到了20世纪70年代，当西方市场经济和民主政治走向完备的时候，以上所述的非理性主义流派或思潮的影响开始逐渐消退，那种过激的反理性情绪或对理性强烈不满的情绪也趋于平静，后现代主义也从“解构性”后现代主义转向了“建设性”后现代主义。这也从一个方面说明，启蒙思想家所策划的理想社会模式具有强大的耐冲击力和持久的生命力。

（二）西方现代社会德性思想的基本特点及局限

西方现代社会德性思想浩如烟海，思想家们对各种社会德性问题见仁见智，观点纷呈，找出它们的共同特点并不那么容易。不过，与西方近代社会德性思想相比较，它有着这个时代的共同特点。了解这些特点以及局限（某些局限也体现了它的特点），有助于我们对西方现代德性思想的把握和总结他们的经验教训。

西方现代社会德性思想有一个不容易被人们注意但又非常值得重视的特点，这就是几乎所有的思想家都以私有制为前提研究问题，建立公有制社会的声音消失。西方近代从 16 世纪初一直到 19 世纪，有一大批社会主义思想家，他们坚决反对私有制及其所导致的剥削、压迫和不平等，主张建立财产公有、没有剥削压迫、人人自由平等的社会主义或共产主义社会。当然早期的社会主义者都是一些空想家，其社会主义理想是乌托邦，没有找到实现的道路，也根本不可能实现。但是，一般都认为马克思和恩格斯所创立的科学社会主义理论把前人的空想变成了科学。也就是说，不仅马恩的社会理想（以公有制为基础的社会主义）本身是科学的，即是合理且能够实现的，而且他们也找到了实现这种理想的现实道路（无产阶级革命和无产阶级专政）和可靠力量（无产阶级）。马恩自己也是这么看的，而且充满了自信：“资产阶级的灭亡和无产阶级的胜利是同样不可避免的。”[①] 然而，我们注意到，20 世纪比较著名的思想家几乎不再谈消灭私有制、建立公有制的问题。这个问题在他们的话语里消失。从前面的分析我们可以看出，西方现代思想家在社会德性问题上存在着种种分歧，也有很多思想家对资本主义文明的方方面面都进行了尖锐的批判，但未见有思想家谈及消灭以私有制为基础的资本主义和建立以公有制为基础的社会主义的问题。的确，现代西方有不少思想家研究社会主义，但是他们基本上对社会主义持批判态度；也有不少思想家研究马克思主义，但是他们基本上都阉割了其中的公有制和革命的内容。总体上

① ［德］马克思、恩格斯：《共产党宣言》，中共中央编辑局编译：《马克思恩格斯文集》2，人民出版社 2009 年版，第 43 页。

看，现代西方思想家基本上都是在私有制框架内讨论社会德性问题。

西方思想家闭口不谈消灭私有制、建立公有制这样一个社会德性的根本性问题，不能认为是他们的疏忽，而是另有原因的。原因肯定十分复杂，但从思想家的有关文本看，苏联社会主义模式和斯大林的形象起了重要的负面作用和深远的消极影响。不少思想家一谈到社会主义就把它等同于苏联社会主义，而苏联社会主义就是没有自由、平等、民主、法治的极权主义社会。而苏联的领导人斯大林被不少西方思想家看作是与希特勒一样的“独裁者”和“暴君”。在他们看来，这就是以公有制为基础的社会主义的本来面目。于是，他们从反对社会主义到反对公有制，再到对私有制的肯定。更为糟糕的是，十月革命建立起来的苏联社会主义政权在 70 多年后居然轰然倒塌。在社会主义和资本主义两大阵营的敌对和斗争中，西方资本主义不战而胜。这些都是使西方思想家对社会主义和公有制持完全否定态度的重要原因。西方现代思想家的态度和看法无疑是有偏颇的，但对致力于中国特色社会主义国家建设的中国人来说，仍是值得深刻反思的。

与西方近代德性思想相比较，西方现代社会德性思想更注重以西方社会问题和现代文明问题为研究导向。这是西方现代思想的第二个重要特征。每一个时代的社会德性思想都是那个时代社会现实的产物。西方近代社会德性思想无疑也是对西方近代社会现实反思和探讨的结果。但是，西方近代是西方社会发展的一个重大转折时期，旧社会正在迅速走向衰亡，而新社会尚处于萌芽之中。那时思想家面临的主要任务是对旧社会的批判和对新社会的理论构建，力图在批判旧世界中构建新世界。就西方近代的主流社会德性思想家而言，他们所批判的对象是旧社会，而不是新社会。新社会尚处于生成之中，新社会的问题与旧社会的问题交织在一起，所以他们不是要去努力发现新社会已经暴露出来的问题，而是努力寻求新社会发展的方向并策划新社会的方案。当然，也有不少非主流的思想家，如社会主义者和后来的意志主义者，他们将社会问题的账都算在生长着的新社会身上，在对社会现实进行批判的同时策划不同主流思想家的社会方案。总之，近代主流思想家从总体上看要么对旧社会进行否定性批判，要么对新社会进行肯定性构想，而不是对一种社会自身形成在发展完善过程中出现的问题进行对策性的研究。与西方近代不同，西方现代思想家面对的是日益完善且充满生机活力的社会，因而至少就主流思想家而言面临的任务主要不是对社会进行否定性批判，而是努力为解决社会发展过程中的各种重大问题出谋划策。当然，与近代思想家相比，现代西方思想家的局限也很明显。他们在市场经济的浸染之下，再也没有了以前思想家的宏大叙事的胆识和气魄，没有了乌托邦的憧憬和谋划，因而也难以产生在人类历史上千载留名的划时代思想大师。

从前面对西方现代思想家争论的问题来看，它们都是西方现代文明走向繁荣过程中出现的问题，思想家们正是在发现和解决这些问题的过程中提出和阐发自己的社会德性思想的。凯恩斯国家干预主义理论的提出，所直接针对的是市场经济发展过程中日益突出的周期性经济危机和所导致的贫穷两极分化。后来新古典自由主义的出现则是因为凯恩斯主义的经济政策在新的经济形势下失灵，当然，新古典自由主义也不是对国家干预主义的完全否定。哲学上的新自由主义和保守自由主义的论争、法理学领域的新分析法学与新自然法学之争、伦理学界的德性伦理学之争，所反映的都是西方社会实践面临的两难困境。非理性主义和后现代主义虽然看起来远离现实，但它们都是从更深层次上寻找导致现代文明问题的根源，并寻求解决问题的出路。所有这一切表明了两点：其一，现代西方思想家都是在现有资本主义文明框架内解决它所面临的各种问题，而不是致力于否定它、摧毁它，也不是构想一种新社会来取代它。其二，正因为这种对社会现实的态度，他们所要做的工作就是以建设性的态度去发现问题，研究和解决问题，充当社会"医生"，对现代文明进行诊疗。

西方现代思想家高度重视现代文明发展繁荣过程中暴露出来的一些根本性的总体性的重大问题的研究，同时也有许多思想家注重对现实社会生活的各种重大问题的研究，并重视对政府政策的影响。这一点尤其体现在哲学方面。20世纪以前，人们一般都认为哲学是思辨的学问，哲学家的生活是沉思的书斋式生活。近代哲学家的情形也大致如此。黑格尔曾这样描述德国哲学家的生活："**我们**在头脑里面和头脑上面发生了各式各样的骚动；但是德国人的头脑，却仍然可以很安静地戴着睡帽，坐在那里，让思维自由地在内部进行活动。"①然而，进入20世纪以后，哲学家再也坐不住，他们得面对现代文明导致的种种重大人类生存问题，也要面对与这些重大问题相关联的许多实际问题。特别是20世纪70年代后，伴随着现代文明高度繁荣而来的各种人类问题，迫使西方哲学家再也无法静坐在书斋里了，学术良心和社会责任感驱使他们走向社会现实和具体问题。有一位著名的西方哲学家说，20世

① ［德］黑格尔：《哲学史讲演录》第四卷，贺麟、王太庆译，商务印书馆1978年版，第257页。

纪70年代早期曾发生了两件对西方社会有重要影响的事情。一件事情是应用伦理学的出现。以前关于我们应当怎样生活的问题的讨论一直都是一般性的、抽象的，而现在突然间哲学家开始写堕胎、种族和性别歧视、公民不服从、经济不公正、战争，甚至不人道地对待动物等。[①] 不仅如此，有许多思想家还担任了政府、企业或其他社会组织的顾问，或者为它们做专题研究或策划。思想家不仅成了社会问题的诊疗家，而且还成了社会项目的设计师。这种景象是以前西方历史上前所未有的。

西方现代思想家不仅主要在资本主义文明框架内以建设性的态度对现代文明和社会现实中的问题进行诊疗，而且所采用的研究方法也与过去有很大不同，他们更注重对话、商讨和争论，并由此推进研究，完善观点。这应该可以说是西方现代德性思想的另一个重要特征。我们知道，西方近代思想家，更不用说古代思想家，由于交通不发达、信息不畅通，他们的研究基本上是“单打独斗”式的，他们很难聚到一起讨论问题，也不大可能进行直接的对话、商讨，他们的研究在空间和时间上基本上都是隔离的。后人也会看到他们之间的意见分歧，但这种分歧的意见是后人拼凑在一起，而非本来如此的。进入20世纪以后，西方思想家的研究方式有了很大的改变，他们更注重到西方各国乃至世界各地讲学、组织和参加各种会议，他们通过现代媒介商讨和争论各种问题。他们一有了成熟的想法就可以发表出来，发表出来以后大家都参与讨论、发表评论，通过讨论和评论，使思想趋向完善。当代西方思想大师无不是在对话、商讨、争论的过程中成为大师的。罗尔斯的《公正论》出版后，引起了广泛的讨论和争议。正是这些讨论和争议促使他对自己的公正论作更深入的研究，针对人们的批评、质疑对它进行修正完善。于是就有了12年后的《政治自由主义》和20年后的《作为公平的公正——公正新论》。这两部著作的出版，使他的公正论成为更加完整自洽的理论体系。被誉为“当代最有影响力的思想家”的哈贝马斯更是一位学术活动家。迄今为止他已出版著作数十部，几十年来在世界各地都可以看到他的身影。他广泛参与学术讨论，虚心接受各方的批评意见，不仅带来了丰硕的学术成果，而且使他目光犀利，思想深刻。他成为一代思想巨子是与他丰富的学术活动分不开的。

西方现代思想家注重对话争论是多种原因使然。西方自古以来就有思想

---

① Cf. Steven M. Cahn, Peter Markie, *Ethics: History, Theory, and Contemporary Issues*, Oxford University Press, 1998, p.475.

自由、平等对话，特别是“我爱我师，我更爱真理”的学术传统。第二次世界大战期间纳粹政府对犹太人的迫害使大批德籍犹太思想家流亡到美国和其他国家，这也大大促进了西方学者之间的交流对话。此外，西方国家在语言方面也更具有便利的优势。至于现代信息技术和传播媒体，这是全人类共享的资源，而不是西方特有的。在所有这些原因中，有两点是值得特别指出的：一是追求真理的精神。西方思想家非常崇尚真理，而一个人的见解总是有局限的，只有在讨论和争论中真理才能更充分的显现。古希腊的苏格拉底就是为了获得关于德性的真理，而不断地与人谈论和争辩的。与获得真理相比较，个人的威望、名声都是次要的。二是宽容的学术品格。近代西方在自由方面的进步首推思想自由及相应的言论自由。这种自由的最重要前提就是每一个人有表达自己观点的权利。无论所表达的观点是否与自己一致、是否对自己有利，我们都要尊重表达者说话的权利，对于其中的偏颇和错误持宽容态度。这两个方面的学术精神和品格在西方近代就已经形成，在现代交通媒体极其便利的新条件下，这种学术精神品格充分显示出了它的优势。它为西方现代造就了一大批思想大师和学术大家。

整个 20 世纪以来的西方社会德性思想史大致就是以上所描述的状况。与西方近代社会德性思想相比较而言，这些特点都是有新意的，但并不全是优点。如果作深入的反思，我们就会发现这种具有新特点的研究也有一个重大的局限，这就是它的短视性。西方现代社会德性思想的新特点概括说来就是以问题为导向，注重研究的实用性和对策性，研究与应用一体。具有这些特点的德性思想的优点是具有直接的可应用和可操作性。但是，西方现代思想家基本上在启蒙思想家设计的理想社会模式内考虑问题，没有考虑这种理想社会模式在实现过程中暴露出来的这种模式所不能克服的问题。其中特别突出的是前面已经谈及的贫富两极分化、周期性经济危机、极权主义和恐怖主义四大问题。2007 年全球金融危机爆发以来，世界主要资本主义国家经济相继遭遇寒冬，资本主义现代化的结构性矛盾与制度缺陷暴露得十分充分。我们感到十分遗憾的是，西方现代思想家很少着眼于资本主义文明这些难以克服的问题探讨资本主义的前途和命运问题，探讨整个人类的未来发展方向和理想前景。对于他们来说，西方社会乃至整个世界的未来只能是启蒙思想家所策划的“理性王国”，不会有可以替代它的更好的社会，我们所能做的工作就是对这种理想模式进行修补和调整，使之能够维系下去。西方现代思想家普遍存在的这种短视性的问题，是令人十分忧虑的，因为当西方现代文明哪一天真正走向了没落和衰亡，而作为社会先知者的思想家居然没有觉察到，更没有为之谋划新的方案。

（三）现代社会德性思想的意义及其启示

西方现代社会德性思想虽然有其局限性，但它是人类思想宝库中极其重要的组成部分，有其独特的价值和优势，无论对现代西方社会还是对现代国际社会都具有重大意义。

第一，西方现代德性思想根据 20 世纪以来西方新的社会历史条件完善了启蒙思想家的社会模式。整个西方现代文明是在启蒙思想家设计的社会模式的基础上构建起来的，但并非完全按启蒙思想家的蓝图实施。实际上，启蒙思想家设计的社会模式本身也只是一个“框架图”而不是一个“施工图”。而且即便是启蒙思想家设计的“框架图”也存在不少的局限，因为后来的社会发展出现了许多启蒙思想家没有预料到的问题。其中特别重要的有以下三个问题：一是市场经济快速发展及其问题。启蒙思想家生活的时代，西方市场经济尚处于生长期，市场经济的巨大魔力还没有表现出来，市场经济创造的巨大物质财富从而使社会迅速走向富裕，这是除亚当·斯密以外的其他大多数启蒙思想家没有想到的。另一方面，市场经济会导致社会两极分化、周期性经济危机、生态环境遭到破坏、整个社会资本化、消费主义和享乐主义盛行，这更是完全出乎于包括亚当·斯密在内的所有启蒙思想家意料之外。二是科学技术的快速进步及其问题。西方科学技术高速发展的起点是在启蒙运动接近尾声的 19 世纪。科技加速发展给市场经济发展插上了翅膀，同时也成了市场经济负面作用的帮凶，而且它深刻改变了整个社会生活和社会管理方式，在资本主义制度下，科技成为了控制人的一种整体力量。三是理性具有的负面作用。启蒙思想家是运用理性的力量彻底打垮封建主义、专制主义和天主教会统治的，而且极其推崇理性，将自己的理想社会蓝图完全建立在理性之上，以为人类只要理性化了就可以达到人间天堂。然而，就在他们的梦想开始实现时，理性就暴露出了自身的问题，特别是在市场经济条件下，人的经济理性、技术理性片面膨胀，导致社会异化甚至人性异化。所有这些启蒙思想家没有预料到的问题，都事关他们所设计的理想蓝图能否实现的问题，也就是说关系新兴的资本主义文明能否存续下去的问题。到 19 世纪末、20 世纪初，这些问题如此之严重，以至于列宁断定资本主义已经到达了它的最高阶段——帝国主义，而帝国主义是腐朽的、垂死的、没落的。

正是在这样的历史关头，西方思想家通过艰难的理论探索，解决或缓解了资本主义文明发展过程的一系列重大问题，挽救资本主义于危亡之中，并使资本主义重现生机和活力；而且在资本主义文明走向完善的过程中使启蒙思想家设计的“框架图”变成了“施工图”，形成了一整套完善的资本主义社会价值体系和文化体系。这应该是西方现代社会德性思想对于资本主义文明而言的历史功绩。

第二，西方现代社会德性思想为西方各国政府解决一系列重大现实问题提供了有力的智力支持和充分的理论依据。20世纪以来，西方资本主义文明固有的矛盾和问题与启蒙理想实现过程中出现的种种问题交织在一起，使西方各国政府持续不断地面临诸多棘手难题。在解决这些较为具体的难题方面，西方思想家发挥了非常重要的作用。一方面，他们给政府提供了应对之策，另一方面，又为这些政府提供了理论论证和辩护，使之能够为人们所接受。有关这方面的事例很多，涉及社会政策的各个方面。凯恩斯为解决社会两极分化严重和周期性经济危机的问题提出的政策方案，成为西方各国实行“三高”政策的主要理论依据。面对福利主义政策导致的经济发展“滞胀”问题，新古典自由主义的对策为不少西方国家所采纳。新自然法学学派的理论为西方国家普遍受到指责的法律日益形式化问题的解决提供了理论基础和实践原则。从这些方面看，西方现代社会德性思想不仅救了资本主义的命，而且为它治了不少病，有些病即使没有被治愈，至少也有所缓解。

第三，经过修正和完善的西方价值体系已成为当代世界最完备的价值体系，给非西方国家提供了具有极其重要意义的参照和借鉴。从整体上看，西方现代文化与西方近代文化是同一个文化体系的两个不同历史阶段，现代西方思想家不像生活在社会变革时代的近代思想家，他们所做的工作主要不是在破除旧的社会价值体系的基础上重构新的社会价值体系，而是在承继启蒙思想家已经设计的框架图的基础上使之细化和完善。今天回过头来看，西方思想家一个多世纪来的工作是卓有成效的。毋庸讳言，西方资本主义价值体系无论从理论上还是实践上看已经达到了完善，今天的资本主义进入了成熟阶段。西方资本主义价值体系在20世纪不太长的时间内达到完备，我们不能不充分肯定西方思想家所发挥的关键性的作用。正是他们的社会责任感和不懈追求真理的精神使他们勇于探索、大胆创新，根据变化着的复杂社会现实在完善理论价值体系的同时完善现实的价值体系。

自19世纪以来，特别是第二次世界大战后，差不多世界各国都在致力于构建自己国家的价值体系，但我们目前也许找不到一个西方世界以外的国家的价值体系达到了西方价值体系完备的程度。我们应当承认，这些国家从现代文明的角度看都是后发国家，他们的价值体系构建比西方起步晚不少，但理论和实践构建的力度确实不及西方。西方资本主义价值体系虽然是西方特有的价值体系，但是它确实给后发国家提供了参照和借鉴，而且其中有不少内容具有普适性，可以批判地吸收和利用。当前非西方世界兴起了一股十分强烈的文化本土化之风。此风在很大程度上是民族情绪使然。如果我们冷静理智地考虑，我们就不会盲目自信，夜郎自大。我们要意识到，西方现代德性思想是整个人类思想的重要组成部分，西方现代文明是整个人类文明的组成部分，它们不仅是西方的，也是全世界的。如果它们确实是先进的、先行的，我们学习它、参照借鉴它、吸收利用它，只会有利于本国价值体系构建和完善。我们应将这种自觉主动的“拿来”过程与西方一些国家的一些势力利用西方价值观和西方文化来达到“西化”、“分化”或其他别有用心的企图区分开。

第四，对现代文明已经出现的和可能出现的一些问题做了有益的探索，增强了全人类对这些问题的意识，并为解决这些问题提供了一种答案。西方现代文明中的不少问题，在今天实际上不只是西方所特有的问题，而是人类现代文明所共有的。之所以会这样，一个重要的原因在于，今天人类的主流文明源自西方近代，也就是说，它不仅是与西方近现代文明同源，而且是这种文明的泛化或流布。无论非西方国家多么不愿意承认，这都是客观事实。现代文明有许多规定性和标志，其中最重要的是自由、平等、民主、法治、市场、科技。这六个理念既是现代文明的基本规定，也是它的基本标志。如果我们深入思考就不难发现，它们都来自于西方近代。如果一个国家说它只是用了同样的词，而其实质和内容与西方完全不同，那么你只可以说你的文明是你本国的文明，而不能说是它人类现代文明的一个内在组成部分，或者说，你的这种文明尚未与世界接轨。我们并不是说源自西方并从西方向外流布的现代文明是十全十美的，相反它是问题很多的。正因为这样，西方现代思想家才会研究它们。今天，西方以外的思想家也在研究它们，但西方思想家的研究起步早，他们所在的社会现代文明的问题暴露得更为充分，他们还有更自由思想表达的环境，因而他们的思想成果更丰富、更深刻、更有代表性。这一方面促进了西方以外世界的思想家对这些问题的意识，同时也给他们的研究提供了重要的启示和参照。从这些问题的解决角度看，西方思想家的思想无疑也是人类和各国解决现代文明问题的重要方案之一，应当给予应有的重视。

从以上分析可见，西方现代社会德性问题研究有经验也有教训，这两个方面对于我国社会德性问题研究都具有重要启示意义。具体地说，以下四个方面是值得我们重视的：（1）社会德性问题研究要直面社会价值体系现实构建和实际运行过程中出现的各种问题，为社会现实问题的解决提供理论方案。（2）社会德性问题研究要注重学术对话、讨论和争鸣，克服自说自话、唯我独尊的做法。（3）社会德性研究要着眼社会发展未来，要在不断明确未来发展目标的同时调整现行的价值体系，不能仅仅局限于问题研究，局限于应用性、对策性研究，只有这样，社会德性研究才能胜任社会发展“先知”的角色。（4）从社会的角度看，要允许不同学派、不同思想观点存在，并为其自由表达和自由争论提供宽松环境。

第二章　现代自由主义德性思想

古典自由主义可以追溯到霍布斯，但它的真正创立者是洛克，洛克之后经亚当·斯密和约翰·密尔的发展，最终成为西方占主导地位的政治思想体系。古典自由主义的最基本主张包括三个方面：一是个人自由神圣不可侵犯；二是在社会契约基础上建立有限政府；三是推行代议制民主，实行分权制度。① 古典自由主义对西方的政治实践和政治制度产生了直接影响，并奠定了西方近现代社会核心价值体系的基本构架。但是，这一理论的自由放任主义性质和主张在实践上造成了严重的社会后果，其中对西方社会影响最大的是1929年爆发的席卷西方各国的经济大危机以及第一次世界大战。正是对这些严重社会后果的反思，正是为了克服周期性的严重经济危机，同时也为了缓解日益严重的社会两极分化，出现了凯恩斯主义的国家干预主义理论和罗斯福新政以及后来西方国家纷纷仿效的福利政策实践，古典自由主义也因此而转向了现代自由主义。凯恩斯主义并不否认西方近代自由主义的基本信念，但突出了平等或社会公平的意义，强调政府对经济社会生活的适度干预，因而可以说是一种不同于古典自由放任主义的新自由主义。凯恩斯主义很快就遭到了以哈耶克为代表的保守自由主义经济学家和以伯林为代表的保守自由主义哲学家的反对。在这种背景下，罗尔斯又从政治哲学的角度捍卫并阐发了凯恩斯的国家干预主义，提出并阐发了作为公平的公正理论，将自由前提下适度的平等理解为社会公正，并将社会公正看作是社会制度的首要价值。罗尔斯的《公正论》一出版就引起了广泛而热烈的讨论，同时很快又遭到了以诺齐克为代表的保守自由主义哲学家的强烈批评。自20世纪初一

① 参见李立锋等:《西方新自由主义政治思潮析评》,《内蒙古社会科学》1998年第6期。

直到今天，新自由主义与保守自由主义之争构成了现当代西方社会德性的主旋律，参与这方面讨论的思想家人数之众，这方面的学术成果之多是史无前例的。这里我们着重阐述20世纪以来自由主义阵营中几个里程碑式人物的社会德性思想。

一、哈耶克的自由与法治理论

哈耶克（Friedrich August von Hayek, 1899—1992）是奥地利裔英国经济学家，新古典自由主义的主要代表人物，奥地利经济学派最重要的成员之一，他的法治思想也有重要影响。他生于奥地利维也纳，先后获维也纳大学法学和政治科学博士学位。20世纪20年代留学美国，回国后先后任维也纳大学讲师、奥地利经济周期研究所所长，后担任英国伦敦经济学院教授、德国弗莱堡大学教授等。1938年加入英国籍。他以坚持自由市场资本主义和反对社会主义、凯恩斯主义和集体主义而著称。他早期以研究货币和经济周期理论成名，提出货币投资过度理论。他认为经济周期的根源在于信贷变动引起的投资变动。银行信贷的扩大刺激了投资，一旦银行停止信贷扩张，经济就会由于缺乏资本而爆发危机。他相信资本主义经济本身有一种自行趋于稳定的机能，反对国家对于经济生活的干预。他把70年代资本主义滞胀的出现归罪于凯恩斯主义的理论和政策。他认为社会目标是个人目标的总和，社会目标不能抑制个人目标。社会主义贬低个人的目标，而要求个人遵从社会的目标，限制了利己的动力；计划经济中的集中决策没有市场经济中的分散决策灵活，所以社会主义不可能有高效率；而且社会主义违背人性，计划经济导致政府集权，是“通向奴役的道路”。他还反对西欧社会民主党和英国工党的社会改良措施。他的自由主义思想在西方国家学术界有重要影响。1974年他与瑞典经济学家缪达尔共同获得诺贝尔经济学奖。他的与社会德性思想直接有关的著作有：《通向奴役的道路》（*The Road to Serfdom*, 1944），《个人主义与经济秩序》（*Individualism and Economic Order*, 1948），《自由宪章》（*The Constitution of Liberty*,1960，中译为《自由秩序原理》），《法律、立法与自由》（*Law, Legislation and Liberty*, 3 Volumes），《致命的自负——社会主义的谬误》（*The Fatal Conceit: The Errors of Socialism*, 1988）等。其中《法律、立法与自由》包括三卷：第一卷：规则与秩序（Volume I. *Rules and Order*, 1973）；第二卷：社会公正的幻境（Volume II. *The Mirage of Social*

Justice,1976）；第三卷：自由社会的政治秩序（Volume III. *The Political Order of a Free Society*, 1979）。哈耶克社会德性思想的主要贡献在于，在国家干预主义普遍流行的情况下，坚决捍卫古典自由主义，并根据新的社会历史条件对古典自由主义作了修正和完善，特别是构建了一整套与经济自由相适应的现代法治理论，对现代法治的完善作出了重要贡献。哈耶克的自由主义思想（通常称为"新自由主义"，实际应为"新古典自由主义"或"保守自由主义"）不仅对西方社会而且对发展中国家也产生了重要影响。

（一）凯恩斯革命

凯恩斯（John Maynard Keynes, 1883—1946）是20世纪英国著名经济学家，也是经济学界的世界性人物。他1936年出版的《就业、利息和货币通论》（简称《通论》）在1929年西方经济大危机之后惊魂未定的西方世界引起轰动。西方有学者评论说："凯恩斯是在致命危险威胁资本主义的世纪里巩固了这个社会"；有的学者则把凯恩斯的理论比作"哥白尼在天文学上，达尔文在生物学上，爱因斯坦在物理学上一样的革命"。《通论》创立了现代宏观经济学的理论体系，实现了西方经济学演进中的"第三次革命"，在西方经济学史上具有划时代的意义，是西方近代主流价值观向现代主流价值观转变的主要标志之一。他的主要著作有：《货币改革论》（*A Tract on Monetary Reform*, 1923）、《货币论》（*A Treatise on Money*, 1930）、《劝说集》（*Essays in Persuasion*, 1932）、《就业、利息和货币通论》（*The General Theory of Employment, Interest and Money*, 1936）等。其代表作《就业、利息和货币通论》所主张国家采用扩张性的经济政策，通过增加需求促进经济增长，被称为凯恩斯主义（Keynesianism 或 Keynesian economics）。

凯恩斯生活在自由放任的私人企业制度向私人垄断过渡的英国。第一次世界大战是英国从盛到衰的转折点。大战之后，英国开始从殖民帝国、世界工厂的顶峰一步步衰退了下来。由于大战中政府开支剧增，英国被迫中止实行多年的金本位制，随即迅速出现了通货膨胀。英国在维多利亚时代（1837—1901年）取得的巨大成就，世界工厂、大殖民帝国的特殊历史地位，使英国在产业结构的调整、工业组织的完善和经营管理方式的改进等方面逐渐落后于资本主义国家。在这一转折过程中，英国在国际贸易中的优越地位最终被削弱。对于英国这样一个国内市场不广阔的岛国来说，国际贸易竞争优势的丧失必然给国内经济造成不良影响。从1920年开始，英国经济就陷入了停滞状态，煤炭、棉纺织品、造船工业等重要部门因国内市场狭窄和出口不顺利而无法恢复元气。英国经济在20年代初期的不景气由于统治者的错误决策而更加加深。为了提高英国在国际金融界的信誉，巩固伦敦作为世界金融市场的地位，英国政府于1925年恢复了金本位制，使英镑价值固定在黄金上，结果提高了英镑的汇率，造成进口增加，出口减少。在这种情况下，为了维持国际收支的平衡，只能是通过提高利率以减少资本净输出，但提高利率却造成国内投资需求不振，失业人数增加。然而，实行金本位制，就很难用扩张性的货币政策来刺激就业。庞大的失业大军造成一系列社会问题，如何降低失业率便成为英国朝野共同关心的问题。从20年代起，不断有人提倡以公共工程来减少失业，也就是靠扩张性的财政政策来刺激就业。但是以新古典学派理论为基调的"财政部观点"反对用公共工程缓和失业困局。其结果是英国经济在20年代的萧条状态一直持续到大危机爆发。20年代的"英国病"，虽然不是凯恩斯主义产生的直接社会原因，但它终究起了如下推动作用：一是使凯恩斯较早便开始考虑失业问题；二是恢复金本位制的后果使凯恩斯更清楚地看到了通货紧缩与失业增加之间的关系；三是公共工程问题的讨论使凯恩斯考虑了财政政策与失业之间的关系，使卡恩提出乘数概念，为凯恩斯日后的乘数理论奠定了基础。

凯恩斯主义产生的更直接、更强有力的动因是1929—1933年西方资本主义世界的大危机。这次大危机是资本主义世界有史以来最严重的一次经济危机。这次大危机表明，单凭私人企业在自由放任的市场条件下的利益冲动，无法使失业减少到不威胁私人企业制度的程度，单凭货币政策同样无济于事。① 正是在西方近代以来实行的自由放任原则面临着致命性挑战的时候，凯恩斯主义应运而生，它适应了西方社会从自由放任到国家干预的需要。正是在凯恩斯学说的影响下，西方各国在经济系统的宏观层次上放弃了自由放任原则，实行政府干预，同时保留私人企业制度。

"凯恩斯的《就业、利息和货币通论》不是新古典经济学的自然延伸，不是在承认新古典理论的所有基本前提下对新情况作出新的结论，而是根本改变某些前提，革新旧的推论方法，考虑过去不予考虑的因素，提出新的研究课题。因此它不是理论发展过程中渐变意义上的递进，而是突变，是西方经济学的主流发展过程的'中断'。"② 因此，西方经济学家把《就业、利

① 参见张旭昆：《经济思想史》，中国人民大学出版社2012年版，第334—335页。
② 张旭昆：《经济思想史》，中国人民大学出版社2012年版，第348页。

息和货币通论》的出版称为经济学发展过程中的革命。这场革命包括两个方面，即经济理论上的革命和经济政策上的革命。

凯恩斯经济理论上的革命包括多方面的内容，而其中的核心内容是有效需求理论。他不仅肯定有效需求存在，而且认为有效需求决定收入水平和就业水平，从而在经济学上确立了有效需求原则。马尔萨斯就已经注意到有效需求对收入水平的决定作用，他在与李嘉图、萨伊等人的论战中反对萨伊定律，提出有效需求不足会造成暂时性的普遍过剩和长期萧条，造成失业，降低收入水平。但是，马尔萨斯的观点并没有受到重视，而且他也没有解决这一难题，萨伊定律一直占据统治地位。“马尔萨斯不能解决的有效需求这一个大难题，从此不再在经济学文献中出现。”①凯恩斯不仅重新发掘了有效需求的概念，而且以有效需求为原则探讨宏观总量的决定机制，从而实现了经济学理论上的第四次革命。他自己在阐述了有效需求原则之后明确说，有效需求是《通论》之要旨，全书的主体部分都是探讨什么因素决定有效需求的两个决定性因素，即总需求函数和总供给函数。②

在凯恩斯看来，在技术、资源和成本三者不变的情况下，当一雇主用特定量劳工时，他必定有两类支出：一是他付给生产原素以取得劳工，该就业量可称之为原素成本；二是他付给其他雇主以购买其产品或使用其设备，这是该就业量的使用者成本。由此所获得的超过原素成本和使用者成本部分，则为利润。雇主在决定应该雇多少工人时，以达到最大利润为决策的准绳。这种由特定就业量所产生的总所得（即原素加利润）就是就业量的收益。凯恩斯认为，在雇主的心目中，每一就业量总应有一最低的预期收益，包括正常成本和正常利润。若实际收益低于此，则雇主就不值得提供该就业量。这一最低预期收益，可称之为该就业量所产生的总供给价格。因此，在凯恩斯看来，在技术、资源及原素成本皆不变的情况下，一个企业以及产业全体的就业量，取决于雇主们由该相应产量所能预期获得的收益。雇主们必定设法使就业量达到一定水准，在该水准上，预期收益超过原素成本（即利润）达到最大。设 Z 为雇佣 N 人所产生产品之总供给价值，Z 与 N 的关系，可写作 Z= 系（N），这就是总供给函数。同样，设 D 为雇主们预期由雇用 N 人

① ［英］凯恩斯：《就业、利息和货币通论》，徐毓枬译，凤凰出版集团 / 译林出版社 2011 年版，第 27 页。

② 参见［英］凯恩斯：《就业、利息和货币通论》，徐毓枬译，凤凰出版集团 / 译林出版社 2011 年版，第 22 页。

所能获得的收益，D 与 N 的关系可写作 D=f（N），这就是总需求函数。当 N 取某特定值，其预期收益大于总供给价格（即 D 大于 Z）时，则雇主见有利可图，必定会增雇工人。必要时还会不惜抬高价格竞购生产原素，直至 N 之值使 Z 和 D 相等而止。因此，“就业量决定于总需求函数与总供给函数相交之点，盖在此点，雇主们之预期利润达到最大量。”①

在凯恩斯看来，D 在总需求函数与总供给函数相交点时的值 D′，就是“有效需求”（effective demand）。就是说，有效需求就是总需求价格与总供给价格相等时的社会总需求，就是总需求函数与总供给函数相交时所决定的总需求 D′。由此看来，有效需求是有支付能力的需求，但同时还必须是能够保证全体雇主获得最大利润的有支付能力的需求。因为，两条函数相交前的总需求函数上的各点都可算作有支付能力的需求，但只有在有效点上的总需求 D′ 才是为雇主提供的最大利润。凯恩斯认为，社会的实际就业量是由有效需求所决定的，也就是总需求函数与总供给函数相交时所决定的就业量 N′。那种比 N′ 更高的就业量将导致比总需求价格更高的总供给价格，而这是不会为雇主所采纳的。而那种低于 N′ 的就业量，虽然使总需求价格高于总供给价格，但增加就业还会使雇主增加利润，因而雇主不会满足比 N′ 低的就业量。凯恩斯认为，有效需求不仅决定着就业水平，还决定着收入水平。因为有效需求从雇主的角度看，就等于当就业量为 N′ 时，他们所可取得的总收益，包括利润和各种要素的收入即雇主的原素成本。

根据有效需求理论，凯恩斯批评了经典学派所谓的“供给会自己创造自己的需求”观点。他认为，这句话是说：不论 N 取何值，即不论产量与就业量在何水准，f（N）与 Φ（N）常相等。故当 N 增加，Z [=Φ（N）] 增加时，D [=f（N）] 亦必与 Z 作同量增加。换句话说，经典学派假定：总需求价格（或收益）常与总供给价格相适应，故不论 N 取何值，收益 D 常与总供给价格 Z 相等。这样，对于他们来说，“所谓有效需求，不是只有一个唯一的均衡值，而是有无穷数值，每值都同样可能；故就业量变成不确定，只有劳力之边际负效用，给予就业量一个最高限度。”②凯恩斯认为，假设这种定义是对的，那么雇主之间的相互竞争必定使就业量扩张到这样一点，即在该点

---

①［英］凯恩斯：《就业、利息和货币通论》，徐毓枬译，凤凰出版集团 / 译林出版社 2011 年版，第 22 页。

②［英］凯恩斯：《就业、利息和货币通论》，徐毓枬译，凤凰出版集团 / 译林出版社 2011 年版，第 22 页。

上，总产量之供给，不再有弹性，即当有效需求的值再增加时，产量不再增加。显然，这就是充分就业。他对充分就业下了一个定义，即“所谓充分就业者，即当对劳力产物之有效需求增加时，总就业量不再增加之谓也。”①凯恩斯批评说，萨伊定律所谓的不论产量在什么水准，总产量的总需求价格恒等于其总供给，实际上等于说，社会上没有任何阻挠充分就业的力量，社会任何时候都能够提供充分就业。

既然有效需求决定社会的收入水平和就业水平，那么就要进一步研究决定有效需求大小的因素。在他看来，这些因素为劳动力的数量和技能，资本设备的数量和质量，生产技术、竞争程度、消费者偏好、各种劳动的边际负效用，以及社会结构等在短时期中不会发生变动的因素。假定这些因素不变，那么总供给函数就是既定的，而总供给既定，收入和就业水平的高低就取决于总需求函数。总需求越高，则收入和就业水平就越高。总需求又是由总消费和总投资构成的，因而总需求的大小又是由总消费和总投资决定的。总消费的大小决定于收入的大小和消费货币。消费倾向分为平均消费倾向（即消费与收入之比）和边际消费倾向（即消费增量与收入增量之比）。在消费倾向一定时，总消费随收入的增减而增减。在收入水平一定时，总消费随着消费倾向的高低而变化。总投资的大小则取决于资本边际效率和利率。利率的高低取决于流动偏好（人们对货币的需求）和由中央银行决定的货币供给量。当流动偏好一定时，利率和货币供给量成反向变动。当货币供给量一定时，利率与流动偏好成同向变动。流动偏好则取决于人们需求货币的三种动机，即为日常交易而保留货币的交易动机，为应付各种意外事件而保留货币的谨慎动机，为不失去有利的投资机会而保留货币的投机动机。总体上看，凯恩斯认为决定收入和就业水平的自变量主要有三种基本心理货币，即消费倾向、预期的资本边际效率和流动偏好，以及由中央银行所决定的货币数量。在他看来，由这些自变量所决定的收入和就业水平往往低于充分就业时的水平，这时整个宏观经济就会出现非充分就业的均衡状态，出现大量的持续的非自愿的失业。

凯恩斯相当详尽地分析了影响消费倾向的各种因素。这些因素包括收入数量、收入与净收入之间的差额变化、收入的分配、个人对未来收入的预期等八种客观因素；个人的八种消费动机及社团公司的四种动机；以及资产价

① ［英］凯恩斯:《就业、利息和货币通论》，徐毓枬译，凤凰出版集团 / 译林出版社 2011 年版，第 22 页。

值的实际损失、利率短期变动引起的资产价值变动、长期利率对消费习惯的影响、社会成员的消费习惯、政府公债政策的变化、消费存货的积累、个人和社团公司进行储蓄的各种动机，等等。[①] 在对这些因素进行了分析之后，凯恩斯得出了这样的结论：即总收入是决定消费的基本变量，且总收入和消费两者之间存在着相当稳定的函数关系。他说："设一般经济情况不变，则消费开支（以工资单位计算）主要是决定于产量与就业量，因为这个理由，故可以用一个笼统的'消费倾向'函数，总括其他因素。其他因素固然可以改变（这点不能忘记），但在通常情形下，总需求函数中之消费部分，确以总所得（以工资单位计算）为其主要变数。"[②]

根据这种消费函数，随着收入的增加，整个社会的消费也将增加。但是，这种增加会受到现代社会普遍适用的心理法则的制约。这种心理法则就是："当一社会之真实所得增加时，其消费量不会以同一**绝对量**增加，故储蓄之绝对量增加——除非同时在其他因素方面，有异常重大之变发生。"[③] 据此，凯恩斯得出了边际消费递减的规律，即虽然社会的消费会随着收入的增加而增加，但却是以递减的幅度增加的，其结果消费在收入中的比重随收入的增加而不断减少。他说："无论从先验的人性看，或从经验中之具体事实看，有一个基本心理法则，我们可以确信不疑。一般而论，当所得增加时，人们将增加其消费，但消费之增加，不若其所得增加之甚。"[④] 又说："就业量增加时，总真实所得也增加。但社会心理往往如斯：总真实所得增加时，总消费量也增加，但不如所得增加之大。故若整个就业增量，都用在满足消费需求之增加量上，则雇主们将蒙受损失。"[⑤] 他自己称这种现象为"边际消费倾向"[⑥]。他认为，边际消费货币相当重要，它可以指出，当产量再增加一些

---

① 参见［英］凯恩斯：《就业、利息和货币通论》，徐毓枬译，凤凰出版集团 / 译林出版社 2011 年版，第八、九章。

② ［英］凯恩斯：《就业、利息和货币通论》，徐毓枬译，凤凰出版集团 / 译林出版社 2011 年版，第 82 页。

③ ［英］凯恩斯：《就业、利息和货币通论》，徐毓枬译，凤凰出版集团 / 译林出版社 2011 年版，第 83 页。

④ ［英］凯恩斯：《就业、利息和货币通论》，徐毓枬译，凤凰出版集团 / 译林出版社 2011 年版，第 83 页。

⑤ ［英］凯恩斯：《就业、利息和货币通论》，徐毓枬译，凤凰出版集团 / 译林出版社 2011 年版，第 23 页。

⑥ ［英］凯恩斯：《就业、利息和货币通论》，徐毓枬译，凤凰出版集团 / 译林出版社 2011 年版，第 97 页。

时，这个增量将如何分配于消费与投资。他认为，一笔投资增量会引起一笔收入的增量，收入增量与投资增量之间的比值就是投资乘数。同样，一笔投资也会引起就业的增量，两者之间的比值就是就业乘数。在凯恩斯看来，投资增量要起到增加收入和就业的作用，需要一些前提条件：一是消费品生产行业各部门资本设备既定且都有闲置；二是存在非自愿失业。如果这两个条件都不具备，经济已经达到充分就业，则投资的进一步增加不会按乘数增加收入，只会引起物价水平的上涨。如果仅仅不具备第一个条件，投资的结果需要消费品生产部分增强资本设备，那么初始投资对收入和就业的影响便不能完全用乘数来解释了。[①]

由于边际消费倾向递减法则的存在，储蓄在收入中的比重会随着收入的增加而不断增加。如果投资能够自动地与储蓄相等，那么收入和就业水平将不断趋于上升，直到充分就业为止。但由于资本边际效率和利率方面的原因，投资并不会自动地与储蓄相平衡，其结果收入和就业水平便只能趋向某一非充分就业的水平，在该水平上，投资与储蓄平衡。正是基于这一点，凯恩斯坚决反对古典学派的认为收入与就业偏离充分就业水平只是经济偏离均衡的结果，而非一般情况的观点，断定非均衡就业的存在。在凯恩斯看来，在决定投资需求的两个因素中，资本边际效率又是比利率更重要的因素。所谓资本边际效率，“乃等于一贴现率，用此贴现率将该资本资产之未来收益折为现值，则该现值恰恰等于该资本资产之供给价格。用同样方法，可得各类资本资产之边际效率，其中最大者，可视为一般资本之边际效率。”[②]决定资本边际效率的主要因素则是资本设备的供给价格和资本设备的预期收益。其中资本设备的预期收益只能依靠推测，其根据一是现有的事实，二是对未来所作的长期预测。长期预测不仅包括对未来资本的类型及数量、消费者的偏好、有效需求的强度等因素，而且包括这些预期的信任程度。凯恩斯认为，长期预期是决定收入和就业水平的重要因素。凯恩斯分析了资本边际效率的两种变动：一种变动是由于资本数量的变化所引起的变动。在这种变动中，在一定时间里，随着资本数量的增加，在短期中资本的供给价格会上升，而在长期中资本的产出物的价格预期会下降，于是预期收益下降，从而

① 参见［英］凯恩斯：《就业、利息和货币通论》，徐毓枬译，凤凰出版集团 / 译林出版社 2011 年版，第 97 页以后。

② ［英］凯恩斯：《就业、利息和货币通论》，徐毓枬译，凤凰出版集团 / 译林出版社 2011 年版，第 115 页。

资本边际效率趋于下降。这种资本边际效率随着资本数量增加而减少的现象，就是资本边际效率递减规律。另一种变动则是在资本数量一定时的变动，它主要是由长期预测（包括信任程度）的变化引起的。它是导致经济波动的重要原因。① 由于资本边际效率递减规律的存在，投资就很难随储蓄的增加而一直增加下去，除非利率在资本边际效率下降的同时也同样下降。边际消费货币递减规律是造成有效需求不足的第一个原因，而资本边际效率递减规律是造成有效需求不足的第二个原因。

在凯恩斯看来，决定利率的因素是周转灵活性偏好和货币数量。他认为，利息不是节欲（延迟消费）的报酬，而是放弃周转灵活性偏好即暂时放弃货币的报酬。他说："很明显，利息不能是对于储蓄本身或等待本身之报酬；……反之，就字面讲，利率一词就直截了当告诉我们：所谓利息，乃是在一特定时期以内，放弃周转灵活性之报酬。"② 所谓周转灵活性偏好（灵活偏好），就是人们对以货币形式保存资产的偏好。放弃灵活偏好，就是以非货币的形式保存货币。但这会给资产所有者带来诸多不便，尤其是不能尽快地、及时地按资产所有者的意愿转换资产形式。因此，人们必须得到一定的利益才会放弃灵活偏好。这种利益就是利息。人们之所以要放弃灵活偏好，以不盈利的货币来储存一部分财富，是因为人们对未来的预期具有不确定性。就是说，未来的不确定性使持有货币成为必要，并使暂时让渡货币要收取报酬。而利率决定着这种报酬的大小，利率的大小则取决于货币的供求。货币的需求对收入和利率存在着依存关系，而灵活偏好则是一个表明了货币需求对收入和利率的依存关系的函数，即货币需求函数。凯恩斯认为，在货币供给量一定时，若收入提高了，对货币的交易需求将增加，利率则将提高。这是因为只有使投资所需要的货币适应交易需求的增加而相应减少，使货币的需求和既定的供给依然保持平衡。因此，在货币供应量一定时，利率会随着收入的提高而提高，而这就阻碍了投资需求的增加。随着收入的增加，边际消费倾向会递减，资本边际效率也会下降，而灵活偏好增加，利率提高。这一切就使消费需求和投资需求都不可能随着收入的增加而自动增加，从而造成有效需求不足，造成非充分就业的均衡收入和就业水平。

---

① 参见［英］凯恩斯：《就业、利息和货币通论》，徐毓枬译，凤凰出版集团 / 译林出版社 2011 年版，第 120—123 页。

② ［英］凯恩斯：《就业、利息和货币通论》，徐毓枬译，凤凰出版集团 / 译林出版社 2011 年版，第 143 页。

凯恩斯的《通论》的主旨是理论上的分析，但它为国家干预提出了强有力的理论依据，从而突出了国家干预的必要性。凯恩斯的这种理论革命的意义是极其重大的。从他理论上的革命，必定会推导出：由于多种因素的影响，有效需求不足普遍存在，而“有效需求不足，可以妨碍经济繁荣”①；政府不加干预就等于听任有效需求不足继续存在，听任失业与危机继续存在；政府须采取刺激财政政策而非货币政策，增加投资，弥补私人市场之有效需求不足。其中最重要的主张在于，政府干预经济的主要手段不是货币政策，而是财政政策。“凯恩斯在政策主张上的革命，主要不在于提出国家干预，而在于提出了干预的手段不应当以货币政策为主，而应当以财政政策为主，提出在萧条时期要革除传统的健全财政政策（即量入为出、收支平衡和力求节约），采取膨胀性的财政政策；扩大政府开支、实行赤字预算和发行公债。同时他认为国家干预的方向是指导投资，以消除私人投资造成的波动性；是推进收入均等化，增加消费需求。”②“把国家干预的手段由货币政策转向财政政策，这才是凯恩斯《通论》的政策主张方面革命的最主要特色。这一转变对西方经济生活以至政治生活和对西方经济理论的影响都是极为深远的。”③在20世纪30年代，像凯恩斯这样主张国家干预的经济学家在美国已经存在，从1933年起，罗斯福和希特勒事实上都已经开始对经济进行干预，但美国和德国都未能产生类似于凯恩斯《通论》的理论体系。《通论》的出版曾一时引起众多非议，但经过不到十年的时间，《通论》所表述的思想便取代了古典政治经济学而成为西方经济学的正统观念和西方国家经济政策的主要依据。

（二）通往奴役之路

凯恩斯的国家干预主义在西方经济理论和实践上占据主导地位的同时，也引起了坚持古典自由放任主义经济学家们的强烈反对，其中最典型的是哈耶克。早在20世纪20年代末到40年代初就发生了著名的哈耶克与凯恩斯大论战，1944年哈耶克出版了《通往奴役之路》一书，晚年又出版了《致命的自负——社会主义的谬误》，对国家干预主义进行了系统的批判。

---

① ［英］凯恩斯：《就业、利息和货币通论》，徐毓枬译，凤凰出版集团/译林出版社2011年版，第28页。

② 张旭昆：《经济思想史》，中国人民大学出版社2012年版，第351页。

③ 张旭昆：《经济思想史》，中国人民大学出版社2012年版，第352页。

20世纪20年代末到40年代初，在伦敦和剑桥之间曾发生了两大经济学家哈耶克与凯恩斯有关货币理论与商业周期[①]的理论论战。这场论战影响甚广，波及面也很大。不仅当时英国的一些著名经济学家如罗宾斯（Lionel Charles Robbins, 1898—1984）、斯拉法（Piero Sraffa, 1898—1983）等都直接参加了论战，而且美国、瑞典、奥地利和德国的许多经济学家也参与其中。这场论战催生了凯恩斯的《通论》这部20世纪对人类社会运行和经济理论发展影响最大的著作，也促使哈耶克殚思竭虑地写出了《价格与生产》（1931）、《货币理论与贸易周期》（1933）、《利润、利息与投资》（1939）和《资本纯理论》（1941）等一系列艰深的经济学理论著作，并因此与瑞典的经济学家缪尔达尔（Gunnar Myrdal, 1898—1987）一起获得了1974年诺贝尔经济学奖。哈耶克和凯恩斯的经济理论同源于威克赛尔（Knut Wicksell, 1851—1926）的货币均衡论和“自然利率”说，但他们却得出了不同的理论结论和政策主张。哈耶克认为银行人为地将信贷利率压低到“自然利率”之下，会导致过度投资和不当投资，从而引起社会生产结构的错配。他由此认定货币政策是商业周期变动的根本原因，而不是解药。相反，凯恩斯则认为，在现代市场经济中，市场利率与自然利率的背离，是经济波动的根本原因，也是英国多年经济萧条的病根。因此他主张，要由中央银行人为操纵并压低贷款利率，并通过政府引导和干预投资来改变企业家和人们的预期，使经济恢复、充分就业均衡。针对凯恩斯的这种观点，哈耶克指出，经济萧条到来之后，如果中央银行和商业银行系统人为扩张信贷，创造人为的需求，那就意味着，一部分可用资源再一次被引导至错误的方向，并使一种决定性和持久性的调整再一次受到阻碍。即使闲置资源的吸收因此而加速，也只等于为新的纷扰和新的危机埋下了种子。

哈耶克与凯恩斯之间的论战，不只是一个单纯的经济学学术观点之争，而是两种不同经济理论和经济政策主张的重大分歧，反映了西方经济学界是坚持自由放任主义还是用国家干预主义取而代之的两种基本经济学立场。如果这一点在当时的争论中尚不十分明显的话，那么，《通往奴役之路》一书的出版可以说旗帜鲜明地表达了哈耶克反对凯恩斯国家干预主义乃至一切国家干预主义的坚决态度。在这部著作中，哈耶克并没有指名道姓地批评凯恩

① 商业周期指国民总产出、总收入和总就业的周期性波动，这种波动以经济中的许多成分普遍而同期地扩张和收缩为特征，持续时间通常为2到10年。商业周期是成熟市场经济条件下发生的商业律动，体现了产业结构变化、技术进步、消费者品位提升等等。

斯，所直接针对的对象不是凯恩斯，而是社会主义，但他的言外之意是明显的，即实行国家干预主义的结果必将走向社会主义，而在他看来，这种社会主义是一条奴役之路。

在哈耶克看来，当时的西方正在背离近代的自由主义传统而走向社会主义，自由主义正在为社会主义所排斥。其重要表现就是，我们逐渐放弃了经济事务中的自由。他认为，放弃了这种自由，就绝不会存在以往的那种个人自由和政治自由。他说，托克维尔和阿克顿勋爵这些19世纪伟大的思想家已经警告过，社会主义意味着奴役。但是，我们仍然沿着社会主义方向稳步前进，看着这种新的奴役形式在我们面前兴起，而我们却把这种警告忘得一干二净。在他看来，现在的社会主义趋向不仅是对近代的背叛，而且是对西方文明整个演进过程的决裂。“不仅是19世纪和18世纪的自由主义，而且连我们从伊拉斯谟和蒙田，从西塞罗和塔西佗、伯里克利和修昔底德那里继承来的基本的个人主义，都在逐渐被放弃。”①哈耶克的《通往奴役之路》出版的时候，纳粹德国还没有投降，但人们已经看清了纳粹德国极权主义的面目。在他看来，如果任由社会主义的趋势发展下去，那是非常危险的。所以，他说：“现在，有必要说出这句逆耳的真言，即我们有重蹈德国覆辙的危险。”②

那么，什么是社会主义呢？哈耶克所说的社会主义指的是德国法西斯的社会主义和苏联斯大林的社会主义。在他看来，社会主义是与自由主义根本对立的。他引证说，希特勒称自己是真正的民主主义，又是真正的社会主义，但从来不声称代表自由主义，可见自由主义是希特勒所痛恨的学说。③在西方人眼中，希特勒的法西斯主义已经够坏的了，而在哈耶看来，斯大林主义比法西斯主义更糟糕。他引用别人的话说，“斯大林主义与法西斯主义相比，不是更好，而是更坏，更残酷无情、野蛮、不公正、不道德、反民主、无可救药”，并且它“最好被称为超法西斯主义”。④在哈耶克看来，社

① ［英］哈耶克：《通往奴役之路》，王明毅、冯兴元等译，中国社会科学出版社1997年版，第21页。

② ［英］哈耶克：《通往奴役之路》，王明毅、冯兴元等译，中国社会科学出版社1997年版，第11页。

③ 参见［英］哈耶克：《通往奴役之路》，王明毅、冯兴元等译，中国社会科学出版社1997年版，第35页。

④ ［英］哈耶克：《通往奴役之路》，王明毅、冯兴元等译，中国社会科学出版社1997年版，第32页。

会主义就是极权主义，或者极权社会主义，他在《通往奴役之路》中几乎是在同义上使用这两个词。在他生前最后一部作品《致命的自负——社会主义的谬误》中，他还对自己毕生所反对“极权社会主义”的思想努力作了总结，认为“社会主义”的思想主张是一种“致命的自负”“一种谬误”。他说：“以赞成竞争性市场造成的人类自发的扩展秩序的人为一方，以要求在集体支配现有资源的基础上让一个中央政权任意安排人类交往的人为另一方，他们之间发生的冲突，是因为后者在有关这些资源的知识如何产生、如何能够产生以及如何才能得到利用的问题上，犯下了事实方面的错误。”①不过，哈耶克所谓的“极权社会主义”是指20世纪上半叶出现在欧洲的那种“社会主义”，其现实体现就是德国法西斯主义和苏联斯大林主义的欧洲社会主义，与它的对立物——欧洲资本主义一样，被韦伯定义为“理性社会主义”，它与“理性资本主义”构成一对政治范畴。在这样的思想视角下，哈耶克以这本书的副标题——“社会主义的谬误”挑明了对“社会主义”的批判，就应当被理解为是对“理性社会主义”及其思想根源——“建构理性”的批判。哈耶克矛头所指向的实际上是西方国家中的多数“左派”政党所吹捧的那个“社会主义理想”。

哈耶克对社会主义的“集体主义”“计划”“极权主义控制”进行了激烈的批判。在哈耶克看来，社会主义常常用来指社会公正、更大程度上的平等和保障等理想，这些理想是社会主义的终极目的。但是，社会主义也意指达到这些目标的特有方法，以及为充分而迅速地实现这些目标的唯一方法。这种方法就是集体主义。正是在这种方法的意义上，社会主义意味着废除私有企业，废除生产资料私有制，创造一种“计划经济”体制，在这种制度中，中央的计划机构取代了为利润而工作的企业家。他说：“社会主义不仅是集体主义或‘计划’中最重要的一种，而且正是社会主义劝说具有自由主义思想的人们再一次屈从对经济生活的管辖，而这种管辖他们曾推翻过，因为照亚当·斯密的说法，这使政府处于‘为了维持自身，他们有责任实行压迫和专制’的地位。”②他强调，自由主义与社会主义之间的争论主要在于“一切形式的集体主义所共有的方法，而没涉及社会主义者运用这些方法想要达到

① ［英］哈耶克：《致命的自负》，冯克利、胡晋华等译，冯克利统校，中国社会科学出版社1997年版，第2页。

② ［英］哈耶克：《通往奴役之路》，王明毅、冯兴元等译，中国社会科学出版社1997年版，第39页。

的特定目标”[①]。在他看来，每一集体主义制度都有两个主要特征，一是需要有一个为整个集团共同接受的目标体系，二是还需要为了达到这些目标而给予该集体以最大限度的权利压倒一切的愿望。由这种制度产生的特定道德观念体系的一个突出问题是，目的说明手段正当性成为这种道德的至高无上原则。“坚定彻底的集体主义者绝对不许做的事简直是没有的，如果它有助于‘整体利益’的话，因为这个‘整体利益’是他判定应当做什么的唯一标准。”[②]哈耶克认为，集体主义的内在矛盾在于，它只能够在一个比较小的集团里行得通，一旦超出了这个范围，它就变成了强烈的民族主义，当时的德国和苏联就是有力的例证。

哈耶克认为，集体主义的重要体现就是“计划经济”或“计划”，但对“计划”的理解很含糊、混乱。在他看来，自由主义与社会主义的分歧不在于要不要计划，而在于要什么样的计划。他说：“现代的计划者和他们的反对者之间的争论，**不是**关于我们是否应当在各种可能的社会组织之间明智地选择的争论，也不是关于我们是否应当运用预见和系统思考来计划我们共同事务的争论。它是有关这么做的最好方法是什么的争论。问题在于，出于这个目的，强制力量的控制者是否应该将自己限制于笼统地创造条件，以便最充分地发挥每个人的知识和创造力，使**他们**能成功地做出计划，或者为了合理地利用资源，我们是否必须根据某些有意识构造的‘蓝图’对我们的一切活动加以**集中的**管理和组织。”[③]在哈耶克看来，社会主义者把计划一词用于后一种类型的计划。他特别阐明，自由主义并非教条的自由放任，它赞成尽可能地运用竞争力量作为协调人类各种努力的工具，而不是主张让事态放任自流。自由主义以这样一种信念为基础：即创造出有效的竞争是最好不过的指导个人努力的方法。它并不否认，甚至还强调，为了竞争能有益地进行，需要建立一种精心设计的法律框架。它也不否认，在不可能创造出使竞争有效的必要条件的地方，必须采取其他指导经济活动的方法，认为有时某种形式的干预有助于经济生活运作的其他形式的强制性干预，甚至还必须是某种形式的政府行为。但是，它反对以低级的协调个人努力的方法取代竞争。自

① ［英］哈耶克：《通往奴役之路》，王明毅、冯兴元等译，中国社会科学出版社 1997 年版，第 38 页。

② ［英］哈耶克：《通往奴役之路》，王明毅、冯兴元等译，中国社会科学出版社 1997 年版，第 141 页。

③ ［英］哈耶克：《通往奴役之路》，王明毅、冯兴元等译，中国社会科学出版社 1997 年版，第 40 页。

由主义之所以强调竞争的必要性，是因为它认为竞争具有优越性，这不仅因为竞争在大多数情况下都是人们所知的最有效办法，更因为它是使我们的生活在没有当局的强制和武断干预时能相互协调一致的唯一方法。他说："确实，赞成竞争的主要论点之一，就是它免除了对'有意识的社会控制'的需要，而且，它给予每个人一个机会，去决定某种职业是否足以补偿与其相关的不利和风险。"①

在哈耶克看来，计划者中的多数人都肯定，之所以要选择以计划代替竞争，是因为控制不了的环境所迫，例如技术的进步使竞争自发地丧失其作用。哈耶克反驳说，这种论点是缺乏根据的，因为倾向垄断和计划，并不是我们不能控制的"客观事实"的结果，而是种种看法的结果，其中最常见的看法就是认为技术的改变已经正在使越来越多的领域没有可能竞争。在他看来，"在现代技术发展中并没有什么东西迫使我们趋向全国的经济计划"，倒是其中确有很多因素使计划当局拥有的权力具有更大的危险性。在这种情况下，如果要保全自由，就必须比以往任何时候更为珍惜地保卫它。计划者还有一种观点认为，只要民主政体仍然保持最终的控制，即使实现计划，民主的本质也不会受到影响。哈耶克认为，民主本质上是一种手段，绝不是一贯正确和可靠的，"只要民主不再是个人自由的保障的话，那么它也可能以某种形式依然存在于极权主义政体之下。"②在他看来，民主只能存在于资本主义制度中，如果将这个制度由一种集体主义信条支配时，民主不可避免地将自行毁灭。

谈到计划与法治的关系时，他认为计划是与法治水火不容的。他说："最能清楚地将一个自由国家的状态和一个在专制政府统治下的国家的状况区分开的，莫过于前者遵循着被称为法治的这一伟大原则。"③他认为，只有在自由主义的时代，法治才被有意识地加以发展，并且是自由主义时代最伟大的成就之一，它不仅是自由的保障，而且也是自由在法律上的体现。有计划的社会追求公平分配，而"任何旨在实现公平分配的重大理想的政策，必

① ［英］哈耶克:《通往奴役之路》，王明毅、冯兴元等译，中国社会科学出版社 1997 年版，第 41 页。

② ［英］哈耶克:《通往奴役之路》，王明毅、冯兴元等译，中国社会科学出版社 1997 年版，第 71 页。

③ ［英］哈耶克:《通往奴役之路》，王明毅、冯兴元等译，中国社会科学出版社 1997 年版，第 73 页。

定会导致法治的破坏”[①]。他所谓在有计划的社会不能保持法治，并不是说政府的行为将不是合法的，也不是说这样的社会一定没有法律，而只是说，政府强制权力的使用不再受事先规定的规则的限制和决定。相反，这种社会的法律还能使那种实质上是专断的行为合法化。“如果法律规定某一部门或当局可以为所欲为，那么，那个部门和当局所做的任何事都是合法的——但它的行动肯定地不是在受法治原则的支配。通过赋予政府以无限制的权力，可以把最专断的统治合法化；并且一个民主制度就可以以这样一种方式建立起一种可以想象得到的最完全的专制政治来。”[②]

哈耶克进一步阐述了有计划的社会的极权主义是如何发生的。他认为，社会计划所指向的目标，是一个单一的目标体系，要使每个人为这个体系服务的最有效方法，就是使每个人都相信那些目标。就是说，仅仅强迫每个人为同样的目标而工作是不够的，更重要的是，要使人们把它们看作是自己的目标，也就是要使社会强加给他们的信仰成为他们自己的信仰。只有这样，个人才能自愿地依照计划者所要求的方式行事。在哈耶克看来，这当然是各种形式的宣传造成的，但极权主义所特有的不是宣传本身，也不是它所使用的技术，而是“一切宣传都为同一目标服务，所有宣传工具都被协调起来朝着一个方向影响个人，并造成了特有的全体人民的思想‘**一体化**’。”[③]在极权主义国家，宣传的效果不但在量的方面，而且在质的方面都与自由主义国家完全不同，它的所有时事新闻的来源都被唯一一个控制者所有效地掌握。在哈耶克看来，极权主义宣传对于一切道德都是具有破坏性的，因为它们侵蚀了一切道德的基础，即对真理的认识和尊重。

总的来看，哈耶克对社会主义的批判和反感，主要是因为社会主义强调集体所有、各得其所，主张“为用途生产，不为利润生产”因而过分强调理性的作用，强调道德的理性化，过分看重对经济和社会生活的干预。在他看来，社会主义的境界看起来甚高，但实际上是荒谬的。与之形成对照的是市场经济，它是一种自发的秩序，但却是能够扩展到全世界的良好秩序，是人们相互服务的有效方式，而且在世界大多数地方盛行。他说：

① ［英］哈耶克:《通往奴役之路》，王明毅、冯兴元等译，中国社会科学出版社 1997 年版，第 79 页。

② ［英］哈耶克:《通往奴役之路》，王明毅、冯兴元等译，中国社会科学出版社 1997 年版，第 83 页。

③ ［英］哈耶克:《通往奴役之路》，王明毅、冯兴元等译，中国社会科学出版社 1997 年版，第 146—147 页。

“不管他们多么不喜欢甚至感到不可思议，这种秩序还是在现代世界的大多数地方占了上风，我们在这个世界里发现，千百万人民在不断变化着的环境中工作，为另一些他们大多数素不相识的人提供着物质手段，同时又在满足着自己的期待，因为他们自己也会得到同样素不相识的人所生产的各种商品和服务。”①哈耶克认为，这种秩序虽然远不是尽善尽美的，甚至经常失效，但它与人们特意认为无数成员“各得其所”而创造出来的任何秩序相比，却能够扩展到更大的范围。更重要的是，这种自发秩序的大多数缺陷和失效是因为有人试图干涉甚至阻碍它的机制运行，或是想改进它的具体结果。在他看来，“这种干预自发秩序的企图，很少会造成符合人们愿望的后果，因为决定这些秩序的，是任何执行这种干预的人都无从知道的许多具体事实。”②

（三）对个人主义的辨析

个人主义是整个近现代西方主流价值体系中的核心价值观念，也是西方近现代社会德性思想的基本立场。它与自由主义紧密地缠绕在一起，很难加以区分。在哈耶克看来，个人主义被它的反对者歪曲得面目全非，而且人们对它的理解差别很大，因此他要解释真正个人主义的意义。

在哈耶克看来，西方的个人主义有两种：一种是发源于洛克、曼德威尔、休谟等人，在亚当·斯密、柏克、托克维尔、阿克顿等人那里得到系统阐发的个人主义；另一种以法国卢梭、重农主义者为代表，19世纪的古典经济学家及其中的功利主义者都受到了这种个人主义的影响。哈耶克认为，前一种个人主义才是真正的个人主义，也是他为之辩护的个人主义，因为这种个人主义思想具有前后一致性；而后一种则是理性主义者的个人主义，它总是具有演变成个人主义的敌人——社会主义或集体主义的倾向，或者可以看作是现代社会主义的一个源泉。

哈耶克认为，真正的个人主义具有这样两个本质特征：“首先，它主要是一种旨在理解那些决定人类社会生活的力量的社会**理论**；其次，它是一套

---

① ［英］哈耶克：《致命的自负》，冯克利、胡晋华等译，冯克利统校，中国社会科学出版社1997年版，第95页。

② ［英］哈耶克：《致命的自负》，冯克利、胡晋华等译，冯克利统校，中国社会科学出版社1997年版，第95页。

源于这种社会观的政治行为规范。”[①]在他看来，这种个人主义认为只能通过对那些作用于其他人并且由其预期行为所引导的个人活动，才能理解社会现象。也就是说，个人是社会的终极实体，一切社会现象都是由作用于他人的个人的有意识活动产生的。它与那种“彻底集体主义理论”是针锋相对的。这种理论把社会理解为自成一体的存在，认为它们独立于构成它们的个人之外，因此，这种理论会导致实际上的集体主义。哈耶克认为，如果我们研究个人活动的综合影响，就会发现人类赖以取得成就的许多规章制度，都是在没有计划和指导思想的情况下产生出来的，并且正在发挥作用。他赞成亚当·弗格森的说法，“国家的建立是偶然的，它确实是人类行动的结果，而不是人类设计的结果”[②]。

在哈耶克看来，真正的个人主义与笛卡尔派所谓的“个人主义”最鲜明的区别在于，前者认为我们在人类事物中发现的绝大部分秩序都是个人活动不可预见的结果，而后者则把可发现的秩序都归之于精心设计的结果。这种区别还只是更广泛区别的一个方面，那种更广泛的区别在于：前者认为理性一般来说在人类事务中起的作用相当小，人类事实上只是部分地受理性的支配，个人的理性是有限的、不完全的，不过，人还是已经取得了他所拥有的一切成就。这种观点源自于对个人的智力十分有限的敏锐意识，因而对非个人的、无个性的社会过程采取谦卑的态度，而这种过程有助于使个人创造的成就超出他们所知道的范围。后者则假定每个人都是完全均等地拥有理性，人类取得的成就都直接地是个人理性控制的结果。这种观点是过分相信个人理性力量的产物，其结果是对那些还没有经过理性有意识设计或没有为理性充分理解的事物非常轻蔑。他说：“社会设计的理论必然导致这样一种结论，即只要社会过程受人类理性的控制，它们就能够为人类目标服务，因此，这就直接导致了社会主义。与此同时，真正的个人主义则相反，它相信如果保持每个人都是自由的，那么他们取得的成就往往超出个人理性所能设计或预见到的结果。”[③]

哈耶克针对人们对亚当·斯密及其门徒的批评，阐明了真正个人主义

① ［英］哈耶克：《个人主义与经济秩序》，贾湛、文跃然等译，施炜校，北京经济学院出版社 1989 年版，第 6 页。

② ［英］哈耶克：《个人主义与经济秩序》，贾湛、文跃然等译，施炜校，北京经济学院出版社 1989 年版，第 7 页。

③ ［英］哈耶克：《个人主义与经济秩序》，贾湛、文跃然等译，施炜校，北京经济学院出版社 1989 年版，第 11 页。

所关心的主要问题，认为他们所关心的不是人类处于最好境遇时可以暂时取得的成功，而是个人处境最坏时应该尽可能减少使他干坏事的机会。他说："斯密及其同代人所提供的个人主义的主要价值在于，它是一种使坏人所能造成的破坏最小化的制度"，"这种社会制度的功能并不取决于我们发现了它是由一些好人在操纵着，也不取决于所有的人将都比他们现在变得更好"[①]。他们的目标是建立给所有的人以自由的制度，而不像他们的法国同代人所希望的那样，建立一种只给"善良和聪明的人"以自由的极受约束的制度。哈耶克认为，真正的个人主义者所关心的主要事情，实际上是要找到一套制度，这种制度使人们能够根据自己的选择和决定作为行为的动机，尽可能地为满足其他人的需要贡献力量。而且，他们认为私人产权制度就是这样的制度，其作用比人们过去对它的理解要大得多。当然，他们并不主张这种制度不可改善，更不会否认完善制度的必要性，但这种制度是有关"竞争中的利益和折衷的优势之法则及原则"，它会协调各种发生冲突的利益，而无须给任何一个集团进行调控的权力。

有人认为个人主义把"自爱"或"自我利益"看作是"普遍动力"，哈耶克认为，这是无可争辩的、任何人也改变不了的事实，而且它本身就为个人主义理论提供了坚实的基础。在他看来，人所能够知道的只是整个社会中的极小部分，不管一个人是完全自私的，还是最善良的利他主义者，他实际上能够关心的人类需要只占整个社会成员的所有需要的极其微小的一部分。因此，真正的问题不在于人类是否或是否应该由自利的动机所左右，而在于我们能否让他按照他所知道和所关心的那些眼前的结果来指导自己的活动，或者能否使他为那些他们不了解的需要作出贡献。他说："个人主义者的论断的真正基础是，任何个人都不可能知道**谁**知道得最清楚；并且我们能够找到的唯一途径就是通过一个社会过程使得每个人在其中都能够尝试和发现他能够做的事情。"[②]在他看来，这种社会过程就是经济学家所说的市场，正是通过市场人们才能够为"与自己毫不相干"的目标贡献力量。他认为，人们实际上是不相同的，因而不需要用某种组织的意志来武断地作出决定，而只需要确立适用于所有人的形式平等的规则，他们就能各得其所。他强调，我

---

① ［英］哈耶克:《个人主义与经济秩序》，贾湛、文跃然等译，施炜校，北京经济学院出版社 1989 年版，第 12 页。

② ［英］哈耶克:《个人主义与经济秩序》，贾湛、文跃然等译，施炜校，北京经济学院出版社 1989 年版，第 15 页。

们只能按照平等的规则平等地待人，而不能试图使他们平等。“在这个世界上，平等地待人和试图使他们平等这两者之间的差别总是存在。前者是一个自由社会的前提条件，而后者则像D. 托克维尔描述的那样，意味着‘一种新的奴役形式’。”①

基于对个人知识局限性的认识，个人主义还得出了具有重要实践意义的结论，即“需要对所有的强权或专制给以严格的限制”②。在哈耶克看来，真正的个人主义不是无政府主义，也不否认强制力量的必要性。他认为，如果每个人都打算利用他所具有的知识和技能来促进他所关心的目标的实现，并且在这样做的过程中，如果他为超出他知识范围的需要作出尽可能大的贡献，那么，就必须有一个明确规定的责任范围。明确责任范围，既不能采用分配具体目标的形式，这样做就是在摊派一种特殊的义务，也不能采取由某一权力集团所选择的特定资源分配给某人的形式。在哈耶克看来，明确责任范围只能通过一般原则。他说：“只要人们不是无所不知的，那么能够给个人以自由的唯一途径就是通过这样的一般原则来界定他决策的范围”③。哈耶克之所以强调通过一般原则来明确责任范围，是因为他认为必须将政府的权力限定在某些特定种类的活动内，使它不能任意使用它的权力来实现它的任何目标。如果不是这样，那就没有任何自由。他赞成阿克顿所阐述的观点，即“无论何时，当一个国家把某种限定了的单一目标作为自己的最终目的时，该目标就会是某个阶级的利益；或是这个国家的安全和权力，或是最大多数的人的最大幸福；或是对任何纯理论思想的支持；那么，此时，这个国家必然会变成独裁国家。”④

哈耶克还谈到了两种个人主义在民主和平等方面的区别。就民主而言，哈耶克认为，真正的个人主义不仅相信民主，而且还坚持认为民主的思想来源于个人主义的基本原则。就是说，真正个人主义所主张的民主是建立在个人主义的基础之上的。真正个人主义认为所有的政府都应该是民主的，但它

① ［英］哈耶克：《个人主义与经济秩序》，贾湛、文跃然等译，施炜校，北京经济学院出版社1989年版，第16页。

② ［英］哈耶克：《个人主义与经济秩序》，贾湛、文跃然等译，施炜校，北京经济学院出版社1989年版，第16页。

③ ［英］哈耶克：《个人主义与经济秩序》，贾湛、文跃然等译，施炜校，北京经济学院出版社1989年版，第19页。

④ ［英］哈耶克：《个人主义与经济秩序》，贾湛、文跃然等译，施炜校，北京经济学院出版社1989年版，第19页。

不迷信绝大多数决策是全知全能的，反对把绝大多数人的观点看成是正确的和有约束力的。因为对于真正的个人主义来说，“民主的全部合理性取决于这样一个事实，即随着时间的流逝，今天是极少数人的观点也许会变成大多数人的观点。”①哈耶克强调，要在以下这两个领域中找到民主的界限：在第一个领域中，大多数人的观点须成为众人的约束规范；在第二领域中，人们认为如果少数人的观点能够产生更好地满足公众需要的结果，就应该允许其存在。在此他再次引用了阿克顿的话来表达真正个人主义对民主的看法，“真正的民主原则是，谁也没有权力来支配人民，采取这一原则意味着谁也不能够限制或取消人民的权力。真正的民主原则保证人民将不会被强迫去做他们不喜欢的事情，也意味着永远不会强迫人民去容忍他们不喜欢的事情。真正的民主原则，是每个人的愿望都将是尽可能地自由发展，它意味着作为一种集体的人民的自由愿望将不受任何束缚。”②就平等而言，哈耶克认为，真正的个人主义认为不存在任何理由使用与平等地对待人民截然不同的方法使他们平等，因而坚决反对所有的命令特权，反对所有不依据平等地适用所有人的通过法律或强权来实施的任何保护措施。“个人主义的主要原则是，任何人或集团都无权决定另外一个人的情形应该怎样，并且认为这是自由的一个非常必要的条件，决不能为了满足我们的公平意识和妒忌心理而牺牲掉这样的条件。”③所以，哈耶克认为，除了平等这个词本身之外，个人主义与社会主义没有任何共同之处。个人主义寻求的是自由中的平等，而社会主义寻求的是限制和顺从中的平等。

（四）自由的价值

哈耶克极力推崇自由，在国家干预主义成为西方国家的主流观点和普遍政策的形势下，力图表明我们为何需要自由以及自由的作用何在。他赞赏菲力浦斯（H. B. Phillips）的看法，“在这样一个日益发展的社会中，行动的自由之所以被赋予个人，并不是因为自由可以给予个人以更大的满足，而是因为如果他被允许按其自己的方式行事，那么一般来讲，他将比他按照我们所

---

① ［英］哈耶克：《个人主义与经济秩序》，贾湛、文跃然等译，施炜校，北京经济学院出版社1989年版，第28页。

② ［英］哈耶克：《个人主义与经济秩序》，贾湛、文跃然等译，施炜校，北京经济学院出版社1989年版，第29页。

③ ［英］哈耶克：《个人主义与经济秩序》，贾湛、文跃然等译，施炜校，北京经济学院出版社1989年版，第29页。

知的任何命令方式去行事，能更好地服务于他人。”[①]

什么是自由？哈耶克将自由理解为这样一种状态，“在此状态中，一些人对另一些人所施以的强制，在社会中被减至最小可能之限度。”[②]在他看来，一个人不受制于另一个或另一些人因专断意志而产生的强制，通常也被称为个人自由或人身自由。这种自由的本质在于独立。尽管人们的自由可能有很大的差别，但这只是他们在独立程度方面的差别，而奴隶则根本无独立可言。自由的这种独立本质体现为“独立于他人的专断意志”。“自由意味着始终存在着一个人按其自己的决定和计划行事的可能性；此一状态与一人必须屈从于另一人的意志（他凭借专断决定可以强制他人以某种具体方式作为或不作为）的状态适成对照。”[③]哈耶克认为，这是自由的最原始意义。针对哲学家因试图精化或改进这一意义而导致的种种混淆，哈耶克主张采用这种原始意义。他说他采用自由的这种原始意义，不仅因为它是自由的原始意义，更因为它具有准确无误的品格。因为它描述的是一种状态，而且亦只描述这种状态，而这种状态之所以值得追求的原因与我们欲求其他也被称为“自由”状态的原因不尽相同。在哈耶克看来，从严格意义上讲，各种不相同的“自由”并非同一类的不同变异形式，而原本就是完全不同的状态，如“免于（或摆脱）……的自由”（freedoms from）和“做……的自由”（freedoms to）。他强调，他所说的自由只有一种，其差异不在种类，而在程度。在哈耶克看来，原始意义的自由仅指涉个人与他人之间的关系，他将这种自由界定为“强制的不存在”。[④]

哈耶克认为，对自由的侵犯仅来自人的强制，而与外在条件无直接相关性。例如，一个攀登者跌入深渊而无力脱困，这种情形虽然可以在比喻意义称其为“不自由”，但不是他所说的自由。他认为，自由所涉及的是个人在多大程度上能够按照他自己的计划和意图行事，他的行动模式在多大程度上出于自己的构设，亦即指向他一贯努力追求的目的，而非指向他人为使他做

① ［英］哈耶克：《自由秩序原理》上，邓正来译，生活·读书·新知三联书店 1997 年版，第 1 页。

② ［英］哈耶克：《自由秩序原理》上，邓正来译，生活·读书·新知三联书店 1997 年版，第 3 页。

③ ［英］哈耶克：《自由秩序原理》上，邓正来译，生活·读书·新知三联书店 1997 年版，第 4 页。

④ ［英］哈耶克：《自由秩序原理》上，邓正来译，生活·读书·新知三联书店 1997 年版，第 163 页。

他们想让他做的事而创设的必要境况。所以他说:“个人是否自由，并不取决于他可选择的范围大小，而取决于他能否期望按其现有的意图形成自己的行动途径，或者取决于他人是否有权力操纵各种条件以使他按照他人的意志而非行动者本人的意志行事。因此，自由预设了个人具有某种确获保障的私域，亦预设了他的生活环境中存有一系列情势是他人所不能干涉的。”①

哈耶克指出，原始意义的自由既不同于政治自由，也不同于内在自由。政治自由（political freedom）是一种被普遍认为具有特殊意义的自由，它是指“人们对选择自己的政府、对立法过程以及对行政控制的参与”②。这一概念是一些论者将自由的原始意义适用于整体意义的群体而形成的概念。这种自由是一种集体的自由（collective liberty），因而已经与原始意义的自由不同。在这种意义上，自由的人民（a free people）未必就是一个由自由人构成的人民（a people of free men）。在哈耶克看来，成为一个自由的个人，无需以享有这种集体自由为前提条件。所以他强调:“尽管欲求个人自由与欲求个人所属之群体的自由，所依据的情感和情绪往往是相似的，但我们仍有必要明确界分这两种概念。”③内在自由（inner freedom），或者形而上自由（metaphysical freedom），有时也称为主观自由（subjective freedom），这种自由与个人自由更相关。“内在自由所指涉的乃是这样一种状态，在这种状态中，一个人的行动，受其自己深思熟虑的意志、受其理性或持恒的信念所导引，而非为一时的冲动或情势所驱使。”④内在自由与原始意义的自由之间的不同在于，它的反面并非他人所施予的强制，而是由情绪失控、道德缺失或知识缺乏造成的。根据这种自由，如果一个人在紧要关头丧失意志或力量，从而不能做他仍然希望做的事情，那么我们可以说他是“不自由的”。在这种意义上，我们可以说一个人是他的情绪的奴隶。

哈耶克认为，还有一种意义的自由比上述两种意义的自由更容易与原始意义的自由相混淆。这种意义的自由是“免于（或摆脱）障碍的自由”

① ［英］哈耶克:《自由秩序原理》上，邓正来译，生活·读书·新知三联书店 1997 年版，第 6 页。

② ［英］哈耶克:《自由秩序原理》上，邓正来译，生活·读书·新知三联书店 1997 年版，第 6 页。

③ ［英］哈耶克:《自由秩序原理》上，邓正来译，生活·读书·新知三联书店 1997 年版，第 8 页。

④ ［英］哈耶克:《自由秩序原理》上，邓正来译，生活·读书·新知三联书店 1997 年版，第 8 页。

（freedom from obstacles），亦意指全能（omnipotence）的自由，实际上大致就是伯林所说的“积极意义的自由”。这种自由被用来指称“‘做我想做事情的实质能力’、满足我们希望的力量、或对我们所面临的各种替代做出选择的能力”[①]。哈耶克严厉地批评这种观点，认为这种将自由看作是能力或力量的观点，一旦得到认可，就会使某些人大肆利用“自由”这一术语的号召力去支持那些摧毁个人自由的措施，有些人甚至可以借自由之名而规劝人民放弃其自由。“正是借助于此一混淆，控制环境的集体力量观取代了个人自由观，而且在全权性国家中，人们亦已借自由之名压制了自由。”[②]在哈耶克看来，导致这种从个人自由概念向自由的力量或能力观转化的原因在于，哲学在传统上使用“约束”这一术语界定自由。自由可以界定为约束与强迫的不存在，而“约束和强迫”这两个术语亦常常被用来指称那些并非源自于他人对某人的行为的影响，因此那些别有用心的人就可以不费吹灰之力地把约束不存在的自由概念，转换成把自由定义为“实现我们欲求的障碍的不存在”，或者更为一般地定义为“外部阻碍不存在”。这样，自由就被解释为做我们想做的任何事情的有效力量。

有人批评哈耶克的自由概念纯属一个否定性（negative）的概念，他明确地承认这一点。他说：“自由恰恰属于此一类概念，因为它所描述的就是某种特定障碍——他人实施的强制——的不存在”[③]。他强调指出，尽管自由的用法多样且不尽相同，但自由只有一种，而且它只有在缺失时，自由权项（liberties）才会凸显。所谓自由权项是指某些群体和个人在其他人或群体多少不自由的时候仍然可获致的具体的特权或豁免。一个人得到允许后方能做特定事情的状态可以称为“一项自由权”（a liberty），但这并不是自由。人们的确是通过特定“自由权项”的实现才逐渐走上自由之路的，但如果一个人所能做的大多事情都须先获致许可，那就绝无自由可言。自由与自由权项之间的区别在于：“前者乃是指这样一种状态，除规则所禁止的以外，一切事项都为许可；后者则指另一种状况，除一般性规则明文许可的以外，一切

① ［英］哈耶克：《自由秩序原理》上，邓正来译，生活·读书·新知三联书店1997年版，第10页。

② ［英］哈耶克：《自由秩序原理》上，邓正来译，生活·读书·新知三联书店1997年版，第10页。

③ ［英］哈耶克：《自由秩序原理》上，邓正来译，生活·读书·新知三联书店1997年版，第14页。

事项都被禁止。”[①]在哈耶克看来，自由绝不会因其所具有的这种否定性品格而减损其价值。这一点从无数的解放奴隶的法令为我们描绘出的获致自由基本要件的图景中可以清楚地看出，这些要件包括：第一，“赋予其以共同体中受保护的成员的法律地位”；第二，“赋予其以免遭任意拘捕的豁免权”；第三，“赋予其以按照自己的意欲做任何工作的权利”；第四，“赋予其以按照自己的选择进行迁徙的权利”。[②]

既然对自由的侵犯仅仅来自于人的强制，那么强制意指什么呢？哈耶克明确指出：“所谓‘强制’，我们意指一人的环境或情境为他人所控制，以至于为了避免所谓的更大的危害，他被迫不能按自己的一贯的计划行事，而只能服务于强制者的目的。除了选择他人强设于他的所谓的较小危害之情境以外，他既不能运用他自己的智识或知识，亦不能遵循他自己的目标及信念。”[③]哈耶克认为，我们可以说我们因环境因素或情势所迫而做某些事情，但这不是“强制”，而是“迫使”。我们说我们被强制，那是指受人或机构的驱使。在他看来，强制是一种恶，而强制之所以是一种恶，完全是因为实施强制的人把人视为一个无力思想和不能评估之人，实际上是把人彻底沦为了实现他人目标的工具。他说：“强制是一种恶，它阻止了一个人充分运用他的思考能力，从而也阻止了他为社会作出他所可能作出的最大贡献。尽管被强制者在任何时候仍会为了自己的利益而竭尽努力，但是在强制的境况下，他的行动所必须符合的唯一的综合设计却出于另一个人的心智，而非他自己的意志。”[④]当然，强制不能完全避免，但要将行使强制之垄断权赋予国家，并全力将国家对这项权力的使用限定于制止私人采取强制行为的场合。哈耶克要求：“一个政府为了达致上述目的而必须使用的强制，应减至最小限度，而且应通过众所周知的一般性规则对其加以限制的方法而尽可能地减少这种强制的危害，以至于在大多数情势中，个人永不致遭受强制，除非他已然将自己置于他知道会被强制的境况之中。甚至在必须采取强制的场合，

① ［英］哈耶克：《自由秩序原理》上，邓正来译，生活·读书·新知三联书店1997年版，第15页。

② ［英］哈耶克：《自由秩序原理》上，邓正来译，生活·读书·新知三联书店1997年版，第15页。

③ ［英］哈耶克：《自由秩序原理》上，邓正来译，生活·读书·新知三联书店1997年版，第16—17页。

④ ［英］哈耶克：《自由秩序原理》上，邓正来译，生活·读书·新知三联书店1997年版，第165页。

也应当通过把强制限制于有限的并可预见的职责范围，或者至少通过使强制独立于他人的专断意志，而使它不致造成它本具有的最具危害的影响。”[①]在他看来，强制以众所周知的规则为依据，就会成为一种有助于个人追求自己目标的工具，而非一种被用以实现他人目的的手段。

哈耶克之所以反对强制，是因为强制是对行动自由的侵犯。他非常重视行动自由，认为自由的重要性就体现在行动自由上，但“自由的重要性，并不取决于它使之成为可能的行动是否具有崇高的特性”[②]。在他看来，即使是从事平凡而日常事情的自由也与思想自由具有同等重要的意义。他反对有的人将行动自由理解为“经济的自由”。在他看来，行动自由的概念在含义上要比经济自由的概念宽泛得多，可以说前者涵盖了后者。更重要的是，并不存在可以被称为纯粹“经济的”那种行动，因而不应该将自由局限于那些所谓的“经济”方面。他说：“经济的考虑只是我们据以协调和调适我们欲求实现的不同目的的根据，而且从最终的意义上讲，我们欲求实现的这些目的，无一是经济的（除了那些守财奴和那些把挣钱本身视作目的的人以外）。”[③]他认为，自由社会的特征之一在于人的目标是开放的，而且能够不断产生人们为之努力的新目标。尽管这些新目标一开始只是少数个人的目的，然而随着时间的推移，它们会逐渐成为大多数人的目的。

在哈耶克看来，虽说自由不是一种自然状态，而是一种文明的造物，但它并非源自设计。各种自由制度，如同自由所造就的所有其他事物一样，并不是因为人们先前已预见到了这些制度所可能产生的益处后才进行构建的。当然，一旦自由的益处为人们所认识，他们就会开始完善和拓展自由的领域，而且为了达至这一目的，他们也会开始探索自由社会发挥功能的种种方式。这个过程就是自由理论发展的路径。他认为，自由理论主要产生于18世纪的英法两国，但只有英国认识并懂得了自由，而法国则没有。他对两种自由传统进行了详尽比较，着重批评了法国的理性主义。他认为这种理论忽视了一个重要的问题，即“在一般的意义上讲，对抽象规则的遵从，恰恰是我们因我们的理性不足以使我们把握错综复杂之现实的详尽细节而渐渐学会

① ［英］哈耶克：《自由秩序原理》上，邓正来译，生活·读书·新知三联书店1997年版，第17页。

② ［英］哈耶克：《自由秩序原理》上，邓正来译，生活·读书·新知三联书店1997年版，第36页。

③ ［英］哈耶克：《自由秩序原理》上，邓正来译，生活·读书·新知三联书店1997年版，第36页。

使用的一项工具。”[①]与理性主义者不同的是，英国自由主义者则把自由主义描述成一系列抽象原则的体系，哈耶克认为这才把握住了问题的实质。所以他说：“对自由的主张，从终极的角度来看，实在是对一系列原则的主张，也是对集体行动中权宜性措施的反对”[②]。在他看来，自由是一种体系，在这种体系中，所有政府行动都受原则的指导；同时自由还是一种理想，如果不把这种理想作为一种支配所有具体立法法则的最高原则来加以接受，不把这一基本原则作为不会对物质利益做任何妥协的终极理想而加以严格遵守，那么自由就会一点点地遭到摧毁，最终不能存在下去。

哈耶克认为，自由不仅意味着个人拥有选择的机会并承受选择的重负，而且还意味着他必须承担其行动的后果，接受对其行动的赞扬或谴责。就是说，“自由与责任实不可分。”[③]在他看来，坚信个人自由的时代，始终亦是坚信个人责任的时代。责任是一个法律概念，也是一个道德概念，但在范围上却远远超过了通常所说的道德范围，因而其重要意义远远超出了强制的范围。它所具有的最为重要的意义很可能在于它在引导人们进行自由决策时所发挥的作用，其表现就是一个自由的社会很可能比其他任何形式的社会都更要求做到下述两点：“一是人的行动应当为责任感所引导，而这种责任在范围上远远大于法律所强设的义务范围；二是一般性舆论应当赞赏并弘扬责任观念，亦即个人应当被视为对其努力的成败负有责任的观念。”[④]哈耶克还强调，欲使责任有效，责任还必须是个人的责任。他认为，在自由社会中，不存在任何由一群体的成员共同承担的集体责任，除非他们通过商议而决定他们各自或分别承担的责任。

哈耶克认为，争取自由的斗争的伟大目标始终都是在法律面前人人平等，而将法律面前人人平等的原则扩大至包括道德的和社会的行为规则，这是民主精神的重要体现。在他看来，在一般性规则面前人人平等，才是与自由相一致的平等。他指出：“一般性法律规则和一般性行为规则的平等，乃

① ［英］哈耶克：《自由秩序原理》上，邓正来译，生活·读书·新知三联书店1997年版，第76页。

② ［英］哈耶克：《自由秩序原理》上，邓正来译，生活·读书·新知三联书店1997年版，第79页。

③ ［英］哈耶克：《自由秩序原理》上，邓正来译，生活·读书·新知三联书店1997年版，第83页。

④ ［英］哈耶克：《自由秩序原理》上，邓正来译，生活·读书·新知三联书店1997年版，第89页。

是有助于自由的唯一一种平等，也是我们能够在不摧毁自由的同时所确保的唯一一种平等。”[①]在他看来，除了这种平等之外，自由不仅与任何其他种类的平等毫无关系，而且还必定会在许多方面产生不平等。因为这是个人自由的必然结果，也是证明个人自由为正当的部分理由。如果个人自由的结果没有显示某些人的生活方式比其他生活方式更成功，那么个人自由的主张也就丧失了大部分的根据。他认为，自由主义者之所以要求政府给予人们以平等的待遇，既不是因为它认为人们实际上是平等的，也不是因为它试图把人们变得平等，而是因为如果使那些在事实上存在着差异的人获得生活中的平等地位，就必须反对国家对他们施以差别待遇。“要求法律面前人人平等的实质恰恰是，尽管人们在事实上存在着差异，但他们却应当得到平等的待遇。”[②]

由法律面前人人平等原则，哈耶克谈到了所有人在立法方面也应当享有同样的权利，并特别反对多数人决定和统治的观点和做法。他认为，在这一问题上，自由主义者与教条的民主主义者存在着差异：前者主要关注的是对一切政府所拥有的强制权力进行限制，而后者则只知道以多数人的意见来限制政府，即实行民主政制。在哈耶克看来，对于民主政制而言，它的对立面是威权政府，而对于自由主义来讲，它的对立面则是全权主义。这两种政治体制都未必会排除另一者的对立面：民主政制完全可能运用全权性权力，而威权政府依据自由原则行事也是可能的。就法律而言，“自由主义乃是一种关于法律应当为何的原则，而民主则是一种关于确定法律内容的方式的原则。只有为多数所接受者才应当在事实上成为法律，这一点在自由主义看来是可欲的，但是它并不认为这种法律因此就必然是善法。”[③]自由主义接受多数统治方式，但只是将其视为一种决策的方式，而不是一种确定决策应当为何的权威根据。而对于教条式的民主主义者来说，多数人的意志本身就构成了决策善的充足根据，多数的意志不仅决定着何为法律，而且也决定了何为善法。哈耶克认为，人民主权是教条式民主主义者的关键观念。对于他们来说，这个观念意味着多数统治是没有限制的，也是不可限制的。而在哈耶克看来，“民主的理想，其最初的目的是要阻止一切专断的权力，但却因其自

① ［英］哈耶克:《自由秩序原理》上，邓正来译，生活·读书·新知三联书店 1997 年版，第 102 页。

② ［英］哈耶克:《自由秩序原理》上，邓正来译，生活·读书·新知三联书店 1997 年版，第 103 页。

③ ［英］哈耶克:《自由秩序原理》上，邓正来译，生活·读书·新知三联书店 1997 年版，第 126 页。

身不可限制及没有限制而变成了一种证明新的专断权力为正当的理由”①。然而，政府所做的任何事情都应当得到多数同意的原则，未必就规定了多数在道德上有资格为所欲为。自由主义要求对多数人的权力也要加以限制。自由主义者认为，无视对多数权力施以限制，从长期看，不仅会摧毁社会的繁荣及和平，而且还将摧毁民主本身。

（五）自由与法治

对于哈耶克来说，自由是否定性的，是指强制的不存在，行动的自由。人生活在社会中，人们无强制的行动自由，可能造成人们之间的相互妨碍和伤害。为此，哈耶克肯定规则对于自由的必要性，只是这种规则是一般性规则或抽象规则。他说：“人的社会生活，甚或社会动物的群体生活，之所以可能，乃是因为个体依照某些规则行事。随着智识的增长，这些规则从无意识的习惯渐渐发展成为清楚明确的陈述，同时又渐渐发展成更为抽象的且更具一般性的陈述。”②在他看来，法律就是这样的规则。自由社会就是用法律实行统治的法治社会。他借用一位法官的话说，“每个个人的存在和活动，若要获致一安全且自由的领域，须确立某种看不见的界线，然而此一界线的确立又须依凭某种规则，这种规则便是法律。”③

为了阐明法律是抽象规则，哈耶克将法律与命令和习惯性规则作了比较分析。他说，如果对“命令”一词作最宽泛的解释，那么调整人的行为的一般性规则可以被称作是命令。但命令与法律存在着几个区别：首先，它们虽然都区别于对事实的陈述，但法律未必预先设定存在着一个发布此项规则的人，而命令总是有发出命令者。其次，法律和命令虽然都具有一般性和抽象性，但在其程度上存在着很大的差异：命令规定某人在此地此时做某一特定的事情，而法律规定某人的任何所作所为在某种境况或此类境况中都必须满足某些要求。他说：“理想的法律形态，可以被认为是一种指向不确定的任何人的‘一劳永逸’的命令，它乃是对所有时空下的特定境况的抽象，并仅

① ［英］哈耶克：《自由秩序原理》上，邓正来译，生活·读书·新知三联书店 1997 年版，第 130 页。

② ［英］哈耶克：《自由秩序原理》上，邓正来译，生活·读书·新知三联书店 1997 年版，第 184 页。

③ ［英］哈耶克：《自由秩序原理》上，邓正来译，生活·读书·新知三联书店 1997 年版，第 183 页。

指涉那些可能发生在任何地方及任何时候的情况。”①最后，从命令到法律的演化实际上就是渐渐从命令或法律的颁发者向行为的演化。命令无一例外地对应当采取的行为做出规定，从而使命令所指向的那些人根本没有机会运用他们自己的知识或遵从他们自己的倾向。也就是说，根据这类命令所采取的行动，只服务于发布该命令的人的目的。法律则不同，它需要它所指向的那些人在行动的过程中进行思想和决断。他说：“一般性法律与具体命令间的最重要的区别就在于，指导一项特定行动的目标和知识，究竟是由权威者来把握，还是由该行动的实施者和权威者共同来把握。”②例如，一个原始部落的头领对其部属的管理可以采取两种方式：一是仅凭借具体命令，部属除了根据这些命令行事之外不得做任何其他事；二是只对某些时候应予采取的行动种类和应予实现的目的种类发布一般性的命令，并由不同的个人根据不同的情形来填补这些一般命令的细节。在哈耶克看来，这两种管理方式体现了命令与法律的区别。

法律与习惯性规则的区别可以更清楚地说明真正法律所具有的“抽象特性”。从人类历史看，存在着从具体的、特殊的习惯性规则到一般性和抽象性法律的转变过程。与现代社会的法律相比，人类社会早期的行为规则要相对具体得多，它们不仅限制个人自己能够采取行动的范围，而且还常常对他实现特定目的所采取的方式作出具体规定，或者对他在特定时间和地点所必须做的事情作出具体规定。与此不同的是，“抽象且一般的法律规则明确指出，在某些情形下，行动必须符合某些条件；而符合这些条件的行动，就可得到允许。再者，抽象且一般的法律规则只提供了一种个人必须在其间行动的框架，而在这个框架中，所有的决定却都是由行动者本人做出的。”③

哈耶克还进一步从与自由的关系的角度阐明真正的法律应当是什么样的抽象且一般规则。他说，法治下的自由观念基于以下论点，“即当我们遵守法律（亦即指那些在制定时并不考虑对特定的人予以适用的问题的一般且抽

① ［英］哈耶克：《自由秩序原理》上，邓正来译，生活·读书·新知三联书店 1997 年版，第 185 页。

② ［英］哈耶克：《自由秩序原理》上，邓正来译，生活·读书·新知三联书店 1997 年版，第 186 页。

③ ［英］哈耶克：《自由秩序原理》上，邓正来译，生活·读书·新知三联书店 1997 年版，第 188—189 页。

象的规则）时，我们并不是在服从其他人的意志，因而我们是自由的。”[①]哈耶克认为，这种法律就是自由所需要的法律。这种自由的法律有三个特点：第一，是立法者并不知道其制定的规则将适用于什么特定的案件，同时适用这些规则的法官也只能根据现行规则和受理案件的特定事实做出其判决。因此，根据这种法律进行国家治理就是法治而非人治。第二，法律规则是在并不考虑特定案件的状况下制定的，而且任何人的意志都不能决定是否以强制的手段去实施该规则，因而这种法律不是专断的。第三，这种法律是平等地适用于所有人的一般性规则。哈耶克认为，第三个特征是真正法律特征最为重要的方面。他说：“由于真正的法律不应当指涉任何特定者，所以它尤其不应当指向任何具体的个人或若干人。”[②]哈耶克认为，就人们的行动与他人的关系而言，自由的意义仅意指他们的行动只受一般性规则的限制。但是，任何行动都不可能不影响到他人的确受保障的领域，因而言论、出版等都不可能是完全自由的，这些活动都将受到一般性规则的限制。这些领域的自由就只能意味着我们的所作所为并不依赖于任何人或任何权威机构的批准，而只能为同样平等适用于人人的抽象规则所限制。在哈耶克看来，法律要使我们获得自由，那么这里的法律只能是那种抽象且一般意义上的规则，或他所说的“实质意义上的法律”。

哈耶克阐明了为什么要如此理解法律的积极意义。在他看来，这样来规定法律就可以确使每个人都拥有一个他能够决定自己行动的公知的领域，而每个人都拥有这一领域是非常重要的。因为这样可以使个人能够充分运用他的知识，尤其是他关于特定时空下的情形的具体知识，而这些知识往往是他所独有的。法律的意义在于，它告诉人们哪些事实是他们所可以依赖的，并据此扩展他们能够预见其行动后果的范围。同时，法律也告诉人们哪些后果是他们在采取行动时所必须考虑的，或者什么是他们为此承担的责任。因此，法律是有助于使个人能够根据他自己的知识而采取有效行动的，因而也会增加个人的知识。总体上看，他认为，“公民行事时所遵循的规则，既构成了整个社会对其环境的调适，亦构成了整个社会对其成员所具有的一般性特征的调适。这些规则有助于或者应当有助于个人制定出能够有效实施的可

① ［英］哈耶克：《自由秩序原理》上，邓正来译，生活·读书·新知三联书店 1997 年版，第 190—191 页。

② ［英］哈耶克：《自由秩序原理》上，邓正来译，生活·读书·新知三联书店 1997 年版，第 191 页。

行的行动计划。这些规则之所以能够延续存在下来，只是因为在某类情形中，人们会就个人有权做什么事情这样的问题发生争议或摩擦；这就是说，只有在规则明确规定每个人所拥有的权利的情况下，这些争议或摩擦方能得到制止。”①

哈耶克进而又从法治的角度讨论法律必须具有的一些特性。他特别强调法治的重要性，认为即使是在20世纪以后，法治仍然是现代社会的一个重要原则。在他看来，最能清楚地将一个自由国家的状态和一个在专制政府统治下的状况区分开的，莫过于前者遵循着被称为法治的这一伟大原则。撇开所有技术细节不论，法治的意思就是指政府在一切行动中都受到事前规定并宣布的规则的约束，这种规则使得每一个人有可能十分肯定地预见到当局在某一情况中会怎样使用它的强制权力，并根据对此的了解计划他自己的个人事务。他说：“法治意味着政府除非实施众所周知的规则以外不得对个人实施强制，所以它构成了对政府机构的一切权力的限制，这当然也包括对立法机构的权力的限制。”②哈耶克也承认法治不可能十全十美，但强调法治作为一种理想，对于防止政府专权和保证个体自由来说，却是人类到目前为止已知的最有效的原则和制度。法治的基本点是很清楚的，即留给执掌强制权力的执行机构的行动自由应当减少到最低限度。

哈耶克认为，法治包含形式和实质两个方面的意义。法治的实质意义在于保障自由和人权。在他看来，法治不仅是自由的保障，而且也是自由在法律上的体现。法治不管采取什么形式，任何对这种立法权力的公认限制，都意味着承认个人的不可让渡的权利，承认不可侵犯的人权。因此，法治与计划是不相容的，因为在一个有计划的社会，法治不能保持。集权主义类型的经济计划必定会与法治背道而驰。在哈耶克看来，法治的形式意义比实质意义更重要。因为要使法治生效，应当有一个常常毫无例外地适用的规则，这一点比这个规则的内容是什么更为重要。关键是同样的规则能够普遍实施，这个规则的内容如何倒是次要的。例如，我们大家究竟应该沿着马路的左边还是右边开车是无所谓的，只要我们大家都一致行动就行。重要的是，规则使我们能够正确地预测别人的行动，而这就要求它能适用于一切情况，即使

① ［英］哈耶克：《自由秩序原理》上，邓正来译，生活·读书·新知三联书店1997年版，第196—197页。

② ［英］哈耶克：《自由秩序原理》上，邓正来译，生活·读书·新知三联书店1997年版，第260页。

在某种特殊情况下我们觉得它是没有道理的。[①]

哈耶克不只是意识到了如何理解法律对于法治至关重要，而且专门研究了什么样的法律才是法治意义上的法律。他认为，法治所应关注的重点不是法律是什么的规则，而是法律应当是什么的规则，亦即一种“元法律原则”或一种政治理想。[②] 他说：“法治的理想以人们对法之含义有着一种明确的界说为前提，而且并非立法机构所颁布的每一法规都是此一意义上的法。”[③]

那么，这种元法律原则是什么呢？他认为这种元法律原则有三个特性：

第一，它只是那种抽象且一般意义上的规则。他说：“如果真的是法律使我们获得了自由，那么这里的法律只能是那种抽象且一般意义上的规则，或者是我们所指称的‘实质意义上的法律’；这里需要强调指出的是，这种实质意义上的法律，乃是在法律规则的性质上而非在这些规则的渊源上与那种仅具形式意义的法律相区别。作为一种具体命令的‘法律’，亦即那种仅因为它产生于立法当局就被称之为‘法律’的命令，实际上是一种重要的压制性工具。”[④] 他认为，这种实质意义上的法律在本质上乃是长期性的措施，指涉的也是未知的情形，而不指涉任何特定的人、地点和物。这种法律的效力必须是前涉性的，而绝不能是溯及既往的。法律应当具有这种特性乃是一项原则，而且已是一项为人们普遍接受的原则，尽管它并不总是以法律的形式表现出来的。这便是那些元法律规则的范例：欲使法治继续效力，就必须遵守这类元法律规则。[⑤]

第二，它应当是公知的且确定的。我们可以毫不夸张地说，法律的确定性，对于一个自由社会得以有效且顺利地进行来讲，具有不可估量的重要意义。[⑥]

第三，它是平等适用的。这一点与上述属性具有同等的重要性，但在界

---

① 参见［英］哈耶克：《通往奴役之路》，王明毅、冯兴元译，中国社会科学出版社 1997 年版，第 79 页。

② 参见［英］哈耶克：《自由秩序原理》上，邓正来译，生活·读书·新知三联书店 1997 年版，第 261 页。

③ ［英］哈耶克：《自由秩序原理》上，邓正来译，生活·读书·新知三联书店 1997 年版，第 263 页。

④ ［英］哈耶克：《自由秩序原理》上，邓正来译，生活·读书·新知三联书店 1997 年版，第 193—194 页。

⑤ 参见［英］哈耶克：《自由秩序原理》上，邓正来译，生活·读书·新知三联书店 1997 年版，第 264 页。

⑥ 参见［英］哈耶克：《自由秩序原理》上，邓正来译，生活·读书·新知三联书店 1997 年版，第 264 页。

定方面要比它们困难。任何法律都应当平等地适用于每一个人，但其含义远不止于法律应当具有的一般性的含义。一项法律可能具有只指涉相关的人的形式特征，因而它在这个意义上具有充分的一般性，然而它却仍然可能是对不同阶层的人作出的不同规定。虽说法律面前人人平等只是诸理想之一，它能指示方向而不能完全确定目标，但是这一理想却不会因此而丧失它的重要意义。法律面前人人平等的原则必须满足一个要件，即这种对不同阶层划分的合法性必须得到所针对的某一阶层中的人与此一阶层之外的人的共同承认。我们可以追问我们是否能够预见到一部法律影响特定人的方式，这一点在实践中极为重要。然而，法律面前人人平等的理想，乃旨在平等地改善不确定的任何人的机会，它与那种以人们可预见的方式致使特定的人受损或获益的做法都是极不相容的。①

从哈耶克对自由与法律关系的讨论中，我们不难了解他同时也表达了关于自由与法治关系的看法。不过，就法治问题而言，他还专门谈到了行政自由裁量权问题。他指出："任何人都不会否认这样一个事实，即政府为了有效地运用它所拥有的手段或资源，就必须行使大量的自由裁量权。"②"的确，行政机构在法治下行事，也常常不得不行使自由裁量权，正如法官在解释法律时要行使自由裁量权一般。"③在他看来，这是一种能够而且必须受到控制的自由裁量权，而控制的方式便是由一个独立的法院对行政机构经由这种自由裁量权而形成的决定的实质内容进行审查。④在推进法治化的过程中，需要重视和解决好行政自由裁量权问题。这个问题得不到合理的解决，社会成员的权利就得不到充分的保障，法治就有可能落空。哈耶克认为，对行政自由裁量权施以法律限制，是现代社会中一个至关重要的问题。如果这个问题处理不当，"每个人的自由都迟早会丧失"。⑤

按照哈耶克的看法，直接影响法治的自由裁量权问题，并不是一个限制

① 参见［英］哈耶克:《自由秩序原理》上，邓正来译，生活·读书·新知三联书店1997年版，第266页。

② ［英］哈耶克:《自由秩序原理》上，邓正来译，生活·读书·新知三联书店1997年版，第271页。

③ ［英］哈耶克:《自由秩序原理》上，邓正来译，生活·读书·新知三联书店1997年版，第271页。

④ 参见［英］哈耶克:《自由秩序原理》上，邓正来译，生活·读书·新知三联书店1997年版，第271页。

⑤ 参见［英］哈耶克:《自由秩序原理》上，邓正来译，生活·读书·新知三联书店1997年版，第269页。

政府特定机构之权力的问题，而是一个限制整个政府之权的问题。这是一个涉及整个行政范围的问题。哈耶克是一位新自由主义者，因此，他所强调的是行政的自由裁量权不能涉足公民的私人生活。他说："需要重申的是，在法治之下，私人公民及其财产并不是政府行政的对象，也不是政府为了实现其目的而应加以运用的手段。因此，只是在行政干涉公民私域的时候，自由裁量权的问题才与我们的讨论相关。法治原则实际上意味着，行政机构在这方面不得享有任何自由裁量权。"[①] 在我们看来，行政机构确实不应该干涉公民的私生活领域，在这方面不享有任何裁量权，但在社会管理领域，行政自由裁量权问题仍然是一个非常突出的问题。在国家干预主义盛行的当代，能否在法律上严格限制自由裁量权，不仅关系到政府是有限政府还是无限政府的问题，而且已经直接关系国家能否真正法治化、能否实现法下治理的重大问题。自由裁量权不纳入法律的范围，不受到法律的有效限制，法治国家就可能名存实亡。自由裁量权不受限制或限制的范围和力度很小，这正是法上治理国家的实质性特征。

二、伯林的"消极自由"论

以赛亚·伯林（Isaiah Berlin, 1909—1997）是英国政治哲学家和政治思想史家，20 世纪最著名的古典自由主义的捍卫者和阐发者。他在 1958 年的演说"两种自由概念"（Two Concepts of Liberty）中，在区分积极自由与消极自由的基础上坚决捍卫并深刻阐发了近代以来的古典自由主义。他的社会德性思想并无多少新意，但使古典自由主义的根本精神得以进一步提炼和凸显，这不仅对后来西方关于自由问题的讨论产生了极大的影响，而且在国家干预主义盛行的社会条件下引起了人们对古典自由主义的重新重视，具有十分重要的现实意义。伯林一生并没有撰写专门著作，只有论文或演讲汇编的文集。其中重要的有：《卡尔·马克思：他的生活与环境》（*Karl Marx: His Life and Environment*, 1939），《启蒙时代：十八世纪哲学家》（*The Age of Enlightenment: The Eighteenth-Century Philosophers*, 1956），《维柯与赫尔德：观念史研究》（*Vico and Herder: Two Studies in the History of Ideas*,1976），《刺猬与狐狸：论托尔斯泰的历史观》（*The Hedgehog and the Fox: An Essay on*

① ［英］哈耶克：《自由秩序原理》上，邓正来译，生活·读书·新知三联书店 1997 年版，第 271 页。

Tolstoy's View of History,1953),《自由四论》(*Four Essays on Liberty*, 1969),《概念与范畴:哲学论文集》(*Concepts and Categories: Philosophical Essays*, 1978),《反潮流:观念史论文集》(*Against the Current: Essays in the History of Ideas*, 1979),《现实感:观念及其历史研究》(*The Sense of Reality: Studies in Ideas and their History*, 1996),《启蒙运动的三个批评家:维柯、哈曼与赫尔德》(*Three Critics of the Enlightenment: Vico, Hamann, Herder*, 2000),《自由及其背叛》(*Freedom and Its Betrayal: Six Enemies of Human Liberty*, 2002),《苏维埃精神:共产主义之下的俄罗斯文化》(*The Soviet Mind: Russian Culture under Communism*, 2004),《浪漫时代的政治观念及其兴起和对现代思想的影响》(*Political Ideas in the Romantic Age: Their Rise and Influence on Modern Thought*, 2006)。《自由四论》(尤其是其中的"两种自由概念"和"密尔与生活的目的")集中论述了伯林的消极自由思想,其他的著作几乎没有什么这方面的直接论述。

(一)对历史决定论的质疑

伯林的消极自由思想与他的历史观特别是对历史决定论的反思和质疑有着密切的关系,在一定意义可以说是以之为哲学基础的。他对历史决定论的批判集中在他于 1953 年写作的长篇讲演稿《历史必然性》之中。这篇讲稿是为他应邀作奥古斯特·孔德纪念讲座首讲而写的,但孔德也是他所批判的对象之一。"孔德没有犯拉美特里或毕希纳的错误。他并未说历史学是或者可以归结为物理学;但是他的社会学概念指向了这个方向:一座完全的、无所不包的科学知识金字塔;一种真理;一种理性的、'科学的'价值尺度。这种以牺牲经验为代价的对统一与对称的天真渴望,至今仍然为我们所保有。"① 伯林认为,他虽然相信这一学说是错误的,但他在《历史必然性》中所做的工作不是证明这一点,没有驳斥决定论,而且也怀疑这种证明或驳斥是否可能。他唯一用心做的是问自己这两个问题:"为什么哲学家或其他人认为人类是完全被决定的?如果他们是这样认为的,那么,这与一般所理解的正常的道德情操及行为是否相容?" ②

① [英]伯林:《历史必然性》,伯林:《自由论》(修订版),胡传胜译,凤凰出版传媒集团/译林出版社 2011 年版,第 95 页。

② [英]伯林:《最后的回顾》,伯林:《自由论》(修订版),胡传胜译,凤凰出版传媒集团/译林出版社 2011 年版,第 330 页。

伯林认为，决定论是一种千百年来为无数哲学家广为接受的学说。什么是决定论？“决定论宣称每个事件都有一个原因，从这个原因中，事件不可避免地产生。”① 将这种观点运用于社会历史问题时，就产生了历史决定论。历史决定论认为，“历史服从自然或者超自然的规律，人类生活的每一个事件都是自然模式中的一个因素”②。伯林肯定，决定论是自然科学的基础，因为“自然规律及这些规律的运用——构成整个自然科学——建立在自然科学所探讨的永恒秩序的观念之上”③。问题是，自然的所有其他部分都服从这些规律，而唯独人类不服从它们吗？当一个人从椅子上站起来时，他感觉他并不是非要这么做不可，他从椅子上站起来是他自然选择这样做，并非必然如此。在必然论者看来，这种常识是一种幻觉。尽管我们现在也许找不出其中的必然原因，但心理学家总有一天会发现他的所是和所做一切都是必然如此的，是不可能不如此的。

伯林认为，人们之所以相信决定论，有两个主要理由：一是自然科学的证明，二是推卸责任的借口。在相信决定论的人看来，自然科学在人类历史上取得了巨大的成功，整个宇宙都服从自然科学家发现的自然规律。在这种情况下，假设只有人不服从自然规律，那显然是非常荒诞的。在这些人看来，根据人的意图、动机解释人类的行为起源于人自负和愚蠢的盲目结合。他们的决定观念包含着这样的假定：“相信动机的重要性是一种错觉；使人的行为实际上如此这般的那些原因，大多数是超出个体的控制范围的；如物理因素、环境因素或习惯对人的行为的影响；某种较大单元——种族、民族、阶级、生物物种——的‘自然’成长对人的行为的影响；或者（根据某些著作家的说法）某种很少能用经验词汇来理解的实体——一种‘精神的有机体’、一种宗教、一个文明、黑格尔的（或佛教徒的）世界精神——的影响；这些实体在地球上的使命与显现，或者是经验的或者是形而上学的探索的目标，这取决于特定思想家的宇宙学见解。”④ 在伯林看来，

---

① ［英］伯林：《最后的回顾》，伯林：《自由论》（修订版），胡传胜译，凤凰出版传媒集团 / 译林出版社 2011 年版，第 329 页。

② ［英］伯林：《历史必然性》，伯林：《自由论》（修订版），胡传胜译，凤凰出版传媒集团 / 译林出版社 2011 年版，第 103 页。

③ ［英］伯林：《最后的回顾》，伯林：《自由论》（修订版），胡传胜译，凤凰出版传媒集团 / 译林出版社 2011 年版，第 329 页。

④ ［英］伯林：《历史必然性》，伯林：《自由论》（修订版），胡传胜译，凤凰出版传媒集团 / 译林出版社 2011 年版，第 97 页。

问题并不在于人是否完全不受这种自然规律决定，而在于他的自由是否因此完全被杜绝，是不是还存在不被潜在的原因决定去做选择的情形。伯林认为自古以来绝大多数人相信这种观点，即虽然他们的行为中有些是机械的，但也有些是服从他的自由意志的。他说，这种意识从人类开始时，即从亚当偷食禁果时就存在了。亚当被告知偷食了禁果时，他也没有这样为自己辩解："我禁不住这样做，我并不是自由地这样做的，是夏娃强迫我这样做的。"①

相信决定论还可以把人们做的许多事情的责任推到非人的原因上去，从而可以使他们对自己的所作所为有无需负责任的感觉。当一个人犯了一个错误，或者做了一件坏事或犯了什么罪，他可以以决定论为根据辩解说："我怎么能够避免得了呢？这就是被这样教育这样做的"；或者，"这是我的天性，自然规律应该对此负责"；或者，"在我所属的那个社会、阶级、教会、民族中，每个人都是这样做的，而且没有人谴责这样做"；或者干脆说，"我是在执行命令"。在伯林看来，实际的情形并非都是如此。大多数人相信每个人都至少能够做出两种选择，两种他能够实现的选择。伯林举例说，纳粹的"死刑执行者"阿道夫·艾希曼（Adolf Eichmann）在为自己大量屠杀犹太人辩护时说，"我杀死犹太人是因为我被命令如此；如果我不这样做我自己也会被杀死。"对于他的这种辩解，人们可能会说："我觉得你不太可能会选择被杀，但是从原则上讲如果你决定这么做，你就可以这样选择。——并不真的存在像自然界中那样的强迫，导致你做出你的行为。"②

在伯林看来，尽管对自然科学的迷恋培育了历史决定论的观念，但这并不是它的唯一的或主要的根源，这种观念有着深刻的形而上学起源。这种观念首先扎根于目的论。自古以来，有很多种不同的目的论，但它们有这样一种共同信念："人、所有生物甚至还有无生命的事物，不仅仅是它们所是的东西，它们还具有功能、追求目的。这些目的或者是造物主加在它们身上的（造物主使不同的人或事服务于不同的目标）；或者，这些目的并不是造物主加在它们身上的，而是它们内在固有的，以使每一个实体都具有一个'本性'、追求对它来说是'自然的'特殊目的；而对每一个实体的完善

---

① ［英］伯林：《历史必然性》，伯林：《自由论》（修订版），胡传胜译，凤凰出版传媒集团/译林出版社 2011 年版，第 330 页。

② 参见［英］伯林：《最后的回顾》，伯林：《自由论》（修订版），胡传胜译，凤凰出版传媒集团/译林出版社 2011 年版，第 331 页。

程度的衡量，正在于它满足这个目的的程度如何。”①在柏林看来，根据这种宇宙观，人的世界是一个单一的、无所不包的等级体系，解释其中的成分为何、何时、何地是其所是、为其所为，实际上就是说明它的目标是什么、在什么程度上它能成功地实现这个目标，以及追求这一目标的不同实体各自的目标之间关系是什么。这样，历史的解释就像其他的解释一样，主要就是在普遍的模式中把恰当的地位分配给个体、群体、民族与人种。认知一个事物或一个人在宇宙中的位置，就是说明它是什么、做什么、为什么必须如此。因此，它们成为什么与它们所拥有的价值、存在与执行什么功能以及或多或少地实现这种功能，都是一回事。模式，只有模式，才能使所有事物产生、消灭，并给予目的，也就是说，使它们具有价值与意义。理解就是感知模式，提供历史解释不仅仅是描述事件的系列，而且是使其成为可理解的；而使其成为可理解的，就是显示基本模式。这种基本模式不是若干个可能模式之一，而是那唯一的计划，就其本质而言，这个计划只能满足一个唯一的目的。这个目的被理解得越透彻，历史学家就越有解释力或启发性，其重要体现就是：一个事物、一个人的性格、这种或那种制度、群体或历史名人的活动都被解释为在这个模式中的必然后果。“一个事实、一个行动或一种性格越是被表明是必然的，它就被理解得越好，研究者的洞见也就越深刻，我们离那个无所不包的终极真理就越近。”②

伯林认为，这种目的论明显地不是一种经验的理论，而是一种形而上学的态度。这种态度把这一点看作是理所当然的，即：任何事物都有目的，解释一个事物就是发现它的目的，尽管我们可能无法在任何给定场合发现这个目的是什么。在伯林看来，我们将目的赋予所有的事件和人物并没有经验的根据，而且是反经验的，因为如果存在支持它的根据，那么从原则上说就应该存在反对它的证据。因此，“目的论并不是一种理论，一种假说，而是一种任何事物都被或应该被据以理解或描述的范畴或框架。”③

伯林认为，除了目的论之外，历史决定论的观念还有一种本体论的观念。这种观念像目的论一样历史悠久。在他看来，根据这种观念，可以根据

① ［英］伯林：《历史必然性》，伯林：《自由论》（修订版），胡传胜译，凤凰出版传媒集团/译林出版社 2011 年版，第 103 页。

② ［英］伯林：《历史必然性》，伯林：《自由论》（修订版），胡传胜译，凤凰出版传媒集团/译林出版社 2011 年版，第 104 页。

③ ［英］伯林：《历史必然性》，伯林：《自由论》（修订版），胡传胜译，凤凰出版传媒集团/译林出版社 2011 年版，第 105 页。

某种无时间性的、永久的、超验的实在，解释所有发生的事物，并使其合理。这种实在按其本性永远处于完美的、不可避免的、自我解释的状态。实在中的每一元素都因为其与别的元素或与整体的关系，处于它必然处于的状态。就是说，世界上的所有事物都处于因果必然联系之中，如果我们没有发现这一点，那只是因为我们自己缺少洞察力。科学和历史解释的任务就是要表明现实世界表面的混乱只是实在的完美秩序的不完善反映，也就是要发现现象背后的“模式”，说明实在与现象世界的关系。在伯林看来，这种关系所起的作用类似于功能和目的在目的论中起的作用。

此外，历史决定论观念还来自于自然科学的影响。伯林说，初看起来，这好像是矛盾的，因为科学的方法肯定是对形而上学的玄思的否定，但历史地看，这两者是紧密地缠绕在一起的。他认为，形而上学和科学有重要的亲和性，即“所有存在的东西都必然是物质的存在，因此都是可以用科学的规律解释的”①。而且，它们拥有相同的想法，即“解释某物就是将其包含在一般的公式之下，就是将其作为涵盖无数情况的规则的一个实例；从而，借助所有相关规律与范围足够广的相关事实的知识，不仅能够说发生了什么，而且能够说为什么发生；因为，如果这些规律被正确地确立，那么，描述某个事物实际上也就是断言为什么它不可能不是这样。”②

在伯林看来，历史决定论的观念来自以上所述这些理论和观念，它们同时也是决定论的形式。他认为，尽管它们形式不同，但也有共同之处，这就是：“终极而言，个人的选择自由是一种幻想；人类能够作不同的选择，这种观念是建立在对事物的无知之上的；结果，任何宣称他们应该这样或那样行动、应该避免这个或那个、应受（不仅仅是引起或回应）称赞或贬低、值得赞同或谴责的主张，都是建立在这样一种预设上：他们生活的至少某个区域，并不是全然受规律决定的，不管这些规律是形而上学的、神学的，抑或表明了科学所揭示的概率。这种假定被认为明显是错误的。”③他又说，决定论的不同形式尽管语调可能不同，但他们都同意：“世界具有某种方向并受规律支配；通过运用适当的研究方法，这种方向与这些规律在某种程度上是

---

① ［英］伯林：《历史必然性》，伯林：《自由论》（修订版），胡传胜译，凤凰出版传媒集团/译林出版社2011年版，第108页。

② ［英］伯林：《历史必然性》，伯林：《自由论》（修订版），胡传胜译，凤凰出版传媒集团/译林出版社2011年版，第109页。

③ ［英］伯林：《历史必然性》，伯林：《自由论》（修订版），胡传胜译，凤凰出版传媒集团/译林出版社2011年版，第110页。

能够发现的；更进一步，只有那些认识到个体的不管是精神方面还是物质方面的生活、性格与行动受他们所属的更大‘整体’支配的人，才能把握这些规律的作用；正是这些‘整体’的独立演化，才构成所谓的‘力量’，而根据这些力量的方向，真正‘科学的’（或‘哲学的’）历史才能被阐明。”[①]

伯林说，他不想说决定论必然是错误的，而只想说，我们无论在言说还是在思考中，都没有把它当作是真的，而且很难设想如果我们相信它，我们关于世界的图像将会是怎样的。他对此作了非常繁复的说明，我们很难加以简要的概述。不过，他在晚年写的《我的思想之路》对他的想法作了简要的阐述。他认为，如果接受决定论，那么至少存在着一个逻辑上的困难，这就是：我们不可能对任何人说，“你已经这样做了吗？你为什么非要这样做不可？”因为这样说假定了他其实可以不这样做，或者说他是可以做其他的事情的。然而，我们日常的道德是建立在可以这样说的基础之上。因为只有当人们不是被迫行事的时候，他们才因其所作所为而受到称赞或谴责、奖励或惩罚，才要承担道德责任。“而正是责任使得在黑与白、对与错、快感与义务之间作出选择成为必要；同样，在更广泛的意义上，使得在生活方式、政府形式与整个道德价值星丛中作出选择成为必要——不管他们有没有意识到，大多数人实际上都是根据这些价值星丛来生活的。”[②]然而，如果我们接受决定论，我们的词汇就要作出非常根本的改变。你会羡慕或赞扬某些人帅气、慷慨或精通音乐，但这不是他们选择的结果，而是“他们被造就”的结果。道德赞扬也将不得不采取同样的形式：如果我因为你冒着生命危险救我而赞扬你，那我的意思也不过是说，值得赞扬的是你被如此造就，以致无法避免这样做。这样一来，值得尊敬与不值得尊敬的行为、欺诈与真诚正派等，所有这些道德评价都变得像漂亮与丑陋、高与短、老与少、黑与白、英国或意大利父母所生一样，是我们无法改变的。因为这一切都被决定好了，我们可能会希望事情变得如我们所愿，但我们不能为此做些什么。

伯林特别对马克思主义的历史决定论提出了批评。他说，马克思主义认为社会在达到完美境界之前必须经过若干不可避免的阶段，它要求人们为了达到完美境界从事痛苦而危险的行动。然而，如果历史真的不可避免地带来

---

① ［英］伯林：《历史必然性》，伯林：《自由论》（修订版），胡传胜译，凤凰出版传媒集团/译林出版社 2011 年版，第 114 页。

② ［英］伯林：《最后的回顾》，伯林：《自由论》（修订版），胡传胜译，凤凰出版传媒集团/译林出版社 2011 年版，第 331 页。

完美社会，那么人们为什么还要为这样一种不需要人帮助也会达到的其适当而幸福的终点的过程牺牲性命呢？马克思主义者也许会说，你作出牺牲可以缩短这个进程。然而，是不是有那么多的人真的都能被说服去面对这些危险，以缩短那种无论他们行动不行动都会达至的幸福的进程呢？伯林说，这个问题总是使他和其他人感到困惑。显然，伯林的这种批评是一种偏见和误解，它忽视了马克思主义所肯定的人民群众在推动和创造历史过程中的能动作用。

（二）两种自由概念

伯林认为，人类历史上的几乎所有道德家都称赞自由，但自由这个词如同幸福和善、自然与实在一样，是一个漏洞百出以至于没有任何解释能够站得住脚的词。他说他是在同一意义上使用 freedom 和 liberty 这两个词，但他不想讨论这个变化多端的词的历史，也不想讨论有关这个词的两百多种含义，而只想考察这些含义中的两种核心意义，即他所称的“消极自由”和“积极自由”。他认为，这两种含义的背后有着丰富的人类历史，而且仍将会有丰富的人类历史。在他看来，消极自由回答的是“主体（一个人或人的群体）被允许或必须被允许不受别人干涉地做他有能力做的事、成为他愿意成为的人的那个领域是什么”的问题；而积极自由回答的是“什么东西或什么人，是决定某人做这个、成为这样而不是做那个、成为那样的那种控制或干涉的根源”的问题。[①] 在他看来，这两个问题是明显不同的。

伯林首先讨论什么是他所说的消极自由。在他看来，消极自由是就没有人或人的群体干涉一个人的活动而言的。他从这种意义上给政治自由下了一个定义，即“政治自由简单地说，就是一个人能够不被别人阻碍地行动的领域”[②]。这实际上就是伯林给消极自由所下的定义。他后来更明确地指出：“自由的根本意义是挣脱枷锁、囚禁与他人奴役的自由。其余的意义都是这个意义的扩展或某种隐喻。为自由奋斗就是试图清除障碍；为个人自由而奋斗就是试图抑制那些人的干涉、剥削、奴役，他们的目标是他们自己的，而不是被干涉者的。自由，至少在其政治含义中，是与不存在恐吓与支配相关

---

① 参见［英］伯林：《两种自由概念》，伯林：《自由论》（修订版），胡传胜译，凤凰出版传媒集团 / 译林出版社 2011 年版，第 170 页。

② ［英］伯林：《两种自由概念》，伯林：《自由论》（修订版），胡传胜译，凤凰出版传媒集团 / 译林出版社 2011 年版，第 170 页。

联的。”[①]

根据上述定义，伯林认为，如果别人阻止我做我本来能够做的事，那么我就是不自由的；如果我的不被干涉地行动的领域被别人挤压至某种最小的程度，我便可以说是被强制的，或者说，是处于被奴役的状态的。伯林解释说，他这里所说的“强制”并不意味着我不能做什么别的事情，而是意味着我不能做我想做的事情。就是说，一个人在被强制的情况下，虽然不能做自己想做的事，但可以做别人想要他做的事，这里就存在着别人阻止或干涉他自己所想达到的某个目的。这里的强制是外在的强制，是他人的干涉，而不是他自己能力的限制。一个人因为能力有限而不能达到他自己想达到的目的，他肯定是不自由的，但这种不自由不是政治上的不自由。政治上的不自由是指，你本来有能力达到你想达到的目的，结果因为外在的故意干涉而不能为达到你想达到的目的而行动。他说：“强制意味着在我可以以别的方式行事的领域，存在着别人的故意干涉。只有当你被人为地阻止达到某个目的的时候，你才能说缺乏政治权利或自由。纯粹没有能力达到某个目的不能叫缺少政治自由。”[②]伯林是在与“奴役”“压迫”“干涉”大致相同的意义上使用“强制”，而判断它们的标准是：“我认为别人直接或间接、有意或无意地阻碍了我的愿望。”[③]正是在这种意义上，自由就意味着不被别人干涉，不受别人干涉的领域越大，我的自由也就越广。

关于消极自由的含义，伯林后来又特别作了一个澄清。他说他在《两种自由概念》的初版中，把自由说成是不存在阻碍人的欲望得到满足的障碍。他认为，这是这个词通常的、可能是最通常的意义，但它并不代表他的立场。因为如果自由单纯就是不受阻止地做自己愿意做不管什么事情，那么获得这种自由的方法之一便是消灭自己的欲望。就是说，“如果自由的程度可由欲望的满足来衡量，那么，我可以通过有效地消除欲望来增进自由，就像可以通过满足欲望增进自由一样”[④]。正如爱比克泰德说他作为一个奴隶能

① ［英］伯林：《导言》，伯林：《自由论》（修订版），胡传胜译，凤凰出版传媒集团 / 译林出版社 2011 年版，第 48 页。

② ［英］伯林：《两种自由概念》，伯林：《自由论》（修订版），胡传胜译，凤凰出版传媒集团 / 译林出版社 2011 年版，第 170—171 页。

③ ［英］伯林：《两种自由概念》，伯林：《自由论》（修订版），胡传胜译，凤凰出版传媒集团 / 译林出版社 2011 年版，第 171 页。

④ ［英］伯林：《导言》，伯林：《自由论》（修订版），胡传胜译，凤凰出版传媒集团 / 译林出版社 2011 年版，第 31 页。

比主人更自由，就是在这种意义上说的。他指出，通过无视、遗忘、战胜欲望，对它们变得无意识，我能够获得平和与宁静，这的确是一种意义上的自由，但不是他想说的那种意义。伯林批评说，斯多亚派意义上的自由（精神自由），不管多么崇高，必须与被压迫者或压迫性的制度实践所截弱或毁坏了的那种自由分别开来，否则就会导致严重的后果。“精神的自由，如道德胜利，必须与自由的更加基本的意思以及胜利的更加日常的意思区分开来，否则将有陷入在理论上混乱、在实践上以自由的名义为压迫辩护的危险。”①

伯林在作了上述辨析之后，对他的消极自由概念的含义作了进一步的阐明。他说他所说的自由并不仅仅意味着挫折不存在（这可以通过消灭欲望来获得），而且包含可能的选择与活动的阻碍不存在，即通向人自己决定遵循的道路的阻碍不存在。他以门作为比喻说，自由不在于我出门走多远，而在于有多少扇门对我打开、如何打开，至于我愿意不愿意出门以及出门走多远对于这种自由是无关紧要的。他说：“这种自由最终并不取决于我是否出发或能走多远，而取决于多少扇门是打开的，它们是如何打开的，也取决于它们在我生命中的相对重要性，尽管从字面上说不可能以任何定量的方式来测量这种重要性。”②在伯林看来，这不是一种精神自由，而是政治自由，这种自由的范围在于我的选择（不仅仅是现实的，也包括潜在的）不存在障碍，即当我决定行动时能以这种方式或那种方式行动。而这样一种自由的缺乏则根源于这些门的关闭或无法打开，这种状态无论是有意的还是无意的，都是人类能动的结果，尽管只有阻碍这些门打开的行为是故意的才能够称为压制。所以，伯林强调，他所说的自由是行动的机会，而不是行动本身。“如果，我虽然享有通过敞开的门的权利，我却并不走这些门，而是留在原地什么也不做，我的自由并不因此更小。”③所以，伯林的最后结论是：“一个人的消极自由的范围，可以说是一个关于有什么门、有多少门向他敞开，它们敞开的前景是什么，它们开放程度如何等等的函数。”④

① ［英］伯林：《导言》，伯林：《自由论》（修订版），胡传胜译，凤凰出版传媒集团 / 译林出版社 2011 年版，第 32 页。

② ［英］伯林：《导言》，伯林：《自由论》（修订版），胡传胜译，凤凰出版传媒集团 / 译林出版社 2011 年版，第 33 页。

③ ［英］伯林：《导言》，伯林：《自由论》（修订版），胡传胜译，凤凰出版传媒集团 / 译林出版社 2011 年版，第 35 页。

④ ［英］伯林：《导言》，伯林：《自由论》（修订版），胡传胜译，凤凰出版传媒集团 / 译林出版社 2011 年版，第 41 页。

在伯林看来，英国古典政治哲学家以及法国的自由主义者贡斯当、托克维尔等人在使用自由这个词的时候，指的就是上述含义。例如，霍布斯就认为，自由人就是不受阻碍地做他想做的事情的人。虽然他们都认为人的自由行动的领域都必须受到法律的限制，但同样认为应该存在最低限度的、神圣不可侵犯的个人自由的领域。因为如果这个领域被践踏，个人就会处于一种甚至对于他的自然能力的最低限度发展也嫌狭窄的空间中，而正是那些自然能力使人有可能领会和追求各种被人们看作是善良、正确或神圣的目的。这就必须划定私人生活的领域与公共生活领域间的界限。问题是这条线应该划在哪里。不同思想家试图根据不同的原则（如自然法、自然权利、功利原则、绝对命令的要求、社会契约的约定等）来划定个人不受干涉的领域，但他们都是在“免于……”的意义上理解自由的，在这种意义上，自由“就是在虽变动不居但永远清晰可辨的那个疆界内不受干涉”[①]。其中最典型的表达就是自由的知名斗士约翰·密尔的名言，即“唯一实称其名的自由，乃是按照我们自己的道路去追求我们自己的好处的自由”[②]。在伯林看来，密尔之所以将保护个人权利看得如此神圣，是因为他认为：除非个体被允许过他愿意的生活，否则文明就不会进步；没有观念的自由市场，真理也不会显露，也就将没有自发性、原创性与天才的余地，没有心灵活力、道德勇气的余地；社会将被“集体平庸”的重量压垮，……伯林认为，对自由的捍卫，就存在于这样一种排除干涉的“消极”目标之中。

伯林认为，用迫害威胁一个人，让他服从一种再也无法选择自己的目标的生活，关闭他面前所有的大门而只留下一扇门，这种安排无论多么高尚、多么慈善，但违犯了这样一条真理：他是一个人，一个有他自己生活的存在者。在伯林看来，这就是近代以来自由主义者所理解的自由，而这种自由起源于个人主义这一颇有争议的概念。

伯林认为，这种自由主义立场有三个值得注意的问题，也可以说有三个特征：其一，密尔混淆了两个有区别的观念：一是认为所有的强制都是坏的，即使它可以用于防止其他更大的恶，而作为强制的反面，不干涉则总是好的，虽然它不是唯一的善。这就是古典形式的“消极”自由概念；二是认为人应该寻求发现真理，而只有在自由的条件下真理才能被发现。用密尔的

① ［英］伯林：《两种自由概念》，伯林：《自由论》（修订版），胡传胜译，凤凰出版传媒集团/译林出版社 2011 年版，第 175 页。

② ［英］约翰·密尔：《论自由》，许宝骙译，商务印书馆 1959 年版，第 14 页。

话说，就是要寻求批判性、原创性、想象力、独立等性格，而这些性格是可以培育的。在伯林看来，这两种观念都是自由主义的观点，但它们并不等同，它们之间的联系至多只是经验性的。其二，这种自由是现代的。尽管它有其宗教根源，但却是在文艺复兴以后形成的。在古代，人们没有将个人自由作为自觉的政治理想，即使在西方近代，个人自由的理想也不过是一个例外而不是通则。其三，这种自由是与特定类型的独裁、与缺乏自治是不相容的，它所关心的是控制的领域。“自由，在这个意义上，无论如何，并不与民主或自治逻辑地相关联。”① 在伯林看来，民主、自治的制度比别的制度更能为公民自由提供保证，正因为如此，自由主义者捍卫民主与自治。但是，个人自由与民主统治并无必然的关联。对“谁统治我？”这个问题的回答，与对“政府干涉我到何种程度？”这个问题的回答，在逻辑上是有区别的。伯林认为，正是在这种区别中，存在着消极自由与积极自由两种概念的巨大差异。他说，当我们试图回答“谁统治我？”或“谁告诉我我是什么不是什么、能做什么不能做什么？”，而不是回答“我能够自由地做或成为什么？”这个问题时，自由的“积极”含义就显露出来了。“消极”自由观念的拥护者所反对的正是这种积极自由，因为这种自由常常导致暴政。“在‘消极’自由观念的拥护者眼中，正是这种‘积极’自由的概念——不是‘免于……’的自由，而是‘去做……’的自由——导致一种规定好了的生活，并常常成为残酷暴政的华丽伪装。”②

伯林认为，在以上三个特征中，第三个特征是最重要的，因为它才真正体现了“消极”自由实质。从伯林对近代建立在个人主义基础上的自由观的阐述看，他是充分肯定这种自由观的，但同时批评这种自由观中还包含着积极自由的某种因素。就是说，在伯林看来，这种消极自由观还不彻底、不纯正。而且，他还认为，这种自由观还没有成为人们普遍接受的自由观。

伯林接着讨论积极自由的观念。他认为，“自由”这个词的“积极”含义源于个体成为他自己的主人的愿望。在他看来，一个人的以下愿望能够得到实现，就被认为是在积极意义上是自由的：我希望我的生活与决定取决于我自己，而不是取决于随便哪种外在的强制力；我希望成为我自己的主人而

---

① ［英］伯林：《两种自由概念》，伯林：《自由论》（修订版），胡传胜译，凤凰出版传媒集团/译林出版社 2011 年版，第 178 页。

② ［英］伯林：《两种自由概念》，伯林：《自由论》（修订版），胡传胜译，凤凰出版传媒集团/译林出版社 2011 年版，第 179 页。

不是他人的意志活动的工具；我希望成为一个被理性、有意识的目的推动的主体，而不是一个被外在的、影响我的原因推动的客体；我希望是个人物，而不希望什么也不是；我希望我是一个能自己确立自己的目标与策略并能够实现它们的主体，而不是一个只受外在自然或他人的作用的东西、动物、奴隶。[①] 总之，当上述这些愿望能得到实现时，也就是说，当人成为自己的主人时，人就是积极意义上自由的。积极意义的自由，就是成为某人自己的主人的自由。

在伯林看来，成为某人自己的主人的自由，与不受别人阻止地做出选择的自由，初看起来似乎是两个在逻辑上相关的概念，只是同一个事物的消极与积极两个方面而已。但是，历史地看，这两种自由观念"并不总是按照逻辑上可以论证的步骤发展，而是朝着不同的方向发展，直至最终造成相互间的直接冲突"[②]。在伯林看来，积极自由这种自由观念的主要问题在于，"成为自己的主人"意味着有一个支配性的自我，有一个被支配性的自我，而支配性的自我通常等同于理性。这种自我被认为是"真实的"、"理想的"、"自律的"自我，或"处于最好状态中的"自我。这种高级的自我与非理性的冲动、无法控制的欲望、"低级"本性、追求即时快乐、"经验的"或"他律的"自我形成了鲜明的对照。这种低级的自我受到限制汹涌的欲望与激情的冲击，它要上升到它的"真实的"本性，需要受到严格的约束。更重要的是真实的自我可以被理解成某种比个体更广的东西，如被理解成某种个体只是其中的一个要素或方面的社会"整体"，如部落、种族、教会、国家等。人类历史事实表明，这种整体常常被确认为"真正的"自我，它可以将其"集体的"强加于其成员身上，以达到它及其成员的自由。这样就为一些人对另一些人实行强制提供了辩护的理由。伯林说："当我采取这种观点的时候，我就处于这样一种立场：无视个人或社会的实际愿望，以他们的'真实'自我之名并代表这种自我来威逼、压迫与拷打他们，并确信不管人的实际目的是什么（幸福、履行义务、智慧、公正的社会、自我满足），它们都必须与他的自由——他的'真正的'、虽然常常是潜在的和未表达的自我的自由选

① 参见［英］伯林：《两种自由概念》，伯林：《自由论》（修订版），胡传胜译，凤凰出版传媒集团 / 译林出版社 2011 年版，第 180 页。

② ［英］伯林：《两种自由概念》，伯林：《自由论》（修订版），胡传胜译，凤凰出版传媒集团 / 译林出版社 2011 年版，第 180 页。

择——相同一。”[①]在伯林看来，历史事实表明，自由的概念直接源自于什么东西构成自我、人格和人的观念，而对人的概念加以足够的操纵，自由就会包含着操纵者所希望的任何含义。

伯林具体考察了积极自由在历史上所采取的两种主要形式：一是为了获得自由而采取的自我克制态度；二是为了获得自由而采取自我实现或完全认同于某个特定原则或理想的态度。前一种态度他称为“退居内在城堡”，后一种态度他称为“自我实现”及其扩展形式即建立“萨拉斯特罗（Sarasstro）圣殿”。

关于前一种态度，伯林认为，一个理性与意志的拥有者会构想目标也希望追求目标，但可能受自然规律、人的活动、社会制度等的阻止而无法实现其目的。在这种情况下，他就会不再感到自己是主人。为了不受这些目标的“碾压”，他就会从那些根本无法实现的欲望中解脱出来，从而成为他自己的疆域的主人。“我就仿佛做出了一个战略性的退却，退回到了我的内在城堡——我的理性、我的灵魂、我的‘不朽’自我中，不管是外部自然的盲目力量，还是人类的恶意，都无法靠近。我退回到我自己之中，在那里也只有在那里，我才是安全的。”[②]伯林认为，这种态度就是放弃上路来克服路上的障碍，把自己与外界隔离开来。或者说，“如果我觉得对于我意愿之事无能为力或力不从心，那么，我仅需要使欲望收缩或灭绝就能获得自由。”[③]在伯林看来，历史上的斯多亚派、康德以及禁欲主义者持这种态度。伯林指出，这样获得的自由绝非政治自由，而是其反面。

关于后一种态度，伯林认为，其基本看法是认为获得自由的唯一真正的办法，就是通过批判的理性理解什么是必然的、什么是偶然的。“除了你所认识的东西，亦即你理解其必然性（理性的必然性）的东西以外，你不可能想要别的东西。因为，企求某种本身不具有必然性的东西，在既定的前提即统治世界的必然性之下，pro tanto（因此）要么是无知，要么是非理性。”[④]

---

① ［英］伯林：《两种自由概念》，伯林：《自由论》（修订版），胡传胜译，凤凰出版传媒集团/译林出版社2011年版，第182页。

② ［英］伯林：《两种自由概念》，伯林：《自由论》（修订版），胡传胜译，凤凰出版传媒集团/译林出版社2011年版，第184页。

③ ［英］伯林：《两种自由概念》，伯林：《自由论》（修订版），胡传胜译，凤凰出版传媒集团/译林出版社2011年版，第188页。

④ ［英］伯林：《两种自由概念》，伯林：《自由论》（修订版），胡传胜译，凤凰出版传媒集团/译林出版社2011年版，第190页。

在伯林看来，斯宾诺莎、赫尔德、黑格尔、马克思等人持这种态度，它是一种理性主义的自由观念。这种自由观念不是不受干涉的领地这样一种“消极的”概念，不是一个我在其中不受阻碍的空间，而是一种自我导向或自我控制的概念。它主张：“我只会做我自己愿意做的事情。我是个理性的存在；不管什么东西，只要我能向自己证明它是必然的，在理性的社会里——也就是说，在一个受理性的心灵指导、指向一种理性的存在应该趋赴的目标的社会里——不可能是另外一种样子，那么，作为理性的存在，我不可能希望我自己将其弃之不顾。”① 在伯林看来，这是一种积极的、通过理性获得解放的学说，虽然它的诸多社会化形式彼此之间有诸多的差异和对立，但它却是我们时代许多民族主义者、共产主义者、权威主义者和极权主义者的信条，而且它在其演化过程中可能远离其理性主义的锚地。

伯林认为，那些相信自由即理性的自我导向的人，注定会考虑如何将这种自由不仅运用于个人的内在生活，而且会运用于他与其他社会成员的关系。对于他们来说，我希望根据我的理性意志（我的“真实自我”）的命令生活，其他人也肯定如此。为了避免与他人的意志发生冲突，就要在我的权利与他人同样的权利之间划一条界限。这条界限应该是所有理性存在者都会视为正确的界限，而这种界限只能是以理性为基础的法律，而不是以非理性为基础的其他东西，相反非理性的东西必须服从它，这样人才会有自由。伯林说：“这些思想家（以及他们之前的许多学者、他们以后的雅各宾派与共产主义者）的共同假定是，我们‘真实’本性的理性的目的必须是相互一致的，或者必须使它们相互一致，而不管我们可怜的、无知的、充满欲望的、激情的、经验的自我多么激烈地反对这个过程。自由并不是做非理性的、愚蠢的或错误的事情的自由。强迫经验的自我符合正确的模式并非专制，而是自由。”② 在他们看来，在理想的状态下，自由与法律、自治与权威是相一致的，法律禁止我去做我作为一个心智健全的人不应该希望去做的事情，这样的法律对于我的自由并不是一种限制。伯林将这种理性主义自由观念的假定作了如下概括：首先，所有人都有一个且只有一个真正的目的，也就是理性的自我导向的目的；其次，所有理性存在者的目的必然组成一个单一、普遍

① ［英］伯林：《两种自由概念》，伯林：《自由论》（修订版），胡传胜译，凤凰出版传媒集团/译林出版社 2011 年版，第 192—193 页。

② ［英］伯林：《两种自由概念》，伯林：《自由论》（修订版），胡传胜译，凤凰出版传媒集团/译林出版社 2011 年版，第 196 页。

而和谐的模式，对于这种模式，有的人比其他人更能清楚地领会到；再次，所有的冲突，因此所有的悲剧，都源于理性与非理性或不充分理性之间的冲突，而这种冲突原则上是可以避免的，而在完全理性的存在者那里根本就不会发生这种冲突；最后，当所有人都被造就成理性的时候，他们将服从出自他们共同具有的本性的理性规律，因此成为完全服从法律且完全自由的人。[①]

伯林在阐明了消极自由与积极自由观念的内涵之后，接着讨论了自由与平等及博爱、自由与主权、一元与多元的关系问题，从而进一步阐明了消极自由的含义和意义。

伯林认为，在对自由主题的探讨中，有一种方法将自由与平等、博爱相混淆，从而导致了与积极自由观念相类似的反自由主义结论。在伯林看来，这样一种方法是与个体或群体对自己的社会地位的寻求直接相关的。根据这种方法，一个人生活在社会中，他做的任何事情都不可避免地会影响别人的所作所为，同时也会受其影响。但是，一个人是一个社会存在的意义远不止于他是一个与别人互动的存在。个人或群体之所以抱怨缺少自由，往往是因为他们感到缺乏适当的承认。人们所寻求的东西也许并不是密尔希望寻求的东西，如不被强制，也不是社会生活的理性计划等，而是避免被忽视、被庇护、被轻视或被想当然地对待，相反作为集合体的一员、一个负责的行为者。就是说，对于这个社会来说，我不是一个孤立的原子，而是社会的有机成分、群体的一员。“他们所要求的，往往仅仅是承认他们（他们的阶级、民族、肤色或种族）是人类活动的独立源泉，是有其自己意志的实体，并试图根据这种意志行事（不管这种意志是不是好的、合法的），而不是像人性不完满因此也不完全自由的人那样，处于被统治、受教育、受指导的地位，不管这种统治、教育和指导多么宽松。”[②]在伯林看来，这种对地位和被承认的渴望并不等同于个人自由，无论是消极意义还是积极意义的。这虽然是人类需要并为之奋斗的东西，但它是某种与自由相近但本身并非自由的东西。自由观念的本质在于阻止闯入我的领地或宣称对我拥有权威的他人，而被承认的需要则是某种不同的需要，即联合、亲密理解、利益整合、同生共死之类的需要。如果将对自由的需要与这种对地位和被承认的需要相混淆，进而

① 参见［英］伯林：《两种自由概念》，伯林：《自由论》（修订版），胡传胜译，凤凰出版传媒集团 / 译林出版社 2011 年版，第 203 页。

② ［英］伯林：《两种自由概念》，伯林：《自由论》（修订版），胡传胜译，凤凰出版传媒集团 / 译林出版社 2011 年版，第 205 页。

与社会的自导向概念相混淆，人们就有可能屈服于寡头或独裁者，与此同时还会声称自己获得了解放。伯林强调："毫无疑问，对'自由'这个词的每一种解释，不管多么不同寻常，都必须包含我所说的最低限度的'消极'自由。必须存在一个在其中我不受挫折的领域。"①

关于自由与主权的关系，伯林反对卢梭的人民主权论，而赞成 19 世纪自由主义者的观点。他认为，卢梭所说的自由并不是在特定的领域内不受干扰的那种"消极的"个人自由，而是社会中所有有完全资格的人共享一种有权干涉每个公民生活的任何方面的公共权力，这种权利属于全体人民。伯林赞成 19 世纪自由主义者的看法，他们认为这种积极意义的自由很容易摧毁消极的自由，人民主权很容易摧毁个体主权，民治政府并不是必然自由的，因为民主的政府并不是每个人管理自己的政府，充其量不过是每个人被每个人治理的政府。对于 19 世纪的自由主义者来说，"如果自由涉及对任何强迫我做我不愿意或可能不愿意做的事情的人的权力的限制，那么，不管以其名义对我实施强制的理想是什么，我都是不自由的；绝对主权的学说本身就是一种暴政学说。"②在伯林看来，对于贡斯当、密尔、托克威尔及其所属的自由主义传统而言，只有受两个相互关联的原则控制的社会才可能是自由的：其一，只有权利，而非权力，才能被视为绝对的，从而使所有人，不管什么样的权力统治着他们，都有绝对的权利拒绝非人性的举动；其二，存在着并非人为划定的疆域，在其中人必须是不受侵犯的，而这样的疆域的划定所依据的规则是这样的规定：它们被如此长久与广泛地接受，以致对它们的遵守已经进入所谓正常人的概念中，因此也进入什么样的行动是非人性与不健全的概念之中。

在伯林看来，在人类历史上有一种要求个体为社会的自由牺牲自己的信念，因而与其他任何信念相比，这种信念对个体在伟大历史理想的祭坛上被屠杀负有更大责任。这种信念是建立在这样一种确信的基础之上，即人们信奉的所有积极的价值，最终都是相互包容甚至是相互支撑的。这就是孔多塞所说的"自然和一条不可分割的锁链将真理、幸福与美德结合在一起"。显然，这种观点是一种价值一元论的观点，认为所有的价值归根结底都是一种

① ［英］伯林：《两种自由概念》，伯林：《自由论》（修订版），胡传胜译，凤凰出版传媒集团/译林出版社 2011 年版，第 210 页。

② ［英］伯林：《两种自由概念》，伯林：《自由论》（修订版），胡传胜译，凤凰出版传媒集团/译林出版社 2011 年版，第 213 页。

价值。伯林认为，并非所有的价值都是相容的，更不用说人类的所有理想了。但是，一元主义者却假定在某个地方，所有的价值以某种方式共处必须是可能的，否则宇宙就不是一个和谐的整体，价值冲突就将成为人类生活固有的、不可消除的因素。针对这种观点，伯林指出，这种假定是与日常经验以及人类的知识相矛盾的。我们日常经验中所遭遇的世界是一个我们不得不在不同的终极目的以及绝对的要求之间作出选择的世界，其中某些目的的实现必然不可避免地会导致其他目的的牺牲。正因为如此，人们才给予自由选择那么大的重要性。如果人们能够确信他们所追求的那些目的绝不会冲突，他们就不会有选择的痛苦，自由选择的重要性也会随之丧失。在伯林看来，从原则上可以发现某个单一的公式，借此人的多样的目的可以得到和谐的实现，这样一种信念是荒谬的。他认为，“人的目的是多样的，而且从原则上说它们并不是完全相容的”，因而“无论在个人生活还是在社会生活中，冲突与悲剧的可能性便不可能被完全消除。于是，在各种绝对的要求之间做出选择，便构成人类状况的一个无法逃避的特征”。① 正因为如此，自然才具有了价值。

在伯林看来，一元主义蕴含着积极自由的意味，因为如果人类价值是一元的、终极目的是同一的，当然就需要整体的自我导向，自由选择也是不必要的，人们只需要克服非理性的欲望，理性地遵从整体的自我导向就可以走向终极目标。伯林认为，与一元主义者相反，多元主义则承认人类价值和目标的多元性，而且它们是不可归约的。在伯林看来，这种多元主义比一元主义更真实，也更人道，因为它更符合实际情况，也尊重人的自由选择。他说：“多元主义以及它所蕴含的‘消极’自由标准，在我看来，比那些在纪律严明的威权式结构中寻求阶级、人民或整个人类的‘积极’自我控制的人所追求的目标，显得更真实也更人道。它是更真实的，因为它至少承认这个事实：人类的目标是多样的，它们并不都是可以公度的，而且它们相互间往往处于永久的敌对状态。……多元主义是更人道的，因为它并未（像体系建构者那样）以某种遥远的、前后矛盾的理想的名义，剥夺不可预测地自我转化的人类的生活所必不可少的那些东西。”② 伯林强调，人们可以自由地选择

① ［英］伯林：《两种自由概念》，伯林：《自由论》（修订版），胡传胜译，凤凰出版传媒集团/译林出版社 2011 年版，第 217 页。

② ［英］伯林：《两种自由概念》，伯林：《自由论》（修订版），胡传胜译，凤凰出版传媒集团/译林出版社 2011 年版，第 219—220 页。

目的，而且他们并不认为这些目的具有永恒性，这是人类认识的新成果。正如熊彼特所言，“认识到一个人的信念的相对有效性，却又能毫不妥协地坚持它们，正是文明人区别于野蛮人的地方。”①

（三）对密尔自由思想的阐发

伯林虽然对密尔的自由思想提出过批评，认为他混淆了自由的消极意义与积极意义，但在总体上还是充分肯定密尔的自由思想，把他看作是个人自由或个人权利的斗士。他还专门作过《密尔与生活的目的》的长篇演讲，在这篇演讲中，他高度赞扬密尔的消极自由观，并对这种自由观作了充分的阐发。在伯林看来，公民自由得到尊重、舆论与信仰的多样性得到宽容的时代和社会是极端少见的，如果存在，那么也不过是在人类整齐划一、不宽容与压迫的沙漠中罕见的绿洲。他认为，约翰·密尔就是清楚地阐明这些原则并因此奠定现代自由主义基础的最伟大斗士。

伯林通过分析密尔成长的特殊经历，揭示了密尔是如何背离他父亲詹姆斯·密尔这位 18 世纪最后一位伟大的理性主义者而成为“异端、叛教者和渎神者的斗士，自由与仁慈的斗士”②的。在谈到约翰·密尔与詹姆斯·密尔和边沁的关系时，伯林分析说，他称赞他父亲所称赞的理性、经验方法、民主、平等，反对功利主义所攻击的宗教、信奉直觉与无法证明的真理及其教条式的后果，但重点发生了变化。詹姆斯·密尔和边沁所想要的是快乐，而无论快乐是通过什么手段获得的。如果绝大多数人接受到最后的幸福，甚或摆脱了痛苦，那么如何达到这种状态则是无所谓的。虽然他们相信教育和立法是通向幸福的道路，但如果有更便捷的道路被发现，他们会放弃自己所提供的方法，接受这种更有效、成本更低的办法。约翰·密尔反对这种解决办法。“对他来说，人之有别于动物的首要之处，既不在于拥有理性，也不在于发明了工具与方法，而在于能选择，人在选择而不是被选择时才最成为自己；人是骑士而非马匹；人是目的的寻求者（而不仅仅是手段），并以他自己的方式追求目的：可想而知，追求的方式越多，人的生活就变得越丰满；个体间相互影响的领域越广，新的和预料之外的机会就越多；沿着新鲜

① ［英］伯林：《两种自由概念》，伯林：《自由论》（修订版），胡传胜译，凤凰出版传媒集团 / 译林出版社 2011 年版，第 221 页。

② ［英］伯林：《穆勒与生活的目的》，伯林：《自由论》（修订版），胡传胜译，凤凰出版传媒集团 / 译林出版社 2011 年版，第 227 页。

而未被探索的方向改变其自身性格的可能性越多，展示在每一个人面前的道路也就越多，他的行动与思想的自由就越宽广。”①

伯林认为，密尔口头上赞成对幸福的绝对追求，也深刻地相信公正，但是当描述个人自由的光辉或抨击任何试图剥夺或消灭它的努力时，他的声音才是自己的。他似乎常常基于这样的理由倡导自由：没有自由，真理就不会被发现，就是说，“我们既不可能在思想中也不可能‘在生活中’进行那些唯一能为我们揭示新的、意料不到的使快乐最大化并使痛苦最小化的方法的实验，而快乐的最大化和痛苦的最小化正是价值的唯一源泉”②。因此，自由仅是手段，而不是目的。密尔并没有对快乐和幸福是什么作出明确的回答，但肯定不是边沁所认为的那样。因为边沁对人性的理解是狭隘的、根本不合适的，他对历史、社会和个人心理没有任何想象性的把握，他不理解是什么东西且应该是什么东西使社会联结在一起，他只理解生活的“事务”方面。在密尔那里，人性是不确定的，因为他在其中加入了很多实际上人们因其自身之故而追求的不同目的，如爱、恨、公正、行动、自由、权力、美、知识、自我牺牲的需要。而对于这些目的，边沁要么无视，要么将其错误地归类为快乐。因此，伯林认为，密尔的著作和行动中所体现的生活目的和价值尺度是多元主义的。他说：“如果他的生活与他所倡导的事业是证据的话，那么很清楚，对他来说公共生活中的最高价值——不管他有没有称之为‘次一级目的’——是个人自由、多样性与公正。”③ 密尔为之辩护的理由是，没有充分的多样性，许多在目前完全不可预见的人类幸福的形式将会变成不可知晓、无法实验和无法实现的，其中还包括迄今尚未有人经历过的更幸福的生活。在他看来，人类问题不可能得到最后的解决，在所有关键问题上人类也不可能获得普遍一致。作为人与自然、人与人之间相互作用的结果，某种新的东西不停地产生，而这种新颖性正是人类最典型也是最人性的东西。他对最终性不可能的假定，暗示着这也是不可取的。这就是他的基本观点，他用功利主义来称呼它。

伯林认为，密尔的功利主义与边沁的功利主义正好相反。边沁的功利主

① ［英］伯林：《穆勒与生活的目的》，伯林：《自由论》（修订版），胡传胜译，凤凰出版传媒集团 / 译林出版社 2011 年版，第 226—227 页。

② ［英］伯林：《穆勒与生活的目的》，伯林：《自由论》（修订版），胡传胜译，凤凰出版传媒集团 / 译林出版社 2011 年版，第 229 页。

③ ［英］伯林：《穆勒与生活的目的》，伯林：《自由论》（修订版），胡传胜译，凤凰出版传媒集团 / 译林出版社 2011 年版，第 230—231 页。

义建立在这样一种观念之上，即事物拥有不可改变的本性，社会问题和其他问题的解答至少从原则上是可以被科学一劳永逸地发现的。而在密尔看来，我们永远说不清更大的真理或幸福在哪里，因此终极性在逻辑上是不可能的，所有的答案都是尝试性的和暂时性的。因此，密尔厌恶和害怕标准化。他意识到在仁爱、民主与平等的名义下会造成这样一种社会，其中人的目标变得越来越狭隘、渺小，人群的大多数被改造成纯粹的工作的羊羔（托克维尔语），“集体平庸”将逐渐窒息创造性和个人天赋。他将社会化与齐一化看作是罪恶，渴望人类生活与性格的最广泛的多样性。在他看来，如果不能防止个体之间的相互伤害，特别是如果不能防止个体受到可怕的社会压力的伤害，这种多样性是无法获得的。“这使他坚定而持续地主张宽容。”① 他并不要求我们必然尊重别人的意见，恰恰相反，他只要求我们试图理解与容忍它们，而且仅仅是容忍。我们可以不赞同、反感，甚至嘲笑或轻视，但是必须容忍。没有容忍，理性批评和合理两难的条件就会被摧毁，因此他强烈呼吁理性与宽容。

在伯林看来，密尔力主个人自由和生活目的的多样性，所针对的是理论和实践上的一元主义主张，这种主张的要害在于剥夺别人的自由。对于密尔来说，人们剥夺别人的自由可能出于三种动机：一是他们想把自己的权力强加在别人身上；二是他们想舆论一律，即他们不想与别人的想法不一样，也不想别人与他们自己的想法不一样；三是他们相信，对于人们应该如何生活这个问题存在一个且唯一一个正确答案，所有与这个答案相背离的言行都是危及人类得救的，而这个答案可以通过理性、直觉、启示、生活方式或“理论与实践的统一”等方法获得。密尔认为前两种动机是非理性的，因而无法通过理性的讨论给予回答，而对于第三种动机，密尔给予了批判。第三种动机可概括为这样的见解：如果生活的真实目的是可以发现的，那么反对所揭示的生活目的的真理的人就是在扩散有害的谬误，因此必须受到压制。对于这种见解，密尔批评说，人并不是不会犯错误的，被假定为有害的观点最终有可能是正确的。例如，杀害苏格拉底和基督的人们真诚地相信他们两人是邪恶的谬误传播者，但他们今天看来都是值得尊敬的。在密尔看来，“在一种被视为错误的观点中仍然可能有部分真理；因为不存在绝对真理，只存在通向真理的不同道路；压制明显错误的东西有可能同时压制它里面正确的

① ［英］伯林:《穆勒与生活的目的》，伯林:《自由论》（修订版），胡传胜译，凤凰出版传媒集团 / 译林出版社 2011 年版，第 233 页。

东西，从而使人类遭受损失。”[①] 密尔的这一论证是建立在以下假设的基础上的，即：人的知识从原则上讲是不会完成的，总是会有错误的；不存在单一的、普遍可见的真理；每个人、每个民族、每个文明都可以采取自己的方式追求自己的目的，而不必要彼此和谐；人是可变的，他们所相信的真理，根据新的经验与他们自己的行动（他称作“生活实验”），也是可变的；因此，那种认为存在一种在所有时间所有地点所有人中保持不变的可知的人性的观点是错误的，那种认为存在一种能使人类获救的唯一正确的学说也同样是错误的。[②]

伯林认为，密尔坚决捍卫个人自由，为保留个人的多样性留出空间，抵制社会压迫的危害。在他看来，密尔所理解的个人自由是不受他人干涉的自由，这种自由要求对强制权的严格限制，给个人保留不受侵犯的最小生活领域。密尔认为，就个人的行为只涉及自己而非他人的利益而言，个人并不因为这些行为而对社会负责，权力能够违背社会成员意志的唯一目的只是防止伤害他人。在密尔看来，除非人们保有不受他人干涉的自由，否则，他们不可能发展、繁荣并成为人格完善的人。密尔相信，人是自发的，他拥有选择的自由。这种选择自由对于人是根本性的，“人之为人在于他的选择能力”[③]，“把人与其他自然事物相区别的，既非理性思想，也非对自然的控制，而是自由选择与自由试验”[④]。正因为人有选择能力，所以他能造就自己的性格，成为他想成为的人。“关于自由，他指的是人不受阻碍地选择自己的崇拜对象与崇拜方式的状态。对他而言，只有这种状态得以实现的社会，才能称为完全人性的社会。”[⑤] 密尔把实现这种状态视为比生命本身还要宝贵的理想。

密尔相信，让人类按照他们自己认为好的方式生活，比强迫他们按别人认为好的方式生活，对人类更加有益。因此，密尔像托克维尔一样，而更甚于孟德斯鸠，更强烈关注保持多样性，为变化留出空间，抵制社会压迫的危

① ［英］伯林:《穆勒与生活的目的》，伯林:《自由论》（修订版），胡传胜译，凤凰出版传媒集团 / 译林出版社 2011 年版，第 238 页。

② 参见［英］伯林:《穆勒与生活的目的》，伯林:《自由论》（修订版），胡传胜译，凤凰出版传媒集团 / 译林出版社 2011 年版，第 238 页。

③ ［英］伯林:《穆勒与生活的目的》，伯林:《自由论》（修订版），胡传胜译，凤凰出版传媒集团 / 译林出版社 2011 年版，第 242 页。

④ ［英］伯林:《穆勒与生活的目的》，伯林:《自由论》（修订版），胡传胜译，凤凰出版传媒集团 / 译林出版社 2011 年版，第 256 页。

⑤ ［英］伯林:《穆勒与生活的目的》，伯林:《自由论》（修订版），胡传胜译，凤凰出版传媒集团 / 译林出版社 2011 年版，第 256—257 页。

害。他痛恨人们群起攻击一个受害者，希望保护异议者和异端。对于他来说，没有抗议的权利，没有抗议的能力，就不会有公正，也不会有值得追求的目的。据此，他甚至怀疑民主，认为它是唯一公正但同时也有可能是最具压制性的政府。所以他说，如果全体人民除了一个人以外只有一种意见，而只有这唯一一个人持反对意见，那么，所有人压制这一个人，并不比这一个人，如果他拥有权力的话，压制所有人更合理。

伯林认为，密尔的理想并不是原创性的，"它是理性主义与浪漫主义的融合：歌德与威廉·洪堡的目标；丰富、自发、多面、无惧、自由、理性并自我导向的性格。"①但是，他的核心命题"内在城堡"是经得住考验的。虽然它也许仍然需要深化与限定，但是对于那些渴望一个开放和宽容社会的人来说，他仍然是他们的立场的最清晰、最诚实、最有说服力的表达者，因为"关于人类的那些最基本的特征与志向，他说出了某些真实而重要的东西"②。他虽然不是创新者和革新者，但他的思想之宽广以及他将观念应用于能够产生硕果的领域的能力，却是无与伦比的。"他不是一个独创者，但是他却改变了他那个时代人类知识的结构。"③

三、罗尔斯的作为公平的公正论

罗尔斯（John Bordley Rawls, 1921—2002）是美国政治哲学家、伦理学家、哈佛大学教授。他是20世纪英语世界最著名的政治哲学家。他于1951年发表《用于伦理学的一种决定程式的纲要》后，就专注于社会公正问题研究，并潜心构建一种理性性质的正义理论，陆续发表了《作为公平的公正》（1958）、《宪法的自由和公正的观念》（1963）、《公正感》（1963）、《非暴力反抗的辩护》（1966）、《分配的公正》（1967）、《分配的公正：一些补充》（1968）等文。在此期间，罗尔斯着手撰写《公正论》（*A Theory of Justice*, 1971）一书，前后三易其稿，终于成为20世纪下半叶伦理学、政治哲学领域最重要的理论著作。这本书出版后旋即在学术界产生巨大反响，他本人可

① ［英］伯林：《穆勒与生活的目的》，伯林：《自由论》（修订版），胡传胜译，凤凰出版传媒集团/译林出版社2011年版，第249页。

② ［英］伯林：《穆勒与生活的目的》，伯林：《自由论》（修订版），胡传胜译，凤凰出版传媒集团/译林出版社2011年版，第252页。

③ ［英］伯林：《穆勒与生活的目的》，伯林：《自由论》（修订版），胡传胜译，凤凰出版传媒集团/译林出版社2011年版，第255页。

以说是 20 世纪世界上最享盛誉、最具影响的思想家。由于《公正论》一书第一版的封面为绿色，当时一些哈佛学子以“绿魔”来形容这本书的影响力。诺齐克当年有言，政治哲学出了罗尔斯之后，你可以跟着他思考，可以针对他思考，但不能不理会他而思考。除此以外，罗尔斯的著作还包括《政治自由主义》（*Political Liberalism*, 1993）、《万民法》（*The Law of Peoples: The Idea of Public Reason Revisited*, 1999）、《道德哲学讲演录》（*Lectures on the History of Moral Philosophy*, 2000）、《作为公平的公正——公正新论》（*Justice as Fairness: A Restatement*, 2001）等。罗尔斯的政治哲学和社会德性思想的特色在于，在历来重视自由的自由主义传统中，第一次强有力地凸显了平等的意义，成功地实现了政治哲学主题从自由到平等的转变，使古典自由主义过渡到了现代自由主义；同时还将平等与自由纳入社会公正的框架内统一考虑，在人类思想史上第一次建立了庞大、完整的公正理论体系，使公正成为当代西方和整个人类最受重视的价值理念和价值追求。姚大志教授对罗尔斯与古典自由主义的关系作了以下的阐述：“尽管以霍布斯、洛克和密尔为代表的政治哲学家提出了许多伟大的理论，但是他们实质上最多仅仅解决了自由问题，而没有解决平等问题。”[①]“正是在这种历史背景中，罗尔斯政治哲学的重大意义显现出来了。罗尔斯一方面继承了自由主义的传统，肯定了几个世纪以来逐渐完善的自由民主制度，另一方面他又对以洛克为代表的古典自由主义感到不满意，力图建立一种新自由主义。古典自由主义的一个重大缺点是忽视平等。作为一名自由主义思想家，罗尔斯显然对自由的价值具有一种先在的承诺，然而实际上他更为强调的是平等的价值。”[②]姚大志教授的看法是公允的、准确的，有助于我们对罗尔斯在现当代人类思想上的地位的正确把握。

需要指出的是，罗尔斯可谓是当代百科全书式的伦理学家和政治哲学家，他的著作内容极为丰富，但也颇为庞杂、繁复，由于一些重要著作是讲演稿，因而也不是十分严谨的。因此，无论是研究他的思想，还是阅读他的著作，都是一件非常费力的事情。我们这里的阐述，既考虑他的公正论的内容结构，同时也兼顾他的思想的发展变化，希望能有助于读者对他的基本观

① “译后记”，[美]罗尔斯：《作为公平的正义：正义新论》，姚大志译，中国社会科学出版社 2011 年版，第 323—324 页。

② “译后记”，[美]罗尔斯：《作为公平的正义：正义新论》，姚大志译，中国社会科学出版社 2011 年版，第 324 页。

点和基本思路的把握。

（一）从《公正论》到《公正新论》

罗尔斯一生只写了五部著作，其中重要的是《公正论》《政治自由主义》和《作为公平的公正——公正新论》。《政治自由主义》一书是在《公正论》出版22年之后出版的，这部著作研究的角度有了很大的变化。如果说《公正论》主要是从伦理学的角度研究公正问题的话，《政治自由主义》则更侧重从政治哲学的角度研究公正问题。《作为公平的公正——公正新论》则是基于政治哲学的角度对《公正论》中的一些观点作了修正。因此，对于罗尔斯思想的发展而言，从《公正论》到《政治自由主义》的转变是关键性的。要完整理解他的公正论，了解他的这种转变是重要的。

尽管罗尔斯的思想发生了变化，但他一生始终关注的都是社会公正问题。他之所以特别关注社会公正问题，是因为自启蒙时期开始一直到他生活的时代，思想家们没有解决这一问题，甚至这一问题没有进入思想家的视野。这种理论研究的缺失导致了社会现实生活中社会公正问题日益凸显。自启蒙时代以来，西方出现了许多影响深远的社会德性思想家和流派。他们的主流社会德性思想丰富而系统，并成为了西方近现代主流价值观。在启蒙时代自由和平等已成为时代最重要的价值理念和原则，但为了适应市场经济迅速发展的需要以及反对封建主义、基督教教会和专制主义的需要，思想家们关注的焦点问题是自由问题，一直到20世纪初，平等问题依旧没有引起主流思想家的注意。基于思想家社会政治思想构建起来的社会主流价值体系也必然立足于自由，自由成为整个西方近代社会主流价值体系的基点和根本原则。这种主流价值观现实化的结果是：一方面基于经济、政治等社会自由建立了民主政治，市场经济因而获得快速发展；另一方面社会的过分自由化及相应的市场化又导致了社会的两极分化，出现了由于制度安排导致的拥有最少权力、机会、收入、财富等方面的“最不利者”。社会不平等问题日益突出。正如我们前面所指出的，最先注意到这一问题并致力于解决这一问题的并不是罗尔斯，而是英国经济学家凯恩斯和美国政治家罗斯福，但从哲学上、最初主要从伦理学的角度关注并致力于解决这一问题的是罗尔斯。自20世纪50年代开始一直到他去世，罗尔斯矢志不渝地潜心于从哲学上研究和回答以平等或公平为中心的公正问题长达50年。其意义也许主要不在于他对这一问题提供的解决方案，而在于他的研究不仅引起了西方社会，而且引起了世界各国乃至整个人类对这一问题的高度重视。

在西方近代占统治地位的是功利主义的公正理论。在功利主义者看来，一切公正问题归根到底都是利益问题，是否公正并不是以个人的利益为根据，而是以社会整体的利益为根据，因而公正对于个体具有命令性和约束力。他们认为，个体在自由地追求自身利益的同时追求与社会整体利益的共进，这是最有利于社会整体利益的。就是说，功利主义者的公正观只讲人们的行为是否增进社会整体利益，增进的就是公正的，否则就是不公正的，而根本不考虑社会整体利益如何分配的问题，即不考虑社会平等不平等的问题。罗尔斯说："功利主义观点的突出特征是：它直接地涉及一个人怎样在不同的时间里分配他的满足，但除此之外，就不再关心（除了间接的）满足的总量怎样在个人之间进行分配。"① 在罗尔斯看来，这种公正理论是建立在目的论基础之上的。因此，要克服这种公正理论的问题，必须另外寻求公正理论的基础。他寻求的结果是社会契约论，因为他相信，"在各种传统的观点中，正是这种契约论的观点最接近于我们所考虑的正义判断，并构成一个民主社会的最恰当的道德基础。"② 但是，他不是简单地运用近代启蒙思想家的传统社会契约论，而是根据他们的思路重构了一种在他看来更合理的新的社会契约论。他说："我一直试图做的就是要进一步概括洛克、卢梭和康德所代表的传统的社会契约理论，使之上升到一种更高的抽象水平。"③ 在他看来，这种新的社会契约论能提供一种对公正的系统解释，而这种解释不仅可以替换，而且还优于占支配地位的传统的功利主义解释。这种解释的结果就是他的"作为公平的公正"的公正论。

罗尔斯的社会契约论不是对人类历史上的某种原初社会状态的描述，而是对他所假设的"原初状态"以及在这种状态下人们如何订立契约的阐释。在他看来，我们可以合理地设置原初状态的条件，构建一种假设的原初状态。这种状态是对所有人开放的，任何一个人任何时候都可以进入这种状态，并模拟各方进行合理的推理，从而对公正原则作出选择。在原初状态中，人们相互之间是不了解的，他们各自除了具有有关社会理论的一般知识

① ［美］罗尔斯:《正义论》，何怀宏、何包钢、廖申白译，中国社会科学出版社 1988 年版，第 23 页。

② ［美］罗尔斯:《正义论》，何怀宏、何包钢、廖申白译，中国社会科学出版社 1988 年版，序言第 2 页。

③ ［美］罗尔斯:《正义论》，何怀宏、何包钢、廖申白译，中国社会科学出版社 1988 年版，序言第 2 页。

之外，不知道任何其他个人和所处社会的特殊信息。人们对公正原则的选择就是在这种“无知之幕”后面进行的。在进行选择的时候，各方会运用游戏理论中的最大的最小值规则，选择那种在所有可选择对象的最坏结果中其结果是最好的对象。他们选择时会遵循按“词典式序列”排列的两个公正原则：其一是平等自由原则；其二是机会公平平等原则和差别原则的结合。其中，第一个原则优先于第二个原则，而第二个原则中机会公平平等原则又优先于差别原则。这两个原则的特点是突出了有差别的平等即公平的重要性：它要求平等地分配各种基本权利和义务，各种职务和地位向所有人开放；要求平等地分配社会合作所产生的利益和负担，只允许那些能给最少受惠者带来补偿利益的不平等分配；任何人或团体除非以一种有利于最少受惠者的方式谋利，否则就不能获得比他人更好的生活。罗尔斯认为，这些原则是在原初状态下所有人会选择或会一致同意的公平原则，正是这种一致同意构成了公平的社会契约。这些原则所体现的公正就是“作为公平的公正”。

需要指出的是，上述公正原则的两个优先的后面蕴含着第三个也是最重要的优先，即正当对善的优先。在西方伦理学史上有目的论与道义论（义务论）两大流派的分野。目的论认为善是独立于正当的，是更基本的，正当则是从善派生的。它“首先把善定义为独立于正当的东西，然后再把正当定义为增加善的东西”①。这种观点在近现代的典型代表是功利主义。道义论则与目的论相反，认为正当是独立于善的，是更基本的。康德就是道义论的突出代表。在罗尔斯看来，公正原则在更广泛的意义上即是正当原则，它是处于原初状态的人们愿意选择的原则。但是由于每个人只要他的意图与公正原则一致，便都是自由地按照他的愿望计划着他的生活的，所以在合理性的标准方面不可以达成一致。其次，个人关于他们的善的观念在许多重大的方面是相互区别的，而且这是有益的，而对于正当的观念来说并不是这样的。“在一个组织良好的社会，各个个人的生活计划，就其总是强调不同的目标而言，是不尽相同的，人们自由地决定他们的善，其他人的意见仅仅被看作建议。”②此外，公正原则的许多应用受到无知之幕的限制，而对一个人的善的估价却依赖于对事实的充分知识。因此，对于作为公平的公正来说，正当概

---

① ［美］罗尔斯：《正义论》，何怀宏、何包钢、廖申白译，中国社会科学出版社1988年版，第21—22页。

② ［美］罗尔斯：《正义论》，何怀宏、何包钢、廖申白译，中国社会科学出版社1988年版，第435页。

念与善概念具有相当不同的特性。显然，罗尔斯是把他的作为公平的公正理论看作是一种非目的论意义上的道义论，强调正当对善的独立性和优先性。正因为如此，罗尔斯称他的公正论“在性质上是高度康德式的”①。

以上所说的大致上是罗尔斯在《公正论》的第一篇“理论”的基本思路。在这部著作中，他还考察了两个公正原则是怎样应用于制度和适应于我们目前所考虑和推崇的公正判断的。他认为，如果不考察它们是怎样根植于人类思想感情之中和联系于我们的目标和志向的，公正论就不能算是完全的。这就是《公正论》第二篇“制度”和第三篇“目的”所讨论的内容。罗尔斯认为，测试一种公正理论的重要办法，就是看它能在什么程度上把条理和系统引入我们对一个宽广领域的问题的判断之中。在他看来，这些章节的意义在于，所论及的、所达到的会依次修正他在前面所提出的观点。

在《公正论》中，罗尔斯凭借“作为公平的公正”的理论预制，对西方近代以来的自由主义理论进行了一种政治哲学和伦理学的改建。其要义概括说来是：第一，改造近代社会契约论的前提，重新构想了一个公平的“原初状态”作为公正论的前提性条件。第二，重新确立和阐释了自由主义的基本原则，即（1）作为秩序优先的个人自由原则和（2）作为社会公平保障的差异原则。第三，建立并证明新的合理性社会政治宪法和操作性制度，以确保作为公平公正原则的具体实现。第四，为了证明上述公正系统的合理性，阐发了一种不同于功利主义的新的道义论伦理学理论。第五，在确证社会性公平正当之道德秩序的前提下，阐释作为社会基本公正伦理的正当观念与作为个人道德生活计划之基本德性的善观念之间的关系，从而为社会公正伦理提供必要的道德心理学的支持。由此可以看出，罗尔斯的《公正论》已经改变了近现代自由主义理论的前提和原理。但是，《公正论》出版后，在罗尔斯的公正论引起广泛反响的同时，对它的批评也不绝于耳。在自由主义内部，《公正论》刚一出版，立刻遭到了其哈佛同事诺齐克的严厉批评。诺齐克认为，罗尔斯的公正论严重背离了自由主义的“个人权利神圣不可侵犯”的基本原则。在外部，当代共同体主义者更是群起而攻之。来自内部激进自由主义的批评和来自外部共同体主义的诘难，使罗尔斯一直处于一种两面受敌的境地，这还不包括较为亲近和同情他的当代德国自由主义者哈贝马斯的温和批评。这些来自内部的批评与来自外部的诘难有着不同的理论内涵。如果说

① ［美］罗尔斯：《正义论》，何怀宏、何包钢、廖申白译，中国社会科学出版社 1988 年版，序言第 2 页。

来自内部的批评触及到罗尔斯重新构建西方自由主义政治哲学的可能和限度，那么，外部的诘难则危及如何确保西方自由主义的合法性或合理性的根本立场。对于罗尔斯来说，两个方面都具有挑战性，都涉及如何重新厘定作为西方社会价值体系核心的自由主义理论基础、重新论证其作为现代西方社会之主导性价值坐标和精神信念维系的正当合理性，以及如何重新构造整个自由主义理论体系等一系列根本问题。回答这些不同性质的问题，正是罗尔斯回应各种挑战的基本任务，也是他在《公正论》发表后二十余年孜孜以求解决的理论课题。其探索的基本理论成果便是他于1993年出版的《政治自由主义》。①

罗尔斯在《政治自由主义》的“导论”和“平装本导论”中谈到了他的这部著作与《公正论》研究的目的和角度的差异。他谈到两个方面的差异：一是从方法上看，《公正论》受社会契约论传统的影响，所论述的普遍的道德公正学说没有与严格意义上的政治公正观念区别开来，而在《政治自由主义》中，这些区分及相关理念却是至关重要的。他说：“《政治自由主义》的主要目标是想表明，《正义论》中秩序良好的社会理念可以重新予以阐发，以解释理性多元论的事实。为达此目标，该书将《正义论》所提出的公平正义学说转换为一种适应社会基本结构的政治的正义观念。将公平正义转换为一种政治的正义观念，要求重新阐发作为政治观念的各构成性理念，它们构成了公平正义的完备性学说。”②这一转变使罗尔斯的公正论由一种道德哲学变为一种政治哲学。二是从目的和内容上看，《公正论》的目的是将传统的社会契约学说普遍化，并使之擢升到一种更高的抽象层次，从而更清楚地阐释“作为公平公正”的主要结构性特征，并将其发展成为优于功利主义的另一种系统的公正解释；而构成这部著作的演讲的目的和内容与《公正论》的主旨有一些改变，主要体现在：《公正论》第三部分关于稳定性的解释与全书的观点不一致，而这部著作消除了这种不一致。

关于这种改变，罗尔斯作了以下说明：在《公正论》中，与作为公平的公正相联系的秩序良好的社会的本质特征是，它的所有公民都是在罗尔斯现在称之为完备性哲学学说的基础来认可这一观念的，他们对两个公正原则的接受是以这种学说为根基的。现在的问题是，现代民主社会不仅有完备的哲

① 参见万俊人：《政治自由主义的现代建构——罗尔斯〈政治自由主义〉读解》，［美］罗尔斯：《政治自由主义》，万俊人译，译林出版社2011年版，第558—561页。

② ［美］罗尔斯：《政治自由主义》，万俊人译，译林出版社2011年版，导论第26—27页。

学学说，还有完善的宗教学说、道德学说，它们互不相容却又合乎理性。这些学说中的任何一种都不能得到所有公民的普遍认肯，我们不能期待有一天它们中的某一种会得到全体公民或几乎所有公民的认肯。因此，《公正论》中秩序良好社会的理念是不现实的，因而其中第三部分关于秩序良好社会的稳定性解释也不现实。为了克服这一问题，他在《政治自由主义》中对所提出的政治自由主义作了两种假定：一是“出于政治的目的，合乎理性的然而却是互不相容的完备性学说之多元性，乃是立宪民主政体之自由制度框架内人类理性实践的正常结果”；二是“一种合乎理性的完备性学说并不拒斥民主政体的根本”。[①]而且，基于这两种假定，作为公平的公正在这部著作中从一开始就被描述为政治的公正观念，如此，《公正论》的模糊性得以消除。

什么是自由主义的政治公正观念？罗尔斯认为，这种观念的内容有三个主要特点：“其一，它是确定的基本权利、自由和机会的具体化（即一种立宪民主政体所熟悉的那种形式的具体化）；其二，它规定权利、自由和机会的特殊优先性，尤其是它们相对于普遍善和完善论价值要求的优先性；其三，它包括各种确保所有公民充分有效地利用他们的自由和机会之尺度。”[②]在罗尔斯看来，人们可以用各种不同的方式来理解这些要素，因而有不同的自由主义。他的政治自由主义所要寻求的政治公正观念是这样的一种观念，这种观念在它所规导的社会中能够获得各种合乎理性的宗教学说、哲学学说和道德学说的重叠共识的支持。他进而指出，这种“最合适的政治公正观念”具有三个基本特征，而认为这些特征都是通过作为公平的公正而得以范例化的。[③]第一个基本特征是关于政治观念的主题，这就是作为“一种现代立宪民主”或“民主政体”的“基本结构”。他说的基本结构，是指“社会的主要政治制度、社会制度和经济制度，以及它们是如何融合为一个世代相传的社会合作的统一系统的”[④]。其首要之集点，便是基本制度的框架和应用于框架的各种原则、标准和戒律，以及这些规范是如何表现在实现其理想的社会成员之品格和态度之中的。第二个特征是有关政治公正观念的表现样式的，即该观念只能是一种“独立的观点”，对它的解释与任何较广泛的背景毫无关系。它既不依赖于任何合乎理性的完备学说，又容忍并适合于各种

① ［美］罗尔斯：《政治自由主义》，万俊人译，译林出版社 2011 年版，导论第 4 页。
② ［美］罗尔斯：《政治自由主义》，万俊人译，译林出版社 2011 年版，第 6 页。
③ 参见［美］罗尔斯：《政治自由主义》，万俊人译，译林出版社 2011 年版，第 10 页。
④ ［美］罗尔斯：《政治自由主义》，万俊人译，译林出版社 2011 年版，第 10 页。

各样的合乎理性的完备学说，能够获得它们的共同认可和支持。换言之，政治的公正观念是现代民主社会之共同理性的基本表达，即“重叠共识”。政治的公正观念的第三个基本特征是，“它的内容是借某些基本理念得到表达的，这些基本理念被看作是隐含在民主社会的公共政治文化之中的”①。罗尔斯把一切合理完备性学说都看作现代公民社会的“背景文化”或“日常生活文化”，而非“政治文化”。对于现代民主社会来说，“背景文化”不可忽视或偏视，这是现代文化多元化对社会宽容的基本要求。但在这里，“政治文化”更为根本，它是现代民主社会的基础。这样，在罗尔斯的政治自由主义建构中，“公正”观念的内涵已经脱离了作为一个基本道德观念的理论范畴，也就是说，它不再只是意指现代民主社会的公平道德基础或“作为公平的公正”的基本社会道德秩序理念，而是首先作为现代民主社会的基本政治理念。对这一公正理论性质的重新界定，正是罗尔斯将其公正论由一种道德哲学改造为一种政治哲学的起点。②

不过，罗尔斯指出，政治自由主义是一种政治的公正观念，而政治的公正观念乃是一种规范性的和道德的观念。因此，《政治自由主义》从这种政治观念出发，讨论了立宪民主政体的主要道德观念和哲学观念。这些观念包括：自由而平等的公民观念，实施政治权力的合法性观念，理性的重叠共识观念，公共理性及其公民义务的观念，以及基于正当理性的稳定性观念等。同时，该书还探讨了适合于现代民主社会的公民的最合乎理性的社会统一基础。“总而言之，《政治自由主义》考究了在各种合乎理性的学说——宗教的与非宗教的；自由主义的与非自由主义的——多元性环境下，一种秩序良好而又稳定的民主政府是否可能的问题，甚至考究了如何使它本身始终如一的问题。”③

罗尔斯谈到他的《政治自由主义》有两个目标：一是讨论秩序良好的公平公正的社会是如何通过一种政治的公正观念来获得理解的，而且一旦它适合于理性多元论的事实，又是如何受一种政治的公正观念规导的。为实现这一目标，他首先从政治领域的理念以及政治的公正理念开始，将公平公正的观念作为一个范例来讨论。他认为这些理念以及它们与各种完备性学说之间

---

① ［美］罗尔斯：《政治自由主义》，万俊人译，译林出版社2011年版，第12页。

② 参见万俊人：《政治自由主义的现代建构——罗尔斯〈政治自由主义〉读解》，［美］罗尔斯：《政治自由主义》，万俊人译，译林出版社2011年版，第564页。

③ ［美］罗尔斯：《政治自由主义》，万俊人译，译林出版社2011年版，导论第25页。

的区别，乃是政治自由主义中最为关键的理念。二是讨论如何理解一个包含着大量合乎理性的政治观念的秩序良好的自由社会。在这种情形下，既存在理性多元论的事实，也存在族类性的、尽管相互不同却又合乎理性的诸种自由主义政治观念。罗尔斯所关注的是，在这两种条件下，社会统一最合乎理性的基础何在。概括地说，罗尔斯这部著作的理论目标是，通过一系列必要的概念的修正和理论限定，力图从其《公正论》所设定的公正社会伦理学走向政治自由主义的政治哲学。其逻辑思路是：第一，区分“作为公平的公正”这一核心理念的政治意义和道德意义，使之成为更明确的政治哲学概念，从而建立一种“政治的公正”观念。第二，围绕着“政治的公正”理念推演出作为民主社会之公民自由而平等的“个人观念”和由这一观念所规导的秩序良好的“社会观念”，从而建立一套政治自由主义的“基本理念”系统。第三，由此进而引绎和论证其“主要理念”系统，该系统由“重叠共识”、“权利优先与政治善”和“公共理性”三大理念所组成。第四也是最后，提出与政治的公正观念相适宜的社会制度设想，并阐明其基本自由（权利）的政治价值规范。诚如罗尔斯本人所说，这是一个前所未有的政治自由主义理论系统。其第一步是打通公正论伦理学与公正论政治哲学之间的内在关节，重新构建现代民主社会的自由主义价值理论系统。第二和第三步则经由一种一而二（从“政治的公正”到“公民个人”和“立宪社会政体”）、二而三（再到三个主要理念）的观念推演，建构政治自由主义的理论体系，而最后一步则是对第一步的理论回应，证明“作为公平的公正”的第一主题的社会基本结构（制度框架）。①

上述目标的实现，使罗尔斯的公正论从伦理学转向了政治哲学，构建起了他的政治自由主义完整体系。“这一体系是自洛克、卢梭、康德以来西方政治哲学最完整最先进的表达。其与众不同之处在于，她以一种非形而上学的或现代理性分析的社会契约论方式，依据现今最具影响的美国式现代民主社会的经验文化背景和西方自由思想的传统资源，建立了一种新的自由主义政治哲学模式，为自由主义这一西方现代民主社会的价值理想提供了一种圆通的正义论解释。”② 关于这一学说的性质，罗尔斯自己评论说：“政治自由主

① 参见万俊人：《政治自由主义的现代建构——罗尔斯〈政治自由主义〉读解》，［美］罗尔斯：《政治自由主义》，万俊人译，译林出版社 2011 年版，第 602 页。

② 万俊人：《政治自由主义的现代建构——罗尔斯〈政治自由主义〉读解》，［美］罗尔斯：《政治自由主义》，万俊人译，译林出版社 2011 年版，第 603 页。

义不是一种启蒙自由主义的形式，即是说，它不是一种完备性的自由主义学说，不是一种常常被认为是基于理性并被视为是适合于现代的世俗学说，基督教时代的那种宗教权威已不再具有宰制性了。政治自由主义没有上述这些目标。它姑且认可存在各种完备性学说这一理性多元论的事实，同时也把这些学说中的某些学说看作是非自由主义的和宗教性的。政治自由主义的问题，是为一种立宪民主政体制定一种政治的正义观念，在这种立宪民主政体中，人们可以自由地认可各种合乎理性的学说之多样性存在，包括宗教的和非宗教的；自由主义的和非自由主义的；因而他们可以自由地生活在这一政体中，并逐步理解该政体的美德。”①

《政治自由主义》出版八年后，罗尔斯又出版了他的《作为公平的公正——公正新论》。这部著作可以看作是罗尔斯对他的公正理论的总结性陈述或重新论述，代表了他的公正理论成熟的观点。关于这部著作，罗尔斯说他想达到两个目标：一是纠正《公正论》中的许多严重缺点，这些缺点使作为公平的公正的主要理念弄得模糊不清了。他的《公正新论》“将尽力改善解释，更正众多错误，进行某些有益的修订，并对一些带有共性的反对意见给予回答”。② 二是将《公正论》所阐述的公正观念与自1974年以来他发表的文章中所包含的主要理念合并成一种统一的表述。他认为，他发表的这些论文并不是完全相容的，在表述各种理念时是模棱两可的，难以从中找到一种清晰连贯的观点。所以他要解决这些论文与《公正论》的和谐一致问题，使他的公正理论或多或少是自洽的。他指出，相对《公正论》而言，《公正新论》有三个方面的变化：“第一，作为公平的正义中所使用的两个正义原则之表述和内容方面的变化；第二，如何从原初状态出发对两个正义原则进行论证方面的变化；第三，作为公平的正义本身应该如何加以理解方面的变化，也就是说，它是一种政治的正义观念，而不是一种统合性③道德学说的组成部分。”④ 显然，《公正新论》是基于《政治自由主义》所实现的研究视角的转换对作为公平的公正进行重新阐述的。

---

① ［美］罗尔斯：《政治自由主义》，万俊人译，译林出版社2011年版，导论第23—24页。

② ［罗］罗尔斯：《作为公平的正义：正义新论》，姚大志译，中国社会科学出版社2011年版，序言第1页。

③ “统合性的”（comprehensive），在《政治自由主义》中万俊人教授译为“完备性的”。为统一起见，除直接引文外，我们均使用“完备性的”译法。

④ ［罗］罗尔斯：《作为公平的正义：正义新论》，姚大志译，中国社会科学出版社2011年版，序言第2页。

（二）作为公平的公正

罗尔斯首先充分肯定公正对于社会的重要意义，认为“正义是社会制度的首要价值，正像真理是思想体系的首要价值一样”[①]。在他看来，一种理论，无论它多精致和简洁，只要它不真实，就必须加以拒绝或修正。同样，某些法律和制度，不管它们如何有效率和有条理，只要它们不公正，就必须加以改造或废除。近代自由主义所推崇的是自由，自由被看作是社会的首要价值。罗尔斯对公正价值充分认肯，这是西方近代以来的第一次。这一点正是他受到坚守传统自由主义思想家批评的主要原由。罗尔斯并没有因为强调公正而否认自由，而是将自由权利置于公正的前提之下，以公正作为自由的保障。他认为，除了公正之外，社会不能为了社会整体利益而侵犯个人的不可侵犯的权利，更不能为了一部分人享有更大利益而剥夺另一部分人的自由。他强调：“在一个正义的社会里，平等的公民自由是确定不移的，由正义所保障的权利决不受制于政治的交易或社会利益的权衡。”[②]他针对功利主义可以为社会整体利益而牺牲个人权利的观点指出，在这一基本立场上，公正是决不妥协的。只有一种情况例外，即只有需要用一种不公正来避免另一种更大的不公正的情况下，我们才能忍受这种不公正。

为了给上述观点提供论证，罗尔斯假定这样一个社会，这个社会是由一些个人组成的自足的联合体，制定了一些有约束力的规范，这些规范旨在促进所有成员的利益。在这个社会，人们之间由于社会合作而存在着利益的一致，这种合作使所有人有可能过上一种比他们仅靠自己的努力独自生存所过的生活更好的生活；另一方面他们由于合作产生的较大利益的分配而产生了一种利益的冲突。正因为在社会中始终存在着这种利益的冲突，所以就需要一系列原则来指导在各种社会利益分配的方案之间作出选择，并形成恰当分配方案的契约。在罗尔斯看来，所需要的这些原则就是社会公正的原则。“它们提供了一种在社会的基本制度中分配权利和义务的办法，确定了社会合作的利益和负担的适当分配。”[③]这些公正原则从何而来呢？在罗尔斯看来，它

① ［美］罗尔斯：《正义论》，何怀宏、何包钢、廖申白译，中国社会科学出版社 1988 年版，第 1 页。

② ［美］罗尔斯：《正义论》，何怀宏、何包钢、廖申白译，中国社会科学出版社 1988 年版，第 2 页。

③ ［美］罗尔斯：《正义论》，何怀宏、何包钢、廖申白译，中国社会科学出版社 1988 年版，第 2—3 页。

来自于一种公开的公正观。公正观的特定作用就是指定基本的权利和义务，决定恰当的分配份额。罗尔斯认为公正观对于社会是意义重大的。“一个社会，当它不仅被设计得旨在推进它的成员的利益，而且也有效地受着一种公开的正义观管理时，它就是组织良好的社会。”[①]所以，一种公开的公正观是构成一个组织良好的人类联合体的基本条件。人们有种种不同的公正观，因而就存在着公正观是否合理的问题。罗尔斯认为，一种公正观是否比另一种公正观更可取，取决于它的更广泛的结果是否更可取。

在罗尔斯看来，许多事物都可以被说成是公正的，如法律、制度、社会体系，乃至决定、判断、责难等都如此。他指出，他所要研究的不是所有事物或某种其他事物的公正问题，而是社会的公正问题。“对我们来说，正义的主要问题是社会的基本结构，或更准确地说，是社会主要制度分配基本权利和义务，决定由社会合作产生的利益之划分的方式。”[②]他这里所说的“主要制度”，指的是政治结构和主要的经济和社会安排。在罗尔斯看来，社会基本结构之所以是公正的主要问题或主题，是因为它的影响十分深刻并自始至终。他认为，社会制度使人们的某些起点比另外一些起点更为有利，就是说，使人们的起点不平等。这类不平等是一种特别深刻的不平等，它们不仅涉及面广，影响到人们在生活中的最初机会，而且在任何社会都不可避免。正因为存在着这种不平等，所以需要社会公正原则来调节政治宪法、主要经济、社会体制的选择。“一个社会体系的正义，本质上依赖于如何分配基本的权利义务，依赖于在社会的不同阶层中存在着的经济机会和社会条件。”[③]

在阐明了公正的作用和主题的前提下，罗尔斯开始阐述他的公正观。他指出，他要阐述的公正观是要进一步概括人们所熟悉的社会契约论，使之上升到一个更高的水平。其基本思路是：“适用于社会基本结构的正义原则正是原初契约的目标。这些原则是那些想促进他们自己的利益的自由和有理性的人们将在一种平等的最初状态中接受的，以此来确定他们联合的基本条件。这些原则将调节所有进一步的契约，指定各种可行的社会合作和政府形

① ［美］罗尔斯:《正义论》，何怀宏、何包钢、廖申白译，中国社会科学出版社 1988 年版，第 3 页。

② ［美］罗尔斯:《正义论》，何怀宏、何包钢、廖申白译，中国社会科学出版社 1988 年版，第 5 页。

③ ［美］罗尔斯:《正义论》，何怀宏、何包钢、廖申白译，中国社会科学出版社 1988 年版，第 5 页。

式。”[①] 罗尔斯将这种看待公正原则的方式称为“作为公平的公正”(justice as fairness)。

在《公正论》中罗尔斯主要提出了“作为公平的公正”这一核心观念，后来成为重点问题的一些观念在这部著作中没有得到明确的表述。写作《政治自由主义》时，他明确将观念或理念分为两类：一是基本理念，它们是由政治的公正观念以及与其相伴随的观念构成的，包括政治的公正观念的理念以及与之相关的作为公平合作系统的社会理念、原初状态理念、政治的个人理念、秩序良好的社会理念；二是主要理念，即重叠共识的理念、权利的优先性与善的理念、公共理性的理念，它们是对“基本理念”的若干补充，以详尽地论证政治自由主义。所有这些观念在他后来出版的《公正新论》中被概括为六种基本理念或观念，即社会作为公平合作体系的理念、秩序良好社会的理念、基本结构的理念、原初状态的理念、自由和平等的人的理念、公共证明的理念。显然，所有这些观念中，有些在《公正论》中已经具有，只是没有明确作为理念，如以上所说的三个主要理念；而有一些理念是《公正论》中所没有的，如政治的公正观念，这一观念是他的公正论从伦理学转向政治哲学后提出并阐明的。在《公正新论》中，罗尔斯指出，所谓“基本理念”(fundamental ideas)是指“那些我们用来组织和构造以使作为公平的正义成为一个整体的理念”[②]。这些基本理念一方面被看作是众所周知的，它们存在于民主社会的公共政治文化之中；另一方面被视为是经过深思熟虑的，从而它们之间相互和谐一致，处于一种有序的状态。在所有这些理念中，最基本的理念是社会作为一个世代相继的公平的社会合作体系的理念。罗尔斯将这个理念当作起组织作用的核心理念，以试图为民主政体阐发一种政治的公正观念。需要指出的是，罗尔斯还从公共证明的理念引出了另外三个观念，即反思平衡的理念、重叠共识的理念和自由的公共理性的理念。后面这三个理念大致上属于从属性的观念。当然，显而易见，只有政治的公正观念才是他的公正论的真正核心理念。《公正新论》阐述的九个理念与《政治自由主义》中所说的基本理念和主要理念之间的差异是明显的，这里我们以《公正新论》为依据对罗尔斯的政治自由主义的理念加以阐释。

---

① ［美］罗尔斯:《正义论》，何怀宏、何包钢、廖申白译，中国社会科学出版社 1988 年版，第 9 页。

② ［美］罗尔斯:《作为公平的正义：正义新论》，姚大志译，中国社会科学出版社 2011 年版，第 12 页。

（1）社会作为公平合作体系的理念。在罗尔斯看来，一个民主社会通常被视为一个社会合作体系，即公民并不将他们的社会秩序视为一种不变的自然秩序，也不将其视为一种可由宗教学说或等级制度原则来加以辩护的制度结构，而是任何得到承认的阶级和群体都可以拥有自己的基本权利和基本自由的秩序，这一点是任何一个政党都无法加以否认的。罗尔斯认为这样一种起组织作用的核心社会合作理念至少有三个本质特征：一是社会合作不同于单纯的社会协调活动，它是由公众所承认的规则和程序来指导的，而从事合作的人们则用这些规则和程序来适当地规范他们的行为。二是它包含了公平的合作条款的理念，即每一个参与者都可以理性加以接受，而且如果所有其他人都同样接受它们，那么每一个参与者则都应该加以接受。公平的合作条款表明了互惠性和相互性的理念，即所有人都按照公众承认的规则所要求的那样尽其职责，并依照公众同意的标准所规定的那样获得利益。三是它也包含了每一参与者的合理利益或善的理念。这种合理利益的理念规定了，从那些从事合作的人们自己的善的观点看，他们所一直寻求的东西到底是什么。在罗尔斯看来，公正原则的作用就在于阐明社会合作的公平条款，通过这种阐明，公正原则就对立宪民主政体的基本政治哲学问题提供了一种回答。这个问题就是，“就规定公民之间进行合作的公平条款而言，而这些公民被视为自由的和平等的、理性的和合理的，以及世代相继、持续终生的正式的和完全的合作成员，最可接受的政治正义观念是什么？”①

（2）秩序良好社会的理念。它是用以阐明前一理念的基本理念。在罗尔斯看来，一个秩序良好的政治社会表达了三层意思：一是在这种社会中，每一个人都接受相同的政治公正观念和原则，并且知道所有其他的人都接受它。这是公共的公正观念之理念所隐含的。二是公众认为或有充分理由相信，社会的基本结构能满足这些公正原则。这是由公共的公正观念加以有效规范的理念所隐含的。三是公民具有一种通常情况下起作用的公正感，这种公正感能够使他们理解和应用研究为公众所承认的公正原则，而且能使大多数人按照自己的社会地位及其义务和职责而采取相应的行动。罗尔斯指出，秩序良好社会的理念为我们评价公正观念提供了一条重要的标准，即如果一种公正观念不能得到公民的相互承认并用于作为公平合作体系的社会，那么这种公正观念就肯定存在着严重的缺陷。

---

① ［美］罗尔斯：《作为公平的正义：正义新论》，姚大志译，中国社会科学出版社 2011 年版，第 15 页。

（3）基本结构的理念。社会的基本结构指社会的主要政治制度和社会制度融合成为一种社会合作体系的方式，以及它们分派基本权利和义务，调节划分利益的方式，而这些利益是由持续的社会合作产生出来的。作为公平的公正将基本结构当作政治公正的首要主题，因为基本结构对公民的目标、追求和性格的影响，以及对他们所得利益的机会和能力的影响对人生活的影响无处不在、无时不在。他把基本结构内部的团体和机构所直接遵循的公正称为局部的公正，而把基本结构外国家之间所遵循的公正称为全球公正。这样，在罗尔斯那里有三个层次的公正：局部的公正，直接应用于机构和团体的原则；国内公正，应用于社会之基本结构的原则；全球公正，应用于国际法的原则。作为公平的公正是应用于国内公正即基本结构公正的。

（4）原初状态的理念。罗尔斯说："原初状态是恰当的最初状态，这种状态保证在其中达到的基本契约是公平的。"①他采取原初状态的思路是：我们是从一种起组织作用的社会理念开始的，这种社会被当作自由和平等的人们之间的公平合作体系，而公平合作条款是由从事合作的人们所达到的协议决定的。之所以这样，是因为在理性多元论的假设之下，公民无法一致赞同任何道德权威，也无法对某些人视为自然法的东西达成一致意见。在这种情况下，在对所有人都公平的条件下公民自己之间达成协议是一种最好的选择。罗尔斯指出，原初状态的理念之所以被提出，是为了回答公平协议的理念扩展到就基本结构的政治公正原则所达成的协议这一问题。"原初状态建立了一种处境，而这种处境对所有自由和平等、具有适当信息和合理行为的当事人来说都是公平的。这样，任何由这些作为公民之代表的当事人所达成的协议都是公平的。"②罗尔斯提醒人们注意，在原初状态下达成的协议必须被看作是假设的，而非历史的。他认为，原初状态模仿了两件事情：一是模仿了我们看作是公平条件的东西，在这些条件下，作为自由和平等公民的代表一致同意就公平的合作条款达成协议，而这些合作条款是被用来规范基本结构的；二是模仿了我们看作是对推理所施加的适当限制的东西，基于这种推理，处于公平条件下的当事人可以恰当地提出某些政治公正的原则，而拒绝另一些原则。"简言之，原初状态应该被理解为一种代表设置。通过将当

---

① ［美］罗尔斯：《正义论》，何怀宏、何包钢、廖申白译，中国社会科学出版社1988年版，第15页。

② ［美］罗尔斯：《作为公平的正义：正义新论》，姚大志译，中国社会科学出版社2011年版，第25页。

事人（其中任何一方对于自由和平等公民之切身利益都是具有责任的）描述为在处境方面是公平的，并是在对支持政治正义之原则的推理进行适当限制的条件下达成协议的，这种代表设置模仿了我们作为理性的人所怀有的坚定信念。”① 关于原初状态，我们在阐述罗尔斯对他的公正原则的论证时还会作进一步的分析。

（5）自由和平等的人的理念。作为公平的公正将公民视为从事社会合作的人，从而是充分拥有这样做的能力的人，并且这种社会合作将持续终生。他们拥有两种道德能力，一是拥有公正感的能力，即理解、应用和践行政治公正的能力；二是拥有善观念的能力，即拥有、修正和合理地追求善观念的能力，而善观念是由各种终极目的和目标组成的有序整体，它们规定了一个人在其人生中被看做最有价值的东西，或被视为最有意义的东西。罗尔斯强调，我们是在这种意义上把公民当作平等的人，即他们全被看做拥有最低限度的基本道德能力，以从事终生的社会合作，并作为平等的公民参与社会生活。我们把拥有这种程度的道德能力当作公民作为人而相互平等的基础。我们是这种意义上把公民当作自由的人，一方面他们设想自己和相互设想拥有一种把握善观念的能力，他们拥有这样的一种权利，即将他们看做是区别于和独立于任何特殊的善观念或终极目标体系的；另一方面他们认为自己赋有对其制度提出要求的权利，以促进他们的善观念，他们认为这些权利要求不仅源于政治的公正观念所规定的义务和责任，而且它们本身就是有价值的。罗尔斯强调，自由和平等的人的观念是一种规范的观念，它是由我们的道德思想和政治思想及其实践所确定的，也是由道德哲学、政治哲学和法哲学加以研究的。这种理念是与社会公平合作体系相一致的，“一种政治的正义观念将社会视为一种公平的合作体系，与其相对应，一个公民就是能够终身自由和平等地参与社会生活的人。”②

（6）公共证明的理念。罗尔斯认为，公共证明的理念是与秩序良好的理念相一致的，因为这样一个社会是由公众承认的公正观念加以有效规范的。这种公正观念具有三个特征，即（A）虽然公正观念是一种道德观念，但它却是为了民主社会的基本结构而设计出来的；（B）接受这个观念并不假定也

① ［美］罗尔斯：《作为公平的正义：正义新论》，姚大志译，中国社会科学出版社 2011 年版，第 27 页。

② ［美］罗尔斯：《作为公平的正义：正义新论》，姚大志译，中国社会科学出版社 2011 年版，第 34 页。

要接受任何特殊的完备性学说；（C）政治的公正观念是尽可能按照一些基本理念来加以表述的，而这些基本理念是民主社会的公共政治文化所熟悉的或者是它所蕴涵的。公共证明的理念的意义在于，秩序良好的社会的公共政治公正观念为公民建立了一个共享的基础，以使其相互证明他们的政治判断，即在所有人都认定是公正的条款的基础上，每个人都同其他人进行政治上和社会上的合作。证明是为那些同我们观点不尽一致的其他人而提出来的。如果关于政治公正问题的判断没有任何冲突，那么也就没有任何东西需要加以证明。向其他人证明我们的政治判断，就是通过公共理性说服他们。公共证明是从某些共识开始进行的，但它不仅仅是从既定前提出发而进行了的正确论证，而且是当前提和结论在适当的反思中对处于分歧状态的所有各方都是不可接受的时候，证明作为公平的公正“必须不仅对于我们自己的坚定信念是可接受的，而且对于其他人的信念也是可接受的，并且在任何层面的普遍性上和在范围或大或小的反思平衡中，都是如此”[①]。罗尔斯认为，不可能在所有政治问题上都期望达成完全一致，但至少要在更容易引起争论的问题上特别是涉及宪法的实质的问题上缩小意见分歧。

在罗尔斯看来，有两种公共证明的理念，一种是求助于政治的公正观念，另一种是求助于一种完备性的学说，这种学说可以是宗教的、哲学的或道德的。这两种理念在对待政治问题方面存在着不同。完备性的道德学说试图表明，只有由完备性学说所阐明的政治判断才是真的；政治自由主义则希望将长期的宗教争论和哲学争论搁置一边，并避免依赖任何特殊的完备性观点，而使用公共证明的理念以缓和造成分歧的政治冲突，并规定公民之间进行社会合作的条件。为此，必须从蕴涵在政治文化中的基本理念出发建立起一种证明的公共基础，所有理性的和合理的公民都能够在自己的完备性学说内加以认可。如果达到了这一目标，我们就在这些理性学说之间拥有了一种重叠共识，并且随着重叠共识的获得，这种政治观念也在反思平衡中得到确认。

这样，从公共证明的理念，罗尔斯又引出了反思平衡的理念、重叠共识的理念和自由的公共理性的理念。

我们会从我们关于政治公正的判断里选择一些深思熟虑的判断或信念，但是，不仅我们的深思熟虑的判断经常与他人的判断不同，而且我们自己的

① ［美］罗尔斯：《作为公平的正义：正义新论》，姚大志译，中国社会科学出版社2011年版，第38页。

判断有时也相互冲突。为了能够使我们自己就政治公正所做的深思熟虑的判断即在内部更加协调一致，也同其他人深思熟虑的判断更为一致，以从关于个人的具体行为的特殊判断到关于制度和社会政策的公正与非公正的判断最终达到更普遍的信念，我们就需要修改、悬置或撤销我们的一部分判断。假设我们发现了政治公正观念，那么，当个人接受了这种公正观念，并使其他的判断同它保持一致时，这个人就处于狭义的反思平衡；而当某人已经认真仔细地考虑了其他的公正观念以及与这些观念相关的各种论证力量时，他就达到了广义的反思平衡。在广义反思平衡的情况下，这个人的普遍信念、首要原则和特殊判断是保持一致的。在罗尔斯看来，“充分的反思平衡在政治正义的问题上为公共证明提供了一种基础，因为对于在政治正义问题上达成理性协议这一实践目标来说，普遍性之所有层面上的深思熟虑的信念与广义的普遍的反思平衡中深思熟虑的信念之间的连贯性是最重要的。而对于由某些统合性学说所阐述的其他证明理念，这种连贯性可能就没有这么重要了。”①

“重叠共识”的概念是罗尔斯在《政治自由主义》中为解决作为民主社会之核心理念的政治公正能否成为合理多元化学说或观点的共识而提出来的。在那里，罗尔斯明确阐述了“重叠共识”的三个基本特征。第一，它本身就意味着容许理性多元学科或观点的正常存在和发展。但它不仅不能容忍反理性，而且必须要以压制反理性为条件才能达成。换言之，重叠共识事实上是在合乎理性的基础上达成的相互妥协或协商。如果失去理性，甚至落入反理性的绝对对立和冲突，那么，政治观念和立场的“重叠”就不可能，更不用说达成“共识”了。第二，作为“重叠共识”中心的公共公正或政治公正概念，必须独立于所有完备性学说或个人观点之外。就是说，它必须保持中立，必须是“政治的”而非“形上学的”。第三，应当消除现有对“重叠共识”理念的各种误解。首先，“重叠共识”不是一种“临时协议”，不是权宜之计。因为它本身具有确定深厚的道德基础，作为人们达成共识目标的政治公正观念也具有道德的基础。其次，“重叠共识”也不是冷漠的或怀疑论的，它对特殊完备性学说的回避并不意味着它对真实的政治理念基础的追求，相反，它只不过是把这一基础的寻求转成更为普遍和基本的政治理性或公共理性，而非任何带有特殊立场的完备学说，因为后者不可能真正成为所

① ［美］罗尔斯：《作为公平的正义：正义新论》，姚大志译，中国社会科学出版社 2011 年版，第 43 页。

有公民认同的中心。"重叠共识"是现代民主社会确保其统一性和稳定性的基本前提，那么如何达成重叠共识呢？《政治自由主义》具体讨论了达到宪法共识和达到重叠共识的步骤。[①]

在《公正新论》中，罗尔斯进一步阐明了重叠共识与秩序良好社会的关系。在他看来，引进重叠共识的理念是为了使秩序良好社会的理念更加现实，并且使它更适合于民主社会的历史社会条件，在这些条件中包括理论多元论的事实。虽然在秩序良好的社会里，所有公民都确认相同的政治公正观念，但他们可能出于不同的理由或者按照不同的方式。因为他们拥有冲突的宗教、哲学和道德观点，他们会从这些不同观点来确认政治公正观念。那么，他们是怎样确认相同的政治公正观念的呢？罗尔斯认为是由理性的重叠共识来加以确认的。"所谓重叠共识，我们是指，这种政治正义观念是为各种理性的然而对立的宗教、哲学和道德学说所支持的，而这些学说自身都拥有众多的拥护者，并且世代相传，生生不息。"[②]罗尔斯相信，就民主社会的公民所能得到的而言，这是政治统一和社会统一之最合乎理性的基础。他认为，作为公平的公正这种政治公正观具有三个特征，即：它的要求仅限于社会的基本结构，对它的接受并不以任何特定的完备性学说为前提，以及它的基本理念在公共政治文化中是众所周知的并是从中汲取出来的。政治公正观的这三个特征是有助于使它获得一种理性的重叠共识支持的，因为这三个特征都会促使不同的统合观点来造成它。

罗尔斯说，他导入公共理性理念的一个理由在于，虽然政治权力总是强制性的，但在民主政体中这种权力也是公众的权力。然而，如果每一位公民对政治权力都享有一种平等的份额，那么至少当宪法实质和基本公正问题处于危急关头时，所有公民都能够按照他自己的理性而对这种权力的使用加以公共的认可，而如果自由平等的人们应该在相互尊重的基础上进行政治合作，我们就必须根据公共理性来证明我们使用强制性政治权力是正当的。这是作为公平的公正必须加以满足的政治合法性原则。[③]在罗尔斯看来，作为一种政治观念，作为公平的公正所表达的政治价值包括两类：一是政治公正

---

① 参见［美］罗尔斯：《作为公平的正义：正义新论》，姚大志译，中国社会科学出版社 2011 年版，第四讲第六、七节。

② ［美］罗尔斯：《作为公平的正义：正义新论》，姚大志译，中国社会科学出版社 2011 年版，第 44 页。

③ 参见［美］罗尔斯：《作为公平的正义：正义新论》，姚大志译，中国社会科学出版社 2011 年版，第 112 页。

的价值，它属于基本结构的公正原则，包括平等的政治自由和公民自由的价值、公平的机会平等的价值、社会平等和互惠性的价值；二是公共理性的价值，它属于公共探究的指导方针以及为确保这种探究是自由的、公共的、信息畅通的和理性的而采取的，包括判断、推理和证明的基本概念的正确使用，也包括合乎道理和思想公正的美德。“简言之，对于平等的公民来说，公共理性是合适的推理形式，而这些平等的公民作为一个集体以国家权力的制裁为后盾使彼此都接受某些规则。”①

公共理性的理念也是在《政治自由主义》引入的。在罗尔斯看来，政治社会和每一个理性的和合理的行为主体都具有一种将其计划公式化的方式，以及将其目的置于优先地位并做出相应决定的方式，政治社会的这种行为方式即是它的理性。但并非所有的理性都是公共理性。“公共理性是一个民主国家的基本特征。它是公民的理性，是那些共享平等公民身份的人的理性。他们的理性目标是公共善，此乃政治正义观念对社会之基本制度结构的要求所在，也是这些制度所服务的目标和目的所在。”②因此，公共理性在三种意义上是公共的：其一，它是作为公民身份的理性；其二，它的目标是公共善和根本性的公正；其三，它的本性和公共性，是由社会的政治公正观念表达的理想和原则所给定的。后来他在《重释公共理性的理念》一文中谈到，公共理性的公共性表现为三个方面：“作为自由而平等的公民的理性，它是公共的理性；其主题是关乎根本政治正义问题的公共善，这些根本性的政治正义问题有两种，一是宪法根本，二是基本正义问题；最后，它的本性和内容是公共的，公共理性的本性和内容是通过一系列合乎理性的政治正义观念的公共推理而得以表达的，这些观念被认为是能满足相互性标准的。”③罗尔斯认为，公共理性具有两个最基本的特点：第一，在民主社会里，公共理性是平等公民的理性，他们作为一个集体性实体在制定和修正法律时相互行使着最终的和强制性的权力。但公共理性实施的限制并不适用于所有政治问题，而只是它们中有关政治社会之“宪法根本”和基本公正的那些问题，如选举权、宗教宽容、财产权等。这类问题才是“公共理性的特殊主题”，因此，

① ［美］罗尔斯：《作为公平的正义：正义新论》，姚大志译，中国社会科学出版社2011年版，第113页。

② ［美］罗尔斯：《政治自由主义》，万俊人译，译林出版社2011年版，第196—197页。

③ ［美］罗尔斯：《重释公共理性的理念》，罗尔斯：《政治自由主义》，万俊人译，译林出版社2011年版，第410页。

它们往往是通过民主社会的宪法来加以规定的。第二，“它的限制并不适用于我们对政治问题的个人性沉思和反思”，也不适用于诸如教会、大学这样的文化团体的成员有关社会政治问题的思考和言论。相反，公共理性非但不禁止社会公民在选举时进行充分公开的辩谈和讨论，而且极力地鼓励这种公共辩谈和讨论，否则，社会的公共话语就会成为某种虚设。

公共理性是相对于“非公共理性”而言的。两者之间的区别有二：一是在一个统一稳定的民主社会里，“非公共理性有许多种，但只有一种公共理性”①。在民主社会里，存在着许多非公共理性。它们虽然也是社会性的，但却是非公共的。它由许多公民社会的理性所构成，属于民主社会的“背景文化”，而公共理性则属于唯一的“公共政治文化”。二是两者都具有社会性的形式，但其实质性内容却不相同。非公共理性的内容可以涵括各种社会文化的方面，而“公共理性”则不然，它严格限定于基本的政治文化方面。在政治的公正观念中，公共理性的内容主要包括三个方面：“第一，它具体规定着某些基本的权利、自由和机会（即立宪民主政体所熟悉的那些权利、自由和机会）；第二，它赋予这些权利、自由和机会以一种特殊的优先性，尤其是相对于普遍善和完善论价值的优先性；第三，它认肯各种手段，以确保所有公民能满足他们的各种需要，并有效使用其基本自由和机会。”②

最后需要特别指出的是，罗尔斯特别重视公共理性问题。在《政治自由主义》一书中有一讲专论公共理性，1997 年发表的《重释公共理性的理念》一文，1999 年出版的《万民法》也讨论了公共理性问题，并将《重释公共理性的理念》收入其中，最后在《公正新论》中又有专讲这一问题的部分。他之所以特别重视这一问题，是因为他将公共理性作为在多元文化背景下建立体现作为公平的公正这一政治公正观念的稳定的立宪民主社会的基础。正如万俊人教授所言：“在某种意义上，公共理性总是或多或少作为一种现代民主社会的理想而存在着的。人们对社会正义理念的理解愈充分、愈恰当，社会公共理性的形成和运作就愈完善，社会公平正义的良好秩序就愈可能。反过来，公共理性的形成和运作愈完善，统一而稳定的宪制民主社会就愈可能。”③

① ［美］罗尔斯:《政治自由主义》，万俊人译，译林出版社 2011 年版，第 203 页。

② ［美］罗尔斯:《政治自由主义》，万俊人译，译林出版社 2011 年版，第 206 页。

③ 万俊人:《政治自由主义的现代建构——罗尔斯〈政治自由主义〉读解》，［美］罗尔斯:《政治自由主义》，万俊人译，译林出版社 2011 年版，第 594 页。

（三）公正原则及其论证

在罗尔斯那里，作为公平的公正这一政治公正观念体现为两个公正原则。在讨论这两个公正原则前，他提出了作为公平的公正的三个基本点，这三个基本点在对前面所讨论的某些问题进行重申的前提下引出了另外一些将要考察的问题。

第一个基本点是作为公平的公正是为一个民主社会而构思出来的。这一点引申出了这样的问题：一旦将民主社会视为一种自由和平等公民之间的社会合作的公平体系，那么对它而言最合适的原则是什么？

第二个基本点是作为公平的公正将社会的基本结构（即它的主要政治制度和社会制度以及它们如何融为一个统一的合作体系）当作政治公正的主题。这一点引申出了这种基本结构的性质和作用对社会和经济的不平等具有重大影响，而这种不平等就是公民在生活前景方面的差别，并进而决定了什么样的公正原则是合适的。这就提出了根据什么原则，在被视为公平合作体系的社会中，生活前景方面的差别能够是合法的，并同自由和平等的公民的理念相一致？

第三个基本点是作为公平的公正是一种政治自由主义，它试图表达一组具有重大意义的（道德）价值，而这些价值是特别应用于基本结构的政治制度和社会制度的。这一点引申出了政治合法性的问题，即：如果理性多元论的事实永远是民主社会的特征，如果政治权力确实是自由和平等的公民的权力，那么根据什么理由和价值，即什么样的公正观念，公民能够合法地相互使用这种强制权力？对于这一问题的回答是，当公正观念是一种政治观念时，我们就可以说，只有当政治权力是按照一种宪法来行使的时候，它才是合法的，而这种宪法的实质是所有理性的和合理的公民依照他们共同的人类理性都能够加以赞成的。这就是自由主义的合法性原则。

罗尔斯说，在给出了这三个基本点之后，我们面临的问题是："如果社会被视为自由和平等公民之间的一种公平合作体系，那么对于规定基本权利和自由，调整公民整个人生前景方面的社会和经济不平等，什么正义原则是最合适的？"[①]罗尔斯认为，这些不平等就是我们主要关切的问题，我们所要做的就是要确立调整这些不平等的原则。他所确立的就是两个公正原则。

---

① ［美］罗尔斯：《作为公平的正义：正义新论》，姚大志译，中国社会科学出版社 2011 年版，第 55 页。

在《公正论》中，关于两个公正原则，罗尔斯通过几次过渡性的陈述而达成的最后陈述是："**第一个原则**：每个人对与所有人所拥有的最广泛平等的基本自由体系相容的类似自由体系都应有一种平等的权利。""**第二个原则**：社会和经济的不平等应这样安排，使它们：（1）在与正义的储存原则（它在要求某一代为后代的福利储存的可能数量方面提出了一个上限——引者注）一致的情况下，适合于最少受惠者的最大利益；并且（2）依系于在机会公平平等的条件下职务和地位向所有人开放。"① 罗尔斯认为，公正的两条基本原则最初是在基本的社会结构中应用的，它们必须调节权利和确认义务，节制社会利益和经济利益的分配。其中第一条原则主要确认和保障公民的平等的自由，被称为"平等自由原则"；第二条原则应用于收入和财富的分配，并应用于那些利用权利、责任方面的不相等或权利链条上的差距的组织机构的设计，其中第一条原则被称为"差别原则"，第二条原则被称为"机会的公平平等原则"。同时，罗尔斯提出了两个优先的规则：第一个优先规则是自由的优先性，即两个公正原则应以词典式次序排列，因此自由只能为了自由的缘故而被限制。这有两种情形：一是一种不够广泛的自由必须加强由所有人分享的完整自由体系；二是一种不够平等的自由必须可以为那些拥有较少自由的公民所接受。第二个优先规则是公正对效率和福利的优先，即第二个公正原则以一种词典式次序优先于效率原则和最大限度地追求利益的总的原则，公平机会又优先于差别原则。这也有两种情形：一是一种机会的不平等必须扩展那些机会较少者的机会；二是一种过高的储存率必须最终减轻承受这一重负的人们的负担。罗尔斯指出，这两条原则所表达的一般观念是："所有的社会基本善——自由和机会、收入和财富及自尊的基础——都应被平等地分配，除非对一些或所有社会基本善的一种不平等分配有利于最不利者。"②

在《政治自由主义》中，罗尔斯从政治哲学的角度对权利优先性问题进行了阐述，并将权利优先性和善观念作为政治自由主义的主要理念之一。在《公正论》中，罗尔斯从"词典式顺序"肯定了个人权利（自由）或行为政治性优先于平等或行为善性，在《政治自由主义》中则从自由主义政治哲学

---

① ［美］罗尔斯：《正义论》，何怀宏、何包钢、廖申白译，中国社会科学出版社 1988 年版，第 292 页。

② ［美］罗尔斯：《正义论》，何怀宏、何包钢、廖申白译，中国社会科学出版社 1988 年版，第 292 页。

的角度用政治的公正观念限制善的观念。在罗尔斯看来，政治的公正观念主要是从两个方面限制善观念的：第一，“它们是或能够为自由而平等的社会公民所共享”；第二，“它们并不以任何特殊的充分（或部分）的完备性学说为先决前提”。[①] 换言之，在政治公正观念的框架内，合理的善观念必须具有其社会普遍性观点或学说的中立性，否则就会为政治公正观念所不容。在罗尔斯看来，这两个方面的限制是通过“权利的优先性”来表达的。因此，“在其普遍形式上，这种优先性意味着，可允许的善观念必须尊重该政治的正义观念的限制，并在该政治正义观念的范围内发挥作用。”[②] 如果我们把罗尔斯的这一主张与其“重叠共识”理念联系起来看，就可以发现该主张是要求在政治哲学的框架内各种善观念只有进入政治共“重叠”范围才能获得一种政治善的意义，才能在民主社会的政治生活中发挥作用。罗尔斯认为，在作为公平的公正中可以发现五种不同层次的善理念，即作为合理性的善理念、首要善的理念、可允许的完备性善观念的理念、作为政治德性的善理念和秩序良好的（政治）社会理念。在罗尔斯看来，这五种善观念是作为公平的公正作为一种政治观念的完善性的若干方面。通过对它们的考察，可以得出这样的结论：“它所使用的善理念是政治性的理念，这些理念是在政治理念的范围内产生并发挥作用的。”[③] 同时，“通过使用这些善理念（包括政治社会的内在善），公平正义在这样一个方面是完善的：它从自身内部产生了它所必需的理念，以使所有的理念都能在其框架中发挥它们相互补充的作用。”[④] 据此，我们就可以阐明权利优先性的含义：首先，权利优先性在其普遍的意义上意味着，那些被运用到的善理念必须是政治的理念，因此，我们无需再仰赖于完备性善观念，而只需依赖那些经过调整并符合政治观念的理念。其次，权利优先性在其特殊意义上意味着，公正原则给那些可允许的生活方式设定了各种界限，它使公民对僭越这些界限的目的和追求成为毫无价值的事情。“权利的优先性使正义原则在公民的慎思中具有一种严格的在先性，并限制着他们推进某些生活方式的自由。它刻画出公平正义的结构与内容的独特特征，和它视为慎思之正当理由的基本特征。”[⑤]

---

① ［美］罗尔斯：《政治自由主义》，万俊人译，译林出版社 2011 年版，第 162 页。

② ［美］罗尔斯：《政治自由主义》，万俊人译，译林出版社 2011 年版，第 162—163 页。

③ ［美］罗尔斯：《政治自由主义》，万俊人译，译林出版社 2011 年版，第 191 页。

④ ［美］罗尔斯：《政治自由主义》，万俊人译，译林出版社 2011 年版，第 192 页。

⑤ ［美］罗尔斯：《政治自由主义》，万俊人译，译林出版社 2011 年版，第 193—194 页。

在《政治自由主义》中，罗尔斯在回答哈特对《公正论》关于自由及其优先性的解释存在两个严重的裂缝的批评时，对基本自由及其优先性又作了系统的阐述。他指出，基本自由优先性意味着，公正的第一原则赋予各种基本自由以一种特殊的地位。由于基本自由的各种要求之间必定会发生冲突，所以必须调整各种规定这些自由的制度上的规则，以便这些规则适宜于一种连贯的自由图式。在实践中，自由的优先性意味着一项基本自由只能因另一种或多种其他基本自由的缘故而被限定或否定。但是，“无论怎样调整这些基本自由以构成一个连贯的图式，该图式都要平等地确保所有的公民享有基本自由。”①罗尔斯强调，在理解基本自由的优先性时，必须将其限制与其规导区别开来。为了将基本自由结合起来，以形成一个图式，并适应于它们的长期实践所必需的某些社会条件，必须对它们进行规导。当这些基本自由只是受到规导时，它们的优先性并未受到侵犯。只要给它们提供“主要应用范围”，也就履行了公正原则。自由的优先性并不是无条件的，而是在“合理有利条件”下的。这种合理有利条件是指，人们已经有这种政治意愿，社会条件允许有效确立并充分实践这些自由。这种条件是由社会的文化及其传统、该社会文化不断制度化过程获得的各种技巧，以及该社会的经济发展水平所决定的。此外，我们不能假定对于同一个人来说各种基本自由都具有同样的重要性或价值，因而有思想家认为个人自由比政治自由更珍贵，“但是，即使这种看法正确，也没有任何障碍能阻挠我们把某些政治自由列入基本自由之列，并以自由的优先性名义来保护这些政治自由。”②

根据对自由的优先性的论述，罗尔斯概括了基本自由图式的几个特征：第一，每一种基本自由都具有“核心应用范围”。对于这一应用范围的宪法保护，乃是充分发展和实践自由而平等之公民的两种道德能力（公正感和良心）的条件。第二，我们可以使各种基本自由相互融合，至少在它们的核心应用范围内是这样。换言之，在合理有利的条件下，存在一种切实可行的可制度化的自由图式，在这种图式中，每一种自由的核心应用范围可以得到保护。第三，这种图式既不能仅仅从具有两种道德能力的个人观念中推导出来，也不仅仅从这一事实中就能推导出来，即某些自由或其他作为适宜所有目的之手段的首要善，对于发展和实践这些道德能力来说是必要的。这两种要素都必须适合于一种有效的宪法安排。罗尔斯认为，民主制度的历史经验

① ［美］罗尔斯：《政治自由主义》，万俊人译，译林出版社 2011 年版，第 273 页。
② ［美］罗尔斯：《政治自由主义》，万俊人译，译林出版社 2011 年版，第 277 页。

和对宪法设计原则的反思告诉我们，我们的确可以找到一种切实可行的自由图式。[①]

在《公正新论》中，罗尔斯则直接对《公正论》中关于两个公正原则的论述作了一些修正。这主要体现在：第一，对两个公正原则作了新表述；第二，明确了两个公正原则之间的区别；第三，对两个公正原则，特别是差别原则进行了新的解释。

在《公正新论》中，罗尔斯对两个公正原则重新作了表述，纠正了《公正论》的缺点。新的表述是这样的："（1）每一个人对于一种平等的基本自由之完全适当体制都拥有相同的不可剥夺的权利，而这种体制与适于所有人的同样自由体制是相容的；以及（2）社会和经济的不平等应该满足两个条件：第一，它们所从属的公职和职位应该在公平的机会平等条件下对所有人开放；第二，它们应该有利于社会之最不利成员的最大利益（差别原则）。"[②] 罗尔斯仍然坚持第一个原则优先于第二个原则，第二个原则中公平的机会平等优先于差别原则。他指出，这种优先意味着，在使用一个原则的时候，我们假定在先的原则应该被充分地满足。他强调，我们寻求的是在一套背景制度内部发挥作用的分配原则（狭义的），而这种背景制度既确保了基本的平等自由（包括政治自由的公平价值），也确保了公平的机会平等。

罗尔斯说，对第二个原则的修正纯粹是文字上的，但他提出应该关注公平的机会平等的意义。他认为，它的作用最好从为什么要使用它来加以把握。之所以要使用它，是为了纠正在所谓的自然自由体系中形式的机会平等缺点。在自然自由体系中，职业对有才能的人开放，而公平的机会平等不仅要求公职和社会职位在形式上是开放的，而且要求所有人都应该有获得它们的公正机会。所以，公平的机会平等在这里意味着自由主义的平等，它要求超越自然的自由体系，而将某些要求强加给基本结构，以防止财产、财富以及那些容易导致政治统治的力量的过分集中；同时它也要求为所有人建立平等的受教育机会。关于对第一个原则的修正，罗尔斯提出的理由是，在这个原则中关于平等的基本自由表述在《公正论》中前后不一致。[③] 他作这种修

---

① 参见［美］罗尔斯：《政治自由主义》，万俊人译，译林出版社 2011 年版，第 275—276 页。

② ［美］罗尔斯：《作为公平的正义：正义新论》，姚大志译，中国社会科学出版社 2011 年版，第 56 页。

③ 这种不一致，见［美］罗尔斯：《作为公平的正义：正义新论》，姚大志译，中国社会科学出版社 2011 年版，第 58 页。

正，是为了表明某种被称为“自由”的东西并不具有一种卓越的价值，也不是政治公正和社会公正的主要目的，更不是唯一目的。因为从整个民主思想史看，所关注的焦点一直是获得某些具体的权利和自由，以及具体的宪法保障。而这正是作为公平的公正所遵循的传统思想。他认为，开列基本自由清单的方式，既可以是历史的，也可以是分析的，但不管哪一种方式，基本自由都是复数的，而不是单数的。《公正论》第一版的问题正在于有时使用了单数的“基本自由”（罗尔斯所说的是在该书英文第一版的第 11 节第 60 页）。

在《公正新论》中，罗尔斯突出了第一个公正原则与第二个公正原则的区别，认为这种区别是非常重要的。他指出，第一个公正原则适用于宪法实质问题，而第二个公正原则要求公平的机会平等，也要求用差别原则来调节社会的不平等。虽然某些关于机会的原则属于宪法实质问题，但公平的机会平等比这要求的更多，而且也不被视为属于宪法实质问题。罗尔斯认为，两个原则之间区别的根据主要在于，两个公正原则在其应用中分别适用于不同的阶段，并对应于基本结构中的两种不同功能。罗尔斯认为，社会的基本结构具有两种并列的功能，一是规定和确保公民的平等的基本自由，并建立一种公正的立宪政体；二是提供对自由和平等的公民而言最合适的社会公正和经济公正的背景制度。第一个原则适用于第一种功能，第二个原则适用于第二种功能。而且，公正原则是按照四阶段的顺序来加以接受和应用的。在第一阶段，当事人在无知之幕的后面接受了公正原则；第二阶段是立法大会阶段；第三阶段是按照宪法所容许的和公正原则所要求和准许的那样来制定法律的立法阶段；最后是应用的阶段，在这个阶段，法则为行政人员所运用，也普遍为公民所遵守，而宪法和法律则是由司法人员加以解释的。在罗尔斯看来，第一个公正原则应用于宪法大会阶段，而第二个公正原则应用于立法阶段。除了这一主要区别之外，罗尔斯认为，两个原则还存在其他三个区别，即：解决宪法实质问题更为迫切；识别这些宪法实质是否得到实现，这是比较容易的；关于这些宪法实质应该是什么的问题有可能达成大体一致。对于这三种区别，罗尔斯没有作具体的阐释。

罗尔斯是通过社会契约论，或更具体地说，是通过原初状态来论证他的公正论的。他把他提出来用以论证他的两个公正原则的一种最初状况的解释称为“原初状态”。他对两个公正原则的证明，就是合理地说明它们会在原初状态中被一致同意地被选择。他是在《公正论》中系统提出这一论证的，但后来在《公正新论》中，这一论证的角度有了较大改变。

在《公正论》中，罗尔斯对原初状态的解释充分细致，其要点大致如下：

其一，可供选择的对象。罗尔斯认为，难以给原初状态中的各方列出所有可能的对象，而只能提供一个简要表格。其中可供选择的对象包括两个公正原则、古典的目的论（古典功利原则、平均功利原则、至善原则）、直觉主义观念、利己主义观念、混合观念等。他主要比较了两个公正原则和功利主义。

其二，公正的环境。公正的环境可以被描述为这样一种正常的条件，"在那里，人类的合作是可能和必需的。"①这些条件包括两类：一是存在着使人类合作有可能和有必要的客观环境。这里众多的人同时在一个确定的地理区域内生存；他们的身体和精神能力大致相似，没有任何一个人能压倒其他所有人；在许多领域都存在着一种中等程度的匮乏，资源并不是非常丰富以致使使用的计划成为多余，同时条件也不是那样艰险以致有成效的冒险终将失败。二是在一起工作的人们的有关方面。首先，各方都有大致相近的需求和利益，以使相互有利的合作在他们中间成为可能。其次，他们又都有他们自己的生活计划或善观念，这使他们抱有不同的目的和目标，造成利用自然和社会资源方面的冲突。此外，他们存在着哲学、宗教信仰、政治和社会理论上的分歧。在这种公正环境中，罗尔斯强调客观环境中的中等匮乏条件和主观环境中的相互冷淡或对别人利益的不感兴趣的条件。

其三，无知之幕。罗尔斯假定在原初状态中，"各方是处在一种无知之幕的背后。他们不知道各种选择对象将如何影响他们自己的特殊情况，他们不得不仅仅在一般考虑的基础上对原则进行评价。"②具体地说，各方不知道某些特殊事实：一是没有人知道他在社会中的地位，他的阶级出身，也不知道他的天生资质、自然能力和程度，以及理智和力量等情形；二是没有人知道他的善的观念、合理生活计划的特殊性，甚至不知道他的心理特征；三是不知道这一社会的经济或政治状况或者它能达到的文明和文化水平。各方有可能知道的唯一特殊事实就是他们的社会在受着公正环境的制约及其所具有的任何含义。

其四，各方推理的合理性。处于原初状态中的人们是有理性的，在选择

① ［美］罗尔斯：《正义论》，何怀宏、何包钢、廖申白译，中国社会科学出版社 1988 年版，第 121 页。

② ［美］罗尔斯：《正义论》，何怀宏、何包钢、廖申白译，中国社会科学出版社 1988 年版，第 131 页。

原则时他们每个人都试图尽可能好地推进他的利益，他们也试图遵循那些尽可能促进他们的目标体系的原则。

其五，选择两个公正原则的论证。罗尔斯借用了“最大的最小值规则”（maximin rules），认为别的原则（如功利原则）都可能导致一种不能忍受的结果。例如，功利主义在某种意义上并不把人看作目的，功利原则可能会要求某些人为了别人放弃他们自己的生活前景。与其他的原则不同，两个公正原则要求保障一切人的平等自由和机会平等，而且任何不平等的利益分配都要符合最少受惠者的最大利益。这就保证了最大的最小值，或者说最好的最坏结果。这样，各方就知道，一旦他们选择了两个公正原则，那么即使他们处在最少受惠者的地位，也不致陷入功利原则可能容许的使某些个人成为最大限度地增加功利总额的牺牲品的危险境地。“两个正义原则有一确定的优势，各方不仅可保护他们的基本权利，而且他们确信自己抵制了最坏的结果，他们在他们的生活过程中没有任何这样的危险：必须为了别人享受的较大利益而默认对自己自由的损害，这种默认是他们在实际的环境里可能承受不了的一项负担。”①

罗尔斯在《政治自由主义》中将“原初状态”作为政治自由主义的基本理念之一加以讨论，在该书的第三部分“制度框架”中也谈到“原初状态”。他说，之所以引入这一理念，是为了弄清楚，“一旦社会被看作是自由而平等的公民之间的一个公平合作系统，那么，哪一种传统正义观念或其中某一观念之变体，具体规定着最合适的实现自由与平等的原则？”②而且，还因为似乎还没有任何更好的方式能从作为自由平等公民之间的一种持续而公平的合作系统的基本社会理念出发，为基本结构详尽论证一种政治公正观念。③他指出，带有“无知之幕”特点的原初状态是这样一种观点：它排除了那种包容一切的背景框架的特殊性和环境，不受其干扰，然后由此出发，在被看作是自由而平等的个人之间可以达到一种公平一致的契约。他强调，原初状态必须从社会的各种偶然因素中抽象出来，不能受其影响。因为，在自由平等的个人之间，对政治的公正原则达成一种公正一致的条件，必须消除交易中的占便宜现象，而在任何社会的背景制度内，从各种积累性的社会、历史

① ［美］罗尔斯：《正义论》，何怀宏、何包钢、廖申白译，中国社会科学出版社1988年版，第169页。

② ［美］罗尔斯：《政治自由主义》，万俊人译，译林出版社2011年版，第20页。

③ 参见［美］罗尔斯：《政治自由主义》，万俊人译，译林出版社2011年版，第24页。

和自然的趋势中不可避免地会产生这些便宜。以这种方式铸造自由平等的好处在于：作为公民代表的各派可能达成的一致契约是完全公开明了的，甚至各方拥护和反对每一种公正观念的理由都应该是合适的，也将是确定无疑的，所以还会对明确拥护某一种观念而反对其他观念的种种理由进行一种全面的平衡。他指出，作为一种代表设置，原初状态的理念是作为公共反思和自我澄清的手段发挥作用的。它有助于我们厘清思想，一旦我们能够通过这种方式采取一种清晰而有条理的有关公正的观点，我们便会把社会设想为自由平等公民之间世世代代坚持的合作模式。同时，原初状态还作为一种中介理念而发挥作用，通过它才能使我们所有人认可的确信相互沟通，这就能够使在我们的各种判断中确立更高的一致性，并能够通过这种更深刻的自我理解达到相互间更广泛的一致。

在《公正新论》中，罗尔斯虽然坚持用原初状态来论证两个公正原则，但论证的方式有较大变化。这种变化主要体现在他将这种论证分为两种基本比较。他所说的比较是指当事人对两个公正原则所进行的推理，这个推理被组织成为两个基本比较。“这些比较使我们能够区分开引导当事人选择差别原则的理由与引导他们选择基本的平等自由原则的理由。”[①]罗尔斯假定，当事人通过同时比较两种选择来进行推理，他们从两个公正原则开始，并将两个公正原则同在清单上可得到的其他选择进行比较。如果两个公正原则在每种这样的比较中都为一种更强的理由对比所支持，那么，这种论证就完成了，并且这些原则也就被接受了。罗尔斯指出，这两种比较只是论证的一小部分，但这部分的论证需要对两个公正原则提供一种理由充分的、具有结论性的论证。

在罗尔斯看来，在民主思想的历史中，两种相互对照的社会理念占有一种显著的地位：一种是作为自由平等公民之间的社会合作的公平体系的社会理念；另一种是作为生产出以总额计算的最大善的社会体系的社会理念，而这里的善既是属于社会全体成员的，也是由完备性学说所规定的完满的善。社会契约论的传统表达了第一种理念，而功利主义传统是第二种理念的一个具体例证。这两种传统之间存在着一种基本的对比：作为社会合作的公平体系的社会理念包含了平等的理念（基本的权利、自由和公平机会的）和互惠性的理念（差别原则是互惠性的一个例子）；与之相对照，生产出最大善的

① ［美］罗尔斯：《作为公平的正义：正义新论》，姚大志译，中国社会科学出版社 2011 年版，第 116 页。

社会理念表达了一种最大化的、更雄心勃勃的政治公正原则。在功利主义中，平等和互惠性的理念只是被间接地加以思考，而考虑更多的是能够使社会福利达到最大化所通常必需的东西。

这里就存在着两个方面比较：一是平等方面的比较；二是互惠性方面的比较。“在第一种比较中，两个正义原则是同（平均）功利原则相比较。在第二个比较中，两个正义原则是同自己的一种变形相比较，这种变形就是用受最低保障限制的（平均）功利原则代替差别原则，而其他方面不变。这两种比较能够使我们将两种理由区分开，即将支持涵盖基本自由的第一个正义原则和第二个正义原则的第一部分即公平的机会平等原则的理由同支持第二个正义原则的第二部分即差别原则的理由区分开。”① 第一种基本比较是，被当作一个整体的两个公正原则与作为单一公正原则的平均功利原则相比较。平均功利原则主张，基本结构的制度应该为了使社会成员的平均福利达到最大化来加以安排，而这种制度安排从现在开始并延续到可预见的未来。第二种基本比较是，同样被当作一个整体的两个公正原则与另一种选择相比较，这种选择用平均功利原则（与一种法定的社会最低保障相结合）代替了差别原则。在罗尔斯看来，第一种比较更为基本，因为作为公平的公正的目标所针对的是，在西方政治传统中一直处于独特的统治地位的功利主义，以及至善主义和直觉主义所构想的其他政治公正观念，同时为现代民主社会制度寻找一种更合适的道德基础。因此，如果两个公正原则胜利了，这个目标在很大程度上就算达到了；而如果它们输掉了，所有的东西就都输掉了。第一种比较之所以重要，还因为它表明从原初状态开始的论证是如何进行的，而且它提供了一个展示这些论证性质的非常简单的例证。

在第一个基本比较中，罗尔斯的论证在很大程度上依赖于两种东西：一是“最大最小值规则”，二是进行最大最小值论证所需要的“三个条件”。“最大最小值规则”是这样的规则，即：“它要求我们确认出每一种可能的选择的最坏结果，然后接受这样的选择，即这种选择的最坏结果比所有其他选择的最坏结果都更好。”② 罗尔斯认为，当按照这种规则来选择基本结构的公正原则时，我们应该关注所能容许的最坏社会处境，而这时基本结构在各种环

① ［美］罗尔斯：《作为公平的正义：正义新论》，姚大志译，中国社会科学出版社 2011 年版，第 3 页。

② ［美］罗尔斯：《作为公平的正义：正义新论》，姚大志译，中国社会科学出版社 2011 年版，第 119 页。

境下都是由这些公正原则加以规范的。这种论证的过程如下：（1）存在着某些条件，在这些条件下，当就基本结构的公正原则达成一致时，遵循最大最小值规则是合理的，因而在这样的条件下两个公正原则而非平均功利原则会得到一致同意。（2）如果具备某些条件（具体地说是三个条件），那么，在就基本结构的公正原则达成一致时，遵循最大最小值规则就是合理的。（3）这三个条件在原初状态中都具备了。（4）所以，当事人一致同意的是两个公正原则而非平均功利原则。

这里所说的"三个条件"是：第一，"当事人没有可靠的基础来估计可能存在的社会环境的概率，而这些社会环境会影响他们所代表的那些人的切身利益。"① 如果概率概念无需涉及的时候，这个条件就充分地得到了满足。第二，当事人仅仅关注能够得到保障的东西，而不过多关注在能得到保障的东西之外还能获得什么。这里所说的"得到保障的东西"是指通过接受这样选择而得到的，即"这种选择的最坏结果比所有其他选择的最坏结果都更好"②。罗尔斯称这种"最好的最坏结果"（best worst outcome）为"保障水准"（guaranteeable level）。第三，所有其他选择的最坏结果都处于保障水准之下。罗尔斯强调第二和第三条件的论证，认为如果由两个公正原则所规范的秩序良好社会确实是一种令人满意的政治社会形式，而该政治社会能够平等地保证所有人的基本权利和自由，从而表达了一种令人高度满意的保障水准，如果证明功利原则有时可能为了获得更多的社会福利总体而准许和要求限制或压制某些人的权利和自由，那么当事人必然会一致赞成两个公正原则。

第一种比较推理表明作为整体的两个公正原则优于平均功利原则，但并没有给差别原则提供多大的支持。为了证明差别原则，罗尔斯提出了第二种基本比较。这个比较是作为一个整体的两个公正原则与另外一种选择进行比较，而这种选择除了一个方面外与两个公正原则完全相同，这个方面就是用"适当的社会最低保障"代替差别原则。罗尔斯将这种带有社会最低保障的混合公正观称为"限定的功利原则"（principle of restricted utility）。在第二种比较中，罗尔斯简化地假定社会上只有较有利者群体和较不利者群体，而

① ［美］罗尔斯：《作为公平的正义：正义新论》，姚大志译，中国社会科学出版社2011年版，第120—121页。

② ［美］罗尔斯：《作为公平的正义：正义新论》，姚大志译，中国社会科学出版社2011年版，第121页。

他所关注的是收入和财富的不平等。在罗尔斯看来，差别原则是用来调整收入和财富不平等的原则，其实质就是要求社会的制度安排要按照那些获得较少特别是获得最少的人能够接受的方式来分配社会的权利和机会，使之有利于不利者的最大利益。这样，差别原则表达了互惠性的理念，即从平等的分配出发，较有利者在任何情况下都不应以有损于较不利者变得更好的方式而变得更好。然而，限定功利原则中的最低保障概念是模糊的，因为它在任何情况下都在某种程度上依赖于社会的福利水平。因此，这个概念不同于作为公平的公正的最低保障概念。差别原则也规定了一种源于互惠性理念的社会最低保障。与限定功利原则不同，差别原则需要的是这样一种最低保障，即"随着时间的推移，它同整个社会政策一起能够最大程度地改善最不利者的生活前景。"① 这种最低保障起码满足了过一种体面生活所必需的基本需要，或许还会更多一些。因此，如果当事人从平等的地位出发，就会认可互惠性的理念，从而选择两个公正原则。

罗尔斯认为，在上述关于两个公正原则的两个比较论证中，"第一种比较表明了两个正义原则在平等方面的优势，而第二种比较则表明了两个正义原则在互惠性或相互性方面的优势。"②

（四）体现公正原则的政体及制度

在讨论了公正的含义、原则及其论证之后，罗尔斯进而研究了满足公正原则的社会基本结构，这一社会基本结构的主要制度是立宪民主的制度。其目标是说明两个公正原则的内容。他在谈到这一部分内容时说，他并不是把这些章节看作是边缘性质的，或仅仅是一些应用，"相反，倒不如说，我相信测试一种正义理论的重要办法，就是看它能在什么程度上把条理和系统引入我们对一个宽广领域的问题的判断之中。所以，这些章节的主题需要论及的，所达到的结论会依次修正所提出的观点。"③ 罗尔斯自己没有谈到《新公正论》与《公正论》关于这一部分内容的不同，但两部著作的论述角度有较大的不同。

① ［美］罗尔斯：《作为公平的正义：正义新论》，姚大志译，中国社会科学出版社 2011 年版，第 156 页。

② ［美］罗尔斯：《作为公平的正义：正义新论》，姚大志译，中国社会科学出版社 2011 年版，第 118 页。

③ ［美］罗尔斯：《正义论》，何怀宏、何包钢、廖申白译，中国社会科学出版社 1988 年版，序言第 3 页。

在《公正论》中，罗尔斯通过描述一种满足两个公正原则的社会基本结构和考察两个公正原则所带来的义务和职责来展示两个公正原则的内容。他首先以“平等的自由”为标题讨论第一个公正原则。他认为，以四个阶段的系列来考虑公正原则在制度中的运用可能是有益的。这四个阶段是：第一，在原初状态中选择公正原则；第二，制定宪法；第三，制定法律；第四，运用规范和遵循规范。在讨论第一个公正原则的运用时，就涉及自由问题。于是，罗尔斯对自由作了界定。他认为，自由总是可以参照三个方面的因素来解释的：自由的行动者；自由行动者所摆脱的种种限制和束缚；自由行动者自由决定去做或不做的事情。一个对自由的完整解释包括了这三个方面的有关知识。因此，“对自由的一般描述可以具有以下形式：这个或那个人（或一些人）自由地（或不自由地）免除这种或那种限制（或一组限制）而这样做（或不这样做）。”① 当某个人摆脱某些限制而做或不做某事，并同时受到保护而免受其他人的侵犯时，我们就可以说他们是自由地做或不做某事的。在规定了自由概念之后，罗尔斯进而按照上述过程探讨了平等自由的三个问题，即：良心的平等自由和宽容，宪法的公正和参政自由，与法治相联系的个人自由。他对这三个问题的阐述是为了阐明自由的优先性，即第一个公正原则对第二个公正原则的优先性，平等自由对社会经济利益的优先性（第一个优先规则）。罗尔斯认为，两个公正原则为自由提供了有力的论据，而各种目的论原则充其量不过只是为自由提供了一些不确实的论据。而这两个原则即作为公平的公正的力量来自于这样两件事情：“一是它要求所有的不平等都要根据最少受惠者的利益来证明其正当性；二是自由的优先性。”②

然后，罗尔斯以“分配的份额”为标题讨论了第二个公正原则，以说明一种在现代国家制度背景下满足它的要求的制度安排。他首先指明两个公正原则可能成为一种政治经济理论的组成部分。他认为，作为公平的公正可以说不受现存的需要和利益的支配，相反它为社会制度的评判建立了一个阿基米德支点。他说：“尽管作为公平的正义具有个体的特征，两个正义原则却不是建立在现有欲望和现存社会条件之上的。这样我们可以得到一个正义的社会基本结构的观念以及与它相容的有关个人的理想，它们可以成为评判制

① ［美］罗尔斯：《正义论》，何怀宏、何包钢、廖申白译，中国社会科学出版社1988年版，第192页。

② ［美］罗尔斯：《正义论》，何怀宏、何包钢、廖申白译，中国社会科学出版社1988年版，第241页。

度和指导整个社会变革的标准。”① 在罗尔斯看来，作为公平的公正的观念要运用纯粹程序的公正的概念来解决特殊境况中的偶然性问题。社会制度应当这样设计，以便事情无论变得怎样，作为结果的分配都是公正的。分配公正的主要问题是社会体系的选择，因此，我们有必要把社会和经济过程限制在适当的政治、立法制度的范围内。没有对这样背景制度的恰当安排，分配过程的结果将不会是公正的。分配公正还涉及代际公正和储存的困难问题，即每一代要为后面的世代储存多少。罗尔斯认为如果不讨论这个重要问题，对作为公平的公正的解释就是不完全的。因此，必须寻找一个公正储存原则。“正义的储存原则是应用于一个社会为了正义而储存的那些东西的。”② 他主张代际公平，反对只顾现在不管未来，但也反对功利主义可能要求的过高的积累率，强调不能以后代的更大福利为借口而损害现在这一代的公平份额，并为储存率提出了一个上限。在这个问题上，他进一步论证公正对利益和效率的优先（第二个优先规则）。他还试图说明他对分配份额的阐述能够解释公正的常性准则（如“按贡献分配”和“按努力分配”）的从属地位。罗尔斯还区分了合法期望与道德应得，反对一切利益均应按德性来分配的常识性观点。他认为，实际情况是，只要个人和团体参与了公正的安排，他（它）们就拥有了由公认的规则所规定的相互之间的权利要求。如果他们完成了同存制度所鼓励的事情，他们就获得了权利，而且公正的份额尊重这些权利。他指出：“把分配的正义和惩罚的正义看成是相对的两端是完全错误的，这意味着在不存在道德基础的分配份额那里加进了一个道德基础。”③

罗尔斯认为，原初状态中的人在选择了用于社会基本结构的两个公正原则之后，还要选择用于个人的原则，选择国际法原则和优先原则，也就是要建立一种完全的正当观，即“作为公平的公正”。这样，“正当”实际上就可置换成“符合原初状态中被选择的原则”的陈述。罗尔斯把用于个人的原则分成两组，一组称为由公平原则统摄的各种义务（obligations），另一组称为自然职责（natural duties）。履行义务有两个前提：一是背景制度是公正

① ［美］罗尔斯：《正义论》，何怀宏、何包钢、廖申白译，中国社会科学出版社 1988 年版，第 254 页。

② ［美］罗尔斯：《正义论》，何怀宏、何包钢、廖申白译，中国社会科学出版社 1988 年版，第 278 页。

③ ［美］罗尔斯：《正义论》，何怀宏、何包钢、廖申白译，中国社会科学出版社 1988 年版，第 304—305 页。

的，二是履行者自愿接受这一制度的利益或机会，它意味着一种全体体系的公平份额、公平负担；而自然职责则不涉及自愿行为，是无条件的、绝对的，与制度亦无联系。罗尔斯在考察了在原初状态中选择这些原则的理由以及它们在稳定社会合作方面的作用后，详细研究了这些原则对于一种立宪结构中政治职责和义务的意义，特别是联系多数裁定规则的问题和服从不公正法律的理由解释了非暴力反抗和良心拒绝在制度中的作用。他主要是想通过概述一种非暴力反抗的理论阐明自然职责和义务原则的内容。“这个理论只是为了一个接近正义的社会，即一个就大多数情况来看是组织良好的、不过其间却发生了对正义的严重侵犯的社会而设计的。”①它包括三部分：一是对它进行界定，使它与其他抵制形式区别开来；二是提出它的证据并阐明它在哪些条件下是正当的；三是阐述它在合乎宪法的制度中的作用。罗尔斯最后说：“如果正当的非暴力反抗看上去威胁了公民的和谐生活，那么责任不在抗议者那里，而在那些滥用权威和权力的人身上，那些滥用恰恰证明了这种反抗的合法性。”②

在《政治自由主义》中，罗尔斯在讨论了政治自由主义的基本理念系统和主要理念系统之后，论述了作为政治理念的社会实践图式的政治制度框架设置。他在这部分的开篇就指出：“契约论正义观念的本质特征是，社会的基本结构乃正义的第一主题。”③这种看法显然与《公正论》不同。在那里，他是以公正原则已经在伦理学上得到论证为前提，“描述一个满足公正原则的社会基本结构，并考察正义原则所产生的义务和责任”④；而在这里，他则是要从现代民主立宪社会如何构成，又如何达于公正这一社会政治问题开始研究作为公平的公正这一政治公正观念，因而作为这一观念的核心理念的“作为公平的公正”，从一开始便是政治的而非道德的。

他在这里把“基本结构”理解为这样一种方式，主要的社会制度以此种方式在一个系统中相互匹配，并分配着各种根本权利和义务，也塑造着通过社会合作而产生的各种利益划分。因此，政治上的宪法、法律承认的财产形

---

① ［美］罗尔斯：《正义论》，何怀宏、何包钢、廖申白译，中国社会科学出版社 1988 年版，第 351 页。

② ［美］罗尔斯：《正义论》，何怀宏、何包钢、廖申白译，中国社会科学出版社 1988 年版，第 379 页。

③ ［美］罗尔斯：《政治自由主义》，万俊人译，译林出版社 2011 年版，第 239 页。

④ ［美］罗尔斯：《正义论》，何怀宏、何包钢、廖申白译，中国社会科学出版社 1988 年版，第 185 页。

式、经济的组织和家庭的个性都属于基本结构。在罗尔斯看来，社会的基本结构是社会契约的达成为其构成基础的，而这种社会契约只是一种“设定的契约”：（1）它是所有社会成员而非某些成员之间的一致；（2）它是所有社会成员而非社会内部占有某种特殊地位或具有特殊作用的个体之间的一致；（3）其中的各派都被认为是自由而平等的个人；（4）这种契约的内容是规导基本结构的首要原则。[①] 罗尔斯以以下逻辑顺序阐述这一基本结构是如何构成并达于公正的：首先，假定参与社会契约的各派是自由而平等的且具有合理性的道德个人，并据此把基本结构当作公正的首要主题。其次，鉴于这一结构具有各种不同的特征，以一种与其他所有契约不同的方式（即假设的而非历史的）来理解最初的契约和达成这种契约的条件。第三，以一种康德式的观点解释公正原则所反映的各种人类关系的深刻社会本性。最后，将公正观念归并于一种基本结构的理想形式，并按照这种理想形式控制持续发展的社会进程，不断地调整个体交易额积累性结果。罗尔斯特别强调这一理想形式的重要性，指出：“对于背景正义来说，缺少这一理想形式，要想不断调整社会运行的过程以保存背景正义，就没有任何合理的基础，要消除现存的非正义也没有任何合理的基础。因此，理想的理论规定着一种完全正义的基本结构，也是非理想理论的一种必要补充；没有这种理想的理论，要求改变的欲望就缺乏目标。”[②]

在《公正新论》中，罗尔斯对公正的基本结构的制度的讨论，想要解决的问题是秩序良好的民主政体的主要特征，而所谓秩序良好的民主政体就是指在它的基本结构中体现了公正原则。为此，他的研究目标在于永远确保背景公正的一组政策。

为了阐明秩序良好的民主政体的特征，罗尔斯区分出了五种被视为社会体系的政体及其相应的政治制度、经济制度和社会制度。它们是：（1）自由放任的资本主义；（2）福利国家资本主义；（3）带有指令性经济的国家社会主义；（4）财产所有的民主制度；（5）自由（民主）社会主义。其中财产所有的民主制度就是秩序良好的民主政体。他认为，对于任何一种政体而言，都会很自然地提出四个问题：一是正当的问题，即它的制度是否是正当的或公正的；二是设计的问题，即一种政体的制度是否能够加以有效设计以实现它所宣布的目的和目标；三是信奉的问题，即公民是否能够被信赖遵循公正

① 参见［美］罗尔斯：《政治自由主义》，万俊人译，译林出版社 2011 年版，第 240 页。

② ［美］罗尔斯：《政治自由主义》，万俊人译，译林出版社 2011 年版，第 263—264 页。

的制度，并按照其各种官职和职业的规则行事；四是能力的问题，即分派给各种官职和职业的任务对于从职者是否太难。从这四个问题看，五种政体中的哪一种能满足两个公正原则的要求呢？罗尔斯认为，前三种政府都至少以一种方式违反了两个公正原则。自由放任的资本主义仅仅保证形式的平等，而不论平等的政治自由的公平价值和公平的机会平等。它的目标是经济效率和经济增长，而唯一制约经济效率和经济增长的东西是一种相当低的社会最低保障。福利国家的资本主义尽管福利的供给可能是十分充裕的，但规范经济不平等和社会不平等的互惠性原则却没有得到承认。带有指令性经济的国家社会主义违反了平等的基本权利和自由，更不用提这些自由的公平价值。剩下的财产所有的民主制度和自由社会主义，其理想描述包含了用以满足两个公正原则的安排。“两者都建立了民主政治的宪政框架，保证了基本自由以及政治自由的公平价值和公平的机会平等，而且使用相互性原则，如果不是差别原则的话，来规范经济不平等和社会不平等。”①

为了表明财产所有的民主制度的基本结构如何力图满足两个公正原则，罗尔斯考察了作为公平的公正作为一种政治观念的各种善观念。他认为，这种考察将有助于我们描述财产所有的民主制度的某些重要方面。作为公平的公正中存在着的六个善观念是：（1）作为合理性的善观念。它假设人类的存在以及人类基本需要和目的的实现都是善的，而合理性是政治组织和社会组织的一个基本原则。（2）基本善的观念。它阐明作为公平的公正的目标，按照与公民作为自由平等人的身份相应的政治观念来阐明公民的需要。（3）可容许的（完全的）善观念。正当的优先性意味着，只有所追求的是同公正原则相容的善观念才是可容许的。（4）政治德性的观念。它规定了民主政体的好公民的理想，它不仅在其意义上同正当的优先性是一致的，而且也能够具体地体现为政治的公正观念。此外还有政治善的观念和社会联合的善观念。罗尔斯认为，前四个观念是按顺序提出来的，从作为合理性的善观念开始，我们得到了基本善。一旦我们用这些基本善去规定当事人在原初状态中的目标，从原初状态进行的论证就使我们得出了两个公正原则。可容许的（完全的）善观念是这样的善观念，即对它们的追求是同这些公正原则相容的。然后，政治德性被规定为这样一些公民道德品质，即这些公民道德品质对于永远确保公正的基本结构来说是非常重要的。

① ［美］罗尔斯：《作为公平的正义：正义新论》，姚大志译，中国社会科学出版社 2011 年版，第 168 页。

罗尔斯认为，财产所有的民主是一种立宪政体，而非程序民主。立宪政体是其中“法律和法规必须同某些基本的权利和自由相一致”的政体；而程序民主则是这样的一种政体，“在这种政体中，不存在任何对立法的宪法限制，从而多数派（或者相对多数）所制定的任何东西都成为法律，只要适当的程序得到了遵守，而这种适当的程序是一套确认法律的规则”。[①] 罗尔斯从政治社会学的角度论证了立宪政体优于程序民主。[②] 在谈到财产所有的民主的经济制度时，讨论了差别原则与公正的储存（蓄）原则之间的关系。他认为，“正义的储蓄原则适用于世代与世代之间，而差别原则适用于世代之内。实际的储蓄仅仅出于正义的理由才是必要的：即有可能提供某些条件，而这些条件是建立和不断维持一种正义的基本结构所需要的。”[③] 罗尔斯还讨论了作为基本制度的家庭。他认为，家庭的本质作用之一就是世代相继地实现社会及文化之有序的生产和再生产。因此，家庭一方面要以理性而有效的方式来安排抚养和照顾，保证他们的道德发展和教育，以形成良好的教养；另一方面家庭也必须以适当的规模来发挥培育公民必须具有的公正感和政治德性的作用，以便使社会永远存在下去。正因为家庭具有这些作用，所以罗尔斯指出那种认为公正原则不适用于家庭的观念是一种误解。[④]

（五）公正的稳定性

罗尔斯对自己的公正论的论证包括两个部分，一部分的任务是选择出两个公正原则，为此他提出了一种新契约论，其中设计了“原初状态”和“无知之幕”的概念；另一部分的任务则是要解决“作为公平的正义如何能够产生出对自己的充分支持”[⑤]，即他所谓的“作为公平的公正的稳定性”问题。

在《公正论》中，罗尔斯在最后的两章讨论稳定性问题。他先考察了一

---

① ［美］罗尔斯：《作为公平的正义：正义新论》，姚大志译，中国社会科学出版社 2011 年版，第 176 页。

② 参见［美］罗尔斯：《作为公平的正义：正义新论》，姚大志译，中国社会科学出版社 2011 年版，第 176 页以后。

③ ［美］罗尔斯：《作为公平的正义：正义新论》，姚大志译，中国社会科学出版社 2011 年版，第 192 页。

④ 参见［美］罗尔斯：《作为公平的正义：正义新论》，姚大志译，中国社会科学出版社 2011 年版，第 196 页。

⑤ ［美］罗尔斯：《作为公平的正义：正义新论》，姚大志译，中国社会科学出版社 2011 年版，第 218 页。

个组织良好社会的成员是如何获得公正感的，以及这种情感被不同的道德观念规定时的相对力量。他首先对组织良好社会作了一个界定：“一个组织良好的社会是一个被设计来发展它的成员们的善并由一个公开的正义观念有效调节着的社会。因而，它是一个这样的社会，其中每一个人都接受并了解其他人也接受同样的正义原则，同时，基本的社会制度满足着并且也被看作是满足着这些正义原则。”[①] 在这个社会里，作为公平的公正被塑造得和这个社会的观念一致，而且它也是一个由它的公开的公正观念来调节的。在罗尔斯看来，一种公正观念如果所产生的公正感较之另一种公正观念更强烈、更能制服破坏倾向，它就比后者具有更大的稳定性。因此，道德情感对于保证社会基本结构的公正方面的稳定是必要的。于是，他讨论了保证社会基本结构处于一种稳定的公正状态所需要的道德情感的形成和发展。他认为，在一个实现了两个公正原则的组织良好的社会中，可能出现的道德发展过程经历权威的道德、社团的道德和原则的道德这三个阶段。达到了原则的道德阶段，人就想成为一个公正的人。一旦他们意识到与公正原则相适应的社会安排已经提高了他们的以及他们与之交往的其他人的善时，他们就将产生和实行这些公正原则的欲望，就会在他们身上产生一种相应的公正感。这种公正感至少具有两种重要作用：“首先，它引导我们接受适用于我们的、我们和我们的伙伴们已经从中得益的那些公正制度。我们希望在维护这些安排方面发挥作用。”“其次，正义感产生出一种为建立公正的制度（或至少是不反对），以及当正义要求时为改革现存制度而工作的愿望。”[②] 当我们违背了自己的公正感，没有珍重我们的义务和责任时，我们就会感到负罪。

在讨论了公正感之后，罗尔斯接着讨论“公正善”，它所涉及的是公正感是否与善观念相一致，以及它们是否共同为维护一个公平的基本结构发挥作用的问题。他认为，在一个符合两个公正原则的组织良好的社会中，一个人的合理生活计划将支持和巩固他的公正感。他是通过讨论一个组织良好的社会中迫切需要的各种事物，以及它的公正的社会安排对它的成员的善发生作用的各种方式来研究这一问题的。他首先考虑人们的自律与他们的正当和公正判断的客观性；然后说明公正如何用社会联合的理想联系起来，如何调

① ［美］罗尔斯：《正义论》，何怀宏、何包钢、廖申白译，中国社会科学出版社 1988 年版，第 440 页。

② ［美］罗尔斯：《正义论》，何怀宏、何包钢、廖申白译，中国社会科学出版社 1988 年版，第 461 页。

节忌妒和怨恨的货币，以及如何规定着一种包含着自由优先性的平衡；最后通过把作为公平的公正与快乐论功利主义加以对比来说明公正的制度在何种程度上提供着自我统一的可能，在何种程度上使人们能把他们的作为自由平等的道德人格的本性表现出来。通过对一个组织良好社会的上述特点的考察，罗尔斯最后证明，在一个组织良好的社会中，一种有效的公正感将从属于一个人的善，因而不稳定的倾向即使得不到消除，也能够得到控制。他说："在一个组织良好的社会中，作一个好人（而且具体地说具有一种有效的正义感）对一个人的确是一种善；其次可以说，这种形式的社会是一个好社会。第一个论断来自一致性，第二个论断之所以成立，是由于一个组织良好的社会具有人们可以合理地要求于一个社会的那些性质。所以，它满足正义的原则，这些原则从原初状态的观点来看在总体上是合理的；而且，从个人观点来看，肯定公认的正义观念使之成为一个人的生活计划中的调节因素这样一种欲望，是符合合理选择原则的。"[①] 罗尔斯认为，一旦达到了这些结论，他对于作为公平的公正所作的描述也就完成了。

在《公正新论》中，罗尔斯阐述稳定性问题的角度和方法也与《公正论》不同。他说，稳定性这个问题所涉及的是"根据表现了民主政治文化特点这一事实，特别是理性多元论的事实，政治观念是否能成为重叠共识的中心"，因此要研究稳定性问题是如何在政治公正观念的基础上导致重叠共识的理念的。

在罗尔斯看来，要想解决稳定性问题，首先必须了解政治关系的特性。他认为，政治关系有两种重要的区别性特征：首先，它是社会基本结构内部人们之间的关系，对于基本制度的结构，我们只能生而入其内，死而出其外。政治社会一向是封闭的，从而我们不可以随意出入其中，而且也确实无法随意出入其中。其次，为了实施法律，政治权力永远是以国家机器为后盾的强制权力。但在立宪政体中，政治权力也是平等公民作为一个集体的权力。它可以按照规范强加在作为公民的个人身上，但其中有些人可能并不认为政治权威的基本结构是正当的，或者当他们接受了这种结构的时候，也不认为许多法律是具有充分根据的。[②] 罗尔斯断定，存在着一个有别于团体的、

① ［美］罗尔斯：《正义论》，何怀宏、何包钢、廖申白译，中国社会科学出版社 1988 年版，第 564 页。

② 参见［美］罗尔斯：《作为公平的正义：正义新论》，姚大志译，中国社会科学出版社 2011 年版，第 219 页。

家庭的特定政治领域，这个领域是能够根据这些特征来加以识别的，而以适当方式加以规定的某些价值典型地适用于这些特征。罗尔斯指出，将政治视为一个特定的领域意在表明，表达其基本价值的政治观念是一种独立的观点，即它被设计出来是为了应用于社会的基本结构的，它也无须依靠或提及其他非政治价值。在罗尔斯看来，我们之所以要阐明政治的公正原则和政治的领域，是因为这样我们就可能使一种政治观念成为重叠共识的中心，就是说，至少可以赢得完备性学说的支持。

在罗尔斯看来，稳定性问题不是这样的一个问题，即设法使反对某种观念的人接受它，或者按照它行动，如果必要的话，辅之以有效制裁；而应当是“除非作为公平的正义能以诉诸每一位公民的适当方式产生出它自己的支持力量，正如在它自己的框架内所解释的那样，否则它根本就不是合乎理性的”①。为此，自由主义的政治观念求助于自由的公共理性，从而求助于被视为理性的和合理的公民。罗尔斯假定，公民持有两种不同的观点，或者更准确地说，他们的总体观点具有两个部分：一是可以被看作是一种政治的公正观念，或者与政治的公正观念相吻合；二是完备性学说，而政治观念以某种方式同它相关。他们的政治观念可以就是特殊的完备性观点的一个组成部分，或者附属于特殊的完备性观点；或者它也可以得到完备性观点的同意。公民所享有的政治观念以什么方式同他们的完备性观点相关联，这是由公民自己决定的。但是，如果他们虽然各自具有不同的完备性观点，但都赞成一种政治的公正观念，那么，就意味着他们在这种政治的公正观念上达成了重叠共识。

据此，罗尔斯认为，只要具备了下面两个条件，由作为公平的公正所支配的社会就是秩序良好的，这种社会也具有稳定性：一是认可理性的完备性学说的公民一般来说能够赞成作为公平的公正，认为它表达了他们的政治判断的内容；二是非理性的完备性学说没有得到充分的流行，以至于危害到基本制度的实质公正。这就是说，不管公民有多么不同的哲学的、宗教的、道德的信念，当然这种信念必须是理性的、合理的，只要他们赞同作为公平的公正这一政治公正观念，也就是在这一点上普遍达成了重叠共识，那么由作为公平的公正所支配的社会就是秩序良好而且稳定的。

---

① ［美］罗尔斯：《作为公平的正义：正义新论》，姚大志译，中国社会科学出版社 2011 年版，第 224 页。

四、诺齐克的权利论

诺齐克（Robert Nozick, 1938—2002）是20世纪美国著名政治哲学家，古典自由主义的主要代表。他不到30岁就成为了哈佛大学哲学教授，并曾担任哲学系主任。他对政治哲学、决策论和知识论都作出了重要的贡献。他最著名的著作是针对罗尔斯的《公正论》出版的《无政府、国家与乌托邦》（*Anarchy, State, and Utopia*, 1974）。不过，他自己说这部著作是“一本无心之作”，而且他的兴趣也不在政治哲学上，而在其他问题上。[①] 除《无政府、国家与乌托邦》之外，他的著作还有《哲学解释》（*Philosophical Explanations*, 1981）、《被审视的生活》（*The Examined Life*, 1989）、《合理性的本质》（*The Nature of Rationality*, 1993）、《苏格拉底的困惑》（*Socratic Puzzles*,1997）、《恒常：客观世界的结构》（*Invariances: The Structure of the Objective World*, 2001）。就政治哲学而言，诺齐克关注的焦点问题是个人权利，其最基本的观点是：“个人拥有权利。有些事情是任何他人或团体都不能对他们做的，做了就要侵犯他们的权力。”他的政治哲学所要探讨的中心问题在于“个人权利为国家留下了多大活动余地，国家的性质、它的合法功能及其证明”。[②] 诺齐克的政治哲学和社会德性思想的主要贡献是在批评罗尔斯所提出的作为公平的公正论基础上，根据新历史条件捍卫和论证了古典自由主义的基本观点，建立了一种新的自由至上主义的权利论政治哲学体系。诺齐克的学说通常被称为“新保守自由主义”。这是因为他在新的历史条件下坚守古典自由主义，反对国家干预，理论倾向保守，因而相对于埃德蒙·柏克的“保守自由主义”而被称为“新保守自由主义”。柏克的保守自由主义与洛克、亚当·斯密、约翰·密尔等人为代表的古典自由主义相近，两者之间差异只在于前者更稳健，后者更激进。实际上，诺齐克的自由主义虽然反对新自由主义，从表面看起来似乎保守，但在理论实质上更激进，正如古典自由主义比古典保守自由主义更激进一样。因此，与其将诺齐克的自由主义称为“新保守自由主义”，不如称其为“新古典自由主义”或“自由至上主义”更贴切。

---

① ［美］诺齐克：《苏格拉底的困惑》，郭建玲、程郁华译，北京大学出版社2013年版，“序言”第1页。

② ［美］诺齐克：《无政府、国家与乌托邦》，何怀宏等译，中国社会科学出版社1991年版，第1页。

（一）对最弱意义的国家的论证

诺齐克所提倡和赞成的最弱意义的国家，就是指除保护性功能之外无其他功能的管事最少的国家，即古典自由主义所谓的“守夜人”式的国家。“古典自由主义理论的守夜人式的国家，其功能仅限于保护它所有的公民免遭暴力、偷窃、欺骗之害，并强制实行契约等，这种国家看来是再分配的。”①诺齐克是从两个方面给最弱意义的国家提供论证的：第一，反驳无政府主义，证明“最弱意义的国家”的产生是符合道德的，没有侵犯任何人的权利；第二，证明“最弱意义的国家”是功能最多的国家，比它功能更多的任何国家都是不道德的。

他首先讨论的问题是无政府状态即“自然状态”，其目的是要阐明最弱意义的国家不仅有存在的必要，而且能以不违反个人权利的方式产生。用他自己的话说，就是要提供“一个最弱意义上的国家是如何合法地从一种自然状态中产生的论证”。②

在诺齐克看来，理解政治领域或国家有不同的方式，其中通过非政治来充分地解释政治方式是最可取的理论选择。这种非政治的解释方式就是自然状态的解释。他说：“对政治领域中的自然状态的解释，是对这一领域的基本的潜在解释，即使它们不正确，它们也仍然在解释方面取得了成绩，给我们以启发。”③这里说所的“基本的潜在解释”指的是“如果把它看作实际解释它就将解释整个领域”的那种解释。诺齐克采取的就是这种非政治的解释，他把这种解释称为“看不见的手的解释”。所谓“看不见的手的解释”，是仿照亚当·斯密的说法。其本意是指，“每个人都只想着他自己的所得，而在这种状态中就像在许多别的情况中一样，他被一只看不见的手引导到促进一个与他的打算了无关涉的目标”。在这里，它则是指人们出于自己的自我保护的考虑却无意中导致了国家的产生。④

① ［美］诺齐克：《无政府、国家与乌托邦》，何怀宏等译，中国社会科学出版社 1991 年版，第 35 页。

② ［美］诺齐克：《无政府、国家与乌托邦》，何怀宏等译，中国社会科学出版社 1991 年版，第 126 页。

③ ［美］诺齐克：《无政府、国家与乌托邦》，何怀宏等译，中国社会科学出版社 1991 年版，第 16 页。

④ 参见［美］诺齐克：《无政府、国家与乌托邦》，何怀宏等译，中国社会科学出版社 1991 年版，第 27、124—125 页。

那么，从哪一种自然状态开始呢？西方近代政治哲学家所假设的自然状态主要有两种，一种是霍布斯的“最坏的”自然状态，另一种是洛克的“最好的”自然状态。在霍布斯的自然状态中，人对人像狼一样，人们便处于一切人反对一切人的所谓“战争状态”①。洛克则设想了一种与霍布斯完全不同的自然状态，在这种自然状态中，人们在理性的指导下生活在一起，每个人都是独立的和平等的，大家共同过着和平、友善、互助和安全的生活。② 诺齐克认为，虽然最好的自然状态要胜于最坏的国家，但显然人们想要建立的并不是这种国家；相反，如果我们能够证明国家比最好的自然状态还要好，那么这就为国家的存在提供了一个合理的基础，这一基础将证明国家是正当的。③ 于是，诺齐克就选择了洛克的自然状态开始讨论。

在洛克描述的自然状态中，人们处于一种完善的自由状态，个人的生命、自由和财产不受任何侵犯。如果有人侵犯了这些权利，受害者完全有权保护自己、惩罚犯罪和索取赔偿。但是，这种自然状态存在着种种不便和麻烦。例如，由于人们无法做到公正无私，在涉及自己的案件中便不免经常断定自己是正确的，并且往往过高地估计自己的受害程度，从而造成过分地惩罚别人和过分地索要赔偿。这样又会反过来引起对方的报复行为，导致世仇和宿怨，使人们陷入无止境的不安和冲突之中。另外，在自然状态中，一个人虽然受到了伤害，但他缺乏强行正义的权利，无力惩罚一个比他更强大的对手，或无力从他那里索取赔偿。④ 解决这些不便和麻烦的最自然方法是当一个人受到伤害时，去请亲朋好友或别人帮忙。作为交换，他以后也会回应请求而帮助他们。这样就自发地开始形成一些简单的“保护性社团”。但这种“业余的”保护性机构也很不方便。一是每个人都总是要准备随时应召来履行一种保护性功能；二是任何成员都可能向他的同伴呼吁，说他的权利正被侵犯或曾受侵犯，其中不乏脾气恶劣和有偏执狂的成员呼吁。为适应人们的安全需要，某些专业性保护机构便应运而生了。它们专门出售保护服务，为“委托人”进行惩罚和索取赔偿。在一个地域之内，起初可能存在着许多

① ［英］霍布斯：《利维坦》，黎思复、黎廷弼译，杨昌裕校，商务印书馆1986年版，第94页。

② 参见［英］洛克：《政府论》下篇，叶启芳、瞿菊农译，商务印书馆1964年版，第二章“论自然状态”。

③ 参见［美］诺齐克：《无政府、国家与乌托邦》，何怀宏等译，中国社会科学出版社1991年版，第13页。

④ ［美］诺齐克：《无政府、国家与乌托邦》，何怀宏等译，中国社会科学出版社1991年版，第20页。

这样的专业性保护机构，但由于竞争，一个提供优质服务并收费低廉的社团能够击败其他对手，承担起此区域内的全部保护服务，成为“支配的保护性社团”。① 这样就产生了“某种很类似于一个最弱意义国家的实体，或者某些地理上明确划分的最弱意义国家”②。诺齐克称这种社会安排为“超弱意义上的国家”（ultra-minimal state）。

但是，超弱意义上的国家看起来还不是一种古典自由主义者所说的最弱意义上的国家。③ 两者之间的区别在于：一个超弱意义上的国家除了直接的自卫所必需的之外，还需坚持一种对所有强力使用的独占权，这样就排除了个人或机构的报复侵害和索取赔偿。但是，它只对那些出钱购买它的保护和强行保险的人们提供保护和强制实行契约的服务，没有出钱购买这种独占权的保护的人们，就得不到它的保护。在诺齐克看来，一个国家至少应该具备两个必要条件：其一，国家具有使用强力的垄断权，禁止任何个人或机构私自进行惩罚和索取赔偿；其二，国家应该保护所有公民，而不仅仅为某些公民服务，否则就不能称其为一个国家。支配的保护性社团一方面不具有强力的垄断权，那些愿意自己保护自己的人仍然有强行正义的权力；另一方面，它并不为所有人服务，而只为付钱的委托人提供保护。最弱意义上的国家则在超弱意义上的国家之外再加了一种所有人或有些人（如那些需要保护者）得到一种以税收为基础的担保。这种担保在一个超弱意义上的国家只能由个人自己购买保险获得。这就涉及最弱意义上的国家是否存在一些人为另一些人的受保护而出钱的“再分配”问题。就是说，超弱意义上的国家不存在再分配问题，而最弱意义上的国家存在再分配问题。一般认为，任何国家都是“再分配的”，因为一个国家必须为所有公民服务，而维持国家运行的费用（税收）并非平均地来自所有公民。在一个受罗尔斯的“公正原则”支配的社会里，国家的“再分配”程度是非常高的。诺齐克反对国家的再分配性质，认为任何“再分配”都是对个人劳动的掠夺，都是对个人权利的侵犯。为此，他提出，即使国家中的一部分人出钱为所有公民购买了保护服务，这也不必是“再分配的”，它可以用“赔偿原则”这一道德原则得到解释。

---

① 参见［美］诺齐克：《无政府、国家与乌托邦》，何怀宏等译，中国社会科学出版社 1991 年版，第 23 页。

② ［美］诺齐克：《无政府、国家与乌托邦》，何怀宏等译，中国社会科学出版社 1991 年版，第 25 页。

③ ［美］诺齐克：《无政府、国家与乌托邦》，何怀宏等译，中国社会科学出版社 1991 年版，第 35 页。

从以上阐述看，超弱意义上的国家实质上就是最终意义的国家。“如此看来，在一个地区内的支配性保护机构不仅缺少对强力使用的必要的独占权，而且也不向其他地域内的所有人提供保护，所有支配性机构看来都并非一个国家，但这些都只是似是而非的现象。”①诺齐克后来谈到，支配性保护社团在一个地区内满足了国家的两个关键性的必要条件：一是它拥有一种必要的在这个区域对使用强力的独占权；二是它保护这一地区内的所有人的权利，即使这种普遍的保护只能通过一种“再分配”的方式来提供。诺齐克认为，国家的这两个要点，就是个人主义的无政府主义者把国家谴责为不道德的主要根据。因此，诺齐克针对无政府主义者的谴责，说明这种独占和再分配因素本身在道德上是合法的。

从前面的阐述可以看出，这种说明包括两个方面：一方面是说明从一种自然状态过渡到一个超弱意义的国家（出现独占因素）在道德上是合法的，不会侵犯任何人的权利；另一方面说明从一个超弱意义的国家过渡到一个最弱意义的国家（出现再分配因素）在道德上也是合法的，也不会侵犯任何人的权利。

关于第一种过渡（即从自然状态过渡到超弱意义的国家），诺齐克认为他关于自然状态的陈述已经作出了说明。他概括地阐述说：“在一个地区内的一个支配性保护机构满足了作为国家的这两个关键的必要条件。它是禁止其他人使用（它所认为的）不可靠的强行程序的唯一普遍有效的强行者，对这些程序实行监督。它保护它的地域内那些被禁止对其委托人采取自助强行程序的非委托人，即使这种保护必须由其委托人来资助（以明显再分配的方式）。它做这件事是出于赔偿原则的道德要求，这一原则要求那些采取自我保护以增强自身安全的人们，去赔偿那些被他们禁止做出冒险行为——虽然这些行为结果可能事实上是无害的——因而遭受损失的人们。”②现在面临的任务是要说明第二种过渡（即从超弱意义的国家过渡到最弱意义的国家）在道德上也是合法的，也不会侵犯任何人的权利。

这里涉及的是，由一些人向另一些人提供保护性服务的规定是不是“再分配”的问题。这就需要弄清楚这样做的理由是什么。诺齐克认为，这种规

① ［美］诺齐克:《无政府、国家与乌托邦》，何怀宏等译，中国社会科学出版社 1991 年版，第 34 页。

② ［美］诺齐克:《无政府、国家与乌托邦》，何怀宏等译，中国社会科学出版社 1991 年版，第 119 页。

定不必是再分配的，因为它能用并非再分配的理由来证明，也就是用赔偿原则提供的理由来证明。他论证说，我们可以设想保护性机构提供两种类型的保护性保险：一种是保护其委托人免受那种冒险的对公正的私人强行的威胁；另一种则只保护他们免受偷窃、谋杀等行为的侵害，假设这些行为在私人强行公正的过程中并不发生。第一种保险只涉及那些需要禁止别人私自强行公正的人们，那么，也就只要求他们来赔偿那些被禁止私人强行公正而遭受损失的人。仅仅购买第二种保险的人将不必为对他人的保护付款，没有任何他们赔偿这些人的理由。由于想得到针对个人强行公正的保护的理由是强有力的，所以几乎所有购买保护的人就都将购买第一种保护而不计较多出的价格，因此就都将加入对保护独立者的经费提供。

诺齐克在阐明了“最弱意义的国家”的产生没有侵犯人们权利，因而是合法的之后，接着又致力于论证“最弱意义的国家是能够证明的功能最多的国家，任何比这功能更多的国家都要侵犯人们的权利”①。在这一论证的过程中，他主要反对罗尔斯以及其他各种类型的主张国家干预主义的理论家。通过对他们的批评，诺齐克试图表明任何比“最弱意义的国家”功能更多的国家都不可避免地侵犯人们的权利，从而失去了道德根据。实际上，诺齐克反对的无政府主义是虚无的，因为今天的西方社会几乎无人在理论和实践上真诚地坚守无政府主义；而反对国家干预主义则是实存的，因为第二次世界大战之后，西方各国普遍实行的社会保障制度以及各种新的政治、经济和社会理论（如“福利经济学”和“公正理论”等）的兴起，都在理论和实践上不约而同地扩大着国家功能。诺齐克的这一论证实际上就是他以他的“持有公正”论取代“分配公正”论的论证。

（二）持有公正

在诺齐克看来，“分配的公正”所说的分配，实际上是再分配。他认为，我们是否应当进行再分配，是否应当把做过了的事情再做一遍，这是一个可质疑的问题。不仅再分配存在着应该不应该的问题，甚至连分配都值得质疑。“没有任何集中的分配，没有任何人或团体有权控制所有的资源，并总的决定怎样施舍它们。每个人得到的东西，是他从另一个人那里得到的，那个人给他这个东西是为了交换某个东西，或者作为礼物赠予。在一个自由社

① ［美］诺齐克：《无政府、国家与乌托邦》，何怀宏等译，中国社会科学出版社 1991 年版，第 155 页。

会里，广泛不同的人们控制着各种资源，新的持有来自人们的自愿交换和馈赠。正像在一个人们选择他们的配偶的社会中，并没有一种对配偶的分配一样，也没有一种对财产或份额的分配。总的结果是众多个人分别决定的产物，这些决定是各个当事人有权作出的。”①所以，诺齐克不谈分配和分配公正，而谈持有（holdings）和持有公正（justice of holdings）。“一种持有的正义原则描述了正义所告诉我们的有关持有的要求（或其平行要求）。”②他也不把自己的理论称为“公正理论”，而叫作“权利理论”（entitlement theory）

诺齐克的“持有正义”权利理论由以下三个论题组成：第一，持有的最初获得，或对无主物的获取。这包括以下问题：无主物如何可能变成被持有的；它们通过哪个或哪些过程可以变成被持有的；那些可以由这些过程变成被持有的事物，在什么范围内由一个特殊过程变成被持有的问题等。第二，持有从一个人到另一个人的转让。这涉及一个人可能通过什么过程把自己的持有转让给别人、一个人怎么能从一个持有者那里获得一种持有等问题。其中还涉及自愿交换、馈赠、欺诈，以及既定社会中固定化的特殊惯例等问题。第三，对过去持有中的不公正的矫正。这一论题要解决的问题很多，如：如果过去的不公正以各种方式导致了今天的持有可以辨明，那么现在应当采取什么措施来矫正这些不公正；对于那些因不公正的发生其状况变得比本来可以有的状况或立即给予赔偿的状态要坏的人们，不公正的实行者负有什么责任，等等。

对上述三个论题的讨论形成了“持有公正”的三个原则，即“获取的公正原则”“转让的公正原则”“矫正的公正原则”。“获取的公正原则”规定了事物如何从无主的状态变为被人拥有的状态，并且通过什么方式是合法的。“转让的公正原则”说明已经合法拥有的财产如何可以转让给他人，诺齐克强调，只有当一种转让是自愿的时候，它才是正当的。在诺齐克看来，如果世界是完全公正的，那么下面三个定义就完全涵盖了持有公正的领域：1. 一个符合获取的正义原则获得一个持有的人，对那个持有是有权利的。2. 一个转让的正义原则，从别的对持有拥有权利的人那里获得一个持有的人，对这个持有是有权利的。3. 除非是通过上述1与2的（重复）应用，无

① ［美］诺齐克：《无政府、国家与乌托邦》，何怀宏等译，中国社会科学出版社1991年版，第155—156页。

② ［美］诺齐克：《无政府、国家与乌托邦》，何怀宏等译，中国社会科学出版社1991年版，第156页。

人对一个持有是拥有权利的。然而，并非所有的实际持有状态都符合两个持有的获取公正原则和转让的公正原则，许多持有是以不公正的方式获得的，所以需要“矫正原则”来加以纠正。“这一原则应用有关先前的状况及其间作出的不正义（由前两个正义原则和反对干涉的权利所确认的不正义）的信息，应用从这些不正义演变到今天的实际事态之过程的信息，给出这个社会的持有的一种或一些描述。”①

据此，诺齐克提出了关于“持有的正义”的一般纲要：“如果一个人按获取和转让的正义原则，或者按矫正不正义的原则（这种不正义是由前两个原则确认的）对其持有是有权利的，那么，他的持有就是正义的。如果每个人的持有都是正义的，那么持有的总体（分配）就是正义的。”②

诺齐克权利理论的目的是捍卫持有权利的神圣不可侵犯性。对于诺齐克来说，一个人对其持有的一切东西，只要来路是正当的（符合“获取原则”），它们的转让是合法的（符合“转让原则”），或者是对不公正的矫正（符合“矫正原则”），那么他对其持有就是有权利的，也是公正的。但是，问题在于，这三个原则本身包含了许多模糊的因素，它们既不足以帮助人们判定获取和转让是否符合公正原则，更难以矫正人们对公正原则的违反。世界上的事物或者是有主的，或者是无主的。有主物转移的合法性是由“转让原则”规定的，而对无主物占有的合法性则是由“获取原则”确定的。由于世界上的无主物几乎没有，绝大部分获得实际上是持有在不同的所有者之间转移。因此“转让公正原则”对于诺齐克的持有公正理论来说是最重要的。诺齐克认为，只有当交换是自愿的时候，它才是正当的。但“自愿”与“被迫”之间的界限怎么确定？例如，一名工人可能面临这样一个处境：或者选择低人一等的工作，或者饿死。如果他选择了低人一等的工作，那么他是自愿的吗？另外，交换中还会经常遇到欺诈和错误等问题，这就涉及运用对不公正的“矫正原则”。然而，对不公正的矫正常常是为了最大程度地提高社会中处境最差的那个群体的地位。这样，诺齐克的“权利理论”与罗尔斯的“差别原则”就走向了一致。

诺齐克认为，他的以个人权利为核心的持有公正理论有两个特点：其

---

① ［美］诺齐克：《无政府、国家与乌托邦》，何怀宏等译，中国社会科学出版社 1991 年版，第 158 页。

② ［美］诺齐克：《无政府、国家与乌托邦》，何怀宏等译，中国社会科学出版社 1991 年版，第 159 页。

一，持有公正是一种“历史原则”；其二，持有公正是非模式化的。第一个特点使它与功利主义的功利原则区别开来了，而第二个特点是相对于罗尔斯等人主张的新自由主义观点的。

诺齐克所说的“历史原则”是与“即时原则”对立的。“即时原则”认为，“一种分配的正义决定于事物现在是如何分配的（即谁有什么）——而这种分配方式又是由某种或某些**结构性**的正义分配原则来判断的。”[①] 就是说，分配的公正取决于分配的结构。一个功利主义者判断任何两种分配是否公正的标准，是看哪种分配产生较大的功利总额，如果总额持平，就采用某种固定的平等标准来选择较平等的分配。这时，他所持的就是即时的公正原则。按照即时原则，在判断一种分配是否公正时，需要注意的仅仅是那些最后的结果，或所显示的分配矩阵，而无须参考任何进一步的信息。“任何两个结构相同的分配都是同等正义的，这就是这种正义原则的一个结论。”[②] 而在诺齐克看来，两种分配呈现同样的外观，它们在结构上是同一的，但也许有不同的人占据不同的地位，因而结构相同的分配并不一定是同样公正的。例如，我有十份你有五份的分配，与你有十份我有五份的分配，在结构上是同样的分配，但显然不会都是公正的。诺齐克称包括即时原则在内的不考虑影响分配公正历史因素的原则为“非历史原则”。这种原则由于只注重分配的结果或目的，因而也被诺齐克称为“结果原则”或“目的原则”。

诺齐克认为，持有公正的权利原则是公正的历史原则。所主张的“历史原则”，则不是按照分配的现成结果来评判分配是否公正，而是考虑这种分配是如何演变过来的，考虑与分配相关的各种信息。诺齐克认为，人们过去的行为能产生对事物的不同权利和应得。例如，与正常的工人相比，一个在监狱中服刑的犯人应该在分配中得到一个很低的份额，他的所得与其先前的犯罪和目前受到的惩罚是相关的。依照“历史原则”，一个罪犯拿十份而工人拿五份的分配不可能是公正的。诺齐克认为，与目的原则不同，公正的历史原则坚持认为，“人们过去的环境或行为能创造对事物的不同权利或应得资格”[③]。在他看来，一种不公正能够从一种分配转向另一种结构同样的分

① ［美］诺齐克:《无政府、国家与乌托邦》，何怀宏等译，中国社会科学出版社 1991 年版，第 159 页。

② ［美］诺齐克:《无政府、国家与乌托邦》，何怀宏等译，中国社会科学出版社 1991 年版，第 159 页。

③ ［美］诺齐克:《无政府、国家与乌托邦》，何怀宏等译，中国社会科学出版社 1991 年版，第 161 页。

配过程中产生，因为外观相同的第二种分配可能侵犯了人们的权利或应得资格，可能不适合实际的历史。

在诺齐克看来，不只是持有公正是历史原则，还有其他的历史原则。为了更好地把握持有公正原则的特征，还需要将它们与另一类历史原则区别开来。他认为，“模式化原则”中有一些就是历史原则。什么是模式化原则？他说，如果一个分配原则规定一种分配要随着某一自然之维，或一些自然之维的平衡总额，或自然之维的词典式次序的不同而给予不同量的分配，那么这种原则就是模式化原则。相应地，如果一种分配符合某一模式化的原则，这种分配就是模式化分配。诺齐克举例说，按照道德价值分配的原则要求全部分配份额直接因人的道德价值不同而不同。与道德价值比自己高的人相比，任何人都不应当比他们持有更大的份额。这里的道德价值原则就是模式化原则。以“对社会有用”取代“道德价值”之后形成的原则，以及“按照道德价值、对社会的有用性和需求的平衡总额进行分配”的原则，都是模式化原则，只是其中的“自然之维”不同而已，前者是一维，后者是三维。由于自然之维不同，因而有些模式化原则是历史的，有些不是历史的。他认为，按道德价值分配的原则是一个模式化的历史原则，它指定了一种模式化的分配；而“按智商分配”是一种注重在分配矩阵中并不包含的信息的模式化原则，然而，在它并不注重任何创造了对分配的不同权利的过去行为的意义上，它并不是历史性的。它只要求分配矩阵上的列由智商分数来标定。诺齐克断定，“人们提出的几乎所有分配正义的原则都是模式化的”①，当然也包括罗尔斯的作为公平的公正原则。

诺齐克声称他自己的持有公正的权利原则不是模式化的，因为在此没有任何一种自然之维、总的平衡或使分配符合权利的原则产生的几种自然之维的结合。人们的持有产生于下列情形：“一些人收到他们的边际产品；一些人赢了一场赌博；一些人得到他们配偶的一份收入；一些人从基金会得到资助；一些人收到贷款的利息；一些人从崇拜者那里得到礼物；一些人从投资得到回报；一些人从他们所拥有的东西得到很大收益；一些人发现了什么东西，等等；产生于这些情形的持有系列将不是模式化的。”② 在诺齐克看来，每种

---

① ［美］诺齐克:《无政府、国家与乌托邦》，何怀宏等译，中国社会科学出版社 1991 年版，第 162 页。

② ［美］诺齐克:《无政府、国家与乌托邦》，何怀宏等译，中国社会科学出版社 1991 年版，第 162 页。

情形都可能服从某种模式，各式各样的模式制约着分配，各种各样的持有的很大一部分要由各种各样的模式来解释，但并不存在一个总的原则来支配全部的分配，整个社会的持有不是一个可能预先设计的统一过程，而是一个分散的自然过程，从而任何一种模式都不能解释所有的分配和持有。社会的分配模式是多样化的，但模式太多，就没有统一的模式，也就变成非模式化了。诺齐克提到，哈耶克持一种非模式化的分配公正观，不过他自己却还是提出了一种他认为是合理的模式。

诺齐克认为，真实的社会生活不服从任何一种单一的分配模式，如果社会强行只用某一分配模式，这种模式也会被打乱。他举了一个篮球明星张伯伦的例子。假设现在实行一种平均主义的分配 D1，每个人都获得平等的一份。再假设张伯伦是一个众人喜欢的篮球明星，能吸引大量的观众。这样，张伯伦同一个篮球俱乐部签订了一份契约：在国内的每场比赛中，从每售出的门票中抽出 25 美分给张伯伦。因为人们喜欢观看张伯伦高超的球技，纷纷兴高采烈地观看他参加的所有比赛，也乐于为此多付出 25 美分给他。在一个赛季中，有 100 万人观看了他的比赛，结果张伯伦得到了 25 万美元，这是一个比平均收入大得多的数字。于是，原先平均主义的分配 D1 就变成了不等的分配 D2。对于诺齐克来说，D2 不仅意味着打破了 D1 的单一分配模式，而且意味着 D2 这种不平等分配是从 D1 的平等分配中自然而然产生出来的。由于人们自愿将自己的一部分收入转给了张伯伦，所以，D2 作为结果显示了人们收入上的巨大不平等，但它并不是不公正的。诺齐克认为，张伯伦的例子以及其他的例子所展示的普遍意义在于："如果不去不断干涉人们的生活，任何目的原则或模式化的分配正义原则就都不能持久地实现。"① 只要人们能自愿选择以各种方式行动，如能与别人交换物品和服务，或者赠送什么东西给别人，由这些原则造成的任何模式都将转变为它所不赞成的模式。在诺齐克看来，正是人们的自由行为搅乱了单一分配模式，并使之走向反面。

那么，社会有什么办法来解决这种自由行动对分配模式的搅乱吗？诺齐克认为，社会可以采取两种办法来维持一种模式：一是不断地进行干预，不准人们随其意愿地转让其资源，如不准每个观众给张伯伦 25 美分；二是不断地从某些人那里夺走某些资源，尽管这些资源是另一些人因某种理由自

① ［美］诺齐克:《无政府、国家与乌托邦》，何怀宏等译，中国社会科学出版社 1991 年版，第 168 页。

愿转让给他们的，如没收张伯伦额外地从每一个球迷那里得到的25美分。但在诺齐克看来，这两种办法都是行不通的，因为“任何带有平均主义成分的分配模式，都被个人在一定时期的自愿行为所推翻，一切内容非常充实、以致实际上要被作为分配正义的核心提出的模式化原则也是如此。”①

诺齐克分析了模式化原则问题的症结之所在。他认为，模式化的分配原则实质在于，不给人们权利原则将能给予他们的权利，而只要更好的分配。因为它们并不给人们选择用他持有的东西来做什么的权利，并不给人们以选择一种旨在提高另一个人地位的权利。诺齐克批评说，模式化分配公正原则的倡导者们集中注意力于确定谁将收到持有的标准，专心考虑某人应当分有某物以及全部分配图景的理由，而不仅没有考虑给予比接受更好，而且完全忽略了给予。“在考虑物品、收入等东西的分配中，他们的理论是接受者的正义理性，他们完全忽视了一个人可以拥有给予某人以某种东西的权利。”②正因为如此，模式化的分配公正原则使再分配的活动成为必需。因为任何自由达到的实际持有适合一种既定模式的概率是很小的，而当人们交换和给予时，实际事态将继续适合一种既定模式的概率就等于零。然而，从一种权利理论的观点来看，再分配是一件涉及侵犯人们权利的严重事情。而且从别的观点来看，它也是严重的。在诺齐克看来，如果分配公正的目的原则和大多数模式原则被放进一个社会的法律结构中，它们将使每个公民可以强行对全部社会产品的某些部分，即强行对个别和联合创造的产品总额的某些部分有一种权利要求。就是说，每个人对他们的活动和产品都有一种要求，而不管他人是否进入了产生这些要求的特殊联系，也不管他们是否愿意通过慈善或交换来接受这些要求。

诺齐克坚持持有公正的权利理论的主要目的，是反对功能更多的国家，特别是反对“再分配”。在他看来，“再分配”只考虑了接受者的利益，而没有考虑给予者的利益；只确认了接受者的权利，而没有承认给予者的权利；仅仅注意分配问题，只关心谁得到什么东西，而没有注意生产问题，不问这些东西从何而来。“再分配”是通过税收来强行实行的，这种由税收所维系的“再分配”就是从一些人那里强行夺走某些东西，然后将它们给予另

---

① ［美］诺齐克:《无政府、国家与乌托邦》，何怀宏等译，中国社会科学出版社1991年版，第169页。

② ［美］诺齐克:《无政府、国家与乌托邦》，何怀宏等译，中国社会科学出版社1991年版，第173页。

一些人，其实质是强迫一些人为另一些人劳动。诺齐克对此还作了具体分析。劳动所得税看起来是与强制劳动等价的，但实际情形并非如此。在现代社会，政府可以对人们的劳动所得征税（这实质上也是被迫为别人工作），但不能强迫一个人为另一个人工作几个小时。如果某人为了获得更多的收入而愿意在闲暇时间工作，而另一个人不愿意在闲暇时间工作，那么，为什么通过强迫劳动而拿走一个人的某些闲暇时间来为贫困者服务是不合法的，而通过税收拿走一个人在闲暇时间里工作的所得又能够是合法的呢？在诺齐克看来，后一种方式与前一种方式一样是不合法的。所以，“再分配”是对人们权利的侵犯。

（三）对罗尔斯公正论的批评

诺齐克的《无政府、国家与乌托邦》一书的出版，主要是针对罗尔斯的《正义论》的，该书对罗尔斯新自由主义的作为公平的公正论提出了系统的批评。在对罗尔斯的众多批评中，诺齐克的批评是最早的，而且也是自由主义内部的批评。他们都坚持古典自由主义者确定的基本自由原则，只是强调的侧重点不同。罗尔斯根据西方国家出现的社会两极分化现实，并在西方经济学主张和西方经济政策推行国家干预主义的新历史条件下，从哲学上以主张公正的名义突出了平等在自由主义理论中的地位，从而对古典自由主义基本观点有所修正；而诺齐克则针对国家干预主义已经导致的一些问题，并根据一些经济学家对古典自由主义基本立场的捍卫，从哲学上为古典自由主义进行辩护，维护自由在自由主义中的至高无上地位，以维护古典自由主义的基本观点。总的看，这一争论是自由主义内部的纷争，同罗尔斯与桑德尔、麦金太尔等社群主义者之间的争论，以及与哈贝马斯等民主主义者之间的争论，在性质上是根本不同的。

罗尔斯与诺齐克之争的焦点在于自由与平等的关系。罗尔斯赋予“公正”价值以首要性，将自由和平等纳入公正的范畴统一考虑，其实质是强调平等的重要性，试图从根本上解决历史上延续下来并且存在现实中的不平等。罗尔斯认为，由于天资和社会条件的影响，人与人之间的不平等是客观存在的，在自由民主的社会，要解决事实上存在的不平等，除了要给人们提供平等的机会之外，只能通过税收进行收入的再分配。再分配的实质在于从处境较好的人们那里提取一部分收入来帮助那些最少受惠者。这就是罗尔斯所主张的两个公正原则中第二个原则中的差异原则所主张的，即社会和经济的不平等，只要其结果给每一个人，尤其是那些最少受惠的社会成员带来补偿利益，它们就是公正的。罗尔斯对这一原则提供了许多论证，其理由简单地说有两条：第一，他认为，个人的自然资质是一种集体的财富，每个人都不应该用它为一己谋利。这些自然天赋和社会文化条件方面的差别对个人来说是偶然的和任意的，从道德观点来看是不应得的，所以应该通过再分配的方式适度消除这些不平等。第二，"每个人的幸福都依赖于一种合作体系，没有这种合作，所有人都不会有一种满意的生活"①。在他看来，合作能给每个人带来比独自生活更大的满意，而且在合作中每个人都有望得到更大的利益，因而有必要以公正原则对他们的利益进行再分配。要言之，罗尔斯所确定的以"公正"为核心的价值体系，实质上就是要在肯定自由的前提下解决社会最少受惠者的社会保障问题，从而缩小社会的不平等的差距。在他那里，看起来是自由或个人权利要服从公正，而实质上是个人权利应该服从平等。针对罗尔斯的主张，诺齐克建立了一个以"权利"为核心的权利理论，在其中，权利是最高的价值原则，包括平等在内的任何价值都不得越"权利"雷池一步。

诺齐克还是充分肯定罗尔斯对公正论的贡献的，他说："《正义论》是自约翰·斯图亚特·密尔的著作以来所仅见的一部有力的、深刻的、精巧的、论述宽广和系统的政治和道德哲学著作。它把许多富于启发性的观念结合为一个精致迷人的整体。政治哲学家们现在必须要么在罗尔斯的理论框架内工作，要么解释不这样做的理由。"②他自己不是在罗尔斯理论的框架内工作的，而且对他的著作提出了直接的批评。他批评的焦点在于罗尔斯的差别原则。他指出，差别原则"将把评价社会制度问题还原为最不幸的受压迫者如何发展的问题"。他质疑道："为什么原初状态中的个人会选择一个与其说是关注个人，不如说是关注群体的原则呢？最大极小值准则的采用，不是要使原初状态中的每个人都赞成最大限度地提高状况最差的个人的地位吗？"③提出这些总的质疑之后，诺齐克逐条展开了对罗尔斯的批评，这里择要简述之。

---

① 参见［美］罗尔斯:《正义论》，何怀宏、何包钢、廖申白译，中国社会科学出版社 1988 年版，第 13 页。

② ［美］诺齐克:《无政府、国家与乌托邦》，何怀宏等译，中国社会科学出版社 1991 年版，第 187 页。

③ ［美］诺齐克:《无政府、国家与乌托邦》，何怀宏等译，中国社会科学出版社 1991 年版，第 195 页。

首先，诺齐克对罗尔斯认为社会合作导致公正问题的观点提出了批评。按照罗尔斯的观点，分配的社会公正问题就是如何分配社会合作的利益。诺齐克质疑说，为什么说分配公正的问题是由社会合作创造的？如果完全没有社会合作，个人仅凭自已的努力得到他的份额就不会存在任何公正问题吗？他指出，我们不能说仅仅在有社会合作的地方才有冲突的要求产生，不能说独立生产和彼此隔离的个人不会相互提出涉及公正的要求。也许可以说是由于无法把参加合作的各个人的贡献分离开来，一切东西是所有人的共同产品，因而基于这种共同产品或其中的任何部分，每个人都可合理地提出同等有力、同等合理的要求。在这种情况下，个人的权利不可能适用于它们。于是，就必须设法做出决定，对这种共同社会合作的产品确定应当怎样划分，这就是分配公正问题。按照这一观点，是社会合作把混水引进来了，使谁对合作产生的利益有权变得不清楚或不确定了。问题在于，"个人权利不适用于这种合作产品的各个部分吗？"① 在诺齐克看来，在社会合作的情况下，虽然人们合作创造事物，但他们是分别工作的，每个人都是一个微观公司，每个人的产品都是容易鉴别的，交换是在放开价格竞争的公开市场上进行的。在这里，人们是在自愿地与别人交换和转让权利，对他们与任何一方按相互接受的比率进行贸易的自由没有任何限制。既然如此，那么，"为什么这种连续性的社会合作，与人们的自愿交换结合在一起的社会合作，竟提出了有关如何分配的特殊问题呢？为什么这种特有的恰当系列（并非不恰当的系列），不正是通过相互同意的交换（人们据此自愿给别人他们有权给予或持有的东西）而实际发生的特有序列呢？"②

其次，诺齐克批评罗尔斯将差别原则运用于人们生产的东西。在诺齐克看来，假如事物是从天而降，而且如果不是所有人都同意实行一种按差别原则分配这种东西就不会自天而降，那么，要求按差别原则分配就是合理的，但是对于那些人们通过劳动生产的东西，按照这一原则分配就是不合理的。针对罗尔斯不加区别地主张差别原则，诺齐克尖锐地指出："在考虑如何分配人们生产的东西时，这能是一种适当的模式吗？有什么理由认为**存在**着不同权利的状况，会像权利相同的状况一样引出同样的结果

① ［美］诺齐克:《无政府、国家与乌托邦》，何怀宏等译，中国社会科学出版社 1991 年版，第 191 页。

② ［美］诺齐克:《无政府、国家与乌托邦》，何怀宏等译，中国社会科学出版社 1991 年版，第 191 页。

呢？”[①] 诺齐克认为，没有任何原则能够首先得到处于罗尔斯所说的原初状态中的人同意，因为汇集在这里的人是在无知之幕后决定谁得到什么的，他们不知道任何人可能有的特殊权利，他们只会把所有的一切都看作是自天而降的东西来分配。就是说，在诺齐克看来，只有在这种无知之幕的背景下，对自天而降的东西进行分配，才会形成罗尔斯的差别原则。其言外之意在于，如果不是在无知之幕下，不是对自天而降的东西进行分配，大家就不一定赞同差别原则。

再次，诺齐克批评罗尔斯将个人资质作为一种共同资产无异于一种人头税。诺齐克指出，对于罗尔斯来说，人的自然资质的总体就像是一个供应仓库，所有人都对它有某种权利或权利要求。在他那里，自然才能的分配被看作是一种“集体的资产”。[②] 诺齐克质疑道：“如果人们的资质和才能不能被套上为他们服务的车套，要做些什么事情来消除这些额外的资质和才能吗？是不是要禁止人们利用它来为自己或为他选中的别人谋利呢，即使这一禁止并不会改善那些不知何故不能利用别人的才能来为自己谋利的人们的绝对地位？这不是非常不合理，以致可以指责说嫉妒构成了这一正义观的基础，成为其根本概念的一部分吗？”[③] 诺齐克解释说，罗尔斯所谈的“集体资产”与“共同资产”，暗示着一种人头税的合法性。这样，那些利用他们自己的天资和才能的人，就是在滥用公共资产了。虽然罗尔斯并没有也不会作出这样的推论，但他并没有提供更多的理由。诺齐克认为，自由的概念需要做一种将排除人头税但却允许其他税制的解释。天资和能力可以无需人头税而套上套具，正像一匹马被套上一辆马车一样，这辆马车不必运动，但一旦一匹马将其拉上了，它就必须拉到底。至于嫉妒，若将差别原则用于在 A 有 10 而 B 有 5 与 A 有 8 而 B 有 5 之间进行选择，它将赞成后者。这样，不管罗尔斯的观点怎样，差别原则在它有时将赞成一种不合“巴莱多较佳原则”[④]，但较为平等的分配方面，是低效率的。把单一的差别原则转换成交错的差别

① ［美］诺齐克：《无政府、国家与乌托邦》，何怀宏等译，中国社会科学出版社 1991 年版，第 201 页。

② 参见［美］诺齐克：《无政府、国家与乌托邦》，何怀宏等译，中国社会科学出版社 1991 年版，第 230 页。

③ ［美］诺齐克：《无政府、国家与乌托邦》，何怀宏等译，中国社会科学出版社 1991 年版，第 232 页。

④ 即“帕累托定律”：在任何一组东西中，最重要的只占其中一小部分，约 20%，其余 80% 的尽管是多数，却是次要的。因此，这一定律又称“二八法则”。

原则，将会消除这种低效率，但又受制于以下约束：还要最大限度地提高次差群体的地位。而这样一个交错原则并不体现一个造成罗尔斯的那种平等的命题。①

最后，诺齐克指出，罗尔斯所设想的那种类型的国家，必将持续不断地干预个人事务。在罗尔斯看来，如果不对人们的生活进行持续不断的干预，那么，任何结构性的公正理想都不可能连续地得到实现。诺齐克认为，“比最弱意义国家功能更多的国家，能根据它是达到分配正义的必要或最恰当的手段而得到证明”，这一命题是不成立的。他指出，“根据我们提出的持有正义的权利观，没有任何依据分配正义的头两个原则——获取和转让原则——的论据，可支持这样一种功能更多的国家。如果持有系列是恰当地产生的，亦没有任何支持功能更多国家的论据可根据分配正义建立。”②在诺齐克看来，贯彻罗尔斯的差异原则，必然要求有一个具有更多职能的国家，而这种国家是得不到合法性证明的。

从以上分析可见，罗尔斯和诺齐克既共享了西方社会个人自由优先的基本价值，又表现出侧重点的明显差异。罗尔斯的思想实质是一种福利自由主义，诺齐克的思想实质是一种权利自由主义。罗尔斯主张，公正是社会制度的首要价值，而公正总意味着平等。他提出，所有的“社会基本善”（自由、机会、收入、财富和自尊的基础等）都应该平等地分配，除非某些不平等的分配有利于那些社会处境最差的人们。这就是著名的“差别原则”。诺齐克则主张权利的首要性，强调权利是神圣不可侵犯的。③诺齐克承认不平等是一种不幸，但他认为：第一，不平等问题是无法解决的，任何一种平等的分配最终都将变为不平等；第二，不平等并不意味着不公平或不公正，而平等也不是在任何情况下都是公正的；第三，人们希望纠正不平等，但对不平等的纠正不能得到合理的证明。罗尔斯赋予平等以价值优先性，诺齐克则高扬权利至上性的旗帜，双方尖锐对立。但是，他们都自称自己的理论属于道义论，都坚决反对功利主义；他们都把自己的政治哲学同道德哲学联系起来，都主张“正当优先于善”；他们的政治哲学都以个人主体为基础，本质上都

① ［美］诺齐克：《无政府、国家与乌托邦》，何怀宏等译，中国社会科学出版社 1991 年版，第 232 页注②。

② ［美］诺齐克：《无政府、国家与乌托邦》，何怀宏等译，中国社会科学出版社 1991 年版，第 233 页。

③ ［美］诺齐克：《无政府、国家与乌托邦》，何怀宏等译，中国社会科学出版社 1991 年版，第 1 页。

是个人主义的；他们都是启蒙思想在当代的继承者，最终都求助于康德的启蒙哲学。特别是他们都坚持自由主义的两个教条，即“自由优先于平等”和“公正优先于效率”。因此，“他们分别代表了‘新自由主义’的两端，而当代西方主流政治思想的位置只能在两者之间确定。”[①]从一种更为宽广的视野来看，他们的论争“实质上是一种用不同声音组成的合唱，而正是这种合唱确定了西方政治哲学的主调”[②]。这种对立实际上支配了当今西方政治哲学领域的各种论争。所以有学者指出，“诺齐克和罗尔斯建立了美国政治哲学中并驾齐驱的两种模式，现在人们普遍认为，对这两种模式只知其一不知其二的了解是对美国政治哲学的片面认识”。[③]

（四）乌托邦结构

诺齐克在完成了没有什么比最弱意义国家功能更多的国家能够得到证明的论证之后，觉得还有一个问题需要回答，即：最弱意义的国家这一观念或理想是否对人们有吸引力呢？为了回答这一问题，他研究了乌托邦，因为乌托邦理论家所描绘的各种乌托邦十分诱人。他试图通过这一研究说明最弱意义的国家是对人们有吸引力的真正意义的乌托邦。

在诺齐克看来，历史上所描绘的各种乌托邦的前景确实令人神往，但传统的乌托邦理想本身却是空想，不能得以实现。他说：“我们希望加给那些显然有资格被称之为是乌托邦的社会的所有条件，若放在一起看，显然是有矛盾的。不可能同时、也不可能连续地实现所有社会的和政治的善，这正是人类状况中的一个令人遗憾的事实，值得我们探讨和悲叹。”[④]他分析说，每一个乌托邦都被认为是所有可能世界中最好的世界，但是，这种最好的世界是对谁而言的呢？所有可能世界中对我是最好的世界，将不会对你是最好的世界。这样，你可以放弃这个想象的世界，再想象一个最好的世界。这个过程可以继续下去，直到我们达到一个稳定的世界，即对我们所有人都好的世界。那么，这个稳定的最好世界应具备什么样的德性或规定性呢？稳定世界应该是其中的成员都不能想象他们能生活得更好的世界，并且这个世界

---

① 姚大志：《现代之后》，东方出版社 2000 年版，第 10 页。

② 姚大志：《自由主义的两个教条》，《哲学研究》1996 年第 9 期。

③ 赵敦华：《当代英美哲学举要》，当代中国出版社 1997 年版，第 441 页。

④ ［美］诺齐克：《无政府、国家与乌托邦》，何怀宏等译，中国社会科学出版社 1991 年版，第 297—298 页。

能继续存在下去，因而他们愿意作为它的成员。那么这个稳定的世界或联合体是什么样子呢？诺齐克描述说，你不能建立一个你在其中是绝对君主、你剥削所有其他居民的联合体，因为那样的话，他们就宁愿选择居住在一个除你之外包括所有人的世界里，而不愿生活在你创造的世界里。这样，就会形成这样的结果："在每个稳定的联合体中，每个人都得到他的边际贡献，在每个这样的世界中——其中的理性成员在权利上都能够想象各种世界并能向这些世界移居；同时事实上每一理性成员又都不可能想象另一个更好的和他更愿意居住的世界（在那里每个人也有同样的想象和移居权）——每个人在这个世界中都收到他对这个世界的边际贡献。"[①]就是说，在稳定的世界里，由于社会合作会产生比每个人的贡献简单相加的总和更大的利益，所以每个人得到的比付出的多，而且这种所得是与他的边际贡献相一致的。没有人得到的比他应得的多，也没有人得到的比他应得的少。

以上所说的是想象世界，而与这种可能世界模式相应的现实世界情形与想象世界并不相同。在现实世界，存在着一些自愿组合的共同体，其社会形式是由组成者的意愿决定的，他们可以进行各种乌托邦的试验，容许有不同的生活方式，各种善的观念也可个别或共同地被追求。在诺齐克看来，虽然在想象的模式与其向现实世界的投影之间有一些重要的差异，但实现这一想象的稳定模式还是比实现其他的模式更可取，"实现这一结构，要优于实现比它更偏离我们的可能世界模式的对象"[②]。在诺齐克看来，之所以如此，是因为可以提供三种可供选择而又相互支持的理论思路：

第一条思路从人们是有差别的事实开始。人们在气质、兴趣、理性能力、自然倾向、精神追求、生活计划等方面都是不同的。他们的价值观、价值评价、价值追求都存在着歧异。概括地说，每个人都有一种对他来说客观上最好的生活，而客观上对每个人最好的生活并不止一种；因而在一宽广的领域内有许多很不相同的生活都可以说是最好的，也不是只有一种客观上可以生活得好的共同体。例如，对于维特根斯坦、毕加索、摩西、爱因斯坦、甘地、哥伦布、爱迪生等人来说，不可能只有一种最好的生活，不可能只有一种乌托邦理想。所以，认为有一个所有人都能在其中生活得最好的社会，

---

① ［美］诺齐克：《无政府、国家与乌托邦》，何怀宏等译，中国社会科学出版社 1991 年版，第 301 页。

② ［美］诺齐克：《无政府、国家与乌托邦》，何怀宏等译，中国社会科学出版社 1991 年版，第 307 页。

是令人难以置信的。

诺齐克的结论是："在乌托邦中，将不是只有一种共同体存在，也不是只有一种生活方式。乌托邦将由各种乌托邦组成，其中有许多相当歧异的共同体，在这些共同体中，人们在不同制度下过着不同的生活。对大多数人来说，某些共同体将比别的共同体更吸引人，各种共同体将盛衰不一，人们将离开某个共同体而去别的共同体，或者在某一共同体中度过一生。乌托邦是各种乌托邦的一个结构，是一个人们可以自由地联合起来，在理想共同体中追求和实行他们自己认为好的生活观念的地方，但在那里，任何人都不可把自己的乌托邦观念强加给别人。乌托邦社会是具有乌托邦精神的社会。"①因此，诺齐克所说的乌托邦是一种"元乌托邦"，是一种在其中可进行各种乌托邦试验的环境，是一种在其中人们可自由地做自己事情的环境，是一种若要使较多的特殊乌托邦被稳定地实现它就必须在很大范围内被首先实现的环境。简言之，乌托邦是各种特殊乌托邦的一种结构、构架，是首先必须得以实现的充分自由的社会环境。

第二条思路是认为，如果所有的善不能同时实现，那就必须使它们能被实现的机会相等。不同的人可以组成不同的共同体，这些共同体应该是平等的，各种不同的共同体将作为一系列选择对象出现，每个人都可以自由地选择最有利于实现自己价值的共同体。诺齐克把这种乌托邦称为类似于自助餐厅的观念，以区别于主张某种特定乌托邦的人的乌托邦观念——他们喜欢只有一道正餐供应的餐馆，即只供应一道菜的全城独此一家的餐馆。

第三条思路是建立在人们是复杂的事实基础上。在诺齐克看来，即使承认存在着一种对所有人都最好的社会，描述它也只能通过两种手段，即"设计手段"和"过滤手段"。设计的结果是对一个最好社会的描述。设计手段是在产生特殊的要被尝试和在其中生活的共同体时引入的，因而任何一群人都可以设计一种类型，并试图说服别人加入。幻想家和癫狂者，狂热分子和圣徒，修士和放荡者，资本主义者和社会主义者等等，各种人都可以提出自己的设想，并说服别人加入。但是，由于人的复杂性，即使设计出了一个理想的社会模式，也很难为人们普遍认同。相比较而言，过滤手段比较恰当。过滤手段是一个把许多对象排除出选择范围之外的过程。在此，设计理想社会的人们考虑许多性质的社会，他们批评一些，排除一些，修正另一些。但

① ［美］诺齐克:《无政府、国家与乌托邦》，何怀宏等译，中国社会科学出版社 1991 年版，第 311 页。

是，如果各种观念事实上都必须试一试，那就一定有许多试验不同观念的共同体，而每个共同体都必须和享有其成员的自愿支持，没有哪些类型是可强加于人的。就是说，通过过滤，人们可以筛选出理想的共同体，但是人们是否认同它们，还取决于人们自己的决定。所以，诺齐克说："使用一种有赖于人们个别地决定是留下还是离开某些特殊共同体的过滤手段，是特别恰当的。因为构建乌托邦的根本目的，就是要找到人们想居于其中、自愿选择在其中生活的那些共同体，或至少这是成功的乌托邦构建的一个副产品。"①

诺齐克所提供的三条思路，实际上是为他自己所提出的那种乌托邦观念提供的论证。他试图通过这些论证表明：人是各不相同的，不同的人有不同的理想，追求不同的价值，不存在一个对所有人都是最好的世界或乌托邦，只存在那种容许对每一个人来说最好的各种特殊乌托邦存在的乌托邦构架或元乌托邦，这种乌托邦就是每一个人都能按照自己的意愿生活的自由社会环境。

诺齐克相信他的乌托邦结构具有明显的优点。

首先，它是发现最好共同体的手段。诺齐克的乌托邦思想是否定有一种对所有人都是最好的共同体的，但是他肯定，即使有一种对所有人都是最好的共同体，这一结构也是发现这种共同体的性质的最好手段：其一，它是任何人提出这一社会图景的最好手段；其二，它是任何人确信这幅图景的确是最好的手段；其三，它是使大多数人如此确信的最好手段；其四，它是安定和持久地生活于这一特殊制度下的人们稳定这样一个社会的最好手段。

其次，它迟早会成为不同的乌托邦思想家的共同基础。诺齐克认为，他的这一结构对于任何其他乌托邦的描述来说有两个优点：第一，它是未来某个时候的几乎所有乌托邦思想家都可以接受的，而不论他的特殊梦想是什么；第二，它与实现几乎所有特殊的乌托邦都是相容的，虽然它并不担保其中任何一个将会实现或普遍胜利。他认为，任何一位乌托邦思想家都将同意，这一结构是恰当的结构，是对于一个善良人组成的社会来说恰当的结构。在这一结构之下，人们被改造成善良的人，而且不会对后代产生腐化，因此人们将自愿地选择生活在他所赞成的制度之下。这样，这种结构就迟早要被各种歧异和对立的乌托邦思想家接受为一个恰当的共同基础，因为他们每个人都认为他自己的特殊梦想将在其中实现。

---

① ［美］诺齐克：《无政府、国家与乌托邦》，何怀宏等译，中国社会科学出版社 1991 年版，第 315 页。

最后，那些相信这一结构是实现其梦想的恰当途径的思想家，可能一起合作以实现这一结构，甚至在彼此知道他们的预言和选择不同的情况下也如此。诺齐克认为，乌托邦理论可以区分为三种不同类型：第一是帝王似的乌托邦理论，它赞成强迫所有人进入一种共同体类型；第二是传道式的乌托邦理论，它希望说服所有人生活在一种特殊的共同体中，但不强迫他们这样做；第三是要求存在权的乌托邦理论，它希望一种特殊的共同体存在并维持下去，虽然不一定普遍化，但却使那些希望它的人能在其中生活。诺齐克认为，在主张这三种理论的思想家中，主张最后一种理论的思想家会全心全意地赞成他的乌托邦结构，而其他意识到他们的差别的各种不同理想的支持者，都可能一起合作以实现这一结构。"因为，在非他们自己的乌托邦体制下，他们的特殊观点不会得到像在这一结构内一样好的发展。"①

从以上所述不难看出，诺齐克的乌托邦结构实际上就是最弱意义上的国家。他自己也明确说，"我们描述的这一乌托邦结构，就等于是最弱意义上的国家。"② 显然，诺齐克的"最弱意义的国家"是一种与传统乌托邦完全不同的"新乌托邦"：它不是某种理想的表达，而是一个将各种理想都可包含于其中的框架；它不是善和价值的体现，而是一个不具有内容的形式，所有善和价值的内容都存在于"共同体"之中。就此而言，诺齐克的"最弱意义的国家"与其被看作是一种乌托邦，不如说是一种自由、多元、宽容的社会政治环境，是古典自由主义者所憧憬的"守夜人"式国家的理想。到此为止，诺齐克所说的"支配性保护机构""最弱意义上的国家"和"乌托邦结构"就有机统一起来了，它们实质上是同一种东西的三种不同形式，或者说，从三种不同的视角看一种东西，这种东西就是诺齐克的政治主张和政治理想，其核心是个人权利。正如何怀宏教授所言："诺齐克所说的支配性保护机构、最弱意义上的国家和乌托邦的社会结构是同一个东西，三者事实上是等义的。讲支配性保护机构是从其来源讲的，讲最弱意义国家是从其功能讲的，而讲乌托邦结构则是从其理想、从其价值取向讲的。无论从哪个角度看，衡量其是否正当，是否可欲，都是根据个人的权利。也就是说，个人权利成为一个根本的道德标准和绝对的道德约束，它作为这种约束的根据就

① ［美］诺齐克：《无政府、国家与乌托邦》，何怀宏等译，中国社会科学出版社1991年版，第317页。

② ［美］诺齐克：《无政府、国家与乌托邦》，何怀宏等译，中国社会科学出版社1991年版，第329页。

在于人本身的特征：人的理性、感觉、意志、自我意识等因素，使人能形成全面和长远的生活计划而赋予生活以意义；每个人都只拥有一次属于自己的生命。”①

五、阿马蒂亚·森的全球性公正论

阿马蒂亚·森（Amartya Sen, 1933— ）是当代著名经济学家、政治哲学家和社会德性问题的百科全书式学者。森出生于印度孟加拉湾，1959 年在英国剑桥大学获得博士学位，其后先后在印度、英国和美国任教。1998 年离开哈佛大学到英国剑桥大学三一学院任院长。他曾为联合国开发计划署写过人类发展报告，担任过联合国前秘书长加利的经济顾问。他因为在福利经济学上的贡献获得 1998 年诺贝尔经济学奖。森研究的领域虽然很宽广，但其贡献主要还是在经济学、政治哲学和伦理学，特别是有关贫困、饥荒、剥夺、不平等等社会问题。他的著作甚丰，其中与社会德性思想直接相关的主要有：《论经济不平等》（*On Economic Inequality*, 1973），《就业、技术与发展》（*Employment, Technology and Development*, 1975），《贫穷和饥荒：权利与剥夺》（*Poverty and Famines: An Essay on Entitlements and Deprivation*, 1981），《选择、福利和量度》（*Choice, Welfare and Measurement*, 1982），《资源、价值和发展》（*Resources Value and Development*, 1984），《论伦理学与经济学》（*On Ethics and Economics*, 1987），《对不平等的再考察》（*Inequality Reexamined*, 1992），《以自由看待发展》（*Development as Freedom*, 1999），《自由、合理性与社会选择》（*Freedom, Rationality, and Social Choice: The Arrow Lectures and Other Essays*, 2000），《合理性与自由》（*Rationality and Freedom*, 2002），《身份与暴力：命运的幻觉》（*Identity and Violence: The Illusion of Destiny*, 2006），《公正观念》（*The Idea of Justice*, 2009），《和平与民主社会》（*Peace and Democratic Society*, 2011）。

森像许多其他当代思想家一样，充分肯定公正的价值，认为“公正是极为重要的一种思想，它在过去推动了人类的进步，将来也必将继续如此”②。

---

① 何怀宏：《诺齐克与罗尔斯之争——代译序》，［美］诺齐克：《无政府、国家与乌托邦》，何怀宏等译，中国社会科学出版社 1991 年版，第 40 页。

② ［印］阿马蒂亚·森：《正义的理念》，王磊、李航译，刘民权校译，中国人民大学出版社 2012 年版，第 372 页。

但是，与其他当代思想家不同的突出特征在于他的思想的全球化视野。他反对将全球化与西方化相混淆，认为“全球化是一个历史进程，这一过程在过去曾带来了大量的机会和回报，在今天仍将继续如此。也恰恰是这种潜在的巨大利益的存在使得对全球化利益分享的公平性问题变得至关重要。”[①]他还指出：“全球化应得到合理的辩护，但全球化也需要改革。”[②]正是基于这种视野，他不是局限于一个主权国家、局限于抽象的制度和规则，考虑自由、平等、公正、民主、幸福等社会德性问题，而是从全球的宽广视野、立足于实际的生活和现实性考虑这些基本的社会德性问题，评价一国内部的公正。因此，森的社会德性思想是一种公正论，而且是一种“全球性公正论”或“广义公正论”。他本人也在《公正观念》中明确说，本书提出的是一个广义的公正理论，“其目的在于阐明，我们如何才能回答关于促进公正和消除不公正的问题，而不是为关于绝对公正的本质这样的问题提供答案。”[③]森社会德性思想的另一个重要特点是，他特别注重根据当代人类的社会生活面临的突出问题（如贫困、饥荒与饥饿、经济不平等、权威主义等）回答有关自由、平等、公正、民主等社会德性问题的一些争论。同时，他还将所有这些社会问题纳入社会公正问题的范围考虑，其观点具有很强的现实针对性、对策性和可操作性，以及理论观点的对话性。他所赞同的或提出的“以看得见的方式实现公正”[④]，体现了当代人类的共同愿望。

需要特别指出的是，森的社会德性思想内容极为丰富，而且兼收并蓄，这里所介绍的只是他的最一般的观点，要了解他更深入细致的思想内容，需要读者自己阅读他的原著。

（一）经济不平等与贫困

经济不平等、贫困（包括饥荒、饥饿）等突出社会问题是森最早也是终生关注并致力于研究解决的问题。不过，他早期主要是从经济学的角度研究

① ［印］森、［阿根廷］贝纳多·科利克斯柏格：《以人为本——全球化世界的发展伦理学》，马春文、李俊江等译，长春出版社1912年版，第12页。

② ［印］森、［阿根廷］贝纳多·科利克斯柏格：《以人为本——全球化世界的发展伦理学》，马春文、李俊江等译，长春出版社1912年版，第12页。

③ ［印］森：《正义的理念》，王磊、李航译，刘民权校译，中国人民大学出版社2012年版，序第3页。

④ ［印］森：《正义的理念》，王磊、李航译，刘民权校译，中国人民大学出版社2012年版，第365页。

如何认识、评价、检验、测度这些问题的方法，后来则从政治哲学的角度研究这些问题与公正的关系及其根源。因而他关于不平等的思想属于他的全球性公正论范围，是其重要的组成部分。

森认为，不平等思想既非常简单又非常复杂。一方面，它是所有思想中最简单的一个，与其他思想相比，它更容易使人们获得一个不假思索的直观印象。但另一方面，它又是一个相当复杂的概念，以致对该概念任何一种阐述都是极有争议的。因此，“不平等”概念成为众多哲学家、统计学家、政治理论家、社会学家以及经济学家的研究主题。① 然而，在评价由不平等和贫困导致的许多问题比它们的答案要清楚得多，因此，这一主题是需要进一步研究的一个很好的领域。② 在森看来，不平等和社会反抗之间的联系十分紧密，它们之间的关系是双向的。当一个社会发生叛乱或反叛时，其中必然存在可觉察到的不平等感，而对不平等的觉察及对这个难以名状的概念内容的确定大大倚赖于实际反叛的可能性。“平等”和“公正”这两个概念已发生了显著的变化，阶层分化及阶层间的社会隔阂也变得越来越不为社会所容忍，不平等这一概念本身也因之发生了重大变化。因此，当我们进行经济不平等分析的时候，不应忘记不平等概念的历史演进。

森认为，在经济学中涉及不平等的测度的方法有两大类：一类是从某种客观的意义来描述不平等的内容，通常是对相关收入变量进行统计上的测量，常用的试题方法包括方差、变差系数、洛仑兹曲线的基尼系数及其他公式。③ 另一类是从社会福利某种规范的概念出发提出测度不平等的指标。这样，在给定的总收入不变的情况下，不平等程度越高就表示社会福利水平越低。于是，我们就可以区分出两种不平等：“看到的”不平等和从伦理的角度进行“评价的”不平等。前一类测度的方法是实证测度；后一类测度方法是规范测度。就第二类方法而言，不平等不再是一个客观概念，其测度问题也容易滑向道德评价。的确，不平等这一概念包含了客观的因素。从直观上看，两个人平分蛋糕比一个人得到整个蛋糕而另一个人一块也分不到更为平等。另一方面，当面临一大群人如何分配收入这样的复杂问题时，就很难用

① 参见［印］森:《论经济不平等》，森:《论经济不平等 / 不平等之再考察》，王利文、于占杰译，社会科学文献出版社 2006 年版，第 1 页。

② 参见［印］森:《论经济不平等》，森:《论经济不平等 / 不平等之再考察》，王利文、于占杰译，社会科学文献出版社 2006 年版，第 175 页。

③ 参见［印］森:《论经济不平等》第二章，森:《论经济不平等 / 不平等之再考察》，王利文、于占杰译，社会科学文献出版社 2006 年版。

一种完全客观的方式来描述不平等，如果不考虑伦理的概念，就不可能度量出不平等的水平。究竟应该采用哪一类度量方法？这一问题并不容易回答，从实际使用的情况下，这两类方法并非完全不相关。即使我们将不平等视为一个客观概念，在测度时也必定会涉及规范性问题，而在比较几种不同的不平等客观测度方法时，也确实需要有规范性方面的考虑。另一方面，即使我们从规范的角度去测量收入不平等，也未必意味着我们是在完全进行伦理上的评价。所以，“无论如何，对不平等进行测度都必须同时考虑进其客观特征和规范特征。”①

对不平等的测量还涉及确定量度类型的问题。最严格的量度类型是定比量度，如重量和高度等。根据这种量度，说物体甲是物体乙的两倍。比定比量度的要求稍微松一些的量度是定距量度。在这种量度下，测量值本身之间的比率没有意义，但测量度之间的比率是有意义的。例如，用摄氏度来表示，100℃与90℃之间的差是90℃与85℃之差的二倍，而如果用华氏度来表示，这三个值则分别为212 ℉、194 ℉和185 ℉。显然，温度值之间的比率因所使用单位的不同而不同。定距量度用到效用中就是通常所说的“基数量度”。设数组x表示一组不同事物的效用，则将这组数x进行某种线性变换，如$y = a + bx$（$b > 0$），也仍可用。例如，如果F表示华氏温度而C表示摄氏温度，则我们有$F = 32 + 1.8C$。比基数量度要求更松的量度是“序数度量”。在这种量度下，任何正向单调变换结果都是一样的。例如，数组（1，2，3，4）可换成（100，101，179，999），因为这两个数组的排序是一样的，其中的某个量度值并不具有任何数量上的意义，仅仅表示的是排序，而排序才是问题的关键所在。还有一种更弱的量度，即在排序关系R不一定是完全的（即并不是所有的选项对之间都可排出顺序）情况下的量度。这样的关系只具备传递性但未必具备完备性，这种量度可称为拟序。当然，也有一种只具备完全性但未必具备传递性的情况。在森看来，大多数测度不平等程度的方法都需要精确度较高的量度，通常是定比量度或定距量度。不仅所谓的客观测度方法如此，规范的评价也如此。② 不过，森认为，把不平等视为一拟序，无论是从规范性的视角还是从描述性的角度看，都是

① ［印］森:《论经济不平等》，森:《论经济不平等 / 不平等之再考察》，王利文、于占杰译，社会科学文献出版社2006年版，第5页。

② 参见［印］森:《论经济不平等》第二章，森:《论经济不平等 / 不平等之再考察》，王利文、于占杰译，社会科学文献出版社2006年版。

值得考虑的方法。[①]

在森看来，“不平等”有时是从相对的意义来看的，即被视为是对某种适当的分配的偏离。他认为，对于收入分配中的“正当”概念，有两种相互竞争的学说，它们分别以“需求”和“应得”为基础。其区别在于，前者认为“甲应该得到比乙多的收入，因为甲的需求更大”；后者认为“甲应该得到比乙多的收入，因为他做了更多的工作从而应该得到更多的回报”。因此，“不平等”不能仅被视为一种离中的趋势的测度方法，还应看作是如下两种情形中的一种：（1）实际的收入分配状况与根据需要而进行的分配状况之间的差异量度；或者（2）实际的收入分配状况与根据“应得”概念而分配的状况之间的差异的量度。

森在讨论了各种不平等的测度方法之后指出，他主要从需求而不是“应得”角度集中分析对不平等的评价问题。他虽然认为福利经济学对于不平等的分析没有多少帮助，但还是使用了一个涉及人际比较的宽泛框架，并且以此为依据对不平等的评价原则和统计方法进行分析。他认为，由于不平等这个概念混合了描述性的和规范性的两个方面的考虑并且具有内在的不完备性，所以对不平等的评价被认为是依据了非强制的赋值判断，即它是拟序的。

后来，森又从社会制度安排的角度对不平等问题进行了重新审视。他认为，分析和评价“平等”的核心问题是“什么要平等”（equality of *what*），而且几乎所有经过时间检验的社会制度安排都诉求对某种事物的平等，而这种事物在特定理论中居于极其重要的地位。例如，收入平均主义者要求平等的收入，福利平均主义者要求平等的福利水平。就认为有某个必不可少的方面而言，他们都是平均主义者，其共同特征是要求在某个层面上对涉及的所有人都予以平等的关注。如果一项政策中没有这种对所涉及的所有人的平等的关注，则这项政策就缺少了合理性。然而，如果不同平均主义者的主张都具体运用到实践中，就会出现依一种评价变量的平等诉求到了另一变量那里就可能不是平等主义的了，因为这两种视角可能相互冲突。例如，一个主张人人平等拥有某些权益的激进自由主义者就不太坚持要求收入平等。森将这种情况称为“中心的”平等与由此而来的“外围的”不平等。“接受了‘中心的’社会实践所要求的平等也就同时接受了‘外围的’社会实际中的不

① 参见［印］森：《论经济不平等》第三章，森：《论经济不平等/不平等之再考察》，王利文、于占杰译，社会科学文献出版社 2006 年版。

平等。因此争论最终聚集于中心的社会制度安排上。"[①]因此，对"什么要平等"这一问题的不同回答就可能成为划分社会制度安排的不同伦理理论的基础。在每一种情况下，确定分类原则时都会遇到这样的问题：什么是不变的性质？什么只是有条件的或偶然的联系？比如，一位认为社会制度安排的中心任务应是使所有人都平等地享有一系列个人自由的权利的平等主义者，未必会赞成收入平等，这在特殊情况下极有可能出现。但是，如果这个特殊条件不存在，这位自由至上主义者所坚持保留的主张仍然是自由的平等而不是有条件的收入平等。

森认为，在实践的层面上，"什么要平等"这一问题的重要性源于人际相异性的经验事实。人与人之间的差异不仅表现在诸如性别、年龄、一般能力、特殊才能等内部特征上，而且也反映在外部特征上，如财产数量、社会背景、外部境遇等。正是这一事实导致了依据不同评价变量而来的对平等的诉求往往相互冲突，导致了在某一领域坚持平等主义就必然拒绝另一领域的平等主义。"由于无所不在的人际相异性，核心变量的差异是非常重要的。假如所有人都完全相同，则一个评价域（如收入）里的平等就与其他评价域（如健康、个体福利、快乐）里的平等相一致了。可见，'人际相异性'的结果之一就是此域的平等到了彼域可能就变成不平等了。"[②]

森认为，不同的理论对"什么要平等"的问题有不同的回答，而不同的分析理路间的分歧绝不仅在于所选择的评价域的不同，而且可能牵涉评价域的使用方式问题。在有关不平等测量的"正统的"理论中，往往关注的是"恰当的指标"的问题，即在那个评价域里直接地或间接地设计一个通用的不平等评估公式。而森所关注的是建立在评价域的选择及其涵义的基础上的。他认为，在有关不平等的评估中，要涉及成就与可获致成就的自由之间的区别，这个问题本应受到关注但却并非如此。[③]他在对这一问题进行讨论的基础上进一步从自由的角度探讨如何选择和改进及辩护特定评价域的问题。他认为，我们可用个体可获致他所看重的"功能性活动"（functionings）的可行能力（capability）来评价社会制度。这里所说的"功能性活动"，即

① ［印］森:《不平等之再考察》，森:《论经济不平等 / 不平等之再考察》，王利文、于占杰译，社会科学文献出版社 2006 年版，第 218 页。

② ［印］森:《不平等之再考察》，森:《论经济不平等 / 不平等之再考察》，王利文、于占杰译，社会科学文献出版社 2006 年版，第 240 页。

③ 参见［印］森:《不平等之再考察》第二章，森:《论经济不平等 / 不平等之再考察》，王利文、于占杰译，社会科学文献出版社 2006 年版。

"'一个人处于什么样的状态和能够做什么'的集合"①。个体福利方面的成就可视为他或她的功能性活动向量。这些相关"功能性活动"的具体内涵极为丰富，既包括最基本的生活内容，如获得良好的营养供应、避免那些本可避免的死亡和早夭等，也包括更复杂的成就，如获得自尊、参加共同体生活等。这些功能性活动内容是个体生存状态的一个构成要素。

森认为，从"功能性活动"域以及实现这些活动的可行能力的视角评价平等的分析方法，与从诸如收入、财富或快乐等视角进行的传统分析方法有很大的区别。"这实际上是评估平等或不平等的新思路。"②人际相异性的事实与评价平等、效率及公正时所关注的不同信息基础之间的冲突紧密相关。特别是，从可获得功能性活动的可行能力视角评估平等和效率的方法明显不同于传统的功利主义分析方法和福利主义分析方法。福利主义及其典型的具体形式功利主义的分析方法都是从个体效用的角度看待价值，而这种效用是从诸如快乐、幸福或欲望等主观感受来定义的。用这种方法来表示个体优势的局限性体现在两个方面：一是它只关注成就而忽视了自由；二是除主观感受之外，其他的成就都被忽略了。因此，虽然效用被用于表示个体的福利，但实际上单用效用并不足以代表个体的福利，而且对个体追求自己福利或任何其他目标的自由也未予以直接的关注。可行能力的视角也不同于在思想界长期占主导地位的"机会平等"视角。"机会平等"通常"是从平等享有某**特定手段物**或平等地适用（或平等地不适用）**某项限制或禁令**的角度出发来定义的"③。如此界定的"机会平等"就并不是指全面自由的平等享有。而如果要全面理解真正的机会平等，就要通过可行能力平等的角度来审视。但是，平等并不是我们唯一关注的社会价值诉求，我们还要关注效率问题。如果没有总体上的考虑，而只是试图实现可行能力平等，其结果往往会导致人们所拥有的能力总和值变小。"对能力平等的诉求要放置在对效率的诉求（该主张很有市场）的背景下考虑，而且通常这种效率是一种总和的结果。的确，如果不同时关注总和结果考虑（即广义的'效率观点'），就不能很好地理

---

① ［印］森:《不平等之再考察》，森:《论经济不平等 / 不平等之再考察》，王利文、于占杰译，社会科学文献出版社 2006 年版，第 257 页。

② ［印］森:《不平等之再考察》，森:《论经济不平等 / 不平等之再考察》，王利文、于占杰译，社会科学文献出版社 2006 年版，第 227 页。

③ ［印］森:《不平等之再考察》，森:《论经济不平等 / 不平等之再考察》，王利文、于占杰译，社会科学文献出版社 2006 年版，第 229—230 页。

解平等概念的含义。”①

在森看来，个体在社会制度安排中的相对位置可以从两个方面来判断：实际成就；可实现成就的自由。“成就关涉的是我们**通过努力**实现了的事物，而自由关涉的是**实际机会**——我们藉以实现自身价值的机会。这两者未必总是一致。”我们可以从成就和自由两个角度审视不平等，但两者的判定结果未必总是一致。如果我们聚焦于可获致成就的自由，而不仅仅是已获得的成就水平，就不能不涉及更深层次的问题，即：对各种成就组合的评价与可获致这些成就的自由的价值之间到底有何联系？森认为，甚至基于自由的分析理路也必须对实际成就的实质和价值予以特别关注，并从所享有的自由的角度来描述成就不平等。对该分析视角的认可要求我们抛弃那种流行的、通过计算“一定范围内可供选择的数量”来评估自由的准则，而包含了更为实用的方法，即运用有关成就的可观察到的数据来观察不同人所享有的自由的程度。这里存在个体的福利目标与其他目标之间的差别问题，这种差别不仅导致“自由”概念本身的多重涵义，同时也表明成就视角与自由视角之间亦存在重大分歧。这里所涉及的一个问题是，可能会出现这样的情况：甲所享有的自由比乙多，但与乙相比较却居于劣势。如果这种情况普遍存在，那就要“颠覆”从自由视角来评价不平等的基本原则。森认为，“真正的冲突是不同类型的自由之间的冲突，而不是简单笼统的自由与利益之间的冲突。”②

森强调，不平等评估理论同贫困的测量问题有紧密的联系。不过，贫困与不平等并不是一回事，贫困问题也不是不平等问题的一个方面，而是两个不同的问题。“把贫困问题看作不平等问题，对于这两个概念来说都是不合适的。固然，贫困与不平等有着密切联系的一面，但是，它们毕竟是两个截然不同的概念，任何一个都不能包括另一个。”③

在确认贫困者和对确认为贫困者的状况进行汇总时，对评价域的选择问题就成了中心问题。森主张从可行能力的视角理解贫困。他认为，“根据这一视角，贫困必须被视为基本可行能力的被剥夺，而不仅仅是收入低下，而

① ［印］森:《不平等之再考察》，森:《论经济不平等 / 不平等之再考察》，王利文、于占杰译，社会科学文献出版社 2006 年版，第 230 页。

② ［印］森:《不平等之再考察》，森:《论经济不平等 / 不平等之再考察》，王利文、于占杰译，社会科学文献出版社 2006 年版，第 228 页。

③ ［印］森:《贫困与饥荒》，王宇、王文玉译，商务印书馆 2001 年版，第 34 页。

这却是现在识别贫困的通行标准。”① 当然，这一视角完全不否认低收入是贫困的主要原因之一，因为种种原因，低收入可以是一个人的可行能力被剥夺的重要原因。森陈述了采用可行能力方法的三个理由：第一，贫困可以用可行能力的被剥夺来合理地识别，这种方法集中注意具有自身固有的重要性的剥夺，而不像收入低下那样，只具有工具性的意义。第二，除了收入低下之外，还有其他因素也影响可行能力的被剥夺，从而影响到真实的贫困，而收入不是产生可行能力的唯一工具。第三，低收入与低可行能力之间的工具性联系，在不同地方，甚至不同的家庭和不同的个人之间，是可变的，收入对可行能力的影响是随境况而异的、条件性的。② 他认为，“可行能力视角对贫困分析所作的贡献是，通过把注意力从**手段**（而且是经常受到排他性注意的一种特定手段，即收入），转向人们有理由追求的**目的**，并相应地转向可以使这些目的得以实现的**自由**，加强了我们对贫困和剥夺的性质及原因的理解。”③

森指出，如果从无法实现最基本的可行能力的角度定义“贫困”，那就很容易理解为什么贫困有绝对贫困和相对贫困两个方面的内容。贫困是与相对贫困有联系的，但在相对贫困这一术语的一致性中存在着不同的看法：首先贫困感与贫困状况之间的区别。一方面，贫困状况更客观，它使相对贫困建立在具体的条件之上；另一方面，贫困状况的选择不可能独立于贫困感。其次是用于比较的参照组如何选择问题。对贫困的评价必须考虑作为比较参照的人，横向比较不可能独立于相关的社会状况，因为人们关于贫困的感觉与他们的预期、对公平的看法以及对谁有权享受什么的判断密切相关。值得注意的是，相对贫困观并不能真正成为贫困概念的唯一基础。例如，无论一个社会中收入分配的相对模式是什么，饥荒总会被认为是赤贫的表现。“由此看来，在我们的贫困概念中存在着一个不可缩减的**绝对**贫困的内核，即把饥饿、营养不良以及其他可以看得见的贫困，统统转换成关于贫困的判断，而不必事先确认收入分配的相对性。因此，相对贫困分析方法只能是对绝对

① ［印］森:《以自由看待发展》，任赜、于真译，刘民权、刘柳校，中国人民大学出版社2012年版，第85页。

② 参见［印］森:《以自由看待发展》，任赜、于真译，刘民权、刘柳校，中国人民大学出版社2012年版，第86页。

③ ［印］森:《以自由看待发展》，任赜、于真译，刘民权、刘柳校，中国人民大学出版社2012年版，第87页。

贫困分析方法的补充而不是替代。”①

在森看来，贫困问题既有叙述的形式，也有政策的形式。“按第一种形式，在确认贫困时实际上就是承认了剥夺。”“在第二种形式里，在某个政策建议下确定了贫困，即主张社会必须采取措施应对贫困。”②森认为，对贫困的叙述性分析优先于政策选择，而从“可行能力缺失”这个角度去理解贫困，要胜于从无法满足某种特定物品的所谓“基本需要”的角度去理解。我们“应将贫困视为达到某种最低可接受的目标水平的基本能力的缺失”③，贫困并不是个体福利少，而恰恰是缺少追求个体福利的可行能力。“贫困的基本含义是指最起码的能力的缺失，即使贫困同时也意味着经济谋生手段（免于能力缺失的手段）不足。”④在收入领域中，贫困的相应概念应是实现最起码的能力的收入不足，而不是与个体特征无关的收入低。

在两个社会的贫困比较中，不同社会有着不同的生活必需品标准，我们如何才能建立一个共同的标准呢？森认为，用于不同社会贫困状况比较的基本方法有两种：一是就每个社会各自的最低生活必需品标准来比较两个社会的贫困程度；二是就某一给定的最低标准来比较两个社会的贫困程度，如以其中一个社会中现行的最低生活标准作为比较的标准。森认为，下面两种情形是不相矛盾的：（1）按照某一共同标准，比如，A 国现行的最低生活标准，A 国比 B 国更贫穷；（2）按照各自的最低生活标准，A 国比 B 国更贫穷，而 A 国的最低生活标准却远远高于 B 国的最低生活标准。这两种陈述都要有意义，重要的是看到这两个陈述之间的区别。虽然贫困的“识别”可以建立在最低生活必需品标准的基础上，但贫困的“加总”却需要用某种方法把不同人的贫困综合成一个总指标。社会之间的贫困比较有些类似于不同分组运动员成绩的比较，两者都需要一个总的描述性陈述作为比较的准则。在有些情况下，我们可以作出像“在短距离赛跑中，非洲人胜过印度人”这样的总的陈述；而在另一些情况下，这一陈述则根本不成立；也会存在一些说任何一方胜过另外一方都会引起争议的中间情况。由于“总的描述”具有随意

---

① ［印］森：《贫困与饥荒》，王宇、王文玉译，商务印书馆 2001 年版，第 26—27 页。

② ［印］森：《不平等之再考察》，森：《论经济不平等 / 不平等之再考察》，王利文、于占杰译，社会科学文献出版社 2006 年版，第 317—318 页。

③ ［印］森：《不平等之再考察》，森：《论经济不平等 / 不平等之再考察》，王利文、于占杰译，社会科学文献出版社 2006 年版，第 319—320 页。

④ ［印］森：《不平等之再考察》，森：《论经济不平等 / 不平等之再考察》，王利文、于占杰译，社会科学文献出版社 2006 年版，第 321 页。

性，这一问题很容易被重新定义为一个“伦理”问题。但伦理评价也有着类似的含糊性，而且伦理评价所回答的问题也不是当初所提出的描述性问题。因此，“除了接受贫困描述中所固有的随意性，并将其尽可能搞清楚之外，我们没有其他选择。”①

森认为，在审视任何一个国家（无论是贫国还是富国）的贫困问题时，这种可行能力的分析思路也很重要。尤其是在理解富国里贫困现象的本质时更是如此。如果仅从目前的数据看，在像美国这样的富裕国家里还存在贫困难免让人匪夷所思。森指出，对不同评价域里剥夺之间关系的考察有助于对富国里的贫困问题的理解及找出相应的解决办法，尤其是有助于理解收入剥夺与过有安全感的、有价值的生活的能力剥夺之间的关系。

贫困与饥荒和饥饿问题相关，森对饥荒和饥饿问题作了相当多的研究。森认为，从广义上说，“饥饿是指人们没有充足的食物，而饥荒则指由饥饿所造成的大量死亡的恶性现象”②。在他看来，贫困、饥荒、饥饿之间的关系是：“饥荒意味着饥饿，反之则不然；饥饿意味着贫困，反之也不然。”③贫困可能反映的是相对贫困，却不一定是绝对贫困。有可能出现这样的情况，即存在着贫困，甚至是非常严重的贫困，但却没有发生严重的饥饿。反过来，饥饿肯定意味贫困，这是无论相对贫困观怎样辩解，饥饿所表现出的一无所有的特征都完全可以定义为贫困。

对于饥饿和饥荒问题，森采取权利方法进行分析。“权利方法把饥荒看作是经济灾难，而不只是粮食危机。”④森认为，饥饿是交换权利的函数，而不是粮食供给的函数，在实际生活中，一些最严重的正是在人均粮食供给没有下降的情况下发生的。“一个人支配粮食的能力或他支配任何一种他希望获得或拥有东西的能力，都取决于他在社会中的所有权和使用权的权利关系。而这些权利关系则取决于他拥有什么？交换机会能够给他提供什么？社会可以免费给他什么？以及他由此丧失什么？”⑤例如，一个理发师拥有自己的劳动力和专业技术，但这些都不能食用，他必须提供理发服务，取得收入，购买粮食。如果因为某种原因，人们不需要理发服务而他又无法找到其

① ［印］森:《贫困与饥荒》，王宇、王文玉译，商务印书馆 2001 年版，第 33 页。
② ［印］森:《贫困与饥荒》，王宇、王文玉译，商务印书馆 2001 年版，第 55 页。
③ ［印］森:《贫困与饥荒》，王宇、王文玉译，商务印书馆 2001 年版，第 53 页。
④ ［印］森:《贫困与饥荒》，王宇、王文玉译，商务印书馆 2001 年版，第 198 页。
⑤ ［印］森:《贫困与饥荒》，王宇、王文玉译，商务印书馆 2001 年版，第 189 页。

他工作，也没有社会保险，那么，他对粮食的权利就会被剥夺。在一个自由市场经济中，一个普通工人必须通过出卖劳动力或从社会保险福利得到收入，从而建立其粮食权利。在没有政府帮助的情况下，失业将会使他挨饿。“正是整个权利关系决定着一个人是否有能力得到足够的食物以避免饥饿，而粮食供给只是能够对其权利关系产生影响的众多因素之一。”①

既然饥荒关系到在一些特定的地区一个或多个行业群体的权利的丧失，由此导致的饥饿就可以通过为那些受经济变化冲击的人们系统地重新创造最低水平的收入和权利来防止。导致饥荒的权利丧失可以由一系列原因引起，因此，“如果想要救治饥荒，或者更进一步，防止饥荒，就必须看到这些起因的多样性。饥荒反映同样的困境，但并不一定有同样的起因。”②森特别强调政治安排对于防止饥荒的意义，“饥荒的防止非常依赖于保障权益的政治安排。”③

（二）自由

森早期关注的是贫困饥饿和经济不平等问题，当他的眼光一转到自由问题时，他就将自由与发展联系了起来。他关于自由的第一部著作就是《作为自由的发展》(中译为《以自由看待发展》)。关于两者之间的关系，他指出，“自由不仅是发展的首要目的，也是发展的主要手段”④，而“发展可以看作是扩展人们享有的真实自由的一个过程。”⑤狭隘的发展观主张发展就是国民生产总值（GDP）增长、个人收入提高、工业化、技术进步或社会现代化，聚集于人类自由的发展观与这种狭隘的发展观形成了鲜明的对照。他认为，发展的目标就是扩大自由，他把发展的目标看作是判定社会上所有人的福利状态的价值标准，而最高的价值标准就是自由。财富、收入、技术进步、社会现代化等等固然可以成为人们追求的目标，但它们最终只属于工具性的范畴，是为人的发展、人的福利服务的，最终是为人的自由服务的，“发展的

---

① ［印］森:《贫困与饥荒》，王宇、王文玉译，商务印书馆2001年版，第189页。

② ［印］森:《以自由看待发展》，任赜、于真译，刘民权、刘柳校，中国人民大学出版社2012年版，第165页。

③ ［印］森:《以自由看待发展》，任赜、于真译，刘民权、刘柳校，中国人民大学出版社2012年版，第168页。

④ ［印］森:《以自由看待发展》，任赜、于真译，刘民权、刘柳校，中国人民大学出版社2012年版，第7页。

⑤ ［印］森:《以自由看待发展》，任赜、于真译，刘民权、刘柳校，中国人民大学出版社2012年版，第1页。

过程就是扩展人类自由的过程”①。在森看来，不同种类的自由之间存在着相互促进的关联，正是由于这些关联，自由、自主的主体才成为发展的主要动力。通过把发展看作是扩展那些相互联系着的实质自由的一个综合过程，能使我们的观念起决定性的变化，森认为，由于两个不同的原因，自由在发展过程中居于中心地位：一是评价性的原因，即对进步的评判必须以人们拥有的自由是否得到增进为首要标准；二是实效性的原因，即发展的实现全面地取决于人们的自由的主体地位。②

森之所以到了晚年特别关注自由问题，是因为我们生活的时代自由问题仍然很突出。我们生活在一个前所未有的丰裕世界中，经济范围之外也发生了很多令人瞩目的变化。民主与参与式的治理被确定为政治组织的最好模式，人权和政治自由的观念已成为时尚，平均寿命远远超过了以往任何时代，全球一体化不仅在贸易、商业和通讯领域，在观念和理想领域也如此。国民生产总值或个人收入的增长，可以扩展社会成员享有自由的手段，工业化、技术进步、社会现代化都可以对扩大人类自由作出重大贡献。但是，自由还取决于其他因素的影响，“发展必须更加关注使我们生活得更充实和拥有更多的自由。扩展我们有理由珍视的那些自由，不仅能使我们的生活更加丰富和不受局限，而且能使我们成为更加社会化的人、实施我们自己的选择、与我们生活在其中的世界交往并影响它。”③更重要的是，我们生活的世界仍然存在大规模的剥夺、贫困和压迫。不仅有老问题，还有很多新问题，包括长期的贫困与得不到满足的基本需要，饥荒和大范围饥馑的发生，对起码的政治自由和基本自由的侵犯，对妇女的利益和主体地位的严重忽略，对我们环境及经济与社会生活的维系力不断加深的威胁。许多这样的剥夺，都可以以这样或那样的形式，在富国和穷国观察到。因此，当今世界还远远没有为多数也许甚至是大多数的人们提供初步的自由。发展就是要求消除那些限制人们自由的主要因素。这些因素包括：贫困及其暴政，经济机会的缺乏以及系统化的社会剥夺，忽视公共设施以及压迫性政权的不宽容和过度干预。在森看来，全世界许许多多的人在经受着各种各样的不自由。

① ［印］森:《以自由看待发展》，任赜、于真译，刘民权、刘柳校，中国人民大学出版社2012年版，第30页。

② 参见［印］森:《以自由看待发展》，任赜、于真译，刘民权、刘柳校，中国人民大学出版社2012年版，第2页。

③ ［印］森:《以自由看待发展》，任赜、于真译，刘民权、刘柳校，中国人民大学出版社2012年版，第10—11页。

饥荒在某些地区持续发生，剥夺了成千上万人的基本生存自由。男女之间的不平等在摧残成千上万的妇女的生活，或者以不同方式严重限制着妇女享受的实质自由。在世界不同国家有许多人被系统地剥夺了政治自由和基本公民权利，有些人甚至主张剥夺这些权利、实行更严厉的政治体制以促进经济发展。

不过，后来森也注意到从一般的意义上看自由也是重要的。“自由之所以重要，至少是出于两个原因。首先，更大的自由使我们有更多的机会去实现我们的目标——那些我们所珍视的事物。例如，它有助于提高我们按照自己的意愿生活的能力。自由的这个方面所关注的，是我们实现我们所珍视的事物的能力，而不管实现的过程如何。其次，我们可以将注意力放在选择的过程上。例如，我们希望不因他人施加的限制而被迫处于某种状态。”① 他在谈到人格及其全球性问题时进一步指出，既然人权宣言是一种道德主张，它提出我们需要关注蕴涵在人权表述中的自由的重要性，那么在这些权利背后自由的重要性，必然就是考察人权问题的合适的出发点。“自由的重要性不仅为争取我们自己的权利和自由，而且为关注其他人的权利和自由提供了一个根本性的缘由，这远远超越了功利主义所关注的愉悦和欲望实现。”② 森进一步指出，自由若要成为人权的一部分，必须有充分的理由以引起他人的足够重视，必须有一些相关的“门槛条件”，包括自由的重要性与影响其实现的可能性，从而使其能存在于人权的范畴之内。他特别强调这种“门槛条件”的意义。“如果说需要就人权的社会框架达成某种一致，那么这种一致不仅只是某个个人的某种自由是否具有道德上的重要性，还有那种自由是否满足门槛条件，即是否具有充分的社会重要性，从而成为此人人权的一部分，以及使他人思考他们如何能够帮助此人实现其自由的义务。”③

在森看来，自由可以区分为机会的自由和过程的自由两个方面：机会的自由是指我们有更多的机会实现我们的目标，而过程的自由则是指我们行事的过程不受他人的压迫。他举例说明这两种自由之间的差别。金决定星期天待在家，不出去活动。如果他这么做了，我们称其为“情景 A”；如果一些

① ［印］森:《正义的理念》，王磊、李航译，刘民权校译，中国人民大学出版社 2012 年版，第 212 页。

② ［印］森:《正义的理念》，王磊、李航译，刘民权校译，中国人民大学出版社 2012 年版，第 340—341 页。

③ ［印］森:《正义的理念》，王磊、李航译，刘民权校译，中国人民大学出版社 2012 年版，第 341 页。

暴徒打乱了他的计划，将他拖出去扔在大水沟里，这可被称为“情景B”；如果这些暴行限制了他的行动，命令他不得走出他的房子，这可被称为“情景C”。情景A表明金是自由的，无论是就机会还是就过程而言都是如此；情景B在机会方面金受到限制，因为他不能做他想做的事（待在家里），并且失去了自己作出决定的自由。因此，金的自由在机会方面和过程方面都受到了侵犯。至于情景C，金的自由在过程方面受到了影响，虽然他做了他想做的，但却是在被胁迫的情况下做的，而选择不是他作出的。而且，他不是自由地选择待在家里，因而金在自由的机会方面也受到了影响，只是没有在情景B中那么明显。

这里涉及“终极结果”与“全面结果”之间的区别，我们可以根据这种区别对自由的机会方面加以不同的定义。如果我们狭义地理解机会，并认为其他选择和选择的自由不是那么重要，那么自由的机会方面可以被定义为实现“终极结果”的机会。或者我们可以广义地定义机会，从取得“全面结果”的角度来定义，即注意到实现最终结果的方法（如通过自己的选择还是受其他人的命令）。按照后一种定义，金的自由的机会方面在情景C中显然受到了破坏。森认为，我们应该通过一个考虑到过程的更宽广的方法，尤其是在一个人力所能及的范围内，他可能作出的其他选择，对他过上他所珍视的生活的能力进行评价。这种能力森称之为“可行能力”。正是在这种意义上，他把自由定义为享受人们有理由珍视的那种生活的“可行能力”以及接受教育、享受政治参与方面的社会政治自由。后者是实现前者的条件，是工具性的自由，而前者是目的性自由，因而自由也就可以理解为“可行能力”。森称这种自由是实质的（substantive）自由。“实质自由包括免受困苦——诸如饥饿、营养不良、可避免的疾病、过早死亡之类——基本的可行能力，以及能够识字算数、享受政治参与等等的自由。”① 从这里可以看出，森所理解的实质自由是个人自由。所以，他称他所关注的自由为实质性个人自由。在他看来，这种自由包括两个方面，即建构性自由和工具性自由。

就建构性而言，自由首先包括非常基本的自由，即生存下来而不至于过早死亡的能力。这是一种重要的自由，但除此之外，还有很多其他的自由。所有这些自由（包括最基本的自由）是与“生活质量”相关的。“建构性作

① ［印］森:《以自由看待发展》，任赜、于真译，刘民权、刘柳校，中国人民大学出版社2012年版，第30页。

用是关于实质自由对提升人们生活质量的重要性。"[①]正是在这种意义上，扩展自由是发展的主要目的。在森看来，聚焦于生活质量和实质性自由，而不仅仅是人们所拥有的收入或资源，看起来好像离开了经济学传统，其实不然。这种视角宽广的思想与经济学创立之初的思路是一致的。亚里士多德在讨论经济问题时就集中注意人的"健旺"和"能力"，而这显然与生活质量和实质自由有关。亚当·斯密对"必需品"和生活条件的分析也与此有密切的联系。"经济学在很大程度上是起源于对人们拥有的享受良好生活的机会进行判断、对其影响因素进行分析的需要。"[②]

自由的工具性作用，是关于各种权利、机会和权益是如何为扩展人类一般自由，从而为经济发展作出贡献的。工具性自由直接或间接地帮助人们按自己合意的方式生活并提高他们这方面的整体能力，同时它们也相互补充。自由作为工具的实效性来自以下事实，即各种类型的自由相互关联，而且一种自由可以大大促进另一种自由。在森看来，关于自由不仅是发展的首要目标，而且是它的主要手段的主张，尤其与这些联系有关。工具性自由多种多样，其中的五种特别值得强调，即政治自由、经济自由、社会机会、透明性保证、防护性保障。政治自由就广义而言包括通常所称的公民权利，它是指人们拥有的确定应该由什么执政而且按什么原则来执政的机会均等，也包括监督并批评当局、拥有政治表达与出版言论不受审查的自由、能够选择不同政党的自由等等的可能性。经济自由指的是人人分别享有的为了消费、生产、交换的目的而运用其经济资源的机会。社会机会指的是在社会教育、医疗保健及其他方面所实行的安排，它们影响个人赖以享受更好的生活的实质自由。透明性保证所涉及的，是满足人们对公开性的需要，在保证信息公开和明晰的条件下自由地交易。防护性保障是为人们提供社会安全网，以防止社会物质条件变化使那些处于受到损害的边缘或实际上落入贫苦境地的人们，遭受深重痛苦甚至在某些情况下挨饿以至死亡。森认为，这些工具性自由能直接扩展人们的可行能力，也能相互补充并进而相互强化，因此，在考虑发展政策时，掌握这些关联尤为重要。他主张，"与这些多重相互关联的自由相适应，需要建立并支持多重的机构，包括民主体制、法律机制、市场

① ［印］森：《以自由看待发展》，任赜、于真译，刘民权、刘柳校，中国人民大学出版社2012年版，第30页。

② ［印］森：《以自由看待发展》，任赜、于真译，刘民权、刘柳校，中国人民大学出版社2012年版，第18页。

结构、教育和医疗保障设施、传播媒体及其他信息交流机构，等等。”①

森之所以特别重视实质性个人自由，其理由有二：一是实质性个人自由非常重要。因为一个社会成功与否，主要应根据该社会成员所享有的实质性自由来评价。这一评价立场不同于传统的规范性分析，后者注重的是其他变量，例如效用、程序性自由或实际收入。而且，拥有更大的自由去做一个人所珍视的事，对那个人的全面自由本身就具有重要意义，而且对促进那个人获得有价值的成果的机会也是重要的，因而对判断一个社会的发展具有决定性的意义。二是自由不仅是评价失败的基础，还是个人首创性和社会有效性的主要决定因素。更多的自由可以增强人们自助的能力，以及影响这个世界的能力，而这些对发展是极为重要的。自由的多寡直接影响个人作为公众一员，以及作为经济、社会和政治行动的参与者的主体地位。正因为实质性个人自由非常重要，所以森要求把自由的视角放在发展的目标和手段的舞台的中心。“按这种视角，必须把人们看做是要主动参与——在他们有机会时——他们自身前途的塑造的，而不只是被动接受某些精心设计的发展计划的成果。”②不可否认，国家和社会在加强和保障人们的可行能力方面具有广泛的重要作用，但这是一种支持性的作用，而不是提供制成品的作用。

在森看来，如果认为实质性个人自由是重要的，那么功利主义、自由至上主义和罗尔斯公正理论分别采用的信息基础都有严重的缺陷。标准功利主义的信息基础是各种状态下的效用总量，其评价的要求可分为三个不同的组成部分：一是后果主义，即一切选择都必须根据其后果来评价；二是福利主义，它把对事物状态的赋值限制在每种状态各自的效用上；三是总量排序，它要求把不同人的效用直接加总得到总量，而不注意这个总量在个人之间的分配。功利主义虽然有主张按其结果来评价各种社会安排的重要性、评价各社会安排时需要关切所涉及的人们的福利等长处，但也有与公正有关的缺陷：一是漠视分配；二是忽视权利、自由以及其他非效用因素；三是所采用的个人福利观念本身也不是很稳定可靠的，因为它很容易被心理调节和适应性态度所改变。罗尔斯公正论的基础信息是基本物品，其问题在于，享有优先地位的那些权利的数量较少，而且主要由各种个人自由权组成，包括某些

① ［印］森：《以自由看待发展》，任赜、于真译，刘民权、刘柳校，中国人民大学出版社2012年版，第42—43页。

② ［印］森：《以自由看待发展》，任赜、于真译，刘民权、刘柳校，中国人民大学出版社2012年版，第43页。

基本的政治和公民权利，而没有考虑经济的权利。在森看来，强烈的经济需要是生死攸关的事，其地位不应该低于个人自由权。自由至上主义对幸福或者愿望的实现没有直接的兴趣，其信息基础完全依赖自由权和各种权利。它的缺陷在于只注重程序性规则而不计后果，在很大程度上漠视了人们最终享有或不享有的实质自由而陷入困境。正是针对上述三种理论的缺陷，森直接聚焦于自由的另一种评价性思路，即自由被理解为一个人做自己认为有价值的事的可行能力。“如果目的是集中注意个人追求自己目标的真实机会的话（如罗尔斯所明确提倡的），则要考虑的就不仅是各人所拥有的基本物品，而且还应该包括有关的个人特征，它们确定从基本物品到个人实现其目标的能力的**转化**。”①

（三）可行能力

可行能力（feasible capacity）是森自由论以及公正论的一个重要概念。在森看来，“可行能力是自由的一个方面，具体而言，它指的是实质机会”②；一个人所具有可行能力，“即一个人所拥有的、享受自己有理由珍视的那种生活的实质自由”③。显然，可行能力就是指森所理解的实质自由。

森首先把可行能力看作是一种方法。他提出这种方法始于寻找一个比罗尔斯的“基本品”更好地认识个人优势的视角，但他很快发现，这种方法有更广泛的意义。他认为，任何关于道德和政治哲学的实质理论，尤其是关于公正的理论，都要选择一个信息点，也就是说，在判断一个社会和评价公正与非公正的过程中，必须决定我们应将关注点集中在世界的哪些特征上。正是在这个背景下，如何评价个人的总体优势尤其重要。边沁的功利主义着眼于个人幸福和快乐（效用），以此作为评估个人绝对和相对优势的最好方式。在经济学中也常根据收入、财富或资源来评价个人优势。与基于效用或资源的思考路径不同，可行能力方法通过对一个人做他有理由珍视的事情的可行能力来评价其优势。关于这一方法，森提出了需要强调和澄清的两点：首先，这种可行能力方法在判断和比较个人整体优势时所指向的是一个信息

① ［印］森：《以自由看待发展》，任赜、于真译，刘民权、刘柳校，中国人民大学出版社2012年版，第62页。

② ［印］森：《正义的理念》，王磊、李航译，刘民权校译，中国人民大学出版社2012年版，第267页。

③ ［印］森：《以自由看待发展》，任赜、于真译，刘民权、刘柳校，中国人民大学出版社2012年版，第85页。

点，但其自身并不就如何使用该信息提供任何具体方案。可行能力视角指出了能力不平等在社会不平等的评估中的核心作用，但它本身并没有提出任何具体的政策决定。这种方法所关注的信息，可以深刻地影响对于社会及其制度的评价，而这正是可行能力方法的主要贡献。其次，可行能力视角必然会涉及我们的生活和我们所关注事物的多个特征。在我们所珍视的人类的各种功能上，能实现的目标是多种多样的，从良好的营养、避免过早死亡，到参与社区生活、培养有利于实现事业抱负的技能。我们所关注的可行能力，是实现各种功能的组合的能力。我们可以根据自己有理由珍视的事物，对这些功能进行比较和判断。可行能力方法的着眼点在人类生活，而不单单只是在一些容易计算的客体对象，如人们所拥有的收入和商品。可行能力方法正式提出了超越对于生活手段的关注，而转向实际的生活机会的视角。由此看来，“可行能力视角偏离传统方法背后的逻辑，具有重要和建设性的意义。”①

可行能力方法还有其他一些特征：其一，可行能力与成就的对比。“可行能力方法的关注焦点不在于一个人事实上最后做什么，而在于他实际能够做什么，而无论他是否会选择使用该机会。”②在森看来，与仅仅着眼于所实现的功能相比，可行能力视角更一般化，也包含更多信息，而看到可行能力更为广泛的信息基础是不会有任何损失的。这既允许我们依赖对所实现的功能的评价，也允许我们在评价中参考其他标准，重视机会和选择。森认为，就这一特征而言，可行能力方法具有三方面的意义：一是对两个实现的功能完全一样的人，能识别他们在优势上的差别，而这种差别会使我们认识到其中一个人真正的优势；二是可行能力可以使人在不同的文化生活之间进行比较，从而使人有选择生活方式的自由；三是在制定国家公正服务的提供和人权的保护的政策时，应从获得的自由而不是事实成就的角度考虑，这也表明有必要对可行能力与成就加以区别。其二，可行能力的多元组成以及理性（公共理性）在可行能力方法应用中的作用。“功能与可行能力是多种多样的，也必须是多种多样的。”③但在经济学和政治哲学的历史上，却总是将某种同质的特征（如收入）当作唯一的“好东西”。可行能力显然是不可比的，

① ［印］森：《正义的理念》，王磊、李航译，刘民权校译，中国人民大学出版社 2012 年版，第 217 页。

② ［印］森：《正义的理念》，王磊、李航译，刘民权校译，中国人民大学出版社 2012 年版，第 217 页。

③ ［印］森：《正义的理念》，王磊、李航译，刘民权校译，中国人民大学出版社 2012 年版，第 220 页。

因为它的多样化无法被简化。但是，非可比结果的存在仅仅意味着选择——决定的过程并不容易，但并不意味着那不可能，甚至也不意味着永远都极其困难。在这个过程中，反思与批判性评价具有重要意义，它不仅仅只是个人孤立进行的以自我为中心的评价，而且是指向公共讨论与互动的公共理性的丰富内容。其三，个人与社会的位置，以及它们在可行能力概念中的相互关系。“可行能力被认为主要是人的特性，而不是诸如社区这样的群体的特性。”①但这并不意味着是“方法论上的个人主义”，因为可行能力方法不仅没有假设个人的思想、选择和行为与社会是分离的，而且关注人们过上其有理由珍视的生活的可行能力，这就能通过他们所珍视事物以及对他们的价值观造成影响的事物将社会影响纳入其中。群体不是以个人思考的方式来进行思考的，它需要通过群体的成员或其他人对该群体的可行能力的重视，来认为群体所具有可行能力的重要性。除以上所述的特征之外，森还谈到，将着眼点放在生活质量上有助于我们进一步澄清应该如何认识当今世界所面临的环境挑战，了解可持续发展的要求，阐明我们所认为的“环境问题”的内容与关联。

运用可行能力方法，森讨论了可行能力与资源、与幸福和福利的关系，以及它作为自由与平等的关系。

森指出：“可行能力方法关注的是人的生活，而不只是人所占有的资源，即以所有或使用的方式所占用的可供使用的实物。”②收入和财富住房往往被看作是成功的主要标志，可行能力方法则通过将关注的焦点由生存手段转向人所具有的实际机会，致力于从根本上推动经济学和社会研究中所广泛采用的标准评价方法的改变。同时，可行能力方法不同于政治哲学中一些以手段为导向的标准方法，如罗尔斯在讨论分配问题时对于“基本品”的关注。基本品是实现所有目的的工具，它们本身并无价值，却在不同程度上有助于实现我们认为有价值的追求。森认为，通过明确认识到获得满意生活的手段本身并不是生活的目的，可行能力方法将有助于进一步扩展社会评价的外延。在这里，森批评了把贫困与低收入画等号的做法，认为贫困是由可行能力被剥夺引起的。他指出，个体的差异、物理环境的多样性、社会气候的变化、

① ［印］森：《正义的理念》，王磊、李航译，刘民权校译，中国人民大学出版社 2012 年版，第 224—225 页。

② ［印］森：《正义的理念》，王磊、李航译，刘民权校译，中国人民大学出版社 2012 年版，第 237 页。

基于关系的视角的差异等都可能导致在将收入转化为生活品质的过程中产生千差万别，而且这些造成剥夺的各种不利因素之间还可能会产生耦合。除此之外，残障也是造成可行能力被剥夺的重要原因。森指出，在全球范围内，残障人群的规模极为庞大，约占全部人口的 1/10，然而，这一问题经常被忽视。

根据对可行能力与资源的区别，森批评罗尔斯在对基本品赋予重要地位的同时忽略了不同人所拥有的可以将普通资源（如收入）转化为可行能力的机会的差异，认为认识到可行能力剥夺以及不平等的本质和来源是消除其存在的关键所在。森也批评了德沃金的资源平等的方法。这个方法就是为应对将资源转化为可行能力的障碍，通过市场化的视角构想一种初级保障市场，并假设处于“无知之幕”和原初状态下的人进入这个市场。尽管没有人知道谁会有残疾，或有什么样的残疾，但他们还是都购买了这种保障，用以预防可能发生的不利情况。然后，其中一切有残疾的都可以依据市场规则向保险公司索赔，这些补偿也就成为他们获得的另一种资源，从而实现资源平等。森指出，这种方法是与可行能力方法相左的，并且存在着许多不足之处：一是即使可行能力的平等最终意味着关于福利的可行能力的平等，那也并不等同于福利平等；二是如果资源的平等与可行能力和实质自由没有区别，而资源只是实现其他目的的工具，那么为什么是前者而不是后者更有意义呢？三是由于保险市场并不能解决所有的问题，资源平等和可行能力平等之间事实上并非总是一致的；四是与其他制度学派一样，德沃金的焦点在于实现理想化的公正制度；五是德沃金认为完全竞争的市场均衡的存在、唯一和效率是毫无问题的，因为他需要以此来完成其制度理论的建构。

森肯定，“幸福的重要性不可否认，我们也有足够的理由去努力增进人们的幸福，包括我们自身的幸福。”①但是，幸福并不是我们应予珍视的唯一事物，也不是我们可用于度量其他我们所珍视的唯一标尺。当幸福未被赋予压倒其他一切事物的重要性时，我们可将其视为非常重要的人类能力之一，获得幸福的可行能力也是我们所珍视的自由的一个主要方面。幸福视角揭示了人类生活中极为重要的一部分。同时，幸福还具有印证其他事物的作用和功能，因为我们获得或实现自己所珍视的其他事物，往往会影响我们对于幸福的感受。然而，认识到幸福的上述作用并不意味着，我们之所以珍视我们

① ［印］森:《正义的理念》，王磊、李航译，刘民权校译，中国人民大学出版社 2012 年版，第 256 页。

所珍视的事物，只是因为种种原因得不到就会令我们感到沮丧。相反，我们珍视这些目标的缘由实际上有助于解释我们为何会因实现目标而感到幸福，为未能成功而感到沮丧。因此，幸福可以标示人生中的成功或失败。功利主义与福利经济学用效用等同于幸福，用效用代表个人福利，将个人福利效用化。那么，可行能力与一个人的福利有什么样的关系，可行能力的扩展是否必然会带来福利的改进呢？要回答这个问题，必须区分两方面的内容，一是主体性与福利的对比，自由与成就的对比。第一个区别是个人福利的增进与个人对于主体性目标的追求。主体性涵盖了个人有理由去追求的所有目标，包括除了其自身的福利改进之外的其他目标，因此，主体性能够产生与福利完全不同的优先序列。第二个区别是成就与取得成就的自由。这一对比既可用于福利视角，也可用于主体性视角。于是这两组区别一道产生了四个不同的有关个人优势的概念：福利成就、主体性成就、福利自由、主体性自由。[①] 对这四种利益中的每一种进行的评估都互不相同，对于与评价和比较个人优势相关的事物，它们也有不同的意义。例如，在判断一个需要他们或国家援助的人所遭受的剥夺程度时，其福利状况要比其他获得主体性意义上的成功更有意义。而且在制定针对成年公民的国家政策时，福利自由也许比福利成就更应引起注意。而主体性成就或主体性自由则使我们不再将人仅仅作为福利的载体来看待，而是开始重视人自身的判断的优先排序。与这种区别相对应，对于可行能力的分析也可采取不同的形式。一个人的可行能力可以通过福利自由和主体性自由来描述。这种区别也表明，一个人的可行能力可能与其福利不一致。如果主体性的目标与个人福利的最大化不同，那么作为主体性的自由的可行能力就可以与福利成就或福利自由的视角不一致。当更多的可行能力意味着能够对他人生活产生更大的影响时，一个人就可以有充分理由来利用他这种更强的能力即更大的主体性自由去改善他人的生活（特别是弱势群体），而不是只着眼于他自身的福利。同样，从主体性角度看到的一个人的优势，可能与从福利角度看到的优势不一致。具有主体性意义上的更多的可行能力是一种优势，但仅从这个角度而言是如此，而从福利角度而言却不是，至少不一定是。

在森看来，平等不仅是 18 世纪欧洲和北美革命运动最重要的诉求之一，而且其重要意义自启蒙运动之后也获得了全世界的一致认同。既然平等如此

① 参见［印］森：《正义的理念》，王磊、李航译，刘民权校译，中国人民大学出版社 2012 年版，第 268 页。

重要，而可行能力又是人类生活的核心特征之一，那么我们是否应该要求可行能力的平等呢？回答是否定的。第一，可行能力只是自由的一个方面，它与实质机会相关，但对于与公正相关的程序公正却关注不够。第二，尽管自由在判断个人优势以及评价平等时是重要的，但判断分配问题还存在其他的要求，很难将这些也看作是要求不同的人都享有平等的自由。第三，由于可以从不同角度（如福利自由和主体性自由）对可行能力定义，因而可行能力可以有多种解读，而作为公正要法度的一个部分，可行能力的适用范围是有限的。第四，平等并不是一个关于公正的理论需要关注的唯一价值，甚至不是可行能力视角的唯一主题。可行能力的平等，或者更现实的是可行能力不平等的减少，当然值得我们关注，但社会全体成员的总体可行能力的提升同样值得关注。总之，"我们可以重视可行能力的平等，但那并不意味着即使在其与其他的重要考量产生冲突时，我们也必须要求可行能力的平等。尽管可行能力的平等很重要，但它并非总是要'凌驾'于其他重要的但可能与之产生冲突的考量（包括平等的其他重要的方面）之上。"①

森认为，可行能力是与"功能性活动"（functionings）直接关联的。"功能性活动"概念源自亚里士多德，它反映了一个人认为值得去做或达到的多种多样的事情或状态。有价值的功能性活动的种类很多，从低级的要求（如有营养和不受可以避免的疾病之害）到非常复杂的活动或者个人的状态（如参与社区生活和拥有自尊）。一个人的"可行能力"（capability）指的是此人有可能实现的、各种可能的功能性活动的组合。"可行能力因此是一种自由，是实现各种可能的功能性活动组合的实质自由（或者用日常语言说，就是实现各种不同的生活方式的自由）。"② 一个人所享有的每一功能性活动的数量或水平可以由一个实数来表示，它的"可行能力集"由他可以选择的那些可相互替代的功能性活动向量组成。因此，一个人的功能性活动组合反映了此人实际达到的成就，可行能力集则集中反映此人有自由实现的自由，即可供这个人选择的各种相互替代的功能性活动组合。这一"可行能力方法"的评价性焦点可以是实现了的功能性活动（即一个人实际上能够做到的），或者此人所拥有的由可选组合构成的可行能力集（即一个人的真实机会）。这二

① ［印］森:《正义的理念》，王磊、李航译，刘民权校译，中国人民大学出版社 2012 年版，第 276 页。

② ［印］森:《以自由看待发展》，任赜、于真译，刘民权、刘柳校，中国人民大学出版社 2012 年版，第 63 页。

者提供不同信息，前者是关于一个人实际做的事，后者是关于一个人有实质自由去做的事。

在森生活的现当代，自由与平等的关系问题已经凸显出来，那些激进和自由式主义思想家（如诺齐克）将自由凌驾于其他一切价值之上，因而被看作是反平等主义者，而那些致力于对平等诉求的思想家（如道尔顿、米德等）则不那么关心自由，被看作是平等主义者。森认为，以这样的方式看待自由与平等的关系是极不完善的，实际上两者是可以不冲突的。激进自由主义者一定会坚持人应该拥有自由，而假如这点成立，则诸如“谁应该拥有自由？”“应该拥有多少自由？”“怎样分配自由？”“平等程度有多大？”等问题也接踵而来。这样，平等主题就作为自由重要性主张的补充问题而出现。“事实上，激进自由主义者对自由的诉求包括了‘平等的自由权’的重要特征。比如，每个人都平等地享有不受他人侵犯的权利等。这样，坚持认为自由很重要的信念未必与此观点相冲突：社会的制度安排应致力于促进人们所拥有的自由的平等很重要。”① 当然，那些主张某个评价变量（比如收入、财富、福利）的平等而不是主张自由的人会与只主张平等的自由的人发生冲突。但这是在“什么要平等？”这一问题之外的另外一个问题了。总之，“自由与平等并不存在二者必须择一的取舍关系。在实践中贯彻平等理念时有可能会涉及自由，而平等也是自由的一个可能的分配图式。”②

（四）民主

森反复强调，他不是从制度的角度界定公正原则，而是从人们的生活与自由方面入手，但制度因素在寻求公正方面依然扮演着重要的角色。“经恰当选择的制度，将与个体及社会行为的决定因素一道，对推动公正具有重大意义。制度以各种不同的方式发挥作用。制度能直接有助于让人们按照其珍视的方式生活。在增强人们能够纳入考量的价值与优先性进行审思的能力方面，制度，尤其是在公共讨论的机会方面（这包括对言论自由、知情权，以及对支持这些讨论的具体设施的安排），也扮演着重要的角色。”③ 森所推崇

① ［印］森：《不平等之再考察》，森：《论经济不平等 / 不平等之再考察》，王利文、于占杰译，社会科学文献出版社 2006 年版，第 242 页。

② ［印］森：《不平等之再考察》，森：《论经济不平等 / 不平等之再考察》，王利文、于占杰译，社会科学文献出版社 2006 年版，第 242—243 页。

③ ［印］森：《正义的理念》，王磊、李航译，刘民权校译，中国人民大学出版社 2012 年版，序第 5—6 页。

的制度是民主。他是从公共理性（public reasoning）的角度看待民主的，并将民主诠释为“协商式治理”。不过，他所理解的民主的范围要比制度更宽。他强调，民主不仅要从现在的正式制度这一角度，而且要从来自不同阶层的呼声是否都能被倾听来加以评判。因此，他要求通过加强信息可得性与加强互动讨论的可行性来丰富合理参与的内容，进而考察民主。森认为，这种民主观有助于促进全球范围，而非某一国家内部对于民主的追求。因为，如果不将民主简单地视为一些具体的制度，而是视为能有多大可能、在多大的范围内体现公共理性，那么，推进全球民主与全球公正将会极容易为人们所接受，也将有效地鼓舞和促进跨国范围的实际行动。

森认为，“民主不仅仅只有一种要义，而是包含了许多相互联系的要义。”①关于民主的更古老更正式的观点是将民主主要视为选举的投票，而不是作为广泛意义上的协商式治理。然而，在当代政治哲学中，民主的内涵大大地扩展了，民主不再仅仅被看作对于公共投票的要求，而是在更广泛的意义上被看作罗尔斯所说的“公共理性的实践”。“罗尔斯教导我们，民主不仅仅是选举和投票——当然这些也非常重要，民主首先是公共理性，包括公开讨论的机会、互动性的参与者和理性的交锋。套用穆勒的话，民主必须包括‘通过讨论的治理’。”②这是对民主认识的巨大转变。在森看来，可以以各种不同的方式看待公共理性在政治和协调道德中的作用，但这些新贡献有助于形成这样一种共识，即对于民主更广泛理解的核心问题是政治参与、对话和公众互动。公共理性在民主实践中的关键作用将民主的所有主题与公正紧密地联系了起来。如果只有通过公共理性才能评价公正的要求，并且公共理性在其建构上与民主理念相联系，那么公正与民主之间就都具有协商的特征，从而存在密切的联系。

在森看来，如果从公共理性这一更为广阔的视角来看民主，那么我们就不只是会看到过去几个世纪以来主要产生于欧美的民主的具体制度特征，而且会看到世界许多地区不同国家的参与式治理的历史。“具有完备制度形式的民主存在于这个世界的时间并不算长，其实践才仅有几个世纪，然而正如托克维尔所说，这表现了具有更久远历史和更广泛空间范围的社会生活的趋

① ［印］森、［阿根廷］贝纳多·科利克斯柏格：《以人为本——全球化世界的发展伦理学》，马春文、李俊江等译，长春出版社2012年版，第26页。

② ［印］森、［阿根廷］贝纳多·科利克斯柏格：《以人为本——全球化世界的发展伦理学》，马春文、李俊江等译，长春出版社2012年版，第26页。

势。”[1] 如果我们把民主看作一种西方特有文化的产物，我们将很难理解对于参与式生活的普遍需求。因此，我们不应该仅仅从欧洲和美洲的角度来看待民主的演化。森肯定，古希腊对民主的形式和我们对民主内涵的理解都作出了十分巨大的贡献，但不能以此作为证据来证明民主是一种典型的欧洲的或西方的理念。雅典的民主不仅是开启投票制度的先锋，而且也成功地开启了公共协商的风气，而这种传统有着更为广阔的历史。尽管雅典在公共讨论方面有非常完善的记录，但公开的协商在其他几个文明古国也盛行过，有时甚至十分突出。例如，阿育王曾试图规范并宣传早期的公共讨论规则，并曾在公元前 3 世纪印度帝国的首都巴特那主持了第三次也是最大的一次佛教理事会。即使就投票而言，非西方社会也有过一段辉煌的历史。由此看来，将民主看作纯粹是地域现象是完全错误的。

森认为，在推进世界的公共理性方面需要考虑的一个核心问题是支持自由和独立的媒体。今天，从印度到巴西、从日本到南非，全球范围内都对自由而充满活力的媒体产生了强烈的需求。一个健全而不受限制的媒体的重要性体现在以下五个方面：其一，新闻自由对于我们生活的质量提高有着直接贡献。我们有充分的理由去希望相互沟通，去认识我们所生活的世界。新闻自由对于我们能否做到这些的可行能力尤其重要。缺乏自由的媒体，压制人们相互沟通的能力，其后果是直接降低人们的生活质量，即使那些实施压制的独裁国家拥有很多的以国民生产总值来衡量的财富。其二，在传播知识和允许批判性的审思上，新闻媒体能发挥重要的信息作用。新闻的信息功能不仅与专门的报道相关，而且能使人们及时了解哪里发生了什么。其三，在使被忽视者和弱势人群发出自己的声音方面，媒体自由有着重要的保护功能。它能促使统治者关怀公众，及时采取措施避免和解除各种危机和灾难，显然这是非常有利于人类安全的。其四，开明而不受限制的价值观形成需要开放的交流和辩论。合理的价值形成是一个交互式过程，在使这种互动成为可能的过程中，新闻起着主要的作用。其五，一个运行良好的媒体在促进公共理性方面一般都起着至关重要的作用。由此看来，“媒体不仅对于民主十分重要，在一般意义上对于正义的追求也是如此。”[2]

① ［印］森:《正义的理念》，王磊、李航译，刘民权校译，中国人民大学出版社 2012 年版，第 301 页。

② ［印］森:《正义的理念》，王磊、李航译，刘民权校译，中国人民大学出版社 2012 年版，第 313 页。

森认为民主的显著意义在于三个不同的方面，它们是：(1)自身固有的重要性；(2)工具性贡献；(3)在价值标准和规范形成中的建设性作用。他强调，对治理国家的民主形式进行评价，缺少其中任何一项都是不完整的。[①] 他具体讨论了民主与促进发展、预防饥荒、人类安全、政策选择、少数人权利保护等诸多方面的关系，从而阐明了民主对于当代社会的重要意义。

民主的批评者认为民主与发展之间是严重对立的，“与专制政体所能做到的相比，民主在促进发展方面表现不佳”[②]。其重要依据是，东南亚国家在整个20世纪70、80年代以来，在没有推动民主的情况下，经济增长方面取得了巨大的成功。森不同意这种看法。他认为，“对发展状况的评价是与人们的生活及其真正享有的自由密不可分的。不能仅仅依据硬性指标的提升，比如国民生产总值（或者个人收入）的增长，或者工业化的进步来看待发展，尽管它们是实现目的的重要手段。它们的价值必须取决于它们对相关人的生活和自由产生什么影响，这是发展理念的核心。”[③] 他强调，如果从关注人类生活这样更广阔的视角来理解发展，那么就需要通过发展和民主之间的建构性的关联，而不是仅仅通过它们的外部联系来认识它们之间的关系。这里的关键是，政治自由和民主权利是发展的“构成部分”，它们并不需要通过其对国民生产总值增长的贡献这一渠道间接地建立它们与发展之间的联系。森指出，人们对民主与快速经济增长之间的兼容性抱怀疑态度，是基于一些选择性的跨国比较。然而，更有价值的全面的跨国比较，并没有为民主不利于经济增长这种认识提供任何经验性的支持。过去常常把印度作为例子说明民主国家的增长注定要比专制国家慢得多，但印度自20世纪80年代以来经济增长明显加快，很难再把印度当作民主统治下经济缓慢发展的典型例子。

一些人反对在发展中国家实施民主以及基本的公民自由和政治自由，其主要理由有三：一是认为这些自由和权利阻碍经济增长和发展，这种观点被称为“李光耀命题”；二是认为如果让穷人在政治自由和满足基本经济需要

---

① 参见［印］森：《以自由看待发展》，任赜、于真译，刘民权、刘柳校，中国人民大学出版社2012年版，第157页。

② ［印］森：《正义的理念》，王磊、李航译，刘民权校译，中国人民大学出版社2012年版，第322页。

③ ［印］森：《正义的理念》，王磊、李航译，刘民权校译，中国人民大学出版社2012年版，第322页。

之间做出选择，他们总会选择后者；三是强调政治自由、自由权和民主是一种特定的“西方的”优先选择，特别是它与“亚洲价值观”冲突，而后者更倾向于秩序和纪律而不是自由权和其他自由。[①] 森坚持反对这些观点，认为经济需要的紧迫性加强而不是减弱了政治自由的迫切性。基本政治和自由权利的重要性体现在三个方面：其一，在关系到基本可行能力（包括政治和社会参与）的人类生活中，它们具有直接的重要性；其二，人民表达并论证他们的要求（包括经济需要方面的要求）以引起政治上的关注，在促进这种要求得到倾听方面，它们具有工具性作用；其三，在形成“需要”（包括在社会意义上理解的“经济需要”）这个概念上，它们具有建设性作用。由此森得出了“政治自由与民主具有首要性”的结论。他特别指出：“在判断经济发展时，仅仅看到国民生产总值或者某些其他反映总体经济扩展的指标的增长，是不恰当的。我们必须还要看到民主和政治自由对公民的生活及可行能力的影响。在这个意义上，特别重要的是考察以政治权利和公民权利为一方，以防止重大灾难（例如饥荒）为另一方，二者之间的联系。政治和公民权利能够有力地唤起人们对普遍性需要的关注，并要求恰当的公共行动。对于人们的深切痛苦，政府的反应通常取决于对政府的压力，这正是行使政治权利（投票、批评、抗议等等）可以造成重大区别的地方。”[②] 正因为如此，在具有定期选举、反对党派、基本言论自由和相对的新闻自由的运转良好的民主社会里，即使这种国家非常贫穷，也从未发生过大的饥荒。以印度为例。印度的民主有许多瑕疵，但自独立和建立民主制度以来，印度再未发生过大的饥荒。在森看来，这是因为“当一个政府对公众负责时，以及存在自由的新闻报道和不受审查的公开批评时，那么政府也会受到极好的激励去尽自己最大的努力消除饥荒”[③]。

森认为，我们必须超越经济增长来认识和追求社会福利更全面的要求，而通过赋予受到剥夺和处于弱势的人群表达的机会，能够提升其他形式的自由，如人类安全。这是一个重要问题，与民主在公共理性和形成“协商式治理”中所起的作用密切相关。“民主在维护安全方面的保护力实际上要比其

① 参见［印］森：《以自由看待发展》，任赜、于真译，刘民权、刘柳校，中国人民大学出版社 2012 年版，第 150—151 页。

② ［印］森：《以自由看待发展》，任赜、于真译，刘民权、刘柳校，中国人民大学出版社 2012 年版，第 152 页。

③ ［印］森：《正义的理念》，王磊、李航译，刘民权校译，中国人民大学出版社 2012 年版，第 320 页。

在饥荒预防方面广泛得多。"[①] 在韩国和印度尼西亚，当所有人的财富在不断增加时，穷人并没有怎么去思考民主问题，但当 90 年代末经济危机到来时，那些财产和生活受到严重影响的人们开始怀念民主以及政治和公民权利。于是，民主在这些国家突然成为了一个主要问题，其中韩国在这方面采取了重大的改革举措。

伴随着民主的进步，公众的意愿对于政策选择的作用日益增强。例如，性别不平等问题使更多的人参与政治，这也促进了为减少社会和经济领域中的性别歧视而作出的政治努力。其他很多广义的人权要求，如受教育权、食品权（尤其是学校午餐）、享受基本医疗保障的权利、环境保护权以及就业保障权方面的有组织运动，对政治决策的影响也不断增强。总之，公众对社会不平等和剥夺问题可能存在的不满开始发挥比以往更大的作用。在森看来，民主自由可以增强社会公正，并带来更良好、更公正的政治，但这一过程并不是自发的过程，而是要求具有政治意识的公民的积极行动。

民主必须解决的一个最难的问题是少数人权利的保护问题。早在 18 世纪孔多塞就提醒过，要提防"古今共和者广泛传播的格言，即可以牺牲少数人来为多数人服务"。然而，直到今天这一问题仍然存在着："那些对牺牲少数人权利毫无歉疚的无情的多数人，将会使社会面临一个艰难的抉择，是尊重多数原则，还是保障少数人的权利。"[②] 在森看来，从公共理性这一广义视角来理解民主，能够考虑少数人权利的重要性，而又不忽视作为民主结构一部分的多数人投票。这里的关键是要形成包容价值观，这种价值观的形成是民主体系顺利运行的核心，而仅靠民主制度本身无法自动保证其成功。要形成这种包容价值观需要诉求于政治和社会的互动，而不能仅仅停留于最完美制度的设计。"成功的民主不仅仅能设计出所能想到的最完美的制度。它不可避免地取决于我们实际的行为模式以及政治和社会互动。将民主问题寄托在绝对完美的制度'可靠性'上，是不可能行得通的。像所有其他制度一样，民主制度的运行依赖于主体人在利用机会实现合理目标上的行为。"[③]

① ［印］森：《正义的理念》，王磊、李航译，刘民权校译，中国人民大学出版社 2012 年版，第 324 页。

② ［印］森：《正义的理念》，王磊、李航译，刘民权校译，中国人民大学出版社 2012 年版，第 327 页。

③ ［印］森：《正义的理念》，王磊、李航译，刘民权校译，中国人民大学出版社 2012 年版，第 329 页。

（五）理智与合理性

在森看来，虽然千百年来关于社会公正的话题一直被人们讨论，但关于社会公正的研究直到启蒙运动时期才真正兴盛起来。当时对公正问题的思考可划分为两大基本类型：一是霍布斯、卢梭等人主要关注建立公正的社会制度，可称为“先验制度主义”。其特点是致力于探寻完美的公正，而不是相对而言的公正与不公正，即仅仅探寻终极的社会公正的特征，而不是对现实并非完美的社会进行比较研究。它致力于探究“公正”的本质，而不是寻找用以评判哪种社会相对而言更为公正的标准。为了寻找绝对的公正，先验制度主义主要关注制度的正确与否，而非直接关注现实存在的社会。先验制度主义的这些特点都与契约论的思维模式有关。该模式由霍布斯提出，洛克、卢梭和康德相继予以发展，假设社会按某种虚拟的契约运作，并据此确立一种理想的社会制度。二是亚当·斯密、孔多塞、边沁、沃斯通克拉夫特、马克思和约翰·密尔等人采用比较方法关注各种社会现实。他们都致力于对现实的或可能出现的社会进行比较，而非局限于先验地去寻找绝对公正的社会。森认为，当代主流政治哲学在探究公正问题时多采取第一种方法，其杰出的代表是罗尔斯，而森自己则采取的是第二种方法，即“关注实际的社会现实，而不是什么才是完美的社会制度和规则”①。森之所以采取第二种方法而否弃第一种方法，是因为在他看来，第一种方法无法回答“我们需要什么的制度变革来减少这个世界的不公正？”的问题，而这一问题正是第二种方法关注的主题。

既然社会公正问题的关键在于社会改革，那么如何有效地进行社会改革呢？答案是清醒的理智思考。森认为，将清醒的理智思考视为改良社会的主要推动力，是启蒙运动的思想传统。当代许多政治哲学家认为启蒙运动夸大了理智的作用，甚至有人认为正是启蒙运动对于理智的过度依赖导致了后启蒙时期的种种社会问题。森不赞成这种看法，认为后启蒙时期出现的种种问题并不是重视理智的结果，相反是缺乏理智思考的结果，“问题的根源显然是草率且失当的自信，而并不是理智思考本身”②。“实际上，倡导理智的

① ［印］森:《正义的理念》，王磊、李航译，刘民权校译，中国人民大学出版社 2012 年版，第 8 页。

② ［印］森:《正义的理念》，王磊、李航译，刘民权校译，中国人民大学出版社 2012 年版，第 41 页。

主要原因之一在于，它有助于人们对意识形态和盲目崇拜进行审思。”[①]森认为，理智是不可或缺的。首先，理智思考所关注的是看待和对待他人、其他文化及其他观点的正确方式，并审思不同的道理，以寻求尊重与包容。其次，我们也应理智思考自身的失误并避免重蹈覆辙。再次，我们需要通过思考来辨别那些本无伤害他人之意，实际上却造成了这种后果的行为。最后，为了防止人的无知的漠视而导致的环境灾祸，我们也需要批判性的审思。因此，理智的思考对我们是有益的，而不是一种威胁。他赞同阿克巴[②]的看法，“理智之道”或“理智的规则”必须是判别良好和公正的行为，以及合理的法律义务与权利框架的基本因素。[③]同时，理智也包含了感情的重要性。如果我们被某种情感深深地打动，就有必要询问其缘由，因此，“理智与感情在人类的反思中扮演着互补的角色”[④]。选择理智的审思并不在于它必然能够保证作出正确的判断，而在于它能使我们尽可能地客观，而思考公正与非公正问题时正需要这种客观的理智思考。

客观的理智思考的重要体现之一，就是作出合理性的选择。森非常重视合理性问题，将合理性问题与自由问题、社会选择问题结合起来研究和讨论，认为合理性是理解和评价自由的核心概念。他指出，在经济学的主流理论中，“合理性的选择”这一术语有着不同的含义，其中主要有三种，即“选择的内在一致性”、“自利最大化”和“一般最大化”（maximization in general）。这三种对合理性的选择的不同解释体现了三种不同的合理性观。

选择的内在一致性注重的是“在不同情况下各种选择之间的关联，它将选择结果与不同的‘菜单’（也就是不同的可以利用的备选方案集）进行比较”[⑤]，而无须任何外在的参数（目标、价值、偏好）。森认为，选择的内在一致性既不能成为合理性的充分条件，也不能成为合理性的必要条件。这种观点无法解释这种情况：一个人可能在其选择中持续一致地低能，永远选择那些他最不重视的并且是他最讨厌的东西。这样做，他仍然符合了一致性条

① ［印］森:《正义的理念》，王磊、李航译，刘民权校译，中国人民大学出版社 2012 年版，第 31 页。

② 阿克巴（Akbar），印度莫卧尔王朝的皇帝。

③ 参见［印］森:《正义的理念》，王磊、李航译，刘民权校译，中国人民大学出版社 2012 年版，第 34 页。

④ ［印］森:《正义的理念》，王磊、李航译，刘民权校译，中国人民大学出版社 2012 年版，第 34 页。

⑤ ［印］森:《理性与自由》，李风华译，中国人民大学出版社 2012 年版，第 14 页。

件，但很难说他这种行为可以视作一种合理性模式。因此，内在一致性条件总体上并不足以成为合理性的充分条件。同样，内在一致性也不足以成为合理性的必要条件。若不考虑到选择者的动机，“一致性”的内涵根本无法确定，而一旦考虑到动机，就一定会涉及一个“外在”的参数，这时一致性条件就不再是纯粹的选择的“内在”一致性了。

自利最大化将合理性选择理解为“选择那些能够促进个人私利最大化的方案”①。其基本观点认为，所有人类行为都可以视为这样的参与者的行为，他们:（1）最大化他们的效用;（2）具有稳定的偏好集合;（3）在各种不同的市场中积累了最优数量的信息和其他输出结果。与选择的内在一致性不同，这种合理性观将合理性与选择的外在某个参数联系起来，因而不存在内在一致性观点所遇到的逻辑悖论。自利最大化观最常见的假设就是“经济人”的假设。森认为，这种观念仍然存在着深刻的局限性。人们的许多行为都显然符合合作的要求，而为了解释这种行为，这种观点不得不加入各种附加的结构以及特殊的假设，才能在所谓的合理性行为范围内为合作行为留下余地。对于这种观点来说，下面这些问题都是有待解释的无休止的挑战：为什么人们在相互依赖的生产行为中常常共同努力？为什么可以经常观察到富有公共精神的行为（从不在街上扔垃圾到同情关心他人）？或者为什么在许多环境中根据规则行事的动机常常限制了对自利的追求？

一般最大化像自利最大化一样，也必然涉及某些外在于选择行为的事物，如目标、目的或价值等，但应用范围比自利最大化更广泛，因为在这个最大化的框架内人们可以具有不同类型的目标和价值，而且它还要求系统推理和审查后的选择。这种理论可以看作是自利最大化观点修正所形成的一种“合理性选择理论”（rational choice theory）。森认为，这种观点已经成为非常流行的并且影响广泛的方法，其主要优势在于它促成了这样的看法，即“观察到的行为现象需要系统的——而不是特殊的——解释，人类行为中存在许多规律，而这些规律可以放在最大化框架中予以解释。”②但是，这种理论否认了选择的某些重要的动机和关怀，这些动机和关怀就是亚当·斯密所说的“道德情操”和康德所说的“绝对命令”。森认为，当这种理论试图解释合理性的或实际的行为时，根本就不容许这些动机和理由占有一席之地，它是通过一种复杂的工具并与最终的自利行为相联结来解释被道德和社会原

① ［印］森:《理性与自由》，李风华译，中国人民大学出版社 2012 年版，第 14 页。

② ［印］森:《理性与自由》，李风华译，中国人民大学出版社 2012 年版，第 19 页。

则所规范的行为的。在选择的规律以及目标和价值的运用这些问题的解释上，理性选择理论“相当武断地选择了一种狭隘的解释方式，并排斥了其他的对立观点”[①]。

森虽然批评了上述几种合理性观，但并不对它们加以一概排除，而是在指出其局限性的同时对它们加以修正扩展，建立一种更为完备充分的合理性观。他认为，要建立这样的合理性观，有必要厘清“自我”的含义。他根据自我对于个人的自利偏好和选择的意义而区别为三个方面：(1)“自我为中心的福利”，即个人的福利仅仅依赖于他对自己的假设以及其他有关生活内涵的特征，不带有任何针对他人的同情或反感，也不存在任何程序上的关心；(2)“自我福利的目标”，即个人的唯一目标是最大化他自己的福利；(3)“自我目标的选择”，即个人的选择应该完全建立在对自己目标的追求之上。[②]在森看来，自我的这三个方面又都与自我的第四个方面截然相异，这第四个方面是“能够自我审查和推理”，即个人对自己的目标、价值、偏好等具有一种自主的评价、审查并据此作出选择的能力。

森认为，人不仅是能够享受其消费、体验并预期其福利、拥有目标的实体，而且也是一个能够省察其价值和目标，并根据这些价值和目标进行选择的实体。人的选择并不是完全以消费经验和福利为转移，也不是简单地将可感知的目标转化为行动。他可以追求自己希望得到什么以及如何得到，而且还可以省察自己应该希望什么以及应如何去做。因此，人也许会为道德关怀和社会理由所动，当然也许不会为之所动，但人们不可能不去思考这些问题，去塑造自己的价值观，并且也有可能去修正自己的目标，承认那些不能完全归结为个人私利的目标，承认适当社会行为的价值。当然，个人的推理无需一如既往地或经常地追求这种更广泛的目的和价值，但我们不能错误地认为这种博大的关怀并不包含在理性之中。“理性中仍然有许多空间来置放这些关怀，我们绝不可幼稚地将它们付给所谓的‘非理性’：(1)拥有更多的目标，而不仅仅是，促进自己的福利（无视他人的福利和过程的公平性）；(2)承认最大化实现个人目标（无视他人的目标）之外的其他价值。……自我的范围绝不仅仅局限于自利最大化。”[③]总之，容许道德的、社会的和政治的选择理由，从而超越了自利追求的唯一参照系，这就是个人的

---

① ［印］森：《理性与自由》，李风华译，中国人民大学出版社2012年版，第19页。

② 参见［印］森：《理性与自由》，李风华译，中国人民大学出版社2012年版，第23页。

③ ［印］森：《理性与自由》，李风华译，中国人民大学出版社2012年版，第25页。

自我审查和推理能力发挥其实质性作用的地方。

六、马塞多对自由主义的辩护和阐发

斯多芬·马塞多（Stephen Macedo）是普林斯顿大学人类价值研究中心的前主任，普林斯顿大学劳伦斯·S.洛克菲勒政治学讲席教授。他研究的领域涉及政治理论、伦理学、美国宪政、公共政策，并侧重于自由主义与公正，以及学校、公民社会和公共政策在培养公民身份方面的作用。他的主要著作有:《差异性与不信任：多元文化民主中的公民教育》(*Diversity and Distrust: Civic Education in a Multicultural Democracy*, 2000)、《自由的德性：自由主义宪政中的公民身份、德性和共同体》(*Liberal Virtues: Citizenship, Virtue, and Community in Liberal Constitutionalism*, 1990)，以及与人合著的《美国宪法解释》等。马塞多面对社群主义等对自由主义的种种指责，全力为自由主义作辩护，并有针对性地阐发了自由主义关于德性、公民身份、共同体等方面的观点，论证德性与自由具有基于“公众理性”的兼容性，构建一种“自由主义德性”或“具有德性的自由主义”，试图从德性的角度捍卫自由主义传统。

（一）针对批评的辩护和阐发

马塞多认为，自由、平等这些自由主义原则是意义重大的。一些人为了维护它们不惜遭人误解、远离家人、坐监入狱，乃至更甚。自由政府需要这样一些时刻准备为自由价值作出最大牺牲的个人英雄，也有赖于一大批普通公民的温和但仍然很重要的贡献，如宽容、尊重他人的权利、自制、反思、自我批评、节制，以及有理性地从事公民活动。“自由主义政治首先意味着个人的自由和权利、法治，以及有限的和负责任的政府。”[①] 在马塞多看来，对于捍卫者来说，自由个人主义是一桩解放事业和一项奇迹。为此，自由主义政治思想家把他们的主要精力都集中在论证和解释自由主义的这些核心观念和制度上。然而，自由主义思想家的这些努力并没有得到人们的普遍认可，他们及自由政府接二连三地受到批评。“对于很多人来说，自由主义缺少光彩，显得没有鼓舞力，不值得热烈地拥护。有很多被视为社群主义者或

① ［美］马塞多:《自由主义美德：自由主义宪政中的公民身份、德性与社群》，马万利译，译林出版社 2010 年版，第 2—3 页。

市民共和主义者的批评家，将矛头集中在其缺少积极自由理想上。”[①]特别是社群主义批评家对自由主义的批评日益突出，并将其注意力从资本主义经济转移到了自由权利、法律以及公正等社会政治问题上。他们指责自由主义政治为了个人权利牺牲了友爱、社会稳定以及公民德性。“社群主义者说，自由主义者忽视公共规划与目标，其实那些规划与目标能够使公民不再只是一些孤独与自利的‘原子’。”[②]马塞多认为，尽管社群主义者以及市民共和主义者提不出什么取自由主义而代之的纲领，但这些批评所涉及的公民身份、德性以及社群等都是重要的理想，完全值得重视和争论，自由主义也应该得到基于这些理想的辩护。马塞多认为，自由主义政治学说中预设了这些理想，“自由主义政治学说从根本上追求公众证明，而这种证明引导着很多现实的自由主义实践”[③]。他相信，从自由主义角度针对社群主义者作出的这种应答，将向人们展现自由主义理想作为一种公共道德所包含的政治理想。在这一理想中，自由价值得到公共官员和公民的确认，并被视为体现了人们相互之间的道德责任，被视为对“什么是我们的最佳生活方式”这一问题的最佳回答。

马塞多指出，对于有些人而言，“自由的德性”（liberal virtue）不仅是一个自相矛盾的概念，还有可能导致政府干预、政治完美主义，以及家长制作风，总之，可能导致政府对个人自由和权利的干预。因为自由主义主张，政府不应去管理人民的道德，对人们不同道德观念应持中立立场，它只应提供平等的自由、秩序、安全，以及其他可普遍接受的公共利益。马塞多认为，这种自由主义主张是对的，我们应该反对政府的干预行为和家长制作风。但是，自由主义者也应该拥有和发展一些能使自由政体得到蓬勃发展的态度和能力，这就是公民的德性。公民的德性与自由主义政治存在着良性互动的关系。“自由主义政治取决于一定程度、一定品质的公民美德，而公民美德又因生活在一个合理公正、宽容、开放的自由体制下而从多方面得到促进。”[④]这里涉及对自由主义理解的问题。

马塞多认为，自由主义珍视宽容和个人自由，视其为核心的政治价值，由此，自由主义包含个体性，包含信仰及社会的多元化，以及商业精神。在

---

① ［美］马塞多：《自由主义美德》，马万利译，译林出版社 2010 年版，第 3 页。
② ［美］马塞多：《自由主义美德》，马万利译，译林出版社 2010 年版，第 13 页。
③ ［美］马塞多：《自由主义美德》，马万利译，译林出版社 2010 年版，第 12 页。
④ ［美］马塞多：《自由主义美德》，马万利译，译林出版社 2010 年版，第 3 页。

个人及政府对他人生活的干预上，自由主义设置了程序的以及实质的限制，以保护个人自由。“个人自由居于自由主义的核心位置，它包括思想自由、宗教活动自由、结社（不论是公开的、私人的或者隐秘的）自由，还包括择业与经商的权利，以及言论、商讨、出版、文学艺术、迁徙以及旅行的自由。自由主义公民在受到他人或国家的指控时，必须能通过独立的法庭以及‘正当程序’去辩护。自由主义意味着立宪的有限政府以及法治；这就要求在审案之前，要根据已知的程序，在公开性与必要程度的广泛性的基础上，预先制定法律，对政治权力的行使作出规定。自由主义意味着法律面前人人平等，意味着平等的公民身份，意味着所有的人都有权利获得对自己的自由权利的尊重。”①同时，“一个正义的自由社会不只有正义可足称道——在这样的社会里，我们能够认识到社群、美德以及人类繁荣等积极自由的理想。一个受自由主义正义支配的社群，其吸引人之处就在于它是一个社群，而不仅仅在于它是一个自由权利不受冒犯之地。”②马塞多认为，《独立宣言》《美国宪法》以及《人权与公民权利宣言》都属于自由主义的伟大成就，而洛克、约翰·密尔、罗尔斯都是自由主义圣殿里的圣贤。

在这里，马塞多明确表示他肯定积极自由的意义，并以此为基础反驳社群主义者。他说：“关于自由主义正义与权利的话语，关于尊重个人的理念，以及我们的公众证明的政治实践，都可以作为积极自由的理想的关键构成。在这一基础上，我尝试提出自由主义美德，并对提倡社群主义的人予以反驳。”③马塞多力图表明，自由主义者不必要、也不应该支持自由主义批评者们所攻击的很多观念与实践，自由主义的实践不必要像、通常也并不像社群主义者所拼凑的那些并不吸引人的画面。自由主义理想在很多现存的实践与倾向中已先行存在着，尽管远非完善。因此，提出并维护这些理想是应对社群主义批评的一条途径。同时，提倡积极的自由主义理想又为建设自由主义社群指明了道路，而这种社群是更加自由、更加美好的社群。④

在马塞多看来，“自由主义”现在已经变成了一个被误用的术语，为此需要对它进行一个澄清。他说，他所说的“自由主义”并不是指美国民主党左翼的意识形态和方针，而是指那种经由美国开国领袖们播种的伟大政治传

① ［美］马塞多：《自由主义美德》，马万利译，译林出版社2010年版，第10页。
② ［美］马塞多：《自由主义美德》，马万利译，译林出版社2010年版，第12页。
③ ［美］马塞多：《自由主义美德》，马万利译，译林出版社2010年版，第5页。
④ 参见［美］马塞多：《自由主义美德》，马万利译，译林出版社2010年版，第7页。

统，也就是洛克、约翰·密尔、罗尔斯的传统。“我所说的自由，是指诸如个人自由与责任等政治价值，以及诸如法治、分权等制度。”① 他主张，应该用自由主义的公正，用对所有道德个人② 的自由权利的尊重，去指导自由主义的政治安排，因为自由主义公正与权利建构并且部分地决定自由主义公民所追求的美好生活的方向、目标及观念。就是说，自由主义的公正与权利并非如自由主义理论家有时推断或主张的那样，独立于关于美好生活的理解之外。在马塞多看来，在理想的状态下，自由主义者不仅追求自由主义原则和制度，还以某种特定的方式追求它们。最好的追求自由主义政治的方式就是从公共道德角度去思考政治者所采用的方式。“关于公民身份、美德与社群的自由主义理想，在某种程度上，属于对追求自由主义正义的最佳方式的思考产物。”③

在批评性地考察了麦金太尔、桑德尔、德夫林（Patrick Devlin）等社群主义者，以及沃尔泽、奥克肖特（Michael Oakeshott）、罗蒂（Richard Rorty）等传统主义者对自由主义的批评之后，马塞多指出：“公民身份、美德、社群，这些自由主义理想可以在自由主义宪政的理想中找到位置，而对公众理性能力的基本的政治追求保障着自由主义宪政的理想。”④ 在他看来，哲学并非有别于普通大众思考的另外一种体系，而不过是如波普尔所说的是“常识性问题的放大”。现代国家并非某种简单意义上的“具有共同内涵的共同体”，而是或多或少具备理性能力的人的联合，这些人可能在一些问题上达成一致，而在另一些问题上存在分歧。我们只有尊重他们的理性能力，才能希望由此赢得他们的尊重。正是基于这种考虑，马塞多以公众理性为基础阐述他的“具有德性的自由主义”，并从而为自由主义作辩护和阐发。

（二）公众证明

马塞多明确提出，自由主义的核心目标是公众证明（Public Justification）。他说：“公众证明是自由主义的核心目标，它指引着自由主义者感到自

---

① ［美］马塞多：《自由主义美德》，马万利译，译林出版社 2010 年版，第 4 页。

② 马塞多特别指出，这里所说的“道德个人”，指的是拥有某种反思能力的人，即他们有公正感，能够制订生活计划。值得注意的是，马塞多在这里给自由社会中个人赋予了社会的道德属性，而不是将他们看作是在道德上各行其是的“原子”，而政府对他们的道德保持完全中立。

③ ［美］马塞多：《自由主义美德》，马万利译，译林出版社 2010 年版，第 10 页。

④ ［美］马塞多：《自由主义美德》，马万利译，译林出版社 2010 年版，第 37 页。

豪的实践热情及政治制度。”[①]他指出，虽然公众证明并非自由主义的唯一政治目标，自由主义还需要有按自己的方式去生活的自由，需要和平、礼让和和谐，也要采取其他方式的节制，但是，对公众证明的追求将哲学批评的目标与自由尊重和民主平等的目标融为一体了，它寻求的是一种能为我们认识的人们所用的反思性道德标准。[②]马塞多认为，当我们要回答自由主义意味着什么、自由主义和宪政主义之下的公民意味着什么，以及坚定这一政体对我们提出哪些要求等问题时，我们应该在批评的和道德的意义上，将这些问题自我解读为：我们在最佳状态下我们代表什么？在我们的实践和方式中什么才值得我们骄傲？这些问题的部分答案在于，作为自由主义、宪政主义政体之下的公民，享有某些权利，能够自由地在一个相当广泛的范围内进行选择，我们的人身与财产安全得到保护。换言之，自由的公民接受某些政治利益，同时付出合乎理性的代价，如纳税、守法、参与选举等。

在马塞多看来，对自由主义的辩护可以建立在公民个人的益处的基础上，但并不止于此。除此之外，还可以从一个更积极的、要求更高的维度为自由主义辩护，这个维度或许是从属的，但却是至关重要的。这就是通过考察自由主义积极的、大众的一面提炼出关于德性和社群的自由主义观念，我们可以借此更好地理解自由政体对其公民提出的那些要求，亦即繁荣乃至生存所需的条件。在马塞多看来，自由主义的这一个维度就是作为“公众理性”的自由主义，它体现了自由主义宪政中将自由与理性的自治联系在一起的努力，体现为要求“运用政治权力的正当性需要向公众证明，没有人可以凌驾于这一点之上”[③]。自由主义政治不仅保护人人享有设计、批评、修改和实施生活计划的平等权利，并为开展公共证明活动设立制度平台。[④]

应该理性地对待他人，而且在各种反对立场面前，权力的运用应当有良知地公开拿出理由。马塞多认为，这种信念是自由主义宪政的重要的活力源头。自由主义的法治理想的核心是某种“水平的”、互惠型的权力，而非“垂直的”、管理型的权力，即：“自治公民与政府官员服从同样的法律，而不是由立法君主制定法律，臣民们接受。”[⑤]而这一要求的道德核心在于追

① ［美］马塞多：《自由主义美德》，马万利译，译林出版社 2010 年版，第 74 页。
② 参见［美］马塞多：《自由主义美德》，马万利译，译林出版社 2010 年版，第 76 页。
③ ［美］马塞多：《自由主义美德》，马万利译，译林出版社 2010 年版，第 40—41 页。
④ 参见［美］马塞多：《自由主义美德》，马万利译，译林出版社 2010 年版，第 193 页。
⑤ ［美］马塞多：《自由主义美德》，马万利译，译林出版社 2010 年版，第 39 页。

求公众证明："权力的运用应该伴以所有具备理性能力的人都能够接受的理由。"[①]在马塞多看来，公众证明是自由主义者的一种努力，为的是在理性能力有限的人们中间推行批判实践理性。因此，自由主义者通常追求那种能够被理性的、道德与哲学志趣差别很大的人所广泛接受的证明方式。其目的在于得出一种理性的共识："在普遍多元化的社会里，既要理性，也要令人愉快。"[②]马塞多认为，公众证明的理由是可以公开地向他人展示、可以批评性地辩护、可以被有理性的人所共享的道德理由。作为一种道德理由，它对人对己都是好的理由，而不能只照顾那些狭隘的自利旨趣。道德理由必须是一般性的，必须是公开的，还必须是批评性的。[③]当然，公众证明并非不考虑公众及其他政治行为者的个人道德信念，而是将其考虑在内。"公众证明不是对公共和私人价值空间的严格分割，而是在人们共有的公共价值与每个人的整套价值之间的协商。"[④]公众证明作为一个建构性的协商过程，其中的每一个都部分决定于我们所认为是理性的诊断与妥协。接受公众证明的恰当性，就是同意滤除某些基于个人立场或得不到有理性的人广泛赞同的理由与观点，但即便在政治上有理性能力的人也能保持理性的异议。"自由主义公众证明的成功，并不要求人们对所有的宗教、哲学及道德提问全都接受同样一整套综合性回答，但也不允许将公共的与私人的价值空间分离开来。自由主义要求所有的个人志向都带有某种形式，落入某一界域。我们之间的分歧有望被缩小和付诸管理。除此之外我们无法企望更多。"[⑤]

自由主义公众证明的目的在于尊重多样性，同时铸造出能为所有的人理解、接受及在彼此面前公开承认的共同道德原则框架，建立透明的、去神秘化的社会秩序。[⑥]"公众证明是自由主义的核心目标，它指引着自由主义者感到自豪的实践热情及政治制度。"[⑦]公众证明在最低的层次上有着双重的目标：它寻求反思性的证明，但也寻求那些受到普遍公认的好的理由。参与公众证明的人旨在找到一套所有人都会认为是合理的原则，而不是只有少数人认为是正确的或者最好的。公众证明的这一双重目的与自由民主社会的原则

① ［美］马塞多：《自由主义美德》，马万利译，译林出版社 2010 年版，第 40 页。
② ［美］马塞多：《自由主义美德》，马万利译，译林出版社 2010 年版，第 43 页。
③ 参见［美］马塞多：《自由主义美德》，马万利译，译林出版社 2010 年版，第 45 页。
④ ［美］马塞多：《自由主义美德》，马万利译，译林出版社 2010 年版，第 61 页。
⑤ ［美］马塞多：《自由主义美德》，马万利译，译林出版社 2010 年版，第 62 页。
⑥ 参见［美］马塞多：《自由主义美德》，马万利译，译林出版社 2010 年版，第 68 页。
⑦ ［美］马塞多：《自由主义美德》，马万利译，译林出版社 2010 年版，第 74 页。

性追求是一致的。通过把二者放在一起来追求，我们不仅尊重好的理由的好处，而且尊重那些理性能力有限，而且有着各种各样综合性观点的公民的自由与平等。实际上，好的理由的好处完全依赖于它们有能力赢得有理性的、愿意达成合理一致的人们的广泛赞同。“公众证明尊重公共论点与论据，尊重理性的人以及理性被置于人性中时的局限性；因此，公众证明具有鲜明的自由和民主色彩，以及鲜明的实在性和派性特征。”①

公众证明是一件永无止境的事业。如果我们不一直将自己的政治理念拿出来与他人讨论，如果我们的观点是封闭的，公众理性就变成了公共教条。“除非我们始终保持辩论并对新的、更好的理由持开放的立场，否则我们就无法信任那些我们当前认为好的理由。”②所以，为了好的理由，自由主义为自己，也为其思想，设立了一个公共辩论的过程。对于自由主义来说，公众证明并非只是一种手段，它本身就是一种目的。做一位自我批评的讲道德的人就是做自由主义者的最佳方式，也是一种好的生活方式。因此，自由主义者把反思和自我批评的能力与公众证明联系到一起，这种能力被视为自由主义公民的永久的和不断发展的最佳特征。

那么，为什么需要公众证明呢？这是因为：首先，我们得承认多元化这一长期存在的事实，理性的人不仅具有不同的喜好与利益，而且在道德、哲学、宗教等方面都有着广泛和深刻的差异。其次，在承认多元化的同时，我们还要尊重所有具有正常理性能力的人，把他们看作是自由与平等的道德生命。最后，我们要把那些纠缠不清的哲学及宗教问题与其他更紧迫但又更容易解决的问题区分开来，而在更紧迫的某些实践问题上取得一致，即保证基本的自由并确立公平的分配原则。③ 自由主义为理性能力设定了一个重要的标准，那就是公共性。“自由主义表达了完成紧迫任务的呼声，而不是坐等那些深奥而纠缠不清的争论得到解决。”④

（三）自由主义政治制度

公众证明是自由主义的道德目标，而自由主义的政治制度则既参与公众证明这一任务，又采取将这一任务与其他政治目的相连接的独特方式。“公

① ［美］马塞多：《自由主义美德》，马万利译，译林出版社 2010 年版，第 73 页。

② ［美］马塞多：《自由主义美德》，马万利译，译林出版社 2010 年版，第 57 页。

③ 参见［美］马塞多：《自由主义美德》，马万利译，译林出版社 2010 年版，第 46—47 页。

④ ［美］马塞多：《自由主义美德》，马万利译，译林出版社 2010 年版，第 48 页。

众证明使哲学政治化；自由主义政治制度延续并明确了这一政治化，使证明在政治运用中有所担当。”①

在马塞多看来，在所有支持现代自由社会的制度中，没有哪样比法律制度具有更基础、更核心的地位。在这种法律框架中，公正原则能同时得到公民和公共官员的认同，因而可以被用来实现公民身份、德性与社群的自由主义手段。

马塞多对自由主义所理解的法律作了阐明。“法律为所有自由行为强加某些一般性的条件（如：要签合同应当找两名证人）与限制（如：不许强迫、欺骗或伤害他人），由此有助于为自由赋予秩序，而这些条件与限制又共同形成一种相互自制的制度，让各方的自由与全体的自由相协调。”②法律规定的不是“说什么”，而是“如何说”，是为个人的自我选择行为加上“状语”。法治要求政府在施政时，总体上应该预先宣布理性的一般性行为规定。如此，法律就为潜在的随意性权力加上规范化的形式，而这就能增强预见性，增强个人安全。刑事诉讼必须尊重正当的程序，这种程序包含了官员克制以及公平公正等细致的要求，以确保甚至那些被控伤害他人者也能得到基本尊重。在一个人被剥夺生命、自由或财产之前，案件必须在一个独立、公正的法庭里审理，法庭必须保证审判是公正进行且正当程序是得到了尊重的。法律意味着某种秩序，即双方都遵守一般的、公共的规则与程序，它不仅确立权力的目的与界限，而且为公众证明提供环境与框架。马塞多赞成富勒、德沃金反对法律与道德分离的观点，认为法律不仅由法规组成，而且包含某些基本的目标与原则，如有序的自由、公平、程序正当、合乎理性以及反对残酷等。对法律的解释不仅是一种法规运用，也包括解释大多具有道德维度的法律原则。“道德原则是法律的基础，也有助于证明法律的正当性。当被进一步用于弥合各种法律规定之间的缝隙时，这些原则还有助于解决一些棘手的、凭外在的法律规定难以解决的案件。这些道德原则先于官方决策，有助于填补法规之间的缝隙，并且对公共官员与公民同样具有约束力。”③法律原则的优先存在，以及随之而来的“胜出权”，证明了理由充足的司法判决的公正性，并使新的法规的创立合法化。

由于担心直接民主制会导致狂热的混乱，自由主义者倾向于代议制政

① ［美］马塞多：《自由主义美德》，马万利译，译林出版社2010年版，第76页。
② ［美］马塞多：《自由主义美德》，马万利译，译林出版社2010年版，第78页。
③ ［美］马塞多：《自由主义美德》，马万利译，译林出版社2010年版，第82页。

府。在代议制下，公民一般情况下并不直接决定政治事务，而是选举他人来决定。但是，自由主义政体期待并要求公民一定程度的参与以及一定品质的德性，自由主义者甚至考虑教育手段是必要的，因为解释法律、检查其他解释者的决定，是每个人的事情。自由主义的社会契约论对公民的义务做了形象的描绘，说他们既是原初契约的缔约方，也是其他缔约方以及国家对契约遵守情况的最终裁决者。洛克的思想曾经激励美国的开国者们强调公民应该随时准备与暴政作斗争，这不仅是为了自己的生命，还是为了自己的权利。“自由主义者在政治学里通常寻求的，不仅是公民私人的善（秩序、和平和繁荣），还是一种有原则的、积极的公共生活。”① 现代自由主义学说假定，自由主义公民有能力作出自制的、有良知的政治判断。因此，当法官的推论有缺陷时，或者当有人能够为另外的判决推导出更好的“总体”证明时，公民不服从就是合理的了。“作为判决者的法官并没有特殊的身份，也没有内在于其职权的权威，他与其他任何选择就法律进行推理的人都处于同一个平台上。”②

所有的公民都被当作法律的解释者，这就是法律在公共道德方面最为惊人的特征。自由主义诸规范并非自上而下强加而来，不是出于某个最高的或主权者的意志。法律的公共道德夷平了解释权威，将其分散到了全体公民之中。公民被要求以公共道德原则批评性解释者的身份去从事政治活动，参与到政治生活持续进行的道德自我构造之中。这样，公民身份本身变成了一项真正的道德事业，它可以通过民主参与立法过程而得到提升。自由主义者鼓励公民按照自己对法律含义的批评性判断去阐述、去行事，为正当的公民不服从提供空间。这不仅能够鼓励公民对作为法律之基础的政治道德原则进行批评性思考，而且允许他们以那些原则的名义、为那些原则的利益而直接行动。在马塞多看来，政治秩序的目的是复杂的，不仅包括公众证明和自由主义者的自由，而且包括秩序和公正。自由主义的公正是一种公共道德：“全体公民都有责任解释它、批评它、以自己的行为支持它，有责任防范公共事物中可能出现的倒行逆施。”③ 在运用恰当的情况下，不服从所反映的不只是一项具体法律或行政行为的不公正性，它所应该针对的问题在于，即使政府自身也有难处，政府的行为或决策是否超出了可接受的限度。在某种意义

① ［美］马塞多:《自由主义美德》，马万利译，译林出版社 2010 年版，第 96 页。
② ［美］马塞多:《自由主义美德》，马万利译，译林出版社 2010 年版，第 98 页。
③ ［美］马塞多:《自由主义美德》，马万利译，译林出版社 2010 年版，第 192—193 页。

上，接受法治就意味着接受一定程度的不公正，因为一般性、预期性的法规所包含的公正是不完美的。这样，如果不服从某一法律，那该法律应该不止是不公正的，它还必定越过了不公正程度的某种阈限。恰当的阈限必须不仅建立在各种各样的具体考虑之上，还要建立在各种政治因素之上，如政治共同体内对法律尊重的力度、政治秩序的脆弱性。因此，“要证明公民不服从的正当性，就不仅需要道德判断，还需要政治判断。”①

法律解释的政治过程看上去或许是杂乱而无效的，但广泛参与关于宪法含义的辩论本身就是我们所想要得到的结果的一部分。分权机制为复杂的、竞争性的解释过程提供了动力，而这种解释为自由主义公民的德性带来了希望和机遇。没有一个当事人能够自己评判自己。“当矛盾出现在多数人的权力与少数人的权利之间时，就不能指望从通常的民主政治机制找到解决方案了，因为那将导致多数人自己做自己的法官。”②正是出于这种考虑，司法审查才应受到维护。然而，由于司法审查运行于政治过程之内而不是之外，公共及其他政治活动者就并没有真正被排除出对自身案件的评判。实行司法审查能够暂时阻止某项被广泛接受但不公正的立法或行政法规，但如果立法和行政这两个更为民主的部门一致坚持，司法部门就很难坚持到底。而且最高法院的法官们会死亡，会被总统和参议员提名或任命其他人取代。因此，宪法政体要想成为自由主义的，公民就必须依照自由主义原则治理自己。司法决定本身应该受到公民的审查，因而司法审查并不必扼杀公民的道德感。司法权力的行使通常伴随着对政治道德问题的理性公共争论与探讨。司法审查能够成为、通常已经成为大众道德思考的促进剂。所以，司法部门就有一种特别的能力，能够把原则问题融入我们的政治生活之中，可以集中体现自由主义的重视反思、自我批评、以理服人等德性。

针对美国“新右派”的保守社群主义者否认公众证明的宪政适当性的批评，马塞多指出：“自由主义理想绝非与美国政治中的那些杰出方面相对立；它们照亮了美国政治传统的精华，也反过来为之照亮。”③自由主义宪政的一个核心目标是追求合理的自治。在美国，当法官正确实施自己的审查权时，在允许对个人自由施加某些限制之前，要求提出真正的理由与证据。这样的司法审查有助于保证多数人把少数人也当成自己一样值得尊重的自由主义公

① ［美］马塞多：《自由主义美德》，马万利译，译林出版社 2010 年版，第 104 页。
② ［美］马塞多：《自由主义美德》，马万利译，译林出版社 2010 年版，第 154 页。
③ ［美］马塞多：《自由主义美德》，马万利译，译林出版社 2010 年版，第 189 页。

民对待，因而有助于建立某种致力于实现公众之间以理服人的政治共同体，这种政治共同体的基础在于合理的自治。然而，最高法院如果不事先对理由的品质进行认真研究，就宣布某些限制经济自由或其他不受人喜爱的自由的法律通过，那么它就是在为不公正的权力——即那些只代表有强大政治关系的特殊利益，缺乏好的、公正的理由支持的权力——作掩护。马塞多认为，指望在美国这样一个充满多样性的国家，人们会就什么是好的生活方式达成一致认识，是不现实的。我们既不能希望，也不能期盼有这样一种生活方式。“将最高政治权威赋予多数人的偏好，而非赋予那些保护全体人自由的公共道德规范，将构成压迫并导致社会冲突。”① 与自由主义公正本身一样，美国宪法不仅包容一些异质的利益及生活方式，而且将它们拉到一起，组织在一套最高的、调节性的道德原则及公众证明实践之下。“正是通过包容一个巨大的、异质的、‘扩大了的共和国’，宪法才体现了一种正义的观念，表达了一种对正义的理解，由此能够超越所有的这些差异，并将它们统合到一起。”② 这就是说，宪法为多元社会提供了统一的、合乎道德的聚合点，这就是自由主义权利、公正，以及与此一致的普遍福利观念。

（四）自由主义社群与自由主义德性

马塞多认为，自由主义首先关注的是某些政治价值与制度，关注维护自由、提高公众理性为主旨的自由主义制度，对这个主旨的关注贯穿于自由主义宪政复杂的实践与制度之中。到目前为止他都聚集于如何阐述和捍卫这个主旨，接下来他要考虑自由主义所设想的人性特点，以及在自由主义环境里将得以培育的各种品质。他说，他这样做的目的并不是要贬低或歪曲社群主义的全部旨趣，而是要指出“在自由主义诸理想中，有着合理的、动人的、人人接受的同一性，有着人与人的相互奉献以及社群”③。在他看来，实际上，社群主义价值包含在自由主义公正恰当控制下的多元社群这一理念之中。社群主义者批评自由主义把人看作本质上是“原子化的”以及“自足的”。他们指责自由主义的自我是一具意志的空壳，它面临无数种开放的可能性，没有客观的道德标准，也没有可供指引选择的基础。马塞多指出，自由主义政治学说能够避免这些缺陷，它并不限于对理性的一种“工具化”理

① ［美］马塞多:《自由主义美德》，马万利译，译林出版社 2010 年版，第 190 页。
② ［美］马塞多:《自由主义美德》，马万利译，译林出版社 2010 年版，第 190 页。
③ ［美］马塞多:《自由主义美德》，马万利译，译林出版社 2010 年版，第 192 页。

解，或对生活目的的一种怀疑论或主观论，而能讲清楚人类繁荣、德性以及社群等宝贵而切实的理想。而且，自由主义对权利的关注和对社群的关注并不是割裂开来的，而是相互紧密地联系在一起的，将有价值的社群看作是以尊重自由权利为基础的。他说："规定结社自由，并为基本的个人自由与人身安全提供保障，这些权利是构建好的社群的因素之一。捍卫自由主义不是为了排挤社群的价值，而是为了构建有价值的社群。在一个以尊重自由权利为基础建构起来的社群中，被捍卫、被提倡的价值就包括公民身份与角色、美德与社群等理想——这些价值将成为对批评自由主义的社群主义者的有力回答。"①

社群主义认为，对理性的"工具化"理解是自由主义学说所依赖的思想，因为工具理性是自由主义人性论的一部分。他们还指责自由主义很多个人权利，却不承认公共责任。马塞多辩护说，个人自由是政治的核心，并且在通常的情况下，权利高于对公共利益的集体追求。但是，这种优先性并不以价值主观主义或者对人性的善的怀疑为基础的，也不以对理性的工具化理解为前提。"自由主义假定，只要具有反思能力，能制定生活计划、行为正当，任何生命都是道德个体，都需要我们的尊重，都有平等享受各种基本自由的权利。然而，自由主义个人要求获得尊重，并不意味着要抹平所有关于美好生活的判断。说个人有权自由地、广泛地选择自己的生活，并不意味着一个人想要的任何东西、或者能让人高兴的任何东西，都是善的；也不意味着我们说不清楚什么是善的，或者什么对于所有的人来说是善的。自由主义权利的优先性与主观主义及关于善的怀疑论有一致之处，但并不必然导致后者。"②道德生活是复杂的，道德价值的源头也是多元的。自由主义将对人及权利的尊重视为核心的、十分重要的原则，但从不认为它是绝对的。对于自由主义政治来说，一个或许是附属性但十分重要的问题是它所促进的个人及社群生活的品质。对理性的工具化理解与自由主义是可以并存的，但并不是自由主义的必然要求。在自由主义公正这一用以治理多元社会的观念中，包含了一种超越工具理性的自治理想。这一理想能够促进可以被视为德性的性格类型，促进具有社群吸引力的社会组织类型。

自由主义常常与所谓的"消极"自由概念相联，但我们要谨防误解伯林的自由概念的真正含义。伯林无意于否认人的独特之处在于具有积极的能

① ［美］马塞多：《自由主义美德》，马万利译，译林出版社 2010 年版，第 191 页。

② ［美］马塞多：《自由主义美德》，马万利译，译林出版社 2010 年版，第 196—197 页。

力，这种能力可以证明人被赋予道德尊严或价值是正当的，并且要求我们承认这些人值得尊重。自由主义学说区分了两种人，一种是有行为能力并能对自己行为负责的成年人，另一种是未成年以及不具备完全行为能力的人。即使在某些场合，一个人明显地不应当被当作完整的道德个人去尊重，不具备制定计划、判断公正的能力，他应该受到某些形式的关怀与尊重。自由主义认为人是值得尊重的，因此人可以自由地选择自己的理想甚至可以不要理想地生活，但同时并不认为所有的选择都同样具有价值，都同样与某种自由主义形式的德性相适宜。自由主义所说的“自治”，指的就是“全面提升道德个体的反思能力，将使人接近一种理想状态”[①]。这种自治是“情境自治”（situated autonomy）。

在马塞多看来，与自治形成对照的是“独断”。独断的个人有能力在一定程度上反思、筛选、听从和塑造自己的欲望，似乎是自治的，但可能缺乏规训，难以追求有价值的长远目标，抵制欲望和偏见。他可能还是墨守成规者或习俗的“奴隶”，没有能力、也不习惯于批评性地、从自身角度去衡量和判断习俗，不会按照经过批评性评价及理性整合之后的价值、理想及热情去行动。在从独断到自治的变化过程中，批评能力的发展是一个重要的特征。具有这种能力，就不仅能对自己的行为，也能对自己的品质作出评判乃至积极的改造。一个人要获得自治，并不等于使“自我”远离自己的所有抱负和渴望，远离一般的社会观念和理想，也不等于要作为一个纯粹抽象的主体、一个只由“理性”或纯粹的独断意志构成的主体，去进行选择。情景自治就像泰勒所说的“强势评价”，它是与康德式的或无情境的自治观念相反的。个人塑造自我的积极力量，以及个人理解、控制和塑造自己的欲望的积极力量，都属于“强势评价”的内容。当一个人有决心、有毅力根据这种审慎思考的结果行事时，他就是自治的。“情境自治”将有充分行为能力的人描述为“驱动者”，而非只受人的欲望、历史潮流、遗传基因、社会化等力量，以及社群或经济压力的“驱动”。“‘情景自治’包含对价值遗产、个人抱负以及基本的善的批评性反思，而不是要放弃它们远走高飞。自由主义自治施展对道德及个人身份的批评性反思能力，而个人身份本身就是由目标、计划、抱负以及‘强势评价’构成。因此，自由主义自治是在一个深刻的层面运用了我们的理解力和责任感。”[②] 马塞多认为，“情景自治”这种自由主

① ［美］马塞多：《自由主义美德》，马万利译，译林出版社 2010 年版，第 203 页。
② ［美］马塞多：《自由主义美德》，马万利译，译林出版社 2010 年版，第 208 页。

义理想既避免了对理性的工具化理解的缺点和不足，又避免了康德的理性观的缺点和不足。[①]

马塞多认为，对于自治理想而言，生活方式的形式比其内容更重要。一个人追求其目标的方式是至关重要的，因为人自我批评地、自觉地确定自己的目标和志向，是一项高度个人化和极其复杂的活动。一个行为是否出于自治的选择，取决于该行为是积极的还是消极的，以及它如何适应更大的行为模式甚至整个生活计划。但这绝不意味着个人选择从不会出错，也不意味着行为自治可以使行为者免于任何批评，因为"自治不是全部的理想；自治服从于其他的美德，而非其他美德的担保，自治是各种道德价值中的一种"[②]。我们每个人都是一些高度个人化甚至私密化的经历，受各种微妙的影响塑造而成。就是说，我们从来不是完全透明地在自己面前，更不用说在他人面前了。"生活不是一本'公开的书'。"[③] 自由主义强调对人的尊重，主要不是由于怀疑是否存在真正的人性之善，而是由于人性善有多种正当的实践方式，而且我们很难以适当的方式走进他人的人生经历，对他人的目标和选择进行刺探和评价。在一个广大的、开放的、动态的、宽容的社会里，我们大多必然都是互不相识的公民，因而这类困难注定是不可克服的。但是，这样的社会更有可能促进人们认真思考多种选项及生活方式，并从中作出选择，因为在这样的社会中，关于什么是好生活的多种理解既相互竞争又相互尊重，关于善的讨论有各种声音，而且自由主义公民自己选择和改变自己的生活。因此，在多元主义社会中，公民可能受到多样性的深刻塑造，社会的多元性会渗透到自由主义人格之中，唤醒人们对价值冲突的体验，激发人们去批判性地反思。在马塞多看来，真正意义上的多元主义更能正确地刻画道德价值的本质，以及人们在自由、多元社会里的生活经历。和谐一致的道德生活是不能实现的，这并非现代的发现。古希腊悲剧家索福克勒斯就已经认识到，人性中有着不可根除的悲剧因素，人们有时就像安提戈涅[④]那样，被迫在各种

① 参见［美］马塞多：《自由主义美德》，马万利译，译林出版社 2010 年版，第 201 页。

② ［美］马塞多：《自由主义美德》，马万利译，译林出版社 2010 年版，第 219 页。

③ ［美］马塞多：《自由主义美德》，马万利译，译林出版社 2010 年版，第 220 页。

④ 安提戈涅是俄狄浦斯与其母伊俄卡斯忒在不知情的情况下根据当时的惯例所生下的女儿，所以她在索福克勒斯的悲剧中是一个悲剧角色。索福克勒斯利用安提戈涅的故事创作了悲剧《安提戈涅》和《俄狄浦斯在科罗诺斯》。在这两部作品中，安提戈涅被描绘成性格坚毅、骨肉情深的妇女的形象。古希腊的另一位悲剧作家欧里庇得斯也写了一部名为《安提戈涅》的戏剧，但早已散佚，仅有部分内容保存于后人的引用里。后来还有很多戏剧家、作曲家等都创作过有关安提戈涅的作品。

终极价值之间作出选择。[1]社群主义者认为，自由主义的反思为个人对他人、目标的忠诚所加的限制，破坏了社群的凝聚力，使人们疏远自己的目的，疏远他人。例如，桑德尔就认为自由主义在个人与个人的目的、目标及服务他人这一志向之间，拉开了太大的鸿沟。针对这种批评，马塞多指出，我们必须为自由主义公正的那些基本的、非个人的要求，而限制我们的忠诚之心。在政治道德的名义下，自由主义公民可能需要放弃其对朋友或国家的忠诚，甚至同时放弃这两种忠诚。这完全取决于他的朋友和国家的所作所为。然而，这并不意味着个人必须摆脱所有的社群感情的牵绊，而只意味着个人所一直隶属于其中的那个社群，是由具有理性能力的个人所组成。

社群主义者指责自由主义政体过多关注多样性、个体性、不带个人色彩的法律，以及权利等问题，并不惜为此付出高昂的代价。其代价就是推动了建设道德共同体、共同遵守普遍价值及公民德性方面的可能性，并且还导致了稳定问题、合法性危机等方面的危险。针对这种指责，马塞多辩护说："自由主义学说能够为建设卓越的自由主义社群及自由主义美德提供令人满意的答案，同时对自己核心的政治信念——自由的中心地位、自由主义正义的优先性——也不致动摇。自由主义可以重新提出一度被认为处于自由主义政治学之外的话语：美德、公民身份、社群、人性的提升，等等。"[2]在马塞多看来，在恰当的理解下，自由主义个人主义从根本上说是一种道德追求，它取决于一般的、非个人的视角，而非以个人为中心的视角。[3]服从自由主义公正、使个人行动与自由主义国家里的各种法规保持一致，是我们的强制性政治责任。忠于自由主义公正并视其为一种道德的公民们组成一个多样性政体，这是自由主义的理想。这类公民不会只与自由主义的各种规范保持表面上的一致，他们将自由主义公正作为一种最高道德志向去接受。对于能够证明并支持自由主义公正和政治制度的那些好的理由，他们也一并承认并接受。马塞多认为，这是对自由主义公正的最好的确认方式，是完全自觉的、批评性反思的。它符合自由主义者对公众证明的，以及宪政公民对批评性解释的参与。一些实质性的德性以及人性的卓越之外，就包含在自由主义公正、证明、宪政主义以及公民身份之中。

马塞多指出，我们不应将自由主义眼中的人混同于"经济人"，或者断

① 参见［美］马塞多:《自由主义美德》，马万利译，译林出版社 2010 年版，第 223 页。

② ［美］马塞多:《自由主义美德》，马万利译，译林出版社 2010 年版，第 240 页。

③ 参见［美］马塞多:《自由主义美德》，马万利译，译林出版社 2010 年版，第 257 页。

言对物质利益的追逐是自由主义公民的第一要务。自由主义公正并不对人类的各种善及各种生活方式保持中立，相反，它积极要求："每一位公民的'善'都要带有如下特征：愿意'自己活，也让别人活'；愿意让个人的计划与志向服从于公正的法规；愿意劝说而非强制他人。"①。"自己活，也让别人活"，这种态度反映了宽容等自由主义信念以及一定的品质素质，这种素质有助于在社群内建立稳定的和平。确立了自由主义的价值，并不意味着自由主义已经在一个社会中生效，而不需要任何强制。我们强烈反对对于社会中那些不尊重少数群体权利的冥顽之辈的价值观、效忠心、忠诚度以及志向，但尊重他们的权利。"在自由主义正义面前，种族、性别、宗教、民族背景等差异都被归为次要的、低于政治的。在政治关系中，自由主义公民都要属于波普尔所说的'抽象社会'的成员。自由主义公民被要求不仅尊重家庭、部落或种族的其他成员，而且要尊重一般的人性。所有的人，作为拥有抽象的、客观的反思能力的主体，在自由主义正义看来，都具有决定性的道德平等。"② 自由主义公正要求尊重所有人的权利，这种平等的自由主义尊重孕育了人与人的相互尊重。自由主义公正也鼓励各执己见的人们保持宽容态度和同情心。我们要认识到，那些过着与我们不同的生活的人，在很多重要的方面都与我们是一样的，我们不仅要同情这些人，而且同情他们的目标和志向，同情与我们不同的选择，同情那些我们从未认真考虑过的职业生涯和生活方向。公民一旦有能力同情各种不同的生活方式，也就获得了广泛的"生活选项"，而生活选项会激励人们去自我考察、自我批评和勇于试验，他们就会对变革变得更加开放。"自由主义的理想人物就是那些'视界'宽阔得足以同情各种不同生活方式的人。"③

自由主义个人的独特之处在于拥有自我支配的反思能力，充分发展这种能力将引导人们接近自治的理想，而这一理想正是其他自由主义德性的源头。人的自觉、自我批评、反思等能力使人能够设计、评价、改造自己的生活理想和品格，并能够使这些评价影响人的现实选择及对目标和志向的设计。为自治而奋斗就是要发展这些能力。实现人作为自治者的繁荣，就是积极地发展人的个性。"自治意味着人拥有批判反思的能力，并能够以这些反思为基础而行动；意味着人拥有主动性、独立性、决心、坚定、勤奋、忍耐

---

① ［美］马塞多：《自由主义美德》，马万利译，译林出版社 2010 年版，第 251 页。
② ［美］马塞多：《自由主义美德》，马万利译，译林出版社 2010 年版，第 251—252 页。
③ ［美］马塞多：《自由主义美德》，马万利译，译林出版社 2010 年版，第 252 页。

等美德——我们可称此为‘执行’美德。”[①]如果一种政治体制以尊重他人权利为核心，鼓励多元性和宽容，它就能带来足够的机会和动力，使人锻炼和发展这方面的能力，而这也就是在培育某些自由主义的卓越品质。马塞多列举了一些自由主义德性，如广泛的同情心、自我批评性反思、愿意试验、愿意尝试并接受新事物、自我控制和积极自治的自我发展、对继承的社会理想的赞同，以及对自由主义公民同胞的眷恋乃至利他主义关怀。[②]他认为，这些德性既有助于多元的自由主义社群里的个性发展，也有助于自由主义公民责任的履行。自由主义德性既是公民德性，也是个人德性。自由主义自治实践放大了自由主义德性，法治教导人们要自我克制，要尊重程度及方式，要平等地尊重他人。

对于自由主义而言，不存在公共道德与个人道德的严格区分。这是因为，“政治”价值观渗透并塑造着自由主义公民的个人生活；自由主义是一种政治文化，而不单是一套权利、法规和官职。在个人事务上，自由主义公民应当对自己的目标采取“审判”的态度，用非个人的标准去衡量它，并根据他人的权利要求对它予以限制。由于自由主义公民都或多或少地懂得什么是正当程度、公正以及尊重与自己不同的人，因而养成了司法、立法、行政的德性。所有这些德性都是在没有政治控制的情况下的，尽管受到了我们政治实践的重要影响。司法德性指的是人们从个人性的志向和目标中退出来，从非个人的意志去评判它们。公正是基本的司法德性，它代表了一种尊重他人权利、公正地行动，由此履行自由主义公民的首要责任的能力。另一种司法德性是坚持原则，以及在权利及自由主义受到危害时不妥协。立法德性可以表现在同情心的广度上，它以我们对持异议者的权利予以尊重为前提，包括个人经审慎思考后对各种不同理想寄予同情性的考察，以及愿意与持异议者对话。“行政美德是指一个人一旦作出判断与反思，就能够下定决心、拿出行动并坚持到底，而不是一遇到逆境就瞻前顾后、优柔寡断和垂头丧气；是让他付诸实践而不是没完没了地思考；是让他施展思想的独立性，而不是让他因偏见与压力而动摇，以满足他人要求的一致性。”[③]三种德性固然是对政府三个部门的掌权者的特别要求，但同时也是对公民的要求。公民如果打算充分履行自己监督、批评和选举公共官员的责任，而且如果希望个人自我

---

① ［美］马塞多：《自由主义美德》，马万利译，译林出版社 2010 年版，第 254 页。

② 参见［美］马塞多：《自由主义美德》，马万利译，译林出版社 2010 年版，第 257 页。

③ ［美］马塞多：《自由主义美德》，马万利译，译林出版社 2010 年版，第 260 页。

管理，就必须具备这三种德性。就是说，在自由主义政体中，政治自理与个人自理都要求这些同样的德性。

在我们讨论了自由主义的诸德性之后，我们就能够看清楚自由主义视角下的好的社群是什么样子了。在这样的社会里，社会成员在自由主义德性方面表现优异，其结果是这个社会以卓越的自由主义方式而不断繁荣：它会为个性与社会多元留下空间，它将是宽容的、开放的，其成员将愿意尝试各种不同的生活方式和志向。在这样创建的社群里，鼓励宽容甚至同情各种不同的生活方式和怪癖，“生活就是面前的一道自助餐，摆着一排令人兴奋的可能性”①。社会对于变革与对于多样性一样是开放的，违背礼俗的生活方式，以及生活方式上的改变，都并不是什么污点。“多样性与对变革的开放态度加到一起，构成对自我检查的激励以及对试验的欢迎。”②马塞多对自由主义推崇备至。他说，自由主义并不包治各种生活忧虑，我们所知道的任何政治制度也都做不到。但是，如果自由主义德性使我们有得有失，那么，这种生活忧虑也是值得承受的。③

---

① ［美］马塞多：《自由主义美德》，马万利译，译林出版社 2010 年版，第 262 页。

② ［美］马塞多：《自由主义美德》，马万利译，译林出版社 2010 年版，第 262—263 页。

③ 参见［美］马塞多：《自由主义美德》，马万利译，译林出版社 2010 年版，第 268 页。

第三章　现代民主主义德性思想

与古典自由主义不同，古典共和主义可追溯到古希腊罗马时期的亚里士多德、波利比乌斯（Polybius, c. 200—c.118 BC）和西塞罗，他们的思想成为古典共和主义的核心内容。近代的古典共和主义萌生于马基雅维里等意大利文艺复兴时期思想家对古代思想家关于理想统治观念的回顾与反思。从广义上看，霍布斯、洛克、维科、孟德斯鸠、康德等启蒙思想家以及美国早期政治思想家都属于共和主义的范畴，但从狭义上看，通常根据伯林关于积极自由与消极自由的划分，将主张消极自由的启蒙思想家称为古典自由主义者，而将主张积极自由的启蒙思想家称为古典共和主义者。在这种意义上，最典型的古典共和主义者是卢梭。总体上看，古典自由主义者和古典共和主义者都重视自由、平等、民主、法治等社会德性，但前者更重视个人的权利，而后者更重视国家治理。它们演变到现当代后，其分野似乎更明显，现代自由主义更重视自由、公正，而现代共和主义更重视民主、法治。现代法治以现代民主为基础，并且是现代民主政治的有机组成部分，因而现代共和主义的民主主义特征更明显。① 古典共和主义在实行直接民主还是实行代议制民主的问题上存在着分歧，但在实行投票和多数裁定原则方面，它们基本上是一致的。伴随着西方国家民主制度的普遍建立和实行，以投票制和多数原则为主要内容的民主面临着诸多的挑战和问题，出现了众多现代民主主义理论，如精英民主论、参与民主论、多元民主论、协商民主论、电子民主论等等，也有学者仍然坚持古典共和主义的投票制和多数原则并致力于使之完

① 关于自由主义与共和主义之间的区别，桑德尔有精到的辨析，参见［美］桑德尔:《民主的不满——美国在寻求一种公共哲学》，曾纪茂译，刘训练校，江苏人民出版社 2012 年版，第 4 页以后。

善。这些现代民主理论不少已经被付诸实践。与民主理论和实践兴盛相应，以宪政为中心的现代法治理论也得到了进一步的发展。

从古典共和主义到现代共和主义的转变是与西方各国特别是英、美、法等民主政治制度的实践直接相关的，启蒙时期思想家关于民主、法治的思想在当时并没有获得充分的实践，经过19世纪，到了20世纪西方的民主政治实践才走向成熟和完善。正是在这一过程中，民主理论获得了长足的发展，实现了从古典共和主义到现代民主主义的转变。不过，这一转变并非革命性的，而只能说是一种丰富和发展。在把古典共和主义以及古典自由主义付诸实践的过程中，一些思想家、政论家发挥了重要的作用，他们不仅把启蒙思想家的思想变成了可操作的实践方案，甚至还躬行实践，致力于民主制度的现实构建。正是他们的努力，一方面使民主从理论变成了实践，另一方面也使古典共和主义转变到了现代共和主义（民主主义）。

需要特别指出的是，在当代西方自由主义与共和主义的阵线并非泾渭分明。在上一章所论述的思想家大致上都属于自由主义阵营，而本章所论述的思想家并非都属于共和主义民主主义阵营。不过有一点是明确的，上一章所论述的思想家更重视自由和公正（平等）问题，而本章所论述的思想家则更重视民主问题。按照桑德尔的观点，自由主义的自由是与民主对立的。[①] 从这种意义上看，强调民主价值的民主主义思想与强调自由价值的自由主义思想存在着深刻的区别。

一、熊彼特的民主方法论

熊彼特（J. A. Joseph Alois Schumpeter, 1883—1950）是美籍奥地利享有盛誉的经济学家和社会学家。熊彼特在经济学理论上的最大贡献在于提出了“创新”理论。他认为企业家是推动经济发展的主体，而其本质在于创新；创新的动力来自企业家精神，成功的创新取决于企业家的素质，信用制度则是企业家实现创新的经济条件。他虽然不是一位职业的政治哲学家或政治学家，但他的民主思想在当代影响很大，以“精英民主理论”或“精英竞争式民主理论”著称。他在其代表作《资本主义、社会主义和民主》（1942）一书中提出，西方近代以来主要的民主理论都建立在不真实的前提之上，因

① 参见［美］桑德尔:《民主的不满——美国在寻求一种公共哲学》，曾纪茂译，刘训练校，江苏人民出版社2012年版，第28页。

而仅仅是空想，与事实完全脱节，更没有真实地阐述政府权力的来源。按赫尔德的看法，“他的主要任务是解释性的：说明实际的民主是如何运行的。他想创造一种理论，用他的话来说，这种理论远比现有的模式‘接近生活的真实’。虽然这个目标并不像他所声称的那样标志着与传统——比如，边沁、马克思和韦伯在很大程度上都具有的传统——彻底分道扬镳，但是，他的许多研究确实修正了公认的民主观念。”[①]在他看来，民主不过是产生治理者的一个过程，而且并非必要的过程，无论人民参与民主的程度如何，政治权力始终都还是在精英阶层之中转让。赫尔德认为，熊彼特的民主理论与韦伯的理论并无二致，他们都主张“领袖的民主”或“竞争性精英民主”，而熊彼特的贡献只是在许多令人感兴趣的方面发展了韦伯的思想。[②]赫尔德的看法也许是对的，但有一点不可否认，即熊彼特第一次从理论上对近代的民主理论及实践提出了系统的批评，这种批评引发了现当代西方学者从不同角度对近代西方民主理论进行反思，并从而提出了诸多与近代不尽相同的民主理论。从某种意义上可以说，熊彼特是西方民主理论从近代走向现当代的第一人。在这一点上，韦伯是不能与他相提并论的。熊彼特的其他著作主要是经济学著作，比较著名的有《经济发展理论》（*Theorie der wirtschaftlichenEntwicklung / The Theory of Economic Development: An Inquiry into Profits, Capital, Credit, Interest and the Business Cycle*, 1911 年出版德文版，1912 年英文版问世，1926 年出版第二版，做了大幅修改，并加上副标“企业者的利润、资本、信贷、利息及景气循环”）、《景气循环论》（*Business Cycles: A Theoretical, Historical and Statistical Analysis of the Capitalist Process*, 1939）和《经济分析史》（*History of Economic Analysis*, 1954 年纽约出版，熊彼特死后由遗孀整理出版）。

（一）社会主义与民主

熊彼特在《资本主义、社会主义和民主》的序言中指出，这部著作凝聚了他 40 余年对社会主义这个命题的大量思考、观察和研究的成果。他之所以要在这部著作中加入民主问题的内容，是因为要陈述他对社会主义社会制

---

① ［英］赫尔德：《民主的模式》（最新修订版），燕继荣等译，王浦劬校，中央编译出版社 2008 年版，第 164 页。

② 参见［英］赫尔德：《民主的模式》（最新修订版），燕继荣等译，王浦劬校，中央编译出版社 2008 年版，第 165 页。

度与政府的民主方法之间关系的看法，而要想这样做就不能不对民主问题做相当广泛的分析和论证。

熊彼特被认为是“当代资产阶级学界的‘社会主义者’”[①]。他这位自称是非社会主义者的学者相信，马克思主义的道理具有独特的重要性，而这种重要性完全与你是否接受它无关。在他看来，马克思是一位先知，因为马克思预言：“无论人的意志或愿望如何，社会主义是不可避免的。”就是说，“资本主义发展因为它自身逻辑，趋向于毁灭资本主义的事物秩序，而产生社会主义的事物秩序。”[②]熊彼特认同马克思的这种看法，并且试图说明，社会主义将不可避免地诞生于同样不可避免的资本主义社会的土崩瓦解。与马克思根据剩余价值理论说明资本主义必然灭亡不同，熊彼特运用他的创新理论解释资本主义的本质及其产生、发展和灭亡。他认为，“资本主义过程不但毁坏了封建社会的制度结构，也用完全相同的方法把它自己毁坏了”[③]。资本主义企业的成功自相矛盾地倾向于损害先前跟它联合的那个阶级的威望与社会权势，巨型的控制机构倾向于剥夺资产阶级借以获得社会权势的职能。资产阶级世界的制度和其典型态度的内涵的相应变化，以及紧随其后的活力丧失，其踪迹是不难找出的。资本主义过程会产生对它自己的社会秩序那种近乎普遍的敌意。熊彼特指出，“以减少企业家和资本家职能重要性、打破保护层和保护制度、造成敌视气氛来对资产阶级地位破坏的同一个经济过程，也从内部瓦解资本主义的原动力。再也没有别的事实能这样清晰地表明：资本主义制度不仅建筑在非资本主义材料造成的支柱上，并且它的精力来自非资本主义的行为模式，与此同时它必定要破坏这些材料和模式。”[④]由此看来，资本主义制度内部有一种固有的、自我毁灭的趋势。这种趋势不只是会把它自己的制度结构毁灭掉，还会为另一个制度结构创造条件。这个制度结构就是社会主义，只不过不是计划经济的社会主义，而是“生产手段和生产本身的控制权都授予中央当局的这样一种制度模式，或者说，在这个模式

① ［美］熊彼特：《资本主义、社会主义和民主》，杨中秋译，电子工业出版社 2013 年版，III。

② ［美］熊彼特：《资本主义、社会主义和民主》，杨中秋译，电子工业出版社 2013 年版，第 54 页。

③ ［美］熊彼特：《资本主义、社会主义和民主》，杨中秋译，电子工业出版社 2013 年版，第 130 页。

④ ［美］熊彼特：《资本主义、社会主义和民主》，杨中秋译，电子工业出版社 2013 年版，第 152 页。

中，原则上社会的经济事务不属于私人范围而属于公共范围”①。

关于社会主义，熊彼特将其称为“知识分子的普洛丢斯”②。他认为，对社会主义有很多定义的方法，包括把社会主义理解为让全体人民都有面包这种可笑的定义方法，而他的定义不一定是最好的，但它排除了基尔特社会主义（行会主义）、工团主义和别的类型的社会主义。对于他所定义的中央集权社会主义，他特别强调不要发生误解。“使用中央集权社会主义一词，其用意仅仅在于表明不存在控制单位的多元化，原则上每一个单位代表它自己的各自利益，特别是不存在地区自治部门的多元化，这种多元化很快重新产生资本主义社会的对抗。尽管这样的排除局部利益或许被认为是不现实的，不过这是本质上的。”③就是说，这里所说的中央集权仅仅指一个地区或一个单位只有一个权力中心，不存在多个权力中心，由这唯一的权力中心代表地区或单位的利益。所以，社会主义的中央当局并不是专制独裁的中央集权主义。这个当局可以叫“中央局”或“生产部”，其职能有二：一是要向国会或议会提出它的计划，而或许还有一种负责监督和检查的审计机关有权否决特定的决议。二是把某种行动自由甚至非常大的自由留给“现场负责人”，即各个行业或工厂的经理们。

熊彼特进一步对他所理解的社会主义概念作了辨析。他指出，他所理解的社会主义不是集体主义的，也不是共产主义的。他说他完全不会使用集体主义这个词，而“共产主义”则是指比别的思想更为彻底和激进的思想。他也避免使用自然资源、工厂和设备的国家所有权或财产权这样的名词，因为所有权或财产权以及税收等都属于商业社会世界的词汇。他甚至不使用国家这样的词，因为“国家是封建领主和资产阶级之间冲突和妥协的产物，它将构成社会主义凤凰由此升起的灰烬的一部分”④。尽管社会主义或许来自国家的行动，但正如马克思所指出并由列宁所强调的那样，国家会在这个行动中死亡。熊彼特在对社会主义概念作辨析的时候，批评了单纯从经济意义上理解社会主义的看法，并指出“社会主义瞄准比塞饱肚子更高的目标，就如基

① ［美］熊彼特:《资本主义、社会主义和民主》，杨中秋译，电子工业出版社 2013 年版，第 157—158 页。

② “普洛丢斯”是希腊神话中的海神，这里比喻变化莫测的东西。

③ ［美］熊彼特:《资本主义、社会主义和民主》，杨中秋译，电子工业出版社 2013 年版，第 158 页。

④ ［美］熊彼特:《资本主义、社会主义和民主》，杨中秋译，电子工业出版社 2013 年版，第 159 页。

督教的意义远比有关天堂和地狱的带点享乐主义的价值要高”[①]。他强调，最重要的是，社会主义意味着一个新的文化世界。正因为有这样一个目标，一个人即使知道社会主义在经济成就上比较差，也仍然能够成为一个热情的社会主义者。

那么，这种社会主义文化是什么样子呢？熊彼特指出，社会主义文化是不确定的东西：一个社会或许是完全和真正的社会主义，但仍受一个专制统治者的领导，或者用在全部方法中最民主的方法组织起来；它可能是贵族的也可能是无产阶级的；它可能是神权和等级的也可能是无神论或不关心宗教的；它可能有比男人在现代军队里还要严格的纪律也可能根本没有纪律，也可能是松松垮垮的；它可能会想到未来也可能只想到今天；它可能喜爱战争和民族主义也可能喜爱和平与国际主义；它可能是平等主义或者正好相反；它可能具有领主的伦理观念也可能有着奴隶的伦理观念；它的艺术可能是主观的也可能是客观的；它的生活方式可能是个人主义的也可能是标准化的；它本身完全可以博得我们的忠诚或者引起我们的蔑视；它或许从它的优秀世系相应地产生超人也可能从它们次等世系相应的有低能儿出生。[②]因为社会主义文化是不确定的，所以如果我们要追求社会主义，就必须明确我们要追求的是哪一种社会主义，特别是我们所追求的社会主义是否跟通常用“民主”一词所指的政体相容。他的看法是：“社会主义只有在用民主方法有可能成功的时候，才是有可能真正成功的时候。”[③]

一些社会主义者声称自己是唯一真正的民主主义者，他们认为社会主义与民主之间的关系非常清楚：两者是不可分割地结合在一起的。他们的基本结论是：一方面，只要私人控制生产资料的权力存在，就不可能有民主，那种单纯政治民主的说法必定是无稽之谈；另一方面，消灭那个权力将让“人剥削人”的现象一起结束，并带来“人民统治”。资产阶级剥削无产阶级的根源在于私人控制生产资料，因而资本主义民主只能是假民主。熊彼特指出，这番理论本质上是马克思的论点，在理论上也许是正确的，然而我们还需要了解社会主义本身与民主本身之间关系更现实的状况。在他看来，民主

① ［美］熊彼特：《资本主义、社会主义和民主》，杨中秋译，电子工业出版社 2013 年版，第 160 页。

② 参见［美］熊彼特：《资本主义、社会主义和民主》，杨中秋译，电子工业出版社 2013 年版，第 161 页。

③ ［美］熊彼特：《资本主义、社会主义和民主》，杨中秋译，电子工业出版社 2013 年版，第 225 页。

的真正理想或许就是现存的社会主义，不过社会主义者在实现社会主义时并不总是那样讲究方法的。“革命”和“专政”这些字眼出现在马克思主义的经典著作之中，很多社会主义者更是无所顾忌地声明，他们不惮于使用暴力和恐怖来打开社会主义天堂的大门，暴力和恐怖是一种有助于较民主地号召群众改信社会主义的手段。“革命的意思可以是革除由企图保持旧制度的利益集团利用旧制度制造的违背人民意志的障碍。无产阶级专政能够作一样的解释。”①看来，这些强调武力的词句指的是包括在一般理解的民主手段范围内的过程。熊彼特反问道，假如不民主行为的唯一目的是实现真正的民主，并且这些行为又是唯一的手段，那么这种不民主的行为是不是例外呢？在他看来，所有主张在过渡时期不使用民主的论点，为逃避对民主的所有责任提供了绝好的机会。然而，这样的临时性安排可能持续一个世纪甚至更长的时间，它是胜利的革命造成的统治阶级用来无限期延长这个安排或者用来采取那种没有实质的民主形式的有用手段。②

在此，熊彼特对社会主义政党提出了批评，认为社会主义政党仅仅在民主主义符合他们的理想与利益时，而不是在不符合的时候拥护民主主义。在熊彼特看来，民主政体的社会为了实现其理想和利益完全可能以民主的方法作出人们并不赞成的事情来。他举了三个都是以民主的方式发生的例子对此加以说明：一个例子是加尔文时代日内瓦共和国时期发生的用火刑柱烧死异端，二是中世纪发生的教徒群众捕杀女巫，三是纳粹时期发生的屠杀犹太人。熊彼特认为，我们显然不会由于这些行为不端是通过民主程序的规则决定的，从而对这种做法表示赞成。但是，这里就提出了一个关键性的问题：“我们是赞成能够避免这种做法的不民主政体呢？还是更愿意要引起这种后果的民主政体呢？”③对于一些狂热的社会主义者来说，资本主义比捕杀女巫还要坏，因此他们打算接受不民主的方法来扼杀资本主义。

（二）民主是一种政治方法

熊彼特指出，大部分热忱的民主主义者把最终理想和利益看得比民主政

---

① ［美］熊彼特:《资本主义、社会主义和民主》，杨中秋译，电子工业出版社 2013 年版，第 224 页。

② 参见［美］熊彼特:《资本主义、社会主义和民主》，杨中秋译，电子工业出版社 2013 年版，第 225 页。

③ ［美］熊彼特:《资本主义、社会主义和民主》，杨中秋译，电子工业出版社 2013 年版，第 230 页。

治还重要，假如他们声称对民主政治毫不动摇地忠诚，他们的意思不过是说，他们确信民主政治可以保证这些理想与利益。由此熊彼特得出了民主是一种政治方法的重要结论。“民主是一种政治方法，也就是为达到立法与行政的政治决定而作出的某种形式的制度安排。所以其本身不能是目的，无论它在一定历史条件下所产生的是怎样的决定都是一样的。不管是谁要为民主下定义一定要以此为出发点。”①

熊彼特认为，从前述的事例可以看出民主的方法所具有的一些非常重要的特色：

首先，民主是一种政治方法，它跟所有别的方法一样，其本身不能是目的。“它指出一个国家用来作出决策的方法。”②当然，从逻辑的角度看，像这样的方法也可以成为一个绝对的理想或最终的价值。因为民主程序用一定历史模式努力完成的事情，不管怎样邪恶或愚蠢，但它们体现了人民的意志；或者用民主程序批准的方法，不管怎样，都不能反对人民的意志。

其次，民主作为一种政治方法是有条件的。在熊彼特看来，民主总会有条件，如果有无条件地对民主的忠诚，那也只能是因为我们对希望民主带来的一些利益或理想的无条件忠诚。因此，以下这种说法是不正确的，即：“尽管民主本身不是绝对的理想，但是由于它必定、一贯、处处有助于我们得到我们能够无条件为之奋斗和牺牲的一些利益或理想，它不失为绝对理想的替身。”③对民主的合理忠诚一定有两个先决条件，一是要有超理性价值的图式，二是要有可期望民主能够用我们赞同的方式发挥作用的社会状态。民主发挥作用，不能不受到一定时间、地点和局势的限制。

既然民主是作出决策的方法，那么我们就需要指明由谁作出这些决策和怎样作出。弄清了这两个问题，民主方法的特性才能明确。假如我们把“决策”与“统治”（Kratein）等同起来，那么就可以得出民主就是人民统治的定义。在熊彼特看来，这个定义并不明确，因为它包括非常多的意义，而这则是因为“人民”和“统治”各自有不同的含义，将两者组合起来意义更多。

---

① ［美］熊彼特：《资本主义、社会主义和民主》，杨中秋译，电子工业出版社 2013 年版，第 230—231 页。

② ［美］熊彼特：《资本主义、社会主义和民主》，杨中秋译，电子工业出版社 2013 年版，第 232 页。

③ ［美］熊彼特：《资本主义、社会主义和民主》，杨中秋译，电子工业出版社 2013 年版，第 231 页。

“人民”的概念（古希腊为 demos，古罗马为 populus）的含义很丰富。在宪法的意义上，它不包括奴隶，部分地排除别的居民；法律则能够承认介于奴隶和完全公民甚至特权公民间的很多身份；而不同的集团可能不顾法律上的歧视，在不同时期声称他们是人民。今天，人民一般指群众。一般说来，民主社会是不搞不同对待的社会，起码在有关公共事务方面（如在公民权利上）是如此。不过，实际的情形比较复杂：第一，一些国家实行歧视政策，但仍然表现出与民主政治有联系的那种大多数特征。例如，一些对少数民族实行歧视政策的国家，可能仍然是由多数人统治。第二，歧视不可能完全绝迹。例如，不管哪个国家，无论怎样民主，也不可能将选举权扩大到特定年龄以下。

对与民主政体不可分的第二个概念——“统治”的解释更为困难，因为所有“统治”的性质和方法始终都是不容易说明的。在熊彼特看来，就统治而言，法律可以起作用，但不具有保证行使这种权力的能力；传统的权威也多少能起一些作用，但不会无所不能。从历史上看，所有君王、所有独裁者或所有寡头集团都从来不是绝对专制的，他们的统治不仅要受制于国家形势，而且还要有一些人与之一起行动，这样才能去压服其余的人。因此，统治的方式是千变万化的。人民进行统治也面临着同样的问题。“假如进行统治的是人民（无论用什么定义），就会出现‘人民’怎么有技术上的可能性去进行统治这样的问题。”[①] 历史上有两种基本方式：一种基本方式是直接民主的方式，即在小而原始的只有简单社会结构的社会里，不存在许多意见分歧，能够按照宪法规定组成人民的全部个人，事实上都参与全部立法和行政的责任，人民可以在全体参加的会议中用争论的方式做出决定。另一种基本方式是由人民批准的治理代替民治，大致相当于现代西方流行的代议制民主。

熊彼特不赞成这样的观点，即“只有实行‘直接民主’，否则人民本身肯定不能真正进行统治或管理”[②]。如果这样，就是发生这样的现象，即“民主政体将渐渐消失在范围更大的包含种种明显非民主成分在内的政治制度里”。在他看来，在“直接”民主之外还有非常多的可能形式，使用这些形

① ［美］熊彼特:《资本主义、社会主义和民主》，杨中秋译，电子工业出版社 2013 年版，第 234 页。

② ［美］熊彼特:《资本主义、社会主义和民主》，杨中秋译，电子工业出版社 2013 年版，第 234—235 页。

式，“人民”能够参与管理、影响或控制真正进行统治的那些人的事业。在这些形式中，特别是在能够发挥作用的这些形式中，如果按照这两个字的真正意义来说，没有一种形式具有明显和独一的权力——民治。如果这些形式中的无论哪一种要获得这种权力，那只是因为把武断下定义的习俗硬加在“统治”这个词上。尽管这样的习俗总有可能存在，但“人民事实上从来没有统治过，不过他们总是能被定义弄得像在进行统治一样”①。熊彼特认为，授权和代表这两个词应归属于整个人民，而一定不能仅仅归属于个别公民，这样的人民一定要想象为把他们的权力授予将代表他们的议会。然而，这样的人没有法律上的人格，因而说人民授权给议会，或者说议会代表人民，根本没有法律上的意义。议会与政府的法院一样是一个国家机关，假如说议会真的代表人民，那也一定是在另一种意义上作代表人民之事。

在熊彼特看来，按照古典民主理论，“人民”对任何一个问题都有明确而合理的主张，人民可以挑选能保证他们意见得到贯彻的“代表”来实现这些主张。这样，民主制度的最初目标是把决定政治问题的权力给予所有的选民，而选举代表对于民主制度的最初目标来说则是第二位的。熊彼特不赞成古典民主理论的这种观点，主张将这种关系颠倒过来。“如果我们把这两个要素的作用反过来，把选举做出政治决定的人作为最初目标，而把选民决定政治问题放在第二位。也就是说，我们现在采用这样的观点，即人民的任务是产生政府，或产生用来建立全国执行委员会或政府的一种中介体。我们同时规定，民主方法就是那种为做出政治决定而实行的制度安排，在这种安排中，一些人通过争取人民选票来获得作决定的权力。”②熊彼特认为，如果这样，就对民主过程的理论做了很大的改进。这种改进具体体现在以下七个方面：

第一，它为我们提供了能够用来辨别民主政府和非民主政府的非常有效的标准。熊彼特认为，古典民主理论不能解释为什么在很多历史事例中存在着这样的情形，即按照民主这个词能够接受的用法来衡量时不能称为民主的政府，却能够一样地或更好地符合人民的意志和幸福。而在熊彼特看来，按照他对民主的理解，这个问题可以得到克服。例如，“立宪”君主

① ［美］熊彼特：《资本主义、社会主义和民主》，杨中秋译，电子工业出版社 2013 年版，第 235 页。

② ［美］熊彼特：《资本主义、社会主义和民主》，杨中秋译，电子工业出版社 2013 年版，第 256 页。

政体就没有资格称为民主政体，因为尽管立宪君主政体中选民和议会拥有全部其他权力，但却没有权力强制让它们选出的人进入执行委员会。在这种情况下，内阁部长就成了君主名义上和实际上的仆人，原则上可以由君主任命和罢免。

第二，它有助于我们正确认识领导权这个最为重要的事实。对于古典民主理论来说，选民就能作出决定和制定政策，不需要领导者，这事实上等于抹杀了领导权。然而，所有集体都需要接受领导而行动，接受领导是所有集体行动的主要方法。考虑这一点比不考虑这一点更有利于民主方法的运用并取得实效。

第三，它不会忽视那些真正集体表示的意志，如失业者要求得到失业救济的意志。一般来说，这样的意志不会直接地表现自己，需要某位政治家把它们唤醒，让它们成为政治因素。政治家是通过组织这些意志，逐步激励这些意志，最终把它们包含在其竞选纲领之中。

第四，它认为领导权竞争与经济竞争一样，从来没有停止过，而这种争取领导权的竞争仅限于自由投票的竞争。民主政体是指导竞争的公认方法，而选举方法事实上是所有规模社会唯一可行的方法。

第五，它澄清了存在于民主政体与个人自由之间的关系。个人自由指的是存在一个个人能够自主的范围，它在任何社会都存在，只是程度的大小有所不同。民主方法保证的个人自由并非一定比在同样环境中另一种政治方法能允许的自由多，反而可能更少。但是，假如任何人都要有向选民陈述主张、竞争政治领导权的自由，这就意味着有讨论所有事情的大量自由，尤其意味着有新闻自由。

第六，它强调直接或通过中介机关建立政府是选民的首要职能，而减少我们想象中选民控制领导人的作用。在一般情况下，选民不直接干预政府管理，偶尔直接地推翻政府或推倒个别部长情况的发生，不仅是例外的情形，而且是与民主方法的精神截然相反的。

第七，它有助于克服多数人的意志不代表“人民”的意志的难题。即使人民意志不可否认是真实和明确的，简单多数作出的决定和制定的政策在很多情况下歪曲人民的意志而不是实施人民的意志。多数人的意志只是多数人的意志而不是“人民”的意志。熊彼特认为他的理论可以解决这一问题，因为根据他的理论，人民并不作出决定或制定政策，而只是投票选举领导人。“民主政治的原则所以仅只意味着，政府的执政权应交给那些比所有竞选的个人或集团获得更多支持的人。”①

从熊彼特自诩为“改进”的这七个方面以及他给民主下的定义不难看出，他实际上不仅将民主限定为政治方法，而且这种方法主要限定为用于选民选举政府官员。社会或国家是由被选举出来的官员治理的，至于人民是否参与国家治理这是次要的。被选民选举出来的官员通常是社会的精英，正因为如此，他的民主理论被称为“精英民主”理论。这种理论就其基本立场而言还是“代议制”的，与卢梭所主张的人民直接参与国家管理的“参与式”的民主是迥然有别的。

（三）民主方法的运用与成功

熊彼特还具体讨论了民主方法的运用。他认为，在民主政体里选民投票产生政府这种做法主要是就地方政府而言的，就全国性政府而言情形有所不同。除美国的选民投票直接选举总理或总统之外，其他所有国家的选民投票不是直接产生政府，而是产生一个后来被称为议会的中间机关，然后由议会再产生政府。这种选举政府的方法是先选举总理，然后再投票选举由总理提出的部长名单。这种方法虽然很少使用，但其程序的性质优于所有程序，并且其他程序都不过是这种程序的翻版。

这里首先涉及总理或首相、内阁、议会三者的性质和作用问题。

首相在政府中拥有政治领导的地位，它由三种不同的要素组成，这三种要素一定不能混淆。这三种要素在所有情况下都以不同比例混合在一起，混合的情况决定着每一位首相统治的地位。其一，他表面上是作为议会中他所属政党的领导人担任首相的，但他一旦就职便成为议会的领袖。其二，他可以影响别的党和别的党的成员，也可能激起他们的反感，这会对他成功的机会造成很大的不同。其三，虽然他是他的政党的领袖，但如果他能在首相这个位置上取得成功，他所获得的影响就会大大超出他所领导的政党的范围。在熊彼特看来，在议会制度下，产生政府的职能落在了议会身上。议会确实能正常地决定谁是首相，但在这样做的时候并不是完全自由的。它的决定不是倡议，而是接受，因为议员不仅受党员义务的约束，而且也受他们要“选举”的人的驱赶，被赶去参加“选举”，选举出了他之后又受他的驱赶。

---

① ［美］熊彼特:《资本主义、社会主义和民主》，杨中秋译，电子工业出版社 2013 年版，第 260 页。

内阁是“形状古怪的两面人”①，因为它是议会和首相的共同产品。首相指定内阁成员请求任命，议会接受但也影响首相的选择。从党的角度看，内阁是多多少少反映党本身结构的次级领导人的集合；从首相的角度看，内阁不仅是志同道合的同志的集合，也是要考虑自己利益和前途的党人的集合，即一个微缩的议会。内阁的存在是为了让领导集团掌控官僚机器，它与保证人民的意志在各部门得到贯彻没有多大关系。它“给予人民的是人民从来没想到的结果，也是他们事先没有认可的结果”②。

议会除了建立或推倒政府之外还有立法甚至行政工作。它不仅要决定和颁布政策，还要制定法律和预算。“从根本上说，议会不断对国家问题作出的决定就是议会用来保持或拒绝保持当权政府的方法，也是议会用来接受或拒绝首相人选的方法。”③议会的每一次投票都是一次信任投票或不信任投票，提出事项请议会决定的主动性在政府或者在反对党的影子内阁，而不在议员个人。

熊彼特特别强调，议员的愿望不是产生政府过程的最终根据，选民的选择也是如此。“选民的选择（在意识形态上被尊称为人民的召唤）是被塑造出来的，而不是出于选民的主动，对选择的塑造是民主过程的本质部分。”④投票人不决定问题，并且也不是从心所欲地从符合条件的人中挑选议员。在正常情况下，主动权掌握在企图取得议员职位的候选人那里，投票人仅限于接受他相对喜欢或拒绝接受他相对不喜欢的一个候选人。而且选民的主动性还会受到政党存在的进一步限制。政党并非如古典学说要我们相信的那样，是旨在“按照他们全体同意的某个原则”来推进公众福利的一群人。“一个政党是其成员准备一致行动以便在竞选斗争中获取政权的团体。”⑤政党试图调节政治竞争完全与同业工会调节商业竞争一样，政党管理以及政党的宣传、口号等心理技术，不是可有可无的东西，而是政治活动的核心所在。

---

①［美］熊彼特：《资本主义、社会主义和民主》，杨中秋译，电子工业出版社2013年版，第264页。

②［美］熊彼特：《资本主义、社会主义和民主》，杨中秋译，电子工业出版社2013年版，第265页。

③［美］熊彼特：《资本主义、社会主义和民主》，杨中秋译，电子工业出版社2013年版，第265页。

④［美］熊彼特：《资本主义、社会主义和民主》，杨中秋译，电子工业出版社2013年版，第268页。

⑤［美］熊彼特：《资本主义、社会主义和民主》，杨中秋译，电子工业出版社2013年版，第269页。

熊彼特认为，民主方法要在有可能运行的社会中取得成功并稳定地保持下去，一定要具备四个条件。第一个条件是人的政治素质，即领导和管理政党机器的人，选出来进入议会和上升担任内阁职务的人应该有足够优秀的水平。民主的方法中是简单地从全民中挑选人，不是只从愿意接受政治职务的人们中，即从愿意竞选的人们中挑选人，而是要挑选品质非常良好的政治家，这些人一般是诚实、理智和正直的。第二个条件是政治决定的有效范围不应扩展得太远。这种有效的范围“不但取决于（举例说）为政治生命只能紧张地不停斗争的政府能成功地处理问题的性质与数量，而且在所有特定时间和地点，也取决于组成政府人员的素质，以及这些人一定要在其中工作的政治机器的类型跟社会舆论的模式”①。假如有必要，首相领导的议会通过宪法修正让自己服从自己的决议，不能有什么法律上的限制。第三个条件是为了把国家事务领域所包括的一切事务做好，现代工业社会的民主政府一定要有能力支配一个富有强烈责任感和同样强烈集体精神，以及有良好声望和传统的训练有素的官僚机构的工作。第四个条件是民主自制。民主自制要求国内相当数量的集团接受立法条款，并接受由合法主管发出的行政命令。除此之外，民主自制还要求选民和议会在智力和道德水平上一定要有很大的高度，确保不接受骗子和狂人的礼物；议会里的政治家一定在克制自己，能抵御颠覆和破坏政府的诱惑；议会外边的投票人一定要对他们本身与他们所选择的政治家之间的劳动分工予以尊重；对领导权有效地竞争需要对意见分歧有高度容忍心，在有人攻击你最宝贵的利益或冒犯你最珍爱的理想时，你得耐心地站在一边倾听。总之，“只有所有起作用的利益集团事实上不仅对国家一致地忠诚，而且对现存社会的结构原则一致地忠诚的时候，民主政府才能完全发挥其有利条件。不管何时，这些原则受到怀疑，引发了让国家分裂成两个敌对阵营的争论，民主政治就在不利条件下运行。只要涉及的各项利益与理想是人民拒绝与之妥协的利益与理想，民主政治或许完全运行不了。”②

（四）对古典民主学说的批评

熊彼特在阐述民主理论的过程中，对西方近代的古典民主学说进行了批

① ［美］熊彼特：《资本主义、社会主义和民主》，杨中秋译，电子工业出版社 2013 年版，第 277 页。

② ［美］熊彼特：《资本主义、社会主义和民主》，杨中秋译，电子工业出版社 2013 年版，第 281 页。

评。他对18世纪西方的民主哲学作了以下概括："民主方法就是为实现共同福利做出政治决定的制度安排，它的方法是让人民经过选举选出一些人，然后把他们集合在一起来执行它的意志，决定重要问题。"[①]在熊彼特看来，这个定义包含了以下假设：首先，它肯定存在着一种共同福利，这种公共福利是人人都承认的，而且是政策的指路明灯。其次，它认为共同福利能够回答全部问题，并且可以根据它毫不含糊地对每一件事情和每一措施作出"好"或"坏"的判断。再次，它因此还肯定所有人一定同意——起码在原则上同意："存在人民的共同意志，即全体有理智个人的意志，它与共同福利、共同利益、共同福祉或共同幸福完全是一回事。"[②]基于以上假定，这个定义认为，能辨别什么是好的什么是坏的每一个社会成员，都会积极负责地促进好的和反对坏的，而且会团结起来对他们的公共事务进行管理。

熊彼特认为，如果接受这个定义所提出或暗示的全部假设，民主将获得一个完全不含糊的意义，除了如何将它付诸实行之外，对它不再有任何问题。然而，要得出这样的结论，每一个陈述的事实都一定要得到证实，而事实上这些事实都是很容易被反驳的。

首先，全体人民能够同意或者用合理论证的力量能够让其同意的独一无二的决定的共同福利是不存在的。之所以如此，主要不是因为一些人可能需要不同于共同福利的东西，更是因为对不同的个人和集团来说，共同福利必定意指不同的东西。在熊彼特看来，这是一个事实，功利主义者由于其价值标准的狭隘性而看不到这一事实。这个事实将使一些原则问题发生"裂隙"，这种裂隙即使用合理的论证也不能弥合，因为它们涉及终极价值（即关于"生活和社会应该是什么样的"观念）的分歧。当然，在某些时候可以通过妥协来调和这种冲突，但并非总是如此。例如，一些美国人认为要通过武力干涉一个国家，才能为世界争取到我们认为正确的东西；另一些美国人则认为要让这个国家解决自己的问题，而这是这个国家为人类作贡献的唯一途径。这种分歧就涉及是否尊重国家主权这样的终极价值观念问题，不能通过妥协来解决。

其次，即使有一种完全明确的共同福利（如功利主义者所提出的最大的

① ［美］熊彼特：《资本主义、社会主义和民主》，杨中秋译，电子工业出版社2013年版，第238页。

② ［美］熊彼特：《资本主义、社会主义和民主》，杨中秋译，电子工业出版社2013年版，第238页。

功利）证明能被所有人接受，这也并不代表对每个问题都能有同样明确的回答。对这些问题的意见分歧可能非常重大，以致完全可能产生有关目的本身的“根本性”争论的大多数结果。例如，尽管人们都希望健康，但人们对种疫苗仍然有不同意见。诸如此类的情形比比皆是。

由此看来，功利主义者所主张的人民意志的概念是不能成立的，因为这个概念一定要以存在所有人都辨认得出的、无可比拟地决定的共同福利为先决条件，而共同福利不过是功利主义者的虚构。功利主义者是从个人意志引申出他们的人民意志的。但是，“除非至少从长期来看，存在全体个人意志被吸引的中心——共同福利——我们就得不到特殊类型的‘自然的’共同意志。”[①]功利主义者一方面以理性讨论的方法将个人的意志融入人民意志，另一方面将古典民主信条所具有的独有的伦理尊严授予它们。然而，“就算民主过程使用的每个公民的意见和愿望是完全明确而独立地能够作为根据的，就算每个人都凭借着理想的理性和敏捷性并根据这样的意见和愿望行事，也不一定能推论说，这个过程由这些个人意志为原料而生产的政治决定，能够有说服力地称为代表人民意志的东西。”[②]熊彼特指出，当我们怀疑共同福利这个概念时，这种普遍意志的存在和尊严就不再存在了。如此一来，古典民主学说的两根支柱就不可避免地崩溃了。

熊彼特还从社会心理学的角度分析了古典民主理论的局限。他认为，在作一般的、经常是作过多次决定时，个人会受有利和不利经验的合理和有益的影响，也会受相对简单和不成问题的动机和利益的影响，而这些动机和利益仅仅偶然地受情绪激动的干预。“在所有公民充满现实意识的内心小圈子里，对日常生活所作的大多数决定就是这样的。简单地说，决定所涉及的都是跟他直接有关的事情，包括有关他自己、他的家庭、他的职业、他的嗜好、他的朋友与敌人、他的区乡与选区，以及他的阶级、教会、工会或其他所有他积极参与的社会团体，从而他能亲自观察得到的事情，他熟悉不过不是通过报纸知道的事情和他可以直接施加影响或管理的事情，以及跟他的行动的有利或不利结果直接有关并因此负有一定责任的事情。”[③]但是，人们一

① ［美］熊彼特：《资本主义、社会主义和民主》，杨中秋译，电子工业出版社 2013 年版，第 240 页。

② ［美］熊彼特：《资本主义、社会主义和民主》，杨中秋译，电子工业出版社 2013 年版，第 242 页。

③ ［美］熊彼特：《资本主义、社会主义和民主》，杨中秋译，电子工业出版社 2013 年版，第 246 页。

旦离开个人关心的家庭和工作场所进入到与他们关心的事情没有任何直接明确关系的全国性与国际性的事务领域，他们的现实感就会减弱。这种减弱不仅会造成责任感的减弱，而且会促使有效意志的丧失。这样，个人意志、对事实的掌握、推断的方法立刻不再满足古典学说所需要的条件。“一旦典型的公民进入政治领域，他的精神状态就会降到较低的水平上。他会没有丝毫犹豫地承认其辩论和分析的方法是单纯的，仅限于他实际利益的范围。他又成为原始人了。他的思想容易引起联想和充满感情。”① 熊彼特指出，这种情形必定带来两个后果：一是就算没有企图影响他的政治集团，典型公民在政治问题上常常会听任超理性或不合理的偏见和冲动的摆布；二是不管怎样，公众心理过程中的逻辑成分越不强，合理批评及个人经验和责任心所施加的合理影响就消失得越干净，而一些别有企图的集团的机会就越多。

那么，与事实如此相悖的古典民主学说为什么能够存在到现在，并将继续在人民心中和在官方语言中保持它的地位呢？熊彼特认为有四个原因：

第一，尽管古典民主学说不能得到经验分析结论的支持，但与宗教信仰有关的思想给它提供了有力的支持。功利主义者自信是反宗教的，人们也普遍相信他们是这样的，但他们所描绘的社会过程的蓝图却来自基督教新教信仰，体现了这种本质特性。在熊彼特看来，对于抛弃宗教信仰的知识分子而言，功利主义信条提供了宗教的替代品。对于坚持宗教信仰的很多人来说，古典学说成了宗教的政治补充物。而当古典学说进入宗教范畴时，其性质就变了，最终以它为基础的民主信念就变了，于是便不再需要对共同利益和终极价值产生逻辑上的顾忌，主宰万物的造物主的计划为我们安排好了所有的一切。原先不明确或没有目的的东西一下子变得非常明确，并且有说服力，如人民的呼声就成了上帝的旨意。“‘民主’这个词能够成为一面旗帜，成为一个人所宝贵的全部一切的象征，成为他对其国家所爱的（无论是否合理地具备条件）所有东西的象征。一方面，民主信仰中意指的各种不同主张如何会与政治事实相关的问题将变得跟它没有关系……。另一方面，这种类型的民主主义者在接受包含众多平等、友爱含义的基本原理的同时，也一定会全部真诚地接受基本上有任何程度偏离这些原理（或许包括他自己的行为或立

① ［美］熊彼特：《资本主义、社会主义和民主》，杨中秋译，电子工业出版社 2013 年版，第 249 页。

场）的东西。那种情形甚至是符合逻辑的。”①

第二，在很多国家，古典民主政治的形式和言辞与它们历史中的事件和发展相联系，而这些事件和发展得到大部分人的热情称赞。熊彼特认为，历史上，一切对现存政权的反对，不论反对的含义和社会基础怎样，都有可能使用民主的形式和言辞。假如反对者得势并且以后的发展令人满足，那么这些形式将会在国民意识中生根。例如，美国的创立者从早期阶段起就根据古典民主政治总的原则提出他们的事业是“人民”反对其“统治者”的事业。《独立宣言》的措辞与美国宪法的措辞都采用了这些原则，而后来的迅猛发展又好像印证了这些文件所标榜的学说。19 世纪前半期的欧洲信奉古典民主信条的反对派，也都是这样获得统治地位的。这种情形自然地（尽管不是逻辑地）增加了民主信条的信誉。“在这种环境中，民主革命代表着自由与体面生活的来到，而民主信条意味着理性和生活改善的福音。”②

第三，古典学说在某些社会确实程度不同地适合于事实。很多小而原始的社会的情形就是如此。实际上，这种学说的创立者就是以这样的社会做原型的。在那些并不原始但不存在分化和所有严重问题的社会，也会存在这种情形，如瑞士。当然，在某些庞大而高度分化的有重要问题有待决定的社会里，古典学说有时看来也跟事实相适合，如美国。熊彼特指出，这些国家之所以会如此，“并不是由于古典学说描绘出一个政治决策的有效机制，而是由于在那些社会里没有重大决策要作”③。

第四，古典学说是政治家们进行统治的有利手段。“政客们对既可以讨好群众又可以提供极好机会来逃脱责任和用人民名义压倒对手的辞令当然欣赏。”④

正因为古典民主学说存在着以上问题，所以熊彼特相信，他的民主学说对它做了很大的改进，大部分政治学学者会同意或不久将会同意他的民主学说。

---

① ［美］熊彼特：《资本主义、社会主义和民主》，杨中秋译，电子工业出版社 2013 年版，第 253 页。

② ［美］熊彼特：《资本主义、社会主义和民主》，杨中秋译，电子工业出版社 2013 年版，第 254 页。

③ ［美］熊彼特：《资本主义、社会主义和民主》，杨中秋译，电子工业出版社 2013 年版，第 255 页。

④ ［美］熊彼特：《资本主义、社会主义和民主》，杨中秋译，电子工业出版社 2013 年版，第 255 页。

二、柯尔等人的参与民主论

参与民主从实践上看历史很悠久，古代雅典城邦实行的民主就是这种民主，其特点是人民统治，即所有公民参与对公共事务的讨论、决定。古雅典的这种民主在近代得到了卢梭的推崇和阐发。他认为，国家的权力来自人民，属于人民，人民是国家的唯一主人，人民的主权是绝对的、至高无上的、神圣不可侵犯的，不可转让、不可分割、不可代表，建立在人民主权原则基础上的民主只能是以人民参与为前提的参与式民主。然而，这种参与民主在实践上面临一个最直接的难题，即这种民主充其量只能在小国寡民的情况下才可实行，而现实可能的民主制只能是代议制。正如达尔所指出的："如果我们建立一个民主的统治体制，是希望它能够为公民参与政治决策提供最大的机会，那么，一个小规模的政治体制中公民大会式的民主确实显得更为优越；但是，如果我们希望的，是使它有最大的空间来有效地处理与公民密切相关的各种问题，那么，一个范围较大、有必要实行代议制度的单位往往效果更佳，这就是在公民参与和体制效率之间的两难"①。正因为如此，自 18 世纪以来，在西方占主导地位的民主理论和实践主要是洛克最初主张的代议制民主。在这种情况下，卢梭所主张的人民主权的参与式民主的理论受到了很多的批评，并且在实践上被抛弃。然而，参与式民主并没有消失，并且在 20 世纪 70 年代开始复兴，成为当代民主理论的一种有代表性的观点。20 世纪上半期，英国费边主义者柯尔批评并否定代议制民主，提出以职能民主制的参与式民主取代流行的代议制民主。20 世纪五六十年代，共和主义思想家阿伦特（Hannah Arendt, 1906—1975）也批评现代西方的代议制民主制度，认为政治就是平等的公民的自由交流、对话，主张人们从封闭的个人领域走出来，积极参加公共生活，建立一种自下而上的人人参与讨论的金字塔式的参议会制度，以反对各种极权主义政府。新马克思主义者麦克弗森（Crawford Brough Macpherson, 1911—1987）在《占有式个人主义的政治理论》（1962）中提出，不能把民主理解为熊彼特的定期投票式的参与，主张把民主从对选举的定期参与扩大到对社会生活各领域的决策参与，把竞争性政党民主与参与式的直接民主结合起来，建立一种能保证公民参与的政

① ［美］达尔：《论民主》，李柏光、林猛译，商务印书馆 1999 年版，第 119 页。

治体系。佩特曼是参与式民主代表性人物，她的《参与和民主理论》(1970)一书被视为当代参与式民主理论兴起的一个标志。她在批评精英民主的基础上提出，真正的民主是所有公民直接充分参与的民主。巴伯在《强势民主》(1984)一书中区分了弱势民主和强势民主，指出了自由主义代议制民主的缺陷，并提出了实现参与式民主的创新制度。"参与式民主理论的核心概念是公民参与，强调公民的政治参与，主张通过公民对公共事务的共同讨论、共同协商、共同行动解决共同体的公共问题。这是参与式民主的根本特征，从而区别于代议制民主中公民在投票、选举中的参与。"①

(一) 柯尔的职能民主论

柯尔(George Douglas Howard Cole, 1889—1959)是英国的政治理论家、经济学家、作家、历史学家、费边社会主义后期的主要代表人物。他和他妻子一起写过不少流行侦探小说，与社会德性思想相关的主要著作有:《费边社会主义》(*Guild Socialism Restated*, 1920)、《社会学说》(*Social Theory*, 1920)、《卢梭的社会契约与谈论》(*Rousseau's Social Contract and Discourses*, 1923)等。柯尔在西方国家代议制民主理论与实践成为主流的时代背景下，继承和弘扬卢梭的民主思想，对代议制民主提出批评，主张公民分享政治权力，倡导公民积极参与各种职能团体及社会事务的参与式民主，其民主思想对于参与式民主理论的复兴产生了重要影响。佩特曼指出:"柯尔的著作之所以重要，是因为他发展了参与民主的理论，不仅包括了参与民主理论的基本框架，进一步扩展了这些理论，而且在当代大规模的、工业社会的背景下进行的发展。"②

在柯尔看来，建立在选举制基础上的代议制并不是真正意义上的民主，相反是与民主不相容的。选举制是公民选出代表来代表自己行使政治权力，然而一个人不能代表另一个人或许多人，同时一个人也不能被别人代表。民主的真正含义在于，真正享有政治权力的公民直接参与或通过参与社团来参与社会管理。"民主依靠的不是任何形式的选举制度，而是遍及整个社会的精神。最民主的社会是其中的大部分公民希望广泛分配真正的政治权力，并能保证这种权力在实践上和理论上都得到广泛的分配。只有在充满民主的愿

① 陈炳辉等:《参与式民主的理论》，厦门大学出版社 2012 年版，第 9 页。

② [美]佩特曼:《参与和民主理论》，陈尧译，上海人民出版社 2012 年版，第 19 页。

望同时社会结构也允许这种愿望成为现实的地方，民主才可能存在。①

柯尔认为，代议制作为唯一的民主形式存在着许多问题。首先，代议制不能充分保证公民的参与权。柯尔并不否认代议制下公民有政治参与权，但这种权利只有在公民作为选民进行选举时才得以体现，一旦投票结束，他们的参与权随即结束。选民选举了代表，就意味着从此自己被代表，而在“被代表”之后，公民就成了一个零，他们的参与权甚至政治权利就丧失了，只能让别人统治自己。② 显而易见，代议制下所谓的“公民参与”与民主本质上所蕴含的公民参与权根本不是一回事，投票制的公民参与并不是真正意义上的公民参与，而是一种公民参与权利的缺失。其次，代议制下的“代表”并不能真正代表选民。每一个人都是有意识和理智的中枢，是有自决能力的意志，是终极的实体，因而每一个人都是独立自主的、不可替代的，既不能代表别人，也不能被别人所代表③。代表制忽视了这一事实，让别人的意志代表每一个选民的意志，也让“代表”以自己的意志代表别人的意志。其结果是，“代表”被选出来后既无明确的目的，对自己的责任也不甚了解，而只漫无目的地去“代表”选民办理各种事情。而且，在代表制之下，“代表”被选出来后也是与公民脱节的、断裂的，他们代表不了人民，或者说他们的“代表”是盲目的、不可能的。因此，建立在个人可以完全由他人代表的代议制理论是错误的，它在实践上运用会导致危险的后果。“错误的代表在自称为无所不‘代表’的团体——议会和依靠议会的内阁——中达到了最坏的程度。”④ 最后，代议制下的政治权力容易被滥用。代议制政治在实践上存在着种种弊端。“议会宣称在一切事务中均代表所有的公民，因此，它照例在一切事务中谁也没有代表。它之被选举，是为了办理可能发生的任何事情，而未考虑到正在发生的不同的事情须要由不同的人去办理。因此，它容易受腐败的事务的影响，尤其是财政寡头的影响，把每件事情都办得一团糟。”⑤ 代议制政治的最根本弊端就在于，议会和议员可以不受监督地滥用国家职权，并因而严重侵犯个人权利，同时也使国家做了许多不该做也做不好的事情。在柯尔看来，导致这种情形的原因很多，其中最重要的是没有使政治代

① ［英］柯尔:《费边社会主义》，夏遇南、吴澜译，商务印书馆 1984 年版，第 112 页。
② 参见［英］柯尔:《社会学说》，李平沤译，商务印书馆 1959 年版，第 74 页。
③ 参见［英］柯尔:《社会学说》，李平沤译，商务印书馆 1959 年版，第 69 页。
④ ［英］柯尔:《社会学说》，李平沤译，商务印书馆 1959 年版，第 70 页。
⑤ ［英］柯尔:《社会学说》，李平沤译，商务印书馆 1959 年版，第 70 页。

表成为职能代表，没有做到国家的“职能化”。因此，要对现行的代议制实行彻底改造，用职能民主取代代议制民主。

柯尔所说的“职能民主”，其实是一种社团民主。在他看来，人们为了实现自己的目的，往往会根据自己的意愿组成一种自治互助的组织，即社会团体，如家庭、学校、教会、政党、俱乐部以及国家等。在柯尔看来，团体是由许多个人意志创造的，所有的团体都有共同的目的，而这种目的或宗旨是每一个团体存在的基础和理由。“正是为了达到这些目的中的某些目的或所有的目的，人们才同意作这个团体的成员”①，“他们用连续的超过一次单独行为的合作行为去追求一个共同的目的或一系列目的，并且为了这个目的而同意采用一定的行动方法，订出共同行动的规则，不论这是多么简陋的一种规则。”②任何一个团体也都不是孤立的，而是在一定程度上与社会和其他群体发生关系时才产生的。各个团体之间的目的也不是相互孤立的，而应是彼此合作和相容的，“许许多多的团体不是只有一个单独的、可以明确限定的目的，而是有若干个彼此关联的目的”③。如果“各个团体忽视它们在社会整体中的职能，或者给它们自己确定的目的是互相矛盾的，并且和整体的利益是不能相容的，那么，由散乱的团体发展为融合的社会就将受到阻碍和挫折”④。社会团体之间相互融合对于社会的发展非常必要，而为了实现团体之间的相互融合，各个团体的目的必须与其他团体的目的相辅相成，不能相互冲突，而且每个团体都必须为其成员制定相应的行为准则。每一个团体成员要在一定程度上有一个共同的目的，将个人利益与社会整体利益紧密地联系起来。“个人的这些利益显然是能丰富共同的幸福，而共同的幸福才是个人的幸福，一个团体之变为违反社会的，不是因为它寻求它自己成员的利益，而是因为它用损害其他团体的方法去寻求他们的利益”⑤。如此，不同团体的目的就都得不到满足，社会的融合就会受到损害，团体之间以及团体与个人之间相辅的作用就难以达到完善的程度。

每一个团体的目的不同，它们的职能也不相同，目的就是其职能的基础。“每一个这样的目的或许多目的，就是团体的职能的基础，而团体之所

① ［英］柯尔:《社会学说》，李平沤译，商务印书馆1959年版，第67页。
② ［英］柯尔:《社会学说》，李平沤译，商务印书馆1959年版，第24页。
③ ［英］柯尔:《社会学说》，李平沤译，商务印书馆1959年版，第25页。
④ ［英］柯尔:《社会学说》，李平沤译，商务印书馆1959年版，第33页。
⑤ ［英］柯尔:《社会学说》，李平沤译，商务印书馆1959年版，第34页。

以产生，就是为了执行这个职能的。”[①] 另一方面，职能又是团体产生的基础，不执行一定的职能的团体是不存在的。每个团体执行一定的、特殊的、明确的职能，并在它自己的职能范围内，享有充分的自治权，可以自行订立法规并负责执行。每一种团体也可能是复合体，有彼此相关的各种目的以及相关的各种职能，但“由于一个团体或制度的目的或宗旨必须是特殊的，并且为了具有产生这个团体或制度的力量，也必须在某种程度上是易于为人所理解的，所以，一切团体和制度的职能不管它们怎样变化和发展，归根到底也是特殊的”[②]。每一个团体都有自己的伸缩限度，超过了这个限度，其目的和相应的职能就会发生变化，如果由于掺杂了新的目的而超过了这个限度，这个团体就会破裂，同时，便须创造一个新团体来实现新的目的。因此，团体要根据变化的情况，确立新的目的和职能，从而使自己不断更新并获得发展。在柯尔看来，具有不同目的和职能的团体可以根据地区和行业划分为两类，前一类包括地方的、区域的和全国的社会团体，后一类包括生产性的和服务性的。

在柯尔看来，社会就是由其成员意志结合在一起的许多团体所组成的。每个人可以同时是不同团体的成员，比如一个人既可以是一个工厂的工人，也可以是某一俱乐部的成员，也可以是某一政党的党员。他们可以参与各种不同团体的活动并通过团体参与各种社会事务。正是各种各样的社会团体构成了社会民主的基础，社会成员正是通过社会参与社会事务的。“真正的民主政治不应该在单独的、无所不能的议会中去寻找，而应当在各种有调节的职能的代表团体这种制度中去寻找。”[③] 在职能民主制度下，每一个团体都有自己明确的、特殊的职能，各团体之间也有着明确的“职能界限”，它们各司其职，不允许团体“失职”，也不允许团体的“侵权”等“职权滥用”行为。每一个团体都恰当地履行其社会职能，不仅可以带来社会组织内的团结，而且能够消除个人“幸福生活”的社会障碍。“职能不但是‘社会的’安宁幸福的锁链，同时也是人群的和个人的安宁幸福的锁链。”[④] 相反，如果职能滥用，则不仅会打破社会的平衡、毁坏社会的结合，而且“使人群的成员彼此倾轧，从而使社会组织范围以外的那一部分个人生活和社会组织范围

① ［英］柯尔:《社会学说》，李平沤译，商务印书馆 1959 年版，第 32 页。
② ［英］柯尔:《社会学说》，李平沤译，商务印书馆 1959 年版，第 32 页。
③ ［英］柯尔:《社会学说》，李平沤译，商务印书馆 1959 年版，第 70 页。
④ ［英］柯尔:《社会学说》，李平沤译，商务印书馆 1959 年版，第 41 页。

以内的那一部分个人生活遭到相同的损害”①。

随着社会的发展，团体会越来越多，有可能会出现团体职能的代表。“当社会变得更大和更复杂时，它对职能团体和代表的需要也随之增加。一定的团体和代表在一个时候也许是不需要的，但当社会的工作在某一方面有所增加时，它也能成为社会所需要的。”但与代议制下的“代表”不同，职能代表是根据一定的职能组织起来的，而非选民的“代表”。团体职能代表如同团体一样，有着特殊的、明确的职能，所代表的并不是个人，也不是一般的和概括一切的，而是一群人所共有的一些目的。在代议制下，选民的投票活动一结束，选民的所有权利和行动都由“代表”来代替，选民作为团体的作用随即丧失，直至下一次选举活动进行。这正是导致国家政治权力被滥用的根本原因。为了解决这一问题，柯尔提出要使政治代表职能明确化，明确地确定代表的地位、权力、职能和职责，以及活动范围，使职能与团体、代表相匹配，“给每一种职能寻求一种团体和代表的方法，给每一种团体和代表寻求一种职能”。他要求，代表与职能团体之间要保持密切的关系，“必须经常有一个积极有为的、有组织的选民团体作为代表的活动的背景”②。代表要由长期存在的职能团体产生，代表也要对自身工作有清楚的意识，不断提高自身的发言权和有效性；团体对代表的工作不满意时可以随时罢免它们，以防止代表不自觉地或故意地歪曲团体的意志，从而实现选民团体对选民代表的有效监督。

职能民主的实质是积极的公民参与，职能团体实际上是柯尔所主张的实现公民积极参与的形式。社会团体的目的不仅是物质方面的效率，而且也是所有成员最充分的自我表达。民主政治不是一种消极的公民权，而是一种积极的公民权，尤其是在公共事务中，公民参与不断深入，公民参与能力不断得到提升。“民主政治的含义不只是人民群众对政府的消极的同意。民主政治的含义是积极的公民权而不仅是消极的公民权，是每一个人不仅有作国家的，而且有作与他的人格或环境有关系的团体的积极的公民的机会。”③参与社会团体是使人们实现自由和自主管理的必要条件，而积极地参与社会团体又要求人们必须享有的自由。当然，这种团体必须是民主的，“个人自由的

① ［英］柯尔：《社会学说》，李平沤译，商务印书馆 1959 年版，第 40—41 页。
② ［英］柯尔：《社会学说》，李平沤译，商务印书馆 1959 年版，第 78 页。
③ ［英］柯尔：《社会学说》，李平沤译，商务印书馆 1959 年版，第 73 页。

最好的保证是在每一个团体中有活跃的民主”[①]。一个人对多少职能有兴趣就投多少票，人们应该积极地参与到团体事务中；反过来，这又要求所有成员享有充分的自由，使“自由得到最完美的体现”。代议制民主强调公民参与对防范暴政、制约权力、维护个人权利的“保护性”功能，而柯尔则强调公民参与的“发展性”功能。在他看来，民主社会的最终目的就是要促进每个人能力特别是发展能力的最大化。公民积极参与不仅是公民的基本权利，是公民自由的体现，而且可以提升公民的社会归属感、集体效能感，并且提高他们的发展能力。因此，“应当以促使每一个人充分参加政府的工作为他们的目标，这才是真正的民主政治。”[②]

在代议制下，投票选举几乎成了公民参与的唯一内容，公民的“一人一票”成为公民主权的体现。柯尔并不反对投票选举，但认为对于公民参与来说，“一人一票”是远远不够的。“只有摆脱了这一教条的束缚才行，即民主就是关于选举和立法权的一套特定形式的安排。真正的情况是，民主就是民主地工作——以便给人民权力——而不是赋予人民毫无实际内容的权力形式和影子。”[③]就投票本身而言，其意义并不在于“投票的平等能使不平等的人变成平等”，而在于通过投票去影响人们选择恰当的投票行为。“如果一个人对投票的兴趣不大，是没有办法使他在许多性质不同的问题上发生投票的兴趣的，他放弃他的投票权，其结果也不比他无所谓地和盲目地投票更不民主。”[④]每一个人都有兴趣地和有见解地投票，要比每一个人在选举时毫不在乎地糊糊涂涂地投票民主得多。最好的是有许多热心投票的人，而最坏的是许许多多无知无识的选举人对一般不明确的事情进行投票。为了克服“一人一票”的弊端，柯尔主张将这种投票方式转变为“公民对多少职能感兴趣就可以投多少票”[⑤]，只是对一个职能只能投一票。显然，柯尔不仅重视公民的投票权，而且主张通过改变投票方式来克服代议制下公民参与“实际不平等”和“部分公民参与”的局限，以推动更多的公民有更多机会参与社会公共事务的管理。

柯尔还对工业领域的公民参与问题进行了深入的剖析和阐释。在他看

① ［英］柯尔：《社会学说》，李平沤译，商务印书馆1959年版，第121页。
② ［英］柯尔：《社会学说》，李平沤译，商务印书馆1959年版，第74页。
③ ［英］柯尔：《费边社会主义》，夏遇南、吴澜译，商务印书馆1984年版，第107页。
④ ［英］柯尔：《社会学说》，李平沤译，商务印书馆1959年版，第75页。
⑤ ［英］柯尔：《社会学说》，李平沤译，商务印书馆1959年版，第74页。

来，民主的原则不仅适用于政治领域，而且适用于各种形式的社会领域。我们当代社会最大的罪恶是什么？人们通常的回答是贫穷，而正确的答案是奴役。这种奴役在工业领域最为突出。在当代，尽管人们名义上被赋予了选举权，获得了自我管理的机会，但实际上却“在接受关于服从的训练”，而工业制度在很大程度上造成了这种政治民主的悖论。人们要想改变现状，就必须首先在工业领域实现自主管理。如果个人在工作场所中能自治，那么工业企业中的奴隶性训练便可以转变为民主训练，从而为更大范围的民主制度提供条件。用佩特曼的话说，“充分参与形式中的工人不仅对他们的工作在广泛领域可以实施充分的控制，而且他们的参与活动不是作为一种实验，而是他们日常工作中的重要部分。”① 因此，工业领域是参与教育功能实现的极其重要场所，它拥有打通了通向真正民主政体之门的钥匙。

柯尔不仅认为工业领域是公民参与的重要场所，而且还意识到了工业领域经济平等对于民主的重要意义。在他看来，“由投票箱构成的抽象的民主”并不能实现真正的政治平等，由普选权所反映的公民之间的形式上的平等掩盖了政治权力实际上不平等分配的事实，忽视财富和地位重大不平等导致了教育、权力和对环境控制方面的不平等的事实。要解决这些不平等问题，关键是要解决工业领域中的经济不平等问题。他指出，在工业资本主义的组织形式下，劳动只不过是另一种商品，劳动的“尊严”已经丧失。“存在在社会中的阶级划分和经济的不平等，不仅使斗争成为不可避免的事情，而且使它成为达到改善状况的唯一手段。”② 他认为，经济上存在着不平等的现象，表明社会中的每一个团体不但没有尽到自己的社会职能，相反被滥用去服务于一种经济的目的，整个社会的平衡和团结因此而遭到了破坏。柯尔提出，只有在基尔特社会主义制度下，地位差异才能被废除，劳动的尊严才能得到充分的体现。在这种制度下，不再有“管理者”的团体和对企业的事务无权控制的“普通工人”的团体之分，只有一个平等的决策者的团体，它将废除地位差异，“破除整个按劳分配的观念”③，实现终极的平等。

（二）佩特曼的充分参与论

佩特曼（Carole Pateman, 1940—）英国的女性主义者和政治学家。她

① ［美］佩特曼：《参与和民主理论》，陈尧译，上海人民出版社 2012 年版，第 55 页。

② ［英］柯尔：《社会学说》，李平沤译，商务印书馆 1959 年版，第 99 页。

③ G. D. Cole, *Guild Socialism Restated*, Leonard Parsons, London, 1920, pp.72-3.

早年获得牛津大学博士学位，曾在欧洲、澳大利亚和美国的大学和研究所工作，自 1990 年以来她就教于加利福尼亚大学洛杉矶分校。她是英国科学院（British Academy）院士，英国卡迪夫大学欧洲学院（Cardiff University School of European Studies）的荣誉教授，曾担任过澳大利亚政治学协会主席、国际政治科学协会（IPSA）主席和美国政治科学协会（APSA）主席（2010—2011）。主要著作有：《契约与统治》（合著，*Contract and Domination*, co-author Charles W. Mills, 2007），《女人的无序——民主、女性主义与政治理论》（*The Disorder of Women: Democracy, Feminism, and Political Theory*, 1989），《性契约》（*The Sexual Contract*, 1988）、《政治义务问题：对自由主义理论的批判分析》（*The Problem of Political Obligation: A Critical Analysis of Liberal Theory*, 1979），《参与和民主理论》（*Participation and Democratic Theory*, 1970）。佩特曼对现代西方社会德性思想的主要贡献在于，她在对西方近现代参与民主理论进行考察的基础上进一步旗帜鲜明地主张参与民主，并根据新的历史条件对参与民主进行了阐发，其参与民主理论具有标志性意义。

佩特曼是针对 20 世纪 60 年代后期（即她出版《参与与民主理论》一书前夕）西方社会政治领域出现的现实与理论之间的巨大反差而重申参与民主的重要性的。她认为，在当时的西方社会，“参与”一词已成为一个十分流行的政治词汇，社会普遍要求开放新的参与渠道。其最典型的是高校大学生表达了强烈的参与要求，许多团体也呼吁要保证享有参与的权利，大众传媒更是狂轰滥炸地使用这一术语。然而与之形成对照的是，广泛流行的参与思想在政治理论家所普遍接受的民主理论（即正统学说）中却只是占有极低微的地位，他们不仅不重视参与问题，甚至认为大众的广泛参与具有内在的危险。这样，就提出了一个政治理论中的核心问题：“当代民主理论中‘参与’的地位。”①

那么，为什么政治理论家会认为大众的广泛参与具有内在危险呢？佩特曼认为，尽管近代以来人们普遍认为所有人最大限度参与的人民统治意义的民主仍然是一种理想，但二战以后这种理想遭到了质疑，古典的参与民主理论也遭到了非议。这种情况发生的直接原因是魏玛共和国的崩溃，以及魏玛共和国高度的大众参与竟然演变成了法西斯主义。二战之后的极权主义政

① ［美］佩特曼：《参与和民主理论》，陈尧译，上海人民出版社 2012 年版，第 1 页。

权均建立在大众参与的基础之上这一事实也表明，“参与是与极权主义联系在一起的，而不是与民主制度联系在一起”①。如果以上所说的是人们的一种直观感觉的话，那么，战后政治社会学所揭示的事实则使大多数学者相信上述怀疑是证据确凿的。数据表明，大多数公民，尤其那些社会经济发展水平较低的国家的公民表现出来的一个显著特征是普遍缺乏对政治和政治活动的兴趣。数据也表明，广泛的非民主或权威主义的态度同样存在于那些经济水平低下的国家。其结论是，“民主主义者的‘古典’形象几乎是令人绝望地不现实，而且……当前政治生活中对政治冷漠者政治参与的迅速增加将危及民主制度的稳定。”②如果说早期的民主理论属于规范的、充满价值判断的理论，那么当代政治理论应该是实证主义的、科学的，应当建立在政治生活事实的基础之上。因此，根据调查事实得出的结论比古典民主理论更具有说服力。

在佩特曼看来，在促使学者乃至公众对广泛参与持怀疑态度方面，一些政治理论家也起了非常重要的作用。其中首推熊彼特。他的有巨大影响力的著作《资本主义、社会主义和民主》在我们获得大量实证数据之前就提出了一种修正了的民主理论。他不仅提出政治现实要求对古典的民主理论进行修正，而且提出了一种全新的、现实主义的民主理论。他断言，民主是与任何特定的理念或目的没有任何关系的一种理论，它不过是一种政治方法，即为政治决策而实行的制度安排。在这种安排中，某些人通过争取人民选票获得作出决策的权力。因此，通过竞争的方式获得领导职位是民主的突出特征。对于熊彼特的民主理论来说，“公民唯一可以参与的方式就是投票选举领导者和进行讨论”③，参与没有特殊的或关键的地位，民主理论的核心是少数领导者。熊彼特的理论对后来的民主理论产生了重要影响，并被广为接受。“近年来的民主理论家们稍微不同于熊彼特的一个地方在于，对于民主政治而言是否必须具备一种基本的‘民主特征’，这种民主特征的存在是否依赖于民主方法的运行。”④熊彼特的影响可以从最近关于民主理论的四种著名的代表性观点看出，它们是贝雷尔森（Berelson, B. R）、达尔、萨托利和埃克斯坦（H. Eckstein）的观点⑤。这些理论都是建立在实证或描述的基础之上的，以

① ［美］佩特曼:《参与和民主理论》，陈尧译，上海人民出版社 2012 年版，第 2 页。

② ［美］佩特曼:《参与和民主理论》，陈尧译，上海人民出版社 2012 年版，第 3 页。

③ ［美］佩特曼:《参与和民主理论》，陈尧译，上海人民出版社 2012 年版，第 4 页。

④ ［美］佩特曼:《参与和民主理论》，陈尧译，上海人民出版社 2012 年版，第 5 页。

⑤ 参见［美］佩特曼:《参与和民主理论》，陈尧译，上海人民出版社 2012 年版，第 5 页以后。

当代社会学调查所揭示的政治态度和政治行为为依据，集中研究整个民主政治体系的运行过程。这些理论被佩特曼称为“当代民主理论”。“在这一理论中，‘民主’指的是在全国层次上的一种政治方法或一套制度安排。这种方法中民主的特征因素是领导者（精英）在定期的、自由的选举活动中通过竞争获得人民的选票。对于民主方法而言选举是关键性的，因为主要是通过选举大多数人能够对他们的领导者施加控制。领导者对非精英的大众要求作出的反应，或者对领导者的‘控制’，主要通过在选举活动中领导者因担心失去职位的惩罚而予以确保。在选举活动的间隔期，领导者的决策也由于积极团体施加压力而受到影响。民主理论中的‘政治平等’，是指平等的普选权，以及存在着对领导者施加影响的机会的平等。最后，就大多数人而言，‘参与’是指人民广泛参与对决策者的选择。因此，民主理论中参与的唯一的功能就是起到保护性的作用，保护个人免受当选领导者的独裁决定的影响，保护公民个人的私人利益。正是这一目标产生的结果为民主方法提供了辩护。”① 佩特曼的这一段话精确地概括了熊彼特等人精英民主理论的基本观点。这种基本观点被巴克拉克（P. Bachrach）概括为这样一种民主模式，即“大多数人（非精英）以他们最小的政治输入（参与）获得最大的政治产出（政策决定）。”②

佩特曼认为，“当代民主理论”虽然在政治理论家中几乎得到了普遍的支持，但也受到了一些批评，只是批评的声音比较微弱。批评主要集中在两点：一是认为当代民主理论的倡导者误解了“古典”民主理论，古典理论不是通常所认为的一种描述性理论，而是一种规范性理论，一种“处方式的理论”。二是认为在对古典理论进行修正的过程中，其中内涵的民主理想被抛弃，代之以其他的理想。佩特曼指出，当代民主理论批评者的问题是，他们针对那些被他们批评的学者对古典民主理论的概括，而没有怀疑这种概括本身是否合理。而佩特曼认为，“当代民主理论”的开创者熊彼特“不仅误解了所谓的古典理论家所讲的，而且也没有意识到在他们的著作中可以发现两种完全不同的民主理论”③。如此看来，“当代民主理论的支持者和批评者均没有意识到的是，关于古典民主理论的观念是一个神话。争论的双方均没有做明显的和必要的工作，没有仔细地研究早期的理论家们实际上

① ［美］佩特曼：《参与和民主理论》，陈尧译，上海人民出版社 2012 年版，第 12—13 页。

② ［美］佩特曼：《参与和民主理论》，陈尧译，上海人民出版社 2012 年版，第 13 页。

③ ［美］佩特曼：《参与和民主理论》，陈尧译，上海人民出版社 2012 年版，第 16 页。

说了些什么。"[①] 在早期民主理论家关于民主理论的观点和实质不断地被误解的情况下，只有将这一神话曝光，才能知道对早期民主理论的修正是否合理。而要这样做，首先要搞清楚古典理论家是哪些人。在佩特曼看来，古典民主理论家有两种不同的民主理论：一是边沁和詹姆斯·密尔的精英民主理论；二是约翰·密尔和卢梭以及20世纪的政治理论家柯尔的参与民主理论。

在佩特曼看来，边沁和詹姆斯·密尔的民主理论与熊彼特关于"古典"民主理论的定义具有家族相似性。边沁在其后期倡导普选权、秘密投票和每年召开会议，期望选民对他们的代表施以相当程度的控制。他称选民的代表为"议员"，以此表达"选举"和"罢免"功能是选民所从事的最重要活动，选民在大多数问题上对哪些政策符合他们的利益和普遍利益表达自己的想法，也可以对他们的代表应该选择哪些政策表达自己的想法。这两位理论家希望选民不受宣传因素的影响而独立作出决定，逻辑地形成自己的观点，不过，他们也不认为选民的看法是在真空中形成的。边沁强调了公共舆论以及个人注意公共舆论的必要性，詹姆斯·密尔则强调教育选民在投票活动中承担起社会责任的重要性。他们都希望每个公民对政治感兴趣，因为这样做符合其最大利益。由此看来，边沁和詹姆斯·密尔的理论与熊彼特所概括的"古典"理论之间存在着相似性：他们两人几乎只关注政治体系在全国层次上的"制度安排"，对于他们来说，人民的参与只有一种微弱的保护性功能，它通过代表担心失去职位的惩罚以确保存在一个好政府，即"符合普遍利益的政府"，以确保每一个公民的私人利益得到保护（普遍利益不过是个人利益的总和）。[②] 他们的理论之所以被认为是民主的理论，是因为他们认为"人数众多的阶级"（即人民）能够保护普遍性的利益，因而提倡所有人的参与（投票或讨论）。显然，关于参与功能的这一观点，并不具有什么特别属于民主的特征。在佩特曼看来，当代民主理论的提出者也将参与只是当作一种保护性的工具，这些理论家首先和最重要的是那些支持代议制的理论家。这种观点当然是民主理论的一个重要方面，但必须指出的是，代议制政府的理论不是民主理论的全部，也不是所有的古典民主理论家都持这种观点。"例如，在约翰·斯图亚特·密尔和卢梭的理论中，参与有着更广泛的功能，对于建立和维持民主政体是关键的，民主不仅被看作是一套全国性的代议制，

① ［美］佩特曼：《参与和民主理论》，陈尧译，上海人民出版社2012年版，第15页。

② 参见［美］佩特曼：《参与和民主理论》，陈尧译，上海人民出版社2012年版，第18页。

也是一种我称作为参与性社会。”①

在佩特曼看来，在参与民主理论家中，卢梭被认为是最为卓越的代表。他对政治体系本质的理解对于参与民主理论的贡献是非常重要的。他的整个政治理论是集中围绕政治决策过程中每个公民的个人参与展开的。卢梭的“参与”既指参与决策的过程，也指保护私人利益和确保好政府的方式。这种参与也对参与者产生一种心理效应，这种心理效应能够确保在政治制度运行与在这种制度下互动的个人的心理品质和态度之间具有持续的相关性。在他的理论中，参与有多种不同的积极功能。首先，参与能提高个人自由的价值，通过它个人能成为自己的主人，因为参与使一个人最小可能地使自己服从他人的意志，而当一个人不服从他人的意志时，他就是他自己及自己生活的主人，其自由也会得到提升。其次，它能使集体的决策更容易为个人所接受，因为参与过程确保了没有一个人或团体是另一个人或团体的主人，所有人都同等地互相依靠，平等而真诚地服从法律。第三，它能提升单个公民的“属于”他们自己的社会的归属感，因为参与的经历使个人与他所在的社会连接起来，使得社会成为一个真正的共同体。卢梭的理论构成了参与民主理论的基础，约翰·密尔和柯尔发展了卢梭关于参与的观点，而且使参与民主理论从卢梭以农民为主的城市国家背景进入了一个现代政治体系中。

约翰·密尔在社会政治理论方面像在其他理论方面一样，起初是他父亲和边沁的忠实信徒，但后来对他们的学说进行了严厉的批评。按照密尔的观点，政府事务中管理商业的活动是最不重要的，重要的是政府活动的第二个方面，即“对人们思想的重大影响”。用来判断政治制度好坏的标准是“这些制度促进社会中精神进步的程度，包括在人们的知识、品德、实践活动和效率方面的进步”。他认为，政府首要和重要的功能是广义上的教育功能。主要是因为政府使商业促进个人的良善性格不是因为政府形式符合普遍利益，密尔才认为大众的、民主的政府是“理想上最好的政体”。他认为，只有在一个大众参与制度的背景下，一种“积极的”、具有公共精神的性格才能得到培养。他像卢梭一样认为，如果那些事先已经存在的性格通过参与过程得到进一步发展，政治体系就具有一种自我维持的能力。在密尔看来，个人要能够有效地参与“巨大社会”的管理，进行这种管理所必需的能力必须

① ［美］佩特曼:《参与和民主理论》，陈尧译，上海人民出版社 2012 年版，第 18 页。

在社会基层得到培养和发展。地方层次上的参与所涉及的问题直接影响到个人及其日常生活，而且个人自己也能够获得当选的机会，进入地方政府。正是通过地方层次上的参与活动，个人才“学会了民主的方法”。密尔认为，在大规模的社会，代议制政府是必要的。他的这种主张并不与他的参与思想相冲突。他赞成他父亲关于教育是确保“数量众多的阶级”进行负责任的政治参与的主要途径的观点，认为“最聪明和最好的阶层”是那些接受过良好教育的阶层，正是这一阶层中的人员应当通过选举进入各个层次的政治职位。密尔指出，应当赋予劳动阶级在地方层次上最大程度的参与机会，这样他们可以发展出必要的品质和技能来评价代表们的活动，监督代表从而使之更加负责。密尔后来还将教育功能扩展到社会生活的一个新领域即工业领域，将工业领域看作是个人通过对集体事务的管理而获得参与经历的另一个领域，就像人们在地方政府中参与公共事务一样。从以上佩特曼对密尔参与民主思想的阐述不难看出，尽管她将密尔看作是参与民主理论的主要代表，但实际上密尔的参与民主理论是从属于他的代议制民主的，总体上看他不是一位严格意义上的参与民主理论家。这一点是需要我们注意的。

对于柯尔的理论，佩特曼认为，它“不仅放置于一个现代的、工业化的社会背景中”，而且“是专门针对这样一个社会的”，“正是工业拥有了打开通向真正民主政体之门的钥匙”。[①] 他深受卢梭的影响，他频繁地引用卢梭的话，而且他的许多基本概念也是来自于卢梭的理论。他与卢梭的关系是：“卢梭的理论为任何民主参与理论的讨论提供了起点和基本材料，而柯尔的理论则试图将卢梭理论的洞见纳入当代背景之中。”[②]

佩特曼指出，她这里所检视的三位思想家的参与民主理论，不只是那些人们通常谈论的理论，而且是提供了实现真正的民主政体的“行动计划和特别方案”的理论，这些理论与我们称为代议制政府理论家们的理论之间存在着巨大的差异。佩特曼通过以上对三种理论的检视，对参与民主理论作了一个集中的概括：“参与民主理论集中围绕着主张个人和他们所处的制度无法割裂开来考虑的观点而建构起来。全国层次上代议制度的存在不是民主的充分条件，因为要实现所有人最大程度的参与，民主的社会化或‘社会训练’必须在其他领域中进行，以使人们形成必要的个人态度和心理品质。这一过

① ［美］佩特曼：《参与和民主理论》，陈尧译，上海人民出版社 2012 年版，第 33 页。
② ［美］佩特曼：《参与和民主理论》，陈尧译，上海人民出版社 2012 年版，第 33 页。

程可以通过参与活动本身而进行。因此，参与民主理论中参与的主要功能是教育功能，最广义上的教育功能，包括心理方面和民主技能、程序的获得。这样，就不存在关于稳定参与制度的特殊性，通过参与过程的教育功能，参与制度可以维持下去。参与活动发展和培育了这一制度所需要的品质，个人的参与越是深入，他们就越具有参与能力。关于参与的相对次要的假设认为，参与具有整合性的功能，参与有助于人们接受集体决策。”①

佩特曼进一步指出了参与民主理论与当代民主理论在每一个实质性方面的差异，包括“民主”本身的特点、“政治”的定义等。就参与理论而言，“政治”不仅限于通常所指的全国性或地方政府，而且指社会中所有的领域；“参与”指的是在决策过程中的平等参加；“政治平等”指在决定决策结果方面的权力平等。此外，参与民主理论中对民主体系的辩护主要在于从参与过程中逐渐积聚的人性的结果。人们也许可以将参与模式概括为最大程度地输入（参与），而输出不仅包括政策（决定），也包括每个人的社会能力和政治能力的发展，因此存在着从输出到输入的“反馈”。② 佩特曼认为，“参与民主理论的建立在两个假设基础之上：参与的教育功能和工业的关键性地位”③。

关于参与的教育功能，佩特曼指出，当代民主理论的参与民主理论均认为个人应当接受一些在国家政治过程之外的民主“训练”。然而，当代民主理论的倡导者几乎没有谈到这种训练如何进行。参与民主理论认为一定的参与经历能使个人更好地适应未来进一步的参与活动。个人只有在实际的参与活动中才能形成民主所需要的个人态度和品质，以及民主技能、程序知识等。个人参与越深入，个人就越有参与能力。佩特曼指出，参与民主理论家都非常重视参与的教育功能。约翰·密尔认为参与活动将培养人们的一种“积极的”性格，柯尔建议培养一种叫作“非奴役的”性格，并认为赋予这些观念一些实证的内容是可能的。例如，一个人要实现在工作场所中的自我管理，就需要某些特定的品质，并要求具有对自己负责和有效地参与的能力，以及控制自己的生活和环境的能力，必须充满信心。这些品质、能力和信心的获得，就属于通过参与过程逐渐建立起来的心理益处，我们可以将这些品质看作著名的“民主性格”的一部分。对政治行为和政治态度进行实证

① ［美］佩特曼：《参与和民主理论》，陈尧译，上海人民出版社 2012 年版，第 39 页。
② 参见［美］佩特曼：《参与和民主理论》，陈尧译，上海人民出版社 2012 年版，第 39—40 页。
③ ［美］佩特曼：《参与和民主理论》，陈尧译，上海人民出版社 2012 年版，第 40—41 页。

调查研究表明，参与活动与人们所知的政治效能感或政治能力感之间存在着密切关系。这种关系被描述为一种感觉，即“个人的政治行为确实，或者能够对政治过程产生影响，因而值得去承担个人的公民责任”。具有政治效能感的人比那些缺乏这种感觉的人更有可能参与政治生活。研究还发现，这种政治效能感的基础是一种普遍的、个人对其自身活动效果的感觉，它涉及个人在处理各种事务方面的自信，“那些在迎接每天的任务和挑战中感到更有效果的人们，更有可能积极地参与政治活动”。① 佩特曼也注意到，在现有的组织和社团进行民主的社会化训练存在着一定的困难，因为这些组织和社团，尤其是工业领域的组织，实行的是寡头制和等级制。针对这种情况，参与民主理论一方面主张通过在非政府的权威结构的参与过程进行民主教育，另一方面主张这些权威结构应当民主化。

关于工业的关键地位问题，佩特曼作了大量的研究。在她看来，一个民主政府存在的话，就必须相应地存在一个参与社会，即社会中所有领域的政治体系通过参与过程得以民主化和社会化，而其中最重要的一个领域就是工业。大部分人的一生花费大量时间在工作中，工作场所的活动在集体事务的管理方面提供了一种教育功能，而这在其他领域是没有的。而且，像工业这样的领域本身就应该被看作是政治体系，它提供除了国家层次上的参与以外的参与领域。个人试图对他们自己的生活和环境施加最大程度的控制，这些领域的权威结构就必须按照他们可以参与决策的方式组织起来。工业之所以在参与理论中处于核心地位，也是因为它与实质性的经济平等有关，这种经济平等赋予个人平等参与所必需的独立和保障。工业领域的权威结构的民主化，废除了“管理者”与“工人”之间的固定差异，这向经济平等迈出了一大步。在佩特曼看来，两种民主理论之间存在着主要争论的工业领域的权威结构是否可以民主化的问题，涉及另一更基本的问题，即：“是否有证据表明，在工作场所的参与活动与其他的非政府领域以及更广泛的全国性的参与活动之间，存在着特定的联系。”② 佩特曼运用一些调查数据分析表明，非政府权威机构中的参与对于培养和发展全国层次上的参与所要求的心理品质（政治效能感）是必要的，而工业是这种参与得以发生的最重要的领域，它确实有助于我们解释为什么在社会经济地位更低的人群中政治效能感较低的现象。佩特曼指出：“参与民主理论认为个人（与政治相关的）态度在很大

① ［美］佩特曼：《参与和民主理论》，陈尧译，上海人民出版社 2012 年版，第 45 页。

② ［美］佩特曼：《参与和民主理论》，陈尧译，上海人民出版社 2012 年版，第 41 页。

程度上取决于他的工作环境中的权威结构，这一观点具有坚实的事实根据。尤其是，政治效能感的发展好像取决于人们的工作环境是否提供了他们在决策过程中的参与机会。”①

佩特曼认为，参与民主理论关于在非政府权威结构中参与活动在政治方面具有重要的心理影响，以及关于民主社会化过程中工业领域所具有的核心地位的主要观点，得到了大量实证材料的支持。研究也发现，在这一层次上引入参与是可行的，而且多数人希望参与基层工作。新近的管理理论也认为，这种参与制度是管理一个企业最有效的方法。在佩特曼看来，如果这种情形是真实的，那么就需要进一步研究工业领域所使用的“参与”的概念，以及“参与”与“工业民主”之间的关系。

关于“参与”有不同的界定，佩特曼比较赞成弗伦奇（J. R. P. French）、伊斯雷尔（J. Israel）和阿斯（D. Aas）的界定，认为他们的概念可以作为分析的起点，同时也具有一些有用的特点。他们认为，工业领域中的参与是指“在制定计划、政策或决定过程中双方或者多方相互影响”，“它限定于对那些有权做决策的人和接受委托的人产生影响的决策”。这一概念排除了下列情形：个人 A 仅仅是参加团体的活动；A 在影响到他的决策得到实施前被告知有关的消息；A 出席一个会议没有影响力。佩特曼认为，这一界定表明，参与必须是一种在一些事情中的参与过程，这里是指决策活动中的参与。这就是参与民主理论关于参与的定义。这一定义排除了日常语言中广义的理解，即把参与理解为“仅仅是个人在团体活动中存在”。②

佩特曼进一步对“真参与”与“假参与”“部分参与”与“充分参与”作了辨析。在她看来，工业领域参与概念的关键之处在于，它在一定程度上修正了正统的权威结构，即在名义上决策是属于管理者的“特权”，工人没有影响力。在有些学者那里，参与不过是能够有助于实现企业所有目标的许多管理方法中的一种。他们在使用“参与”一词时不仅仅是指一种决策方法，也包括许多管理者使用的用于说服员工服从决策的方法。这样理解的“参与”，实际上没有在决策过程中发生参与活动。这样的“参与”不过是“假参与”。对决策过程的参与有一个前提条件，这就是员工必须知情。“如果决策过程中的参与得以发生，必须满足一定的条件。即：员工

① ［美］佩特曼：《参与和民主理论》，陈尧译，上海人民出版社 2012 年版，第 51 页。

② 参见［美］佩特曼：《参与和民主理论》，陈尧译，上海人民出版社 2012 年版，第 65 页。

必须拥有做出决策所必要的信息。”[①] 参与是一种“双方或多方在决策过程中互相施加影响”的过程。这里的“影响”和“各方”这些词的使用需要进一步检视。“影响”是指个人 A 对个人 B 发生作用，但 B 的意志不服从 A 的意志，也就是说，A 对 S 在决定一件事情上具有影响力，但 B 对这件事情具有最终决定权。“各方”在这里意味着双方之间存在着对立，在工业领域对立的双方主要是管理者和工人。如果最终的决定权属于管理工作者，工人们的参与只是影响决策，他们处于永久的服从者地位，那么，这种形式的参与就是“部分参与”。另一方面，如果管理者与工人之间不存在不平等决策的“双方”，而是一群平等的个人，他们可以自己决定工作如何分配、如何实施，那么，这种形式的参与就是“充分参与”，也即是“决策整体中的每一个成员平等地享有决定政策结果的权力的过程”。在佩特曼看来，无论是部分参与还是充分参与者可以在管理活动的所有层次上进行。[②]

在阐明了参与民主理论所理解的“参与”之后，佩特曼进而研究了工业领域的“参与”与“民主”的关系。她首先指出，像“参与”在许多文献中十分随意地使用一样，“民主”概念的情形也同样如此。“通常地，民主不是指一种特定的权威结构形式，而是指企业中存在的一种通过领导者或管理者运用的方法或风格创造出来的一种‘风气’，民主通常被用于描绘一种假参与的情形，或者甚至仅仅指存在着一种友好的气氛。”[③]“参与”与“民主”两个词似乎也可以互换使用。在佩特曼看来，如果工业领域中的权威结构真正类似于国家政治体系中的结构关系，那么管理者必须是由每个企业中的所有员工选举产生的，并且可罢免。或者说，如果建立了一种直接的民主体系，所有员工就必须享有管理活动的决策权。在这两种情况下，不管民主体系是代议民主还是参与民主，都意味着目前管理者永久处于掌权者的地位和工人们永远处于下级地位之间的差异，必须被废除。在所有的工人可以作出决策的地方，管理者仅仅是具有管理能力的人群而已。一种工业民主体系意味着工人们享有更高层次的参与机会。另一方面，更高层次上的部分参与并不要求权威结构的民主化，因为工人们或工人代表有可能影响更高层次的决策，同时最终的决策权仍然保留在管理者手中，就像目前的集体谈判的情况

① ［美］佩特曼：《参与和民主理论》，陈尧译，上海人民出版社 2012 年版，第 66 页。

② 参见［美］佩特曼：《参与和民主理论》，陈尧译，上海人民出版社 2012 年版，第 67 页。

③ ［美］佩特曼：《参与和民主理论》，陈尧译，上海人民出版社 2012 年版，第 67 页。

那样。在工业领域中，在多大范围上可以进行直接的民主活动，多少工人可以在民主化的体系中享的决策的机会均等，这些问题只有通过有关的实证材料的检验，才能够得到回答。但很清楚的是，在工业领域，“参与”与“民主”两个术语不可以互换使用，它们不是同义词。“在权威结构没有民主化的条件下，不仅部分参与在所有的管理层次上是可能的，而且在一个完全非民主的权威结构中，较低层次上的充分参与也是可能的。”①佩特曼强调，认识这一点，对于参与民主理论有着重要意义。参与民主理论认为，可以从参与活动中形成民主化即充分参与所必要的心理效应，而研究表明，参与对个人具有非常明显的效果，即使最低程度的参与也是如此。“即使是参与的感觉，甚至是假参与活动，也可能对信心、工作满意度等产生有益的影响。有理由认为，实际发生的参与将更为有效”②。由此看来，参与民主理论需要一定的修正。

佩特曼通过对参与民主理论的第二个方面（即对工业和其他领域它们自己的方式构成政治体系并由此民主化）的分析得出的最后结论是:“在关于参与性的社会如何可能的问题上，工业领域占据了关键性的位置。工业以及工业领域中上级与下级之间的关系，是所有普通人互相交往领域中最富有‘政治性’的领域，工业领域中的决策对普通人的生活具有重大的影响。而且，工业的重要性体现为企业的规模可以允许个人直接参与决策，在更高层次上充分地参与决策。”③不过，有证据显示，工业领域中的权威结构要进行民主化是不可能的，如此看来，参与民主理论就需要进行实质性的修正。这表明，佩特曼虽然认为在工业领域充分参与是可能的，但其权威结构民主化是不可能的，也许正是在这种意义上，她不赞成“参与”与“民主”可以互换。

（三）巴伯的强势民主论

巴伯（Benjamin Barber, 1939—）是当代美国政治理论家，纽约城市大学大学生中心的慈善事业与公民社会中心（The Center on Philanthropy and Civil Society of The Graduate Center）的高级研究员，互相依赖运动（the Interdependence Movement）的主席和创立者。其著述较丰，如:《超人与

① ［美］佩特曼:《参与和民主理论》，陈尧译，上海人民出版社2012年版，第69页。
② ［美］佩特曼:《参与和民主理论》，陈尧译，上海人民出版社2012年版，第69页。
③ ［美］佩特曼:《参与和民主理论》，陈尧译，上海人民出版社2012年版，第76页。

常人——自由、无政府和革命》(*Superman and Common Men: Freedom, Anarchy and the Revolution*, 1971)、《解放的女性主义》(*Liberating Feminism*, 1976)、《强势民主——新时代的参与政治》(*Strong Democracy: Participatory Politics for a New Age*, 1984)、《政治的征服——民主时代的自由主义哲学》(*The Conquest of Politics: Liberal Philosophy in Democratic Times*, 1988)、《圣战对麦当劳世界——全球主义与部落主义怎样重构世界》(*Jihad vs. McWorld: How Globalism and Tribalism Are Reshaping the World*, 1996)、《权力之真——克林顿白宫中的理智事务》(*The Truth of Power: Intellectual Affairs in the Clinton White House*, 2001)、《恐惧的帝国——相互依赖时代的战争、恐怖主义与民主》(*Fear's Empire: War, Terrorism, and Democracy in an Age of Interdependence*, 2003)等。其中《强势民主》是巴伯强势民主思想的代表作，它一出版就在学术界引起了强烈的反响，2004 年该著作出版 20 年时又出版了修订版。巴伯在民主理论上的突出贡献主要在于，在对自由主义民主理论（弱势民主理论）进行系统批评的基础上对其进行修正和补充。具体地说，巴伯的强势民主对弱势民主理论的缺陷和不足进行了五个方面的修正和补充：一是强势民主以公民共同体为基础修正、补充了弱势民主的个人主义的基础；二是强势民主以公民身份的政治修正、补充了弱势民主的动物管理的政治；三是强势民主以参与型政治修正、补充了弱势民主的代议制政治；四是强势民主以互助合作的政治修正、补充了弱势民主的利益交换政治；五是以转化冲突的政治修正、补充了弱势民主解决冲突的方式。① 通过这些修正和补充，巴伯构建了一种他自称为"强势民主"理论的民主（共和）主义民主理论，"勾勒出一种从可能出现的强势民主的实践来看政治的方式②，力图以民主主义取代自由主义。

巴伯对民主理论还有另一个特别值得提出的贡献，那就是：在不少人对民主持疑虑态度的情况下，他极力高扬民主，强调通往自由的道路存在于民主之中。这种民主是自治的民主、参与的民主，也就是他所力倡的"强势民主"。"真正的自治与民主，因而也是真正的自由。"③。"民主只能在强势民主的状态下才能存在，只有在有能力胜任的和负责任的公民而不是伟大的领导

---

① 参见陈炳辉等:《参与式民主的理论》，厦门大学出版社 2012 年版，第 170—172 页。

② ［美］巴伯:《强势民主》，彭斌、吴润洲译，吉林人民出版社 2011 年版，"译者导言"。

③ ［美］巴伯:《强势民主》，彭斌、吴润洲译，吉林人民出版社 2011 年版，"1984 年版序言"第 7 页。

者的状态中才能得以保全。有效的独裁政治要求伟大的领导者，而有效的民主则要求伟大的公民。只有当我们拥有公民身份的时候，我们才是自由的，而且我们的自由和平等只有在被看做是我们的公民身份的时候才能持久稳定。我们可以生而自由，但是我们只有在此期间致力于自由的时候才能够自由的死亡。公民并不是与生俱来的，而是在自由的国家中实施公民教育和政治参与的结果。”①

1. 强势民主理论的提出

巴伯指出，在面对着我们时代的各种危机时，我们遭受苦难不是由于民主过多的缘故，而是由于民主过少的缘故。巴柏认为，西方的民主理论和实践都源于自由主义哲学，然而无节制的自由主义已经破坏了民主制度，尽管自由主义哲学的权利、自由和公正等概念非常缜密，理由充分并产生了广泛的影响。像对投票选举的犬儒主义信条、政治疏远、对私有财产的偏爱以及公共机构的日益瘫痪等问题，并不是现代性的后果，而是人们在思考和研究政治的时候仍然拘泥于自由主义方式所产生出的萎靡不振的征兆，也是自由主义力量的阴暗面真实反映出来的形象。“为了保护自由与民主，自由主义理论所作的各种设计——代议制、私有制、个人主义和各种权利，总而言之，都是代议制的——结果是既没有保卫民主也没有捍卫自由。尽管代议制能够服务于责任与个人权利，然而它却破坏了参与和公民身份。”②巴伯认为，如果自由主义根本不能服务于民主，那么复兴民主就必须找到一种可以减少与自由主义相联系的制度形式，这种形式就是强势民主。“强势民主是现代民主政治所能采取的唯一可行的制度形式，也就是说，除非我们采取一种基于参与和共享的制度安排形式，否则民主就有可能会偏离政治舞台而沿着自由主义的价值观运行。”③“强势民主是唯一充分地具有正当性的政治形式；正因为如此，在西方自由主义传统中，它成为了复兴那些对我们而言是至关重要的东西的条件。为了享有自由，我们必须实现自治；为了享有权利，我们必须成为公民。总而言之，只有成为公民我们才能获得

---

① ［美］巴伯：《强势民主》，彭斌、吴润洲译，吉林人民出版社 2011 年版，“1990 年版序言”第 7 页。

② ［美］巴伯：《强势民主》，彭斌、吴润洲译，吉林人民出版社 2011 年版，“1984 年版序言”第 4 页。

③ ［美］巴伯：《强势民主》，彭斌、吴润洲译，吉林人民出版社 2011 年版，“1984 年版序言”第 4 页。

自由。”① 在巴伯看来，只有强势民主才是能够为现代政治困境提供充分回应的唯一形式。

巴伯认为，他所主张的强势民主，不是来自于某种非历史的、用于批评乌托邦观点的理论观念，而是一种对根源于美国政治史和当代政治实践的政治可能性的反映。在他看来，美国存在着两种民主：一种是由国家政党、总统政治以及官僚机构的方针政策所界定的民主，它属于以华盛顿为中心的、由政客组成的圈子，普遍公民被排斥在外；另一种则是由邻里和街区协会、家长老师联谊会以及公众团体所界定的民主，它的范围局限于一个不大于城镇或者县的具有密切交往的地域，在那里人们集合起来裁决分歧或者规划公共事业。前一种民主是一种吸引人的媒体政治，它回避了实际存在的许多问题，并使公民成为旁观者。第二种方式是一种参与和协商的政治，在这里，有效的公民身份处于主导地位，同时真实的讨论支配着议事日程。② 巴伯认为，他所提出的强势民主是对大多数美国人在实际上所做的行为给予的理论上的表述。

巴伯在谈到他的强势民主的意义时指出，它为美国公民提供了一面镜子，同时激励他们去体会意味深长的民主政治的含义，在这种民主政治中公民们能够按规则参与广泛的公民行动。“尽管他们不把参加社区事务称之为民主，但是它其实就是民主，而且已扩展到了州、国家以及全球更大范围的社会群体中，它将确保我们的孩子们仍然有可能生活在自由的状态中。我们的民主属于我们并且只属于我们：我们创造了它，并且使它成为我们自己的。”③

在《强势民主》出版 20 周年的时候，巴伯进一步强调了强势民主对于当代世界民主和自由发展的意义。“强势民主不仅仅只是可以被评价为能够矫正美国民主弊端的革新，而且现在必须用全球的视角去审视它。”④ 他认为，在全球化的世界中，仅仅从国内的视角去思考民主的本质和命运是不够

① ［美］巴伯:《强势民主》，彭斌、吴润洲译，吉林人民出版社 2011 年版，“1984 年版序言”第 5—6 页。

② 参见［美］巴伯:《强势民主》，彭斌、吴润洲译，吉林人民出版社 2011 年版，“1990 年版序言”第 1—2 页。

③ ［美］巴伯:《强势民主》，彭斌、吴润洲译，吉林人民出版社 2011 年版，“1990 年版序言”第 8 页。

④ ［美］巴伯:《强势民主》，彭斌、吴润洲译，吉林人民出版社 2011 年版，“二十周年纪念版序言”第 2 页。

的。全世界各国相互依赖的现实弱化了国家主权，使国家间的界限具有可渗透性。这就提出了采取什么类型的政府才能监督国际关系或国家内部事务的新问题：即当前全球化涉及的商品、市场、犯罪、疾病、贫困、资本、毒品、武器和恐怖主义的国际化等许多问题。这些问题向我们展示出由于主权弱化所带来的有害的和无政府状态的一面。但是，并没有出现与全球化相适应的国际化的公民制度或者政治制度。今天的世界要么由于没有全球性的民主政府存在而处于无政府状态；要么是处于由垄断性跨国公司和决非民主的跨国机构（如国际货币基金组织和世界贸易组织）操纵的市场力量导致的暴政状态。所以，问题不再是美国、法国或者日本将能否继续保持代议制民主的“弱势”民主政体的形式，也不再是伊拉克、乌干达、哥伦比亚能否成为各种强势民主国家，而是在各个国家、各种非政府组织与国际资本机构之间日益显著的全球性关系上能否实现强势民主。[①] 他强调，“强势民主能够弥补古老的自由主义民主的缺陷，而且，它甚至证明，只有通过理解公民身份的价值才能帮助世界上部分国家与地区稳固持久地建立起新型的民主。”[②] 从全球化的水平来看，民主管理将取决于全球公民身份、全球公民社会和全球公共意识的塑造。除非有建立在强势的全球性公共协商基础上的新型的共同管理制度，否则今天持续流行的无政府状态将会支配世界交往体系。互相依赖是全球化时代的主要课题，强势民主因而也必须属于所有国家，否则它将不会存在。巴伯由此断言：“强势民主不仅仅是美国最好的希望，而且更是全人类最美好并且是唯一的希望。”[③]

2. 对弱势民主的批判

巴伯认为，在现代西方，自由主义民主（liberal democracy）已经发展成为一种最具活力的政治体系和处于主导地位的民主模式。然而，尽管自由主义民主已经取得极大的成功，但在 20 世纪它并不能完全抵挡得住变态的法西斯主义与斯大林主义或者不正常的军事独裁与极权主义政体等各种主要敌手，同时也没有能够有效地处理其内在的缺陷和矛盾。自由主义民主政治中许多诸如此类的难题源自于其理论本身。“自由主义民主赖以为基础的人

---

① 参见［美］巴伯：《强势民主》，彭斌、吴润洲译，吉林人民出版社 2011 年版，“二十周年纪念版序言”第 2—3 页。

② ［美］巴伯：《强势民主》，彭斌、吴润洲译，吉林人民出版社 2011 年版，“二十周年纪念版序言”第 9 页。

③ ［美］巴伯：《强势民主》，彭斌、吴润洲译，吉林人民出版社 2011 年版，“二十周年纪念版序言”第 11 页。

性论、知识论与政治观在本质上是自由主义的，而不是民主主义的。这种个人与个人利益的观念削弱了个人和个人利益所依赖的民主实践。”① 据此，巴伯认为，自由主义民主是一种“弱势”的民主理论，其民主的价值是谨慎的，也是暂时的、相对的和有条件的，它服务于排他性的个人主义企图与私人目的。由于自由主义民主根源于这种不稳固的基础，所以不能指望它能够形成有关公民资格、参与、公共利益或者公民美德的坚实理论，事实上它也根本不可能成为一种政治共同体的理论。“与其说自由主义民主为政治提供了一项正当性证明，还不如说它提出了一项证明个人权利正当的政策。自由主义民主更多地关注促进个人自由，而不是保障公共正义，增进利益而不是发现善，将人们安全的隔离开来，而不是使他们富有成效地聚合在一起。其结果是，自由主义民主可以强有力地抵制针对个人的任何侵犯——对个人的隐私、财产、利益和权利的侵犯——但是，它却无法有效地抵御针对共同体、正义、公民性以及社会合作的侵犯。最终，自由主义民主的这种缺陷削弱了它对个人的保护，因为个人自由不是参与政治行为的前提，而是它的后果。”②

在巴伯看来，自由主义民主是奇特的、复杂的，同时也是经常自相矛盾的政治体系。它至少包含着三种占主导地位的特性，即无政府主义、现实主义和最小政府论，其中每种特性都包含着一套非常具有特色的态度、倾向和政治价值。

无政府主义可以被理解为自由主义民主中的非政治的或反政治的特征。它使得芸芸众生都倾向于将自己看作是具有需求和欲望的自主存在，这些需求的欲望是能够通过生活在强制性的公民共同体之外来获得满足的。自由主义民主认为政治的目的是受个人及其自主范围限制的，自由就是不存在个人行为的外在的政治强制，个人在本质上是独立的，同时也是孤独的，人类被认为是自主的、相互分离的和自由的行为主体。来自于诸如自由、独立、自足、自由市场和隐私权之类带有无政府主义观念的政治哲学，可以概括为“管得最少的政府是最好的政府”。“无政府主义的特性使得自由主义民主的政治理论非常不完善、分裂和肤浅，并且在政治实践中表现得非常脆弱。”③

从起源上来看，现实主义与无政府主义对政治领域的假定几乎没有区

① ［美］巴伯：《强势民主》，彭斌、吴润洲译，吉林人民出版社 2011 年版，第 4 页。

② ［美］巴伯：《强势民主》，彭斌、吴润洲译，吉林人民出版社 2011 年版，第 4—5 页。

③ ［美］巴伯：《强势民主》，彭斌、吴润洲译，吉林人民出版社 2011 年版，第 10 页。

别，认为政治就是为私人利益提供一种共同保证，也是为私人福利提供公共的正当性的证明。但是，它将政治变成了一门与权力相关的艺术，想要运用权力来服务于个人目的和权利，使权力扮演一个被人们认可的、合法的角色，而与权力相伴随的是恐惧、操纵、强制、威慑、激励、处罚和其他那些在社会关系中具有更多强制性的现象。现实主义者“构建出一种人造的权力世界，这种人造的权力世界在抑制冲突上如此有效，以至于它对那种与其冲突相关的个人以及带来放纵恣意的自由也是毁灭性的威胁”①。

最小政府论所面对的问题是如何配置现实主义者的主权者的权力，如何在不求助于无政府状态的条件下处理人类对于统治权无止境的贪欲现实，也就是如何控制管理者。最小政府论者倡导一种宽容政治，在这种政治生活中，对每一项个人自由的放弃都是由先定契约规定的，对每一项权威的承认都是以保障权利为基础的，对每一种个人权利的放弃都必须维持在某种限度内。但是，最小政府论“仍然依赖于那种其所有特性都弥漫于自由主义民主的极端个人主义”②。

在巴伯看来，尽管自由主义民主的三种特征的关注点和倾向明显地不同，但它们都认为政治不过是在审慎地服务于经济人，即仅仅追求物质幸福和人身安全的人；尽管它们关于人性的描绘各不相同，但它们都认为人们基本上不可能与其同类成员和谐相处共同生活，所以都试图通过使人们相互分离，而不是让人们聚合在一起来建构人类关系。“所以，自由主义民主发现其自身处于特有的两难困境中：自然状态危及到每一个人的潜在的自由，而国家则危及到其现实的自由。如果没有政治权力，那么自由就不可能幸存；但是，政治权力本身却也可以毁灭自由。至高无上的权力可能成为我们自由的合适的管理者，但是，那么谁来监督管理者呢？”③

通过对自由主义民主的三种特性的分析，巴伯认定这种民主是一种“弱势民主”，并对这种弱势民主作了以下集中的概括：“我们所谓的‘弱势民主’既不承认参与的乐趣也不认可公民交往的友谊，既不承认持续政治行为中的自主与自我管理，也不认可可以扩大公民彼此间共享的公共善——共同协商、抉择和行动。弱势民主没有注意到人们之间的相互依赖实质上是所有政治生活的基础，它最多是一种表态的利益政治，而从来不是一种变革的

① ［美］巴伯：《强势民主》，彭斌、吴润洲译，吉林人民出版社2011年版，第15页。

② ［美］巴伯：《强势民主》，彭斌、吴润洲译，吉林人民出版社2011年版，第19页。

③ ［美］巴伯：《强势民主》，彭斌、吴润洲译，吉林人民出版社2011年版，第21—22页。

政治；它是一种讨价还价的和交易的政治，从来不是一种具有发明和创建的政治；它是一种设想人们处于最坏状态（以防止他们免遭他们自己伤害）的政治，而不是设想人们可能处于最佳状态（以帮助他们变得比现在更好）的政治。"①

自由主义民主像其他政治理论一样，不可能凭空产生，而是在社会环境中由处于某种意义或者其他"假设"中的前设概念的材料上创建起来的，都有一种与被制定出来的理论相对照的"惯性参照系"。巴伯认为，自由主义民主的惯性参照系具有几个相互联系的特征，它们可以根据一个主要原理和几个推论来加以描述。一个主要原理就是唯物主义，它假定世界就是物质性的世界，人类在所有方面和所有行为上都是物质性的生命体，在所有这些生命体内部，动机、行为和相互作用都不可避免地是物理性的，所以人类是被相当于物理结构规律的法则所统治的。几个推论是指：（1）原子主义。它断定作为物质性的生命体，人们是孤立的、完整的、自足的与单一的原子，而且人们的观点首先是单独的个体观点。（2）原子主义。它断定作为物质性的生命体，人们的全部行为是与其整体的动机（需要、驱动力、愿望、冲动与本能等）相一致的。无论在人类个体中存在着多不协调的地方，他们的内在状况是完整的、稳定的，同时他们的运动与矢量运算也是同样的清晰准确的。（3）可通约性。它断定作为物质性生命体，人们大致上是与其他人一样可以用共同标准进行衡量的，每个人都是被同样的行为法则所支配的，所以每个人的心理或行为都能够与其他人进行互换。（4）相互排他性。它断定作为物质生命体，人们不可能在相同的时间内占据同样的空间，其结果是冲突必然已成为人类社会交往的典型形式，而人类所特有的生存状态则要么进行攻击，要么进行防卫。（5）感觉主义。它断定作为物质性生命体，人们的感觉、思考和想象仅仅是对物质性的原因作出反应，所以在人类思考和行为的全部模式中，这些感觉是有理由串通起来的。巴伯认为，这种牛顿式的惯性参照系有两个主要缺陷：一是"对民主政治理论而言可能存在着其他更加令人信服地植根于心理学、社会学和历史学并且比牛顿主义更加不证自明的合理结构"；二是"存在着某种完全回避惯性参照系的政治理论模式，这种模式可以发展出某种不依赖于一系列的推理因而也不依赖于这种推理必然回归的惯性参照系的自主的政治民主理论"。②

---

① ［美］巴伯：《强势民主》，彭斌、吴润洲译，吉林人民出版社 2011 年版，第 25 页。

② ［美］巴伯：《强势民主》，彭斌、吴润洲译，吉林人民出版社 2011 年版，第 46 页。

自由主义民主也依赖于某种关于政治知识特性的假设，即认识论的假设。巴伯认为，这种极为重要的假设是笛卡尔式的：存在着某种可以认知的独立基础，即某种不可变更的第一前提或“永恒的客观存在”，依据这种第一前提通过简单的推导就能得出政治生活的各种概念、价值、准则和目的。不仅如此，自由主义民主的许多非常特殊的方式也是笛卡尔主义的，“它趋向于成为还原论的，演进的，二元的，纯粹理论的和唯我论的”①。巴伯认为，自由主义民主的三种特性分别与认识论的理想主义、经验主义和怀疑主义相联系。“第一种联系产生出彻底的个人主义的政治，自然权利和私有财产（即无政府主义者的倾向）；第二种联系产生出政治权力、法律和控制（即现实主义者的倾向）；第三种联系产生出政治宽容、多元主义和不干涉的主张（即最小政府论者的倾向）。”②

巴伯认为，自由主义民主的政治立场是某种可以推导出其最后政治结论的激进个人主义形式的逻辑，它的人性心理学体系是建立在“人是孤独的存在”这一前提的基础之上。在自由主义者看来，我们都是作为了孤独的陌生人来到这个世界，作为小心谨慎的陌生者度过我们的生命，最后在令人恐惧的孤独中死去。“我们都是上帝的子民，但是当我们从伊甸园被驱赶出来后，也就永远失去了可能使我们成为兄弟姐妹的血缘关系。我们可以生活在一起，但是我们总是彼此分离的生活在一起。”③按照这种观点，人类存在的极为重要的特征就是疏远，也就是彼此分离。在西方传统中人类的孤独经常被认为是一种失常的状态、病态或者灾难而遭受警告，但自文艺复兴时期开始，人在本质上是孤独的逐渐被解释为一种解放、自由而不是一种苦难，疏远是一种值得庆贺的而不是应当感到遗憾的事件。于是，“仅仅为其自身而存在的自我变成为不再关心人类、正义、平等、需要或者义务的孤独的人：人也就是在模仿他曾经极力抵制的能够自足的上帝。”④巴伯认为，孤独是自由主义最显著的心理特征，但并不是唯一的特征。对于自由主义者来说，由于人是孤独的，所以他也是享乐的，是具有侵略性和进取心的。人是由欲望驱动的，他追求权力，想要获得财富，希望成为所有者、经营者和剥夺者。“简而言之，自由主义的人性论就是通过剥夺人所具有的相互依存、合作与

① ［美］巴伯：《强势民主》，彭斌、吴润洲译，吉林人民出版社 2011 年版，第 59 页。
② ［美］巴伯：《强势民主》，彭斌、吴润洲译，吉林人民出版社 2011 年版，第 67 页。
③ ［美］巴伯：《强势民主》，彭斌、吴润洲译，吉林人民出版社 2011 年版，第 82 页。
④ ［美］巴伯：《强势民主》，彭斌、吴润洲译，吉林人民出版社 2011 年版，第 84 页。

共存的潜在力量来对人进行定义的。它将人永久的流放到这样一个世界中，尽管他在这个世界可以为生存而努力，希望安全，为各种满足而奋斗，但是他事实上却‘既没有快乐，没有爱，也没有光明，没有稳定，没有和平，也没有给痛苦以慰藉和救济’。”①

在巴伯看来，自由主义民主者之所以主张这种“弱势民主”，是因为他们认为我们这个冷酷无情的时代的许多令人厌恶的病态都来自于不加节制的民主或紊乱失调的民主。不受自由主义节制的民主必定变成机能紊乱的民主，平民政体本身包含了极权专制的萌芽，而且这种极权专制只能通过审慎地运用由同等剂量的个人自由、自然权利、私人财产权和市场资本主义构成的宪政才能奏效。在历史上，不加节制的民主的必然后果是斯大林主义、法西斯主义，在今天，民主的紊乱主要是通过那种敌视个人及其权利而追求社会正义的计划、福利体系、社会管制、强制性规范，也就是通过所谓的大政府体现出来的。巴伯认为，我们有充足的历史与理论的理由证明自由主义者的批评是有缺陷的，其中一个重要理由是认为自由主义才误解了直接民主或参与式民主的特征与差异。自由主义者所构想的通常仅仅是一种纯粹民主的理想模式，包括参与主义、多数暴政、共识主义、极权主义、共产主义以及公意理论等各种截然不同的变体形式，然后将那些声名狼藉的典型归咎为无节制的民主的弊端，并以此作为主张弱势的自由主义民主的理由。这样，直接民主就被连带着判处有罪，并被作为没有节制、对自由有威胁的形式而遭到摒弃。② 鉴于这种情况，巴伯主张要将各种有害的民主形式与各种健康的民主区别开来，前者巴伯称之为统合性的民主，后者他称之为强势民主。于是，巴伯一方面致力于以“强势民主”取代“弱势民主”，另一方面又注意将“强势民主”与“统合性民主”加以区别。

3. 对强势民主的阐发

关于“强势民主”，巴伯在《强势民主》中有一段集中的表述。“强势民主是参与型民主的一种独特的现代模式。它依赖于一种自治的公民共同体的理念，使公民联合起来的不是同质的利益而是公民教育，使其公民的共同目的和互助行为成为可能的不是他们的利他主义和其他美好的性格而是他们的公民态度和参与制度。强势民主是与冲突的政治、多元主义社会以及公私领域划分相一致的——事实上，它依赖于它们。强势民主在本质上并不敌视现

① ［美］巴伯：《强势民主》，彭斌、吴润洲译，吉林人民出版社 2011 年版，第 89 页。

② 参见［美］巴伯：《强势民主》，彭斌、吴润洲译，吉林人民出版社 2011 年版，第 113 页。

代社会的规模和技术，所以它既没有与古代共和主义联姻，也没有与面对面的乡土观念结合起来。然而，强势民主却对在西方社会中伪装为民主的精英政治与大众政治发起了挑战，它为我们称之为的弱势民主，也就是在其三种倾向中所表现工具性的、代议制的和自由主义的民主，提供一个相关的替代模式。”[①]在《强制民主》的1990年版序言中，巴伯又指出：“强势民主激励着我们自己认真对待公民身份。我们不仅仅是选民，当然也不能仅仅把自己看作是政府的顾客或者保卫者。公民是管理者，也就是自治者、共治者与自己命运的主宰者。他们不需要在所有时间都参加所有的公共事务，但是他们至少应该在某些时间里参加某些公共事务。监督者，选民，委托人——这些都是对民主主义状态中的公民的不充分定义。”[②]

巴伯认为，政治领域可以理解为受到许多条件的限制，而只有强势民主能够说明所谓的政治基本条件并作出回应。在巴伯看来，政治条件的几个关键部分包括：行动、公共性、必要性、选择、合理性、冲突和缺乏独立理据。巴伯具体分析了强势民主对政治的七种条件的回应的适应性状况。（1）行动。在强势民主中，政治是公民们行动，而不是为公民们作出行动。行动是其首要美德，而参与、委托、义务和服务——共同审议、共同决策和共同工作——则是其特征。（2）公共性。强势民主创造了一种能够合理地进行公共审议和公共决策的能力，所以它拒绝了传统的还原论以及使社会纽带虚无化的原子化个体的虚构。然而，它也拒绝了那种将抽象的共同体置于优先于个人的位置并且使个人从共同体中寻找自身意义和目的的合作主义和集体主义的神话。“共同体、公共善和公民身份最终变成了单一的民主体系中的三个相互依赖的部分，这个民主体系的范围是用以描绘真正的公众的。”[③]（3）必要性。强势民主对公共选择的必要性要素特别敏感，将权力看作是不可避免的，同样也意识到权力的合法化和权力的运用是使社会自由和政治平等成为可能的东西。（4）选择。强势民主的参与预设了能够作出有意义的和自主选择的公民，它使得选择具有审慎的头脑和选择性的意志。（5）合理性。公共选择和公共行动至少必须是合理的，它应该超过任意的或仅仅是自利的选择。合理性并不是政治的抽象的前提条件，而是强势民主政治本身所产生的

① ［美］巴伯：《强势民主》，彭斌、吴润洲译，吉林人民出版社2011年版，第141页。

② ［美］巴伯：《强势民主》，彭斌、吴润洲译，吉林人民出版社2011年版，“1990年版序言”第7页。

③ ［美］巴伯：《强势民主》，彭斌、吴润洲译，吉林人民出版社2011年版，第157页。

一种态度。(6)冲突。自由主义认为冲突是难以驾驭的并且最多只能对冲突进行裁决和宽容，强势民主不赞成这种观点，而主张一种通过公民参与、公共审议和公民教育将冲突转化为合作的政治。强势民主始于冲突，但并非止于冲突，它认识到了冲突并且最终转化了冲突，而不是去适应它或将其最小化。(7)独立理据的缺乏。强势民主所依赖的自我立法和创制共同体的程序是独立的和自动修正的，因而也真正地独立于外在的规范、前政治的真理或者自然权利。它在公共讨论和公共行动的过程中给予每个人以相同起始位置的信念与信仰，同时将合法性与在信念与信仰上所发生的事情联系起来。

巴伯将强势民主与三种弱势民主或代议制民主以及统合性民主进行了区别。三种代议制民主的变体形式是权威型民主、司法型民主和多元主义民主，而统合性民主和强势民主是两种更直接的民主形式。统合型民主看起来似乎是社群主义的一种变体形式，但与弱势民主具有某些共同的特征。

权威型民主是在缺乏独立根基的情况下，通过使公民们服从于运用权威(即权力与智慧)来追求选民总体利益的代表性的行政精英来解决冲突。其缺陷在于它倾向于霸权，不够平等，并且忽视了公民身份，公民身份局限于选任精英。司法型民主是在缺乏独立根基的情况下，通过使公民们服从于一种代表性的司法精英来解决冲突，而司法精英是在宪法性和前宪法性规范的指导下来调解分歧并实施规定的宪法权利和义务。其缺陷在于破坏了立法过程并对公民活动具有有害的影响。多元主义民主是在缺乏独立根基的情况下，通过自由平等的个体间和群体间——他们在社会契约管制的市场环境下追求私人利益——的讨价还价和交换来解决公共冲突的。其缺陷在于它依赖于对自由市场和被认为是自由平等的讨价还价的虚构，不能产生任何种类的公共思考和公共目的。以上这三种民主模式还有两大共同存在的弱点：一是代表制，二是将隐藏的独立根基重新引入预先假定为自主的政治中。巴伯认为，代表与自由并不相容，因为它委派代表并因而疏远了政治意志以真正的自治和自主为代价；代表与平等不相容，因为“当我投票时，我的平等与选票一同落入票箱——它们同时消失了”；代表与社会公正也不相容，因为它侵犯了每个政治秩序所要求的个人自主与自足，损害了共同体作为公正调节工具的功能。同时，在每种弱势民主的版本中，一种类型政治的那种被摒弃的独立根基，通过在像位高而位重(权威精英的智慧)或者自由市场之类的理念的伪装下被隐蔽地重新引进政治中。

由此看来，“弱势民主既不是真正的民主，甚至也不是令人信服的政治方式。”[①]可供替代的两种模式是统合性民主和强势民主。统合性民主是在缺乏独立根基的情况下通过共同体的共识来解决冲突，这种共识是通过使得个人及其利益认同象征性的集体及其利益来界定的。其缺陷在于，它不能摆脱弱势民主对代议制和隐蔽的独立根基的依赖，并且还增加了一元性的、墨守成规和强制性共识的重大风险。在巴伯看来，“民主的未来取决于强势民主，也就是取决于一种非集体主义的共同体形式的复兴，一种不墨守成规的公共理性的形式，一种与现代社会兼容的公民制度。”[②]强势民主是在缺乏独立根基的情况下，通过对正在进行中的、直接的自我立法的参与过程以及对政治共同体的创造，将相互依赖的私人个体转化为自由公民，并且将部分的和私人的利益转化为公益，从而解决冲突。“弱势民主要么是拒绝冲突（如无政府倾向），要么是抑制冲突（如现实主义倾向），要么是容忍冲突（如最小政府倾向），而强势民主则是转化冲突，它使得异议转变为一种互助互利的场合，使得私人利益转变为一种公共思维的认识论工具。”[③]所以，强势民主不用放弃诸如自由、平等和社会公正之类得以界定的民主价值，就能够超越代议制与隐藏的独立根基的依赖。

巴伯认为，强势民主的政治过程包括三个大的阶段：政治讨论过程，作为制定公共决策和运用公共意志的政治判断过程，以及作为共同工作和共同行为的公共讨论和共同意志的实现过程。[④]讨论是强势民主的核心，它是指每一种涉及语言和语言符号的人类相互作用。在民主的过程中，讨论至少有九种主要功能：（1）利益的表达：讨价还价与交换；（2）劝说；（3）议程设置；（4）探索相互关系；（5）亲密关系与感情；（6）维持自主；（7）见证与自我表达；（8）重新表述与重新概念化；（9）作为公共利益、共同善和积极公民创造过程的共同体建构。在巴伯看来，“讨论是我们创造那种能够创造其未来的共同体的终极动力，同时尽管讨论是有助于建立共同体的条件，然而它也是由共同体培育的。”[⑤]自由主义代议制民主派通常认为民主意味着民主的选择，然而，如果将民主局限于在不同的偏好之间作选择，如果将有效的决策制定看作是民主唯一需要采取的措施，那么它所注意到的只是最弱意义

① ［美］巴伯：《强势民主》，彭斌、吴润洲译，吉林人民出版社 2011 年版，第 172 页。
② ［美］巴伯：《强势民主》，彭斌、吴润洲译，吉林人民出版社 2011 年版，第 175 页。
③ ［美］巴伯：《强势民主》，彭斌、吴润洲译，吉林人民出版社 2011 年版，第 175 页。
④ 参见［美］巴伯：《强势民主》，彭斌、吴润洲译，吉林人民出版社 2011 年版，第 200 页。
⑤ ［美］巴伯：《强势民主》，彭斌、吴润洲译，吉林人民出版社 2011 年版，第 223 页。

上的民主特征。与弱势民主不同，强势民主以意志而不是以选择为依据，以判断而不是以偏好为依据，它将决策理解为人具有作为创造者的一面，所以它关注公共意志。将决策看作是属于权力和行动的范畴，而那种将决策看作选择则不是这样的。意愿就是去创造一个世界或者是在世界上创造某些事情，并且这种行动需要权力。权力在这里也就成为创造或者修正现实的能力。对于强势民主来说，决策的目标不是去选择共同目标或发现共同利益，而是通过形成某种共同意志来选择某个共同的世界。如果说共同决策是对共同讨论的检验，那么共同行动就是对共同决策的检验。共同工作是做人们一起预先设想和愿意付诸实施的共同体的共同行动。“共同行动是公民独一无二的领域。民主既不是多数人的统治，也不是代表的统治：它是公民的自治。如果没有公民，那么就只会有精英政治或者大众政治。”①

4. 公民身份与共同体

在巴伯看来，人性是复杂的，从潜质上看，人既是善良的又是邪恶的，既是使用的又是对抗的，所有这些品质都可能被各种正当或不正当的社会势力和政治势力所改变。人是一种形成中的动物，其最终命运依赖于他与同类个体之间的互动。“如果人的本质是社会性的，那么人类就必须在公民身份或奴隶身份之间作出选择，而不是在依赖或独立之间进行选择。”②对于强势民主而言，与其说人在本性上是自由的，而社会束缚了他的自由，不如说自然的自由是一种抽象的概念，相互依赖则是具体的人类现实。同时，政治的目的与其说是将人的自然自由从政治中解脱出来，不如说是在政治之中或者通过政治的方式去人为地创造并追求自由。“强势民主的目的不是要解放人们，而是通过公民身份的方式使他们的相互依赖合法化，通过民主共同体的方式创造他们的政治自由。”③于是，巴伯具体讨论了公民身份问题和共同体问题。

巴伯认为，与其将公民身份仅仅视为一种嫁接在人的自然的孤独属性中的人为的社会角色，不如将其视为人的自然依赖性所能采取的唯一的合法形式。巴伯具体讨论了公民身份的基础或理论依据是什么、公民联合的特征和属性是什么，以及如何界定公民身份的边界这三个问题。

关于公民身份的理据，对于代议制民主来说，公民不过意味着参加了社

① ［美］巴伯：《强势民主》，彭斌、吴润洲译，吉林人民出版社 2011 年版，第 236 页。
② ［美］巴伯：《强势民主》，彭斌、吴润洲译，吉林人民出版社 2011 年版，第 249 页。
③ ［美］巴伯：《强势民主》，彭斌、吴润洲译，吉林人民出版社 2011 年版，第 250 页。

会契约制定并且因此成为法律人；对于统合性民主来说，公民是通过相同的基因超乎自然的结为一体的血亲兄弟，这种关系是不能通过选择或意愿的方式结合起来的；对于强势民主来说，公民是结合在一起的邻里，他们既不是通过血缘也不是通过契约结合起来的，而是通过共同关切和共同参与联系起来的，以寻求解决各种共同的方案。

关于公民联合的特征和性质，在代议制民主之下，公民与政府之间处于排他性关系，在其中他既是创立者又是服从者，公民与其公民伙伴之间的关系完全是私人性的，完全没有公共性可言。① 弱势民主将负责视为它的美德。在政治风格方面，“公民身份仅仅是生活在多元社会中的个体所拥有的许多大致平等的角色之一。”统合性民主的公民是通过强有力的“个人的”的纽带结合在一起的，因而公民的身份被理解为与其他公民相联系的功能。它将更加能动的和鼓舞人心的友爱作为其首要美德，而其政治风格则在于公民身份是唯一合法的角色。在强势民主之下，公民的联合既不是纵向的也不是横向的，而是循环的和辩证的。“个人通过参与符合共同利益的自治的公共机构融入政府，通过共同从事政治而使公民之间彼此联系。他们通过共同活动和共同意识的纽带团结在一起。”② 强势民主增进了彼此移情和相互尊重，其政治风格是文明性，它来自于共同享有的意识。在强势民主中，公民的角色既不是全能的或者排他性的，也不仅仅是众多社会角色中的一个角色，而是众多社会角色中最重要的角色。

关于公民身份的各种界限，巴伯认为根据普遍性原则划定公民身份的界限，而要发现一种更加明确和恰当的检验方法，而这种方法将确定如何划定界限而不是在何处划定界限。三种民主形式在这个问题上也存在着重要区别：代议制民主假设于固定宪法中的一般性标准，它是一个契约问题；统合性民主假定体现在固定身份中的实质性标准，它是一种身份认同问题；强势民主则提出一种体现在动态的行动观念中的程序性的标准，它是一个行动的问题。在强势民主之下，“关键问题不在于作为‘公民’的人参与了自治，而在于参与自治的人是某个政体的‘公民’。在这种政体中，参与是开放的，自治的机会是不受阻碍的，参与的各项制度安排一般是有效的。”③

对于三种不同的民主来说，它们各自有自己的共同体情形。在代议制民

① 参见［美］巴伯：《强势民主》，彭斌、吴润洲译，吉林人民出版社2011年版，第254页。
② ［美］巴伯：《强势民主》，彭斌、吴润洲译，吉林人民出版社2011年版，第256页。
③ ［美］巴伯：《强势民主》，彭斌、吴润洲译，吉林人民出版社2011年版，第259页。

主的情形下，公民共同体完全来自于一种社会契约，它的存在和合法性被归因于个人为追求生命、自由、财产和幸福的保存，而对其自作决定的集合的自愿的同意。在统合民主的情形下，共同体是作为界定和限制个体成员的现存纽带结合而成的，而不是由于他们属于某种共同体缘故。由于这些纽带主要是感情的、历史的和无法选择的，所以它们就形成了一种以支配性和不平等为特征的结构。在强势民主的情形下，通过参与共同观察和共同工作，个体成员转化成为公民，公民是自主的个人，他们的参与使他们具有一种形成公共想象力的能力。“公民共同体将其存在的特征归因于组成成员之间共同拥有的特征，所以它就不能被看作仅仅是个体之间的集合。”①强势民主的共同体“使人产生巨大变化”，通过参与共同体，人类的“能力得到了锻炼和发展，思想变得开阔了，感情变得高尚了，他们的灵魂整个得到了提高”。

公民和共同体之间存在着显著的区别，但两者彼此为对方服务。这种服务是有条件的，其中有些条件是支持民主的，甚至是民主的先决条件。这些条件可以称之为促进性条件，主要包括公民教育、领导能力和道德。它们为整体的和情感的价值提供了制度支持，而这些价值很自然地产生于爱国主义、公民文化、哲学和宗教，同时对于有凝聚力的共同体的创建是必不可少的。其他的条件称之为妨碍性条件或限制性条件，包括规模问题、结构性的社会经济不平等的存在和公共洞察力的终极不确定性。

强势民主要求没有中介的自治，这种自治是由参与性的公民群体进行的，因此强势民主需要一系列在邻里和国家两个层次上有关个人进行共同讨论、共同作出决策和政治判断以及共同行动的制度。巴伯要求，这些制度要能经得起生存能力、实用性和理论连贯性的考验。为此它们应符合以下五个标准:（1）应该是现实的和可操作的;（2）应该与大规模的现代社会的代议制相补充并与其兼容;（3）必须提供对个人和少数派的保护，必须杜绝多数统治中以共同体的名义滥用权力;（4）需要具体地处理在参与进程中现代性所带来的各种障碍;（5）应该通过为代议制、单一制和官僚与专家统治提供替代方案，用来表达诸如讨论、判断和公共观察之类的强势民主的具体要求;（6）应该使公民政府取代专家政府成为可能。巴伯认为，强势民主实践所要求的不仅仅是一个政治规划，而且是一种政治战略，一种政治运动。它“必须提供一套系统的制度改革方案，而不是一种零碎的个别的、彼此不

① ［美］巴伯:《强势民主》，彭斌、吴润洲译，吉林人民出版社 2011 年版，第 265 页。

相关的修改”①。巴伯详细讨论了强势民主的制度化的基本方面，包括强制民主讨论的制度化、强势民主决策制定的制度化、强势民主行动制度化，以及“后悔”的制度化。②

三、达尔的多元民主论

罗伯特·达尔（Robert A. Dahl, 1915—2014）是美国著名民主理论家，耶拿大学政治科学荣誉教授，曾担任过美国政治科学协会（APSA）主席，1998年被授予哈佛大学荣誉法学博士，被尊称为美国政治科学家的“老前辈”（the Dean）。达尔著述甚丰，其中著名的有：《政治、经济与福利》（*Politics, Economics, and Welfare*, 1953）、《民主理论的前言》（*A Preface to Democratic Theory*, 1956）、《民主中的决策：作为国家政策制定者的最高法院》（*Decision-Making in a Democracy: The Supreme Court as a National Policy-Maker*, 1957）、《权力概念》（*The Concept of Power*, 1957）、《谁在统治？——美国城市的民主与权力》（*Who Governs? Democracy and Power in an American City*, 1961）、《现代政治分析》（*Modern Political Analysis*, 1963）、《西方民主中的政治对立面》（*Political Oppositions in Western Democracies,* 1966）、《多元政体——参与与反对》（*Polyarchy: Participation and Opposition,* 1971）、《美国的多元主义民主——冲突与同意》（*Pluralist Democracy in the United States:Conflict and Consent*, 1968）、《革命之后？——好社会中的权威》（*After the Revolution? Authority in a Good Society*, 1970）、《规模与民主》（*Size and Democracy*, 1973）、《多元主义民主的困境——自治与控制》（*Dilemmas of Pluralist Democracy: Autonomy vs. Control*, 1983）、《经济民主的前言》（*A Preface to Economic Democracy*, 1985）、《民主及其批评者》（*Democracy and Its Critics*, 1989）、《控制核武器——民主制还是监护制》（*Controlling Nuclear Weapons: Democracy versus Guardianship,* 1985）、《论民主》（*On Democracy*, 1998）、《美国宪法的民主批判》（*How Democratic Is the American Constitution?* 2002）、《论政治平等》（*On Political Equality*, 2006）等。达尔对民主理论的主要贡献是针对麦迪逊民主和平民主义民主提

① ［美］巴伯：《强势民主》，彭斌、吴润洲译，吉林人民出版社2011年版，第300页。

② 参见［美］巴伯：《强势民主》，彭斌、吴润洲译，吉林人民出版社2011年版，第303—338页。

出了多元统治（polyarchy）或多元民主（polyarchal democracy）[①]，而且对民主问题作了全方位的多视角、多层次的研究，他可以说是当代民主理论的集大成者。

（一）麦迪逊式民主、平民主义民主与多元民主

达尔认为，谈到民主理论，我们面临的困难是："没有一种真正的民主理论——而只有各色各样的民主理论。"[②]之所以存在如此之多的不同民主理论，部分的原因在于，在涉及民主问题时，对于几乎所有的可能性，人们都可以找到一个良好的例证来加以证明。为此，他挑选了两个有代表性的理论类型进行分析，以指出其优缺点。他实际上挑选的是两种，一种为美国人所熟悉的麦迪逊式民主（Madisonian democracy），另一种是平民主义民主（populistic democray）。他在分析了这两种民主理论的优缺点的基础上，阐述了他所主张的多元民主理论。

麦迪逊式民主理论是美国宪法之父、美国第四任总统詹姆斯·麦迪逊（James Madison, 1751—1836）等人所主张的民主理论。1787年5月，根据美国联邦国会的邀请，在费城举行了全国代表会议，华盛顿主持了会议。会议的原定目的是修改执行已有八年之久的《联邦条例》，但经过近三个月的秘密讨论以后，会议不仅否定了这个条例，而且重新制定了一部新宪法取而代之。因此，这次会议就成了美国历史上著名的制宪会议。宪法在费城会议通过后需由十三个州的代表会议分别批准方可生效。但在各州批准的过程中，对新宪法有拥护和反对两种截然不同的意见，于是就发生了美国历史上一场最激烈的论战。在这次论战中，亚历山大·汉密尔顿[③]、约翰·杰伊[④]和詹姆斯·麦迪逊三人为争取批准新宪法在纽约报刊上共同以"普布利乌斯"（Publius）为笔名发表了一系列的论文。由于他们三人自称联邦党人，所以

---

① "polyarchy"一词源自希腊文，"poly"意为"多"，"archy"意为"统治"，"polyarchy"可直译为"多元统治"，国内中译为"多元政体""多元政治""多头政体""多头政治"等。相应地"polyarchal democracy"可译为"多元统治民主"或"多元民主"。

② ［美］达尔:《民主理论的前言》(扩充版)，顾昕译，东方出版社2009年版，"导言"第1页。

③ 亚历山大·汉密尔顿（Alexander Hamilton, 1757—1804），原为律师，曾任华盛顿总司令的军事秘书和革命军团长，是制宪会议成员，新政府成立后任首任财政部长。

④ 约翰·杰伊（John Jay, 1745—1826），律师兼外交家，1783年订立美国独立条约的签订人，也是1793年中立宣言的起草人，1794年曾同英国签订解决和约签订后争端的"杰伊条件"。新政府成立时，曾任临时国务卿，后任第一任司法部长，以及纽约州长等职。

他们的论文后来汇编为《联邦党人文集》。他们三人坚决拥护在新宪法中得到体现的、以代议制为基础的联邦共和国制度。其中，麦迪逊在费城制宪会议中作用卓著，后来又在为宪法辩护的过程中系统阐述了他和其他两人的民主思想，这种思想在美国的宪法和政治实践中得到了体现和贯彻执行。①“麦迪逊式民主理论”不过是欧洲的代议制民主理论与美国的具体实践相结合的产物，从单纯的理论上看并无多少创新。不过，美国民主的成功实践使这种理论产生了广泛影响，并成为达尔特别关注的对象。

关于“麦迪逊式民主理论”，达尔指出：“在麦迪逊看来，对美国人来说，一个好的政体必定是一个其合法权力来源被被统治者同意的政府；换言之，也就是我们今天所谓的民主。”②这样一个政府必须从人民的主权中获取合法性，但是人民的统治只是间接的，他们只不过是选举代表去行使立法的权力。③达尔将这种民主理论所隐含的或明确的含义归纳为四个基本定义、一个基本公设和十条假设。

其基本定义是：定义一：对于任何个人的“外在制约”，包括奖励和惩罚，或者对奖励和惩罚将要发生的预期，来自其他人而不是既定的个人自己。定义二：“暴政”是指任何一种对自然权利的严重剥夺。定义三：共和是这样一种政府：第一，它的所有权力都是直接或间接地派生于人民；第二，由担任公职的人在愉快的、或者行为良好的时期，进行期限有限的行政管理。定义四：宗派是一些公民，无论在总数中是多数还是少数，他们由于某种共同的激情或利益的冲动而联合起来，采取行动，有害于其他公民的权利，有害于社区的持久、凝聚的利益。

其基本公设是：至少在美国，应当追求的目标是非暴政的共和。

其假设是：假设一：如果不受到外部制约的限制，任何既定的个人或个人群体都将对他人施加暴政。假设二：所有的权力（无论是立法的、行政的还是司法的）聚集到同一个人手中，意味着外部制约的消除。假设三：如果不受到外部制约的限制，少数人将对多数人施加暴政。假设四：如果不受到外部制约的限制，多数人将对少数人施加暴政。假设五：对于一种非暴政共

---

① 参见［美］汉密尔顿、杰伊、麦迪逊：《联邦党人文集》，程逢知、在汉、舒逊译，商务印书馆1980年版。

② ［美］达尔：《民主理论的前言》（扩充版），顾昕译，东方出版社2009年版，第139页。

③ 参见［美］达尔：《民主理论的前言》（扩充版），顾昕译，东方出版社2009年版，第142页。

和的存在，至少有两个必要条件：其一，必须避免所有的权力，无论是立法的、行政的还是司法的，聚集到同一些人手中，无论是一个人、少数几个人还是许多人，以及无论是通过世袭、自封还是选举。其二，必须对宗派加以控制，以致他们不能采取不利的行动，损害其他公民的权利，或损害社区的持久、凝聚的利益。假设六：经常的普选将不会提供一种足以阻止暴政的外部制约。假设七：如果要控制宗派，避免暴政，那么就必须通过控制宗派的后果来实现。假设八：如果一个宗派由不足多数人组成，那么可以实施立法机构中关于投票的“共和原则”来控制，这就是说，多数人可以否决少数人。假设九：如果选民在利益上是众多的、广泛的和多样的，那么多数人宗派发展就能受到限制。假设十：如果选民在某种程度上有众多的、广泛的和多样的利益，那么多数人的宗派就不大可能存在，如果的确存在的话，它也不大可能像一个统一体那样行动。①

对麦迪逊民主，达尔提出了三个方面的批评。

第一，对以权力制约权力的观点进行了批评。麦迪逊主义者基本坚持孟德斯鸠等人以权力制约权力的观点，认为防止把某些权力逐渐集中于同一部门的最可靠方法就是给予各部门的主管人抵制其他部门侵犯的必要法定手段和个人动机，主张“野心必须用野心来对抗”。达尔指出，事实表明，执掌权力的少数人，或以大众为基础的独裁领袖是否会建立，同宪法规定的分权体制存在与否没有多大关系。他认为，麦迪逊的论点从以下三个方面看是不恰当的：一是麦迪逊式的论点并未证明、也不可能用来证明领袖之间的相互控制足以阻止暴政，并必然要求宪法规定权力分割的体制。二是麦迪逊式的论点要么夸大了宪法规定作为一种外部制约的重要意义，要么误解了制约行为或控制行为概念所隐含的心理现实，而且无论从哪些不正确的前提推断出关于非暴政民主的必要条件都是荒谬的。三是麦迪逊式的论点夸大了其他特定的政府官员对政府官员的特殊制约对阻止暴政的重要性，它低估了存在于多元社会中固有的社会制衡的重要性。在达尔看来，“如果没有这些社会制衡，官员之间在政府层次上的制约事实上是否会产生阻止暴政的作用，这是令人生疑的”②。

第二，对麦迪逊式体系中的“暴政”概念提出了批评。麦迪逊主义者将

① 参见［美］达尔：《民主理论的前言》（扩充版），顾昕译，东方出版社 2009 年版，第 28—29 页。

② ［美］达尔：《民主理论的前言》（扩充版），顾昕译，东方出版社 2009 年版，第 19 页。

暴政定义为对自然权利的严重剥夺。达尔认为，如果我们不能对自然权利加以定义，那么暴政的定义就会完全是空泛的。然而，如果我们把自然权利定义为意指每一个个人都有做他想做之事的权利，那么任何统治形式都必定是暴政。因为任何政府都至少会限制某些个人不得做他们想做的某些事情。如果将暴政定义为意指仅使某些种类的行为应受到严重惩罚，那么这种行为在实践中不能加以说明。因为如果这种行为指共同体中的每一个人都不希望出现的行为，那么政府要惩罚这样的行为就需得到全体社会成员一致同意，然而这在事实上是不可能的，因为一个社会中的个人很难就某种行为应受到惩罚达成一致。因此，达尔认为，“麦迪逊自己关于暴政的定义是一个价值不大的定义”①。

第三，对麦迪逊所确定的宗派概念也提出了批评。按照麦迪逊的观点，宗派是指专门侵犯他人自然权利的任何公民群体，因此如果一种非暴政的共和倘若要存在，就必须抑制宗派。达尔对于这种观点作了多方面的细致分析批评，其中之一是认为，何种行为包括在自然权利之中从来不存在一致的意见，而且几乎所有的政治群体都寻求某种政府行为，以剥夺某些个人已有的一些合法权利。由此看来，人们无法准确判断一个群体是否侵犯他人的自然权利，即使能够判断，那么所有的政府似乎都是宗派，因为他们总会侵犯一些公民的权利。

在达尔看来，麦迪逊式民主的主要问题是所谓的多数人暴政的问题。针对这一问题，达尔阐述了七条重要定理，以证明“多数人暴政”的说法是不能成立的。定理之一，多数人极少控制特定的政治事务。达尔认为，我们很难把一次大选中多数人在不同候选人之间的第一选择，解释为多数人对某项特定政策的第一选择，两者不能等同起来。就是说，选举对于控制领导权是一种至关重要的手段，但并不指示多数人的偏好。定理之二，作为社会控制方法的选举以及社会的另一控制方法，即个人之间、政党之间以及个人与政党之间不断的政治竞争，并不一定会造成多数人的统治，相反会造成多重少数人的统治。这种“多重少数人的统治”才是民主区别于专制的根本特征。定理之三，多数人在民主制度中只能行使广义的统治，而基本上不能制定特定的政策，特定的政策往往是“多重少数人的统治”的产物。由此可以引出定理之四，即如果多数人的统治几乎完全是一个神话，那么多数人暴政也几

① ［美］达尔：《民主理论的前言》（扩充版），顾昕译，东方出版社 2009 年版，第 21 页。

乎完全是一个神话。因为多数人不能行使统治，那么也就不能施加暴政。定理之五，对于一个群体剥夺另一个群体所必需的自由这一现象的抵制，主要不是来自于宪法，而是来自于宪法之外。“少数人权利得到保护的主要因素要到多元政体的特征中去寻找；多元政体的社会条件存在得越充分，任何少数由于政府行动减少其最有价值的自由的可能性越少。”①在这里，如果宪法因素不是完全不相干的话，其重要性与非宪法因素相比较，也是微不足道的。那么，宪法具有什么意义呢？这就是定理之六所要回答的：宪法的规则有助于决定什么样的特定群体将在政治斗争中被赋予优势或者遭遇障碍。达尔认为，任何一个社会中的人民都不曾平等地进入政治竞争，宪法规定的是维持、增加和减少他们开始竞争时的优势或障碍。定理之七是美国政治体制演化过程中体现出的一种“常态”，即民众中所有积极和合法的群体都可以在决策过程的某个阶段表达自己的意见。②“我把‘常态’美国政治过程定义为这样一种过程，其中民众中积极和合法的群体具有很高的可能性，能在决策过程的某个关键阶段有效地使决策者‘听到’自己的意见。”③

达尔认为，麦迪逊式民主是妥协的产物，它希望在多数人的权力与少数人的权力之间达成某种妥协、所有成年公民的政治平等与限制其主权的渴望之间达成某种妥协。这种妥协实际是参与式民主理论与代议制民主理论之间的妥协。达尔虽然没有指出麦迪逊式民主是代议制的，但我们也许都不会否认这种理论实质上是代议制的。从一定意义上看，达尔对麦迪逊式民主的批评就是对代议制的批评。接下来，达尔又对参与式民主进行了批评，他将这种民主称为平民主义的民主。他认为这种民主贯穿整个民主理论的历史，其显然特点在于“把‘民主’同政治平等、人民主权和多数人统治等同起来”④。

达尔将这种民主理论概括为四个定义和两个命题，其中定义四也被看作是规则 A。

四个定义是：定义一：当且仅当达致政策的过程同人民主权论的条件以及政治平等的条件相容时，一个组织才是民主的。定义二：当且仅当这种情

① ［美］达尔：《民主理论的前言》（扩充版），顾昕译，东方出版社 2009 年版，第 124—125 页。

② 参见［美］达尔：《民主理论的前言》（扩充版），顾昕译，东方出版社 2009 年版，第 115 页以后。

③ ［美］达尔：《民主理论的前言》（扩充版），顾昕译，东方出版社 2009 年版，第 133 页。

④ ［美］达尔：《民主理论的前言》（扩充版），顾昕译，东方出版社 2009 年版，第 31 页。

形存在时，即每当人们觉察到存在着不同的备选方案，被选中为政策并加以实施的方案必须是最为成员所偏好的，人民主权的条件才得到满足。定义三：当且仅当对政府决策的控制被如此地分享，即无论什么时候人们觉察到存在着政策的备选方案，在挑选作为政府政策的被选政策的过程中，每个成员的偏好被赋予了相同的价值。定义四：规则 A：多数统治的原则规定，当在不同的备选方案之间进行挑选时，为较多数人所偏好的方案应该被选中。这就是说，假定有两种或更多种备选方案 x, y, 等等，为了使 x 成为政策，偏好 x 而不偏好任何其他方案的人数，大于偏好任何一个其他方案而不偏好 x 的人数，是必要的充分条件。

二个命题是：命题一：与平民主义民主的决策唯一相容的规则是多数规则。命题二：至少对于政策的确定而言，当其他特定的过程毫无可能时，最后在成年公民当中诉诸平民主义总是合意的。①

达尔对这种达致民主的思路提出了很多反对意见，他将其归纳为三种类型，即技术性的、伦理性的和经验性的。

属于技术性反对意见的有四种：其一，平民主义民主的主张假定每个公民都对某个选择有一种偏好，但事实上这一点也许就会遭到反对，因为许多公民也许（事实上也通常）对政策的制订是冷漠的。达尔认为这实际上并不是一种实质性的反对意见。其二，当每一种备选方案为数量相等的公民所偏好（或投票赞同）时，多数原则没有提供任何解决办法。达尔认为这一反对意见是正确的。其三，当偏好在市民当中平等划分的情况出现时，同规则 A 相容的唯一解决办法就是政府的僵局。但是在某些偏好平等划分的情况中，即使僵局这种解决也难免自相矛盾。这条反对意见是针对规则 A 的，但可以被普遍化，以涵盖偏好（选票）分布在同等规模的群体当中的所有情况。其四，即使存在着一个多数，亦即有较多的公民或立法者偏好某种备选方案而不是赞成另一种备选方案，找到一种满足规则 A 并且同时满足某些实际要求的投票办法，也许依然是不可能的。②

在分析伦理性反对意义之前，达尔将平民主义民主理论与麦迪逊主义的论点进行了比较。平民主义的基本要点在于：假定人民主权和政治平等是唯

① 参见［美］达尔：《民主理论的前言》（扩充版），顾昕译，东方出版社 2009 年版，第 34—35 页。请注意，该书中“定义 3”被漏译。

② 参见［美］达尔：《民主理论的前言》（扩充版），顾昕译，东方出版社 2009 年版，第 35—41 页。

一目标，那么同大多数公民（投票者和立法者）的偏好相一致，应该是形成政府政策的必要充分条件。与此相对，麦迪逊主义的论点断定，同大多数公民的偏好相一致，应该是形成政府政策的必要条件，但不是充分条件。就是说，一项给定政策得到一个了解所有备选方案的多数人的赞成，这一事实并不意味着该项政策实际上应该被政府采纳。达尔认为，要对抗麦迪逊的立场，就必须捍卫规则 A 的必要性，然而规则 A 忽视了偏好强度中的差异，用经济学的语言来说，它排斥了有关效用的人际间比较。假如多数人只是稍微偏好 x 而不是 y，而少数人则强烈的偏好 y 而不是 x，那么政治平等的定义就没有考虑这个事实，而规则 A 也忽略了它。在这种情形下，即使多数人仅比少数人多一个人，平民主义民主也会要求使多数人的选择成为政府政策。显然，这是一种令人恐怖的现象。对平民主义民主理论还有一种正确的反对意见，即它只设定两个要加以最大化的目标，即政治平等的人民主权，然而，除个别狂热分子以外，也许没有一个人希望在损害所有其他人的情况下使这两个目标最大化。“因此，制定一些规则却只是适用于实现一两个目标的任何政治伦理，对我们中的大多数人来说，是不适当的。”①

对平民主义民主理论的经验性反对意见认为，它不是一个经验的体系，所包含的只是若干伦理预设之间的逻辑关系。“关于现实世界，它没有告诉我们任何东西。从中我们无法预期任何行为。”②首先，该理论没有指出，在政治平等、人民主权以及规则 A 将得以实施的政治体制中，应该包括何种个人或群体。其次，每一个社会都会发展出来一个统治阶级，广泛的人民控制（当然是由多数人统治）是不可能的。然而，统治阶级对人民意愿的尊重程度，以及对选举的反映，在某种程度上依赖于宪政体系、流行的意识形态和社会灌输。如此，规定了绝对人民主权和多数人统治的学说和宪法程序，只能对统治者施加最微弱的制约。“由于多数人在任何情况下都将不行使统治，这种学说和程序实际上赋予少数统治者以无限的权力，他们当然宣称代表大多数。”③最后，在一个人民主权、政治平等和多数人统治的体制下，多数人也许会采取行动来摧毁这个体制。因此，某些少数人否决的方法对防止这种情况的发生也许是必要的。

达尔将对麦迪逊式民主和平民主义民主讨论的结果归结为两个关键问

---

① ［美］达尔:《民主理论的前言》（扩充版），顾昕译，东方出版社 2009 年版，第 46 页。
② ［美］达尔:《民主理论的前言》（扩充版），顾昕译，东方出版社 2009 年版，第 47 页。
③ ［美］达尔:《民主理论的前言》（扩充版），顾昕译，东方出版社 2009 年版，第 50 页。

题：其一，我们将考虑什么行为，足以构成在选举过程中某个既定阶段的个人偏好的表达？其二，如果把这些行为作为一种偏好的，那么为了确定规则A在我们所考察的组织中被利用的程度，我们必须观察什么事件呢？达尔认为，要回答这两个问题，需要获得一套限制条件。这套限制条件涉及选举阶段和选举间阶段，选举阶段又包括投票时间、投票前时期和投票后时期。

在投票时期，至少需要观察如下三个条件存在的程度：1. 组织中的每个成员都履行某些行为，例如投票，我们假定这些行为代表了在预定的不同的备选方案之间的一种偏好表达。2. 在计算这些表达（票数）时，赋予每一个个人的选择以同等的权重。3. 拥有最多票数的备选方案被宣布为获胜的方案。

在投票前时期，有两个限制条件：4. 对已经确定下来的一组备选方案均有所了解的任何成员，如果他认为至少存在另外一种备选方案比现在确定下来的任何备选方案都更好，那么他能够在那些为投票预定的不同备选方案当中插入他所偏好的那种方案。5. 所有个人对于不同的备选方案拥有同等的信息。

在投票后时期，也有两个限制条件：6. 拥有最多票数的备选方案（领导人或政策）代替拥有较少票数的任何备选方案（领导人或政策）。7. 当选官员的命令得到实施。

在选举间阶段，政治平等和人民主权的最大化要求：8.1 所有选举间阶段的决策要么从属于那些在选举阶段提出的决策，要么是执行性的，这就是说，选举在某种意义上是控制全局的。8.2 或者，选举间阶段的新决策受到前面七个条件的约束，然而，这些条件的运作却是处在相当不同的制度境况之中。8.3 或者，二者兼而有之。

达尔认为，严格地看，除了由少数人组成的组织之外，没有哪个人类组织曾经满足或者曾经有可能满足这八个条件。其中1、2、6这三个条件在某些组织中相当严格地得到满足，其他条件则顶多只能粗略地得到满足。达尔认为，"民主"这个词往往会使人向往一种不可能达到的理想境界，即那种建立在人们一致同意基础上并由人民来统治的政治制度，因而他使用"多元政体"来表达现实世界中存在的、我们通常称为"民主的"政治制度和社会结构。在他看来，多元政体就是能够在一个相对高的程度上满足所有这些限制条件的一种政治体制。① 在1989年出版的《民主及其批评者》中，达

① 参见［美］达尔：《民主理论的前言》（扩充版），顾昕译，东方出版社2009年版，第76页。

尔指出，多元政体可以从三个方面来理解：“它可以被理解为一种使民族国家政治制度民主化和自由化努力的历史结果；亦可以被理解为政治秩序或是体制的一种独特的类型，它在许多重要方面都不仅与种种的非民主体制不同，而且与早期小范围的民主体制有别；它还可被理解为一种政治控制的体制（比如熊彼特）。”①达尔认为他是在这样一种意义上使用“多元政体”的，即它作为一套在大范围内实行民主不可或缺的政治制度。他认为，这种政治制度有一种更深层的伴生物，即在多元政体中存在着大量的社会群体和组织。无论在他们之间，还是在他们与政府之间，这些组织都享有充分的自治。达尔将这种大量组织的自治称为“多元主义”，或“社会的和组织的多元主义”。②

达尔认为，所有这些条件中的每一个条件都表明一定的行动，其频率原则上是可以确定的。我们可以把这些条件要么转化为关于过去频率的陈述，亦即从 0 至 100 的一个量表，要么转化为关于预计的未来频率的陈述，亦即沿着一个从 0 至 1 的量表排列的概率。达尔设计了一套计算的公式，根据这些公式计算的结果，他得出了如下结论：

1. 多元政体被定义为：其中所有八个条件在量表上的值等于或大于 0.5。

（1）平均主义多元政体被定义为：其中所有八个条件在量表上的值等于或大于 0.75 的组织。

（2）非平均主义多元政体被定义为所有其他的多元政体。

2. 等级体制被定义为：其中所有八个条件在量表上小于 0.5 的组织。

（1）寡头体制被定义为：其中某些条件在量表上的值等于或大于 0.25 的等级体制。

（2）专制体制被定义为：其中没有一项条件在量表上的值等于 0.25 的等级体制。

3. 混合体制被定义为：其余的，亦即其中至少一个条件在量表上的值等于 0.5，至少一个条件小于 0.5 的组织。③

在达尔看来，多元政体可以用这些条件的量表来描述和定义。

---

① ［美］达尔：《民主及其批评者》（下），曹海军、佟德志译，吉林人民出版社 2011 年版，第 282 页。

② ［美］达尔：《民主及其批评者》（下），曹海军、佟德志译，吉林人民出版社 2011 年版，第 283 页。

③ 参见［美］达尔：《民主理论的前言》（扩充版），顾昕译，东方出版社 2009 年版，第 79—80 页。

达尔后来也意识到多元政体或多元主义民主也存在着一些难题。他认为，民主多元主义的问题非常棘手。之所以如此，是“因为在独立组织之非常可取的同时，其独立性又成为他们造成危害的原因”①。

达尔首先肯定独立的组织是可取的。“在民主国家当中，至少在大规模的民主国家中，独立的组织十分必要。只要民主程序在像民族国家那样大规模的国家当中被采用，自治的组织就一定会产生，然而，这些组织并不仅仅是民族国家政府民主化的直接结果。它们对于民主程序自身的运行、对于使政府的高压统治最小化、对于政治自由、对于人类福祉也是必需的。”②达尔同意涂尔干（Emile Durkheim，又译为迪尔凯姆、杜尔克海姆，1858—1917）的说法，组织对于社交、亲密、情感、友谊、爱情、信任和信仰，对于个人成长、人的品德、社会规范的社会化，对于文化的保存和传播，对于人的本性等人类基本需要，都是必需的。他也同意托克维尔的观点，组织对于自由也是必要的。除此之外，达尔还论述了两个与民主多元主义的问题关系更为密切的原因。一个原因是“为了相互控制”③。他认为，在大型政治体系中，独立组织有助于防止专权，实现相互控制。如果没有独立组织之间相互控制，在国家就会出现等级制和专制。另一个原因是“为了大规模民主”④。达尔认为，相对自治的组织在本质上不是民主的充分条件，但它们是大规模民主的必要条件，同时也是大规模民主制度不可避免的结果。在庞大体系中，若缺乏众多的组织，就无法进行竞争性的选举；若取缔了正常，公民就不可能同心协力去提名和选举他们喜欢的候选人，而这将违背投票平等和有效参与的准则。“相对自治的组织之所以形成，正是为了与政府行为展开竞争，若要破坏组织的相对自治，就得付出高昂的成本。”⑤自治不仅仅局限于像正常那样带有明显政治性质的组织，也包括宗教的、文学的、学术的、劳工的、农业的、商业的、职业的，等等。民主国家最显著的特征就是

① ［美］达尔：《多元主义民主的困境——自治与控制》，周军华译，吉林人民出版社2011年版，第26页。

② ［美］达尔：《多元主义民主的困境——自治与控制》，周军华译，吉林人民出版社2011年版，第1页。

③ ［美］达尔：《多元主义民主的困境——自治与控制》，周军华译，吉林人民出版社2011年版，第26页。

④ ［美］达尔：《多元主义民主的困境——自治与控制》，周军华译，吉林人民出版社2011年版，第30页。

⑤ ［美］达尔：《多元主义民主的困境——自治与控制》，周军华译，吉林人民出版社2011年版，第31页。

结社和加入各类组织的普遍自由。“正是在民主国家，独立组织的存在才受到政权机构的最完全的保护；正是在民主国家里，独立组织才得以繁荣。”①

独立组织是可取的，但它们也有可能对多元民主主义造成危害，从而导致多元主义民主的缺陷。“正如对于个人一样，对于组织而言，独立或自治（这两个术语是交替使用的）也创造了作恶的机会。组织可能利用这样的机会增加或维持不公正而非减少不公正。它也可能损害更广泛的公共利益来促进其成员狭隘的利己主义，甚至有可能削弱或摧毁民主本身。”② 具体地说，组织的多元主义隐含着四个难题。第一，固化政治不平等。即使有多元政体提供制度保证，而且国家政治制度十分民主，组织的多元主义也是与广泛的不平等相伴随的。组织本身就是一种资源，它直接把好处赋予其领导人，也会间接地赋予其中的某些成员，因而会有助于维持各种各样的不平等，包括对政府控制方面的不平等。第二，扭曲公民意识。组织多元主义一般都与利益多元性同时存在，只要公民或其他角色或多或少能够自由表达和促进其利益，只要能够或多或少地自由结成组织，其积极分子就会建立并加入组织以促进他们自己的利益。同时，组织又创造、促进、保护、加强和维护某些成员的某些利益。由于要表达和加强特殊利益，组织将会阻止公意的表达。因此，组织不仅仅是接受和发送其成员利益信号的中转站，而且会增强这些信号并产生新的信号。第三，歪曲公共议程。假设政府官员采用了政策 x 而不是 y 或者 z，虽然 y 在议程上，但它没有得到认真的考虑，而 z 根本就没有进入议程。如果官员们认真考虑了其他选项，他们可能更偏好其他而不是 x。这时公共议程就被歪曲了。组织化多元主义有利于导致歪曲的公共议程，因为组织固化了不平等，这也就使得它们能在决定哪个方案被认真思考时施加不同的影响力。通常它们会鼓励认真思考那些会为数量相对较小的有组织的公民带来短期可见收益的方案。第四，让渡最终控制。理想的民主标准之一就是公民总体对议程有最终控制，这种最终控制禁止公民把他们对公共事务的正当控制委托给任何不能回收的代表，即让渡。然而，民主国家的公民必须授权给自己的代表，包括官僚机构、法院、组织等。在一个完全民主的国家里，公民总体及其代表没有正当的权力要求压制政党的权力。其他种类

① ［美］达尔：《多元主义民主的困境——自治与控制》，周军华译，吉林人民出版社 2011 年版，第 31 页。

② ［美］达尔：《多元主义民主的困境——自治与控制》，周军华译，吉林人民出版社 2011 年版，第 1 页。

的组织也都拥有自治的权力。这种权力不仅仅是由代表们委托的，也是组织自治所必需的。由于组织具有自治的政治权利，因而它们就会处于代表的最终控制之外。如此看来，组织的存在使代表让渡了最终控制的权力。

（二）理想民主与现实民主

达尔告诉我们，当我们探讨民主的时候，可能没有比“民主”既指一种理想又指一种现实这个简单的事实更让人困惑的了。我们经常不能把它区分清楚，甚至那些深谙民主理念与实践的学者也是如此。“每一次发展系统性民主理论的努力都不得不面对一个基本的事实，这就是，人们可以而且实际上已经把民主解释为一种理想的政治体制，也许（可能或一定）不能在现实生活中可能完完整整的实现；人们也可以把民主解释为一种在现实生活中、或者在历史上存在的体制，一整套政治制度或过程，它们至少在某些限定的条件下是可实现的。无论是理想还是现实存在，民主在两千多年来变化良多。”①在达尔看来，理想和现实的民主包括四个基本内容，即什么是民主，为什么要实行民主，民主需要什么样的政府机构，什么样的条件有利于民主。②对于这四个问题，达尔作出了系统的回答。大致上说，前两个问题涉及的是理想的民主，而后两个问题涉及的是现实的民主。他也回答了民主的理想或目标与民主的现实是怎样联系在一起的。总的看，达尔认为，在每一个民主的国家里，在现实民主与理想民主之间都存在着一条鸿沟。“这条鸿沟给我们带来挑战：我们是否能找到方法去使得‘民主’国家变得更为民主？”③

什么是民主？民主意味着什么？换言之，一个政府是不是民主，我们应该用什么标准来判断？这个政府的民主程度如何？达尔对于这一个问题的回答是，民主体制必须符合五条标准，满足了他所提出的五条标准的体制就是充分民主的。达尔根据某些社会管理过程的标准，提出了民主的五条标准：（1）有效的参与。社团在实施一个政策之前，所有成员必须拥有平等而有效的机会把他们的观点向其他人阐述，以使其他人知道他对政策的看法。（2）投票的平等。当人们就这个政策最终作出决定时，每个成员都应该拥有

① ［美］达尔：《民主理论的前言》（扩充版），顾昕译，东方出版社 2009 年版，“再版前言”第 6 页。

② ［美］达尔：《论民主》，李风华译，中国人民大学出版社 2012 年版，第 1 页。

③ ［美］达尔：《论民主》，李风华译，中国人民大学出版社 2012 年版，第 27 页。

平等而有效的机会去投票，并且所有的选票必须得到平等的计算。（3）充分知情权。除了时间上的合理限制，每个成员都应该拥有平等而有效的机会去了解相关的备选政策和它们可能出现的结果。（4）对议程的最终控制。唯有成员有机会去决定他们怎样去抉择——如果他们愿意的话——把什么事情提上议程来讨论。成员可以根据自己意愿改变社团的政策，如果他们愿意的话。（5）成年人的公民权。全体——或至少绝大多数——成年的永久居民应该有充分的公民权利，这是前面四个标准所隐含的结论。[①] 达尔强调，这五条标准中的每一条都是必需的，不管社团中的成员的数目多么有限，他们都应该以政治平等的方式来决定社团政策。如果违背了任何一个条件，成员将不再是政治上平等的。达尔认为，这些标准不仅适用于一个非常小型的、可控的社团，也适用国家层面的政府，尽管与其他社团一样，没有一个国家能做到这一切。他指出，这些标准仅仅描述了一个理想或完美的民主，这种完美的民主体制是不可能真正实现的，因为这个现实世界会将很多限制强加在我们身上。不过，这些标准确实为我们提供了一些尺度，可以用以衡量现实的政府体制及其机构的成就和欠缺，同时它们也能引导我们走上通往理想的成功之路。

那么，为什么要实行民主？是什么原因让我们相信民主是最好的政府体制？民主能提供哪些价值？达尔认为，在20世纪以前，世界上大部分国家认为非民主制度无论在理论还是实践上都具有优越性。这种陈旧的观念和实践到现在仍然没有消失。面对历史和现实，在管理国家上，我们为什么应该相信民主比起任何非民主形式都好？人们支持民主可能有很多不同的理由，但也存在着更为大众化或普遍的原因。达尔认为，与其他任何一种可行性的方案相比，民主至少有十大优点。民主会导致以下八种可取的结果：（1）民主能帮助我们避免独裁者残酷和邪恶的统治，即“避免暴政”。（2）民主能确保它的公民拥有一定数量的基本权利，而这些是非民主体制不会也不可能做到的，即“基本权利”。（3）民主政府比任何其他可行的政府形式更能确保公民拥有更广泛的个人自由，即“普遍自由”。（4）只有民主

① ［美］达尔：《论民主》，李风华译，中国人民大学出版社2012年版，第33—34页。请注意，在达尔更早出版的《民主及其批评》（1989）中，他提出了民主（过程）的五条标准，即有效的参与、决定性阶段的表决平等、开明的理解、议程的控制、包容性（参见［美］达尔：《民主及其批评者》上，曹海军、佟德志译，吉林人民出版社2011年版，第136—150页）。显然，这两个版本的标准大同小异。

政府能提供一个最大的机会让人们去践行自主决定的自由，也就是说，生活在自己选择的法律之下，即“独立自主”。（5）只有民主政府能提供履行道德责任最大的机会，即“道德自主”。（6）民主政府比任何其他可行的政府形式更能充分地促进人类发展，即“人类发展”。（7）民主有助于人民维护他们的根本利益，即“保护基本人权”。（8）只有民主政府才能促进一个相对较高的政治平等，即“政治平等”。此外，现代民主还有助于：（9）“谋求和平”。（10）民主政府的国家比非民主政府的国家更繁荣，即“繁荣”。① 达尔指出，民主不能保证公民幸福、事业发达、健康、聪明、和平或正义，实现这些目标超出一切政府的能力，而且现实的民主总跟理想的民主有很大的差距，“但我们更应该看到它的长处，正是因为这些长处，才使得民主政府比任何其他可行的政府形式更值得我们追求”②。

以上所阐述的是理想的民主及其价值。达尔认为，许多人试图参照极为近于理想的民主体系来证明民主，但理想的政治体系，特别是理想的国家从未存在过，现在也不存在，以后也几乎可以肯定不会存在。③ 不过，达尔肯定，在可能的情形下可以创造最可行体系的民主。④ 问题在于，在现实世界存在各种限制因素与可能性的情况下，为了尽可能满足理想民主的标准，我们应当采取什么样的政治制度？在各种不同的时间与场合里，有着显著不同的政治机构的政治制度被人们称作民主或共和国。“一个实施民主统治的国家，将需要什么呢？至少，它必须具备某些行之有效的政治安排、惯例或制度，尽管这些也许并不能完全达到理想的民主标准，但它仍然使之更接近于这些标准。”⑤

达尔认为，适合大型民主的政治制度或者说一个民主国家的最低要求

① ［美］达尔：《论民主》，李风华译，中国人民大学出版社 2012 年版，第 5 章。他在列表中列出了民主的十大优点，但只阐述了九条，“谋求和平”一条没阐述。列表的顺序与阐述的顺序也不是一一对应的，有的似乎还有点文不对题，如（7）。在此前出版的《民主及其批评者》中，达尔也谈到民主的价值，认为它是最大程度可行自由的工具，是人类发展的工具，保护个人利益的工具。（参见［美］达尔：《民主及其批评者》，曹海军、佟德志译，吉林人民出版社 2011 年版，第 108—118 页。）

② ［美］达尔：《论民主》，李风华译，中国人民大学出版社 2012 年版，第 50 页。

③ 参见［美］达尔：《民主及其批评者》上，曹海军、佟德志译，吉林人民出版社 2011 年版，第 102 页。

④ 参见［美］达尔：《民主及其批评者》上，曹海军、佟德志译，吉林人民出版社 2011 年版，第 102 页。

⑤ ［美］达尔：《论民主》，李风华译，中国人民大学出版社 2012 年版，第 71 页。

有以下六个方面。（1）选举产生官员。宪法规定，由公民选举的官员对于政府有关政策的决定具有支配权。因此，现代大型民主政府都实行代议制。（2）自由、公平、定期的选举。上述官员都是通过相对不常见的定期而公平的选举而被选拔出来的。（3）表达自由。公民有权就广泛的政治事务问题，包括对官员、政府、政治制度、经济秩序和主流意识形态等发表自己的言论，为此他们不会有遭到严厉惩罚的危险。（4）多种信息来源。公民有权从其他公民、专家、报纸、杂志、书籍等那里寻找可替代的和独立的信息来源。而且，那些可替代的信息来源也必然不能为政府或其他试图影响公众政治信仰和态度的政治团体所控制，并且应当受到法律的有效保护。（5）社团自治。为了实现包括民主政治制度有效运行所需要的权利在内的各种权利，公民有权成立相对独立的社团或组织，也包括独立的政治党派和利益团体。他说："如果一个大的共和国需要选举来产生那些代表，那么选举时将怎样开展竞争呢？成立一个组织，比如政党，会给一个群体带来显而易见的选举优势。"① 他还认为，独立的社团还可以给公民提供信息，更可以给公民提供一个讨论、协商和获得政治技能的机会。（6）包容性的公民权。每一个永久居住在这个国家并服从法律的成年人都应该与别人一样享有同等的权利，同时也享有上述五种政治制度所规定的权利。这些权利包括用自由和公平的选举方式对官员选举进行投票的权利；言论自由权；成立和参与独立政治组织的权利；接触独立的信息来源的权利；还有大型民主政治制度有效运行必不可少的各种自由和机会的权利。② 达尔具体分析了为什么要将以上六条作为民主国家的基本要求。③

在达尔看来，这六项政治制度所构成的不仅是一个新型的政治体系，而且还是一个新式的民选政府。自雅典"民主"和罗马"共和国"之后至今的2500多年中，从来没有出现过这种民主。现代代议制民主政府把六种标准合而为一，它是独一无二的。这种现代大型民主政府模式就是达尔所说的"多元民主"或"民选政府"。达尔断定，多元民主就是具备了上面所提到的六项标准的民主制度，今天在那些普遍被视为实行民主制的国家里，这六项制度都同时存在。

达尔进一步分析了各种规模的民主。首先，古代希腊的民主和现代民

① ［美］达尔:《论民主》，李风华译，中国人民大学出版社2012年版，第83页。

② 参见［美］达尔:《论民主》，李风华译，中国人民大学出版社2012年版，第73—74页。

③ 参见［美］达尔:《论民主》，李风华译，中国人民大学出版社2012年版，第79—84页。

主。雅典的民主是古代希腊民主的典型，它与现代流行的民主有两个重要的区别：一是现代民主具备包容性，而这是希腊人所不能接受；二是对于现代民主而言，由选举产生的代表拥有立法权，而希腊人不但认为这纯属多余，而且还认为无法接受。其次，公民大会式民主和代议制民主。现代人大多习惯于认可代议制民主的合法性，詹姆斯·密尔甚至把“代议制度”称作“现代最伟大的发现”[①]；但直到现代还有许多民主的倡导者像希腊人一样思考，强调由公民大会实行民主统治的优势，要求用“参与式民主”代替代议制民主。在达尔看来，存在着一个时间与人数的定律：一个民主单位拥有的人数越多，公民直接参与政府决策的机会就越少，他们移交给别人的权力就越多。[②]就规模而言，民主存在着一个根本困境，这就是公民参与和制度有效性之间的两难处境：“民主单位越小，公民参与的可能性就越大而必须移交给代表的管理决定就越少。民主单位越大，解决公民重要问题的能力就越强，而同时公民就越有必要将管理决定权移交给代表。”[③]达尔指出，既然我们不能逃避这一两难，那么我们应该面对它。他认为，公民大会式民主虽然有很多值得称道的地方，但它有种种局限性，而且在最近几个世纪里，特别是在20世纪，那种小到能用公民大会式民主进行自治的单位，其能力的有限性一次次地暴露出来。另一方面，代议制虽然有那么多的优点，但也有阴暗面。这就是：在代议制的统治下，公民通常授权给某些人，特别是使他们在那些重要的决定上拥有自由处置权的人，而且还通过更为间接而迂回的方式授权给官员、组织，甚至国际组织。这种多元民主虽然有助于公民对政府的行为和决定施加影响，但与之相伴随的是一种非民主的过程，即“政治和官僚们的讨价还价”。最后是国际组织的民主与国内民主。对于国际组织的民主，达尔持悲观态度。他认为，即使是那些民主制度和实践长期存在并得到很好巩固的民主国家，公民对许多外交事务的关键决策也难以进行有效的控制，他们在国际组织做到这样就更加困难了。民主不可能发展到国际这个层次上去，但任何一个民主国家都需要小的民主单位，即使是最小的民主国家也需要地方一级的政府，大的国家还要其他层次的地方政府。

达尔还分析了宪法、选举制度以及政党对民主的影响。他认为，呈现不同的风格和形式的民主宪法，在很多方面会影响到一个国家的民主，这些方

---

① ［美］达尔：《论民主》，李风华译，中国人民大学出版社2012年版，第89页。

② 参见［美］达尔：《论民主》，李风华译，中国人民大学出版社2012年版，第93页。

③ ［美］达尔：《论民主》，李风华译，中国人民大学出版社2012年版，第93页。

面包括：稳定，基本权利，中立，责任，公平的代表，知情下的共识，有效统治，明智的决定，透明、易懂，弹性，合法性。在达尔看来，如果基础条件有利，不管国家采取什么样的宪法都能保持稳定；如果基础条件不利，不管任何宪法都救不了民主。如果一个国家的条件既不十分有利，也不能说非常不利，而是兼而有之，那么，民主与否就要看情况。此时宪法的设计就会产生很大的影响，"一个好的宪法设计就会有利于民主制度的生存，反之，一个坏的宪法设计可能会导致民主制度的崩溃。"① 达尔对政党与选举制度对于民主的影响的基本估计是，可能没有什么政治制度能像选举制度和政治党派那样深刻影响民主国家的政治面貌了，也没有什么制度能像它们那样呈现出如此多的变化。

（三）民主的条件和保障

达尔探讨了民主的有利条件和不利条件，并对未来民主面临的挑战进行了分析。达尔认为，20 世纪是一个民主频繁失败的世纪，也是一个民主取得非凡成功的世纪。"20 世纪结束之前，民主观念、制度和实践的范围与影响已遍布全世界，这使得本世纪成为人类历史上民主最为辉煌的时代。"② 达尔指出，一个国家特定的基础条件和背景条件有利于民主的稳定。如果这些条件过于脆弱或完全缺乏，那么民主是不可能存在的，或者说，即使它存在，也是极不稳定的。那么，这些条件是什么呢？达尔将这些条件归纳为两个方面：民主的关键条件和有利于民主的条件。它们加起来一共有五个条件。达尔认为，一个国家如果拥有全部五个条件，肯定能够发展和维持民主制度；一个国家如果五个条件都缺乏，不管它试图通过什么方式维持民主，那也无济于事；一个国家如果兼具有利条件和不利条件，则像印度那样，几乎不可能维持民主。

民主的关键条件有三个：一是选举出的官员控制军队和警察；二是民主信仰和政治文化；三是没有强大的敌视民主的外部势力。在达尔看来，如果一个国家受到另一个敌视民主政府的外部干预，那么这个国家的民主制度是不可能得到发展的。例如，二战后苏联的干预阻止了捷克斯洛伐克、波兰、匈牙利等东欧国家发展民主制度。与外部干预的威胁相比较，那些有办法使用军队和警察这样的暴力手段的领导人，更有可能成为民主最危险的内

① ［美］达尔：《论民主》，李风华译，中国人民大学出版社 2012 年版，第 108 页。
② ［美］达尔：《论民主》，李风华译，中国人民大学出版社 2012 年版，第 123 页。

部威胁。只有军队和警察完全掌握在民主选举出来的官员手中，才能为民主提供保证，否则民主政治制度就不能得到发展和维持，民主的前景就会变得暗淡。所有的国家迟早都会面临政治、意识形态、经济、军事、国际等方面相当深刻的危机。因此，一个民主政治制度要想延续下去，就必须克服这些危机带来的挑战和混乱。如何克服这些危机呢？达尔认为关键是要有民主信仰。“如果一个国家的公民和领导人强烈地支持民主的观念、价值和实践，那么这个国家稳定的民主前景将更加光明。当信念和倾向渗透到一个国家的文化当中，并且大体能一代一代传承下去，这就是民主最可靠的依赖。换句话说，国家必须拥有民主政治文化。”[①] 民主政治文化有利于塑造公民信念，使他们相信民主和政治公平是一种值得想望的目标，军队和警察应完全控制在选举出来的领导人手里，基础民主制度应得到维持，公民间的政治分歧和民意应得到宽容和保护。

有利于民主的条件有两个：一是现代的市场经济和社会；二是弱小的亚文化多元主义。文化冲突的强弱对民主的影响很大。“在一个文化相当单一的国家里，民主政治制度极有可能得到发展和延续；而在一个亚文化严重不同和冲突的国家里，这种可能性就大大降低。”[②] 文化差异是由语言、宗教、种族、民族身份、地区，以及意识形态的不同产生的。一种文化事实上是其成员的一种生活方式，一个国家内的不同文化会成为国中之国、民族中的民族。文化冲突也可能发生在政治领域，从而给民主带来许多特别的困难。面对文化冲突，可以采取同化、共识决定、选举制度、分离等办法来消除冲突，但我们的办法也只有这些，而且它们的成功还依赖于一些特殊的条件。[③] 达尔认为，民主信仰和民主文化的发展与市场经济紧密相关，但民主与市场资本主义之间的紧密联系背后却隐藏着一个矛盾，即市场资本主义经济严重地损害了政治平等，公民由于经济上的不平等而不可能有政治上的平等。“在一个市场资本主义国家里，完全的政治平等是不可能实现的。因此，在民主和市场资本主义经济之间存在着一个永恒的张力。”[④] 因此，能否找到一个比市场资本主义更有利的替代物来减少对政治平等的损害，是民主发展的一个难题。然而，市场资本主义经济所创造的社会及其通常所引发的经济

---

① ［美］达尔:《论民主》，李风华译，中国人民大学出版社 2012 年版，第 132 页。

② ［美］达尔:《论民主》，李风华译，中国人民大学出版社 2012 年版，第 126—127 页。

③ 参见［美］达尔:《论民主》，李风华译，中国人民大学出版社 2012 年版，第 128—131 页。

④ ［美］达尔:《论民主》，李风华译，中国人民大学出版社 2012 年版，第 133 页。

增长，对于发展和维持民主政治制度是十分有利的。

达尔具体分析了市场资本主义有利于民主的方面和不利于民主的方面。他比喻说，民主和市场资本主义就像被不幸福的婚姻捆绑在一起的两个人，虽然冲突不断，却又能让婚姻维持下去，因为双方都不愿意分开，它们是一种对抗共生的关系。达尔认为，市场资本主义在两个方面有利于民主：其一，“**多元民主只有在市场资本主义经济占主导地位的国家才能持久生存；它不会长久存在于一个非市场经济占主导地位的国家里。**”其二，“**这种严格关系之所以存在，是因为市场资本主义的某些基础特性使得它有利于民主制度。相反，非市场资本主义的许多基础特性对民主制度是有害的。**”[①]市场经济之所以有利于民主，首先，因为它能大大促进经济增长，消除极度的贫穷并提高生活水平，因而有助于减少社会和政治冲突，有助于发展教育，从而培养有修养、有知识的公民。其次，因为它造就了一个庞大的追求教育、有自治权、个人自由、有私有财产、崇尚法治和参与政府事务的中产阶级。最后，因为它通过下放许多经济决定权给相关的独立个体和公司，因而不再需要一个强大而专制的中央集权政府了。相反，一个非市场化的经济只能存在于那种资源缺乏和经济不发达的地方。为了避免经济混乱和维持起码的生活水平，就需要一个国家来实施计划经济。在达尔看来，损害民主前景的最重要因素，并不是中央计划经济的无效率，而是这种经济会导致将经济资源全部交由政府领导人来处置，从而导致腐败。“独裁者产生的坏结果要大于好结果。”[②]

然而，市场资本主义像罗马神话里的两面神（Janus）有完全不同的两张脸。一张是友善的，它朝着民主，另一张是充满敌意的，它朝向另一面。在达尔看来，市场资本主义不利于民主的有三个方面：第一，“**民主和市场资本主义被锁在持续的冲突中，每一方都在改变和限制着另一方。**”[③]达尔认为，在民主国家里，缺乏政府干预和管制的市场资本主义是不可能存在的，这是因为基础市场资本主义制度本身需要广泛的政府干预，如果没有政府的干预和管制，市场资本主义不可避免地会给很多人带来伤害。一个国家民主政治制度明显地影响市场资本主义的运行，同样，这个国家的市场资本主义的存在也会强烈地影响该国家的民主政治制度。第二，“**市场资本主义不可**

① ［美］达尔：《论民主》，李风华译，中国人民大学出版社 2012 年版，第 140—141 页。

② ［美］达尔：《论民主》，李风华译，中国人民大学出版社 2012 年版，第 142 页。

③ ［美］达尔：《论民主》，李风华译，中国人民大学出版社 2012 年版，第 145 页。

避免地会产生不平等，它引发了政治资源分配中的不平等，从而限制了多元民主的潜力。”[①]由于政治资源分配中的不平等性，一些公民对政府政策、决定和行动的影响会比另一些公民大得多，这样，民主的道德基础和公民的政治平等就会受到严重的破坏。第三，“**市场资本主义大大有利于民主发展到多元民主水平，但由于它会对政治平等产生不利后果，不利于民主超越多元水平继续发展。**”[②]达尔认为，多元民主和市场的联姻，是否和怎样才能对多元民主化更有利，这是一个没有现成答案的并不简单的问题。国家的民主政治制度和它的非民主经济体制的关系对民主的目标和实践提出了一个棘手且长期的挑战。

那么，就民主而言，前面等待我们的是什么呢？虽然我们可以相信21世纪如同20世纪一样友善对待民主，但由于人类的民主经验不足，它是否又要注定被非民主制度所代替？它是否随着扩展到越来越多的国家而变得越来越苍白？达尔认为，由于未来太难确定以至于对这些问题无法找到答案，但可以肯定，未来的民主的性质和质量在很大程度上依赖于民主国家的公民和领导人如何去应对以下这些挑战：（1）经济秩序。民主目标和市场资本主义之间的张力，几乎会无限期地持续下去。是否存在保持市场资本主义优势的同时又能减小政治不平等代价的更好方式呢？民主国家中公民和领导人对这个问题的回答将在很大程度上决定着未来民主的性质和平等。（2）国际化。国际化可能会扩大政治和官僚精英们的决策范围，从而以民主控制缩小为代价。因此，“一定要充分考虑当民主决策转移到国际水平时民主所要付出的代价，并且加强对政治和官僚精英们的控制以保证他们为自己所作出的决策负责。”[③]能否和怎样达到这个目的，还很难确定。（3）文化多样性。在21世纪，文化多样性和它带来的挑战不会减弱，还会加强。过去民主国家处理文化多样性所采取的措施并不完全符合民主的实践和价值，那么它们在将来能否做得更好还未可知。“无论如何，民主的性质和质量在很大程度上取决于这类民主国家为应对其人民的文化多样性而作出的制度安排。”[④]（4）公民教育。民主过程的一项基础标准是充分知情和有效参与，这给民主国家提出了一个势在必行的要求，即提高公民的能力以便他们能有效

---

① ［美］达尔：《论民主》，李风华译，中国人民大学出版社2012年版，第148页。
② ［美］达尔：《论民主》，李风华译，中国人民大学出版社2012年版，第149页。
③ ［美］达尔：《论民主》，李风华译，中国人民大学出版社2012年版，第153页。
④ ［美］达尔：《论民主》，李风华译，中国人民大学出版社2012年版，第155页。

地参与政治生活。因此，未来应当在公民教育、政治参与、信息方面采用新的方式，考虑创造性地运用技术和手段去配置和改造一直以来存在的旧制度。达尔警告说，无论是哪种民主国家——老牌的、新兴的，或正处转型期的——如果不能有效地应对这些或其他将要面临的挑战，那么，“民主胜利过后就是民主的没落”①。

现代民主是与宪政紧密相连的，宪政既是民主制度的产物，也是民主制度的保证。他说：“在致力于民主和政治平等的人民中间，宪法应该服务于这些政治目标，其途径是帮助维护这样的政治制度，它促进公民间的政治平等，促进对于政治平等和民主政府的存在是至关重要的所有必要的权利、自由和机会。”②达尔在对美国宪法进行反思和批判的过程中，提出了宪政体制好坏取决于它是否给民主提供保障。“对于民主体制下的人民来说，唯一合法的宪法是服务于民主目标的宪法。”③对此，他提出了五条标准：（1）维护民主制度的良好运作；（2）保障基本的民主权利；（3）确保在公民当中民主的公正性；（4）鼓励民主共识的形成；（5）提供一个有效解决问题的民主政府。④

达尔认为，不同的宪政体制会深刻地影响到一个国家维持其基本民主制度的可能性。不过，一个国家的状况是否非常有利于民主，这是非常重要的。这种状况主要包括选举产生的领袖有效地控制军队和警察，一种支持民主信念的政治文化，以及一个相对运行良好的经济秩序，等等。如果具备这样一些良好的条件，那么不同国家宪政体制的差别就不会影响到基本民主制度的存续。但是，如果缺乏这样的条件，没有哪一种宪政体制能维系民主制度。据此，达尔认为美国人自我感觉美国宪法是设计来为美国的基本政治目的和价值观服务的最好宪法，但其他国家都不可能照搬过去。“如果我们的宪法确实如大多数美国人认为的那样好，那么，为什么其他民主国家却没有如法炮制呢？”⑤达尔由此得出结论，没有哪一种宪政是唯一最佳的。“各种民主的宪政体制都需要剪裁，以适应特定国家的文化、传统、需要和可能性。”⑥

① ［美］达尔：《论民主》，李风华译，中国人民大学出版社 2012 年版，第 2 页。
② ［美］达尔：《美国宪法的民主批判》，佟德志译，东方出版社 2007 年版，第 112 页。
③ ［美］达尔：《美国宪法的民主批判》，佟德志译，东方出版社 2007 年版，第 100 页。
④ 参见［美］达尔：《美国宪法的民主批判》，佟德志译，东方出版社 2007 年版，第 78 页。
⑤ ［美］达尔：《美国宪法的民主批判》，佟德志译，东方出版社 2007 年版，第 2 页。
⑥ ［美］达尔：《美国宪法的民主批判》，佟德志译，东方出版社 2007 年版，第 81 页。

达尔认为，民主及其基本制度预先假定了某些基本权利的存在，诸如表达自由、出版自由等等，这些权利需要宪法加以确保。但是，民主国家在权利和自由方面存在着一些差别，这些差别不能归之于宪政体制，而要从民族历史、政治文化以及对内在的、战略性的生存威胁的看法的差别中寻找答案。“如果事实的确如此，那么民主国家最终不能依靠其宪政体制来维护自由。它只能依赖于信念和文化，而这些信念和文化是其政治、法律和文化的精英，以及这些精英所负责回应的公民们所共同持有的。”①

关于民主的公正性问题，达尔区分了两种“宪政体制”：一种是比例制，即某一政党在立法机关中赢得的席位比例大致地反映选民对该党候选人所投选票的比例；另一种是多数制，即某一选区得票最多的候选人赢得唯一的席位，而别的候选人则因此而根本没有席位。在达尔看来，比例制可能产生多党制和联合政府，而多数制则常常容易产生两个占主导地位的政党。达尔认为，两种体制相比较，比例制比多数制对待公民更公平，它“更接近于为所有人提供平等的代表，或是平等的发言权”②。

达尔认为，比例制也有其局限，如它常常不能克服深刻的政治、社会、文化和经济上的分歧，因为一个多党竞争执政的国家肯定会出现分裂和争吵，会为一个反复无常和拖沓无能的联合所拖累。但是，比例制不仅有时确实有助于保持内部的和平，提供对手之间妥协的机会，产生不但有助于政府决策，而且有助于国家政治安排的广泛共识。例如，亚文化复杂的荷兰、瑞士实行比例制就有力地维护了国家的稳定。如果它们实行的是多数制，那么要想建立以不同的亚文化的广泛共识为基础的政府，不但极其困难，而且也许简直是不可能的。所以，“比例原则不仅看起来要公平得多，而且还有助于取得并维持对政府政策的广泛共识。”“而且，比例原则不仅能够为政策、而且也为民主而强化共识。”③

人们通常认为，民主会影响政府的效率。达尔并不这样认为，在他看来，“一个在保障基本权利、公平的代表权和更大的共识等民主目标方面设计得较好的宪政体制，并不必然牺牲政府的有效性，更不用说民主体制自身的稳定性了。”④就是说，民主政府是不是有效率，关键在于宪政制度。达尔认为美国

① ［美］达尔：《美国宪法的民主批判》，佟德志译，东方出版社 2007 年版，第 83 页。
② ［美］达尔：《美国宪法的民主批判》，佟德志译，东方出版社 2007 年版，第 84 页。
③ ［美］达尔：《美国宪法的民主批判》，佟德志译，东方出版社 2007 年版，第 89 页。
④ ［美］达尔：《美国宪法的民主批判》，佟德志译，东方出版社 2007 年版，第 97 页。

的宪政制度就存在着问题。美国政府体制既不是多数制，也不是比例制，而是比例原则和多数原则的混合。这种混合也许并不具备两者的优点，却拥有了两者的缺点，它既未能确保比例制所承诺的公正，也未能确保多数所许诺的明确责任。所以，我们最起码不能把这种宪制视为神圣的文本。

（四）政治平等与民主

达尔认为，民主是以公民参与管理时在政治上是平等的为前提的，"政治平等需要民主的政治制度。"① 同时，只有统治国家的政治制度是民主的，政治平等才能实现。②

霍布斯、洛克，以及美国的《独立宣言》都宣称人是生而平等的。在他们看来，平等是一个简单的事实。然而，平等与不平等有无数的表现形式。例如，马拉松竞赛中的能力不平等与参与公共事务管理的机会不平等就不是一回事。达尔指出，要理解致力于实现民主国家公民的政治平等这一实践的合理性，就必须认识到，我们所谈论的平等有时并不是事实判断，而是一个有关人类的道德判断，所表达的是那些"应然"的事情，即"所有人都具有平等的内在价值，没有一个人在本质上优越于其他人，每个人的好处或利益必须给予平等的考虑。"③ 或者说，"我们对待每个人，把他们看作是在生命、自由、幸福和其他基本的物品和利益方面拥有平等要求的人。"④ 达尔把这种道德判断称为"内在平等"的原则。他断定，"内在平等是国家统治基石的一个合理原则。"⑤

那么，我们为什么应该采取这个原则？达尔认为，采取这个原则是有伦理和宗教的理由的。首先，"它符合全世界大部分人的最根本的伦理信仰和原则。"⑥ 因为除印度教以外，犹太教、基督教、伊斯兰教的教义都宣称我们是上帝 / 真主的子民，佛教也持类似的观点。世界上绝大多数道德推理和伦理体系也都明确或模糊地有这样一个原则性的假定。其次，"不管其他团体的情况是怎么样，在统治国家的问题上，我们大部分人可能会发现，任何

① ［美］达尔：《美国宪法的民主批判》，佟德志译，东方出版社 2007 年版，第 112 页。

② 参见［美］达尔：《论民主》，李风华译，中国人民大学出版社 2012 年版，第 52 页；［美］达尔：《论政治平等》，谢岳译，上海人民出版社 2010 年版，第 4 页。

③ ［美］达尔：《论政治平等》，谢岳译，上海人民出版社 2010 年版，第 3 页。

④ ［美］达尔：《论民主》，李风华译，中国人民大学出版社 2012 年版，第 54 页。

⑤ ［美］达尔：《论民主》，李风华译，中国人民大学出版社 2012 年版，第 55 页。

⑥ ［美］达尔：《论民主》，李风华译，中国人民大学出版社 2012 年版，第 55 页。

其他替代内在平等的普遍原则都是不合常理和不可信服的。”① 与内在平等原则对立的是“内在优越”，但除非一个人是特权群体中的一分子，否则他就不会同意这个如此荒唐的原则。从前面两个理由还可以引出第三个理由，即明慎。国家统治会给人们带来巨大的利益，也会造成无限的伤害。因此，使用国家权力时要小心谨慎，注意方式。掌权者坚持认为自己的利益应得到与其他人一样的平等考虑，政治才稳定可靠，而且可能得到所有人的认同。根据这些理由，达尔认为，我们要把内在平等解释为一种管理的原则，相信它比任何其他原则更有价值，因此“政治平等在一个国家中是可欲的”。达尔认为，“道德和谨慎的判断为政治平等作为可欲的和正当目标或理想提供了强烈的支持。”②

在达尔看来，人类的平等只能是道义上的，而不是事实上的。“从道义的角度看，人类从根本上讲是平等的，但是从描述性的、事实的或者经验的角度看，人类至今从未完全平等过。”③ 对于人类来说，道义上的平等是一个目标、一个目的、一种理想、一种期望、一种志向、一种义务。“这个目标永远不能完全达到，也不可能接近实现。”④之所以如此，是因为人人平等的目标和愿望遭遇到了人类种种棘手的限制，也因为存在着政治平等的种种障碍。

达尔分析了获得政治平等的五种限制因素。他认为这五种因素也为获得政治平等提供了可能性。（1）运气。平等不平等受出生地的制约，但在一些社会，生存的机会不完全由出生地决定。（2）人类倾向。人类长期生活在非常小的群体中，所形成的价值观念与道德原则不适应日益扩大的群体，我们不愿意视其他人与自己一样同等地享受权利。这些人类的局限性在短时间内是很难改变的。（3）天赋和后天优势。先天的禀赋和优势会通过积累在不平等制度的发展中变得稳定，尽管可能有时被其他劣势所阻碍，但往往会增大为积累性的优势。（4）反对和抵制的机会。不平等的制度对于统治者的代价与被统治者相当，劣势者越是认为特权者不公平，维护不平等制度的代价就越高。因此，即使在极端控制的情况下，抵制的机会还是以各种形式存在的。（5）技术和制度。不平等减少的速度和程度严重地依赖于社会发展带来的现代技术和制度。“在我们自己的时代，平等对不平等的持久竞争、尤其

① ［美］达尔：《论民主》，李风华译，中国人民大学出版社 2012 年版，第 55 页。

② ［美］达尔：《论政治平等》，谢岳译，上海人民出版社 2010 年版，第 4 页。

③ ［美］达尔：《论政治平等》，谢岳译，上海人民出版社 2010 年版，第 78 页。

④ ［美］达尔：《论政治平等》，谢岳译，上海人民出版社 2010 年版，第 78 页。

是政治平等对政治不平等之间的竞争，受到两套制度的深刻影响；它们挤掉了历史舞台上的其他选择。这两套制度就是民主和市场资本主义。”[①]

达尔认为，实现政治平等存在着某些基本的障碍，这些障碍即使是民主国家也不能完全逾越。这样的障碍包括：（1）政治资源、知识、技能和动机的分配。达尔认为，政治资源、知识、技能和动机总是不平等地分配，而且到处都是如此。这种不平等的分配导致公民有效地实现他们目标的能力也被不平等地分配。（2）不可复归的时间限度。在历史上有大部分时间里，大多数人很少得到影响政府的机会，而当他们有了这种机会时，他们可能不利用这个机会。这里存在着一个时间与数量法则：“**民主单位包含的公民数越多，公民直接参与政府决定的人数越少，他们向政府委派他们代表的数量越多**。”[②]（3）政治制度的规模。时间和数量法则必然导致规模的难题：“**民主的规模越小，它的公民参与的潜在性越大，公民委派代表做决定的需求越小。规模越大，处理公民重要问题的能力越大，公民委派代表做决定的需求越大**。”[③]（4）市场经济的盛行。增加政治制度规模的重要力量是市场经济的出现，更重要的是，“如果没有规制——和如果有规制——市场经济都不可避免地而且总是给人们带来伤害，有时会给许多人带来伤害。”[④]而且，市场经济不可避免地在公民中间产生大量的资源不平等，也培养了政治不平等。（5）国际体系的存在。国际组织作出的许多决定会带来高度可欲的结果，但它们实行的是“有限多元精英统治”，其决定不是也不可能是民主的方式作出的。（6）严重危机的必然性。“每个政治制度有时可能会面临严重的危机。”[⑤]这些危机包括激烈的国内冲突、内战、外国入侵、国际战争、自然灾害、饥荒、经济萧条、失业、严重的通货膨胀等。

那么，在这些限制和障碍面前，政治平等能实现吗？在达尔看来，政治平等是一种我们应当争取获得的理想，是在这种理想支持下的一种道德义务。尽管获得政治平等的障碍的确很大，以至于我们总是与完全获得这一目标之间保持相当大的距离，“但是，获得这个目标的努力在面对特权阶层经常维护其地位的努力时，受到非常强有力的、人类情感的驱使，这些情感

① ［美］达尔：《论政治平等》，谢岳译，上海人民出版社2010年版，第89页。
② ［美］达尔：《论政治平等》，谢岳译，上海人民出版社2010年版，第39页。
③ ［美］达尔：《论政治平等》，谢岳译，上海人民出版社2010年版，第40页。
④ ［美］达尔：《论政治平等》，谢岳译，上海人民出版社2010年版，第43页。
⑤ ［美］达尔：《论政治平等》，谢岳译，上海人民出版社2010年版，第47页。

能够被动员（在选择适当手段时受到理性的帮助）、能够带来政治平等的收获。”[①]事实也表明，尽管平等在一些地方被否定，但过去几百年，许多平等诉求包括政治平等，被制度、实践和行为所强化，这一点在民主国家最为明显。就20世纪而言，民主观念、制度和实践以不可置信的速度在传播。在1900年，48个国家是完全或中等程度的独立国家，其中只有8个国家具有代议民主的全部基本制度。这8个国家只占世界人口的10%到12%。到21世纪初，有190个国家中，大约有85个国家具有现代代议民主的政治制度与实践。这些国家的人口占全世界人口的60%。[②]“虽然追求平等的变革可能是、通常也是逐渐增长的，但是，随着时间的推移，一系列的增量变革也就相当于一场革命。”[③]

促进朝政治平等迈进的原因很多，达尔列举了其中的一些原因，如：底层阶级政治觉醒，开始对精英统治表示怀疑；殖民控制力的减弱，给殖民地国家人民更加有利的条件和机会；下层集团的一些成员开始通过有效途径要求改变现状；统治集团内部的一些成员支持下层集团的诉求；等等。所有这些因素共同作用，大大加快了政治平等的进程。更重要的是，政治平等和民主是可取的，是值得追求的。在达尔看来，政治平等和民主的可取性得自两个基本判断：一是道德的判断，即“一切人都有平等的内在价值；谁都不在价值上比别人内在地更优越；而且，每个人的善和利益都应该得到同等的考量。”[④]达尔将这一判断称为“内在平等的假设”。二是实践的判断，即“在成年人当中，谁都不比别人更有资格进行统治，以至于应该委任他，让他拥有在国家政府中完全的、最后的决定权。”[⑤]在达尔看来，只要我们坚持启蒙思想家所确立的自由平等原则，我们就得将政治平等作为社会追求的目标。“如果我们相信一切人生而平等，他们被赋予了生命、自由和追求幸福等不可剥夺的权利，正是为了确保这些权利，才在人们中间建立了政府，而政府权力的正当性来自被统治者的同意，那么，我们就有义务支持政治平等这个目标。”[⑥]

---

① ［美］达尔：《论政治平等》，谢岳译，上海人民出版社2010年版，第31页。

② 参见［美］达尔：《论政治平等》，谢岳译，上海人民出版社2010年版，第14页；［美］达尔：《美国宪法的民主批判》，佟德志译，东方出版社2007年版，第103—104页。

③ ［美］达尔：《美国宪法的民主批判》，佟德志译，东方出版社2007年版，第106页。

④ ［美］达尔：《美国宪法的民主批判》，佟德志译，东方出版社2007年版，第106页。

⑤ ［美］达尔：《美国宪法的民主批判》，佟德志译，东方出版社2007年版，第107页。

⑥ ［美］达尔：《美国宪法的民主批判》，佟德志译，东方出版社2007年版，第112页。

达尔认为，在追求政治平等的过程中，需要划清一些界限：第一，政治平等并不会威胁自由。像许多其他值得追求的目标一样，政治平等也许会相悖于其他重要的价值目标，例如人们就常常谈到平等与自由和基本权利之间的冲突，甚至托克维尔都相信这一点。达尔认为，“政治平等绝不是对基本权利和自由的威胁，而是需要权利和自由作为民主制度的中流砥柱。”①他指出，人们所以为的自由与政治平等之间的冲突纯粹是虚构的。之所以如此，首先，民主政治制度的内在部分是实质性的基本权利、自由和机会；其次，致力于民主及其政治制度的人民，几乎都肯定会把基本权利、自由和机会的范围扩大到远远超过民主和政治平等所严格必需的条件。第二，我们把一些非同寻常的决定委托给专家，并不等于放弃了对最终控制权的掌握。达尔指出，政府官员向专家求助是一回事，而政治精英有权决定那些你必须遵守的法律和政策是另一回事。第三，个人事务上的个体决定并不等同于由国家政府制定并实施的决定。个人可以把自己的决定交由某些比你更精明的人来作出，但不能由此得出可以把权威移交给政治精英并由他们控制国家统治的大部分决定的结论。第四，管理好一个国家所需要的是道德判断，而道德判断不是科学判断，因此不存在一个拥有科学或专业知识的团体能为这些问题提供答案，也无法创造出这样一个团体。而且设计乌托邦是一回事，把它变成现实是另外一回事。这就是说，**“没有一个成年人必然比别人有更好的资格，从而足以被赋予全部而最高的统治国家的权威。”**②达尔得出的这一结论，实际上是政治平等的一条根本性结论，它实际上是要求所有人都不能放弃自己的政治平等权利。当然，这一结论会提出一个问题：即如果没有人比别人具有更高的统治资格，从而拥有全部最高的统治国家的权威，那么谁会比那些服从法律的成年人更有资格参与管理呢？达尔的回答是：**“除非在一些非常罕见并受法律约束的情况下，否则，每一个服从国家法律的成年人都应当被视为有足够的能力去参与民主管理国家的过程。”**③

（五）多数原则与民主过程

按照民主过程作出集体决策时应该遵循规则，那么这种规则应该是什么？民主理论家常常认为，民主“意味着”或者要求多数规则。对此，达

① ［美］达尔：《美国宪法的民主批判》，佟德志译，东方出版社 2007 年版，第 110 页。
② ［美］达尔：《论民主》，李风华译，中国人民大学出版社 2012 年版，第 62 页。
③ ［美］达尔：《论民主》，李风华译，中国人民大学出版社 2012 年版，第 64 页。

尔提出了一些问题:(1)民主过程要求无一例外地运用多数原则吗?(2)如果强势意义上的多数规则无法令人满意的话，是否存在一个明显优越的备选方案呢?(3)如果无法找到令人完全满意的规则，这是否就意味着民主过程严格来说就是不可能的呢?如果是这样的话，民主过程有没有能够避开多数规则及其替代性方案而使人可以接受的替代物呢?(4)在实践中支持民主的人实际上会采取哪些规则呢?①围绕这些问题，达尔展开了细致深入的讨论。

在达尔看来，多数规则有四项证明:一是自决的最大化。多数规则最大程度地增加能够在集体决策中施行自决的人的数量。在特定的政治体系的边界之内，在公众的构成以及需要对某些事务作出集体决策的既定情况下，强势的多数规则可以确保最大可能数量的公民将生活在他们为自己选择的法律之下。如果不仅多数的人通过了法律，那么选择那部法律的人数必将少于本可选择备选方案的公民人数。二是多数规则是合理要求的必然结果。一个民主决策规则应该具有决定性。如果公众面临两个方案 x 和 y，那么决策规则要能明确地从以下三个结果中选取其中的任何一个:或者 x，或者 y，或者两者都不选。一个民主决策不应偏向一个投票者而不利于另一个投票者。对于两个方案本身决策规则也应保持中立，不应固定偏向其中任何一方。三是更有可能产生正确的决策。在某些条件下，多数规则更有可能比其他规则产生出正确决策，众多形形色色的人的聚合性判断从整体上来说可能更为明智些。四是效用最大化。一个经验的法则是，如果更多的人受益而不是受损，那么就应该采纳这项决策。这一法则表明，“多数规则必然会实现所有公民之间法律平均收益的最大化。”②

对于以上每一个证明，达尔都以多数论者和批评者对话的方式进行了讨论，然后又进行了集中的反驳。在达尔看来，多数论者的证明的难题在于，对多数规则的证明完全取决于某些假设。如果接受这些假设，其结论就能成立，但是许多关键的假设都面临着严重的反驳。达尔提出了七个反驳或质疑:

第一，多于两个备选方案的反驳。多数原则假设只有两个备选方案，达

① 参见［美］达尔:《民主及其批评者》下，曹海军、佟德志译，吉林人民出版社2011年版，第169—170页。

② ［美］达尔:《民主及其批评者》下，曹海军、佟德志译，吉林人民出版社2011年版，第178页。

尔认为这种假设是极为不现实的，因为只要公民们对三个或更多备选方案进行表决，多数规则就会陷入严重的困境之中。

第二，循环多数的反驳。达尔指出，多数规则的一个根本缺陷在于在实际决策中往往导致循环投票，从而陷入“投票悖论”。按照阿罗不可能定理，在得多数票获胜的规则下，每个人均按照自己的偏好投票，大多数人偏好 A 胜于 B，同样大多数人也是偏好 B 胜于 C。按照逻辑上的一致性，这种偏好是可以传递的，即大多数人偏好 A 胜于 C。但实际上，大多数偏好 C 胜于 A（即 A > B，B > C，C > A）。因此，以投票的多数规则来确定社会或集体的选择会产生循环的多数，最终在这些选择方案中，没有一个能够获得多数票通过。

第三，控制议程的反驳。达尔认为，对议程的控制可以用于调控结果。投票组织者可以通过对不同的备选方案进行不同的组合，然后分别表决，从而使自己希望获胜的备选方案获胜。

第四，边界问题的反驳。与民主过程本身一样，多数原则假定了一个政治单位的存在，即在一个单位之内公民作出某些集体决策。但是，多数规则并没有为具体的边界提供合理的证明，就是说，多数规则中的“多数”是什么样的民主单位中的多数呢？少数可能反对在一个特定的政治单位中运用多数规则，要求改变单位本身。不言而喻，民主单位不同，根据多数规则投票的结果肯定会不同。

第五，现实世界中多数规则的稀释。多数规则中的“多数”，可以是公民中的多数，投票者中的多数，还可以是立法者中的多数。在直接民主体系中，如果许多公民放弃参与的话，多数规则就遭到了稀释。在现代代议制国家，有时议会选举的出席者不足 50%。即使是在选举的出席者人数相对较多的情况下，投票者中的多数也可能降低为立法者中的少数。此外，投票者中的少数有时也可能赢得多数席位。这一切都是对多数规则的相当大的稀释。达尔指出：“它无疑是一项标准。但是当我们应用这一标准之时，我们就会发现，在现实世界的民主国家中具体实践是如何缺乏抽象原则的。而且，在实践中，多数原则不仅仅是由代议制所削弱的；而且妨碍现实世界中的政治平等和共识的其他因素也进一步削弱了这一原则。”①

第六，对多数规则能实现平均功利最大化的反驳。多数论者认为多数规

① ［美］达尔：《民主及其批评者》下，曹海军、佟德志译，吉林人民出版社 2011 年版，第 188 页。

则是一种可以从集体决策中实现最大化的平均净收益的途径。达尔认为，按照这种观点，如果备选方案被采纳了，多数人的平均净收益至少要等同于假若 A 方案被否定时少数成员的平均净收益。然而，多数规则无法保证多数必然会根据所有相关人的净收益来评判政策，因为多数无法像中立的法官那样会选择能够实现平均功利最大化的政策。相反，多数可以选择仅仅有利于多数成员的政策，而这就会损害少数人的利益，而这可能会损害整个社会平均福利最大化。"只要多数没有平等地考虑少数的利益，它就会因此而违背民主过程的合法性以及多数规则共同依凭的原则。"①

第七，对各种决议保持中立的质疑。多数论者宣称多数规则对各种决议保持中立，也就是说它适用于一切作出集体决议的场合，不能有利就用，不利就不用。达尔认为，中立性的问题特别具有实践的重要性，因为在大多数民主国家，决策过程并不是对所有决议都保持中立的。例如，在美国的联邦体系内，各州都不能根据简单的多数规则而被取消。又如，在一些民主国家，关系到重要的宗教、评议或区域性亚文化的问题，也无法根据多数规则加以决定。达尔认为，多数规则中存在的缺陷表明，多数论者的民主过程必然要求在所有集体决策中施行多数原则的主张是难以成立的。

多数规则极为不完善，那么能否找到一个替代性的决策规则取而代之呢？在达尔看来，这种替代性规则必须具有明显的优势，而且能够与民主的道德假设和价值相一致。然而，达尔认为，对多数规则的探讨表明，在一个由民主过程支配的体系中，要想找到一个唯一的规则，它能够规定如何作出集体决策，这种探求注定要失败，因为多数规则的所有替代方案也都存在缺陷。针对这种情况，达尔提出，"只有在对集体决策可能发生的条件进行认真评估之后，我们才能作出符合集体决策的最佳规则的判断。"② 他认为，这一主张与不同民主国家中的现实经验是一致的，在这些国家中，人们采取了不同的规则和实践活动。他们无论是采用还是反对多数规则，都未必会违反民主过程或证明其合理性的各种价值。他们的民主过程是在不同条件下根据集体决策所需的不同规则得到适当地实现的。于是，达尔对集体决策发生的条件也即是民主过程的实质性因素进行了分析。

① ［美］达尔:《民主及其批评者》下，曹海军、佟德志译，吉林人民出版社 2011 年版，第 190 页。

② ［美］达尔:《民主及其批评者》下，曹海军、佟德志译，吉林人民出版社 2011 年版，第 205 页。

达尔认为，几乎所有决策过程都存在无法产生可欲结果的可能性，民主过程也是一样。对于民主过程，有两个基本的不同意见：一是认为民主可能有害。这种意见认为，为了防止集体决策带来的不利后果，民主过程在某些重要方面应受到限制、约束或替换；二是认为民主可能无法实现共同善（公益）。这种意见认为，利益的诉求和现代社会公民德性的匮乏使民主过程主要满足特别利益，而无法实现共同善。达尔在考察这两种意见的过程中阐述了他关于民主过程的实质性内容，也表达了他对民主的坚定信念。

在达尔看来，实质性权力、善和利益是民主过程的整体构成部分，但常常被错误地当成受到了民主过程的威胁。他指出，通过民主过程所获得的自治权就是民主过程的实质性内容之一。“这不是一项微不足道的权利，而是具有根本性的权利，以至于美国独立宣言的作者都将其称之为神圣不可侵犯的权利。”① 自治权并非仅仅是形式过程意义上的权利，因为民主过程不仅仅是过程，也不仅仅是形式上的。说民主过程不仅仅是“过程”，是因为民主过程是一种重要的分配公正形式，它有助于确定权力和权威这些至关重要的资源的分配，而这些资源又会影响到其他至关重要资源的分配。说民主过程不仅仅是“形式”，是因为要行使民主过程的权利，所有它所必需的资源和制度都必须存在。如果这些必要条件不存在，民主过程本身就不存在了。此外，民主过程也不仅仅是抽象的要求，因为它要求所有的普遍的、具体的权利，包括道德的、法律的和宪法的权利，以及从言论自由、出版自由和结社自由到建立反对党的权利。历史上和现实中的威权统治者想尽办法破坏民主过程所必需的各种制度，这表明他们已经充分地意识到，民主过程不仅仅是形式上的，而是会导致政体的结构性转变的。由此看来，民主过程给公民赋予了广泛的权利、自由和资源，这些足以使他们作为平等公民充分地参与所有对他们构成约束的集体决策的制定。民主过程对于成年人通过参与集体决策实现保护个人利益（包括作为共同体成员的利益）、发展他们的能力并作为道德主体行事的目的，也是同样重要的。“以此观之，民主过程不仅仅是所有政治诸善中最重要的关键组成部分——人民统治自我的权利——而且本身也是由大量实质性善构成的。”②

---

① ［美］达尔：《民主及其批评者》下，曹海军、佟德志译，吉林人民出版社 2011 年版，第 223 页。

② ［美］达尔：《民主及其批评者》下，曹海军、佟德志译，吉林人民出版社 2011 年版，第 224 页。

四、萨托利对“主流民主论”的重建

萨托利（Giovanni Sartori, 1924—）是意大利著名政治思想家。他出生于意大利佛罗伦萨，1946年取得佛罗伦萨大学哲学博士学位后留校任教，组建了该校政治学系并担任系主任，1979—1994年担任哥伦比亚大学人文科学的阿尔伯特·舒维泽尔教授（Albert Schweitzer Professor）职务，后为该校荣誉教授。萨托利主要研究民主和比较政治，涉及政党制度和宪政制度等领域，其主要著作有：《民主理论》（*Democrazia e Definizioni/ Democratic Theory*, 1957）、《巴比伦塔》（*Tower of Babel*, 1975）、《政党与政党体制》（*Parties and Party Systems*, 1976）、《民主新论》（*The Theory of Democracy Revisited*, 1987）、《比较宪政工程》（*Comparative Constitutional Engineering,* 1994）、《地球爆炸》（*La Terra Scoppia /The Earth explodes*, 2003）。其中《民主新论》被认为是民主理论的经典之作。在这部著作中，萨托利认为主流的民主理论面临着各种挑战，已经不复存在了。虽然对主流民主理论提出挑战的各种观点都有创新性突破，但并没有汇合成一种成熟的民主理论，相反已使民主理论陷入一片混乱，而“错误的民主观导致民主的错误”[①]。针对这种情况，萨托利提出，“如果民主理论的主流已不复存在，这恰恰是在要求我们去重建这一主流。”[②]为此，萨托利对民主观念作了抽丝剥茧式的梳理，不但阐明了西方古代民主与近现代民主的区别、自由主义民主同非自由主义民主的重要区别，而且对“主流民主学说”即自由主义民主学说进行了新的辩护、阐发和论证，从而“把有关民主应是什么、能是什么以及不是什么和不应成为什么的各种论证交织在一起的一团乱麻解开，以免使预期的善变成出人预料的恶”[③]。这也许是他民主理论的独特价值之所在。

（一）对民主含义和意义的澄清

萨托利从词源的角度对民主的含义进行了辨析，并在此基础上对什么是民主、为什么需要民主的问题作出了自己的回答。

---

① ［美］萨托利：《民主新论》，冯克利、阎克文译，上海人民出版社2009年版，第3页。

② ［美］萨托利：《民主新论》，冯克利、阎克文译，上海人民出版社2009年版，序言第9页。

③ ［美］萨托利：《民主新论》，冯克利、阎克文译，上海人民出版社2009年版，序言第12页。

从词源学上看，“民主即人民的统治或权力。”①但是，萨托利认为，这一前提不仅效用不大，而且从一开始就是个不清楚的前提，因为“民”这个词甚至在古希腊文中也不是明确无误的。在萨托利看来，民主不单纯是人民的权力。

通过对古希腊到现代“民”的意义的梳理，萨托利归纳出了人民的六种含义：

（1）人民字面的含义是指每一个人。但是，不可能存在字面意义上的、作为民主制度下的公民的人民。因为，在古希腊的民主制度中，“民”不但排除了妇女，而且排除了生来就没有自由的奴隶，而今天仍然把儿童、精神病患者、服刑犯人、非公民和暂住人口排除在外。

（2）人民是指一个不确定的大部分人，一个庞大的许多人。萨托利认为，这也根本不能被当作标准使用，因为民主从整体上说是一种程序，而人民是庞大的许多人这种说法提出了一个无法满足的程序要求，即必须随时确定多少人才能构成人民。

（3）人民是指较低的阶层。这种理解也存在问题，因为这种说法作出了不变的排除，即凡不是较低阶层的人被永远排除在外，而随着中产阶级规模越来越大，穷人富人的两分法也越来越不能成立。

（4）人民是一个不可分割的整体，一个有机整体。这种观点的问题是很容易得出个人没有意义的结论，因为可以借整体之名将所有的人一下子压成一团，透过这种看法，“我们看到的不是民主制度的辩护词，而是极权主义独裁制度的辩护词”②。

（5）人民是绝对多数原则所指的大多数人。按照这种理解，任何既定人群中的多数就代表全体，并有无限（即绝对）权利为全体作出决定。这看起来似乎是个直截了当的办法，但其实并非如此，因为确定多数拥有将其意志强加于少数的权利，从长远看它同它所标榜的原则是相抵触的。“这样一来，民主便不再有民主的前景了，民主开始之时，便是民主寿终正寝之日，因为民主前景取决于多数可以变成少数和少数能变成多数。”③

（6）人民是有限多数原则所指的大多数人。萨托利认为，看来只有有限多数统治才是民主制度中唯一的民主可行性原则。然而，这种理解已经远离

---

① ［美］萨托利：《民主新论》，冯克利、阎克文译，上海人民出版社 2009 年版，第 33 页。

② ［美］萨托利：《民主新论》，冯克利、阎克文译，上海人民出版社 2009 年版，第 36 页。

③ ［美］萨托利：《民主新论》，冯克利、阎克文译，上海人民出版社 2009 年版，第 37 页。

了“民主”的词源学定义和解释，因为如果人民这一概念应当理解为需要受到少数原则限制的多数原则这一点是正确的，问题就变成了“我们怎样才能限制那些原则上完全有资格掌权的人的权力？”而这个问题是人民统治的民主论本身所不能回答的。“因为一个按照多数统治原则被授权决策的人民，其行使权力受到限制，仅仅是因为那些与人民意志无关的因素在起作用。”①

萨托利认为，当“民主”一词出现时，它所指的人民是古希腊城邦中的民，这是一个联系紧密的小共同体，一个以当场决定方式工作的集体决策机构。但是，政体规模越大，人民这一概念就越是难以用来指一个具体的共同体，它更多地意味着一个高度抽象的建构。“今天的‘人民’代表一个无定形的集合体，一个高度混乱和分化的社会，总之，是一个失范的社会。”②萨托利指出，词源学家把他的大厦建在他拒绝的地基上，他的“民”在许多世纪以前就被埋葬了，他现在必须另寻他物。

上面分析的只是人民，如果我们面对人民的概念与权力的概念之间的关系、“民”（demos）和“主”（kratos）的关系时，困难便增加了，这种困难是词源学所无法克服的。权力是一个政治概念，而不是伦理概念。在权力问题上，重要的是名义持有者和实际行使者之间的区别。权力终究是行使权，而显然人民是不能成为实际的权力行使者的。也许正因为如此，卢梭反对人民把他们的权力委托出去，强调人民不应放弃权力的行使。卢梭虽然看到了危险所在，但他的办法很难奏效。现代民主制度取决于有限的多数原则、选举程序、代表权的转移。在这种制度之下，“名义上的权力归属与实际行使权力并没有被交给同一只手”。民主的词义中既没有包含，也没有提示建立大规模政治制度所需要的工具和程序手段。在萨托利看来，“人民的权力”仅仅是个省略句，它只说了一半就戛然而止了。“权力是针对某些人而行使，统治要以被统治者的存在为前提。”③民主的定义没有表达这一点，而它的完整定义应该是：“民主是人民对人民的权力。”④但是，一旦这样定义，问题就完全走样了：“它不但包括权力的上升，更包括权力的下降。在这条双向轨道上，如果人民失去控制权，那么对人民的统治便会危险地同**人民**的统治毫不相干。”⑤因此，

① ［美］萨托利：《民主新论》，冯克利、阎克文译，上海人民出版社2009年版，第37页。
② ［美］萨托利：《民主新论》，冯克利、阎克文译，上海人民出版社2009年版，第38页。
③ ［美］萨托利：《民主新论》，冯克利、阎克文译，上海人民出版社2009年版，第42页。
④ ［美］萨托利：《民主新论》，冯克利、阎克文译，上海人民出版社2009年版，第42页。
⑤ ［美］萨托利：《民主新论》，冯克利、阎克文译，上海人民出版社2009年版，第42页。

关键的问题是，我们如何维护并加强在权力的名义归属同实际行使之间的联系。选举和代表虽然是大规模民主的必要手段，但它们也是它的“阿基里斯之踵”——致命的弱点。在萨托利看来，授权者也能失去权力，选举未必是自由的，代表也未必是货真价实的，要解决这些问题，不能以字面上的民主为基础。因为将民主仅仅理解为人民权力的民主理论，只够用来同独裁权力斗争，一旦打败这个敌人，自然而然地移交给人民的不过是名义上的权力，权力的行使完全是另一回事。

民主不单纯是人民的权力，也不是单纯的多数原则。萨托利认为，“多数原则”只是有限多数原则的简单说法。在人类历史上，种族的、宗教的，甚至仅仅数量上的多数，事实上都一直在迫害少数，有时甚至到了灭绝的地步，而这种做法在今天则是多数统治的名义也就是以民主的名义干出来的。因此，民主不能是没有限制的（因此是无限制）的多数统治。许多思想家指出了这一点。例如，伯纳姆说“民主的基本特征就是允许少数派有政治表达权”；阿克顿说“我们判断某个国家是否是个真正的自由国家，最可靠的办法就是检验一下少数派享有安全的程度”；费雷罗则指出“压制反对派就是压制人民主权”。[①] 萨托利认为，思想家们之所以强调要对多数权力加以限制，这不仅是因为他们对自由有着强烈的感情和关切，更是因为有限的多数统治是民主的基本特征。“假如多数过分使用其权力，制度本身便不再发挥民主的作用了。”[②] 这是因为，当把民主等同于单纯的多数统治时，人民的一部分就会因此而变成非人民。相反，如果把民主理解为受少数的权利限制的多数统治，它便与全体人民，即多数加上少数的总和相符。“正是由于多数统治受到限制，人民才总是包括全体人民（所有有投票资格的人）。”[③] 萨托利进一步分析说，假定多数在原则上有不受限制地行使权力的权力，多数必然不会公正平等地对待非多数，他们就会很容易地持续维持自己的多数地位。而当一个多数是不能变成少数的多数时，这种多数便不再是民主制度的多数，因为“多数原则要求的是可以改变的多数，它含有不同的部分以供政治人从中选择行使权力者”[④]。萨托利的结论是：“民主就是多数统治这一口号

① ［美］萨托利：《民主新论》，冯克利、阎克文译，上海人民出版社 2009 年版，第 43—44 页。

② ［美］萨托利：《民主新论》，冯克利、阎克文译，上海人民出版社 2009 年版，第 44 页。

③ ［美］萨托利：《民主新论》，冯克利、阎克文译，上海人民出版社 2009 年版，第 44 页。

④ ［美］萨托利：《民主新论》，冯克利、阎克文译，上海人民出版社 2009 年版，第 44—45 页。

是不正确的，只有尊重和保护少数的权利，才能维护民主的力量和机制。总之，少数的权利是民主过程本身的必要条件。如果我们信奉民主过程，我们也必须信奉受少数的权利限制的多数统治。使民主作为一个不断发展的过程存在下去，要求我们保证全体公民（多数加上少数）拥有权利，这是民主的运行方式所必不可少的。”①

在对词源学意义的民主进行批评并阐明了民主是有限制的多数统治之后，萨托利进而阐述了为什么需要民主。他对这一问题的阐述是在批评绝对的政治现实主义和绝对的政治理想主义（至善论）中进行的。在萨托利看来，绝对的政治现实主义者（如马基雅维里）追求一种纯政治，其意思是“政治就是政治，不是别的什么东西”。“纯政治”后来又获得了“权力政治”的名称。“纯政治或权力政治一般是指那种不顾理想，只以权势、欺诈和无情地运用权力为基础的政治。”②在萨托利看来，纯政治同其对立面即完全理想化的政治一样，都是不切实际的，因为每一项政策都是理想主义和现实主义的混合物。从历史上看，政治现实主义学派与民主学派长期处于相互冲突之中，现实主义者总是讥笑“民主的理想主义”，认为民主同现实是矛盾的；而民主的信仰者则把现实主义视为同自己格格不入的态度，因而拒绝成为现实主义者。在萨托利看来，在现实主义的认识同民主信仰之间并没有矛盾。“如果现实主义是‘评估事实’，则可以说正像有非民主的现实主义一样，也可以有民主的现实主义。以民主与事实不符为由而坚持不信仰民主，这是不合逻辑的。由于现实主义的发现未能支持民主信仰而否定后者，同样是不合逻辑的。”③萨托利认为，民主有理性主义民主与经验主义民主之分。前者是法国式的民主，其特点是更强调“人民”具有宪法上的地位；而后者则是英美式的民主，其特点是不考虑人民的宪法地位问题，而更注重民主如何运行的问题。从这种区分的意义上看，“经验主义民主天然地是现实主义的，而理性主义民主则易于变成反现实主义的。”④

萨托利认为，威胁着民主的不是现实主义，而是“劣等的现实主义”，是一种用错了地方的现实主义。同样，威胁着民主的不是理想主义，而是“劣等的理想主义”，是“至善论”。在萨托利看来，所有关于民主的讨论基

---

① ［美］萨托利:《民主新论》，冯克利、阎克文译，上海人民出版社 2009 年版，第 45 页。
② ［美］萨托利:《民主新论》，冯克利、阎克文译，上海人民出版社 2009 年版，第 52 页。
③ ［美］萨托利:《民主新论》，冯克利、阎克文译，上海人民出版社 2009 年版，第 60 页。
④ ［美］萨托利:《民主新论》，冯克利、阎克文译，上海人民出版社 2009 年版，第 65 页。

本上是围绕着三个相互联系的概念进行的，即人民主权、平等和自治。人民是主权者，是说他们平等地享有主权；有主权者不是统治的客体，而是它的主体，即自治。这些概念虽然可以从描述的角度去理解，但一般是从规范的角度被确立和理解的，因而具有理想性。至善论者的问题在于，“他们把并不是理想的东西错认为理想，他们很少留意理想和现实之间的必然差别，所以他们不知道如何把规定转化为或应用于现实。至善论者的特点是，他希望弘扬理想——他的脚总是踩着加速器——却没有对他宣扬的理想加以控制。”[①]萨托利以人民主权原则为例加以说明。民主原则按其纯粹的和最充分的状态来说，要求“一切权力归全体人民”。但这个纯粹的原则只是肯定了一种有名无实的权利，它对行使权毫无帮助。这时我们就需要贡斯当所说的中介原则，即代议制。代议制可以把权力缩小为不充分的权力，同时在代议制政治制度中，人民能够监视和更换掌权者，由此实际行使着权力。但是，即使在这种情况下，原则的本意仍然远没有得到落实。怎么办？按照至善论者的观点，其办法就是重申原则的纯洁性。如果这样，作为中介结构的代议制国家便不会再被看作是落实原则的工具，反而会被看作是实现理想道路上的障碍而被抛弃。倘若我们真走了这一步，理想就会起相反的作用，用破坏代替建设。根据以上对现实主义和理想主义的分析，萨托利提出结论说：“自由民主制度的真正敌人存在于每个阵营中的极端派之中，他们是否定一切理想的极端现实主义者，或是否定一切事实的极端理想主义者。所以，如果说民主受到了外部的错误的现实主义的攻击，它也（这时更加危险）受着内部的错误的理想主义者的破坏。”[②]

（二）横向民主与纵向民主

在讨论如何实现民主的问题时，萨托利将民主划分为横向民主和纵向民主。关于这两种民主及其相互关系，他说：“公众舆论、选举式民主、参与式民主、公决式民主，都是横向民主的实施和扩散。这是个正确的起点，因为民主的特点就在于建立或重建政治的横向性。然而民主并不是缺乏或没有命令的无政府状态。公众舆论、选举、参与以及（以某种形式）拥有决定权的民众是大厦的基础，但由其本质所定，基础只起着支撑其上的结构的作

① ［美］萨托利：《民主新论》，冯克利、阎克文译，上海人民出版社 2009 年版，第 73—74 页。

② ［美］萨托利：《民主新论》，冯克利、阎克文译，上海人民出版社 2009 年版，第 94 页。

用。”[①]这种基础之上的结构就是作为民主的纵向结构的纵向民主——作为统治制度的民主。

在萨托利看来，政治说到底取决于统治者与被统治者的关系，在民主决策的过程中会模糊这两者之间的界线，但并没有使两者浑然一体。为了拥有民主，我们必须建立一定程度的人民统治。那么，我们在什么时候能发现人民是“统治的人民”而不是“被统治的人民”呢？在选举的时候，因为民主过程正是体现在选举和选举行为之中。民主的选举必须是自由的选举，也就是必须是体现选民意愿的选举。选举投票是在一定舆论中进行的。萨托利认为，要保证选举是自由的，舆论必须是自由的。“没有自由舆论的自由选举毫无意义可言。我们说人民必须享有主权，但没有发言权、没有自己意见的空洞主权，不过是一种追认权，一种空洞无物的主权。”[②]有两种不同的舆论：一种是仅仅从在公众中传播这个意义上说的公众舆论界，另一种在一定程度上由公众自己形成的公众舆论。在第一种意义上，我们有制造出来的公众舆论，但没有由公众产生的公众舆论。因此，这样的公众是没有价值的和虚无缥缈的公众。在第二种意义上我们有公众作为主体的公众舆论。在第一种意义上，任何社会都有公众舆论，但问题是公众舆论在什么时候才是独立的力量？萨托利认为，使相对独立的公众舆论得以存在的条件，可以有两条：其一，一个不属于灌输制度的教育制度；其二，一个由多元的、不同的影响和信息组成的完善结构。那么，公众舆论如何在民主制度下的选举中发挥作用，选举本身表达了什么，从而什么才算是“选举式民主”呢？

萨托利认为，在所有的民主制度中，投票研究和民意测验表明，冷淡症和非政治化是普遍的，公众对政治没有兴趣，公民参与少之又少，对许多事情公民没有什么看法，仅仅有出自情绪的感情变化的、说不清道不明的感觉而已。对于这种问题，萨托利提出了三种办法：其一，解决信息方面的问题。信息方面的问题包括信息数量不足且不令人信服、信息含有偏见和信息质量低下。其救治方法只能是获得更多更为负责的、更少迎合的传媒生产者，并使传媒受制于市场和民意测验。其二，对教育水平的提高寄予厚望。更高的教育水平及其普及，会产生更为知情和更为关心的公民。其三，把赌注又押回到参与式民主之上。萨托利认为，参与式民主至今是个含糊不清的

---

① ［美］萨托利：《民主新论》，冯克利、阎克文译，上海人民出版社 2009 年版，第 149—150 页。

② ［美］萨托利：《民主新论》，冯克利、阎克文译，上海人民出版社 2009 年版，第 103 页。

概念。为了使这个概念明晰起来，他比较了直接民主、公决式民主、选举式民主和代议式民主。代议制民主可以定义为间接民主，在这里人民不亲自统治，而是选出统治他们的代表。选举式民主虽然不是代议制的充分条件，但却是它的必要条件。就是说，代议制民主的概念包含着选举式民主，但不能反过来说。现代民主制度都兼有选举制和代议制。直接民主则是没有代表和代表传送带的民主。“从一定意义上说，任何直接民主都是自治的民主。”① 但是，自治的意义在大大地取决于规模的因素，因此直接民主只有在较小的团体（如议会规模的团体）中才能存在。“公决式民主是人民直接决定问题的民主，虽然它不是通过召集大会，而是通过非连续地利用公决方式。”② 公决式民主提供了克服直接民主的规模和空间限制的手段，但我们还是有把它视为自成一类的正当理由。第一，就其排除了中介而言，是“直接”民主，但它不具有直接民主的另一个特征，即相互作用的直接性。也就是说，“它是孤立的、无关联的个人的直接民主，不是相互作用的参与者的直接民主”。第二，公决的方式也可以进入代议制的理论与实践，就此而言，可以说“公决式民主把直接民主和代议制民主结合在了一起，并实际使它们融为一体”③。当然，当公决被纳入代议制民主时，它也要受到后者的统摄。通过以上比较分析，萨托利认为，参与式民主并不能提供其鼓吹者想要从它那里得到的东西，而且主流的民主理论从未忽视被理解为个人主动参与的参与。参与论者如果指责在20世纪60年代以前参与是全部民主理论中受到冷落的一部分，那么这一指责是与事实不符的。

这样看来，公决式民主似乎是一种好的选择。“公决式民主在这里被理解为一种取代代议制民主的巨型民主。虽然目前不存在这样的民主，但它在技术上还是可以成立的。给每一个投票者配置一台电视终端，上面显示各种问题及其解决办法，让我们假定一周一次吧，他们只要按一下赞成、反对或弃权的电钮就可以了。”④ 但是，严格的公决式民主将挑起一副公众舆论的重担，这副重担比起它在代议制民主中所承担的不知要沉重多少。选举式民主只要求舆论的独立性，而作出决策已经由选民交给了当选者，而如果选民成了决策者，作出决策的担子就要完全由他来承担。公决式决策要求公众具有

① ［美］萨托利：《民主新论》，冯克利、阎克文译，上海人民出版社2009年版，第126页。
② ［美］萨托利：《民主新论》，冯克利、阎克文译，上海人民出版社2009年版，第127页。
③ ［美］萨托利：《民主新论》，冯克利、阎克文译，上海人民出版社2009年版，第127页。
④ ［美］萨托利：《民主新论》，冯克利、阎克文译，上海人民出版社2009年版，第130页。

决策的知识和能力，成为“理性的决策者”而不只是“理性的投票者”。如果这样，那就意味着“公决式民主会可悲地迅速撞在**无认知能力**的暗礁上沉没”[①]。萨托利反对其他民主形式而坚持代议制的一个重要理由，在于他认为“知识——认知能力以及对手段—目标的理性认识——不是一个民主理论始终可以忽视的问题”[②]，而普通公众是不可能普遍获得这种知识的。

萨托利认为，政治有其横向性，但这种横向性只是在民主制度中突出，并且与民主制度的历史共存亡。同时，社会群体中具有等级结构，因而政治也有纵向性，所涉及的是服从、支配和协调。“适用于一切政体的政治学术语——权力、统治、命令、强制、政府、国家——都典型地反映着政体的纵向性而非横向性，至今依然如此。”[③]与政治的纵向性相应，民主也有纵向性的民主，即纵向民主。它与横向民主的区别在于：“如果说选举式民主典型地概括了民主的横向安排，民主的纵向随动装置或纵向形变就是代议制民主。”[④]纵向民主所涉及的是统治制度的民主，代议制本质上是一种少数民选代表行使统治权力的统治制度，显然这种统治制度与选民选择行使统治权的代表的多数原则是不一致的。如此一来，民主的纵向结构便面临着一个这样的问题：“多数原则与少数统治究竟是如何结合在一起的？”在萨托利看来，这个民主的纵向结构提出的问题是无法以代议制的理论来解决的。于是，他对统治、多数、少数这些词作了严格的考察，以对这个问题作出回答。

“统治”（rule）一词在英文中同时兼有“统治”和“规则”的含义。在萨托利看来，如果讨论的是标准（规则）与谁来统治（制定标准者）之间的关系，多数 rule 与少数 rule 之间表面的矛盾就消失了。这里的关键是“要设法避免把‘全权’只交给多数或少数，而是把它同时交给多数和少数”[⑤]。就多数和少数而言，它们之间的关系有三项重要的、受背景制约的含义，即宪政的、选举的（投票的）和社会的。在宪政的背景下，关键是少数而不是多数，更确切地说，少数或各少数派必须享有反对权。“在宪政方面获得突出地位的多数专制，所影响到的是少数的权利，特别是反对权是否受到尊

① ［美］萨托利：《民主新论》，冯克利、阎克文译，上海人民出版社 2009 年版，第 134—135 页。

② ［美］萨托利：《民主新论》，冯克利、阎克文译，上海人民出版社 2009 年版，第 135 页。

③ ［美］萨托利：《民主新论》，冯克利、阎克文译，上海人民出版社 2009 年版，第 149 页。

④ ［美］萨托利：《民主新论》，冯克利、阎克文译，上海人民出版社 2009 年版，第 150 页。

⑤ ［美］萨托利：《民主新论》，冯克利、阎克文译，上海人民出版社 2009 年版，第 151 页。

重。”[①]在选举和投票的条件下，关键是多数原则。谁站在多数一边，即与大多数投票者一样行事，谁就是赢家，否则就是输家。“在投票中，‘少数’仅仅是指那些必须服从多数（即使是一个简单多数）意志的人。”[②]在这种情况下，多数专制的说法是不恰当的、无意义的。就全社会范围或全社会条件下，“多数”具有托克维尔和约翰·密尔所说的“多数专制”的意义。“这里重要的不再是多数与少数的关系本身，而是它对个人的影响。于是焦点转向社会同个人的关系，对立存在于多数与个人自由之间，或多数与（个人的）思想独立之间。”[③]由此，萨托利得出了多数与少数关系的三条结论：第一，多数原则提出了保护少数的问题。这首先是个宪政问题。在这种情况下，我们要追求有限的多数原则，否则我们就会让这一原则成为宪政意义上的“多数专制”。第二，多数原则提出了创造一个统治多数的问题。当把多数原则应用于选举—投票过程时，每个多数派都试图淘汰与它对应的少数派。为了形成统治上的多数，多数标准只能在每一特定时间作为一个赢家通吃的原则来执行，这就使多数原则在这种情况下失去意义。第三，多数原则有可能把社会专制（多数对个人的专制）正当化而使之加剧。这里涉及的主要是一个制度化的机构，如一个政府、议会、政党，“多数”所指的便是某种有形的、有内聚力的运作单位，而不是大范围的、分散的集体。

萨托利进一步分析了多数原则在具体运用过程中的复杂情形。他认为，多数标准的概念在洛克以前是不存在的。亚里士多德所说的“多数人统治”，描述的是一种状态，而不是一个解决分歧和进行决策的标准；古希腊的民主制度一般是通过抽签，通过一种任意性的机制来选举官员。中世纪的学者使用的是“较多的和最有能力的那部分人”，“较多的那部分人”的概念从未同“较优秀的那部分人”分离过。但自洛克之后，多数标准开始摆脱了质量特征的数量标准。在萨托利看来，多数的权利并不等于多数“正确”。杰斐逊就说过：“虽然多数的意志在任何情况下都要占上风，这意志要想正确，仍必须依靠理性。”泰纳甚至说：“一千万人的无知加起来也不等于一点知识。”[④]萨托利认为，对于一个纯粹数量上的权利是什么、为什么数量越多

---

① ［美］萨托利:《民主新论》，冯克利、阎克文译，上海人民出版社 2009 年版，第 151 页。

② ［美］萨托利:《民主新论》，冯克利、阎克文译，上海人民出版社 2009 年版，第 152 页。

③ ［美］萨托利:《民主新论》，冯克利、阎克文译，上海人民出版社 2009 年版，第 152 页。

④ 参见［美］萨托利:《民主新论》，冯克利、阎克文译，上海人民出版社 2009 年版，第 156 页。

价值就越大的问题，不会有无可争辩的答案。“多数是一个量，量不能形成质。”①多数原则是最符合民主要求的程序或工具，但对工具用于什么和它如何工作需要进行严格考察。萨托利通过考察后，要求将选择手段与决策手段加以区别。我们所说的是选举情况下的多数原则，是一种选民的决定。“选民的决定是很空洞的决定，它仅仅或主要是‘决定谁当决策者’。”②因此，要把决定这一概念只留给“决策人如何作决定”，在选举的情况下只谈选举或选择。“这样一来，我们所涉及的便是**作为选择手段**（而不是决策手段）**的多数原则**。”③

在萨托利看来，即使作为选择的手段，多数原则也有其局限，因为这一原则可以“择优”，也可以“择劣”。他认为，选举一度被理解为质的意义上的选择方式，“选举是作为一种为了进行质的选择而得到提倡和安排的数量手段”④。但是，随着时间的推移，对量的强调渐渐侵夺了质的位置。最初的意图是为择优而计算，而在今天的民主制度中，手段已控制了自身的目的，多数原则已经变成受如下准则支配的纯粹数量原则：抓紧选票越多越好，不择手段地抓吧。萨托利指出：“如说选举的意义在于择优，它实际上却是错误的或不良的选择，就是说，选举成了**择劣**。在数量规律下，值得当选者常被不值得当选者排挤掉。结果，愚拙的领导、不称职的领导取代了‘有价值的领导’。”⑤萨托利强调，选举应服膺于某种代表功能，这是个合理的要求；选举也应服从于某种择优功能，这同样是个合理的要求。有的人认为对量的强调危害了对质的强调是一种无法逃避的发展和无可避免的事实。针对这种看法，萨托利指出：“如果我们允许多数原则成为一个纯粹的数量优势原则，它就不是个较好的原则。”“如果民主制度甘心受到不称职的领导和择劣不可避免这种看法的摆布，那么从长远看它就是一种人民觉得不值得支持的民主。”⑥

关于“少数”，萨托利认为它不仅有许多含义，而且有大量的其他称呼，如政治阶层、统治（支配）阶层、精英、权力精英、统治精英、领导的少数、领导集团等。然而，名称上的丰富并不意味着它可以跟多数相比，相反

---

① ［美］萨托利：《民主新论》，冯克利、阎克文译，上海人民出版社 2009 年版，第 156 页。
② ［美］萨托利：《民主新论》，冯克利、阎克文译，上海人民出版社 2009 年版，第 157 页。
③ ［美］萨托利：《民主新论》，冯克利、阎克文译，上海人民出版社 2009 年版，第 157 页。
④ ［美］萨托利：《民主新论》，冯克利、阎克文译，上海人民出版社 2009 年版，第 158 页。
⑤ ［美］萨托利：《民主新论》，冯克利、阎克文译，上海人民出版社 2009 年版，第 158 页。
⑥ ［美］萨托利：《民主新论》，冯克利、阎克文译，上海人民出版社 2009 年版，第 159 页。

平添了混乱。为此，萨托利作了两点澄清：一是以上这些表达均是指某种具体的少数，而不是指民主程序中作为一种人为现象的“少数”（如投票中失败的少数或议会中的少数）；二是当我们谈论纵向民主时，所感兴趣的不是任何可以想象的实质性少数，而仅仅是那些构成某种控制集团的少数。萨托利认为，辨认一个控制的少数有许多标准，其中有两条至关重要：一条是高度标准，指是否处于社会纵向结构中的“高层”。这个标准假定高层的人就是“有权的人”，谁在高层谁就“有权”，他行使并拥有权力。这个标准不仅可用于“权力金字塔”结构，也可用于“分层政体”。在分层政体中，分层统治可能是集中于一个顶端，也可能分散于不同的顶端。另一条是功绩标准，指人在高层不是因为他有权，而是因为他无愧于此，就是说他更有能力、更优秀、更高尚。今天，这两条标准用一个流行的术语来表达，这就是帕累托的“精英”（elite），即那些在其活动领域“能力”水平最高者。萨托利通过概念的辨析想要说明的是，权力结构与精英结构并不是一回事，控制集团不一定都是“精英少数”，它们可能只是“掌权的少数”。

关于控制集团或统治阶层模型，存在着以下三个争论：第一，控制集团在任何既定条件下是一个群体还是数个群体；第二，这些集团是否具有集团意识、内聚力和密谋活动；第三，掌权的各少数派是否在任何既定情况下切实受到制约。萨托利肯定，民主也是有其权力结构的。但是，民主的特征是权力分散，因而适用于民主的模型是不同于统治阶层模型的另一种模型，即由诸少数派领导的模型，其特点在于“它是一个由共同从事谋略的诸多对抗的权力集团组成的复合体”①。根据这种模型，萨托利从描述和规范两个方面提出了他关于民主的纵向定义。

从描述方面说，民主是一种选举式多头统治。熊彼特将民主解释为一种方法，那么我们怎样从这种方法到达它的结果，即从输入的民主到达输出的民主呢？萨托利认为弗里德利克的“预期反应”原理提供了答案。这一原理是：“希望连任的当选官员（在竞争的条件下），在进行决策时受到选民会对他的决定有何反应这一预测的制约。”②这样，预期反应原理就在输入与输出、过程与其结果之间建立起了联系。从这种意义上看，“民主是录取领导班子的竞争方法的副产品。”③之所以如此，是因为选举权会以反馈的方式让

① ［美］萨托利：《民主新论》，冯克利、阎克文译，上海人民出版社2009年版，第165页。
② ［美］萨托利：《民主新论》，冯克利、阎克文译，上海人民出版社2009年版，第170页。
③ ［美］萨托利：《民主新论》，冯克利、阎克文译，上海人民出版社2009年版，第170页。

当选择者留心自己的选民的权力。这即是“竞争的选举产生民主”。萨托利认为这是一种新的民主理论，或更恰当地说，是我们的理论主流中的新观点。他称之为“竞争式民主论”或“竞争—反馈式民主论”（时常被称为一种“模型”）。[①] 萨托利认为，从描述方面说，可以用民主是一种选举式多头统治这种说法来表示“反馈模式”。多头统治是与寡头统治对立的，因为它具有开放性，而这种开放性源自选举，因为选举是重复举行的。“‘多头统治’站在‘寡头统治’的对立面，因此多头统治一词本身只意味着寡头统治已被打败，它已转变为由各权力集团所组成的多元的、分散的和——充其量——开放的一团星云。”[②] 在萨托利看来，民主得益于领袖之间的相互控制，而有了这种控制之后，还要建立起对领袖的控制。为了约束、控制和影响领袖，人民必须有充分不受约束的权力去选择他们，必须定期举行正式选举。选举是与竞争联系的，竞争使民主具有了竞争式民主的意义。萨托利指出，他这里所下的描述性定义是“民主是以竞争方式录用领袖的副产品”。如果对这一定义加以完整的陈述，那就是：“大规模民主是一种程序或机制，它（1）带来开放的多头统治，这种统治在选举市场上竞争（2）把权力给了人民，并且（3）具体地加强了领导者对被领导者的责任。”[③]

萨托利在对反精英论进行批评的基础上阐述了作为统治的民主的规定性定义。他指出，从描述的角度说，民主是一种选举式多头统治，但它应该是什么呢？多头统治是一个事实，与它对应的价值论、与它对应的规范又是什么呢？萨托利批评说，过去的民主理论主要强调的是横向民主，而越是从横向角度理解民主，所得到的越是一种无向度的民主，与它相对应的则是一种高度贫乏的无向度平等。横向意义的平等是“权力平等”，“机会平等”也只是指明了纵向过程的起点，而没有指明终点。萨托利指出，为了把平等理解为一个“向上看齐的价值”，“相同者平等，即功绩、能力或天赋相同者的平等”[④]。这就是说，民主的规范性定义要求在选举的过程中要选择“精英”作为统治者。因此，萨托利从规范的意义上给民主作了以下界定：“民主应该是择优的多头统治”；或者说：“民主应该是**基于功绩的多头统治**。”[⑤]

---

① 参见［美］萨托利:《民主新论》，冯克利、阎克文译，上海人民出版社 2009 年版，第 170 页。

② ［美］萨托利:《民主新论》，冯克利、阎克文译，上海人民出版社 2009 年版，第 172 页。

③ ［美］萨托利:《民主新论》，冯克利、阎克文译，上海人民出版社 2009 年版，第 174 页。

④ ［美］萨托利:《民主新论》，冯克利、阎克文译，上海人民出版社 2009 年版，第 186 页。

⑤ ［美］萨托利:《民主新论》，冯克利、阎克文译，上海人民出版社 2009 年版，第 186 页。

在确定了民主是什么之后，萨托利又进一步讨论了民主不是什么，即“民主的反义词是什么”。他认为，可能成为民主的反义词十分广泛，如暴征、专制、个人独裁、绝对统治、专政、威权主义、极权主义。在这些反义词中，萨托利倾向于选择极权主义或威权主义作为民主的反义词，但他通过对威权主义一词的考察，最后排除了它，认为它并不是民主的一个“好的”反义词。[①] 在他看来，极权主义是对民主的彻底否定，因而它才是民主的“好的”反义词。“极权主义”一词最初出现于1925年，并且像威权主义一样，也是由法西斯主义发明的。伴随着法西斯的垮台，学者们对“极权主义”进行过许多阐述。例如，弗里德利克就列出了极权主义制度的六个要件：（1）一种官方意识形态学；（2）一个受寡头控制的群众政党；（3）政府垄断军队；（4）政府垄断大众传媒工具；（5）一个恐怖主义的警察系统；（6）集中管理经济。然而，萨托利认为，极权主义理论越是停留在该名称所指涉的语义范围之内，它就越是令人信服。在他看来，从这种语义范围来理解，“极权主义是指把整个社会囚禁在**国家机器之中**，是指对人的非政治生活的无孔不入的政治统治”[②]。其专有特征在于“总体的渗透和扩散”[③]。这里所说的“总体”，指的是墨索里尼意义上的“国家总体”。

在这里，萨托利又针对民主的反义词给民主下了一个从反面表述其特征的定义：“民主是这样一种制度，在这种制度下谁也不能选择自己进行统治，谁也不能授权自己进行统治，因此，谁也不能自我僭取无条件的和不受限制的权力。”[④] 这个定义也可概括为“民主就是非一人独裁”[⑤]。萨托利认为，这个定义提供了一个社会或一种政治制度是不是民主的根本标准。根据这个定义，任何建立在其他原则上的社会或政治制度，都不是民主制度。如此一来，就涉及萨托利前后下的三个民主定义之间的关系。他指出，这三个定义不但相互一致，而且相辅相成。这里的将民主与其反面对比加以界定的对比法，证实了选举—竞争定义的重要性，它可以被视为民主从正面程序上的落实。同样，民主统治虽不是一人独裁的统治，但它毕竟还是统治，因此不能将民主理解为追求无领导的状态。反之，非一人独裁的含义是权力将受到限

① 参见［美］萨托利：《民主新论》，冯克利、阎克文译，上海人民出版社2009年版，第212页。

② ［美］萨托利：《民主新论》，冯克利、阎克文译，上海人民出版社2009年版，第220页。

③ ［美］萨托利：《民主新论》，冯克利、阎克文译，上海人民出版社2009年版，第225页。

④ ［美］萨托利：《民主新论》，冯克利、阎克文译，上海人民出版社2009年版，第229页。

⑤ ［美］萨托利：《民主新论》，冯克利、阎克文译，上海人民出版社2009年版，第229页。

制，受到约束，为此就要尽可能地使统治成为多元的统治。“说民主**不是**什么，无法充分明确地告诉我们民主是什么，但是，从与一人独裁的对立面来定义民主，我们立刻便找到了划定民主的起点（或终点）的界线，以及对其正面特征是什么的清晰认识。”①

（三）民主从古代向现代的转变

据萨托利的考察，“民主”一词大约是在2400年前发明出来的，一般认为是历史学家希罗多德在他的《历史》一书首先使用这个词的。实际上，这个词并不是出现在他的原著中，而是出现在他的原著的译本中。不过，他在那里谈到了与君主政体或寡头政体相对应的民治或多数统治的政体。在自那以后的漫长历史长河中，“民主”自然吸收了形形色色的含义，它们涉及完全不同的历史背景，也涉及完全不同的理想模式。因此，随着时间的推移，其内涵和外延也都发生了变化。萨托利认为：“今天的民主概念与公元前5世纪发明出来时的这个概念，即使还有什么相似之处，也只是极其微小的相似。”② 然而，人们常常没有注意到这一点，他们在使用同一个名词的时候，以为是在谈论同样的或类似的东西。

古代的民主被认为与城邦有着内在的共生关系。古代的城邦并不像我们经常说的那样是一个城市国家。它虽然是一个城市共同体或共享团体，但无论如何不是一个国家。用修昔底德的话说，“众人就是城邦。”“国家”（state）则源自拉丁语的过去分词status，它本身仅仅表示一种存在的条件、形势或状态。马其雅维里第一次把“国家”具体化为一种非人格的实体，并在现代政治学意义上使用这个术语，但一直到17世纪还只有那些论述国家存在的理由的文献中这个词才被始终如一地使用。而且，自国家作为政治术语流传开来后，它和作为一个整体的、从政治上组织起来的社会（res publica）的共生关系便越来越少，同时又越来越严格地等同于凌驾社会之上的命令结构（权威、权力、强制力）。如此看来，如果古希腊人也这样理解国家，那么“民主国家”的概念对他们来说就是个术语矛盾。萨托利据此指出：“如果我们把希腊的制度说成是民主国家，那就犯了术语上和概念上的严重错误。”③ 古代民主表现出来的特征是无国家的，因此，我们今天谈论如何建设民主国

① ［美］萨托利：《民主新论》，冯克利、阎克文译，上海人民出版社2009年版，第230页。
② ［美］萨托利：《民主新论》，冯克利、阎克文译，上海人民出版社2009年版，第305页。
③ ［美］萨托利：《民主新论》，冯克利、阎克文译，上海人民出版社2009年版，第306页。

家、如何在庞大人口聚居的广阔领土上而不仅是在一个小城市里实行民主制度，古代的民主制度不可能传授给我们任何知识。针对现在仍然有大量文献仍在怀念古希腊人的民主实验，宛如那是一个有可能失而复得的天堂，萨托利指出，这个问题必须说清楚。他质问道：在西方文明用了2000多年去丰富、调整和明确其价值目标之后的今天，在经历了基督教信仰、人文主义、宗教改革运动、自然法的“天赋权利”观念和自由主义等等阶段之后的当代，怎么能够想象我们今天鼓吹的民主是在追求和古希腊人相同的目标和理想呢？怎么能够忘记民主所包含的对我们的价值是古希腊人不了解也不可能了解的呢？

在萨托利看来，古代民主与现代民主的区别首先在于古代民主是直接民主，而现代民主是间接民主。“如果说古代民主是城邦的对应物，那也就是说它是‘直接民主’，今天我们已不可能亲身体验那种希腊式直接民主了。我们的所有民主都是间接民主，即代议制民主，我们受着代表们的统治，而不是自己统治自己。”①萨托利指出，即使在古代城邦，统治者与被统治者也并非是二而一的关系，因为那时也有领导，也以抽签或选举的方式挑选官员。不过，那时的统治者与被统治者并肩共事，面对面地互相协商。就是说，直接民主与间接民主还是有着根本区别的。其区别在于：“直接民主就是人民不间断地直接参与行使权力，而间接民主在很大程度上则是一种对权力的限制和监督体系。在当代民主制度下，有人进行统治，有人被统治；一方是国家，另一方是公民；有些人专事政治，有些人除了为数甚少的插曲之外忘掉了政治。而在古代民主制度下，这种区别意义不大。”②

那么，这里就产生了两个问题：直接民主是可取的吗？它还有可能存在吗？一般说来，亲自行使权力应当胜过把权力委托给别人，基于公众参与的制度比代议制更安全或更有效。但是，古希腊的民主制以及中世纪的公社总是既骚乱又短命的，以至于古代民主的目击者和见证人亚里士多德把民主政体列入腐朽的政治类型。不过，亚里士多德将民主政体定义为贫民阶层为了自身的利益进行统治，而不考虑贫民是多数人还是少数人。萨托利认为，与古代的直接民主相比较，间接民主具有三种常常被贬低的优点：其一，古希腊的民主政体是一种最简单也是最粗糙的结构，它实质上是由“发言权”组成的，缺少过滤器和安全阀，不能从重要信息中筛去无聊的噪音和从长远

① ［美］萨托利：《民主新论》，冯克利、阎克文译，上海人民出版社2009年版，第307页。
② ［美］萨托利：《民主新论》，冯克利、阎克文译，上海人民出版社2009年版，第307页。

需要中筛去眼前的一时兴致。而多层次、多滤层的政治决策过程，恰恰是靠它的间接性，才获得了靠直接性不可能获得的防范力和制约力。其二，直接民主带来的是零和的政治，而间接民主为正和的政治开辟了场地。[①] 其三，由于制度的功能性失衡，所以古代民主政体下富人与穷人的战争不可避免，而在间接民主制度下战争式政治并非不可避免，因为已经不存在那种失衡了。就可行性而言，以亲自参与为基础的民主只在一定条件下才是可能的，如果这些条件不存在，那么代议制民主就是唯一可能的形式。这两种政体的选择并不是根据个人爱好加以取舍的选项，而是受客观条件限制的。

古代民主与现代民主的区别其次表现在自由观上的差别。萨托利认为，古代与现代人的民主观有多少差别，古代与现代的自由观就有多少差别。亚里士多德在把人界定为政治动物的时候，是说人是他那个特定社会整体的一部分，他深深地植根于社会之中。亚里士多德没有想到的是，被视为个人的人，在他自身的存在中突出地表现为一个私生活中的自我，而且他有权这样做。对古希腊人来说，“人”和“公民”的意思毫无二致，正如参与城邦的生活就等于“生活”一样。贡斯当认为，古希腊人并未产生明确的个人观念，他们不把个人视为有人格的人，他们连最模糊的自由观念都没有。他们享有政治权利，能够投票，任命官员，可以被提名为执政官，这就是所谓的自由，但正是由于这一切，人们无异于国家的奴隶。在萨托利看来，以现代个人主义自由观的标准来衡量，就与国家的关系而言，古人并不自由。雅典文明虽然富有个人主义精神并得到了多样化的体现，但这种“个人主义精神”与贡斯当所说的对有人格的个人的尊重有着很大的区别。在古代希腊社会，公共生活与私生活分开是闻所未闻的，甚至是不可思议的。在古希腊人看来，纯粹个人性质的、与国家无关的道德准则是无法想象的。萨托利指出：“不言而喻，希腊人的‘政治观’是囿于城邦、源于城邦的，而我们今天所说的政治自由，实际上是一种**反城邦**的自由（**摆脱**政治压制的自由）。”[②] 在现代人看来，一个人的存在不能被简化为公民身份，一个人不仅仅是集合起来的全体会议中的成员。现代民主制度的意义就在于，它保护有人格的个人的自由。这种自由不能委托给他人，正如贡斯当所说，不能“让个人屈从于整体的权力”。由此看来，“古代与现代自由观的基本差别，严

① ［美］萨托利：《民主新论》，冯克利、阎克文译，上海人民出版社 2009 年版，第 309 页。

② ［美］萨托利：《民主新论》，冯克利、阎克文译，上海人民出版社 2009 年版，第 311—312 页。

格地说就在于：我们认为人不单纯是国家的公民。”①

从对古代民主与现代民主的比较可以看出，萨托利是对现代的间接民主（自由主义民主）持肯定甚至赞美态度的。他自己也明确地表达了这种态度：“我们的自由主义民主对权力的限制和监督，所取得的成就并不亚于古希腊的民主政体。我们已在很大程度上解决了古希腊人没有解决或未曾遇到的问题：为每个人提供可靠的自由。”②

（四）自由与平等

萨托利指出：“我们今天所享有的政治自由是自由主义的自由，自由主义性质的自由，而不是古代政体下那种变化不定、令人生疑的自由。”③但是在当代，自由主义的自由观受到了诸多的批评，为此萨托利为其进行了辩护和阐发。

萨托利所关心的是与民主关联的自由，即政治自由，而不是其他的自由。关于自由有各种说法，如心灵自由、思想自由、道德自由、社会自由、经济自由、法律自由、政治自由以及其他各种自由，等等。萨托利认为，这些说法存在着含糊、混乱和虚假的观念，妨碍我们对政治自由本身的研究，因此需要做一点梳理工作。他指出，首先，“政治自由不是心灵、思想、道德、社会、经济或法律意义上的自由。它是这些自由的前提，并促进这些自由，但它和它们并不是一回事。”④其次，政治自由是经验层面的自由而不是哲学层面的自由。虽然哲学家们经常思考政治自由，但他们极少有人真正把它作为实践问题加以讨论。大多数哲学家关心的是真正的自由或自由的本质，即意志自由或者自由的最高形式（如自我表现、自我决定或自我完善）。在萨托利看来，“政治自由不是哲学意义上的自由。它不是为哲学问题提供的实践答案，更不是为实践问题提供的哲学答案。”⑤最后，政治自由和法律自由、经济自由一样，它是有目的地为自由创造许可条件的，而不是像心灵自由、思想自由那样涉及自由的能力，强调的是自由的根基和来源。“由此可见，关键的问题是，政治自由不是主观自由，它是一种**工具性的**、

① ［美］萨托利：《民主新论》，冯克利、阎克文译，上海人民出版社 2009 年版，第 314 页。
② ［美］萨托利：《民主新论》，冯克利、阎克文译，上海人民出版社 2009 年版，第 311 页。
③ ［美］萨托利：《民主新论》，冯克利、阎克文译，上海人民出版社 2009 年版，第 339 页。
④ ［美］萨托利：《民主新论》，冯克利、阎克文译，上海人民出版社 2009 年版，第 329 页。
⑤ ［美］萨托利：《民主新论》，冯克利、阎克文译，上海人民出版社 2009 年版，第 330 页。

关系中的自由，其实质目的是创造一种自由的环境，为自由提供条件。”①

萨托利认为，政治自由关注控制权力的权力，关注权力承受者的权力，其焦点问题在于怎样才能保护少数的和有可能丧失权力者的权力。说我们享有政治自由，或者说我们是自由公民，仅仅是因为社会创造了这样的条件，即公民有可能运用较小的权力去抵御较大的权力。如果没有这样的条件，我们就会被较大的权力吞噬掉。因此，政治自由的概念从一开始就包含着对抗性的含义。“它是**免于限制的**自由，因为它是**提供给**弱者的自由。”②免于限制的自由是一种消极意义的自由。那么，免于限制的自由是不是一种恰当的自由概念呢？萨托利认为，完整的自由可以说含有以下五个特征：独立、隐私、能力、机会和权力。其中前一半（独立和隐私权）与后一半的关系是一种顺序关系，依照这种顺序，独立应当首先而不是最后出现。萨托利针对克林顿·罗西特批评古典自由主义将重心放在自由的消极方面（即独立和隐私）而“忽视自由人在自由社会中所处地位”（即自由的积极方面）指出：“政治自由绝不是唯一的自由，也没有任何必要将它列为至高无上的价值。然而，按照程序来说，它是基本的自由，因为它是所有其他自由的必要条件。因此，动辄把所谓‘独立于……’称为不恰当的自由观，是一个幼稚的错误。”③在萨托利看来，实际上，政治自由也不能是无所作为的、惰性的自由。与其他所有的自由一样，政治自由要求以能动性为先决条件，自由不仅是免于限制的自由，同时还是参与政治事务的自由。不过，如果我们忘记了是独立地位使参与成为可能而不是相反，那就不对了。所以，“真正重要的是，不能绕过政治自由。我们想要实现积极意义上的自由，就不能忽略消极意义上的自由。只要我们片刻忘却不受束缚的要求，我们的整个自由大厦就将处于危难之中。”④

既然政治自由如此重要，那么如何才能获得它呢？萨托利认为，政治自由问题始终涉及寻找约束权力的规则，自古以来人们孜孜以求的办法就是服从法律，也就是说，政治自由需要法律保护。但是，理解法律保护的方式有三种：第一种方式是希腊的方式。希腊人十分清楚，如果他们不愿受暴政的统治，那就必须受法律的统治。但是，他们的法律观念摇摆于神法和习惯

① ［美］萨托利：《民主新论》，冯克利、阎克文译，上海人民出版社2009年版，第331页。
② ［美］萨托利：《民主新论》，冯克利、阎克文译，上海人民出版社2009年版，第332页。
③ ［美］萨托利：《民主新论》，冯克利、阎克文译，上海人民出版社2009年版，第334页。
④ ［美］萨托利：《民主新论》，冯克利、阎克文译，上海人民出版社2009年版，第335页。

法这两个极端之间。前者过于刻板和一成不变，而后者又过于含糊多变。这样，法律就会丧失它的神圣性，平民统治就会凌驾于法律之上，于是法治消融，与人治混在了一起。第二种罗马的方式，它近似于英国的法治。罗马的法律体系对于政治自由的具体问题并未作出直接贡献，但它却发展了法制观念，从而作出了实质性的间接贡献。第三种方式是自由主义的方式，即宪政制度。这种方式在英国的宪政实践中得到发展，在美国宪法中可以看到最成功的书面表达，并且在宪法保障的理论中得到了详尽的阐发。自由主义对于解决政治自由问题作出什么贡献呢？"它并不是现代个人自由观念的创始者，尽管它对其作了重要补充。它也没有发明法律上的自由概念（正如西塞罗的名言所表明的），但是它发明了从制度上平衡人治与法治的方法。"①

萨托利认为，只要把古典自由主义的方法与先前的努力加以比较，就可以充分了解它的独创性和价值。在他看来，从根本上说，解决自由问题的法律途径可以从两个完全不同的方向寻求：一是立法者统治。根据这种方式，法律是由立法机构制定的成文法规组成的，由法定的、系统的立法所组成，因而法律可以被视为纯粹意志的产物。这种方式的问题是有可能出现一部分人无视法律对另一部分人实行暴虐统治，就是说，法律在这里不再具有保护作用。二是法治。按照这种方式，法律很像是法官发现的，它是审判法，是经由司法裁决日积月累发现法律的结果，因而法律应当是合法推理的产物。这种方式有三个不足：一是法治本身未必保护政治范畴中的自由，例如罗马的法治关注的就是完善民法而不是公法；二是法治实际上由发现法律构成，而法律很有可能变成过于静止的东西；三是法官很可能自视为法律的制定者而不是法律的发现者，这样就可能出现比"立法者统治"更具破坏性的"法官统治"。萨托利认为，自由主义的宪政制度保留了上述两个方案的长处，同时又减少了它们各自的短处。首先，它承认立法统治，但增加了两个限制：一是干预立法，使之受到严格的立法程序的限制；二是干预立法范围，使之受到更高法律的限制，从而难以影响到公民的基本自由权利。其次，宪政方案还能保证将法治置于系统之内，将法治与立法者统治结合起来。萨托利认为，自由主义宪政制度是政治自由的保障，撇开自由主义，就无法谈论政治自由。他指出："无论过去和现在，宪政制度**事实上**就是自由主义制度。可以说，自由主义政治就是宪政——**动态地**看自由的法律概念以求解决**政治**

① ［美］萨托利：《民主新论》，冯克利、阎克文译，上海人民出版社2009年版，第338页。

自由问题的宪政。”①

萨托利在讨论了为政治自由寻求法律保障的三个途径（即立法途径、法治途径、自由主义或宪政主义途径）之后，批评了另外一种关于自由与法律之间关系的观点，这种观点认为，法律保障自由的途径是“自主，即我们自己为自己立法”。许多人认为这是卢梭主张的，并想当然地认为这是对自由的民主主义的定义。萨托利指出，卢梭虽然断言每个人都是自由的，因为他在服从自己制定的法律时就是在服从自己的意志，但卢梭根本不是在谈论自主。首先，卢梭把他的自主观念是与某种最初的契约联系在一起，在这个前提下，理想的情况是订立契约的每一方都服从他自己接受的规范。卢梭的这种观点有一个实质性的限定条件，即人民只有不把他们的主权委托给立法会议行使，他们才是自由的。所以，他的观点与非契约地服从别人为我们制定的法律几乎无关。其次，卢梭的观点与他那种民主的小国寡民性质密切相关。这是一种参与式民主，但并不是任何崇高或提升意义上的参与。当公民散居在一片广大的领土之上，他们就不能自己亲自制定法律，他的这种观点就没有任何意义。第三，自主的概念并不是卢梭提出的，而是康德提出的，而康德的“自主的概念几乎与民主政体的自由或任何其他类型的政治上或法律上的自由无关”②，它是道德意义的自主。这是两个不同的领域：“在道德领域，我们关心的是人在进行内在的良知判断时是否自由；而在政治领域中，我们关心的是如何防止对人的外在压制。”③在萨托利看来，自主作为一种政治自由的具体表现，已经随着古代民主而终结。亚里士多德的“所有人支配每一个人，每一个人也同样支配所有人”，从而解决政治自由问题的理想，在我们不断发展的巨型国家里是不可能办到的。

在萨托利看来，自由观念并非来自人民权力说，而是来自平等权力、平等参政的观点。只有我们在权力上是平等的，才会没有人有权命令我。正是根据平等的要求，我们才能推导出某种免于限制的自由。然而，做出这种推论的与其说是古代思想家，而不如说是现代思想家。

在萨托利看来，“不平等可归因于天意，而平等只能是人类行为的结果。不平等是‘自然’，平等打破自然。”④一旦开始追求平等，曾经被认为

① ［美］萨托利：《民主新论》，冯克利、阎克文译，上海人民出版社 2009 年版，第 339 页。

② ［美］萨托利：《民主新论》，冯克利、阎克文译，上海人民出版社 2009 年版，第 347 页。

③ ［美］萨托利：《民主新论》，冯克利、阎克文译，上海人民出版社 2009 年版，第 347 页。

④ ［美］萨托利：《民主新论》，冯克利、阎克文译，上海人民出版社 2009 年版，第 370 页。

是“自然”存在的权力、财富、地位及生存机会等方面的差异，就不再是一成不变地被人接受的差异了，因此要求平等就是在要求一种不再服从必然的和天使般的组织形式的社会。萨托利认为，追求平等的情形非常复杂。平等首先突出地表现为一种抗议性的理想。平等体现并刺激着人对命运的差异、具体的特权和不公正的权力的反抗。同时，平等也是我们所有理想中最不知足的理想。其他种种努力都有可以达到一个饱和点，但追求平等的历程几乎没有终点。其原因主要在于，在某个方面实现了平等会在其他方面产生明显的不平等。“因此，如果说存在着一个使人踏上无尽历程的理想，那就是平等。”①

萨托利认为，平等的复杂性首先在于它一方面表达了相同性的概念，另一方面又包含着公正。这两种含义相距千里，却又难分难解，恰恰似一个人有两副截然不同的面孔。“平等是个两面玲珑、而且是唯一能够同时与相同性和公正联系在一起的概念。”②在萨托利看来，我们并非如人们所说的那样生而平等，如果我们把精神意义上的平等与物质意义上的平等区别开来，我们就会认识到，促进某些平等，以弥补人们生而有别这一事实，才是公正的。萨托利指出，从结构上说，平等的概念至今仍然具有两面性，只要看一看平等自由发生关系就可以明白这一点。因为平等既可以成为自由的最佳补充，也可以成为它最凶恶的敌人。“平等越是等于相同，被如此理解的平等就越能煽动起对多样化、自主精神、杰出人物、归根到底也就是对自由的厌恶。”③“平等”两种含义的巨大抬头也反映在平等的实践中。平等实际上是作为一种道德理想应运而生的，即以恢复公正这一最纯洁的努力开始，却可能作为贬低他人抬高自己的托辞而告终，“它使弱者把强者贬低到自己的水准”。而且，正如低等者希望能与比他们优秀者平等一样，相同者也有可能想成为超越平等者，即凌驾于相等者之上。如此一来，平等的实践就可能击败它的原则。

在萨托利看来，有些平等早在民主之前就已存在，与民主没有什么关系，只有把平等主义理想提升为民主观念的突出象征这种地位，平等和民主才吻合起来。这就是说，平等在民主制度之下才获得了最大的威力和发展。那么民主对平等概念的具体贡献是什么呢？这就是法国《人权宣言》所宣

① ［美］萨托利:《民主新论》，冯克利、阎克文译，上海人民出版社 2009 年版，第 371 页。
② ［美］萨托利:《民主新论》，冯克利、阎克文译，上海人民出版社 2009 年版，第 372 页。
③ ［美］萨托利:《民主新论》，冯克利、阎克文译，上海人民出版社 2009 年版，第 374 页。

称的平等的普选权、社会平等、机会平等，以及经济平等。萨托利认为，平等的历史进步可以分为四种形式：（1）法律—政治平等；（2）社会平等；（3）机会平等，包括表现为平等利用的机会平等和表现为平等起点的机会平等互利；（4）经济平等或经济相同性，即要么大家拥有相同的财富，要么一切财富归国家所有。对于这些平等，萨托利作了如下解释：使每个人都有相同的法律和政治权利，即反抗政治权力的法定权力；使每个人都有相同的社会尊严，即反抗社会歧视的权力；使每个人都有相同的进取机会，即靠自己的功绩获得利益的权力；使每个人从一开始就有足够的权力（物质条件）以便获得与所有其他人相同的地位和能力；不给任何人以任何（经济）权力。[①] 在这种平等中，经济平等只是个附带的问题，因而把它的含义限定为一种具体的和严格的“环境平等化”。自由主义民主理论通常不考虑经济平等，认为政治意义的民主是一回事，经济民主则完全是另一回事。

萨托利指出，即使我们无限制地谈平等，实际上也绝不会针对所有可以想象到的差别，而只是针对有关的若干差别，即在某个历史阶段我们认为可以接受的、表面上不公正但似乎可以补救的差别。我们要消除这些差别，必须根据平等化的标准。这种标准包括两条：（1）“**对所有人一视同仁**，即让所有的人都有相同的份额（权力或义务）”；（2）“**对同样的人一视同仁**，即相同的人份额（权力或义务）相同，因而不同的人份额不同”。第二条标准又包含四条重要的次级标准：a. 按比例的平等，即按现存不平等；b. 对可以接受的差别，给予不平等的份额；c. 按每个人的功绩（品德或能力）分配份额；d. 按每个人的需要（基本的或其他的）分配份额。萨托利指出，标准（1）是一个醒目的法制标准，这种标准提供法律的平等或法律之下的平等。这条标准中的“给所有的人”这一点至关重要，因为如果在规则的受众之中有人例外，那么这项规则就不具备平等主义精神，就是以标准（2）的次级标准之一为根据的平等。标准（2）令人信服的程度并不亚于标准（1），而且比标准（1）具有远为广泛的适用范围，其优势在于它的灵活性，它不仅考虑到为小团体主持公正，而且还使平等的结果得以实现。但它的灵活性也给自身留下了一个阿基里斯之踵。因为我们不谈论“对所有人一视同仁”，而是说“对每一个相同的人一视同仁”，就会存在哪一种相同才是可以接受的相同的问题。而且根据标准（2），不存在范围上的限度，任何能够想象

① 参见［美］萨托利：《民主新论》，冯克利、阎克文译，上海人民出版社 2009 年版，第 378—379 页。

到的规则或任何能够想象到的社会结果，都能被说成是平等的。

在萨托利看来，这两条标准体现了对待平等的两种根本不同的方式：对待的平等，即相同的公平待遇；结果的平等，即相同的结果或最终状态。标准（1）就是平等对待的标准，而标准（2）所列各项次级标准侧重于平等结果。平等对待和平等结果不仅本身就多种多样，而且还反映出基本方法上的根本差别："重视平等对待的基本观点是，人类在若干方面应当得到平等对待，不管他们存在什么差别；重视平等结果的观点则是，人类不应当有差别，而且应当复原到早期的无差别状态。"① 显然，两种观点是矛盾的，平等对待并不导致平等结果，反之，平等的最终状态需要不平等对待。就是说，要想得到平等的结果，我们就要受到不平等的对待。因此，在平等对待和平等结果之间，有一个广泛的"交易"领域。为了获得较多平等的结果，可以较少平等地对待；反之，为了达到最低限度的平等待遇，我们可以满足于有缺陷的平等结果。如果我们认识不到这一点，如果结果的平等成了唯一的、压倒一切的关心对象，那么平等的目标就将毁灭平等对待，这很可能是在让目标毁掉手段。萨托利要求人们记住："安全（和限制）都是属于标准（1）的内容。一旦我们否定了'对所有人一视同仁'这项原则的内在价值，那么标准（2）的多样化方法就会孤立无援，它将以平等的名义容许任何可以想象的专横霸道和不公平待遇，并使之正当化。核心问题是，追求平等结果会损害平等对待，以致无法保证所追求的仍然是它宣布的目标。"② 从对平等对待和平等结果的态度明显可以看出，萨托利所坚持的是古典自由主义立场，他反对为了追求平等结果而实行过度的不平等对等。他甚至断言："过度的不平等对待要比满足平等主义要求更可能招致人人为敌的战争。"③

既然两种不同的平等标准之间存在着矛盾，那怎样才能把平等扩大到极限呢？在萨托利看来，在五种类型的平等中，法律—政治平等、社会平等、利用平等三项的顺序反映了一种历史继承性，其中各项平等均已得到确认，而起点平等、经济相同性则提出了一些选项，用于解决我们尚未享有的或以最令人不愉快的方式享有的平等。新生的平等总是以原有的平等为前提，晚来的平等总是以原有的平等为基础并受其支持。这样就提出了平等是否会沿

① ［美］萨托利：《民主新论》，冯克利、阎克文译，上海人民出版社 2009 年版，第 385 页。

② ［美］萨托利：《民主新论》，冯克利、阎克文译，上海人民出版社 2009 年版，第 385—386 页。

③ ［美］萨托利：《民主新论》，冯克利、阎克文译，上海人民出版社 2009 年版，第 386 页。

着这条路线一直积累下去并且也能够积累下去的问题。正是这个问题引出了怎样才能把平等扩大到极限的问题。萨托利认为，对于如何最终实现更多的平等的问题，有三种答案：第一，有一种更重要的平等，它囊括了所有其他平等；第二，把所有单独的或局部的平等累积起来，可以实现更大的平等；第三，对不平等进行更好的再平衡以得到不断增长的平等。第一种假设的吸引力最大，但它是错误的，而且可能极具破坏性，因为无所不包的综合性平等是不存在的。第二种假设认为平等的最大化需要把所有个别种类的平等依次相加，积累而成，这是不能成立的。因为某些平等是互不相容的，实际上还是相斥的，因此在某个关键点上，这种积累也许会崩溃而不是继续增长。萨托利赞成第三种观点。他认为，把某种局部的平等宣布为全部平等，平等的问题是得不到解决的；把各方面最终做到人人平等所需要的各项平等不断加以积累，结果也是如此。在他看来，平等的问题始终是个建立一种使不平等之间相互补偿的有效系统问题。也就是说，这是一种力量抵消系统，其中的每一项不平等都有助于补偿另一项不平等。“因此，总起来说，平等产生于自由系统与平等系统的相互作用，这种设计的目的在于相互受力，用一种差异去平衡另一种差异。”①

平等与自由的关系问题是20世纪以来西方思想家所关注的焦点问题之一。萨托利在分别讨论了自由和平等的问题后，又讨论了两者之间的关系问题。什么时候平等才会有助于自由，哪一种平等敌视自由？在萨托利看来，如果平等意味着相同，那么自由就是一种扰乱因素。一个人追求一致、相似或整齐划一，他就会厌恶差异；而一个人厌恶差异，那他就不可能欣赏自由。“从原则的层面上说，平等只有摆脱了和整齐划一的关联，即摆脱了和相同性或制造相同性的关联，它才能和自由结合在一起。”②反过来，自由的追求者会把平等视为自由权利的体现。他的公式并非“给平等的人以不平等的机会均等”，而是“给不平等的人以平等的机会”。萨托利认为，只要在平等的起点上寻求环境的平等化，对平等的追求和对自由的需要就可以取得平衡，并且能相互再平衡。但是，在那些让国家成为唯一的所有者，从而一劳永逸地解决了经济平等问题的政体中，这种辩证关系被打破了，平衡机制也不复存在了。“如果国家变成了全能的国家，这丝毫也不意味着它会是个仁慈的、施行平等的国家，相反，它不再是这种国家的可能性却非常之大。

① ［美］萨托利：《民主新论》，冯克利、阎克文译，上海人民出版社2009年版，第390页。
② ［美］萨托利：《民主新论》，冯克利、阎克文译，上海人民出版社2009年版，第393页。

倘若事情就是这样，我们的各项平等便会和我们的自由一起消失。”① 萨托利批评了那种把平等问题与自由问题混为一谈的倾向。有人认为平等是自由的形式，甚至认为平等是一种更大的自由和更高的自由。萨托利指出，所有这些说法都是谬论。首先，从作为自由的条件这个意义上看，平等是自由的一种形式。平等仅仅是自由的条件，但绝不是自由的充分条件。例如，独裁者可以在强加给人人参与权（人人都要投票）的同时，否定参与的自由（没有人能在投票中做出选择）。显然，平等参与者并不导致自由参与。“如果平等仅仅是自由的一个（不充足的）条件，我们就有更充足的理由认为，不可能利用平等获得更大的自由，更不用说更高的自由了。”② 萨托利指出，谁来实现平等，这不是个平等问题，而是个自由问题。“以自由为工具，少数或多数都不可能完全成功地彼此压制，而以平等的名义或以平等为手段，多数和少数都将发现自己给套上了锁链。这两种情况有一个关键差别，那就是：自由的原则在实际操作中不可能颠倒成它的反面，而平等的原则却有这种可能。”③

（五）自由主义及其民主

萨托利认为，自 19 世纪下半叶以来，自由理想与民主理想一直在相互融合，这种融合消除了它们各自的特征，更不用说它们的界线了。它们各自的属性已经发生了变化，并且继续变化不定。这种融合和变化很容易使人产生误解。导致这种情况发生的原因在于，我们有时所说的民主是指“自由主义民主”，有时则仅指“民主”。在前一种情形下，民主被赋予了自由主义的全部特质，因而民主理想体现为一种自由的理想；在后一种情形下，自由主义和民主被分割开来，结果是民主理想回归到平等。在萨托利看来，这种情况表明：自由只是自由主义民主的必要组成部分，并非民主本身的组成部分。就是说，只有自由主义的民主理论所理解的民主中必定包含自由成分，而其他的民主理论所理解的民主并不一定包含自由成分。因此，西方的政体如果以自由为价值取向，那么它的民主就是自由主义的；而如果以平等为取向，那么它的民主就是脱离自由主义的。

为了弄清楚什么是自由主义民主，什么是非自由主义民主，我们必须首

① ［美］萨托利：《民主新论》，冯克利、阎克文译，上海人民出版社 2009 年版，第 394 页。
② ［美］萨托利：《民主新论》，冯克利、阎克文译，上海人民出版社 2009 年版，第 395 页。
③ ［美］萨托利：《民主新论》，冯克利、阎克文译，上海人民出版社 2009 年版，第 396 页。

先确定什么是自由主义。然而，自由主义从一开始就与民主主义理想搅在一起。这样，它有时仅仅指称自由主义，而有时指称民主自由主义。此外，它有时还指称社会自由主义、福利自由主义等。萨托利认为，只要“自由主义”与某个限定词一起出现，自由主义就会降格。同时，自由主义还可作为形容词修饰政党、运动、派别、纲领和政策等。既然自由主义这个概念十分复杂，我们必须专注于纯粹的自由主义，这种纯粹的自由主义在萨托利看来就是古典自由主义。古典自由主义明确、具体，远不像加了限定词的各种自由主义那样因时而异，变化无常。萨托利认为，自由主义作为信条不过四个世纪的时间，而“自由主义”这个词出现得更晚，大约在19世纪。自由主义自从来到这个世界就命运多舛，灾难重重。

第一个灾难是它姗姗来迟。自由主义的概念还没有出现前就已经有了自由主义的事实，而当人们开始谈论自由主义的时候，他们已经不再是或即将不是自由主义者了。例如，在最充分地实行自由主义的美国，自由主义反而不为人知。“麦迪逊主义”本来是地地道道的自由主义，却被称为“麦迪逊式民主”；美国宪法是传统的和严格意义上的自由主义宪政的范本，但美国人很少把它看作典型的“自由主义”宪法。“总而言之，从17世纪到20世纪，无名无姓的自由主义构成了西方文明最基本的趋势，而本应集中体现这一趋势的‘自由主义’得到地位和重视，却只有几十年的时间。”①

第二个灾难是19世纪开始了急剧的变化，这种变化使“自由主义”在几十年的时间内就碰上了两个可怕的对手，即“民主主义”和“社会主义”。当社会主义出现的时候，自由主义与民主主义被迫走向联合。托克维尔将过去使用的民主概念分成两个部分，“他把民主的非自由主义部分，即民主的专制主义，给了社会主义，而把它的非专制的部分与自由主义结合在一起。”② 因此，托克维尔的民主已经是自由主义民主。

第三个灾难是在经济自由名义下发生的工业革命使人们把经济放任主义安到了自由主义的头上，于是自由主义使人更多联系到的是经济现象而不是政治现象，导致自由主义与经济放任主义的严重混淆，直至今天人们在谈论古典自由主义时仍然把它当作自由放任的自由主义。在萨托利看来，“洛克、布莱克斯通、孟德斯鸠、麦迪逊、贡斯当，都不是自由放任主义经济的鼓吹

---

① ［美］萨托利:《民主新论》，冯克利、阎克文译，上海人民出版社2009年版，第407—408页。

② ［美］萨托利:《民主新论》，冯克利、阎克文译，上海人民出版社2009年版，第409页。

者，对他们来说，自由主义意味着法治和宪政国家，自由是政治自由，而不是自由贸易的经济原则，更不是适者生存的法则。”①

萨托利强调，“必须将古典自由主义这位祖先和它的子孙后代（更不用说它的偶然的和派别的变种了）分而论之。”②为此，他作出了以下四个区分：第一个区分是作为经济制度的放任主义和作为政治制度的自由主义区分。他认为，认为自由主义建立在“占有性市场社会”的基础之上，或者认为它是资本主义经济形态的上层建筑，显然与事实不符。自由主义崇尚个人，它用以支持这种个人的是一种安全手段，即财产或作为安全装置的财产，它与资本主义的财产概念或对生活的经济评价几乎不沾边。第二个区分是自由与自由主义的区分。萨托利认为，要求自由的基本愿望是一切新旧自由的推动力量，但这种愿望不是天生的，而是一种文化的要求。同样，也不能认为这种要求必然导致自由主义国家或自由主义的解决方案。这种自由的基本要求在古希腊找到了第一个出口，在罗马人那里表现为某种程度的放任不羁，而一直到近代才派生出自由主义。第三个区分是哲学上的自由主义和自由主义的经验理论与实践的区分。这种区分在黑格尔之后产生了巨大影响，并且导致了对自由主义的两种哲学改造：新唯心主义（克罗齐）的哲学改造和新马克思主义（麦克弗森）的哲学改造。克罗齐把大写的自由理解为“纯粹的精神范畴”，由此推导出一种自由主义哲学，其中毫不涉及“驯化绝对权力的技巧”这一自由主义的精髓。麦克弗森则根据对自由的伦理学评价来构建他的论点，并且同样踏上了相同的无人之境，其中自由主义的与现实世界中的内容全都无影无踪了。第四个区分是政治自由和超越政治（道德的或其他的）自由的区分。政治自由是保护公民免于国家压迫的自由。如果这一点忘记了，或者被认为无足轻重，那就等于忘记了自由主义。如果我们以能够在牢房中“实现自我”为满足，这虽然能证明人的内在自由无任何阻碍，但它却不是自由主义所包含的内容。“自由主义问题是外在自由的问题。因而它首要关心的恰恰是，没有人应当被不合程序、无缘无故地投入牢房。”③

萨托利认为，以上区分揭示了自由主义的独特精髓。如果将自由主义限定于这种古典自由主义，而不是随后出现的变种，那么就可以给自由主义作出以下界定：“自由主义就是通过宪政国家而对个人政治自由和个人自由予

① ［美］萨托利：《民主新论》，冯克利、阎克文译，上海人民出版社 2009 年版，第 410 页。
② ［美］萨托利：《民主新论》，冯克利、阎克文译，上海人民出版社 2009 年版，第 412 页。
③ ［美］萨托利：《民主新论》，冯克利、阎克文译，上海人民出版社 2009 年版，第 417 页。

以法律保护的理论与实践。”[①] 关于这个定义，萨托利作了两点说明：一是没有赋予“个人主义”以突出地位；二是所说的是“宪政国家”，而不是常被提及的“最小国家”。关于第一点，萨托利说他之所以淡化个人主义，不仅是因为这个概念不断遭到滥用，而且也因为个人主义非但不足以突出自由主义的特征，而且还会十分褊狭地把自由主义限制为若干可能的含义之一。自由主义并不管个人是占有性的还是社会性的，是创造社会的还是被社会创造的，而只相信全人类中每一个人的价值，并且把它们理解为个人。关于第二点，萨托利认为，尽管宪政诞生时是一种最小国家，但没有必要以此为由把自由国家的规模看得比它的结构更重要，即把它的因时、因地而异的特征看得比它的本质更重要。相反，宪政国家越不再是最小国家，它继续作为宪政国家而存在就越是重要。

在对纯粹的自由主义或古典自由主义作了上述澄清之后，萨托利又对古典自由主义与“新自由主义”之间的关系作了辨析。人们认为，新自由主义早已摆脱了“旧自由主义”的自由放任信条，萨托利认为它不过是用一种错误的方法去纠正自由主义与放任主义的混淆。“新自由主义”还可指所谓的公正国家以及福利自由主义或社会自由主义。在他看来，如果这样，就应该继续研究自由主义的民主演变，并且要特别指出，与其说自由主义自然而然地丰富了民主，不如说民主观念充实了自由观念。既然这样，所谓新自由主义也就等于民主自由主义了。对于这种民主自由主义，除非我们知道没有限定词的自由主义为何物，我们就不知道它在多大程度上还算是自由主义。萨托利认为，民主比自由主义更古老，只有当我们谈论自由主义民主时，才是在说一种出现在自由主义之后的、比自由主义更年轻的民主。新自由主义者要求一种后自由主义的民主以取代自由主义，却没有意识到他们所要求的只是早已被自由主义取代的前自由主义民主。萨托利坚定地捍卫古典自由主义，认为不管出现多少种复兴自由主义精神的新版本，它们都对自由主义没有什么助益。面对自由主义术语的滥用，他提醒学者们要谨慎行事，否则会助长自由主义的精髓遭到误解。“如果说古典自由主义的某些方面令人不满或已经过时，此其是也。重要的是不能忽略这样的组成部分：它们经受住了时间的侵蚀，体现着自由主义的持久不衰而又无可替代的贡献。自由主义遏制住了绝对而专横的权力，打碎了‘谁来控制控制者’这一担忧所表达的绝

---

① ［美］萨托利：《民主新论》，冯克利、阎克文译，上海人民出版社2009年版，第417页。

望的怪圈，使人摆脱了对君主制的畏惧，实际上，它把人从掠夺与恐怖中解救了出来。在更进一步的层次上，自由主义的成就是独一无二的：它是唯一为目的提供了手段的历史工程。”①因此，萨托利要求我们应当少去关心“新自由主义”，多关心一下自由主义那些历久弥新的内容。

在阐明了自由主义之后，萨托利又进一步对自由主义与民主的关系作了分析，并进而阐明了自由主义民主的意蕴。一般认为，自由主义与民主的基本关系是自由与美德的关系，因为自由主义要求自由，民主主义要求平等。将自由与平等融合起来，是自由主义民主制度建设的任务。在萨托利看来，平等与自由是两个不同的概念。“平等有一种水平方向的动力，自由的动力则是纵向的。民主关心的是社会凝聚力和公平分配，自由主义则看重出类拔萃和自发性。平等要求一体化与协调，自由则意味着我行我素和骚动不安。民主对‘多元主义’毫不同情，自由主义却是多元主义的产物。不过，基本的不同大概是，自由主义以个人为枢纽，民主则以社会为中心。”②从较为具体的层次上看，两者的区别在于：“自由主义首先是要设法限制国家权力，民主则在国家权力中嵌入人民的权力。”③因此，随着时间的推移，在自由主义者和民主主义者之间会形成一种角色划分，前者有着较多的政治关切，更好地掌握了建立社会秩序的方法，而且参与“程序化的民主”；后者则有着更多福利关切，最关心的是结果的实质，追求的是行使权力而不是监督权力。如果我们根据这个思路把自由主义民主的组成部分加以分解，政治意义上的民主和社会经济意义上的民主的差别就凸显出来。“从政治意义上说，民主国家与自由国家大致相同，前者在很大程度上只是后者的一个新名称。但另一方面，如果我们是从社会意义上谈论民主，我们所说的就完全是民主主义而不是自由主义。”④自由主义特别关心政治约束，个人首创精神以及国家形式问题，民主主义则对福利、平等以及社会凝聚力特别敏感。因此，我们拥有的是一种合成物，一种复合体。现在我们对两者加以分解，是因为在我们的政治和社会制度的发展过程中，我们已经走到了一个转折点，我们在此面临着两种前途：一是自由主义之中的民主，二是自由主义之外的民主。

① ［美］萨托利：《民主新论》，冯克利、阎克文译，上海人民出版社2009年版，第419—420页。

② ［美］萨托利：《民主新论》，冯克利、阎克文译，上海人民出版社2009年版，第421页。

③ ［美］萨托利：《民主新论》，冯克利、阎克文译，上海人民出版社2009年版，第421—422页。

④ ［美］萨托利：《民主新论》，冯克利、阎克文译，上海人民出版社2009年版，第422页。

在萨托利看来，民主可以在自由主义民主中增长，但必须与自由平衡，否则就会导致自由主义民主的灭亡。一种政治制度要想保持整体性，它就必须在每个时点上获得某种均衡性，假如所有因素都在导致不平等，这个制度只有土崩瓦解。大体说来，在19世纪，自由因素胜过民主因素；到了20世纪，民主因素则胜过自由因素。萨托利指出，“自由主义民主中民主成分的增长，越来越要求我们正视**走向反面的危险**。”① 另一方面，年代的先后顺序绝不等于重要性上的主次顺序。如果说现代民主出现在自由主义之后，它也并不因此而有资格优于或取代自由主义，或者使自由主义成为次要的。因此，把民主视为取代自由主义的东西很可能将人诱入歧途。“民主是自由主义的完善，而不是它的替代物。”② 萨托利认为，只要牢记了这两个要点，我们就不会盲目地追求民主。在他看来，虽然自由主义是民主的手段，但民主本身并不是自由主义的载体。自由主义民主是指以自由——依靠自由——求平等，而不是以平等求自由。“从自由出发，我们可以自由地走向平等；从平等出发，却无法自由地取回自由。这个行程是不可逆的，尚无人能够合理地证明如何把它颠倒过来。”③ 他指出，毁掉制度中的自由要素以换取最大限度的民主，除了削弱作为整体的自由主义民主之外一无所获；如果追求更大平等这一目的损害了使我们得以要求平等的手段，民主政体将会再度灭亡。

民主在自由主义之内，两者都可以增长而不矛盾。“简单地说，有两个要点不言自明：首先，更多的民主并不会导致更少的自由主义。其次，同样理所当然的是，同时要求更多的民主和更多的自由主义，这并不矛盾。”④ 但是，如果民主在自由主义之外，不仅自由主义不能存在，民主也不可能存在。反对自由主义民主的人认为，真正的民主并非自由主义民主，因为后者只是经过伪装的资产阶级民主或资本主义民主。因此，真正的民主有待于我们超越自由主义及其虚伪的压制性自由。萨托利认为，那些反对自由主义的人实际上从未真正理解它究竟是怎么回事，更不知道它对于民主的极端重要性。他指出，如果没有自由主义，等待着我们的是“极权主义民主”。的确，古希腊民主不是自由主义民主而能作为民主运行，但那是因为它是无国家的，而我们的民主却不是、也不可能是无国家的。这是造成所有差别的根本

① ［美］萨托利：《民主新论》，冯克利、阎克文译，上海人民出版社2009年版，第424页。
② ［美］萨托利：《民主新论》，冯克利、阎克文译，上海人民出版社2009年版，第424页。
③ ［美］萨托利：《民主新论》，冯克利、阎克文译，上海人民出版社2009年版，第425页。
④ ［美］萨托利：《民主新论》，冯克利、阎克文译，上海人民出版社2009年版，第425页。

差别。“一个表面上假人民的名义行事，因而自称具有绝对正当性的非自由主义（前自由主义或后自由主义）国家，会使一切保障荡然无存，不可能具有任何意义上的民主性质。”[①]因此，摒弃了自由主义民主，真正能看到的不过是“民主”这个字眼，也就是作为修辞手段的民主，因为某种杜撰出来的人民支持，可以助长最横暴的奴役。由此萨托利断定：“无论我们谈论的是现代形式的民主还是古代形式的民主，也无论那是基于个人自由的民主还是仅仅要求由全体会议集体行使权力的民主，只要自由主义的民主死了，民主也就死了。”[②]

（六）温和多党制

萨托利在捍卫“主流民主论”即自由主义民主理论的同时，也对各种政治制度进行了比较分析，这里只介绍一下他关于政党体制的讨论，以及他对“温和多党制”的倾向。

政党政治是现代政治的突出特征，政党制度也是现代政治制度的重要组成部分，现代民主政治制度也与政党息息相关。“民主制度在实际运转中主要是一种政党制度”，“现代民主完全是建立在政党上的；民主原则应用得越彻底，政党就越重要”。[③]萨托利认为，政党与宗派的关系密切，它是从宗派转变而来的。“从宗派向政党的转变是基于这样一个平行的过程：从不宽容到宽容、从宽容到持歧见、从歧见到相信多样性，这是一个更缓慢、更无穷捉摸、更曲折的转变”[④]。因此，多元主义是政党的背景因素。虽然多元主义与政党多元主义之间不存在什么直接联系，但“非常确定的是，政党多元主义是来自多元主义首先扎根的国家，来自新教而不是反对宗教改革的国家”[⑤]。在萨托利看来，政党进入政体体系并不是人为的，而是一系列因素共同作用的结果。“在政治体系中政党的功能、地位和分量，不是某个理论预先设计好了的，而是由一系列事件共同作用所决定的。”[⑥]在这个过程中，选举权的扩大发挥了关键性的作用。自19世纪以后，议会中的政党为了争取选民的支持，不仅需要在议会外“收集选票”，而且需要“寻求选票”。在

① ［美］萨托利:《民主新论》，冯克利、阎克文译，上海人民出版社2009年版，第429页。
② ［美］萨托利:《民主新论》，冯克利、阎克文译，上海人民出版社2009年版，第429页。
③ ［美］萨托利:《民主新论》，冯克利、阎克文译，上海人民出版社2009年版，第166页。
④ ［美］萨托利:《政党与政党体制》，王明进译，商务印书馆2006年版，第30页。
⑤ ［美］萨托利:《政党与政党体制》，王明进译，商务印书馆2006年版，第32页。
⑥ ［美］萨托利:《政党与政党体制》，王明进译，商务印书馆2006年版，第41页。

这个过程中，政党得以巩固，议会中的政党才变成了选民的政党，国家也才有了政党体制。“只有当选举权和其他条件达到一个‘关键的数量’并使一个群体的实质部分卷入之后，该国家的政党体制的构建才会出现。”[①]萨托利也注意到政府在政党和政党体制产生中的作用，认为“仅仅选举和参与，即没有一个立宪的和负责任的政府，是根本无助于产生以正常为基础的政治实体——政党体制的。”[②]

萨托利在分析评价以往学者给政党所下的各种定义的基础上，对政党作了一个明确的界定：“政党是由在选举中提出的正式标识来辨明身份的、能够通过选举（自由的或不自由的）提名候选人占据公共职位的政治集团。”[③]萨托利认为，政党具有以下三个特征：第一，“政党不是宗派”[④]。宗派关心的是私利而不是公益，政党则服务于集体福利，服务于整体的目的。政党还是使人民与政府连接起来的纽带，这是宗派做不到的。当然，政党也可能出现类似于宗派的派系，派系是政党运作过程中经常产生的诱惑，其出现是政党的退化现象。第二，“政党是整体的部分”[⑤]。从语义上看，“政党”一词本身就含有部分的意思，实际上它也是社会整体的部分，而且是为整体而执政的。如果政党是一个不能为整体执政的部分，那么它就与宗派无异。而且，政党是指多个政党，是多党制的。根据多党制的原理，如果政党不是部分，它就是一个伪政党；如果整体被确认为只是一个政党，它就是一个伪整体。第三，“政党是表达的渠道”[⑥]。政党是工具，是代理机构，它通过表达人民的愿望而代表他们，因而政党是表达的手段。政党的这种表达功能意义重大，正因为政党为表达提供了渠道，政府才真正成为反应型的政府，政党本身也才获得了赖以生存的理由。

经过一两百年的发展，今天的政党有很多种类，政党体制也有很多种类。萨托利认为，不能像过去那样把政党体制划分为一党制、两党制和多党制几种形式。政党的数目的确很重要，它直接表明一个政治体制的一个重要特色：政治权力在多大程度是碎片化的或统一的，分散的或者集中的。而且通过政党数目可以觉察政党的“相互流动性”。但是，仅仅根据数目并不能

---

① ［美］萨托利：《政党与政党体制》，王明进译，商务印书馆 2006 年版，第 47 页。
② ［美］萨托利：《政党与政党体制》，王明进译，商务印书馆 2006 年版，第 48 页。
③ ［美］萨托利：《政党与政党体制》，王明进译，商务印书馆 2006 年版，第 95 页。
④ ［美］萨托利：《政党与政党体制》，王明进译，商务印书馆 2006 年版，第 52 页。
⑤ ［美］萨托利：《政党与政党体制》，王明进译，商务印书馆 2006 年版，第 54 页。
⑥ ［美］萨托利：《政党与政党体制》，王明进译，商务印书馆 2006 年版，第 56 页。

理清政党体制的分类。萨托利认为，首先要根据政党是否具有执政潜力或联合执政的潜力，即是否有能力单独执政或与其他政党联合执政来对政党进行分类，有执政能力的政党是“相关的政党”，而没有竞争力和执政能力的就是“非相关政党”。然后要根据竞争来区分政党体制的标准。民主政治的最基本标准是政治体系是否允许人们合法组成政党，有没有公平的政党之间的竞争，而竞争也是政党体制划分的标准，“竞争提供了区分竞争性体制和非竞争性体制的主要分界线”①。在萨托利看来，竞争性与竞争不同，它是竞争的一种状态或特性，既包括竞争性，也包括非竞争性。“在竞争性结构中，选民必须有言论的自由（使自己被听到），也必须有退出的自由（即离开一个政党而加入另一个政党），并且最低的、不可剥夺的条件是自由的、不受阻碍的退出”；而在非竞争性体制中，“这些选择中至多只有一项是被允许的，并且从来都不是全部被允许的。在极权垄断的情形下，不论是言论还是退出都是不可能的”②。萨托利也讨论了“非常态”的政党和政党体制，即作为整体的政党和没有竞争的一党体制。以及无党国家，特别着重分析了非竞争性的党国体制。他认为，在这种党国体制下，党内的派系和党外的新政党建立都是被严格禁止的，而且政党以外的社会政治组织都缺乏自主性。

萨托利进一步把竞争性体制细分为极化的多党制、温和多党制、两党制和主导党体制。极化的多党制一般包括6—8个或更多个政党，以意大利、法国，尤其是历史上的魏玛共和国和法兰西第四代共和国为代表。其特点是：存在着具有相关性的反体制政党，即存在试图削弱其所反对的政权的合法性的政党；存在双边反对党，即存在相互排斥不会联合起来的两类反对党；中央存在一个或一组政党，等等。总之，多极化是它的一个综合性特征。温和多党制或有限多党制，一般为3—5个政党，以德国、比利时、瑞典、卢森堡、丹麦、瑞士、荷兰等国为典型。其特点在于：其相关性政党之间的意识形态距离相当小；允许出现联合政权并且具有鼓励联合政权的政治结构；政党间的相互竞争基本上是向心性的竞争。两党制体现一种政党体制的典范，以英国、美国、新西兰最为典型。轮流执政是两党制的区别性标志。主导党体制是一种存在一个以上政党的体制。在这种体制中。轮流执政实际上不会发生，同一个政党总能够长期赢得议会席位中的绝大多数。

萨托利将非竞争性体制分为一党制和霸权党制两种情况。一党制就是只

① ［美］萨托利：《政党与政党体制》，王明进译，商务印书馆2006年版，第298页。

② ［美］萨托利：《政党与政党体制》，王明进译，商务印书馆2006年版，第304页。

存在一个政党，而且只允许一个政党存在。萨托利将一党制分成极权主义一党制、威权主义一党制和实用主义一党制三种类型。所依据的标准包括六个方面：意识形态的强弱、对社会资源的汲取、对社会使用强制力与动员民众参与政治活动的情况、对外部集团的政策、党内集团和次体系的独立性程度，以及专断性即决策模式等。其中意识形态的强弱是最关键标准，“决定（度量）一党制国家的榨取性——压迫能力的最强大的唯一因素是意识形态因素”①。萨托利认为，用这六条标准加以衡量，极权主义一党制是最极端的，威权主义次之，而实用主义则最弱。霸权党制是以一个政党为中心同时存在一些边缘性小党的体制。这种体制有点像主导党体制，但不允许正式的或事实上的权力竞争，其他的政党不过是作为特许政党而存在的。霸权党一直处于执政地位，不论制定和执行什么政策，其主导地位都不会受到挑战。

通过以上仔细的比较，表达了他对联邦德国的温和多党制的赞赏。“如果说民主需要时间去成功启动，那么法国和比利时代表的是一种‘陈旧的’民主体制，而联邦德国则是一种‘新的’民主模式，而且现在后者的形式远远超过前者。”萨托利认为，这种政党体制既能保持政党间的充分竞争，发挥各政党的民意表达功能，又能避免政党的过分竞争造成的政治不稳定。②

五、蒂利等人的民主论

民主问题是当代西方社会德性思想家关注的焦点问题之一，除了以上所论述的著名思想家外，还有许多思想家有这方面的著述。这里我们介绍几位近年来因其著作在中国被翻译出版而在中国较有影响的思想家的民主理论。我们在此介绍他们仅基于他们的民主思想在中国的影响，并未基于他们在民主理论思想家中的重要性。

（一）蒂利的民主过程模式

查尔斯·蒂利（Charles Tilly, 1929—2008）是美国社会学家、政治学家、历史学家。他 1958 年在哈佛大学获得博士学位，在成为哥伦比亚大学约瑟夫讲座教授之前，曾任教于特拉华大学、哈佛大学、多伦多大学、密歇

① ［美］萨托利:《政党与政党体制》，王明进译，商务印书馆 2006 年版，第 308—309 页。

② 参见陈胜才:《自由主义民主的重建及其局限——萨托利民主思想研究》，中国社会科学出版社 2013 年版，第 153 页。

根大学、社会研究新学院。他是美国科学院院士、美国艺术和科学研究院院士。蒂利一生出版了51部著作，发表了600多篇论文，与社会德性思想相关的著作有:《欧洲的抗争与民主》(*Contention and democracy in Europe*, 1987)、《强制、资本和欧洲国家》(*Coercion, Capital, and European States, AD 1990—1992*, 1992)、《从过去到未来之路》(*Roads from Past to Future*, 1997)、《持久的不平等》(*Durable Inequality*, 1998)、《集体暴力的政治》(*The Politics of Collective Violence*, 2003)、《身份、边界与社会联系》(*Identities, Boundaries, and Social Ties*, 2005)、《信任与统治》(*Trust and Rule*, 2005)、《从竞争到民主》(*From Contentions to Democracy*, 2005)、《民主》(*Democracy*, 2007)。蒂利一生主要研究集体行为的历史和动力、城市化的过程和民族国家的形成。他在社会历史领域别具一格的研究，改变了传统社会学对抗议政治的偏见，深刻揭示了抗议政治对促进制度化政治和社会变迁的巨大推动作用。就对民主问题的研究而言，他关注的是民主体制如何形成、为何形成、为何有时它们又消失的问题，或者更一般地说，是什么引起整个国家民主化或去民主化的问题。他将整个世界和大部分人类历史纳入视野，对那些产生民主政权的过程作了系统的分析，试图解释人类经验中的民主在程序上和特点上的大量差异和变化，探讨民主的不同程度和特点对公共生活的质量会带来什么差异。①

蒂利提出，“要严肃认真地思考民主”，而如此就必须知道我们在讨论什么，这就是要在描述和解释民主在程度和特点上的差异和变化时演绎出一个精确的民主定义。

他认为，人们在给民主下定义时，通常明确或不明确地在四种主要的定义方式中进行选择。(1)宪法的方式。这种方式集中关注一个体制所颁布的有关政治活动的法律，通过对比法律体系，透过历史来认识寡头制、君主制、共和制以及许多其他政权的差异；就民主制而言，则区分君主立宪制、总统制和议会中心制，也可以区分联邦制和单一制。(2)实质性的方式。这种方式集中关注某一政权创造的生活条件及政治，考察这个政权是否促进人类福祉、个人自由、安全、公正、社会平等、公众协商和和平解决冲突。如果做到了这些，它就可被称为民主政权而不管其宪法是怎样写的。(3)程序的方式。这种挑选出小范围的政府实践来确定一个政权是不是民主的，其注

① 参见［美］蒂利:《民主》，魏洪钟译，上海人民出版社2009年版，第5页。

意力大多集中在选举上，考察大量公民参与的真正竞争的选举是否在政府的人员和政策上经常产生变化。如果选举实际上引起了很大的政府变化，它们就标志着民主程序的存在。（4）过程取向的方式。它确定某些少量的处于不断变化的过程作为判定某一情形是否民主的标准。

在蒂利看来，宪法的方式由于进行了大量的比较而有许多优势，但在宣称的原则和日常实践的巨大差别使得宪法常常给人带来误解。实质性的方式把注意力集中在政治的可能结果上，会阻碍人们去了解某些政治体制（包括民主体制）是否比其他政治体制带来更多的令人满足的实质性结果。程序的方式虽然比较方便，但它们只适用于涉及的政治过程的概念极端狭窄的时候。过程取向的方式是达尔提出的，他规定了有效参与、平等的投票、知情的了解、议程的控制、包括所有成年人五个过程取向的民主标准，但人们也许会根据清单质询选举是怎样地自由、公正和经常之类的问题。在涉及这样的具体问题时，这种方式就暴露出了两个缺点：一是它们共同描述了最小量的民主制度，而不是一系列连续的变量，其标准对于回答加拿大是否比美国民主之类的问题没有多大帮助；二是他们在每一项都在的界限内起作用，如果超出界限，其中的某些标准会相互冲突。[①]

既然上述四种定义方式均有缺点，那么就得寻求一种新的定义方式。蒂利主张在确定民主、民主化和去民主化的过程取向标准之前，首先要澄清我们必须解释的是什么。为此，他先明确了三个观点：其一，我们从国家出发；其二，我们把生活在该国管辖内的每个人都纳入一个包罗万象的范畴，即公民。其三，我们把分析的范围限制在公共政治，不包括国家和公民之间的所有交易，而只考虑那些明显需要国家力量和作为的。在明确了这三点之后，蒂利对民主、民主化和去民主化作出了自己的明确界定：“**当一个国家和它公民之间的关系呈现出广泛的、平等的、有保护的和相互制约的协商这些特点，我们就说其政权在这个程度上是民主的**。”“民主化意味着朝着更广泛、更平等、更多保护和更多制约的协商的方向的净运动（net movement）。”“显然，去民主化意味着朝着范围更小、更不平等、更少保护和更少制约的协商的方向的净运动。”[②]民主通常是相对于政权而言的，说一个政权是民主的，是指“其国家和公民的政治关系具有广泛的、平等的、保护的和相互制约的协商的特点”。从这种意义上看，“民主化包括一个政权

① 参见［美］蒂利:《民主》，魏洪钟译，上海人民出版社 2009 年版，第 6—10 页。

② ［美］蒂利:《民主》，魏洪钟译，上海人民出版社 2009 年版，第 12 页。

走向那种协商的运动，而去民主化则包括一个政权背离那种协商的运动”[①]。

蒂利认为，广泛的、平等的、保护的和相互制约的这四个术语确定了政权之间变化的四个在局部相互独立的维度。广泛性是指从只有少数人口享受广泛的权利而其他人在很大程度上被排除在公共政治之外，到在国家管辖内的非常广泛的人们的政治参与。平等是指从在公民内极大的不平等到广泛的在两个方面的平等。保护是指从很少到很多的防止国家专断行为的保护。相互制约的协商是指从没有制约的或者极端地不对称的制约到相互的制约。在蒂利看来，“一个政权的净运动如果朝着这四个维度的更高端发展，就是民主化，如果净运动朝着更低端发展就是去民主化。”[②]蒂利还把四个维度上的平等位置概括为一个单一变量，即民主程度。把民主化看成在这四个维度上的向上的平均运动，把去民主化看成在这四个维度上的向下的平均运动。

蒂利注意到，国家执行其政治决策的能力，即国家能力，对于民主具有前提性的意义。“国家能力是指国家机关对现有的非国家资源、活动和人际关系的干预，改变那些资源的现行分配状态，改变那些活动、人际关系以及在分配中的关系的程度。”[③]根据这一定义，在能力强的政权中，无论什么时候国家机构采取行动，它们的行为都会大大地影响公民的资源、活动和人际关系；而在能力弱的政权中，无论国家机关如何努力去改变现状，其影响却非常有限。因此，国家的能力必须适度，极强的和极弱的能力都会抑制民主。“如果国家缺乏监督民主决策和将其结果付诸实现的能力，民主就不能起作用。”[④]这一点在保护方面最为明显。一个软弱的国家也许会宣布保护公民免受官员的骚扰，但当骚扰发生时却无能为力。另一方面，能力强的国家也有着相反的危险，官员的决策有足够的分量，但可能会压垮政府与公民之间的相互制约的协商。因此，必须在国家能力太弱和太强之间找到一个中间地带。

在蒂利看来，民主还受政体的影响。在长期的人类历史中，绝大多数的政体是不民主的，民主政体是稀少的、偶然的、最近的产物。而且在19世纪以前，大的国家和帝国一般都用间接的方式管理。在那些体制中，中央政权从地方当权者那里接受来自臣民的贡赋、合作和顺从的保证。那些地方当

① ［美］蒂利：《民主》，魏洪钟译，上海人民出版社2009年版，第185页。
② ［美］蒂利：《民主》，魏洪钟译，上海人民出版社2009年版，第13页。
③ ［美］蒂利：《民主》，魏洪钟译，上海人民出版社2009年版，第15页。
④ ［美］蒂利：《民主》，魏洪钟译，上海人民出版社2009年版，第14页。

权者在他们自己的地域享有很大的自治权。直接的统治只是到19世纪才被广泛地采用。人们创造出各种机构，不断地把政府的信息和控制从中央机构延伸到个别地方甚至延伸到家庭，并且收集反馈信息。由于政体的影响，就会出现国家高能力不民主、低能力不民主、高能力民主、低能力民主的四种民主的情形。高能力不民主情形的特征是，除了国家的声音外，很少有公众的声音；国家安全部队对公共政治的广泛干预；政体的变化不是通过上层的斗争就是通过来自底层的群众起义。低能力不民主情形的特征是，军阀、种族集团和宗教的动员，包括内战在内的频繁的暴力斗争，以及包括使用致命武力的罪犯在内的多种多样的政治参与者。高能力民主情形的特征是，频繁的社会运动、利益团体活动和政治党派的动员；作为政治活动最佳状态的正式的协商（包括竞争的选举）；国家对公共政治的广泛监控以及程度相对低的政治暴力。低能力民主情形具有高能力民主情形的以下特征，即频繁的社会运动、利益团体活动和政治党派的动员，加上作为政治活动最佳状态的正式的协商（包括竞争的选举）。但是，这一切较少有有效的国家监控，更多半合法的和非法的角色参与公共政治，以及公共政治有大量的更高程度的致命的暴力。

蒂利将他所要研究的问题归结为“描述和解释国家根据其公民表达的要求采取行动的程度的差异和变化”。他将这个总问题分成四个更具体的问题：其一，公民表达的要求起作用的范围有多大？其二，不同群体的公民的要求转化为国家行为的平等程度如何？其三，要求的表达本身在什么程度上受到了国家的政治保护？其四，转化过程涉及双方（公民和国家）的程度如何？这四个问题都关系到以上的定义。现在的问题是，我们怎么能够知道这样的变化在发生呢？蒂利认为，这个问题涉及两个方面，即检测的原则和使得我们能够运用那些原则的现有证据。

为此，蒂利提出了描述民主、民主化和去民主化的九条原则：（1）集中观察公民和国家之间的相互作用；（2）发明或者采用集中许多公民—国家相互作用或者从大范围的相互作用中取样的测量手段；（3）寻找在国家—公民协商在广泛性、平等、保护和相互制约的协商方面的变化；（4）假设在广泛性、平等、保护和相互制约的协商方面的变化同样影响民主化和去民主化，在此基础上求出那些变化的平均值；（5）如果变化是显著不同的（一个指标朝相反方向变化，或者一个比其他的变化大得太多或小得太多），将其标示以特别注意；（6）确定一个清楚的案例比较的范围，在其中案例从最小民主到最大民主排列，比较案例的范围，根据分析目的，包括曾经存在的所在政权到非常小的单位；（7）使案例中的变化在扩大的范围内标准化；（8）用考察国家执行国家—公民协商结果的程度上的变化来完善政权间的比较；（9）如果这种分析揭示了执行方面的变化，就考查是否由国家能力的变化引起了那些变化。①

蒂利认为，虽然我们有了这九条原则，但我们仍无法采用民主体制所必需的所有成分的对照表，但可以根据广泛性、平等、保护、相互制约的协调这四个方面，提出能够适用于从非常不民主的政权到非常民主的政权的整个范围的指标。“广泛性：人口中拥有向高级官员投诉政府行为的可行的合法权利的人数的增加（减少）”；“平等：确定人口中不同部分对国家的权利和义务的截然不同的法律分类的下降（上升）”；“保护：人口中没有法律判决或者没有法律援助而被监禁的比例减少（增加）”；“相互制约的协商：公民中关于没有得到法律规定的利益的申诉（这些申诉最后导致这些利益得以兑现）人数的增加（减少）”。②

蒂利认为，在解释民主化和去民主化的过程中遇到了一些重大问题，他将这些问题归纳为13个。③ 在他看来，某些必需的过程会促进民主化，而那些过程的逆转会促进去民主化。如果我们将注意力放在民主化上，那么就会发现，民主化要在任何政权内发展，其变化必须出现在以信任网络、种类不平等和自治的权力中心三个领域。

信任网络是个人之间的错综复杂的联系，主要包括很强的联系，在那些联系中人们把宝贵的、重大的、长期的资源和事业置于其他人的渎职、失误和失败的风险之下。贸易伙伴、宗族群体、宗教会派、革命同党，以及信任圈通常构成信任网络。在大多数历史时期，信任网络的成员们总是避免参与到政治权力中去，因为他们担心统治者侵占他们宝贵的资源或使他们服从国家需要和计划。然而，只要它们整个地游离于政权之外，信任网络就构成了民主化的障碍。当信任网络明显地融入政权，从而促使其成员参与相互制约的协商时，民主化才有可能。因此，有两个大的过程影响信任网络并成为民主化的基础：一是单独的信任网络解体或者被整合；二是政治上相互联系的信任网络的建立。在这两个过程中，有可能出现一系列周期性的机制：一是

① 参见［美］蒂利：《民主》，魏洪钟译，上海人民出版社2009年版，第59页。
② ［美］蒂利：《民主》，魏洪钟译，上海人民出版社2009年版，第65页。
③ 参见［美］蒂利：《民主》，魏洪钟译，上海人民出版社2009年版，第72页。

现有单独的信任网络的瓦解；二是没有有效信任网络来支持大的长期的风险事业的人口种类的增多；三是现有信任网络不能处理的新的长期的风险机会和威胁的出现。

种类不平等，指的是社会生活围绕着按人群整体差异分门别类的界限来组织，这种分类常见的有性别、种族、等级、国籍和宗教。就这种不平等直接转化为在政治权利、义务上的种类差异而言，民主化仍然是不可能的。任何民主化的过程并非必然地取决于种类不平等的减小，但是取决于把公共政治和种类不平等隔离开来。有两个过程有助于这种隔离，即使这些种类在某些方面平等化以及淡化那些种类对政治的影响。蒂利认为，有以下一些机制在平等化和淡化的过程中起作用：其一，在整个人口中资产和福利跨越各种种类的平等化；其二，或者政府抑制私人控制的武装力量；其三，采纳把公共政治和种类不平等隔离开来的建议。

自治的权力中心包括人与人之间的所有联系，这种联系为政治参与者提供了改变政权管辖的现存资源、人口和活动分布的手段。有时自治的权力中心就存在于国家内部，最明显的是当军队掌握着国家或者独立于文官政府而行事时。"只要权力中心（特别是那些控制着自治的强制手段的权力中心）仍然和公共政治分离，民主化就仍然是困难的或者说不可能的。"[①]涉及自治的权力中心的促进民主过程包括政治参与的扩大、接近政治资源的途径和国家之外的机会平等化，以及在国家内部和外部禁止自治的和任意的强制权力。尽管这三种过程的重要性和时间的选择在民主化的案例中不尽相同，但它们在某种程度上都必须出现，民主化才会发生。这些过程的内部机制有：部分统治阶级和通常排除在权力之外的自发的政治参与者联盟的形成；中央选择或者消灭以前自治的中间人，以及超越不平等种类和不同信任网络联盟之间的沟通。

我们可以从这三大领域的变化来阐释民主化过程：第一，在人际信任网络（如血缘关系、宗教成员身份和行业内的关系）与公共政治之间融合程度的增加和减少；第二，使大的分类上的不平等（如性别、种族、民族、宗教、阶级、社会等级等）与公共政治隔离的程度的增加和减少；第三，主要的（特别是那些掌握着重大强制手段的）权力中心（如军阀、庇护者与被庇护者的关系、军队和宗教机构）相对于公共政治的自治程度的增加和减少。

---

① ［美］蒂利：《民主》，魏洪钟译，上海人民出版社2009年版，第74页。

蒂利的基本观点是："在任何时间和地方促进民主的基本的过程包括信任网络和公共政治融合程度的增加、使公共政治和分类上的不平等隔离的程度的增加和大的权力中心相对于公共政治的自治程度的降低。"①蒂利认为，民主化取决于这三个方面的变化以及这些变化之间的相互作用。如果没有以上这三个大的过程至少部分的实现，民主绝不会实现。信任网络实际上脱离公共政治，在公共政治中扩大种类不平等，加大强制的权力中心的自治，所有这些都能促进民主化。尽管这些过程的作用会出现延迟，这三个大的过程和它们的逆转总是支配着走向和脱离民主的运动。②当然，社会生活中的更大的变化（如经济组织、公众舆论、人口流动和教育的变化）隐藏在这些信任网络、种类不平等和非国家的权力方面的关键的改变后面，其中有四种强有力的政治过程有规律地加速信任网络、各类不平等和公共政治的改变，而且在这样做之后，这些过程有时会产生迅速的民主化或者去民主化。这四种强有力的政治过程是国内冲突、军事征服、革命和殖民地化。

以上所讲的是民主化的进程，那么去民主化的情形怎样呢？蒂利指出，民主理论家们的理想世界是，民主化和去民主化应该沿着一条相同的直线运动，但是方向相反。然而，许多历史经验表明，我们并不是生活在一个理想的世界里。"历史厌恶直线。"③在从非常低能力的不民主的政权到较高能力的民主政权的典型化轨道上，去民主化可能发生在其中的任何一点上。"它来自三个基本过程的一个或者多个的逆转：主要的信任网络从公共政治中退出、把新的种类不平等纳入公共政治、威胁公共政治对国家的影响、威胁公众对公共政治的控制自治的权力中心的形成。"④诸如征服、殖民化、革命和激烈的国内冲突（如内战）等震荡都会加速基本过程向某个方向或者另一个方向的运动，但仍然通过相同的机制运行。

就强大的国家而言，政治斗争集中在对国家权力工具的控制上而不是在地方的争端或宗族的敌对等问题上。在典型的情况下，普通百姓捍卫国家中那些保护他们并且保证相互制约的协商的要素，而强大的精英们追求的既不是保护自己免受国家控制也不是使国家的某些部分转向自己的目的。在理想化轨道上的任何一点，国家的力量都会提高政治斗争性的赌注。

---

① ［美］蒂利：《民主》，魏洪钟译，上海人民出版社 2009 年版，第 21 页。
② 参见［美］蒂利：《民主》，魏洪钟译，上海人民出版社 2009 年版，第 76—77 页。
③ ［美］蒂利：《民主》，魏洪钟译，上海人民出版社 2009 年版，第 157 页。
④ ［美］蒂利：《民主》，魏洪钟译，上海人民出版社 2009 年版，第 158 页。

就典型的中等国家而言，国家能力的每一个增加和减少伴随着民主程度上的相似的变化。在这种理想的情况下，国家一进入民主领域就处于积累过程。因此，在民主化过程中，抑制自治的权力中心，建立公共政治对国家的控制，以及扩大公众对公共政治的影响，比在强大国家的道路上影响更大，时间也更长。随着国家能力的上升，政治斗争的赌注也随着民主化的增长而增长。因此，我们也许会认为一个沿着中等轨道运动的政权比起强大国家的政权较少面临革命的风险，但是却比它们有着由于缺乏革命所导致的更多、更激烈的国内冲突的风险。与强大国家相比，中等国家可能有更高比例的政治斗争，在那些斗争中国家本身只是外围参与，特别是在这个过程的早期。在这里，“去民主化仍然来自基本过程的一个或者多个的逆转：信任网络的断开、重新纳入种类不平等以及危害公众影响公共政治从而影响国家的自治权力中心的形成。”① 发生在这个过程中大部分地方的去民主化会比在强大国家政治中更加频繁，因为直到这个过程结束的后期，国家才有能力去制止潜在的背叛民主协商的人，以及作为成员的赌注是如此之高以致能防止政治参与者背叛。

在历史上，很少有弱小国家民主化，因为在充满征服的世界里，它们常常消失在强大的掠夺者版图中。然而，自第二次世界大战以来，由于大国和国际机构的保护，曾经一度是大国的殖民地或者卫星国的弱小国家的幸存比率增加了，因此在近几十年里，越来越多的政权制度遵循着弱小国家走向民主的轨道。它们的情形与强大国家不同，在这些国家，大量的民主化出现在国家能力实质性增长之前。但是，“弱小国家遇到了持续民主化要超越某个门槛的重大障碍。那些障碍之所以存在，是因为弱小国家未能镇压或者使自治的权力中心屈服，它们允许公民把他们的信任网络和公共政治隔离，容忍甚至鼓励把种类不平等加入公共政治。”② 与强大国家和中等国家相比，弱小国家会遭受更高比例的冲突而且常常是暴力冲突，在那些冲突中，国家已不再是外围参与者，它们因此也是世界上大多数内战的发生地。在弱小国家民主发展的过程中，“去民主化发生得甚至比在强大国家和中等国家中更加频繁；由于国家限制能力微弱，收回信任网络、挑起种类不平等和建立避开公共政治约束的权力中心，比在其他种类国家中更加有利可图。”③

① ［美］蒂利:《民主》，魏洪钟译，上海人民出版社 2009 年版，第 159 页。
② ［美］蒂利:《民主》，魏洪钟译，上海人民出版社 2009 年版，第 160 页。
③ ［美］蒂利:《民主》，魏洪钟译，上海人民出版社 2009 年版，第 160 页。

从以上三种民主发展轨迹中，我们主要应该吸取更为基本的教训："在民主化和去民主化的每一个阶段，国家过去和现在的能力强有力地影响着那些过程如何发生以及它们对整个社会生活有什么样的影响。"① 在蒂利看来，重大的国家能力对成功的民主化十分重要，但高能力也会诱使统治者阻碍公众的意愿。

根据对过去民主化和去民主化的分析，蒂利对它们的未来作了预测。他认为，对未来进行预测有两种方式，即外推法和假定预测法。外推法就是把过去的趋势延伸开来，根据假设那些趋势的原因会以完全相同的方式随着时间的推移继续起作用。根据外推法，人类社会的净民主化会继续下去，直到没有一个抵制民主的政权堡垒还存在；而去民主化将会以逐渐变小的频率持续下去；当它们出现时，它们都会以突发的方式和对社会震荡的加速反应的方式出现。外推法是以过去的因果模式会延续到未来，而假定预测法则为将来的年代提供更为可靠的预测。蒂利说，他采用假定预测法所提出的最重要预言在于，关于在公共政治与（1）信任网络、（2）种类不平等、（3）自治的权力中心之间关系改变所产生的结果。使信任网络和公共政治融合的程度增加、使公共政治和种类不平等隔离的程度增加，使大的权力中心相对于公共政治的自治程度的降低，不管在哪里出现都会促进民主化；而相反方向的三个条件不管在哪里出现都会阻碍民主化，促进去民主化：信任网络的公共政治的断开，把种类不平等纳入公共政治，运用大量的强制手段的自治权力中心的存在。蒂利认为，如果他的论证是正确的，那些希望看到民主的益处扩大到不民主世界的人们，就不至于浪费时间和精力去宣传民主的美德、设计制度、形成非政府组织、确认不民主政权中的零星的民主情绪，相反，"会花大量的努力去促进信任网络融入公共政治，帮助把公共政治和种类不平等隔离，反对强制权力中心的自治"②。

（二）科恩为民主所作的辩护

科恩（Carl Cohen, 1931—）是美国密西根大学的哲学教授，当代美国伦理学家、政治哲学家、逻辑学家。他的主要著作有《论民主》（*Democracy*, 1971）、《公民的不服从：良心、策略与法律》（*Civil Disobedience: Conscience, Tactics, and the Law*, 1971）、《四种制度》（*Four Systems*, 1982）、《赤

① ［美］蒂利：《民主》，魏洪钟译，上海人民出版社 2009 年版，第 160 页。
② ［美］蒂利：《民主》，魏洪钟译，上海人民出版社 2009 年版，第 200 页。

裸的种族偏好：反对同意行为的案例》（*Naked Racial Preference: The Case Against Affirmative Action*, 1995）、《动物权力之争》（*The Animal Rights Debate*, 2001，与人合作）、《同意的行为与种族的偏好》（*Affirmative Action and Racial Preference*, 2003）、《论人民统治》（*On Rule by the People*, 2004）。科恩的《论民主》是一本优秀的民主理论的入门书。他在《论民主》一书的"序"的开头就指出："在本书中我要阐明并捍卫的是民主一般原理。"[①] 科恩认为，民主受到各方面的颂扬，已经成为了整个世界的头等重要的政治目的，但同时也存在滥用辞藻、认识混乱以及故意欺骗的问题，导致"民主"一词已大大失去其原有的含义。为此，他要从理论上连贯地，并尽可能完整地阐明民主是什么，以及如何行使民主，并据此为民主作辩护和辩白。

针对一些人对民主心存疑虑的状况，科恩旗帜鲜明地为民主辩护。他指出，为什么要有民主？这是现在民主面临的重大问题中最难回答的。在他看来，尽管现在广泛认为民主是最好的政体，但在政治思想史上这种信念并不普遍，许多敏锐的思想家已完全否定民主，还有一些思想家至今仍然有保留地接受民主。"因此，为民主进行辩护是必要的。"[②] 那么，如何为民主辩护呢？最有效的办法是罗列民主在实践中的优点。这是一种实用主义的方法，它着眼于民主的效果，根据以这种方式组织起来的政府的效用，而不是着眼于民主的来源或根源。这就是科恩采取的辩护方法。他首先声明，他并不打算为所有社会的民主辩护，或为一切情况下一定社会的民主辩护，而是为民主条件已经或能够在一定合理的程度上实现的民主辩护。

科恩提出了七个论点证明民主是合理的，它们各有其充分的说服力，七点加在一起就具有强大的说服力。

第一，在所有政体中，民主最可能产生从长远来说是明智的政策。科恩指出，这并不是说人民不会错，或他们的声音就是上帝的声音，而是说相对于政策完全由一个人决定或几个人决定，由全体或大多数被统治者决定是更有可能避免严重错误的。科恩认为，通常很难找到在智力上、体质上、道德上都具备治理整个社会事务能力的理想圣明君主，即使能找到这样的人并让他成功地登上王位，但继承者是否有同样的能力也无法保障。民主最有可能产生明智政策，不仅仅是比较而言的优点，更重要的是这一论点"表明了对

① ［美］科恩：《论民主》，聂崇信、朱秀贤译，商务印书馆 1988 年版，第 1 页。

② ［美］科恩：《论民主》，聂崇信、朱秀贤译，商务印书馆 1988 年版，第 208 页。

普通人的能力具有信心"①。它相信这些人处理共同事务时协调的行动，在民主条件能得到适当满足的情况下，可以产生最符合所在社会长远利益的指导性决策。

第二，在所有政体中，民主是最可能保证社会各成员及各阶层获得公正待遇的。这里所说的公正指传统意义的普及的公正，即"人人皆获得公正待遇"②。在科恩看来，如果大致上同意普遍的公正是最高的社会价值，民主就是最可能得到它的政体。"民主过程的本质就是参与决策。民主社会中任何成员都不能保证他在参与的争执中一定稳占上风，但可以肯定（如果是真正的民主）他能公正地享有一份决策权。他可能在表决中失败，但意见还是提出来了。"③除此之外，民主还具有明确的争取公正决定的倾向。这种体制正常运转时总是倾向于按接受分配的人所表示的愿望调整分配办法，以便公正地分配物资和其他福利。民主倾向于保护社会所有组成部分，特别是会在社会绝对贫困方面对其成员发挥保护作用。民治的政府是民主的政府，而政府要成为民享的，实行民治更有可能。"民治的政府与民享的政府诚然是紧密相连的，但不是逻辑上的而是事实上的联系。民主是一回事，公正是另一回事；但较之任何其他途径，我们更有可能通过前者取得后者。这就是我们如此珍视民主的良好理由之一。"④

第三，与任何其他政体相比，民主更有可能消除以暴力手段解决社会内部争端的必要性。首先，一致同意通过某种参与的体制处理社会事务时，所有参与者均承担服从的义务，即使某些人对这些决议并不满意。参与本身和承担义务以及现实地估量参与中的风险，可以创造一种其他政体不能顺利创造的氛围与结构，使得不满与反对不一定发展成为暴力的叛乱。其次，民主不仅通过发挥参与者承担某种义务来鼓励和平解决争端，而且创造一种使诉诸暴力以达到目的成为不必要的和战略上不明智的局面。再次，民主鼓励和平解决争端，因为民主从来不会作出任何决定使少数派有正当理由诉诸暴力。最后，所有政治社会，每隔一定时期都会面临急剧的重大的变革，在民主的社会内，这种变革较少可能产生暴力的反应。民主国家的公民更可能倾向于进行普遍的改革，而非社会革命。

---

① ［美］科恩：《论民主》，聂崇信、朱秀贤译，商务印书馆 1988 年版，第 214 页。
② ［美］科恩：《论民主》，聂崇信、朱秀贤译，商务印书馆 1988 年版，第 218 页。
③ ［美］科恩：《论民主》，聂崇信、朱秀贤译，商务印书馆 1988 年版，第 219 页。
④ ［美］科恩：《论民主》，聂崇信、朱秀贤译，商务印书馆 1988 年版，第 227 页。

第四，民主社会的公民更具有浓厚而持久的忠诚。所有社会都要求其成员具有某种程度的忠诚，民主社会更有必要在公民中培养深厚而持久的忠诚。各种形式的政体都程度不同地存在着忠诚，民主社会与之不同之处在于，它的忠诚更具有深度和合理性。这是因为民主所拥护的事业就是其成员的事业。“民主社会的公民承担义务的那些目标不是别人强加的，或偶然遇上的，或徒具形式的，而是确实地、具体地由他们自己选择的。公民与民主社会目标之间的关系是内在的，因为他在确定这些目标时的影响虽然可能很小，但却是真有其事并与社会的大小相称的。其他政体，不论治理者如何正直，都不能保证其公民在决策中起此种作用。即使非民主的政府所选定的目标确实符合人民的利益，也是他们代替公民选定的，而非公民自己选定的。如果一致奉行的目标系由外部强加的，公民对这种社会的忠诚就绝不可能是十全十美的。”①

第五，民主促进言论自由。科恩认为，在专制和寡头政体之下，批评与反对的自由都是对政局安定的威胁，当政者有时可能出于某种理由提供这类自由，但表面上自由而实际上不自由是专制或寡头的实质。在任何真正重要的问题上，为了巩固现政权的需要，可以随时牺牲表面的自由。宪法保证的言论、出版、反对、集会等等自由，都是独裁政府粉饰门面的摆设。在保护公民言论、写作及批评自由方面，民主都优于其他政体。虽然民主要求把言论自由规定在社会宪法中，而民主国家的公民常常不能理解这一要求，但如果公民理解他们的民主，意识到它的要求与它面临的危险，他们就很可能在立法上对言论及表示异议的自由加以保护。

第六，民主促进才智的发展。任何政体都有可能促进有关一切社会事务的信息与意见自由地传播，促进公民理解与运用这些信息的能力提高，但专制政体常有充分的理由不这样做，而民主政体则有一切理由努力这样做。在专制及寡头政体下，决定公布什么，在什么范围内公布都是按照统治者的利益而不是按照被统治者的利益来设计的。真正的民主政府在信息传播方面的情况正好相反。“公开是民治的本质。这不仅是一种要求，而且是民治的必然结果，因为最后决定信息传播的人就是那些会因信息的增加而受益，信息减少而受损的同一批人。因此，民主国家，即使其公民头脑简单，也必然会较其他政体更有可能促进事实与意见的传播。”②

---

① ［美］科恩:《论民主》，聂崇信、朱秀贤译，商务印书馆 1988 年版，第 232 页。

② ［美］科恩:《论民主》，聂崇信、朱秀贤译，商务印书馆 1988 年版，第 238 页。

第七，民主促进心理条件。民主政体比其他政体更有可能发展和鼓励那些宽容、容忍、灵活、妥协的观点，而这些是具有内在价值的目的，是民主的心理条件。“民主的参与，尤其是积极的参与，而且社会不太大时，可以作为培养公益精神的学校，提高公民与私人两种生活的道德水平。”①

以上所有这些辩护词具有三个共同特征：其一，由于它们是具有最广泛意义的效用，所以要取决于广大社会成员以民主可能产生的效果是否都加以珍视。因为一个人可以承认民主必然会取得这样的效果，但仍然可以抛弃民主，因为他不珍视这些成果。所有这些辩护之词都是有前提的，即“如果你企图达到某种目标，或最大限度地强化某种倾向，你最好建立民主，因为在可供选择的政体中，民主政体是最可能达到这些目标，或最大限度地强化这种倾向的。”②其二，它们在性质上都是比较的，就是说，在一切可供选择的政体之中，民主是最有可能产生预期效果的。不过，科恩强调，民主的相对优越性只有民主条件能够合理地得到满足的地方才能表现出来。“如果民主条件大多付之阙如，民主也不会比其他政体更有可能达到要求的目标。”③其三，它们基本上都是以经验为依据的。对于所有民主国家的普通公民来说，他们都有大量现成的经验作为依据，他们会依据民主社会的经验对我们所提出的论点进行审查。因此，我们的论点必须以经验为依据。既然辩词是有前提的，是比较而言的，并且是依据经验的，因而所得出的结论也不会是绝对确切无疑的，每一论点都要含有一定程度的难以避免的不确定性和可变性质。

科恩不仅为民主作了辩护，而且还为民主作了辩白。“为它辩护即举出某些本身值得想望的或相对而言值得想望的事态是实行民主可能带来的结果。为它辩白在于依据某一原则或某些明显或公认为正确的原则，论证其正确性。④两者之间的不同之处在于：辩护重前瞻，着眼于民主实践的结果，注意的是民主的内容，它是实证性的，依靠有力的真凭实据；辩白则重回顾，着眼于民主可能以之作为基础并先于实践的某种理论性结果，注意的是确定内涵的依据，它主要是理性主义的，依靠一般原则及推论的力量。不过，从逻辑上说，两者是相辅相成的。科恩对民主的辩白分两步进行：第一

① ［美］科恩:《论民主》，聂崇信、朱秀贤译，商务印书馆1988年版，第244页。
② ［美］科恩:《论民主》，聂崇信、朱秀贤译，商务印书馆1988年版，第209页。
③ ［美］科恩:《论民主》，聂崇信、朱秀贤译，商务印书馆1988年版，第210页。
④ ［美］科恩:《论民主》，聂崇信、朱秀贤译，商务印书馆1988年版，第245页。

步说明需要什么才可证明在任何一种社会中民主是合理的，他称此为一般民主的可辩白性；第二步指出怎样才可证明在政治社会中民主是合理的，他称此为国家社会中民主的合理性。其中涉及三条关键性的原则：（1）同等的人应平等对待；（2）在基本方面人皆平等互利；（3）人皆平等这一面正是证明民主在国家中的合理性所必需的。同等的人应平等相待，这是公正分配的基本原则，也是公正的最低限度。这一原则早在亚里士多德那里就提出来了，但过于笼统，人们在谁是平等的人、在哪些方面平等的问题上存在着分歧。科恩的观点是，“第一，在任何社会中，如成员在社会决定的后果上有相等的利害关系，而且作为社会成员又有平等的地位，在分配参与社会管理权这一方面，他们是平等的。第二，如果接受‘平等的人应平等相待’的原则，而且在分配参与社会管理权方面，社会成员是平等的，在该社会中实行民主就是合理的。”① 为了证明国家中民主的合理性，科恩首先说明所有人都是平等的，其次说明人皆平等证明人人皆应在自己的政府中享有平等参与权。同时科恩还反驳了三种反对的理由：其一，认为人并非全都平等，事实上基本是不平等的；其二，虽然从某种基本意义来说，人人可能是平等的，但在某些关系到参与管理政府权的至关紧要的方面，它们是不平等的；其三，为民主的辩白之词不是无懈可击的。在科恩看来，要证明人人普遍平等是不可能的，即使它真实存在，也是不能以实验性的证据来证实的。但是，我们可以把人人平等当作一种假设。如果我们接受这一假设并按此行事，我们就有理由保卫政治社会中的民主。这的确可能是合理的步骤。“如果我不知道人人是否基本平等，为了解决某些领域内的迫切问题，我仍可决定把它们按平等者对待，同时承认自己是按此假设行事。”②

什么是民主？科恩说，民主即民治，这是大多数词典所采用的，而且也是普遍都能接受的定义，这一定义与这个词的词源也相符。“民主是一种人民自治的制度。”③ 但这个定义并不能说明太多的问题。在科恩看来，人民自治是自相矛盾的。民主即人民自己管辖自己，人民即统治者，但“管辖”和“统治者”这两个概念都是相对的，没有被管辖者即无管辖者，没有臣民即无统治者。统治包含了压服的权力，包含了强迫被统治者的权力，从这种意义上看，虽然一部分人民可以统治另一部分人民，但人民是不能统治他们

① ［美］科恩：《论民主》，聂崇信、朱秀贤译，商务印书馆 1988 年版，第 252 页。
② ［美］科恩：《论民主》，聂崇信、朱秀贤译，商务印书馆 1988 年版，第 268 页。
③ ［美］科恩：《论民主》，聂崇信、朱秀贤译，商务印书馆 1988 年版，第 6 页。

自己的。发号施令的政府可能来自人民的选举，但人民并不制定或执行法律。大多数人是被统治者，而非统治者。那么怎样解释自治的自相矛盾呢？科恩认为，如果将管辖的权力理解为命令、禁止、压服等，社会就不能自治，但“如果把指导方面的意义理解为管理的主要职能，自治的自相矛盾之处自然也就会随之消逝”[①]。从指导方面的意义来理解管理或管辖，就会含有决定政策、目标，引导社会生活的意思，社会的治者可能是少数，也可能是多数。全社会的所有成员都来参加制定共同追求的目标，原则上是可能的。如果所有或大多数成员的确参与了这一任务，我们完全可以把这种社会称为自治的。

在科恩看来，“以社会为范围的自治或自主就是民主”，而“民主是一种社会管理体制”[②]。之所以说民主即民治，是因为在民主制度下，人民亦即社会成员参加决定一切有关全社会的政策。实行自治要求持续不断地作出一系列决定，如果一个社会的最重要决定都是通过其社会成员的普遍参与而作出的，这个社会就是自治的。据此，科恩给民主下了一个完整的定义：“民主是一种社会管理体制，在该体制中社会成员大体上能直接或间接地参与或可以参与影响全体成员的决定。”[③]

既然民主决定于参与，那么如何衡量参与呢？这是一个复杂的问题。在一定社会内，在一定问题上，以某些方式可能实现较充分的参与，而以另一种方式则只可能实现不充分的参与。这就涉及民主的广度、深度和范围的问题。

民主的广度是数量问题，决定于受政策影响的社会成员中实际或可能参与决策的比率。如果我们承认即使在最民主的社会中至少也有一部分成员不参与某一特定问题的决策，这些未参与的成员按其未参加的理由可分为下列四类：一是因官方某些规定禁止参加的；二是虽有权参与，但引以为烦，不愿参与的；三是官方虽无明令禁止，但为社会中某种情况所阻，不能参与的；四是蓄意不参与的。要对民主作出正确的评价或增加它的广度，就必须慎重区别这几种类型以及未参与者在该社会中属于哪种类型。科恩强调，不能将参与与投票、未参与与未投票等同起来。“民主的广度不应仅仅按投票

① ［美］科恩：《论民主》，聂崇信、朱秀贤译，商务印书馆 1988 年版，第 8—9 页。
② ［美］科恩：《论民主》，聂崇信、朱秀贤译，商务印书馆 1988 年版，第 9 页。
③ ［美］科恩：《论民主》，聂崇信、朱秀贤译，商务印书馆 1988 年版，第 10 页。

行为来衡量。”[①] 投票仅仅是参与形式之一，为了全面地评价民主，不仅要检查其广度，还必须检查其深度。

“民主的广度是由社会成员是否普遍参与来确定的，而民主的深度则是由参与者参与时是否充分，是由参与的性质来确定的。”[②] 民主的深度以广度为前提，一种民主必须先要有一定的广度，才能评价其深度。要对参与是否充分、有效作出评价是相当困难的，显然不是用数学表示的问题。科恩认为，理想的民主不仅仅是让公民们在不同的竞争对手之间选择一人，而应该让他们在力所能及的范围内识别问题，提出建议，权衡各方面的证据与论点，表明信念与立场，推定候选人。“如果一个社会不仅准许普遍参与而且鼓励持续、有力、有效并了解情况的参与，而且事实上实现了这种参与并把决定权留给参与者，这种社会的民主就是既有广度又有深度的民主。”[③] 在科恩看来，公民参与社会事物的深度并无预定的限度，在全面推进民主时，对深度的要求也无预定的限度。

科恩认为，民主的范围有多大，这是全面评价一个社会民主时的重大问题，范围愈广，民主的实现就愈充分。社会管理包括指导方面和管理方面，社会民主的范围可相应地分为最高权力范围和有效权力范围。前者是根据有关公众在哪些问题上享有最后决定权来确定的。民主国家常常需要想出一套办法来解决那些不宜由全体成员共同处理的复杂或技术性的问题。办法可能有两种：一是纯粹代表制，即由人民选举代表代理他们处理某些事务。代议制不一定会限制民主的最高权力范围。如果选举代表时容许既广且深的参与，而且代表又确能反映选民的要求，代议制政体就可能是真民主的。二是通过民间途径以处理某些领域内的复杂事务。就有效权力范围而言，它是由两个因素确定的：一是全社会实际参与决定的问题有多少，有多大的重要性能；二是社会成员如果愿意的话，通过间接控制的正常体制在影响或改变决定方面能起多大作用。在科恩看来，“对各种民主来说，公众在决策过程中的权力范围一直是而且仍然是中心问题。”[④]

通过对民主的广度、深度和范围的分析，科恩论述了如何评价民主问题。他认为，看某一社会在多大程度上实现了民主，要依据许多因素来确

---

① ［美］科恩：《论民主》，聂崇信、朱秀贤译，商务印书馆 1988 年版，第 19 页。
② ［美］科恩：《论民主》，聂崇信、朱秀贤译，商务印书馆 1988 年版，第 21 页。
③ ［美］科恩：《论民主》，聂崇信、朱秀贤译，商务印书馆 1988 年版，第 22 页。
④ ［美］科恩：《论民主》，聂崇信、朱秀贤译，商务印书馆 1988 年版，第 29 页。

定，包括决定政策时参与的广度、参与的深度以及在哪些问题上参与确实或可能有效。像人类社会中其他大多数事务一样，民主是一个程度的问题，而且是多级的程度问题。“评价民主时要回答的关键问题不是‘它在何处？’或‘它不在何处？’而是（在号称以民主为目的和理想的地方）‘它有多深多广？’‘在哪些问题上它确能发挥作用？’”① 科恩指出，一个社会在多大程度上实行了民主，不是由结构形式来确定的。结构可能有助于，也可能无助于实现真正参与的决策过程。民主是一个过程，它永远处于尚待改进的状态，而改进的过程是永远也不会完成的。民主的存在与否，不取决于任何形式的制度，而取决于实际决策过程的性质，民主的实质比它的形式要重要得多。当民主在活动时，形式只提供一个框架，政治活动可以在这个框架内持续进行，但有可能超过或超出形式界限。如果社会中民主精神洋溢，任何一种形式恐怕都不能完全容纳。“所以，健全民主的标志之一就是不断改进形式，为促进更广泛更充分的参与创造出新的手段。”②

民主是需要前提的，科恩认为民主的前提有两个：一、社会，二、理性。民主的最基本前提是要有一个社会，民主要以在这个社会的范围内进行活动。民主的过程是集体参与管理共同事务的过程，要使这一过程能够继续下去，一定要形成一个群体，这个群体的成员有着某种共同的利害关系，成员也大致可以辨识。只有当某种共同关心的社会存在时，其成员才会决心结合在一起，参与共同事务的管理。可供民主活动的社会种类繁多，就范围而言可小到家庭和社团，大至国家和国际社会，就持续的时间而言也千差万别。实行民主的社会可能也可能不以地理为界限，对成员的要求可能是正式的，也可能是非正式的，可能是明确的，也可能是不明确的。“持续时间、大小、所在地点以及正式手续的任何组合，都可构成某一民主社会的特性。”③ 不过，不论什么情况，必须有某种共同利益或问题，有某种利害关系把成员团结起来形成自觉的整体。社会一般可以分为政治的与非政治的，在这两种社会中都可以实行民主。但无论哪种社会，要实现民主就要求其成员必须认识到自己是该社会的成员，因为谁可参加一定社会的民主事务必须是基本上可以确定的。民主的成长和持续依靠团结精神和社会成员对社会的感情。“团结精神愈弥漫、愈紧密，民主也就愈能持久，愈能经受最

① ［美］科恩:《论民主》，聂崇信、朱秀贤译，商务印书馆 1988 年版，第 38 页。
② ［美］科恩:《论民主》，聂崇信、朱秀贤译，商务印书馆 1988 年版，第 41 页。
③ ［美］科恩:《论民主》，聂崇信、朱秀贤译，商务印书馆 1988 年版，第 45 页。

严重的内部冲突。”[①] 民主社会的前提是全体成员都可参与，但有些人被排除在充分参与的范围以外是正当而且恰当的。这些人包括未成年人、罪犯、外侨和精神病患者，这些人不宜参加社会事务。“总之，民主的生机是以社会为基础，更为完善地实行民主，要求一个范围广泛的、有自觉性的、团结的社会。”[②]

理性是民主的第二前提。社会作为前提所涉及的是人与人的关系，而理性所涉及的则是这种关系的性质。“社会是民主进程的基本结构，在这个结构内，必须假定所有成员至少具有参与共同事务所要求的基本能力。这些基本能力概括起来就是理性。”[③] 民主社会的成员必须能为共同治理制定原则（包括规定与法律），必须能将这些原则运用到行为之中，确定哪些行为符合原则，并能够有效地进行交流，从而达到相互理解。如果将理性理解为做这些事的能力，那么，社会成员具有理性就成为民主的前提。如果不具备理性，就绝无可能通过参与来实行自治。

在科恩看来，今天民主的前提事实已普遍地成为现实，只是具备了这些前提并不能保证民主体制的顺利实行。民主的实行还需要一些手段。为此，科恩主要讨论了多数规则和代表制。科恩认为，民主规则几乎都毫无例外地规定需要百分之多少参与者的同意才能决定要处理的问题。但是，提高这种百分比的要求，并不一定就相应地增加了民主性。要求的百分比过高或过低都可能不利于民主。作任何决议的规则，都必须考虑两方面的因素：其一，规则要为各社会成员提供保护，使根据规则作出的决定不伤害他们；其二，使用规则便于高效地作出决定。规则包括得越广，即决议机构采取行动时所要求的赞成票的百分比越高，保护作用也越大，但规则的范围越广，采取行动时要求较大比例的参与者，效率就越低；相反，规则所定的范围越窄，仅要求较小比例的参与者即可采取行动，效率就越高。科恩认为，没有什么规则能把二者都同时增加至最大限度。如果走到一个极端，把指导性的决定权都集中于一人，即独裁者，可以避免争论不休与拖延迟误，但其他人则失去保护，不能反对独裁者滥用权力。如果走到另一极端，规定只有社会全体一致同意时始可采取行动，这会保护每一个成员，使他们能反对有损于他们利益的任何决议，但如此一来，任何社会几乎都不可能采取任何行动，对全体

① ［美］科恩：《论民主》，聂崇信、朱秀贤译，商务印书馆 1988 年版，第 50 页。
② ［美］科恩：《论民主》，聂崇信、朱秀贤译，商务印书馆 1988 年版，第 53 页。
③ ［美］科恩：《论民主》，聂崇信、朱秀贤译，商务印书馆 1988 年版，第 59 页。

社会成员来说将是不可忍受的负担。怎样才能在两者之间达到最恰当的妥协，需要考虑一定社会各方面的情况。“民主要有成效，必须为不同的社会、不同的情况、不同的问题制定不同的规则。没有一种规则对于一切都是最适合的。”①

科恩具体讨论了多数裁定规则。他认为，在所有决议规则中，多数裁定规则是最普通和最重要的。由于它集效率与保护于一身，因而常被看作是最合适的折中办法。它与民主联系如此紧密，以至于人们常将两者混为一谈。实际上，“多数裁定规则虽然是可贵的手段，但作为衡量民主程度的标志，可能是靠不住的。”②多数裁定规则中是符合民主的许多方式之一，有时还不如其他方式合适。这一规则有两个方面是含糊不清的：首先，“多数”一词的意义不明确，一个机构中占多大比例始可称多数。一般而言，“多数”指在一定范围内“超过半数”，但有时可能被理解为“比较多数”，即一群内最多的一部分，而不论是否超过半数。显然，比较多数规则与多数裁定规则有着重大区别。除此之外，还有简单多数、三分之二多数、四分之三多数等。这些常被称为“限定多数”。一般来说，范围很广的限定多数，虽很不方便，但有很大的保护作用，可以说是民主制度的最恰当手段。像修改宪法之类的事，就需要运用这种手段。其次，除“多数”的问题之外，还有一个在什么范围内的多数问题。在哪些人中的多数的问题，主要有三种可供选择的方案：实际参加投票的多数；有权参加投票的多数；全体成员中的多数。科恩提出了一个在三种方案中如何选择的一个意见：最可行的规则（尤其是大型社会中）是按投票数来计算多数的规则；为了有更大的保护性，可以要求合法投票者的多数；而在特殊情况下，可以按最强的意义来解释多数裁定原则，即解释为全社会成员总数中超过半数以上。由于效率高与范围广成反比，在三类方案中效率最高的付诸实践时常感不便，所以民主社会中最普遍采用的是实际投票者的多数。总的看，多数裁定规则是民主的手段而非其实质。对此，科恩列举了四条理由，其中有两条是值得注意的：第一，它是一项可作多种解释的原则，必须审慎地选用其中之一；第二，一些民主国家有意制定某种措施专门用以防止多数享有绝对的决定权。总之，一切规则，包括多数裁定规则，都有其优点，也有其局限性。在可能选择的规则中，只有简单多数规则“既能防止少数人代表整体采取行动，也能防止少数阻碍整体

① ［美］科恩:《论民主》，聂崇信、朱秀贤译，商务印书馆 1988 年版，第 67 页。

② ［美］科恩:《论民主》，聂崇信、朱秀贤译，商务印书馆 1988 年版，第 71 页。

采取行动”，因而“在大多数民主社会被认为是最简单、最公平也最可行的规则”①。正因为如此，它被认为是民主的当然手段。

民主体制之下的多数滥用权力问题，是许多思想家关心的问题。对于这一问题，科恩提出要采取“变动多数规则”加以防止。变动多数规则是指“当社会上相等（或接近相等）百分比的两部分人可以作为多数轮流执政，组成这些百分比的成员也将随着问题的不同与时间的不同而处于不断变化之中”②。科恩认为，在一个比较健康的民主社会中，真正有最后裁定权的不是多数而是成员经常变动的多数。变动多数裁定规则起作用的方式是，全体或接近全体社会成员在不同时期都曾作过有裁定权的多数的成员，任何成员都感到在某些问题上自己是执政多数的一员，而在另一些问题上自己却是被治少数的一员。变动多数裁定规则是任何大型民主社会健康发展的关键因素。它能使各个公民意识到自己在社会中所担任的几种角色：当他站在多数一边时，他是治者；不论他站在多数一边或少数一边，他都有服从法律的义务，从这个意义上说，他是被治者。“如果他经常发现自己处于少数，如果他总是某一少数派的成员，这种情况对他的影响，同样也会影响他的同胞们，一定会使他和他们克制自己在掌权时要压制别人的意向。”③但是，有裁定权的多数并非总是变动的，如果它不是变动的，或变动不够频繁，多数裁定就可能逐渐妨碍普遍参与的实现。如果社会中形成固定的多数，对民主来说就存在着真正的危险。科恩对此持悲观态度，认为要绝对保证不发生此种滥用权力的事情是不可能的。变动多数裁定规则以及对民主各项要求的充分认识，可以促使用权者有所克制，但不能保证绝对不滥用。

在科恩看来，代表制也是民主的一种手段。代表制原则可概括为：“一小部分人管理政府，这部分人对选举他们的选民负责，他们的权力都来自选民。”④科恩认为，对于大一些的社会来说，代表制是必不可少的。民主是通过普遍参与进行管理的，代表制则有助于实现这一参与。但是，不能把民主与代表制等同起来，因为代表制只是民主的手段，而非它的实质。代表制主要在两个方面发挥作用：一是代表的选举，即选举人；二是选举后听取人民意见等。如果选择的制度既不明智也不公道，民主就可能完结。同时，这种

① ［美］科恩：《论民主》，聂崇信、朱秀贤译，商务印书馆1988年版，第73页。
② ［美］科恩：《论民主》，聂崇信、朱秀贤译，商务印书馆1988年版，第75页。
③ ［美］科恩：《论民主》，聂崇信、朱秀贤译，商务印书馆1988年版，第75页。
④ ［美］科恩：《论民主》，聂崇信、朱秀贤译，商务印书馆1988年版，第80页。

制度还必须能使获选的代表倾听选民的呼声，反映他们的诉求。代表制涉及复杂的因素，其中基本的有五种：一是所代表的程度；二是选定代表的决议规则；三是代表机构内所使用的规则；四是代表的基础；五是代表的级次。这五种因素各有其主要作用，而事实上决定一种制度是否公正有效的，则是该制度中各种因素的效果的总和。

在科恩看来，即使民主的前提已经实现，手段也已具备，民主仍然可能完全失败，因为民主的成功还取决于实行民主所必须具备的各种条件。民主的条件多种多样，能实现的程度也各不相同，就具体情况而言，大多难以实现，实现了也难以维持。民主要有成效，这些条件都是重要的，但它们在程度和性质上的重要性有所不同。一般来说，民主的各种条件之间的关系不一定总是协调一致的，有些是相辅相成的，也有些是相互限制对方发展的。不过，它们也并非是完全不相容的，它们都对社会组织的一个方面发挥作用，必然也能互相配合。科恩认为，民主条件可以分成五类：（1）物质条件。这类条件包括地理环境及参与的物质设施，也包括公民的物质条件和社会整体的经济安排。（2）法制条件。这类条件包括体现于社会体制和法规中保护公民权利以便能真正充分参与政治事务的那些原则。言论自由、批评领导人的自由、集会自由等，都是民主的主要法制条件。（3）智力条件。这类条件涉及公民履行民主赋予的各种任务的智能，以及为这些智能的适当利用提供必不可少的信息和训练。这方面的条件不是固定不变的，而是要随着人类知识和控制力量的发展状况而不断提高。（4）心理条件。这是民主在发生作用时各社会成员在气质上和态度上综合起来所展示的心理状态。有关这方面的条件，我们所知最少，而且也最难培养，不易保持，但它们对民主的影响却是深远的。（5）防卫条件。这是涉及民主社会抵御外侮及内乱以防卫自己的能力。科恩强调，“如果要实行并保持民主，必须满足这五类条件，即物质的、法制的、智力的、心理的、防卫的条件。”①

对于民主的前景，科恩并不乐观，其结论是：“在政治社会内民主的前景不太美妙。”②但是，他还是对民主充满着期待。他指出，一方面各民族经济上的互相依存，另一方面民族之间军事冲突的危险，这些把广大群众联系在一起成为真正的全球社会，这个社会包括而且超过了一切民族社会的重要性。这个全球社会的公民面临着共同利益的问题。人口急剧增长，饥荒已经

① ［美］科恩：《论民主》，聂崇信、朱秀贤译，商务印书馆 1988 年版，第 107 页。
② ［美］科恩：《论民主》，聂崇信、朱秀贤译，商务印书馆 1988 年版，第 282 页。

开始，可以毁灭我们全体的核武器，地球环境继续恶化，这些严重的问题影响着每一个人。人类在没有民主的情况下，在地球范围内已经生存了很长时间，可能还能这样生活很长时期，但人类的严重问题正是在这一范围内产生的，而且还会继续产生。要满意地解决这些问题，就必须具体承认采取明智政府形式的世界社会。就全球范围而言，民主的前途可能关系最为重大，但前景欠佳。不过，我们不能因此得出结论说争取成功的努力是愚蠢的，或不现实的。一再的失败可能是发展一种可行的世界政府的必要前奏。人类并非一直就是以民族国家为其政治形式，这种形式也不一定会永远如此。不论全球范围内民主的前景如何，在民主已经或将基本上实现的那些有限的范围内，人们必然会比在任何其他政体下生活得更为健康些、更为丰富、更为满意。民主现在激起了世界人民的想象，鼓舞了他们的希望。它是一种公正的政体，珍视它、捍卫它是正确的。“民主的命运主要掌握在其成员自己的手中，这既是民主的弱点，又是民主的优点，既是民主的危险，又是民主的光荣。当政权最终取决于被统治者的参与时，确定民主成败的是他们集体形成并表现出来的智慧。”①

（三）赫尔德的民主模式与世界主义民主

赫尔德（Davie Held, 1951—）是英国杜伦大学大学学院院长，杜伦大学政治学和国际关系教授，曾担任过英国伦敦经济学院的政治科学的华莱士（GrahanWallas）主席和全球治理中心的合作主任，英国政体出版社（Polity Press）创始人之一。他是当今政治理论领域多产的一位思想家，其主要著作有：《民主的模式》（*Model of Democracy*, 1987）、《批判理论导言：从霍克海默到哈贝马斯》（*Introduction to Critical Theory: Horkheimer to Habermas*, 1989）、《政治理论与现代国家》（*Political Theory and the Modern State*, 1989）、《民主与全球秩序：从现代国家到全球治理》（*Democracy and the Global Order: From the Modern State to Cosmopolitan Governance*, 1995）、《全球转变：政治、经济与文化》（*Global Transformations: Politics, Economics and Culture*, 2002）、《全球化与反全球化》（*Globalization / Antiglobalization*, 2002）、《世界大同主义：一种辩护》（*Cosmopolitanism: A Defence*, 2003）、《全球盟约：华盛顿共识与社会民主》（*Global Covenant: The Social Democrat-*

① ［美］科恩：《论民主》，聂崇信、朱秀贤译，商务印书馆1988年版，第293页。

ic Alternative to the Washington Consensus, 2004）等。其中最重要、最著名的是《民主的模式》。该书自1987年初版后，于1996年和2006年经过两次修订再版，在国际政治学界引起了较大反响。关于这部著作的目的，赫尔德在该书英文第三版序言中写道："在《民主的模式》中，我的目的是要阐明为什么民主在人类事务中如此重要？为什么民主带来如此多的争论？为什么民主尽管脆弱，但它仍是所有可能的统治方式中最好的一种？民主虽然不是解决人类所有问题的万能药，但是它提供了最强有力的合法性原则——'人民的同意'——作为政治秩序的基础。"[①] 这部著作不仅考察各种不同的民主模式，亦即理论架构，阐述有关民主的一系列尚未解决的根本问题，探索当代思考民主问题的种种可能途径，构建了一种新的涵盖国家与世界的自治民主模式，而且试图"引导读者从城邦国家走向民族国家，最终走向国际政治和全球转变的领域"[②]。也许正是基于这种考虑，赫尔德自这部著作最初出版后就将研究的重点转向了全球治理与世界民主，构建了一种世界主义民主模式和全球治理模式，并因此而闻名于世。

赫尔德所说的"民主的模式"中的"模式"概念，并不是民主的现实形态，而是指"理论架构"，"这一架构旨在展现和解释某种民主形式的基本要素及其关系的基本结构"，"也就是有关政治领域及其确立的经济和社会等诸方面根本条件的概念和通则所组成的复杂的'网状结构'"。[③] 在赫尔德看来，民主理论的领域充满着广泛的思索与争论。如果要把握随着时间而不断变化的民主讨论的含义，包括它的种种关键性概念、理论和命题，就要既理解它的历史，又理解它的种种争论。为此，赫尔德对有关民主问题的各种重要立场和论点以及关于这些立场、观点的批判性反思进行了全面系统的清理。经过对从民主问题一些初始概念的提出直至当代各种观点的冲突的漫长历史过程的清理，赫尔德将西方自古以来的主要民主理论归纳为四种古典模式和五种现代模式。四种古典模式是：古代雅典的古典民主思想、共和主义自治共同体的概念（包括保护型共和主义和发展型共和主义两种形式）、自由主义民主（也包括保护型民主和发展型民主两种形式），以及马克思主义

① ［英］赫尔德：《民主的模式》（最新修订版），燕继荣等译，王浦劬校，中央编译出版社2008年版，英文第三版序言第3页。

② ［英］赫尔德：《民主的模式》（最新修订版），燕继荣等译，王浦劬校，中央编译出版社2008年版，第9页。

③ ［英］赫尔德：《民主的模式》（最新修订版），燕继荣等译，王浦劬校，中央编译出版社2008年版，第7页。

的直接民主理论。五种现代模式是：竞争性精英民主、多元主义民主、合法型民主、参与型民主和协商民主。赫尔德认为，所有这些民主的不同模式，大致上可以划分为两大形式：直接的或参与式的民主，这是一种公民可以直接参与公共事务决策的制度；自由的或代议的民主，这是一种在“法治”的框架之下通过选任“官员”来“代表”公民的利益和观点而实行统治的制度。赫尔德分别对这九种民主模式进行了细致的考察和分析，揭示了它们的构建目的、主要特点和基本条件。这里，我们根据他的阐述围绕这三个方面对归纳的九种模式作些简要的阐述。

模式Ⅰ：古典民主。其理想和目标（赫尔德称之为“论证原则”）是：为了实现自由而轮流地统治和被统治，公民应当享受政治平等。其主要特征有：（1）公民直接参与立法和司法活动；（2）公民大会享有最高权力；（3）最高权力的范围包括城市的所有公共事务；（4）公共职务的候选人有多种选择方法（直接选举、抽签和轮流执政）；（5）普通公民与公共官员所享有的特权没有区别；除了战争有关的职位以外，同一个人不能两次以上执掌同一官职；（6）所有人的官职都是短期的；（7）出任公职需要付费。

其基本条件是：（1）附带农业腹地的小城市；（2）为公民创造“自由”时间的奴隶经济；（3）为男子提供出任公职自由的家务即妇女劳动；（4）公民资格仅限于很少部分人。[①]

赫尔德认为，古典模式源于古希腊的伟大思想家，包括修昔底德、柏拉图和亚里士多德对雅典的遗产并非不加批判地吸收。他们的论著对有文字记载的民主理论和实践的局限性作了某些最富挑战性并具有永恒价值的评价，但没有哪个古希腊民主理论家能够让我们从其著作和思想中了解古典民主政体的细节和为之辩护的理由。我们对古典民主政体的了解，只能通过一些零散的记载拼凑而成，包括持批评立场的思想家的著作。雅典民主的理想和目标在伯利克里著名的《在阵亡将士国葬礼上的演说》中得到了明确的表达，而古代民主的基本特征在亚里士多德《政治学》中被系统阐述[②]。赫尔德指出，古典民主在当时就遭到诘难，柏拉图在《国家篇》论及一个船长和一

① 参见［英］赫尔德：《民主的模式》（最新修订版），燕继荣等译，王浦劬校，中央编译出版社 2008 年版，第 34 页。

② 参见［古希腊］修昔底德：《伯罗奔尼撒战争史》上册，商务印书馆 1964 年版，第 145—155 页。［古希腊］亚里士多德：《政治学》1316a40-1318a3，颜一、秦典华译，苗力田主编：《亚里士多德全集》第九卷，中国人民大学出版社 1994 年版，第 213—214 页。

种“猛兽”看护人这两个著名隐喻中展现了古典民主的缺陷。① 对于柏拉图来说，民主最突出的问题在于民主会使智慧边际化，而且主张自由和政治平等与维护权威、秩序和稳定是相互矛盾的。赫尔德认为，古典的民主模式以及对这种模式的批评，对西方现代政治思想都产生了一种持久的影响：“前者是许多民主思想家灵感的一个源泉，后者则是对民主政治之危险性的一种警告。”②

赫尔德认为雅典的城邦国家与罗马共和国具有一些共同的特征，二者都要有人民参与政府事务，几乎都不具有集中的官僚控制体系，都力图培养一种深刻的公民责任感，即一种公共美德或对“共和国”（公共领域的各项事务）负责的传统。在这两种政府中，国家的诉求对于公民的个人诉求具有独一无二的优先性。但是，如果说雅典是一个民主共和国，那么相形之下，罗马基本上是一种寡头体制，精英人物稳固地支配着罗马政治的所有方面。所以，古代世界民主模式的遗产主要在雅典。赫尔德认为，中世纪没有对于民主政治的广泛思考，其主要的政治观点是宗教教义，但自 11 世纪末开始，共和主义开始在意大利有所复苏，而文艺复兴时期意大利城市生活的独特发展，促使人们对于政治权力、人民主权和市民生活形成了新看法。这些新看法主要源自古罗马共和国，而不是古希腊，因为当时的人们认为古希腊的民主制常常是不稳定的，而且软弱无力，其内部争吵不休，而古罗马所形成的统治模式不仅把自由与美德结合到了一起，而且把自由与市民的荣誉和军事力量结合到了一起，从而摧毁了君主政体下所形成的只有国王才能保证法律、安全和权力有效实施的看法。这些观点在很大程度上源自西塞罗、萨罗斯特（Sallust，前 86—前 35）、李维等人的经典著作，尤其是他们关于古罗马共和国历史和庆典的著作。

在赫尔德看来，文艺复兴时期的共和主义传统并不是一个简单的统一体，可以明确区分为两个共和主义流派：一个是“市民人文共和主义”，另一个是“市民”或“古典共和主义”。赫尔德将前者称为“发展式”共和主义，而将后者称为“保护式”共和主义，其理由是“它们足以包括共和主义

① 参见［英］赫尔德：《民主的模式》（最新修订版），燕继荣等译，王浦劬校，中央编译出版社 2008 年版，第 29—32 页。也见［古希腊］柏拉图：《国家篇》488A-489A、493B-C，《柏拉图全集》第 2 卷，王晓朝译，人民出版社 2003 年版，第 478—479、485 页。

② 参见［英］赫尔德：《民主的模式》（最新修订版），燕继荣等译，王浦劬校，中央编译出版社 2008 年版，第 32 页。

和自由主义中体现的政治自由和政治参与的不同方式”①。关于两者之间的区别，赫尔德说：“从最广泛的意义上来看，发展型共和主义理论家强调的是政治参与对于作为人的公民的发展的**内在**价值，而保护型共和主义理论家强调的则是它对于保护公民的目的和目标即他们的人身自由的**工具**意义。发展型共和主义理论的基础，是古典民主遗产的要素，是古希腊城邦哲学家们的命题，尤其突出的是，它们把政治参与和城邦的内在价值作为自我实现的手段。按照这种看法，政治参与是美好生活的必要组成内容。与此相反，保护型共和主义理论可以追溯到古罗马及其历史影响，这一理论强调的是，如果仅仅依靠什么主要集团的政治参与，无论这个集团是人民，是贵族，还是君主，公民的美德面对腐败都是相当软弱无力的。因此，保护型共和主义理论家强调认为，要想使全体公民的人身自由得到保障，公民参与集体决策对于全体公民具有极其重要的意义。”②

模式 II-a：保护型共和主义。其理想和目标是：政治参与是个人自由至关重要的前提；如果公民不自己统治自己，他们就会被别人统治。其主要特征：（1）“人民”、贵族和君主之间的权力平衡，这种平衡是与一个混合宪法或混合政府联系在一起的，它规定所有的主导政治力量都要在公共生活中发挥积极作用。（2）通过各种不同的机制，包括选举执政官或者代表担任统治委员会职务，来实现公民参与。（3）促进和维护其利益的竞争性社会集团。（4）言论、表达和结社自由。（5）法治。

其基本条件：（1）小规模城市共同体。（2）保持宗教崇拜。（3）妇女、“依靠别人生活者”、劳动者被排除在政治之外（这就扩大了男性公民参与公共生活的机会）。（4）敌对的政治社团之间存在着激烈的冲突。③

模式 II-b：发展型共和主义。其理想和目标是：为了每一个人都不是其他人的主人，为了所有人在自己决定公共利益的过程中能够享有同样的自由，获得同样的发展，公民必须享有政治和经济的平等。其主要特征有：（1）立法功能与行政功能的分享。（2）公民直接参与公共会议，制定法律。理想的状态是全体一致同意，但是，当发生分歧时，实行多数同意的投票规

① ［英］赫尔德：《民主的模式》（最新修订版），燕继荣等译，王浦劬校，中央编译出版社2008年版，第43页。

② ［英］赫尔德：《民主的模式》（最新修订版），燕继荣等译，王浦劬校，中央编译出版社2008年版，第43页。

③ 参见［英］赫尔德：《民主的模式》（最新修订版），燕继荣等译，王浦劬校，中央编译出版社2008年版，第53页。

则。(3)行政职位由“执行长官”或“行政管理者”掌握。(4)行政人员或者由选举产生，或者由抽签产生。

其基本条件是:(1)非工业化的小共同体。(2)财产为许多人分散地拥有;公民资格的依据是财产拥有，即它是一个独立生产者的社会。(3)妇女从事家务，以便男子可以自由地从事非家务性工作和政治活动。[①]

在赫尔德看来，保护型共和主义可能与马基雅维里有着最紧密的联系，但其主要思想是孟德斯鸠和麦迪逊等人阐述的。发展型共和主义则大概到18世纪卢梭的著作问世时才得到最详尽的阐述，虽然此前帕多瓦的马西利乌斯(Marshlius of Padua，约1275—约1342)曾对此有过深刻见解[②]，此后沃斯通克拉夫特(Mary Wollstonecraft, 1759—1797)也提出过一些重要的批评性见解。

如果说赫尔德所说保护型共和主义和发展型共和主义是共和主义的民主模式的话，那么他所说的保护型民主和发展型民主则是自由主义模式。他认为，许多极为复杂的历史变革促成了近代自由主义民主思想的形成。这些变革包括：君主和其他等级之间为争夺合法权威的领域而进行的斗争；农民对于过重的赋税和社会徭役的反抗；贸易、商业和市场关系的扩展；技术变革，尤其是军事技术的变革；民族国家君主制的巩固；文艺复兴文化影响的日益增长；宗教冲突及其对天主教普世诉求的挑战；教会和国家的冲突；等等。所有这一切都在近代自由主义形成过程中发挥了作用。近代出现的两种思想传统，一种是前面所说的共和主义传统，另一种是以霍布斯和洛克为代表的自由主义传统。霍布斯标志着从服膺绝对专制主义向反对暴政的自由主义的转折点，而洛克则代表着自由主义宪政传统的发端，这一传统成为了欧美政治结构的主线。尽管自由主义是个有争议的概念，而且其含义也随着历史的变化而变化，但在当时是指“面对暴政、绝对专制主义体制和宗教不宽容时，努力坚持选择的自由、理性和宽容等价值”[③]。它一方面对僧侣和教会

① 参见[英]赫尔德:《民主的模式》(最新修订版)，燕继荣等译，王浦劬校，中央编译出版社2008年版，第59页。

② 帕多瓦的马西利乌斯在其《和平的保卫者》等著作中提出了三个重要观点：其一，公民共同体原则上是理性的产物，是人享有其最本质的欲望即“完美的生活”的基础；其二，人民之间的冲突是不可避免的，因此，强制权威的有效使用，对于共同体的安定和繁荣具有至关重要的意义；其三，共同体的最终“立法者”或者合法政治权威的来源是“人民”。参见[英]赫尔德:《民主的模式》(最新修订版)，燕继荣等译，王浦劬校，中央编译出版社2008年版，第44—48页。

③ [英]赫尔德:《民主的模式》(最新修订版)，燕继荣等译，王浦劬校，中央编译出版社2008年版，第71页。

权力提出挑战，另一方面对“专制主义”的权力提出挑战，力求对两种权力加以限制，并确定一个独立于教会和国家之外的私人领域。自由主义的核心目标是把政治从宗教控制下解脱出来，把市民社会（个人生活、家庭生活和工商业生活）从政治的干预中解脱出来。

赫尔德大致上根据自由主义的形成和历史发展，着眼于自由主义所提出的主权、国家权力、个人权利和代议机制的性质等方面区分了自由主义民主的两种模式，即“保护型”民主和“发展型”民主。“保护型”民主认为，考虑到人类事务中对私利的追求和以个人为动机的选择，防止他人控制的唯一手段是创立负责任的制度。其经典表述是：“治者必须通过政治机制对被治者负责（政治机制指无记名投票、定期选举、政治代表候选人之间的竞争等），这些机制为公民选择、认可和控制政治决策提供了令人满意的手段。”[①] 这种经典表述主要是由美国宪法的关键设计师之一麦迪逊和英国自由主义的两位关键代言人边沁和詹姆斯·密尔提供的。发展型民主断言，政治参与本身就是一个人们想要的目标，且是一个培养积极的、信息灵通的、有责任感的公民的核心机制。这种模式的代表人物是约翰·密尔。“根据密尔的说法，自由和民主创造了人类‘杰出’的可能性。思想、讨论和行动自由是发展独立头脑和自主判断的必要条件，它们对于形成人类理性至关重要。而反过来，理性的培养又促进并维持了自由。代议制政府对保护和促进自由和理性是不可或缺的。代议制使政府对公民负责，并能产生有能力追求公共利益的更明智的公民。因此，代议制政府就不仅是发展自我认同感、个性和社会差别——多元社会——的一种手段，并且其自身就是一个目的，即一种至关重要的民主秩序。如果妇女参与政治的一切障碍都已清除，‘人类的发展就很少有什么障碍了’。”[②] 在赫尔德看来，密尔同卢梭等人一样认为民主政治是道德自我发展的主要机制，个人能力的“最高的和谐的扩展”是一个核心问题。然而，这一问题并没有使他鼓吹任何形式的直接民主制或非代议制民主。

模式 III-a：保护型民主。其理想和目标是：公民需要治者的保护，也需要彼此的保护，以确保治者所采取的政策符合公民的整体利益。其主要特

① ［英］赫尔德：《民主的模式》（最新修订版），燕继荣等译，王浦劬校，中央编译出版社 2008 年版，第 84 页。

② ［英］赫尔德：《民主的模式》（最新修订版），燕继荣等译，王浦劬校，中央编译出版社 2008 年版，第 109 页。

点在于:(1)主要从根本上讲在于人民，但是委托给了代表，他们可以合法地实施国家职能。(2)定期选举、秘密投票、派系、候选领导人和党派之间的竞争、多数统治，这些是确立治者(对人民)负责的制度性基础。(3)国家权力是非人格化的，即受到法律限制的；这个权力还必须分为行政、立法、司法三权。(4)以政治权利和公民权利，或政治自由和公民自由，首先是与言论、表达、结社、选举和信仰相联系的那些自由的形式，来保障自由免于任意对待，保障法律面前的平等这一宪政的核心。(5)国家与市民社会相分离，即国家行动的范围一般严格限制于创立一个框架，这个框架允许个人追求私人生活，不受暴力、不可接受的社会行为和不必要的国家干预的威胁。(6)互相竞争的权力中心和利益集团。

其一般条件是:(1)一个政治上独立的市民社会的发展。(2)私人拥有生产资料。(3)竞争性市场经济。(4)家长制家庭。(5)相对于市民社会而言，国家权力和规模的扩张。(5)广袤的民族国家的疆域。①

模式III-b：发展型民主。其理想和目标是：对政治生活的参与不仅对于保护个人利益是必要的，而且对于造就一种信息灵通的、负责的和发展的公民也是必要的。政治参与对于个人能力的“最高的和谐的”发展是不可或缺的。其主要特征在于:(1)人民主权和普选权(以及“按比例”分配选票的制度)。(2)代议制政府(民选领袖，定期选举，秘密投票，等等)。(3)宪法制约，以确保对国家权力的限制和国家权力内部的分工，确保对个人权利的张扬，这些权利首先是指与下列自由相联系的权利，即思想、感觉、趣味、讨论、出版、结社的自由和追求个人选择“生活方案”的自由。(4)议会和公共官僚机构明确地分离，即当选者的功能与专业行政管理人员(专家)的功能分开。(5)公民通过投票、广泛参与地方政府的工作、进行公共辩论和陪审，来参与政府的不同部门的工作。其基本条件是:(1)独立的市民社会，最小限度的国家干预。(2)竞争性市场经济。(3)私人占有并控制生产资料，同时进行“社区”试验或合作所有制形式的试验。(4)妇女的政治解放，但大体保存传统的家庭内部分工。(5)民族国家体系，民族国家之间具有成熟的关系。② 在赫尔德看来，密尔是在自由主义传统基础上构

---

① 参见［英］赫尔德:《民主的模式》(最新修订版)，燕继荣等译，王浦劬校，中央编译出版社2008年版，第94页。

② 参见［英］赫尔德:《民主的模式》(最新修订版)，燕继荣等译，王浦劬校，中央编译出版社2008年版，第109页。

建自己理论的，而且在许多方面发展了这个传统，因而发展型民主的几个特点和条件与 III-a 类似。

马克思和恩格斯曾毫不留情地批评了自由主义理论，认为在资本主义社会，国家从来不可能是中立的，经济也从来不可能是自由的。密尔的自由主义国家可以声称代表全体公民行事，可以承诺维护“人身和财产安全”，促进个人之间的“平等公正”，但马克思和恩格斯则认为，这种承诺实际上是不可能实现的，“人身和财产安全”与阶级社会的现实是矛盾的。如果我们把失业者或工厂里在危险条件下从事单调和无报酬工作的工人的地位，与少数占有和控制生活资料、过着奢华生活的富有者的地位进行比较，怎么还可能相信保护“人身和财产安全”的承诺呢？在存在大量社会、经济和政治不平等的情况下，自由主义国家对人与人之间的“平等公正”的承诺又有什么意义呢？马克思恩格斯认为，在资本主义社会中，民主政府实质上是行不通的，只有改变社会的基础，才能创造“民主政治”的可能性。他们并不否认自由的可取性，但在人类剥削仍在继续并得到国家支持和维护的情况下，自由是不可能实现的。在马克思恩格斯看来，政治作为一种社会用于确保阶级统治长存的体制特征将被解除，工人阶级的解放必然意味着一种新的管理形式的出现，即以一个消除阶级和阶级对立的联合体来代替旧的市民社会，从此再不会有原来意义的政权了。反对资本，争取“政治终结”的斗争，必将打破资本主义生产关系，从此人类发展根本障碍将不复存在。马克思设想争取“政治终结”的斗争将经历“共产主义的两个阶段”，列宁在《国家与革命》中则把这两个阶段分别称作“社会主义”和“共产主义”。于是赫尔德根据“社会主义”和“共产主义”两个阶段来概括马克思主义的民主的特征和条件。

模式 IV：直接民主和政治的终结。其理想和目标是：“所有人的自由发展”只有在“每个人的自由发展”的基础上才能实现。自由需要消灭剥削，实现政治经济的最终完全平等；只有平等才能保证所有人的潜能得以实现，以便每个人能够按照他或她的能力付出和获得他们所需要的东西。社会主义的主要特征包括：（1）公共事务由按金字塔结构组织的公社或委员会管理。（2）政府人员、法官、行政人员通过经常的选举产生，由社会任命和罢免。（3）公职人员的薪金不高于工人的工资。（4）社会掌握的人民武装维护新的政治秩序。

共产主义的主要特征是：（1）所有形式的“政府”和政治让位于自我管

理。(2)集体管理所有公共事务。(3)一致同意是决定所有公共问题的原则。(4)保留的行政事务由轮换或选举分配。(5)自我监督取代所有军事和强制力量。

社会主义的一般条件是:(1)工人阶级联合体。(2)战胜资产阶级。(3)所有阶级特权结束。(4)大力发展生产力以便所有基本需求得到满足,人们有充足的时间追求非工作活动。(5)国家和社会逐渐合一。

共产主义的一般条件是:(1)所有阶级残余消灭。(2)消除匮乏和生产资料私人占有。(3)市场、交换和货币消亡。(3)社会的劳动分工结束。[①]

赫尔德认为,约翰·密尔、马克思和许多其他19世纪思想家都充满了一种乐观主义和进步主义的历史观,相形之下,19世纪末和20世纪初许多探讨民主的思想家却对未来持相当悲观的看法。其中,马克斯·韦伯和熊彼特颇具代表性。他们对于政治生活具有相同的看法,认为在政治生活中,几乎不存在民主参与和个人或集体发展的空间,而且已有的任何空间都由于强有力的社会势力的不断侵蚀而受到威胁。他们倾向于确定一种严格限定的民主概念,认为民主充其量不过是选择决策者并制约其过分行为的手段。这种观点虽然与保护型民主有许多共同之处,但其论述的方式却相当独特。韦伯极其深刻地论述了一种民主的新模式,赫尔德称之为"竞争性精英主义"。韦伯虽然很少直接描述这种模式,但是他论述现代社会本质和结构的许多著作都谈到了民主的这种可能性。熊彼特则力图发展一种以经验为基础的"现实主义"民主。他对"古典民主学说"持反对态度,主张"领袖的民主"或"竞争的精英主义"。"这是一种达成实现共同利益的政治决策的制度安排,其方式是通过选举。选出一些为了实现人民的意志而集合到一起的个人,以此使人民自己决定问题。"[②]虽然他实际上并没有与传统彻底分道扬镳,但他确实修正了公认的民主观念。他着重关注民主的运行,并研究了一系列特别具体的问题,但他们的民主思想与韦伯并无多大差别。"无疑,熊彼特通俗地解释了韦伯的一些思想,但是,他也在许多令人感兴趣的方面发展了这些思想。"[③]

① 参见[英]赫尔德:《民主的模式》(最新修订版),燕继荣等译,王浦劬校,中央编译出版社2008年版,第140页。

② [英]赫尔德:《民主的模式》(最新修订版),燕继荣等译,王浦劬校,中央编译出版社2008年版,第171页。

③ [英]赫尔德:《民主的模式》(最新修订版),燕继荣等译,王浦劬校,中央编译出版社2008年版,第165页。

模式V：竞争性精英民主。其理想和目标是：选择熟练的、具有想象力的、能够进行必要的立法和行政决策的政治精英的方法。为防止政治领袖的过分行为而设置了障碍。其主要特征在于：（1）具有强有力行政能力的议会制政府。（2）对立的政治精英和政党之间的竞争。（3）政党政治支配的议会统治。（4）政治领袖为中心。（5）官僚制：一个独立的、经过良好训练的行政系统。（6）对于“政治决策的有效范围”的宪法的和实际的限制。

其基本条件是：（1）工业社会。（2）政治和社会冲突的非统一模式。（3）信息不灵和/或感情用事的选民。（4）容忍不同意见的政治文化。（5）经过技术训练的熟练的专家和管理者阶层的形成。（5）国家之间争夺国际体系中的权力和优势地位的竞争。①

赫尔德注意到，熊彼特的理论很少关注个体公民与当选领袖之间的区域，公民在一个以精英竞争冲突为特征的世界里是孤立无援、软弱无力的，它没有考虑到社区联合会、宗教团体、工会和商业组织这类广泛存在于社会生活中，并且以复杂的方式把人民的生活与形形色色的制度联系起来的“中介”团体。针对熊彼特理论的这种片面性，一些民主理论家力图通过考察“团体政治”的动力来弥补这一缺陷。这些理论家就是多元主义者。他们探讨了选举的竞争与有组织的利益集团的活动之间的关系，认为现代民主政治的实际竞争程度和使竞争各方满意的程度，远远超出了熊彼特模式的看法。多元主义者在20世纪50年代和60年代的美国政治研究中获得了支配的地位，其中最早且最杰出的代表就是达尔。他们像麦迪逊一样承认政府的根本目的是保护派别追求其政治利益的自由，而防止单个派别破坏其他派别的自由。但是，与麦迪逊不同，他们认为派别不会对民主结社造成威胁，它们是稳定的结构性来源，是民主的核心体现。“对于多元主义者来说，不同的竞争性利益的存在，是民主的均衡和公共政策顺利发展的基础。”②在多元主义者看来，在现代利益的复杂性和多样性的竞争性世界，政治生活永远也不可能实现古代雅典民主、卢梭的共和国以及卢梭或马克思所预言的那种民主理想。如果用这些标准来衡量，世界无疑是不完全正确的，但人们不应该这样来衡量，相反应该运用描述的方法来分析所有民主的民族国家的不同特点和

① 参见［英］赫尔德：《民主的模式》（最新修订版），燕继荣等译，王浦劬校，中央编译出版社2008年版，第183页。

② ［英］赫尔德：《民主的模式》（最新修订版），燕继荣等译，王浦劬校，中央编译出版社2008年版，第185页。

实际运行情况。面对所有不顾自身所处的环境而一味主张特定理想的思想家，多元主义者把自己的民主理论标之为“实证的民主理论”。由于经典多元主义在认为权力与权力关系的方式方面存在着致命的问题而不能正确地说明西方政治的特点，并且还存在着不少其他问题，因而包括达尔在内的一些重要的多元主义者转向了“新多元主义”立场。①

模式 VI：多元主义。其理想和目标是：少数确保统治，因而确保政治自由。对于过分强大的派别和僵化的国家的关键性障碍。经典多元主义与新多元主义的共同特征是：（1）公民权利，包括一人一票，表达自由和组织自由。（2）立法、行政、司法和行政官僚之间的制度。（3）（至少）具有两个政党的竞争性选举制度。它们之间的不同特征有二：其一，经典多元主义寻求政治影响的（相互交织的）各种利益集团；而新多元主义则诉求多个压力集团，但政治议程偏向于合作力量。其二，经典多元主义主张政府在各种需求之间进行协调和裁定。宪法规则植根于一种支持性的政治文化中。而新多元主义的主张国家及其部门设计其部门利益。宪法规则运行的背景是不同的政治文化，以及完全不平等的经济资源。

经典多元主义的基本条件有三：（1）权力由社会中许多团体分享和交换。不同的丰富资源基础分散于全体人口中。（2）对于政治程序、政策选择范围和政治合法范围具有价值共识。（3）积极公民与消极公民之间的平衡，足以维持政治稳定。支持多元主义规则和自由市场社会的国际体系。新多元主义的基本条件也有相应的三条：（1）权力由许多团体争夺。许多团体资源贫乏，难以实现充分的政治参与。（2）社会经济力量的分配为政治选择提供了机会，也对它们造成了限制。（3）不平等地参与政治：不够开放的政府。受到强有力的多国经济利益和占有主导地位的国家支配的国际秩序。②

第二次世界大战后 15 年，西方世界出现了一种“认同、笃信权威和合法性”时期，漫长的战争似乎造成了人们对于新时代的强烈愿望和期盼。这个新时代的标志就是大西洋两岸国家与社会关系的进步性变革，出现了致力于政治和经济改革、尊重立宪国家和代议制政府、在保持政策维护国家或公共利益的同时积极鼓励个人追求自身利益的新局面。几乎所有的政党都认

① 参见［英］赫尔德：《民主的模式》（最新修订版），燕继荣等译，王浦劬校，中央编译出版社 2008 年版，第 193—200 页。

② 参见［英］赫尔德：《民主的模式》（最新修订版），燕继荣等译，王浦劬校，中央编译出版社 2008 年版，第 200—201 页。

为，“他们在任期间应该采取干预行为，以削弱那些不公平地拥有特权的人的地位，并帮助贫困者改善处境。只有一个体现关怀和公平、专业化和专门技能的‘人道国家’的政治，才能创造条件，使每个公民的福利和利益能够与所有人的福利和利益和谐共存。”①这种观念源自凯恩斯主义的国家干预主义。战后的十几年，经济迅速增长为相当庞大的社会福利计划提供了支持，但随着70年代中期世界经济活力的衰退，福利国家开始失去吸引力，遭到来自左右两方面的抨击。左派认为它几乎没有真正削弱特权者和豪强者，而右派则认为它代价太高，威胁到个人自由。在这种背景下，形成了与之相适应的两种新的民主模式：合法型民主和参与型民主。合法型民主是新右派的模式，这种模式认为像经济生活一样，政治生活是或应当是个人自由或个人自主的事情，因此要构建一个自由放任或自由市场的社会和一个“最低限度的政府”。其政治纲领包括：“使市场向越来越广的生活领域延伸；创立一个不‘过多’地参与经济和提供机会的国家；削弱某些集团（如工会）通过压力达成自己目标的力量；建立一个强有力的政府来执行法律，维持秩序。”②其主要代表人有经济学家哈耶克和哲学家诺齐克等。参与式民主是新左派的模式，它是新左派相对于新右派的“合法民主”的主要对抗模式。新左派对当代自由民主制中个人“自由和平等”的观点提出了质疑，认为“自由平等的个人”比自由主义理论所认为的要少得多；国家不可能是“独立权威”或“受约束的不偏不倚的力量”，因此仅仅靠选举并不能保证国家的民主性质；公民只有直接地不断参与社会和国家的管理，国家才能实现民主，自由和个人发展也才能充分实现。同新右派一样，新左派也由不止一个政治思想流派构成，不过其主要代表是帕特曼和麦克弗森等人。

模式VII：合法型民主。其理想和目标是：多数原则是一个保护个人免受政府侵害和维护自由的有效、合宜的方式。然而，由于政治生活和经济生活一样，是一个个人自由和主动性的问题，因而多数统治必须由法治加以限制。只有在这种条件下，多数原则才能明智地、公正地发挥作用。其主要特征有：（1）宪政国家（其模式基于英美政治传统的特色，包括明确的分权）。（2）法治。（3）国家对公民社会和私人生活的最低限度干预。（4）最大活动

① ［英］赫尔德：《民主的模式》（最新修订版），燕继荣等译，王浦劬校，中央编译出版社2008年版，第215页。

② ［英］赫尔德：《民主的模式》（最新修订版），燕继荣等译，王浦劬校，中央编译出版社2008年版，第231页。

范围的自由市场社会。其基本条件是：（1）在自由原则指引下的有效的政治领导。（2）最大程度地限制过度的官僚管理。（3）对利益集团，尤其是工会的角色加以限制。（4）国际自由贸易秩序。（5）最大程度地限制各种形式的集体主义的威胁（如有可能，将其彻底根除）。①

模式 VIII：参与型民主。其理想和目标是：享有自由的平等权利和自我发展只能在“参与性社会”中才能实现，这个社会培植政治效率感，培养对集体问题的关心，有助于形成一种有足够知识能力的公民，他们能对统治过程保持持久的兴趣。其主要特征有：（1）公民直接参与对包括工区和地方社区在内的社会中关键制度的管理。（2）重新组织政党体系，使政党官员直接对政党成员负责。（3）“参与性政党”在议会或立宪制内运作。（4）保持一种开放的制度体系，以确保试验政治形式的可能性。

其基本条件是：（1）通过物质资源的再分配，直接改造许多社会团体的不佳资源基础。（2）在公共和私人领域，最大限度地削减不负责任的官僚权力（如有可能的话，将其彻底消除）。（3）开放的信息体系，确保充足信息条件下的决策。（4）重新审查照顾孩子的规定，以便妇女同男子一样具有参与公共生活的机会。②

在赫尔德看来，“关于对民主的思考，存在着两种截然不同的观点：一种观点认为政治参与有它自身的价值，它是自我实现的基本模式；另一种观点把民主政治理解为保护人民防止专制统治和表达人们偏好（通过各种集合的机制）的一种手段。”③前面所述的八种民主模式似乎在以下两个维度上涵盖了所有可能的政治领域：在政治平等和公民权扩大到所有成年人，以及民主范围扩展到经济、社会和文化事务上。然而，在最近几十年又出现了一种新的模式，即“协商民主”。协商民主主义者所关注的问题是：“民主过程和制度是否应该建立在那些政治参与者实际的或经验性的意志上，或者是否应该建立在被称为‘理性’的政治判断的基础上。”④协商民主致力于改善民主

① 参见［英］赫尔德：《民主的模式》（最新修订版），燕继荣等译，王浦劬校，中央编译出版社 2008 年版，第 238 页。

② 参见［英］赫尔德：《民主的模式》（最新修订版），燕继荣等译，王浦劬校，中央编译出版社 2008 年版，第 246 页。

③ ［英］赫尔德：《民主的模式》（最新修订版），燕继荣等译，王浦劬校，中央编译出版社 2008 年版，第 265 页。

④ ［英］赫尔德：《民主的模式》（最新修订版），燕继荣等译，王浦劬校，中央编译出版社 2008 年版，第 266 页。

质量的政治途径，认为改善政治参与的性质和形式，而不只是增加政治参与的机会，这才是问题之所在。协商民主经常把当代民主，不论是代议制民主还是直接民主，刻画为个人冲突、名人政治、口水政治以及赤裸裸地追求个人利益和野心。与此相反，他们主张有见地的辩论、理性的公共运用和对真理的执着追求。"协商民主"这个术语首先被约瑟夫·贝塞特（Joseph Bessett）使用的，而其代表人物有詹姆士·费斯金（James Fishkin）、约翰·德雷泽克（John Dryzek），特别是哈贝马斯。

模式IX：协商民主。其理想和目标是：政治结社有赖于公民自由而理性的同意。政治决策过程中展开"相互辩论"是寻求集体问题解决方案的合法性基础。其主要特点有：（1）协调性民意测验，协商日，公民评议会。（2）电子政务：从全面的网络公布到直接与代表沟通。（3）电子民主：包括在线公共论坛的各种方案。（4）群体分析和政策建议的群体动议。（5）涵盖公共生活各个领域的协商：从小型论坛到跨国平台。（6）与协商性民意测验相联系的全民公投的应用。协商有一个深化的过程，这个过程是从对代议制民主的更新到激进的、协商参与式民主。其一般条件是：（1）价值多元主义。（2）强有力的公民教育计划。（3）公共文化和制度：支持发展"精练"的和"深思熟虑"的偏好。（4）资助协商机构及其活动以及下属团体的公共基金。在赫尔德看来，协商民主这种近三四十年出现的民主模式在多大程度上被理解为民主的创新模式，或者被理解为代议制民主方式的变化而发挥作用，这仍然是需要深入探讨的问题。

在对以上九种民主模式进行了系统考察和批评的基础上，赫尔德阐述了他自己关于民主的观点，并据此提出了他自己的民主模式，即第十种民主模式：民主自治与世界主义民主的模式。

赫尔德认为，民主应被优先视为政治的善的概念，因为它至少在理论上提供了一种以公平和正义的方式商讨并调解价值争议的政治和生活的方式。"民主是唯一的'最高'或'总体的'表述，它可以合法地设定现代各种相互竞争的表述。"[①] 为什么应该这样呢？一些人认为民主代表了历史的终点，而另一些人则认为民主的现存形式只是一种骗术。那么，民主的意义何在呢？对此，赫尔德作了如下明确的阐述："民主的思想是重要的，因为它不仅体现了自由、平等和公正等诸多价值中的一种价值，而且它是可以联系

① ［英］赫尔德：《民主的模式》（最新修订版），燕继荣等译，王浦劬校，中央编译出版社2008年版，第297页。

和协调相互竞争的种种顾虑的一种价值。它是一种指导取向，有助于为详细说明不同的规范性问题之间的关系创立基础。民主并不以不同价值的一致为先决条件，毋宁说，它只是为把价值相互联系起来并把解决价值冲突放到公开参与公共过程之中提供一种方法，它只是被用来为这一过程本身的形式提供特定的保护。民主主张中更深刻的因素就蕴藏在这里。”①赫尔德指出，把民主定义为政治的善并不会为解决所有不公正、邪恶和危险现象提供灵丹妙药，但它为捍卫涉及一般事务的公共对话和决策过程提供了良好的基础，并为它的发展提供了制度途径。他认为，民主并不是所有问题的答案，但如果阐述和运用恰当，可以认为民主设计了一种变化的方案，在这种方案中或通过这种方案，那些迫切的实质性问题将比在其他政权之下得到更好的机会予以考虑、争论和解决。

赫尔德认为，近代以来的民主理论家都有一系列共同的渴望，而“自治”或“独立”的概念把这些渴望联系在一起了。“‘自治’意味着人类自觉思考、自我反省和自我决定的能力。它包括在私人和公共生活中思考、判断、选择和根据不同可能的行动路线行动的能力。”②在赫尔德看来，使人们关心现代政治思想中自治问题的广泛热望，可以概括为“自治原则”：“特定的政治框架形成并限制着个人可利用的机会，在这个框架范围内，个人应该享有平等的权利，因而承担同等的义务，这就是说，只要他们不用这种框架来否定别人的权利，那么，他们在深入思考自己的生活条件的过程中就应该是自由和平等的。”③赫尔德认为，自治原则是区分合法权力的原则，它表达了对民主认同之基础的关注。但是，要充分把握这一原则的含义，还有以下要素需要作进一步阐述：其一，人们在形成其生活和机会的政治框架中应该享有平等的权利和义务，这一观念原则上意味着他们应该享有平等的自治权，以便他们能够作为自由和平等的行动者追求个人和集体的方案。其二，“权利”的概念意味着资格，无须冒专断或不公正干涉而实施行动的资格。权利界定了独立行动（或不行动）的合法范围。它既赋予能力（即为行动创造空间），又施加限制（即对独立行动设定限制条件以免它剥夺和

① ［英］赫尔德：《民主的模式》（最新修订版），燕继荣等译，王浦劬校，中央编译出版社2008年版，第297页。

② ［英］赫尔德：《民主的模式》（最新修订版），燕继荣等译，王浦劬校，中央编译出版社2008年版，第299—300页。

③ ［英］赫尔德：《民主的模式》（最新修订版），燕继荣等译，王浦劬校，中央编译出版社2008年版，第300页。

侵害他人的自由）。因此，权利具有结构的维度，既给予机会均等，又赋予责任。其三，在决定自己的生活条件时，人们应该是自由和平等的，这一思想意味着他们应该能够参与所有人都可以自由平等地参与的有关紧迫的公共问题的争论和审议的过程。在这个框架内，合法的决定不是一个必须根据“所有人的意志”做出的决定，而是所有人在政治过程中协商的结果。由此看来，民主过程与大多数人统治的程序和机制是一致的。其四，这一原则的限制条件——个人权利需要保护——表达了对立宪政府的同样要求。自治原则既指明了个人必须是“平等和自由”的，也阐明了“多数”不能把自己的意志强加于他人。也就是说，必须要有制度安排，包括宪法规则和保护措施，来保护个人或少数人的立场。其五，群体需求相对于个人权利和自由来说，永远居于第二位。但是，在自由与平等的基础上参与公共讨论仍然要求群体的需求应当被听到，并被审查，它的可推广性也应当得到检验。[①]

在赫尔德看来，自治原则的实现需要建立一种集体深思的决策制度，这个制度允许公民参与对他们有重要影响的形形色色的政治事务。要使这样一种制度是充分民主的，它就必须符合下列标准：（1）有效参与，即公民必须有足够和平等的机会均等来形成他们的偏好，就公共议程提出问题，并表述其造成一种而不是另一种结果的理由；（2）有见识的理解力，即公民必须享有充分和平等的机会，以发现和确认什么样的选择最有利于实现他们的利益；（3）在决定性阶段的平等投票权，即确保每个公民在集体决策的决定性阶段的判断与其他公民的判断分量相等。（4）议程的控制，即人民必须有机会决定什么问题可以或不可以通过符合上述三个标准的程序进行决定；（5）包容性，即为所有成年人提供公民权力，使其在政体中合法地拥有一席之地。赫尔德认为，在构建民主制度计划的一开始，就必须承认一系列基本的自由原则的重要性，这些原则包括：公共权力的“非人格化结构”，有助于保证和保护权利的宪法，国家内外权力中心的多样化，促进不同政治纲领竞争和争论的机制。总的来看，国家与公民社会的分离必须是任何民主政治秩序的主要特征，要警惕任何设想国家要以取代公民社会或相反的民主模式。要确立自治原则，就必须认识到双重民主化过程的必然性。“所谓双重民主

① 参见［英］赫尔德：《民主的模式》（最新修订版），燕继荣等译，王浦劬校，中央编译出版社2008年版，第301页。

化过程，就是国家与公民社会相互依赖着实现转型。”[①]也就是，国家权力要改造，公民社会要重新构建。围绕着一个“双民主化”过程来制定自治原则，就产生了一个赫尔德所说的“民主自治”（或“自由社会主义”）的国家和公民社会的模式。

模式X-a：民主自治。其理想的目标是：在确定一个政治框架时——这个框架给人们创造了机会，同时也限制了人们能利用的机会——个人应享有平等的权利和平等的义务：他们应自由地和平等地协商他们自己的生活条件并决定他们自己的生活条件——只要他们不利用这一框架否定别人的权利。其主要特征包括国家和公民社会两个方面。从国家方面看包括：（1）宪法和权利法案中对于自治原则有着不可动摇的规定。（2）议会或国民大会结构（围绕基于PR[②]的两院制来组织）。（3）司法体系，其中包括专门论坛来检验对于权利的各种解释（SR）[③]。（4）竞争性政党体系（通过公共基金和DP[④]来重建）。（5）中央和地方的行政管理机构（内部组织包括DP要素和协调“地方用户”需求的要求）。从公民社会方面看包括：（1）家庭、信息来源、文化机构、消费者团体等类型的多样化。（2）诸如儿童抚育、医疗中心和教育等社会服务设施，它们在内部组织过程中包含有DP的成分，但其优先权由成年使用者确定。（3）发展并试验不同类型的自我管理的企业。（4）多种形式的私人企业，以促进革新和经验灵活性。

其基本条件是：（1）人们可以获得公开和免费的信息，以确保在公共事务中采取信息充分的决定。（2）充分利用从“协商民意调查”到“选民反馈”的协商民主的机制和程序，以促进有见识的参与过程。（3）政府经过与公共或私人机构协商设定对经济的总体调整目标，但对商品和劳务实行充分的市场管理。（4）通过管理上有活力的市政机关确立管理劳动力、福利、卫生和环保的规则。（5）将公共和私人生活中的不负责任的权力中心减到最少。（6）维持易于进行组织形式试验的制度框架。[⑤]

---

① ［英］赫尔德：《民主的模式》（最新修订版），燕继荣等译，王浦劬校，中央编译出版社2008年版，第312页。

② PR指以“比例代表制”（Proportional Representation）为基础选举代表。

③ SR指以“统计学代表制”（Statistical Representation）为基础选举代表，即那些在统计学上能代表包括性别、种族这样的关键性社会类目的一个样本。

④ DP指特定的公民对一个组织的管理的直接参与（Direct Participation），包括公开集会、地方性复决权和授权代表制。

⑤ ［英］赫尔德：《民主的模式》（最新修订版），燕继荣等译，王浦劬校，中央编译出版社2008年版，第317页。

赫尔德是当代著名的全球治理专家，其全球治理思想独具特色。赫尔德从全球化的发展出发，对全球化的本质及其影响进行了界定，指出了全球治理的必要性及其现实条件；同时，赫尔德又从正义和民主的原则出发，以平等的个人为价值趋向，探讨了全球治理的规范基础及其对理想国际秩序的道德诉求；在此基础上，赫尔德转向世界主义哲学传统，构建出了世界主义民主这一新的全球治理模式。①

全球治理理论于20世纪90年代兴起，它是随着全球化的发展而出现的。全球治理的创始人之一詹姆斯·罗西瑙（James Rosenau）首先提出"没有政府的治理"理论②，引起人们广泛关注。随后，对全球治理的探讨迅速风靡于政治学和国际关系学界。在欧洲，也涌现出许多著名的全球治理专家，赫尔德便是其中显赫的一位。

赫尔德对全球治理的研究，首先是以探讨全球化为出发点的。"全球化以一种全新的紧迫性，提出了世界事务应该如何治理的问题。"③在赫尔德看来，"全球化就是指人类组织规模的变革或转变，使得遥远的共同体相互联系，并在全世界扩大权力关系的影响力。"④。他认为，"全球化"是个十分有争议的概念，但是，关于全球化不是什么却有一些一致的看法。这些看法包括：（1）全球化不等于美国化；（2）在福利和劳工待遇水平方面，并不存在简单的竞相逐低现象；（3）并不存在环境水平简单恶化；（4）全球化与民族国家的终结无关；（5）全球化不一定威胁民族文化；（6）全球化不一定增加了全球不公正；（7）全球化不一定增强了企业力量；（8）整体来看，发展中国家并未在世界贸易中受损失；（9）经济全球化和当前国际治理结构并未排除发展中国家的"声音"和影响；（10）反对主导政治和经济利益的大众反对派，未必会因为缺乏许多国家和跨国公司控制的多种资源而注定失败。⑤赫尔德认为，全球化并不是仅仅引发完全消极或者完全积极的统一的、一元

① 以下部分根据李刚先生的《论戴维·赫尔德的全球治理思想》一文整理的，该文见《东北大学学报》（社会科学版）2008年第3期。

② ［美］詹姆斯·罗西瑙：《没有政府的治理》，张胜军、刘小林译，江西人民出版社2001年版。

③ ［英］赫尔德、安东尼·麦克格鲁：《治理全球化权力、权威与全球治理》，曹荣湘、龙虎译，社会科学文献出版社2004年版，第11页。

④ ［英］赫尔德：《全球盟约：华盛顿共识与社会民主》，周军华译，社会科学文献出版社2005年版，第1页。

⑤ 参见［英］赫尔德：《全球盟约：华盛顿共识与社会民主》，周军华译，社会科学文献出版社2005年版，第4—14页。

的进程，它是由拥有多重影响的复杂进程所形成和组成的。当前阶段的全球化正在改变世界秩序的基础，从只基于国家政治的世界转向新的、更复杂的全球政治和多层治理的形式。因此，全球化没有简单导致“政治的终结”或管制能力的衰亡，相反，全球化与政治活动的扩张、参与政治生活的角色范围的扩大更为密切地联系在一起，它通过不同运作层次的新手段刻画着政治的延续性。然而，全球化又使人类面临严重挑战。赫尔德赞同理斯查德（J. F. Rischard）将这种挑战归结为三类核心问题的二十个挑战。它们是:（1）我们共同的地球：全球共同的问题。包括：全球变暖；生物多样性和生态系统的损失；过度捕捞；森林过度砍伐；水资源缺乏；海事安全和污染。（2）我们共同的人类：需要全球参与的问题。包括：进一步与贫困作斗争；维护和平、防止冲突、打击恐怖主义；全民教育；全球传染病；数字鸿沟；预防和缓和自然灾害。（3）我们共同的规则手册：需要全球规制解决的问题。包括：重新确定21世纪的税收；生物技术规则；全球金融建构；非法毒品；贸易、投资和竞争规则；知识产权；电子商务规则；国际劳动力和移民规则。[①] 赫尔德将这些挑战概括为这样一种矛盾：“我们必须解决的集体问题日益广泛和集中，但是处理它的方式仍是软弱的和不完全的。”[②] 他认为，在我们联系越来越紧密的世界里，这些全球问题不能通过任何单个国家的独自行动而解决。它们需要集体和协同的行动。因此，加强和改善全球治理就成为人类应对全球问题的必然选择。

与此同时，赫尔德认为在全球化的条件下加强和改善全球治理的现实条件具有可能性。首先，在经济领域，跨国公司已成为全球经济活动的重要组织者，它们在全球从事跨国性的生产、贸易与金融活动，其母公司与各地的分公司之间已经形成一个严密的跨国协调网络。同时，各种非政府商业组织和金融机构也日趋活跃，这些商业机构和实体已经打破国家对经济权力的垄断，建立起纵横交错的跨国协调机制。其次，在政治领域，政治全球化已经使政治组织的本质和形式发生了重大变革，出现了“全球政治”的新特征。赫尔德认为，全球政治意味着传统上把政治分为国内政治与国际政治、地方

---

① 参见［英］赫尔德:《全球盟约：华盛顿共识与社会民主》，周军华译，社会科学文献出版社2005年版，第16—17页。

②［英］赫尔德:《重构全球治理：未来启示或者改革》，［英］赫尔德、［英］麦克格鲁主编:《全球化理论：研究路径与理论论争》，王生才译，刘贞晔审校，社会科学文献出版社2009年版，第283页。

政治与非地方政治的做法已不再有效，政治关系在空间和时间上被扩展与延伸了，政治权力和政治活动已跨越现代民族国家界限，表现出无处不在的特点。各种非国家机构大量涌现，国家被嵌入到了一个由各种组织、协议、机构、制度安排交织构成的政治网络中。最后，在社会领域，各种社会运动与民间组织、团体的兴起，意味着在国家与市场之外已经形成了一个全球性的市民社会。这些民间组织在环境、人权、反战、反贫困、卫生、人道主义援助等不同领域广泛开展活动，或是游说、抗议、游行，或是从事跨国倡议与宣传，从而发挥了国家所不能替代的作用。像大赦国际、国际红十字会、绿色和平组织等团体，其在道义和舆论上的影响甚至超过了许多中小国家。基于以上事实，赫尔德认为，全球治理并非是从零开始的。在国家、跨国公司、国际组织、国际商业机构以及民间社会团体之间，已经形成了一个巨大的全球治理之网，全球治理作为一种事实正处于发展中。①

赫尔德之所以强调加强和改善全球治理体系，是因为他认为当前的全球治理体系是一个不民主的、缺乏正义的扭曲体系，它在国际层次上反映的是一种权力等级关系，经常为了最强大国家和社会力量的利益而牺牲世界大多数居民的利益。因此，必须对它进行改革或重建，使其既符合民主参与、民主决策的基本原则，又能确保公正的实现。在赫尔德看来，符合公正与民主的全球治理模式，必然是世界主义的模式。世界主义的历史发展已经历了三种形态：古典世界主义（以斯多亚主义为代表）、康德的“世界公民”思想、当代世界主义。②。赫尔德在坚持世界主义基本价值的同时，又从民主的角度对其进行了扩展，从而把世界主义概括为八项原则：平等的价值和尊严；主观能动性；个体责任和义务；同意；公共事务须通过投票程序集体决策；包容性与从属性；避免严重伤害；可持续性。③ 以这八项原则为道德参照，赫尔德最终构建出了世界主义民主（Cosmopolitan Democracy）这一新的全球治理模式。“世界主义民主”在地区和全球的层面发展行政管理能力和独立的政治资源，以作为地方和国家政治的必要补充，同时进一步加强联合国试图巩固和发展地区和全球层面的民主系统本身的行政管理能力和责任。“世

① 参见李刚：《论戴维·赫尔德的全球治理思想》，《东北大学学报》（社会科学版）2008 年第 3 期。

② ［英］赫尔德、安东尼·麦克格鲁：《治理全球化权力、权威与全球治理》，曹荣湘、龙虎译，社会科学文献出版社 2004 年版，第 458—462 页。

③ 参见［英］赫尔德：《全球盟约：华盛顿共识与社会民主》，周军华译，社会科学文献出版社 2005 年版，第 229 页。

界主义民主将不需要逐个削弱国家的能力，而是在全球范围内试图巩固和发展地区和全球层面的民主制度，以作为对民族国家层面的民主制度的必要补充。这种民主观念的基础是：一方面承认民族国家仍然有继续存在和发展的意义，另一方面主张以另一层面的管理作为对民族国家主权的限制。”[①]关于这种民主的构想见之下面的模式 X-b。这一模式分别从短期和长期的政治应用角度进行了可能变革的设计。它并不是提供一种非此即彼的选择，而是以明确的倾向性拟定了可能变革的方向。

模式 X-b：世界主义民主。其理想和目标是：在地区和全球关系不断深化的世界里，共同体的命运明显交织在一起，无论是在地区和全球网络中，还是在国家与地方政治中，都有必要确立自治原则。其主要特征包括政体 / 统治和经济 / 公民社会两个方面，每个方面又包括短期的和长期的特征。政体 / 统治的短期特征有：（1）改革联合国的主要统治机构，如安理会（给发展中国家更多发言权和有效决策的能力）。（2）创立联合国下院（按照国际立宪公约）。（3）促进政治的地区化（如欧盟和欧盟以外更大地区），并使用跨国的复决权。（4）创立新的国际人权法院，该国际法院有强制性司法管辖权。（5）建立一支有效、负责的国际军事力量。政体 / 统治的长期特征有：（1）与不同领域的政治、社会和经济力量相关系的“新权利与义务宪章”。（2）与地区、国家和地方相联系的全球议会（拥有有限的征税能力）。（3）政治和经济利益分离，计划中的大会和选举过程由公众提供基金。（4）互相联系的全球法律体系，包含刑法和民法的内容。（5）民族国家强制力量越来越大的部分永久转移到地区和全球机构。

经济 / 公民社会的短期特征有：（1）进一步以非国家、非市场的方式解决公民社会的组织问题。（2）在经济生活中，试验各种民主组织形式。（3）向社会地位最低的人提供资源、使他们能保护并表达自己的利益。经济 / 公民社会的长期特征有：（1）在公民社会中创立多种多样自我管理制的联合会和团体。（2）多部门经济，所有制形式的多元化。（3）通过大众的考虑和政府的决定，来确定社会基本投资重点，但产品和劳动力由市场进行广泛地调节。其基本条件是：（1）在地区、国际和全球范围内，资源流动和互动网络持续发展。越来越多的人认识到，在许多领域，包括社会、文化、经济和环境领域，政治共同体之间的彼此联系在不断增强。（2）人们明显意识

① ［英］赫尔德：《民主的模式》（最新修订版），燕继荣等译，王浦劬校，中央编译出版社 2008 年版，第 342 页。

到，彼此交叉的“集体命运”要求采取民主协商的解决方式，无论在地方、国家、地区还是全球层面上都是如此。（3）在制定和执行国家、地区和国际法律过程中，进一步确立民主权利和义务。（4）国家军事强制力越来越大的部分转让给跨国机构和机关，其最终目的是使各国的战争系统非军事化，从而超越各国的战争系统。①

① 参见［英］赫尔德：《民主的模式》（最新修订版），燕继荣等译，王浦劬校，中央编译出版社 2008 年版，第 346 页；也见［英］赫尔德：《全球盟约：华盛顿共识与社会民主》，周军华译，社会科学文献出版社 2005 年版，第 220 页。

第四章　现代法治主义德性思想

"法治"（the rule of law）的字面意思是"法的统治"。这个术语，是英国法学家宪政理论家戴雪（Albert Venn Dicey, 1835—1922）于1885年出版的《英宪精义》（*An Introduction to the Study of the Law of the Constitution*）中最早提出的。他还明确阐述了法治的含义主要在于唯有法院才有权对人施以处罚、任何人不得凌驾于法律之上和个人的宪法权利必须得到司法实践的保障。[①] 与法治形成对照的是"用法统治"（rule by law），这个概念的基本含义是以法律作为手段进行统治。"法的统治"强调的是法律是国家的最高权威，国家的治理就是法律的治理，一切权力都必须在法律之下并服从法律的权威；而"用法统治"则强调统治者运用法律进行统治，统治者而不是法律才是国家的最高权威，国家的治理是统治者的治理，权力可以凌驾于法律之上。两者之间的这种区别可以概括为"法下治理"和"法上治理"的区别。[②] 通常认为，"法的统治"是近现代法治社会才真正出现的，而"用法统治"是任何文明社会形态都存在的。

西方近代法治理论的实质价值原则主要包括人权原则、民主原则、自由和平等原则，而其形式程序原则主要包括法律至上原则和法律普遍原则。20世纪初以来，西方社会经济生活发生了很大变化，西方近代以来形成的法治主义原则受到了强烈的挑战，在法治领域出现了许多新的现象：普遍加强了国家对社会生活的干预；由注意"形式公正"转变为"结果公正"；法官的自由裁量权增大；民法不再居于整个法律体系的中心，国营企业的出现使

① 参见［英］宾汉姆：《法治》，毛国权译，中国政法大学出版社2012年版，第3—6页。

② 参见江畅：《社会主义核心价值理论研究》，北京师范大学出版社2012年版，第171页以后。

国家成为司法活动的主体；授权立法、行政立法的作用日益扩大，议会立法的中心地位受到削弱；等等。在这种挑战面前，一些西方学者认为，西方近代法治主义理论在现代出现了危机。实际上，当代西方法律制度并没有抛弃近代的法治主义理论传统，仍然坚持以自由、平等、民主、法治等作为自己的宗旨。如果说有什么变化的话，那么可以说，近代法治侧重强调形式意义上的法治公正和纯粹法律规则的公平，而现代法治更加重视法律的实质公正和法律实施结果的效能。显然，这是一种从传统重视法治形式到现代更加重视法治目的之实质公正的转变，正是在这种转变中，西方的法治正在走向完善。在这种转变中，现当代西方不少学者努力提出适应新情况的当代法治理论，形成了多种新的法学分支，其中最有影响的有分析法学派、新自然法学派、社会法学派、综合法学派、经济分析法学派等。

法治与自由、平等、公正和民主密不可分，这些侧重法治的思想家的思想中也包含着其他社会德性思想。例如，有人认为哈贝马斯更倾向于自由主义，更有人认为他是协商民主理论的代表人物。同样，前面我们列入自由主义和民主主义范畴的思想家理论中也包含法治思想，如哈耶克就是如此。因此，我们关于西方现当代自由主义、民主主义和法治主义划分是相对的，主要是就思想家研究的侧重点而言的。

一、哈贝马斯的民主法治国家理论

哈贝马斯（Jürgen Habermas, 1929—）是德国当代最重要的哲学家、政治哲学家，法兰克福学派的第二代旗手。他曾任海德堡大学教授、法兰克福大学教授、法兰克福大学社会研究所所长以及德国马普协会生活世界研究所所长，1994 年荣休。哈贝马斯著述丰富，迄今有数十部著作问世，主要代表作有:《公共领域的结构转型》（*Strukturwandel der Öffentlichkeit/The Structural Transformation of the Public Sphere*, 1962），《社会科学的逻辑》（*Zur Logik der Sozialwissenschaften /On the Logic of the Social Sciences*, 1967），《知识和人类兴趣》（*Erkenntnis und Interesse/Knowledge and Human Interests*, German, 1968），《作为意识形态的技术和科学》（*Technik und WissenschaftalsIdeologie/Technology and Science as Ideology*, 1968），《理论与实践》（*Theorie und Praxis / Theory and Practice*, 1971），《合法性危机》（*Legitimationsproblemeim Spätkapitalismus/ Legitimation Crisis*, 1973），《重建历史唯物

主义》(*ZurRekonstruktion des HistorischenMaterialismus,* 1976),《交往与社会进化》(*Communication and the Evolution of Society*, 1979),《交往行为理论》(*Theorie des kommunikativenHandelns / The Theory of Communicative Action*, 1981),《道德意识与交往行为》(*Moralbewußtsein und kommunikativesHandeln / Moral Consciousness and Communicative Action*, 1983),《现代性的哲学话语》(*Der philosophischeDiskurs der Moderne / The Philosophical Discourse of Modernity*, 1985),《后形而上学思想》(*NachmetaphysischesDenken / Postmetaphysical Thinking*, 1988),《事实与价值——对一种法律和民主话语理论的贡献》(*Faktizität und Geltung. Beiträgezur Diskurstheorie des Rechtes und des demokratischenRechtsstaats / Between Facts and Norms: Contributions to a Discourse Theory of Law and Democracy*, 1992),《论证与应用》(*Justification and Application*, 1993),《包容他者》(*Die Einbeziehung des Anderen / The Inclusion of the Other*, 1996),《论交往的语用学》(*On the Pragmatics of Communication*, 1992),《后国家结构》(*Die postnationaleKonstellation / The Postnational Constellation*, 1998),《真理与论证》(*Wahrheit und Rechtfertigung / Truth and Justification*, 1999),《合理性与宗教》(*Rationalität und Verständigung / Rationality and Religion*, 1999),《人类本性的未来》(*Die Zukunft der menschlichenNatur / The Future of Human Nature*, 2001),《被划分的西方》(*Der gespalteneWesten / The Divided West*, 2004),《自然主义与宗教之间——哲学文集》(*ZwischenNaturalismus und Religion / Between Naturalism and Religion*, 2005)。

哈贝马斯致力于重建"启蒙"传统,视现代性为"一项未完成的设计"[①],提出和阐述了以交往行为理论为基础、以民主法治国家理论为中心内容的社会德性思想,其内容丰富而深刻,体系宏大而完备,被公认为"当代最有影响力的思想家",在西方学术界占有举足轻重的地位。就社会德性思想而言,哈贝马斯的最重要贡献在于提出并系统阐述了以商谈论为基础、以程序性民主为核心内容的权利体系和法治体系。作为第二代社会批判理论的主要代表人物,哈贝马斯首先从现实角度考察了晚期资本主义国家的合法化危机及其民主实践的危机,分析了经济学民主与系统间民主这两种民主方案在解决民主实践危机上的无能为力,最终揭示了晚期资本主义民主的困境根

① [德]哈贝马斯:《现代性的哲学话语》,曹卫东译,译林出版社 2011 年版,作者前言第 1 页。

源于“具有交往结构的生活领域听任具有形式结构的独立的系统的摆布”[①]的社会文化系统，并追溯到现代性的危机。哈贝马斯认为，西方民主的实践难题是由意识哲学（主体哲学）范式和思维方式以及由此而造成的理性的不平衡发展所致，他于是试图通过哲学范式的转换与理性的重建来为民主法治国家理论提供哲学基础和规范基础。哈贝马斯通过重建历史唯物主义并将哲学范式由意识哲学转向语言哲学，创立了独特的普遍语用学，并将其运用于以沟通为目的的具有主体间性的交往行为，提出“交往理性”概念并以此为基础建立了不同于契约论的商谈论。关于这种商谈论，哈贝马斯说：“和契约论的先驱者们相似，商谈理论同样模拟出一种起始状态：任意数量的一些个人，自愿地加入一种立法实践。对这一自愿性的构想是满足参与各方具有本原性平等的重要条件，他们表示的‘可’与‘否’都同等算数。”[②]参与者们必须满足进一步的三个条件：一是他们必须在一项共同的决心上联合一致；二是他们准备并能够参加实践商谈；三是明确把这一实践的意义作为题目，使人注意到一系列建设任务，并使之在下一阶段、在立法工作能够开始之前得到解决。

哈贝马斯认为，以交往理性取代以主体为中心的理性是走出主体哲学的另一条路径，[③]而交往行为的成功、交往理性的实现，除了要遵循作为可能相互理解普遍条件的“言语的有效性”要求外，还要以商谈论的基本原则尤其是商谈原则为保障。哈贝马斯以商谈论为依据，对西方近代以来的法律观念和实践进行了反思性批判，提出了一种“民主法治国家”的构想，建构了他自己的权利体系和法治国家原则体系。为了解决在何种条件下法律的产生具有合法化效果这个问题，亦即民主问题，哈贝马斯系统批评了经验性民主模式，特别是作为规范性民主模式的自由主义和共和主义，并在此基础上阐述了他的程序性民主理论，从而描绘出了一幅商议性政治的理想图景。哈贝马斯还在分析民族国家取得的历史成就和面临的现实挑战的基础上，根据当代全球化趋势的经验提出了民族国家扬弃论，并以欧盟的经验为参照，同时立足于“宪法爱国主义”的认同模式，描绘了“世界共同体”的世界政治图

---

① ［德］哈贝马斯：《交往行为理论——行为合理性与社会合理化》，曹卫东译，上海人民出版社2004年版，第一版序言第4页。

② ［德］哈贝马斯：《宪政民主：矛盾诸原则之间的一种悖谬联结？》，薛华译，佟德志编：《宪政与民主》，江苏人民出版社2008年版，第169页。

③ 参见［德］哈贝马斯：《现代性的哲学话语》，曹卫东译，学林出版社2011年版，第345页以后。

景——“没有世界政府的世界内政”，并将其程序民主理论向世界范围拓展，提出了建立“后民族民主”的构想。哈贝马斯程序性民主理论的核心内容是商谈，而这一理论是以他的商谈论为基础的，正是在这种意义上，人们常常将他的民主理论称为“商谈（或协商）民主理论”。

（一）公共领域与合法化危机

哈贝马斯早年对公共领域的关注和研究是他思考民主政治理想及其现实性的切入点，并且贯穿于他的整个思想框架之中。在近代西方国家化过程中，国家（公共权力）与社会（私人生活）逐渐分离开来，近现代西方政治思想家大多延续了这种传统的路径，即“国家—社会”二元分立模式，只不过重点略有不同而已。“国家—社会”的关系，实质上就是“公”与“私”的关系。无论是为私人生活进行辩护还是对公共权力进行论证，都不可能绕开这一社会基本关系。为了对这一基本关系给予更清楚的回答，哈贝马斯将介于国家与社会之间的公共领域提到了一个非常显著的高度，以至于使其拥有并列于国家和社会的特殊重要地位。他一方面试图再现或构建一个基于规范性理性理想的政治事务讨论空间（即资产阶级公共领域），并展现其产生、发展及运作的内在机制；另一方面则致力于从历史发展的特殊视角揭示出资产阶级公共领域的内在矛盾，从而引起人们对民主问题何去何从的进一步思考。① 公共领域的理论，既为他批判当代政治和社会提供了依据，又为他后来构建交往行为理论、协商民主理论以至整个政治理论奠定了基石。

“公共领域”（Öffentlichkeit/ Public Sphere）一词并非由哈贝马斯所首创。在他之前，德语世界的众多学者（如熊彼特）都研究过同一主题。在英语世界，德裔犹太女学者汉娜·阿伦特和更早的杜威也分别从公共哲学的角度探讨过相关问题。这一概念在不同的学者那里含义不尽相同。一般而言，公共领域的根本性质在于“公共性”。关于公共性，哈贝马斯认为它是一个与封闭性相对的概念，表达了某种开放性。“举凡对所有公众开放的场合，我们都称之为‘公共的’，如我们所说的公共场所或公共建筑，它们和封闭社会形成鲜明对比。”② 由于具有这种性质，所以公共领域具有开放性、普遍性，

① 参见艾四林、王贵贤、马超：《民主、正义与全球化——哈贝马斯政治哲学研究》，北京大学出版社 2010 年版，第 4—5 页。

② ［德］哈贝马斯：《公共领域的结构转型》，曹卫东、刘北城等译，学林出版社 1999 年版，第 2 页。

其活动是在公开的、普遍参与的状态下而非在封闭的、排他的状态下进行的。同时，公共性是一个与私人性相对的概念。“公共性本身表现为一个独立的领域，即公共领域，它和私人领域是相对立的。有些时候，公共领域说到底就是公众舆论领域，它和公共权力机关直接相抗衡。有些情况下，人们把国家机构或用来沟通公众的传媒，如报刊也算作‘公共机构’”①。由此看来，公共领域在一般意义上是指一个开放的、与私人相对的公众空间。

在哈贝马斯那里，公共领域除了具有一般意义之外，还被赋予了特定的意义，即“资产阶级公共领域”（bourgeois public sphere）。在这种意义上，公共领域是指资本主义社会中国家与社会之间的兼具私人性与公共性的、作为“中间地带”的公共空间。“资产阶级公共领域首先可以理解为一个由私人集合而成的公众的领域；但私人随即就要求这一受上层控制的公共领域反对公共权力机关自身，以便就基本上已经属于私人，但仍然具有公共性质的商品交换和社会劳动领域中的一般交换规则等问题同公共权力机关展开讨论。”②它通过提供一个理性、自由、开放的讨论空间，在国家与社会之间建起一座沟通的桥梁。就其性质而言，公共领域指的是那样一些社会场所，它们容纳市民之间公开及理性的争论，以形成公共意见。就其形式而言，那些争论以面对面的方式进行，或者通过信件以及其他书面交流方式来进行，并且也许可以通过杂志、报刊以及其他电子媒介进行交流。就其实质而言，在最理想的意义上，公共领域应该向所有公众敞开，其所达成的一致应该由论证之力量来保证，而非受制于任何物质力量的影响。③哈贝马斯所说的“公共领域”开始是指资产阶级公共领域，后来被扩展至全球。

哈贝马斯认为，资产阶级公共领域是伴随着资产阶级（市民阶级）的出现而逐渐形成的特殊历史形态。它尽管与其在意大利文艺复兴时期城市中的前身具有某些相似之处，但它最先是在十七八世纪的英格兰和法国出现的，随后与现代民族国家一起传遍19世纪的欧洲和美国。其最突出的特征是在阅读日报或周刊、月刊评论的私人当中形成的松散而开放和具有弹性的交往网络。人们通过私人社团以及学术协会、阅读小组、共济会、宗教社团自发

---

① ［德］哈贝马斯:《公共领域的结构转型》，曹卫东、刘北城等译，学林出版社1999年版，第2页。

② ［德］哈贝马斯:《公共领域的结构转型》，曹卫东、刘北城等译，学林出版社1999年版，第32页。

③ 参见艾四林、王贵贤、马超:《民主、正义与全球化——哈贝马斯政治哲学研究》，北京大学出版社2010年版，第6页。

地聚集在一起。剧院、博物馆、音乐厅以及咖啡馆、茶室、沙龙等给娱乐和对话提供了一种公共空间。伴随着这些早期文学公共领域的发展，其讨论话题逐渐扩展和深入，变得越来越无所不包，从纯粹的文学、艺术、品位等话题转向了政治生活，政治问题成为关注和争论的焦点。哈贝马斯认为，在资产阶级国家形成的过程中，市民阶级自我意识逐渐觉醒。他们认识到自己作为公共权力机构对立面的角色，同时，为了维护个人利益和确保私人领域不受侵犯，他们要求约束国家对社会事务管理的政治权力，表达自己的利益诉求。“随着现代国家机器的形成，出现了一个新的阶层，即市民阶级，他们在‘公众’范围内占据核心地位。”①正是由于公共舆论的政治功能日渐突出，国家权力机关开始了对公共舆论进行管理与限制。与此同时，议会的功能也发生了转换，国王不能再绕过议会而行事，各种特权逐渐退出，公共舆论开始以“民意”的身份进入到议会当中，本来作为国家权力机关而出现的议会开始具有某种公共舆论的功能，公共领域的政治功能因而得到进一步的加强。“具有政治功能的公共领域获得了市民社会自我调节机制的规范地位，并且具有一种适合市民社会需要的国家权力机关。”②

在哈贝马斯看来，伴随着资产阶级公共领域的形成，其内在矛盾也渐渐凸显出来。按照近代启蒙思想家的观点，法律就是具有普遍性和合理性的理性命令或法则，宪法则是最高的理性本身。因此，为了保证法治的正确性和公平性，理性应该被视为法治国家的唯一立法资源。“法律并不是某个人或许多人的意志，而是具有普遍性合理性；不是‘意志’，而是‘理性’。”③法治就是要以非暴力的、非强权的方式对国家和社会事务实行管理，它要求彻底废除作为暴力统治的国家机器。在反对强大的君主政权的斗争中，作为现代法治根本特征的人民参与日益受到重视，最终变成了一种决定性的因素。如果说人民参与在政治上成为法治的一个突出特征，那么也可以说人民参与就是法治，因而法治也就意味着人民的参与或人民的最终统治。其具体体现是，在现实的社会生活中，国家的立法依据应当是代表着“公众意见”的公共领域，法律应该诉诸公共领域认可的规范体系。然而，资产阶级公共领域

① ［德］哈贝马斯:《公共领域的结构转型》，曹卫东、刘北城等译，学林出版社 1999 年版，第 21 页。

② ［德］哈贝马斯:《公共领域的结构转型》，曹卫东、刘北城等译，学林出版社 1999 年版，第 84 页。

③ ［德］哈贝马斯:《公共领域的结构转型》，曹卫东、刘北城等译，学林出版社 1999 年版，第 91 页。

的主体是形成于18世纪的新兴资产阶级，他们往往具有较好的财产及教育，而广大的小商人、手工业者以及底层的劳动者则事实上被排除在公共领域之外。这样，公共领域的普遍开放原则并没有真正向所有公众敞开。“宪法的核心条款指出，一切权力来自人民；然而，具有政治功能的公共领域在宪法上得到确认却毋宁说是需要通过暴力才得以实现的漫长过程。相反，以公共领域为基础的资产阶级法治国家声称自己是一个公共权力组织，能够确保公共权力服从独立和自由的私人领域的需要。这样看来，宪法规范所依据的是一种与现实根本不符的市民社会模式。”① 市民社会的模式是，任何人，只要具备一定的财产和教育条件，就可以成为在法律上独立的私人，也就可以进入公共领域，并可以通过理性的公开讨论来影响公共权力的决策。但现实的情形却是，由于财产的限制，公民中的很大一部分人很难接受到良好的教育以进入公共领域的讨论，他们还必须接受掌握着公共权力的那部分人的统治。所以，哈贝马斯尖锐地指出：“公共领域本身在原则上是反对一切统治的，但是，在公共性原则的帮助下，却建立起了一种政治制度，其社会基础并没有消灭统治。”②

在自由资本主义时期，资产阶级公共领域虽然存在着内在矛盾，但公共领域和私人领域是严格分离的。但是，随着市场经济的快速发展，国家与社会以及社会各阶层的利益博弈愈演愈烈，自由市场经济的平衡再也无法维持。于是，就出现了国家干预主义，公共权力日益渗透到私人领域，出现了国家与社会融合的晚期资本主义趋势。“随着具有政治功能的公共领域的机制化，这种国家与市民社会的利益渐趋吻合。因此，公共权力在介入私人交往的过程中也把私人领域中间接产生出来的各种冲突调和了起来。利益冲突无法继续在私人领域内部得以解决，于是，冲突向政治层面转移，干预主义便由此产生。”③ 这个过程，用哈贝马斯的话说，就是“国家社会化，社会国家化”。国家与社会融合的直接后果便是资产阶级公共领域的瓦解。在自由资本主义社会，资产阶级有强烈的自我意识，有自我表达的渴望，而到了20世纪以后，伴随着以国家干预、大规模生活、跨国公司为

① ［德］哈贝马斯：《公共领域的结构转型》，曹卫东、刘北城等译，学林出版社1999年版，第93页。

② ［德］哈贝马斯：《公共领域的结构转型》，曹卫东、刘北城等译，学林出版社1999年版，第97页。

③ ［德］哈贝马斯：《公共领域的结构转型》，曹卫东、刘北城等译，学林出版社1999年版，第171页。

特征的晚期资本主义社会的出现，私人个体完全失去了独立的意义，个体不过是经济系统或管理系统中的一个环节，其阶级意识彻底丧失。在这种“极权主义”社会，私人个体不仅退出了公共讨论，甚至根本没有独立意义的私人个体，此时的公共领域事实上已经不复存在了。“资产阶级公共领域模式的前提是：公共领域和私人领域的严格分离，其中，公共领域由汇聚成公众的私人所构成，他们将社会需求传达给国家，而本身就是私人领域的一部分。当公共领域和私人领域发生重叠时，资产阶级公共领域的模式就不再适用了。”①

哈贝马斯作为一位社会批判理论家，以批判资本主义社会为使命。他根据他的公共领域理论着重批判了晚期资本主义，特别是对其合法化的危机进行了深刻的揭露。

哈贝马斯首先从词源学的角度对“危机”这一概念进行了分析。“危机”最初是一个医学用语，指一个人身患的疾病将决定身体的自我康复能力是否足以使人恢复健康。从这种意义上看，危机是一种剥夺一个主体的某种正常控制能力的客观力量，而危机的克服就意味着陷入危机的主体获得解放。社会科学关注的是社会系统，按照社会科学的理解，当社会系统结构所能容许解决问题的可能低于该系统继续生存所必需的限度时，就会产生危机。“从这个意义上看，危机就是**系统整合**的持续失调。”②社会系统的危机不是由于环境的突变，而是由于结构固有的系统命令彼此不能相容，不能按等级整合所造成的。这里所说的“系统整合”，不同于“社会整合”概念。社会整合“涉及的是具有言语和行为能力的主体社会化过程所处的制度系统；社会系统在这里表现为一个具有符号结构的生活”；而系统整合“涉及的是一个自我调节的系统所具有的特殊控制能力”，“这里的社会系统表现为它们克服复杂的周围环境而维持住其界限和实存的能力”。③哈贝马斯认为，生活世界和系统这两个范式都很重要，问题在于如何把两者联系起来。就生活世界而言，我们所讨论的主题是社会的规范结构（价值和制度），我们依靠社会整合的功能来分析事件和现状，此时系统的非规范因素是制约条件。从系统的角度看，我们所要讨论的主题是控制机制和偶然性范围内的扩张，我们依

① ［德］哈贝马斯：《公共领域的结构转型》，曹卫东、刘北城等译，学林出版社1999年版，第201页。

② ［德］哈贝马斯：《合法化危机》，刘北城、曹卫东译，上海人民出版社2009年版，第4页。

③ ［德］哈贝马斯：《合法化危机》，刘北城、曹卫东译，上海人民出版社2009年版，第6页。

靠系统整合功能（适应与目标达成）来分析事件和现状，此时理想价值是数据。社会整合与系统整合，或者说生活世界和系统，共同维系着一个社会系统的存续。如果其中一方面的变化超出了另一方面所容纳的限度，社会系统危机就会随之产生。

在哈贝马斯看来，社会系统具有三个普遍特征或构成要素：其一，在生产过程和社会化过程中，通过真实的表达和需要证明的规范，即通过话语的有效性要求，在社会系统与环境之间进行交流。生产和社会化的发展过程都遵循可以用理性加以重构的模式。社会系统的环境可以分为外部自然、社会所涉及的其他社会系统、内部自然三个方面。社会系统是通过符号而与其社会环境区别开来的。其二，在生产力总和达到一定程度后，社会系统就改变了其理想价值，而这种改变只受世界观发展的逻辑的限制，但这种逻辑并不一定受权力的支配，系统整合的命令对这种逻辑毫无作用。社会化的个体形成了一个内在自然，从控制的角度看，这种内在自然并不像外在自然那样属于系统环境。其三，一个社会的发展水平取决于制度所容纳的学习能力。社会系统控制能力的变化取决于对外部自然的控制和内部自然的整合不断增强，这两个方面能力的增强是以定向形式的学习过程出现的，而学习过程则是在通过话语可以兑现的有效性要求的引导下进行的。

哈贝马斯认为，如果对社会系统的构成要素的定义是贴切的话，那么就需要寻求社会组织原则。“社会组织原则主要是从生产力和确保认同的解释系统出发，来明确一个社会的学习能力以及发展水平，并进而限制控制能力增长的可能性。”①组织原则是高度抽象的原则，具有明确的活动范围。但在一个社会中，究竟哪个亚系统能够具有功能优先性，引导社会进化，主要是由该社会的组织原则决定的。哈贝马斯将社会划分为三种形态，即原始社会、阶级社会（包括传统社会和现代社会，现代社会又包括资本主义社会和后资本主义社会，资本主义社会又分为自由资本主义社会和有组织的资本主义社会）、后现代社会。后现代社会不过是衰老但仍具有惊人活力的资本主义的一个新的别称。哈贝马斯根据原始社会、传统社会和自由资本主义社会三种社会形态具体说明了社会组织原则的含义，以及从这些组织原则中所能衍生出来的具体的危机类型。哈贝马斯认为，“在自由资本主义社会里，危机的形式表现为无法解决的经济控制问题。系统整合面临的危机直接威胁着

① ［德］哈贝马斯：《合法化危机》，刘北城、曹卫东译，上海人民出版社2009年版，第18页。

社会整合。”①这种无法解决的经济控制问题就是经济危机。经济危机是世界历史上关于系统危机的第一个也许是唯一的一个例证。“系统危机的特征在于：处于互动关系中的成员之间的辩证矛盾具体表现为结构所无法解决的系统矛盾或控制问题。”②经济危机源于矛盾的系统命令，并因而威胁着社会整合，因此经济危机也是社会危机。在此危机中，行为集团的利益相互冲突，并且对社会的社会整合提出了质疑。

哈贝马斯在对危机和系统危机问题作了上述分析之后，又详细分析了晚期资本主义的危机。“晚期资本主义”或者“有组织的资本主义”“由国家调节的资本主义”，是指可以归之于积累过程的高级阶段的两类现象：“一方面，是指经济的集中过程（全国性公司以及跨国公司的先后兴起）和商品市场、资本市场以及劳动市场的组织化。另一方面，则是指这样一个事实：随着市场功能的缺口的不断增大，国家开始对市场进行干预。”③

哈贝马斯首先分析了发达资本主义社会里的经济系统、行政系统、合法性系统的特点。经济系统的基础是把私人部门与公共部门区分开来。私有经济的生产是以市场为取向的，其中一部分还受着竞争的调节，另一部分则受制于寡头垄断的市场策略。相反，在公共部门中，则出现了一批在投资时几乎不考虑市场的大公司。这些大公司或者是由国家控制的企业，或者是靠政府订单生存的私人公司。就行政系统而言，国家机器履行着两方面的经济系统职责：一方面国家机器用总体计划来调节整个经济循环过程。“总体计划具有正反两方面的意义，它既受到生产资料私人占有的限制（因为不能限制私有企业的投资自由），同时又避免了各种不稳定因素。”④另一方面国家机器则创造和改善利用剩余资本的条件。“总体计划控制着私人企业决策的边界条件，以便宜来校正市场机制，避免导致功能失调，但是，国家在创造和改善利用剩余资本的时候，实际上取代了市场机制”⑤。与自由资本主义不同，晚期资本主义的国家机器不再只是一般的生产保障条件，不再是保证再生产顺利进行的前提，而是积极地介入到再生产过程中。这就在某种程度上使生产关系重新政治化了，也使公平交换这一基本的资产阶级意识形态崩溃

① ［德］哈贝马斯：《合法化危机》，刘北城、曹卫东译，上海人民出版社2009年版，第28页。
② ［德］哈贝马斯：《合法化危机》，刘北城、曹卫东译，上海人民出版社2009年版，第32页。
③ ［德］哈贝马斯：《合法化危机》，刘北城、曹卫东译，上海人民出版社2009年版，第38页。
④ ［德］哈贝马斯：《合法化危机》，刘北城、曹卫东译，上海人民出版社2009年版，第39页。
⑤ ［德］哈贝马斯：《合法化危机》，刘北城、曹卫东译，上海人民出版社2009年版，第39—40页。

了。经济系统与政治系统的重新结合，需要加以合法化。然而，伴随着公民参与政治选举等权利的普及，公民必定会意识到社会化管理的生产与私人对剩余价值的继续占有和使用之间存在的矛盾。在这种情况下，为了不让这种矛盾暴露出来，行政系统就必须充分独立于具有合法性功能的公民参与国家意志形成的过程。于是，“公民在一种客观的政治社会中享有的是消极公民地位，只有不予喝彩的权利。私人自主的投资决策在公众的公民私人性中获得了必要的补充。”① 在这种情况下，资产阶级公共领域也因失去其政治结构而不复存在。

哈贝马斯进而分析了晚期资本主义存在的危机倾向。他认为，晚期资本主义存在着四种危机倾向，其中两种是系统危机，即经济危机和合理性危机；另外两种是认同危机，即合法化危机和动机危机。这四种危机倾向根源于经济系统、政治系统和社会文化系统。

（1）经济危机。哈贝马斯认为，即使在自由资本主义，市场也没有独立地承担起社会整合作用。只有当国家发挥着补充市场机制而非从属于市场机制的功能时，资本主义生产才得以进行，阶级关系才会表现为非政治性的雇佣劳动与资本的关系。但是，到了晚期资本主义阶段，国家已经不能仅限于满足生产的一般条件，而要对生产过程本身进行干预：“它必须为闲置的资本创造利用的条件，提高资本的使用价值，控制资本主义生产的后果和代价，调整阻碍增长的比例失调，通过社会政策、税收政策和商业政策等来调节整个经济循环过程等等”②。但是，它能够限制资本主义生产，但不能像“集体资本主义”的计划权威那样控制着资本主义生产；它虽然进入了再生产过程，但它本身也只能是价值规律的执行机构，得听命于价值规律，而不具有终止价值规律的能动作用；政府的功能虽然取代了市场功能，但实际上并没有改变整个经济过程的无意识性。“因此，从长远的角度看，行政行为必然会强化经济危机。”③ 这种危机的倾向可以从政府调控活动空间的有限性中看出来：国家不能对产权结构进行实质性干预，否则就会引起“投资中断”；国家也不可能消除积累过程中的周期性紊乱，即内生的停滞倾向；它甚至也不能有效地控制住替代性危机，如经常性的财政赤字和通货膨胀。

（2）合理性危机。哈贝马斯认为，晚期资本主义国家已经卷入了生产过

① ［德］哈贝马斯：《合法化危机》，刘北城、曹卫东译，上海人民出版社2009年版，第41页。
② ［德］哈贝马斯：《合法化危机》，刘北城、曹卫东译，上海人民出版社2009年版，第58页。
③ ［德］哈贝马斯：《合法化危机》，刘北城、曹卫东译，上海人民出版社2009年版，第59页。

程，改变了资本过程本身的决定因素，行政获得了一种有限的计划能力。这种计划能力虽然可以通过形式民主获得合法性，也能维护“集体资本主义”的利益，但政府的预算负担着越来越社会化生活的公共费用。例如，它负担着帝国主义市场策略的费用和非生产性商品需求的费用，如军备和航天事业等；它负担着与生产直接有关的基础设施的费用，如交通系统、科技进步以及职业培训等；它负担着与生产间接有关的社会消费费用，如住宅建设、交通、医疗、教育和社会保障等；它还负担着私人生产造成的环境恶化的外部费用。所有这些开销都只能通过税收来维持，而税收必须从利润和个人收入中来征集。而且税收必须合理地使用，以避免经济运行过程中的危机。然而，“在这种情况下，维护集体资本主义的利益一方面与个别资本集团的利益发生矛盾和竞争，另一方面与各种大众集团以使用价值为取向的普遍利益发生竞争。”① 在这种竞争和冲突的利益格局中，如果国家不能完成这一任务，就会出现行政合理性的欠缺；但要完成这一任务，国家又会陷入左右为难的境地，也会发生合理性欠缺的危机倾向。哈贝马斯认为，这种危机的原理建立在这样一种观点之上，即由于一直具有私人目的的生产日益社会化，这就给国家机器带来了无法满足的矛盾要求：“一方面，国家必须发挥集体资本家的功能；另一方面，只要不消灭投资自由，相互竞争的个别资本就不能形成或贯彻集体意志。这样就出现了相互矛盾的命令，一方面要求扩大国家的计划能力，旨在推行一种集体资本主义规划，另一方面却又要求阻止这种能力的扩大，因为这会危及资本主义的继续存在。”于是，国家机器就左右摇摆，举棋不定：一方面是人们期待的干预，另一方面则是被迫放弃干预；一方面是独立于自己的服务对象，但这样会危及系统，另一方面则是屈从于服务对象的特殊利益。在哈贝马斯看来，合理性欠缺是晚期资本主义所陷入的关系罗网的必然后果。“在这个关系罗网中，晚期资本主义自相矛盾的行为必然会变得更加混乱不堪。”②

（3）合法化危机。什么是合法化或合法性？哈贝马斯作了这样一个界定：“合法性的意味是说，同一种政治制度联系在一起的、被承认是正确的和合理的要求对自身要有很好的论证。合法的制度应该得到承认。合法性就是承认一个政治制度的尊严性。这个定义所强调的是，合法性是一种有争议

① ［德］哈贝马斯：《合法化危机》，刘北城、曹卫东译，上海人民出版社2009年版，第68页。

② ［德］哈贝马斯：《合法化危机》，刘北城、曹卫东译，上海人民出版社2009年版，第69页。

的公认要求。”[①]在哈贝马斯看来，在晚期资本主义社会中，由于国家对社会生产和再生产过程以及利益分配进行直接干预，自由资本主义中以雇佣关系出现的阶级关系再次被政治化，“权力格局”直接决定着各阶级之间的关系，阶级统治不再以价值规律（雇佣关系）这样一种隐匿的方式进行。这样，国家就面临着对这种“权力格局”的正当性作出论证的问题。如果国家无法对其行政行为的正当性作出论证，那么大众对国家的“忠诚”（认同）就会成为问题，就会发生合法化危机。所以，“合法化危机是一种直接的认同危机。它不是由于系统整合受到威胁而产生的，而是由于下列事实造成的，即履行政府计划的各项任务使失去政治意义的公共领域的结构受到怀疑，从而使确保生产资料私人占有的形式民主受到质疑。”[②]在哈贝马斯看来，合理性危机和合法化危机都根源于政治系统。政治系统需要赢得各种不同大众的忠诚（投入），这样它才能贯彻其行政决定（产出）。在晚期资本主义社会，政治系统在投入和产出方面都会发生危机：“产出的危机表现为合理性危机，即行政系统不能成功地协调和履行从经济系统那里获得的控制命令。投入危机则表现为合法性危机，即合法性系统无法在贯彻来自经济系统控制命令时把大众忠诚维持在必要的水平上。”[③]但是，这两种危机的表现形式并不一样。合理性危机是一种转嫁的系统危机，它与经济危机一样，把为非普遍利益而进行的社会化生产的矛盾表现为控制命令之间的矛盾。这种危机倾向会转变为通过国家机器的瓦解来取消合法性。而合法性危机是一种认同的危机，其根源在于晚期资本主义社会的阶级结构[④]。两种危机表明，国家权力在合理性和合法性方面存在着某种“欠缺”：“公共行政在合理性方面的欠缺，意味着在既定条件下，国家机器不可能充分地控制经济系统。合法性欠缺则意味着，用行政手段无法维持或确立必要的合法性规范结构。”[⑤]

（4）动机危机。在哈贝马斯看来，在资本主义发展过程中，政治系统的范围不仅推进到了经济系统中，而且也推进到了文化系统中。但是，传统文化自身不受行政的控制而继续存在，因为这种系统不可能用行政手段再造出

---

① ［德］哈贝马斯：《重建历史唯物主义》（修订版），郭官义译，科学文献出版社2013年版，第199页。也见哈贝马斯：《交往与社会进化》，张博树译，重庆出版社1989年版，第184页。

② ［德］哈贝马斯：《合法化危机》，刘北城、曹卫东译，上海人民出版社2009年版，第54页。

③ ［德］哈贝马斯：《合法化危机》，刘北城、曹卫东译，上海人民出版社2009年版，第53页。

④ 关于晚期资本主义社会的阶级结构，参见［德］哈贝马斯：《合法化危机》，刘北城、曹卫东译，上海人民出版社2009年版，第42页以后。

⑤ ［德］哈贝马斯：《合法化危机》，刘北城、曹卫东译，上海人民出版社2009年版，第54页。

来。同时，用行政手段控制文化会产生副作用，原来由传统所确定的、属于政治系统范围的条件的意义与规范成为了公开争论的问题。这样，国家意志的话语范围也就扩大了，这一过程就会动摇失去政治意义的公共领域结构，而这种结构对于该系统的继续存在是十分重要的。由于不能随时用来满足行政系统要求的僵化的社会文化系统，是加剧合法化困境并导致合法化危机的唯一原因，“因此，决定合法化危机的必然是一种动机危机，即国家、教育系统和就业系统所需要的动机与社会文化系统所能提供的动机之间所存在的差异”①。

哈贝马斯认为，前面所说的各种危机倾向只有通过社会文化系统才能爆发出来，因为经济系统和政治系统的产出危机同时也就是社会文化系统的产出失调，并转化为合法性的丧失。“一个社会的社会整合依赖于这一系统的产生：直接依赖的是社会文化系统以合法化形式给政治系统提供动机，间接依赖的是社会文化系统向教育和就业系统输送劳动动机。”②社会文化系统与经济系统不同，不能组织自己的投入，因此也就不可能有社会文化系统所产生的投入危机，所出现的总是产出危机。当社会文化的产出发生危机时，社会规范结构就会发生变化，原有的文化资源和意识形态也无法满足社会规范的进一步要求，社会整合就会出现问题，并导致动机危机发生。“如果社会文化系统发生彻底变化，以至于其输出无法满足国家和社会劳动系统的功能要求，就可以说动机危机出现了。”③

哈贝马斯认为，晚期资本主义社会所提供的最重要动机是一系统的公民私人性和家庭职业私人性。公民私人性是指公民对行政系统控制和维持的关心，这种关心不涉及合法化过程，但制度提供了参与的机会。因此，公民私人性是与一种失去政治意义的公共领域结构相一致的。家庭职业私人性是对公民私人性的补充，包括两个方面：一是经过培训而培养起来的关心消费和消闲的家庭取向；二是适应地位竞争的职业取向。因此，与这种私人性相对应的是由成就竞争调节的教育系统和职业系统的结构。在哈贝马斯看来，这两种动机模式对于资本主义政治系统和经济系统持续存在具有重要作用，但在晚期资本主义社会中，这两个动机均遭到了严重的破坏。首先，“孕育了公民私人性和家庭职业私人性的前资产阶级传统正在瓦解，而且无可挽救。”

① ［德］哈贝马斯：《合法化危机》，刘北城、曹卫东译，上海人民出版社2009年版，第80页。
② ［德］哈贝马斯：《合法化危机》，刘北城、曹卫东译，上海人民出版社2009年版，第55页。
③ ［德］哈贝马斯：《合法化危机》，刘北城、曹卫东译，上海人民出版社2009年版，第82页。

前资产阶级传统与资本主义的经济政治系统无法相容，也与现代科学相违背，因此逐渐消逝。其次，“资产阶级意识形态的核心因素，如占有性个人主义和成就意识，正在因社会结构的变化而受到破坏。”刺激和鼓励对占有和成就的追求是资产阶级意识形态的核心内容，但在晚期资本主义社会却受到了严重冲击。再次，“似乎已经暴露出来的规范结构，即资产阶级文化世界观，在我看来，一方面还可以在交往道德中见到，另一方面可以在后自律艺术趋向中见到，它们不允许任何具有相同功能的东西来代替被摧毁的私人性动机模式。”正在形成中的晚期资本主义意识形态不允许有任何类似于正在消逝的私人性动机模式的东西存在。最后，“资产阶级文化结构已经丧失了其传统主义的填充物，并且被剥夺了私人性的核心，但是，它们对于动机形式依然具有重要意义，因此不能把它们当作是装饰物而置于一边。”① 就是说，被资产阶级文化结构瓦解和破坏的所有这一切，对于资本主义社会仍然非常重要，不能弃之不顾。鉴于对于资产阶级社会不可或缺的两条私人性原则，即公民私人性和家庭职业私人性，在晚期资本主义社会中所受到的破坏，哈贝马斯强调晚期资本主义的文化危机（动机危机）如同经济危机、政治危机（合理性危机和合法化危机）一样，具有相同的必然性。

（二）交往行为及其合理性

哈贝马斯把交往行为视为人类最基本、最重要的活动。他把人类的行为划分为四类，即目的行为、规范调节行为、戏剧行为和交往行为。

自亚里士多德以来，目的行为一直是哲学行为理论关注的焦点。“通过在一定情况下使用有效的手段和恰当的方法，行为者实现了一定的目的，或进入了一种理想的状态。”② 这就是目的行为，其核心在于在不同行为可能性之间做出决定。如果把其他至少一位同样具有目的行为的倾向的行为者对决定的期待列入以自己行为效果的计算，那么目的行为模式也就成了“策略行为”模式。这种行为具有功利主义性，其着眼点在于期待功效的最大化。这些行为者的目光都紧盯着自己的效果，只是在符合其自我中心论的利益原则下才会相互协调。目的行为概念的前提是一个世界，而且是一个客观世界，

---

① 本段的引文均见［德］哈贝马斯:《合法化危机》，刘北城、曹卫东译，上海人民出版社 2009 年版，第 85 页。

② ［德］哈贝马斯:《交往行为理论——行为合理性与社会合理化》，曹卫东译，上海人民出版社 2004 年版，第 83 页。

即“一个行为者与另一个实际存在的事态世界之间的关系”[①]。这个客观世界被确定为事态的总体性，而事态可能是一直存在的，也可能是刚刚出现的，或是通过有目的的干预而带来的。行为者与世界之间的关系可以用“真实性”和“现实性”这两个标准来加以衡量。

规范调节的行为概念涉及的，不是孤立的行为者的行为，而是社会群体的成员具有共同价值取向的行为。在一定的语境中，一旦具备可运用规范的前提，每个行为者都服从或违抗某个规范。“服从规范的核心意义在于满足一种普遍的行为期待。”[②]规范是一个社会群体中共识的表现，每个群体都具有一定的有效规范，群体的一切成员允许相互期待，每个成员都有权利期待某种行为。规范调节的行为概念的前提是行为者与两个世界的关系，即除了事态世界之外，还有社会世界，行为者都属于社会世界的成员，彼此之间可以建立规范互动关系。社会世界是由规范语境构成的，而规范语境则明确了哪些互动属于合理人际关系总体的一个方面。客观世界的意义可以用与实际存在的事态的关系来加以阐明，而社会世界则可以用与现在规范的关系来予以阐明，但是在表达的过程中，对于一定范围内的接受者来说，它必须提出有效性要求。一个理想的规范意味着它得到所有接受者的承认，而如果它所提出的有效要求只得到了相关人的承认，那么这只意味着它实际存在着。因此，“主体间性的承认奠定了规范的**社会有效性**的基础”[③]。哈贝马斯认为，判断这种行为的标准有两个：一是根据行为者的动机和行为与现成的规范之间是否相一致，来判断行为是否具有正确性；二是根据现成的规范自身是否把相关者普遍关心的问题表达出来，进而使规范获得所有接受者的认可，来判断规范是否得到证明，即它们是否得到正当的认可。

“**戏剧**行为概念主要涉及的，既不是孤立的行为者，也不是某个社会群体的成员，而是互动参与者，他们相互形成观众，并在各自对方面前表现自己。”[④]行为者给了他的观众一个具体的形象和印象，为此他会为了某种目的

---

① ［德］哈贝马斯：《交往行为理论——行为合理性与社会合理化》，曹卫东译，上海人民出版社2004年版，第85页。

② ［德］哈贝马斯：《交往行为理论——行为合理性与社会合理化》，曹卫东译，上海人民出版社2004年版，第84页。

③ ［德］哈贝马斯：《交往行为理论——行为合理性与社会合理化》，曹卫东译，上海人民出版社2004年版，第88页。

④ ［德］哈贝马斯：《交往行为理论——行为合理性与社会合理化》，曹卫东译，上海人民出版社2004年版，第84页。

或多或少把自己的主体性遮蔽起来一些，因而可以控制公众进入他个人的观点、思想、立场以及情感等领域。对于戏剧行为来说，社会互动是一场遭遇，参与者在其中构成了透明的观念，并且相互展示。展示的目的在于，行为者在观众面前用一定的方式把自己表现出来，希望在一定意义上能得到观众的关注和接受。戏剧行为在某种意义上是附属于目的行为结构的。在戏剧行为中，行为者为了把自己展示出来，就必须和他自己的主观世界（即“主体经验的总体性”）建立起联系，但“主体性领域要想真正成为一个‘世界’，就必须满足如下条件：即主观世界的意义必须和社会世界的意义一样能够得到解释”。因此，戏剧行为概念就以两个世界为其前提，即内心世界与外部世界。在主观世界中，只有愿望和情感一般只能是主观的表达，而不能有其他的表达，不能与外部世界（包括客观世界和社会世界）发生关系。愿望和情感的表达只能用言语者与内心世界之间的反思关系来加以衡量。

交往行为概念所涉及的是至少两个以上具有言语和行为能力的主体之间的互动，这些主体使用口头的或口头之外的手段，建立起一种人际关系。在这种行为模式中，行为者通过行为语境寻求沟通，以便在相互谅解的基础上把他们的行为计划和行为协调起来，因而语言享有一种特殊地位。“语言是一种交往媒介，它用于沟通，而行为者通过相互沟通现实行为的协调一致，追求各自的目标。”①但是，前面三种行为模式分别用不同的方式片面地理解了语言。目的行为模式把语言当作众多媒体中的一种，通过语言媒介，各自追求自身目的的言语者相互施加影响，以便促使对手形成或接受符合自身利益的意见或意图。规范行为模式认为，语言媒介传承文化价值，达成一种共识，而这种共识不过是随着沟通行为的每一次进行而不断反复地出现。戏剧行为模式认为，语言是一种自我表现媒介，语言被等同于有特色的审美表达形式。哈贝马斯认为，交往行为模式是以沟通为取向的行为模式。“只有交往行为模式把语言看作是一种达成全面沟通的媒介。在沟通过程中，言语者和听众同时从他们的生活世界出发，与客观世界、社会世界以及主观世界发生关联，以求进入一个共同的语境。”②“交往行为概念把语言设定为沟通过程的媒介，在沟通过程中，参与者通过与世界发生关联，并且彼此提出有效

① ［德］哈贝马斯:《交往行为理论——行为合理性与社会合理化》，曹卫东译，上海人民出版社 2004 年版，第 101 页。

② ［德］哈贝马斯:《交往行为理论——行为合理性与社会合理化》，曹卫东译，上海人民出版社 2004 年版，第 95 页。

性要求，它们可能被接受，也可能被拒绝。”[①] 在哈贝马斯看来，这种解释性的语言概念是各种不同的形式语用学研究的基础。

在以上四类行为中，哈贝马斯认为目的行为和交往行为是基本的行为类型，相互之间不能还原。他把“社会行为”或“互动”当作一个复合概念加以使用，它们可以用行为和言语这样的基本概念来加以解释。在以语言为中介的互动中，目的行为和交往行为这两种行为类型是相互联系的。互动类型主要是根据行为的协调机制来加以区别的，而关键的区别标准在于：自然语言是否只是一种媒介，或者同时还是社会整合的源泉。据此，哈贝马斯提出了“策略行为”和“交往行为”两个概念：“在交往行为中，语言理解的力量或语言自身的约束力能够把行为协调起来；而在策略行为中，协调效果取决于行为者通过非言语行为对行为语境以及行为者之间所施加的影响。”[②] 从参与者的角度看，由信服达到理解的机制与约束行为的影响机制之间必然会相互排斥，因为言语行为不能同时具有双重意图，即既与接受者就某事达成共识，同时又对接受者产生因果作用。对于言语者和听众来说，共识不是由外在原因造成的，也不是一方强加给另一方的，而是他们相互达成的。由于交往行为依靠的是以理解为趋向的语言用法，因而它必须满足更加严格的条件。行为的参与者都要努力在共有的生活世界中根据共同的语境来一起确定其行为计划，同时还要作好准备以理解过程中的言语者和听众的身份出现，以实现其定义语境和确定目标的目的。互动的参与者要就其言语行为所要求的有效性达成一致，或者充分注意到相互之间的分歧，因为言语行为提出了可以批判检验并且以主体间相互承认为基础的有效性要求。由于言语者可以用他的有效性要求明确保证，必要时他的有效性要求可以用正确的理由加以验证，因而言语行为就获得了约束力。由此可见，交往行为与策略行为之间的区别就在于：“有效的行为协调不是建立在个体行为计划的目的理性基础之上，而是建立在交往行为的理性力量基础之上；这种交往理性表现在交往共识的前提当中。”[③]

为了阐明语言概念及其在交往行为中的沟通媒介意义，哈贝马斯转向对

---

① ［德］哈贝马斯：《交往行为理论——行为合理性与社会合理化》，曹卫东译，上海人民出版社2004年版，第100页。

② ［德］哈贝马斯：《后形而上学思想》，曹卫东、付德根译，译林出版社2012年版，第59页。

③ ［德］哈贝马斯：《后形而上学思想》，曹卫东、付德根译，译林出版社2012年版，第60页。

语言问题的关注。一些学者认为，西方哲学发展在20世纪出现一个从认识论到语言哲学的转向，不管我们是否同意这一观点，语言哲学在20世纪西方十分兴盛是不争的事实。哈贝马斯是在20世纪60年代与伽达默尔的论战中开始关注语言问题的，并创造了独特的语言哲学，即普遍语用学，它为其交往行为理论及建基其上的政治哲学奠定了哲学基础。现代西方语言哲学在其发展过程中，经历过从以逻辑实证主义为代表的句法——语义学分析模式到以奥斯汀、塞尔的言语行为理论和维特根斯坦的“语言游戏说”为代表的语用学分析模式的转换。哈贝马斯受语用学分析模式的影响，主要从语言使用的角度研究以语言为媒介、通过对话达成沟通和相互理解的人与人之间的交往行为，试图通过对语言的运用所作的具体考察，恢复语言作为“交往行为”的中介的地位，并建立一种普遍有效的“普遍语用学”，以“指称那种以重建言语的普遍有效性基础为目的的研究”①。哈贝马斯为其普遍语用学规定的任务是“确定并重建关于可能理解的普遍条件”②，以实现成功的人际交往。

哈贝马斯不赞成英国语言哲学家奥斯丁（John Langshaw Austin，1911—1960）把言语行为分为“以言表意行为”和“以言行事行为”，认为这两种行为是不可分享的，所有言语都有这两种结构成分，只是后者居于支配地位而前者则处于依赖地位。在哈贝马斯看来，言语行为是交往的最小单位，其语用功能的实现关键就在于言语内在地产生的各种有效性要求能否得到满足。所谓“有效性要求”，是指在任何以达成理解为基本取向的交往行为中，为了使交往成功，言语者必须自觉地遵守若干有效性条件或普遍的基本预设。哈贝马斯认为，交往要获得成功，言语者当然必须具备交往能力即“交往性资质”，但更重要的是要遵守言语行为的有效性要求。在哈贝马斯看来，任何处于交往活动中的人，在施行任何言语行为时，必须满足若干普遍的有效要求并假定它们可以被验证（或得到兑现）。就他试图参与一个以理解为目标的过程而言，人不可避免要承担起满足下列有效要求的义务。这些要求包括：（1）可理解性，即说出的某种东西是他人可以理解的。（2）命题的真实性，即提供的命题是真实的陈述，是可与人共享的知识。（3）意向的真诚性，即所表达的意向是真诚的，值得别人的信任。（4）言说的正确性，即所说的话语是正确的，能为别人认同。用哈贝马斯自己的话说，“言说者必须选择一个可领会的表达以便说者和听者能够相互理解；言说者必须有提供一

① ［德］哈贝马斯：《交往与社会进化》，张博树译，重庆出版社1989年版，第5页。
② ［德］哈贝马斯：《交往与社会进化》，张博树译，重庆出版社1989年版，第1页。

个真实陈述（或陈述性内容，该内容的存在性先决条件已经得到满足）的意向，以便听者能分享说者的知识；言说者必须真诚地表达他的意向以便听者能相信说者的话语（能信任他）；最后，言说者必须选择一种本身是正确的话语，以便听者能够接受之，从而使言说者和听者能在以公认的规范为背景的话语中达到认同。不但如此，一个交往行为要达到不受干扰地继续，只有在参与者全都假定他们相互提出的有效性要求已得到验证的情形下，才是可能的。”①哈贝马斯认为，最基本的言语行为有三种，即认识式的、表达式的和规范调节式的言语行为。与此相应，有认知的、表达的和互动的三种交往模式，它们分别涉及客观世界、主观世界和社会世界。在这三种言语行为中，言语行为的有效要求不尽相同，认识式言语行为主要是真实性，表达式言语行为主要是真诚性，规范调节式行为主要是正确性，但四种有效性要求同时存在于每一个言语行为中，它们共同使话语呈现事实、表达自我意向和建立合理的人际关系，从而使三项语用学功能得以全面实现。有效性要求的提出与被认可，不是强制的，也不是无理性的，而是通过理性谈话达到相互协调、相互同意的。哈贝马斯强调，话语有效性要求是成功交往的关键前提，但只有当交往双方达成同意时，话语的有效性要求才得到了兑现，交往才是有成效的。“交往的成功既要以话语满足有效性要求为前提，更取决于话语有效性要求在实际场合被兑现。”②

对于哈贝马斯来说，言语行为的有效要求实际上就是言语行为合理性的标准。他认为，“合理性”概念是与知识密切关联的。“无论何时，我们一旦使用‘合理的’这样一种说法，也就在合理性与知识之间建立起了一种紧密的联系。”③合理性更多地涉及的是具有语言和行为能力的主体如何才能获得和使用知识，而与知识的占有无关。语言可以把知识准确地表达出来，而具有一定目的的行为所表现的则是一种潜在的知识。从语言学的角度看，“合理的”这个谓词有两个可以与之搭配的主词，即掌握知识的人，以及体现知识的符号表达、评议行为和非语言行为、交往行为和非交往行为等。它们都可能是合理的。从知识与理性之间的紧密关系看，一种表达的合理性取决于

① ［德］哈贝马斯:《交往与社会进化》，张博树译，重庆出版社 1989 年版，第 3 页。

② 张翠:《民主理论的批判与重建——哈贝马斯政治哲学思想研究》，人民出版社 2011 年版，第 68 页。

③ ［德］哈贝马斯:《交往行为理论——行为合理性与社会合理化》，曹卫东译，上海人民出版社 2004 年版，第 8 页。

它所体现的知识的可信性。因为我们可以认为知识是不可信的，因而可以对它加以批判。例如，有两个表达：一个是 A 为了交往和表达具体意见而作出的断言；二是 B 为了实现一定的目的而采取的目的行为。二者所体现的知识都可能是错误的，他们所进行的尝试都有可能失败，因而都可以加以批判。听众可以对 A 所作出的断言的真实性提出质疑，观众则可以对 B 的行为结果提出疑问。在这两种情况下，批判都涉及一种要求，行为主体必然会把这种要求与他的论证联系起来。A 如果不为他所断定的陈述“p”提出真实性要求，并且使人认识到，他确信必要时可以对他的陈述加以论证，那么，他就不会作出什么断言；同样，B 如果不认为他所打算的行为大有希望，并且使人认识到，他确信必要时可以根据具体情况对他所选择的手段加以证明，那么他就不会去实施任何目的行为。在这里，A 要求其陈述具有真实性，B 则要求其行为意图具有成功的可能性，以及他实现行为意图所依据的行为规则具有现实性，即在一定的情况下选择一定的手段以达到预定的目的。“‘**真实性**’所指涉的是事态在世界中的实际存在（样态）；而‘**现实性**’指的则是实际存在的事态得以表现出来的涉世手段。”[①]A 通过要求与客观世界中的“实在”发生联系，B 则凭着其目的行为与客观世界中的“应在”发生关联。这样，这种关联就在其符号表达中提出了可批判和辩护要求，亦即可以论证的要求。因此，一种表达的合理性“可以通过批判和论证加以还原”，“可以用意义内涵、有效性条件以及必要时可以用来支持其有效性、陈述的真实性或行为准则的现实性之间的内在联系来加以衡量”。[②] 对于断言和目的行为而言，它们所提出的命题的真实性要求或有效性要求越是能够更好地得到证明，它们就越是具有合理性。不过，哈贝马斯也指出，把一种表达的合理性还原为可批判性，也存在着两个方面的不足：一是这样的概述过于抽象，因为它未能揭示出许多重要的差别；二是这样的主张过于狭隘，因为我们所使用的“合理的”一词不仅仅涉及正确的表达或错误的表达、有效的表达或无效的表达，人们的交往实践内部的合理性具有广泛的意义，因为它关系到不同的论证形式，用反思手段坚持交往行为的可能性也各不相同。为了克服这两个方面的不足，哈贝马斯较详细地研究了可以批判检验的行为和论断以

① ［德］哈贝马斯:《交往行为理论——行为合理性与社会合理化》，曹卫东译，上海人民出版社 2004 年版，第 9 页。

② ［德］哈贝马斯:《交往行为理论——行为合理性与社会合理化》，曹卫东译，上海人民出版社 2004 年版，第 9 页。

及可以批判的表达范围，并对论证理论作了阐明。①

哈贝马斯在阐述自己的合理性概念的过程中，对韦伯的合理化理论进行了批判。他认为，虽然韦伯留下来的著作都是一些片断，但合理化理论是其中的一条主线，我们可以用它把韦伯的理论全貌构建起来。在哈贝马斯看来，马克思、韦伯以及霍克海姆和阿多诺都认为，所谓社会合理化，就是指行为关系当中工具理性和策略理性的增长，同时他们又都在思考一种总体性的社会合理性究竟是意味着一种自由生产者的大联合，还是意味着一种合理的道德生活方式，或是与自然的和谐相处。而合理化的经验过程的相对价值，可以用总体性的社会合理性来加以检验。哈贝马斯认为，他们的行为理论过于狭隘，不足以把社会行为中的一切社会合理化内容全部囊括进去，而且他们的行为理论与系统理论的基本概念混杂不清。就韦伯而言，其错误主要体现在两个方面：其一，尽管他用一种抽象的方式描述了世界观的合理化过程和决定现代化结构的文化价值领域的分化过程，但没有单纯从目的合理性的角度去研究行为系统的合理化；其二，韦伯把法律等同于一种目的理性的组织手段，并把法律的合理化与道德—实践的合理性结构脱离开来，因而值得重视的不再是目的理性的经济行为和行政管理行为的价值理性基础，而是法律组织手段的目的理性层面的运用。② 哈贝马斯认为，我们在行为理论范围内根本无法准确把握法律合理性的歧义性。在法制化的过程中，形成一种行为系统的形式组织，其结果实际上是目的理性行为亚系统脱离了其道德—实践基础。正是为了克服韦伯合理化理论的这两个不足，促使哈贝马斯不仅要沿着交往行为理论的路线进一步拓宽行为理论，而且要把行为理论与系统理论结合起来。他认为只有这样，才能交往行为理论成为一种社会理论的得力基础，解决韦伯所揭示出来的社会合理化难题。③

哈贝马斯对合理性概念的阐述，实际上是为了给他的交往行为理论提供理论依据的。所以，他特别强调沟通和有效性要求对于合理性的意义。沟通是合理性追求的目的，而有效性要求则是合理性的根据。他说："通过对行为理论基本概念以及意义理解方法论的讨论，我们已经看到，合理性问题

① 参见［德］哈贝马斯：《交往行为理论——行为合理性与社会合理化》，曹卫东译，上海人民出版社 2004 年版，第 10—42 页。

② 参见［德］哈贝马斯：《交往行为理论——行为合理性与社会合理化》，曹卫东译，上海人民出版社 2004 年版，第 251 页。

③ 参见［德］哈贝马斯：《交往行为理论——行为合理性与社会合理化》，曹卫东译，上海人民出版社 2004 年版，第 259 页。

不是外在强加给社会学的，而是社会学内部所固有的。无论从元理论的角度，或方法论的角度，其核心概念都是沟通。对于沟通概念，我们感兴趣的是协调行为和通过意义理解进入主客观领域这样两个方面。沟通的目的要达成一种共识，而共识的基础是主体间对于有效性要求的认可。这些有效性要求反过来又是由交往参与者互相提出来的，并可以加以彻底的批判和检验。行为者与世界之间的关联表现为以有效性要求为取向。"①"沟通"一词的基本涵义在于："（至少）两个具有言语和行为能力的主体共同理解了一个语言表达"②。在哈贝马斯看来，沟通发生在一定的文化背景之中，整个背景知识是没有问题的，问题发生在互动参与者用于解释而使用并表现出来的部分知识，这部分知识需要接受检验。参与者自己可以通过协商，对语境加以明确。但是，对方语境的明确与自身语境的明确是有一定距离的，因为在合作解释的过程中，没有哪个参与者能垄断解释权。对于双方来说，解释的任务在于，把他者的语境包容到自己的语境解释之中，以便在修正的基础上对"他者的"生活世界与"自我的"生活世界加以确定，从而尽可能地使相互不同的语境解释达成一致。一个追求沟通的行为者必须和他的表达一起提出三种有效性要求：即（1）"所作陈述是真实的（甚至于只是顺便提及的便是内涵的前提实际上也必须得到满足）"；（2）"与一个规范语境相关的言语行为是正确的（甚至于它应当满足的规范语境自身也必须具有合法性）"；（3）"言语者所表现出来的意向必须言出心声。""也就是说，言语者要求其命题或实际前提具有真实性，合法行为及其规范语境具有正确性，主体经验的表达具有真诚性。"③这三种有效性要求就是交往行为批判检验的三条标准。"交往行为成功与否，取决于一个解释过程，在这个过程中，参与者在三个世界的相关系统中对语境作了共同的定义。任何一种共识都是建立在主体间对于可以批判检验的有效性要求的相互承认基础上的；其前提是交往行为者能够**进行相互批判**。"④在交往行为中，行为者与世界之间存在着关联。行为者本

① ［德］哈贝马斯：《交往行为理论——行为合理性与社会合理化》，曹卫东译，上海人民出版社2004年版，第135页。

② ［德］哈贝马斯：《交往行为理论——行为合理性与社会合理化》，曹卫东译，上海人民出版社2004年版，第292页。

③ ［德］哈贝马斯：《交往行为理论——行为合理性与社会合理化》，曹卫东译，上海人民出版社2004年版，第100页。

④ ［德］哈贝马斯：《交往行为理论——行为合理性与社会合理化》，曹卫东译，上海人民出版社2004年版，第118页。

身在寻求共识，衡量真实性、正确性和真诚性，而且根据自己的言语行为与自己通过表达而与之建立联系的三个世界之间是否吻合来加以衡量。这三个世界是：客观世界，作为一切实体的总体性并使真实的表达成为可能；社会世界，作为一切正当人际关系的总体性；主观世界，作为只有言语者才特许进入的经验的总体性。与这三个世界相应，在哈贝马斯看来，“在交往行为关系中，言语行为永远都可以根据三个角度中的一个加以否定”①。

至此，哈贝马斯认为，他已经阐明了沟通过程的内在合理结构，即（1）行为者与世界之间的三种关联以及相应的客观世界、社会世界和主观世界概念；（2）命题的真实性、规范的正确性以及真诚性和本真性等有效要求；（3）具有合理动机的共识概念，所谓具有合理动机，是指把主体间对可以批判检验的有效性要求的承认作为前提；（4）共同语境中作为合作行为的沟通概念。如果客观性要求应当得到满足，那么，沟通过程的内在合理结构在一定意义上就必须具有普遍有效性。②

（三）权利体系与法治国家

哈贝马斯以他的交往行为理论为基础和依据对西方近代以来的法律观念和实践进行了反思性批判，并在此基础上提出了一种“民主法治国家”的构想。

在哈贝马斯看来，近代西方形成了一种作为主体能力的“实践理性”概念。这种实践理性是一种抽象的实践理性，同它存在于其中的文化的生活形式和政治的生活秩序脱离了联系，但其意义在于，与它相联系的是个人的那种个人主义意义上的幸福和有强烈道德色彩的自主，即“人类作为私主体的自由”。到19世纪，这样的一套观念加上了一个国家公民的维度，于是单个主体交织于它的生活历史之中，形成了以国家为中心的社会和由个人结合所组成的社会。但是，到了后现代社会，基于实践理性的历史哲学再也无法解释日益复杂的社会生活，于是就出现了对这种历史哲学的否定。最典型的是系统理论，它主张放弃同实践理性的规范内容的任何联系。在这种理论看来，在当代社会，国家成了具有诸多功能的社会的一个子系统，社会的子系

① ［德］哈贝马斯：《交往行为理论——行为合理性与社会合理化》，曹卫东译，上海人民出版社2004年版，第292页。

② ［德］哈贝马斯：《交往行为理论——行为合理性与社会合理化》，曹卫东译，上海人民出版社2004年版，第137页。

统之间如同个人与其社会之间一样处于系统—环境的关系之中，国家不具有任何特殊的地位。更有甚者，尼采早在19世纪就对理性作出了全盘否定。哈贝马斯不赞同这种对实践理性和理性持全盘否定的态度，他主张用他的交往行为理论另辟蹊径，用交往理性来代替实践理性。①

哈贝马斯强调，用交往理性（交往合理性）替代实践理性不仅仅是变换标签而已，因为两者之间存在着实质性的区别。首先，实践理性的主体被认为是个人和国家，而交往理性的主体不再被归诸单个主体或国家—社会层次上的宏观主体，相反，"使交往理性成为可能的，是把诸多互动连成一体、为生活形式赋予结构的语言媒介"②。交往理性是立足于达成理解这一语言目的之上的，它形成了一组既提供可能又施加约束的条件。任何想要用自然语言来同他的对话者进行交流以达成理解的人，都必须有所作为，并承诺某些前提，如必须提出真实性、正确性和真诚性的有效性要求。"交往合理性表现在由诸多先验地提供可能和建造结构的弥漫性条件所构成的一种非中心化背景之中，但它绝不是那种告诉行为者**应该**做什么的主观能力。"③其次，交往理性不像古典形式的实践理性那样是行为规范的源泉，而只是在交往行为者必须承担一些虚拟形式的语用学前提的意义上才具有规范性内容。这里所说的"虚拟形式的语用学前提"，哈贝马斯是指"某些理想化"，如"赋予表达式以同一的意义，为所说的话语提出超越情境的有效性主张，承认对话者具有对己对人的责任能力，也就是自主性和真诚性"④。因此，交往行为者只是被置于要比行为规则规范性弱的约束之下。交往理性虽然有一种对有效性要求的取向，但它本身并没有规定具有确定内容的实践性任务。因此，它一方面包罗了所有的有效性要求，包括命题的真实性、规范的正确性和表达的真诚性等，因而超越了道德—实践领域；另一方面，它涉及的"仅仅是论辩性的澄清在原则上可以通达的那些可批判性表达"⑤，也就是那种有效的沟

① 参见［德］哈贝马斯:《在事实与规范之间——关于法律和民主法治国的商谈理论》（修订译本），童世骏译，生活·读书·新知三联书店2011年版，第1—3页。

② ［德］哈贝马斯:《在事实与规范之间——关于法律和民主法治国的商谈理论》（修订译本），童世骏译，生活·读书·新知三联书店2011年版，第4页。

③ ［德］哈贝马斯:《在事实与规范之间——关于法律和民主法治国的商谈理论》（修订译本），童世骏译，生活·读书·新知三联书店2011年版，第5—6页。

④ ［德］哈贝马斯:《在事实与规范之间——关于法律和民主法治国的商谈理论》（修订译本），童世骏译，生活·读书·新知三联书店2011年版，第6页。

⑤ ［德］哈贝马斯:《在事实与规范之间——关于法律和民主法治国的商谈理论》（修订译本），童世骏译，生活·读书·新知三联书店2011年版，第6页。

通，因而在力量上达不到那旨在形成动机和指导意志的实践理性。

那么，现在的问题是，我们在何种意义上可以把交往理性这种东西具体化为社会现实呢？哈贝马斯首先分析了在概念构造和判断构造的初级层次上出现的事实性和有效性之间关系的情形。这种情形就是哈贝马斯的交往行为理论所阐明的言语行为的有效性要求，即命题的真实性、规范的正确性和表达的真诚性。哈贝马斯认为，这种言语行为中所发现的那种事实性与有效性之间的张力，要一直追寻到每个言语行为和通过这些行为而连接起来的互动关联之中。交往行为的概念把语言理解作为行为协调的机制，把有效性要求作为行为取向，也就对社会秩序的形成和维持具有了直接的相关性。“因为，这些秩序之**成立**，就在于对规范性和有效性主张的承认。”[①] 这意味着，内在于语言和语言使用之中的事实性与有效性之间的张力会重现于通过交往而社会化的个体之间的整合方式之中，而且这种张力必须由参与者们自己来消除。而在通过实证法而实现的社会整合中，这种张力则是以一种特殊方式即法律来加以缓和的。哈贝马斯认为，任何一种不借助赤裸裸社会暴力来完成的社会整合，都可以看作是对这样一个问题的解决：即“多个行为者的行动计划，可以作怎样的彼此协调，以使得一方的行为是同另一方的行为‘相衔接’的。”[②] 如果语言仅仅被用作信息传递的媒介，行为协调就是通过行为者们以目的合理的方式彼此影响而实现的，而一旦言语行为本身承担着协调行为的作用，那么语言将表现为社会整合的首要源泉。只有在这种情况下才能谈论“交往行为”。在这种行为中，行为者以说话者和听话者的角色协调共同的情境诠释，通过达成理解的过程而彼此协调他们的计划。

在哈贝马斯看来，在不稳定的社会交往条件下，调节事实性与有效性之间张力的社会整合不能自发形成，而需要重构。这种重构有不同的步骤或阶段。

“向社会整合之条件的重构迈出的第一步，导致**生活世界**这个概念。”[③] 哈贝马斯认为，生活世界同时构成了言语情境的视域和诠释成就的源泉，而它

---

① ［德］哈贝马斯:《在事实与规范之间——关于法律和民主法治国的商谈理论》(修订译本)，童世骏译，生活·读书·新知三联书店 2011 年版，第 21 页。引文中的“有效性主张”为“有效要求”的不同译法。

② ［德］哈贝马斯:《在事实与规范之间——关于法律和民主法治国的商谈理论》(修订译本)，童世骏译，生活·读书·新知三联书店 2011 年版，第 22 页。

③ ［德］哈贝马斯:《在事实与规范之间——关于法律和民主法治国的商谈理论》(修订译本)，童世骏译，生活·读书·新知三联书店 2011 年版，第 26 页。

自己也只有通过交往行为才能再生产。在交往行为中，生活世界以一种直接的确定性包围着我们，它既渗透一切又隐匿不明地呈现，可以被描述为“一种高强度但同时不完善的知识和能力”[①]。我们对这种知识作不由自主的运用，但并没有意识到我们确实是拥有它的，而赋予这种背景知识以绝对确定性的恰恰是这样一种性质，即我们运用这种知识，却并没有意识到它有可能是错的。由于所有的知识都是可错的，从这种意义上看，背景知识并不代表任何严格意义上的知识，因而它只有在非常特殊的情况下才会涉及可批判的有效性要求。一旦它成为了讨论的主题，它就不再作为生活世界的背景而起作用了，它在这种时刻就土崩瓦解了。

社会整合重构的第二步是一种类似的、对行为期待起稳定作用的事实性与有效性的混合，即带着似乎不容争辩的权威要求的古代封建制。这种重构出现于已经通过了交往行为的、因而有可能作为讨论主题的知识层次上。在这种基于血缘的受禁忌保护的封建制之中，“彼此混合的认知性期待和规范性期待凝固成为一种与动机和价值取向相联系的信念复合体”[②]，威力强大的建制权威在社会生活世界之内与行为者相遇。在这里，生活世界不再被描述为背景知识，而是被客体化。建制作为其中之一的生活世界，成为了一种通过交往行为而再生产的彼此交叉的文化传统、合法秩序和个人认同。这种社会中心领域行为期待之稳定的确保，必须借助于一些具有既约束人又威慑人的魅惑性权威的信念，必须在一个特定域限之内进行。在这个域限内，制裁性强制与具有令人信服的理由的非强制性强制，不可逆转地分离开了。

到了第三个重构，我们才被引向法律这个范畴。交往行为转身于生活世界语境之中，行为调节于最初的一些建制，这些都是在小型的、尚未开化的团体中达成理解过程中重构的社会整合。随着社会的复杂程度越来越高，最初仅限于种族中心的视野越来越宽广，生活形式多样化和生活历程个体化的程度越来越高，生活世界的背景信念重叠或汇聚的区域越来越小。世俗化的信念复合体逐渐分崩离析。社会分化的过程必然导致功能上分化的各种任务、社会角色和利益立场的多样性。“这使得交往行为又可能脱离范围狭小的建制条件而转向范围更宽的选择空间，也在不断增多的范围内不仅释放

① ［德］哈贝马斯:《在事实与规范之间——关于法律和民主法治国的商谈理论》(修订译本)，童世骏译，生活·读书·新知三联书店 2011 年版，第 27 页。

② ［德］哈贝马斯:《在事实与规范之间——关于法律和民主法治国的商谈理论》(修订译本)，童世骏译，生活·读书·新知三联书店 2011 年版，第 28 页。

出、而且同时要求产生出那些受利益导向的、以个人成功为追求目标的行动”①。在交往行为具有了自主性之后，社会秩序的有效性就面临着挑战。正是在这种情况下，法律应运而生。在以国家形式组织起来的社会中，成熟的规范秩序之上就已经加上了法律规范，而在传统社会中，法律仍然依赖于宗教的力量。在更加世俗化的社会，社会整合的负担越来越多地推卸给了行为者的成果。对于这些行为者来说，有效性和事实性，也就是具有合理推动力的信念和外部制裁的强制这两重力量，至少在用伦理和习惯调节的行为领域内，是彼此不相容地并列着。那么，在这种分化了的、自我多元化和解魅化的生活世界，在脱离了神灵权威、摆脱了威严建制的交往行为领域异议的风险也同时不断增长的情况下，如何可能进行社会整合呢？这就需要对所有参与者都具有约束力的调节规范，这些规范一方面要作出一些事实性的限制，以至于行为者觉得有必要对其行为作一些客观上有利的调整；另一方面又必须通过对行为者施加一些义务体现出一种社会整合力量来，而这些义务只有在主体间承认的规范的有效性要求的基础上才是可能的。“所要求的那些规范，必须**同时**通过事实性的强制和合法的有效性，才能使人愿意遵守。”②这种规范必须具有权威性，但在神灵权威和建制权威都不存在的情况下，这种权威来自哪里呢？它来自于“这样一种权利体系之中，它赋予主观行动自由以客观法强制”③。从历史的角度看，这就是主观的私人权利，正是这种权利构成了现代法的核心。

但是，自从霍布斯以来，建立在契约自由和财产权利基础上的资产阶级私法的规则，被当作是一般意义上的法律原型。这种权利授予每个人用强制力量来抵抗对他们的由法律确保的主观行动自由的侵犯。在国家垄断了对所有合法强制力的运用之后，强制力不再由拥有权利的个人直接行使，同时主观的私人权利又得到了与之同构的抵抗国家暴力本身的权利的补充，这种权利保护拥有权利的私人免受国家机构对其生命、自由和财产的非法干预。这样，“国家对法律之**施行**的事实性，与法的**制定**程序——这种程序被认为

① ［德］哈贝马斯:《在事实与规范之间——关于法律和民主法治国的商谈理论》(修订译本)，童世骏译，生活·读书·新知三联书店2011年版，第31页。

② ［德］哈贝马斯:《在事实与规范之间——关于法律和民主法治国的商谈理论》(修订译本)，童世骏译，生活·读书·新知三联书店2011年版，第33页。

③ ［德］哈贝马斯:《在事实与规范之间——关于法律和民主法治国的商谈理论》(修订译本)，童世骏译，生活·读书·新知三联书店2011年版，第33页。

是合理的，因为它保障自由——的论证合法性力量，彼此结合起来了。”[①]于是，这两个依然不同的环节之间的张力，一方面被强化了，另一方面也具有了对行为产生影响的操作形式。现代社会不仅通过价值、规范和理解进行社会系统性整合，而且通过市场和以行政方式运用的力量进行系统性整合。“货币和行政权力是以建构系统的方式来进行社会整合的机制。”[②]于是，法律就同社会整合的三种资源都有了连接：一方面，法律通过要求公民共同运用其交往自由的自决实践，从社会源泉中获得其社会整合的力量；另一方面，私法和公法的建制使得市场和国家权力组织的建立成为可能，因为同生活世界中的社会这一成分分化开来的经济系统和行政系统，是以法律形式进行运作的。

在哈贝马斯看来，现代法尤其适合于经济社会的社会整合，这种社会所依赖的是道德上中立的行为领域中的那些受利益导向的、以各自成功为取向的单个主体的非中心化的决策。但是，法律不能仅仅满足复杂社会的功能需求，也必须满足那种最终通过交往行为主体的理解成就，亦即通过有效要求的可接受性而实现的社会性整体的脆弱条件。现代法不再把规范性期待放在个人身上，而是放在那些确保人们行动自由之间可协调性的法律之上。这些法律的合法性来自一种立法程序，而这种立法程序本身又是以人民主权原则为基础的。于是就出现了合法性来自合法律性（即符合立法程序）的悖论现象：“一方面，公民权利作为主观权利具有与一切权利同样的结构，允许个人以自由选择的范围”；“另一方面，民主的立法程序使得参与者必须面对以共同福利为取向这样一种规范性期待，因为只有从公民就其共同生活之规则**达成理解**的过程出发，这种程序才能获得自己的赋予合法性的力量”。[③]这种悖论实质上也就是个人自主与公共自主的悖论。哈贝马斯认为，迄今为止，人们还未能成功地在基本概念的层次上把私人自主性和公共自主性协调起来。哈贝马斯试图借助商谈论的法律概念对两者之间的重重关系加以澄清。

首先是私人自主与公共自主的关系，或者说人权与人民主权的关系。在

① ［德］哈贝马斯：《在事实与规范之间——关于法律和民主法治国的商谈理论》（修订译本），童世骏译，生活·读书·新知三联书店2011年版，第34页。

② ［德］哈贝马斯：《在事实与规范之间——关于法律和民主法治国的商谈理论》（修订译本），童世骏译，生活·读书·新知三联书店2011年版，第48页。

③ ［德］哈贝马斯：《在事实与规范之间——关于法律和民主法治国的商谈理论》（修订译本），童世骏译，生活·读书·新知三联书店2011年版，第105页。

哈贝马斯看来，近代哲学（即他所谓的“意识哲学”）认为理性和意志可以在自主性的概念中统一起来，但这种统一只能通过把自我决定的能力归诸一个主体来进行，不管这个主体是个人还是人民。如果理性意志只能形成于一个单个主体，那么个人的道德自主就必须贯穿所有人联合起来的意志的政治自主，以便用自然法来确保每个人的私人自主；而如果理性意志只能形成于一个民族的宏观主体，政治自主就必须被理解为一个特定共同体的伦理生活本质的自觉实现，而私人自主则通过法规的一视同仁而得到保护，以对付政治自主的压倒性力量。这两种主张实际就是人们所熟悉的人权位于人民主权之上的自由主义主张和人民主权位于人权之上的共和主义主张。哈贝马斯认为，这两种主张都缺乏一个商谈性意见形成和意志形成过程的合法化力量，而如果商谈以及其程序以商谈方式加以论证的谈判成为一个可以形成合理意志的场所的话，那么法律的合法性最终就依赖于一种交往的安排：即“作为合理商谈的参与者，法律同伴必须有可能考察一有争议规范是否得到、或有无可能得到所有可能相关者的同意。”①因此，人民主权与人权之间的那种所寻求的内在关系就在于，权利体系所显示的，恰恰是政治自主的立法过程所必需的交往形式本身得以在法律上建制化的条件。对于商谈论来说，法律的承受者同时也是这些法律的创制者：一方面，人民主权在商谈性意见形成和意志形成过程中获得法律形式；另一方面，人权的实质就在于这种过程得以法律建制化的形式条件之中。

其次是道德规范与法律规范的关系，或者说理性道德法与实在法的关系。在哈贝马斯看来，道德问题与法的问题涉及的是同样一些问题，如人与人之间的关系如何进行合法的调节等，但它们是以各自不同的方式同这些问题发生关系的。道德和法尽管有共同的参照点，但道德仅仅表达一种文化知识，而法同时在建制层面上获得约束力，因而法不仅是一种符号系统，它也是一种行为系统。因此，我们不能把出现在宪法规范实证内容中的基本权利理解为只是道德权利的摹本，也不能把政治自由理解为道德自主的摹本。相反，一般行为规范包括道德规则和法律规则两个方面，因为道德自主与公民自主是同源的。日益复杂化的社会越来越大的调节需要和组织需要，是由法律规范的特殊功能来满足的，法律已经不仅只对道德起补充作用。在现代社会，一种仅仅通过社会化过程和个人良心才获得现实性的理性道德，仍然局

① ［德］哈贝马斯:《在事实与规范之间——关于法律和民主法治国的商谈理论》(修订译本)，童世骏译，生活·读书·新知三联书店 2011 年版，第 127—128 页。

限于一个狭隘的行为范围，但道德可以通过一个与之有内在联系的法律系统，而辐射到所有行为领域，甚至包括那些以系统的方式自主化的、由媒介导控的互动领域。

为了对自主性作更普遍、更中立的理解，哈贝马斯引入了一条商谈原则。他认为，“商谈原则首先应该借助于法律形式的建制化而获得民主原则的内容，而民主原则则进一步赋予立法过程以形成合法性的力量。”[①]他把民主原则看作是商谈原则和法律形式相互交叠的结果，而这种相互交叠就是权利的逻辑起源。对于这种起源，我们可以作一步步的重构，其开端是将商谈原则运用于对于一般意义上行为自由的权利，而其末端则是使通过商谈运用政治自主的条件实现法律建制化，借助于这种政治自主，起初被抽象地确定的私人自主反过来可以在法律上得到提升。这些权利的逻辑起源形成了一个循环过程，在这个过程中，法律规范和形成合法之法的机制，即民主原则，是同源地构建起来的。民主在权利体系中具有核心的地位。

在哈贝马斯看来，“法的基本价值就在于同时既确保可归诸单个人的各种主观自由，又使得这些权利彼此协调起来。”[②]哈贝马斯认为运用商谈论可以建立一种体现法的价值的权利体系，这种权利体系“赋予公民的私人自主和公共自主以**同等分量的**有效性”[③]。在他看来，这个体系应该包含的恰恰是这样一些基本权利，它们是公民们若要借助于实证法来合法地调节他们的共同生活，就必须相互承认对方拥有的权利。哈贝马斯认为，法律形式和商谈原则这两个概念可以使我们引申出五种基本权利：（1）产生于以政治自主方式阐明对尽可多的平等的个人自由的权利的那些基本权利；（2）产生于政治自主方式阐明法律同伴的志愿团体的成员身份的那些基本权利；（3）直接产生于权利的可诉诸法律行动的性质和以政治自主方式阐明个人法律保护的那些基本权利；（4）机会均等地参与意见形成和意志形成过程——在这个过程中公民行使其政治自主、通过这个过程公民制定社会的法律——的那些基本权利；（5）获得特定生活条件——现有状况下公民要机会平等地利用从（1）到（4）所提到的公民权利所必需的、在社会上、技术上和生态上得到确保

① ［德］哈贝马斯：《在事实与规范之间——关于法律和民主法治国的商谈理论》（修订译本），童世骏译，生活·读书·新知三联书店 2011 年版，第 148 页。

② ［德］哈贝马斯：《在事实与规范之间——关于法律和民主法治国的商谈理论》（修订译本），童世骏译，生活·读书·新知三联书店 2011 年版，第 145 页。

③ ［德］哈贝马斯：《在事实与规范之间——关于法律和民主法治国的商谈理论》（修订译本），童世骏译，生活·读书·新知三联书店 2011 年版，第 144 页。

的生活条件——的基本权利。[①] 哈贝马斯指出，前四种权利得到了绝对论证，而后一种则仅仅得到相对论证。哈贝马斯相信，对于基本权利的商谈论理解，应该可以澄清人权与人民主权之间的内在关系，并解开合法性出自合法律性的悖论。

哈贝马斯认为，借助于权利体系，我们明确了一个现代法律共同体成员作为出发点的那些前提。但是，权利的合法性和立法过程的合法化是一回事，而一种统治秩序的合法性和政治统治的实施的合法化则是另一回事。那些在思想实验中重构起来的基本权利，对于每个自由和平等的法律同伴的联合体来说，都是具有构成性的，所反映的是同时处于原初状态的公民的横向联系。但是对于公民自主的法律建制化来说，如果不建立一个国家权力机构或不发挥国家权力机构的功能，这种权利体系在一些根本方面仍然是不完整的，无法达到稳定，因而就不可能持久确立。因此，要使权利体系中实现的私人自主与公共自主的相互交叠能够持久，法律化过程就不能局限于私人的主观行动自由和公民的交往自由，而必须同时延伸到那个在法律媒介中已经预设了的政治权力，因为执法和立法的事实性约束力都是由这种力量而来的。“法的特有功能是稳定行为期待，只要我们从这个方面来考虑法，它就表现为一个权利的体系。这些权利要能够生效和实施，只有通过那些做出对集体有约束力的决定的组织。反过来说，这些决定的集体约束力，又来源于它们所具有的法律形式。”[②] 由此看来，法律与政治力量之间存在着内在的联系。这种联系体现为它们构成的同源性和概念的交叉性，也体现为政治权力要通过合法化的渠道获得。“法律和政治力量的同源构成和概念交叉要求进行一种范围更广的合法化，也就是说，要求国家的制裁权力、组织权力和行政权力本身必须通过法律的渠道。”[③] 哈贝马斯指出，这就是法治国家的观念。

法治国家观念要求，“一种对具有法律形式的政治统治来说必不可少的公共权威组织，本身必须用合法地制定的法律来赋予合法性。”[④] 哈贝马斯认

① 参见［德］哈贝马斯：《在事实与规范之间——关于法律和民主法治国的商谈理论》（修订译本），童世骏译，生活·读书·新知三联书店2011年版，第149—150页。

② ［德］哈贝马斯：《在事实与规范之间——关于法律和民主法治国的商谈理论》（修订译本），童世骏译，生活·读书·新知三联书店2011年版，第165页。

③ ［德］哈贝马斯：《在事实与规范之间——关于法律和民主法治国的商谈理论》（修订译本），童世骏译，生活·读书·新知三联书店2011年版，第165页。

④ ［德］哈贝马斯：《在事实与规范之间——关于法律和民主法治国的商谈理论》（修订译本），童世骏译，生活·读书·新知三联书店2011年版，第206页。

为，立法依赖另一种权力即交往权力的产生。正如阿伦特所指出的，这种权力是随着人们开始一起行动而产生的，而一旦他们分散开去，它就马上消失，因而没有人能够真正“占有”这种权力。因此，交往权力与法律具有同源性，它们都产生那种“众多人们公开地赞同的意见”。① 哈贝马斯认为，随着交往权力概念的提出，就有必要对政治权力的概念加以区分。政治作为一个整体并且局限于为了在政治上自主地行动而彼此交谈的实际，因为政治自主的运用只意味着一个共同意志的商谈性地形成，而不包括对从中产生的法律的实施。但是，“政治的”这个概念也延伸到为进入政治系统而进行的竞争过程中对行政权力的运用。据此，哈贝马斯主张“把法律看作是交往权力借以转化为行政权力的媒介”②，而交往权力向行政权力转化的意义就在于，在法律的授权框架之内赋予权力。行政权力不应该自我繁殖，它的再生产，应该仅仅是交往权力之转化的结果。因此，法治国家的观念也可以根据这样一些原则加以阐述，“根据这些原则，合法的法律产生于交往权力，而交往权力则反过来通过合法地制定的法律而转变为行政权力”③。

哈贝马斯根据人民主权原则，提出并阐述了法治国家的原则。在他看来，根据人民主权的原则，一切国家权力都来自人民，这个原则既包含平等地参与民主的意志形成过程这种主观权利，也包含公民自决的建制化实践这种客观法的创造可能性作用。这个原则形成了权利体系与民主法治国家之上层建筑之间连接的枢纽。哈贝马斯认为，从商谈论的角度来理解人民主权，可以引申出法治国家的诸原则：（1）人民主权原则。（2）对个人权利的全面保护原则。（3）有关行政部门必须服从法规、必须接受司法和议会对行政的监察的那些原则。（4）国家与社会分离的原则。根据商谈论的理解，人民主权原则的意义是一切政治权力都来自公民的交往权力。对政治统治的行使，要以法律为取向，并且用法律来获得合法性，而这些法律就是公民自己在通过商谈形成意见和形成意志过程中制定的。“如果把这种实践理解为解决问题的过程，那么，这种实践的合法性来自一种应该确保合理地处理政治问

① ［德］哈贝马斯：《在事实与规范之间——关于法律和民主法治国的商谈理论》（修订译本），童世骏译，生活·读书·新知三联书店 2011 年版，第 180 页。

② ［德］哈贝马斯：《在事实与规范之间——关于法律和民主法治国的商谈理论》（修订译本），童世骏译，生活·读书·新知三联书店 2011 年版，第 184 页。

③ ［德］哈贝马斯：《在事实与规范之间——关于法律和民主法治国的商谈理论》（修订译本），童世骏译，生活·读书·新知三联书店 2011 年版，第 207 页。

题的**民主程序**。”[①]从权力的角度加以考察，人民主权原则要求立法权能转移给公民的总体，只有公民的总体才能够从自己当中产生出共同信念的交往权力。哈贝马斯认为，在人民主权原则之下，还包含一些更具体的原则，如议会原则、多数裁定原则、政治多元主义原则、自主公共领域之保障的原则，以及党派竞争的原则等。哈贝马斯认为，把制定法律的权能与运用法律的权能分成两个不同的、制度上和人员上都彼此分离的国家权威部门，是有语用学等方面的理由的，但随之而来的是要确立确保每个个人的全面的法律保护的原则、司法受现成法律约束的原则，以及有关独立司法部门的任务规定、工作方式和地位保障的所有其他原则。权力分立的核心含义在于行政的合法规性原则，这样做的目的在于“使行政权力的运用受民主地制定的法律的约束，从而使行政权力仅仅产生于公民共同地形成的交往权力”[②]。国家与社会分离原则的一般意义在于对一种社会自主性的法律保护，这种自主性也允许每个人作为公民有平等机会来利用其政治参与权利和交往权利。这一原则要求一种市民社会，或者说要求一种充分摆脱了阶级结构的自愿联合关系和政治文化。

哈贝马斯认为，上述四条原则加起来就构成了一个结构体系，其基础是这样一个单一观念：“说到底，法治国组织为之服务的目的，是一个自由、平等的公民联合体通过权利体系而构成的共同体的政治上自主的自我组织。”[③]在这种结构体系中，法治国家的各种建制应当确保具有社会自主性的公民有实效地运用其政治自主。为此，它们一方面必须使一种合理形成的意志所具有的交往权力能够存在，并在法律纲领中获得有约束力的表达；另一方面又必须允许这种交往权力通过对法律纲领的合理运用和行政实施而在整个社会发挥作用，从而通过对稳定的相互期待和集体目标的实现而发挥整合力量。在哈贝马斯看来，正是借助于法治国家的组织，权利体系被表达为一种宪法秩序。在这种宪法秩序中，法律媒介起着一种力量转换器的作用，从而加强交往过程中形成的生活世界的较弱的社会整合力量。哈贝马斯特别强调了法治国家以下两方面的意义：一是它赋予交往自由的公共运用以建制的

① ［德］哈贝马斯:《在事实与规范之间——关于法律和民主法治国的商谈理论》（修订译本），童世骏译，生活·读书·新知三联书店 2011 年版，第 207—208 页。

② ［德］哈贝马斯:《在事实与规范之间——关于法律和民主法治国的商谈理论》（修订译本），童世骏译，生活·读书·新知三联书店 2011 年版，第 211 页。

③ ［德］哈贝马斯:《在事实与规范之间——关于法律和民主法治国的商谈理论》（修订译本），童世骏译，生活·读书·新知三联书店 2011 年版，第 215 页。

形式；二是给予交往权力向行政权力的转化以规范。[①]

哈贝马斯指出，法治国家原则和基本权利虽然是抽象地确定的，但只能存在于历史的宪法和政治制度之中，它们只能在具体的法律秩序中得到诠释和落实。就诠释而言，包括文化符号层次上的诠释和行为系统层次上的诠释；就落实而言，包括落实于宪法性法律之中，以及落实于相应的建制和过程之中。各种具体的秩序不仅代表了实现同样权利和原则的不同方式，也可能反映了不同的法律范式。哈贝马斯所说的“法律范式”是指：“一个法律共同体关于如下问题的代表性观点：权利体系和法治国原则可以怎样实现于一特定社会的**直观**语境之中。”[②]借助于一个当代社会模式，法律规范告诉我们，法治国家原则和基本权利如果说要在给定情境上改选其规范地赋予的功能的话，必须怎样对它们加以理解和实施。因此，法律范式决定了基本权利和法治国家原则该怎么理解，它们可以如何实现于当代社会的情境之中。

哈贝马斯认为，现代社会有两个最成功的法律范式：一是资产阶级（自由主义）形式法范式；二是福利国家实质法范式。它们是今天仍然相互竞争的两个法律范式。哈贝马斯则主张一种从采取商谈论的视角摒弃了这两种范式的法律范式，即程序主义的法律范式。其理由是，20世纪末出现于福利国家型大众民主制社会的那些法律制度，适合于从程序主义的角度来加以理解。[③]哈贝马斯认为，程序性的法律范式不像自由主义法律范式和福利国家法律范式那样偏袒一种特定的社会理想，一种特定的良好生活的设想，甚至是一种特定的政治选择。“它仅仅指出，在哪些必要条件下，法律主体以政治公民的身份可以就他们要解决的问题是什么、这些问题将如何解决达成理解。”[④]当然，与这种法律范式相联系的是这样一种自我期待，即不仅要形成作为专家同法律打交道的精英们的自我理解，也要形成所有参与者的自我理解。这种法律观像法治国家本身一样，包含着一个核心观念，即自主性观念。“根据这个观念，人类只有当他们所服从的法律也就是他们根据其主体间地获得的洞

① 参见［德］哈贝马斯：《在事实与规范之间——关于法律和民主法治国的商谈理论》（修订译本），童世骏译，生活·读书·新知三联书店2011年版，第215—234页。

② ［德］哈贝马斯：《在事实与规范之间——关于法律和民主法治国的商谈理论》（修订译本），童世骏译，生活·读书·新知三联书店2011年版，第240页。

③ 参见［德］哈贝马斯：《在事实与规范之间——关于法律和民主法治国的商谈理论》（修订译本），童世骏译，生活·读书·新知三联书店2011年版，第241页。

④ ［德］哈贝马斯：《在事实与规范之间——关于法律和民主法治国的商谈理论》（修订译本），童世骏译，生活·读书·新知三联书店2011年版，第547页。

见而自己制订的法律的时候，才是作为自由的主体而行动的。”[①]

哈贝马斯指出，前面他已经从哲学的立场考察法律，从商谈论的角度建构他自己的权利体系和法治国家原则体系，现在面临着从法律理论的角度，也就是从狭义的法律体系的角度来为他的主张辩护的任务。他所说的“狭义的法律体系”是指“用法律规范来调节的互动的总和”。与“狭义的法律体系”相对应的“广义的法律制度”则“不仅包括所有取向于法律的互动，而且也包括所有被用于产生新的法律并把它作为法律而加以再生产的互动”。[②]它是指所有用法律来调节的行为系统，包括彼此对立的两个领域，一个是通过反思性法律而构成的核心领域，也就是以私人自主的方式形成法律行为的领域，另一个是通过实质性法律规范来导控行动的领域。而且，在这两个领域之间还存在着一种分层，一个是具有正式组织形式的、以法律方式构成的互动领域，另一个是初具法律外表、主要通过法律外建制来调节的互动领域。[③]哈贝马斯关于狭义法律体系的讨论，内容丰富、繁杂而专业，我们不作进一步的阐述。[④]

（四）商议性政治

到目前为止哈贝马斯所做的工作是，从法治国家组织形式的实质性规范这一角度出发考察政治权力的产生、分配和运用，所涉及的问题是对交往权力同行政权力和社会权力之间关系作规范的调节。接下来，他要解决的问题是在何种条件下法律的产生具有合法化效果，这个问题也就是民主问题。[⑤]在讨论这个问题的时候，哈贝马斯在批评经验性民主模式和规范性民主模式的基础上，阐述了他的商议性政治的程序性民主理论。

---

① ［德］哈贝马斯:《在事实与规范之间——关于法律和民主法治国的商谈理论》(修订译本)，童世骏译，生活·读书·新知三联书店 2011 年版，第 547 页。

② ［德］哈贝马斯:《在事实与规范之间——关于法律和民主法治国的商谈理论》(修订译本)，童世骏译，生活·读书·新知三联书店 2011 年版，第 241 页。

③ 参见［德］哈贝马斯:《在事实与规范之间——关于法律和民主法治国的商谈理论》(修订译本)，童世骏译，生活·读书·新知三联书店 2011 年版，第 242 页。

④ ［德］哈贝马斯:《在事实与规范之间——关于法律和民主法治国的商谈理论》(修订译本)，童世骏译，生活·读书·新知三联书店 2011 年版，第五、六、九章。

⑤ 需要注意的是，哈贝马斯并不认为法治国家并一定是民主国家，“在统治尚未民主化的地方，也存在着法治国家。简言之，没有法治国家的制度，可以有法律秩序存在；没有按照民主程序制定的宪法，也可以有法治国家存在。”(参见［德］哈贝马斯:《包容他者》，曹卫东译，上海人民出版社 2002 年版，第 294 页以后）哈贝马斯所希望建立的国家不是通常意义上的法治国家，而是基于民主的法治国家，即“民主法治国家”。

在哈贝马斯看来，经验性民主模式是纳尔纳·贝克尔提出的一种民主模式。贝克尔利用经验主义材料来建构一种规范性的民主理论。这种理论认为，政治权力表现在一种由这种权力所维持的秩序的稳定性之上，“合法性被认为是一种稳定性标准”，“一种合法化与另一种合法化同样地好，只要它充分地有助于稳定统治”。[①] 根据这种观点，即使是一种独裁，只要一种社会上得到承认的合法化框架使政府有可能保持稳定，也必须被认为是合法的。在此基础上，贝克尔通过支配普遍和平等的选举、党派竞争和多数裁定原则等游戏规则而引入民主概念。在哈贝马斯看来，这种理论的目的仅仅是证明参与者各方都有恰当理由来坚持民主的既定游戏规则，并据此要求各方都要奠定这些规则：执政的一方绝不能限制公民或政治的政治活动，只要他们不企图用暴力推翻政权；而选举失败一方也要保持他们的平静，不能诉诸暴力或其他不合法手段来阻止得胜方接管政权。在这些条件下，和平的权力转移就有了保障。对于这种民主理论，哈贝马斯批评说：“初看之下，它好像是提出一种对自由民主制度进行说明和辩护的哲学理论。但熟悉了这种理论之后，人们意识到作者——假如他是前后一致的话——至多能把他的理论理解成一种‘推销自由立宪主义的世界观**广告**’。”[②]

哈贝马斯把他的程序性民主理论和自由主义民主理论、共和主义民主理论都归入规范性民主模式范畴。但是，程序性民主理论与其他两种民主理论之间存在着以下三方面的区别：

首先，在哈贝马斯看来，从法律的角度看，商议性政治的程序构成了民主过程的核心。对民主的这种理解是同历来的民主模式把国家看作社会之中心的观点有关的，但“既不同于把国家看作是经济社会之监护人的自由主义观点，也不同于关于一个在国家中得到建制化的伦理共同体的共和主义概念”[③]。根据自由主义的观点，民主过程仅仅是以利益妥协的形式而实现的，形成妥协的规则被认为应该确保由普遍平等的选举、议会团体的代议性集会、决策模式、议事规则等等所形成的结果的公平性。这些规则说到底是用自由主义的基本权利来加以辩护的。相反，根据共和主义的观点，民主的

① ［德］哈贝马斯：《在事实与规范之间——关于法律和民主法治国的商谈理论》（修订译本），童世骏译，生活·读书·新知三联书店 2011 年版，第 361 页。

② ［德］哈贝马斯：《在事实与规范之间——关于法律和民主法治国的商谈理论》（修订译本），童世骏译，生活·读书·新知三联书店 2011 年版，第 366—367 页。

③ ［德］哈贝马斯：《在事实与规范之间——关于法律和民主法治国的商谈理论》（修订译本），童世骏译，生活·读书·新知三联书店 2011 年版，第 367 页。

意志形成过程采取的是伦理政治的自我理解的形式，在这里，商议可以依赖于公民总体所共享的那种文化上既定的背景性共识的支持。哈贝马斯指出，商谈论从这两种观点中采纳了一些成分，并将其整合进理想性的协商程序和决策程序的概念之中。在他看来，民主程序在实用性考虑、妥协、自我理解性商谈和正义性商谈之间建立起了内在关联，而且以民主程序为基础可以假定：只要相关信息的流动和对这种信息的恰当处理没有受到阻塞，就可以得到合理或公平的结果。民主程序是通过商谈和论辩实现的，而商谈的规则和论辩的形式是以实践理性为基础的，其规范性内容从那种以达成理解的行动的有效性为取向的基础中产生的，归根到底是从语言交往的结构和交往社会化的不可替代的模式中产生的。

其次，哈贝马斯认为，对民主过程作这种描述，也形成不同于共和主义和自由主义对国家和社会进行规范性思考的路径。根据共和主义的观点，社会是通过公民意见形成和意志形成过程构成的一个政治性整体，社会一开始就是一个政治社会，因为共同体在公民的政治自决实践中可以达到自觉状态，并通过公民的集体意志而自主地行事。因此，民主就等同于社会作为一个整体的政治性自我组织。根据自由主义的观点，社会和国家之间的区别是不能被消除的，而只能通过民主过程加以沟通，当然需要以法治作为渠道。自由主义模式所依赖的不是进行商议的公民的民主自决，而是对经济社会的法治管理，这种管理应该满足那些忙于生活的人们的幸福期望，并以此确保一种本质上非政治性的共同福祉。商谈论在这方面也从这两种观点中各采纳了一些成分，并以新的方式把它们结合起来。与共和主义一致，它把政治性意见形成和意志形成的过程放在核心地位，但并不把法治国家理解成某种次要的东西，而把它的诸原则理解成对这样一个问题的回答：交往形式怎样才能对民主的意见形成和意志形成过程的高要求加以建制化。根据商谈论，商谈性政治的成功并不取决于一个有集体行动能力的全体公民，而是取决于相应的交往程序和交往的建制化，以及建制化商议过程与非正式地形成的公共舆论之间的共同作用。通过民主程序或政治公共领域之交往网络而发生的那种理解过程，体现了一种高层次主体间性或交互主体性。“公共的意见形成过程、建制化的选举过程、立法的决定之间形成了交往之流，这种交往之流的目的是确保通过立法过程而把舆论影响和交往权力转译为行政权力。”① 像自由主义

① ［德］哈贝马斯:《在事实与规范之间——关于法律和民主法治国的商谈理论》(修订译本)，童世骏译，生活·读书·新知三联书店 2011 年版，第 371 页。

模式一样，商谈论尊重“国家”和“社会”之间的边界，但把作为自主公共领域社会基础的市民社会同经济行动系统和公共行政两者都区别开来。

最后，哈贝马斯认为，商谈论的这种观点对如何理解合法化和人民主权的问题是有影响的。根据自由主义的观点，民主的意志形成过程的功能仅仅是使政治权力的行使合法化。选举就是要确立政治权力，而政府则必须在公众和议会面前为这种权力进行辩护。根据共和主义的观点，民主的意志形成过程具有本质上更强的功能，这就是把社会构成为一个政治共同体。政府不仅仅通过对彼此竞争的领导人选举而获得授权去执行一些基本上未明确规定的使命，也要执行选民所要求的某些特定政策。这样，政府与其说是一个国家机关，不如说是一个委员会，它是一个自我管理的政治共同体的组成部分，而不是一个独立的国家权力机构。商谈论则引入了另外一种观念，即“民主的意见形成和意志形成过程的程序和交往预设的作用，是为一个受法律和法规约束的行政部门的决策提供商谈合理化的最重要渠道。”[①]哈贝马斯提出，这里所说的“合理化”的涵义要比单纯的合法化丰富，但要少于权力的构成。根据商谈论的观点，行政部门应该始终同一种民主的意见形成和意志形成过程保持联系，而这种过程不仅仅要对政治权力的行使进行事后监督，而且也要为它提供纲领。但即使如此，只有政治系统才能行使权力，它是一个专门用来做出有集体约束力的决策的子系统。相对而言，公共领域的交往结构是一个分布广泛的传感器网络，它对全社会范围的问题做出反应，并激发出有影响的舆论。这种“通过民主程序而形成交往权力的公共舆论，是无法亲自‘统治’的，而只可能对行政权力之运用指出特定方向”。[②]

在哈贝马斯看来，人民主权的概念来自对近代早期的主权概念的袭取和评价，在那时，这个概念起初是与绝对统治者联系在一起的。根据共和主义的观点，人民是那种原则上无法委托的主权的承担者，宪法的权威的基础在于公民的自决，而不在于公民的代表。自由主义则反对这种观点，认为在民主法治国家中，来自人民的政治权威的行使，仅仅是通过选举的投票，以及专门的立法机构、行政机构和司法机构。商谈论则持一种非中心化的社会观，一旦我们放弃了主体性哲学的概念框架，就既没有必要把主权集中于具

① ［德］哈贝马斯:《在事实与规范之间——关于法律和民主法治国的商谈理论》(修订译本)，童世骏译，生活·读书·新知三联书店2011年版，第372页。

② ［德］哈贝马斯:《在事实与规范之间——关于法律和民主法治国的商谈理论》(修订译本)，童世骏译，生活·读书·新知三联书店2011年版，第372页。

体的人民当中，也没有必要把主权放弃给无人称的宪法结构和宪法权力部门。法律共同体消失在一些无主体的交往形式之中，这些交往用特定方式来调节商谈性意见形成和意志形成过程。在哈贝马斯看来，“这并不是放弃同人民主权的观念相联系的那种直觉，而是对它作主体间性的诠释。”[①]他指出，人民主权之所以退却为民主的程序和对这些程序的高要求交往预设的法律执行，仅仅是为了使它自己被感受为交往地产生权力。严格说来，这种权力产生于具有法治国家建制形式的意志形成过程和文化上动员起来的公共领域之间的相互作用，而文化上动员起来的公共领域则以既区别于国家也区别于经济的市民社会中各种联合体作为其基础。从程序上看，人民主权的观念指向这样一些社会边界条件，这些条件虽然赋予法律共同体的自我组织以活动能力，但并不是公民可随意支配的。在商谈论看来，“政治系统既不是社会的顶点、也不是社会的中心、甚至也不是社会的结构性核心，而仅仅是诸系统中的**一个**系统。”[②]但另一方面，因为它为解决威胁社会整合问题提供了安全机制，所以它必须是能够通过法律媒介而同所有其他具有合法秩序的行为领域进行交往的。而且，商议性政治与一个呼应这种政治的合理化生活世界情境之间存在着内在联系。这一点既适合于建制化意见形成和意志形成过程的形式程序所支配的政治，也适合于仅仅非正式地发生于公共领域网络之中的政治。

关于民主程序本身，哈贝马斯针对科恩（Joshua Cohen）的观点阐述了一个双轨的商议性政治的概念。在科恩看来，商议性民主概念的根基在于这样一个民主联合体的直觉理想，在这个民主联合体中，对联合之条件和前提的论证，是通过平等的公民之间的公共论辩和讲理来解决集体选择的问题。而且，他们的基本建制只要建立了自由的公共商议的框架，就是具有合法性的。哈贝马斯与此相反，把程序上正确的决定从中取得其合法性的那个程序理解为一个分化开来的法治国家政治体系的核心结构，而不把它当作所有社会建制的模式，甚至也不把它当作所有国家建制的模式。不过，他赞成科恩对民主程序本身的描述，这种描述包括：（1）协商过程之发生的形式是论辩，也就是说，是提出建议的一方和批判地检验建议一方之间对信息和理

① ［德］哈贝马斯：《在事实与规范之间——关于法律和民主法治国的商谈理论》（修订译本），童世骏译，生活·读书·新知三联书店 2011 年版，第 373 页。

② ［德］哈贝马斯：《在事实与规范之间——关于法律和民主法治国的商谈理论》（修订译本），童世骏译，生活·读书·新知三联书店 2011 年版，第 374 页。

由的有序交换。(2)协商是包容的、公共的。原则上没有任何人可以排除在外，所有有可能被决策影响的人都具有同等的机会进入和参加讨论。(3)协商是排除外在强制的。对参与者的约束仅仅是交往的预设和论辩的规则。就此而言，参与者是拥有主权的。(4)商议是排除任何可能有损于参与者之平等的内在强制的。每个人都有平等的机会去被人倾听，去引入议题、做出贡献、提出建议和批评建议。除以上四点之外，哈贝马斯还着眼于协商过程的政治性质提出了另外三个条件:(5)商议的目的一般来说是合理地推动的一致意见，并且是原则上能够无限地进行或在任何时候恢复的，但考虑到必须作出决定，因而政治商议必须以多数人决定而告终。(6)政治协商扩展到任何可以用对所有人同等有利的方式来调节的问题。(7)政治协商还包括对需要的诠释，以及对前政治态度和偏好的态度的改变。在哈贝马斯看来，这样一种用来民主地调节人们共同生活条件的程序，一个联合体如果把它加以建制化，这个联合体就因此而把自己构成为一个公民团体。“协商和决策的理想程序预设了作为其承担者的这样一个联合体，它同意**公平地**调节其共同体生活的条件。”①

哈贝马斯认为，商议性政治的这幅图景省略了一些重要的内部分化，也没有明确以下两个方面:一是用民主程序来调节的取向于决策的协商;二是公共领域中非正式的意见形成过程。在哈贝马斯看来，民主程序不局限于像在大选中那样组织非正式意见形成过程之后的投票，而至少调节那些“召集”“开会”以“谈判”一个议程并在必要时通过一些决议的委员会的构成和运作。这方面的操作意义更多地在于解决问题而不是发现和辨认问题，在于为问题之选择和彼此竞争的解决方案的确定和辩护，而不是对新问题提法的敏锐感受。哈贝马斯认为，这种“弱的”公众集体是“公共意见”的载体，它们加起来构成一个“未受驯服的”复合体，它们无法加以赋予组织形式。这种无政府结构的普通公共领域在两个方面不同于议会复合体的有组织公共领域:其一，“它比后者更容易受到不平等分布的社会权力、结构性的暴力和受系统扭曲之交往的压抑性影响和排外性影响”;其二，“它具有一种**无限制**交往之媒介的优点;与受程序调节的公共领域相比，在这里新的问题情境可以得到更敏锐的感受，自我理解性商谈可以更广泛、更明确地进行，

① [德]哈贝马斯:《在事实与规范之间——关于法律和民主法治国的商谈理论》(修订译本)，童世骏译，生活·读书·新知三联书店2011年版，第379页。

集体认同和对需要之诠释可以得到强制性更少的阐述。”[①] 哈贝马斯认为，民主地构成的意见形成和意志形成过程依赖于不具有正式形式的公共意见的供给，这种公共意见在理想情况下是发生在一个未受颠覆的政治性公共领域的结构之中的，而这种公共领域本身，则必须以一种能够使平等的公民权利具有社会效力的社会作为它的基础。“商议性政治因此是离不开民主地构成的意志形成过程与不具有正式形式的意见形成过程之间的相互作用的。它并不是自我满足地运行在受宪法调节的协商和决策的轨道之上的。”[②]

需要指出的是，哈贝马斯在论述自己的商议性政治理论的过程中，对罗尔斯的公正理论也提出了一些批评。他的批评主要集中于罗尔斯的“原初状态”和“重叠共识”这两个核心概念上。他认为，罗尔斯的“原初状态”是通过信息强制等限制手段，即通过使市民社会的公民只能通过一个“共同的”道德视角来进行观察和抉择，来达成对公正诸原则共同认可的。但是，人们在加入到一个社会之前只能以旁观者的身份来审视和确定公正原则，而当他们从旁观者视角向参与者视角转变时，他们必定会将自身的宗教的、哲学的和道德的观念和学说带入“原初状态”，这样，“无知之幕”就面临着能否保证判断不偏不倚的问题。不考虑这一点，罗尔斯的设想就缺乏充分的说服力。而且，罗尔斯所采取的信息强制手段没有考虑到其他派别，这是违背了现代民主法治社会的多元化事实的。罗尔斯的“重叠共识”在一定意义上是为了解决上述问题的。所谓“重叠共识”，指的就是在原初状态下确定的公正原则能够得到各种合乎理性的宗教学说、哲学学说和道德学说的认肯和支持。哈贝马斯认为，这样的一种重叠共识并不是理论正确性的一种证明，它所关注的不是可接受性以及相关的有效性，而是接受本身。因此，重叠共识的达成不是为了给真理提供论证，而只是为了使其公正原则具有可接受性，以保持社会的稳定性。这实际上就落入了罗尔斯所反对的功能主义窠臼。这样，理性论证与道德真理之间的关系就变得模糊不清了。在哈贝马斯看来，“如果罗尔斯反对从功利主义的角度把正义解释为公平，他就必须允许在他的理论的有效性与他坚持世界观在公共话语中的中立性之间建立起一

① ［德］哈贝马斯:《在事实与规范之间——关于法律和民主法治国的商谈理论》(修订译本)，童世骏译，生活·读书·新知三联书店 2011 年第 2 版，第 381 页。

② ［德］哈贝马斯:《在事实与规范之间——关于法律和民主法治国的商谈理论》(修订译本)，童世骏译，生活·读书·新知三联书店 2011 年第 2 版，第 381—382 页。

种认知的关系。”[①] 而且，罗尔斯的政治建构实际上就采取了两个道德判断的视角，即在进行公正原则的认肯时采取的是一种旁观者的视角，而在达成重叠共识的时候，又采取了参与者的视角。这两种不同的视角就会使以旁观者视角确立的公正原则面临着是否会成为重叠共识的问题。

哈贝马斯批评罗尔斯的目的并不在于要指出罗尔斯的不足，而是为了提出他自己关于社会公正实现的论证。这种论证是不同于对公正理论进行描述的建构主义（constructivism）方法，而是一种重构主义（reconstructivism）的方法。前者是用哲学优先构建一个能够为不同语境下的人都能够认可的公正理论，人们可以基于此通过对现存制度的批判来达成共识；后者则不同，“哲学应当仅限于澄清道德视角和民主程序，仅限于分析理性话语和协商的前提条件”[②]，而公正共识的最终达成则依靠这一社会的参与者的抉择。在哈贝马斯看来，只要抉择能够为社会成员所接受，那么他们的抉择就是合理的。“正义问题可以用有根据的抉择来加以把握，所谓有根据的抉择，就是能够被合理接受的抉择。”[③] 那么，社会成员怎样才能作出比较合理的抉择呢？这就是一个协商的过程。这是一个各种世界观、道德观不断交锋的过程，是不同的价值体系所掌控的话语不断碰撞的过程，所以这就需要一个严格的理论基础和严格的程序。而这正是他的程序性民主理论所要解决的问题。

（五）全球化与世界共同体

在全球化的背景之下，哈贝马斯深刻地洞察到民族国家面临着挑战，提出了民族国家将被超越并会形成“后民族国家世界格局”的看法。但是，他同时也承认民族国家的民主过程可以成为全球化时代世界民主政治的参照系。“正是民族国家这种我们将超越的历史形态，能够为我们走向后民族社会提供某种借鉴。”[④] 所以，他从民族国家的演进来考察民族国家面临的挑战，并试图通过对这种挑战的回应引出他关于“后民族民主”的理想蓝图。

哈贝马斯认为民族国家的形成经历了一个从“人民民族”到“贵族民族”再到“公民民族”转变的过程，“公民民族”的出现意味着民族国家的

---

① ［德］哈贝马斯：《包容他者》，曹卫东译，上海人民出版社 2002 年版，第 74 页。
② ［德］哈贝马斯：《包容他者》，曹卫东译，上海人民出版社 2002 年版，第 85 页。
③ ［德］哈贝马斯：《包容他者》，曹卫东译，上海人民出版社 2002 年版，第 78 页。
④ ［德］哈贝马斯：《包容他者》，曹卫东译，上海人民出版社 2002 年版，第 127 页。

最终形成。“人民民族”即“起源的共同体”或“语言共同体”，这种共同体具有原始的性质，而且区分了自我与他者的界限，还没有达到政治上的一体化，不存在类似国家的组织形式。因此，哈贝马斯有时将这种民族称为“前政治的命运共同体”。“民族首先是一些有着相同起源的共同体，他们定居在一定的地域，并构成邻里关系；文化上拥有共同的语言、风俗和习惯，但他们在政治上还没有达到一体化的地步，也没有出现类似于国家的组织形式。”[①]“贵族民族”即“贵族共同体”，它是与封建等级国家联系在一起的。“君主或国王，给予贵族、教会和城市以特权，也就是说，给予他们一定限度的参与政治统治的权利。这些参与政治统治的阶层在‘议会’和‘地方议会’中相对于宫廷代表着‘国家’或‘民族’。作为‘民族’，贵族享有政治权利，而人民作为臣民的总和，还是被排除在政治生活之外。”[②]在哈贝马斯看来，这种民族仍然是前政治的，不具有真正的国家形式。民族与国家的融合即现代意义的民族国家是在18世纪晚期美国革命和法国革命之后才出现的。现代意义的民族是“公民民族”，即“公民共同体”，哈贝马斯称之为“想象的共同体”。公民民族是由公民组成的民族，它是民主过程的产物，它的集体认同既不先于，更不能脱离这一民主过程。公民民族不同于人民民族，其典型的特征在于，其一体化的中介不再仅仅上“相同的籍贯、语言和历史”，而是法律。“民族国家只有在确定了公民资格之后，才建立了一种全新的即抽象的团结，其中介则是法律。”[③]由此看来，公民民族是与民主进程相伴随的，是民主政治的结果。由国家公民组成的民族和由人民组成的民族之间的差异，也体现了民主的民族国家所取得的成就。在哈贝马斯看来，民族国家虽然发轫于欧洲，但并不止于欧洲，今天已遍及全世界。“‘联合国’一词已经告诉我们，当今国际社会是由诸多民族国家组成的。民族国家这种历史类型是法国大革命和美国资产阶级革命之后形成的，现已遍布全球。”[④]

哈贝马斯认为，民族国家的产生以及在世界范围内的普及取得了两项辉煌的历史成就：其一，为国家的合法性提供了新的基础；其二，为社会整合提供了一种新的形式。“对上帝的信仰崩溃之后，出现了多元化的世界观，从而逐渐消除了政治统治的宗教基础。这种世俗化的国家必须为自己找到

① ［德］哈贝马斯：《包容他者》，曹卫东译，上海人民出版社2002年版，第129—130页。
② ［德］哈贝马斯：《包容他者》，曹卫东译，上海人民出版社2002年版，第130页。
③ ［德］哈贝马斯：《后民族结构》，曹卫东译，上海人民出版社2002年版，第157页。
④ ［德］哈贝马斯：《包容他者》，曹卫东译，上海人民出版社2002年版，第125页。

新的合法化源泉。"[①]民族国家这种民族与国家结合的形式正好满足了这一要求。民族国家实行民主政治，公民的权利保障和政治参与促进了公民对国家的认同并增强了政治合法化的基础。"这种逐渐盛行的民主参与和公民资格，创造了一种新的法律团结基础，同时也为国家找到了世俗化的合法化源泉。"[②]这种对政治的认同还需要与民族归属感结合起来，这样才能为法治国家奠定文化基础，从而使人们团结一致，促进整个社会的一体化。"如果已经获得自立的民众还没有形成一个由具有自我意识的公民组成的民族，那么，这种政治法律变革就会缺少原动力，已经建立起来的共和体制也会缺少活力。为了促进这场政治变革，需要一种能强有力地赋予这种变革以意义的观念。它应比人民主权和人权概念更能打动人心和激发热情。这个空白就由'民族'观念来填补。"[③]正是这种民族观念与政治民主相结合给社会整合提供了新形式。在哈贝马斯看来，民族国家的意义就在于解决了以上两个方面的问题。"民族国家的成就在于，它同时解决了这样两个问题：即在一个新的合法化形态的基础上，提供了一种更加抽象的新的社会一体化形式。"[④]

在哈贝马斯看来，"现代意义上的'国家'是一个法学概念，具体所指是对内对外都代表着主权的国家权力，而空间上则拥有明确的领土范围，即国土，社会层面上指的是所有从属者的结合，即全体国民。国家统治建立在成文法的形式上，而国民是在一定的国土范围内通行的法律秩序的承载者。"[⑤]哈贝马斯认为，除了领土外，民族国家具有两个重要特征：一是国家主权的确立。民族国家是具有主权的。它对内能够确保国内的安宁和秩序，对外能够维护国家领土不受侵犯。在国际上，主权国家可以在权利平等的基础上相互竞争。"主权对内是国家推行法律秩序的前提，对外能使国家在国际间'无序'的力量角逐中捍卫自己。"[⑥]二是国家与"市民社会"或社会的分离。这种分离首先表现在国家从经济领域脱身出来，只负责行政管理与税收，将生产交给市场。"现代国家同时也是管理国家、税收国家，这就意味着，国家的主要任务是行政管理。国家把一直在政治统治领域内进行的生产

① ［德］哈贝马斯:《包容他者》，曹卫东译，上海人民出版社 2002 年版，第 131—132 页。
② ［德］哈贝马斯:《包容他者》，曹卫东译，上海人民出版社 2002 年版，第 132 页。
③ ［德］哈贝马斯:《包容他者》，曹卫东译，上海人民出版社 2002 年版，第 132—133 页。
④ ［德］哈贝马斯:《包容他者》，曹卫东译，上海人民出版社 2002 年版，第 131 页。
⑤ ［德］哈贝马斯:《包容他者》，曹卫东译，上海人民出版社 2002 年版，第 127 页。
⑥ ［德］哈贝马斯:《包容他者》，曹卫东译，上海人民出版社 2002 年版，第 128 页。

使命转让给了与国家分离开来的市场经济。”①国家与社会的分离还表现在私法与公法的区分上。这一分离主要体现在保障个人私人领域自治的权利，于是私人占据了主体自由的核心领域。“随着封建主主权向人民主权的转变，臣民的这些权利转变为人权和公民权，即公民的政治自由权利。从理想型的角度来说，这些权利除了保障私人自律之外，还保障政治自律，而且原则上是针对每一个人的。民主法治国家就其理念而言，是根据民众自己的意愿和自由意志确立合法化秩序。根据卢梭和康德的观点，权利的拥有者，同时也应当是权利的授予者。”②

哈贝马斯认为，民族国家发展到今天虽然取得了巨大成就，但也面临着诸多的新情况，同时面临着内部和外部两个方面的挑战。就内部而言，民族国家面临着多元文化的挑战。今天的社会是世界观、价值观念、宗教信仰、生活方式等越来越多元化的多元文化社会，与由同根文化的民族国家的传统模式相去甚远。政治的合法化要求得到来自不同文化背景的所有公民的承认，但是，“在一个文化和世界观多元化的社会里，不允许把这种政治所承担的重任由政治意志形成和公共交往的层面上推卸到似乎已经一体化的民族的自发基础上去”③。这样，政治的共同文化基础以及社会公众的政治认同就面临着巨大的困难，国家的合法性就面临着严峻的挑战，社会一体化也难以实现。民族国家面临的外部挑战来自全球化。冷战结束之后，世界进入了全球化时代。全球化的趋势正在改变着国家、社会和经济统一在同一民族国家边界之内这一历史格局，国家的控制能力越来越弱，国家的决策过程日益缺乏合法性，而且国家越来越无力行使调控和组织职能来确保其合法性。“随着交通、信息、经济、生产、金融、技术和武器流通的全球化，特别是生态风险和军事风险的全球化，迫使我们面对这样一些问题，它们在民族国家范围内，通过迄今普遍采用的主权国家间达成的协议形式是无法解决的。所以，有必要建立和扩大具有较强政治行为能力的跨国组织。我们现在已看到了这种发展趋势，当然，这样一来民族国家的主权将被削弱。”④

针对当代民族国家面临的挑战，西方学术界形成了两种对立的观点：一种是社会民主主义者所主张的捍卫民族国家的观点，其出发点是“强调垄断

① ［德］哈贝马斯:《包容他者》，曹卫东译，上海人民出版社 2002 年版，第 128 页。
② ［德］哈贝马斯:《包容他者》，曹卫东译，上海人民出版社 2002 年版，第 132 页。
③ ［德］哈贝马斯:《包容他者》，曹卫东译，上海人民出版社 2002 年版，第 137 页。
④ ［德］哈贝马斯:《包容他者》，曹卫东译，上海人民出版社 2002 年版，第 126—127 页。

了权力的国家的防护功能，国家在它自身的疆域当中捍卫法律和秩序，为公民的私人生活世界提供安全保障”①。哈贝马斯将这种观点称为“防卫性的修辞策略”。另一种是新自由主义和后现代主义主张的超越和抛弃民族国家的观点，这种观点认为“主权国家的权力具有一种压制的性质，它使得民众不得不臣服于喜好管理的行政机关的压迫，陷入了同质性的生活方式的囚笼之中”②。因此，他们主张打破民族国家的领土和社会疆界，从而使个人从国家管理的垄断权力下获得解放，并从民族集体的强制认同中获得解放。哈贝马斯称这种观点为“开放的修辞策略”。哈贝马斯认为，这两种观点都不可取，因为在一种“后民族国家结构”正在形成的情况下，民族国家无法再通过“闭关锁国”的政策来应对严峻的挑战。他认为，在今天全球化的背景下，民族国家要在经济系统的不断开放与政治系统的相对闭合之间建立一种均衡的关系，并在跨国层面上采取一种开放和闭合政策。“全球化似乎迫使民族国家在自身内部向各种外来的或新型的文化生活方式保持开放状态。与此同时，全球化又限制了一国政府的活动空间，具体表现为：主权国家对外，也就是面对国际管理机构同样也必须保持开放状态。”③

针对上述两种观点，哈贝马斯提出了自己的民族国家扬弃论。他认为，要弥补民族国家的不足，从而应对全球化和多元文化的挑战，要在充分发扬民族国家历史成就的基础上，克服其局限，并让渡自己的部分主权，建立一个行之有效的全球政治共同体。一方面，他主张要将民族国家定位于公民法律共同体而不是历史共同体。这种法律共同体才是真正意义的国家，它对所有公民都保持开放状态，而不管他们的出身如何。“一个国家只有在完成了从彼此都很熟悉的人种共同体向由相互还陌生的公民组成的法律共同体转变之后，才能说真正成为了一个国家。”④另一方面，哈贝马斯针对民族国家行为能力弱化的趋势主张民族国家联合成为一个更强大的政治统一体，建立一种超国家的政治机制。“面对世界市场的颠覆力量和绝对命令，面对交往在世界范围内的不断紧密，国家的外部主权，不管如何论证，在今天都已经过时了。全球性的危险与日俱增，它们悄悄地迫使世界上各个民族不由自主地组成一个风险共同体；从这个角度来看，的确有必要在跨民族层面上建立起

① ［德］哈贝马斯：《后民族结构》，曹卫东译，上海人民出版社2002年版，第93页。

② ［德］哈贝马斯：《后民族结构》，曹卫东译，上海人民出版社2002年版，第93页。

③ ［德］哈贝马斯：《后民族结构》，曹卫东译，上海人民出版社2002年版，第97页。

④ ［德］哈贝马斯：《包容他者》，曹卫东译，上海人民出版社2002年版，第175—176页。

具有政治行为能力的机构。"[①] 这个机构就是世界范围内的政治共同体。

在哈贝马斯看来，作为法律共同体的民族国家，应倡导"宪法爱国主义"而非民族主义。所谓"宪法爱国主义"是指一种区别于民族认同的全新政治认同模式，在这种模式中，"民主的公民身份不需要根植于一个民族的民族认同之中"[②]。根据这种宪法爱国主义认同模式，公民的政治认同已经从基于民族身份的文化认转向了基于主体间理性商谈为主的法律认同。对于这种认同模式，哈贝马斯作了以下具体描述："一个自由和平等的联合体中人们为之而战，最后达到的共识，其最终基础仅仅在于一个人们同意的**程序**的统一性之上。这种民主的形成意见和作出决定的程序在法治国家宪法上取得经过分化的形式。在多元主义社会里，宪法表达的是一种形式上的共识。公民们愿意有这样一些原则来指导他们的共同生活，这些原则，因为它们符合每个人的平等利益，可以获得所有人的经过论证的同意。这样一种联合体是由相互承认的关系所构成的，在这种关系之下，每个人都可以期望被所有人作为自由的和平等的人而受到尊重。每个人无例外地都可以受到三重承认：每个人作为不可替代的个人、作为一个族裔或文化群体的成员、作为公民（即一个政治共同体的成员）都应该能够得到对其完整人格的同等保护和同等尊重。"[③] 在哈贝马斯看来，立足于"宪法爱国家主义"的集体认同具有包容性的特征，它能使民族国家更好地履行其一体化的使命，促进集体认同的稳固。

哈贝马斯认为，法律共同体认同模式可以在世界范围内拓展为一种世界公民身份认同模式，从而形成一种后民族国家的世界政治格局，即一种"没有世界政府的世界内政"的"后民族民主"。哈贝马斯的这种理想构想是以欧盟为参照系的。哈贝马斯不赞成对欧洲政治一体化和民主化持怀疑或否定态度的各种观点（如欧洲怀疑论、市场欧洲论、欧洲联邦论），主张在批判"世界大同政治论"的基础上构建欧洲政治一体化和政治民主体。他认为，欧洲认同归根到底就是民族多样性中的同一性。从欧洲民族国家形成的历史过程可以看出，欧洲认同过程与其说是先天就有的，不如说是后来用政

---

① ［德］哈贝马斯:《包容他者》，曹卫东译，上海人民出版社 2002 年版，第 172—173 页。

② ［德］哈贝马斯:《公民身份和民族认同》，哈贝马斯:《后民族结构》，曹卫东译，上海人民出版社 2002 年版，第 662 页。

③ ［德］哈贝马斯:《公民身份和民族认同》，哈贝马斯:《后民族结构》，曹卫东译，上海人民出版社 2002 年版，第 658 页。

治手段建立起来的，而要超越民族国家形成一种真正的欧洲层面的集体认同，必须满足以下三个条件："第一，必须有一个欧洲公民社会；第二，建立欧洲范围内的政治公共领域；第三，创造一种所有欧盟公民都能参与的政治文化。"[①] 此外，还需要形成一个新的欧洲政党体系，其中的政党都能自觉地遵守欧盟机构的决策，并在议会党团保持团结。哈贝马斯指出，"从规范角度来看，如果不能在共同的政治文化背景下形成一种欧洲范围内的公共领域，一个由不同利益集团、非政府组织、公民运动等组成的公民社会，一个欧洲意义上的政党体系——一句话，如果没有一种超越国家公共领域的交往关系，就不可能有民主意义上的欧洲联邦国家。"[②] 哈贝马斯将制定一部欧洲宪法作为达到上述目标的催化剂。"因为，立宪过程本身就是跨国交往的特殊手段，它具有自我履行诺言的潜力。一部欧洲宪法不仅可以明确潜在的权力转移，而且也将推动新权力格局的形成。"[③]

立足于欧盟的理论与实践的探索，哈贝马斯提出了他关于后民族国家的世界政治格局。在他看来，"在全球化过程中，民族国家将被淹没，并失去权力"[④]，但同时民族国家又会在历史成就意识中更加坚持其认同。于是，各民族国家尽可能小心谨慎地使本国社会适应世界经济发展的要求，并承担起由此造成的负面影响。哈贝马斯认为这并没有切实解决全球化与民族国家之间的问题，相反使世界经济的发展越来越远离政治。因此，他主张，民族国家应勇敢地作出尝试，超越自己，形成一个具有全球行为能力的集体，而这种集体也要实现集体认同。哈贝马斯曾经把希望寄托于联合国，但令他遗憾的是，联合国的行为能力还只是从制度层面上确立的，并未获得合法的基础。于是，他根据欧盟的范本提出建立一种具有广泛公民基础的"世界共同体"。这是不同于联合国那样的一个单纯由国家组成的国家共同体，它既包括国家，也包括各种世界组织，也不会排斥任何一个人，"因为它不允许在内部和外部存在着社会界限"[⑤]。这种世界共同体具有三方面的特征：其一，它是跨民族的，将一切世界公民都凝聚在一起，并通过立宪来保障所有世界公民的基本权利。其二，它通过对话与商谈的模式，协调不同利益集团

① ［德］哈贝马斯：《后民族结构》，曹卫东译，上海人民出版社 2002 年版，第 157—158 页。
② ［德］哈贝马斯：《包容他者》，曹卫东译，上海人民出版社 2002 年版，第 186 页。
③ ［德］哈贝马斯：《后民族结构》，曹卫东译，上海人民出版社 2002 年版，第 158 页。
④ ［德］哈贝马斯：《包容他者》，曹卫东译，上海人民出版社 2002 年版，第 143 页。
⑤ ［德］哈贝马斯：《后民族结构》，曹卫东译，上海人民出版社 2002 年版，第 120 页。

甚至每个个体的利益关系，从而形成世界范围的公共领域。其三，设立处理全球事务但又没有垄断权力的行政权力机构，其权力被限制在维护基本秩序方面，包括消灭战争、内战、国家犯罪，以及防止灾难和世界范围内的风险。[①] 哈贝马斯特别强调这种对权力限制的重要性，因为有了这种限制，这种共同体就不会成为类似国家的世界政府。“有了这样一种对基本秩序过程的限制，对现有机构的改革不管多么雄心勃勃，都不会形成世界政府。” [②] 正是在这种意义上，哈贝马斯将他所倡导建立的世界共同体称为“没有世界政府的世界内政”（WeltinnenpolitkohneWeltregierung）。

二、分析法学的法治论

分析法学又称“分析实证主义法学”“法律实证主义”，在广义上是指一切以法律实证技术分析方法进行研究的法学流派。其源头可追溯到古罗马时期的罗马法学派，但现代分析法学的直接根源是 19 世纪受孔德（1798—1857）实证主义影响的奥斯丁（John Austin, 1790—1859）。他所开创的一般法理学被认为使法学作为一门独立的学科被最终确立下来。[③] 他提出：“实际存在的由人制定的法，是法理学的真正对象。” [④] 他认为，这门科学是“一般法理学”或“比较法理学”，它一方面区别于民族或特殊的法理学；另一方面也区别于立法学。他将法律划分为准确意义上的法和非准确意义上的法。从广义的角度看，法律可划分为上帝法、实在法、实在道德或实在道德规则和隐喻的法或比喻性的法四类。其中的实在法是一个主权国家制定出来的法律，只有这种法律才是一般法理学真正的研究对象。[⑤] 在他看来，“所有‘法’或‘规则’都是命令” [⑥]，是主权者的命令，这种命令是具有普遍的行为约束力，而且对之服从的行为主体也是普遍的。法律既然是主权者的命令，那么也就无所谓一般意义的好坏，或者说法律的好坏是完全相对的。“简单地说，‘人类自己制定的法的好坏’，是一个表达式，其内容是相对的，时常会有

① 参见张翠:《民主理论的批判与重建——哈贝马斯政治哲学思想研究》，人民出版社 2011 年版，第 163 页。

② ［德］哈贝马斯:《后民族结构》，曹卫东译，上海人民出版社 2002 年版，第 119 页。

③ 参见王振东:《现代西方法学流派》，中国人民大学出版社 2006 年版，第 40 页。

④ ［英］奥斯丁:《法理学的范围》，刘星译，北京大学出版社 2013 年版，第 241 页。

⑤ 参见［英］奥斯丁:《法理学的范围》，刘星译，北京大学出版社 2013 年版，第 1 页以后。

⑥ ［英］奥斯丁:《法理学的范围》，刘星译，北京大学出版社 2013 年版，第 20 页。

所变化。一部法对一个人而言是好的，对另外一个人而言则是坏的，如果两个人不知不觉地参照了不同的尺度，或者相反的尺度。”[①]在奥斯丁看来，法律的存在是一回事，它的好坏则是另一回事，只要是实在的法律，人们就不能因为它是“恶法”而拒绝遵守或服从它。这即是为后来大多数分析法学家共同推崇的“恶法亦法”的观点。奥斯丁的上述思想对后来的分析法学产生了重要影响，同时引起了法律与道德关系特别是“恶法亦法”还是“恶法非法”的长期争论。在奥斯丁之后，受逻辑实证主义和语言分析哲学的影响，形成了“新分析法学”，主要代表人物有凯尔森的法律规范理论、哈特的法律规则理论，以及拉兹对分析法学的发展。关于现代分析法学与语言分析哲学的关系，哈特说：“这些以及其他对现代语言哲学的洞见具有永久的价值，并且，它们也大大地推动了对法律的分析性研究。”[②]分析法学家对其他法学，特别是自然法理论持批评态度，在一定意义上可以说是近代自然法理论的一种否定形态。也正因为如此，这种理论产生后又受到了新自然法学派的批评。

（一）凯尔森对自然法理论的批判

凯尔森（Hans Kelsen, 1881—1973）被认为是20世纪西方法学界久负盛名的法学家，同时也是法哲学家和政治哲学家，以倡导纯粹法学著称。他原籍奥地利，曾先后在维也纳大学、科隆大学任教，1940年后流亡到美国，入美国籍，后长期在加州大学和哈佛大学任教。其主要著作有：《纯粹法学》（*Reine Rechtslehre / Pure Theory of Law*, 1934; 2nd ed., 1960），《法与国家的一般理论》（*General Theory of Law and State*, 1945），《什么是公正？》（*What is Justice?* 1957），《规范的一般理论》（*General Theory of Norms*, 1979）。其中，《法与国家的一般理论》是凯尔森的代表作，在这部著作中他系统阐述了他关于法与国家的理论。全书分为“法论”和“国家论”两编，但他反对将法和国家看作是二元的观点，认为国家理论是法理论中一个不可分割的部分。在“法论”里，他将法学划分为静态法和动态法，前者指静止状态的法律（法律规范），后者指法律的创造和适用过程。他认为，只有从静态和动态两个角度研究法律，才能全面揭示法律。在“国家论”中，凯尔森讨论了法律与国家的关系、国家的要素、分权、政府形式（民主与专制）、组织形

① ［英］奥斯丁：《法理学的范围》，刘星译，北京大学出版社2013年版，第167页。
② ［英］哈特：《法理学与哲学论文集》，支振锋译，法律出版社2005年版，第5页。

式（集权与分权），以及国内法与国际法等有关国家的一般性问题。凯尔森是20世纪第一位对西方近代政治理论领域占统治地位的自然法理论提出系统批判的人，他运用批判的武器是分析哲学。正是通过对自然法理论的批判，他建立起了所谓的“纯粹法学”，即把法律科学与法律哲学（正义哲学）严格区分开来，主张法学应成为法律科学的法学。他的理论不仅开启了现当代分析法学学派，更重要的是在弘扬奥斯丁思想的基础上更系统地表达了一种新的非主流法治观。

凯尔森纯粹法学的基本出发点是，认为“法律问题，作为一个科学问题，是社会技术问题，并不是一个道德问题”①。在他看来，在19世纪以前，伦理学、政治学、法学等社会科学都是一种规范性科学、一种价值的学说。只是自19世纪开始，对社会问题的研究才开始使用科学的方法（因果方法），这些学科才不再提倡探讨公正，而提倡探讨实际行为中的因果必然性，不谋求决定人应当如何行为，而关注人们实际上如何行为的因果问题。其中特别突出的是，法律科学“公开宣称它自己无法将正义问题纳入它所探讨的范围中来”②。凯尔森把道德与公正看作是大致相同的概念。在他看来，说“具有法律性质的一定社会秩序是一个法律”这一说法，并不意味着从道德上来判断这一秩序是好的或公正的。有的法律秩序，从某种观点看是非公正的。法和公正是两个不同的概念。法与公正不同，它是实在法。他认为，公正不过是一种主观价值判断③，对于公正的期望是人们永恒的对于幸福的期望。由于人作为孤立的个人不能找到幸福，因而他就在社会中寻找，公正就是社会幸福。说一个社会秩序是合乎公正的，“这意味着，这种秩序把人们的行为调整得使所有人都感到满意，也就是说，所有人都能在这个秩序中找到他们的幸福”④。在凯尔森看来，对于一个法律是否合乎公正以及什么是公正的基本要素的问题是纯粹法学所回答不了的，因为这个问题根本就不能科学地加以回答，而纯粹法学是一门科学。

虽然公正是一种主观价值判断，但人们常常将自己的公正观念说成是唯一正确的、绝对有效的观念。在他们看来，存在着某类最终目的，因而人类行为的某类固定规则来自“自然”，即来自事物的本性或人的本性，来自人

① ［奥］凯尔森:《法与国家的一般理论》，沈宗灵译，商务印书馆2013年版，第32页。
② ［奥］凯尔森:《法与国家的一般理论》，沈宗灵译，商务印书馆2013年版，第538页。
③ 参见［奥］凯尔森:《法与国家的一般理论》，沈宗灵译，商务印书馆2013年版，第33页。
④ ［奥］凯尔森:《法与国家的一般理论》，沈宗灵译，商务印书馆2013年版，第33页。

的理性或上帝的意志。这就是自然法学说作出的假定。“这种学说认为有着一种不同于实在法的、比它更高而且绝对有效的和正义的人类关系的安排，因为这种安排导源于自然、人类理性或上帝意志。”[①]在自然法学说中，自然被设想为上帝所创造，因而上帝的意志与自然就等同了起来。根据这种学说，决定自然的法则与立法者颁布的法律规则有同样的性质：它们是指向自然的命令；自然遵守这些命令，遵守自然的法则，就像人们遵守立法者所颁布的法律一样。自然的法则即自然法，并不是由一种人类意志行为所创造的，不是人为的、任意的。不过，它可以通过精神的作用从自然中引申出来，人们通过仔细地考察自然、特别是考察人的本性及其对其他人的关系，就能发现这种规则。这些规则以与自然一致因而完全合乎公正的方式来调整人的行为，它们所确定的人的权利和义务被认为是人天生的或与生俱来的，并因为自然就表示了上帝意志而同时也是神圣的。

然而，在众多自然法学说中，迄今还没有一种学说能像自然科学决定自然规律的内容、法律科学决定实在法律的内容一样，以较正确、较客观的方式来成功地界定这种公正秩序的内容。那些被认为是自然法的，或者说等于公正的事物，大都是一些没有意义的同义反复，如康德的绝对命令就是如此。在所谓人的自然的、与生俱来的、神圣的权利中，仅有财产起着一种重要的作用。自然法学说的所有著名学者几乎都肯定私有财产符合人性，因而一个并不保证与保护私有财产的法律秩序就是被认为是违反自然的，因而是不能持久存在的。然而，这一学说几乎无法被证明，因为历史表明，除了建立私有财产制的法律秩序以外，还有其他法律秩序只在非常有限的范围内承认私有财产，更何况当代还存在以公有财产原则为基础的共产主义制度。“无论如何，私有财产在历史上并不是法律秩序所能依据的唯一原则。宣称私有财产是自然权利，因为它是唯一合乎自然的，这是使一个特殊原则绝对化的企图，而这种原则在历史上只有在一定时期，并且在一定的政治和经济的条件下，才变为实在法。”[②]庞德认为，自然法不过是法学家手中的一个强有力的工具而已。他说：“自然法作为全部实在法的宣示；作为衡量所有实际规则的尺度，实际规则要尽可能制定得同它一致。新的规则要根据它来制定，旧的规则要由它来扩大或限制其适用范围——这种自然法概念，是法学家手中的一个强有力的工具，它使他们有充分的信心来完成缔造法律

① ［奥］凯尔森：《法与国家的一般理论》，沈宗灵译，商务印书馆 2013 年版，第 36 页。
② ［奥］凯尔森：《法与国家的一般理论》，沈宗灵译，商务印书馆 2013 年版，第 39 页。

的任务。"[①] 针对庞德的这种把自然法看作是一种工具的观点，凯尔森指出，确实是"一个有力的工具"，但是，这个工具只不过是一种意识形态，或者用法学家更熟悉的术语来说，是一个虚构而已。[②]

自然法学说并不否认存在实在法，但"实在法是由立法者，即由人类权威的一种意志行为所创造的法律"[③]。与绝对公正的自然法相比较，实在法是不完善的，它只能由于符合自然法才能证明其正当性。两者之间的关系有点类似于柏拉图理念论中的理念与现实之间的形而上学二元论。根据柏拉图的具有彻底的二元论性质的理念学说，世界被划分为两个不同的范围：一个是我们的感官可以感觉到的可见世界，即现实；另一个是不可见的理念世界。可见世界中的每一个东西都在另一个不可见的世界中有其理想模型或原型，并且只是其模型的不完善复本、影子。如果人们对理念世界有充分的洞察力，那他就能使自己的世界，特别是他的社会世界、他的行为，适应其理想模型，而且，只要人们的行为能符合这种理想，他会变得十分幸福，那么他就一定会这样去行动，他和他的经验世界也因而就会变得十分完美。到了这种境界，也就根本不会有先验的理想世界和经验的真实世界之区别，由于人的缺陷而造成的此一世界与彼一世界间的二元论就会消失，理想会成为真实。凯尔森由此类推说："如果人们能知道自然法学说所断言存在的那种绝对正义的秩序，那么实在法就会成为多余的而且简直是毫无意义的。实在法的立法者面对从自然、理性或神圣意志中了解的社会正义秩序的存在，他们的任务就如同是在灿烂阳光下进行人工照明那样的愚蠢工作。"[④]凯尔森批评说，如果我们有可能像解决自然科学或医学技术问题那样来回答公正问题，那么人们就不会想到用权威性强制措施来调整人们的关系；如果有一种客观上可以认识的公正的话，那就不会有实在法，因而也就不会有国家，因为人们可以通过认识公正而获得幸福，而不需要实在法来强迫人们得到幸福。因此，以下这种说法本身就是自相矛盾的，即确有一个自然绝对的善良秩序，但却是先验的因而是不能理解的；或者说，的确有公正这样一种事物，但却是不能明白界说的。"事实上，这只是对一个痛苦事实的委婉说法，即正义

① ［奥］凯尔森：《法与国家的一般理论》，沈宗灵译，商务印书馆2013年版，第40页注。

② 参见［奥］凯尔森：《法与国家的一般理论》，沈宗灵译，商务印书馆2013年版，第40页注。

③ ［奥］凯尔森：《法与国家的一般理论》，沈宗灵译，商务印书馆2013年版，第37页。

④ ［奥］凯尔森：《法与国家的一般理论》，沈宗灵译，商务印书馆2013年版，第41—42页。

是一个人的认识所不能接近的理想。”①

在凯尔森看来，公正是一个反理性的理想。无论它对人们的意志和行为可能是多么必要，但它却是不能被认识的。从理性可认识的角度看，只有利益，因而也只有利益的冲突。这种冲突可以通过建立这样的一种秩序来解决，即：要么满足一种利益而牺牲其他利益，要么在对立利益之间谋求某种妥协。这两种秩序只有一种是“公正的”秩序，但却不能由理性来认识。理性只能认识一种实在秩序，即“以客观决定的行为来加以证明的秩序”②。这种秩序就是实在法。就是说，理性只能认识实在法，并可以通过实在法来建立一种秩序。凯尔森认为，这种由实在法建立的法律秩序并不满足这一利益而牺牲另一利益，而是促成对立利益间的妥协，以便使可能的冲突达到最小的程度。因此，只有这样，一种法律秩序才能在比较永久的基础上为其主体保障社会和平。凯尔森在这里仍然强调，只有实在法才能成为科学的一个对象，才是纯粹法理论的对象，这种理论是法的科学，而不是法的形而上学，它提出了现实的法，既不称之为公正而加以辩护，或者名之为不公正而加以谴责。“它寻求真实的和可能的法，而不是正确的法。正是在这一意义上，它是客观的和经验的理论。”③

凯尔森试图表明，他并不是要否定公正，相反是要将以公正置于现实的基础上，即要“将公正问题从主观价值判断的不可靠领域里撤回，而将其建立在一定社会秩序的可靠基础上”④。他指出，这种意义上的公正就是指合法性。将一个一般规则实际适用于按其内容应该适用的一切场合，那便是“公正的”；而将它适用于这一场合而不适用于另一类似场合，那便是“非公正的”。这里的“公正的”和“非公正的”，与一般规则本身的价值无关，只涉及一般规则的适用。“在合法性的意义上，正义具有与实在秩序内容无关而与其适用却有关的特性，在这一意义上，正义是与任何实在法律秩序相一致并为它所要求，且不论这是资本主义的或共产主义的、民主的或专制的实在法律秩序。‘正义’的意思是指认真地适用以维护实在法律秩序。它是‘在法律下’的正义。”⑤只有在这种合法性的意义上，公正概念才能进入法律科学中。

① ［奥］凯尔森：《法与国家的一般理论》，沈宗灵译，商务印书馆 2013 年版，第 42 页。
② ［奥］凯尔森：《法与国家的一般理论》，沈宗灵译，商务印书馆 2013 年版，第 42 页。
③ ［奥］凯尔森：《法与国家的一般理论》，沈宗灵译，商务印书馆 2013 年版，第 43 页。
④ ［奥］凯尔森：《法与国家的一般理论》，沈宗灵译，商务印书馆 2013 年版，第 43 页。
⑤ ［奥］凯尔森：《法与国家的一般理论》，沈宗灵译，商务印书馆 2013 年版，第 43 页。

在凯尔森看来，法是人的行为的一种秩序。他认为，“每一社会秩序，每一社会——因为社会不过是一个社会秩序——的功能，就是促成人们的一定的互惠行为：使他们不作出根据某种理由被认为有害于社会的某些行为，并使他们作出根据某些理由被认为有利于社会的其他行为。”[①]但是，除了法律之外，还有关于人的行为的其他秩序，如道德和宗教。那么，有没有法区别于其他社会秩序的一种共同特征，而这一特征是我们将法与道德、宗教这些其他社会现象加以明确区分的唯一标准呢？凯尔森认为是有的，那就是，法是一种强制秩序。法之所以是一种强制秩序，是因为它以强制措施来威胁危害社会的行为。这样一种秩序显示了它与其他一切可能的社会秩序的对照，其中有些秩序规定以奖赏而不是以惩罚作为制约措施。同规定强制措施的秩序不同，其他秩序的实效并不依赖强制而依赖自愿服从。法作为一种强制秩序，对所有在时间、地点、文化方面大不相同的人民来说，是基本相同的。它都是一种社会技术，通过强制措施的威胁来促使人们实现社会所希望有的行为。在凯尔森看来，“法是一种手段，一个特种的社会手段，而不是一个目的。”[②]这正是法与道德、宗教之间的区别之所在。例如，它们三者都禁止杀人，但存在着区别。法通过作出这样的规定来实现，即：如果一个人犯杀人罪，那么由法律秩序所选定的另一个人就应对杀人者适用由法律秩序所规定的某种强制措施。道德则使自己限于“你勿杀人”的要求。许多人之所以不去杀人，与其说是想逃避法律惩罚，倒不如说是由于逃避同伴们的道德谴责。法与道德的区别在于，法的反应在于秩序所制定的社会有组织的强制措施，而道德对不道德行为的反应则或者不由道德所规定，或者有规定但不是社会有组织的。就社会有组织的而言，宗教规范比道德规范更接近法律规范，因为宗教规范以一种超过人权威的惩罚去威胁杀人者。不过，宗教规范所规定的制裁是先验的，而非社会有组织的，而且这种制裁也许比法律更有效，但要有对超人权威的存在和权威的信仰。

凯尔森认为，法律的效力根据是人类意志，它是由人类意志所作出的。在这一点上，它作为实在法是与自然法完全格格不入的。自然法学说的特征在于往往依靠“自然秩序”的假设来确立自然秩序中所通行的、治理人的行为的那些规则。这些规则“不是因为它们是由一个特定的人类权威所‘人为地’制定的才有效，而是因为它们来之于上帝、自然或理性并因而也就是善

① ［奥］凯尔森：《法与国家的一般理论》，沈宗灵译，商务印书馆 2013 年版，第 44 页。

② ［奥］凯尔森：《法与国家的一般理论》，沈宗灵译，商务印书馆 2013 年版，第 51 页。

的、正确的和正义的规则，所以才有效”[①]。按照自然法观念，既然其规则直接来自自然、上帝或理性，那就会像逻辑规则那样是自明的，因而并不要求武力来加以实现。实在法实质上是一种强制秩序。不像自然法规则，实在法规则是从人类权威的专断意志中得来的，因而也就决定了它们不能具有自明的特性。一个社会的社会关系并不是由某一种实在法规则确定无疑地决定的，它们容许这些关系也可以由其他实在法规则另行决定的可能性，容许由同一规则以后另行决定，容许同时由另一法律权威的规则加以规定。就是说，实在法规则的内容缺乏自然法由于其来源而独有的那种内在的“必然性”，人们的实际行为显然可能完全不同于实在法的规定。由于这一理由，强制就成了实在法的一个不可缺少的部分。在凯尔森看来，实在法作为人类的、专断的秩序，其规则缺乏自明的正当性，因而必然要求有一个机关来实现强制行为，并且有从强制秩序进化到一种强制“组织”的内在倾向。“这一强制秩序，尤其是当它成为一种组织时，就等于国家。这样也就可以说，国家是实在法的完善形式。”[②]与实在法的情形不同，自然法从原则上看是一种非强制性的、无政府状态的秩序。凯尔森断定，每一种自然法学说，只要它持有纯自然法观念时，就一定是理想的无政府主义。

虽然实在法是一种强制秩序，而自然法却是一种非强制性的秩序，但两者都是秩序，因而都是其规则只能由“应当”来表达的规范体系。两种规则都不是因果意义上的必然规则，而是实质上不同的“应当”规则，即规范性的规则。这种规范性规则作为实在法和自然法的共有形式，完全是相对和形式意义上的。相对于自然法而言，实在法是某种人为的事物，它是发生在“是”（being）领域中的。这样，实在法就好像是作为价值的自然法的一种现实，其好坏、其效力只能用自然法的尺度加以衡量。就是说，在这种意义上，实在法体现的是自然法的“应当”的要求，是“应然性”的“应当”。另一方面，实在法作为规范，从其本身内在角度说又是一种“应当”，并因而就是一种价值，人们用以评定行为是否合法。就是说，在这种意义上，实在法本身作为一种“应当”是实然性的“是”。这样，实在法同时体现为“应当”和“是”，而这两个范畴在逻辑上是相互排斥的。凯尔森指出，如果我们想将自然法和实在法都理解为规范性的，同时又保持它们之间的区

① ［奥］凯尔森：《法与国家的一般理论》，沈宗灵译，商务印书馆2013年版，第538—539页。

② ［奥］凯尔森：《法与国家的一般理论》，沈宗灵译，商务印书馆2013年版，第540页。

别，那么，我们就一定要避免将“应当”与“善”、“正当”或“公正”这些观念混为一谈。他认为，只有自然法规则中的规范成分才具有人们往往用来同“公正”概念连在一起的绝对性的意义，而作为规范或规则的实在法中所包含的“应当”只是一个具有相对意义的“应当”。同时，包含在实在法观念中的“正当”和“公正”，也只能是一个相对的词。“这里，‘相对’是指实在法律规范所规定的行为方向，只是在其‘正当’和‘正义’还被未确定这一推定下，才被认为是这一‘正当’的内容，并从而是‘正当’和‘正义’的。”①因此，实在法的“应当”只能是假设性的。实在法之所以“有效力”，亦即它们之所以应当被服从，仅仅是因为它们是在某种方式下或由某个人所创造的，并不是因为它们像自然法那样，是从自然、上帝或理性中得来的，从一个绝对的善、正当或公正的原则中得来的，或者说，从一个绝对地至高无上的价值或基本规范得来的，而这种价值或规范本身就被赋予绝对权力。“所以，实在法规范之所以有效力只基于一个推定：有一个基础规范，它建立了最高的、创造法律的权威。这一基础规范的效力是未被证明的并必须这样保留在实在法本身的范围之内。”②

（二）哈特的法律规则论

哈特（Herbert Lionel Adolphus Hart, 1907—1993）是第二次世界大战以后最重要的分析实证主义法学家，牛津大学法理学教授和布勒森卢斯学院（Brasenose College）院长。他最有影响的著作是《法律的概念》（*The Concept of Law,* 1961），该书被认为是新分析法学形成的标志。此外还有：《法理学的定义和理论》（*Definition and Theory in Jurisprudence*, 1953），《法律、自由与道德》（*Law, Liberty and Morality*, 1963），《刑法的道德》（*The Morality of the Criminal Law*, 1964），《惩罚与责任》（*Punishment and Responsibility*, 1968），《边沁论集》（*Essays on Bentham: Studies in Jurisprudence and Political Theory*, 1982），《法理学与哲学论文集》（*Essays in Jurisprudence and Philosophy*, 1983）等。哈特的理论是从批评奥斯丁的理论开始的，但所坚持的实际上仍然是奥斯丁的分析法学立场，只是以“法律规则说”取代了或者弥补了奥斯丁的“法律命令说”，从而以新分析法学取代了奥斯丁分析法学的历史地位。

① ［奥］凯尔森：《法与国家的一般理论》，沈宗灵译，商务印书馆 2013 年版，第 542 页。
② ［奥］凯尔森：《法与国家的一般理论》，沈宗灵译，商务印书馆 2013 年版，第 542 页。

哈特认为，关于人类社会的问题，极少像“什么是法律？”这个问题一样，持续不断地被问着，同时也由严肃的思想家以多元的、奇怪的，甚至是似是而非的方式作出解答。哈特将人们对法律的分歧归结为三个反复出现的“议题”：“法律与由威胁所支持的命令有何区别和关联？法律义务与道德义务有何区别和关联？什么是规则，以及在何种程度上法律是属于规则的问题？”① 哈特认为，大部分对法律本质的思考就是要消除对这三个议题的疑虑和困惑。这样的思考经常被设想为对法律定义的寻求。什么是定义？“定义，诚如该语词所提示的，最初所指的就是在某类事物和他类事物之间划定界限或做出区分的问题，这个界限乃是通过各别独立的语词在语言上所做的划分。”② 定义最简单的形式是属加种差，这种形式也是令人满意的，但对于法律而言，没有任何足够简洁的定义能够令人满足地回答隐含在“什么是法律？”之中被我们辨识出来的上述三个主要议题。不过，哈特认为，如下的做法是可能的，即：“分离出并掌握住一组核心要素的特征，这组要素构成对这三个问题回答的共同部分。”③ 奥斯丁宣称，在“以威胁为后盾的命令”这个简单的观念中找到了理解法律之钥，而这个观念奥斯丁自己将之称为“命令”（command）。在哈特看来，奥斯丁在《法理学的范围》中，以“命令”及“习惯”两个简单的要件对法律的概念做了最为清晰而彻底的分析。他的分析所得出的结论是：“任何一个法体系都包含某些人或团体所发布之以威胁为后盾的命令，这些命令大致上受到服从，且被规范的群体须大体上相信：当违反这些命令时，制裁将会被执行。这些人或团体必须是对内至上，对外独立的。”④ 如果我们像奥斯丁那样称此至高且独立的个人或群体为“主权者”，那么，“所谓法律，就是主权者或其下的从属者所发出的，以威胁为后盾的一般命令”⑤。

然而，在现代法体系中有各式各样类型的法律，如果我们将这些不同类型的法律与上述定义进行比较，就会发现并非所有的法律者在责令人们去做或不要去做某些事。哈特认为，我们可以从关于法律的内容、关于法律的起源模式、关于法律的适用三个方面对奥斯丁的法律命令说提出异议。他将

---

① ［英］哈特：《法律的概念》，许家馨、李冠宜译，法律出版社 2011 年版，第 12—13 页。
② ［英］哈特：《法律的概念》，许家馨、李冠宜译，法律出版社 2011 年版，第 13 页。
③ ［英］哈特：《法律的概念》，许家馨、李冠宜译，法律出版社 2011 年版，第 15 页。
④ ［英］哈特：《法律的概念》，许家馨、李冠宜译，法律出版社 2011 年版，第 23—24 页。
⑤ ［英］哈特：《法律的概念》，许家馨、李冠宜译，法律出版社 2011 年版，第 24 页。

这三个方面归结到一点，就是：它与所有法律体系中都存在的法律多样性不符，而“法律的一个（如果不是唯一的）区别特质，就在于它融合了不同类型的规则”[①]。

就法律的内容而言，刑法是与法律胁迫命令模式最为接近，但是，“其他成文法与命令亦不相同，他们并非要求人们去做某些事，而是授予权力给他们；他们并不科予义务，而是在法律之强制架构下，为法律之权利义务的自由创设提供便利条件。”[②] 刑法所要求的被我们称为“义务”，如果我们不服从我们就会说成是“违反”法律，我们所做的在法律上被视为“不正当的”。刑法所具备的社会功能就在于，设定和界定在刑法适用范围内的人们必须去避免或必须去做的某些行为类型，而不管他们的愿望如何。对于违反者法律要加诸刑罚或“制裁”。从所有这些面向来看，刑法与以威胁为后盾之一般命令模型之间可以类比。但是，也存在某些重要类别的法律，是以威胁为后盾之命令所完全无法类比的，因为它们发挥着相当不同的社会功能。例如，规定使契约、遗嘱或婚姻有效成立的法律规则，就不会不顾人们的意愿而要求人们以某种方式来行动。这种法律并没有规定义务，相反借由授予个人以法律权力，通过特定的程序和满足某些条件，在法律的强制性架构中创设权利和义务的结构，为他们提供便利。“借由上述方式，法律授予个人权力，而使他们能够以契约、遗嘱、婚姻等的形式，来形成他们与其他人之间的法律关系，而此正是法律对社会生活的伟大贡献之一；如果我们用以威胁为后盾之命令来代表所有的法律，这个法律的特征就被忽略掉了。”[③]

在所有各式各样的法律中，刑法与胁迫命令的简单模型是最为接近的。然而，“即使是刑法（此与胁迫命令最为相近），其适用范围也与下达于他者之命令有所不同；因为这样的法律可能同时科予制定者和他者义务。”[④] 以威胁为后盾的命令本质上是一种愿望的表达，即他人应该要做或放弃做某些事。的确，采取这种完全涉他的形式的立法是可能的。在专制制度下，掌握立法权力的专制君主可以豁免予其所制定之法律的范围，甚至在民主制度之下也可能制定这样的法律，它不适用于制定它们的人，而只适用于该法律所指示的特殊阶层。但是，现在有很多法律是对法律的制定者规定的法律义

① ［英］哈特：《法律的概念》，许家馨、李冠宜译，法律出版社 2011 年版，第 45 页。

② ［英］哈特：《法律的概念》，许家馨、李冠宜译，法律出版社 2011 年版，第 44—45 页。

③ ［英］哈特：《法律的概念》，许家馨、李冠宜译，法律出版社 2011 年版，第 27 页。

④ ［英］哈特：《法律的概念》，许家馨、李冠宜译，法律出版社 2011 年版，第 44 页。

务，这种立法并不是涉他的，而是一种自我约束力。就此而言，法律的制定预设着支配制定过程之特定规则的存在：“依循这些规则所规定的程序，并且由经过这些规则授予资格的人所说出或写下的语词，为这些语词明示或暗示之范围内的所有人创设了义务，而负义务的这些人可以包括那些参与立法程序的人。”①

哈特认为，从法律起源的角度看，法律命令说无法解释习惯法的法律地位。对于习惯“事实上”是不是法律的问题，法学界并没有定论。它涉及两个问题：其一，习惯本身是不是法律？有人认为是，有人认为不是，哈特认为习惯本身不是法律，但当习惯得到了法律的确认之后，它就会成为法律。其二，这里所说的习惯得到法律的“确认”意指什么？这种确认并非像法律命令说所要求的那样只能通过主权者的命令，因为在许多情况下，习惯不是由于主权者的命令而只是由于他的默示而具有法律效力。总之，“虽然成文法的制定在某些方面类似于命令的下达，但是有某些法律规则是源自于习惯，并且其法律地位之获得，并非因为任何像这样有意识的法律创设行为。”②

除以上三个方面之外，哈特还讨论了胁迫命令模型中的“主权者”问题。根据法律命令说，主权者的一般性命令就构成了社会的法律。这种观点隐含了这样一种主权学说：在每一个有法律的人类社会，各式各样的政治形式之中最终皆可发现习惯性服从的臣民，与不对任何人习惯性服从的主权者这种简单关系。对此，哈特提出两个方面的质疑：其一，关于服从习惯的观念。就作为主权者之法律所适用对象的那些人而言，“习惯”是他们必须具备的。然而，这种习惯不足以说明大多数法律体系的两个显著特征：一是立法权威的连续性，即因不同立法者间承继而拥有之立法权威的连续性；二是法律的持续性，即立法者和习惯性服从立法者的那些人死去很久之后，法律仍具有持续性。哈特指出：“以习惯性地被服从和必然免于所有法律限制的‘主权者’这个概念来分析法律，未能说明现代法体系所特有之立法权威机构的连续性，而且拥有主权的人或群体并不能等同于现代国家中的选举人或立法机构。”③

哈特对奥斯丁的法律命令说作了上述分析批判后指出，这一学说是“一个理论失败的记录”，而其失败的根本原因在于：“其所由建构的要素，即命

① ［英］哈特：《法律的概念》，许家馨、李冠宜译，法律出版社 2011 年版，第 40 页。

② ［英］哈特：《法律的概念》，许家馨、李冠宜译，法律出版社 2011 年版，第 45 页。

③ ［英］哈特：《法律的概念》，许家馨、李冠宜译，法律出版社 2011 年版，第 73 页。

令、服从、习惯和威胁等观念，并不包括，或者说不能通过把这些要素组合起来产生‘规则’的观念，而如果没有这个观念，我们就连最基本形态的法律也无法说明。”[①] 为此，哈特提出“我们显然需要一个新的起点”。这个新的起点就是他所建立的以义务为基础的法律规则说。他认为，如果我们要周延地处理法体系的复杂性，就需要去区分两种相关但类型不同的规则。其中的一种是基本的或初级的，这种类型的规则是指“不论他们愿意不愿意，人们都被要求去做或不做某些行为”[②]；另一种则是由第一种类型的规则派生的，或者说，相对第一类规则而言是次级的，“因为它们规定了，人类可以通过做或说某些事，而引入新的、取消或修改旧的初级类型规则，或者以各式各样的方式确定它们的作用范围，或控制它们的运作”[③]。第一种类型的规则科以义务，其规范的对象是人们具体的行为或变动；第二种类型的规则授予权力，包括公共的或私人的权力，其运作方式不只是导致具体行为或变动的规则，也产生责任或义务的创设或改变的规定。哈特认为，如果能够理解这两种类型的规则以及两者间的相互作用，我们就能厘清法律的大部分地区特征，而这些特征在过去十分令人困惑。“我们之所以给予这个要素之结合以核心之地位，是因为它对于构成法学思想之架构的诸多概念，具有强大的说明力量。”[④]

在两类规则中，义务或责任是其核心内容，因此哈特对此展开了研究。他认为，奥斯丁的法律命令说的出发点是对的，这个出发点就是：凡有法律之处，人类的行为在某种意义上就不是随意的。但是，奥斯丁的理论由此走向了“被迫去做”的道德命令说，而他自己的理论则强调“有义务去做”。这里的关键是如何理解“义务”观念。哈特以抢匪情境为例对两种理论作了细致的分析。A 命令 B 交出钱，并且威胁说，如果不遵从的话，就要射杀他。根据奥斯丁的理论，这个情境就已经阐明了义务或责任的一般观念，即某个人被强迫去做某事。也就是说，奥斯丁将“某人被迫去做某事”与“义务”或“责任”等同了起来。哈特认为，法律的义务观念情形比奥斯丁所理解的要复杂一些。这体现在，发出命令者（主权者）的命令也是一般化的，而且所针对的不是某个人的某个个别行为，而是某个种类的行为：“A 就是

① ［英］哈特:《法律的概念》，许家馨、李冠宜译，法律出版社 2011 年版，第 73—74 页。
② ［英］哈特:《法律的概念》，许家馨、李冠宜译，法律出版社 2011 年版，第 74 页。
③ ［英］哈特:《法律的概念》，许家馨、李冠宜译，法律出版社 2011 年版，第 74 页。
④ ［英］哈特:《法律的概念》，许家馨、李冠宜译，法律出版社 2011 年版，第 74 页。

被习惯地服从的主权者，并且其命令一定是一般化的，意即它规定了某个种类的行为，而非某特定的单一的行为。”[①]哈特强调，我们必须区别以下两种说法之间的差异，即说某人被强迫（was obliged）去做某事，与说他有义务（have an obligation）或责任（duty）去做。那么，第一类规则（即“不论他们愿意不愿意，人们都被要求去做或不做某些行为”）怎样给人们科予义务呢？哈特的回答是：“当人们对遵从某规则的一般要求是持续且强烈的，而且对那些违反或有违反之虞之人所施加之社会压力是强大的时候，我们会将此规则当作并说成是科予义务。”[②]他认为，规则产生义务取决于三个因素：其一，社会压力，即“人们对规则背后之社会压力的重要性或严重性的坚持”。这是决定规则是否产生义务的主要因素。其二，公众认同，即“由强烈的压力所支持的规则之所以被认为是重要的，是因为人们相信，对社会生活的维持，或对社会生活之某些高度重视之特征的维持而言，它们是必要的。”其三，自我牺牲，即“这些规则所要求的行为可能对他人有益，但却可能与负有义务之人心中所愿相冲突。”[③]在这三者之中，社会压力就像是一条束缚那些负有义务之人的锁链，他们因此而无法随心所欲，恣意妄为。这条锁链的另一端有时为该群体或官方代表所执，他们坚持负有义务之人必须履行义务，否则就施加刑法，这即是刑法上的责任或义务；有时该团体将此权力信托于私人，使其可以选择坚持负有义务之人必须履行义务，或者要求给付对他而言等值的行为或事物，这即是民法上的责任或义务。

在哈特看来，对于社会的规则，人们可以站在观察者的角度而本身不接受规则，也可以站在群体成员的角度而接受并使用这些规则作为行为的指引。哈特将这两种观点分别称为“外在”观点和“内在”观点。持外在观点的人，“不接受群体的规则，并且只有在他们判断不愉快的后果可能跟随着违规行为而来时，才会遵守规则”[④]。因此，他们的观点需要用以下陈述加以表达：“我被强迫去做这件事”，“如果……，我极可能因此而受害”等等。他们不需要像“我有义务……”之类的方式表达。在哈特看来，“在任何时刻，任何依照规则（无论是不是法律的规则）运转的社会生活，皆可能处于以下两种不同类型的人所构成的紧张关系中，一方面，有一种人接受规则并

① ［英］哈特：《法律的概念》，许家馨、李冠宜译，法律出版社 2011 年版，第 75 页。
② ［英］哈特：《法律的概念》，许家馨、李冠宜译，法律出版社 2011 年版，第 78 页。
③ ［英］哈特：《法律的概念》，许家馨、李冠宜译，法律出版社 2011 年版，第 79 页。
④ ［英］哈特：《法律的概念》，许家馨、李冠宜译，法律出版社 2011 年版，第 82 页。

自愿合作以维持规则，并愿从规则的角度来看待他们自己和他人的行为；另一方面则是那些拒绝规则的人，他们从外在观点来看待规则，而将之视为惩罚可能发生的征兆。”①哈特提醒法学家要同时记得此两种观点的存在，不要在对法律进行界定时遗漏其一。

哈特认为，人类法律发展的历史表明，法律是从早期初级的规则占据主导地位向当代初级规则与次级规则的完善法律形态发展的。他假设了一种原始的社会状态，在那里，没有立法机关，没有法院，没有官员。这种社会是初级规则完全起支配作用的社会，是依靠非官方规则体系维系的小型稳定社会。哈特将这种社会称为“科予义务之初级规则”的社会结构。他指出，如果某个社会的生活只依靠此种初级规则来维持，则这个社会必须清楚地制定某些条件，而这些条件建立在一些关于人性以及我们的生活世界的自明之理之上。第一个条件是，这些规则必须以某种形式包含对滥用暴力、偷窃，以及欺骗之限制。第二个条件是，这样的社会虽然也存在着接受规则的人和拒绝规则的人之间的紧张关系，但后者显然只能是少数。哈特指出，这种只有初级规则起作用的原始小型社会存在着严重的缺陷。首先，这种群体生活所依赖的规则不会成为一个体系，而只会是一批个别独立的标准，没有任何可供鉴别或共同的标识。其次，初级规则的静态性。这种社会唯一的规则变动模式将会是一种缓慢的生长过程，不存在一种有意识的废除旧规则和引入新规则的社会活动。第三，维持规则的社会压力是分散的，因而是无效率的。这种社会缺乏权威性决定机制，没有专门的职能机关，社会控制的方式是武力。由于这种仅以初级规则控制的社会存在着这些缺陷，所以有必要以不同的方式加以补充。

在哈特看来，要克服只有初级规则的缺陷，必须引入次级规则予以补救。“最简单之社会结构的三个主要缺陷，其每一个的补救方法都是以属于另外一种类型之规则的次级规则来补充科予义务的初级规则。对每一个缺陷之补救方法的引进，本身就可以被当成由前法律世界迈入法律世界的一步，因为每一个补救方法都引入许多遍布于法律中的要素；而这三个补救方法结合在一起就足以使初级规则的体制不容置疑地转变为法律体系。”②哈特认为，补救初级规则的次级规则主要有三种，即承认规则、变更规则和裁判规则。“承认规则会指出某个或某些特征，如果一个规则具有这个或这些特征，

① ［英］哈特:《法律的概念》，许家馨、李冠宜译，法律出版社 2011 年版，第 82 页。
② ［英］哈特:《法律的概念》，许家馨、李冠宜译，法律出版社 2011 年版，第 85 页。

众人就会决定性地把这些特征当作正面指示，确认此规则是该群体的规则，而应该由社会的压力加以支持”①。这种规则的确立有种种不同方式，但通过慢慢的演进，这种规则最终会使社会的规则不再是一群个别没有联系的规则的集合，而以简单的方式被统一起来。因此，承认规则可以补救初级规则的不系统性缺陷。变更规则的最简单形式是，“授权给某个人或一些人，为整个群体的生活或其中某一阶层的人的生活引进新的初级行为规则，以及废止旧的规则”②。这样的规则可能相当简单也可能相当复杂，这取决于所授权力的限度。变更规则与承认规则有着非常密切的联系，凡前者之处，后者必然要将立法包括进来作为规则的鉴别特征。变更规则可以对初级规则的静态性加以补救。裁判规则授权给某些人对于在特定场合中初级规则是否被违反，做出权威性的决定。这种规则指定谁是裁判者并授予司法权力，同时也界定裁判者必须遵循的程序。此外，它也像其他次级规则一样界定一批重要的法律概念，如法官或法院概念、审判管辖权的概念与判决的概念等。裁判规则“提供了体系中集中化的官方‘制裁’”③，因而可以克服初级规则的社会压力分散的缺陷，提高社会压力的效率。哈特认为，由科予义务的初级规则与承认、变更和裁判等次级规则相结合所产生的结构，不仅使我们拥有了法体系的核心，而且也为法学家和政治理论家提供了分析许多法律现象的强有力工具。

哈特指出，初级规则和次级规则的结合处于法体系的中心，但它并不是全部。当我们从这个中心向外移动时，还涉及诸多不同性质的要素。为此，他讨论了作为最终规则和最高规则的承认规则与法效力、公正与道德、法律与道德、国际法等问题。其中一个特别值得注意的问题是他关于法律与道德问题的观点。在这个问题上，他与新自然法学代表人物富勒进行了颇具影响的长期争论。哈特坚决反对过分夸大法律道德性的各种主张，特别是极力强调法律的道德性的富勒等人的新自然法学观点，坚持为法律实证主义的下述观点提供论证：“无论从任何意义去看，法律都不必复制或满足道德的要求，尽管事实上它们经常这么做。”④。他直到晚年为其《法理学与哲学论文集》写的导言中还明确宣称：“我不承认法律与道德之间可以存在许多必然的重

---

① ［英］哈特：《法律的概念》，许家馨、李冠宜译，法律出版社2011年版，第86页。

② ［英］哈特：《法律的概念》，许家馨、李冠宜译，法律出版社2011年版，第86—87页。

③ ［英］哈特：《法律的概念》，许家馨、李冠宜译，法律出版社2011年版，第88页。

④ ［英］哈特：《法律的概念》，许家馨、李冠宜译，法律出版社2011年版，第166页。

要联系”[1]。但是，在争论的过程中，哈特也汲取了自然法学的一些观点，承认法律与道德之间存在一定的关系，并提出了“最低限度自然法”的思想。

在哈特看来，法律与道德之间有许多不同类型的关系，在研究的时候，我们无法适当地挑选任何一种关系作为法律与道德的关系。我们应该承认，任何社会或时代的法律发展事实上都会受到社会约定俗成的道德和理想的深远影响，但我们不能借此证明，法律体系必须和道德或公正有特别的一致性关系，或者认为守法是道德上的义务。我们也不能因此推论法律体系中特定法律的法律有效性判准，无论是外显或内隐的，都必须和道德或公正有关。哈特承认，道德规则，特别是关于义务和责任的道德规则，与法律规则有非常显著的相似性：“它们的约束力并不需要个人对其义务的同意，而是得自要求服从的严厉社会压力的支持；遵守法律和道德义务并不被认为是值得褒扬的事，而是对社会生活的起码奉献，是理所当然的事。再者，法律和道德所规范的，是支配反复出现的生活情境里的个人行为，而不是特殊的行为或偶发状况，尽管如此，两者也都可能包括个殊社会所特有的真实或幻想的需要，它们也都规定任何能满足人类族群和谐共存所需要的条件。因此，两者也都禁止对人身或财物施加暴力，并且要求诚实和诚信。”[2]然而，法律与道德之间还是有许多特征是无法共通的。

有的理论对两者的差异作了如下归纳：法律规定只要求“外在的”行为，对于动机、意图或行为的其他“内在”伴随元素，则是漠不关心；另一方面，道德却不要求任何特定的外在行为，而只是要求善意或正当的意图或动机。哈特认为，这种主张是错误的，但它注意到了法律与道德之间的区别。哈特将法律与道德的关系归结为以下四个主要相关的特征，而这四个特征不仅可以区别道德和法律规定，而且可以使它有别于其他社会生活形式。其一，重要性不同。法律规定可能和道德同样禁止某种行为而与道德相呼应，这时两者具有同等的重要性，“然而和道德不同，‘重要性’对于法律规定的地位而言并非不可或缺的”[3]。其二，形成方式不同。法律可以通过提出新规则而改变或废除旧规则，而道德规则或原理不能用这种方式去改变或废除。“认为道德立法足以创造且改变道德的这种想法，违反了整个道德的观

① ［英］哈特：《法理学与哲学论文集》，支振锋译，法律出版社2005年版，第7页。

② ［英］哈特：《法律的概念》，许家馨、李冠宜译，法律出版社2011年版，第155页。

③ ［英］哈特：《法律的概念》，许家馨、李冠宜译，法律出版社2011年版，第157页。

念。"[①]其三，责任追究不同。就道德而言，如果某人的行为从外部看违反了道德规则，但他自己证明他不是故意的，而且已经尽力采取了应对措施，他就有理由免除道德责任。对于法律来说，情况则并非如此。虽然故意是刑事责任的要件之一，但"在所有的法体系里，这些阻却责任要素也受到许多不同方式的限制"[②]，特别是在法律的"严格责任"领域更是如此。其四，强制形式不同。道德不只是通过威吓、恐惧或利诱，而是提醒、劝导人们弃恶从善，启发他们的良心，而法律则主要是靠惩罚的威吓发生作用。

哈特着重从自然法对法律实证主义批评的角度讨论法律与道德之间的关系。自然法古典理论认为人类行为有若干原则，有待人类理性去发扬，而人为制定的法律必须遵循这些原则才是有效的。自然法学说是较早的自然观念的一部分，根据这种观念，所有可以名状的存在物，人类、生物和无生物，都不只是要追求自我保存，而是会追求某种合适存在的状态，某种善，或是"目的"。这就是自然目的论，它认为万物都会趋向自身最完善的层次。自然法最古典的解释是将"自我保存"看作仅仅关于人类目的和善的错综与争议性概念中最底层的基底。亚里士多德还加上与利害无关的人类知性的陶冶，托马斯·阿奎那则增添了对上帝的认识，霍布斯、休谟等思想却倾向于更务实的观点。哈特认为，我们可以用其他比较简单的、没有那么哲学化的方式，去证明自我保存的目的是必要的，我们将直接进入人类法律和道德规范的讨论，把这个观念当作讨论的预设，因为我们所关注的是为持续生存所必需的社会安排，而不是那些自杀俱乐部。"谈到人类应该如何共同生活时，我们必须假设，一般而言，他们的意图是要生活下去。我们反省某些关于人性和世界的明确概念（甚至是自明之理）时，我们发现，只要它们是合理的，那就意味着，其中包含社会组织赖以有效运作的某些行为规则。这些规则确实构成所有社会的法律和道德习俗中共同的元素，虽然这些社会都从这些元素发展出不同形式的社会控制。"[③]哈特认为，在这里，虽然法律和道德中的许多规则是个别社会所特有的，但那些普遍接受的行为原则奠基于"关于人类、自然环境和意图的基本真理上，我们可以视其为自然法最低限度的内容，而与那些关于自然法之过于夸张的、争议不断的理论建构相对照"[④]。

① ［英］哈特:《法律的概念》，许家馨、李冠宜译，法律出版社 2011 年版，第 159 页。

② ［英］哈特:《法律的概念》，许家馨、李冠宜译，法律出版社 2011 年版，第 160 页。

③ ［英］哈特:《法律的概念》，许家馨、李冠宜译，法律出版社 2011 年版，第 171 页。

④ ［英］哈特:《法律的概念》，许家馨、李冠宜译，法律出版社 2011 年版，第 171 页。

哈特具体分析了为什么法律和道德必须包含以自我保存为目的的某些特定内容，即自然法的最低限度内容。（1）人的脆弱。法律和道德首先共同要求的不是人们主动贡献，而是其行为自制，而这种要求通常表现为否定形式的禁令。对社会生活最重要的禁令，就是禁止杀人或造成身体伤害的暴力使用。之所以如此，是因为人们通常容易受到身体的攻击。（2）近乎平等。人类在身体的力量、敏捷度、智力上都存在差异，但没有任何力量的差距足以使某个人不借助合作，就能够长期主宰或压迫他人。"'近乎平等'这个事实，最能彰显相互自制和妥协的体系的必要性，它是法律和道德义务的基础。"①（3）有限的利他主义。人类不是魔鬼，也不是天使，它们是在这两个极端中间，这使得互相自制的体系既是必要的也是可能的。（4）有限的资源。人类需要衣食住行，而这些资源都并非无限丰盈的，而是经常感到匮乏的，这些事实就足以使财产制度以及相关规定成为必要的。（5）有限的理解和意志的力量。大部分人都能够了解且牺牲暂时的直接利益以遵守社会规则，但并非所有人都能认识到规则的重要性，都能做到自制，甚至心存侥幸。正因为如此，我们需要"制裁"，让那些自愿守法的人不会被那些不守法的人牺牲掉。哈特强调，上面所讨论的这些自明之理，不仅揭示了自然法学说的真谛，而且对于理解法律和道德也非常重要，"因为这些自明之理说明了为什么那些纯粹形式的、没有考虑到特殊内容和社会需求的，关于法律或道德的定义，是不适当的"②。

可能会有人主张，除了前面说过的自然法的最低限度的内容以外，法律还必须符合某些道德。哈特提醒人们要特别小心检视这些主张。哈特认为，许多这样的看法，不是没有搞清楚法律与道德之间所谓必然关联的意义，就是在指出某些重要的事实时却误以为那就是两者的必然关系。哈特具体检视了这些主张的六种形式。

（1）法律依赖的权力和权威问题。通常认为，法律体系必须奠基在道德义务感或对体系的道德价值的信念上，因为它不能仅仅建立在某人支配他人的权力上。哈特指出，以威胁和服从的习惯性为后盾的命令理解法律体系的基础和法律效力，是不恰当的。但是，将法律二分为"只以权力为基础的法律"和"被接受为具有道德约束力的法律"，也并不能穷尽一切。不仅许多遭受法律强制的人们不认为它具有道德约束力，甚至那些自愿接受体系的人

① ［英］哈特:《法律的概念》，许家馨、李冠宜译，法律出版社 2011 年版，第 173 页。

② ［英］哈特:《法律的概念》，许家馨、李冠宜译，法律出版社 2011 年版，第 175 页。

也不一定认为这是他们的道德义务。事实上，他们对体系的接受可能基于许多不同的考量，如长期利益的计算、对他人无私的关怀等。

（2）道德观对于法律的影响问题。在每一个国家的法律里，处处可见社会既有道德和更广泛的道德理念对法律的巨大影响，而且法律反映道德的方式也不可胜数，人们的研究至今都无法穷尽。法律实证主义者并不否认这些事实，也不否认体系的稳定性部分地依赖于法律与道德的这些对应。如果所谓的法律与道德的必然关系指的就是这些事实，那么我们也就必须承认它的存在。

（3）法律解释的道德因素问题。法律是一种开放的结构，其中有很大的空间是留给法官的创造活动。在这一点上，法官的选择可能既非任意性的，也非机械性的。通常在这里，法官所具备的司法德性被呈现出来，如权衡选择时的公正和中心、考虑到影响所及的每个人的利益、以某些广为接受的普遍原则作为判决的推论基础等。哈特认为，在这里我们无法证明某个判决才是最正确的，但是只要它是旁征博引、公正选择的合理产物，它就可以让人接受，这也不能作为法律与道德存在必然关系的证据。

（4）法律评价问题。认为法律和道德有必然关系的主张，有时认为法律体系都必须在某些要点上符合公正或道德的要求。然而，事实上，在哪些道德标准可能适用或需要在哪些要点上符合，总是有歧见。哈特反驳说，好的法律必须符合道德，是否意指社会族群所接受的道德，即使这些道德是建立在迷信上或者没有顾及奴隶或被统治者的福祉和保障呢？

（5）形式合法性与公正原则问题。哈特认为，“正义的最简单形式（法律适用中的正义），不过是坚持所有不同的人都必须适用同样的一般化规则，不因偏见、利益或恣意而有所偏倚。”[①]法律的程序标准就是要保证这个公正性。这种公正性在社会控制中体现为一般行为标准。这些标准是所有的人都能够相互沟通的，而他们也被认为是无须进一步的官方指示，就可以理解和服从这些规则。富勒注意到了这些规则控制所必然蕴含的要求，认为这些以规则进行控制所必然要遵守的标准，可以构成法律和道德之间的必然关系，而建议把这些要求称为“法律的内在道德”。哈特认为，“如果法律与道德的必然关系就是这个意思，我们或许可以接受。但是很不幸地，符合于这些标准的法律体系仍然可能非常邪恶。”[②]

（6）法律效力和抵制法律的问题。自然法学家总是要把法律的效力与道

① ［英］哈特：《法律的概念》，许家馨、李冠宜译，法律出版社 2011 年版，第 181 页。

② ［英］哈特：《法律的概念》，许家馨、李冠宜译，法律出版社 2011 年版，第 182 页。

德的善恶联系起来，认为恶法不是法。而哈特赞成奥斯丁等人的说法，即“法律的存在是一回事，其优缺点则是另一回事。”“国家的法律不是个理想，而是实际存在的事物，它不是应然的，而是实然的。”“法律规范可以有任何内容。”在哈特看来，只要把法律看成是初级规则与次级规则之结合而成为有效的规则，这就是法律。在法律不符合道德的地方，分析法学家会说：“这就是法律；但是它太过非正义了，因此无法适用或服从。”哈特认为，这里存在着广义的法律与狭义的法律之别。分析法学家采取的是广义的法律观，而自然法学家采取的是狭义的法律观。作为分析法学家，哈特主张从广义上理解法律。“如果我们采取广义的概念，会使我们的理论探讨从整体去考量，把所有在初级和次级规则的体系里形式上有效的规则都称为‘法律’，即使某些规则违反社会自身的道德或我们可能主张的开明或真实的道德。如果我们采取狭义的概念，我们会把抵触道德的规则排除在‘法律’之外。显然地，在对于法律的理论或科学研究里，我们无法从狭义的概念得到任何成果：这会使我们排除某些法律，即使它们具有法律其他的组成特质。”① 在哈特看来，只有当我们将法律的概念区分为是否有效和是否合乎道德的时候，我们才会看到这些不同问题的复杂结构和多样性；相反，否认恶法的效力的狭义概念会使我们看不到这一点。

（三）拉兹的合法性法治模式

拉兹（Joseph Raz，1939—）当代著名犹太法律、道德和政治哲学家，牛津大学法哲学教授、巴利奥尔学院（Balliol College）研究员，哥伦比亚大学法学院法理学访问教授。1985年，牛津大学为了表彰拉兹在法哲学领域的杰出贡献，专门为他新设了一个学术职位：法哲学教授。他主要从事法律、道德和政治哲学教学与研究，在法理学、政治哲学、道德与实践理性领域颇有建树，是当代道德、法律与政治领域最杰出的学者之一。他的主要著作有：《法律体系的概念》（*The Concept of a Legal System*, 1970; 2nd ed., 1980），《实践理性与规范》（*Practical Reason and Norms*, 1975; 2nd ed., 1990），《法律的权威》（*The Authority of Law*, 1979; 2nd ed., 2009），《自由的道德》（*The Morality of Freedom*, 1986），《公共领域的伦理学》（*Ethics in the Public Domain*, 1994; rev. pbk. ed., 1995），《有吸引力的理性》（*Engaging*

① ［英］哈特：《法律的概念》，许家馨、李冠宜译，法律出版社2011年版，第183页。

Reason, 1999），《价值、尊重与依恋》（*Value, Respect and Attachment*, 2001），《价值的实践》（*The Practice of Value*, 2003），《权威与说明之间》（*Between Authority and Interpretation*, 2009），《从规范性到责任性》（*From Normativity to Responsibility*, 2011）等。从社会德性的角度看，拉兹的主要贡献在于，他在继承分析法学传统，对奥斯丁、凯尔森、哈特的理论进行了客观分析的基础上，主动将自己的分析法学研究范围扩大到自然法学和社会法学传统的领域，特别是着重研究了法治问题并提出了合法性的法治模式，从而突显了分析法学对法治问题的关注。

拉兹力图在全面评述奥斯丁、凯尔森和哈特理论的基础上建立一种具有普遍性的分析法学理论。他认为，任何一种完整的法律体系的理论必须回答以下四个问题：其一，法律体系的存在问题，即一种法律存在的标准是什么的问题；其二，法律体系的特征问题，即一种法律为什么属于特定法律体系的问题；其三，法律体系的结构问题，具体包括以下问题："所有的法律体系是否都有一个共同的结构？或者某类法律体系是否具有共同的结构？属于同一法律体系的那些法律是不是具有某些反复出现的关系模式？究竟是什么构成重要的法律体系之间的差别？"[①]其四，法律体系的内容问题，即："有没有一些法律，它会以这样或者那样的形式在所有的法律体系中或者某类体系中？有没有一些内容对于所有的法律体系都是不可缺少的？或者有没有一些重要的内容可以区分重要的法律类型？"[②]

拉兹认为，法律体系是制度化体系的一种，而且是最重要的制度化体系。它除了具有一般制度化特征之外，还有三个独具的特征。首先，"法律体系是全面的"。法律体系主张具有调整任何种类的行为的权威，而其他制度化体系通常设立和管理具有一定目的的组织的活动，并且只对与该目标相关的行为拥有权威。其次，"法律体系主张至高无上"。它是指每一法律体系都主张有权调整其臣民共同体对其他制度化体系的设立和适用。其三，"法律体系是开放的体系"。法律能够将本体系之内的约束力赋予不是它的规范的其他规范，坚持并支持其他形式的社会分群。[③]因为法律体系具有以上特征，因而它在国家生活中的地位非常重要。"如果一个社会服从一个法

---

① ［英］拉兹：《法律体系的概念》，吴玉章译，中国法制出版社2003年版，第2—3页。

② ［英］拉兹：《法律体系的概念》，吴玉章译，中国法制出版社2003年版，第3页。

③ 参见［英］拉兹：《实践理性与规范》，朱学平译，中国法制出版社2011年版，第169—174页。

律体系，那么这个法律体系就是该社会服从的最重要的制度化体系。法律提供了社会生活得以发生的普遍架构。它是一个指导行为、解决纠纷的体系，并且主张具有干预任何种类的活动的最高权威。它也有规律地支持或者限制其他规范在该社会中的创设和实践。通过这些主张，法律主张为社会生活各方面的行为提供了普遍架构，并将自己设立为社会的至高无上的卫士。”[①]拉兹提出，一个完整的法律体系至少应该包括以下七个方面：（1）义务性的法律；（2）制裁性的法律；（3）授予立法权力的法律；（4）调整性的法律；（5）法律之间创始性关系的调整；（6）规范；（7）规范性法律与非规范性法律之间关系的调整。[②]

拉兹非常重视法治问题。在他看来，法治之所以重要，是因为法治在当代社会仍然有很多不可替代的价值。首先，法治经常直接同专制权力相互对立。法治虽然不能完全排除一个统治者基于他的胡思乱想而行使专横权力，但法治是制约这种专横权力最有效的形式。“普遍认为，为了私人目的而行使公共权力是错误的，但是任何这种行使本身就是权力专制行使的表现。正如我们已经看到的，法治的确有助于限制这些形式的专制权力。”[③]其次，法治能保护个人自由。“自由就是在尽可能多的选择中进行有效选择的能力。”[④]但是，自由的这一意义不同于政治自由的通常含义。“政治自由的含义是：（1）对于干涉个人自由的某些行为形式的禁止，以及（2）为减少对个人自由的干涉而对公共权威权力的制约。”[⑤]法治可以针对个人的刑事犯罪保护个人自由，也可以免于政府干预的活动保障个人权利，第三，法治尊重人的尊严。“尊重人的尊严意味着把人作为有能力计划和安排自己未来的人对待。这样，尊重人的尊严包括尊重他的自主性和掌握自己未来的权利。”[⑥]法治能为人们提供一种选择生活样态、确定长期目标并有效地指引人们的生活走向这些目标的能力。在法治之下，人们具有依赖法律而非统治者的自治能力。

① ［英］拉兹：《实践理性与规范》，朱学平译，中国法制出版社 2011 年版，第 174 页。

② ［英］拉兹：《法律体系的概念》，吴玉章译，中国法制出版社 2003 年版，第六章。

③ ［英］拉兹：《法律的权威——法律与道德论文集》，朱峰译，法律出版社 2005 年版，第 191 页。

④ ［英］拉兹：《法律的权威——法律与道德论文集》，朱峰译，法律出版社 2005 年版，第 191 页。

⑤ ［英］拉兹：《法律的权威——法律与道德论文集》，朱峰译，法律出版社 2005 年版，第 192 页。

⑥ ［英］拉兹：《法律的权威——法律与道德论文集》，朱峰译，法律出版社 2005 年版，第 192 页。

同时，法治能为人们的社会生活提供一个稳定的、可靠的框架，人们在这个既定的框架内可以最大限度地享受“法律保护的个人自由”。“在总体上，遵守法治的法律体系至少在以下意义上将人作为人看待：法律体系试图通过影响人们的行为环境来指引人们的行为。这样，它预设了：人是理性的、自主的动物，通过影响人的思量可以影响人的行为和习惯。”①

但是，拉兹不同意富勒关于他所列述的法治原则是法律存在必不可少的要件的观点。他认为，“法治是一种理念；法律应当遵守的一种标准，但是，法律可能（并且有时）的确彻底而系统地违背这一标准。”②他批评说，尽管富勒承认与法治理念背道而驰的情况经常发生，但他不认为这种违背是彻底或完全的。富勒认为法律体系有必要在某种程度上遵守法治，他还由这一主张得出法律和道德之间存在实质关联的结论，认为法律必然是道德的，至少在某些方面。拉兹指出，法律应当具有最低限度的一般性、明确性和可预期性等等，但法律也可能、也确实有时候很激烈地、系统地违反它。“本质上，法治是否定性价值。法律不可避免地有制造专制权力的危险——法治被用来减少法治本身所产生的危险。同样地，法律可能不稳定、晦涩难懂和溯及既往等，这样就侵害了人们的自由和尊严。法治也被用来防止这些危险。”③因此，法治是社会生活要求的一种最低限度，因而实际上是一种消极价值。这主要体现在，即使符合法治，除了防恶以外，也并不能产生任何善；同时法律所避免的恶只是法律本身所造成的恶。法治只能使社会权威如专横权力所产生的恶减少到最低程度。据此拉兹不同意自亚里士多德以来相当一部分思想家把法治看作是“良法之治”的思路。他认为，法治之所以发挥作用，不在于法律是不是“良法”，因为一种法律制度不论具有何种性质都可能实行法治。正是由于任何法律制度都含有一部分人所反对的“恶法”，法治才恰好可以发挥更大的作用。从这个意义上看，法治这个概念显然是一个形式概念，它与法律被谁制定、如何被制定毫无关系。正是由于法治本身具有的这种特性，因而法治也可能使法律服务于一个坏的目的。不过，这并不是说实行法治不是一个优点，就如同一把尖刀可以用于谋害并不说明锋利不是刀子

① ［英］拉兹:《法律的权威——法律与道德论文集》，朱峰译，法律出版社 2005 年版，第193 页。

② ［英］拉兹:《法律的权威——法律与道德论文集》，朱峰译，法律出版社 2005 年版，第194 页。

③ ［英］拉兹:《法律的权威——法律与道德论文集》，朱峰译，法律出版社 2005 年版，第194 页。

的良好品质。同样，实行法治是法律的内在价值，而且是法律的最为重要的价值。“法治是法律具体美德的体现。”[①]法律是一种工具，像其他工具一样，法律具有作为实现目的工具的中立性这种优点，所以这种优点在道德上是中立的。“对于法律来说，这种优点就是法治。这样，法治是法律的一种内在优点，但却不是道德优点。”[②]

关于法治的含义，拉兹作了如下解释：“‘法治’的字面意思是：法律的统治。从广义上看，它意味着人们应当遵守法律并受法律的统治。但是，政治和法律理论均在狭义上解读它，即政府受法律的统治并尊重它。在这种意义上，法治的理念经常被表述为‘法治而非人治的政府’。”[③]在拉兹看来，政府可以是由法律统治的政府，也可以是由人统治的政府。一般认为，法治意味着所有政府行为都要有法律根据，并且经法律授权。他强调，不经法律授权的行为不能称为政府行为，它们没有法律效果，通常是不合法的。政府有政治概念和法律概念之别，两种概念的意义并不相同。法治关注的是政府的法律意义。根据定义，如果政府是经法律授权的政府的话，那么法治看起来就是一个言之无特的冗辞。拉兹认为，解决这一问题的办法是区分法律的专业意义和非专业意义。就前者而言，如果某一规则符合规则体系或其他规则体系规定的有效性条件，那么它就是法律。这些条件包括宪法、议会立法、行政规章等等。就后者而言，法律仅包括这其中的一部分，它在本质上是一套开放、普遍和相对稳定的法律集合。如果这样，“法治而非人治的政府”这一表述就不是同义反复。不过，“法治而非人治”的原则并没有穷尽“法治”的含义，而且它本身也没能阐明其宣称的重要性的原因。因此我们要回到“法治”的字面意义。就其字面意义而言，它有两个向度：其一，人们应当受法律的统治并且遵守它；其二，法律应当可以指引人们的行为。我们所关注的是法治的第二个向度，即法律应当可能被遵守。在这种意义上，法律要被遵守，就应当有指引主体行为的能力，只有这样，人们才会发现法律是什么以及如何按它行为。在拉兹看来，“法律应当有指引其主体行为的能力”，是法律理论由以产生的基本直觉。在这种意义看，法治的概念是一

---

① ［英］拉兹：《法律的权威——法律与道德论文集》，朱峰译，法律出版社 2005 年版，第 196 页。

② ［英］拉兹：《法律的权威——法律与道德论文集》，朱峰译，法律出版社 2005 年版，第 196 页。

③ ［英］拉兹：《法律的权威——法律与道德论文集》，朱峰译，法律出版社 2005 年版，第 185 页。

个形式概念。“它没有说明法律如何被制定：由暴君、多数人的民主或其他方式。它也没有说明基本权利、平等或正义。”[①] 有人可能会由此认为法治概念缺少实质内容。然而，实际上并非如此，这一直是法治的基本观点。“在法治意指国家所有优点之前，法治的绝大多数要求来源于这一基本观点”[②]。

拉兹认为，来自法治这一基本观点的许多原则，取决于不同社会特定情况中它们的有效性和重要性，因而没有必要将它们一一列出来，但也应当提及一些重要原则。他认为，这样的重要原则有以下八条：

（1）所有法律都应当可预期、公开且明确。除非制定追溯法，否则“溯及既往”就是与法治冲突的。法律应当公开并且广为人知。既然法律的目的是指引人们的行为，人们应当能够发现它的要求是什么。同时，它的意义也应当明确，模棱两可、模糊不清、晦涩难懂或词不达意的法律具有误导性和干扰性。

（2）法律应当相对稳定。不应当频繁修改法律，否则人们在特定时间将很难发现法律的规定是什么，他们所了解的法律已成为过去，这样他们就会陷入对法律修改的忧虑之中。更重要的是，人们需要知晓的法律不仅有管短期的，而且有管长期的。如果人们要根据长期适用的法律作决定，法律的稳定性就更为重要。拉兹认为，这一原则凸显了三个重要观点：一是服从法治通常是一个程度问题，不仅遵守作为整体的法律体系成问题，即便是单个法律的遵守也成问题。其次，法治原则主要影响法律的内容和形式，但又不止这些，它们也影响政府的法外行为方式。最后，尽管法治主要涉及公民义务和政府权力行使，它也关注私人权力的行使。

（3）特别法受到公开、稳定、明确和一般规则的指导。法律在非专业的意义上是被严格地理解为一般、稳定和公开的。只要法律具有稳定性和明确性等，就可以不受特殊法律指令。法治与保护平等密切相关，而这种平等与法的一般性关系紧密，因而有时认为，一般性是法治的本质。有两种一般规则为特别法的制定创制了框架：一是授予制定有效指令的必要权力的法律；二是施加义务于掌权者以指导他们如何行使权力的法律。

（4）司法独立应予保证。法律体系所组建的司法机关应承担将法律适用

① ［英］拉兹：《法律的权威——法律与道德论文集》，朱峰译，法律出版社 2005 年版，第 186—187 页。

② ［英］拉兹：《法律的权威——法律与道德论文集》，朱峰译，法律出版社 2005 年版，第 187 页。

于待决案件的义务，而且对案件法律性质的认定是终局性的。这样，只有法官正确地适用法律时，当事人才受法律的指引。要确立司法独立的规则来确保法官不受外来压力的干扰，独立于除法律权威之外所有权威。

（5）自然正义的原则必须遵守。就正确适用法律以及法律指引行为的能力而言，公开和公正的听证、没有偏见以及其他类似的原则是必不可少的。

（6）法院就对其他原则的实施有审查权。这种审查包括对议会立法和下位立法以及行政执法行为的审查，但其本身仅仅是保证其符合法治而已；

（7）法庭应当是易被人接近的。法院在确保法治方面具有核心地位，因而它们的可接近性具有至关重要的意义。如果存在久拖不决、费用昂贵、态度粗劣等问题，就会损伤人们用法律有效指引自己行为的能力，并且使最开明的法律也成为僵死的条文。

（8）不应容许预防犯罪的机构利用自由裁量权歪曲法律。不仅是法院，包括警察和执行机构的行为，都有可能亵渎法律。不允许不惩治某些犯罪，不将某些犯罪人绳之以法之类的执行行为。不允许警方分散警力资源，以确保全力阻止和侦察某些犯罪，或者惩罚某些罪犯。[①]

拉兹指出，这八条法治原则是为了使法律具有指导人们行为的能力而被设计出来的。其中（1）至（3）条原则要求法律应当符合使之能够有效指引行为的标准。（4）至（8）条原则被设计用来确保实施法律的机构不通过法律的不当实施而剥夺法律的指引能力，从而保证法律能够遵循法治，而当法治被违反时有有效的救济方法。拉兹也认为，这八条原则是很不完全的，除这些原则之外，社会生活的许多其他方面还会以更为间接的方式加强或削弱法治。之所以要将这些原则列举出来，只不过是为政府的有关法治事务和人们的行为提供有效的指导。

拉兹也非常关注法律的功能问题，指出："很明显，法律功能的概念对任何试图对法律性质作一般性解释的法律理论来说至关重要。像其他许多法律概念一样，它同样对其他关于法律的学科有重要意义。"[②]拉兹主要讨论法律的社会功能，即"法律所追求的或事实的法律的社会结果"[③]。他认为，法

① 参见［英］拉兹：《法律的权威——法律与道德论文集》，朱峰译，法律出版社 2005 年版，第 187—190 页。

② ［英］拉兹：《法律的权威——法律与道德论文集》，朱峰译，法律出版社 2005 年版，第 143 页。

③ ［英］拉兹：《法律的权威——法律与道德论文集》，朱峰译，法律出版社 2005 年版，第 145 页。

律的社会功能从有利的角度可以分为直接功能和间接功能。

“直接功能是由法律的遵守和适用所确保完成的功能。”[①] 从实用的角度看，直接功能可分为主要功能和次要功能。主要功能具有表象性，它们影响普通大众，并且在它们中间可以发现法律存在的原因和理由。主要功能包括四种：其一，防止不利行为和保障有利行为。这种功能主要由刑法和侵权法来执行。其二，为个人间的私人安排提供便利。私法的主要部分及绝大部分刑法及侵权法，都与这一功能有关。绝大多数私法制度主要服务于这一功能。其三，提供服务和福利分配。这一功能通常由法律制度来执行。其四，解决法无规定的争议。次要功能是维护法律制度的功能，它们使法律制度的存在和运作成为可能，其存在就是为履行主要功能提供便利条件。法律的次要社会功能与法律体系本身的运作有关，它们规定了法律体系的适应性、功能以及顺利而不受干扰的运作。次要功能有两种：一是确定改变法律的程序；二是规制法律适用机关的运作。用凯尔森的公式表述，就是法律基于自身的创制和适用。

“间接功能是由因人们的态度、情感、观念以及法律遵守和适用以外的行为模式所实现的功能，它是承认法律的存在以及遵循和适用法律的结果。”[②] 法律实际上执行的间接功能，是法律存在或遵守及适用法律的结果，而遵守或适用法律的行为本身则属于直接法律功能。法律追求的间接功能是法律试图获得的结果，无论这些结果是否得到实际的保障。

三、马里旦、富勒和德沃金的新自然法思想

自然法学是西方历史上产生时间最早、存在时间最长、流派和人物最多、影响最广最深的法学流派。其共同的基本价值信念有三：其一，自然法是由永恒的、普遍适用的一般原则构成的，因而不是成文法，不具备法律意义上的社会制裁关系和规范形式；其二，自然法与人定法是两个体系，它们之间可能是一致的，也可能是冲突的；其三，自然法作为普遍原则，是制定人定法的依据，也是评判人定法的价值标准。自然法学在西方不同历史时期

① ［英］拉兹：《法律的权威——法律与道德论文集》，朱峰译，法律出版社 2005 年版，第 147 页。

② ［英］拉兹：《法律的权威——法律与道德论文集》，朱峰译，法律出版社 2005 年版，第 147 页。

有不同的存在形态。古希腊罗马时期的自然法学是纯自然意义上的，其最主要特点是自然主义倾向，认为城邦及其立法、道德、风俗习惯及社会制度都和自然和神一样是自然生成的，具有神圣性，必须捍卫，而不得违背。这种自然法能为人的理性所发现却不能被人的意志所左右。中世纪的自然法学是神学的。奥古斯丁认为神法是最高的理性、永恒的真理，自然法则是神法在人的意识中的表现，而人法则是神法的派生物。托马斯·阿奎那认为自然法是从神意出发并以神意为归宿的，它反映的是永恒法对理性动物的关系，是永恒法在人类社会的体现。近代的（古典的）自然法学主要是理性主义的，它将自然法归之于人的理性，认为理性是自然法的核心，并且以自然状态和自然法为根据，强调人的天赋权利，主张以社会契约为基础建立民主政治和实行法治。自 19 世纪开始，伴随着西方资产阶级革命和西方国家法典化的完成，古典自然法学完成了它的历史使命，其内在逻辑上的缺陷也开始暴露出来，并因而遭到了一些学者的质疑，特别是遭到了分析法学以及历史法学的批评，于是，古典自然法学开始走向衰落。古典自然法学是一种价值法学，古代和近代的自然法学都关注现实制定的法背后的法律价值问题，因此，自然法被看作是正义之法、自然之法、理性之法。①20 世纪的两次世界大战，以及 20 世纪 60—70 年代美国的民权运动和反战运动，都呼唤作为价值法学的自然法学。正是在这种新的时代条件下，自然法学重新受到重视并逐渐得到复兴，一些法学家在新的时代致力于对近代自然法理论的弘扬和阐述，形成了法学中的新自然法学流派。复兴的自然法学被分为神学的和非神学的两派，前者以新托马斯主义者马利旦为代表，主张复兴托马斯·阿奎那的自然法理论，后者以德国法学家拉德布鲁赫（Gustav Radbruch, 1878—1949），以及美国的法学家和政治哲学家菲尼斯（John Finnis, 1940—）、罗尔斯、德沃金、富勒等人为代表，他们针对分析法学对道德和公正的排斥，强调法律与道德不可分的联系和实在法之外的公正原则。

（一）马里旦对自然法理论的复兴和阐释

马里旦（Jacques Maritain, 1882—1973）是 20 世纪新托斯主义的最主要代表，也是复兴自然法学中神学一脉的最主要代表。他出生于法国，早年信奉柏格森的生命哲学，后皈依天主教，曾在巴黎天主教学院教授现代哲

① 参见王振东:《现代西方法学流派》，中国人民大学出版社 2006 年版，第 10—11 页。

学，1945—1949 年为法国驻梵蒂冈大使，与罗马教皇和天主教会有着广泛的联系。此后移居美国，长期担任普林斯顿大学哲学教授。晚年一直在法国图卢兹修道院隐居。他曾参与起草了许多联合国有关人权的重要研究项目。他的著述甚丰，其中最重要且与社会德性思想相关的有：《托马斯》（*Thomas Aquina,* 1930），《哲学导论》（*Introduction to Philosophy,* 1930, 1991），《知识的等级》（*The Degrees of Knowledge*, 1932），《论基督教哲学》（*On Christian Philosophy*, 1933）、《完整人道主义》（*Integral Humanism*, 1936），《政治的公正性》（*De la justice politique*, 1940），《人权和自然法》（*The Rights of Man and Natural Law*, 1942），《基督教与民主》（*Christianity and Democracy*, 1943），《政治人道主义的原则》（*Principes d'une politique humaniste*, 1944），《存在与存在者》（*Existence and the Existent*, 1947），《形而上学序言》（*A Preface to Metaphysics*, 1962），《教育与十字路口》（*Education at the Crossroads*, 1942），《理性的范围》（*The Range of Reason*, 1952），《个人与公共善》（*The Person and the Common Good*, 1947），《人和国家》（*Man and The State*, 1951），《走向上帝的路径》（*Approaches to God*, 1953），《艺术和诗中的创造性直觉》（*Creative Intuition in Art and Poetry*, 1953），《上帝与容许恶》（*God and the Permission of Evil*, 1963），《自然法或不成文法》（死后出版）。马里旦的哲学基本上是重述和解释托马斯的学说，他的社会德性思想也是对托马斯社会德性思想的继承和发展。他以复兴和弘扬自然法为使命，在系统阐释自然法理论的基础上，详细研究了自然法与人权、人权与主权、个人与国家的关系，提出了一整套新托马斯主义的社会德性思想和社会政治主张。

马里旦像托马斯一样，认为上帝是世界的创造者，是万物的最高本质和最后本原，是一切形式的形式。物质依据上帝所赋予的形式的高低而分别构成无机物、植物、动物、人类、天使等一系列等级森严的金字塔结构，万物分有上帝，上帝则高居于它们之上统治万物，整个宇宙是一个秩序井然的和谐整体，而所有这一切又都是上帝的无限智慧和最高意志的表现。在马里旦看来，随着科学技术和物质文明的发展，人类社会和世俗文明正在日益堕落，人们不敬神，不爱人，贪婪地追求财富占有和物质享受，以至于不惜损人利己，相互残害。人类已经陷入严重危机。"当前世界最严重的弊害，就是神圣的东西与世人俗的东西彼此分裂的二元论。世俗生活完全受肉欲支配，远离福音的要求；而基督教的伦理观念由于未能深入人民生活而成为空话。”[①] 马里旦主张，为了拯救人类，必须恢复天主教的道德规范，“只有天主教教会的道德权威才能帮助我们拯救遭受威胁的文化，改变整个世界，建立人类新秩序”[②]。天主教的道德规范就是一种“新的人道主义”，一种“以神为中心的”完满人道主义。“这种人道主义将承认人的非理性部分，使它服从理性，同时也承认人的超理性部分，使理性受它的鼓舞，使人敞开胸怀接受神的降临。它的主要任务将是使福音的酵素和灵感透入世俗生活的结构——这是一个使世间秩序神圣化的任务。”[③] 马里旦主张按天主教教会的面貌改造现实社会，以建立一种资本主义制度与天主教教会永远相结合的“理想”社会。在这种社会里，福音和教会将教导人们尊重人格、尊重人生、尊重良心、尊重贫困，以及尊重妇女的尊严、婚姻的神圣、工作的高尚、自由的价值。每个灵魂有无限的价值。各种种族、各种地位的人在上帝面前本质上一律平等。每个人都尽力追求德性和爱，人与人之间充满慈善和相互间兄弟般的爱。“这个社会引导人们趋赴的不是创立尘世的幸福”，“而是一个超过自然的目标：进入上帝的生命”。[④] 每个人的灵魂与神融为一体，他们的灵魂中充满了神，享受的是神的快乐。这是一种“人神融合”的“纯人的社会”。只有这种社会中每个人的灵魂才能享受“真福”。这是一个基督教世界的新时代，“它不是一个其神圣性可被淡忘的时代，而是一个对人类的事物予以福音般关注的时代，一个以神为中心的人道主义的时代”[⑤]。

马里旦的社会德性思想是建立在自然法理论的基础之上的。他认为，自然法观念是希腊思想和基督教思想的一项遗产。尽管格劳秀斯被公认为“自然法理论”之父，但这一观念并非起源于他。更值得注意的是，他实际上扭曲了自然法。在那些伟大的思想家中，只有托马斯抓住了自然法的实质，并将它变成了一个整体贯通的理论。在他之后，由于对自然法某些构成要素的误解，自然法观念出现了倒退。为此，马里旦提出，要发现自然法观念的真正起源，我们必须回到奥古斯丁，回到教会神父们，回到保罗，甚至要回到更早的西塞罗、斯多亚派的哲学家、古代伟大的道德家及其诗作，特别是著名悲剧作家索福克勒斯。马里旦认为，索福克勒斯悲剧中的人物安提戈涅就

① 洪谦主编：《西方现代资产阶级哲学论著选辑》，商务印书馆 1964 年版，第 416 页。

② 洪谦主编：《西方现代资产阶级哲学论著选辑》，商务印书馆 1964 年版，第 408 页。

③ 洪谦主编：《西方现代资产阶级哲学论著选辑》，商务印书馆 1964 年版，第 416 页。

④ 洪谦主编：《西方现代资产阶级哲学论著选辑》，商务印书馆 1964 年版，第 404 页。

⑤ ［法］马里旦：《真正的人道主义》，万俊人主编：《20 世纪西方伦理学经典》（III. 伦理学限阈：道德与宗教），中国人民大学出版社 2004 年版，第 276 页。

是自然法的女英雄，因为她已经意识到，在违反人定法并遭受它惩罚的同时，她是在遵守一种更高级的律令，一种既不是今天被造也不是昨天被造的、没有人知道来自何处的、亘古长存的不成文律令。[①]

在马里旦看来，自然法是人基于人性可以认识的自然的秩序，它是“理性被造物对永恒法的分享”[②]，对于人而言，它是一种道德法。自然法包括两个要素：本体论的要素和认识论的要素。本体论要素是自然法最基本的要素。所谓自然法的本体论要素，是指从本体论看，自然法是人类的理性可以发现的秩序或安排。在马里旦看来，存在着一种对所有人来说都是共同的人性，包括具有智力，具有自我意识并能决定自己追求的目的。由于具有人性，所以人必然拥有与其本质相一致的目的；而由于人具有智力并可以决定自己的目的，所以他就有义务使自己与人性所要求的目的相一致。这就意味着：“由于人性的特殊性，存在着一种人类理性可以发现的秩序或安排；人的意志必须按照这些要求行动，以使自己与人的本质性或必然性目的相符合。从本体论角度观之，未被明文规定的自然不过如此。”[③]在马里旦看来，自然界中存在的任何事物都有自己的自然法。这种自然法指的是事物的功能的规范性，即由它特殊的构造或目的所决定的，它应该以一种恰当的方式使自己的存在属性在生长过程上或行动上得到完满的实现。“自然界所有存在物的自然法是指：根据其特殊属性和目的，自然物达到完满实现所应当遵循的恰当活动方式。”[④]虽然在所有的事物中都可以发现自然法，但对人而言，自然法是一种道德法。这是因为人是否遵守它是由自由意志而非必然性决定的，而且人的行为是一种不可被化约为宇宙一般性秩序的特殊的秩序，它具有一个超越宇宙普通善的终极性目的。从这种意义上看，“它具体是指（人的）功能的正常运作，是以人的本质为基础的。”[⑤]就其本体论来说，自然法是与人的行为相关的理想命令。它是划分妥适与否的尺度，借其可以区分哪

---

① 参见［法］马里旦：《自然法：理论与实践的反思》，［加］斯威特编，鞠成伟译，中国法制出版社 2009 年版，第 15—16 页。

② ［法］马里旦：《自然法：理论与实践的反思》，［加］斯威特编，鞠成伟译，中国法制出版社 2009 年版，第 34 页。

③ ［法］马里旦：《自然法：理论与实践的反思》，［加］斯威特编，鞠成伟译，中国法制出版社 2009 年版，第 17—18 页。

④ ［法］马里旦：《自然法：理论与实践的反思》，［加］斯威特编，鞠成伟译，中国法制出版社 2009 年版，第 19 页。

⑤ ［法］马里旦：《自然法：理论与实践的反思》，［加］斯威特编，鞠成伟译，中国法制出版社 2009 年版，第 20 页。

些是适合于人的目的或本质的，哪些是不适合于人的目的和本质的。“它就是以人的本质或本性为依据的理想命令或尺度，不可更改的必须性即根源于它。”[①]不过，自然法不仅具有理想性，也具有实在性，因为人性并非个别性的存在，而是存在于每一个人身上的。所以，自然法作为一种理想性命令存在于每一个人身上。在马里旦看来，就其最基本的实在性要素而言，“自然法与所有的自然道德规范是并存的”[②]。不管我们怎么看待人的权利、义务、价值，所有的自然的基本规范和派生规范都是与自然法一致的。

马里旦认为，就人类已知的自然法而言，它还包含第二个基本要素，即认识论要素。法律只有在公布后才具有效力，而自然法只有在被知晓并在实践理性的主张中得到表达之后，才具有法律效力。因此，认识论要素在自然法中具有基础性地位。自然法不是人定法、成文法，人类要认识它，就存在或多或少的困难，在不同程度上还要冒认识错误的危险。而且，人类关于自然法的知识是随着人类道德意识的发展逐渐增加的，直到今天，这种知识还不完善。不过，只要人类还存在，它就会更完善。在马里旦看来，对于认识自然法来说，关键是要认识人性。“只有等到人类知识洞悉了人性之后，自然法之花才会绽放。”[③]然而，自然法并不是理性像发现几何定理那样以抽象和理论性的方式揭示的，而是通过本能或禀赋被知晓。“那些易于被实践理性所接受的自然法判断并不是来源于理性概念性的、推导性的应用，而是来源于禀赋。通过禀赋，那些与人性的本质性本能相一致的事物就被人认为是好的，不一致的就被认为是坏的。”[④]马里旦解释说，这里所说的本能就其本质而言是属于人的，是伴有理性的本能，它们受到了处于前意识状态的理性的影响。由于人性的本质性本能是在时间进程中形成或释放的，所以人的自然法知识也才是逐渐形成的，并将继续发展。自然法只涉及人类通过本能已经意识到之伦理规范领域，只涉及道德生活的最基本原则。从最普通的原则到越来越特殊的原则，自然法逐渐被人认识。

① ［法］马里旦:《自然法：理论与实践的反思》，［加］斯威特编，鞠成伟译，中国法制出版社 2009 年版，第 20—21 页。

② ［法］马里旦:《自然法：理论与实践的反思》，［加］斯威特编，鞠成伟译，中国法制出版社 2009 年版，第 22 页。

③ ［法］马里旦:《自然法：理论与实践的反思》，［加］斯威特编，鞠成伟译，中国法制出版社 2009 年版，第 25 页。

④ ［法］马里旦:《自然法：理论与实践的反思》，［加］斯威特编，鞠成伟译，中国法制出版社 2009 年版，第 10 页。

马里旦认为，认识到自然法是通过本能或禀赋而非理性知识被知晓这一点非常重要。认识到这一点，我们就会认识到以下三点：首先，不仅人类理性确立的实在法规定，就连那些通过概念知识和理性知识的自发性或哲学性应用而获得的关于人性功能实现的规范性要求，也不属于自然法。“自然法只包含通过本能获得的规范，只包含人类道德心所直接感知的原则（即通过本能，而不借助概念的或理性的媒介）。”① 其次，自然法的戒律既然是通过本能被认知的，那么也就是以无法得到证明的方式被认识的，所以人除非借助批判哲学，否则就无法说明或理性地证明自己最根本的道德信念。不过，这一事实所表明的并不是这些信念的不合理性或无效性，而是表明了这些信念的自然性，表明了它们的更大的有效性和对人类合理性的超越。最后，由于人类理性的概念或推理应用并没有介入自然知识的形成，所有以人类理性虽然知晓自然法，但却并没有创造它，甚至也没有参与对它的认知过程。只有神圣理性才不仅是确立自然法的唯一理性，也是使自然法被认知的唯一理性。“因为每一类法律都是理性的作品，所以自然法的渊源也必然是理性：不是人类理性而是固有理性，是与终极真理关联的理智，永恒法就是从它而来。”② 由于这一认知过程是通过人性本能实现的，因而人类理性在认识自然法时是听从本能的安排的。“正是因为自然法只依赖于神圣理性，它才具有天然的神圣性，并可以从良心上约束人，从而成为人法的最终基础。”③

马里旦据此批评了近代的理性自然法理论。他认为，18 世纪的理性主义假定自然法要么是在自然中被发现的，要么是通过概念性的、理性的知识被推导出来的。由此出发，哲学家和立法家通过几何学定理式法典将自然法施加给了人类生活。他指出：“格老秀斯以来（包括他本人）所有的自然法理论都因忽视以下事实而归于失败：自然法是通过本能或禀赋而不是通过概念性或推理性知识被认识的。”④

在马里旦看来，只有充分了解自然法，才能理解人权。“真正的人权的

① ［法］马里旦：《自然法：理论与实践的反思》，［加］斯威特编，鞠成伟译，中国法制出版社 2009 年版，第 11 页。

② ［法］马里旦：《自然法：理论与实践的反思》，［加］斯威特编，鞠成伟译，中国法制出版社 2009 年版，第 32 页。

③ ［法］马里旦：《自然法：理论与实践的反思》，［加］斯威特编，鞠成伟译，中国法制出版社 2009 年版，第 12 页。

④ ［法］马里旦：《自然法：理论与实践的反思》，［加］斯威特编，鞠成伟译，中国法制出版社 2009 年版，第 13—14 页。

哲学基础是自然法的观念。自然法也为我们最基本的义务奠定了基础，各种法都受制于这种最基本的义务，这就是赋予我们根本权利的法则。”[①]他认为，给我们施加最基本义务的自然法，同时也是赋予我们基本权利的自然法。由于我们人类在宇宙秩序中享有一席之地，受宇宙和被造大家庭的律令和规范的约束，同时我们还有分享精神本性的特权，所以，我们具有对抗他人和集体的权利。但是，人的所有权利都是从上帝的权利而来，而非天然地被人们所拥有，先在并超越于制定法、政府间条约。人的权利所反映的是人的本性的普遍性的东西。只有每个个体都具有一种本性或本质，并且这种本质是普遍的，超越于事实和特殊性的，这种权利才能够有效并得以维持。人的本性必然要求一个确定的秩序，正是这一秩序决定了某些东西（如生命、工作、自由）是属于人这一具有精神性灵魂和自由意志的存在物。不过，这一秩序并非一种存在于事物中的实然性的东西，而是一种有待于得以实现的命令。它已经被植入了我们的心灵，对我们的良心具有约束力，并以特定的方式体现在事物中，它是作为事物的本性要求而存在的。这就是说，人的权利虽然是客观存在的，但还需要使它变为现实，所以需要实在法。马里旦认为，理性主义人权哲学的一个主要错误在于：“仅将实在法视为自然法的复制品。他们忽视了自然法留而未决的人类事务巨大场域。这些事务由各种不同的社会生活条件和人类理性的自由选择决定。”[②]

自然法所涉及的是与“行善避恶”这一第一原则必然相关的权利和义务。这就是自然法普遍而永恒存在的原因。作为自然法与实在法中介的万民法，是人们通过理性的概念化应用或理性知识而非本能来认识的。它既包括自然法的内容，也包括自然法之外的内容，不过这些内容是从自然法的原则推导出来的。万民法与自然法一样，所涉及的是与第一原则有必然联系的权利和义务，只是由于它是通过理性知识而被认识的，而且本身即是理性的产物，所以它更与人类理性作用范围（政治生活）内的权利和义务相关。实在法是在给定社会共同体内生效的法律体系，所涉及的也是与第一原则相关的权利和义务，只是这种联系只有偶然性，它是由理性的行为方式和人类在为特定社会立法或创制习俗时所持的意志决定的。正是在这种意义上，人

---

① ［法］马里旦：《人的权利与自然法》，万俊人主编：《20世纪西方伦理学经典》（III. 伦理学限阈：道德与宗教），中国人民大学出版社2004年版，第301页。

② ［法］马里旦：《自然法：理论与实践的反思》，［加］斯威特编，鞠成伟译，中国法制出版社2009年版，第58页。

类自己可以决定特定社会共同体中哪些东西是善的、可允许的，哪些东西是恶的、应被禁止的。关于三种法的关系，马里旦指出："万民法与实在法的法律效力和良心拘束力都是由自然法决定的，它们是自然法的延伸或扩展，并逐渐进入到客观性领域。人类基本本能对这一领域的控制可以越来越少。因为对其留而未决的事项进行补充规定——规定为权利也好规定为义务也罢——是自然法本身的要求。这些补充方案不是通过禀赋知识，而是通过概念性知识得到的。"[①] 在马里旦看来，在自然法与万民法、实在法之间存在着不可跨越的鸿沟，但有一种力量推动着未被颁布的法律通过人类法体现出来，并使后者在偶然的领域中更加完善。正是因为种种原因有这种力量，共同体中的人权才具有了政治性的和社会性的表现形式。

马里旦认为，人的生存权、自由权、追求道德生活完善的权利从属于自然法。就人类天然就有权为共同使用而拥有自然物质资源而言，对物质资料的私人所有权属于自然法。就理性为了公共利益必然要求物质资料私有（这是物质管理和人类劳动的必然要求）而言，对物质资料的私人所有权属于万民法。而随着社会组织形态和经济状态的变化而变化的私人所有权特殊形态，则是属于实在法决定的。此外，罗斯福总统在其《四大自由》中讲的国家的不受贫困束缚的自由和免遭恐惧或威胁的自由，与万民法的要求相一致；我们每个人享有的选举国家官员的权利来自于实在法。在马里旦看来，"人权是以不可丧失的人性为根基的，所以它们是不可剥夺的。"[②] 但是，这并不意味着它们天生就是无限制的权利，拒斥任何限制。他根据人权与公益的关系，将不可剥夺的权力分为"绝对不可剥夺的"和"实质不可剥夺的"。前者是指如果当局采取任何措施对其加以限制，那么公益就会受到损害；后者则是指如果当局不采取措施对其加以限制，那么公益就会受损害。马里旦指出，即使是绝对不可剥夺的权利也是可以受限制的，因为绝对不可剥夺的权利也存在着享有和行使的区别，而依据公正，后者受到具体情境条件和制约的限制。

马里旦也讨论了具体人权。他认为，在人类历史上，存在着"新权利"挑战并战胜"老权利"的情况。一般来说，一个新文明将会要求承认和确立

① ［法］马里旦：《自然法：理论与实践的反思》，［加］斯威特编，鞠成伟译，中国法制出版社 2009 年版，第 60 页。

② ［法］马里旦：《自然法：理论与实践的反思》，［加］斯威特编，鞠成伟译，中国法制出版社 2009 年版，第 62—63 页。

人在实现其社会、经济和文化功能过程中所必不可少的那些权利，其中有两个方面是最为基本的：一是氏族原始社会中的那些权利，它们先于政治国家而存在；二是人作为劳动者所享有的权利。他将具体人权划分为三大类，即抽象人权（基本权利）、政治权利和社会者权利特别是劳动者的权利。所有这些权利都被马里旦划入了自然权利的范畴。

基本权利有："生存权，个体自由权和个体主宰自己生命——在上帝和共同体法律面前为自己负责——的权利，追求理性和道德生活的完善的权利，依据良心指示沿上帝指明的道路追求永恒生命的权利，教会和其他宗教团体自由进行精神性活动的权利，寻求教职的权利，宗教团体的自由，婚姻自由，扶养家庭并确保其自由的权利，家庭制度获得尊重的权利（它的基础是自然法而非国家法，它以人的道德性存在为基础），身体完整权，财产权，个体被当作人而非东西看待的权利。"[①]"所有这些权利都以人在绝对价值秩序和先在命运中的使命为基础。"[②]在马里旦看来，基本权利从属于自然法，其中最重要的基本权利是人有权沿着上帝所指示的道路前行以完成其永恒的使命。在上帝和真理面前，人没有按照自己臆想的道路作出选择的权利，他必须力所能及地选择正确的道路。

政治权利是人类个体作为公民享有的权利，它们为真正的政治民主奠定了基础。政治权利包括："公民积极参与政治生活的权利——特别是所有人平等的选举权，民族建立国家宪制、确定政体的权利，结社权——特别是组织政党的权利（只受法律认可之公共利益需要的限制），调查和讨论权（即表达自由），政治平等权和公民在国内的安全和自由获得平等保护的权利，每个人平等获得独立性司法保护的权利，平等接受公职和获得稳定职业的自由。"[③]在政治权利中，马里旦特别强调以下三类平等权利："政治平等权，保证每个公民在国内都拥有地位、安全和自由；法律面前的平等权，以独立的司法权为前提，保证每个人都可以寻求法律保护，如果违犯了法律只受法律的制裁；所有公民根据自己能力平等被接受为公职人员的权利，不受种族或

① ［法］马里旦：《自然法：理论与实践的反思》，［加］斯威特编，鞠成伟译，中国法制出版社2009年版，第93页。

② ［法］马里旦：《自然法：理论与实践的反思》，［加］斯威特编，鞠成伟译，中国法制出版社2009年版，第74页。

③ ［法］马里旦：《自然法：理论与实践的反思》，［加］斯威特编，鞠成伟译，中国法制出版社2009年版，第95—96页。

社会歧视，自由进入各种职业的权利。”①政治权利直接渊源于实在法和政治共同体的基本性制度，但它们又间接依赖于自然法。

劳动者权是指社会人的权利。社会权利，特别是劳动权包括：“自由选择职业的权利，自由组织职业团体或工会的权利，劳动者被当作成人对待的权利，经济团体（工会和劳动团体）和其他社会团体的自治和自由权，获取适当薪酬的权利，就业权，对企业的共同所有权和共同管理权——在合作制取代薪酬制的情况下，获得救济权、失业保险权、伤病福利和社会保险权，依据共同体发展程度自由分享基本文明财富（物质的和精神的）的权利。”②马里旦认为，劳动者作为个体所享有的权利与劳动者团体、工会和其他职业团体所享有的权利是联系在一起的，最重要的是组织自由权。劳动者自由选择组织工会的自由，工会的自治权、联合权，他们利用法律赋予的自然武器（特别是罢工）的自由，所有这些自由都来自于结社这一由实在法规范的自然权利。

个人的人权涉及国家及其主权问题。马里旦认为，国家属于政治体，政治体或政治社会是整体，国家是这一整体的一个部分。“**政治社会**为自然所要求并由理性来完成，它是世俗社会中最完善的社会。它是一个具体而完整的人类的现实，有助于一种具体而完整的人类的福利——共同福利。”③国家只是政治体中特别与维持法律、促进共同福利和公共秩序以及管理公共事务有关的那一部分。马里旦分析了国家的起源和实质。他认为，政治体的共同福利要求在政治社会里有一套权威和权力的网状组织，因而要求有一个为了正义和法律而赋有最高权力的特别机构。国家便是这个最高的政治机构。但国家既不是一个整体，也不是一个权利的主体或一个人格者。它是政治体的一部分，因此它低于作为一个整体的政治体，从属于它，并为它的共同福利服务。政治社会的共同福利是国家的最终目标，并优先于维护公共秩序这一国家的直接目标。而且，政治体必然控制着国家，虽然国家在它自己的组织内部包含着政府的职能。在一个民主的社会中，权威的全部特殊结构应当在政治体中自下而上地形成，国家便在这座由权威的特殊结构所组成的金字塔

① ［法］马里旦：《自然法：理论与实践的反思》，［加］斯威特编，鞠成伟译，中国法制出版社 2009 年版，第 80 页。

② ［法］马里旦：《自然法：理论与实践的反思》，［加］斯威特编，鞠成伟译，中国法制出版社 2009 年版，第 96 页。

③ ［法］马里旦：《人和国家》，沈宗灵译，中国法制出版社 2011 年版，第 8 页。

顶端有最高的监督权威。但这种最高权威是国家从政治体，即从人民那里得到的。[①]“它之所以赋有最高的权威，并不是由于它自己的权利和为了它自己，而只是由于和限于共同福利的需要”[②]。实际上，国家所据有的并不是一种享有最高权力的自然权利。总之，国家不过是实现政治体目的的一个工具而已。马里旦称这种理论为“工具主义”，并认为这种理论奠定了真正政治的国家观念。与此对立的是以“实体主义”或“专制主义”理论为基础的专制的国家观念。根据这种理论，国家是一个权利主体，即一个道德上的人格者，因而是一个整体。其结果是将它凌驾于政治体之上，甚至整个地并吞了政治体，而“国家之享有最高权力是由于它自己的自然的、不可让与的权利，并最终为了它自己”[③]。

在马里旦看来，政治体是由人民构成的，人民就是政治体本身，因此，为政治体服务的国家实质上是为人民服务的。“人民是政治体的实体本身，是政治体的有生命的和自由的实体。人民高于国家，人民不是为国家服务的，国家是为人民服务的。”[④]人民之所以需要国家，是因为国家是一种专门负责照管整体的特殊机构，因而必须要在一般的情况下保卫和保护人民、他们的权利和他们生活的改善，以反对特权集团或阶级的自私自利和狭隘观念。但是，国家是一个赋有最高权力的政治机构，因而就存在着人民如何控制国家的问题。马里旦认为，存在着两种明显不同的情况：一种是民主国家的情况，在这种国家里，自由、法律和人类的尊严是基本的教义，人们是根据首先的价值和标准去追求政治生活的合理化的。另一种情况是极权国家的情况，在这种国家里，权力以及应由整体来完成的某项工作是唯一要考虑的事情，人们是根据单纯策略的或技术的价值和标准去追求政治生活的合理化。这里涉及政治生活合理化的两种不同方法：一种是技术的或“艺术的”的方法，这是一种通过人的外在手段的技术合理化，它将导致一个坏的目的；另一种是道德的方法，这是通过人本身、他的自由和德性的手段的道德合理化，它是一种建设性的和进步的方法。“这意味着承认政治生活的基本上合乎人性的目的以及承认政治生活的最深的源泉：正义、法律和相互友好；它也意味着不断地努力使政治体的生命、行动结构和机关都服务于共同

① 参见［法］马里旦:《人和国家》，沈宗灵译，中国法制出版社 2011 年版，第 20—21 页。

② ［法］马里旦:《人和国家》，沈宗灵译，中国法制出版社 2011 年版，第 12 页。

③ ［法］马里旦:《人和国家》，沈宗灵译，中国法制出版社 2011 年版，第 12 页。

④ ［法］马里旦:《人和国家》，沈宗灵译，中国法制出版社 2011 年版，第 23 页。

福利、人的尊严和博爱感——使自然和技术方面的巨大物质限制，以及社会生活里所固有的相互冲突的利益、权力和强制力的严重关系，都服从鼓舞人类自由的人类理性的形式和规则的支配——并且不断地努力使政治活动不以幼稚的贪婪、妒忌、自私、骄傲和欺诈以及对于在最严重关头能决定成败的特权和支配权的要求为根据，而以对人类生活的最深刻的需要、对和平和爱的真正要求和对人的道德和精神努力的成熟的认识为根据。"[①] 马里旦指出，民主制是实现政治上的道德合理化的唯一方法。这是因为种种原因民主制是以法律为基础的种种自由的一个合理组织。[②]

在马里旦看来，"国家的最高权威决不应当被称为主权"[③]，就是说，政治体和国家都不是握有主权的。同时，人民也并不握有主权。因为，主权的概念与一种权力和独立性相联系，它们是至高无上的，是和主权者所统治的整体分开并高于这一整体之上的。而人民的权力和独立性并不是至高无上的，它们并不同人民本身分开，也并不高于人民本身之上。人民并不握有主权，但他们享有一种可以充分自主或自治的自然权利。马里旦认为，实际上，主权是不存在的。主权的概念最早由让·波丹提出。对于波丹来说，国王并不享有绝对的超人世的主权，上帝在国王之上，但国王是握有主权的，国王享有人类的主权。这种权力是人民已经完全让出和放弃以便转让并授予主权者的，因而主权者就不再是人民和政治体的一部分。它是和人民分开的，他已经变成一个整体，这个整体统治另一个整体，即政治体。[④] 马里旦据此提出，主权概念的严格的和真正的意义主要有二："第一，一种享有最高独立性的和最高权力的权利，这种权利是一种**自然的**和**不可让与的**权利。""第二，一种享有某种独立性和某种权力的权利，这种独立性和权力在它们的固有的范围内是**绝对地**或**超越地**最高的，而不是**比较地**最高的或作为整体中的一个**至高无上的**部分。换句话说，它和主权者所统治的整体是**分开的**，因此主权者对这一整体的独立性和他统治这一整体的权力是最高的。"总之，"主权是一种绝对的和不可分割的所有权，它是不能被分享的，也不容有程度之分，它属于独立于政治整体之外的主权者，作为他自己的一种权利。"[⑤] 在马里旦看

① [法]马里旦:《人和国家》，沈宗灵译，中国法制出版社2011年版，第50—51页。
② 参见[法]马里旦:《人和国家》，沈宗灵译，中国法制出版社2011年版，第51页。
③ [法]马里旦:《人和国家》，沈宗灵译，中国法制出版社2011年版，第21页。
④ 参见[法]马里旦:《人和国家》，沈宗灵译，中国法制出版社2011年版，第26—30页。
⑤ [法]马里旦:《人和国家》，沈宗灵译，中国法制出版社2011年版，第32页。

来，这才是真正的主权。

根据这种对主权的理解，马里旦对霍布斯的国家绝对主权论和卢梭的人民主权论进行了批评，并且断定：在政治社会里，享有超越的或分开的最高权力的那种自然的和不可让与的权利是不存在的。无论君主、国王或皇帝都并未真正地握有主权，虽然他们享有统治权和带有主权的标志。“国家也并不握有主权，甚至人民也并不握有主权。只有上帝才握有主权。”[①]主权是不属于国家的，如果把它归给国家，它就要损害国家。就国家主权而言，它有三种含义：一是关于对外主权，主权国家有权高于国际共同体并享有对这一共同体的绝对独立性。这样，任何约束各国的国际法就成为不可想象的了。二是关于对内主权，主权国家享有一种绝对的最高权力。按照这种主权观念的逻辑，主权国家将倾向于极权主义。三是主权国家享有一种不负责任地行使的最高权力。这事实上把一种同使人民成为政府官员的事务的最终裁判者的原则直接相反的原则注入国家中去了，民主国家会因此陷入严重的矛盾之中。马里旦指出，人类今天面临着抉择：或者是持久和平，或者是全部毁灭的严重危险。在他看来，建立持久和平有两个主要障碍：一个是所谓现代国家的绝对主权，另一个是目前世界的政治无组织状态。关于绝对主权，马里旦主张：“主权和绝对主义这两个概念是在同一铁砧上一起锻制出来的，我们必须一起加以废弃。”[②]针对目前世界的政治无组织问题，马里旦主张建立一个世界政治社会，建立世界政府。他对建立世界政府的必要性以及世界政府如何构建问题提供了论证的方案。[③]

在马里旦看来，“人既是政治体的组成部分，同时由于在他内心的、在他精神利益和最终目的中的超世俗的或永恒的东西，又高于政治体。”[④]他认为，人的最终目的是上帝使人参与上帝自己的个人生活和永恒极乐，人直接同上帝取得一致，意味着超越每一种被创造的共同福利，包括政治社会的共同福利和宇宙的真正的共同福利。这才是人的尊严以及基督教布道的不可动摇的要求的坚固基础所在。马里旦认为，存在着一个超自然的秩序，教会就在其中。对于不信教的人来说，教会是有组织的团体或协会，它们特别关涉

① ［法］马里旦：《人和国家》，沈宗灵译，中国法制出版社2011年版，第21页。

② ［法］马里旦：《人和国家》，沈宗灵译，中国法制出版社2011年版，第45页。

③ 参见［法］马里旦：《人和国家》，沈宗灵译，中国法制出版社2011年版，第七章“世界政府问题”。

④ ［法］马里旦：《人和国家》，沈宗灵译，中国法制出版社2011年版，第127页。

人们的宗教需要和信条，关涉这些人所委身的和他们的道德标准所依附的那些精神价值。但是，对于信教的人来说，“教会是一个既是神圣的又是人类的超自然社会——完善的或在自身中完成的、自足的和独立的社会的真正类型——它把人们作为天国的同胞而团结在自身之中，并引导他们去过那种在现世已经开始了的永恒的生活；它把那从圣经中受委托接受下来的启示真理教给他们；它是以基督居于首位的那个团体，它是一个由于它的本质而在它所信奉的信条、礼拜、教规和圣典之中，以及通过它的人的结构和活动而在它的超过自然人格的折射中**看得见的**团体”①。从这种对教会的理解，马里旦引申出了教会与国家的三条不变的原则。

在马里旦看来，教会的自由不仅应当被承认是不受国家干预的结社自由和宗教自由所要求的，而且似乎是以上帝的权利本身为依据的，是相当于上帝自己在任何人类制度面前的自由。马里旦由此引出了第一个一般不变原则：“**教会的教导、传道和礼拜的自由，福音的自由，圣经的自由**。”②在马里旦看来，教会由于其一定数目的成员和组织而在政治体之中，但“它在其本质上不是一个部分而是一个整体；它是一个扩展到全世界的绝对普遍的王国——**高于**政治体和每一个政治体”③。天国实质上是精神的，它由于其本身的秩序不是现世的，因而并不威胁世上的国家，它送给国家的东西不是从人世间取来的。正因为天国是精神的，所以它比世上的国家具有更高和更好的性质。由此马里旦引出了第二个一般不变原则：“**教会（即精神事物）高出政治体或国家的优越地位**。”④不过，尽管教会和政治体两者截然不同，但它们却不能在彼此全然孤立和互不了解的情况下生存和发展。从同一个人同时是教会成员和政治体成员这一事实来看，绝对划分这两个社会意味着把人切为两半。由此马里旦引出了第三个一般不变原则：“**教会和政治体或国家之间的必要合作**。”⑤

马里旦认为，过去存在过一个神圣的时代，即中世纪基督教王国的时代，那里信仰的统一是政治统一的先决条件，教会的权力凌驾于世俗权力之上。现代并不是一个神圣的而是一个现世的、“凡俗的”时代。“一方面，占

---

① ［法］马里旦：《人和国家》，沈宗灵译，中国法制出版社 2011 年版，第 129—130 页。
② ［法］马里旦：《人和国家》，沈宗灵译，中国法制出版社 2011 年版，第 130 页。
③ ［法］马里旦：《人和国家》，沈宗灵译，中国法制出版社 2011 年版，第 131 页。
④ ［法］马里旦：《人和国家》，沈宗灵译，中国法制出版社 2011 年版，第 132 页。
⑤ ［法］马里旦：《人和国家》，沈宗灵译，中国法制出版社 2011 年版，第 132 页。

优势的能动观念并不是为正义服务的力量或刚毅观念，而毋宁说是赢得自由和实现人类尊严的观念。另一方面，教会与政治之间的健全的相互合作的根本要求并不是宗教–政治体的统一，像中世纪的**基督教国家**那样，而只不过是那种人的统一，他同时是政治体和教会的一员，如果他自由地归依教会的话。宗教的统一并不是政治统一的一个必要条件，属于不同宗教的或非宗教的信条的人必须分享并致力于同一政治的或世俗的共同福利。”① 马里旦认为，这种情形已经引起了许多后果：其一，政治权力并不是精神权力的世俗助力，政治社会在它自己的范围内是自主和独立的。其二，政治体的一切成员的平等被认为是一个根本的教义。其三，不同于外来的强制力量而在人的内心起作用的内在力量、个人对国家的良心自由、不能把信仰强加于人，这些方面的重要性突出，并变成了文明的真正财富。其四，这样一种共识正在加强：“任何东西没有比削弱和毁灭良知的内部动力更危害人间国家的共同福利和人们心中的真理的超世俗利益。”② 马里旦认为，在这样的条件下，人们一般不会根据社会权力而是将根据教会的生气勃勃的感召来应用上述不变原则，教会与国家的关系也出现了如下的新格局：“教会对政治体的影响的形态已经精神化，强调点已从权力和法律强制移到道德的影响和权威；换句话说，移到这样一种式样或‘风格’，在教会的对外关系中，它更加适合教会本身，更加脱离那些为君士坦丁的基督教帝国所不可避免地采用的形态。因此教会的更高的尊严将体现在充分运用它的**无所不在的灵感的优越力量**方面。”③

（二）富勒的法律道德论

富勒（Lon L. Fuller，1902—1978）是美国新自然法学的主要代表，著名法理学家。他毕业于斯坦福大学法学院，先后在俄勒冈大学、伊利诺斯大学、杜克大学、哈佛大学任教，自 1948 年继庞德之后接任哈佛法学院的卡特法理学讲座教授，1972 年退休。富勒的主要著作有：《法律在探索自己》（*Law in Quest of Itself*, 1940），《基本的契约法》（*Basic Contract Law*, 1947; second edition, 1964），《法理学问题》（*Problems of Jurisprudence,* 1949），《法律的道德性》（*The Morality of Law*, 1964; second edition, 1969），《法律虚构》

① ［法］马里旦：《人和国家》，沈宗灵译，中国法制出版社 2011 年版，第 137—138 页。
② ［法］马里旦：《人和国家》，沈宗灵译，中国法制出版社 2011 年版，第 138 页。
③ ［法］马里旦：《人和国家》，沈宗灵译，中国法制出版社 2011 年版，第 139 页。

（*Legal Fictions*, 1967），《法律自相矛盾》（*Anatomy of Law*, 1968）等，其中《法律的道德性》是富勒的最重要著作，被认为是美国新自然法学的宣言性著作。富勒在与新分析法学代表人物哈特（Herbert Lionel Adolphus Hart, 1907—1992）就“恶法到底是不是法”所进行的“世纪学术论战”过程中，继承和弘扬西方历史上理性自然法思想的传统，坚持法律的道德性，强调法律本身的存在必须以一系列法治原则作为原则，并认为这些法治原则就是法律的“内在道德”，即他所谓的“程序的自然法”。正是他对法律道德性的捍卫和强调，使富勒成为复兴自然法学的最重要领军人物。

富勒作为当代新自然法学派的主要代表，其学说是在与英国实证主义法学家哈特之间的长期论战中形成和发展的。哈特是英国著名法理学家，第二次世界大战后分析法学或实证主义法学的最重要代表人物，新分析法学派的创始人，他于1961年出版的《法律概念》（*The Concept of Law*）一书被认为是新分析法学形成的标志，其学说和凯尔森（Hans Kelsen, 1881—1973）的纯粹法学构成了20世纪实证主义法学或分析法学中的两派。哈特新分析法学渊源于近代分析法学的真正奠基者奥斯丁（John Austin, 1790—1859），虽然他对奥斯丁的理论进行了批评，但实际上他仍然坚持奥斯丁的分析法学立场，只不过试图以“法律规则说”取代或弥补奥斯丁的“法律命令说”。在法律与道德的关系上，哈特恪守实证主义传统，坚决反对过分夸大法律的道德性。他甚至明确说：“我不承认法律与道德之间可以存在许多必然的重要联系。”①哈特是在战后“复兴自然法”的条件下提出自己的学说的，因而并不绝对地否认法律与道德之间存在一定的关系，承认“自然法确实包含着对于理解道德和法律有重要意义的某些真理”，并提出了著名的“自然法的最低限度的内容”理论，或称“最低限度自然法”理论。但是，他坚持认为，否认实在法与理想法、法律与道德之分会带来危险，因为这样就会将法律及其权力溶化在人们关于法律应当是什么的概念中、将现行法律代替道德作为衡量人们行为的最终标准。相反，承认实在法与理想法的区别，有助于我们看出这些危险。富勒则指出，实际情况恰好相反，这些危险只能来自强调实在法与理想法、法律与道德分离的实证主义法律，因为即使一个最坏的政府，对将残忍的非人道的东西写进法律也会有所顾忌，而这种顾忌不会来自法律与道德的分离，而是来自法律与道德的一致性。在富勒看来，正是道

①［英］哈特：《法理学与哲学论文集》，支振锋译，法律出版社2005年版，第7页。

德使法律成为可能，不具有道德性的法律，或者说不符合道德的法律根本不能称之为法律。“法律，单纯作为秩序来说，包含了它自己固有的道德性，如果我们要建立可称为法律的任何东西，甚至是坏法律，就必须尊重这种秩序的道德性。”①

富勒认为在涉及法律与道德之间的关系问题上现有的研究存在着两个问题：其一是对道德含义的界定上的失败；其二是对“道德使法律成为可能”的无视。他主要围绕这两个问题展开对他所坚持的法律与道德不可分离这一观点的论证。

富勒指出，法学家一直在耗尽心力地思考法律本身，但对与法律相关的道德不闻不问。针对这一问题，富勒提出与法律相关的两种道德，即义务的道德和愿望的道德（或追求的道德），认为“未能作出这一区分是导致讨论法律与道德之间关系时存在诸多含混之处的原因”②。关于愿望的道德，富勒认为古希腊哲学家就已经有了这种观念。“它是善的生活的道德、卓越的道德以及充分实现人之力量的道德。”③在富勒看来，对于古希腊人来说，正当与不正当的观念以及道德要求和道德义务的观念都未曾得到充分发展，他们所看重的是能够发挥其最佳可能性的适当行为。一个人尽自己最大的努力去行事，这就是一种适当的行为，就是德性，就是幸福生活。如果一个公民或官员没有发挥其全部力量，就可能被认为是不够格的或不道德的。人们因此指责他，是因为他未能充分发挥其力量，而不是未履行义务，或做了不正当的事。

富勒认为，与愿望的道德不同，义务的道德是有秩序的社会生活的一种基本要求或规范。“它确立了使有序社会成为可能或者使有序社会得以达致其特定目标的那些基本规则，它们是旧约和十诫的道德。”④其表达方式通常是“你不得……”，有时也采取“你应当……”的形式。根据这种道德，人们不会因为一个人没有充分实现其潜能而责备他，但会因为他未能遵守社会生活的基本准则而责备他。富勒认为，人类的道德义务，例如“不得杀人”，并不是以任何完美的生活图景为前提的，它只是建立在这样一个平凡的真理之上，即：如果人与人之间相互残杀，任何可以想象的愿望的道德便无从实

① 鄂振辉：《自然法学》，法律出版社 2005 年版，第 177 页。

② ［美］富勒：《法律的道德性》，郑戈译，商务印书馆 2005 年版，第 6 页。

③ ［美］富勒：《法律的道德性》，郑戈译，商务印书馆 2005 年版，第 7 页。

④ ［美］富勒：《法律的道德性》，郑戈译，商务印书馆 2005 年版，第 8 页。

现。在富勒看来，义务的道德与法律最为亲近。社会的基本道德要求人们不偷盗，法律也规定偷盗的行为是一种违法的行为。愿望的道德则与法律没有这种直接的关系。许多人都没在达到愿望的道德的要求，这并不意味着他们的行为是违法的，我们不能指控他们。愿望的道德是与美学最为亲近的，"涉及我们最好地利用我们的短暂生命的努力"①。

在富勒看来，如果说愿望的道德是以人类所能达致的最高境界为出发点的话，那么，义务的道德则是从最低点出发的。我们可以设想一种道德标尺，"它的最低起点是社会生活的最明显要求，向上逐渐延伸到人类愿望所能企及的最高境界"②。就是说，这把标尺的低端代表着义务的道德，而它的高端则伸展到愿望的道德之领域。把两者隔开的是一条上下摆动的分界线。这是一枚看不见的指针，"在那里，义务的压力消失而追求卓越的挑战开始发挥作用"③；"在其下，人们将因失败而受谴责，却不会因成功而受褒扬；在其上，人们会因成功而受嘉许，而失败却顶多会导致怜悯"④。富勒认为，这条分界线充当着两种道德之间的关键堤坝：如果义务的道德向上伸展出它的恰当领域，强制性义务的铁腕就可能抑制试验、灵感和自发性；如果愿望的道德侵入义务的领地，人们就会根据他们自己的标准来权衡和限定他们的义务，而我们最终将会看到诗人将自己的妻子投入河中，因为他可能很有根据地相信如果没有妻子在旁边自己会写出更好的诗。⑤

富勒认为，不论是道德上的义务还是法律上的义务，都可以从一项交换中产生，在交换与义务之间存在着一个交叉地带。不过，并非所有的义务都来自一种明显的交换。在交换与义务之间存在一个第三者，即互惠原则。互惠原则在耶稣基督"登山宝训"中得到了阐述："你们不要论断人，免得你们被论断。因为你们怎样论断人，也必怎样被论断。你们用甚么量器量给人，也必用甚么量器量给你们。……所以无论何事，你们愿意人怎样对待你们，你们也要怎样对待人；因为这是律法和先知的道理。"（《新约·马太福音》7：1—12）这段话后来被概括为"黄金律"，即："以你期待他人对待你的方式来对待他人。"在富勒看来，这种黄金律体现在每一种义务的道

① ［美］富勒：《法律的道德性》，郑戈译，商务印书馆2005年版，第21页。
② ［美］富勒：《法律的道德性》，郑戈译，商务印书馆2005年版，第12页。
③ ［美］富勒：《法律的道德性》，郑戈译，商务印书馆2005年版，第50页。
④ ［美］富勒：《法律的道德性》，郑戈译，商务印书馆2005年版，第50页。
⑤ 参见［美］富勒：《法律的道德性》，郑戈译，商务印书馆2005年版，第34页。

德之中。富勒提出了人们辨识义务的三项最佳条件：（1）义务源于直接受影响的当事人之间的自愿协议，而这种协议关系是互惠的；（2）当事人对义务的互惠式履行必须在某种意义上是等值的；（3）社会中的关系必须具备充分的流动性，以至于今天你对我负有义务，明天我可能对你承担起同样的义务。① 富勒认为，这样的三个条件在商业社会（即由经贸人士组成的社会）中最容易得到满足。这是因为："从其定义上看，这样一个社会的成员之间确立起了直接的和自愿的交换关系。就平等而言，只有借助一种类似于自由市场的东西，某种能够准确度量不同商品之价值的标准才可能发展起来。如果缺乏这样一种度量标准的话，平等的概念便会失去实质意义，并降低到一种比喻的层次。最后，经贸人士经常变换角色，时而卖出，时而买进。因此，导源于他们之间的交换关系的义务不仅从理论上、而且在实践中都是可以逆转的。"②

那么，道德如何使法律成为可能的呢？富勒首先以寓言的形式以身兼立法者和法官的雷克斯的不幸生涯阐明，创造和维系一套法律规则体系的努力至少会在八种情况下流产，或者说，法律这项事业有八条通向灾难的独特道路：其一，完全未能确立任何规则，以至于每一项问题都不得不以就事论事的方式来处理。这是最明显的一种。其二，未能将规则公之于众，或者至少令受影响的人知道他们所应当遵循的规则；其三，滥用溯及既往性立法，这种立法不仅自身不能引导行动，而且还会有效破坏前瞻性立法的诚信，因为它使这些立法处在溯及既往式变更的威胁之下；其四，不能用便于理解的方式来表述规则；其五，制定相互矛盾的规则；其六，颁布要求相关当事人做超出他们能力之事的规则；其七，频繁地修改规则，以至于人们无法根据这些规则来调适自己的行为；其八，无法使公布的规则与它们的实际执行情况相吻合。③ 富勒针对这八条失败的道路提出了一套致力于追求八种法律上的卓越品质的规则系统。这八种法律上的卓越品质，也就是富勒提出的八条法治原则。

第一，法律的一般性原则。"一套使人类行为服从于规则之治的系统所必须具备的首要素质是显而易见的：必须有规则存在。"④ 法律一般性原则要

① 参见［美］富勒：《法律的道德性》，郑戈译，商务印书馆 2005 年版，第 28 页。

② ［美］富勒：《法律的道德性》，郑戈译，商务印书馆 2005 年版，第 29 页。

③ 参见［美］富勒：《法律的道德性》，郑戈译，商务印书馆 2005 年版，第 46—47 页。

④ ［美］富勒：《法律的道德性》，郑戈译，商务印书馆 2005 年版，第 55 页。

求，在一个法治社会中，人类的行为要做到有规则可循。这种规则不是针对一部分人的，而是针对所有人的，具有普遍的约束力。因此，一般性原则也就意味着同样的情况应受同样的待遇，这即是通常所说的“法律面前人人平等”。富勒指出，这条原则属于法律的外在道德，它有别于法律的内在道德要求：“从最低限度上讲，必须存在某种类型的规则，不管它们是公正的还不公正的。”①

第二，法律的公开性原则。法律必须颁布，让人广泛了解。一个法律公布后，即使一百个人中仅有一个人去了解，也足以说明有充足的理由加以公布，因为至少这个人有了解的权利，而这个人是我们无法事先辨认的。而且，在许多情况下，人们遵守法律并不是因为他们直接知道这些法律的内容，而是因为他们会效仿那些更了解的人的行为模式。正是通过这种方式，少数人对法律的了解往往会间接地影响许多人的行为。大量现代法律的内容是专门性的，它们是否为公民所了解其实并不重要，公布法律并不是要每个公民都坐下来看所有的法律。而且，法律只有在公布后才能由公众加以批评，也才能对适用法律的人的违法行为加以制约。

第三，法律的非溯既往的原则。法律一般是适用于将来行为的，不能用明天的法律约束今天的行为，也不能因为人们先前的某种行为违反了现在的法律而处罚他们。那种既往型的法律是“那种旨在将一种在做时本来完全合法的行为规定为犯罪”②的法律。富勒认为，这种法律是违背“无法律则无刑罚”(通常译为“法无明文规定不为罪”)这一文明国家普遍尊重的原则的。

第四，法律的清晰性原则。“清晰性要求是合法性的一项最基本的要素。”③制定一个模糊不清、支离破碎的法律“会使合法成为任何人无法企及的目标，或者至少是任何人在不对法律进行未经授权的修正的情况下都无法企及的目标，而这种修正本身便损害了合法性”④。富勒认为。在有些时候，保证法律明晰性的最好办法，就是利用并在法律中注入常识性的判断标准。不过，所能达到的清晰程度不能超过所处理问题所容许的程度。“一种徒有其表的清晰可能比一种诚实的、开放性的模糊更有害。”⑤

① ［美］富勒:《法律的道德性》，郑戈译，商务印书馆 2005 年版，第 57 页。
② ［美］富勒:《法律的道德性》，郑戈译，商务印书馆 2005 年版，第 70 页。
③ ［美］富勒:《法律的道德性》，郑戈译，商务印书馆 2005 年版，第 75 页。
④ ［美］富勒:《法律的道德性》，郑戈译，商务印书馆 2005 年版，第 76 页。
⑤ ［美］富勒:《法律的道德性》，郑戈译，商务印书馆 2005 年版，第 76 页。

第五，法律的一致性标准。这一原则要求立法者要避免法律本身以及法律之间的矛盾。如果法律自相矛盾，人们将无所适从。而且，如果法律自相矛盾，公民就只能自行解决矛盾，这将严重危害法治。避免法律矛盾的关键在于立法者。“立法部门对法规之间相互抵触现象的不在意会对法制造成严重的伤害，而且这种损害很难通过简单的规则得到消解。”①

第六，法律的可行性原则。富勒认为，表面看来，一部要求人们做不可能之事的法律是荒诞不经的，但实际上可能会借助法律自身的荒谬性来服务于“不受法律约束的无限权力”。“它的蛮不讲理的无意义性可以令臣民们知道：没有什么事情是不可能向他们要求的；他们应当随时准备好奔往任何方向。”②因此，法律不应规定那些人们无法做到的义务和不可能做到的事情，即“法律不可要求公民为不可能之事”。不过要注意的是，极难做到的事与事实上不可能做到的事之间很难明确分开，可能在两者之间有一个中间状态。而且，可行与否具有可变性，在一定程度上取决于人们对人、社会和自然的理解。因此，法律的可行性原则是一般性的原则，而非绝对的要求。

第七，法律稳定性原则。与限制溯及既往型立法的规定不同，要求法律不应当频繁改动的原则，似乎最不适合于正式表述为一项宪法上的限制。然而，“在溯及既往型立法和法律频繁变动所造成的损害之间存在紧密的相似性。两种损害都来自于一种可以称为立法上的反复无常的现象。”③在富勒看来，朝令夕改会导致人们无法遵守法律，法律频繁变化会对法律的严肃性造成破坏。

第八，官方行为与法律的一致性原则。这是八条原则中最复杂也是最关键的一条，因为“法治的精髓在于，在对公民采取行动的时候（比如将其投入监狱或者宣布他据以主张其财产权的一份契据无效），政府将忠实地适用规则，这些规则是作为公民应当遵循、并且对他的权利和义务有决定作用的规则而事先公布的。如果法治不意味着这个，它就没有什么意思。忠实地适用规则转而又意味着规则必须采取一般性宣告的形式。”④导致官方行为与法律不一致的原因很多，如错误的解释、法律不易理解、缺乏正确认识、腐败、偏见、冷漠、愚蠢，以及个人对权力的渴求等。同时维持这一原则的手

① ［美］富勒：《法律的道德性》，郑戈译，商务印书馆2005年版，第82页。

② ［美］富勒：《法律的道德性》，郑戈译，商务印书馆2005年版，第84页。

③ ［美］富勒：《法律的道德性》，郑戈译，商务印书馆2005年版，第94—95页。

④ ［美］富勒：《法律的道德性》，郑戈译，商务印书馆2005年版，第242页。

段也是多种多样的，其中最有效的是法律解释。“合法性要求法官和其他官员在适用制定法时不是根据他们的奇思妙想或捉摸不定的字面含义，而是根据适应于它们在整个法律秩序中的位置的解释原则。”这些原则是什么呢？富勒根据讨论1584年发生的海登案中的一个困难的法律解释问题时所得出的结论，即要切实准确地解释各种制定法，有以下五样事情必须要辨明和考虑的，其中最后一条是富勒自己补充的：（1）这部制定法出台之前的普通法是什么。（2）这种普通法未能加以救济的损害和错误是什么。（3）议会为救济社会的伤病而决定采纳和适用的措施是什么。（4）这种救济的真正道理是什么。（5）那些必须根据这部制定法来安排自己行为的人们是如何合乎理性地理解其含义的。在考虑了所有这些因素之后，法官的职责在于作出最有利于制止损害并促进救济的解释。①

在富勒看来，以上法律上的八种卓越品质也就是道德的八项要求或要件。他认为，所有这些要件都是达到一个单一目的的手段。在不同的情况下，这些手段的配置方式可能会有所不同。在一种情况下，“对一项要件的疏忽大意的偏离可能要求对另一项要件的有意偏离作为补偿”。例如，为了补救一项新的形式而未能充分公开发布的缺陷，可能需要利用溯及既往型的法律。“在另外的场合，对一项要件的忽视可能要求更充分地满足另一要件作为弥补；于是，当法律变化过于频繁的时候，公开性要求就会变得越发严格。”②

在讨论了法律与道德的关系特别是法律的道德性之后，富勒回到了法律的概念本身，讨论他的理论与流行的法律理论以及关于法律的理论之间的关系。

富勒首先讨论了他所称的法律的道德性与自然法传统的关系。他指出，他所尝试做到的是辨清和阐明一种特殊类型的人类活动所遵循的自然法，这种活动被他描述为“使人类行为服从于规则之治的事业”。③这种自然法同任何“普遍存在”没有关系，同上帝的律法也没有关系，它们无论从起源上讲还是从应用上讲都是人间的，它们与其说是“更高的”法则，不如说是“更低的”法则。这些自然法则触及到人类活动当中最为关键的一个层面，但并未穷尽人类道德生活的全部。这个层面就是“法律的内在道德”，而这

① 参见［美］富勒：《法律的道德性》，郑戈译，商务印书馆2005年版，第98页。
② ［美］富勒：《法律的道德性》，郑戈译，商务印书馆2005年版，第123页。
③ ［美］富勒：《法律的道德性》，郑戈译，商务印书馆2005年版，第113页。

种法律的内在道德“主要是一种愿望的道德，而不是义务的道德”[①]，它由以上所说的八项原则或要件构成。法律的内在道德是法律本身所具有的，而不是外加到法律上的。“法律的内在道德不是某种添附或强加到法律的力量之上的某种东西，而是那种力量本身的基本条件。”[②]与法律内在道德对应的是涉及一夫多妻或一妻多夫、累进制个人所得税等问题的“法律的外在道德”。富勒没有对法律的外在道德作出明确的界定，一些学者认为，它是指有关法律的实体目标。[③]

在这里，富勒对自然法提出了实体自然法与程序自然法的区分。大致上说，前者相当于法律的外在道德，后者相当于法律的内在道德。程序自然法“所关注的不是法律规则的实体目标，而是一些建构和管理规范人类行为的规则系统的方式，这些方式使得这种规则系统不仅有效，而且保持着作为规则所应具备的品质”[④]。不过，程序型自然法影响并限制着可以通过法律来实现的实体性目标。那么，能否从愿望的道德本身中推演出某种实体性而不是程序性的自然法呢？哈特在《法律的概念》中提出了所谓的“自然法的最低限度内容”，他从人类生存这一单一目标出发，借助一套推理过程得出了一套相当详尽的、可以被称为自然法的规则体系。富勒认为他所阐发的其实是一种最低限度的义务的道德。富勒指出，“就像任何义务的道德一样，这种最低限度的自然法无法回答这样一个问题：谁应当被包括在那个承认并试图协同实现生存这一共享目标的共同体中？更简单地说，就是：谁应当生存？”[⑤]哈特未曾尝试回答这个问题，只是简单地说，我们所关注的是为持续生存所必需的社会安排，而不是那些自杀俱乐部。[⑥]哈特为其将生存作为出发点提出了两类理由：其一，生存是任何其他人类成就以及人类满足的必要条件；其二，绝大多数人都希望生存下去，哪怕是以可怕的悲惨状态为代价。富勒对第二个理由提出了批评，指出这似乎在说：生存为所有人类奋斗提供了最核心、最关键的要素。富勒认为，如果一定要选择一项支持并鼓舞人类愿望的原则，那我们也只能在保持与我们的同类的交流中寻找。在他

① ［美］富勒：《法律的道德性》，郑戈译，商务印书馆2005年版，第122页。

② ［美］富勒：《法律的道德性》，郑戈译，商务印书馆2005年版，第180页。

③ 参见鄂振辉：《自然法学》，法律出版社2005年版，第183页；王振东：《现代西方法学流派》，中国人民大学出版社2006年版，第20页。

④ ［美］富勒：《法律的道德性》，郑戈译，商务印书馆2005年版，第114页。

⑤ ［美］富勒：《法律的道德性》，郑戈译，商务印书馆2005年版，第213页。

⑥ 参见［英］哈特：《法律的概念》，许家馨、李冠宜译，法律出版社2011年版，第171页。

看来，人类之所以能够生存到现在，是因为他的交流能力。“交流不只是一种生存的手段。它是一种生存的方式。”①正是通过交流，我们得以继承过去的人类成就，而我们取得的成就可以丰富后代的生活并缓解我们对于死亡的恐惧，而且我们完成彼此交流的方式和时间可能会扩展或缩小生活本身的疆域。据此，富勒提出了他关于实质自然法的观点：“如果有人要求我指出可以被称为实质性自然法的那种东西——大写的自然法——的无可争议的核心原则，我会说它存在于这样一项命令当中：开放、维持并保护交流渠道的完整性，借此人们可以彼此表达人们的所见、所感、所想。”②富勒认为，愿望的道德对于实体性自然法也有非常重要的意义，它所提供的绝不只是善的忠告和追求卓越的挑战，它是用义务的道德的那种命令式的语言说话，但所发出的声音“可以穿越界限并跨过现在将人们彼此分割开来的障碍”③。

富勒也讨论了他所说的法律的道德性与实在法的关系，以及他的法律观与流行的实在法定义之间的关系。他在此对他所理解的法律下了一个明确的定义，即：“法律是使人类行为服从于规则之治的事业。”④富勒指出，他的定义与其他多数法律理论之间的不同之处在于，他将法律视为一项活动，并且把一套法律体系看成是一种有目的的持续努力的产物。一些与他相反的观点认为，法律视为社会权威或社会力量的表现事实，对它的研究应当关注它是什么、已经做了些什么，而不应侧重于它试图怎样或正在变成什么。针对这种观点，富勒指出：“我坚持认为法律应当被视为一项有目的的事业，其成功取决于那些从事这项事业的人们的能量、见识、智力和良知，也正是由于这种依赖性，它注定永远无法完全实现其目标。”⑤在他看来，在几乎所有的社会中，人们都能看到使某些类型的人类行为服从规则控制的必要性，并逐渐意识到其中所包含的某种自身的内在逻辑或要求。“正是因为人们总是能够在某种程度上理解并尊重这些要求，法律制度在本来千差万别的不同社会中呈现出某种相似性。”⑥而且，也因为法律是一项有目的的事业，它才呈现出法律理论家们能够将其视为给定事实情境中的一致因素的稳定结构。

富勒认为，法律的内在道德并不关心法律的实体目标，相对于法律的实

① ［美］富勒：《法律的道德性》，郑戈译，商务印书馆2005年版，第215页。
② ［美］富勒：《法律的道德性》，郑戈译，商务印书馆2005年版，第215页。
③ ［美］富勒：《法律的道德性》，郑戈译，商务印书馆2005年版，第215页。
④ ［美］富勒：《法律的道德性》，郑戈译，商务印书馆2005年版，第124—125页。
⑤ ［美］富勒：《法律的道德性》，郑戈译，商务印书馆2005年版，第169页。
⑥ ［美］富勒：《法律的道德性》，郑戈译，商务印书馆2005年版，第175页。

体目标而言，具有中立性。尽管法律的内在道德可能支持和有效地服务各种不同的实体目标，但其前提是无损于法律的合法性。在富勒看来，法律的合法性是其有效性的条件。关于法律的合法性问题，富勒首先强调“法律是良法的前提条件”[①]。他之所以强调这一点，是因为如今世界上许多地方更急需法律，而不是良法。在一些地方，权力往往被误用和滥用，以至于一种有效的法律制度并未得到实现。富勒认为，在合法性与司法之间存在着亲和性，这种亲和性作为于两者所共有的一种品质之上，即：它们都借助众人所知的规则来行动。法律的内在道德要求有规则，这些规则为公众所知并为司法人士所遵循。就法律的外在目标而言，这些要求也许看起来具有伦理学上的中立性，但正像法律是良法的前提一样，根据已知的规则来行动也是对司法作出任何有意义评价的前提条件。在讨论法律的实体目标时，富勒还谈到了道德共同体的问题，它涉及这样一个问题：“人们在其中相互担负义务并有意义地分享他们的愿望的那个道德共同体中到底包含着哪些人？”[②]对于这一困扰所有道德哲学家的难题，富勒给予了这样的回答：我们不应当把每一个人都纳入到道德的共同体当中，而“应当有志于抓住每一次机会来扩展这一共同体，并且最终将所有抱有善意的人们都纳入这一共同体”[③]。在这种情况下，愿望的道德可以发挥重要作用。愿望的道德的原则可以强制性地谴责在人类的不同族群之间划出界线、并且不让一个族群接触为其幸福和有尊严的生活所必须要那些要素[④]，因而这种道德也可以发出与义务的道德同样的强硬的命令。

（三）德沃金的平等权利论

德沃金（Ronald M. Dworkin，1931—2013）是美国著名法学家、哲学家，新自然法学的主要代表人物。他 1957 年毕业于哈佛大学法学院之后，从事过法官秘书和律师工作，后先后在耶鲁大学、纽约大学、康奈尔大学任教，1969 年接替哈特担任牛津大学法理学教授。其重要著作有：《认真对待权利》（*Taking Rights Seriously*, 1977），《原则问题》（*A Matter of Principle*, 1985），《法律帝国》（*Law's Empire*, 1986），《生命的疆界——堕胎、安乐死与个人

① ［美］富勒：《法律的道德性》，郑戈译，商务印书馆 2005 年版，第 180 页。
② ［美］富勒：《法律的道德性》，郑戈译，商务印书馆 2005 年版，第 209 页。
③ ［美］富勒：《法律的道德性》，郑戈译，商务印书馆 2005 年版，第 211 页。
④ 参见［美］富勒：《法律的道德性》，郑戈译，商务印书馆 2005 年版，第 211 页。

自由的论辩》（*Life's Dominion: An Argument About Abortion, Euthanasia, and Individual Freedom*, 1993），《自由的法——美国宪法的道德解读》（*Freedom's Law: The Moral Reading of the American Constitution*,1996），《至上的德性——平等的理论与实践》（*Sovereign Virtue: The Theory and Practice of Equality*, 2000），《法袍下的公正》（*Justice in Robes*, 2006），《刺猬的公正》（*Justice for Hedgehogs*, 2011）。其中，《认真对待权利》是德沃金的代表作和成名作，被西方学者誉为自哈特的《法律概念》发表以来法理学方面的最重要的著述，书中收入了作者1966年至1976年间发表的13篇重要法哲学论文。有研究者认为，德沃金以毕生学术活动建构了一个完善的法律人形象，即："认真对待权利，严肃原则问题；出入法律帝国，逍遥人生疆界；心系自由律令，胸怀至上美德。"这其中的每一个要素都对应于他的六部著作：《认真对待权利》《原则问题》《法律帝国》《生命疆界》《自由的法》和《至上的美德》。[①] 从社会德性思想的角度看，针对"占支配地位的理论"（法律实证主义和功利主义的结合）的"法条书"法治观，德沃金阐释了他的"权利"法治观。他强调法律的政治道德基础，而这是与自然法学派相一致的；但他重视平等权利而非自由权利，而这与西方占主导地位的功利主义不一致。因此，他通常被划入自然法学派而没有被划入新自由主义法学派。

德沃金明确把自己的理论看作是"一幅英美法上的自由的、以权利为基础的理论的综合图画"，并称之为"权利论"。[②] 这种权利论是对英美占支配地位的理论的反驳。德沃金认为，"占支配地位的理论"包括技术性（描述性）和规范性两个部分。描述性部分是关于法律是什么的理论，更具体地说，是关于一个法律命题真实性的必要和充分条件的理论。这是法律实证主义的理论。这一理论认为，法律的真理性就在于这些规则是由特定的社会机构所制定的这一事实，而不是别的任何东西。总之，这种理论是实证的，它把法律自身看作没有任何道德内容的，只是一个特定社会中占主导地位的制度化的政治实践。规范性部分是关于法律应当是什么，人们所熟悉的法律机构应当如何行事的理论。这是功利主义的理论。这一理论认为，法律机构应当服务于一般福利，而不是别的任何东西。总之，这种理论是功利的，它宣

① 参见张国清:《法学家应当如何思维?》(代译者的话)，[美]德沃金:《原则问题》，张国清译，江苏人民出版社2008年版，第1页。

② [美]德沃金:《认真对待权利》，信春鹰、吴玉章译，上海三联书店2008年版，中文版序言第3页。

称法律的目的即它的唯一合法目标是使社会福利最大化。而且，占主导地位的理论不承认其描述部分与其规范部分之间有任何联系，认为它们是互相独立的。一旦一个规则通过某些经过认可的制度化程序而成为法律，那么不管从规范的角度看这一程序多么武断，它的合法性都不受其动机或它对社会福利的实际后果影响。

德沃金认为，占支配地位的理论的这两个部分都源自边沁的哲学。“在英美思潮中，边沁是以上文所讨论的一般形式提出一种法律理论的最后一位哲学家。”[①]在他的著作中，人们可以发现法律一般理论的概念部分和规范部分，而且在规范部分中还可以发现独立的合法性理论、立法公正理论、管辖权与争议案件理论。所有这些理论都在功利主义的政治与道德理论以及更为一般性的经验主义的形而上学理论的基础上有机地相互联系在一起的。他的理论的概念部分（法律实证主义）在当代最有影响的代表是哈特，而其规范部分则通过法律理论中的经济分析而得以精炼。

德沃金认为，这一占支配地位的理论最大的问题在于，它“不能帮助我们解决法律的有效性和法律发展的问题”[②]。在德沃金看来，在英美政治社会中，法律享有其他以强制力为后盾的命令所不具有的尊崇，而这种特殊的尊崇是法律有效性的关键。然而，占支配地位的理论没有提出任何理由说明构成法律的规则为什么应该享有这种特殊的尊崇，也不能解释这样的问题：既然构成法律的规则对于法律的规范性目标没有任何必要联系，那为什么我们要对它比对其他规则更崇拜、是什么东西使得法律如此特殊？

与占支配地位的理论相反，权利论指出了英美社会给予法律尊崇的真正原因。这就是：“它反映出这一社会的理性的政治道德，正是这种法律的合法性和政治道德之间的关系给予了法律特殊的尊敬和特定的有效性。”[③]确立和保持法律与政治道德之间这种关系的手段是通过法律来实施基本的和宪法的“权利”，这些权利使法律本身更为道德，因为它可以防止政府和官员制定、实施和运用用于自私或不正当目的的法律。在德沃金看来，他的权利理论为美国的法律发展了蓝图，它是美国政治和法律发展的恰当模式。

---

① ［美］德沃金：《认真对待权利》，信春鹰、吴玉章译，上海三联书店 2008 年版，第 4 页。

② ［美］德沃金：《认真对待权利》，信春鹰、吴玉章译，上海三联书店 2008 年版，中文版序言第 3 页。

③ ［美］德沃金：《认真对待权利》，信春鹰、吴玉章译，上海三联书店 2008 年版，中文版序言第 3—4 页。

在德沃金看来，占支配地位的理论与他的权利论分别代表了两种法治观。他认为，法律工作者以及几乎所有人都相信，存在着一个明确而重要的被称为“法治”的政治理念，但他们对那个理念是什么存在着分歧。事实上，存在着两种极不相同的法治观，每一种都有自己的热心追随者。一种是“法条书”法治观，它坚信：“除了遵循在适用于全体公民的公开法条书中明确记载的法规以外，国家权力决不应当针对个别公民来实施。和普通公民一样，政府必须依照这些公共法规行事，直到这些公共法规被改变。此外，有关它们如何被改变的新法规也应当在法条书中加以记载。”① 德沃金认为，这种法治观是极其狭隘的，因为它没有规定可以被置于法条书之中的将会是一些什么内容，而只是坚信，无论写进法条书的是什么东西，在其被改变之前，它们都必须得到遵循。持这种法治观的人只关心形式公正，而不关心实质公正，认为实质公正是另一个问题，它是一个独立的理念，并不是这种法治观的组成部分。另一种法治观是“权利”观，“它断定，公民具有相互尊重的道德权利和义务，公民具有反对整个国家的政治权利。它坚信，这些道德权利和政治权利在实在法（成文法）中得到了承认，所以，只要这一点行得通，它们可以**依照个别公民的要求**通过法院或其他相似司法机关来施行。”② 在德沃金看来，按照这种法治观，法治是依照有关个人权利的精确而普遍的观念来提供法理的理念。它没有像法条书法治观那样区分法治和实质公正，相反它要求作为法律理念组成部分之法条书的法规要把握并实施道德权利。

德沃金认为，权利法治观比法条书法治观更为复杂。法条书法治观只会发生一个问题，即政治共同体可能在法条书具体规定的以外利用政治权力使之居于个别公民之上。权利法治观则至少有可能发生三个问题：一是国家可能没有顾及它意欲实施的个体权利的范围；二是它可以弱化公民的那种反对自身的权利的施行；三是它可能没有公平地施行权力，如所采取的法规会使穷人和一些受冷落的种族处于不利地位。除此之外，两种法治观还存在着三个区别：第一，与其自身法条书背道而驰的任何一个政府通常不可能是公正的，但假如法规是不公正的，那么完全遵循法条书显然将导致极其严重的不公正；而权利法治观的每一个维度都得到高度实现的社会几乎肯定是一个公正的社会。第二，两种法治观在所谓的哲学中立性方面也存在差异。权利

① ［美］德沃金：《原则问题》，张国清译，江苏人民出版社2008年版，第6页。

② ［美］德沃金：《原则问题》，张国清译，江苏人民出版社2008年版，第6页。

法治观似乎更容易受到哲学反驳，因为它假定公民具有道德权利，并且这种权利优先于由成文法颁布的权利，而这种道德权利是成文法规定的权利之外的权利。许多哲学家对人民拥有未经法律或其他正式决定认可的权利表示疑虑。第三，两种法治观对解决法官是否应当对疑难案件、法条书中没有明确规定以何种方式作出确定判决的案件作出政治判断的问题提出了很不相同的策略。法条书法治观对疑难案件既提出积极忠告，即法官应当通过设法揭示法条书中有关条款的“真正”意思来判决案件；也提出了消极忠告，即法官决不应当根据自己的政治判断来判决这些案件。而权利法治观在疑难案件中提出的终极问题是，“原告是否具有其要求的道德权利”[①]。

以上比较可以看出，与法条书法治观相比较，权利法治观更复杂，因而也更难实行，但德沃金坚持主张权利法治观。他承认，致力于那种法治观的社会肯定会付出代价，肯定会在效率上以及可能还会在与法律密切相关的共同精神上受到一定影响。但是，那个社会对每一个个体都作出了重要承诺，而那个承诺的价值抵得上这个代价。“它鼓励每一位公民去假定他与其他公民的关系、他与政府的关系事关正义问题，它鼓励他和他的同胞去讨论作为一个共同体，正义要求的这些关系应当是什么。它许诺了一个法庭，在那个法庭里，他关于他拥有什么权利的主张将按照他的要求得到持续而认真的考虑。”[②]这样看起来好像使民主和法治处于对峙状态，而在德沃金看来并非如此。相反，民主和法治这两个重要政治价值都已经深深融入一个更为根本的理念之中，“那个理念就是任何一个合理的政府都必须平等地对待人民”[③]。

法律实证主义主张，只有明确的政治决定或明确的社会实践创造了权利时，个人才享有法律上的权利。德沃金认为这是一种不充分的法律概念理论，并针对这种理论提出了另外的概念理论，说明个人如何享有由明确的决定或实践所创造的权利之外的法律权利，甚至在疑难案件中没有明确的决定或实践可遵循时，个人对于具体的审判决定仍可能享有权利。德沃金区分了政治权利和法律权利。人们的政治权利有两种：一是背景权利或抽象权利。“一种抽象的权利就是一种普遍的政治主张，不过，这一主张的陈述并不指明在特定的环境中这一主张如何高于或服务于其他政治主张。在这个意

① ［美］德沃金：《原则问题》，张国清译，江苏人民出版社 2008 年版，第 12 页。
② ［美］德沃金：《原则问题》，张国清译，江苏人民出版社 2008 年版，第 32 页。
③ ［美］德沃金：《原则问题》，张国清译，江苏人民出版社 2008 年版，第 32 页。

义上，政治术语中的伟大的权利也就是抽象的权利。”[①]二是具体的、制度上的权利。“具体的权利是这样一些政治主张，它们界定得相当准确，以便确定地体现在特定情况下，这些主张优于其他主张的力量所在。”[②]两者之间的关系是，抽象的权利为具体的权利提供论据，而一项具体的权利的主张则较之于支持它的抽象权利而言，更加明确。德沃金认为，在司法实践中，法官是通过证实或否认具体权利来判决疑难案件的，而法官所依据的具体权利具有另外两个特点。其一，它们必须是制度化的而不是基本权利；其二，它们一定是法律权利而不是别的形式的制度化的权利。[③]因此，法律权利可以看作是一种特别的政治权利，即对于法院在执行其审判职能时所作出的判决来说，是一项制度化的权利。在德沃金看来，对政治权利作背景权利和具体权利区分的意义在于：“背景权利，即以抽象的形式掌握在个人手中以反对作为整体的社区或社会的决定；具体的、制度上的权利，用以反对一个具体机构所作的一项决定。”[④]

由此看来，德沃金的权利论关注的不只是法律所赋予的个人权利，而且包括法律赋予之外的个人权利，把个人权利看作是维护个人利益的法宝。他说：“个人权利是个人手中的政治护身符。当由于某种原因，一个集体目标不足以证明可以否认个人希望什么、享有什么和做什么时，不足以证明可以强加于个人某些损失或损害时，个人便享有权利。”[⑤]正因为个人权利对于个人如此重要，所以德沃金明确提出要“认真对待权利”。他之所以提出这一主张，是因为在当时的美国的政治论战中权利之声占据了主导地位，但没有涉及公民是否享有某些反对政府和违反法律的道德权利、公民除了法律给予的权利之外是否还享有其他权利等问题。所以，德沃金提出：“如果我们坚持美国政府在其公民的权利问题上不能作出正确的回答，我们可以坚持它至少应该努力做到这一点。我们可以坚决要求它认真地对待权利，要求它遵守一个关于权利是什么的前后一致的学说，要求它始终如一地恪守自己的宣言。”[⑥]德沃金认为，一个表示承认个人权利的政府必须抛弃这样的说法，即

① ［美］德沃金：《认真对待权利》，信春鹰、吴玉章译，上海三联书店2008年版，第133页。

② ［美］德沃金：《认真对待权利》，信春鹰、吴玉章译，上海三联书店2008年版，第133页。

③ 参见［美］德沃金：《认真对待权利》，信春鹰、吴玉章译，上海三联书店2008年版，第142页。

④ ［美］德沃金：《认真对待权利》，信春鹰、吴玉章译，上海三联书店2008年版，第7页。

⑤ ［美］德沃金：《认真对待权利》，信春鹰、吴玉章译，上海三联书店2008年版，第7页。

⑥ ［美］德沃金：《认真对待权利》，信春鹰、吴玉章译，上海三联书店2008年版，第249页。

公民永远不会享有一个违反法律的权利。它也不能以维护普遍利益为理由限定甚至废除公民的权利。任何严厉处理公民不服从行为或者反对口头抵抗运动的政府，其行为都是有悖于它所宣称的真诚对待个人权利的。如果我们希望我们的法律和法律机构规定一些基本规则，那么，这些规则必须不是统治者强加给弱者的征服者的法律。大部分法律不可能是中立的，因此，为了保护权利，必须建立权利制度，以确保多数人尊重少数人的尊严和平等。总之，认真对待权利是政府义不容辞的责任。“如果政府不给予法律获得尊重的权利，它就不能够重建人们对于法律的尊重。如果政府忽视法律同野蛮的命令的区别，它也不能够重建人们对法律的尊重。如果政府不认真对待权利，那么它也不能够认真地对待法律。”①

那么，我们享有什么权利呢？自托马斯·杰斐逊肯定我们享有自由权以来，人人享有自由权的认识颇为流行，并令人鼓舞。然而，这是一种误入歧途的认识。德沃金认为，我们享受的每一种政治自由权利都可能会受到法规的限制，每一项限制的法规都可以削减或侵害这种权利。因此，自由权是一种弱意义的权利。与之形成对照的是平等权，平等权是强意义的权利。“就任何强意义的权利而言，这种意义的权利可与平等权相抗争，根本就不存在普遍的自由权。”②所以，德沃金明确宣称，他所关注的核心权利概念不是自由而是平等。他说他的这种主张基于以下所有人都同意的政治道德假定：“政治必须关心它统治下的人民，亦即，把他们当作有能力经受痛苦和挫折的人；政府必须尊重它统治下的人民，亦即，把他们当作可以根据他们应当如何生活的理性概念有能力组织起来并采取行动的人。政府必须不仅仅关心和尊重人民，而且必须平等地关心和尊重人民。它千万不要根据由于某些人值得更多地关注从而授予其更多的权利这一理由而不平等地分配物品和机会。它千万不要根据某个公民的某一集团良好生活的概念更高尚或高于另一个公民的同样概念而限制自由权。”③德沃金指出，这些假定指出了可以被称作自由主义的平等概念的东西，这是一个平等概念，而不是作为允许的消极自由概念。

尽管德沃金主张平等，但他的基本立场还是自由主义的。因此，他专门讨论了自由主义者为何应当关心平等的问题。他认为，虽然自由主义往往作

① ［美］德沃金：《认真对待权利》，信春鹰、吴玉章译，上海三联书店2008年版，第273页。
② ［美］德沃金：《认真对待权利》，信春鹰、吴玉章译，上海三联书店2008年版，第358页。
③ ［美］德沃金：《认真对待权利》，信春鹰、吴玉章译，上海三联书店2008年版，第362页。

为一个单一的政治理论加以讨论，但实际上存在着自由主义的两种形式，并且两者之间的差异是至关重要的。这两种形式是基于中立的自由主义和基于平等的自由主义。两者都反对向私人道德施行法律，但它们对两个传统自由主义价值中的哪一个是根本的、哪一个是派生的存在着分歧。基于中立的自由主义认为，“政府不必介入道德争论，政府只支持被证明为该原则之结果的平等尺度”；基于平等的自由主义则主张，“政府将其公民作为平等的人来对待，政府只是在该平等所要求的程度上保持道德中立”。① 德沃金主张基于平等的自由主义。他认为，这种自由主义形式坚信，政府必须在以下意义上平等地对待人，即：“它不得通过以下论证把任何牺牲或限制强加于任何一个公民：要是不放弃他的平等价值感，公民便不会接受该论证。”② 在德沃金看来，基于平等的自由主义使以下传统自由主义原则得以正当化，即政府不应当强制执行私人道德。不过，它有着一个经济和社会维度，因为它相信这样一个经济制度，在其中没有一个公民应当更少地享有共同体资源，以便其他人可以占有他被剥夺的份额。在德沃金看来，“自由主义的平等观”是自由主义的核心。这种平等观就是他所主张的权利平等观，即以“平等关怀和尊重的权利”为基础的资源平等观。

在《认真看待权利》一书中，德沃金最看重的是“平等关怀和尊重的权利”。他认为这种权利不是因为任何别的东西，而仅仅是因为“人是道德的个人”所具有的。在他看来，通过对罗尔斯有说服力、有影响的公正理论的分析，凭我们对公正的直觉就可以推测，人们不仅具有权利，而且在这些权利中还有一个基本的、甚至是不言自明的权利。这一最基本的权利便是对于平等权的独特观念，即受到平等关心与尊重的权利。德沃金认为，在管理人们的政治制度的实行和设计中，个人应当享有得到平等关心和尊重的权利，但这是一种高度抽象的权利。在罗尔斯的公正（正义？）论中，原初状态的设计对于实行平等关心和尊重的抽象权利是很合适的，因此，这个权利必须被理解为罗尔斯的深层理论的基本概念。在罗尔斯看来，平等尊重的权利不是社会契约的产物，而是进入原初状态的条件。因为这个权利产生于将人和动物区别开来的道德人格。这种道德人格是能够给予正义的人所具有的，而且，只有这样的人才能够签订社会契约。因此，这个权利不是从社会契约中产生的，作为基本的权利，它被认为是在社会契约的设计之中的。“所以，

① ［美］德沃金：《原则问题》，张国清译，江苏人民出版社 2008 年版，第 256 页。
② ［美］德沃金：《原则问题》，张国清译，江苏人民出版社 2008 年版，第 257 页。

我们可以说，作为公平的正义是建筑在一个自然权利的假设之上的，这个权利就是所有的男人和女人享有平等的关心和尊重的权利，这个权利的享有不是由于出生，不是由于与众不同，不是由于能力，不是由于他的杰出，而只是由于他是一个有能力作出计划并且给予正义的人。”①

在后来出版的《至上的美德——平等的理论与实践》一书中，德沃金进一步将平等看作是人类至高无上的德性，并对平等作了系统的研究和阐述。在德沃金看来，平等是政治理念中一个面临困境的理念。过去人们至少把真正平等的社会看作是一个理念，可是现在人们普遍拒绝平等的理念。那么，我们能够对平等不闻不问吗？德沃金的回答是：“平等的关切是政治社会至上的美德——没有这种美德的政府，只能是专制的政府；所以，当一国的财富分配像甚至非常繁荣的国家目前的财富状况那样极为不平等时，它的平等关切就是值得怀疑的。”②这是因为财富的分配是法律制度的产物。当政府执行或维护这样一套法律而不是那样一套法律时，我们不仅可以预见到一些公民的生活将因它的选择而恶化，而且可以在相当程度上预见哪些公民将会受到影响。德沃金认为，如果平等的关切是政治正当性的一个前提，那么，对于平等的关注要求什么这个问题，我们就不能置若罔闻。

德沃金认为，有两种平等：第一种为“福利平等”，它要求一种分配方案在人们中间分配或转移资源，直到再也无法使他们在福利方面更平等，此时这个方案就做到了平等待人；第二种为“资源平等”，它要求一个分配方案在人们中间分配或转移资源，直到再也无法使他们在总体资源份额上更加平等，这时这个分配方案就做到了平等待人。③德沃金将关于福利平等的理论分为两类：一类是“福利即成功的理论”（success theories of welfare）。它假定个人的福利就是他在实现其偏好、目标和抱负上的成功，因而把成功的平等作为一种福利平等的观点，主张资源的分配和转移应达到进一步的转移无法再降低人们在这些成功方面的差别的程度。④另一类是“感觉状态理论”（conscious-state theories）。它认为分配应当努力使人们在其自觉的生活的某

① ［美］德沃金：《认真对待权利》，信春鹰、吴玉章译，上海三联书店2008年版，第244页。

② ［美］德沃金：《至上的美德——平等的理论与实践》，冯克利译，江苏人民出版社2008年版，导论第1页。

③ 参见［美］德沃金：《至上的美德——平等的理论与实践》，冯克利译，江苏人民出版社2008年版，第4页。

④ 参见［美］德沃金：《至上的美德——平等的理论与实践》，冯克利译，江苏人民出版社2008年版，第10页。

些方面或质量上尽可能达到平等。[①] 德沃金认为，福利平等的不同形式都是福利主义的变种。福利平等并不像人们时常认为的那样，是个具有内洽性的或有吸引力的理想。从原则上说，任何形式的福利主义都可以从两方面来证明其正当性：一是目的论，即经过规定的福利观中所规定的功能本身是美好的，因此以它本身为由也应当让它产生；二是一种特殊的福利观，即把它视为一种有关平等对待每个人的特殊理论。这两种理由都可以支持功利主义：从目的论的角度看，不但痛苦本身是坏事，而且快乐本身是好事，快乐越多越好；从特殊的福利观看，仅仅从数量上计算人们的快乐和痛苦（或构成福利的各种成分），并且从这个角度看其数量相同，只有这时才可以说做到了平等对待每一个人。德沃金认为，功利主义的这种版本，根本不适合于提供一种言之成理的一般政治或道德理论。因为“平等主义的功利主义者必须解释，为什么痛苦平均最大化不如幸福平均最大化好，比如说，为什么使成千上万人丧命的自然灾害改善了少数人的处境，对它还是应当表示遗憾”[②]。据此，德沃金认为，我们有理由考虑用资源平等这一替代性理想。

德沃金为他的资源平等理论设计了一个“拍卖模型”。他假定，一些遇难船只的幸存者被海水冲到了一个荒岛上，因短期无法获得救助而必须生活在那里。为此，他们接受了一条原则：对于这里的任何资源，谁都不拥有优先权，而是只能在他们中间进行平等分配。他们也接受了对资源平等分配的“嫉妒检验”（envy test）标准，即：一旦分配完成，如果有任何居民宁愿选择别人分到的那份而不要自己那份，则资源的分配就是不平等的。他们选出一个人根据上述原则进行分配。他不太可能仅仅通过把岛上的资源分成 n 等份即可顺利完成任务，因为有一些不可分割的资源（如奶牛），其数量并不正好是 n 的倍数，还有些物品在品质上存在差异。即使他通过大量的努力，能够使每个人都得了相同的一份，并且事实上没有人妒忌别人的那一份，这种分配也可能仍然无法使大家满足，因为他们没有通过妒忌检验。因为其中可能有人不喜欢所得的东西，因而产生了没有被平等对待的感觉。为了解决这个问题，分配者需要某种形式的拍卖或其他市场程序。可以考虑以人人数量相等的贝壳作为竞拍资本，对岛上的资源以及所有影响到福利的要素进行

① 参见［美］德沃金：《至上的美德——平等的理论与实践》，冯克利译，江苏人民出版社 2008 年版，第 10 页。

② ［美］德沃金：《至上的美德——平等的理论与实践》，冯克利译，江苏人民出版社 2008 年版，第 59 页。

拍卖。可以拍卖的东西不但包括一般意义上的物品，如土地及其产品，甚至还有各种自由权利、运气、个人技能等等。总之，一切能够影响到广义机会成本的东西，都在可以拍卖之列。而且，为了满足“嫉妒检验”的检验标准，这种拍卖不是一次完成的，而是反复进行，直至再也无人嫉妒别人在拍卖中的所得。此时，即可以说达到了一种理想的平等状态。① 这种拍卖模型所体现的平等观是这样一种平等观：“根据这种平等观，平等指的是这样一种环境：人们不是在福利方面平等，而是在他们支配的资源方面平等。”② 德沃金认为，他的这种设计不仅有着重大的理论意义，而且还有重要的实践意义。当我们提出平等起点的要求时，在这种模型中可以通过平等的初始拍卖加以满足。这里所主张的平等观与福利平等观显然是不同的。举行平等的初始拍卖，然后在模仿虚拟保障市场的征税方案的约束下的贸易和生产，这种设想的目标不是任何福利观所指的平等，也没有打算趋向这一平等，甚至也不存在对不同人之间的福利水平进行比较的余地。它所利用的是个人效用水平的概念。

那么，根据这种平等理论，自由在资源平等中的地位如何呢？德沃金对这个问题作了两方面的限制：其一，他所说的自由是指消极自由，即不受法律限制的自由，而不是指更宽泛的自由或能力；其二，只讨论自由与分配平等之间的关系。在德沃金看来，假如我们造成资源平等是分配平等的最佳观点，那么，自由就变成了平等的一个方面，而不是人们经常认为的那样，是一个与平等有着潜在冲突的独立的政治理念。“自由有着基本的、形而上学的重要意义，所以不管它给人们带来什么后果都应加以维护。然而自由对于我们有价值，似乎仅仅是因为我们认为它会给人们带来的后果：正是因为这个原因，我们认为在自由的环境下生活更好。”③ 德沃金所要做的不是坚持自由比平等更重要，而是要证明按照分配平等的最佳观点，按照社会财产分配要对每个公民表示平等关切的最佳观点，这些自由必须维护。德沃金认为，如果我们同意资源平等是最佳观点，那么这些主张就是有道理的。资源平等为分配平等提供了一种解释，它直接而明确地反映着人格和自由的特殊

① 参见［美］德沃金：《至上的美德——平等的理论与实践》，冯克利译，江苏人民出版社 2008 年版，第 63 页以后。

② ［美］德沃金：《至上的美德——平等的理论与实践》，冯克利译，江苏人民出版社 2008 年版，第 119 页。

③ ［美］德沃金：《至上的美德——平等的理论与实践》，冯克利译，江苏人民出版社 2008 年版，第 120 页。

重要性。它使平等分配不依靠可以直接测算的结果（如偏好的满足），而是依靠一个协调的决策过程。在这个过程中，对自己的抱负和计划承担责任并因这种责任而承认自己属于一个实行平等关切的共同体的人们，能够认识到他们自己的计划给别人造成的真实成本，所以在设计和调整他们的这些计划时，只利用原则上人人可以享用的资源中公平的一份。因此，现实的社会是否追求资源平等，取决于为此目的而提供的讨论和选择过程是否恰当。为使这一过程充分而恰当，必须有本质意义上的自由。因为，某人占有一定的资源或机会给别人造成的真实成本，只能在人类的抱负和信念是真实的、他们的选择和决定合理地适用于那些抱负和信念时才能发现。没有充分的自由，这两点都是做不到的。“所以，根据这种观点，自由对于平等必不可少，不是因为令人怀疑的脆弱假设，即较之其他资源，人们确实更看重那些重要的自由权利；而是因为不管人们是否看重自由，它对于使平等得到界定和保障的过程都是至关重要的。”①在德沃金看来，这并没有使自由成为平等分配的工具，倒不如说，当支配着分配和资源利用的法律以平等的关切对待每一个人的时候，这两个观念实现了有机的融合。只有把平等理解为资源平等，自由与平等的统一才能成立，因此可以说，“资源平等是**内在于**自由主义的平等观”②。

以上所确定的资源平等原则要求，政府必须采取措施改进每个公民的生活，必须对每个成员的生活以平等的关切。但是，这一抽象的平等原则并不能决定一切，因为政府和政治面对每一个抽象和具体层面的形形色色的问题，无法通过选择抽象平等的不同解释或观点加以解决。因此，必须讨论这一抽象原则对共同体内的政治权力分配有何影响。一般地说，致力于平等关切的社会必须是民主的社会。但是，民主本身即使不是一个含糊不清的概念，也是个极为抽象的概念，因此有必要说明哪一种民主形式最适合于一个平等主义社会。德沃金认为，有两种关于民主的解释或民主观：一种是民主的“依赖解释”或“依赖观”。“它假设，民主的最佳形式，就是最有可能产生对共同体所有成员给予平等关切的实质性决策和结果的形式。”③根据这

① ［美］德沃金：《至上的美德——平等的理论与实践》，冯克利译，江苏人民出版社 2008 年版，第 121—122 页。

② ［美］德沃金：《至上的美德——平等的理论与实践》，冯克利译，江苏人民出版社 2008 年版，第 188 页。

③ ［美］德沃金：《至上的美德——平等的理论与实践》，冯克利译，江苏人民出版社 2008 年版，第 191 页。

种观点，民主的主要特征（如普选权和言论自由等等）之所以公正，是因为普遍拥有投票权和言论自由的共同体，更有可能以平等主义的方式分配物质资源以及其他机会和价值。另一种是民主的“分离解释”或“分离观”。“它主张，我们在判断政治过程的公平性或民主性时，只观察这一过程本身的特征，只问它是否以平等的方式分配政治权力，不问它所许诺的结果。”① 据此，这种民主观认为，言论自由和普选权之所以公正，是因为它们有助于使政治权力更平等。其判断是否民主的标准就是看哪一种决策最有益于促进政治权力的平等。在德沃金看来，民主分离观提供了一种入口检验：民主本质上是一个平等分配政治决策权的问题；依赖观提供了一种产出检验：民主本质上是一套产生公正结果的机制。德沃金认为，这两种民主观一方强调政治的参与结果，而忽视所有结果；另一方强调分配结果，把所有结果全都看得极其重要。依赖观不考虑入口与产出、政治平等与平等理论中包括参与目标在内的其他方面的区别。它认为，对这些目标必须同时加以阐述和考察，因为它们是一个整体概念中环环相扣的成分，其中任何一种成分都不能完全独立存在。分离观则坚持对政治平等和其他形式的实质性平等进行严格的区分，把政治平等视为平等的一个特殊方面，它有自己的独特尺度，即政治权力。德沃金认为，分离的民主观尽管流行并且有着突出的优点，但它的纯粹形式不可能获得成功。“我们必须放弃它，要么支持一种吸收了分离战略和依赖战略两者之特点的混合的民主观，要么支持一种纯粹的依赖观。”②

对于德沃金的资源平等论来说，共同体具有重要意义，它必须是一种平等主义的共同体，必须对每个成员给予平等的集体关切。有一种普遍流行的看法认为，自由主义的宽容精神动摇了共同体，而德沃金认为，假如根据他的平等观来理解自由主义的宽容，那么它不但与最吸引人的共同体观念相一致，而且是其不可缺少的要素。德沃金区分了四种不同的共同体理论：一是将共同体与多数混为一谈的论证。它认为共同体有权运用法律支持它的伦理学，其理由在于它是多数。这种论证的共同体概念的特点在于，仅仅把共同体当作一个具体的、数量上的政治群体的简单象征。二是家长主义的论证。它认为在一个真正的政治共同体中，每一个公民都对其他成员的幸福承担着

① ［美］德沃金:《至上的美德——平等的理论与实践》，冯克利译，江苏人民出版社 2008 年版，第 191 页。

② ［美］德沃金:《至上的美德——平等的理论与实践》，冯克利译，江苏人民出版社 2008 年版，第 195 页。

一份责任，因此应当运用其政治权力对那些行为缺陷败坏共同体生活的人加以改造。其特点是，共同体不仅是一个政治群体，而且有一些共同而明确的责任。三是广义的自利论证。它谴责主张个人具有自足性的原子主义，强调人们从不同的方面（物质的、精神的和伦理学）需要共同体。其特点在于，把共同体视为一个有自身权利的实体，它是各种影响和利益的来源，不可以化约为哪一个具体个人的贡献。四是整合论的论证。它认为自由主义宽容依靠的是对共同体中的个人生活与整个共同体生活之间的不合理区分。根据这种论证，公民个人生活的价值或良善，仅仅是他生活于其中的共同体的价值或良善的反映或函数。因此，公民为了使自己的生活获得成功，必须参与投票并确保他们的公民同胞有健全的生活。这种论证进一步给共同体赋予了人格，它不仅独立于而且优先于公民个人。在这四种论证中，德沃金认为，第四种论证的基本观点，即人们应当把自身的利益和政治共同体的利益统一起来，是正确和有价值的。这种观点不仅没有提供反对自由主义宽容的论证，相反，自由主义理论为这种共同体的重要性提供了最好的解释。①

但是，第四种论证与自由主义的观点还是存在着区别。第四种论证把个人的生活与他们的共同体生活看作是一体的，政治共同体中包括性生活在内的共同生活。德沃金认为，这种非自由主义的一体论假设，只对了一半，即它肯定了政治一体化具有重要的伦理意义。在德沃金看来，“虽然自由主义者不强调一体化的伦理重要性，但是承认它的重要性不会威胁到自由主义原则，反而会促进这些原则”②。在自由主义看来，政治共同体的生活即政治共同体的集体生活，包括它的正式的政治行为，如立法、裁决、实施以及政府的其他行政职能等。应当认为整个共同体这些正式的政治行为，就是一个政治机体的共同生活的全部内容。德沃金认为，大多数人都持有两种伦理理想：一种是私人生活的理想，我们相信我们对于跟我们有特殊关系的人（如家人）承担着特殊的责任；另一种是政治生活的理想，公正的公民会希望在其政治生活中给予所有的人以平等的关切。这两种理想是矛盾的。因此，必须协调这两种理想。在德沃金看来，只有当政治按照公正的要求成功地分配资源时，这两种理想才能得到恰当的协调。假如公正的分配得到保障，人们

① 参见［美］德沃金:《至上的美德——平等的理论与实践》，冯克利译，江苏人民出版社2008年版，第217—218页。

② ［美］德沃金:《至上的美德——平等的理论与实践》，冯克利译，江苏人民出版社2008年版，第240页。

控制的资源无论在道德上还是在法理上就都属于他们，丝毫无损于他们承认全体公民有资格得到公正的份额。但是，当不公正相当严重时，同时信奉这两种理想的人就会陷入伦理困境：他们必须让一种理想作出让步，而每一方的让步都有损于他们的生活。我们每一个人都有充足的理由要求我们的共同体成为一个公正的共同体。一个公正的社会是使两种都不应放弃的理想生活得到尊重的前提条件。因此，从这个有限但重要的角度说，我们的私生活、我们在和我们一样的人都应当拥有的生活中的成败，取决于我们政治上的共同成功。德沃金因此得出结论说："政治共同体具有这种相对于我们个人生活而言的伦理优先性。" ①

四、其他法学家的法治思想

除了新分析法学与新自然法学两大西方现代法学流派之外，其他法学流派也都提出了自己的法治思想。这里我们主要讨论社会法学家庞德、综合法学家博登海姆、经济分析法学家波斯纳等人的法治思想，同时也介绍一些法学家关于法治的直接论述。考虑到自由主义的法治观点在第二章中已有分别介绍，这里不再赘述。

（一）庞德的法律控制社会论

庞德（Roscoe Pound, 1870—1964）美国著名法学家，美国社会法学的创始人和最主要代表。他所学的专业是植物学，受父亲的影响对法学产生了浓厚的兴趣，后到哈佛大学法学院进修一年，走上法学教学和研究的道路。他先后在内布拉斯加州大学、西北大学、芝加哥大学、哈佛大学、加利福尼亚大学、印度加尔各答大学任教，1916—1936 年担任哈佛大学法学院院长。他的社会活动也十分丰富，先后担任过律师、州最高诉讼委员会委员、胡佛总统的法律观察和实施委员会委员等职，1946 年任中国司法行政部、教育部顾问。庞德一生著作、论文、报告和讲演很多，其中与社会德性思想相关的著作有：《普通法的精神》（*The Spirit of the Common Law*, 1921），《法哲学导论》（*Introduction to the Philosophy of Law*, 1922, rev. ed. 1954），《法律史解释》（*Interpretations of Legal History*, 1923），《法律与道德》（*Law*

① ［美］德沃金：《至上的美德——平等的理论与实践》，冯克利译，江苏人民出版社 2008 年版，第 245 页。

and Morals, 1924, rev. ed. 1926），《通过法律的社会控制》（*Social Control through Law*, 1942），《法律与公正的实施》（*Law and the Administration of Justice*, 1947），《来自法律的公正》（*Justice According to the Law*, 1951），《宪法保护自由的发展》（*The Development of Constitutional Guarantees of Liberty*, 1957），《法律中的理想因素》（*The Ideal Element in Law*, 1958），《法理学》（5卷本，*Jurisprudence*, 5 vols. 1959）。庞德是一位百科全书式的法学家，特别是他的《法理学》几乎囊括了西方法律思想史的所有思想内容，而且他还是美国社会法学的创始人和最主要代表，其重要的理论贡献在于在阐述社会法学基本纲领和主要内容的基础上，从社会法学的角度理解法律并阐述法律的功能、作用和价值，使社会法学成为现代西方法治思想的主要观点之一。

社会法学产生于19世纪末20世纪初，但并不是一个统一的学派，从一开始它就来自于社会学传统和法学传统。因此，人们有时称它为法律社会学，有时称它为社会学法学。属于社会法一翼传统的代表人物有孔德（Auguste Comte, 1798—1857）、斯宾塞、韦伯、杜尔克姆等人，他们大多首先是社会学家，其法学理论属于社会学理论的一部分，所使用的范畴主要也是社会学范畴，他们的学说一般自称或被称为法律社会学。属于法学一翼传统的人物众多，如耶林（Rudolph Von Jhering, 1818—1892）、赫克（Philipp Heck, 1858—1943）、狄骥（Leon Duguit, 1859—1928）、埃利希（Eugen Ehrlich, 1862—1922）、庞德、霍姆斯（Oliver Wendell Homes, 1841—1935）、弗兰克（Jerome Frank, 1889—1957）、列维林（Karl Llewellyn,1893—1962）、弗里德曼（Wolfgang G. Friedmann, 1907—1972）、卢曼（Niklas Luhmann, 1927—）等人。他们主要是受到社会学影响的法学家，其理论所使用的是法学范畴，他们的学说通常自称或被称为社会学法学。自然法学注重法的价值，关注法的应然性问题；分析法学注重规范，也就是法的实然性问题。与这两个学派不同，社会法学注重从社会的角度来观察法律现象，它有以下四个主要特点：其一，其理论基础是实证主义和实用主义的哲学和社会学，因而注重法律现象的偶然性、不可靠性，提倡多元化，主张对任何现象包括法律现象的评价都应从实际的社会利益出发；其二，研究的重心不在立法和司法判决，而在社会自身，强调对法律和司法判决的社会效果研究，强调对“活法”、“行动中的法”和法院实际发生情况的研究；其三，认为法律是一项社会工程，其目的在于对社会中各种相互冲突的利益进行法律上的协调，强调社会利益、社会连带关系对法律和社会发展的重要性；其四，注重运用大量社会学的实证方法，特别是运用功能主义、结构主义、定量分析、概率统计等社会学的具体方法来分析法律现象。①

在所有社会法学家中，庞德因为建立了庞大的社会法学理论体系而成为20世纪西方法学界最受尊敬和最有影响的泰斗级人物之一。庞德1912年在《哈佛法律评论》上发表的《社会法学的范围和目的》②一文中，开始了系统的社会法学理论体系建构工作。通常认为，这篇文章的发表，标示着社会法学作为一种独立的和可定义的法学流派的诞生。在这篇文章中，庞德明确提出了社会法学的主要特征和基本纲领，此文后来被收入于1959年出版的《法理学》第一卷。他认为，与19世纪各法学派相比较，社会法学有以下五个特征：

第一，社会法学家所关注的是法律运作，而非权威性律令的抽象内容。所谓法律运作是指法律秩序的运作、指导审判之权威原则体的运作，以及司法过程和行政过程的运作。分析法学家在律令要素的意义上使用“法律”概念，只考虑发达的法律律令体系；历史法学家在所有社会控制的意义上使用它，或者倾向于特别强调这种意义上的法律，把发达法律体系的过去视作是在当下达致顶峰的那些理念或原则的日益展现；哲理法学家（自然法学家）努力阐释发达法律体系的理想要素并且确立理想型的批判标准。与这些法学派不同，“社会学法学家却把法律（亦即法律律令体意义上的那种法律）视作是社会控制的一种工具，并且认为分析、历史和哲学给我们提供了——正如人们可能指出的那般——若干得以使法律秩序成为一种有效的社会控制力量的重要手段。但是，他们却并不认为分析或历史或哲学（无论是单一地还是组合地）给我们提供了一门完整且自足的法律科学。法理学被他们视作是社会科学当中的一门科学。”③

第二，社会法学家把指导审判之权威性原则意义上的那种法律看作是一种制度。“对分析法学家而言，法律就是制定法；对历史法学家而言，法律就是习俗；对哲理法学家而言，法律就是自然法”④。与他们不同，社会学法学家则把这种法律看作是一种既含有通过经验发现也包括刻意制定这两种方

① 参见王振东：《现代西方法学流派》，中国人民大学出版社2006年版，第87页。

② Roscoe Pound, “The Scope and Purpose of Sociological Jurisprudence”, (1912) 25 *Harvard Law Review*, 489-516.

③ ［美］庞德：《法理学》第一卷，邓正来译，中国政法大学出版社2004年版，第295页。

④ ［美］庞德：《法律与道德》，陈林林译，中国政法大学出版社2003年版，第157页。

式的社会制度。他们认为，法律是经由理性发展起来的经验和经过经验检测的理性，是一种可以经过智性努力而得到改进的社会制度，其目的在于使我们能够做出这种智性努力。因此，法学家的使命之一就在于发现增进和指导这种努力的最佳手段。

第三，社会法学家强调法律的目的不是制裁，而是有益于社会。分析法学家坚持认为国家的力量就是制裁，历史法学家坚持认为法律律令赖以为助的社会压力赋予了这些律令以强力，自然法学家一直认为法律律令的伦理基础赋予了这些律令以约束力。社会法学家则认为，法律律令是从其对社会利益的保障中获得其终极权威性的，尽管法律律令的直接权威源于按政治方式组织起来的社会。

第四，社会法学家从功能的角度来看待法律制度、法律准则和法律律令，认为法律律令的形式只是一个手段的问题。分析法学家把制定法看作是法律的类型，历史法学家把习惯看作是法律的类型，社会法学家则认为上述两种类型都不是整个法律体应当归属的那种类型，法律的形式不过是一个有关何者最适合于特定时空之法律秩序的目的问题。

第五，社会法学家的哲学观点各不相同，有实证主义者，也有经验主义者、新现实主义者，但他们都采取一种实用主义的方法，以便解决各种具体的社会及法律问题。①

庞德承认，社会法学虽然有以上一些共同特征，但社会法学家所持观点之间的差异也很大，而这实际上反映了社会学家所持观点之间所存在的或始终存在的分歧。社会法学经过机械阶段、生物学阶段、心理学阶段、统合阶段的发展，虽然羽翼未丰，但社会学家都试图使法律制定以及法律律令的发展、解释和适用成为可能并要求做到这一点，并且对法律赖以产生和应适用的那些社会事实做更全面、更理智的考察。所有的社会法学家都在坚持下述八项基本纲领的部分或全部。其一，研究法律制度、法律律令和法律准则所具有的实际的社会效果；其二，为立法进行社会学研究，从而为立法工作做必要的准备；其三，研究使法律律令具有实效的手段；其四，对法律方法进行研究，包括对司法的、行政的、立法的和法学的过程进行心理学的研究，也包括对各种理想进行哲学的研究；其五，对法律史进行社会学的研究，不仅要关注法律准则是如何深化的，而且还要研究它们在过去产生了什么社会

① 参见［美］庞德：《法理学》第一卷，邓正来译，中国政法大学出版社2004年版，第294—297页。

效果，以及它们是如何产生这些社会效果的；其六，承认法律律令个体化适用（individualized application）的重要性，并对个体化适用的法律律令的制度进行，包括司法过程与行政过程之间的关系研究；其七，强调在普通法系国家司法部的作用，应对其在法律的适用和施行、处理案件是否公正及其理由、不断出现的新情况及其应付办法等问题进行研究；其八，以上各点都是为了达到一个目的，即力求使法律秩序的目的更有效地得以实现。[①]

以上对社会法学特征和纲领的阐释，虽然在一定程度上反映了庞德本人的观点，但毕竟不完全是他个人的观点。他的著述虽然很多，但真正正面阐述他自己思想的著作似乎很少。这里我们主要根据他 1942 年出版的《通过法律的社会控制》这本小书对他本人的法治思想作些阐述。

什么是法律？庞德认为，从公元前六世纪希腊人就已经开始思考这一问题，但一直以来这都是一个有争议的题目，人们从以下完全不同的三种意义上来理解法律这个概念。第一，法学家们现在所称的法律秩序，即"通过有系统地、有秩序地使用政治组织社会的强力来调整关系和安排行为的制度"[②]。第二，据以作出司法或行政决定的权威性资料、根据或指示。第三，司法过程和行政过程，即"为了维护法律秩序依照权威性的指示以决定各种案件和争端的过程"[③]。庞德认为，这三种观念都用一个名称，在讨论这一问题时就造成了很多混乱。因此，他主张要将三种意义统一起来，而且要用社会控制的观念来加以统一。他说："我们可以设想一种制度，它是依照一批在司法和行政过程中使用的权威性法令来实施的高度专门形式的社会控制。"[④] 这种社会控制的一个重要特点是，"谋求在理性的基础上并以人们所设想的正义作为目标来实现社会控制"[⑤]。庞德在谈到普通法的两个基本原理即遵照先例原则和法律至上原则时也指出，它们有一个共同的因素，即在每一原理后面有相同的精神。"先例原则意味着讼事将依据从过去的司法经验

---

① 参见［美］庞德:《法理学》第一卷，邓正来译，中国政法大学出版社 2004 年版，第 356—364 页。

② ［美］庞德:《通过法律的社会控制》，沈宗灵译，楼邦彦校，商务印书馆 1984 年版，第 20 页。

③ ［美］庞德:《通过法律的社会控制》，沈宗灵译，楼邦彦校，商务印书馆 1984 年版，第 20 页。

④ ［美］庞德:《通过法律的社会控制》，沈宗灵译，楼邦彦校，商务印书馆 1984 年版，第 20 页。

⑤ ［美］庞德:《通过法律的社会控制》，沈宗灵译，楼邦彦校，商务印书馆 1984 年版，第 46 页。

中归纳出来的原则来裁判，而不是按君主意志武断地确立规则推导出的原理来裁判。换言之，理性而非武断的意志是判决的最终基础。法律至上原则能够推导出相同的观念。它是这样一个原则，君王及其所有代理机关都必须依照法律原则，而不是依照武断的意志行事，更不得以任性替代理性行事。”①

在庞德看来，法律是成体系的，一个成熟的法律规范体系是由两大部分或要素构成的，即国家制定的强行性部分和历代相传的传统部分或者说习惯部分。“组成一个法律体系的那部分法令，包含两种成分，一种是命令性成分，一种是传统性成分。”②法的命令性成分“几乎全部由法律规范构成——即规则、原则、概念和标准”，“它是律令成分赖以表现的形式”。③法的传统性成分则是由三部分组成的，即“传统的法律规则、传统的法律技巧或者说技术以及已被人们广泛接受的法律观念。后两者构成了法的传统因素中经久不衰的那一部分”④。法律规范也有强行性和伦理性两个方面，而这两个方面与构成法律体系的强行性要素和传统性要素是一致的。在庞德看来，命令性要素是立法者的创作，而传统性要素则是经验的产物。在现代社会，制定法或法的强行性部分趋向于占主导地位。“但是，在法律体系的两大构成要素中，没有哪一个必然就是现代的，也没有哪一个绝对就是古老的。”⑤法的传统要素和现代要素之间存在着一个经常的来回摆。有时立法完全专注于法律体系的传统要素，所制定的规则也就成了一个传统法律原则。另一方面，随着司法实践和法学对法的传统要素的不断发展，传统性法的许多原则已融入具体的法律规则之中，这些规则又被国家立法赋予强行性的形式。总的看，法律体系的两大构成要素之间的互相转变有一个渐进的过程。这两大构成要素不仅存在着形式上的差异，而且存在着权威性基础的差异。“传统性法的要素的权威性基础被认为是理性以及与正义观念的一致性。”⑥相反，强行性法的要素依赖于国家的制定，它取决于权威立法机关所表达的愿望。“强行性法的权威性基础来自于国家的权力。”⑦

① ［美］庞德:《普通法的精神》，唐前宏、高雪原、廖湘文译，夏登峻审校，法律出版社2010年版，第107页。

② ［美］庞德:《通过法律的社会控制》，沈宗灵译，楼邦彦校，商务印书馆1984年版，第2页。

③ ［美］庞德:《法理学》第二卷，封丽霞译，法律出版社2007年版，第12页。

④ ［美］庞德:《法理学》第二卷，封丽霞译，法律出版社2007年版，第11页。

⑤ ［美］庞德:《法理学》第二卷，封丽霞译，法律出版社2007年版，第8页。

⑥ ［美］庞德:《法理学》第二卷，封丽霞译，法律出版社2007年版，第11页。

⑦ ［美］庞德:《法理学》第二卷，封丽霞译，法律出版社2007年版，第12页。

庞德之所以强调要从社会控制的角度理解法律，用社会控制统摄法律概念，是因为他认为人类文明需要控制，或者说，人类文明是社会控制的结果。他同意文明是使人类力量得到最大可能展现的看法，认为这样就有一种过程、一种由这一过程带领我们到达的状况，以及一种关于这一过程及其所导致的状况的观念，而这个过程就是控制。“文明是人类力量不断地更加完善的发展，是人类对外在的或物质自然界和对人类目前能加以控制的内在的或人类本性的最大限度的控制。”①他认为，文明的这两个方面是相互依赖的，如果不是人类能够对内在本性加以控制，他们就难以征服外在的自然界。正是人们对内在本性的控制，使人们得以继承这个世界并保有和增加他们所继承的东西。在庞德看来，人类所具有的对内在的或人类本性所获得的支配力是直接通过社会控制力来保持的，是通过人们对每个人所施加的压力来保持的。施加这种压力是为了迫使他尽自己本分来维护文明社会，并阻止他从事反社会的行为，即不符合社会秩序所要求的行为。庞德认为，社会控制的主要手段有三种，即道德、宗教和法律。当法律最初出现时，这三者还没有什么区别，人们试图将法律和道德等同起来，使一切道德戒律本身也成为法令。很多早期的法律接收了各种宗教制度和宗教戒律，并用国家的强力加以支持。而且，今天法律中的理想成分同宗教仍然有密切的关系。然而，从近代开始，法律成了社会控制的主要手段。

法律之所以成为社会控制的主要手段，直接的原因是法律以强力作后盾。现代社会依靠的是政治组织社会的强力，我们力图通过有秩序地和系统地适用强力来调整关系和安排行为，这种强力所凭借的手段就是法律。庞德赞成耶林的这样一个说法：背后没有强力的法治，是一个语词矛盾。“法律包含强力。调整和安排必须最终地依靠强力，纵使它们之所以可能，除了一种反社会的残余必须加以强制，主要是由于所有的人都有服从的习惯。”②但是，法律之所以能成为今天社会控制的主要手段，还有更深层的原因，这就是法律秩序所具有的正当权威。庞德认为，法律秩序能够履行排解和调和种种互相冲突和重叠的人类需求的任务，从而维护社会秩序，使我们得以在这个秩序中维护与促进文明，所以它自始至终掌握了一种实际的权威。“只要

① ［美］庞德:《通过法律的社会控制》，沈宗灵译，楼邦彦校，商务印书馆 1984 年版，第 8 页。

② ［美］庞德:《通过法律的社会控制》，沈宗灵译，楼邦彦校，商务印书馆 1984 年版，第 15 页。

法律秩序做好这个任务，就会产生服从的习惯，而正是这种习惯使对那些需要强力的人采取强力成为实际可能。”①

不过，庞德并不是一位法律万能主义者。他虽然赞同法律作为社会控制的主要手段，也深刻地注意到了法律的局限。他提醒人们记住：“如果法律作为社会控制的一种方式，具有强力的全部力量，那么它也具有依赖强力的一切弱点。”②他认为，当我们承认法律具有这种作用的时候，还需要思考任何一种意义的法律到底能在多大程度上达到这种目的的问题。正是我们对这种社会控制本身究竟能在多大程度上担当起维护和促进文明任务的思考，促进我们考虑有效法律的局限性。这种局限性就是“那些阻止我们经由法律手段去从事伦理观点或社会理想推动我们去进行的一切事情的各种实际限制”③。庞德列举了导致这些限制的五类原因：一是在确定适用法令的事实中所包含的各种困难，这是司法上由来已久和最难解决的问题之一；二是许多义务难以捉摸，它们在道德上很重要，但不能在法律上予以执行；三是许多严重侵犯重大利益的行为所使用的方式微妙离奇，而法律对这些利益在可能的情况会给予有效的保障；四是对人类行为的许多方面、许多重要的关系以及某些严重的不良行为不能适用规则和补救等法律手段；五是为了推动和实施法律，必须求助于个人。由于存在着这样一些局限，所以法律需要得到其他一些社会控制手段的支持。“在我们生活的地上世界里，如果法律在今天是社会控制的主要手段，那么它就需要宗教、道德和教育的支持；而如果它不能再得到有组织的宗教和家庭的支持的话，那么它就更加需要这些方面的支持了。”④不仅如此，法律的职能在一些情况下还需要通过其他一些间接但重要的手段来执行。“法律必须在存在着其他比较间接的但是重要的手段——家庭、家庭教养、宗教和学校教育——的情况下执行其职能。”庞德认为，如果这些手段恰当地并顺利地完成了它们的工作的话，那么，许多本应属于法律的事情将会预先做好。相反，如果法律将社会控制的全部活动都纳入自

① ［美］庞德：《通过法律的社会控制》，沈宗灵译，楼邦彦校，商务印书馆1984年版，第26页。

② ［美］庞德：《通过法律的社会控制》，沈宗灵译，楼邦彦校，商务印书馆1984年版，第10页。

③ ［美］庞德：《通过法律的社会控制》，沈宗灵译，楼邦彦校，商务印书馆1984年版，第26页。

④ ［美］庞德：《通过法律的社会控制》，沈宗灵译，楼邦彦校，商务印书馆1984年版，第30页。

己的领域，法令的实施就会成为一个尖锐的问题。

庞德认为，法律要达到目的，所要解决的关键问题是利益问题。这个问题涉及三个层次的问题，即："承认某些利益；由司法过程（今天还要加上行政过程）按照一种权威性技术所发展和适用的各种法令来确定在什么限度内承认与实现那些利益；以及努力保障在确定限度内被承认的利益。"① 庞德将利益界定为"人们个别地或通过集团、联合或亲属关系，谋求满足的一种需求或愿望"②。根据人们提出的主张或要求，利益可以分为三类：个人利益、公共利益和社会利益。个人利益是直接包含在个人生活中并以这种生活的名义而提出的各种要求、需要或愿望；公共利益是包含在一个政治组织社会生活中，并基于这一组织的地位而提出的各种要求、需要和愿望；社会利益是包含在文明社会的社会生活中并基于这种生活的地位而提出的各种要求、需要或愿望。其中个人利益又可以分为人格的利益、家庭关系方面的利益和物质利益。对人们的利益要求是可以任意加以决定的，但是对利益的任意调整是不能长久维持的。当人们的利益要求不仅被拒绝而且被无理由地被拒绝时，他们会感到双重的不满。这里就涉及两个问题：一是价值尺度问题，即对各种利益的承认或拒绝承认以及划定那些得到承认的利益的界限，最终都是按照一个确定的价值尺度来进行的，这就涉及价值尺度是什么的问题。二是权利问题，即如何保障已得到承认并被划定了界限的利益的问题，这种得到承认并被划定了界限的利益就是权利。"我们主要是通过把我们所称的法律权利赋予主张各种利益的人来保障这些利益的。"③

关于权利的问题，庞德认为有两种情形：一种情形是一个人可以有以经验、文明社会的假设或共同体的道德感为基础的各种期望，其中有的或所有的合理期望可能为法律所承认和支持，从而变得更加合理。这时一个自然权利或道德权利同时也就成了一个法律权利。另一种情形是这种期望也可能是单纯地或仅仅地来自法律，这时就只有法律权利。

希腊人并没有明确的权利概念，他们关心的是什么是正当的或什么是公正的。罗马人则以法律来支持正当的或公正的事情，从而引到了权利观念上

① ［美］庞德：《通过法律的社会控制》，沈宗灵译，楼邦彦校，商务印书馆 1984 年版，第 33 页。

② ［美］庞德：《通过法律的社会控制》，沈宗灵译，楼邦彦校，商务印书馆 1984 年版，第 33 页。

③ ［美］庞德：《通过法律的社会控制》，沈宗灵译，楼邦彦校，商务印书馆 1984 年版，第 39 页。

来。在罗马法中，并没有明确的权利分类或权利概念。我们译为“权利”的拉丁文词“jus”在罗马法书本里表达十种意义，其中有四种更接近我们所理解的权利。它们是：受到法律支持的习惯或首先权威，如家长的权威；权力，即一种受到法律支持的习惯或道德权力；自由权，即一种受到法律承认的正当自由；法律地位，即法律秩序中的地位。[①] 托马斯·阿奎那把权利理解为正当要求。到 17 世纪才发生了自然法到自然权利的过渡，并由此产生了关于法律作为保障人类自然权利的一种手段的理论。格劳秀斯把权利看作是人作为一个理性动物所固有的一种品质。霍布斯和斯宾诺莎根据自由权来解释权利，权利被看作是一种免受干扰的条件。美国法官霍姆斯（Oliver W. Holmes, 1841—1935）则从正面告诉我们，一个权利是对行使一种自然能力的允许。一直到耶林才通过使人们注意权利背后的利益而改变了整个权利理论。他指出：“权利就是受到法律保护的一种利益。所有的利益并不都是。只有为法律所承认和保障的利益才是权利。”[②]

庞德概括了历史上所有关于“权利”的不同理解，归纳出“权利”这个词曾在六种意义上被使用：一是指利益；二是指法律上得到承认的被划定界限的利益，加上用来保障它的法律工具，这是广义上的法律权利；三是指一种通过政治组织社会的强力来强制另一个人或所有其他人去从事某一行为或不从事某一行为的能力，这是狭义上的法律权利；四是指一种设立、改变或剥夺各种狭义的法律权利从而设立或改变各种义务的能力，即法律权力；五是指某些法律上不过问的情况，即某些对自然能力在法律上不加限制的情况；六是在纯伦理意义上指什么是公正的。庞德认为，作出上面这些区分是近一百年内的事，因而，我们的权利术语还存在着缺陷。他要求人们记住，一个利益可以为一个不具有狭义意义上的法律权利的权利所保障，有时一种利益也可以同时用不同方式加以保障。

庞德认为，关于权利问题，重要的是法律权利背后的要求。这种要求涉及的是价值问题，也就是对利益进行评价的准则。“如果没有一个在理性基础上受到承认的要求的话，那么就只有为了强力本身而任意行使强力，这恰恰是我们在独立革命时所反抗的，而且为了防止这种情况，我们在紧接着

---

① 参见［美］庞德：《通过法律的社会控制》，沈宗灵译，楼邦彦校，商务印书馆 1984 年版，第 40—41 页。

② ［美］庞德：《通过法律的社会控制》，沈宗灵译，楼邦彦校，商务印书馆 1984 年版，第 42 页。

《独立宣言》之后，就建立起了以分权为基础并冠以一个权利法案的政府结构。”[①]庞德认为，价值问题虽然是一个困难的问题，但它是法律科学所不能回避的，因为任何关系调整或行为安排，在其背后总有对各种互相冲突和互相重叠的利益进行评价的准则。因此，在法律史的各个经典时期，无论在古代世界还是在近代世界里，对价值准则的论证、批判或合乎逻辑的适用，都曾是法学家们的主要活动。如果我们着眼于各种法令的实际制定、发展和适用，而不着眼于法学理论的话，法律对价值尺度这个问题的处理就有三种方法：

第一种方法是“从经验中寻找某种能在毫无损于利益方案的条件下使各种冲突的和重叠的利益得到调整，并同时给予这种经验以合理发展的方法”[②]。根据这种方法，价值尺度就成为一个能在最小阻碍和浪费的条件下调整关系和安排行为的实际的东西。这个东西就是权利。因此，这种方法所着力于解决的是英国法学家戴西（Albert Venn Dicey, 1835—1922）提出的两个问题：“怎样才能既不削弱联合行动的权利，又不剥夺个人自由权的价值，怎样才能既不限制联合行动的权利，又不破坏个公民的自由权或政府的权力？”[③]

第二种方法是“依照一定时间和地点的文明的法律假设来进行评价”[④]。法律秩序的实际过程并不止于用经验去发现有助于调整各种冲突或重叠的利益的东西，理性在这个过程中也起作用。于是，法学家们定出各种法律假说，即关于一定时间和地点的文明社会的关系和行为的各种假设，并且这种方法为法律推理得出各种权威性的前提。当新提出的主张得到承认时，就用这些假说来衡量；当它们被承认后，就用这个尺度来调整它们和其他被承认的利益间的关系；当他们与其他利益的关系被划定界限时，用来保障这些利益的手段也是用同一尺度来确定的。

第三种方法是一种在古代和近代都曾使用过，而在现代（法律成熟时

① ［美］庞德：《通过法律的社会控制》，沈宗灵译，楼邦彦校，商务印书馆 1984 年版，第 47 页。

② ［美］庞德：《通过法律的社会控制》，沈宗灵译，楼邦彦校，商务印书馆 1984 年版，第 53 页。

③ ［美］庞德：《通过法律的社会控制》，沈宗灵译，楼邦彦校，商务印书馆 1984 年版，第 53 页。

④ ［美］庞德：《通过法律的社会控制》，沈宗灵译，楼邦彦校，商务印书馆 1984 年版，第 54 页。

期）则完全被确认的方法，即构想一种有关理想社会秩序的图画作为公认的理想的方法。庞德认为，当代世界的这幅图画在17—19世纪曾起了支配作用，而到19世纪才具有了它的最后形式。“在这幅图画中，关系是被忽视了，每个人都成了独自存在的人，他是一个在经济上、政治上、道德上从而在法律上自足的单位。他要通过自由竞争来为自己寻找位置。至善就是这些单位最大限度的、自由的自我肯定。这些单位的主要特征是它们的各种自然权利，即它们赖以享有某些东西或自由地做某些事情的那些品质。法律的目的是保障这些自然权利，最充分地和最自由地放任这些单位去进行竞争性的占有活动，并以最低限度的干涉来管理这种竞争。”①显然，这是一幅自由放任主义的图画。

对于上述三种评价利益的方法，庞德认为，第三种方法虽然曾是法学家的主要依靠，第二种方法在20世纪也有很多人主张，但这两种方法已经很少有用的情况下，而且在实际运用时遇到了困难。他赞同第一种方法。因为在他所生活的时代，法学思想发生了许多变化，这些变化全都趋向于一个新的方向：“它似乎是一条通向合作理想而不是通向相互竞争的自我主张的理想的道路。”②他指出，我们无须再相信，在我们对人类生活的图画中，我们只能在个人的行动自由或者合作的有组织活动这两者之中仅考虑其中之一。我们不能阻止去接受一个既容许有竞争也容许有合作的理想。我们也不要因为承认合作是文明中的一个因素，而被迫牺牲在19世纪由于建立了一种个人权利制度所取得的一切成就，或被迫牺牲自从以保障个人自由作为基本因素的清教革命以来所取得的一切成就。他的结论是：“一种文明的理想、一种把人类力量扩展到尽可能最高程度的思想、一种为了人类的目的对外在自然界和内在本性进行最大限度控制的理想，必须承认两个因素来达到那种控制：一方面是自由的个人主动精神、个人的自发的自我主张；另一方面是合作的、有秩序的、（如果你愿意这样说的话）组织起来的活动。如果我们想要保持对自然和本性的控制，使之前进，并流传下去，那么对这二者就都不应该加以忽视。”③

---

① ［美］庞德：《通过法律的社会控制》，沈宗灵译，楼邦彦校，商务印书馆1984年版，第58页。

② ［美］庞德：《通过法律的社会控制》，沈宗灵译，楼邦彦校，商务印书馆1984年版，第60页。

③ ［美］庞德：《通过法律的社会控制》，沈宗灵译，楼邦彦校，商务印书馆1984年版，第62页。

（二）博登海默的秩序与公正统一论

博登海默（Edger Bodenheimer, 1908—1991）是美国法哲学家，综合法学的重要代表人物之一。他出生于柏林，在海德堡大学获博登海默学位后，于1933年移民美国，先后在犹他大学、芝加哥大学任教，1975年被聘为加利福尼亚大学荣誉教授。主要著作有：《法理学》（*Jurisprudence*, 1940），《法理学——法律哲学与法律方法》（*Jurisprudence: The Philosophy and Method of the Law*, 1962, rev. ed. 1974），《论正义》（*Treatise on Justice*, 1967），《权力、法律和社会——权力意志与法律意志研究》（*Power, Law and Society: A Study of the Will to Power and the Will to Law*, 1972），《责任哲学》（*Philosophy of Responsibility*, 1980）等。博登海默的法治思想突出体现在把法律看作是秩序要素和公正要素的统一这一基本观点上。同时，他强调建立统一法理学是时代的需要和法哲学进化的必然趋势，并对此进行了历史和逻辑的论证，因而成为了综合法学的代表人物。

综合法学又称统一法学、一体化法学，它产生于20世纪40年代以后，旨在推动自然法学、分析法学、社会法学各主要法学流派融合，建立统一的法学。长期以来，西方法学尤其是三大法学流派之间一直进行着无休止的论战，各学派都坚持法律的某一侧面，抓住一点，不及其余，同时极力贬低或抹杀其他流派。为了结束这种局面，一些法学家开始思考如何调和三大法学流派的观点，综合法学就是这样产生的。当然，综合法学的产生与当时西方科学界出现的建立统一科学的运动也有直接关系。综合法学的基本主张是，各主要法学流派要摒弃前嫌，放宽视野，走出狭隘，博采众长，以建立真正意义的“适当法理学”。早在综合法学产生之前，在各派相互论战的过程中就有一些学术敏感的法学家（如庞德、哈特、富勒等）已经意识到了法学发展的融合趋势。例如，庞德早在20世纪20年代就呼吁各派法学之间以及法学与其他社会科学之间实现“大联合”。但是，真正倡导各法学流派联手合作，主张建立一种新的、全面的“综合”法学理论，并率先在理论上予以论证的是美国法学家霍尔（Jerome Hall, 1901—1992）。他于1947年发表的《综合法学》一文，呼吁建立一个统一的、适当的法理学。这不仅标志着“综合法学”名称的问世，而且标志着综合法学作为一场法学研究运动正式兴起。综合法学的重要代表人物还有澳大利亚法学家斯通（Julius Stone, 1907—1985）和美国法学家博登海默。

博登海默认为，在20世纪提出的各种法学理论中，有些把法看作是以强力作为后盾的国家制定的规范体系，有的把法看作是社会力量和经济力量的产物，有的把法看作是法院解决冲突的工具，这些理论都侧重或局限于各自所选定和研究的问题，而忽视了其他的问题。所有这些对法律五花八门的解释，所展示的是一幅令人困惑的、多变的和不协调的画面。但是，如果用整体论的方法论把它们解释为关于法的整个真理的局部光照，大部分的困惑即可消散。在博登海默看来，霍尔所呼吁建立的“统一法理学”坚持的就是这种整体论的方法。[①]不过，他并不全盘否定历史上不同法学流派的贡献。他认为，我们不应像逻辑实证主义者所主张的那样，认为历史上的大多数法律哲学从科学的观点看都应被打上“胡说”印记。相反，我们似乎可以更为恰当地指出，这些学说最为重要的意义在于它们组成了整个法理学大厦的极为珍贵的建筑之石，尽管这些理论中的每一种理论只具有部分和有限的真理。随着我们知识范围的扩大，我们必须建构一种能够充分利用人们过去所做的一切知识贡献的“综合法理学”。在他看来，“法律是一个带有许多大厅、房间、凹角、拐角的大厦，在同一时间里想用一盏灯照亮每一间房间、凹角和拐角是极为困难的，尤其当技术知识和经验受到局限的情况下，照明系统不适当或至少不完备时，情形就更是如此了。”[②]他指出，历史经验告诉我们，任何人都不可能根据某个单一的、绝对的因素或原则去解释法律制度。一系列社会的、经济的、心理的、历史的和文化的因素以及一系列价值判断，都在影响着和决定着立法和司法。虽然在某个特定历史时期，某种社会力量或某种公正理想会对法律制度产生特别的影响，但是根据唯一的社会因素（如权力、民族传统、经济、心理或种族）或根据唯一的法律理想（如自由、平等、安全、或人类幸福），不可能对此做出一般性的分析和解释。“法律是一个结构复杂的网络，而法理科学的任务就是要把组成这个网络的各个头绪编织在一起。由于这是一个巨大且棘手的任务，所以为了适当地践履这个任务，在法理学学者之间进行某种劳动分工也实是不可避免的。”[③]

博登海默是根据秩序和公正两个概念来分析法律制度的，认为它们是理

① Cf. Edger Bodenheimer, “Seventy-Five Years of Evolution in Legal Philosophy”, 23 (1978) *American Journal of Jurisprudence* 181-211.

② ［美］博登海姆:《法理学——法律哲学与法律方法》，邓正来译，中国政法大学出版社2004年版，第217页。

③ ［美］博登海姆:《法理学——法律哲学与法律方法》，邓正来译，中国政法大学出版社2004年版，第218—219页。

解法律制度的形式结构及其实质性目的所不可或缺的，而且在法律的秩序要素同促进人际关系公正的法律安排的作用之间仍然存在着诸多重要的联系与重叠交叉现象。他试图表明，“一个法律制度若要恰当地完成其职能，就不仅要力求实现正义，而且还须致力于创造秩序。”①

博登海默所使用的秩序概念，是指在自然进程和社会进程中都存在着某种程度的一致性、连续性和确定性。与秩序概念对立的是无序概念，它则是表明存在着断裂或非连续性和无规则性的现象，表现为从一个事态到另一个事态的不可预测的突变情形。博登海默认为，历史表明，凡是在人类建立了政治或社会组织单位的地方，他们都曾力图防止出现不可控制的混乱现象，也曾试图确立某种适于生存的秩序形式。在博登海默看来，这种要求确立社会生活有序模式的倾向，绝不是人类所作的一种任意专断的或“违背自然”的努力。博登海默认为，对我们周遭的宏观世界所作的观察表明，它并不是由无秩序的和不可预测的事件构成的一个混乱体，相反它所表现的是意义重大的组织一致性的模式化，秩序压倒了无序。如同在自然界中一样，秩序在人类生活中也起着极为重要的作用。对历史的研究表明，有序生活方式要比杂乱生活方式占优势。在正常情形下，传统、习惯、业经确立的惯例、文化模式、社会规范和法律规范，都有助于将集体生活的发展趋势控制在合理稳定的范围之内。在博登海默看来，人类对有秩序有组织生活的倾向有其心理根源，可以追溯到似乎深深地根植于人的精神之中的两种欲望：其一，人具有重复在过去被认为是令人满意的经验或安排的先见取向；二是人倾向于对受瞬时兴致、任性和专横力量控制的情形作出逆向反应。②

博登海默认为，社会模式中有两种类型被认为是有害于创设与维护有序的和有规则的管理过程，这就是无政府状态和专制政体。“无政府状态意指这样一种社会状况，在这种状况中，任何人都不受他人或群体的权力和命令的支配。”③在无政府状态占支配地位的地方，政府不能把强制性规定强加于社会成员，人们的事务只应当用自愿协议的方法加以调整，而在任何情况下都不能用强权加以调整。然而，人类事务中的秩序并不是自动生效的。即使

① ［美］博登海姆:《法理学——法律哲学与法律方法》，邓正来译，中国政法大学出版社2004年版，第330页。

② 参见［美］博登海姆:《法理学——法律哲学与法律方法》，邓正来译，中国政法大学出版社2004年版，第228—240页。

③ ［美］博登海姆:《法理学——法律哲学与法律方法》，邓正来译，中国政法大学出版社2004年版，第241页。

绝大多数人是关心社会的和善良的，也必定还会有少数不合作的和爱寻衅的人，而面对这些人就不得不诉诸强力以作为最后手段。“以为彻底消灭国家或其他有组织的政府形式便可以在人们之间建立起不受干扰的和睦融洽的联合，乃是完全不可能的。”①社会生活中与无政府状态完全相反的情形乃是一个人对其他人实施无限的专制的统治。如果这个人的权力是以完全专制和任意的方式行使的，我们所面临的就是纯粹的专制政体现象。纯粹的专制君主是根据其自由的无限制的意志及其偶然兴致或一时的情绪颁布命令和禁令的。当然，历史上的大多数专制主义并非纯粹的专制主义，但差别只是程度上的而已。从社会学的角度看，把愈来愈多的模糊的、极为弹性的、过于宽泛的和不准确的规定引入法律制度之中，必定会增加人们的危险感和不安全感。

正是为了防止无政府和专制政治，所以需要法律。法律不仅是同无政府状态和专制政治敌对的，而且可以通过限制私人的权力防止为数众多的意志相互抵触的无政府状态，同时通过控制统治当局的权力防止一个专制政府的暴政。“通过一个行之有效的私法制度，它可以界定出私人或私人群体的行动领域，以防止或反对相互侵犯的行为，避免或阻止严重妨碍他人的自由或所有权的行为和社会冲突。通过一个行之有效的公法制度，它可以努力限定和约束政府官员的权力，以防止或救济这种权力对确获保障的私人权益领域的不恰当侵损、以预防任意的暴政统治。这样，最为纯粹的和最为完善的法律形式，便会在这样一种社会制度中得以实现，在该制度中，人们成功地排除了私人和政府以专断的或暴虐的方式行使权力的可能性。”②博登海默认为，哲学家和法学家通常都强调法律同普遍性之间的紧密联系，从语义与功能上考虑，坚持普遍性要素是法律概念的重要组成部分，因而是极为重要的。首先，它“使法律这一术语的用法获得了语言上的一致性”；其次，“通过把一种一致的裁判标准适用于大量相同或极为相似的情形，我们实际上是将某种程度的一致性、连贯性和客观性引入了法律过程之中，而这将增进一国内部的和平，并且为公平和公正的司法奠定了基础”。③如果法律只是或

① ［美］博登海默：《法理学——法律哲学与法律方法》，邓正来译，中国政法大学出版社2004年版，第242页。

② ［美］博登海默：《法理学——法律哲学与法律方法》，邓正来译，中国政法大学出版社2004年版，第246页。

③ ［美］博登海默：《法理学——法律哲学与法律方法》，邓正来译，中国政法大学出版社2004年版，第250—251页。

主要是由个体特殊性的特定的解决方法构成的，那么它就不能发挥它使社会生活具有某种结构的作用，也不能践履其保障人类享有一定程度的安全、自由和平等的功能。

在博登海默看来，一个法律制度，从其总体来看，是一个由一般规范同适用与执行规范的个殊性行为构成的综合体。它既有规范的一面，又有事实的一面。法律的规范性结构，是一种“应然”体的集合，它要求人们服从在现实生活中并不总是得到遵守或执行的规范。另一方面，对犯罪嫌疑人的逮捕、发出判决书、执行判决等，则都是经验性现实世界中的事实性现象。法律秩序中的规范与事实这两个方面，是互为条件且互相作用的。这两种要素缺一不可，否则就不会有什么真正意义上的法律制度。“法律制度乃是社会理想与社会现实这二者的协调者。”① 如果法律规则的“应然”内容只停留在纸上而不对人的行为产生影响，那么法律只是一种神话而非现实；而如果个人和政府官员的所作所为不接受符合社会需要的行为规则或原则的指导，社会中的统治力量就是专制的而不是法律。因此，“规范性制度的存在以及对该规范性制度的严格遵守，乃是在社会中推行法治所必须依凭的一个不可或缺的前提条件。”②

博登海默认为，法律的秩序要素所关注的乃是一个群体或政治社会对某些组织规则和行为标准的采纳问题，所涉及的是社会生活的形式而非社会生活的实质。我们必须认真地发挥法律的秩序作用，以防有人采用专断的和完全不能预见的方法对待人们，从而对社会生活产生令人不安的影响。然而，我们也必须认识到，采纳那些规则和标准并不足以创造出一个令人满意的社会生活样式，因为“消除人际关系中的随机性并不能够为人们在预防某个政权运用不合理的、不可行的或压制性的规则方面提供任何保障性措施”③。为此才需要公正。博登海默认为，正是公正观念，把我们的注意力转到了作为规范大厦组成部分的规则、原则和标准的公正性与合理性之上。秩序所侧重的是社会制度和法律制度的形式结构，而公正所关注的却是法律规范和制度性安排的内容、它们对人类的影响以及它们在增进人类幸福与文明建设方面

① ［美］博登海姆:《法理学——法律哲学与法律方法》，邓正来译，中国政法大学出版社2004年版，第255页。

② ［美］博登海姆:《法理学——法律哲学与法律方法》，邓正来译，中国政法大学出版社2004年版，第256页。

③ ［美］博登海姆:《法理学——法律哲学与法律方法》，邓正来译，中国政法大学出版社2004年版，第260页。

的价值。从最一般的意义上看，公正的关注点是一个群体的秩序或一个社会的制度是否适合于实现其基本的目标。

然而，人们对公正的理解各种各样，千差万别。“正义有着一张普洛透斯似的脸，变幻无常，随时可呈不同形状并具有极其不相同的面貌。当我们仔细查看这张脸并试图解开隐藏其表面背后的秘密时，我们往往会深感迷惑。”[①] 查士丁尼《民法大全》提出了一个著名的公正定义，即“公正乃是使每个人获得其应得的东西的永恒不变的意志”。这个定义被认为是古罗马法学家乌尔比安首创的。西塞罗也曾把公正描述为“使每个人获得其应得的东西的人类精神取向”。[②] 博登海默认为，这两个定义都着重强调了公正的主观向度，公正被认为是人类精神上的某种态度、一种公平的意愿和一种承认他们的要求和想法的意向。给予每个人以应得的东西的意愿乃是公正概念的一个重要的和普遍有效的组成部分。没有这个要素，公正就不可能在社会中盛兴。为了有效地发挥作用，公正呼吁人们把他们从那些唯一只顾自己利益的冲动中解放出来。然而，仅仅培养一种公正待人和关心他们的精神态度，并不足以使公正处于支配地位。“推行正义的善意，还必须通过旨在实现正义社会的目标的实际措施和制度性手段来加以实施。”[③] 这就涉及分配公正、矫正公正等涉及行政行动和社会行动的公正问题。分配公正所主要关注的是在社会成员或群体成员之间进行权利、权力、义务和责任配置的问题。当一条分配公正的规范被一个社会成员违反，矫正公正就开始发挥作用。因为在这种情况下，必须对过失做赔偿或剥夺一方当事人的不当得利。

公正概念关系到权利、要求和义务，所以它与法律观念有着紧密的联系。公正是衡量法律之善的尺度，而且社会公正观的改进和变化，常常是法律改革的先兆。尽管对法律有序化来说，公正并不是唯一至关重要的价值，但公正概念有意义的适用范围仍然是最广泛的。“正义的要求，除了包括其他东西以外，还包括了防止不合理的歧视待遇、禁止伤害他人、承认基本人权、提供在职业上自我实现的机会、设定义务以确保普遍安全和有效履行必

① ［美］博登海默:《法理学——法律哲学与法律方法》，邓正来译，中国政法大学出版社 2004 年版，第 261 页。

② 参见［美］博登海默:《法理学——法律哲学与法律方法》，邓正来译，中国政法大学出版社 2004 年版，第 277 页。

③ ［美］博登海默:《法理学——法律哲学与法律方法》，邓正来译，中国政法大学出版社 2004 年版，第 278 页。

要的政府职责、确立一个公正的奖惩制度等。”①

公正与自然法有很密切的关系，但不应将两者作为同义词来使用。自然法是一个公正制度最为根本的基础，它是由那些最低限度的公平和合理的标准组成的，没有这些标准，就不可能有可行的法律制度。但另一方面，公正概念则包括了被一个特定的政治和社会制度认为是公正的规范和原则，而不管这些规范和原则在一个正式的法律渊源中是否得到了明文承认。同时，公正还有一个最高的层次，一个更完美、更理想的秩序的蓝图规划，而这一规划则是一个国家的实在法所无力实现的。因此，“正义概念所关注的既是法律有序化的迫切的和即时的目的，也是法律有序化的较远大的和终极的目的。”②

在一个公正的法律制度所必须给予充分考虑的人的需要中，自由占有一个显要的位置。整个法律和公正的哲学就是以自由观念为核心而建构起来的。然而，并不是所有的政治社会制度都认为自由是每个人都具有的一种自然的和基本的权利。要求自由的欲望是人类的一种根深蒂固的欲望和一种普遍特性。从公正的角度出发，应当承认对自由权利的要求是植根于人的自然倾向之中的。但我们也不能把这种权利看作是一种绝对的和无限制的权利。“任何自由都容易为肆无忌惮的个人和群体所滥用，因此为了社会福利，自由就必须受到某些限制，而这就是自由社会的经验。”③

法律始终是增进自由的一种重要力量，与此同时也是限制自由范围的一种重要工具。同样，法律对于平等也起着一种相同的双重作用。在历史上，法律在增进人与人之间的平等和群体之间的平等方面发挥过显著的作用，与此同时，它也维护并认可了许多不平等的现象。平等是一种具有多种不同含义的概念。“它所指的对象可以是政治参与的权利、收入分配的制度，也可以是不得势的群体的社会地位和法律地位。它的范围涉及法律待遇的平等、机会的平等和人类基本需要的平等。它也可能关注诺成合同的义务与对应义务间的平等的保护问题、关注在因损害行为进行赔偿时做出恰当补偿或恢复原状的问题、并关注在适用刑法时维持罪行与刑罚间某种程度的均衡问

① ［美］博登海姆:《法理学——法律哲学与法律方法》，邓正来译，中国政法大学出版社2004年版，第285—286页。

② ［美］博登海姆:《法理学——法律哲学与法律方法》，邓正来译，中国政法大学出版社2004年版，第298页。

③ ［美］博登海姆:《法理学——法律哲学与法律方法》，邓正来译，中国政法大学出版社2004年版，第302页。

题。”[①]在博登海默看来，平等有不同的层次：一是“凡为法律视为相同的人，都应当以法律所确定的方式来对待”；二是“相同的人和相同的情形必须得到相同的或至少是相似的待遇，只要这些人和这些情形按照普遍的正义标准在事实上是相同的或相似的”；三是“宣称不能将诸如种族、性别、宗教、民族背景和意识形态信念等因素作为立法分类的标准”；四是“享有实施与执行法律职能的机关能够使赋予平等权利同尊重这些权利相一致”。[②]然而，对于基本权利的承认，有可能只是提供了行使这些权利的一种形式机会，而非实际的机会。为此，一个社会会采取这样的方法，即以确保基本需要的平等去补充基本权利的平等，而这可能需要赋予社会地位低下之人以应对生活急需之境况的特权。博登海默认为，除了主要关注用立法行为来配置和分配权利、权力和利益的平等形式之外，还有“交换对待之平等”。在博登海默看来，对歧视的反感处于平等要求的核心地位，但是历史上对什么构成而什么又不构成不合理的歧视的问题并不始终存在一种普遍一致的看法。不过，在历史上，为公正而斗争，在许多情形下都是为了消除一种法律上的或为习惯所赞同的不平等而展开的，因为这种不平等安排既没有事实上的基础，也缺乏理性。当然，尽管如此，这种斗争也从未能实现人与人之间的完全平等。实际上，不可能实现社会的绝对平等，因为这种平等是与人与人之间在天赋和能力方面的不平等不相符合的。

公正与安全和共同福利也有关系。安全有助于使人们享有诸如生命、财产、自由和平等等其他价值的状况稳定化并尽可能地维续下去，法律力图保护人的生命和肢体，预防家庭关系遭到来自外部的破坏，并对侵犯财产规定了救济手段，法律在创立防止国内混乱的措施和预防外国入侵的措施方面也起着重要的作用。所有这些法律上的安全目的，集中体现为霍布斯所说的“人民的安全乃是至高无上的法律”这句格言之中。不过，安全具有一张两面神的面孔：一种合理的稳定生活状况是必要的，否则杂乱无序会使社会四分五裂；然而一味强调安全，则只会导致停滞，最终还会导致衰败。个人对于实现自由、平等、安全的要求深深地根植于人性之中，然而对它们的效力范围进行某些限制也是与公共利益相符合的。“**在这些情形下，正义提出了**

---

① ［美］博登海姆:《法理学——法律哲学与法律方法》，邓正来译，中国政法大学出版社2004年版，第307—308页。

② ［美］博登海姆:《法理学——法律哲学与法律方法》，邓正来译，中国政法大学出版社2004年版，第308—309页。

这样一个要求，即赋予人的自由、平等和安全应当在最大程度上与共同福利相一致。”①

博登海默认为，一个法律制度若要恰当地完成其职能，就不仅要力求实现公正，而且还须致力于创造秩序。在一个健全的法律制度中，秩序和公正这两个价值通常不会发生冲突，相反它们往往会在一较高的层面上紧密联系、融洽一致。一个法律制度若不能满足公正的要求，那么从长远的角度看，它就无力为政治实体提供秩序和和平；另一方面，如果没有一个有序的司法执行制度来确保相同情况获得相同待遇，那么公正也不可能实现。因此，“秩序的维续在某种程度上是以存在着一个合理的健全的法律制度为条件的，而正义则需要秩序的帮助才能发挥它的一些基本作用。为人们所要求的这两个价值的综合体，可以用这句话加以概括，即法律旨在创设一种**正义的社会秩序**”②。

博登海默认为，在为建设一个丰富而令人满意的文明而努力奋斗的过程中，法律制度发挥着重要而不可缺少的作用，尽管这种作用不是直接的。在他看来，法律对社会的有益影响，在相当大程度上基于这样一个事实，即它在某些基本的生活条件方面为个人创制并维续了一个安全领域。具体地说，法律的有益作用主要体现在以下若干方面：其一，法律保护其国家成员的生命、肢体完整、财产交易、家庭关系、甚至生计和健康。其二，法律使人们无需为防止其他人对他们隐私的侵犯而建立私人制度。其三，法律通过创设有利发展人的智力和精神力量的有序条件而促进人格的发展与成熟。其四，法律对那些受本性驱使而去追求统治他人的专制权力加以约束，不让他们进行人身的或社会的冒险活动。其五，它通过稳定某些基本行为帮助人们从不断关注较低层次的问题中摆脱出来，并帮助人们将精力集中在较高层次的文明任务的履行上。其六，法律所建构的制度性框架为人们执行有关政治、经济、文化等方面的多重任务提供了手段和适当环境，而这些任务则是一个进步的社会为满足其成员的要求而必须予以有效完成的。法律正是通过发挥上述作用而“促进潜存在于社会体中的极具创造力和生命力的力量流入建设性的渠道；法律也因此证明自己是文明建设

① ［美］博登海姆:《法理学——法律哲学与法律方法》，邓正来译，中国政法大学出版社2004年版，第324—325页。

② ［美］博登海姆:《法理学——法律哲学与法律方法》，邓正来译，中国政法大学出版社2004年版，第330页。

的一个不可或缺的工具”①。博登海默也认为，法律像其他大多数人制定的制度一样，也存在着一些弊端。这些弊端部分源于它所具有的守成取向，部分源于其形式结构中所固有的刚性因素，还有一部分则源于与其控制功能相关的限度。博登海默强调指出：“如果我们对这些弊端不给予足够的重视或者完全视而不见，那么它们就会发展成严重的操作困难。”②

（三）波斯纳的摹拟市场论

波斯纳（Richard Allen Posner, 1939—）是美国著名法官、法学家和法律经济学家，经济分析法学的最重要代表人物。他 1962 年毕业于哈佛大学后，任美国最高法院法官秘书，后在斯坦福大学、芝加哥大学任教，并任联邦上诉法院第七巡回法庭法官。主要著作有：《法的经济分析》（*Economic Analysis of Law*, 1973），《公正经济学》（*The Economics of Justice*, 1981），《法律与文学——一种被误解的关系》（*Law and Literature: A Misunderstood Relation*, 1988），《法理学问题》（*The Problems of Jurisprudence*, 1990）、《性与理性》（*Sex and Reason*, 1992），《超越法律》（*Overcoming Law*, 1995），《道德和法律理论的疑问》（*The Problematics of Moral and Legal Theory*, 1999），《法律理论的前沿》（*Frontiers of Legal Theory*, 2001），《法律、实用主义与民主》（*Law, Pragmatism and Democracy*, 2003），《资本主义民主的危机》（*The Crisis of Capitalist Democracy*, 2010）等。波斯纳不仅从理论上对经济法学的基本概念、原理进行了系统的阐述，而且对财产法、合同法、侵权法、刑法、反垄断法、程序法，甚至宪法、行政法等都作了系统的经济分析和效益评价。从社会德性的角度看，他的贡献主要在于在对法律和法治思想进行批评的基础上对法律和法治作了经济学的解释，明确提出了法律应该通过“摹拟市场”来促进效益最大化。

经济分析法学，或称法律经济学，是 20 世纪 60 年代首先在美国兴起，继而在西方各国得到广泛传播的一个新的法学流派。它是适应 20 世纪西方国家广泛干预社会经济生活、西方社会在强调社会福利的同时重视经济效益的背景下，经济学和法学相互渗透的产物。因为这一学派正处于蓬勃发展时

① ［美］博登海姆：《法理学——法律哲学与法律方法》，邓正来译，中国政法大学出版社 2004 年版，第 408 页。

② ［美］博登海姆：《法理学——法律哲学与法律方法》，邓正来译，中国政法大学出版社 2004 年版，第 418—419 页。

期，代表人物很多，主张也不尽相同，但其理论的核心内容是“用经济学的方法和理论，而且主要是运用价格理论（或称微观经济学），以及运用福利经济学、公共选择理论、博弈论、行为经济学及其他有关实证和规范方法考察、研究法律和法律制度的形成、结构、过程、效果、效率及未来发展”。“它是法学和经济学科际整合的边缘学科：一方面，它以人类社会的法律现象为研究对象，故成为法学的一个分支学科或法理学的一大流派；另一方面，由于它以经济理论和方法为其指导思想和研究方法、工具，故又是经济学的分支学科。”[①] 法律经济学的兴起与20世纪40年代早期芝加哥大学著名经济学家西蒙斯（Henry C. Simons, 1899—1946）的启蒙工作及其后迪雷克托（Aaron Director, 1901—2004）的努力分不开，但其起步的标志则是由迪雷克托和利瓦伊（Edward Levi, 1911—2000）主持的芝加哥大学法学院《法律经济学杂志》的创办。它的创办（1958年）是法律经济学运动的里程碑。其主要代表人物有：卡莱布里斯（Guido Calabresi, 1932—）、科斯（Ronard Coase, 1910—2013）、兰德斯（William M. Landes, 1939—）、伊斯特布鲁克（Frank Hoover Easterbrook, 1948—）、爱泼斯坦（Richard Allen Epstein, 1943—）、弗里德曼（David Director Friedman, 1945—）、哈耶克、波斯纳等。其中波斯纳是法律经济学成长时期直至目前最为杰出的代表，他以其杰出的经典著作和迄今最为优秀的教科书《法律的经济分析》而誉满学界，该书2011年第八次再版。

波斯纳早在20世纪70年代初就已经注意到西方学术界法学与经济学相融合、法学家运用经济学的理论和方法研究法学问题的动向，并积极投身于这一法律经济学运用。他在《法律的经济分析》第三版序言中指出：“20世纪后二十五年法学理论方面最重大的发展也许是经济学被不断广泛地运用到法学研究的各个领域，包括那些很基本但又明显不具有经济性的侵权、刑法、家庭法、程序法和宪法。”[②] 在他看来，这种发展不仅对法学研究的方法论提出了挑战，而且对许多传统法学家、法律学生、律师、法官的政治倾向提出了挑战。为了迎接这一严峻的挑战，波斯纳毕生在致力于关于法律规则和制度的经济学分析的同时，还致力于把法律从道德理论这个重大的神秘制

---

① ［美］波斯纳：《法律的经济分析》（第七版），蒋兆康译，法律出版社2012年版，“中文版第二版译者序言”，第35页。

② ［美］波斯纳：《法律的经济分析》（第七版），蒋兆康译，法律出版社2012年版，“第三版序言”。

造者中解脱出来。前一项工作是在《法律的经济分析》一书中奠基的。在这部著作中，波斯纳证明，经济概念可以被用来讨论法律领域中非常特殊的问题，经济效率和经济效益的概念可以解释法律制度；同时，他还对法学研究的方法论提出了严峻的挑战，这一挑战正在改变着许多传统法学家、法律专业学生、律师、法官和政府官员的观念。后一工作主要是在《法理学问题》、《超越法律》和《道德和法律理论的疑问》这"三部曲"中完成的。这三部著作讨论的"都是一些令现代法官、道德学者和政策决策者困惑的主要的规范问题"[①]。

在波斯纳看来，法律活动与经济理论和经济利益是密不可分的。在实际的司法实践中，经济的考虑实际上起着重要的作用，而且如果司法机关更自觉地运用经济理论和方式，将会使法律制度进一步得到改变。他认为，他的《法律的经济分析》就是要对此作出证明："本书的主要命题是：第一，经济思考总是在司法裁决的决定过程中起着重要的作用，即使这种作用不太明确甚至是鲜为人知；第二，法院和立法机关更明确地运用经济理论会使法律制度得到改善。"[②]前一个命题旨在将经济学运用于法律分析，从而揭示法律的真正目的。他通过分析发现，法律本身，包括它的规定、程序和制度都在于促进效益的实现，而且"无论一种法律制度的特定目标是什么，如果它关注经济学中旨在追求手段和目的在经济上相适应的学说，那么它就会设法以最低的成本去实现这一目的"[③]。后一命题则旨在推动法学法律制度的客观要求，自觉运用经济学的理论和方法研究法律制度，从而更好地推动法律增进社会的效益。他说："法律经济学运动的、也是本书的推动力量是，将经济学适用于分析法律，改善法律、法规和公共政策，以降低社会成本、促进效率和正义。"[④]有学者将波斯纳的这一思想概括为法律应该通过"摹拟市场"来促进效益最大化。所谓"摹拟市场"，是指如果市场交易成本过高而抑制交易、影响效益最大化时，法律遵循的普遍规则是：法律应该将权利赋予那

① [美]波斯纳：《法律和道德理论的疑问》，苏力译，中国政法大学出版社 2001 年版，"原书序"。

② [美]波斯纳：《法律的经济分析》（第七版），蒋兆康译，法律出版社 2012 年版，"中文版第一版作者序言"。

③ [美]波斯纳：《法律的经济分析》（第七版），蒋兆康译，法律出版社 2012 年版，"中文版第一版作者序言"。

④ [美]波斯纳：《法律的经济分析》（第七版），蒋兆康译，法律出版社 2012 年版，"中文版第二版作者序言"第 28 页。

些最珍视它们的人。[①]

值得注意的是，波斯纳所说的经济学不是严格意义上的经济学，而是广义的经济学。他把经济学看作是一种理性选择理论，换言之，也就是以最小可能的资源花费来达到预期目标的理论选择。“经济学是一门关于我们这个世界的理性选择的科学——在这个世界，资源相对于人类欲望是有限的。”[②]其任务在于探究以下假设的含义，即人在其生活目的的满足方面是一个理性最大化者。波斯纳给自己的研究规定的任务则是进一步假设：“人，不仅在‘经济’事务中，即在参与显性市场的买卖过程中，而且在**所有**的生活领域，是理性的功利最大化者。”[③]在波斯纳看来，美国经济学界对“经济学”一词有着非常广泛的理解，不仅将经济学作为理性选择理论，而且认为人们在其大多数活动领域内的行为是理性的。这种理性化行为不仅仅限于市场交易，还运用于非市场行为的领域，其中最重要的领域之一就是法学研究的领域。“我们可以通过运用不同于法官和其他法律专业人员所运用的术语（尤其是经济学术语）来考察问题，从而确定法律的结构、目的和一致性。”[④]

波斯纳根据他所界定的经济学对普通法、市场的公共管制、企业组织和金融市场的法律、收入和财富分配的法律、法律程度，以至宪法和联邦制度作了全面的法律分析。这里我们以普通法和宪法为例做些介绍。

波斯纳认为，无论是财产法（包括知识产权法）、契约法、商法、赔偿法、不当得利法，还是刑法、亲属法、海事法，所有这些都能被注入用以不仅解释了（主要的）这些法官制定法领域中主要原则（包括实体的和救济的程序的），而且还显示了经济的统一性的原则。这也就是说，“经济学是普通法的深层结构，普通法原则是表面结构。从经济学的角度理解，这些原则，不仅在显性市场而且在社会交往的全部领域，为引导人们有效率的活动而形成了一套制度。”[⑤]波斯纳分析说，在自愿交易成本较低的情况下，普通法竭力鼓励人们通过市场进行其交易活动。这是通过创设财产权并通过它们

① 参见王振东：《现代西方法学流派》，中国人民大学出版社2006年版，第277页。

② ［美］波斯纳：《法律的经济分析》（第七版），蒋兆康译，法律出版社2012年版，第3—4页。

③ ［美］波斯纳：《法律的经济分析》（第七版），蒋兆康译，法律出版社2012年版，第4页。

④ ［美］波斯纳：《法律的经济分析》（第七版），蒋兆康译，法律出版社2012年版，“中文版第一版作者序言”。

⑤ ［美］波斯纳：《法律的经济分析》（第七版），蒋兆康译，法律出版社2012年版，第354页。

而完成的，而其保护方法正是法院禁令、恢复原状、惩罚性损害赔偿和刑事处罚这样的救济措施。在因通过自愿交易资源的成本过高从而抑制交易的情况下，即在市场交易作为资源配置方法不可行的情况下，普通法就通过模仿市场这样的方法来给行为定价。由此可以看出，法律的经济分析者能够在普遍法的各个领域中工作。例如，几乎所有侵权问题都可以作为一个契约问题而得以轻松地解决，其方法是在交易成本不算太高的条件下要求被卷入事故的人预先就安全措施达成协调。同样，几乎所有的契约问题也都可以作为侵权问题来解决，其方法是决定什么样的制裁才是防止履约或付款方从事浪费社会资源的活动所必需的。而侵权和契约问题都可以被看作是财产权界定中的问题，如过失法可以被看作是旨在界定我们在防止事故伤害人身安全上所拥有的权利。如果交易成本不是过高，那么财产权界定本身也可以被看作一种为了创造避免浪费有价值资源的激励而设定双方同意的措施的方法。波斯纳认为，如果普通法是一个基本政策相同的各种原则的经济统一体，那么即使它们产生于普通法的不同领域，我们仍然可以在经济学意义上用同样的方法解决相似的问题。波斯纳注意到，法学与经济学之间过去存在着一些隔阂，而导致这种隔阂的责任在法学家。"法学与经济学之间的有些隔阂可能是可以被理解为经济学术语的滞后，经济学家们所称的'路径依赖'现象。因为法律极为重视连续性（这存在着有力的经济和政治理由），它总是滞后于日益变化的社会和经济条件。"① 在波斯纳看来，有证据表明，无论什么理由，经济效率并没有提出一个完满的普通法实证理论，但它确实提供了部分的理论，也提供了统一的证词概念，使人们将普通法理解为一个整体，以平衡其对传统法律教育和论证的极度重视。

波斯纳认为，经济分析也适用于宪法。宪法的特点有二：一是要求绝对多数票才能变更；二是规定政府的基本的权利、义务和结构。对宪法作经济分析涉及以下八项内容或主题：（1）宪政的经济理论，要求绝对多数票才能变更一部法律的经济特征和结果；（2）宪法设计的经济学（政治制度的宪法规则）和联邦内分权与联邦和州分权原则的经济学；（3）宪法特定原则的广义的经济作用，如排除原则，即审判中必须将破坏宪法权利情况下所取得的证据排除在外的原则；（4）对具有经济逻辑的宪法条款（如被视为思想自由市场保护者的言论自由条款、国家征用条款）的解释；（5）不论是通过对现

① ［美］波斯纳：《法律的经济分析》（第七版），蒋兆康译，法律出版社 2012 年版，第 358 页。

在条件的重新解释还是通过新的修正案，建议改革宪法以对自由市场进行更为全面的保护；（6）宪法的“双重标准”问题，即宪法对财产权比对个人自由给予更多的保护与现代联邦最高法院对个人自由比对财产给予更多的保护之间的矛盾；（7）宪法与经济增长之间的关系；（8）从委托人—代理人的立场看宪法解释的原则。① 例如，宪法常被当作一种契约来讨论，而且它与“社会契约”这样的非标准契约有关。从经济的角度看，宪法和契约之间的类比有其一定的合理性。契约变更需要一致同意而非仅仅多数赞成。由于交易成本使一致同意成为宪法修正的一个不可能的条件，但美国宪法的超绝对多数要求可以看作是将宪法修正置于成文法中偏向契约的那一端。

波斯纳还从经济分析的角度讨论了法治问题。

在他看来，贫困国家的政府不提供资本主义经济的法律基础设施，是这些国家依然贫穷的主要原因。必要的法律基础设施主要包括实施和保护法律权利的机制，主要是财产权和契约权。就其理想形式而言，这一机制应该包含：“有胜任能力、具有职业道德、薪酬优厚的专业法官实施为促进商业活动而设计的规则，这些法官的人数应该足够审理繁多的案件而没有拖延，这些法官应该免予政府的立法和行政部门的干预，这些法官应该听取有胜任能力、具有职业道德、薪酬优厚的律师意见，这些法官应该依据规则和惯例（如会计准则、重要统计规则、政府土地权利登记管理部门规则和公共利益规则等）处理案件，他们的判决应该由依靠有胜任能力、具有职业道德、薪酬优厚司法行政长官、法警、警察或其他部门官员执行。”② 在波斯纳看来，虽然法律机制偏离这一理想状态并不必然严重妨碍经济效率，但在某种程度上向“理想”法律秩序的接近无疑会对经济成长做出极大的贡献。一个贫穷的国家可能没有能力承担一个完善的法律制度，但是，如果没有一个完善的法律制度，这个国家也许永远不会成为一个能承担得起一个完善法律制度的富裕国家。波斯纳主张我们有必要将两类规则效率区分开来：一类是如果它设定的规范被遵守就能将外在性内在化或以其他方式促进资源的有效配置，它是实体性、有效率的，非经他们许可禁止使用他人财产的规则就是一个例证；另一类是它被设计和用于降低法律制度适用的成本并提高法律制度适用

① 参见［美］波斯纳：《法律的经济分析》（第七版），蒋兆康译，法律出版社 2012 年版，第 931—932 页。

② ［美］波斯纳：《法律的经济分析》（第七版），蒋兆康译，法律出版社 2012 年版，第 372—373 页。

的准确性，如只有书面的契约才能执行。与标准相比，规则的相对简单性对一个司法制度不健全的贫穷国家而言具有两方面的结果：适用规则对法官的时间和合格性的要求较低，所以成本低而且更可能准确；规则还能促进法官的监督，从而降低司法程序中贿赂和政治影响的可能性。此外，还有一些其他降低司法腐败和无能的措施，如：通过创设可在法官因受贿或无能而被辞退时被没收的丰厚的退休金权利而将司法官员的报酬后置；由法官组成合议庭或法官与陪审员一起，加大受贿的交易成本和提高贿赂被发现的可能性；降低处罚从而降低贿赂法官和其他官员不实施处罚的收益；等等。

在波斯纳看来，以上所讨论的要旨就是“法治”。他指出：“法治，无论从狭义的含义上而言不论贫富、官民应平等对待，还是从广义的含义上而言应中立、合理、明智、透明、公正地界定经济和公民权利、采纳被广泛接受的社会和经济价值观，都是保障一个社会长期稳定和持续发展的良性运营法律制度的基础。”① 波斯纳同意马克斯·韦伯将“法治”理解为法律的“形式合理性”的看法。罗尔斯确定了法律的四个要素：必须能够得到接受者的遵从；对于某一特定法律规则，处于相似情形的人们必须得到平等对待；必须公开；必须提供一种方法用于确定法律规则适用所必需的任何事实真相。波斯纳认为，这些要素也是法律经济概念的核心。首先，从经济的角度看，法律的基本功能是改变激励，仅仅将不履行的风险加到未履行的当事人身上。其次，法律必须平等地对待同类人实际上就是说，法律必须具有一个合理的结构，因为不同等地对待相同的情况是非理性的。“在法律具有隐含的经济结构这一角度来看，它必须是理性的；它必须同等对待相同案件。”② 然而，这一要求超越了“法律面前平等”这一概念，而这种“超越”将法治与法律的平等保护联结起来，也为平等保护提供了经济的理论基础。再次，当我们从经济学视角将法律看作是一个改变激励从而调节行为的制度时，它就必须是公开的。“如果法律仅仅只在其可适用的事件发生后才为人知晓，法律的存在就不会对其约束的当事人的行为产生影响。”③ 法律的经济理论实际上是一种将法律看作威慑力的理论。最后，法律的经济理论预先假定了一个查明

① ［美］波斯纳：《法律的经济分析》（第七版），蒋兆康译，法律出版社 2012 年版，中文版第二版作者序言第 28 页。

② ［美］波斯纳：《法律的经济分析》（第七版），蒋兆康译，法律出版社 2012 年版，第 377 页。

③ ［美］波斯纳：《法律的经济分析》（第七版），蒋兆康译，法律出版社 2012 年版，第 377 页。

正确适用法律所必需的事实的存在机制。假设不考虑实施法律的环境是否与预料中的适用的相同，法律的威慑效用就会被削弱，甚至消失。波斯纳认为，法治观念源于亚里士多德的“矫正公正”概念，这个概念本身富有经济意义。亚里士多德的矫正公正概念是高度抽象的，并没有具体说明所谓不正当行为，但重要的是从其中得出的推论：矫正公正并不关注不当行为人和受害者的个人品质、优点或缺点，受害者可能是道德败坏的人，而不当行为人是品质端庄的人。法院不能抛开伤害这一前提而仅基于不当行为人的受害者的优点或缺点，利用这个机会来充实或者恶化他们的境况。①

这里就涉及法律与道德的关系问题。波斯纳认为，法律，尤其是包含在英美普通法中的那些基本法律原则，其真正目的是为了纠正非公正而维护道德观念。“基于各方面的考虑，信奉普遍公认的道德准则所增加的社会财富要比其减损的少，尤其在对准则作出适当确认时，无私、可靠和其他品性就会对两者处于冲突状态的社会福利而非个人福利有帮助。”②例如，诚实、守信和爱能降低交易成本；和睦和其他形式的无私能减少外在成本和增加外在收益；慈善业可以减少对成本高昂的公共福利项目的需求。波斯纳认为，群体利益（道德）与个人利益（自利）并不完全一致，普通法就是要对违反那些能促进市场经济的道德行为施加成本。但是，法律并没有在最高程度上实施任何道德准则。例如，契约法强制执行的只是承诺的一个有限的部分，因为许多在道德上令人不满的违约并不构成提起诉讼的理由。如果对这些违约也运用法律强制执行，法律实施的成本会超过收益。一个最简单的例子是，一个口头而非书面的契约，依据英国的《禁止欺诈法》（1677）是不可强制执行的。③

但是，波斯纳像分析法学一样，并不认为道德应用作为法律的基础，相反要把法律从道德理论这个重大的神秘制造者中解脱出来。在他的三部曲（《法理学问题》、《超越法律》和《道德和法律理论》）中，他特别讨论了三个问题：一是公正理论的问题；二是道德哲学与法律的关系问题；三是经济法学的哲学基础问题。

---

① 参见［美］波斯纳：《法律的经济分析》（第七版），蒋兆康译，法律出版社2012年版，第378页。

② ［美］波斯纳：《法律的经济分析》（第七版），蒋兆康译，法律出版社2012年版，第383页。

③ 参见［美］波斯纳：《法律的经济分析》（第七版），蒋兆康译，法律出版社2012年版，第384页。

经济学界对法律的经济分析方法提出了不少批评，其中重要的批评之一就是认为这种方法忽视了公正。在《法律的经济分析》中，波斯纳对此作了回答。他认为，我们必须区别“公正”的不同词义。“公正”有时是指分配公正，这种意义的公正意味着一定程度的经济平等。但是，“公正”在很多时候又意味着效率。在他看来，公正并不仅仅限于具有效率的含义。例如，在美国，允许自杀契约，允许私人的种族、宗教和性别歧视，允许在真正绝望的情况下宰杀救生船上最弱的旅客等，所有这些都冒犯了现代美国人的公正观，而且在很大程度上是违法的。因此，公正问题除了经济学的考虑之外还有更多其他的考虑。① 在《法理学问题》中，波斯纳又对公正作了更具体的讨论，着重讨论了矫（校）正公正、报应公正、程序公正（形式公正）以及分配公正问题。

波斯纳认为，矫正公正概念出自亚里士多德，在他那里，矫正公正不同于分配公正，分配公正要求按绩效进行分配，而矫正公正则不适用于奖赏，只适用于交换，包括自愿的和不自愿的，大致相当于法律中的自愿和不自愿。从亚里士多德的矫正公正观点看，究竟是好人欺骗了坏人还是坏人欺骗了好人，这无关紧要，法律所关注的只是伤害本身的特点，并将双方视作同等，是否一方不公而另一方受到了不公，是否一方造成了伤害而另一方受到了伤害。在波斯纳看来，亚里士多德的矫正公正观念是狭窄的、形式化的，特别是个人化公正概念是含糊的。所谓个人化公正是指解决纠纷具有下列三种特别风格中的一种或全部：其一，纠纷之解决是根据法官个人在案件中的利害关系；其二，纠纷解决是按照争议双方的个性、身份、外貌或其他个人特点进行的，而不是按照他们诉讼本身的（非个人化的）优劣进行的；其三，得出的是实质公正而不是形式公正。第一种风格被认为是腐败，第三种风格亚里士多德没有涉及，而第二种风格涉及个人化公正，亚里士多德对此是否弃的。② 在波斯纳看来，“校正正义有两个基石：个人化正义之不足，以及当自己的权利受到侵犯时自然产生的愤慨和赔偿要求。” ③ 由此出发，我们可以将侵权制度看作是复仇制度的一种文明替代品，而且我们可以看到这个

① 参见［美］波斯纳：《法律的经济分析》（第七版），蒋兆康译，法律出版社 2012 年版，第 35—36 页。

② 参见［美］波斯纳：《法理学问题》，苏力译，中国政法大学出版社 2002 年版，第 392 页以后。

③ ［美］波斯纳：《法理学问题》，苏力译，中国政法大学出版社 2002 年版，第 412 页。

制度因此最终基于报应公正观念之上。

波斯纳认为，矫正公正观念只是一系列形式原则中的一种，这些形式原则还包括：（1）法律命令必须能够为它要求的对象服从；（2）它必须在一切与该命令相关的方面都同等对待所有境况相似的人；（3）它必须公开；（4）它必须有一个程序来确定适用该命令所必须的事实。这组原则有时被当作一种独特的法律意义上的公正司法的构成要素，或者被当作对法治或法律的内在道德性的界定，或者被视为对“何为法律”问题的答案。但是，在波斯纳看来，“这组原则只是淡淡的稀粥，不能填补人们的饥饿。”[①] 在波斯纳看来，既然形式公正有诸多局限，那就只能求助于分配公正（实质公正）了。然而，波斯纳认为，亚里士多德和后来的哲学家以及“从事哲学思考的法律人”所阐述的分配公正都缺乏具体性。

基于对公正问题的分析，波斯纳得出了道德哲学对于法律没有什么意义的结论。他说：“迄今为止，应当清楚了，道德哲学到底有多少东西可以以回答具体法律问题的方式甚或以有一般联系的方式提供给法律，对此我很怀疑。”[②] 在他看来，对于法律来说，道德哲学的基本价值是批评的。它有助于我们看到一些或许被用来提出、证明或推翻法律责任的雄心勃勃的社会理论有什么弱点。波斯纳认为，道德哲学在实践层面失败的原因有两点：一是知识最终要由我们的直觉来检验，而道德直觉趋向于比有关物理世界的直觉更为强硬，也更多分歧；二是要解决道德两难，就要求你深入地吃透每个具体两难的特点，而哲学家缺少时间或训练来专门了解死刑、奴隶制、种族灭绝、人工流产或者其他道德争议的细节，只能在概念上耗费墨水。在波斯纳看来，如果我们有足够的知识，我们的许多道德两难就会消失。“在一种不了解事实的情况下，道德争论会进行得最为激烈；当人们缺乏可以客观重复的知识时，他们就会退守，依赖根植于个人心理和教养的直觉和个人经验。但这对法律没有多少帮助，因为这种辩论对事实了解得很少，并且也抵制了科学的精神。”[③] 波斯纳关于道德哲学与法律关系的基本看法是：“政治道德哲学的方法还不足够强大，还无法解决人们感觉强烈的道德论争，也不足以通过解决这些论争来为司法决定提供坚实的基础。事实上，尽管法律推理的方

① ［美］波斯纳：《法理学问题》，苏力译，中国政法大学出版社 2002 年版，第 415 页。
② ［美］波斯纳：《法理学问题》，苏力译，中国政法大学出版社 2002 年版，第 434 页。
③ ［美］波斯纳：《法理学问题》，苏力译，中国政法大学出版社 2002 年版，第 439 页。

法很孱弱，但它们并不比道德推理的方法更为孱弱。”①

正是对道德哲学的失望，波斯纳转向了经济学。“既能解说司法决定，又能将之置于某个客观的基础上，在近年来追求系统阐述这样一个首要的司法正义概念的努力中，最为雄心勃勃并可能最有影响的就是‘法律与经济学’交叉学科领域，通常人们又称其为法律的经济学分析。”②然而，即使使用经济学的方法分析研究法学问题，这种方法也仍然有某种哲学方法论作为最终依据。波斯纳对此是明确承认的，并且在对实证理论和规范理论进行批评的前提下选择了实用主义理论。他强调他的法理学所使用的工具是分析哲学，这种分析哲学实质上是实用主义。他认为，法理学是“对所谓法律的社会现象进行的最基本、最一般、最理论化层面的分析”③，涉及法律是否客观以及在什么意义上是客观的和自给自足的，而不是政治性的和个人化的等问题。波斯纳认为，所有这些问题都可以称之为法理学的“批发”问题，它们有别于一些法理学的“零售”问题，如禁止人工流产问题。波斯纳表明，他在处理这两类法理学问题时使用的主要工具是分析哲学，即关于理性和推理的规范性问题的研究。不过，他在实际论辩的过程中，对法律过程作了一种功能性的、充满政策性的、非法条主义的、自然主义的并且是怀疑主义，但又绝不是玩世不恭的理解。他将这种理解称为实用主义。他明确表示：“我赞同一种**实用主义的**法理学。”④

在《超越法律》中，波斯纳对他所说的“实用主义”作了进一步明确的阐述。他说，他使用实用主义时，首先是指一种处理问题的进路，它是实践的和工具性的，而不是本质主义的。它感兴趣的是，什么东西有效和有用，而不是这“究竟”是什么东西。因此，它是**向前看**的，它珍视与昔日保持连续性，但仅限于这种连续性有助于我们处理目前和未来的问题。⑤实用主义与自由主义有着密切的联系。“自由主义（尽管不必然是密尔式的或爱默森式的）是这样一种政治哲学，它最适合人们对道德基础有不同看法的社会，而实用主义是无需基础的生活哲学。”⑥因此，自由式主义与实用主义相互之间是相当契合的，而且与经济学也相当契合，这种契合可以改造法律理论。

① ［美］波斯纳:《法理学问题》，苏力译，中国政法大学出版社 2002 年版，第 440 页。
② ［美］波斯纳:《法理学问题》，苏力译，中国政法大学出版社 2002 年版，第 441 页。
③ ［美］波斯纳:《法理学问题》，苏力译，中国政法大学出版社 2002 年版，“原文序”I。
④ ［美］波斯纳:《法理学问题》，苏力译，中国政法大学出版社 2002 年版，第 35 页。
⑤ 参见［美］波斯纳:《超越法律》，苏力译，中国政法大学出版社 2001 年版，第 4 页。
⑥ ［美］波斯纳:《超越法律》，苏力译，中国政法大学出版社 2001 年版，第 35 页。

在《道德和法律理论的疑问》中，波斯纳又从法律未来发展的出路讨论了实用主义。他认为，法律要成为真正的职业，希望在于“超越法律”。如何超越法律？关键是实用主义。波斯纳认为实用主义是真正的职业主义的前途。不过，他指出，他所说的实用主义不是指某种哲学立场那种意义上的，而是一种经验意义上的。他说，哲学实用主义者及其反对派相互之间全力以赴讨论诸如语言是否反映实在、自由意志与科学世界观是否兼容以及这些问题是否还有意思这样一些问题。他对这些问题不感兴趣，他感兴趣的是“作为一种倾向的实用主义，它喜欢把政策判断基于事实和后果，而不是基于概念主义和通则”①。不过，这种实用主义也并非完全与实用主义哲学没有关联。哲学，特别是实用主义哲学，让人怀疑，而怀疑让人追究，它使得一位法官更少地是一个教条主义的审判者，而更多地是实用主义的或至少是思想开放的审判者。“哲学实用主义并不一定得出法律实用主义或任何其他法理学立场。但是，它也许对法律的实用主义进路起到了一种传承和养成的作用。”②

① ［美］波斯纳:《道德和法律理论的疑问》，苏力译，中国政法大学出版社 2001 年版，第 263—264 页。

② ［美］波斯纳:《道德和法律理论的疑问》，苏力译，中国政法大学出版社 2001 年版，第 264 页。

第五章　现代社群主义德性思想

社群主义（Communitarianism），又被译为“共同体主义”和“社团主义”。Communitarianism一词最早是由英国维多利亚时代空想社会主义者巴曼比（John Goodwyn Barmby）创造的，用以指称空想社会主义者和其他经历过共同生活方式的人。然而，一直到20世纪80年代，这一术语才通过美国的一群重要政治哲学家的著作而流行开来。不过，甚至他们自己之间对“社群的”（communitarian）一词的使用也是有争议的。在西方，对于许多人来说，“社群的”这个术语是与社会主义或集体主义（Collectivism）联系在一起的，所以社群主义学派的学者虽然提倡和拥护社群主义观念，但通常都避免使用这个术语。

社群主义产生于20世纪80年代，直接源自对罗尔斯新自由主义的批判。桑德尔指出，他的《自由主义与公正的局限》与同时代的麦金太尔、泰勒、沃尔泽等自由主义政治理论的批评者的著作一起被认为是对具有权利取向的自由主义的批评。“这场争论有时表现为这样两类人之间的论战——一些人重视个人自由（权）的价值，而另一些人则认为，共同体的价值或大多数人的意志永远应该占上风；或者，表现为另外两部分人之间的论战：一部分人相信普遍人权，另一部分人则坚持认为，不存在任何批评或判断不同文化和传统之价值的方法。”① 当然，社群主义产生的更深刻根源在于自由主义的理论与实践，特别是新自由主义的国家干预政策在20世纪80年代面临严峻挑战。社群主义兴起也与当代西方德性伦理学复兴、共和主义复兴有着密切关系。通常被看作社群主义重要代表人物的麦金太尔就是德性伦理学复兴的旗

① ［美］桑德尔：《自由主义与正义的局限》，万俊人等译，译林出版社2011年版，第二版前言第2页。

手，而社群主义的最主要代表人物桑德尔就明确主张共和主义。就其思想渊源而言，社群主义承袭了公民共和主义（civic republicanism）的传统，其根源可追溯到柏拉图的《理想国》以及亚里士多德对人是政治动物的强调。

社群主义内部存在着诸多分歧，但社群主义者一般都强调个人与社群（community，亦译为"共同体"）之间的联系，反对新自由主义把自我和个人当作理解和分析社会政治现象和政治制度的基本变量，认为社群才是政治分析的基本变量，主张用公益政治哲学代替权利政治哲学。从这一基本立场出发，社群主义形成了以下三个基本主张：

第一，社群优先于个人。社群主义认为，个人及其自我最终是他所在的社群决定的，个人认同及价值观的形成，并非在进入社群前即由个人意志所决定，而是由个人与其生活于其中的社群之间的对话关系决定的，是由社群决定"我是谁"，而非由我自由选择了"我是谁"。自我根植于特定的历史文化及传统中，每一个个体都是生长于某个特定的家或社会中某个特定的时空的，诸多社会的属性和目的型塑了个体的特殊性和个别性，它们是自我构成的特定要素。个人的自我为个体所身处的社会文化所赋予，个体必须在社群生活中、通过与别人不断的互动和不断的反省、探求认知到自我与社群成员间的构成性关系，从经验中理解自己的身份，发现对自我的认同。社群主义强调个人对于社会的依赖性，认为社会的政治、经济、文化条件是实现个人权利的前提，国家对于公民的受教育权、工作权、保健权、休假权、接受社会救济权等权利的实现负有不可推卸的责任，应该采取积极态度并有所作为。与通过个人的单独行动所能获得的权利相比，个人在社群环境中以及在与政府的合作中所能够实现的权利要大得多。

第二，公益优先于公正。社群主义认为，社群本身即有一种"内在善"，从"内在善"衍生而成的共同价值和目标可吸引个人，对社会的运作亦具有凝聚力及连续性。由于每个社群生活的标准不同，对善的定义也不一样，因此共同善只有在特定的社群之内才能达成，这种达成需要一个共同的历史和文化的特定社群，也需要社会制度和社群成员的行为配合。"内在善"的观念来自于个体身处社群中的文化传统，它不但提供了个人在选择时所需考量的参考标准，也是公正的基础，权利以及界定权利的公正原则必须建立在共同善之上。社群主义极力主张将个人的善与社群的共同善（公益）统一起来，并用这种共同善作为评价社群生活方式的标准，社群成员应以"共同合作"的方式来促进共同善。社群内的每个人对社群中的生活规范有共同的理解，形成相互的责任与义务，并通过表达彼此的关心、分享共同的价值及相互了解，提供社群成员道德的起点，建立成员对社群的认同感及归属感。共同善虽为社群的共同价值，但并不意味社群成员必须毫无疑问地接受共同善的标准或规范，相反，为避免共同善政治沦为极权主义或恐怖主义，成员间可通过公开讨论和沟通，对共同善标准加以修正或排除。

第三，国家应积极有为。社群主义认为，国家有干预和引导个人选择的责任，个人也有积极参与国家政治生活的义务。社群主义要求的是“强国家”，认为一个缺少共同利益的社会即使再公正，也不是一个好社会；而只有国家所代表的公共政治生活才能促进公共利益的实现，所以为了国家和社群的利益甚至可以牺牲个人的利益。社群主义旨在恢复社群价值的重要性，只是希望修正自由主义对个人和社群的错误假设，并重申社群对个人的重要性。①

社群主义的主要代表人物及其观点有：迈克尔·桑德尔（Michael Sandel，1953—）对自由主义理论与实践的系统批判，查尔斯·泰勒（Charles Margrave Taylor，1931—）对现代性的拯救，迈克尔·瓦尔泽（Michael Walzer，1935—）的复杂平等观（complex equality），威廉·嘎尔斯顿（William Galston, 1946—）的自由目的论，以及阿威勒里（Shlomo Avineri, 1933—），本哈比波（Seyla Benhabib, 1950—）等等。麦金太尔通常也被认为是社群主义的重要代表人物之一，不过就其思想的主要影响来看，他更是一位德性伦理学家。需要指出的是，我们以上所谈到的代表人物的社群主义思想通常被称为“哲学社群主义”（Philosophical Communitarianism），除此之外还有所谓“意识形态社群主义”（Ideological Communitarianism）。前者将古典自由主义看作是在本体论和认识论上不一致的，并以此为根据反对古典自由主义，认为共同体的价值在自由主义的公正理论中没有得到充分的认识。社群主义者不像古典自由主义者那样把共同体看作是从先于共同体的个人意愿行为产生的，而是强调共同体对于定义和形塑个体的作用。意识形态社群主义则以新近才出现的“激进的中心主义意识形态”（radical centrist ideology）为其特征的，其标志有时是经济问题上的左翼和社会问题上的道德主义或保守主义。当社群主义这个词被大写时，它通常是指依左尼（Amitai Etxioni,

① 参见何霜梅：《正义与社群——社群主义对以罗尔斯为首的新自由主义的批判》，人民出版社2009年版，第32页以后。

1929— ）[①] 和其他一些哲学家的 "回应性社群主义运动"(Responsive Communitarian movement ）。

一、桑德尔对自由主义的批评

迈克尔·桑德尔（ Michael J. Sandel, 1953— ）美国著名政治哲学家，哈佛大学教授，当代西方社群主义的最著名代表。他因其著作《自由主义与公正的局限》(1982 ）对罗尔斯《公正论》(1971 ）的批评而被推选为美国艺术和科学院院士，因讲授哈佛的《公正》课（网上有视频公开课）而蜚声学界内外。其主要著作有:《自由主义与正义的局限》(*Liberalism and the Limits of Justice*, 1982 ）、《自由主义及其批评者》(*Liberalism and its Critics*, 1984 ）、《民主的不满：美国在寻求一种公共哲学》(*Democracy's Discontent: America in Search of a Public Philosophy*, 1996 ）、《公共哲学》(*Public Philosophy: Essays on Morality in Politics*, 2005 ）、《反完美之案例：基因工程时代的伦理学》(*The Case against Perfection: Ethics in the Age of Genetic Engineering*, 2007 ）、《公正读本》(*Justice: A Reader*, 2007 ）、《公正——怎样做才正当？》(*Justice: What's the Right Thing to Do?* 2009 ）、《金钱不能买什么——市场的道德局限》(*What Money Can't Buy: The Moral Limits of Markets*, 2012 ）。麦金太尔的《德性之后》在 1981 年出版，比桑德尔的《自由主义与公正的局限》(1982 ）早一年，似乎麦金太尔应是社群主义流派的开创者，但实际上，社群主义真正肇始于桑德尔的《自由主义与公正的局限》。因为在这部著作中，桑德尔对西方近代自由主义理论特别是新自由主义理论进行了系统的批判，并提出了社群主义的一些基本观点。从这种意义看，桑德尔才是社群主义的真正开创者，而麦金太尔大致可以说是社群主义的先驱者。桑德尔作为社群主义的开创者和最主要代表，其贡献主要在于，在对自由主义理论和实践进行系统批判的过程中，在对功利主义、自由至上主义和德性主义进行比较的过程中，阐述了社群主义的基本立场和观点，特别是社群价值优先于个人权利、共同善优先于公正、国家应致力于克服市场的道德局限等观点。虽然他的社群主义观点是在批判和比较的过程中表达的，并没有提供系统充分的论证，但其观点还是明确而完整的。

① 依左尼是美国华盛顿大学教授，1990 年发起创办社群主义者的重要刊物《回应性社群主义》，并担任主编。

（一）对自由主义理论的批评

桑德尔是以严厉而系统批评自由主义特别是罗尔斯的新自由主义闪亮登场的，其标志就是他 1982 年出版的《自由主义与公正的局限》这部论战性著作。关于他与罗尔斯等自由主义者的分歧，他在他的这部成名作出版 15 周年写的第二版前言中指出："罗尔斯的自由主义与我在《局限》一书中所提出的观点之间的争执关键，不是权利是否重要，而是权利是否能够用一种不以任何特殊善生活观念为前提条件的方式得到确认和证明。争论不在于是个体的要求更重要，还是共同体的要求更重要；而在于支配社会基本结构的正义原则，是否能够对该社会公民所信奉的相互竞争的道德确信和宗教确信保持中立。易言之，根本的问题是，权利是否优先于善。"[①] 在桑德尔看来，对于罗尔斯如同对于康德一样，权利对于善的优先性基于两种主张：一是某些个体权利如此重要以至于普遍福利也不能僭越之；二是具体规定我们权利的公正原则的正当性并不取决于善生活的任何特定观念。桑德尔说他所要提出挑战的是第二种权利优先的主张。他认为，公正与善相关，而不是独立于善的。但是，认为公正与善相关的主张有两种：其一，认为公正原则应从特殊的共同体或传统中人们共同信奉或广泛分离的那些价值中汲取道德力量。这种主张在下述意义上是社群主义的，即共同体的价值规定着何为公正、何为不公正。按照这种观点，承认一种权利取决于向人们表明，这种权利隐含在传统或共同体的共享理解之中。其二，认为公正原则及其正当性取决于它们所服务的那些目的的道德价值或内在善。按照这种观念，承认一种权利取决于向人们表明，它能为某种重要的人类善作出贡献，使之发展。至于这种善是否恰好得到人们的广泛赞许、是否隐含在该共同体的传统之中都是不确定的。这种将公正与善联系起来的方式不是社群主义的，而是目的论的。桑德尔认为，这两种观点都犯了一个相似的错误，即它们都试图回避对该权利所促进的目的的内容作出判断。但是，除这两种观点之外，还有第三种可能性，即认为"权利的正当性依赖于它们所服务的那些目的的道德重要性"或"权利依赖于对权利所发展之目的的实质性道德判断"[②]。在桑德尔看来，这

① ［美］桑德尔：《自由主义与正义的局限》，万俊人等译，译林出版社 2011 年版，第二版前言第 2 页。

② ［美］桑德尔：《自由主义与正义的局限》，万俊人等译，译林出版社 2011 年版，第二版前言第 4、9 页。

是一种更为合理的可能性，并且通过对宗教自由的权利和言论自由的权利的分析对此作了说明。[①] 桑德尔对自由主义的批判就是从这一基本关系展开的。

桑德尔指出，他所批评的自由主义理论是一种在当代西方道德哲学、法哲学和政治哲学中占突出地位的自由主义。“在这种自由主义中，正义、公平和个人权利的概念占核心地位，而其哲学基础在很大程度上则得益于康德。”[②] 它断言权利优先于善，并因而与功利主义相对立。桑德尔将这种自由主义称为“道义论的自由主义”或“康德的自由主义”。这种自由主义首先是一种关于公正的理论，尤其是关于公正在诸道德理想和政治理想中具有首要性的理论。其核心观点是：“社会由多元个人组成，每一个人都有他自己的目的、利益和善观念，当社会为那些**本身**不预设任何特殊善观念的原则所支配时，它就能得到最好的安排；证明这些规导性原则之正当合理性的，首先不是因为它们能使社会福利最大化，或者是能够促进善，相反，是因为它们符合**权利**（正当）概念，权利是一个优先于和独立于善的道德范畴。”[③] 在桑德尔看来，罗尔斯也是一位道义论的自由主义者，在他的《公正论》中，道义论伦理被当作核心主张，它不仅是贯穿全书的要义，也是他极力维护的核心信念。该主张宣称“公正是社会制度的第一德性，是在评价社会基本结构和社会变化的整体倾向时最重要的考量”。对于这种自由主义的主张，桑德尔说，他所要反驳的是公正的首要性。为此，他要论证公正的种种局限，这些局限亦即是自由主义的局限。他指出，他这里所说的局限不是实践上的，而是概念上的，就是说，他并不是说公正理想永远不可能充分付诸实践，而是说这些局限存在于这种公正理想本身。这一理想本身存在着缺陷，而不仅仅总是难以完全实现。

在桑德尔看来，公正的首要性意味着：“正义不仅仅是作为偶然的因素被权衡和考虑的许多价值中最重要的一种价值，而且更是权衡和估量各种价值的**方法**。正是在此意义上，正义作为‘诸价值的价值’，并不将自身看作是它所规划之诸多价值的同类物。当诸价值间与诸善观念间的相互冲突无法解决时，正义就是这些价值和观念相互和解的标准。正义相对于其他价值和善具有某种优先性。任何善观念都不可能驳倒正义的要求，因为这些要求具

① 参见［美］桑德尔：《自由主义与正义的局限》，万俊人等译，译林出版社 2011 年版，第二版前言第 4 页以后。

② ［美］桑德尔：《自由主义与正义的局限》，万俊人等译，译林出版社 2011 年版，第 12 页。

③ ［美］桑德尔：《自由主义与正义的局限》，万俊人等译，译林出版社 2011 年版，第 12 页。

有质的不同，其有效性是以一种不同的方式确立的。正义独立于一般的社会价值之外，独立于充满争议的各种主张之外，作为公平决策的程序置于这些价值和主张之上。”[①] 那么，公正到底在什么意义上“必须”具有优先性呢？桑德尔认为，这首先是一种道德的“必须”，就是说，公正的优先性是人类本性多样性和构成个体完整性的要求，为了普遍的善而牺牲公正就是侵犯了不可侵犯者，就是不注重人们之间的差异。这种“必须”也是知识论上的需要，它产生于如何区分评价标准和所要评价之事物的问题。在罗尔斯看来，评价社会的基本结构需要一个“阿基米德点”，但这个立足点“不是来自世界之外的视角，也不是一个超验存在者的观点，而是世界之内的有理性的个人能够接受的某种思想和情感形式”。

在桑德尔看来，与公正之首要性相关的还有另一个更为普遍的观念，即正当对善的优先性。同公正的首要性一样，正当对善的优先性是原始的、第一层次的道德要求，被终极地假定具有某种元伦理学的地位。“正当对善的优先性意味着正当原则无疑要高于福利考虑和欲望满足，而且预先强行规定了可以满足的欲望与价值之范围。”[②] 而作为第二层次的和元伦理学的主张，正当优先于善则意味着在伦理学的两个基本概念正当和善中，正当是独立于善而获得的。这种基础性的优先性允许正当（权利）独立于各种流行的价值和善观念。从这种意义上看，罗尔斯的观念不仅属于道义论的，而且是非目的论的。罗尔斯认为，目的论混淆了正当与善的关系，因为它误解了自我与其目的的关系。在罗尔斯看来，“对我们的个性来说，最为根本的并非我们所选择的目的，而是我们选择目的的能力。这种能力扎根于自我，且必须优先于自我所选择的目的。”[③] 自我相对于其目的的优先性意味着，我不仅仅是经验所抛出的一连串目标、属性和目的的一个被动容器，并不简单地是环境的怪异产物，而总是一个不可还原的、积极的、有意志的行动者，能从我的环境中分别出来，且具有选择能力。那么，在什么意义上自我“必须”优先于其所选择的目的呢？一种意义是道德上的“必须”，它反映出尊重个体自主性、视人类个体为超出他所扮演的角色和他所追求的目的之外的有尊严的存在的必要。另一种意义也是一种知识论意义上的需要。在这里，我们需要一个独立于其偶然需求和偶然目标的主体观念。

---

① ［美］桑德尔：《自由主义与正义的局限》，万俊人等译，译林出版社 2011 年版，第 29 页。
② ［美］桑德尔：《自由主义与正义的局限》，万俊人等译，译林出版社 2011 年版，第 31 页。
③ ［美］桑德尔：《自由主义与正义的局限》，万俊人等译，译林出版社 2011 年版，第 33 页。

在桑德尔看来，公正的优先性产生于区分评价标准与被评价的社会的需要，而自我的优先性产生于区分主体与其处境的需要。正如一个完全被环境决定了的主体对于个人概念来说是不够的，同样，完全包含于现存价值的评价标准对公正观念来说也是不够的。而反映在寻求阿基米德点的优先性举措，正是对上述两种困境的回应。桑德尔认为，到此为止，我们大体看到了公正的首要性、对目的的拒斥、自我的优先性是如何联系在一起的，以及这些主张又是如何支持所谓的自由主义立场的。在这里，罗尔斯实际上是用不同于目的论的道义论观念解释了自我的统一性。如果说目的论的观念假定自我统一性是在经验过程中获得的，那么，作为公平的公正则颠覆了这种观点，相信自我的统一是先行建立的，是先于其经验过程中作出的选择而形成的。"自我的先行统一意味着，尽管主体在很大程度上受其环境的限制，但他总是不可还原地要优先于其价值和目的，这些价值和目的从来就不能充分地建构一个主体。"①在桑德尔看来，既然自我将其构成与其在先的地位归之于正当（权利）概念，那么只有当我们按照公正感行动时才能表达我们的真实本性。这就是为什么公正感不能仅仅被看作是其他欲求中的一种，还必须被看作是性质上处于更高层次的一种动机之原因所在，也是为什么公正不仅仅是诸多价值中的一种重要价值，而且实际上是社会制度之第一德性的原因所在。

桑德尔认为，到此为止，罗尔斯的谋划与康德的类似，而且有着类似的道义论主张，但罗尔斯所提出的解决方案从根本上说与康德的方案相悖。罗尔斯极力避免康德的唯理论，力图在不求助先验的或抽象主体的情况下建立其所需要的道义论之优先性。康德的道义论优先性是通过先验演绎和设置一个物自体建立起来的，以作为自由和自我认识能力的必要预设。罗尔斯拒绝了这种形而上学，相信可以"在经验理论的范围内"保留其道德力量。在他那里，承担这一角色的是原初状态。原初状态的两个关键成分可以解决重建所描述的困境，可以满足对阿基米德点的需要：一种是指各方所不知道的东西，另一种是指各方知道的东西。他们不知道的是任何可能将他们中的每个人与其他人区别开来的信息，如地位、种族、性别、阶级、财产或机会、知识、力量或其他一些天赋能力，他们并不知道他们的善恶观念、价值、目的或生活追求，而只知道他们的确拥有这些观念，而且他们在无知的状态下会

① ［美］桑德尔:《自由主义与正义的局限》，万俊人等译，译林出版社 2011 年版，第 36 页。

选择公正原则。这就是无知之幕的假设。根据这一假设，各方都知道他们像其他人一样，重视某些首要的社会善的价值。“首要善是指那些有理性的人肯定想要的东西，包括权利和自由、机会和权力、收入和财富一类的善。”[①] 在原初状态中的各方虽然知晓彼此的特殊目的，却可以肯定他们都被对某些首要善的意欲所驱动。

在桑德尔看来，罗尔斯在这里提出的是善的弱理论。“这一理论将关于各种很可能有助于所有特殊的善观念、因而也可以被怀有各种特殊意欲的个人所共享的东西的最低限度的和最广泛共享的假设合并起来，也正是在此意义上，它才是弱的。”[②] 善的弱理论不同善的强理论，因为它只说明最低层次和最具广泛性的善即所谓“首要善”，而不提供判断和选择多种特殊价值和目的的基础。在桑德尔看来，如果说无知之幕提供了各方精心算计和考量的公平与全体同意的条件的话，那么对首要善的解释则说明了最低限度的动机，这一动机对于各方作出合理选择是必要的，也使形成一种决定性的共识成为可能。在桑德尔看来，公正原则产生于原初状态的过程包括三个步骤：一是描述原初的选择情境时所体现的善的弱理论；二是据此可以得出两个公正原则；三是依次定义善的概念并解释诸如共同体的善一类价值。这里需要注意的是，虽然善的弱理论优先于权利理论和公正原则，但这并不足以否定正当对善的优先性。因为作为道义论基础的正当对善的优先性，“关系到善的强理论，即处理特殊价值和目的的理论，而且善的强理论仅仅出现在正义原则之后，并以正义原则为根据。”[③] 在桑德尔看来，这三个步骤满足了罗尔斯的道义论的需要，因为正当原则作为评价标准，优先于、区别于评价对象，而正当原则本身来源于与真实的人类意欲有关的善的弱理论。这样，我们即使不求助于超验的演绎，看来也仍可能找到一个阿基米德点，“它既不是彻底情境化的自我，也不是彻底超脱身体的自我，既不是‘任由现存需求和利益所摆布’的自我，也不是依赖于先验考量的自我。”[④]

罗尔斯认为，公平的公正与其他契约论观点一样，也包括两个部分，一是对原初状态及由此所引起的选择问题的解释，另一部分涉及公正两原则，

① ［美］桑德尔:《自由主义与正义的局限》，万俊人等译，译林出版社 2011 年版，第 39 页。

② ［美］桑德尔:《自由主义与正义的局限》，万俊人等译，译林出版社 2011 年版，第 39 页。

③ ［美］桑德尔:《自由主义与正义的局限》，万俊人等译，译林出版社 2011 年版，第 40 页。

④ ［美］桑德尔:《自由主义与正义的局限》，万俊人等译，译林出版社 2011 年版，第 40—41 页。

我们可以证明人们对此会表示同意。对此可能会出现两种反驳：一是会质疑原初是否真正独立于现存的各种需求和意欲；二是认为原初状态太脱离人类环境，其所描述的原始情境太过抽象，以至无法得出罗尔斯所期望的原则，或者就此而言不能得出任何决定性原则。桑德尔说他不想再步这两种反驳的后尘，而提出了另外一种反驳，即对这种整体性的道义论谋划提出了质疑。这些质疑包括：如果说原初状态是罗尔斯对康德的回应，那么，这是不是一个令人满意的回应？它是否成功地贯彻了其"在经验理论的之内"重建康德式道德主张和政治主张的意图呢？它能否为道义论自由主义奠定且同时又能避免康德理论在形而上学意义上容易引起争议的"环境"？更具体地说，原初状态的表述能否在强意义上给出并支持罗尔斯企图开出正义之首要性主张？

桑德尔认为，罗尔斯式的自我是根本没有约束的占有主体。与这种独立自我概念密切相关的，是一种该自我必然居寓其中的道德宇宙。这种宇宙是一个没有固有意义的所在，是一个业已"祛魅"的世界（韦伯语），一个没有客观道德秩序的世界。只有在这种无目的的宇宙中，才可能设想存在一种排除或先于其目标和目的的主体；也只有在这一人不受目的秩序支配的世界里，人类才能开放地建构其公正原则，个人才能开放地选择其善观念。

当然，剥离了根本目的和依附的自我概念并不意味着我们是完全没有目的或根本不能建立道德联系的。相反，这种自我概念意味着，我们所具有价值和关系乃是选择的产生。"尽管自由主义否认存在一种客观道德秩序的可能性，但它并不坚持认为一切任由自然。它认肯正义，而非虚无主义。依道义论的观点所见，这种无内在意义的宇宙概念，并不是意指一个完全不受规导原则支配的世界，相反，它意指一个居住着能够按自己的意愿来构造意义的主体——作为**权利**的建构主体；作为善的**选择**主体——之道德宇宙。作为本体的复数的自我，或作为原初状态中的各派，我们达成了正义原则；而作为实际的个体性的自我，我们建立了善的观念。而且，我们作为本体的复数自我所建构的那些原则，包含着（但不决定）我们作为个体自我所选择的那些目的。这反映出权利优先于善。"①

在桑德尔看来，道义论的宇宙和游荡其中的独立自我一起构成了一种自由（解放）的图景。道义论的主体摆脱了自然天使和各种社会角色规约而获

① ［美］桑德尔：《自由主义与正义的局限》，万俊人等译，译林出版社2011年版，第199页。

得自由，并被安置在至高无上的位置，成了仅有的道德意义的原创者。作为无目的世界的居住者，我们自由地建构公正原则，该公正原则上不受先定价值秩序的限制，而它所界定的社会是一个可以成为自愿式的社会。作为独立的自我，我们自由地选择我们的目标和目的，形成我们的善观念，它们不受社会秩序或风俗习惯、传统、遗传特性的限制，只要它们不是非公正的。于是，公正就成了一种德性，它具体体现着道义论的自由解放图景并使其得以展现。“它通过描述据说是由至高无上的主体在先于一切价值构成的境况下建构的那些原则，来具体体现这一图景。同时，它又在这样一种现实中展现这一图景，即：由于具备了这些原则，正义的社会以一种与所有人同样的自由相容的方式，规导着每一个人的目的选择。受正义支配的公民也因此能够在环境所允许的条件下充分实现道义论的自由谋划——去实践他们作为‘各种有效主张的自生之源’的能力。所以，正义的首要性既表达又推进着这种道义论世界观和自我观念的自由解放的抱负。”①

然而，桑德尔指出，这种道义论的图景无论就其内部而言，还是更一般地作为一种有关我们的道德经验解释，都是有缺陷的。就其内部而言，道义论的自我由于被剥夺了一切构成性的依附关系，更像一种被解除了行动权力的自我，而非自由解放的自我。因为，无论是权利，还是善，都不能纳入道义论所要求的那种唯意志论的推导之中。作为建构的行为主体，我们并没有真正建构什么；而作为选择的行为主体，我们也没有真正选择什么。在无知之幕背后，人们所进行的并不是达成一种契约或合同，而是看是否有某种发现；而在纯粹的偏好性选择中，人们所进行的更多的是一种预先存在着的诸欲望（它们的价值无所区别）与最有效满足欲望的手段之间的匹配，而非一种目的的选择。对于原初状态中的各派来说，自由解放的时刻在到来之前便已消失，至高无上的主体被抛入环境要求的汪洋大海。因此，桑德尔认为，“罗尔斯的个人观念既不能支持其正义理论，也不能合理地说明我们行动和自我反思的能力；以道义论所要求的方式来看，正义不可能是首要的，因为我们不能始终一贯地将我们自己看作是道义论伦理要求我们所是的那种存在者。”②

在桑德尔看来，道义论自我的道德脆弱性也表现在第一原则层面上，在这里，独立的自我本质上已成为被剥夺者，他过于单薄，以至于难以获得其

① ［美］桑德尔:《自由主义与正义的局限》，万俊人等译，译林出版社2011年版，第200页。
② ［美］桑德尔:《自由主义与正义的局限》，万俊人等译，译林出版社2011年版，第82页。

日常意义的应得（价值）。因为应得的要求是以具有深厚构成的自我为先决前提的。只有这样的自我才有能力占有日常意义上的价值，而道义论的自我却缺乏这种占有能力。至于第二原则即差别原则，与道义论的观点相应，它一开始就认为，我所拥有的财富仅仅是偶然属于我的，它们因此而成为共同财富，社会对这些财富的实际结果具有一种优先的要求。这样一来，就既剥夺了道义论自我的权力，也否定了道义论自我的独立性。“要么，我的前程只得由制度摆布，这些制度是出于‘在先的和独立的社会目的’而建立起来的，而这些社会目的既可能与我自己的目的相吻合，也可能与我的目的相冲突；要么，我就必须把自己算作是某一共同体的一员，而该共同体部分却是由这些社会目的来规定的；在这两种情形的任何一种情形中，我都不再是不受构成性依附联系约束的自我。在这两方面，差异原则都与道义论谋划的自由抱负相矛盾。我们无法既把正义当作首要原则，又把差异原则当作正义原则。”①

在桑德尔看来，如果道义论伦理不能履行它自己的自由解放诺言，它也就无法令人信服地解释我们道德经验的某些不可或缺的东西。道义论坚持认为我们把我们自己看作是独立的自我，这种自我是在我们的认同与我们的目的和依附联系永远没有关系的意义上的独立自我。然而，我们的道德经验告诉我们，我对自我的认同和确信总是与把我们自己理解为我们所是的特殊个人（如家庭、国家或民族的成员）分不开的。的确，诸如此类的认同和确信不同于我所偶然拥有的价值，也不同于我在任何既定时刻所追求的目的，它们超出了我自愿承担的职责和对人类承担的“自然义务”。但是，它们需要和允许我凭借那些或多或少能够持久保持的依附和承诺，而“正是这些依附和承诺一道给予我所是的个人以部分规定”②。在桑德尔看来，一个没有保持其类似构成性依附联系的能力的人，并不是一种理想的自由而理性的行为主体，而是一个完全没有品格、没有道德深度的人，也是在任何严肃的道德意义上都没有自我认识的能力。“如果说，这种自我不受任何约束、且在本质上被剥离一空，那么，任何个人都将无法作为反思的对象而对自己进行**自我**反思。”③在桑德尔看来，对于某种友谊来说，品格在构成意义上的可能性也

① ［美］桑德尔：《自由主义与正义的局限》，万俊人等译，译林出版社2011年版，第201页。

② ［美］桑德尔：《自由主义与正义的局限》，万俊人等译，译林出版社2011年版，第202页。

③ ［美］桑德尔：《自由主义与正义的局限》，万俊人等译，译林出版社2011年版，第202—203页。

是不可缺少的。[①] 所以，像道义论那样来看待我们自己，就是剥夺我们的品质，我们的反思能力和我们的友谊，它们都依赖于构成性谋划和依附的可能性。正如这种独立的自我在他无法与之分离的那些目的和依附联系中，发现了他的种种局限一样，公正也在那些既涉及身份也涉及参与者利益的共同体的形式中，发现了自己的局限。

（二）对自由主义实践的反思和检讨

桑德尔《自由主义与公正的局限》一书专注于对以罗尔斯为代表的自由主义进行深入细致的学理剖析，以揭露其缺陷和悖谬；而他的《民主的不满》则特意从美国的公共话语中选取美国司法实践中的宪政观念和社会生活中的政治经济观念来揭示美国民主的困境，从而阐明自由主义的不足和问题。他说："在本书中，我将探讨如今——在当代的美国——我们据以生活的理论。我的目标是，把暗含在我们实践与制度中的公共哲学识别出来，并说明这一哲学中的紧张是如何展现在实践中的。倘若理论从来没有远离这个世界，而是从一开始就栖居在这个世界上，那么我们或许可以在我们据以生活的理论中发现当今境况的一条线索。关注隐含在公共生活中的理论，或许可以帮助我们诊断我们的政治境况。这也可能会揭示美国民主的困境，这一困境不仅表现在我们的理想与制度之间的鸿沟中，也存在于这些理想自身以及我们的公共生活所反映的自我形象中。"[②]

在桑德尔看来，我们的时代是问题迭出的时代。美国这一被认为是民主故乡的国度，在 20 世纪后半叶虽然获得了不同寻常的成就，但其政治却为焦虑和挫折所困扰。各政治党派也没有能力解释这种处境，主导的政治议程也不能对此作出回应，更不用说解决了。这种时代促使我们反思我们赖以生活的民主理想，反思作为这种理想之依据的公共哲学。桑德尔将他所说的公共哲学界定为"隐含在我们实践中的政治理论，塑造着我们公共生活的关于公民身份与自由的观念预设"[③]。他认为，公共哲学构成了我们政治话语和政治追求的往往是非反思性的背景。它在平常时期能够轻易地逃脱那些依靠它

① 参见［美］桑德尔：《自由主义与正义的局限》，万俊人等译，译林出版社 2011 年版，第 203 页。

② ［美］桑德尔：《民主的不满》，曾纪茂译，刘训练校，江苏人民出版社 2012 年版，前言第 2 页。

③ ［美］桑德尔：《民主的不满》，曾纪茂译，刘训练校，江苏人民出版社 2012 年版，第 4 页。

生活的人的注意，而在忧患时代则会浮出水面，从而为批评性的反思提供了机会。

桑德尔明确指出："我们据以生活的公共哲学是某种版本的自由主义政治理论。它的核心观念是，对于公民拥有的道德观和宗教观，国家应当持守中立。既然人们在最好的生活方式这个问题上各有不同的主张，政府就不应该在法律上支持任何一种特定的良善生活观。相反，政府应该提供一种权利框架，把人们尊为能够选择自己的价值与目的的自由且独立的自我。"① 桑德尔认为，自由主义宣称公正的程序优先于特定的目标，因而它所型塑的公共生活就可以称为"程序共和国"。在桑德尔看来，在美国政治的通常用语中，自由主义是指主张福利国家和经济平等的新自由主义，而实际上，自由主义还有一种不同的、更宽泛的含义，它涵盖了洛克、康德、密尔和罗尔斯等人的尊重个人权利和强调宽容的思想传统。当代美国政治的公共哲学就是这种自由主义思想传统的一个版本。

但是，这种型塑美国当前政治争论的自由主义只是最近四五十年才形成发展起来的，它所取代的公共哲学是某种版本的共和主义政治理论。"共和主义理论的核心是这一种看法：自由取决于共享自治。"② 这一看法本身与自由主义的自由并非不相容，因为参与政治可以是人们选择追求自己目标的一种方式。然而，按照共和主义理论，共享自治包括更多的东西。它意味着与公民伙伴就共同善展开协商，并致力于塑造政治共同体的命运，而就共同善展开充分协商不仅需要选择自己目标的能力以及对他人做同样事情的权利的尊重，而且还需要关于公共事务的知识、归属感、对集体的关心和对与自己命运休戚与共之共同体的道德联系。"因此，分享自治要求公民拥有或者逐步获得某些品质或公民德行。而这就意味着共和主义的政治不能对其公民所赞同的价值与目的保持中立。与自由主义的自由观不同，共和主义的自由观要求一种塑造型政治，即在公民中培养自治所必需之品质的政治。"③ 在桑德尔看来，自由主义的自由观和共和主义的自由观都贯穿于美国人政治经验的始终，只是在程度和相对重要性上有所不同。大致上说，共和主义在美国历史的早期阶段占据主导地位，自由主义则是在较近的阶段才占据主导地位。这种转变正是美国当前政治困境的根源。桑德尔指出："尽管自由主义的自

① ［美］桑德尔：《民主的不满》，曾纪茂译，刘训练校，江苏人民出版社2012年版，第4页。
② ［美］桑德尔：《民主的不满》，曾纪茂译，刘训练校，江苏人民出版社2012年版，第6页。
③ ［美］桑德尔：《民主的不满》，曾纪茂译，刘训练校，江苏人民出版社2012年版，第6页。

由观不乏其吸引人之处，但它缺乏公民资源来维持自治。这一缺陷导致它难以处理困扰我们公共生活的无力感。我们据以生活的公共哲学不能维护它所允诺的自由，因为它不能激发共同体感和自由所必需的公民参与。”[①]

在桑德尔看来，共和主义的政治理论与程序共和国的自由主义至少在两个方面显著不同：其一涉及权利与善的关系。共和主义理论不是根据在善的诸观念间持守中立的原则来界定权利，而是根据特定的好社会（the good society）观念——自治共和国——来解释权利。与自由主义主张权利优先于善不同，共和主义肯定一种共同善的政治，只是这种共同善不同于个人偏好加总。与功利主义不同，共和主义的理论没有一概地接受人们现存的偏好，即不考虑无论它们可能是什么，并尽量满足它们；相反，它要在公民中培养实现自治的共同善所必需的那些品质，把那些道德特质作为公共关注的对象，而不认为这些只是私人的事情。“在这一意义上，共和主义关注的是公民的认同，而不只是公民的利益。”[②]其二涉及自由与自治的关系。按照自由主义的观点，自由被界定为民主的对立面，自由是自治的一种约束。我之所以自由，是因为我是权利的承受者，这些权利保障我免受某些多数人决定的强制。而按照共和主义的观点，自由被理解为自治的一个结果。我之所以是自由的，是因为我是一个掌握自己命运的政治共同体的成员，并且参与了支配其事务的决策。换言之，共和主义者认为自由与自治以及维持自治的公民德性具有内在的关联。共和主义的自由要求某种形式的公共生活，这又反过来有赖于公民德性的培养。[③]

在桑德尔看来，就权利与善的关系而言，把权利置于善之前的自由主义，在美国最高法院对美国宪法的解释中得到了清楚的表达。美国最高法院详细界定了多数统治的权利，并且尽量以没有预设特定善生活观念的方式来界定这些权利。“二战后，最高法院担当了保障个人权利反对政府侵犯的首要角色。最高法院越来越依据政府在良善生活问题上应该持守中立的要求来界定这些权利，并辩护说，对于尊重个人作为不受先于选择的道德纽带约束的、自由且独立的自我，政府必须持守中立。由此，现时代的最高法院清晰

---

① ［美］桑德尔：《民主的不满》，曾纪茂译，刘训练校，江苏人民出版社2012年版，第6页。

② ［美］桑德尔：《民主的不满》，曾纪茂译，刘训练校，江苏人民出版社2012年版，第28页。

③ 参见［美］桑德尔：《民主的不满》，曾纪茂译，刘训练校，江苏人民出版社2012年版，第28—29页。

地表达了程序共和国的公共哲学。”[①]桑德尔认为，美国最高法院近几十年来不是把宪法解读为认可某种特定的道德、宗教或经济学说，而是逐渐把它看作一种关于权利的中立框架。在这一框架中，人们在与他人享有同样自由的情况下，能够追求他们自己的目的。同时，它也逐渐把中立性的要求解释为表达或者促进一种作为自由且独立的自我的人的观念。桑德尔指出：“个人权利的优先性、中立性的理想以及个人作为自由选择的、无负荷的自我的观念，共同构成了程序共和国的公共哲学。这三个相互关联的观念型塑了我们当前的宪政实践。然而，它们并未把我们整个传统的特征描绘出来。”[②]

桑德尔认为，在美国程序共和国的出现，代表了自由主义公共哲学对共和主义公共哲学的胜利，相应地自由与自治的关系也被颠倒了。在早期共和国中，自由被理解为民主制度和分散的一种功能，个人与国家的关系不是直接的，而是以政治联合和参与的分散化形式为中介的。《权利法案》[③]并没有运用到各州，也没有被理解为让个人豁免于所有的政府行为。桑德尔认为，托克维尔在他的《论美国民主》中，在对新格兰乡镇的描述中阐释了当时的自由与民主之间的关系。在托克维尔看来，乡镇是自由人民的力量的所在。“乡镇组织之于自由，犹如小学之于授课。乡镇组织将自由带给人民，教导人民安享自由和学会让自由为他们服务。在没有乡镇组织的条件下，一个国家虽然可以建立一个自由的政府，但它没有自由的精神。片刻的激情、暂时的利益或偶然的机会也可以创造出独立的外表，但潜伏于社会机体内的专制

① ［美］桑德尔:《民主的不满》，曾纪茂译，刘训练校，江苏人民出版社 2012 年版，第 64 页。

② ［美］桑德尔:《民主的不满》，曾纪茂译，刘训练校，江苏人民出版社 2012 年版，第 32 页。

③ 美国《权利法案》是美利坚合众国宪法前十条修正案的统称。这些修正案由詹姆斯·麦迪逊在第一届联邦国会上作为一系列立法细则提出，先由联邦众议院于 1789 年 8 月 21 日通过，再于 1789 年 9 月 25 日通过国会两院联合决议案正式提出，1791 年 12 月 15 日获得了足够数量州的批准而正式成为宪法的一部分并生效。这些修正案的提出是为了缓解那些反对批准宪法的反联邦党人的担忧，其中保障了多项个人自由，限制了政府的司法和其他方面权力，并将一些权力保留给各州和公众。《权利法案》列举了宪法正文中没有明确表明的自由和权利，如宗教自由、言论自由、新闻自由、集会自由，保留和携带武器的权利，不受无理搜查和扣押的权利，个人财物搜查和扣押必须有合理颁发的搜查令和扣押状的权利，只有大陪审团才能对任何人发出死刑或其他“不名誉罪行”的起诉书，保证由公正陪审团予以迅速而公开的审判，禁止双重审判等。此外，《权利法案》还规定宪法中未明确授予联邦政府、也未禁止各州行使的权力，保留给各州或人民行使。起初这些修正案仅针对联邦政府有效，但在第十四条修正案通过后，联邦最高法院通过一系列统称合并原则的进程将《权利法案》中的大部分条款应用到了各州。

也迟早会重新冒出于表面。”[①] 托克维尔认为，在各种自由中最难实现的乡镇自由也最容易受到国家政权的侵犯。单靠乡镇组织自身绝对斗不过庞大的中央政府，因此需要将乡镇的自由长期写入法律。桑德尔指出，相比之下，程序共和国中的自由被界定为民主的对立面，被看作是个人防范多数强力意志的一种保障。这样，美国的联邦制就衰退为一项宪政关怀，自由开始依赖于人们能够选择与追求自己目的的权利，依赖由政府来提供保障，而不再取决于权力分散，取决于自治。桑德尔认为，这是现代条件下自由主义有吸引力的一个原因，但这也使程序共和国难以回应人们对自治的渴望。[②]

在桑德尔看来，在最高法院那里，美国宪法开始体现权利优先于善的原则，而宗教与言论领域见证了这种自由主义在宪政实践中的影响，同时也展示了它所面临的困境。政府中立的原则最初连续地运用于涉及宗教的案件中。最高法院一再主张“在人与宗教的关系中，国家应坚守一种中立的立场”，“我们民主政治的政府，无论州还是联邦，在宗教理论、信条，以及实践等事务上必须中立”，“在宗教与宗教之间以及宗教与非宗教之间，宪法第一条修正案要求政府中立”。如此，“政府对宗教必须遵循一种完全中立程序”的原则就牢固地确立在美国宪法中。[③] 最高法院为坚持政府必须对宗教持守中立提出了两种不同的辩护理由：一是这样既可以保护宗教利益也可以保护国家利益。“宗教与政府如果在各自的领域免于另一方的干涉，各自就能最好地运作以实现双方的崇高目的。”“从长远来看，教会与国家在各自领域的独立，通过严格坚持中立原则将会得到更好的维护。”通过政教分离来维护的宗教利益在于，避免随着对政府权威的依赖而导致腐化；而政教分离维护的政治利益则是要避免在历史上随着教会与国家纠纷而来的国内冲突。[④]

在美国宪法中，政府必须在相互竞争的善观念中持守中立这一原则也适用于言论自由。政府不可以偏袒一种宗教信仰甚于其他宗教，对公民可能持守的各种善观念也必须保持中立。政府可以对在公共空间中言论的时间、地点和方式施加“内容中立”的限制，但这些限制不可以受到对所要表达的观

---

① ［法］托克维尔：《论美国的民主》上卷，董果良译，商务印书馆 1988 年版，第 67 页。

② 参见［美］桑德尔：《民主的不满》，曾纪茂译，刘训练校，江苏人民出版社 2012 年版，第 31 页。

③ 参见［美］桑德尔：《民主的不满》，曾纪茂译，刘训练校，江苏人民出版社 2012 年版，第 64—65 页。

④ 参见［美］桑德尔：《民主的不满》，曾纪茂译，刘训练校，江苏人民出版社 2012 年版，第 71—72 页。

点好恶态度的影响。最高法院已经多次裁决，第一条宪法修正案禁止政府对其公民强加一种官方的真理观或所偏爱的善生活观，特别是政府没有权力因为信息、观念、主题或者内容而限制表达。例如，反淫秽法有时会以淫秽品导致增加犯罪或其他有害后果这些理由来辩护，但往往也反映了认为淫秽品本身就是不道德的观点。但是，只要这些法律是以道德理由得到辩护的，对淫秽品的限制就违犯了法律不应该表达任何特定的善的观念的自由主义原则。“按照自由主义的观点，把法律置于对道德与不道德的判断的基础上，就是不正当的，因为这样做违反了政府应该在目的之间持守中立的原则。”① 在桑德尔看来，在言论方面与在宗教方面一样，中立性的要求也是最近几十年才出现的。

桑德尔认为，政府在各种善生活观之间必须持守中立这一原则，在隐私权领域获得了进一步的宪法表达。最高法院近年来在宪法中发现了一种隐含的隐私权，并据此要求保护公民免受政府对诸如婚姻、生育、避孕和堕胎这些个人活动进行干预。隐私权与自愿论的自我概念之间的联系非常紧密，隐私权被说成是以个人自主的观念为基础的，因为如果人不能自由地选择和采用允许表达他们独特性和个性的生活方式，由宪法保障的人的尊严就会被大大削减。在承认隐私是一种宪法权利时，最高法院已经采纳了“人有自主生活的能力并有实践这一能力的权利”的观点。在隐私的宪法权利中，中立国家与无负荷的自我是结合在一起的。例如，在堕胎案中，国家不可以通过采用一种断定何种生活更好的理论而不顾怀孕女性的权利来决定是否终止其妊娠。“政府不可以推行特定的道德观，无论得到多么广泛的支持，因为‘没有人应该被迫，仅仅因为其“价值偏好”不为多数人所享有，就让渡为自己作出决定的自由’。”②

在桑德尔看来，自由主义理论和实践之所以要求在各种竞争的道德或宗教间持守中立，其根本原因在于把人作为自由选择的、独立的自我来看待。但桑德尔怀疑近几十年出现的自由主义的自我形象是否适合于现代福利国家中的自治。一条较老的理由是，根据共和主义传统，自由取决于自治，而自治取决于一个政治共同体的成员认同于公民的角色，并承认公民身份所担负

① ［美］桑德尔:《民主的不满》，曾纪茂译，刘训练校，江苏人民出版社2012年版，第90页。

② ［美］桑德尔:《民主的不满》，曾纪茂译，刘训练校，江苏人民出版社2012年版，第109页。

的义务。但是，在程序共和国中，角色指派已经成为怀疑对象。既然自我先于目的，公民的角色就成了一种多余的习惯，一种对自我的障碍。同时，共和主义传统强调通过特定的纽带与归属来培养公民身份。这种身份不只是一种法律地位，它还要求某些习性与倾向，要求关心整体、关心共同善。但是，这些品质不可能是与生俱来的，而需要不断地培养。缺乏这种培养，公民就不会具备自治所必需的德性。然而，程序共和国忽视所有这一切，它“悬置了构成性的纽带”，“所提供的稀薄的多元主义，不仅就其自身来说是一个问题，而且它也侵蚀了自治的资源”。① 另一条较新的理由则涉及现代福利国家。现代国家是由一个庞大的依赖和预期网络组成的，这个网络在很大程度上不受自愿协议或同意行为的控制，自由主义的契约概念与现代经济和政治生活的实际组织关联甚少。“除了政府的扩张之外，在组织化的经济活动中，大企业的支配进一步取代了个人契约的角色。我们现在有的是一些相对较少的庞大组织，它们对自己的员工实施或多或少的控制，建立起与其他类似组织的各种关系，无论是商业的还是其他的什么关系。个人作为关系网络中心的角色在很大程度上已经消失了。结果，在 19 世纪占据主导地位的古典契约法，已经降低为一种剩余范畴，在实践中已经不重要了。19 世纪见证了权利与义务的基础从身份到契约的转变，20 世纪则见证了从契约到管理的转变。”② 据此，桑德尔断定，“权利优先于善这一版本的自由主义不能维护与自治密切相关的那部分自由。”③

在宪法之外，最高法院所坚持的政府必须在各种竞争的善生活观间持守中立的立场，在美国人的公共生活中的情形怎样呢？第二次世界大战以来，政府地位的增强使人有理由期待政治生活会处理而不是回避相互冲突的道德观，国家对市场经济的积极干预看上去似乎违反了对中立性的渴望。桑德尔认为，情形并非如此。尽管政府在现代经济中发挥的作用显著，但自由主义主张，为了把人们作为能够为他们自己选择目的的自由且独立的自我来尊重，政府必须在各种竞争能力的善生活观中保持中立。在美国政治生活中，政府就是这种自由主义的反映。在桑德尔看来，程序共和国的公共哲学不仅

① ［美］桑德尔:《民主的不满》，曾纪茂译，刘训练校，江苏人民出版社 2012 年版，第 140 页。

② ［美］桑德尔:《民主的不满》，曾纪茂译，刘训练校，江苏人民出版社 2012 年版，第 141 页。

③ ［美］桑德尔:《民主的不满》，曾纪茂译，刘训练校，江苏人民出版社 2012 年版，第 142 页。

是与积极国家相一致的，而且它还能说明积极国家自罗斯福新政以来在美国发展的独特方式，并为之提供辩护。

桑德尔认为，在当代美国政治中，多数的经济争论都是围绕着繁荣与公平展开的，但贯穿美国历史的多数时期的却是一个不同的问题，即什么样的经济安排最适合于自治。与繁荣和公平一起，经济政策的公民后果（civic consequences）在美国政治话语中经常占有突出的地位。托马斯·杰斐逊给这种经济发展取向的论证以经典的表达。他反对发展大规模的国内制造业，理由是农业的生活方式有利于培养有品质的公民，适合自治。鼓励发展国内制造业还是维持国家的农业特质，这个主题在共和国早期引起了几十年的激烈争论。最终杰斐逊以农业为主的观点没有获胜，但隐含在他的经济观之下的共和主义预设——公共政策应该培养自治所需要的公民品质——却获得了更广泛的支持，也具有更强的生命力。在宪法得到批准后，美国人的政治争论从宪法问题转向了经济问题，但展开的经济争论不仅涉及国民财富和分配公正，也涉及经济制度的公民后果，涉及美国应该成为什么类型的社会以及应该培养什么类型的公民。

到 19 世纪，美国出现了杰克逊派与辉格党人之间的争论。杰克逊派主张“最好的政府是管得最少的政府”，“一个强大的、积极的民主政府，在这个词通常的意义上，是罪恶”。杰克逊把政府当成敌人，而不是为普通人保障公正的工具。① 与杰克逊派不同，辉格党人更关注经济安排的道德后果，他们接受了共和主义的如下预设，即“自治需要在公民中有某种道德品质和公民品质，以及经济安排应该以促进这些品质的倾向来评估”②。19 世纪的政治争论看起来与今天相似，主要是经济增长与分配公正，但“这些考虑不是目的，而是双方相互竞争的自治共和国观念的手段”③。它们双方以不同方式分享着杰斐逊的信念，即“国家的经济生活应该以在公民身上培养自治所需要的优良品质来判断优劣”④。所有这一切都表明，共和主义的主题仍然存续着。

---

① 参见［美］桑德尔:《民主的不满》，曾纪茂译，刘训练校，江苏人民出版社 2012 年版，第 183 页。

② ［美］桑德尔:《民主的不满》，曾纪茂译，刘训练校，江苏人民出版社 2012 年版，第 190 页。

③ ［美］桑德尔:《民主的不满》，曾纪茂译，刘训练校，江苏人民出版社 2012 年版，第 184 页。

④ ［美］桑德尔:《民主的不满》，曾纪茂译，刘训练校，江苏人民出版社 2012 年版，第 184 页。

但是，第二次世界大战后，凯恩斯主义的财政政策上升到显要位置，公民路线的经济观慢慢从美国人的政治话语中消失了。“经济政策主要考虑的是国民生产的规模与分配，而不大注意自治的条件。美国人日益把经济制度当作消费的工具，而不是培养公民的学校。塑造公民的抱负让位给增加繁荣成果以及分配成果这些更加世俗的向往。政府不是要培养道德高尚的公民，而是要把人民的需要和欲求当作先定的，并通过尽可能充分、公正地满足这些需要和欲望来推行政策。”桑德尔认为，这是一种公民身份政治经济学的让位，而伴随着公民身份政治经济学消逝而来的是，从公民自由观向自愿论自由观的转变。桑德尔指出，从共和主义传统的立场来看，这种让位是美国理想的退步和收缩，是自由的丧失。根据共和主义的政治理论，“自由就是分享一个能够控制自身命运的政治共同体的自治。这个意义上的自治需要政治共同体掌控自己的命运，需要公民充分认同于这些共同体，并根据公共善的观念来思考和行动。这样的公民参与要求培育公民的德行、独立以及共同的理解；这是共和主义政治的核心目标。”① 因此，放弃塑造公民的抱负就是放弃共和主义传统所构想的自由计划。

在桑德尔看来，到了 20 世纪末，公民路线自由观激起了对民主制度日益增长的不满，共同目的与共享的理想遭到侵蚀的感觉日益扩散，美国人对影响他们生活的力量正在失去控制的担心让人不得安宁。② 针对这种状态，桑德尔提出要寻找一种公共哲学。这种公共哲学就是共和主义。其关键就是要复兴公民路线的自由。桑德尔意识到，这种复兴的努力必须面对两种冷静的反对意见：一是怀疑复兴是否可能。这种意见认为，现代世界日益复杂，像共和主义传统想象的那样追求自治是不切实际的。二是怀疑是否可取。这种意见认为，即使有可能恢复共和主义理想，这样做也是不可取的。对于这两种意见，桑德尔一方面主张复兴德性，另一方面主张复兴公民政治经济学。他认为，前者是自治的道德前提，而后者则是自治的经济前提。③ 桑德尔认为，复兴公民路线自由的根据不是要走向意见更为一致的政治，因为我们没有理由假定，围绕共和主义主题组织起来的政治比我们当前的政治

① ［美］桑德尔:《民主的不满》，曾纪茂译，刘训练校，江苏人民出版社 2012 年版，第 319 页。

② 参见［美］桑德尔:《民主的不满》，曾纪茂译，刘训练校，江苏人民出版社 2012 年版，第 320 页。

③ 参见［美］桑德尔:《民主的不满》，曾纪茂译，刘训练校，江苏人民出版社 2012 年版，第 378 页以后。

要求更大程度的一致。“共和主义政治的成功复兴并不会消除政治争论；最好的情况是，激发政治争论，更直接地面对并努力克服我们时代对自治的障碍。”①

在桑德尔看来，这一障碍就是现代经济生活组织起来的可怕规模，以及建构控制这种规模所必需的民主政治权威的难度。这种困难又涉及两项相互关联的挑战：一是要设计能够治理全球经济的政治制度；二是要培养足以维持这些制度的公民认同，为这些制度供应必备的道德权威。桑德尔认为，民族国家相对于全球经济正在失去权力，这可能就是不满的来源。这些不满不仅困扰着美国，而且困扰着全世界其他的民主国家。经济的全球性意味着需要治理的跨国形式。应对全国性经济的方法是加强全国性政府并培养全国的公民感，也许应对全球性经济的方法就是加强全球治理，并培养相应的全球感，也就是世界主义的公民身份。在桑德尔看来，世界主义的理想强调了我们共同享有的人性，并把我们的注意力引导到由此产生的道德后果上。这对族群与民族认同可能坠入的狭隘的而且有时是非常危险的沙文主义是一种矫正。世界主义的那种普世认同必须总是优先于特定认同的观念，有着漫长的历史，而且有着多种表现。例如，马克思认为，人作为一个族类的团结是最高的团结；孟德斯鸠认为，在我是法国人或者其他什么身份之间，我首先是人，“我必定是一个人，而我只是偶然才是一个法国人”②。

世界主义的理想是一种具有吸引人的伦理，但是，它无论是作为道德理想，还是作为我们时代支持自治的公共哲学，都是有缺陷的。这种缺陷在于，“很难想象这样一个世界：人如此有德行，只有普世的友爱性情而没有朋友。”③问题不仅仅在于这样的世界很难实现，而是很难承认这是人的世界。对人类的爱是高贵的情感，但多数时候我们是依靠小一点的团结而生活。这可能反映了道德感应作为边界的某些局限，但更重要的是，这反映了如下事实，即我们学会去爱人类，不是从普遍的爱而是从特定的爱开始的。在桑德尔看来，试图以公民身份的全球化来挽救民主，就像试图以公民身份的国家化来挽救民主一样，不大可能成功。世界主义的观点以为我们仅仅通

① ［美］桑德尔：《民主的不满》，曾纪茂译，刘训练校，江苏人民出版社2012年版，第395页。

② 参见［美］桑德尔：《民主的不满》，曾纪茂译，刘训练校，江苏人民出版社2012年版，第398页以后。

③ ［美］桑德尔：《民主的不满》，曾纪茂译，刘训练校，江苏人民出版社2012年版，第400页。

过把主权和公民身份往上推到世界，就能恢复自治，这是错误的。桑德尔认为:“恢复自治的希望不在于把主权安放在一个新的地点，而在于分散主权。主权国家最有希望的选择，不是以人类的团结为基础的世界一家共同体，而是共同体与政治体的多重复合：有些比民族更大，有些则比民族更小，主权分散于其中。民族国家不必慢慢消亡，只是需要放弃其作为主权权力的唯一持有者、政治忠诚的首要对象这些要求。政治联合的不同形式将治理不同的生活领域，并与我们认同的不同方面紧密关联。只有一种既向上也向下分散主权的政制才能把权力集中与权力分散结合起来；权力集中是为了与全球市场力量竞争，权力分散则是希望激发其公民的反省性忠诚的公共生活所要求的。”① 在桑德尔看来，如果把国家主权看作是要么全是要么全不的事物，是绝对的和不可分割的，是自治唯一有意义的形式，那么不可避免要产生冲突。

桑德尔强调，今天，自治要求一种展现在多重环境中的政治，从邻里到民族到作为整体的世界，这样的政治要求公民能够以多重处境中的自我来思考和行动。我们时代公民的德性是，“有能力在加诸我们身上的时而重叠时而冲突的义务之中找到出路，有能力与多重忠诚引发的紧张一起生活”②。我们时代的希望寄托在那些鼓起信心、超越限制去理解我们的处境，并修复民主赖以依靠的公民生活的人身上。

（三）市场的道德局限性

在一定意义上可以说，西方近代以来的自由主义是完全适应市场经济的要求并为之服务的理论与实践，它的诸多局限和困境与市场经济本身有直接关系。正因为如此，桑德尔在对自由主义理论与实践进行反思批判的基础上，又对市场经济本身进行了反思批判，其成果体现在他 2012 年出版的《金钱不能买什么——市场的道德局限》（中译为《金钱不能买什么——金钱与公正的正面交锋》）。

桑德尔在《金钱不能买什么》的开头就说：“有些东西是金钱买不到的，但是现如今，这样的东西却不多了。今天，几乎每样东西都在待价而沽。”

① ［美］桑德尔:《民主的不满》，曾纪茂译，刘训练校，江苏人民出版社 2012 年版，第 402—403 页。

② ［美］桑德尔:《民主的不满》，曾纪茂译，刘训练校，江苏人民出版社 2012 年版，第 408 页。

他列举了一些例子加以说明。实际上不用举例说明，桑德尔的这一判断是所有生活在市场经济社会里的人都有同感的。桑德尔认为，我们生活在一个几乎所有的东西都不可以拿来买卖的时代。伴随着“冷战”时代的结束，市场和市场价值观得到了无与伦比的声誉，并渐渐地以一种前所未有的方式主宰了我们的生活。这种变化并不是我们审慎选择的结果，倒像是突然降临到我们身上似的。在桑德尔看来，在增进富裕和繁荣方面，任何其他组织商品产生和分配的机制都不曾像市场机制那样取得过如此的成功。然而，正当世界上越来越多的国家在经济方面采取市场机制的时候，市场价值观在社会生活中渐渐地扮演着越来越重要的角色，经济学也正在成为一个帝国领域。“今天，买卖的逻辑不再只适用于各种商品，而是越来越主宰着我们的整个生活。”① 市场和市场导向的观念向传统上由非市场规范所统辖的生活领域入侵，是当代最引人注目的现象。用市场来配置健康、教育、公共安全、国家安保、犯罪审判、环境保护、娱乐、生育，以及其他社会特别的做法，在 20 世纪 90 年代前大多是闻所未闻的，然而在今天，我们却多半视其为理所当然。

在桑德尔看来，在 2008 年金融危机爆发前的那些年，是一个信奉市场经济和放松的疯狂年代，亦即一个市场必胜论的时代。如今，这种信念遭到了质疑，而且市场必胜论的时代也趋于终结。金融危机不只是引发了人们对市场有效分配风险能力的质疑，而且还促使人们产生了这样一种广泛的认识，即市场已经远离道德规范，因而我们需要用某种方式重建市场与道德规范之间的联系。对此，一些人认为，市场必胜论在道德上的核心缺陷乃是贪婪，因为贪婪致使人们进行不负责的冒险。根据这种观点，解决这个问题的方案便是遏制贪婪，让银行家和华尔街的高管们坚守更大的诚信和责任，并且制定各种合理的规章制度以防范类似的危机再次发生。桑德尔认为，这种观点是片面的。贪婪在金融危机中扮演着重要角色，但过去几十年所出现的最致命的变化并不是贪婪的疯涨，而是市场和市场价值观侵入了本不属于它们的那些生活领域。在这种情况下，我们不仅需要抨击贪婪，而且还需要重新思考市场在我们社会中所应当扮演的角色，需要认真考虑市场的一些道德界限，而且还需要追问是否存在一些金钱不应当购买的东西。所以，桑德尔

① ［美］桑德尔：《金钱不能买什么——金钱与公正的正面交锋》，邓正来译，中信出版社 2012 年版，引言 XII。

提出："现在，到了我们追问自己是否想要过这种生活的时候了。"①

那么，我们为什么对我们正朝着的一个一切都待价而沽的社会迈进感到担忧呢？桑德尔认为有两个原因。其一与不平等有关。在一个一切都可以买卖的社会里，一般收入者的生活会变得更加艰难。金钱能买到的东西越多，富足或贫困与否也就越发重要。如果富足的优势就是有能力购买游艇、跑车和欢度梦幻假期，那么收入和财富的不平等也就并非那么重要了。但是，如果金钱最终可以买到的东西越来越多，收入和财富分配的重要性也就越发凸显出来。在金钱可以买到政治影响力、良好的医疗保健、在一个安全而非犯罪猖獗的地区安家、进入优质学校读书，也就是说，在所有好的东西都可以买卖的地方，有钱与否就是至关重要的。在这样的地方，不仅贫富差距拉大了，而且一切事物的变化通过金钱变得越发重要，而使得不平等的矛盾也变得更加尖锐了。其二与腐败有关。在桑德尔看来，市场具有一种侵蚀的倾向，对生活中的各种好东西进行明码标价，将会腐蚀它们。市场不仅在分配商品，而且还在表达和传播人们针对所交易的商品的某些态度。如果孩子好好读书就给他们零钱，有可能使他们读更多的书，但同时也教会了他们把读书视为一份挣钱的零活而非一种内在满足的需要。将大学新生名额拍卖给出价最高的投标者，有可能会增加学校的财务收入，但同时也损害了该大学的诚信及其颁发的学位的价值。雇佣外国雇佣军去为本国打仗，有可能会使本国公民少死一些人，但却侵蚀了公民的意义。在桑德尔看来，市场无孔不入的腐蚀性是人们更为担忧的一个问题。

经济学家常常假设市场是中性的，它不会影响它所交易的商品。桑德尔认为，事实并非如此。首先，市场会使道德商品化。"当市场逻辑被扩展到物质商品以外的领域时，它必然要'进行道德买卖'，除非它想在不考虑它所满足的那些偏好的道德价值的情形下盲目地使社会功利最大化。"② 其次，市场排挤非市场规范。桑德尔认为，市场信念有两大假设：一是认为把某种行为商业化不会改变这种行为。"基于这个假设，金钱绝不会腐蚀非市场规范，而且市场关系也绝不会排挤非市场规范。"③ 二是认为伦理行为乃是一种

① ［美］桑德尔：《金钱不能买什么——金钱与公正的正面交锋》，邓正来译，中信出版社2012年版，引言XII—XIII。

② ［美］桑德尔：《金钱不能买什么——金钱与公正的正面交锋》，邓正来译，中信出版社2012年版，第91页。

③ ［美］桑德尔：《金钱不能买什么——金钱与公正的正面交锋》，邓正来译，中信出版社2012年版，第138页。

需要节约的商品。即认为我们不应当过分依赖利他主义、慷慨、团结或公民职责，因为这些道德情感都是可耗竭的稀缺资源，而依赖自利的市场可以使我们不必用尽有限的德性资源。“根据这个假设，更多地依赖市场、更少地依赖道德规范，乃是保护稀缺资源的一种方式。”① 桑德尔指出，越来越多的研究都确认了常识所表明的这样一个道理，即金钱激励措施和其他市场机制会通过排挤非市场规范的方式产生事与愿违的效果。例如，有时候，为某种特定行为支付酬劳，并不会使人们更多地这样行事，反而会使他们较少地这样行事。再次，市场价值观还会把一些值得人们关切的非市场价值观排挤出去。

在桑德尔看来，尽管人们在哪些价值观值得关切，以及为什么这些价值观值得关切的问题上存在着分歧，但我们必须在什么样的价值观应当主导社会生活和公民生活的各个领域的问题上，以及在金钱应当以及不应当买什么的问题上形成共识。桑德尔认为，当我们决定某些品质可以买卖的时候，我们也就决定了至少隐含地决定了把这些物品视为商品是适当的，也就是已经把这些物品看作是谋利或使用的工具，指望用它们来赚钱。但是，并非所有的物品都能如此。最明显的例子是人，人就不能成为商品。奴隶制之所以骇人听闻，就是因为它把人视为可以在拍卖会上买卖的商品。人有其应有的人格尊严，应当得到尊重，除了某些不影响其人格尊严的方面（如能力）之外，人在任何情况下都不可视作创收的工具和使用的对象。“如果生活中的一些物品被转化为商品的话，那么它们就会被腐蚀或贬低。”② 所以，桑德尔强调，为了决定市场所属之地以及市场应当与什么保持一定距离，我们就必须首先决定如何评价相关的物品，如健康、教育、家庭生活、自然、艺术、公民义务等。桑德尔认为，这些都是道德问题与政治问题，而不只是经济问题。

为此，桑德尔提出，我们必须对这些物品的意义以及评价它们的适当方式逐一展开辩论。这种辩论在市场必胜时代未曾开展过，也正因为如此，使得我们从“拥有一种市场经济”（having a market economy）最终滑入了“成为一个市场社会”（being a market society）。这两者之间的区别在于：“市场

---

① ［美］桑德尔：《金钱不能买什么——金钱与公正的正面交锋》，邓正来译，中信出版社 2012 年版，第 140 页。

② ［美］桑德尔：《金钱不能买什么——金钱与公正的正面交锋》，邓正来译，中信出版社 2012 年版，引言 XVIII。

经济是组织生产活动的一种工具——一种有价值且高效的工具。市场社会是一种生活方式，其间，市场价值观渗透到了人类活动的各个方面。市场社会是一个社会关系按照市场规律加以改变的社会。”① 当代政治学严重缺失的就是关于市场角色和范围的辩论。但是，我们要重新思考这一问题面临着两个令人深感棘手的障碍：一是市场观念具有经久不衰的力量和威望。2008 年以来的金融危机是继 1929 年大萧条之后最糟糕的经济衰退，并且让成千上万的人丢失了工作。但即使这样，也没有从整体上动摇人们对市场的信心，没有使人们从根本上对市场问题进行反思。市场必胜论的时代走向了毁灭，其后想必是一个道德清算的时代，亦即一个重新追问市场信念的时代。然而，事实却证明，社会并没有朝那个方向发展。二是我们公共话语中的怨怼和空泛。我们政治的问题是道德争辩太少，政治在很大程度上是空洞的，缺乏道德和精神的内涵，而且也未能关注人们所关切的那些重大问题。在桑德尔看来，对市场道德局限性展开辩论具有多方面的意义：首先，它会使我们有能力确定市场服务于公共善的领域以及市场不归属的领域；其次，它会经由允许各种彼此冲突的善生活观念进入公共场所而使我们的政治具有生机；再次，它将有助于形成一种更健康的公共生活；最后，它还会使我们更加明白，生活在一个一切都待价而沽的社会里我们要付出的代价。

当代政治的道德缺失原因很多，其中之一就是试图将“善生活”的观念从我们的公共话语中排挤出去。同时，市场的逻辑也以其自身的方式把道德辩论从公共生活中排挤出去。市场的吸引力之一就在于它们并不对其所满足的偏好进行道德判断，它不追问一些评价物品的方式是否比其他方式更高尚或者更恰当。“如果某人愿意花一笔钱来满足自己的性欲或者购买一个肾脏，而另一个同意此桩买卖的成年人也愿意出售，那么经济学家问的唯一问题就是‘多少钱’。市场不会指责这种做法，而且它们也不会对高尚的偏好与卑鄙的偏好加以区别。交易各方都会自己确定所交易的东西具有多大价值。”② 桑德尔认为，这种对价值不加道德判断的立场处于市场逻辑的核心地位，而且也在很大程度上解释了它为什么有吸引力。然而，我们不愿进行道德和精神争论，加之我们对市场的膜拜，已经使我们付出了高昂的代价：它逐渐抽

① ［美］桑德尔：《金钱不能买什么——金钱与公正的正面交锋》，邓正来译，中信出版社 2012 年版，引言 XVIII。

② ［美］桑德尔：《金钱不能买什么——金钱与公正的正面交锋》，邓正来译，中信出版社 2012 年版，引言 XXII—XXIII。

空了公共话语的道德含义和公民力量，并且推动了技术官僚政治的盛行，而这种政治正在危害着很多社会。

桑德尔认为，除了要对某些物品的意义进行辩论以外，我们还需要追问一个更大的问题，即："我们希望在其间生活的那种社会究竟具有何种性质？"在他看来，商业主义除了会侵损特定物品以外，还会侵蚀公共性。金钱能够买的东西越多，不同行业的人相聚一处的场合就也越少。在一个越来越不平等的时代，所有东西的市场化便意味着富裕者与一般收入者正过着日益分离的生活。我们在不同的地方生活、工作、购物和玩耍，我们的孩子到不同的学校上学。这种生活的"包厢化"不仅对民主不好，而且也不是一种令人满意的生活方式。"民主并不要求完全的平等，但是它确实要求公民们能够分享公共生活。重要的是：具有不同背景和社会地位的人可以在日常生活中彼此相遇、互相碰面，因为这是我们如何学会商议并容忍我们彼此差异的方式，也是我们如何一起关怀共同善的方式。"① 在桑德尔看来，实际上，市场问题最终涉及的是一个有关我们怎样生活在一起的问题：是想生活在一个所有的东西都待价而沽的社会，还是想生活在存在着某些金钱不能买以及市场无法兑现其价值的道德物品和公民物品的社会？

（四）三种考量公正的角度：福利、自由和德性

也许是因为受了罗尔斯《公正论》的影响，也许是因为公正问题成了当代最突出的时代问题，当然也许是因为在哈佛讲授"公正"课程的需要，桑德尔终生关心公正问题，而且其思想通过他在哈佛的公开课及教材《公正——怎样做才正当？》产生了极为广泛的影响。他对其公正思想的阐述，是在对功利主义、自由至上主义和亚里士多德主义的公正思想进行比较和辨析的过程中表达的。

桑德尔以 2004 年夏的飓风"查理"为例展开他关于公正问题的讨论。这次飓风从墨西哥湾生成，横扫佛罗里达，直至大西洋，夺去了 22 人的生命，并造成了 110 亿美元的经济损失，同时还引发了一场关于价值欺诈的争论。由于这场飓风，佛罗里达州的物价飙升，当地的居民被飙升的物价激怒了。当佛罗里达州准备启动反价格欺诈法时，有的经济学家提出该法律并不适用这种情况，在当下的市场经济中，价格应该由供求关系决定。而且过高

① ［美］桑德尔：《金钱不能买什么——金钱与公正的正面交锋》，邓正来译，中信出版社 2012 年版，第 239 页。

的物价有利于限制消费者使用相应商品，也有利于刺激别处的供应商给受灾地提供最急需的物品和服务。有的人甚至认为“把商贩们看做魔鬼并不能加快佛罗里达重建的脚步”。而主张启动反价格欺诈法的人则认为，在这样的危急关头和大难之后，对基本日用品索要过高的价格，政府不能袖手旁观，并且指责那些利用别人的灾难发财的人，“在灵魂深处是如此贪婪”。[①]

桑德尔认为，这场争论引发了一些与道德和法律相关的棘手问题：物品和服务的销售商利用一场自然灾害，根据市场需求随意定价，这是否不正当？如果不正当，那么法律应当做些什么？政府是否应当禁止价格欺诈，即使这样做干涉了购买者和销售者的交易自由？这些问题不仅涉及个人如何对待他人，还涉及法律如何制定，以及我们应当如何组织一个社会，而这些问题都是关于公正的问题。“要看一个社会是否公正，就要看它如何分配我们所看重的物品——收入与财富、义务与权利、权力与机会、公共职务与荣誉等等。一个公正的社会以正当的方式分配这些物品，它给予每个人以应得的东西。”[②]然而，当我们追问什么样的人应得什么样的东西以及为何如此时，便产生了一些棘手的问题。桑德尔认为，民主社会中的生活充斥着对与错、公正与不公的分歧和争论，这些分歧和争论通常产生于公共领域中的不同党派或不同主张的倡导者之中，有些时候也存在于作为个体的我们的内心，存在于当我们发现我们自己在面对一个棘手的道德问题时无所适从和自相矛盾的时候。在《公正——怎样做才正当？》中，桑德尔引证了菲丽帕·福特（Philippa Foot）构想的失控有轨电车的经典例子，以及阿富汗的牧羊人的真实事例，以说明人们经常会面临着道德困境。[③]很少有人会面临这样重大的道德难题，但我们在日常生活中会经常面临着各种程度不同的道德难题。在这样的情况下，我们就面临着怎么能从那些具体情境所作的判断中精确地推理出我们认为应当适用于各种情境的公正原则的问题，简言之，面临着道德推理如何进行的问题。

在桑德尔看来，在当代社会，关于公正问题的回答都是围绕三种观念展开的，即：使福利最大化、尊重自由和促进德性。其中的每一种观念都引向

---

① 参见［美］桑德尔：《公正——该如何做是好？》，朱慧玲译，中信出版社 2012 年版，第 2 页以后。

② ［美］桑德尔：《公正——该如何做是好？》，朱慧玲译，中信出版社 2012 年版，第 19 页。

③ 参见［美］桑德尔：《公正——该如何做是好？》，朱慧玲译，中信出版社 2012 年版，第 22 页以后。

一种不同的思考公正的方式。第一种观念认为，界定公正和判断何谓正当的方法在于询问什么将会使福利或社会总体幸福最大化。在这种观念看来，市场通过人们努力工作以供应他人所需要的物品，促进了社会的整体福利。第二种观念将公正与市场联系起来，认为市场尊重个人自由，关于收入和财富的正当分配就是任何一个在不受约束的市场中自由交换商品和服务所产生的分配，而调节市场是不公正的，因为这侵犯了个体的自由选择。第一、第二两种观念都是维护自由市场的。第三种观念则是一种道德的考虑，认为公正就是给予人们在道德上所应得的，即以分配物品来奖励和促进德性。桑德尔认为，福利、自由和德性也是三种分配物品的方式，每一种理念都意味着一种不同的考量公正的方式。在桑德尔看来，当今人们主要在以下问题上存在着分歧：将幸福最大化、尊重自由以及培养德性意味着什么？这些理念相互冲突时，我们该怎么办？桑德尔认为，政治哲学无法一劳永逸地解决这些争论，但它却能清晰地概括这些争论并澄清那些我们作为民主社会的公民时可能面对的各种观念背后的道德考量。

桑德尔认为，许多当代政治争论都是关于如何促进经济繁荣或如何刺激经济增长的。我们之所以关心这一问题，是因为我们认为经济繁荣有益于我们的幸福。在这个问题上，功利主义的论证是最典型的。“它对我们应当如何使幸福最大化，或（如功利主义所说的）如何寻求最大多数人的最大幸福，以及为何如此这些问题作了最有影响力的说明。”[①]边沁所创立的功利主义学说，“其主要观点很简单，并对人具有直觉上的吸引力：道德的最高原则就是使幸福最大化，使快乐总体上超过痛苦。”[②]对于边沁来说，正当的行为就是任何使功利最大化的行为，而他所说的“功利”是指任何能够产生快乐或幸福，并阻止痛苦或苦难的东西。许多人认为，功利主义明显的缺陷在于，它没有尊重个体权利。因为一切都考虑满意度的总和，就有可能为了更大的功利而恣意践踏个体公民。例如，在审问恐怖分子嫌疑人时，使用严刑逼供更有可能使他说实话，从而更有利于社会安全。按照功利主义的观点，这种严刑逼供就是正当的。功利主义声称能够提供一种衡量、合并和计算幸福的道德科学，边沁便提供了一种使各种偏好能够相加的通用价值货币。然而，我们能否将所有道德上的善都转变成一种单一的价值货币而不致丧失某些东西呢？约翰·密尔认为这些问题可以解答。密尔试图改进功利主义，

① ［美］桑德尔：《公正——该如何做是好？》，朱慧玲译，中信出版社2012年版，第20页。

② ［美］桑德尔：《公正——该如何做是好？》，朱慧玲译，中信出版社2012年版，第37页。

使之更加人性化，更少算计的色彩，但他的理论仍然是自圆其说。他认为，个人自由的理由完全可以建立在功利主义的考量之上，因为从长远看，尊重个人自由会导向最大的人类幸福。但是这种观点仍然遭到质疑：如果为了促进社会进步而尊重个体权利，这会使权利具有偶然性；而且这种观点忽视了这样一种意义，即侵犯某人的权利就是对他犯了某种错误，而无论这种侵犯给总体带来什么样的后果。针对边沁的快乐只有量的区别而没有质的区别的指责，密尔从质的角度区分为高级快乐与低级快乐，而高级快乐是能产生更强烈、更持久的快乐。然而，这种修正无法解释在许多情况下人们为什么更喜欢低级快乐的现象。例如，我们不是经常更愿意躺在沙发上看无聊的电视节目，而不去读柏拉图的著作吗？

"如果权利并不依赖于功利，那么什么才是它们的道德基础呢？自由至上主义者们提供了一种可能的答案：人们不应当被仅仅当做促进他人福利的手段而加以利用，因为这样做侵犯了根本性的自我所有权。我的生命、劳动力和人格属于我，且仅属于我。它们并不是任由社会整体随意处置的东西。"①在当代世界的语境中，公正意味着尊重自由和个体权利这一观念像功利主义使幸福最大化的观念一样为人们普遍熟知。从自由的角度考量公正是一种宽泛的理论，这方面最激烈的政治争论产生于这种理论内部的两大阵营，即追求放任主义的阵营和追求公平的阵营。坚守放任主义阵营的是一些拥护自由市场的自由至上主义者。他们认为，公正就在于尊重和维护达成一致意见的成人的自愿选择。"自由至上主义者们并不是以经济效率的名义——而是以人类自由的名义，支持不受约束的市场，并反对政府管制。他们的核心主张是：我们每一个都拥有一种根本性的自由权——用自己拥有的事物去做任何事情的权利，只要我们同样尊重他人这样做的权利。"②在桑德尔看来，自由至上主义面临着诸多的难题。

首先，如果自由至上主义者的权利理论是正确的，那么现代政府的许多行为都是不合法的，并侵犯了自由权。自由至上主义者所反对的家长式作风、道德立法、收入或财富再分配这三类政策和法律，在现代国家中却是普遍存在的。

其次，自由至上主义者面临着我们是否拥有自身的难题。按照自由至上主义者的观点，每个人都拥有对自己身体的所有权。那么，出售自己的身体

① ［美］桑德尔：《公正——该如何做是好？》，朱慧玲译，中信出版社2012年版，第114页。
② ［美］桑德尔：《公正——该如何做是好？》，朱慧玲译，中信出版社2012年版，第66页。

器官、辅助性杀人、经双方同意的吃人等行为就都是人们的自由权利，因而也是正当的，而禁止这些行为的法律就是不正当的，是对自由权利的一种侵犯。[①]

再次，自由市场并不像看起来那样自由。桑德尔认为，许多关于公正的争论都与市场有关，涉及自由市场是不是公平的、有没有一些东西是我们不能或不应当用金钱购买的、如果有它们是什么、买卖它们又有什么错等问题。自由至上主义者认为，让人们参与自由交换就是尊重他们的自由，干涉这种自由市场的法律，就侵犯了个人的自由。但是市场自由的怀疑者们则认为，市场的选择并不总是像表面看起来那样自由，并且如果我们为了金钱而买卖某种东西和社会行为的话，那么它们就会被腐蚀。这方面最有影响的事例就是出钱雇人打仗和生孩子。[②]

与自由至上主义者不同，康德为义务和权利提供了另一种论证："它并不依赖于'我们拥有自身'这样的观念，也不依赖于'我们的生命和自由是来自于上帝的礼物'这样的主张。相反，它依赖于这样一种观念——我们是理性的存在，值得拥有尊严和尊重。"[③]桑德尔认为，康德给权利提供的论证是迄今为止哲学家给出的最强有力、最有影响力的论证之一。康德反对公正在于使福利最大化和公正在于促进德性的观念，认为它们都没有尊重人类自由，因而主张将公正、道德与自由联系起来。但是，他所提出的自由观念要求更为苛刻。在他看来，我们日常所认为的市场自由或消费自由并不是真正的自由，因为它仅仅满足我们事先并没有选择的各种欲望。他认为，功利主义由于将权利建立在关于什么会产生最大幸福的算计的基础之上而使权利的基础变得脆弱，而且它试图从我们恰好具有的各种欲望推导出道德原则是一种错误的思考道德的方式，因为某物能给很多人带来快乐并不能使它成为正当的。道德不能仅仅建立在经验主义的考量之上，这些因素是多变的、偶然的，因此它们很难作为普遍性的道德原则（如普遍人权）的基础。如果将道德建立在欲望、兴趣和爱好的基础之上，那就破坏了它的尊严。他认为，我们可以通过运用"纯粹实践理性"而达到道德的最高原则。在康德看来，我

① 参见［美］桑德尔：《公正——该如何做是好？》，朱慧玲译，中信出版社 2012 年版，第 78 页以后。

② 参见［美］桑德尔：《公正——该如何做是好？》，朱慧玲译，中信出版社 2012 年版，第 85 页以后。

③ ［美］桑德尔：《公正——该如何做是好？》，朱慧玲译，中信出版社 2012 年版，第 115 页。

们每个人都值得尊重，这并不是因为我们拥有自身，而是因为我们是理性的存在。我们是理性的存在，因而也是意志自由的存在，能够自由地行动和选择。“我们的理性能力与自由能力密切相关，这些能力合起来让我们变得独特，并将我们与动物性存在区分开来；它们使我们不仅仅是欲望的存在。”①康德认为，当我们像动物一样追求快乐或避免痛苦时，我们并不是真正自由地行动，而是作为欲望和渴求的奴隶而行动；真正的自由行动就是自律地行动，也就是根据我给自己的理性所立的法则而行动，而不是听从于自然本性或社会规范的指令。

桑德尔认为，康德的政治理论反对功利主义，而造成一种基于社会契约的公正理论。近代早期契约论思想家们都认为合法政府源于人们在某个时刻自行订立的一种社会契约，康德虽然肯定合法政府必须基于一种原初的契约，但原初性的契约并不是真实的，而只是出于想象。在他看来，这种假想的集体同意的行为“是任何一项公共法律的公正性的试金石”。②就是说，一项法律如果能够得到全体公众的认同，那么它就是公正的。但是，康德没有说明这种假想契约如何能起到一个真实的契约的道德作用的问题，两个世纪后的罗尔斯对这个问题给出了一个很有启发性的答案。桑德尔认为，在主张公正在于自由的公正进路中，还包括一些持平等主义态度的理论家。他们认为，不受约束的市场即不正当也不自由。在他们看来，要达到公正，需要政策来修正社会和经济的缺陷，并给予每个人通往成功的平等机会。罗尔斯就是其中最著名的代表。他主张：“思考公正的方式就是要询问，在一种平等的原初状态中，我们会认可什么样的原则。”③我们知道，罗尔斯从假想的契约中，引申出了他的两条公正原则。但是，罗尔斯的思想实践是思考公正的正当方式吗？公正原则如何能够产生于一种从来没有真正发生过的协议之中？桑德尔认为，契约是有其道德局限的。一般来说，只要实际的合同实现了两种理想，即意志自由和互惠，那么它们就具有道德分量。但是，这些理想实际上都没有完全实现。有些协议尽管是自愿的，但却不是相互获利的；而有的时候，我们可能仅基于互惠而有义务偿还一种利益，甚至都不需要合同。“这便指出了同意的道德局限性：在某些情形中，同意并不足以产

① ［美］桑德尔:《公正——该如何做是好？》，朱慧玲译，中信出版社 2012 年版，第 119 页。

② 参见［美］桑德尔:《公正——该如何做是好？》，朱慧玲译，中信出版社 2012 年版，第 155 页。

③ ［美］桑德尔:《公正——该如何做是好？》，朱慧玲译，中信出版社 2012 年版，第 159 页。

生一种具有道德约束力的义务，而在另一些情形中则不需要同意。”[①]罗尔斯认为，事物所是的方式，并不决定它们应当所是的方式。自然的分配无所谓公正不公正，人们降生于社会的某一特殊地位也说不上不公正。这些都只是一些自然事实，公正或不公正在于制度处理这些事实的方式。他建议我们这样来处理这些事实：同意“与他们分享命运”，并且“只有当利用那些自然和平社会环境的偶然性能够有利于整体时，我们才能这么做”。桑德尔最后指出，无论罗尔斯的公正理论最终能否成功，它都代表了美国政治哲学中迄今为止所提出的、最具说服力的、支持一个更加平等的社会的理由。

与前面的福利公正论和自由公正论不同，主张公正在于德性的德性公正论认为，公正与德性以及善生活密切相关。在当代政治领域，德性理论经常被看作是文化保守主义，对于自由社会中的许多公民来说，将道德法律化这一观念是令人厌恶的，因为它具有沦为不宽容和压迫的危险。然而，公正社会应认可某些德性以及关于善生活的观念，在意识形态领域引发了许多政治运动和争论。桑德尔认为，拒绝承认道德应得作为分配公正的基础，这在道德上是有吸引力的，但同时也是令人不安的。它之所以具有吸引力，是因为它打消了存在于传统社会中为人们熟悉的观念，即：成功是对德性的奖励；富人之所以富有，是因为他们比穷人更加应得。而它之所以令人不安，则是因为我们可以追问：“公正能够脱离道德应得吗？”这一方面是因为公正通常具有表示敬意的一面，因而分配公正不仅仅是与谁得到什么有关；另一方面是因为那些最引人注目的社会机构（如学校）不能自由地以自己喜欢的任意方式界定自己的使命，它们至少部分地由它们所推崇的独特善所界定。“特定的善与特定的社会制度相适应，忽视这些善在分配中的作用可能就是一种腐败。”[②]

正因为如此，桑德尔在分析2004年飓风的事物时指出，那种指责出于贪婪之心发灾难财的观点背后包含了一种“德性的论证”。这种论证把贪婪看作是一种恶，是一种不道德的存在方式，当它使人们忽视别人的痛苦时更是如此。贪婪不仅是一种个人的恶性，而且还与公民德性相冲突。“在困难时期，一个良好的社会会凝聚在一起。人们之间相互关照，而不是榨取最大利益。如果一个社会中的人们在危急关头剥削自己的邻居以获取经济利益的话，那么这个社会就不是一个良好的社会。因此，过分的贪婪是一种恶，而

① ［美］桑德尔：《公正——该如何做是好？》，朱慧玲译，中信出版社2012年版，第163页。
② ［美］桑德尔：《公正——该如何做是好？》，朱慧玲译，中信出版社2012年版，第203页。

一个良好的社会若有可能就应当反对之。反价格欺诈法无法禁止贪婪，但它至少能够限制其最露骨的表现，并表明社会对它的反对。通过惩罚而非奖励贪婪的行为，社会肯定了那种为了群体善而共同牺牲的公民美德。”[①] 但是，在桑德尔看来，这种德性的论证也存在着问题，即“它似乎比那些诉诸福利与自由的论证更倾向于主观批判”。[②] 当关于德性的评判进入法律程序时，我们会感到担忧，也会质疑人们在被迫的情况下是否能真正地自由选择。这种困境就引出了政治哲学中的一个重要问题：“一个公正的社会应当努力推进其公民的德性吗？或者，法律是否应当在各种德性观念保持中立，以使公民们能够自由地为自己选择最佳的生活方式？”[③]

在桑德尔看来，现代的各种公正理论都试图将公平和权利的问题与荣誉、德性和道德应得的问题分离开来，寻求那些中立于各种目的的公正原则，并使人们能够自己选择和追求它们的目的。亚里士多德则不认为公正可以以这种方式保持中立，而认为“关于公正的争论，不可避免地就是关于荣誉、德性以及良善生活本质的争论”[④]。对于亚里士多德而言，公正意味着给予人们所应得的东西，给予每个人所应得的东西。可是，什么才是一个人所应得的呢？亚里士多德的回答是：“那些同等之人应当分配得到同等之物”。那么，如何贯彻这一要求呢？这取决于我们在分配什么，取决于那些与被分配物品相关的德性。假定我们在分配长笛，那么谁应得到最好的长笛？是那些最好的长笛吹奏者。就是说，“那些同等之人应当分配得到同等之物”，实际上意味着根据相关的卓越而有差别地对待。就长笛的分配而言，相当的卓越就是那吹得好的能力。如果基于财富、身份等任何其他因素而有差别地对待的话，那将是不公正的。就政治而言，我们现在讨论分配公正的时候，主要关心的是关于收入、财富和机会的分配。而对于亚里士多德来说，分配公正并不主要涉及钱财，而是涉及职务和荣誉，即涉及谁应当拥有统治权、应当如何分配政治权力的问题。将最好的乐器分配给最好的音乐家，这会带来受人欢迎的结果，也就是给大多数人带来了最大幸福。但是，亚里士多德的理由超越了这种功利主义的考量。他是从一个物品本身的目的来推导出该物品恰当的分配方式。“亚里士多德认为，为了决定某物品的正

---

① ［美］桑德尔：《公正——该如何做是好？》，朱慧玲译，中信出版社 2012 年版，第 7 页。
② ［美］桑德尔：《公正——该如何做是好？》，朱慧玲译，中信出版社 2012 年版，第 7 页。
③ ［美］桑德尔：《公正——该如何做是好？》，朱慧玲译，中信出版社 2012 年版，第 8 页。
④ ［美］桑德尔：《公正——该如何做是好？》，朱慧玲译，中信出版社 2012 年版，第 213 页。

当分配方式，我们需要研究被分配之物的目的或意图。”[①]在桑德尔看来，亚里士多德政治哲学的核心是两种观念：一是公正是目的论的。对于权利的界定要求我们弄明白所讨论的社会行为的目的。二是公正是荣誉性的。为了推理或讨论一种行为的目的，就至少要部分地推理或讨论它应当尊敬或奖励什么样的德性。[②]

在讨论了三种公正进路之后，桑德尔明确表示，他支持第三种理论进路，并对其理由进行了简要阐述。他认为，功利主义的进路有两个缺陷：一是它使公正和权利成为一种算计，而非原则；二是由于将所有的人类善都纳入一个单一的、整齐划一的价值衡量标准，它对所有的人类善等量齐观，并没有考虑它们之间质的区别。基于自由的公正理论解决了第一个问题而留下了第二个问题。他们认真看待权利，并坚持认为公正不仅仅是一种算计，并且承认某些权利是根本性的，必须得到尊重。但是，在将一些权利划分为值得尊重的之后，他们就接受人们现在的各种偏好，而不要求我们质问或怀疑我们带进公共生活里的那些偏好和欲望。“根据这些理论，我们所追求的那些目的的道德价值、我们所过的生活的含义和意义以及我们所共享的共同生活的质量与品质，都存在于公正领域之外。”[③]桑德尔指出，这两种理论进路都是错误的，我们不可能仅仅通过使功利最大化，或保障选择的自由，就形成一个公正的社会。为了形成一个公正的社会，我们不得不共同推进好生活的意义，不得不创造一种公共文化以容纳那些不可避免地要产生的各种分歧。桑德尔认为，如果我们能够找到一种原则或程序，这种原则或程序能够一劳永逸地证明任何产生于它的有关收入、权利以及机会的原则，那将是非常吸引人的。如果能找到这样的原则，它将能够使我们避免那些由于关于好生活的讨论而必定会引起的混乱。然而，这样的争论是无法避免的。这是因为公正不可避免地具有判断性，公正问题都跟不同的关于荣誉和德性、自豪和认可的观念绑定在一起。“公正不仅包括正当地分配事物，它还涉及正确地评价事物。”[④]

如果一个公正的社会涉及对好生活的共同推理，那么我们仍然需要询

① ［美］桑德尔:《公正——该如何做是好？》，朱慧玲译，中信出版社 2012 年版，第 215 页。

② 参见［美］桑德尔:《公正——该如何做是好？》，朱慧玲译，中信出版社 2012 年版，第 213 页。

③ ［美］桑德尔:《公正——该如何做是好？》，朱慧玲译，中信出版社 2012 年版，第 298 页。

④ ［美］桑德尔:《公正——该如何做是好？》，朱慧玲译，中信出版社 2012 年版，第 298—299 页。

问，什么样的政治话语能够指引我们？桑德尔提出要建立一种新型的共同善的政治社会。他认为，建立这样的社会可能涉及四个主题：其一，培育公民德性。如果一个公正的社会需要一种较强的共同体感，那么它就必须找到一种方式来培育公民关心全局以及为共同善作贡献的品质。它不能对公民们带进公共生活里的那些态度、倾向以及各种“心灵习惯”漠不关心，而必须找到一种方式来反对那些将善生活观念完全私人化的做法，并培育公民德性。其二，加强市场的道德限制。我们时代的一个最让人吃惊的趋势就是市场的扩张和以市场为导向的推理方式，进入那些传统上是由非市场的规范所统领的生活领域。在这种情况下，我们需要拷问我们想要保护哪些非市场的规范不受市场的侵蚀。“除非我们想让市场改写那些支配社会制度的规范，否则我们就需要公开讨论市场的道德限制。”[①]其三，克服不平等。近几十年来，美国的贫富差距急剧扩大，已经达到了 20 世纪 30 年代以来从未有过的最高水平。然而，不平等问题并没有作为一个政治事件而凸显出来，政治领域对此少有关注。如果我们集中关注不平等的公民性后果及其逆转方式，那些关于收入分配的争论就会减少，而且也会凸显分配公正与共同善之间的关系。其四，建立一种道德参与的政治。通常认为，政治和法律不应当陷入各种道德和宗教争论，否则就会导致压迫和不宽容。桑德尔认为这是一种合理的担忧。但是，这种回避的立场会导致一种似是而非的尊重，而且会导致一种贫瘠的公共话语。而一种对于道德分歧的更加有力的参与，能够为相互尊重提供一种更强而非更弱的基础。因此，我们应当更加直接地关注同胞们所带入公共社会的各种道德和宗教信念，有时质疑并反对之，有时则聆听并学习之，而不是一味地加以回避。“与回避的政治相比较，道德参与的政治不仅仅是一种更加激动人心的理想，它也为一个公正社会提供了一种更有希望的基础。”[②]

二、泰勒对现代性的拯救

查尔斯·泰勒（Charles Margrave Taylor，1931—）是加拿大著名政治哲学家和社会科学哲学家，麦吉尔大学的荣退教授，社群主义的代表人物之一。他于 1952 年在麦吉尔大学获历史学学士，1955 年在牛津大学获哲

① ［美］桑德尔：《公正——该如何做是好？》，朱慧玲译，中信出版社 2012 年版，第 303 页。
② ［美］桑德尔：《公正——该如何做是好？》，朱慧玲译，中信出版社 2012 年版，第 306 页。

学、政治学和经济学学士，1961 年在牛津大学著名哲学家以赛亚·伯林和著名伦理学家 G. E. M. 安斯卡姆波指导下获哲学博士学位。主要著作有《行为的解释》（*The Explanation of Behavior*, 1964）、《黑格尔》（*Hegel*, 1975）、《黑格尔与现代社会》（*Hegel and Modern Society*, 1979）、《自我的根源——现代认同的形成》（*Sources of the Self: The Making of Modern Identity*, 1989）、《现代性的不适》（*The Malaise of Modernity*, 1992）[①]、《哲学的论证》（*Philosophical Arguments*, 1995）、《现代社会的想象》（*Modern Social Imaginaries*, 2004）、《世俗时代》（*A Secular Age*, 2007）、《困境与联系——论文集》（*Dilemmas and Connections: Selected Essays*, 2011）。如果说桑德尔研究的重心是对近代以来的自由主义进行批判，那么泰勒关注的重心则是对现代性的反思。他也对自由主义持批评态度，但并不像桑德尔那样激烈否定它，而是认为它存在着偏颇并导致了自由的丧失，而这些偏颇是可以加以克服的，对以自由主义作为基础的现代性也可以实施拯救，当然也迫切需要加以拯救。从思想观点看，桑德尔更倾向共和主义、德性伦理学，在一定意义上可以说，他的社群主义是将亚里士多德的德性伦理学运用于政治领域，并且使之与卢梭的共和主义结合起来，所以他的社群主义既是亚里士多德主义的，也是卢梭主义的；泰勒的社群主义则针对现代自我身份（认同）从复杂、丰富走向简单、单一的个人主义和工具理性的偏颇所导致的"身份危机"或"认同危机"，试图用近代情感主义和浪漫主义克服自由的丧失，使自我回复到本真性伦理，从而使人重新获得自由，所以他的社群主义虽然吸收了情感主义和浪漫主义的内容，但并非是情感主义和浪漫主义的，而是要用它们来补充个人主义、理性主义，以克服其偏颇。

（一）身份与善

泰勒社群主义的核心范畴是自我及其身份。"身份"的英文对应词是"identity"，这个英文词的本意是指"什么人或什么东西是它自身"。因此，这个词可以中译为"同一性"，它表示某种东西是与它自身同一的，如：一个人的 ID 卡（身份证）就是一个人的身份，它是与这个人同一的；也可译为"认同"，意为认为某种东西是与那个东西本身同一的；还可译为"身份"，指表明某个人或某种东西的那种东西。这种种译法都是可以的，只是

① 该书哈佛大学出版社以《本真性伦理学》（*The Ethics of Authenticity*）为名重印。

侧重点稍有差异。不过，我以为译为“身份”也许更贴切，因为它所指的不是某人或某事本身，而是指与某人或某事本身相同或同一的东西。从这个词的意思可以看出，一个人与其 identity（身份）并不是完全同一的，就像身份证与身份证所代表的人不完全相同一样。就是说，一个人的自我与其身份是可以有差异的。泰勒正是从“身份”的意义上来理解 identity 的。在他看来，西方文明进入近代，人的自我（self）获得了丰富的含义，自我的身份也相应有丰富的含义，但是随着现代化的演进，作为自我的身份含义逐渐与自我本身不一致，自我身份丢失或遮蔽了自我本身的一些内容。自我本身内容的丰富性体现为具有本真性的道德的或善（伦理）的丰富性，而自我身份在现代化的进程中，逐渐不再反映这种丰富性，取而代之的是个人权利和工具理性。不言而喻，最简单地说，自我本身中除了个人权利和工具理性之外至少还有个人责任和价值（目的）理性。因此，泰勒一方面要通过对自我本身的追溯，寻求自我本身的本真性；另一方面要通过对人的现代身份（作为与自我本身相同或同一的东西）的各个组成部分及其形成过程的展示，揭示人的身份是如何偏离其自我本身的。他做的这两个方面的工作，其主旨是要通过上述追溯和展示克服现代性存在的过分偏重个人权利和工具理性的偏颇，使自我与其身份真正实现同一，也就是要使自我返回到它的本真性或善性，从而拯救现代性，恢复人在现代化过程中失去的自由。

在泰勒看来，自我（性）与善，或者说，自我与道德原本是难解难分地纠缠在一起的主题。然而，现代道德哲学对道德的理解过于狭窄，按照这种理解，无法展示自我与道德之间的密切关联。泰勒认为，现代道德哲学的狭窄主要体现在：“这种道德哲学倾向于把注意力集中到怎么样做是正确的而不是怎么样生存是善的，集中到界定责任的内容而不是善良生活的本性上；它没有为作为我们所爱或忠诚的对象，或像默多克在其著作中所描绘的，作为注意力和意志特别关注的善的术语留有概念上的空间。”[①] 泰勒认为，这种哲学在一种狭隘的意义上认可了“一种干瘪瘪的和斩头去尾的道德观”。今天不仅职业哲学家，而且广大的公众无不信奉这种道德观。为此，泰勒说他要尽力扩大合理的道德描述的范围，尤其是力图阐明和审查更丰富的背景性语言，我们正是在这些语言中建立我们所承认的道德责任的基础和观点的。更广泛地说，他要探讨“存在于我们当代人的某些道德和精神直觉背

① Cf. Iris Murdoch, *The Sovereignty of Good*, London: Roulledge, 1970.

后的精神本性和困境的背景状况”[①]。因此，他所考虑的范围比一般被描述为“道德”的东西要宽泛一些。他说：“除我们关于诸如正义及对其他人的生命、幸福和尊严的尊重等议题的概念和反应之外，我也要考虑对支撑着我们自己尊严的东西的感受，或考察对使我们的生活富有意义和完满的东西的追问。”“它们更关心的是生命的价值。”[②]泰勒认为，这些方面与道德问题相通的地方，以及配得上“精神的”所指称之处，在于它们都与他所说的“强势评估”有关。所谓“强势评估”是指作出对和错、好和坏、高和低的区别，而这些区别不仅不会因为我们自身的欲望、癖好和选择而失效，相反，它们独立于这一切并提供对它们进行评判的标准。

在泰勒看来，通常被人们看作是道德的最迫切和最有力的要求，所涉及的是他人的生命、完整和幸福，甚至还有事业有成。而他所关注的道德直觉、道德反应则更深刻，它们植根于本能，而其他的道德反应则更像是教养和教育的产生。这种范围内的道德反应有两个方面：其一，它们就像本能，如同我们喜欢甜食；其二，它们包含有关于人的本性或地位的主张，即同意或肯定一种既定的关于人的本性论，即道德本体论。[③]然而，现代自然主义道德只重视第一个方面，而将第二个方面分离出来，声称它对于道德并不是必要的或不相关的。之所以会如此，是因为人们对这种本体论意见不一致，而且表达起来非常困难，除此之外，还因为存在着一些压制它的企图。“在我们当代人中间存在许多对道德本体论的有目的的压制。”[④]泰勒则表示，他的目标就是表达这种道德本体论，因为这种本体论是处于我们的道德和精神直觉背后的“背景状况”，“是我们道德回应的唯一充分的基础”。[⑤]

泰勒认为，现代西方人的道德世界明显地不同于以往文明的道德世界，它倾心于根据权利的概念系统阐述对他人尊重的原则。这种权利概念已经成为西方法律体系的核心，并且传遍了全世界。“权利”(也被称为“主体权利”)

---

① ［加］泰勒：《自我的根源——现代认同的形成》，韩震等译，译林出版社 2012 年版，第 9—10 页。

② ［加］泰勒：《自我的根源——现代认同的形成》，韩震等译，译林出版社 2012 年版，第 10 页。

③ 参见［加］泰勒：《自我的根源——现代认同的形成》，韩震等译，译林出版社 2012 年版，第 12 页。

④ ［加］泰勒：《自我的根源——现代认同的形成》，韩震等译，译林出版社 2012 年版，第 18 页。

⑤ ［加］泰勒：《自我的根源——现代认同的形成》，韩震等译，译林出版社 2012 年版，第 16、19 页。

的观念就是法律特权的观念。自 17 世纪自然法理论革命开始，西方就把所假定的每个人都拥有的诸如生命与自由之类的东西说成是“天赋”权利。这种权利观念把对人类生命和完整性的尊重与自律结合起来，设想人们为了建立和保障他们应得的尊重而对他人亦如此。泰勒认为，这就是现代西方道德的关键特征，其关键是自律。洛克三位一体的自然权利说把它们归结为自由。泰勒承认这是我们道德直觉的一个重要方面，它表达了这样一些信念，这些信念围绕着要尊重人类生命的意义而产生，并且是一些把我们生活中最重要和最严肃的东西加在我们身上的禁令和责任。但是，这一套道德直觉只构成我们道德生活轴心中的一条，除此之外还有其他问题存在，它们是我们关注的中心。“存在的问题有：我如何生活，这与什么样的生活值得过有关；或者什么样的生活能实现蕴含在我特殊才能中的希望；或以我的天资要求成为某种人的责任；或形成丰富而又有意义的生活——作为人们对热心于第二位的事情或琐事的抵抗。”[①]泰勒认为，这些问题都是强势评价问题，因为询问这些问题的人决不会怀疑，如果一个人遵循自己直接的意愿和欲望，他就可能走错方向，此后就不能走向完满的生活。而要理解我们的道德世界，我们就不仅要弄清什么样的思想和图景奠定了我们对他人的尊重感，而且要弄清那些构成我们完满生活的概念基础。这两个方面并不是两个相去甚远的思想系列，而是存在着重叠和复合关系。

在泰勒看来，人们可以从最普遍意义上的所谓道德思维中挑选出三个轴心：一是我们对他人的尊重和责任感；二是我们对怎样过完满生活的理解；三是我们自己的尊严，即我们要求基于个人的态度和感情尊重自己的感觉。[②]构成我们尊严的可能是我们的权力、对公共空间的支配感，也可能是我们不受到权力的伤害、我们的自信和自足等，但这种尊严感常常可以建立在某些同样的道德观念的基础上。例如，我自己作为一家之主、拥有工作和养活家人的感觉，都可能是我的尊严感的基础。泰勒认为，类似于这三种轴心的东西可能存在于每一种文化中，但是，在它们怎样被构想，它们如何联系，以及它们相对的重要性方面，又存在重大的差别。我们的时代区别于古代的一个重要的方式涉及第二种轴心，即对怎样过完满生活的理解。“一系

---

① ［加］泰勒：《自我的根源——现代认同的形成》，韩震等译，译林出版社 2012 年版，第 24 页。

② 参见［加］泰勒：《自我的根源——现代认同的形成》，韩震等译，译林出版社 2012 年版，第 24—25 页。

列围绕着生活意义的，而且对我们说来是合理的问题，在更早的时代难以得到充分的理解。现代人可能焦虑地怀疑生活是否有意义，或者对它的意义是什么感到困惑。”[①] 在许多社会中，总有某种未受怀疑的“框架”维持着，这有助于人们赖以判断他们的生活。例如，在宗教文化中的人们常问，习惯的虔诚对他们来说是否足够了，或者他们是否还未感到某种纯粹的神圣召唤。然而，现代世界的平凡性使这些框架成为有疑问的了，某些传统的框架已是信誉扫地或降低到了偏好的地步。“没有一个框架构成现代西方整个社会的视界。”[②]

泰勒指出，他所称为框架的东西体现着一套关键的性质特征。“在这个框架内的思考、感觉和判断，就是这样一种意义在起作用，即某些行为、或生活方式、或感觉方式无比地高于那些我们更加乐于实行的方式。”[③] 泰勒对这里所说的“无比地高于”作了这样的解释，即其意义在于，那种以某种方式有价值的或值得向往的目标和善，是不能以我们的日常善和值得欲望相同的尺度来衡量的。“它们并不只是在同一种意义上更大程度地比某些日常的善更令人欣赏。由于它们的特殊地位，它们获得我们的敬畏、尊重或赞美。”[④] 在泰勒看来，正是这种不可比性使它们与他所称的“强势评估”相关联，它们独立于我们自己的欲望、爱好或选择，它们代表这些欲望和选择据以被判断的标准。然而，还存在着一种广泛的从根本上不认同这些框架的倾向，泰勒称之为“自然主义”。此外，功利主义则排斥所有性质的差别，“把人类所有目的看作是同等重要的，因而能够根据某种硬‘通货’加以普遍的量化和计算的”[⑤]。泰勒认为，自然主义和功利主义是极其混乱的。因为忽视这些框架，我们对构造着现代人们生活的某些最重要的差别的认识就不会是充分的，就会迷恋于还原的解释。而在泰勒看来，“在所有的情况下，在较高的、令人赞赏的生活和懒惰、不合理、受奴役或异化的等低级生活之间，

---

① ［加］泰勒:《自我的根源——现代认同的形成》，韩震等译，译林出版社 2012 年版，第 26 页。

② ［加］泰勒:《自我的根源——现代认同的形成》，韩震等译，译林出版社 2012 年版，第 27 页。

③ ［加］泰勒:《自我的根源——现代认同的形成》，韩震等译，译林出版社 2012 年版，第 31 页。

④ ［加］泰勒:《自我的根源——现代认同的形成》，韩震等译，译林出版社 2012 年版，第 31 页。

⑤ ［加］泰勒:《自我的根源——现代认同的形成》，韩震等译，译林出版社 2012 年版，第 35 页。

仍存在某种差别。”[①] 如果我们排除了自然主义的幻觉，就会发现现代道德意识的极其重要的事实，即在强烈吸引着我们现代人对日常生活的肯定和我们的某些最重要的道德差别之间存在着张力。

泰勒认为，框架为我们在所有三个方面的道德生活中的道德判断、直觉或反应提供了明显或隐含的背景。清楚地表述一个框架，就是阐明什么形成了我们道德回应的意义。他解释说：“当我们试图说明，在我们断定某种形式的生活确实有价值，或把我们的尊严置于某种成就或地位中，或以某种方式规定我们的道德责任时，我们发现自己就是在表达我称之为‘框架’的东西。”[②] 在泰勒看来，对我们来说，在没有框架的情况下生活显然是不可能的。这不是一个偶然为真的有关人的心理事实，而是人类永远都会拥有的特质，走出这些限制也就是走出我们所认为的完整性之外。这个问题涉及人的身份问题。我们经常会问到“我是谁？”的问题，这个问题并不必然通过给予名称或家世而得到回答。对于我们来说，回答这个问题就是理解什么对我们具有关键的重要性。“知道我是谁，就是知道我站在何处。”[③] 我的身份是由框架或视界规定的，在这种框架和视界内我能够尝试在不同的情况下决定什么是好的或有价值的，或者什么应当做，或者我应赞同或反对什么。换言之，这是我能够在其中采取一种立场的视界。

在泰勒看来，身份与方向感之间存在着本质的联系。“知道你是谁，就是在道德空间中有方向感；在道德空间中出现的问题是，什么是好的或坏的，什么值得做和什么不值得做，什么对你是有意义的和重要的，以及什么是浅薄的和次要的。”[④] 那么，为什么我们根据“是谁”这个问题来思考我们的基本方向感？“是谁”这个问题须将某人置于由对话者组成的社会中的潜在的对话者地位。把某人确定为这种提问的潜在对象，就是在其他人中间把他当成这种对话者，当成某个持有他自己的观点或他自己的角色的人，即能对他或她说话的人。能够自己回答就是知道他站在何处、他想回答什么。这

---

① ［加］泰勒：《自我的根源——现代认同的形成》，韩震等译，译林出版社 2012 年版，第 36 页。

② ［加］泰勒：《自我的根源——现代认同的形成》，韩震等译，译林出版社 2012 年版，第 38 页。

③ ［加］泰勒：《自我的根源——现代认同的形成》，韩震等译，译林出版社 2012 年版，第 40 页。

④ ［加］泰勒：《自我的根源——现代认同的形成》，韩震等译，译林出版社 2012 年版，第 40 页。

就是为什么我们自然而然地倾向于根据我们是谁来谈论我们基本的方向感。一个人失去这种方向感，或者没有发现它，就是不知道他是谁。而且，这种方向感一旦获得，也就规定着他从何处回答他的身份问题。问题是，我们可以根据框架定义发现我的方位吗？正是框架定义要回答的这一问题，提供在其中我们知道我们站在何处的视界，也提供事物对我们所具有的意义。

泰勒指出，现代一些人之所以面临着“身份危机”或“认同危机”的处境，问题就发生在这里。在他看来，这种危机是一种严重的无方向感的形式，人们常常不知道他们是谁，他们无法表达他们的身份。这种情形也可以被看作是他们站在何处的极端不确定性。“他们缺乏这样的框架或视界，在其中事物可获得稳定意义，在其中某些生活的可能性可被看作是好的或有意义的，而另一些则是坏的或浅薄的。”①然而，现在这些意义对于他们来说是不固定的、易变的或非决定的。泰勒感叹说，这是痛苦的和可怕的经验。

泰勒具体分析了“自我”以及自我与其身份的关系。他说，我们把人说成是“自我”，而自我有各种不同的用法。其中有一种含义是，拥有前面所说的身份，它是有必要深度和复杂性的存在。相对于心理学和社会学的意义而言，与我们对身份的需要相关的自我概念，更突出了人类主体性这个关键的方面。但是，在没有趋向善的某种方向感的情况下，我们就无法获得这个概念，而正是依靠它我们每个人才在本质上拥有立场。泰勒认为，作为科学研究对象的客体可以在四种意义上理解：其一，客体并不是对我们或其他主体而言的，而是基于其自身的（客观的）；其二，客体是独立于任何主体所提供的任何描述或解释的；其三，客体原则上可以靠清晰的描述加以把握；其四，客体原则上可以在不涉及其环境的情况下得到描述。②自我在前两种意义上不属于客体，因为我们是自我，只在于某些问题对于我们来说是紧要的。我作为自我或我的身份，是以这样的方式规定的，即这些事情对我而言是意义重大的。由此看来，自我不大像通常意义上所理解的客体。“我们不是在我们是有机体的意义上是自我的，或者，在我们有心和肝的意义上我们并不拥有自我。我们是具有这些器官的生物，但这些器官是完全独立于我们的自我理解或自我解释或对我们具有意义的事物的。但是，我们只是在进入

---

① ［加］泰勒：《自我的根源——现代认同的形成》，韩震等译，译林出版社2012年版，第40页。

② 参见［加］泰勒：《自我的根源——现代认同的形成》，韩震等译，译林出版社2012年版，第48页。

某种问题空间的范围内，如我们寻找和发现向善的方向感的范围内，我们才是自我。”①自我也不是第三种意义上的客体，因为自我解释绝不可能是完全清晰的，对自我的完全表达是不可能的。自我也不是第四种意义上的客体，这是因为：“一个人只有在其他自我之中才是自我。在不参照他周围的那些人的情况下，自我是无法得到描述的。”②

泰勒认为，以上这四个方面也是自我的四个特征，其中最后一个方面则是自我的一个关键特征。他指出，他的自我定义被理解为是对“我是谁”这个问题的回答，而这个问题是在说话者的交替中发现其原初含义的。我不仅通过我从何处说话定义我是谁，或根据家谱、社会空间、社会地位和功能、与我关系密切的人来定义我是谁，更要以对我具有最重要规定意义的道德和精神方向感来定义我是谁。一个人不能基于他自身而是自我。“只有在与某些对话者的关系中，我才是自我：一种方式是在与那些对我获得自我定义有本质作用的谈话伙伴的关系中；另一种是在与那些对我持续领会自我理解的语言目前具有关键作用的人的关系中——当然，这些类别也有重迭。”③总之，自我只存在于“对话网络”之中。

泰勒认为，从关于善的含义与我们的自我感之间的关联可以看到，它们是密切地交织在一起的，而且它们也以这样的方式相关联，即我们是与其他主体共有语言的主体。在泰勒看来，这种关联与我们的整体生活以及引导我们的方向有联系。“我们与善相关的方向感不仅要求某种（些）规定着性质上较高的形态的框架，而且要求一种我们在其中处在何处的感觉。”④在至关重要的空间中没有方向，便无法行动，因此我们无法停止对我们身处何处的关切。这个问题涉及什么样的生活值得过，什么是充实和富有意义的生活，或者什么构成高尚的生活。对这类问题的关注，对于我们来说不是个选择问题，而是涉及规定我们精神方向的善的问题。这类关于我的生活的价值、重要性或实质的问题，实质上就是我如何在与善的关系中“确立”或“定位”

---

① ［加］泰勒：《自我的根源——现代认同的形成》，韩震等译，译林出版社 2012 年版，第 49 页。

② ［加］泰勒：《自我的根源——现代认同的形成》，韩震等译，译林出版社 2012 年版，第 50 页。

③ ［加］泰勒：《自我的根源——现代认同的形成》，韩震等译，译林出版社 2012 年版，第 52 页。

④ ［加］泰勒：《自我的根源——现代认同的形成》，韩震等译，译林出版社 2012 年版，第 62 页。

或我是否与它“有联系”的问题。人类对这类问题的关注是自古以来都存在的，表现为对完美的渴望。这种渴望可以表现为把某种东西（如某种类型的优秀行为或某种意义）置入人类生活，也可以把人的生活与某种更高的实在联系起来，或者同时表现为这两者。在泰勒看来，所有这些多样的渴望都是不能从人类生活中根除的渴求形式，“我们不得不恰当地处于与善的关联之中”①。这种渴求是一个基本的动力，在我们的生活中具有巨大的潜在冲击力。当我们获得更大的名誉，或在生活中引入更多秩序，或我们的家庭变得更加稳固时，这种与善相连接或正确地与善确定联系的渴求，在我们的生活中就可以得到或多或少的满足。

泰勒认为，为了使我们的生活有意义，为了拥有身份，我们需要向善的方向，需要把善的含义“编织进我对我那作为展开的故事的生活的理解中”②。而这就引出了使我们有意义的另一个基本条件，即我们用叙述把握我们的生活。在泰勒看来，麦金太尔、利科、海德格尔等人都认为，我们也生存于问题空间中，这种问题只有连贯的叙述才能回答。“为了具有我们是谁的含义，我们必须有我们怎么样生成，以及我们走向何方的概念。”③没有对我怎样达到或成为什么的某种理解，我就不知道我在何处或我是谁。我对我的自我的意识就是关于我成长和生成的意识。我需要通过时间和许多事变才能把我的性格、气质和欲望中相对固定不变的东西与那些变化不定的东西区别开来。而且，只有作为成长和生成的人，通过我的成熟和退化、成功或失败的历程，我才能认识我自己。所以，“我的自我理解必然有时间的深度和体现出叙述性。”④

前面大量涉及善的概念问题，那么，有关善的表达的要旨是什么呢？泰勒认为，回答这个问题的起点在于，我们所谈论的善只通过某种表达为我们而存在。“表达能使我们更接近于作为道德根源的善，能给予其力量。”⑤

---

① 参见［加］泰勒：《自我的根源——现代认同的形成》，韩震等译，译林出版社 2012 年版，第 65 页。

② ［加］泰勒：《自我的根源——现代认同的形成》，韩震等译，译林出版社 2012 年版，第 69 页。

③ ［加］泰勒：《自我的根源——现代认同的形成》，韩震等译，译林出版社 2012 年版，第 69 页。

④ ［加］泰勒：《自我的根源——现代认同的形成》，韩震等译，译林出版社 2012 年版，第 74 页。

⑤ ［加］泰勒：《自我的根源——现代认同的形成》，韩震等译，译林出版社 2012 年版，第 134 页。

我们所看到的有关善的极其不同的理解，是与这些文化所使用的不同语言相关的。善的视野只有通过某种样式加以表达才会成为对于一定文化中的人们有用的。当然，这里所说的“语言”和“表达”是在非同寻常地广泛而包容的意义上被使用的。善的含义，不仅在语言学的描述中，而且在其他言语行为中，寻求其表现形式，而且经常会表现超越通常和狭义上所设想的语言界限。当我们将善作为道德根源来理解时，所指的是“在性质差别中被识别出的、具有无与伦比的优异性的东西”，它可能是某种行为、动机或生活风格，它们在性质上被看作是高级的。这里所说的“性质差别”是指框架的性质差别。泰勒表示，“善”在这里是在非常一般的意义上使用的，标示所有被考虑为价值的、高尚的、值得赞赏的种种类型或范畴。它也似乎在更充分的意义上的使用，如柏拉图的善理念。在柏拉图那里，行为、动机、生活方式高级还是低级，取决于理性还是欲望占支配地位。理性的就是有理性秩序的眼光，而且热爱这种秩序。出于理性的行为就会产生这种秩序，而出于理性的行为就构成了善的性质。泰勒把这种善称为“构成性的善”。他认为，构成性的善构成或规定什么是善的行为，而且也是对推动我们趋向善的行为的那种东西的爱。因此，“构成性的善是道德的根源：那就是说，它是某种对授权我们行动和行善的东西的爱。”①

（二）现代身份的形成

泰勒认为，对善的极其不同的理解是与什么是人类主体的极为不同的范畴、不同的自我概念相伴随的，现代善的视野的发展过程也就是关于主体性和自我性质的前所未有的新理解的演变过程。这样一个演变过程，是与四种范畴关联的：（1）我们关于善的概念；（2）我们对自我的理解；（3）某种我们据此使我们的生活有意义的叙述；（4）社会的范畴，即对人类众主体中的人类主体是什么的理解。② 泰勒认为，正是这四种范畴构成了现代身份。于是，他对四种范畴之间某些关联的历史发展进行了追溯。

在泰勒看来，我们关于自我的现代观念与一种（或一类）特定的内在感相联系，也可以说是由其构成。但是，我们有关内在和外在的现代概念实际

---

① ［加］泰勒：《自我的根源——现代认同的形成》，韩震等译，译林出版社 2012 年版，第 134 页。

② 参见［加］泰勒：《自我的根源——现代认同的形成》，韩震等译，译林出版社 2012 年版，第 152 页。

上是奇怪的，也是在其他文化和时代中没有先例的。为了弄清它是如何奇特和异常的，泰勒将它的发生追溯到了柏拉图的道德学说那里。在柏拉图看来，当理性占支配地位时，我们就是善的，当我们被自己的欲望所控制时，则是恶的。他把道德根源定位于思想领域中，认为这就是我们通向高级道德条件的必经之地，而我们通过思想或理性所获得的是自制。当理性占支配地位时，我们就成为善的，而且不再为自己的欲望所控制。这时，我们就会成为自己的主人，我们灵魂的高级部分就会支配低级部分。"受理性支配，意味着人的生活由其知道和热爱的在先存在的理性秩序所塑造。"① 当理性占统治地位时，在灵魂中就会有一种秩序，而欲望的王国则是混沌的王国。"善良的灵魂喜爱秩序、一致和和谐，而恶的灵魂则受他各方面的欲望的折磨，并处在永恒的冲突之中。"② 柏拉图甚至把它们描写为遭受某种"内战"的痛苦。除此之外，受理性支配的人也喜爱镇定，而充满欲望的人则时常焦虑不安，总是因为他的渴望而东撞西撞。"善良的人是泰然自若的，而恶人则是心烦意乱的。"③ 在柏拉图看来，欲望因素"在本性上是贪得无厌的"。对于柏拉图来说，"自制在于理性控制欲望，自我控制是与被人的嗜好和情感所控制相对立的。"④ 通过理性的自我控制，带来三个这样的成果：与自我相统一，镇定和泰然自若的冷静。在泰勒看来，柏拉图确立了我们的文明中占统治地位的那种道德理论的形式。"多少世纪以来，对许多人来说，自明的事情是，思想 / 理性使我们的生活成为向善的，或者如果激情不阻碍的话，它就是这样的。"⑤ 理性地考虑某事就是以不带情感的态度对待它。这意味着既清楚地看到什么应当做，也清楚地看到什么是镇定和沉着，因而能够去做。成为理性的，就是成为自己的主人。

在泰勒看来，柏拉图的看法在近代以前一直占主导地位，并且从未受到挑战，相反，他的观点在奥古斯丁那里得到了强化。"奥古斯丁的全部观点

① [加] 泰勒:《自我的根源——现代认同的形成》，韩震等译，译林出版社 2012 年版，第 175 页。

② [加] 泰勒:《自我的根源——现代认同的形成》，韩震等译，译林出版社 2012 年版，第 164 页。

③ [加] 泰勒:《自我的根源——现代认同的形成》，韩震等译，译林出版社 2012 年版，第 164 页。

④ [加] 泰勒:《自我的根源——现代认同的形成》，韩震等译，译林出版社 2012 年版，第 175 页。

⑤ [加] 泰勒:《自我的根源——现代认同的形成》，韩震等译，译林出版社 2012 年版，第 165 页。

受到由普洛提诺传给他的柏拉图学说的影响。”① 在柏拉图肉体与非肉体的区分的帮助下，基督教关于精神和肉体的对立得到了理解：高级的领域也就是与仅仅暂时的东西相对立的永恒的领域，是与不断变化的东西对立的永不变化的领域。奥古斯丁要求人们不要走向外部，而要回到你自身。就是说，不要追求肉体的满足，不要关心财富、权力、成功、快乐等外在事物，而要追求灵魂的健康，关心更高的道德生活。这就是通向上帝之路。上帝并不仅像柏拉图所理解的那样，只是“在那里发光”，照亮存在的秩序，而且也是“内在的”光，是“照亮每位诞生在世界中的人”的光，是灵魂之中的光。因此，奥古斯丁让我们内在于自己，强调我们所需要的东西位于内部。“内在的光是照耀我们存在的光；它是与我们持有第一人称立场的造物的存在密不可分的。把它与外在的光区别开来的，正是使内在性的形象成为如此有吸引力的东西，是它照亮了我在场的空间。”② 奥古斯丁的道路是一种从外在走向内在，再从内在走向超越之路，我们内在地走向上帝。泰勒认为，奥古斯丁转向了自我激进反省的内在性，并把它留给了西方思想传统。从笛卡尔以来以及现代文化中所有源于此的现代认识论传统，已使这样一种立场成为根本性的，即存在着一个特殊的“内在”对象领域。

笛卡尔在许多方面是地道的奥古斯丁式的，他强调激进的反省、我思的重要性，从“内在的”、从我们自己观念出发，而不是从外在的事物出发证明上帝的存在。但是，笛卡尔使奥古斯丁的内在性乃至柏拉图的内在性出现了急剧的转折，并让它导入一个全新的方向。在柏拉图那里，宇宙万物在本体论意义上就是有秩序的，这种秩序从根本上说是善理念的体现。奥古斯丁保留着柏拉图所谓善是宇宙间万物的秩序的观念，但我们不能靠自己的力量来接近这种秩序，而必须用赎罪和爱这种秩序，也就是必须走接近上帝的内在之路。对于笛卡尔来说，宇宙的秩序并不是本来就具有的，更不是善理念目的的体现，而是通过人的理性构建的，是理性对实在再现的结果。因此，在笛卡尔这里“理性最高权威的秩序是制造的，而不是发现的”③。与奥古斯丁相比较，笛卡尔则在一种真正的意义上把道德根源置于我们内心了。理性

① ［加］泰勒：《自我的根源——现代认同的形成》，韩震等译，译林出版社 2012 年版，第 179 页。

② ［加］泰勒：《自我的根源——现代认同的形成》，韩震等译，译林出版社 2012 年版，第 185 页。

③ 参见［加］泰勒：《自我的根源——现代认同的形成》，韩震等译，译林出版社 2012 年版，第 176 页。

控制的意志即自由意志“本身就是我们所能拥有的最崇高的事物，因为它以特定的样式使我们与上帝平等，而不是把我们当作他的臣民；所以，对它的正确运用是我们所拥有的善中最伟大的，而且除此之外没有任何东西更属于我们自身，或对我们有更大的意义”。“根据所有这些必然得出结论，除了自由意志之外，没有别的什么能够给予我们最伟大的满足。”①因此，对于笛卡尔来说，人无需走内在超越之路接近上帝，而只需运用理性控制激情，就能使人达到高级的领域，获得最大的满足。需要注意的是，理性对激情的控制，是一种工具性的支配，而不是摆脱或扑灭。在笛卡尔看来，激情是灵魂中的情绪，由生命精气所引起，其功能是强化肌体在既定环境中寻求生存或幸福的反应。它是造物主为我们设计的功能设置，有助于维持肉体与灵魂的实质性一致。显然，在这一点上，笛卡尔与斯多亚学派的禁欲主义是有根本区别的。在泰勒看来，笛卡尔对理性支配的新理解造成了一种新的道德根源的内在化。“如果理性控制是心灵支配去魅化的物质世界的问题，那么善良生活的优越感，还有过这种生活的志向，必定来自主体的自己的作为理性存在的尊严感。”②

在泰勒看来，笛卡尔的分离的主体，到洛克这里进一步发展成了点状的自我。洛克持快乐主义立场，认为快乐和痛苦就是善和恶。但是，它使这个古老理论经历了具体化的转变。他认为，直接推动我们的并非对善即快乐的预期，而是“不适”。人的欲望就是一种不适，对某种东西的欲望就是因缺乏某种善而唤起的不适，而“最紧迫的”不适自然决定意志。我们遵循理性可以确定什么是最大的善，而我们自己的意志要寻求它，而且这会改变我们的欲求。我们可以形成某些习性，也可以放弃和重构它们。在泰勒看来，这是一种激进的分解，这种分解开启了自我塑造的前景。泰勒把“能够持这种激进分解态度，以一种重构的观点对待他或她自己的主体”称为“点状”自我。持这种态度，就是把自己认同为客观化和重构的力量，依靠这种行动使自己远离作为潜在变化的对象的特殊面貌。“真正的自我是‘无广延的’；它不在任何地方，而只是把事物当作对象装配的力量”，而“这种力量依赖于意识”。③

① ［加］泰勒：《自我的根源——现代认同的形成》，韩震等译，译林出版社2012年版，第208—209页。

② ［加］泰勒：《自我的根源——现代认同的形成》，韩震等译，译林出版社2012年版，第215页。

③ ［加］泰勒：《自我的根源——现代认同的形成》，韩震等译，译林出版社2012年版，第244页。

泰勒从柏拉图开始，经由奥古斯丁向内的转向，直到笛卡尔开创和洛克强化了的新的分解态度，追溯了现代自我的一个侧面的构成过程。“个人对自我采取分解的态度——即使某人并未把它推到洛克主体性的点状极端——规定着关于人类主体性及其有特点的力量的新理解。”[①] 泰勒认为，伴随着这一点，出现了善的新概念和道德根源的新区域，这个新区域就是现代个人主义。它包括三个侧面：[②] 一是自我负责的独立性的侧面。这个自我负责的理想是用伴随着它的关于自由和理性的新定义，以及关于尊严的相关含义表达的。“按照这种定义生活——我们不会失败，因为它渗透并理性化着如此之多的现代生活方式和实践——就转换为：扼要地说，我们在此把这种存在方式看作为正常的，就如以我们的肉体器官所是的方式停泊在持续不变的人类本性之中。”[③] 在泰勒看来，现代个人主义的这个侧面是笛卡尔奠基的，因为“其理论使个体思想者以第一人称的独特性确立他自己的责任，要求他为他本人建立思想秩序”。“但是，他这样做必须遵循普遍的标准；他要像任何人和每个人那样推理”[④]。二是被意识到的特殊性的侧面。泰勒认为，蒙田是寻求每个人的独特性的创始人。“与笛卡尔相对照是惊人的，只是因为蒙田处于另一种现代个人主义的起点上，这是自我发现的个人主义，在目标和方法上都不同于笛卡尔的个人主义。它的目标是以他或她的不可重复的差别认同个体，而笛卡尔主义给我们的是在其普遍的本质上的主体的科学；它开始于对第一人称的自我阐释的批评，而不是非个人推理的证明。其终点是对我自己的需要、渴求、欲望的理解，无论在它们的起源上它们多么依赖涵盖从社会的预期到我直接的倾向的跨度。”[⑤] 三是个人承诺的侧面。泰勒认为，个人主义的这个侧面源于斯多亚派的意志概念，即意志同意或否定和表征。“使这种意志力成为核心的人类道德力量，就开辟了使承诺成为至关重要的那样一种观点的道路：除非生活方式得到整个意志的同意，否则就没有任何生活

① ［加］泰勒：《自我的根源——现代认同的形成》，韩震等译，译林出版社 2012 年版，第 252 页。

② 参见［加］泰勒：《自我的根源——现代认同的形成》，韩震等译，译林出版社 2012 年版，第 265 页。

③ ［加］泰勒：《自我的根源——现代认同的形成》，韩震等译，译林出版社 2012 年版，第 252 页。

④ ［加］泰勒：《自我的根源——现代认同的形成》，韩震等译，译林出版社 2012 年版，第 260 页。

⑤ ［加］泰勒：《自我的根源——现代认同的形成》，韩震等译，译林出版社 2012 年版，第 260 页。

方式是真正好的，无论它或许多么与本性相符合。”①

泰勒认为，这三个方面的个人主义对现代身份来说是至关重要的，它有助于确定自我的含义，这种含义发出存在的错觉，“这种错觉停泊在我们的存在中，停泊在持续不断的和独立的解释中”②。近两个世纪以来，这种个人主义的主要特征逐渐呈现。泰勒考察了其中的三个特征：其一，现代区位化。这种区位化有几个侧面：一是“内在深度形式的成长，精神生活中反省日益增长的中心地位的相关性，以及随之而来的道德根源的置换”③；二是主体是一个独立存在的现代观念，它据以兴起的两种方式是主体与客体的对立，以及心理和身体之间的清晰界线。其二，政治原子主义。主体作为独立的存在的一个成果就是十七世纪的政治原子主义和社会契约论的产生。在这种原子主义契约论基础上，人类从宇宙的秩序中分解出来了。“从宇宙秩序分解出来，就意味着人类主体不再被理解为宏大的、富有意义的秩序的构成要素。他的典型目的是在内部发现的。他依靠的是自身。”④这种个体至上的图景也适用于社会，个体“本性上”不受任何权威的约束。其三，创造性能力。它指的是“精神和道德生活中所构建的秩序和人工制品的新的中心地位”⑤。这种新的个人主义进一步增强了我们的创造力的重要性，这种能力甚至被认为对于人类生活是至关重要的。这种创造能力是知识的创造能力，而“知识并不是来自心灵与我们发现的事物秩序的关联，而是根据正确的准则构造对现实的表现”⑥。对构建活动的这种强调引起了对语言的新理解，证词经由把它们与特定事物或观念联系的定义，最终被任意地赋予意义，我们需要语言来构建适当的事物图景，唯有这样才有可能获得真正的知识。

以上泰勒探讨了作为现代身份的一个主要方面的自我这一多面性概念的

① ［加］泰勒:《自我的根源——现代认同的形成》，韩震等译，译林出版社 2012 年版，第 265 页。

② ［加］泰勒:《自我的根源——现代认同的形成》，韩震等译，译林出版社 2012 年版，第 266 页。

③ ［加］泰勒:《自我的根源——现代认同的形成》，韩震等译，译林出版社 2012 年版，第 266 页。

④ ［加］泰勒:《自我的根源——现代认同的形成》，韩震等译，译林出版社 2012 年版，第 277 页。

⑤ ［加］泰勒:《自我的根源——现代认同的形成》，韩震等译，译林出版社 2012 年版，第 282 页。

⑥ ［加］泰勒:《自我的根源——现代认同的形成》，韩震等译，译林出版社 2012 年版，第 282 页。

发展轨迹，但是他认为，这种探讨还没有解释现代内在观的全部外延，尤其不能说明我们的“内在深度”感。为此，他进一步审视了现代身份的另一个发展状况，即我们现代本性观的兴起及其在对日常生活的肯定的东西中的根基。他用“日常生活”称谓人类生活涉及生产和再生产方面的技艺，而生产与再生产指劳动、生活必需品的制造以及我们作为有性存在特点的生活（包括婚姻和家庭）。在泰勒看来，在亚里士多德那里，从事日常活动与对好生活的追求被区分开来，日常活动虽然对于好生活是必要的，但相对于好生活而言只扮演一个基础性的角色。就是说，倘使不从事日常活动，你也就不可能追求善生活，但一个满足于谋求生存的日常活动的人生并不是一个完整的人生。在亚里士多德看来，超日常生活的善生活有两类，即哲学沉思和政治生活中的公民参与。显然，这是一种伦理等级思想，它抬高了沉思和参与的生活。斯多亚派对这两类活动提出了挑战，但对日常生活的肯定的源头是在犹太—基督教精神之中的，因为根据这种精神，堕落的人完全是孤立无助的，他自己也无能为力。他不可能仅仅通过自己的努力而不依赖上帝的拯救过上善生活。对现代西方文化发展有着重要影响的清教更发展了一种“日常生活的肯定”这一特别强烈而又激进的版本，其集中表达就是：“对我们日常生活的了解是最大的智慧。”① 在文艺复兴时期，公民参与的观念在人文主义思想中得到了回归，单纯的居民生活被看作低于作为一个公民参政的生活。然而，自培根开始，通过沉思掌握宇宙秩序逐渐被看作是徒劳无益和误入歧途的，是一种逃避具体研究之艰辛工作的自以为是的企图。“培根式的革命包括对价值的重估，这一点也是对先前等级制的颠覆”②。这种颠覆把善生活的位置从某种特定的高级活动的范围中移出，并把它置于“生活”本身之内。“现在对完满的人类生活进行定义：一方面根据劳动和生产，另一方面根据婚姻和家庭。同时，以前的‘较高级的’活动受到了强有力的批评。”③ 在泰勒看来，这种日常生活的肯定经过洛克等人的自然神论、沙夫茨伯里和哈奇森等人的道德情感理论等环节，形成了日常生活伦理与分解性自由和合理性哲学的融合，最终从哲学扩展成为一种对商业、文学、婚姻家庭

① ［加］泰勒：《自我的根源——现代认同的形成》，韩震等译，译林出版社 2012 年版，第 322 页。

② ［加］泰勒：《自我的根源——现代认同的形成》，韩震等译，译林出版社 2012 年版，第 303 页。

③ ［加］泰勒：《自我的根源——现代认同的形成》，韩震等译，译林出版社 2012 年版，第 302 页。

和情感全新理解的广阔文化运动，汇聚成了现代性文化。

泰勒指出，前面他阐述了三种意义上的个人主义文化，把人的主体权利看作是不可侵犯的、普遍的。与此同时，这种文化赋予生产性工作以意义，也赋予家庭以意义。这种文化还有一个重要特征，就是鼓励消除痛苦，强调自我表现的重要性。对于个人主义文化的这种特征，泰勒根据“构成性的善”的概念进行考察。他认为，我们不能把一种文化生活的善看成是独立自足的，看成是它与构建性的善的各种可能的表达之间没有内在联系的。在他看来，“在一个‘信仰的时代’里，一切可信的道德根源都涉及上帝”，而近代以来，“大量的人能够感知一种完全不同的道德根源，而不必假定一个上帝”。[①] 这种不同的根源主要有两个：一个是主体自身的力量，最初的理性秩序和控制力量，但是随后也是表述和阐明力量问题；另一个是本性的尝试，不仅在事物的秩序中，也反映在出于我自己的本性、愿望、情感和亲密中。这是两个无信仰的根源，泰勒认为，有两个观念帮助产生这两大无信仰形式：一是从自然神论涌现出来的激进的、不信神的启蒙思想；二是康德的道德自律理论。激进的启蒙主义者不需要天意的观念或秩序，他们的伦理学纯粹建立在功利基础上，他们从人们渴望幸福或愉悦以及渴望减少痛苦的事实出发，认为唯一的问题是怎样最大限度地增加幸福。这是功利主义的观点。按照这种观点，我们不能根据任何关于事物秩序的概念，做出正确和错误的判断，任何行为的重要判断都要与其后果相关。“因此，激进的功利主义者拒绝自然神论的构成性的善，拒绝天意秩序；但是，与此同时，他们似乎对这种秩序所支持的生活之善甚至有某种更强烈的承诺。”[②] 在他们的观点中，有三个突出的核心看法：一是自我负责的理性的理想。这种理想需要摆脱所有权威的自由，它与尊严的概念联系在一起。二是我们生来就追求日常生活满足。这些满足不仅是我们所渴望的，而且是值得追求和推进的。以人所特有的方式通过生产和家庭来追求幸福生活的观念具有中心意义。三是普遍和公平的慈善的理想。这一观念拒绝构成性的善，即坚持生活的善。康德意识到，启蒙运动的自然主义和功利主义根本没有给道德向度留下位置，也没有给自由留下位置。他认为，道德并不是依据任何特定后果界定的，而是

① ［加］泰勒：《自我的根源——现代认同的形成》，韩震等译，译林出版社 2012 年版，第 445、448 页。

② ［加］泰勒：《自我的根源——现代认同的形成》，韩震等译，译林出版社 2012 年版，第 459 页。

以采取这一行为的动机为标记的。有德之人最需要的就是使他的行为符合道德法则，按照道德法则行事也就等于遵照理性主体的真正本性行事，这就是自由，也是行为者的最终目的。康德所主张的道德不可能在自然或任何外在于人类理性意志的地方发现，是对所有古代道德观的彻底摒弃。“康德理论的确是关于现代立场的最直接的和最不妥协的阐述。”①

“康德为现代内在化提供了一种形式，即一条在内在动机中寻求善的道路。出自十八世纪后期的一批观念的另一观点，把本性表述为内在根源。”②这种观点泰勒称之为“表现主义”。它产生于德国的狂飙运动及随后的经过英国和德国的浪漫主义时期延续的那些观点。卢梭是这种观点的出发点，而它最初的重要表达出自赫尔德的著作。此后，这种观点不仅为浪漫主义者所采纳，而且从另一个方向为歌德和黑格尔所采纳，并且成为现代文化的一条连续不断的源流。这种以本性为根源的表现主义是新的更完整的个体性的基础，它认为“每一个体都是不同的、独特的，这种独特性决定了他或她应该怎样生活”③。这种理论强调差异，认为差异并不只是共同的基本人类本性的不重要的变项，或在好与坏之间的道德差别，相反，“它们限定我们每一个人必须遵循一条独特的道路，并把践行独特性的责任加于我们每个人。”④与古典主义强调理性主义、传统和形式上的和谐不同，浪漫主义更推崇个人、想象和情感的权利。浪漫主义者都认为人类置身于一个宏大的自然秩序之中，这个序列常常被设想为天意秩序，人类应当与之和谐一致。对自然秩序采取正确的道德立场，就是趋向于人的内在声音。在这一点上，他们与早期自然神论是一致的。人类生活和日常满足意义重大，对这种重大意义的意识来自于内部。“它是一种内在的冲动或确信，告诉我们自身的自然满足以及与我们同胞的自然满足相一致的重要性。这是我们内在的自然之声。”⑤以本性为根源的哲学超越了沙夫茨伯里和哈奇森的自然神论后，又同他们站到了

① ［加］泰勒:《自我的根源——现代认同的形成》，韩震等译，译林出版社 2012 年版，第 523 页。

② ［加］泰勒:《自我的根源——现代认同的形成》，韩震等译，译林出版社 2012 年版，第 528 页。

③ ［加］泰勒:《自我的根源——现代认同的形成》，韩震等译，译林出版社 2012 年版，第 540 页。

④ ［加］泰勒:《自我的根源——现代认同的形成》，韩震等译，译林出版社 2012 年版，第 540 页。

⑤ ［加］泰勒:《自我的根源——现代认同的形成》，韩震等译，译林出版社 2012 年版，第 532 页。

一起，在道德生活中给予情感以核心和绝对的地位，认为正是通过情感我们获得了最深刻的道德，以及实际上的宇宙真理。既然我们是通过内在声音或冲动接近本性，那么，我们只有通过表达我们在自身发现的什么才能充分了解这种本性。这样，趋向内在声音也是一种本性的表现形式。正是在这种意义上，泰勒将这种观点称为“表现主义”。

泰勒认为，浪漫主义的表现主义诞生于对分解式工具理性及其所导致的道德和社会生活形式的抗议。这些道德和社会生活形式是单向度的快乐主义和原子主义。这种抗议以不同的形式持续了整个 19 世纪，而且随着资本主义社会越来越朝着原子主义和工具主义方向变化，这种抗议越来越有针对性。对于这种道德和社会生活形式的第一个指控是：“它使得人类生活支离破碎：它把人类生活分成诸如理性和情感那样互不关连的范围，把我们与自然隔离开，让我们彼此格格不入。”①第二个指控是还原或禁锢了意义：“由于生活只追求纯粹的快感，它被视为单向度的；没有作为更高意义的存在目标突出出来。”②第三个指控更具有政治意义：“原子主义——即一种每个人都以个人手段规定他或她的目的并仅仅以工具性的理由去附着于社会的状况——削弱了维持一个自由的、参与性的社会所需要的粘合根基。”③泰勒认为，表现主义在后浪漫主义时代的发展在 20 世纪创造了一种显现艺术。这种显现艺术在某些方面截然不同于浪漫主义原型，泰勒将各种不同的显现形式统称为“现代主义”。现代主义产生于我们文化的冲突的语境中，这种冲突是围绕着分解的和工具性的思维和行为方式展开的，而这些方式已稳固地加强了它们对现代生活的控制。现代主义在两个方面继承了浪漫主义：“既反抗分解的与工具性的思考与行为方式，又寻求可以恢复生活的深度、丰富性和意义的根源。”④但是，现代主义也有两个与浪漫主义相关的差异：一是它已经变得更加内向，已经趋向于探索甚至赞美主观性。它深入到情感的深处，以意识流为中心，产生了可以恰如其分地称为“表现主义”的艺术流派；二是

① ［加］泰勒：《自我的根源——现代认同的形成》，韩震等译，译林出版社 2012 年版，第 596 页。

② ［加］泰勒：《自我的根源——现代认同的形成》，韩震等译，译林出版社 2012 年版，第 596—597 页。

③ ［加］泰勒：《自我的根源——现代认同的形成》，韩震等译，译林出版社 2012 年版，第 597 页。

④ ［加］泰勒：《自我的根源——现代认同的形成》，韩震等译，译林出版社 2012 年版，第 723 页。

在中心化达到顶点的时候，也牵涉到主体的非中心化：“一种不能被强势地理解为自我表现的艺术，一种把兴趣的中心置换到语言上或者诗的自身美化的艺术，或者甚至把自我通常理解为因赞同某种新的群集而分解了。”[①]这两种特征看起来势不两立，但却荒谬地融为了一体。在泰勒看来，从浪漫主义时期开始，经过象征主义和许多在宽泛意义上所谓的“现代主义”流派，直到现代，表现主义存在着强烈的连续性，而保持中心地位的东西是艺术品产生于或实现“显现”的观念。“显现把我们带入除此而外无法接近的某物的表现之中，并且具有最高的道德或精神的意义；此外，这种显现甚至在显示某物时也规定或完成着它。”[②]

（三）现代性的冲突

泰勒指出，现代观念存在着深刻断裂的道德根源，其线索多种多样且错综复杂。这种复杂性源于有神论视界的原初完整性的破碎，因为发生了这种破碎，所以可以多方位地寻找根源，其中包括我们自己的力量和本性在内。为了减少某些混乱，泰勒勾勒出了一个简图。这个简图将道德根源划分为三大领域：“这些标准的原初性的、有神论的基础；第二个领域的核心是自然主义的分解式理性，它在我们的时代采取的是科学的形式；而第三组观点在浪漫的表现主义或它的现代主义后继之一的视野中寻找其根源。”[③]不过，泰勒认为这个简图太简单了，因为实际上三个领域本身未保持原样，它们持续地相互吸取和相互影响，而且它们有跨界合而为一的企图。此外，并不是每个人都依据新近演进的观念生活，许多人依据前现代主义的浪漫主义的表现主义而生活。所有这些复杂性构成了我们所说的现代身份，并导致了某些人的“身份危机”。

在泰勒看来，如果这种描绘是正确的，我们就能更好地理解现代道德文化的持续冲突或面临的崩溃危险。这种冲突具体体现在三个方面：其一，“道德标准一致的背后，存在着关于构成性善的不确定性和分裂”。其二，“分解的工具主义和浪漫主义或现代主义对它的抗议之间的冲突”。其三，“超

---

① ［加］泰勒：《自我的根源——现代认同的形成》，韩震等译，译林出版社 2012 年版，第 661 页。

② ［加］泰勒：《自我的根源——现代认同的形成》，韩震等译，译林出版社 2012 年版，第 604 页。

③ ［加］泰勒：《自我的根源——现代认同的形成》，韩震等译，译林出版社 2012 年版，第 724 页。

出我们的道德标准的根源问题之外，超出分解的工具主义与丰富多彩的实现对立的问题之外，还存在着这些道德标准与那种丰富实现是否相容的问题；道德是否不需要我们付出较高的完整性的代价问题”。① 泰勒将这三种冲突简单地概括为：（1）有关根源的争端；（2）有关工具主义的争端；（3）有关道德的争端。②

泰勒首先讨论了第二个问题，他将其概括为“有关分解工具主义的生活方式的争论”。他认为这个问题是上两个世纪自始至终最有影响的现代性理论的核心。但是，这种生活方式从浪漫主义时期开始就遭到了攻击：“一是分解的、工具化的模式把意义生活空虚化了，一是它威胁着公共自由，即自治的制度和实践。”③ 后来针对工具化社会中功利主义的价值观倾向于把丰富多彩、有深度和有意义的生活空虚化，有各种各样的指责，如：它没有为英雄主义、贵族的德性、生活的高级目的或值得为它们而死的事情留有足够的空间；它没有留下任何能够给生活以深刻而又强有力的目的感的东西，激情失落了。还如：尼采认为这个时代的人是“末人”，其生活中除了“可怜而又可鄙的舒适”外没有任何渴望；韦伯认为世界从具有魔力的、神圣的或理念的场域到被单纯地看作对我们的目的来说是潜在的工具的中性领域；汉娜·阿伦特指出，我们是被比制造它们的活动更恒久的东西围绕着，这使人处于现代商品世界的威胁之下。泰勒将所有这些指责概括为：“一方面，过去服务于我们的坚固的、持久的、常常是富有意味的对象，因现在包围着我们的急速流动的、质量差的、可替代的商品而被置于一旁。”“另一方面，被置于丰富多彩的社会生活之外的个体，现在转而进入一系列易动的、变化的、可取消的联系中，这些联系常常只为高度特殊的目的而设计。我们通过一系列不完全的角色结束了相互间的联系。”④ 泰勒认为，所有这一切都是经验性后果，还有一种公共的后果也常被用来反对工具主义社会。这种后果在于，它倾向于摧毁公共自由。托克维尔认为，原子式的、工具化的社会都耗

① ［加］泰勒：《自我的根源——现代认同的形成》，韩震等译，译林出版社 2012 年版，第 727—728 页。

② ［加］泰勒：《自我的根源——现代认同的形成》，韩震等译，译林出版社 2012 年版，第 728 页。

③ ［加］泰勒：《自我的根源——现代认同的形成》，韩震等译，译林出版社 2012 年版，第 729 页。

④ ［加］泰勒：《自我的根源——现代认同的形成》，韩震等译，译林出版社 2012 年版，第 731—732 页。

竭着维持这种自由的意志；马克思认为，这种社会导致不平等的权力关系，这种不平等使得真实的自治所需要的平等成为笑谈。此外，近些年来，“工具化社会被控对生态不负责，这把人类物种的长期的生存和福利置于危险之中”①。

泰勒对这种工具主义也持批判态度。他认为，分解的、自我负责的理性的发展力量倾向于增加非情境化主体，甚至点状自我的观点的可信度。这源自它包含解释分解的态度，我们据此把我们自身存在的诸方面客观化，使之成为主体的本体论，仿佛我们本性上就是与仅仅给予我们的万物有区别的主体：脱离肉体的灵魂（笛卡尔）；自我重构的点状力量（洛克）；纯粹的理性存在（康德）。可以说，这个态度因此被赋予了最强劲的本性论的根据。然而，尽管这种观点多么可以理解，但却是错误的。20 世纪有不少哲学理论已经驳倒了这种分解主体的图景，认为“这个图景并非只是关于主体性的错误观点；对支持自我负责的理性和自由来说，它完全是不必要的”②。

泰勒认为，他以上所勾勒的对工具主义的指责表明，从伴随着时间而发展的现代身份的图景中形成的东西，不只是构成性的善在道德生活中的中心地位，而且还有因此可提出有效主张的善的多样性。“善或许处于冲突中，但尽管如此它们并不相互驳斥。”③在泰勒看来，大多数占主导地位的对现代身份的阐释太狭窄，不能对大量的善，因而还有它们所引起的冲突和矛盾给予全面的认识。但是，元伦理学使问题更加恶化了。元伦理学试图在根本没有善的情况下进行论证，更糟糕的是，它所提出的权利程序概念认为我们凭借某种规则程度就能产生我们应该做的事情。不过，分解式的、工具化的理性虽然面临着众多指责，但与之相联系的尊严却并非是无效的。在泰勒看来，所有这些指责都在对历史无知的语境中有助于相信过分简单的和近乎滑稽的这种或那种对现代性的解读，而这些解读使现代性的各个方面看起来易于否定。泰勒认为，争论的双方都有局限和偏颇。狭隘的分解式理性的倡导者指责浪漫主义的非理性和反科学的方面，对之不屑一顾，而根本意识不到他们在寻求其情感和文化生活的“实现”和“表现”时，多么依赖于后浪漫

①［加］泰勒：《自我的根源——现代认同的形成》，韩震等译，译林出版社 2012 年版，第 733 页。

②［加］泰勒：《自我的根源——现代认同的形成》，韩震等译，译林出版社 2012 年版，第 748—749 页。

③［加］泰勒：《自我的根源——现代认同的形成》，韩震等译，译林出版社 2012 年版，第 733 页。

主义对生活的阐释。另一方面，那些谴责技术社会或政治原子主义中分解式理性成果的人，当他们完全否认对他人的依赖的时候，当他们把其对手看作是受“支配自然”动机推动的时候，这就事实上堵塞了现代自我理解中分解性质与自我负责的自由、个体权利之间复杂的关联，堵塞了工具理性与对日常生活肯定之间的关系，他们使得世界简单化了。泰勒主张，我们应当通过让我们超越讽刺画般的、片面的解读，通过意识到我们这种身份如何普遍，以及我们如何与它的所有方面密不可分，为我们明了它们的有效性做准备。他认为，这样做是重要的，因为这些多种多样的排斥和否定并非只是理智的错误，如果承认构成性的善能构成或规定什么是善的行为，它们就能显示我们的偏颇之所在。这样，如果我们继续以现代身份生活，复兴被压制的善就是我们据以更充分地享有这种身份的方式。①

泰勒认为，从对工具主义批判的讨论中凸显出来的东西，是需要认识到善的多样性。因为善是多样的，因而它们常常是冲突的。对此，争论的双方提出的解决方式都是有问题的。工具主义者不顾对现实的表达，并割裂与自然的联系，他们实际上根本没有意识到这些问题。而工具主义的批评者则将这些多样的善当作主观主义的幻觉而主张对它们加以消解。在泰勒看来，在人类历史上，人们否定或主张一种东西往往要付出代价。“最高的精神理想和渴望也有给人类加上最沉重负担的危险。人类历史的伟大精神视野也是有毒的圣杯，是无数悲惨甚至暴行的原因。”② 与至上者相联系的宗教就经常与牺牲甚至肢体残害联系在一起，仿佛只要我们想讨神的欢心，就必须牺牲我们的某种东西，甚至要杀戮。这似乎是一个普遍真理和古老主题，并没有随着宗教而结束。启蒙的自然主义思想是通过证明禁欲主义的代价来驳斥基督教，尼采提供了一个表明道德只是弱者表示妒忌或诡计的“道德”图景。然而，泰勒认为，这种推理方式是错误的。柏拉图和斯多亚派的伦理学不能仅仅当作虚幻而一笔勾销，甚至非信仰者也能感受到福音书中强有力的呼吁。我们采取赤裸裸的世俗观点并不是避免困境的方法。“它并不能避免困境，因为这种困境包含着它的‘支离破碎’。它包含着我们对人们所设想的某些最深刻和最强劲的精神追求的令人窒息的回应。

① 参见［加］泰勒:《自我的根源——现代认同的形成》，韩震等译，译林出版社2012年版，第735页。

② ［加］泰勒:《自我的根源——现代认同的形成》，韩震等译，译林出版社2012年版，第755页。

这也是要付的沉重代价。”[①] 泰勒否认两难困境是我们不可避免的命运。“破碎的两难境地在某种意义上是我们最大的精神挑战，而不是严酷的宿命。”[②] 他指出，通过我们的讨论，我们已经辨识出了如此之多的善，然而我们把它们的力量埋藏于很深的哲学原理之下，因而它们处于窒息的危险之中。“或者毋宁说，由于它们是我们的善，人类的善，我们就要抑制。”[③] 泰勒说他所做的工作就是一种恢复，即：“尝试通过重新表达来发现被掩藏的善，靠重新表达使这些根源再次具有授权的力量，使新鲜空气再次进入半坍陷的精神肺腑中。”[④]

泰勒认为，现代性包含如此多的冲突，并面临着坍塌的危险，人们对现代性难免存在一些隐忧。这里所说的隐忧，指的是“我们当代文化和社会的一些特点，尽管我们的文明在‘发展’，人们仍视这些特点为一种失败或衰落”[⑤]。人们对这种严重的衰落自什么时候开始看法不一致，有的人认为它是从第二次世界大战后开始的，有的人则认为这种衰落自 17 世纪以来就一直存在。它们一直在各种媒体中被讨论、被惋惜、被挑战、被辩驳。不过，我们并未真正理解使我们忧虑的那些变迁，我们围绕它们的常见争论事实上错误地表达了它们。这些隐忧，即使时间跨度很大，其主题仍然有某些重合，而且总是围绕几个主旋律变奏。其中有两个此类的核心主题，还有一个从前两个推导出来的主题。它们是：(1) 意义的丧失，道德视野的褪色；(2) 在欣欣向荣的工具理性面前，目的的晦暗；(3) 自由的丧失。[⑥]

忧虑的第一个来源是个人主义。我们生活在这样一个世界中，人们有权利选择自己的生活方式，有权利决定采纳什么样的信仰，有权利以一种完全不同于先辈的方式确定自己的生活形态，而且这些权利受法律的保护。许多人认为这种个人主义是现代文明的最高成就，不过，也有不少人认为它还不够完全，因为经济安排、家庭生活模式或传统的等级观念仍然限制着我们成

① [加] 泰勒：《自我的根源——现代认同的形成》，韩震等译，译林出版社 2012 年版，第 756 页。

② [加] 泰勒：《自我的根源——现代认同的形成》，韩震等译，译林出版社 2012 年版，第 757 页。

③ [加] 泰勒：《自我的根源——现代认同的形成》，韩震等译，译林出版社 2012 年版，第 757 页。

④ [加] 泰勒：《自我的根源——现代认同的形成》，韩震等译，译林出版社 2012 年版，第 757 页。

⑤ [加] 泰勒：《本真性的伦理》，陈炼译，上海三联书店 2012 年版，第 1 页。

⑥ 参见 [加] 泰勒：《本真性的伦理》，陈炼译，上海三联书店 2012 年版，第 13 页。

为自己的自由。这种权利和自由是人们挣脱秩序限制的结果。过去，人们常常把自己看成是一个较大秩序的一部分，这种秩序包括宇宙秩序和社会秩序。在这种秩序中，个人总是被固定在给定的地位，这即是卢梭所说的，人是生而自由的，却无往不在枷锁之中。泰勒认为，实际上，这些秩序在限制我们的同时，也给世界和社会生活的行为以意义。“我们周围的事物不仅仅是我们的计划的潜在原材料或工具，这些事物在存在之链中的地位也给它们以意义。鹰不仅仅是另外一只鸟，它也是整个动物生活领域之王。”①对事物的秩序“去魅”就会使世界失去魅力。这就是人们的忧虑之所在：个人失去了某个重要的东西，而这个东西是与行为的更多更好的社会和宇宙的秩序视野相伴随的。这种东西的失去使“人们不再有更高的目标感，不再感觉到有某种值得以死相趋的东西”②。人们因为只顾自己而失去了更为宽阔的视野，因为以自我为中心而变得既平庸又狭隘，其生活缺乏意义。这即是托克维尔所说的，民主的平等把个人拽向自身，导致个人将自己完全封闭在内心的孤独之中的危险。

世界的去魅与现时代的工具理性的主导性相联系。泰勒认为，这一现象也极大地困扰着许多人。这里所说的“工具理性”指的是“一种我们在计算最经济地将手段应用于目的时所凭靠的合理性”③。最大的效益、最佳的投入产出比率，是工具理性衡量成功的度量。泰勒认为，一旦社会安排和行为模式不再立足于事物的秩序或上帝的意志，我们可以重新设计它们，其目的是让它们产生个人的福祉安康。因此，管用的尺度就是理性的尺度。而且，一旦我们周围的事物失去了它们赖以在存在之链中获得地位的意义，它们就可以被当作实现我们目的的原材料或工具。在泰勒看来，这种变化是一种解放，但也会引起广泛的不安和害怕。这种不安在于，“工具理性不单单是已经扩展了它的范围，它对我们的生活也有取而代之的威胁”；而令人害怕的是，“应该由其他标准来确定的事情，却按照效益或‘代价—利益’分析来决定；应该规导我们生活的那些独立目的，却被产出最大化的要求所遮蔽”④。工具理性的主导性还强化了技术支配地位。它使我们相信，我们应该寻求技术上的解决，哪怕我们需要的是非常不同的东西。技术的支配地位助

① ［加］泰勒:《本真性的伦理》，陈炼译，上海三联书店 2012 年版，第 3 页。
② ［加］泰勒:《本真性的伦理》，陈炼译，上海三联书店 2012 年版，第 4 页。
③ ［加］泰勒:《本真性的伦理》，陈炼译，上海三联书店 2012 年版，第 5 页。
④ ［加］泰勒:《本真性的伦理》，陈炼译，上海三联书店 2012 年版，第 6 页。

长了我们生活的狭隘化和平庸化。“过去服务于我们的坚固的、持久的、总是意味深长的对象，正在让位给那些我们堆积在周围的快捷的、廉价的、可替换的商品。”①技术导致的社会生活强有力的机制压迫着我们，我们与之抗争非常困难。一个经理尽管有自己的价值取向，但仍然可能被市场条件逼着采纳一种破坏性最大化的策略。这即是韦伯用“铁笼”所形容的现代社会状况。

个人主义和工具理性在政治生活方面导致了令人恐怖的后果。其中之一就是：“工业—技术社会的制度和结构严重地限制了我们的选择，它们迫使社会以及个人重视我们在严肃的道德思考中从未重视的、甚至可能是高度摧毁性的工具理性。”②围绕工具理性建造的社会，使个人也使群体的自由遭到极大的丧失，而且会使人们不愿意主动地参与政治，他们宁愿留在家里享受私人生活的满足。这就为一种新的、现代形式的专制主义敞开了大门。这种专制主义不同于旧时代的那种恐怖和压迫的暴政，托克维尔称之为“柔性的”专制主义。在这种专制之下，政府是温和的和家长式的，甚至可以保持民主的形式，有定期的选举。但是，由于个人是原子式的，他们只能独自面对巨大的官僚国家，因而他们不可避免地会感到无能为力，还会变得更加消极。在这里受到威胁的是我们作为公民的政治自由和尊严。技术控制导致的无人情味的机制可以减少我们的自由度，而政治自由的丧失则意味着“即使留下的选择也不再是我们作为公民所做出的，而是由不负责任的监护权力做出的”③。

（四）本真性伦理

在现代人忧虑的三个问题中，泰勒着重展开了对第一个问题的讨论，以揭示个人主义的危险和意义的丧失之根源的“本真性”问题。

泰勒认为，当代的青年人观点的主要特点是他们接受了一种浅显的相对主义，认为每个人都有他或她自己的“价值”，对这些价值不可能进行论证。这种相对主义被当作一种道德而被持有：一个人不应该挑战另一个人的价值。在泰勒看来，这种相对主义本身是一种个人主义的衍生品，这种个人主义的原则是：每个人都有发展他们自己的生活形式的权利，生活形式是基于

① ［加］泰勒：《本真性的伦理》，陈炼译，上海三联书店2012年版，第8页。

② ［加］泰勒：《本真性的伦理》，陈炼译，上海三联书店2012年版，第11页。

③ ［加］泰勒：《本真性的伦理》，陈炼译，上海三联书店2012年版，第13页。

他们自己对何为重要的或有价值的理解。泰勒把这种个人主义称为“自我实现的个人主义”。他认为，这种个人主义弥漫于我们的时代，在西方社会自20世纪60年代以来尤其获得了茁壮成长。这种个人主义导致以自我为中心，以及随之而来的对那些更大的、自我之外的问题和事务的封闭和漠视，无论这些问题和事务是宗教的、政治的，还是历史的。其后果是生活被狭隘化和平庸化，以及自由的丧失。

不过，泰勒认为，在这里有一个强有力的道德理想在起作用，这就是对自己真实。“自我实现背后的道德理想是对自己真实。”① 他采用了特里林（Lionel Trilling）在《真诚与本真性》（*Sincerity and Authenticity*）的说法，用“本真性”（Authenticity）这个术语代表这个当代理想。其意思是指“关于什么是一种较好的或较高的生活模式”②。这里的“较好的”和“较高的”，并不是依照我们之碰巧所欲或所需来定义的，而是提供了一个关于我们应该欲求什么的标准。泰勒认为，由于具有本真性，自我实现就具有了道德力量。一旦我们试图将它简单地解释为一种利己主义，一种道德败坏，一种与早期岁月的自我放纵，那我们就偏离了轨道。然而，在对这种相对主义和个人主义的各种批判中，没有考虑到这种本真性的道德力量，对本真性采取了一种柔性相对主义的形式，无法对任何道德理想作有力辩护。在泰勒看来，对于本真性这个理想，反对者们轻视它，而附和者们无法谈论它。“整个争论在谋求将其置于暗处，令其隐于无形。”③ 泰勒认为，这样做有不利的后果。当代文化的批评家们攻击的许多东西是这个观念的低级的和偏常的形式。这些低级偏常形式来自这个理想，其实践者们乞灵于这个理想，但事实上这些形式并不代表这个理想的一个真实的实现。泰勒宣称，他在提倡的是一个既异于当代文化的支持者也异于反对者的立场：“与支持者不同，我并不相信在这个文化中一切都是它应该所是。这里我容易与反对者一致。但是跟他们不同，我认为本真性应该被严肃地当作一个道德理想。”④ 而且，这种立场也与种种中间立场不同，因为根据这些中间立场，这个文化中有一些好东西，如个人的更大自由，但这些好东西的到来是以某些危险为代价的，如公民感的弱化，因而最好的政策是找到利益与代价的理想交易点。

① ［加］泰勒：《本真性的伦理》，陈炼译，上海三联书店2012年版，第19页。
② ［加］泰勒：《本真性的伦理》，陈炼译，上海三联书店2012年版，第20页。
③ ［加］泰勒：《本真性的伦理》，陈炼译，上海三联书店2012年版，第23页。
④ ［加］泰勒：《本真性的伦理》，陈炼译，上海三联书店2012年版，第30页。

泰勒说，他正在提供的是关于一个已经退化了的理想图景，但它本身是非常有价值的，是现代人不可拒绝的。因此，我们需要的既不是谴责，不是赞扬，也不是找到理想的交易点。“我们需要的是一种回救的工作，通过它，这个理想可以帮助我们恢复我们的实践。”①为此，他认为必须做三件事，尽管它们可能都会有争议：（1）承认本真性是一个有效的理想；（2）从理性上对理想进行论证，对实践与这些理想相符与否进行论证；（3）相信这些论证是有作用的。

泰勒指出，本真性的伦理规范是某个相对新颖的东西，它是现代文化独有的，它滥觞于18世纪末，以个人主义的雏形为基础；同时它又是浪漫主义时期的一个孩童，对原子主义持批判态度。当时有这样一种观点，即认为人类具有一种道德感，一种对何对何错的确有一种直感。这种观点所针对的是那种认为知道对与错是计算的结果，认为理解对与错并不是枯燥的计算，而是扎根于我们的感受之中。“道德，在一种意义上，具有一个内部的声音。”②本真性概念发端于对这个思想的一个改变。对于这个思想来说，内部声音之所以重要，是因为它告诉我们哪些是要做的正确事情。在这里，内部声音（道德感受）不过是通向正确行事之目的的手段。本真性概念的改变在于，道德感受本身就具有独立的和决定性的道德意义。“它成为我们为了成为真正的和完整的人而非获取不可的东西。”③这种思想在某种意义上可以看作是奥古斯丁开创的思路的继续和强化，而推动这个变化发生的最重要的哲学家是卢梭。他频频地将道德问题表述为我们自身本性之声音的问题。这个声音总是被那些激情所盖过，因此我们要恢复与自身的真实的道德接触。他给这种与自身的亲密接触取了一个比任何道德观更为基本的名字：“存在之感受”。它是欢乐和满足之源。而且，他还阐述了一个与此密切相关的思想，即“自决的自由”观念：“当我自己决定什么东西与我有关，而不是被外部影响所左右的时候，我才是自由的。”④就是说，我不受他人的干涉，自由地做我想做的事情。这种自由的标准明显地不同于消极的自由。自决的自由要求我打破所有这些外部樊篱的禁锢，独自作出决定。在卢梭之后，赫尔德对这一思想进行了阐发，提出了“我们每个人都有一个独到的做人的方式”。从此，这种强

① ［加］泰勒：《本真性的伦理》，陈炼译，上海三联书店2012年版，第30页。
② ［加］泰勒：《本真性的伦理》，陈炼译，上海三联书店2012年版，第33页。
③ ［加］泰勒：《本真性的伦理》，陈炼译，上海三联书店2012年版，第33页。
④ ［加］泰勒：《本真性的伦理》，陈炼译，上海三联书店2012年版，第35页。

有力的道德理想流传了下来。“它将一种无比的道德重要性赋予一种与我自己、与我自己的内部本性的接触，而它看出这种接触正处于被丢失的危险之中，部分地由于有压力将我们推向外部服从，也由于在对自己采用一种工具态度时我可能会失去倾听这种内部声音的能力。”①这样，这个理想通过引发原发性原则极大地增强了这种自我接触的重要性，我们的每个声音都有其自己的东西要说出来。“我不但不应该让我的生活符合外部一致的要求；在我之外我甚至不可能找到我据以生活的模型。我只能从内部找到它。”②

在泰勒看来，对我自己真实，意味着对我自己的原发性真实，而这是某个只有我才能够阐明和发现的东西。在阐明它的过程中，我也在定义我自己。泰勒认为，这就是对现代本真性理想的背景性理解，对成就自我或实现自我此类目标的背景性理解。“这个背景将道德力量赋予本真性文化（包括其最低级、荒谬或琐碎的形式）。它给予‘做你自己的事’或‘找到你自己的满足感’这类想法以意义。”③

泰勒认为，如果我们从这个理想开始，我们就可以问：在人类生活中，实现这种理想的条件是什么？根据恰当的理解，这个理想提倡什么？在他看来，人类生活的一般特点是其根本意义上的对话特性。我们能够成为完整的人类行为者，能够理解我们自身，并因此能够定义身份，这一切都是通过语言。我们是为了与他人交流而使用语言的，人类心灵的起源在此意义上不是“独白式样”，不是每个人能够独自完成的，而是对话式的。我们也并不只是在对话中学习语言，然后独自能够接着将它们用于我们自己的目的。我们总是在与他们的对话中，有时在斗争中，来定义我们的身份的。我们所说的“身份”，“是我们之所是的那个‘谁’，‘我们的本原之所在’”。“就此而言，它是我们的口味、欲求、观点和志向得以有意义的背景。”④我们理解了何为定义我们自己，确定了我们的原发性取决于什么，这里我们就可以看到，我们必须将某种对重要东西的感觉当作背景。定义我自己意味着找到我们与他人差异中的重要东西。我可能是唯一的头上恰好有 3732 根头发的人，但这并不能定义我自己。我们通过我们表达重要真理的能力，通过我无与伦比的弹钢琴能力定义我自己，这则是在可承认的范围之内。这些东西是具有人类

① ［加］泰勒：《本真性的伦理》，陈炼译，上海三联书店 2012 年版，第 37 页。
② ［加］泰勒：《本真性的伦理》，陈炼译，上海三联书店 2012 年版，第 38 页。
③ ［加］泰勒：《本真性的伦理》，陈炼译，上海三联书店 2012 年版，第 38 页。
④ ［加］泰勒：《本真性的伦理》，陈炼译，上海三联书店 2012 年版，第 43—44 页。

重要性的，而3732根头发则并非如此。

泰勒认为，就我们与他人之间的纽带的要求而言，就任何种类的、来自多于或异于人类欲求或渴望的东西的要求而言，选择自我实现的那种“自恋的”模式是自拆台脚的，这些模式摧毁了实现本真性本身的条件。自恋文化是这样一种观点的弥散：将自我实现看作生活的主要价值，并且似乎很少承认外部道德要求和对他人的严肃承诺。[①] 当代本真性文化滑向柔性相对主义后，进一步助长了个人一般的、关于价值的主观主义假定：事物并不具有自身的重要性，它们有重要性，是因为人们认为它们有——似乎人们能够确定什么是重要的，或者通过决定，或者（或许不知情地和不情愿地）仅仅通过那样的感觉。[②] 泰勒认为这种看法是疯狂的。柔性相对主义是自毁性的。在泰勒看来，事物具有重要性是针对一个可理解的背景而言的。这个背景就是视野。如果我们要有意义地定义我们自己，我们不能做的一件事情就是隐埋或否认事物对我们而言据以取得重要性的那些视野。视野是给定的。“寻求生活中的意义、试图有意义地定义自己的行为者，必须存在于一个有关重要问题的视野之中。”[③] 我只能针对那些要紧的事物的背景来定义我自己。但是，排除历史、自然、社会、团体要求，排除在我之外的每件东西，就是消灭一切要紧事物的可供选择者。仅当我存在于这样一个世界里，在其中，历史、自然的要求，我的人类同伴的需求，公民职责，上帝的号召，或这类其他东西，具有决定性意义，我才能为自己定义一个非琐碎的身份。“本真性不是超越自我之外的要求的敌人；它以这些要求为条件。”[④]

当代本真性文化的另一问题是，它鼓励了对自我实现的纯粹个人的理解，使得人们进入的种种联合体和共同体成为纯粹工具性的，尤其是使得政治公民身份，及其包含的对政治社会的义务和忠诚的含义，越来越成为边缘性的。按照这种观点，人类关系应该有利于个人自我实现，绵延终生的无条件纽带是没有什么意义的。“本真性似乎在这里以一种集中于自我、使我们远离与他人的关系的方式，再一次被定义。”[⑤] 在泰勒看来，本真性理想包含了某些社会概念，至少包含了关于人们应该如何在一起的观念。有两个变化

① 参见［加］泰勒：《本真性的伦理》，陈炼译，上海三联书店2012年版，第67页。
② 参见［加］泰勒：《本真性的伦理》，陈炼译，上海三联书店2012年版，第46页。
③ ［加］泰勒：《本真性的伦理》，陈炼译，上海三联书店2012年版，第51页。
④ ［加］泰勒：《本真性的伦理》，陈炼译，上海三联书店2012年版，第52页。
⑤ ［加］泰勒：《本真性的伦理》，陈炼译，上海三联书店2012年版，第54页。

共同使得当代对身份和认同的全神贯注成为不可避免的：一是社会等级结构的崩溃，这种等级结构曾经是荣誉的基础。荣誉内在地与不平等相关联。二是与这种荣誉观念相对立的尊严观念形成。人类尊严或公民尊严，是在普遍和平等的意义上使用的，其前提是每个人都享有它。尊严观念是与民主社会相容的唯一观念，而旧式的荣誉观念被边缘化不可避免，而这意味着各种形式的平等认同对于民主社会也是至关重要的。例如，每个人都应该被称为先生、太太、小姐，而不是有些被称为大人或夫人，其他人仅仅直呼其姓氏，甚至贬损地取名。

在以往社会，我们现在称之为一个人的身份的东西大都是由他或她的地位决定的。就是说，他或她在社会中的位置，以及与此相联的角色或活动，决定着理解此人将什么认同为重要的背景。民主社会的到来，并不能完全不考虑这些，人们仍然可以以他们的社会角色来定义自己，而给予这种由社会派生出身份辨别以决定性破坏的，是本真性理想本身。因为本真性理想号召人们去发现自己的原发的存在方式，而这不可能是社会地派生出的，而必须是内在地生成的。但是，这种对我的身份的发现，并不意味着我独立创造了它，而是说，我通过与他人的部分公开、部分内化的对话，确立了这个身份。因此，内在生成的身份之理想的发展，赋予了认同一种新的关键性的重要性。我自己的身份从根本上说依赖于与他人的对话关系，依赖认同。今天，认同的重要性以这种或那种形式得到普遍的承认。在私人层面上，我们都意识到身份何以在我们与重要的他人之间的联系中形成或扭曲。在社会层面上，我们有一个继续着的平等认同政治。“两者都是由成长中的本真性理想形成的，认同在围绕它出现的文化中起着根本性的作用。”①

到目前为止，我们讨论的都是有关现代性的三个担忧中的第一个，即意义的丧失。但泰勒认为，对这种自我实现的个人主义的充分讨论，能澄明关于对待现代性的一般立场的线索，而这个立场可以扩展到其他存在着隐忧的地方，扩展到对待工具理性的令人感到威胁的支配性。关于前一个隐忧，涉及本真性问题，拥护者和反对者的两个简单的和极端的立场，都需要避免，全盘指责自我实现的伦理，同简单地全盘赞同其当代形式一样，是一个深刻的错误。对于第二个隐忧，即工具理性，也有极端的立场。有的人将技术文明的到来看成是一种十足的衰落，认为我们已经失去了我们的先辈曾有过的

① ［加］泰勒:《本真性的伦理》，陈炼译，上海三联书店 2012 年版，第 61 页。

与自然的接触、与我们自己及其自然存在的接触，并且被一个统治一切的命令驱使，而这个命令把我们投入到了一个与我们的本性和我们的外部自然的无休止的战斗中。在这种观点看来，人类已经被现代理性一分为三：他们自己内部、他们之间和未来自然界，这种对世界的“去魅”的抱怨，从浪漫主义时代起就从未间断过。与这种观点相反，技术拥护者则认为，所有的人类问题都能够得到解决。在泰勒看来，这个两极化的争端与本真性问题的两极性争端是非常不同的，其区别在于准线不一样。“粗略地讲，本真性的反对者经常是站在右边，而技术的反对者则站在左边。更恰当地讲，某些（不是所有）对自我实现伦理持批评态度的人们是技术发展的大力支持者，而许多深陷在当代本真性文化中的人们，共享着关于……父权制和土著生活风格的观点。”[①] 泰勒认为，这种交叉准线甚至存在某些困扰人的矛盾。尽管这两个两极化的争论非常不同，但它们多少是同样错误的。

有一种看法认为，一旦我们进入了现代技术社会，像原子主义工具观这类东西是不可避免的，它把我们锁进了一只“铁笼”。泰勒认为，的确，现代社会往往把我们推到了原子主义和工具主义的方向，但是把技术社会当作铁定命运的观点是不可能持久的，因为它将许多东西简单化了，并且忽视了本质性的东西。“人类及其社会比任何简单的理论所能说明的都要复杂许多。不错，我们被推到这个方向。不错，原子主义和工具主义哲学在我们世界中率先起步。但是，仍然有许多抵抗的想法，而这些想法不停地产生出来。我们只需思考浪漫主义时期以来的整个运动，它一直在挑战这些范畴的统治，我们也需要思考这场运动在今天的支流，它正在挑战我们生态上的处置不当。这场运动已经取得某些进展、已经产生某种打击力，这些无论是多么地刚起步和不充分，在我们的实践中，它们业已形成了对技术社会的任何铁定规律的部分反驳。”[②]

不过，虽然我们不是被锁死的，但存在着一个斜坡，我们非常容易滑向原子主义和工具主义。因为工具理性已经与人类主体的一个超然模型一起成长起来，这种超然模型已经牢牢地控制着我们的想象力。它提供了一种人类思维的理想图像：“这种人类思维为了成为纯粹的、自我证实的合理性，已经从与我们的身体构成、我们的对话境况、我们的情感、和我们的传统生活

① ［加］泰勒：《本真性的伦理》，陈炼译，上海三联书店 2012 年版，第 114 页。
② ［加］泰勒：《本真性的伦理》，陈炼译，上海三联书店 2012 年版，第 119—120 页。

形式的凌乱关系中，脱身而出。”[①]这是我们文化中的最受推崇的理性形式之一，数学思维或其他类型的形式计算就是其典型例子。能够宣称是建立在这种计算之上的论证、考虑、评议，在我们的社会里有巨大的说服力，即使它们并不真的切合主题，甚至会导致某些灾难性后果。在泰勒看来，一个技术社会的制度并不必然给我们强加一个不断深化的工具理性霸权，但倘若任其自便的话，这些制度就有将我们推向那个的危险。这就是为什么一些思想家提出要从这些制度跳出来的原因。但是，这是一种错觉。有些东西的存在是无可否认的，某种形式的市场机制对于一个工业社会是不可缺少的，无论是就其经济效益而言还是就其自由而言都是如此。当然，我们也不能对市场机制放任自流。“我们不可能摧毁市场，但我们也不可能完全通过市场来组织自己。限制市场可能是要付出代价的，完全不限制它们将是致命的。”[②]统治一个当代社会就是不断地重建相互抵触的要求之间的一种平衡，不可能有一个确定的根本性的解决。

在泰勒看来，无法控制的工具理性施加在我们身上的伤害是足够明显的。我们不能只按统治的必要性来看待技术社会的发展，还要看到有更丰富的道德资源支持这种发展。但是，由于原子主义和工具主义价值的强化，出现了这些道德资源从视线中消失的倾向。如果我们挽救这些资源，我们就可以恢复某种平衡，技术在我们的生活中占据一个位置，而不是作为一个固执的、不加反省的命令。在现代社会，有许多东西既在制度上又在意识形态上支持原子主义和工具主义。但是，我们可以与之作斗争。“我们可以这样做的方式之一是通过挽回某些丰富的、现代对工具理性的强调据以发生的道德背景。”[③]泰勒认为，支持工具理性的部分理由是它能使我们控制环境，但这不是全部，还有另外两个语境：其一，与工具理性相联系的是把我们自己看作是潜在超然理性，而这是基于自负其责的、自我控制的推理的道德理想。在这里有一个关于合理性的理想，它同时也是一个关于自由的理想、关于自主的和自我生成的思想的理想。其二，“对日常生活的肯定”这种道德倾向也在这里作出了巨大的贡献。“对日常生活的肯定”就是认为生活和繁殖活动、工作和家庭生活就是我们的要事，这种想法“让我们将前所未有的重要性，赋予不断富足的生活条件的生产，赋予在更大规

① ［加］泰勒：《本真性的伦理》，陈炼译，上海三联书店2012年版，第122页。

② ［加］泰勒：《本真性的伦理》，陈炼译，上海三联书店2012年版，第133页。

③ ［加］泰勒：《本真性的伦理》，陈炼译，上海三联书店2012年版，第123—124页。

模上的苦痛缓解。”①

由此看来，工具理性带着其丰富的道德背景来到我们面前。问题只在于，它似乎太频繁地服务于更大控制、技术统治的目的，并在这样做时常常背叛了这个道德背景。所以，对于这一问题需要加以补救。这个补救所涉及的本质上与本真性的情况相同。我们需要将两个层次的考虑放在一起，即：“利用（a）必须制约相关理想之实现的人类生活条件，我们可以确定（b）什么相当于这些理想的有效实现。”② 其关键是要找到一种替代性的对技术的约束。我们要把技术理解为存在于实践的仁爱伦理的道德框架中。这种实践的仁爱伦理是我们文化中的资源之一，而工具理性正是从中获得其显著重要性的。“技术服务于一种针对现实的有血有肉的人民的仁爱伦理；技术的、计算的思维是生活在一种十分不同的思维媒介中的存在者所具有的一个罕见的和可敬的成就：在这些框架之外行使工具理性，就是非常不同地行使我们的技术。”③

总体上看，泰勒对现代性持基本肯定的乐观态度，同时也力图指出存在的问题并揭示其根源。他强调，我们必须看到现代性文化中的伟大之处，也要看到浅薄的和危险的东西。“只有一种怀抱两者的观点才能给予我们未加歪曲的洞察力，去透视我们需要奋起应付其最伟大挑战的时代。”④

三、沃尔泽的多元主义复合平等论

迈克尔·沃尔泽（Michael Walzer, 1935—）是美国著名的政治哲学家，与罗尔斯、诺齐克同出于哈佛，在哈佛任教十年，现为普林斯顿大学高级研究院荣退教授。他研究的领域比较广泛，包括战争伦理、国家主义、种族问题、犹太复国主义、分配公正、激进主义、宽容、社会批评理论以及社群主义与自由主义的论战等诸多方面。他在现实生活中也十分活跃，是一位以反对美国侵略越南而著称的社会活动家，对医疗、社会福利、教育等领域的社会政策也频频进行“社会批评”，因而被看作是一位公共知识分子。他还是西方左派阵营中的坚定分子，著名左翼刊物《异议》（*Dissent*）的合作

① ［加］泰勒：《本真性的伦理》，陈炼译，上海三联书店 2012 年版，第 125 页。
② ［加］泰勒：《本真性的伦理》，陈炼译，上海三联书店 2012 年版，第 126 页。
③ ［加］泰勒：《本真性的伦理》，陈炼译，上海三联书店 2012 年版，第 128 页。
④ ［加］泰勒：《本真性的伦理》，陈炼译，上海三联书店 2012 年版，第 145 页。

主编。他的著述颇丰，比较重要的有：《义务——不服从、战争、公民资格论文集》（*Obligations: Essays on Disobedience, War and Citizenship*, 1970）、《政治行为》（*Political Action*, 1971）、《正义与非正义战争：通过历史实例的道德论证》（*Just and Unjust Wars: A Moral Argument with Historical Illustration*, 1977）、《激进原则》（*Radical Principles*, 1977）、《公正诸领域——为多元主义与平等一辩》（*Spheres of Justice: A Defense of Pluralism and Equality*, 1983）、《阐释与社会批判》（*Interpretation and Social Criticism*, 1987）、《理性、政治与激情》（*Reason, Politics, and Passion*, 1999, in German）、《关于战争的争论》（*Arguing About War*, 2004）、《政治与激情——走向更平等主义的自由主义》（*Politics and Passion: Toward A More Egalitarian Liberalism*, 2004）、《政治地思维》（*Thinking Politically*, 2007）等。

沃尔泽的社群主义理论关注的中心问题是平等。他认为，平等从字面上理解是一个容易被背叛的理想，献身于它的人一旦组织起来争取平等，并在他们中间分配权力、职务和影响力时，就背叛了它。因此，平等的吸引力不能由它的字面意思来理解，许多献身于平等的人也不会对维持它的字面的意思感到满意。这种意思就是："国家就像普罗克汝忒斯之床一样强求平等。"普罗克汝忒斯是古希腊神话人物，羁留旅客，缚之床榻，体长者截其下肢，体短者则拔之使与床齐。后以普罗克汝忒斯之床比喻野蛮地强求一致。[①] 在沃尔泽看来，平等的根本含义是消极的，平等主义就其起源来说是一种废弃主义政见。"它并不在于消灭全部差别，而是消灭特定的一套差别，以及在不同地点不同时间消灭不同的差别。它的目标总是明确的：贵族特权、资本主义财富、官僚权力、种族或性别优越性。"[②] 产生平等主义政见的并不是富有与贫困并存这一事实，而是富者把贫穷强加到穷人身上，迫使他们恭顺这一事实。同样，导致民众要求消除社会和政治差别的不是因为存在着贵族与平民、官员与普通公民，或不同的种族或性别，而是因为贵族对平民、官员对普通公民、掌权者对无权者的所作所为。"政治平等主义的目标是不受支配的社会。这是冠以平等之名的活生生的愿望：不需要打躬作揖、谄媚奉承；不再有恐惧的哆嗦；不再有盛气凌人；不再有主人，

① 参见［美］沃尔泽：《正义诸领域：为多元主义与平等一辩》，褚松燕译，译林出版社 2009 年版，序言第 2 页。

② ［美］沃尔泽：《正义诸领域：为多元主义与平等一辩》，褚松燕译，译林出版社 2009 年版，序言第 3 页。

不再有奴隶。”[①] 沃尔泽认为，支配往往是以某种社会物品为中介的，而他所要描述的是这样一个社会，在这个社会中，没有一种社会物品充当或能够充当支配的手段。沃尔泽憧憬的是：“一个没有普罗克汝忒斯之床的平等主义；一个鲜活开放的平等主义，它不与‘平等主义’一词的字面意思相合，而是与这一憧憬的更加丰富的层面相宜；一个与自由相一致的平等主义。”[②] 除复合平等论或多元分配公正论外，沃尔泽的公正战争论和社会批判理论也有较广泛的影响。

（一）复合平等

沃尔泽认为，人类社会是一个分配的社会，到处充满着各种分配：“我们聚在一起是为了分享、分割和交换。我们聚到一起还为了制造我们用来分享、分割和交换的东西，但这种制造——工作本身——又是以劳动分工形式在我们中间分配的。”[③] 有分配就有分配公正不公正问题，而对此做出判断是不容易的，因为分配是否公正问题极其复杂，涉及诸多因素和方面。首先，它与占有有关，也与存在（being）和制作（doing）有关；与消费有关，也与生产有关；与土地、资本以及个人财产有关，也与身份和地位有关。它需要一定的政治安排来实施，需要一定的意义形态为之提供论证。其次，分配的内容也极其广泛、多样，包括成员资格、权力、荣誉、宗教权威、神恩、亲属关系与爱、知识、财富、身体安全、工作与休闲、奖励与惩罚，以及一些更狭义和更实际的物品，如食物、住所、衣服、交通、医疗、各种商品，还有人们收集的名画、邮票等各种稀奇古怪的东西。第三，分配的途径也是多样的，而不只是市场一种。“纵观历史，市场是分配社会物品的最为重要的机制之一，但它从来不是，今天在任何地方也不是，一个完善的分配系统。”[④] 第四，从来不存在一种控制所有的分配的机构。“没有一个国家政权曾拥有如此强大的渗透力，以至于能够规制社会得以形成的所有分享、分割

---

① ［美］沃尔泽：《正义诸领域：为多元主义与平等一辩》，褚松燕译，译林出版社 2009 年版，序言第 4 页。

② ［美］沃尔泽：《正义诸领域：为多元主义与平等一辩》，褚松燕译，译林出版社 2009 年版，序言第 4—5 页。

③ ［美］沃尔泽：《正义诸领域：为多元主义与平等一辩》，褚松燕译，译林出版社 2009 年版，第 1 页。

④ ［美］沃尔泽：《正义诸领域：为多元主义与平等一辩》，褚松燕译，译林出版社 2009 年版，第 2 页。

和交换模式。”[①]最后，也从来不存在一个适用于所有分配的单一标准或一套相互联系的标准。功绩、资格、出身和血统、友谊、需求、自由交换、政治忠诚、民主决策等，以及其他许多无法穷尽列举的因素，每一种都在分配中有其位置，都与许多别的标准不那么和谐地共存，彼此之间混淆在一起，并被竞争者各取所需地加以利用。

然而，对于如此复杂的分配问题，哲学家最初竟然有这样一种冲动，即抵制丰富多彩的表象世界，在其中寻求某种内在一致性：“一个基本物品的简短列表，由此迅速抽象出一种善；一套单一的分配标准或一套相互联系的分配标准；而哲学家自己则至少象征性地站在唯一的决定点上。”[②]沃尔泽指出，寻求一致性误解了分配公正的主题，尽管这种冲动是不可避免的。不可否认，的确存在一种唯一的多元主义原则和唯一一种正当的多元主义，而且即使我们选择了多元主义，这种选择本身也要前后一致。但是，多元主义应该是一种包含着广阔范围的分配的多元主义，而这显然不同于自从柏拉图开始即已提出的这样一个最深层的假设：哲学能够正确地成就一种，并且是唯一一种分配系统。这种假设在今天又得到罗尔斯、哈贝马斯等哲学家的系统描述：处于理想状态中的理性的男人们和女人们，如果他们被迫公正地进行选择，而又对他们自己的地位状况一无所知，并且被禁止发表一切排他性权利主张，那么面对一组抽象的善，他们将选择这种系统。[③]沃尔泽批评说，公正是一种人为建构和解释的东西，而人们有不同的欲求和兴趣，有不同意图和目的，就此而言，说公正只能从唯一的途径达成是令人怀疑的。公正问题有许多种答案，而且在答案的范围内还要考虑文化的多样性和不同的政治选择。这不仅仅是在不同历史背景下实施某个唯一原则或一组原则的问题。没有人能够否认还存在着一些道德上许可的实施措施。实际上，还不只是如此。“正义原则本身在形式上就是多元的；社会不同善应当基于不同的理由、依据不同的程序、通过不同的机构来分配；并且，所有这些不同都来自对社会诸善本身的不同理解——历史和文化特

① ［美］沃尔泽：《正义诸领域：为多元主义与平等一辩》，褚松燕译，译林出版社2009年版，第2页。

② ［美］沃尔泽：《正义诸领域：为多元主义与平等一辩》，褚松燕译，译林出版社2009年版，第3页。

③ 参见［美］沃尔泽：《正义诸领域：为多元主义与平等一辩》，褚松燕译，译林出版社2009年版，第3页。

殊主义的必然产物。”①

在沃尔泽看来，“分配”的意思是给予、配给、交换等，而焦点既不集中在制造者的行为上，也不集中在消费者的行为上，而是集中在分配代理人和物品的领受者身上。如果我们就像那些既给予又取得的人一样通常只关注我们自己的利益，即只关注特殊的、受限制的意义上的“我们”的利益，那么就会面临这些问题：我们的天性是什么？我们的权利是什么？我们需要、想要、应得的是什么？我们对什么拥有权利？我们在理想状态下将会接受什么？沃尔泽认为，所有这些问题的答案会转化为被假定为控制着物品运动的分配原则。物品就其抽象定义而言是可以向任何方向运动的。这样一种物品运动的过程可严谨、复杂地表述为：“**人们构思和创造出物品，然而在他们自己当中进行分配**。”② 在这里，构思和创造优先于并控制分配。物品并非只是掌握在分配代理人手中可以随心所欲地处置或按某个一般原则分发的，相反是社会关系中决定性的中介，并因为其意义而如此的。物品在到达人们手中之前就已经进入了人们的脑海中，分配则是依据人们所共享的关于善是什么和它们的用途何在的观念构想、制造之后进行。物品的构想和制造，包括为物品命名，赋予其意义，以及集体制造它们。因此，沃尔泽认为，我们需要有一种物品理论，用这种理论来对分配的可能性的多元主义进行解释和限制。

沃尔泽将这种物品理论概括为六个方面：第一，分配公正所关注的所有物品都是社会物品。这种物品不是也不能根据个人的癖好来定义，它们受制于一个更为宽广的构想和创造过程。因为物品构想和创造都是社会过程，因而世上的物品有着人们共享的涵义。也因为这个原因，在不同的社会，物品的具体含义也不尽相同。第二，物品因男人们和女人们构想和创造的方式不同而呈现出具体的特征。分配不能被理解为脑海中或手中没有特定物品的男人们和女人们的行为，他们首先构想和制造物品，然后占有并使用物品，而且物品的不同特征是由他们构想和制造方式的差异形成的。第三，不存在唯一一组对于整个精神和物质世界而言都是首要的或基本的物品。那种唯一的且通常是必需的物品（如食物）在不同的地方承载着不同的含义。例如，面

① ［美］沃尔泽：《正义诸领域：为多元主义与平等一辩》，褚松燕译，译林出版社2009年版，第4页。

② ［美］沃尔泽：《正义诸领域：为多元主义与平等一辩》，褚松燕译，译林出版社2009年版，第5页。

包就有宗教的用途和食物的用途。第四，物品的含义决定着物品的运动。如果我们理解一个物品是什么，它对那些将它看作一种善的人意味着什么，我们就能理解它应当怎样、由谁、为何原因来分配了。分配公平与否是与利益攸关的物品的社会意义相关的。第五，社会意义具有历史性，分配及其公正与否随着时间的推移而变化。例如，职务应当给予合适的人选，这是不同社会都接受的，但对哪些职位被恰当地称为“职务”，人们有着相当大的分歧。第六，分配领域必须是自主的。每一种社会善或每一组物品都构成一个分配的领域，在其中只有某些特定标准和安排是合适的。例如，市场对所有人都是开放的，而教堂则不是。一个分配领域中发生的事情会影响别的分配领域的事情，但我们至多只能寻求相对的自主。但是，相对自主，如同社会意义一样，是一个决定性原则，是一个根本原则，尽管它并非是一个检验所有分配的唯一标准。①

沃尔泽认为，就分配安排的复杂性而言，大多数社会都有一种善或一组物品在所有分配领域都具有支配和决定性作用，而这种善或这组物品通常都是被垄断的，其价值被它的拥有者们所维护。如果一个人因为拥有一种善而能够支配大量别的物品，那么，这种善就是支配性的。“支配一词描述了一种社会物品的使用方式，这种方式并不局限于物品的固有含义，或者说，用自己的形象塑造着这些物品的含义。”② 当物品稀缺而需求广泛时，垄断本身就会使该物品占据支配地位。在不同的历史阶段，体力、家庭名誉、宗教或政治职务、财富、资本、技术知识等，都曾被某个群体所垄断，因而成为支配性的，然后所有好的东西都到了那些拥有支配性的东西的人手中。拥有了那个东西，别的东西就源源不断地到手了。不过，“从来没有一个社会善能够自始至终地支配所有领域的物品；从来没有一种垄断是完美无缺的。”③ 正因为如此，所以每个统治阶级的统治都是不稳定的，他们总是不断遇到打着别的替代性转换模式的旗号的群体的挑战。从这种意义上看，分配是所有社会冲突的根源，那种为控制生产的斗争实质上是为了控制分配的斗争。“历史表明没有唯一的支配性的善，没有天然就有支配性的善，而只有不同种类

① 参见［美］沃尔泽：《正义诸领域：为多元主义与平等一辩》，褚松燕译，译林出版社 2009 年版，第 6—10 页。

② ［美］沃尔泽：《正义诸领域：为多元主义与平等一辩》，褚松燕译，译林出版社 2009 年版，第 10 页。

③ ［美］沃尔泽：《正义诸领域：为多元主义与平等一辩》，褚松燕译，译林出版社 2009 年版，第 11 页。

的魔术和相互对抗竞争的魔术师班子。”①

垄断一种支配性的善的要求构成一种意识形态，其标准形式是通过一种哲学原则作为中介将合法占有与某些个人品质结合起来。例如，贵族政治就是那些坚持血统和智力为原则的人的标准，他们通常是不动产财富和家庭名誉的垄断者；精神统治是那些自诩为天才的人的原则，通常绝大多数是教育的垄断者。这些群体以及其他群体相互竞争，争夺最高权力。一个群体获胜了，不久另一个群体又获胜了，或者达成联盟。没有最终的胜利，也不应该有最终的胜利。这些斗争有一种范式，即某个群体最终享受对某种支配性的善的垄断或近乎垄断，或者若干群体间的联盟享受这种垄断，等等。统治集团并不拥有或并不唯一拥有它所宣称的品质，而且对关键物品的共识有时会被破坏，这样，社会就会发生冲突。冲突有许多不同的种类，但下面三种主张引起的冲突特别重要：其一，主张支配性的善不管是什么，应当重新分配，以便人们能够平等地或至少更广泛分享它。这等于说垄断是不公正的。其二，主张所有社会物品的自主分配方式应当是开放的。这等于说统治是不公正的。其三，主张某些新群体垄断的新的善应当替代当前占据支配地位的善。这等于说现有的统治和垄断模式是不公正的。②

第一种主张挑战的是垄断，而不是一种特定的社会善的支配地位，也就是对垄断本身提出的挑战。沃尔泽认为，打破垄断本身的结果是出现“简单平等政体”。这是这样一个社会，其中每样东西都是准备出售的，而每个公民都与别人一样有同样数量的钱。打破某种特定的社会善（如金钱）的垄断地位，就会使它的支配性无效，别的善就会加入进来，这样就会呈现出新的不平等形式。如果每样东西都是准备出售的，而且每个人都有同样数量的钱，那么每个人都有同样的能力对他的孩子实施教育。假如教育被证明是一项好的投资，很快每个人就都会投资于教育。于是，学校就变成了一个竞争的世界。在其中，金钱再也不是支配性的了，但生来的天才、家庭教养或写作技巧等就成为支配性的，而教育上的成功和证书就被某些新的群体垄断了。这一群体还会进一步主张他们所控制的善应当在学校外面也成为支配性的，职务、头衔、特权，包括财富，都应当由他们掌握。在这种情况下，我

① ［美］沃尔泽：《正义诸领域：为多元主义与平等一辩》，褚松燕译，译林出版社 2009 年版，第 11 页。

② 参见［美］沃尔泽：《正义诸领域：为多元主义与平等一辩》，褚松燕译，译林出版社 2009 年版，第 13 页。

们可能要为新的转换模式设置边界，承认但限制新群体的垄断权力。这就是罗尔斯差别原则的目的。根据这一原则，不平等只有将最大可能的利益带给最少受惠者的社会阶级时才是正当的。在沃尔泽看来，简单平等将要求国家用连续不断的干涉来打破或限制早期垄断并抑制支配的新形式，但那时，国家的权力自身将成为竞相争夺的中心目标。不同群体将试图去垄断国家权力，将国家用于巩固他们对别的社会物品的控制。因此，简单平等政体不会持续多长时间。

"政治总是统治的最直接方式，而政治权力（而非生产方式）可能是人类历史上最重要的，但无疑也是最危险的善。"①因此，需要对掌握政治权力的人进行制约，需要建立宪法的制衡。这是强加于政治垄断之上的限制，并且，一旦各种社会的和经济的垄断被打破，它们就显得更为重要。限制政治权力的一种方法是将其广泛分配。人们通常认为，在民主社会可能会发生多数人暴政。在沃尔泽看来，这种危险与其他的危险相比可能会小得多。民主政府的更大危险是它会因为其虚弱而难于应付整个社会重新出现的垄断，难于应付财阀、官僚、技术专家、实力政治家等社会力量。从理论上看，政治权力在民主国家是支配性的善，并且能够向公民们所选择的任何方向变换；但在实践中，打破对权力的垄断又抵消了权力的支配性，而且为了打破这种垄断，权力必须集中，而这种权力本身可能就是被垄断的。这就是说，我们将动员权力来制约垄断，然后再寻找制约我们所动员起来的权力的方法。

沃尔泽认为，这种困难源自于将垄断而非支配当作分配公正的中心问题。现代的分配斗争肇始于反抗贵族政治的斗争。贵族对土地、职务和荣誉的垄断是一种特别恶劣的垄断，因为它建立在个人无法选择的出身和血统上，而不是建立在财产、权力和教育这些人们能够争取的东西之上。但是，当这三者真正走上前台后，简单平等却根本不能靠它们得以维持，因为这三种物品都易于产生天然的垄断。这种天然的垄断，只有在国家权力自身就是支配性的，并且被醉心于压制的官员所垄断时，才能被抑制住。沃尔泽认为，应该有另外一条道路通向另外一种平等。这就是："我们应该将注意力集中到减少支配上，而不是，或者不主要集中在打破或限制垄断

---

① ［美］沃尔泽：《正义诸领域：为多元主义与平等一辩》，褚松燕译，译林出版社2009年版，第15—16页。

上。”[1]沃尔泽设想这样一个社会，其中不断的社会物品被垄断地持有，但其中没有特定物品能够普遍转换。这是一种复合平等（complex equality）的社会。尽管其中会存在许多小的不平等，但不平等不会通过转换过程而增强，也不会在不同的物品之间累加，因为分配的自主性倾向于产生各种由不同群体掌握的地方性垄断。这种复合平等“将向更为分散、具体的社会冲突形式开放，并且，对物品的可转换性的抵制将会继续，但更大程度上是由普通的男人和女人在他们自己的能力和控制范围内来进行的，而不再有大规模的国家行为”[2]。

沃尔泽认为，复合平等是一幅诱人的画面，与简单平等形成了对照。“简单平等是一种简单分配状态，因此，如果我有十四顶帽子，你也有十四顶帽子，那么我们就是平等的。并且如果帽子占据支配地位，那么皆大欢喜，因为这样一来，我们的平等就延伸到了社会生活的所有领域。”[3]与此不同的复合平等则是这样一种分配状态：“我们只是拥有相同数量的帽子，而帽子不可能永远是支配性的。平等是人与人之间的一种复杂关系，由我们在我们自己中间制造、分享和分割的物品来调节；它并不是财产的等价物。因此，这就要求有反映社会物品多样性的各种分配标准。”[4]

在沃尔泽看来，帕斯卡在《思想录》中对复合平等作过精彩的表述，马克思在《经济学与哲学手稿》中也作过类似的论述。[5]沃尔泽认为，他们两人的第一个主张是，个人品质和社会物品各有自己运作的领域，它们在各自的领域中自由地、自发地、合法地发挥着作用。帕斯卡认为，没有一个统治者能够仅仅因为他所掌握的权力就能正当地控制我们的观念。马克思补充说，这个统治者也没有影响我们行为的正当的权力，如果一个统治者想要那么做，他必须是令人信服的、有益的、鼓舞人心的，等等。沃尔泽认为，社会物品有社会意义：我们通过解释它们找到了分配的公正。我们寻找每个分

① ［美］沃尔泽：《正义诸领域：为多元主义与平等一辩》，褚松燕译，译林出版社 2009 年版，第 17 页。

② ［美］沃尔泽：《正义诸领域：为多元主义与平等一辩》，褚松燕译，译林出版社 2009 年版，第 18 页。

③ ［美］沃尔泽：《正义诸领域：为多元主义与平等一辩》，褚松燕译，译林出版社 2009 年版，第 18 页。

④ ［美］沃尔泽：《正义诸领域：为多元主义与平等一辩》，褚松燕译，译林出版社 2009 年版，第 18 页。

⑤ 参见［美］沃尔泽：《正义诸领域：为多元主义与平等一辩》，褚松燕译，译林出版社 2009 年版，第 18—20 页。

配的内在原则。他们两人的第二个主张是，忽视这些原则就是专制。将一种善转换成另一种善，而二者之间又没有内在联系时，就侵犯了另一些群体正当统治的领域。垄断在各领域内并不是不适当的，但运用政治权力作为获得别的物品的手段便是专制地滥用权力。例如，在中世纪的思想家看来，当国君攫取臣民的财产或侵入臣民的家庭时，他们就变成了暴君。因此，“在政治生活中——但又远不止在政治生活中——对物品的控制导致对人民的控治。”[①] 沃尔泽指出，复合平等的政权是专制的，它建立一套关系以使控制成为不可能。“复合平等意味着任何处于某个领域或掌握某种善的公民可以被剥夺在其他领域的地位或其他的善。”[②] 例如，可能是公民 x 而不是公民 y 当选政治职务，于是，这两个人在政治领域就是不平等的。但是，只要 x 的职务没有在任何领域给他带来超过 y 的利益（如优越的医疗条件，子女可以上更好的学校，享有更好的事业发展机会等），那么，一般而言他们并不是不平等的。这就是说，只要职务不是一种支配的善，不是可以广泛转换的，职位持有人就会处于或至少能够与他们所治理的人们处于平等的关系。总的来说，最有成就的政治家、企业家、科学家、士兵和情侣将是不同的人，而且只要他们所拥有的物品并不给他们带来一连串别的物品，那么，我们就没有理由害怕他们的成就。

沃尔泽认为，对支配和控制的批判分析揭示了一条永无定论的分配原则：“**任何一种社会的善 x 都不能这样分配：拥有社会善 y 的人不能仅仅因为他拥有 y 而不顾 x 的社会意义占有 x。**”[③] 这个原则可能会不时地对曾经占据支配地位的每一个 y 进行重申，但它很少用普遍词项来陈述。这个原则引导我们去研究社会物品的意义，从内部去考察不同的分配领域。但是，这里所导出的理论不可能是完美的，因为对一种社会物品意义的任何解释或者对该物品合法运作领域的边界的任何解释，都存在着争议；也不存在任何生成或检验不同解释的完美程序。这种理论表述再精细也会显得粗糙，因为它所反映的社会生活具有多样化和充满冲突的特征。这种特征是我们同时都想理解和调控的，但直到我们理解了，我们才能去调控。因此，我们不要考虑任

① ［美］沃尔泽：《正义诸领域：为多元主义与平等一辩》，褚松燕译，译林出版社 2009 年版，第 21 页。

② ［美］沃尔泽：《正义诸领域：为多元主义与平等一辩》，褚松燕译，译林出版社 2009 年版，第 21 页。

③ ［美］沃尔泽：《正义诸领域：为多元主义与平等一辩》，褚松燕译，译林出版社 2009 年版，第 22 页。

何追求唯一分配标准的主张，因为没有一种标准可能与多样化的社会物品相称。然而，有三个标准似乎符合这个永无定论的原则上的要求，并经常被证明是公正的起源和目的。它们是自由交换、应得和需要。“所有这三个标准都有真正的力量，但没有一个有跨越所有分配领域的力量，它们都只是故事的一部分，而非全部。”①

自由交换显然是无穷无尽的，它不保证有特定的分配结果，不可能预测所达成的社会物品的特定分割。自由交换创造出一个市场，其中所有物品都通过货币这个中介转换成所有别的物品，没有占据支配地位的物品，没有垄断。市场在其运作和结果上基本是多元化的，对人们赋予物品的各种意义非常敏感。由于自由交换将分配彻底地放到了个人手中，而社会意义并不服从于或并不总是服从于个人的解释性决定，我们需要对什么能够交换什么设置限定条件。例如，政治领域的私人自由交换就是被禁止的。“自由交换不是一个一般性标准，但只有通过对特定社会物品进行仔细分析，我们才能明确它能在其中发挥作用的领域的边界。”②金钱渗透所有的边界，因而应当使它停于何处，既是一个权宜之计问题，也是个原则问题。如果不能在某个合理的点上使它停住，它就会对所有分配领域产生影响。

像自由交换一样，应得也是永无定论和多样化的。我们可以设想有一个可实施奖惩并对各种形式个人应得一直保持敏感的中立机构，它虽然可以将分配过程集中起来，但结果仍然将是无法预料的、多变的，不支配性的善。“若不考虑其社会意义，任何 x 都永远不能被分配，因为，如果不关注 x 是什么，那么，说 x 是应得的在概念上就是不可能的。”③在沃尔泽看来，即使我们想将各种物品的分配指定给某些全能的应得公断人，我们也找不到这样的人。也许只有知道暗藏于人们心中的秘密的上帝才能实行这种必要的分配。如果人类必须做这项工作，分配机制不久就会被某群人根据预先确定的一套关于什么是最好的最有价值的东西的安排所控制，而他们对公民同伴的各种各样的诉求将无动于衷。这样，应得就再也不是一种多元标准，而我们将发现自己面对的是一群新暴君。当然，有些时候，我们选出公断者（如陪

① ［美］沃尔泽：《正义诸领域：为多元主义与平等一辩》，褚松燕译，译林出版社 2009 年版，第 23 页。

② ［美］沃尔泽：《正义诸领域：为多元主义与平等一辩》，褚松燕译，译林出版社 2009 年版，第 24 页。

③ ［美］沃尔泽：《正义诸领域：为多元主义与平等一辩》，褚松燕译，译林出版社 2009 年版，第 25 页。

审团等）是有意义的，但是它只能在一个受限制的范围内发挥作用。应得是一种强有力的要求，但需要艰难的判断，只有在非常特殊的条件下，它才能产生具体明确的分配。

沃尔泽认为，马克思提出的“按需分配”所涉及的是分配共同体的财富以满足其成员的需要，而对政治权力、荣誉和名声、游艇等许多别的物品并不起作用。严格地说，有许多东西不是人人需要的，也有许多东西并不能平等地分配给那些有着同样需要的人。需要产生一个特殊的分配领域，其中需要本身就是正当的分配原则，如在一个贫困社会中相当大部分社会财富被划入这个领域。但是，即使在一个物质生活水平极低的国家，别的分配标准也会始终与需要并行并发挥作用。

沃尔泽认为，追求复合平等很艰难，但意义非常重大。那么，它的艰难何在呢？相比较而言，专制通常是明确的，它穿越特定的边界，所有的物品都没有自主分配的空间和标准；简单平等更容易实现，它以一种支配性的善的广泛分配造就一种人人平等的社会；而复合平等则要求保卫这些边界，并通过区分物品而起作用，正如等级制靠区分人群而起作用一样，但有许多边界需要保卫，而其准确数目又不明确。“在物品所调节的关系能够成为平等的男人们和女人们之间的关系之前，有多少物品在意义上肯定是自主的呢？没有确定的答案，因此没有理想的政治模式。”①但是，沃尔泽相信，只要我们开始辨别不同的社会含义并划出不同的分配领域，那么，我们就开始了一项追求人人平等的伟大事业。他肯定，政治共同体是这项事业的合适背景。政治共同体不是一个自足的分配领域，只有世界才是一个自足的分配领域。社会物品是可以跨越政治边界而被分享、分割和交换的，但政治共同体可能是接近我们理解的有共同意义的世界。而且，政治建立了它自己的共性纽带，在一个由独立国家组成的世界上，政治权力是一种地方垄断。现在的政治是过去政治的产物，它为思考分配的公正设立了一个不可避免的背景。最后，共同体本身就是一个待分配的最重要物品，其成员资格不能被某种外部机构分派，其价值依靠一种内部决定。

政治共同体的唯一合理的替代物是人类本身、民族构成的社会和整个地球。但是，如果把整个地球作为我们的背景，我们就可以想象尚不存在的东

① ［美］沃尔泽：《正义诸领域：为多元主义与平等一辩》，褚松燕译，译林出版社 2009 年版，第 30 页。

西，即“一个包括每一个地方的所有男人和女人在内的共同体”[①]。沃尔泽认为，复合平等理论能够从特定的共同体延伸到由国家组成的社会中，并且这一延伸有其优势，这就是不会践踏地方性共识和决策。正因为如此，它也不会产生一种全球范围的统一分配制度，而且它将开始解决全球许多地方的贫弱大众所面临的问题。全球化有一天必将要求，也许已经要求有国际机构来保卫不同的分配领域，但这并不是现有国家要做的工作。在今天国家要做的工作是必须为全球市场对它的公民的影响设定界限，必须保卫它自己的福利、教育和政治过程的自治。这并不是政治孤立主义或经济孤立主义，这里所说有防卫的要求是以参与全球经济并与国际社会的其他成员密切合作为前提的。但是，我们要强调的是：“复合平等不会在全球帝国主义化的市场中生存下来，就像它不能在一个全球化的帝国主义国家中生存下来一样。正如论证多元主义和平等的论点意味着在国家中需要有差异一样，在整个世界也需要有差异。”[②]

（二）政治权力与公正社会

在沃尔泽看来，我们的平等主义观念比字面意思上的平等主义要复杂得多，这些观念直接趋向于禁止为支配之目的来使用物品。然而，这种禁止的源头与其说是一种关于人的普遍主义观念，倒不如说是一种关于物品的多元主义观念。沃尔泽针对自由主义的权利观提出，男人们、女人们除了生命和自由之外，还有别的权利，但这些权利并不是源自我们共同的人性，而是来自共享的社会物品观念，它们在特性上是局部的、特殊的。沃尔泽认为，密尔的功利主义原则也不能解决支配性问题。古典功利主义看起来似乎要求为社会物品的分配提供一个协调方案、一个高度精确的中心计划，而且这个计划可能产生有点像平等的东西，但它并不会产生那种不受任何支配的平等，因为制订计划的人的权利可能是支配性的。在沃尔泽看来，“如果我们要尊重社会意义，那么分配就不能与普遍幸福相洽和，也不能与别的什么东西相洽和。只有当社会物品为明晰的‘内在’原因而分配时，支配才能被排除。”[③]在

① ［美］沃尔泽：《正义诸领域：为多元主义与平等一辩》，褚松燕译，译林出版社2009年版，第32页。

② ［美］沃尔泽：《正义诸领域：为多元主义与平等一辩》，褚松燕译，译林出版社2009年版，中文版序第4页。

③ ［美］沃尔泽：《正义诸领域：为多元主义与平等一辩》，褚松燕译，译林出版社2009年版，序言第7页。

前面解释了这种观点之后，沃尔泽提出他接着要论证分配的公正不是一门整合的科学，而是一种区分的手艺，而平等只不过是这种手艺的结果。于是，他逐一地研究了公正和平等所涉及的制造和分配的物品，包括安全与福利、金钱、官职、教育、自由时间、政治权力等：它们对于我们意味着什么，它们在我们生活中扮演着何种角色，以及如果我们免受一切类型的支配，我们可能如何分享、分割和交换它们。在这里，我们主要讨论他的关于政治权力及其与公正社会关系的思想。

在沃尔泽看来，政治权力决不会穷尽权力的所有领域，但它却能把我们的注意力集中在权力可以采取的最重要和最危险的形式上。权力是男人们和女人们所追求的一种善，但作为政治权力或国家权力，它也是管理所有不同追求（包括对权力本身的追求）的手段。它是分配公正至关重要的代理人，它警戒着每一种社会善在其中得以分配和配置的领域的边界。这样对于政治权力就提出了两种要求：一是权力必须维系；二是权力必须受到约束。就是说，权力必须被动员、被分割、被制衡。因此，政治权力具有两面性："政治权力保护我们不受暴政统治……而它本身却是残暴的。"[①]我们的政治统治者有大量工作要做，他们在每一个地方都是积极的，而且不得不如此。同时，在他们的所有活动中，他们都得约束自己，使自己服从于宪法的限制。这一切都是他们应该做的。从表面上看，他们代表着我们的利益，甚至是以我们的名义行动的。然而，在大多数时间的大多数国家里，政治统治者的功能实际上是由丈夫和父亲、贵族家庭、学位持有者或资本家完成的。"国家权力被财富、才能、血统或性别占有；而一旦它被这些东西占据，就很少受限制了。或者，国家权力本身是帝国主义的；它的代理人本身就是暴君。他们并不分配诸领域，而是破坏它们；他们并不捍卫社会意义，而是践踏它们。"[②]在沃尔泽看来，在人类大部分历史上，政治领域是建构在专制主义模式之上的，权力被唯一一个人垄断，他所有的精力都投入到使权力不仅控制边界，而且跨越边界在对每个分配领域进行控制的活动中。为此，必须对政治权力加以限制，建立有限政府。沃尔泽认为，有限政府，就像受阻的交换

① ［美］沃尔泽：《正义诸领域：为多元主义与平等一辩》，褚松燕译，译林出版社 2009 年版，第 334 页。

② ［美］沃尔泽：《正义诸领域：为多元主义与平等一辩》，褚松燕译，译林出版社 2009 年版，第 335 页。

一样，是复合平等的一个重要手段。[1]

沃尔泽以美国为例，列出了权力受限制的一个清单。它包括以下九个方面：（1）主权并不延及奴役，国家官员除非通过国民同意的法律否则不能逮捕他们的国民，强迫他们服役、监禁或杀死他们。（2）国家官员不能控制他们国民的婚姻或干涉他们的个人关系和家庭关系，或规定家庭对孩子的抚养；除非根据相关程序，也不能调查和把持他们的个人影响或在他们家里驻扎地方军队。（3）国家官员不能违反人们对罪行和清白的共识，腐蚀刑事司法系统，把惩罚变成一种政治压迫的手段，或者使用残忍的不寻常的惩罚。（4）国家官员不能出售政治权力或拍卖特定的决定，也不能用权力增进他们家族的利益或把政府公职分配给亲属。（5）所有国民 / 公民在法律面前一律平等，国家官员不能歧视种族、民族或宗教团体，不能贬低或羞辱人，也不能把任何人从任何公共供给物品的分配中排除出去。（6）私有财产不能无故被征税和没收，国家官员在货币和商品领域正确划定后不能干预这个领域的自由交换和礼物赠予。（7）国家官员不能控制他们国民的宗教生活，或者试图以任何方式管理神的恩宠的分配，或者为此原因而管理神职或教会的恩惠或鼓励。（8）国家官员可以通过立法规定课程，但不能干预课程的实际教学或限制教师的学术自由。（9）国家官员不能管理或审查政治领域及其他所有领域对社会诸善的意义和恰当的分配边界的争论，必须保证言论自由、新闻自由、结社自由，即一般的民事自由。沃尔泽认为，这些限制确定了国家和所有其他与政治权力相关的领域的边界，能够防止官员的专横。“官员的专横不仅是对自由的一个威胁，而且也是对平等的一个公开侮辱”，“它导致所有群体的男人和女人都屈从于一个拥有并行使国家权力的群体”。[2]

有限政府所要解决的是给政治权力划出边界，而并没有解决政治领域内权力分配的问题。“权力不是一种人们能够像守财奴面对他的金钱或普通男女面对他们喜爱的财产那样私下里紧紧拥抱和羡慕的东西，权力只有行使起来才能给人带来乐趣；而当它被行使时，我们其余的人就被命令、监管、利用、帮助和伤害。”[3]因此，谁拥有并行使国家权力至关重要。那么，谁应该

① 参见［美］沃尔泽：《正义诸领域：为多元主义与平等一辩》，褚松燕译，译林出版社 2009 年版，第 337 页。

② ［美］沃尔泽：《正义诸领域：为多元主义与平等一辩》，褚松燕译，译林出版社 2009 年版，第 337 页。

③ ［美］沃尔泽：《正义诸领域：为多元主义与平等一辩》，褚松燕译，译林出版社 2009 年版，第 338 页。

拥有并行使国家权力呢？沃尔泽认为，对于这个问题，只有两个内在于政治领域的答案：其一，权力应该由那些最知道如何使用权力的人拥有；其二，权力应该由那些最直接承受其结果的人拥有。[①] 柏拉图把政治解释为技艺，认为它是一种与社会生活的普遍专业化相类似的艺术或手艺，尽管它比后者难得多。他设想过一艘民主之舟，认为在民主社会，公民们都争吵着要控制政府，因此他们把自己扔到了危险中，他们应该把政府交给那个拥有"属于"权力行使的专业知识的人。实际上，我们越是对权力的意义作深入的思考，越有可能拒绝柏拉图的类比。因为，我们只有在决定了去哪里之后，才会把我们委托给舵手，而乘客们对目的地达成共识，就使舵手掌握他的船并为能做什么设定了限制：他必须最终把船航行到某某地点。在沃尔泽看来，"目的地和风险是政治所关心的，而权力只是处理这些问题的能力，不仅为自己，而且为别人。知识显然对解决问题是至关重要的，但它不是，也不可能是做决定本身。……只要考虑的是政策，政客和舵手们需要知道什么就是人民或乘客们所要求的。而使他们能够按那种知识行动的是人民或乘客自己的授权。"[②]

与知识不同，所有权是一种对物的权力，但它像政治权力一样，是决定目的地和风险的能力，也带有不同种类和程度的控制人的权力。其极端的例子是奴隶制，它是对人的控制，而这种控制是通过对物的占有实现的。在封建制度下，土地财产被认为赋予其所有者对生活在土地上的男女有直接的惩戒权。这些人不是奴隶，但他们也不是佃户，而是"臣民"。他们的地主也是他们的统治者，向他们征税。直到资产阶级革命之后，封建权力的形式结构才被废弃，地主的惩戒权才被有效社会化。税收、判决和征募等都在我们所理解的财产的含义之外。所有权的权利范围被重新界定，确定了如今社会生活得以组织的关系的分界线："一方面是被称为'政治的'活动，包括对目的地和风险的控制；另一方面是被称为'经济的'活动，包括货币和商品的交换。"[③] 然而，这个分界线自己并不决定在它们内部发生的事情。事实上，资本主义所有权仍然产生政治权力，这种权力如果不是在受阻的交换

① 参见［美］沃尔泽：《正义诸领域：为多元主义与平等一辩》，褚松燕译，译林出版社 2009 年版，第 338 页。

② ［美］沃尔泽：《正义诸领域：为多元主义与平等一辩》，褚松燕译，译林出版社 2009 年版，第 340 页。

③ ［美］沃尔泽：《正义诸领域：为多元主义与平等一辩》，褚松燕译，译林出版社 2009 年版，第 349 页。

中，或至少在对财产的合法使用规定了限制条件的市场中，那就是在其工作似乎要求一种特定的纪律的工厂内。这是所有者对非所有者规定纪律的资本主义经济的一个核心特征。沃尔泽认为，现代工厂与封建庄园不同，男人和女人自愿到工厂做工，工厂主给他们提供工资、工作条件、未来前途等有吸引力的东西，而庄园的工人是农奴，是他们贵族领主的囚犯。所有这些至少说明现代工厂并没有令人满意地把财产权利从政治权利里划分出来。在沃尔泽看来，这种情形对于城市和城镇也适用，尽管并不总是适用于国家，因为城市和城镇也通过提供有吸引力的居住场所来招募和控制自由来往的公民。在这里，工厂主所做的是试图在他的财产基础上建立他的权力。然而，这也不应该是可接受的。

沃尔泽认为，一旦我们把所有权、专门技术，以及宗教知识等放到了它们各自的合适位置上，并确立了它们的自治，那么，在政治领域就没有民主的替代品了。“公民们必须自己统治自己。”①“民主”是公民自己统治自己的政府的名字，但这个词并不描述任何像简单系统一样的东西。民主也不是像简单平等一样的东西，政府绝不可能是简单平等主义的。“民主是一种配置权力并使其使用合法化的途径——或更好地说，它是配置权力的**政治途径**。”②对于民主来说，真正重要的是公民中的争论，民主为演讲、劝说和修辞技巧提供了机会。在理想的状态下，提出最具说服力的论点的公民可以随心所欲，但不能使用暴力，或用权势压人，而必须给所有其他的公民以讨论的机会。民主政府不仅由包容性产生，理性的统治也具有同等重要的作用。“公民们步入论坛所依靠的只是他们的论点，所有非政治性的善都被排斥在外面：武器、金钱、头衔和学位。”③霍布斯认为，民主“只不过是一种雄辩家的贵族统治，有时候被一个暂时的雄辩家君主所打断了罢了”。他这里所说的是雅典的公民大会和伯利克里。在现代条件下，一个人可能不得不注意更多的环境（如政党、利益集团等），然后是更多不同的修辞风格。一个完美的民主决策可能与那些在政治上最有技巧的公民们的愿望最为接近。

---

① ［美］沃尔泽：《正义诸领域：为多元主义与平等一辩》，褚松燕译，译林出版社2009年版，第360页。

② ［美］沃尔泽：《正义诸领域：为多元主义与平等一辩》，褚松燕译，译林出版社2009年版，第360页。

③ ［美］沃尔泽：《正义诸领域：为多元主义与平等一辩》，褚松燕译，译林出版社2009年版，第360页。

“民主政治是政客们的垄断物。”[①]避免这种垄断的一个办法就是用抽签来选择公职持有者，这是公职领域的简单平等，我们前面的论证已表明，这种方法是行不通的。沃尔泽认为，雅典的直接民主都不是这样做的。在当时，的确有大量官员是用抽签选出并赋予重要的公民责任的。但是，最重要的职位并不是以这种方式分配的。实际上也从来没有人建议每个公民用一般性抽签“提名”一项政策或起草一部法律。这是一种不负责任的专断程序。相反，公民大会就各种提议展开辩论，或者不如说，雄辩家和贵族对它们进行辩论，而大多数公民则倾向于投票。这表明，在雅典社会，抽签分配管理权但并不分配政治权力。沃尔泽认为，“民主国家中的政治权力是通过辩论和投票分配的。”[②]就是说，民主国家的政治权力是通过两种相互结合的方式，而非单纯的抽签或投票方式分配的。既然权力“属于”善于说服的人，因此，政客们就不是暴君。当然，其前提条件是他们的所及范围是适当有限的，他们的说服力不是由“金钱说话”或由于对出身和血统的尊重构成的。有些民主主义者总是对政客有所怀疑，努力寻找某种方法使政治领域的简单平等更加有效。事实上，现代技术使用简单平等的投票方式更加方便：公民可以按钮投票，甚至可以在电视前、电脑前根据现场辩论投票。但在沃尔泽看来，正如政治是不可避免的一样，政客也是不可避免的。尽管初选可以采取这种更平等的方法，但只有这种方法是不够的。政党核心会议或大会与初选相比，虽然看起来不那么平等，但这是一种更强烈的参与形式，这种形式实际上减少了领袖与追随者之间的距离，他们围绕中心问题展开争论。没有这一点，政治平等很快就会变成一种毫无意义的分配。所以，沃尔泽说：“初选像选举：每个公民都是一个选民，而每个选民都是平等的。但所有选民所做的就是……投票。核心会议和大会就像一般的政党：公民们带着他们所能聚集的权力而来，而权力的聚集把他们更深入地卷入政治过程，而这是单纯的投票绝不可能做到的。公民 / 选民对民主政治的生存是至关重要的；但公民 / 政客对民主政治的活力和完整性也是至关重要的。”[③]沃尔泽认为，这种要求以强形式参与的论点是一种要求复合平等的论点。

① ［美］沃尔泽：《正义诸领域：为多元主义与平等一辩》，褚松燕译，译林出版社 2009 年版，第 361 页。

② ［美］沃尔泽：《正义诸领域：为多元主义与平等一辩》，褚松燕译，译林出版社 2009 年版，第 362 页。

③ ［美］沃尔泽：《正义诸领域：为多元主义与平等一辩》，褚松燕译，译林出版社 2009 年版，第 365 页。

沃尔泽认为，对分配公正的最好解释是对它的各部分包括社会诸善和各分配领域进行解释。不过，他在对这些部分进行了解释后，最后又从整体上进行了简要的解释。他的解释包括三个方面：分配公正的相对特征；它在我们自己的社会里采取的形式；这种形式的稳定性。

在沃尔泽看来，公正是与社会意义相关的。事实上，公正的相对性来自经典的非相对性定义，即给每个人他应得的份额。沃尔泽认为，这即是他所说的因为“内部”的理由而分配物品。但是，这些都是要求在一定历史条件下实现的形式定义。除非我们知道某人与他人是如何通过他们生产和分配的东西而彼此相联系的，我们就不能说他应得的是什么。先有社会，然后才可能有一个公正的社会。“形容词**公正**并不决定而只是修正它所描述的社会性的实质生活。有无限多的可能生命，他们受无限多的可能文化、宗教、政治安排、地理条件等影响。如果一个社会是以某种特定方式——也就是说，以一种忠实于成员们共享知识的方式过实质生活的，那么，这个社会就是公正的。”①沃尔泽认为，我们所有人都是文化的产物，我们创造并生活在有意义的社会性里。由于没有办法按社会性对社会诸善的理解来给这些社会性分等和排序，我们就通过尊重人们的具体创造来对现实的人们实施公正。公正扎根于人们对地位、荣誉、工作以及构成一种共享生活方式的所有东西的不同理解，践踏这些不同的理解就是不公正的行动。例如，从外部看，印度的婆罗门非常像暴君，但从内部看，事情本身因他们宗教仪式的纯洁性而变得自然。一个人能够描述一种符合公正（内部）标准的种姓制度，一个人也能够同样描述一种符合公正（内部）标准的资本主义制度，但对资本主义制度的描述更加复杂。因为在这里社会意义不再以同样的方式整合了，资本渗透到了市场之外的法院、教育等其他领域。“资本在市场之外的统治使资本主义成为不公正的。”②

在沃尔泽看来，社会越分化，公正的范围越大，因为那里有更多不同的物品，更多的分配原则，更多的代理人，更多的程序。而公正拥有的范围越大，复合平等就越有把握成为公正所采取的形式，暴政也有更多的余地。暴政的关键标志在于：“一种对并非自然而来的东西的不断攫取，一种试图在

①［美］沃尔泽：《正义诸领域：为多元主义与平等一辩》，褚松燕译，译林出版社2009年版，第370页。

②［美］沃尔泽：《正义诸领域：为多元主义与平等一辩》，褚松燕译，译林出版社2009年版，第372—373页。

自己范围外进行统治的无情斗争。”[①] 最高形式的暴政是现代极权主义。这种极权主义只有在高度分化的社会里才是可能的，因为极权主义是应该分离的社会诸善和生活领域的一体化和系统性调和。当代暴君想使他们的权力统治社会的每一个角落，因而他们有许多事情要做，他们无休止地忙碌。极权主义的结果是新的和极端的不平等产生。“复合平等是极权主义的对立面：最大限度的分化反对最大限度的协调。”[②] 当我们能够以一种保护我们不受现代暴政和政党 / 国家统治伤害的途径描述平等时，平等就会成为我们的政治目标。当代政治平等主义的根源在于反对资本主义和金钱的特殊暴政的斗争中。

沃尔泽认为，一个共同体的文化是它的成员们所讲述的故事，这使得他们的社会生活的所有不同片段都具有一定的意义，而公正就是区分这些片段的原理。在任何分化的社会中，公正只有在首先造成分离的情况下才会导致和谐。好的篱笆造就公正的社会。但是，我们决不会知道恰好在哪里树起篱笆是合适的，它们没有天生的位置。它们所区分的诸善是人造的，因而也可以再度被造出来。因此，“边界对于变换的社会性意义来说是脆弱的，我们别无选择，只能忍受造成这些变换的持续不断的刺痛和侵袭。”[③] 在通常情况下，这些变换就像海洋变迁一样非常缓慢，但现实中的边界修订可能是突然来临的。社会领域总有一天会看起来与今天不同，而且分配公正也将呈现出与我们时代不同的特征。但是，我们不太可能因此而质疑分化的事实和复合平等的观点。统治和支配的形式，即平等被否定的准确方式，也许会变，但我们可以假定社会性变迁将保留不同的男女群体或多或少的完整性，而这意味着复合平等仍然是一种真实的可能性，即使平等的新的反对者取代了老的反对者。一个平等主义社会的建立将不是争取平等的斗争的结束。但是，当人们认识到这一点时，即诸分配领域的自治并承认不同领域对不同人造成的不同结果，造就一个公正的社会，这种斗争就会变得容易一些。亚里士多德在《政治学》中提出，在一个民主国家，公正要求公民们轮流统治。显然，这种民主不适合于包括数亿公民的政治共同体。一个适合更大范围的公正观

① ［美］沃尔泽：《正义诸领域：为多元主义与平等一辩》，褚松燕译，译林出版社 2009 年版，第 373 页。

② ［美］沃尔泽：《正义诸领域：为多元主义与平等一辩》，褚松燕译，译林出版社 2009 年版，第 373—374 页。

③ ［美］沃尔泽：《正义诸领域：为多元主义与平等一辩》，褚松燕译，译林出版社 2009 年版，第 376 页。

念要求的不是公民轮番统治，而是“他们在一个领域内统治，而在另一个领域内被统治——在那里，‘统治’的意思不是他们行使权力，而是比别人享有对被分配的任何善的更大份额”①。沃尔泽认为，公民们实际上在任何地方都不能被保证有“轮流”的机会，但诸领域的自治与别的安排相比，会造就对社会诸善的更大份额的分享。它将会使统治在更广的范围内获得满意，而且会使今天总是充满争论的被统治与尊重自我得以兼容。“相互尊重和一种达成共识的自尊是复合平等的深层力量，而它们二者合在一起则是复合平等可能的耐久性的源泉。”②

（三）战争的正义性

在西方思想史上，虽然有许多思想家研究过许多问题，但专门研究战争的著名思想家并不多见，尽管战争是人类历史上最常见的社会现象和最突出的人类问题。对战争有深入研究的也许要首推德国的军事理论家克劳塞维茨（Carl von Clausewitz, 1780—1831），他的军事名著《战争论》中提出的“战争无非是政治通过另一种手段的继续”、“战争是迫使敌人服从我们意志的一种暴力行为”、“让敌人无力抵抗，是战争的目标”、“军事活动分为进攻和防御两种形式”、“暴力的使用是无限度的”等观点，产生了广泛的世界影响，他也因此而被誉为“兵圣”。沃尔泽也许是克劳塞维茨之后的另一位对战争有深入研究的重要思想家，他有两部关于战争的著作（《正义与非正义的战争》、《关于战争的争论》）研究战争问题。克劳塞维茨是一位军事理论家，所关注的主要是战争的政治性质以及战争本身的战略战术；而沃尔泽是一位政治哲学家，他着重从道德的角度对战争进行思考和讨论，战争的公正性质是他关注的焦点。

在对待战争的问题上，西方社会存在着四种观点，即现实主义、军事主义、和平主义和正义战争论。现实主义者充分评价战争的恐怖并因而极想评估它的花费，特别是对他们自己国家的花费。与此相联系，他们常说战争是地狱。尽管他们也承认战争可以给一个国家带来利益，如土地、资源等，但他们认为战争是一种非道德的活动。因此，对于他们来说，战争与道德是很

① ［美］沃尔泽：《正义诸领域：为多元主义与平等一辩》，褚松燕译，译林出版社2009年版，第379页。

② ［美］沃尔泽：《正义诸领域：为多元主义与平等一辩》，褚松燕译，译林出版社2009年版，第379页。

少有关联甚至完全没有关联的两种活动。军事主义者意识到战争的恐怖，但确信战争可以使这些恐怖得到多得多的补偿。对于军事主义者来说，战争可以把个人转变成以前的那个样子，也许可以变成不是以前的那个样子。战争的严酷可以培养那些参加者的守纪律、自我确信、不屈不挠、忠诚、负责和勇敢等德性。所以，对个人来说，与战争的代价相伴随的也有重要的收获。战争对于国家也有收获，因为战争可以使国家个体集体或这种那种群体变成单一的共同体，它通过给人们提供一个共同的目的而使他们统一起来。他们形成“我们”的意识，开始以“我们艰苦地战斗、我们赢得了战争、我们将赢得下一场战争”的方式思考和谈论。与军事主义形成鲜明对照的是，和平主义认为战争是道德上不正当的。它鼓励每一个人拒绝军事主义战争观念和暴力。在现代西方，和平主义主要有两种形式，即宗教和平主义和非暴力抵抗，即非暴力主义。这两种形式并不是相互排斥的。① 如果说和平主义代表了一个极端，即认为战争是不道德的，现实主义代表了另一个极端，即认为战争是非道德的，那么，正义战争论则处于两个极端之间。它认为一些战争是道德的，一些战争是不道德的。正因为如此，正义战争论受到了两方面的批评：和平主义批评它允许战争，而现实主义批评它因为错误的理由把国家带入了不义的战争。此外，正义战争论还受到了军事主义的攻击，因为两者之间存在着差异：军事主义从战争中看到了很多道德好处并因而把它作为国家道德重生的一种手段而拥护它；正义战争论则更多地意识到战争的危险并因而追求对军事力量使用的道德约束。②

沃尔泽战争思想的基本立场是正义战争论的，但有明显的和平主义倾向，所针对的主要是现实主义战争观。在他看来，每当人们谈及战争的对错时，总有人嗤之以鼻，称战争是属于道德判断之外的事情，战争是一个不同于日常生活的世界，在战争中人们为了保存自己和共同体可以为所欲为，道德和法律在这里没有立足之地。在他们看来，战争像爱情一样，我们对这类事情既不能称赞也不能谴责，没有什么可说的。正如古语所说的：“在战争中法律缄默无声”，“爱情和战争全都公平”。这些人宣称发现了一个可怕的真理，即我们通常所说的残暴和不人道不过是处于压力下的人的本性而

① Cf. Robert L. Holmes, “The Morality of Nonviolence”, in *Concerned Philosophers for Peace Newsletter* 15, No. 2, Fall 1995.

② 参见江畅主编：《比照与融通：当代中西价值哲学比较研究》，湖北人民出版社 2010 年版，下篇“价值问题”，第八章“战争与恐怖主义”。

已。战争扯掉了文明的伪装，展现了我们赤裸裸的真实一面。他们不无欣赏地描述了这种赤裸裸的真实：恐惧、自私、受本能驱动、嗜杀等等。但有时这种描述也是一种申辩：是的，我们的军人在战斗中实施了暴行，但这是战争造成的，战争就是这样的。当然，也有将战争视为必然性和迫不得已的看法。针对上述现实主义观点，沃尔泽指出，实际上我们对战争和爱情都很少沉默，我们谈论爱情和战争的语言道德意义丰富。“忠贞、献身、贞洁、可耻、通奸、背叛、暴行、大屠杀等等，诸如此类的词语都无不包含着道德判断。可以说，道德判断与爱情、战争是如影随形的。”[①] 他认为，这种观点源自于古希腊历史学家修昔底德和英国哲学家霍布斯。他们两人生活的年代虽隔 2000 多年，但在某种意义上还是合作者。因为霍布斯是在翻译了修昔底德的《伯罗奔尼撒战争史》之后形成了自己在《利维坦》中的观点。针对他们的观点，沃尔泽试图通过自己的论证和实例证明对战争和战争中的行为进行道德判断是一项严肃的事业。他说：“我们论证自己行为的正当性，判断别人的行为是否正当。虽然不可能像对刑事法庭记录一样仔细研究这些论证和判断，它们却不失为一个真正的研究课题。我相信，在经过认真研究之后，这些论证和判断会呈现出一种作为人类活动的战争的完整观点，一套相当系统化的道德学说。这套学说有时会与现有的法律学说有重叠之处，但并非总是如此。”[②] 他表示：“我要为政治和道德理论收复研究正义战争理论的领地。”[③]

在沃尔泽看来，战争是一种有目的、经过深思熟虑的、有人应为其结果负责的人类活动。在遇到战争过程的许多罪行时，遇到本身就是侵略犯罪的战争时，人们都想寻找应该负责的人类行为者。“与人类所受的其他苦难不同，战争最重要的特征之一是卷入战争的人们不仅是受害者，也是参加者。我们所有人都倾向于要求战争的参加者为自己的所作所为负责（尽管在特定情况下我们可以接受诸如被强迫这样的辩解理由）。”[④] 沃尔泽认为，事实上

① ［美］沃尔泽：《正义与非正义战争：通过历史实例的道德论证》，任辉献译，江苏人民出版社 2008 年版，第 3 页。

② ［美］沃尔泽：《正义与非正义战争：通过历史实例的道德论证》，任辉献译，江苏人民出版社 2008 年版，英文第 1 版序言第 26 页。

③ ［美］沃尔泽：《正义与非正义战争：通过历史实例的道德论证》，任辉献译，江苏人民出版社 2008 年版，英文第 1 版序言第 27 页。

④ ［美］沃尔泽：《正义与非正义战争：通过历史实例的道德论证》，任辉献译，江苏人民出版社 2008 年版，第 17 页。

存在着一种“战争的道德现实”，即：“道德语言所描述的、或必须使用道德语言才能说出的全部经验。”①沃尔泽强调指出，这种战争的道德现实不是由军人们的实际行动而是由人类的意见形成的，部分是由哲学家、法学家、各类宣传家的活动形成的。但是，这些人的工作不是脱离战斗的经验闭门造车，而是以让其他人感觉合理的方式赋予战争的经验以形式和结构。只有这样，他们的意见才有价值。

沃尔泽认为，战争的道德现实分为两个部分，而这是与对战争的判断相关。对战争总是作两次判断：一次是关于开战的理由，涉及的是对事物性质的判断，即某次战争是正义的或非正义的；另一次是关于战争中使用的手段，涉及的是行为性质的判断，即是正义地还是非正义地战斗。这即是中世纪学者所区分的开战正义（*jus ad bellum*）和作战正义（*jus in bello*）。“开战正义要求我们对侵略和自卫作出判断；作战正义则要确定行为是遵守还是违反交战的习惯规则或成文法。”②这两种判断在逻辑上是独立的，因为完全有可能以非正义的方式打赢一场正义的战争，或者严守战争规则打一场非正义的战争。这两者的分立是令人困惑不解的：侵略是犯罪，侵略性的战争却是可以受规则支配的活动；抵抗侵略是正义的，它却受道德和法律的约束。在沃尔泽看来，开战正义和作战正义二元分立是战争的道德现实中所有那些最令人不解的问题的核心，也是战争整体性的本质特征。我们需要阐明为什么两者会分离，也就是要解释为什么说发动战争是犯罪，为什么即使对于从事侵略战争的军人也有适用于他们的交战规则。

为什么发动战争是错误的？简单地说，是因为战争要死人，而且常常死伤众多。战争是地狱。但是，如果要说得更具体些，就要涉及人们是怎样被杀的，以及被杀的是谁。“所以，也许描述战争罪恶的最好方式就是简明地说明战争在以下两方面毫无限制：以所有能够想到的残忍方式杀人；不分年龄、性别和道德状况杀任何人。”③克劳塞维茨的《战争论》中包含了这种战争观。尽管他没有明确表述战争是一种罪恶，但他能引导读者得出这个结论。因为他明确说，战争是一种暴力行为，从理论上说战争可以没有任何限

① ［美］沃尔泽：《正义与非正义战争：通过历史实例的道德论证》，任辉献译，江苏人民出版社 2008 年版，第 17 页。

② ［美］沃尔泽：《正义与非正义战争：通过历史实例的道德论证》，任辉献译，江苏人民出版社 2008 年版，第 24 页。

③ ［美］沃尔泽：《正义与非正义战争：通过历史实例的道德论证》，任辉献译，江苏人民出版社 2008 年版，第 25 页。

制。[①] 沃尔泽认为有一些是出于自愿的搏斗，如竞技性搏斗，以及某些雇佣兵和职业军人，但是，“只要人们是被迫战斗，只要突破了同意的限制，战争就是地狱”[②]。从人类历史上看，大多数时代的战争是地狱，因为在大部分有记载的历史中，都有能够组织军队、驱使军人打仗的政治组织。在沃尔泽看来，大多数战争都是暴虐专制。他赞赏托洛茨基（Leon Trotsky, 1879—1940）的一句精彩名言：“你对战争没有兴趣，战争却对你有兴趣。”战争特别的令人恐怖和厌恶之处在于“战争是这样一种社会活动，其参加者是作为忠诚的或受到强迫的国家成员，而不是作为自由选择自己事业和行动的个人使用武力以命相搏的。”[③] 当我们说战争是地狱时，心里想的是那些战斗中被当作工具利用的受害者。不过，从神学意义上看，战争恰恰与地狱相反，战争的反面才是地狱。在地狱中受罪的人必定是罪有应得的，他们是明知一些行为会受到神的惩罚却仍然选择这些行为的人；而绝大多数在战争中受苦受难的人却没有作这样的选择，如果有可能军人几乎肯定会做个不参战者。

战争的暴虐专制常常被描述得似乎战争本身就是暴君，就像洪水饥荒这类自然力量一样，或者被人格化为一个荼毒人杰的残暴巨人。沃尔泽认为，虽然战争的暴虐专制是一种十分复杂的关系，因为交战双方都会受到强制，但战争不是自己开始的。战争可能像意外发生的火灾一样在扑朔迷离的情况下爆发，似乎无法确定应该由谁来承担责任。然而，实际上战争通常更像纵火而不像偶然发生的灾害事故：“战争中除了受害者还有肇事的行为者。”[④] 如果能确定这些行为者的身份，那么称其为罪犯就是恰如其分的。无论他们本人是否参加战斗，迫使他人战斗这个道德现实决定了他们的道德性质。他们要为自己的决定导致的痛苦和死亡负责。不过，像地狱一样可怕的战争经历可能使人们产生更高的志向，即他们的目标不是与敌人和解，而是打败并惩罚敌人；即使不能消灭战争的暴虐专制，至少也要减少未来发生战争和专制压迫的可能性。在沃尔泽看来，一旦人们为了这样的目标而战斗，获得战争

① 参见［美］沃尔泽：《正义与非正义战争：通过历史实例的道德论证》，任辉献译，江苏人民出版社 2008 年版，第 26 页。

② ［美］沃尔泽：《正义与非正义战争：通过历史实例的道德论证》，任辉献译，江苏人民出版社 2008 年版，第 31 页。

③ ［美］沃尔泽：《正义与非正义战争：通过历史实例的道德论证》，任辉献译，江苏人民出版社 2008 年版，第 33 页。

④ ［美］沃尔泽：《正义与非正义战争：通过历史实例的道德论证》，任辉献译，江苏人民出版社 2008 年版，第 35 页。

的胜利对他们来说就在道德上变得非常重要了。对获胜在道德上的重要性的确信，是推动所谓“战争逻辑”发展的重要原因。我们把战争称为地狱不是因为战斗没有限制，而是当某种限制被突破后，战争的可怕驱使着我们为了获得胜利而突破现有的全部限制。于是，战争的暴虐专制在这里发展到了极致：“抵抗侵略的人们被迫效仿侵略者的残暴，甚至可能比侵略者更残暴。”①

发动战争的罪名就是侵略。“所有对独立国家领土完整和政治主权的侵犯都称为侵略。”②侵略打断了人们的和平。和平不仅是不打仗，而且是和平地享有权利，这是一种自由和安全的状态，一种完全没有侵略才能存在的状态。“侵略的错误在于它迫使人们以生命的危险来保卫自己的权利。”③即使没有受到抵抗，尽管这种侵略根本没有“大量流血”，但仍然是侵略。“侵略打开了地狱之门。”④侵略的独特之处在于，它是国家能够对别的国家犯下的唯一罪行，而所有其他行为都只能说是不良行为而已。侵略使人们面临选择：是要你们的权利，还是要你们（或部分人）的生命。不同国家的人民面对这种选择时的回答完全不同，有的不战而降，有的奋起战斗，这取决于他们国家和军队的精神和实力的状况。不过，选择战斗永远是正当的。在面对严峻的选择时，大多情况下奋起战斗是道德的首选。侵略者侵犯的是我们极端珍贵的权利，其所有表现形式都是对那些值得我们誓死捍卫的权利的挑战。这里所说的权利在法律书籍中被概括为领土完整和政治主权。这两种权利属于国家，但最终还是来自个人权利，其效力也来自个人权利。国家的权利的基础是其成员的同意，不过这是一种特殊的同意。“如果有了一个真正的‘契约’，就可以说保卫领土完整、政治主权与保护个人生命、自由是完全一样的。”⑤

通过对侵略问题的分析，沃尔泽得出了两个结论：其一，侵略一旦开始就应该进行武力抵抗。他认为，抵抗非常重要，因为这样才能维护权利并阻

① ［美］沃尔泽：《正义与非正义战争：通过历史实例的道德论证》，任辉献译，江苏人民出版社 2008 年版，第 36 页。

② ［美］沃尔泽：《正义与非正义战争：通过历史实例的道德论证》，任辉献译，江苏人民出版社 2008 年版，第 59 页。

③ ［美］沃尔泽：《正义与非正义战争：通过历史实例的道德论证》，任辉献译，江苏人民出版社 2008 年版，第 59 页。

④ ［美］沃尔泽：《正义与非正义战争：通过历史实例的道德论证》，任辉献译，江苏人民出版社 2008 年版，第 60 页。

⑤ ［美］沃尔泽：《正义与非正义战争：通过历史实例的道德论证》，任辉献译，江苏人民出版社 2008 年版，第 63 页。

止将来发生侵略。其二，一旦爆发战争，必定要对某些违法的国家执行法律。既然有人决定破坏国际社会的和平，就必须有人为此负责。虽然有双方皆为不义的战争，但没有双方皆为正义的战争。[①] 沃尔泽认为，既然国家的领土遭到攻击或主权受到挑战被认为是侵略，而不会被认为是仅仅遇到了自然捕食者，那么我们就需要一个侵略理论而不是一个动物学的解释。沃尔泽称这种理论的基本形式为“法条主义范式”，并将这种理论概括为六个命题：（1）存在一个由独立国家组成的国际社会。（2）国际社会性存在一套规定了其成员权利的法律——其中最重要的权利是领土完整和政治主权。（3）一个国家使用武力威胁或即将使用武力侵犯另一个国家的政治主权和领土完整的任何行为都构成了侵略，属于犯罪行为。（4）侵略使两类武力反应正当化：受害国进行的自卫战争，以及受害国和国际社会的任何成员国进行的执法战争。（5）只有遭到侵略才能证明战争是正当的。这个理论的核心目的是限制发生战争的可能性。（6）一旦进行侵略的国家在战场上被击败，也可以惩罚它。[②] 沃尔泽认为，这六个命题构成了一个有力的理论，逻辑自洽而又简洁明快，长期以来支配着我们的道德意识，当战争爆发时我们根据这些命题形成自己的道德判断。

沃尔泽把塑造我们对战争行为的判断，由行为准则、风俗习惯、职业法规、法律原理、宗教和哲学原则、互惠协议组成的相互关联的有机整体称为“战争规约”（The War Convention）。[③]“战争规约的目的是确定交战国、军队指挥员以及军人个人在战斗中的义务。”[④] 战争规约不仅包括战争禁令，也包括一些非禁止的行为规则。例如，战争规约的第一个原则就是：“一旦战争开始，军人在任何时候都可以被攻击（除非他们受伤或被俘）。”[⑤] 沃尔泽认为，由于有这条战争规约，军人即使没有打仗，实际上他们也并没有恢复生命权利。在沃尔泽看来，战争规约所涉及的是对战争行为的判断，而不是

---

① 参见［美］沃尔泽：《正义与非正义战争：通过历史实例的道德论证》，任辉献译，江苏人民出版社 2008 年版，第 68 页。

② 参见［美］沃尔泽：《正义与非正义战争：通过历史实例的道德论证》，任辉献译，江苏人民出版社 2008 年版，第 70—72 页。

③ 参见［美］沃尔泽：《正义与非正义战争：通过历史实例的道德论证》，任辉献译，江苏人民出版社 2008 年版，第 50 页。

④ ［美］沃尔泽：《正义与非正义战争：通过历史实例的道德论证》，任辉献译，江苏人民出版社 2008 年版，第 141 页。

⑤ ［美］沃尔泽：《正义与非正义战争：通过历史实例的道德论证》，任辉献译，江苏人民出版社 2008 年版，第 153 页。

行为本身。对我们的判断模式最明确的表述是成文国际法，但国际法产生于一个非常分散的立法体系，反应迟钝，也缺少一个相应的司法体系以确定法规的具体细节。因此，战争规约的存在并不在法律手册中，而是在与战争实践相伴的道德争论中。我们可以从法律家那里寻找一般规则，但要从历史事例和实际发生的争论中寻找具体的判断。这两者都反映了战争规约，也形成了战争规约的生命力。我们今天所知道的战争规约在许多个世纪以来已经被反复阐述、争论、批评和修改，但它仍然是最不完美的人类创造物。它的确是由人类创造的，却不是完全由人类自由创造的。它之所以不完善，除了人类的弱点之外，原因是它被现代战争的实践改造了。现代的战争规约的条款所规定的那种道德状况，是以存在着大批受害者兵戎相见的状况为前提的。它接受、至少承认了那样的牺牲，并以此作为起点。因此，现代战争规约常常被说明是容忍战争的制度。然而，人们需要的是一个消灭战争的方案。“人们以正当方式作战并不能消灭战争，也不能使战争可以容忍。……战争是地狱，即使严格遵守规则战争仍是地狱。”①

在沃尔泽看来，在战争中，战壕里充满深仇大恨，这就是为何敌方的伤者无人过问、杀死战俘屡见不鲜的原因。但是，当人们对战争反思时，他们也会认识到，尽管敌国进行的战争是犯罪，但敌国的军人却和自己一样是无辜的。拿起武器，他是敌人，但他在任何意义上都不是我的敌人。战争本身不是发生在个人之间，而是发生在政治实体及其由人构成的战争工具之间的关系。战争不是这些战争工具造成的，他们只是被卷入战争的受害者，他们和我们一样在道德上是平等的。他们这些人不仅像我们一样属于人类，具有人性，而且他们不是罪犯。正因为如此，战争必须有一些规则。他们可以尽力杀死我们，我们也可以尽力杀死他们，但切断敌方受伤者的喉咙或在他们请求投降时射杀他们却是错误的。沃尔泽认为，所有这些明确的判断表明：“战争在某种程度上仍是一种受规则统治的人类活动，一个存在着允许和禁止的世界——一个道德世界，因而它还不是地狱，而只是在通往地狱的途中。”② 尽管发动战争者没有杀人的权利，但军人却有杀人的权利，而且无论属于哪一方都有杀人的权利，这是他们的首要的和最重要的战争权利。他们

① ［美］沃尔泽：《正义与非正义战争：通过历史实例的道德论证》，任辉献译，江苏人民出版社 2008 年版，第 52 页。

② ［美］沃尔泽：《正义与非正义战争：通过历史实例的道德论证》，任辉献译，江苏人民出版社 2008 年版，第 42 页。

有权杀人，但不是所有人，不能杀我们所知的属于战争受害者的人。军人也是战争的受害者，当他们丧失了战斗力或投降时，也不应该杀他们。于是，沃尔泽将战争的道德现实概括为："如果军人是自由地战斗，自由地选择彼此作为敌人并设计他们自己的战斗，他们的战争就不是罪恶；如果军人不是自由地战斗，他们的战争就不是他们的罪行。"①他指出，这两种情况下的战斗行为都要受规则支配。前者的规则是基于相互同意的，这是比较容易理解的；后者的规则则是基于同等的不自由状态，理解这一点相对较难。

与军人有杀人的平等权利这个核心原则相关，战争规则包括两组禁令：第一组规定他们何时可以杀人以及可以怎样杀人；第二组规定可以杀哪些人。②其中第二组规则涉及战争理论中最困难的问题之一，即在战争中如何区分可以攻击、杀死的对象和不可以攻击、杀死的受害者。只有确定了这种限制，才能把战争与谋杀和屠杀区别开。第一组规则不涉及这样的根本问题。确定怎样杀人以及何时杀人的规则绝非不重要，但即使这些规则全部废弃，战争的道德体系也不会发生根本的变化。任何限制战斗的激烈、持久以及军人痛苦的规则都会受到欢迎，但所有这类限制对于战争是一种道德状态的观念来说，都不是关键。这种规则随着外部环境的变化而变化，随着特定时间和地点的变化而不同，非常特殊化和地方化。第二组规则则不是这样易变。这一类规则的目的是将某类人划出战争允许伤害的范围之外，这样杀死他们中的任何人就不是合法的战争行为而是犯罪。尽管其细节因场合而变化，但这些规则都表明了一种普遍的战争观念，即**"战争是战斗员之间的战斗"**③。最常见的受保护人群是那些没有为参加战争而受过专门训练的人、那些没有参战或不能参战的人：妇女、儿童、神职人员，中立的部落、城邦和国家的成员，受伤或被俘的军人。这些人的共同点是他们当时没有从事战争事务。在不同的社会或文化视野中，杀死这些人会被视为不道德、没有骑士精神、可耻、残忍或穷凶极恶。在所有这些判断中发挥作用的是一条普遍原则，即战争规约的第二个原则："在任何情况下都不能攻击非战斗员。永

---

① ［美］沃尔泽：《正义与非正义战争：通过历史实例的道德论证》，任辉献译，江苏人民出版社2008年版，第42页。

② 参见［美］沃尔泽：《正义与非正义战争：通过历史实例的道德论证》，任辉献译，江苏人民出版社2008年版，第48页。

③ ［美］沃尔泽：《正义与非正义战争：通过历史实例的道德论证》，任辉献译，江苏人民出版社2008年版，第49页。

远不能将其作为军事行动的目标。”①这个原则是通过约定俗成在历史中具体化、明确化的，其情形十分复杂。沃尔泽具体考察和分析了非战斗员豁免、对平民的战争（围城与封锁）、游击战、恐怖主义、报复、中立、核威慑等诸多涉及战争规约的极其复杂情形以及两难困境。

正义战争论通常是由开战正义和作战正义组成。沃尔泽的正义战争论在这两个部分之外增加了另外一个部分，即战后正义（*jus in bellum*）。《正义与非正义战争》的第五部分“责任问题”讨论的就是战后正义，后来出版的《关于战争的争论》中又针对战争的实例专门阐述了这一问题。沃尔泽认为，战争责任分配是对正义战争论的重要检验。如果大多数情况下支配战争的不是必然性而是自由，那么军人和政治家们就不得不对他们作出的战争选择负道德责任。“如果有侵略这样的事，就必定有侵略者。”②我们不可能找到战争中所有侵犯人权的行为的罪犯，因为战争环境提供了太多的免责的理由和借口（如恐惧、强制、不知情甚至疯狂），但是，正义战争论应当告诉我们可以正当地要求谁作出解释，还应该规范、支配我们对他们提出的理由的判断。这样做意义是重大的。“只要我们准确地指出责任者，或者至少我们的责任分配和道德判断符合战争的实际经验、对战争的所有痛苦保持敏感，就会极大地增强正义论的力量。如果最终无人负责，在战争中就没有任何正义可言。”③

沃尔泽将战争的责任区分为侵略罪的责任和战争罪的责任两个方面。前者涉及的是平民的责任，包括政治家和一般公民；后者涉及的是军人的责任。他认为，战争本身的罪行所要求的责任分配和判断是从政治而不是从战斗开始的，因为侵略首先是政治领袖的行为。虽然政治家们说话做事深藏不露，仅仅间接地以战争为目的，而且会对自己的行为提出非常复杂的理由，但是，把自己的人民带进战争中的那些人应该给他们的人民一个说法。当他们侵犯了别国人民的权利，并迫使本国的军人战斗时，他们并没有任何无需证明的特权可以逃避侵略的恶名。“国家行为同时也是某些个人的行为，当

① ［美］沃尔泽：《正义与非正义战争：通过历史实例的道德论证》，任辉献译，江苏人民出版社 2008 年版，第 168 页。

② ［美］沃尔泽：《正义与非正义战争：通过历史实例的道德论证》，任辉献译，江苏人民出版社 2008 年版，第 319 页。

③ ［美］沃尔泽：《正义与非正义战争：通过历史实例的道德论证》，任辉献译，江苏人民出版社 2008 年版，第 319 页。

这些行为具备了侵略战争的形式，个人就要对罪行负责。”[①]像战争中的指挥官要对其采取的战略和战术负责一样，国家首脑以及接近国家首脑、实际控制着政府、作出最重大决策的那些人的责任也十分清楚，因为他们是上级命令的发出者而不是接受命令者。那么，除了政治家之外，发动侵略战争的国家的其他人有没有责任呢？沃尔泽赞成格莱恩·格雷（J. Glenn Gray, 1913—1977）提出的一个原则：“在公共领域中，自由行动的可能性越大，共同体成员对于以所有人名义实施的恶行的罪责就越大。”[②]沃尔泽认为，如果说在最坏的独裁统治下自由行动也并非完全不可能，至少人们还可以辞职、退出和逃走的话，那么在民主统治下的公民们还有积极行动的机会，因而有邪恶的行为是以我们的名义实施的时候，可以责问每一个人。当然，这并不是说每个人的责任相同，人们的责任相差是十分悬殊的，这取决于他们所在的民主制度的具体形态，也取决于个人在民主制度中的地位，以及每个人采取了怎样的政治行动。即使在完善的民主制度中，也不能说每个公民都是全部政策的制定者，虽然可以正当地责问每一个人。

沃尔泽认为，军人对自己从事的战争总体是否正义没有责任，军人的责任受其本人行为和权利范围的限制。不过，他们在战争中的行为这个范围内的责任却是十分重大的。在沃尔泽看来，不管军人参加战争和战斗是否出于自愿，只要我们将他们视为道德主体，即使是被强制的道德主体，他们的义务就是产生于他们从事的活动，而不是产生于军人职责。“军人绝不只是工具；军人之于军队不同于武器之于军人。”[③]正是由于军人可以选择杀人或者不杀，选择转嫁危险或者自己接受危险，我们才要求他们以一种合乎道德的方式选择。这个要求形成了军人在战斗中的权利和义务的总模式。沃尔泽以一位中级军官为例说明了他作为军人的职务责任和职务外责任之间的关系。就负责做出战术决定的战地指挥官这个地位而言，他肩负着两种责任：一是他要对自己的上级负责，然后通过最高的上级对拥有最高统治权的全体人民负责。在这种意义上，他其实是全体人民的军官，他要保护的是全体人民的集体安全。二是他对自己的属下的每个士兵负责。他必须尽一切可能把自己

---

① ［美］沃尔泽:《正义与非正义战争：通过历史实例的道德论证》，任辉献译，江苏人民出版社 2008 年版，第 323 页。

② ［美］沃尔泽:《正义与非正义战争：通过历史实例的道德论证》，任辉献译，江苏人民出版社 2008 年版，第 332 页。

③ ［美］沃尔泽:《正义与非正义战争：通过历史实例的道德论证》，任辉献译，江苏人民出版社 2008 年版，第 340 页。

的士兵必须面对的危险降低到最低程度，避免无谓的牺牲。这两种责任之间存在着紧张和冲突，但两者之间并不会发生直接的冲突。现在的问题是，这个军官有没有对另一个国家的公民（平民）的责任问题。这就是沃尔泽所说的军官的“职务外责任”。敌国的那些生命受到威胁的平民在军官所在的国家中根本没有任何位置，军官不是为他们的利益行动，也没有任何法律或行政程序使他对这些人承担责任。这些平民也不是他的属下，不受他指挥，他也不负责照顾和保护他们。如果他要想承认这些人，尊重他们的利益和权利，他很可能得放弃自己的职务责任，削弱他对自己属下承担的照顾和保护责任，也许会给自己的士兵增加更多更大的危险。沃尔泽认为，在传统的战争法中，职务责任一直支配着职务外责任，1949 年和 1978 年在日内瓦对战争法的修改都没有对这种支配构成任何根本的挑战。今天，军官的职务外责任还不具有任何的正式制度形式。然而，沃尔泽明确提出主张：“在任何时候，无论是在传统战争还是政治战争中，我们都应该要求军官们尊重平民生命的价值，我们应该拒绝给予那些不尊重平民生命价值的军官以荣誉，即便他们因此赢得了巨大的胜利。”① 他还对美国军人提出了这样的要求：“无论保护外国人的生命是不是我国军人的神圣职责，只要我们的行动危及他们的生命安全，我们就有一种保护他们的一般责任。我们必须在更专业和更容易制度化的战争‘理由’中间为这种责任找到一席之地。”②

（四）社会批判

西方思想史有对社会进行批判的传统，与其他思想家的社会批判不同，沃尔泽的社会批判所使用的武器是道德哲学，而且是阐释的道德哲学。为了给自己的社会批判提供理论依据，沃尔泽列举了三种常见且重要的道德哲学道路，即发现之路、创造之路、阐释之路。

他认为，发现之路最早出现在宗教史上。这种发现要借助神的启示。神的启示并不是给每一个人的，而只有勇于爬高山、进沙漠的人才能得到神的启示，从而把神的话带回来。对于我们其他人而言，这个人就是道德法则的发现者。虽然是神把道德法则透露给他的，却是他把道德法则透露给我们的。道德像宇宙中的其他事物一样，也是一种创造物，只不过它不是我们创造的，而是上帝创造的。“上帝创造了道德，我们在上帝及其门徒的帮助下

① ［美］沃尔泽：《论战争》，任辉献、段鸣玉译，江苏人民出版社 2011 年版，第 33 页。
② ［美］沃尔泽：《论战争》，任辉献、段鸣玉译，江苏人民出版社 2011 年版，第 34 页。

逐渐了解道德，然后遵守和研习道德。”[①]由于宗教道德通常是以文本的形式表现出来的（如《圣经》），因而它需要阐释，不过，我们最初还是通过发现的途径了解道德的。宗教的道德世界就像一块新大陆，宗教领袖则是率先发现这块大陆存在并送给我们第一幅新大陆地图的探险家。上帝创造的道德是由上帝的命令组成，显示给我们的是一组命令：要这样做！不要那样做！这些命令从一开始就是批判性的，因为如果上帝命令我们做自己已经在做的事或不做自己不曾做的事，那就谈不上新发现了。神启道德总是与人们的已有观念和通行做法相反，因而它就具有批判性。但是，这种批判性很快就会丧失，因为一旦人们接受了新发现的道德，一旦人们在这个崭新的道德世界栖息生活，我们的日常行为就已经受到律法所控制，我们的行为举止就与上帝的期望一致，至少表面一致。当然，任何曾经发现的道德还可能被再次发现，可以声称发现了某些佚失的教义，但这些发现不再会有第一次那样的上帝现身。再次发现无须上帝的启示，而是我们自己的事情。

在沃尔泽看来，不光有宗教的发现，还有自然（本性）的发现。例如，那些告诉我们存在自然法、自然权利或任何客观道德真理的哲学家都是走的发现之路。致力于自然发现的哲学家可能会在社会里去找什么是自然（本性），更有可能摆脱社会身份，退回自己的内心去寻找。这样做要求哲学家作超凡脱俗的静观沉思，所需要的勇气不亚于爬上高山、走进沙漠。通过这种方式，哲学家看到的大约就是必然支配人与人之间关系的伟大的客观道德原则。这里所说的“必然”，意思是道德上必需的，并非别无选择。否则，我们就不用到社会之外去发现它了。所以，这些道德原则也是批判性的，它们存在于我们各不相同的地方风俗和纷繁意见之外的某个地方，一旦被发现或被告知，就得为我们所遵循。沃尔泽认为，哲学的发现没有神启发现的那种极端的新颖和明晰，而且像自然法和自然权利之类的描述听起来像不真实。“以这种方式来看，道德准则很可能像是客观的；我们就像宗教先驱发现上帝的律法一样‘发现’它们。可以说，它们（客观上）就在那里，等着被人们遵守。但是，它们之所以在那里只是因为它们实际上在这里，是我们日常生活的一部分。”[②]沃尔泽认为，哲学家还可以更深入地研究面前的道德

① ［美］沃尔泽：《阐释和社会批判》，任辉献、段鸣玉译，江苏人民出版社2010年版，第2页。

② ［美］沃尔泽：《阐释和社会批判》，任辉献、段鸣玉译，江苏人民出版社2010年版，第6页。

现实，就像物理学家刺穿原子那样努力追寻更深刻的真相。功利主义的道德哲学可能就是这样建立的，它追寻到了人类的愿望和厌恶这一最根本的事实。但是，这不过是对发现新的东西没有信心而只能发现自己已经知道的东西而已。它带给我们的不是千年盛世将要到来的预言（凌晨之鹰的智慧），而是暮色中猫头鹰的智慧。然而，这是更令人恐惧而不是令人神往的。

与发现不同，人们可以创造一个崭新的道德世界。这是仿效上帝的创造，而不是上帝仆人的发现。他们之所以开始自己动手创造，或许是认为没有任何实际存在的道德世界，因为上帝死了，或者人类彻底疏离了自然，或者自然没有任何道德意义；或许是认为实际存在的道德世界有欠缺，或者我们关于现存道德世界的知识永远不可能具有充分的批判性。这就是笛卡尔之路："重建自己的思想，将其建立在完全属于自己的基础之上。"[①]这就是创造之路，我们希望创造出一种道德世界，其结果是这样一种"共同生活"（common life），"在那里正义、政治美德、善以及诸如此类的基本价值将得以实现"[②]。这种道德世界是在这样的条件下创造出来的：没有任何之前存在的创造物，没有神创的或自然的蓝图做样子。那么，我们应该怎样创造呢？我们需要像笛卡尔那样设计一个道德哲学的方法。大多数走创造之路的哲学家都是从方法论开始的，即从对创造程序的设计开始。这种方法的难题在于，通过它最后创造出来的结果必须得到一致同意。除非有一位全人类的代表来设计，否则其结果可能是众声喧哗而不是秩序井然。对于这个难题有各种不同的解决方法，其中最著名也最出色的方法是罗尔斯所提出的从无知之幕后面创造道德世界，其次是哈贝马斯提出的通过意识形态因素清除干净之后的对话创造道德世界。沃尔泽认为，与哲学发现相比较，创造的道德的批判效力更接近神的法律，或更接近鹰的智慧而不是猫头鹰的智慧。如果说神的法律是从其创造者那里获得效力，那么例如罗尔斯的差别原则就是从其创造过程中获得了效力。但是，创造道德的目的是提供上帝和自然不能提供的东西，即普遍适用于千差万别的所有社会性道德的校正标准。"哲学家的创造仅仅是将道德现实构造成一个理想的模型。"[③]问题在于，我们为什么要接

① ［美］沃尔泽：《阐释和社会批判》，任辉献、段鸣玉译，江苏人民出版社 2010 年版，第 9 页。

② ［美］沃尔泽：《阐释和社会批判》，任辉献、段鸣玉译，江苏人民出版社 2010 年版，第 10 页。

③ ［美］沃尔泽：《阐释和社会批判》，任辉献、段鸣玉译，江苏人民出版社 2010 年版，第 20 页。

受普遍的校正标准呢？沃尔泽以旅馆的例子说明，我们更愿意住在自己家里而不愿意住在所有人都可以住的旅馆里，无论旅馆如何改善，我们都还是渴望回到自己曾经拥有的家。在沃尔泽看来，我们实际上在道德上没有义务住在自己参与设计的旅馆里。①

可是，我们可以将道德模型化和理想化的工作完全建立在首先承认这种道德的价值的基础上，或者说，我们的道德思考没有其他出发点，我们只能从所在的地方出发。在沃尔泽看来，我们所在的地方总是有价值的某个地方，否则我们绝对不会在那里生活。这种价值是我们直觉到的。“直觉是关于这个道德世界的一种先于反思、先于哲学的知识；它就像一个盲人对一间熟悉的房屋里陈设的叙述。”② 沃尔泽强调，熟悉是至关紧要的，“道德哲学在这里被理解为对熟知之物的反思，对我们自己家园的再创造。”③ 然而，这是一种批判性的反思，有目的的再创造。其方法是，我们要对照我们从这些直觉中构造出来的模型修正自己的直觉，或对照我们从自己较确信的直觉构建出来的模型修正我们较不确信的直觉。在这两种情况下，我们都是在道德直观和道德抽象之间、在直觉和经过反思的理解之间往来反复。我们所要理解的不是神创的律法或一套客观道德，也不是要创造一个全新的城邦。我们思考的焦点是自己，是自己的原则和价值标准。这也就是那些致力于阐释之路的人思考的焦点。

沃尔泽将以上所阐述的道德哲学的三条道路比作政府的三个分支。发现类似于行政部门的工作，其职责是寻找法律，颁布法律，然后执行法律。发现本身并不是执行，它只是告诉人们执行的根据是什么。创造则从一开始就是立法，因为它的任务是要赋予自己创造的原则以法律（道德）的效力。有两种创造：一种是如同制定宪法的从无到有的创造；另一种更接近于编纂法典。编纂法典的工作是一种创造和建构的工作，但也是一种阐释，因而与阐释之路接近。但是，一部法典是一部法律或法律体系，而一个阐释只是一个判断，而这应该属于司法部分的工作。阐释认为发现和创造都没有必要，因为我们已经拥有了那些要被“发现”和“创造”的东西。“我们不必发现道

① 参见［美］沃尔泽:《阐释和社会批判》，任辉献、段鸣玉译，江苏人民出版社 2010 年版，第 15 页以后。

② ［美］沃尔泽:《阐释和社会批判》，任辉献、段鸣玉译，江苏人民出版社 2010 年版，第 20—21 页。

③ ［美］沃尔泽:《阐释和社会批判》，任辉献、段鸣玉译，江苏人民出版社 2010 年版，第 21 页。

德世界，因为我们已经生活在道德世界中。我们不必创造道德世界，因为道德世界已经被创造出来了——尽管不是依循任何哲学的方法。已经存在的道德世界的创造过程不受任何创造程序的支配，其结果无疑是杂乱无序、不确定的。同时它也是十分厚实细密的：这个道德世界的特点是长期有人居住，就像是被一个家族世世代代拥有的家园，没有计划地在这里添一些、那里加一些，全部可用的空间都充满了载有记忆的物体和人造物。总的看来，这些东西更适合于细密的描述而不是抽象的模型化。"①沃尔泽认为，在这种环境中的道德论证是阐释性的，非常像在一堆乱糟糟、相互矛盾的法律和先例中努力寻找意义的律师或法官的工作。

沃尔泽认为，社会批判是与道德哲学的道路密切相关的，哲学家是运用不同的道德哲学进行社会批判的。在他看来，社会批判是一种非同寻常的活动，它并不依赖于道德哲学的发现或创造。"社会批判"不同于"文学批判"，"文学批判"中的定语只告诉我们批判所指的对象，而"社会批判"中的定语还告诉我们从事批判的人是谁。"社会批判是一种社会性的活动。'社会'同时有代词和反身代词的作用，很像'自我批判'中的'自我'，同时起着指示主语和宾语的作用。"②社会不能自己批判自己，批判者在多数情况下是社会的成员，他们在公共领域对其他参加对话的社会成员发言，他们的话语是对公共生活的集体反思。这种对社会批判的理解虽然不是唯一可能或唯一正确的，但它应该是排在第一的。对于这种理解有一种批评，认为共同的生活状况会妨害批判性的自我理解。的确，我们越亲密地认同自己的社会，就越难发现或承认它的问题。"批判需要批判的距离。"③但是，距离多远为好？社会批评家必须站在哪里？传统的看法是认为他们应该置身于集体生活的公共环境之外，批判是一种外部的活动，只有彻底超脱才能批判。这里所说的"超脱"，既指情感和利害关系上超脱，即超脱好恶情感，冷静客观，超脱利害关系，公正无私；也指知识上脱离，即超脱于他们自己社会的狭隘看法，开明、虚心、客观。超脱的批评家是一个外部人，一个旁观者，一个"绝对的陌生人"，一个来自火星的人。他从自己的距离获得一

① ［美］沃尔泽：《阐释和社会批判》，任辉献、段鸣玉译，江苏人民出版社2010年版，第24页。

② ［美］沃尔泽：《阐释和社会批判》，任辉献、段鸣玉译，江苏人民出版社2010年版，第42页。

③ ［美］沃尔泽：《阐释和社会批判》，任辉献、段鸣玉译，江苏人民出版社2010年版，第44页。

种批判的权威。我们可以把他比作一个被帝国派往落后殖民地的法官。他置身于当地社会之外，处于某个高高在上的优越位置，从那里他有权使用“高级”或普世的标准，并且他是以冷静客观（理性的）严格方式适用这些标准的。除了在那里实现正义，他在这个殖民地没有别的利益。当然，这个人也可以是一个当地人，但他在帝国上学生活，以至于完全割断了与自己的乡土观念。

在沃尔泽看来，这种关于社会批判的看法与哲学发现和创造的条件相吻合。根据这种看法，只有发现者、创造者或得到发现者和创造者提供的真理的人，才可能成为名副其实的真正批评家。沃尔泽认为，彻底超脱并不是社会批判的前提条件，甚至对于激进的社会批判也是如此，因为自古以来符合这个前提条件的批评家很少。彻底超脱的观点之所以成为一种约定俗成的观点，其原因是把超脱和处于社会边缘混为一谈了。“处于社会边缘常常是一种推动批评家的批判和决定批评家的特立独行风格和外表的条件。然而，这种条件并不能产生公正无私、超然无情、开明虚心和客观。这也不是一种外部的条件。”[①]处于社会边缘的批评家不同于冷静客观的外来陌生人或者已经疏远了曾经熟悉的故土的批评家，他们是当地的法官，内部的批评者，他们通过与自己的伙伴争论赢得权威。总之，他们在知性上不是超脱的，在情感上也不是超脱的，他们不只是希望祖国的人民成功，而且是努力为他们共同事业的成功而奋斗。这样的批评家本来就生活在社会中，属于社会中的一员，他们更为人们熟知。人们可能会对内部批评家有两个合理的担忧：其一，批评家与批判对象的关系是否为批判的距离留下了足够的空间？其二，批评家可以得到的那些自己社会的习惯和共识的内部的标准，真的能用来批判吗？沃尔泽对这两个问题给予了回答。

他首先回答第二个问题。他要求我们必须把社会批判理解为一种更广泛的人类活动的最重要副产品之一，这种更广泛的人类活动可称为“文化阐述和文化表达活动”。进行这种活动是祭司和先知、僧侣和贤哲、作家和诗人、历史学家等人的任务。只要有这些人存在，批判的可能性就存在。他们并没有形成一个永久的颠覆性的“新阶级”，也不是一种“反对文化”的传承者。他们传承的是共同文化，所做的是统治阶级的智力工作。“但是，只要他们

① ［美］沃尔泽：《阐释和社会批判》，任辉献、段鸣玉译，江苏人民出版社 2010 年版，第 45 页。

做智力工作，就使得社会批判的反对活动具有了可能性。”[①] 在沃尔泽看来，所有人类社会都要告诉自己的成员一些道德标准：什么是优秀的品质，什么是值得尊敬的行为，什么是公正的社会制度，等等。这些标准是人类社会的创造物，表现为不同的形式，但无论表现为哪种形式，它们都要被阐释，只有通过阐释才能与社会实践一致。阐释的方式既有辩护性的，也有批判性的，但并非只有辩护性的阐释才是“自然、正常的”阐释，批判性的阐释也是那种“自然、正常的”。那些做“智力工作”的人所做的工作就是这两方面的阐释。那么，怎样判断标准是否正确呢？它们有优劣之分吗？沃尔泽提供了一个不是回答的回答：“这些问题设定了道德论证的边界，而论证是永无止境的。”[②] 它只有暂时的停止点，即作出判断的瞬间。而且这种判断永远都是相对性的、处于争论中的。在一个缺乏活力、正在走下坡路的衰落社会，面向过去很可能是最好的选择；而在一个充满活力、蒸蒸日上的社会，最好的选择或许是采取面向未来的姿态。但是，我们还得争论什么是衰落、什么是向上。

关于第一个问题，沃尔泽肯定，批判需要批判的距离。但是，这种距离不是传统的观点所理解的将自我分裂，即我们在精神上超脱出来创造一个双重的自我：“自我一仍然是情感上投入的、忠诚的、眼界狭隘的、愤怒的；自我二是超脱的，不带感情、偏见和私心的，不偏不倚的，冷静地关注着自我一。”[③] 在传统观点看来，自我二比自我一更优越，至少他的批判更可靠、更客观，更可能告诉我们关于批评家和我们所有其他人都栖息于其中的这个世界的道德真理。在沃尔泽看来，传统观点是从远处塑造了某种自我的形象，这个形象是令人痛苦的。“但是，这个形象更经常是我们认为自己在我们在乎其看法的那些人眼中或心目中的形象。”[④] 这样，我们就不是从任何特定的地方看自己，而是通过特定的他者的眼睛看自己。与这种传统观点不同，真正的社会批判是：“我们用与他人共有的道德标准衡量**他人**，我们的公民伙

① ［美］沃尔泽：《阐释和社会批判》，任辉献、段鸣玉译，江苏人民出版社 2010 年版，第 50 页。

② ［美］沃尔泽：《阐释和社会批判》，任辉献、段鸣玉译，江苏人民出版社 2010 年版，第 62 页。

③ ［美］沃尔泽：《阐释和社会批判》，任辉献、段鸣玉译，江苏人民出版社 2010 年版，第 62—63 页。

④ ［美］沃尔泽：《阐释和社会批判》，任辉献、段鸣玉译，江苏人民出版社 2010 年版，第 63 页。

伴、朋友和对手。我们不是感到内疚，而是愤怒地环顾四周。”[①]一个出身于统治阶级的批评家可能是通过被压迫者的眼睛学会观察社会的，而一个通过自己的眼睛观察社会的被压迫者同样也是一个社会批评家。他们会发现自己不得不面对有关他所声称看到的是什么以及他所说的道德标准是什么的争论，但他不可能通过超脱来赢得争论。他只能反复地说，并且要说得更充分、更彻底和更清晰。沃尔泽认为，传统观点追求超脱和客观，其目的不是为了便于批判，而是为了保证批判的正确。但是，“事实上，根本就没有任何保证，正如没有任何保证者。也不存在一个等待被发现或创造的、不需要我们的批判的社会。”[②]

① ［美］沃尔泽:《阐释和社会批判》，任辉献、段鸣玉译，江苏人民出版社 2010 年版，第 63 页。

② ［美］沃尔泽:《阐释和社会批判》，任辉献、段鸣玉译，江苏人民出版社 2010 年版，第 84 页。

第六章　对资本主义及其现代化的揭露与批判

在自由主义者、社群主义者以及共和主义者呕心沥血地为处于困境中的资本主义积极寻求出路，并为此争论不休的时候，另外三批思想家则毫不留情地从不同角度对资本主义进行深刻的揭露和无情的批判，他们对资本主义文化和文明及其基础——理性主义基本上都持否定的态度。这三批思想家是：一批是胡塞尔、施宾格勒、汤因比、以马尔库塞为代表的法兰克福学派、汉娜·阿伦特、丹尼尔·贝尔等历史和现实批判家，他们直接揭露和批判资本主义及其文化和文明。另一批是以柏格森为代表的生命哲学家、以海德格尔和萨特为代表的存在主义者、以弗洛伊德为代表的精神分析学派等非理性主义者，他们则否定作为资本主义乃至整个西方文明基础的理性。第三批是以德里达、利奥塔、格里芬等人为代表的后现代主义者，他们是更激进的非理性主义者，甚至可以说是反理性主义者，他们对以理性为基础的整个人类文明包括资本主义文明持颠覆性态度。不过，他们并没有找到、似乎也不想寻找取代理性主义的人类文明的新基础，他们可以说是人类文明的单纯破坏者。虽然后来以大卫·格里芬为代表的建设性后现代主义者意识到了后现代主义的偏激，但也没有提供什么得到公认的构建方案。这三批思想家的思想虽然都没有成为现当代西方的主流价值观和意识形态，但对西方现当代资本主义的自我反思和完善起到了重要的积极促进作用，其中的许多思想观点也是值得正在追求现代化的当代中国人认真借鉴的。

一、马尔库塞、施宾格勒、阿伦特等人对资本主义的批判

马尔库塞、施宾格勒、阿伦特等人对资本主义的批判，在某种意义上继

承了西方近代社会主义思想家以及其他一些空想社会改革家的传统。与他们不同的是，马尔库塞等人的批判更直接针对资本主义制度和文明，同时他们也注重对人类历史和文明的反思和总结，将资本主义置于整个人类历史和文明之中进行考察。从这些思想家的身份看，他们都是比较纯粹的学者，而不像西方近代社会主义者及其他空想思想家那样，是社会改革家或革命家，尽管他们可能引起了强烈的社会反响（如法兰克福学派对 1968 年法国“五月风暴”的影响），因而他们的思想更具有学术性，一般也更深刻。

（一）胡塞尔的返回“生活世界”

胡塞尔（Edmund Gustav Albrecht Husserl, 1859—1938）是德国著名哲学家，现象学学派的创始人和主要代表。胡塞尔像康德一样，是一位纯粹的书斋学者，一生都在纯思想领域做艰辛的探索，致力于寻求知识确实可靠性的纯粹基础，建立和不断完善现象学理论。胡塞尔社会德性思想的代表作是《欧洲科学的危机与超验论的现象学》（*Die Krisis der europäischen Wissenschaften und die transzendentale Phänomenologie: Eine Einleitung in die phänomenologische Philosophie / The Crisis of European Sciences and Transcendental Phenomenology: An Introduction to Phenomenological Philosophy*, 1936）。该著是胡塞尔 1935 年在国外作的学术报告基础上形成的。该著原计划写五个部分，但在发表了第一、二部分，并完成了第三部分初稿而未最后修改定稿发表，胡塞尔就与世长辞了，第四、五部分未曾动笔。胡塞尔有大量现象学方面的著作，如《算术哲学》（*Philosophie der Arithmetik: Psychologische und logische Untersuchungen / Philosophy of Arithmetic*, 1891）、《逻辑研究》（*Logische Untersuchungen. Erster Teil: Prolegomena zur reinen Logik / Logical Investigations*, 1900—1901）、《现象学的观念》（*Die Idee der Phänomenologie / The Idea of Phenomenology*, 1907）、《作为严格科学的哲学》（*Philosophie als strenge Wissenschaft / Philosophy as Rigorous Science*, 1910）、《纯粹现象学和现象学哲学的观念》（*Ideen zu einer reinen Phänomenologie und phänomenologischen Philosophie / Ideas: General Introduction to Pure Phenomenology*, 1913, 1923—1924）、《形式的和先验的逻辑》（*Formale und transzendentale Logik. Versuch einer Kritik der logischen Vernunft / Formal and Transcendental Logic*, 1929）、《笛卡尔沉思录》（*Méditations cartésiennes, Cartesian Meditations*, 1931）、《经验与判断》（*Erfahrung und Urteil. Unter-*

suchungen zur Genealogie der Logik / Experience and Judgment, 1939）等。在《作为严格科学的哲学》之中，包括《现象学与哲学的危机：作为严格科学和哲学的哲学与欧洲人的危机》（*Phenomenology and the Crisis of Philosophy: Philosophy as Rigorous Science and Philosophy and the Crisis of European Man*）。现象学理论使胡塞尔成为20世纪最有影响的哲学家之一，尤其对海德格尔、萨特、马克斯·舍勒、德里达等著名哲学家产生了重要影响。实证主义哲学的盛行，第一次世界大战，以及德国纳粹党上台等社会现实，使胡塞尔深感欧洲人、欧洲文明面临的严峻危机，于是他在反思和批判欧洲社会现实的同时，提出了著名的返回"生活世界"的主张，试图通过现象学的途径拯救欧洲危机。这一主张确定了他在现代西方社会德性思想史上的独特地位。

胡塞尔"生活世界"理论是他的现象学的重要组成部分之一，要了解这一理论，必须了解他的现象学。胡塞尔曾给现象学作过这样一个定义："现象学：它标志着一门科学，一种诸科学学科之间的联系；但现象学同时并且首先标志着一种方法和思维态度：典型**哲学的思维态度**和典型**哲学的方法**。"[①]倪梁康教授认为，根据这一定义，现象学可以划分出两种含义，即"作为方法的现象学"和"作为哲学的现象学"。作为哲学的现象学又包含"先验的现象学"和"生活世界的现象学"两个部分。[②]作为方法的现象学包括先验的还原、本质的还原，相当于胡塞尔所说的"本质现象学"。胡塞尔也称他的现象学为"纯粹现象学"或"先验现象学"，认为它是一门本质上全新的科学，是哲学的基本科学，具有相对于一切其他科学的独一无二的位置。[③]它与心理学不同，心理学是一门经验的科学，是一门关于各种实在的科学，纯粹的或先验的现象学则"**不是作为事实的科学，而是作为本质的科学被确立**"，而且"不应当是一门关于实在现象的本质科学，而应当是一门关于被先验还原了的现象的本质科学"。[④]在这里，我们首先简要阐述一下胡塞尔的本质现象学和先验现象学的基本观点，然后着重阐述他的生活世界现象学。

① ［德］胡塞尔：《现象学的观念》，倪梁康译，夏基松、张继武校，上海译文出版社1986年版，第24页。

② 倪梁康：《现象学及其效应——胡塞尔与当代德国哲学》，商务印书馆2014年版，第33页。

③ 参见［德］胡塞尔：《纯粹现象学通论：纯粹现象学和现象学哲学的观念》，第一卷，［荷］舒曼编，李幼蒸译，商务印书馆1992年版，第42页。

④ ［德］胡塞尔：《纯粹现象学通论：纯粹现象学和现象学哲学的观念》，第一卷，［荷］舒曼编，李幼蒸译，商务印书馆1992年版，第45页。

与尼采竭力摈弃知识的绝对确定性不同，胡塞尔则努力寻求知识的绝对确定性。他认为，迄今为止，哲学还没有成为一门科学，更谈不上成为严密的科学。要使哲学成为一门严密的科学，首先要找到一种方法，通过这种方法找到哲学的出发点或“第一原理”。他十分赞赏笛卡尔对已有知识持一种批评、怀疑的态度，致力于追求知识的明确性和确实性。但是他又对笛卡尔的普遍怀疑方法不满，认为他不够彻底，因为当一个人怀疑特殊事物的存在时，他实际上是在相信世界存在这个框架内进行怀疑的。即使将这种怀疑贯彻到底，至多也只能得出否定世界存在这种结论。胡塞尔也不赞成笛卡尔从普遍怀疑的方法引出“我思故我在”这一确定无疑的第一原理，因为从普遍怀疑的方法中引出的“我”是一个现存的思维实体。因此，他反对把“我思”作为哲学的出发点，因为这样做就必定会产生思维实体（自我或心灵）怎么与非思维实体（肉体）相关联的问题，即导致心物分裂的二元论。为了克服笛卡尔方法的问题，胡塞尔提出了一种新的方法，这种方法就是他所谓的面向“事物本身”的现象学方法。他所说的“事物”不是指客观存在的物理客体，而是指一个人所意识到的任何东西，或者说是呈现在一个人意识中的一切东西，不论是物理的还是心理的东西，如自然对象、数学实体、价值、情感等等。胡塞尔把这些呈现在意识中的东西统称为“现象”。所谓面向“事物本身”，就是返回到“现象”，也就是返回到意识领域。胡塞尔认为，哲学研究既不应当从物质出发解释精神，把精神还原为物质；也不应当从精神出发去解释物质，把物质归结为精神。而只能回到“事物本身”，以此作为出发点。在他看来，只有这样，才能避免心物分裂的二元论，避免传统的唯物主义或唯心主义，因为在“现象”中既有意识到的物质的东西，也有意识到的精神的东西。

胡塞尔认为，要返回“事物本身”，必须采取一定的方法。这种方法不能是我们以前所采取的方法，而只能是他的现象学还原。胡塞尔把思维的直观认识看作是“内在的”，而把客观科学、自然科学、精神科学、数学科学，以及以往哲学的认识看作是“超越的”。他把它们称为“科学—哲学的思维态度”。胡塞尔认为，内在之物是“自身被给予之物”，我可以利用它；而超越之物是“非实在的内在之物”，我不能够利用它。“因而我必须进行**现象学的还原**，必须**排除一切超越的假设**”[①]。现象学还原就是要给所有超越之物

① ［德］胡塞尔：《现象学的观念》，倪梁康译，夏基松、张继武校，上海译文出版社1986年版，第10页。

（即没有内在地给予的东西）以无效的标志，即："它们的存在，它们的有效性不能作为存在和有效性本身，至多只能作为**有效性现象**。"[①]也就是说，它们没有提供作为世界基础的本原（内在地或绝对地被给予的东西），没有对世界从根本上作出理性的解释，因而都没有涉及哲学的基本问题，只不过是一种"前哲学态度"。胡塞尔认为，人们在日常生活中所采取的"自然思维态度"也要存而不论。因为在自然的思维态度中，我们的直观和思维面对着事物，这些事物被给予我们，并且是自明地被给予，但是"自然的思维态度尚不关心认识批判"[②]。对于这种自然态度，胡塞尔有一段集中的描述："我不断地发现一个面对我而存在的时空现实，我自己以及一切在其中存在着的和以同样方式与其相关的人，都属于此现实。'现实'这个词已经表明，我发现它作为**事实存在者**而存在，并**假定它既对我呈现又作为事实存在者而呈现**。对属于自然世界的所与物的任何怀疑或拒绝都毫不改变**自然态度的一般设定**。'这个'世界永远作为一个现实存在着；至多在这里或那里它以'不同于'我设想的方式存在着，并应当**从中**消除称作'虚妄'和'幻念'的那类东西。按照这个一般设定，这个世界永远是事实存在的世界。"[③]在胡塞尔看来，与这种自然态度不同的科学—哲学态度只不过是"更全面、更可靠、在一切方面比朴素的经验认识更完全地认识这个世界，解决呈现于此世界内的一切科学认识的问题"[④]。所谓现象学的还原，就是要彻底改变这种自然设定，把人们从"前哲学的态度"引向"哲学的态度"，即"发现一个新的科学领域"[⑤]。胡塞尔认为，这个领域只能通过"现象学的悬置"得到，其具体方法就是"加括号"，通过这种方法使这个领域成为一个被明确限制的领域。这种限制就是"使属于自然态度本质的总设定失去作用"，即"将这整个自然世界置入括号中"。通俗地说，现象学的悬置，就是把那些"超越之物"、"自然的观点"，以及历史上出现并遗留下来的对世界的看法即传统

① ［德］胡塞尔：《现象学的观念》，倪梁康译，夏基松、张继武校，上海译文出版社1986年版，第11页。

② ［德］胡塞尔：《现象学的观念》，倪梁康译，夏基松、张继武校，上海译文出版社1986年版，第19页。

③ ［德］胡塞尔：《纯粹现象学通论：纯粹现象学和现象学哲学的观念》，第一卷，［荷］舒曼编，李幼蒸译，商务印书馆1992年版，第93—94页。

④ ［德］胡塞尔：《纯粹现象学通论：纯粹现象学和现象学哲学的观念》，第一卷，［荷］舒曼编，李幼蒸译，商务印书馆1992年版，第94页。

⑤ ［德］胡塞尔：《纯粹现象学通论：纯粹现象学和现象学哲学的观念》，第一卷，［荷］舒曼编，李幼蒸译，商务印书馆1992年版，第97页。

哲学，统统悬置起来，或放在括号内，存而不论。之所以要把这些东西搁置起来，目的是为了使人摆脱这些东西的干扰，从而澄清被它们充塞的人的意识，也就是使人能转身意识的内容本身，还原到“纯粹现象”，而“只有还原了的**纯粹的现象**才是绝对的被给予性”①。

通过现象学的悬置，我们拥有了被直观到的现象，似乎我们也就拥有了现象学，但胡塞尔认为，到了这一步，我们立即面临某种困境，即“纯粹现象——个别地看这些现象——的领域似乎并不完全满足我们的意向”②。他明确指出，我们不要以为，“**一个被还原的一般现象的被给予性是一个绝对无疑的被给予性**”③。他认为，这一步向我们显现出作为绝对被给予性的新客观性，即本质的客观性。就是说，被给予的一般之物不是一种个别的东西，而恰恰是一种一般的东西，因而在实在的意义上是超越的。当然这里所说的“超越的”，不是“科学—哲学的思维态度”意义上的，因为那种意义上的超越之物，不是纯粹直观的绝对被给予的东西。④胡塞尔提出，我们已经研究了纯粹认识的地盘，现在我们可以研究它并且确立一门关于纯粹现象的科学现象学，而这种现象学是指“作为纯粹认识现象的本质论的认识现象学”⑤。“现象学的特征恰恰在于，它是一种在纯粹直观的考察范围内、在绝对被给予性的范围内的本质分析和本质研究。”⑥在胡塞尔看来，要使哲学成为一门严密的科学，就必须以这种本质为研究客体，通过研究获得这种本质，因为只有这种本质才能为科学知识提供可靠的基础，使之具有普遍性和必然性。

胡塞尔认为，在意识中绝对被给予的东西就是“本质”。现象学意义上的本质，并不是感性经验现象背后的东西，也不是柏拉图的理念、笛卡尔的

---

① ［德］胡塞尔:《现象学的观念》，倪梁康译，夏基松、张继武校，上海译文出版社 1986 年版，第 11 页。

② ［德］胡塞尔:《现象学的观念》，倪梁康译，夏基松、张继武校，上海译文出版社 1986 年版，第 12 页。

③ ［德］胡塞尔:《现象学的观念》，倪梁康译，夏基松、张继武校，上海译文出版社 1986 年版，第 46 页。

④ 参见［德］胡塞尔:《现象学的观念》，倪梁康译，夏基松、张继武校，上海译文出版社 1986 年版，第 13 页。

⑤ 参见［德］胡塞尔:《现象学的观念》，倪梁康译，夏基松、张继武校，上海译文出版社 1986 年版，第 43 页。

⑥ ［德］胡塞尔:《现象学的观念》，倪梁康译，夏基松、张继武校，上海译文出版社 1986 年版，第 47 页。

天赋观念、康德的知性范畴，而是直接地呈现在意识中的先验的东西。胡塞尔说："任何物质的东西都具有自己的本质类，其中最高的本质类即'一般物质物'这个普遍类，它具有一般时间规定、一般时延、一般形象、一般物质性。**属于该个体本质的每种东西，其他个体也可能有**；而且在上述各例中指出的那种**最高的**本质普遍性，界定着诸**个体的'区域'**或'范畴'。"① 胡塞尔这里所说的本质似乎与通常所理解的本质没有什么区别，指的是个体事物内含的不同层次的共性。但是，他认为，这里所说的本质是经验的或个别的直观，而他所说的本质是本质直观的所予物，他强调本质的"被给予性"。"**本质（艾多斯）是一种新客体。正如个别的或经验的直观的所与物是一种个别的对象，本质直观的所与物是一种纯粹本质**。"② 但是，这种被给予物又不同于意识中呈现的一般现象。如果说一般现象是个别被给予之物，那么本质是其中绝对被给予之物。一般之物的被给予性的情况是："一个纯粹内在的一般性意识根据被观察的和自身被给予的个别性构造自身"③。而本质之物的被给予的情况则是在被给予的个别现象中直观那些最终的东西，即绝对被给予的东西或绝对现象。"绝对被给予性是最终的东西。"④ 胡塞尔以红为例对此加以说明。一个人有一个或几个个别直观，但他从这个红那个红中直观出了同一的一般之物，那么被意指的就不是这个红或那个红，而是一般的红。如果两种红的种类、程度不同，但我们直观到两种红的种类和程度本身是相似的，那么这种一般之物、这种相似关系就是一种总体的、绝对的被给予性，也是一种纯粹内在的被给予性。⑤ 正因为本质具有上述特性，经验才具有了统一性，经验知识（科学知识）才得以可能。胡塞尔强调，这个本质的领域又以现象学还原的单一现象为基础而构造起来。所以，对于胡塞尔的现象学来说，不论现象还是本质都是主观性的东西。

胡塞尔认为，要获得这种本质，需要通过另一种现象学方法，即"本质

---

① ［德］胡塞尔：《纯粹现象学通论：纯粹现象学和现象学哲学的观念》，第一卷，［荷］舒曼编，李幼蒸译，商务印书馆 1992 年版，第 50 页。

② ［德］胡塞尔：《纯粹现象学通论：纯粹现象学和现象学哲学的观念》，第一卷，［荷］舒曼编，李幼蒸译，商务印书馆 1992 年版，第 52 页。

③ ［德］胡塞尔：《现象学的观念》，倪梁康译，夏基松、张继武校，上海译文出版社 1986 年版，第 49 页。

④ ［德］胡塞尔：《现象学的观念》，倪梁康译，夏基松、张继武校，上海译文出版社 1986 年版，第 53 页。

⑤ 参见［德］胡塞尔：《现象学的观念》，倪梁康译，夏基松、张继武校，上海译文出版社 1986 年版，第 49—50 页。

还原”。这种方法不同于演绎或归纳的方法，它不是一种逻辑的方法，而是一种直观的方法。所以胡塞尔也将本质的还原称为“本质直观”。本质就是本质直观的所给予的。关于这种方法，胡塞尔指出：“**现象学的操作方法是直观阐明的、确定着意义和区分着意义的**。它比较，它区别，它连接，它进行联系，分割为部分，或者去除一些因素。但一切都在直观中进行。”①这里所说的“直观”就是直接地“看”，所以“本质直观”就是“本质看”。本质直观不同于感性直观，感性直观是在具体的经验意义上的直接地“看”，所获得的是感性材料的东西，而本质直观是非感性的、非具体的、非经验的直接地“看”。“本质看是直观，而且如果它在隐含的意义上看而不只是再现或模糊的再现，它就是一种**原初**给与的直观，这个直观在其‘机体的’自性中把握着本质。然而另一方面，它是一种基本上**独特的**和**新型的**直观，即与那类相关于其他范畴的客体的直观相对立，特别是与在通常狭义上的直观、即个别直观相对立。”②胡塞尔也把本质直观的方法称为“自由想象的变换”，即在反省自己意识的过程中，通过自由想象，用增减法变换各种例子，从这些例子之中找出贯穿于各种情况中的共同的一般的东西（常项）。胡塞尔特别强调这种现象学还原的含义是指将研究“限制在纯粹自身被给予性的领域内”，“限制在那些完全在其被意指的意义上被给予之物和在最严格意义上自身被给予之物的领域内，以至于被意指之物中没有什么东西不是被给予的”。③胡塞尔早期把本质还原的方法看作是现象学方法最重要的方法：“**在现象学最严格的还原之中的直观和本质直观方法是它的唯一所有的东西，这种方法本质上属于认识批判的意义，因而也属于所有的理性批判（即包括价值的和实践的理性批判），就这点而言，它是一种特殊的哲学方法**。”④

通过上述两种方法，给科学知识找到了作为其普遍性和必然性基础的本质，但本质实质上是意识中的现象，那么现象来自哪里？本质何以具有普遍性和必然性？这是胡塞尔现象学必须回答的问题。胡塞尔认为，本质与

---

① ［德］胡塞尔：《现象学的观念》，倪梁康译，夏基松、张继武校，上海译文出版社 1986 年版，第 51 页。

② ［德］胡塞尔：《纯粹现象学通论：纯粹现象学和现象学哲学的观念》，第一卷，［荷］舒曼编，李幼蒸译，商务印书馆 1992 年版，第 52—53 页。

③ ［德］胡塞尔：《现象学的观念》，倪梁康译，夏基松、张继武校，上海译文出版社 1986 年版，第 53 页。

④ ［德］胡塞尔：《现象学的观念》，倪梁康译，夏基松、张继武校，上海译文出版社 1986 年版，第 51 页。

现象不可分割，同样，意识与意识的对象也是不可分割的。他受老师布伦塔诺的影响，认为意识存在着一种基本结构，即意向性（Intertionalität），并相信，意向性的现象学能够将精神作为精神变成系统的经验与科学的领域，并由此而引起认识任务的彻底改变。“只有意向性的现象学，而且是超越论的现象学，才借助于它的出发点和它的方法，给人们带来了光明。只有从这种现象学出发我们才能理解，并且是从最深刻的根据上理解，什么是自然主义的客观主义，特别是理解，心理学由于它的自然主义，肯定根本不能达到精神生活的成就，及其根本的和真正的问题。”①

胡塞尔把意向性理解为一个体验的特性，即“作为**对**某物的意识”②。这种特性明确地体现于“我思”：一个知觉是对某物的知觉，一个判断是对某事态的判断，一个评价是对某一价值事态的评价，一个愿望是对某一愿望事态的愿望，如此等等。在胡塞尔看来，“意向性”是一种“意向行为（作用）——意向对象”结构，这种结构既是意识行为的主观结构，又是意指着对象（客体）的意识行为的客观结构。胡塞尔特别强调两者之间区别的重要性，认为“把握和掌握这一区别对于现象学是最重要的事，这对于建立现象学的合法基础确实具有决定性意义”③。之所以如此，是因为：虽然这一点是自明的，即任何意识都是对某物的意识，而且意识的方式极其多种多样，然而，“它们关系到我们对意向对象存在方式的理解，按此方式它应‘存于’体验中和在体验中‘被意识’”，“特别关系到那些属于体验本身的真实的成分和属于意向对象的、应作为其自身成分归与它的那些成分之间的清楚分别”。④

意向性的本意是指意识活动总是指向某个对象，不存在赤裸裸的意识，也不存在把自己封闭起来的意识，意识总是对某种东西的意识。胡塞尔进一步发展了意向性原理，认为意识与对象、世界之间是一种相互建构的关系。一方面，意识不能离开它的对象，不能离开这个世界，否则就是无，就没有

① ［德］胡塞尔：《欧洲科学的危机与超越论的现象学》，王炳文译，商务印书馆 2001 年版，第 420 页。

② ［德］胡塞尔：《纯粹现象学通论：纯粹现象学和现象学哲学的观念》，第一卷，［荷］舒曼编，李幼蒸译，商务印书馆 1992 年版，第 210 页。

③ ［德］胡塞尔：《纯粹现象学通论：纯粹现象学和现象学哲学的观念》，第一卷，［荷］舒曼编，李幼蒸译，商务印书馆 1992 年版，第 243 页。

④ ［德］胡塞尔：《纯粹现象学通论：纯粹现象学和现象学哲学的观念》，第一卷，［荷］舒曼编，李幼蒸译，商务印书馆 1992 年版，第 243 页。

意义；另一方面，对象、世界也不能没有意识，离开了意识，对象、世界也不具有什么意义。两者是对应的、相互生成的关系，但又不是因果的关系，因为事物并不是现成地把自身印刻在意识上面的。在胡塞尔看来，人的经验的世界十分复杂，包括许多方面的层次、区域，必须将这些不同的方面综合统一起来，经验世界才具有意义，而这种综合统一正是通过意识的意向性活动实现的。他认为，意识并不是消极地接受某物的印象，而是积极能动地将这些印象综合为一个统一的经验。没有这种积极能动作用，经验就只是一些缺乏联系的印象之流，就没有被经验为一个完整的对象。"意向性是在严格意义上说明**意识**特性的东西，而且同时也有理由把整个体验流称作意识流和**一个**意识统一体。"① 意识的这种积极能动作用就是"构造"。客体在意识流中之所以不是一些断断续续的零星碎片而成为统一体，正是由于这种意向结构的构建作用，这种构建作用使客体有了统一的身份和意义。一个客体的种种外观、方面与阶段，都凝聚于或归并于意向结构。在胡塞尔看来，在较高级意识领域的意向结构中，"**诸多意向作用彼此互为根基地形成于一个具体的体验统一体中**，而且相应地，意向对象的相关物也是如此被建构的"。② 这种"构造"是先验的，就是说，它并非实际地产生这些印象或这个对象，而只是那些特殊实体的经验得以统一的必要条件，是一切经验得以成立、具有意义的前提条件。换言之，先验的构造是意识的一种生成的能力、规范的能力。由于这种构造是意识的一种先验能力，所以胡塞尔也称之为"先验的意识"或"先验的主观性"。在意识的先验构造中，胡塞尔特别强调时间意识，认为时间意识是先验意识的关键因素。在他看来，只有通过时间的意识，我们才能把握同一个对象的过去、现在和将来的各种不同景象和经验的不同层次，把所有这些东西看作是属于同一对象的。同时，也只有通过时间意识，一个人对某个对象的种种印象之流才能在经验之中被统一起来。"时间性一词所表示的一般体验的这个本质特性，不仅指普遍属于每一单一体验的东西，而且也是**把体验与体验结合在一起的一种必然形式**。每一现实的体验都必然是一种持续的体验；而且它随此绵延存于一种无限的绵延连续体中——一种**被充实的**连续体中。它必然有一个全面的、被无限充实的时间边

① ［德］胡塞尔:《纯粹现象学通论：纯粹现象学和现象学哲学的观念》，第一卷，［荷］舒曼编，李幼蒸译，商务印书馆 1992 年版，第 210 页。

② ［德］胡塞尔:《纯粹现象学通论：纯粹现象学和现象学哲学的观念》，第一卷，［荷］舒曼编，李幼蒸译，商务印书馆 1992 年版，第 236 页。

缘域。同时这就是说，它属于**一个**无限的‘**体验流**’。”①

既然意向性是一种体验的特性，那么就存在着每一体验与自我的关系。胡塞尔认为，“每一‘我思’，在特定意义上的每一行为都具有自我行为的特征，它‘从自我发生’，自我在行为中‘实显地生存着’。”②不只是我思这种特殊类型的体验，还有其他的体验，都参与着纯粹的自我，纯粹的自我也参与它们。“它们作为‘它的’而‘属于’纯粹自我，它们是**它的**意识背景，**它的**自由领域。”③这种自我之所以是“纯粹的”或“先验的”，这是因为：“在与‘它的’一切体验的这种特殊联结中，体验的自我不是某种可被看作**自为的**，并可被当作一种研究本身的对象的东西。除了其‘关系方式’或‘行为方式’以外，自我完全不具有本质成分，不具有可说明的内容，不可能从自在和自为方面加以描述：它是纯粹自我，仅只如此。”④在胡塞尔看来，自我可以从“其”任何一个体验出发，按在前、在后和同时这三个维度来穿越现象学时间（即一个体验流内一切体验的统一化形式）的整个领域，这样，我们就有了整个的、本质上统一的和严格封闭的体验时间统一流。这样，纯粹自我或先验自我就成为了一切体验、一切意识活动的终极根据，因而也是本质的客观性、必然性的可靠保证。胡塞尔称这个发现先验自我意识的构建活动的过程为“先验的还原”。在胡塞尔看来，与本质的还原相比，先验的还原具有更大的意义。本质的还原使人获得本质，从而使科学知识成为可能，而先验的还原则把人引向世界的始源，即把世界最终归结为先验自我意识的构造。正因为如此，先验的还原越来越像现象学还原的同义词，现象学也因而成了“先验现象学”。胡塞尔自己称“先验的还原”是走向真正哲学的入口，在这里，“希望之乡”已被发现，但仍需耕耘。

先验的还原是胡塞尔为贯彻其使哲学成为一种严密科学的主张所采取的必需步骤，从形式上看，它使胡塞尔现象学体系完整化，成为达到绝对真理的方法和理论。然而，先验的还原实际上却是他整个体系中最大的漏洞。这

① ［德］胡塞尔：《纯粹现象学通论：纯粹现象学和现象学哲学的观念》，第一卷，［荷］舒曼编，李幼蒸译，商务印书馆 1992 年版，第 204—205 页。

② ［德］胡塞尔：《纯粹现象学通论：纯粹现象学和现象学哲学的观念》，第一卷，［荷］舒曼编，李幼蒸译，商务印书馆 1992 年版，第 201 页。

③ ［德］胡塞尔：《纯粹现象学通论：纯粹现象学和现象学哲学的观念》，第一卷，［荷］舒曼编，李幼蒸译，商务印书馆 1992 年版，第 202 页。

④ ［德］胡塞尔：《纯粹现象学通论：纯粹现象学和现象学哲学的观念》，第一卷，［荷］舒曼编，李幼蒸译，商务印书馆 1992 年版，第 202 页。

主要体现在三个方面：首先，通过先验的还原所发现的作为世界始源的“先验自我”完全是一种假设，没有任何客观根据，而这是与开始提出现象学方法时所反对的以任何预先的假设作为前提这一主张相矛盾的。其次，“先验的自我”是世界的始源，而世界又是这个自我所构建的对象，这实际上是费希特的“自我创造非我”的唯我论翻版。最后，先验的自我完全是超经验的，是脱离现实世界的，有着浓厚的神秘主义色彩。由于存在着上述问题，胡塞尔的现象学遭到了许多人的批评。正是为了堵塞这些漏洞以应对批评，胡塞尔晚年又提出了“交互主体性”和“生活世界”的概念。

胡塞尔的“交互主体性”（intersubjectivity，亦译为“主体间性”等）概念“是指一种在各个主体之间存在着的共同性（或共通性），这种交互主体的共同性使得一个‘客观的’世界先验地成为可能”①。在胡塞尔看来，世界不是作为个体的先验自我的意识活动的对象，而是作为个体的主体间的共同体的意识活动的对象。也就是说，世界上除了我这个“自我”存在之外，还有其他的“自我”存在，世界是在各个个体的主体间的共同体的意识活动中被构建的，而个体的自我是体现在这个主体间的共同体之中的。胡塞尔使用这一概念是为了摆脱唯我论或自我论的困境，然而这一解决方案并不能奏效。因为“主体间的共同体”虽然是一种共同体的“大我”而非个体的“小我”，但仍然是一种“自我”，因而也就不能摆脱唯我论的困境。他自己也承认，“在这个研究内涵的奇特性和杂乱性中，现象学任务展示出它们的多面性和困难性”②为此，胡塞尔又提出了所谓的返回“生活世界”的概念。在他看来，这个概念可以使游荡在彼岸世界的“先验的自我”回到实实在在的此岸世界中来。他发现，返回“事物本身”实质上是一种反思意识，而这种反思意识是植根于“生活世界”之中的，植根于前反思结构的领域。这种前反思结构既是理论活动的场所，又是实践活动的场所。于是，胡塞尔又将他的“生活世界”看作是现象学的另一个类型，即“生活世界的现象学”。

然而，胡塞尔晚年十分关注“生活世界”问题，不只是因为使其现象学自圆其说的需要，更是因为他对“欧洲人的危机”的关切，“生活世界”这一概念，首先或主要是作为解决欧洲人危机的一条现象学途径提出来的。胡

① 倪梁康：《现象学及其效应——胡塞尔与当代德国哲学》，商务印书馆 2014 年版，第 134 页。

② 胡塞尔：《笛卡尔式的沉思》，转引自倪梁康：《现象学及其效应——胡塞尔与当代德国哲学》，商务印书馆 2014 年版，第 136 页。

塞尔晚年生活在两次世界大战期间。当时欧洲的恐怖和悲惨事件，特别是1933年法西斯掌权后欧洲大陆上空所笼罩的阴云，欧洲人普遍感到政治危机、经济危机、精神危机。胡塞尔也有同感，他谈到过“精神文明的普遍毁灭”、“欧洲人性的危机”，甚至谈到“欧洲人的危机”、“欧洲的危机”，但他关注的主要是科学危机。不过，他所说的科学危机包括的范围相当广泛，不仅包括自然科学、哲学，甚至包括人的精神的整个领域。他把科学危机看作是“欧洲人根本生活危机的表现”。

在胡塞尔看来，欧洲曾对近代的理论和实践成就感到十分自豪，但到19世纪末却最终陷入日益增长的不满之中，其处境必须被看作是困境，而且所有的科学都处于这种困境之中。他认为，从19世纪后半叶开始，人们的整个世界观完全受实证科学的影响，并且完全被科学所造成的繁荣所迷惑，人们以冷漠的态度避开了对真正的人性具有决定意义的问题。导致这一问题的根本原因是科学本身。整个科学都浸染了实证主义，而实证主义将科学的理念还原为纯粹事实的科学。科学不思考和回答对所有的人都具有普遍性和必然性的问题，“它从原则上排除的正是对于在我们这个不幸时代所由命运攸关的根本变革所支配的人们来说十分紧迫的问题：即关于这整个的人的生存有意义与无意义的问题”①。对于这些问题，单纯关于物体的科学显然什么也不能说，它甚至不考虑一切主观的东西；而精神科学也追求严格的科学性，力图把一切评价的态度，一切有关作为主题的人性的，以及人民文化构成物的理性与非理性的问题全部排除掉。科学只追求客观的真理，而这种真理仅在于确定世界（不论是物质的世界还是精神的世界）实际上是什么。这种情况也适合于哲学。“哲学在我们今天正面临被怀疑论、非理性主义和神秘主义压倒的危险。”②在胡塞尔看来，科学的危机就表现为科学丧失了它对生活的意义，忽视了它对于人的生存过去意味着以及现在可能意味着的东西。“科学危机所指的无非是，科学的真正科学性，即它为自己提出任务以及为实现这些任务而制定方法论的整个方式，成为不可能的了。”③在胡塞尔看来，单纯注重事实的科学，造成了单纯注重事实的人。正是科学的危机导

① ［德］胡塞尔：《欧洲科学的危机与超越论的现象学》，王炳文译，商务印书馆2001年版，第18页。

② ［德］胡塞尔：《欧洲科学的危机与超越论的现象学》，王炳文译，商务印书馆2001年版，第15页。

③ ［德］胡塞尔：《欧洲科学的危机与超越论的现象学》，王炳文译，商务印书馆2001年版，第15页。

致了欧洲人的精神危机。

胡塞尔认为，文艺复兴时期，欧洲的人性在自身中完成了一种革命性的转变，它反对中世纪的生存方式，否定其价值，它要重新塑造自己。它将古希腊罗马人当成最值得羡慕的典范，模仿他们的生活方式。它认为古代人的本质的东西不外是“依据于哲学的”生存方式：“自由地赋予自己本身，自己的全部生活以它的来自纯粹理性，来自哲学的准则。”① 理论哲学是首要的，它对世界进行一种冷静的、摆脱神话和一般传统束缚的考察，这是一种绝对没有先入之见的有关世界和人的普遍的认识。它最终从世界本身中认识它所固有的理性与目的论，以及它的最高原则，即上帝。在文艺复兴的理念中，古代人是按照自由理性理智地形成的人。然而，受这种崇高精神鼓舞并受惠于这种精神的新的人性并未能坚持下去，其原因是它失去了对它的普遍哲学的理想和新方法的有效的热情，而这种热情的丧失则是由于近代哲学与实证科学的分离。源自于近代哲学的新方法促进了实证科学的兴起和迅速发展，而从事实证科学的人越来越成为非哲学家的科学家。另一方面近代哲学采取了系统哲学的形式，这种新的走向虽然促进了哲学的最初繁荣，但很快由于其自身的彼此分离而不断失败，人们对一直被认为理所当然的、起支配作用的哲学理想提出越来越强烈的抗议。对形而上学可能性的怀疑，作为人类指导者的普遍哲学信仰的崩溃，表明人们对“理性”信仰的崩溃。与此同时，对于世界由以获得其意义的“绝对的”理性的信念，对于历史意义的信念，对于人性意义的信念，即对于人为他个人生存和一般的人生存获得合理意义的能力的信念，也都崩溃了。“哲学的危机就意味着作为哲学的多方面性的诸环节越来越显露出来的欧洲人性本身在其文化生活的整个意义方面，在其整个‘实存’方面的危机。”②

面对普遍哲学的失败，从笛卡尔开始，许多哲学家为生存而进行长期热情的奋斗。他们朴素地相信理性主义，对否定它或以经验主义方式贬低它的怀疑论展开了斗争，这种斗争是已经崩溃的人性和尚有根基并为保持这种根基、或为寻找新的根基而奋斗的人性之间的斗争。但是，18 世纪的理性主义，以及它想要获得欧洲人所要求的根基的方式，是一种朴素性。这种朴素

① ［德］胡塞尔：《欧洲科学的危机与超越论的现象学》，王炳文译，商务印书馆 2001 年版，第 20 页。

② ［德］胡塞尔：《欧洲科学的危机与超越论的现象学》，王炳文译，商务印书馆 2001 年版，第 25 页。

性的最一般称谓，叫做客观主义，它采取了将精神自然的自然主义的各种形态。这种客观主义的特征在于，“它在由经验不言而喻地预先给定的世界的基础上活动，并且追问这个世界的‘客观真理’，追问对这个世界，对每一个有理性的存在者，都无条件地有效的东西，追问这个世界本身是什么。普遍地进行这项工作是认识，理性，或更确切地说，哲学的任务。由此人们就达到了最终的存在者，追问在它后边的东西就不再有任何合理的意义了。”① 尽管从康德和休谟开始努力克服这种客观主义，但它一直支配着近代哲学。在胡塞尔看来，欧洲危机的最深刻根源，就是这种误入歧途的理性主义，“它是一种荒谬的自然主义，并且没有能力从根本上把握直接与我们有关的精神问题”②。但是，欧洲危机只是理性主义表面的失败，或者说是这种“荒谬的”理性主义的失败，这种失败并不是由于理性主义的本质本身，而仅仅是由于将它肤浅化，由于它陷入了“客观主义”。

胡塞尔认为，欧洲生存的危机只有两种解决办法：“或者欧洲在对它自己的合理的生活意义的疏异中毁灭，沦于对精神的敌视和野蛮状态，或者欧洲通过一种最终克服自然主义的理性的英雄主义而从哲学精神中再生。”③ 胡塞尔相信，欧洲精神的普遍毁灭，必将促使人们去创造一种新的真正的精神，并促使人们去理解个人的存在、个人的活动、个人的成就，以及个人的共同体，并由此出发明智地重新塑造一种新的人性。欧洲精神将通过克服客观主义而在全新的哲学思考中再生，而唯一能克服客观主义的就是超越论哲学。“这种一切变革当中的最伟大的变革，被称作**从科学的客观主义**——不仅是近代的客观主义，而且还有**以前数千年所有哲学中的客观主义——向超越论的主观主义的转变**。”④ 这种超越论的主观主义在否定作为哲学的客观科学的同时，要求引进一种完全新式的科学性，即超越论的科学性。与客观主义相反，超越论主张：“预先给定的生活世界的存在意义是**主观的构成物**，是正在经历着的生活的，前科学的生活的成就。世界的意义和世界的存在的

① ［德］胡塞尔：《欧洲科学的危机与超越论的现象学》，王炳文译，商务印书馆 2001 年版，第 91 页。

② ［德］胡塞尔：《欧洲科学的危机与超越论的现象学》，王炳文译，商务印书馆 2001 年版，第 420 页。

③ ［德］胡塞尔：《欧洲科学的危机与超越论的现象学》，王炳文译，商务印书馆 2001 年版，第 421 页。

④ ［德］胡塞尔：《欧洲科学的危机与超越论的现象学》，王炳文译，商务印书馆 2001 年版，第 91 页。

有效性，就是在这种生活中建立起来的，而且总是那个**特定的世界**对于当时的经历者现实有效。至于‘客观上真的’世界，科学的世界，它是**更高层次上的构成物**，是建立在前科学的经验和思想活动之上的，更确切地说，是建立在经验与思想活动的有效性的成就之上的。只有彻底追溯这种主观性，而且是追溯以一切前科学的和科学的方式最终实现一切世界的有效性及其内容的主观性，并且追溯理性成就是什么，是怎样的，只有这样，才能使客观真理成为可以理解的，才能达到世界的**最终的存在意义**。因此自在的第一性的东西并不是处于其毫无疑问的不言而喻性之中的世界的存在，而且不就仅仅问什么东西客观地属于世界；相反，**自在的第一性的东西是主观性**；而且是**作为**朴素地预先给定这个世界存在，然后将它合理化，或者也可以说，将它客观化的主观性。”[①] 胡塞尔认为，超越论的哲学是作为自然主义的客观主义，即唯物主义哲学的对立面而产生的，并试图克服这种客观主义哲学。它从原则上排斥朴素的客观的科学奠定的方式，试图以纯粹主观的方式将科学奠定起来，将“自然的生活态度”转变为“非自然的生活态度”。因此，超越论哲学是一种“哥白尼式的转向”。

按胡塞尔的说法，在他的现象学的超越论哲学之前，近代哲学中已经产生了超越论哲学。它的产生基于这样一种认识，即自我，以及我的思维生活，乃是一切可能的思维成就的、一切有关客观性的意义和政治性的询问的原始基础。这种哲学最初以萌芽的形态出现在笛卡尔的《形而上学深思录》中。笛卡尔“通过悬置我就推进到了那样一个存在领域，这个领域**原则上先于一切我可以想象的存在者以及它们的存在范围，是它们的绝对必真的前提**”[②]。除此以外作为必真东西出现的，都有怀疑的可能性，可以设想它们是虚假的，只有达到一种间接的绝对必真的论证，这些虚假的可能性才能被排除，而对必真性的要求才表明是合理的。巴克莱和休谟复活了笛卡尔的根本问题，并将其彻底化。康德则在反对休谟的材料实证主义时制定了一种系统地建立起来的、在一种新形势下仍然是科学的博大的哲学。“在这种哲学中，笛卡尔的向意识主观性的转向，以超越论的主观主义的形式起作用。”[③]

① ［德］胡塞尔:《欧洲科学的危机与超越论的现象学》，王炳文译，商务印书馆 2001 年版，第 91—92 页。

② ［德］胡塞尔:《欧洲科学的危机与超越论的现象学》，王炳文译，商务印书馆 2001 年版，第 102 页。

③ ［德］胡塞尔:《欧洲科学的危机与超越论的现象学》，王炳文译，商务印书馆 2001 年版，第 124 页。

胡塞尔认为，到康德这里，第一次出现了从笛卡尔以来一种宏大的系统地建立起来的科学哲学，“这种哲学必须被称作**超越论的主观主义**”[①]。他称“康德的体系就是以崇高的科学严肃态度进行的真正普遍的超越论哲学的第一个尝试”[②]。胡塞尔指出，上述哲学家为最彻底的超越论哲学即现象学的超越论哲学作了前期准备，不过所有这些哲学家都没有真正实现“哥白尼式转向”，没有按照严格的科学精神将超越论哲学建立起来。他们的问题在于没有深入研究构造成一切存在物的绝对主观性，也没有深入把握这种主观性的方法，而只有他自己现象学超越论哲学通过发现一种直接经验的绝对独有的新的经验领域，即超越论的主观性领域，才创立了一种新的科学。“只当哲学家终于清楚地**理解他自己是作为最初源泉而起作用的主观性**，一般来说，超越论的哲学才能达到它的真正的实在的存在，达到它的真正的实在的开端，那么另一方面，我们就必须承认，**康德的**哲学正是走在通向那里的**道路**上，它是符合于我们所定义的超越论哲学的形式的一般的意义的。它是这样一种哲学，这种哲学与前科学的以及科学的客观主义相反，回溯到**作为一切客观的意义构成和存在有效性的原初所有地的进行认识的主观性**，并试图将存在着的世界理解为意义的和有效性的构成物，并试图以这种方式将**一种全新的科学态度和一种全新的哲学**引上轨道。”[③]

胡塞尔提出了两条通向现象学的超越论哲学的道路：一条是“通过从预先给定的生活世界出发进行回溯而达到现象学的超越论哲学之道路”；另一条是“从心理学出发进入现象的超越论哲学之道路”。正是在对这两条道路的阐述，胡塞尔把“生活世界”这一概念作为解决欧洲人危机的一条现象学途径。他认为，欧洲人危机的产生是由于以往科学家忽视了人及其所处的生活世界，因此拯救这一危机的关键只能用现象学去阐明科学产生之前所特有的“生活世界”的根本含义。

胡塞尔认为，世界存在着，总是预先存在着。一种观点，不论是经验的观点还是其他的观点的提出和修正，都是以已经存在着的世界为前提的，也就是说，是以当时毋庸置疑地存在着的有效东西的地平线为前提的。在这种

① ［德］胡塞尔：《欧洲科学的危机与超越论的现象学》，王炳文译，商务印书馆 2001 年版，第 126 页。

② ［德］胡塞尔：《欧洲科学的危机与超越论的现象学》，王炳文译，商务印书馆 2001 年版，第 128 页。

③ ［德］胡塞尔：《欧洲科学的危机与超越论的现象学》，王炳文译，商务印书馆 2001 年版，第 128 页。

地平线内，有某种熟悉的东西和无疑是确定的东西，那些可以被视为无意义的东西是与此相矛盾的。这个事实的不言而喻先于一切科学思想和一切哲学的提问。客观的科学也只是在这种由前科学的生活而来的永远是预先存在的世界的基础上才能提出问题。[①] 在胡塞尔看来，这样一种事实，只有当人们最终地并且十分严肃地询问被一切思想，及其贯穿于一切目的和成就之中的发生活动，当作不言而喻的东西时，只有当人们坚持不懈地询问他们存在的意义和有效性的意义，领会到这种贯穿于一切精神成就之中的意义和有效性的意义，领会到这种贯穿于一切精神成就之中的意义关联和有效性的关联之牢不可破的统一时，人们才会洞察到这一点，即："在所有这些成就之前总是已经有一种普遍的成就先行发生，一切人类的实践、一切前科学和科学的生活都已经将它作为前提，它们将这种普遍成就的精神获得物当作永久的基础，而所有它们自己的获得物都能够汇入到这个基础之中。"[②]

胡塞尔对"生活世界"（Lebenswelt）没有作明确的界定，但有很多阐述。按倪梁康教授的看法，"生活世界"的最基本含义是指我们各人或各个社会团体生活于其中的现实而又具体的环境。胡塞尔自己明确地说："生活世界是空间时间的事物的世界，正如同我们在我们的前科学的和科学以外的生活中所体验的东西作为可能体验的东西知道的世界一样。"[③] 他对此作了这样进一步的阐述：我们有一种作为可能的事物经验的地平线的世界的地平线。在这个地平线内，首先，所有的事物，无论是自然事物，还是人及其产物，都是主观的，相对的，尽管我们通常在经验中认为它们是确定无疑的事实；其次，人们对这种事实的一致意见是自动地达到的，是不受可以觉察到的不一致干扰达到的；第三，在这种事实变得重要的地方，也可能在有意图的认识中达到，也就是在以对我们的目的来说是可靠的真理为目标的认识中达到的。[④] 概括地说，胡塞尔的生活世界具有以下五个方面的特征：

其一，它是一个非主题性的世界。胡塞尔说："我们只有在特殊的世界

---

① ［德］胡塞尔：《欧洲科学的危机与超越论的现象学》，王炳文译，商务印书馆 2001 年版，第 140—141 页。

② ［德］胡塞尔：《欧洲科学的危机与超越论的现象学》，王炳文译，商务印书馆 2001 年版，第 144 页。

③ ［德］胡塞尔：《欧洲科学的危机与超越论的现象学》，王炳文译，商务印书馆 2001 年版，第 175 页。

④ ［德］胡塞尔：《欧洲科学的危机与超越论的现象学》，王炳文译，商务印书馆 2001 年版，第 175 页。

中才能以主题的方式（在‘造就’这个世界的最高目的的支配下）生活，因此，生活世界是非主题的；只要它仍然是这样的，我们就有我们的特殊世界，唯一作为主题的世界，作为我们的兴趣的地平线。在这里，很可能是这个起支配作用的目的最终是共同体的目的，就是说，个人的生活任务是共同体任务中的局部任务，而个别个人的工作活动对每一个共同活动的‘参与者’同时起作用，并且是有意识地同时起作用。①”

其二，它是一个奠定性的世界。胡塞尔说："生活世界总是预先给定的世界，它总是有效，并且预先就作为存在着的东西而有效，但并不是由于某种意图、题材范围，或按照某种普遍的目的而有效。每一种目的都是以它为前提；即使是在科学的真理中认识这样一种普遍的目的，也是以它为前提，并且已经是以它为前提；并且在科学工作的进展当中，总是重新以它为前提，作为一个按其自己的方式存在着的，而且是刚好存在着的世界。"②

其三，它是一个主观、相对的世界。胡塞尔说："生活世界是主观的—相对的，——它不是通过‘存在着的世界’这个普遍的目的理念获得的存在领域，仿佛生活世界在这个目的理念发挥作用之前不曾存在，仿佛这个被信以为真的目的理念不曾以生活世界为前提。但是生活世界是主观的东西，是作为‘世界的主体’的人的具有相对性的存在有效的东西，并且这个主体经常是按兴趣生活，按照本能的兴趣，而且也按照想象的和意愿的兴趣——目的的兴趣生活。主体经常有目的；这种被当作目的的东西，作为被唤起的东西，经常汇入到预先给定的世界中，并且这个预先给定的世界，总已经是由人们的兴趣而生成了的，总已经是以某种方式作为我们的意识世界被获得了的。"③

其四，它是一个单纯的意见世界。胡塞尔说："这个生活世界不外就是单纯的，在传统上被非常轻蔑看待的意见的世界。在科学以外的生活中，它当然并没有受到任何这样的贬低，因为它标志一个由诸种充分的表现构成的领域，——那样一些表现，它们赋予处于其他任何目的中的人的全部感兴趣的生活以可能性和意义。任何目的，也包括‘客观的’科学的理论目的，因

① ［德］胡塞尔：《欧洲科学的危机与超越论的现象学》，王炳文译，商务印书馆 2001 年版，第 578 页。

② ［德］胡塞尔：《欧洲科学的危机与超越论的现象学》，王炳文译，商务印书馆 2001 年版，第 581 页。

③ ［德］胡塞尔：《欧洲科学的危机与超越论的现象学》，王炳文译，商务印书馆 2001 年版，第 588—589 页。

为在这当中甚至包含有科学家经常使用的‘不言而喻的东西’——一般地说，由这些不言而喻地明白地存在着的事物，并且能以意见的方式证明为真正的和实在的事物构成的世界，乃是唯有在其上一切客观科学才能展开的基础；一句话，生活世界，这个‘纯粹’主观的和相对的，处于其存在有效性的，以及存在有效性的变化和校正的永不静止的流之中的世界，乃是客观科学将其‘最终有效的’、‘永恒的’真理的构成物，将永远绝对有效的，对每一个人都绝对有效的判断，建立于其上的基础。”①

其五，对它的认识要通过直观。胡塞尔认为，生活世界也存在着本身所要求的并且是按其普遍性所要求的科学性。这种科学性是一种独特的科学性，是一种恰好不是客观的—逻辑的科学性。但是，作为最终要奠定的科学性，按照其价值，并不是较低的科学性，而是较高的科学性。这种科学性如何实现呢？胡塞尔认为，在这里真正第一位的东西是对前科学的世界生活的“单纯主观的—相对的”直观。②“对于这个世界，先是一部分一部分地考察，然后在更高的阶段上，是一个周围世界一个周围世界地考察，一段时间一段时间地考察，每一个特殊的直观都是一种存在的有效性，不论是以现实性的样式，还是以可能性的样式。”③这种对生活世界直观所获得的主观的东西与“客观的”世界、“真的”世界之间的差别在于：“后者是一种理论的—逻辑的构成物，是原则上不能知觉的东西的，就其固有的自身存在而言原则上不能经验的东西的构成物；而生活世界中的主观的东西，整个说来，正是以其现实地可被经验到为特征的。”④

胡塞尔特别详细具体地分析了生活世界与科学的关系。首先，生活世界是科学世界的基础和前提。胡塞尔认为，生活世界对于我们来说，是始终存在着的，总是预先给定的。因此，全部的科学就随同我们一起进入到生活世界之中。这样，那些被看作是自在存在的假设，即存在于生活世界的“空间时间”中的“客体”，“实在的”物体，实在的动物、植物，还有人，所有

---

①［德］胡塞尔：《欧洲科学的危机与超越论的现象学》，王炳文译，商务印书馆2001年版，第586—587页。

②参见［德］胡塞尔：《欧洲科学的危机与超越论的现象学》，王炳文译，商务印书馆2001年版，第158页。

③［德］胡塞尔：《欧洲科学的危机与超越论的现象学》，王炳文译，商务印书馆2001年版，第187页。

④［德］胡塞尔：《欧洲科学的危机与超越论的现象学》，王炳文译，商务印书馆2001年版，第161页。

这些概念，现在都不是从客观科学的观点来理解，而是如同它们在前科学的生活中那样来理解。所有这些假设都不过是构成人在其生活世界中的生活的许多实践假设和计划中的一种，而且不论是在科学以外的还是科学的实践目的同属于统一的生活世界。客观科学的命题、理论和整个学说体系，都是科学家们科研活动的构成物，而这种科研活动是以他们在生活世界里的活动为前提的。而且所有这些理论成果都具有对生活世界有效的性质，因而它们会不断地被追回到生活世界本身上，甚至预先就作为生成着的科学之可能成就的地平线而属于生活世界。“因此具体的生活世界，对于‘科学上真的’世界来说，同时是奠定这个世界的基础，并且在生活世界特有的普遍的具体性中，包含着科学上真的世界”。①

在胡塞尔看来，科学是人类精神的成就，它在历史上而且对于每一个学习者来说都是以从直观的周围世界（这个世界是作为对所有人都共同的东西被预先给定的）出发为前提，而且这些成就在其运用和继续发展中，也持续地以这个周围世界在其每次对科学家呈现中的特殊性为前提。② 当科学家提出问题和回答问题时，这些问题从一开始就是而且以后必然也是以这个预先给定的世界为基础，依据于这个世界的存在。而且，在一般地询问生活世界对于自明地建立客观科学所发挥的功能之前，询问这个生活世界对于其中生活着的人所具有的特殊的和恒常的存在意义也是有充分理由的。“因此，生活世界对于人类而言在科学之前已经一直存在了，正如同它后来在科学的时代仍然继续其存在方式一样。因此人们可以提出生活世界本身的存在方式问题；人们完全可以站在这个直接直观的世界的基础之上，排除一切客观的—科学的意见和认识，以便全面地考虑，在生活世界所特有的存在方式方面，会产生什么样的‘科学的’，因此可普遍有效地判定的任务。”③

其次，科学家本身是生活世界中的人。在胡塞尔看来，不仅作为主观的构成物的客观的科学，即理论的—逻辑的实践之构成物，本身属于生活世界的完满的具体物，而且从事科学研究的科学家也离不开生活世界。从事科学研究的科学家毕竟是人，而人是生活世界中的组成部分。“**科学的世界与**

---

① ［德］胡塞尔:《欧洲科学的危机与超越论的现象学》，王炳文译，商务印书馆 2001 年版，第 166 页。

② 参见［德］胡塞尔:《欧洲科学的危机与超越论的现象学》，王炳文译，商务印书馆 2001 年版，第 153 页。

③ ［德］胡塞尔:《欧洲科学的危机与超越论的现象学》，王炳文译，商务印书馆 2001 年版，第 156 页。

生活世界的对比：科学的世界，科学家的世界，它仅仅是由科学真理构成的合目的的领域，具有科学上真的存在；而**生活世界**，则是这些目的与行为以及其他东西注入其中的领域。但是科学家们本身是生活世界中的人——是其他人们当中的人。生活世界是所有人的世界，因此诸科学（诸科学首先是科学家们的诸世界），对于这里的所有的人都作为‘我们的东西’存在着，并且作为已获得的成果（命题，理论）存在着，它们对于这里所有的人是主观相对的，正如生活世界对于所有的人是主观相对的一样。”①“科学家们不仅本身是生活世界中的人，处于生活世界的文明之中的人；而且正因为他们本身是生活世界中的人，他们自己并不总是对科学感兴趣并从事科学研究，而是还有其他的生活世界，并且是以各式各样的预先给予的方式，作为存在着的、有前提的兴趣而具有的（并将这种兴趣包含在其中的）。”②

最后，生活世界的自明性是客观科学真理的源泉。在胡塞尔看来，“生活世界是原初的自明性的领域。”③在不同的情况下，这种被自明地给予的东西，或是在知觉中作为直接现前中的“它自身”被经验到的东西，或是在回忆中作为它自身而被想起的东西。每一种属于这个领域的间接认识，广泛地说，每一种归纳方式，都具有由对可直观东西而来的归纳这种意义。“一切可以想象到的证明都回溯到这些自明性的样式，因为（各种样式的）‘事物本身’作为主观的实际上可经验的东西和可证明的东西，就存在于这些直观本身之中，而不是思想的构成物；而另一方面，这种构成物，只要它毕竟要求真理，就只有通过回溯到这种自明性，才能具有真正的真理。”④胡塞尔提出，使这种自明性的原初权力发挥作用，并且使它在奠定认识方面获得比客观的—逻辑的自明性更高的地位，这本身就是科学地阐明生活世界所要完成的最重要任务。

胡塞尔认为，通过以上的考察分析，我们就能理解生活世界问题的重要性，以及它的普遍的和独立的意义。与之形成比较的是，“客观上真的”世

① ［德］胡塞尔：《欧洲科学的危机与超越论的现象学》，王炳文译，商务印书馆 2001 年版，第 587—588 页。

② ［德］胡塞尔：《欧洲科学的危机与超越论的现象学》，王炳文译，商务印书馆 2001 年版，第 588 页。

③ ［德］胡塞尔：《欧洲科学的危机与超越论的现象学》，王炳文译，商务印书馆 2001 年版，第 161 页。

④ ［德］胡塞尔：《欧洲科学的危机与超越论的现象学》，王炳文译，商务印书馆 2001 年版，第 162 页。

界的问题，或客观的—逻辑的科学的问题，则显得是具有次要兴趣、更为专门兴趣的问题。这样一来，“认识论”的，即科学理论的重要变化便出现了：“科学作为问题和成就最终失去了它的独立性，并变成了单纯的局部问题。”①于是，科学的客观主义就可以得到排除，由客观主义引起的科学危机也就可以得到克服。这就是欧洲人危机的出路。

（二）施宾格勒的西方没落论

施宾格勒（Oswald Spengler, 1880—1936）是德国著名历史学家、历史哲学家、历史形态学开创人。他曾在德国哈雷大学、慕尼黑大学、柏林大学学习数学、自然科学和哲学，获博士学位。毕业后任中学教师，1911年放弃教职，过着清贫而自由的生活，从事演讲、写作，致力于历史研究。在此期间，他出版了《西方的没落》（*Der Untergang des Abendlandes / The Decline of the West*, 1918）一书，其名声因此大振，许多大学以正式、非正式的方式邀请他执掌教席，他一概拒绝。关于这部名著的目的和内容，施宾格勒自己有一个清楚的陈述：“尽管本书比较狭义的论题是要分析目前正在全球扩散的西欧**文化**的**没落**，但希冀的目标却是要发展一种哲学，以及这一哲学所特有的运作方法，那就是目前正要被试用的世界历史的比较形态学方法。本书很自然地要分成两部分。第一部分，‘形式与现实’，从各伟大**文化**的形式语言入手，试图深入它们的源头的最深处，这样就可以为建立一种有关象征的科学提供基础。第二部分，‘世界历史的透视’，从**现实生活的事实**入手，从高级人类的历史实践入手，寻求获得历史经验的精髓，这样我们就能着手构建我们自己的未来。”②这部著作出版后，他一直过着一种近乎隐居的生活，一心从事历史研究和政论写作。他的其他著作还有：《普鲁士精神和社会主义》（*Preußentum und Sozialismus / Prussiandom and Socialism*, 1920）、《德国的重建》（*Neubau des deutschen Reiches*, 1924）、《人和技术》（*Der Mensch und die Technik, Man and Technics: A Contribution to a Philosophy of Life*, 1931）等。施宾格勒虽然并不像在他前后的一些思想家那样直接批判西方资本主义及其文化，但他深刻洞察到近代以来西方文明严重的问题和

① ［德］胡塞尔：《欧洲科学的危机与超越论的现象学》，王炳文译，商务印书馆2001年版，第170页。

② ［德］施宾格勒：《西方的没落》（第一卷·形式与现实），吴琼译，上海三联书店2006年版，第48—49页。

潜伏的危机，并从历史形态演进的角度，根据人类历史上的其他文化类型都早已衰亡的状况，揭示西方文化走向没落的历史必然性。由此不难看出，他正是从历史学家、历史哲学家特殊的视角对西方近代以来文化所作的批判。

施宾格勒认为，人类历史原本就是一些强有力的生命历史的总和，而这些生命历程，在习惯的思维和表达中，通过冠以“古典文化”、“中国文化”或“现代文明”之类的高级实体名称，而被赋予了自我和人格的特征。一切有机体都有生老病死的生命周期，诞生、死亡、青年、老年、生命期等这些概念在历史领域也具有不同寻常的严肃意义，只是至今还没有人注意到它们。古典文化的没落似乎只是限于特定的时间和空间的现象，而西方的没落表面和它相似，但它还是一个与之存在密切相关的哲学问题。因此，如果想要发现西方文化命运的演变过程，我们首先就必须弄清：“文化是什么？它与可见的历史、生命、心灵、自然及心智之间有何种关系？它的表现形式是什么？这些形式——民族、语言和划时代、战争和观念、国家和神祇、艺术和工艺品、科学、法律、经济类型和世界观、伟大的人物和重大的事件——在多大程度上可以当作象征来接受和看待？”①

施宾格勒认为，要回答上述问题，需要运用他提出的“观相的（Physiognomic）形态学”，与之形成对照的“系统的（Systematic）形态学”。在施宾格勒看来，“**自然和历史**，是人的可能性范围里相互对立的两个极端，借助于这两者，人便能整理那诸多的现实性，使其向他呈现为一个世界图像。自然，就其指定生成之物的位置为既成之物而言，它乃是一种现实性；历史，就其参照既成之物的生成过程来整理既成之物而言，则是另一种现实性。”②前一种现实性作为感官的保证，则是批判地理解的对象，它在巴门尼德、笛卡儿、康德、牛顿的世界里有所体现；后一种现实性作为对心智的唤起物，乃是沉思的对象，它在柏拉图、伦勃朗、歌德和贝多芬的世界里有生动的说明。自然是由定律所统摄的必然性的总和，所存在的只有自然的定理而已。定律和定律所统辖的领域都是反历史的，它们是僵硬的、无机必然的，排除了偶然性和因果性。沉思和内视（vision）则是这样一种经验的活动：它就是历史本身，因为它本身就是一个正在完成的过程。那曾存在的，即是已经

① ［德］施宾格勒：《西方的没落》（第一卷・形式与现实），吴琼译，上海三联书店2006年版，第2页。

② ［德］施宾格勒：《西方的没落》（第一卷・形式与现实），吴琼译，上海三联书店2006年版，第92—93页。

发生的，而这就是历史。历史“是一种意象，是从历史学家的醒觉意识中发射出来的一种世界形式，在那一觉醒意识中，**生成主导着既成**”[①]。既然世界图像中包含自然和历史两种要素，认识世界的工作必然地是双重的。认识自然的是机械的和广延的事物的形态学，或者说，发现和整理自然定律与因果关系的科学，可称之为“系统的形态学”；认识历史的是有机的事物的形态学，或者说历史与生命以及所有载着方向和命运观察家符记的东西的形态，可称之为“观相的形态学”。但是，所有认识世界的方式最终都可描述为一种“形态学”。在施宾格勒看来，在西方，用系统的方式处理世界，在过去的一百年中已经达到并通过了它的顶点，而观相的方式的伟大时代尚未到来。所有可能存在的科学都将成为与人有关的一切事物的一种广泛的“观相学”的一部分，而“有关世界事变的**观相学**将变成**最后的浮士德哲学**”[②]。在施宾格勒看来，当前指导世界历史研究的理论应该是观相的文化形态学，因为“文化是**一种有机体**，世界历史则是有机体的集体传记”[③]，“是所有过去和未来的世界历史的**原初现象**”[④]。他宣称，他给“文化”这个重要概念赋予了一个最为重要的肯定意义，即像以可能和现实来区分心灵和世界一样，也用这种方式来区分可能的文化和现实的文化，例如作为（一般的或个体的）生存的一种观念的文化和作为那一观念之实体，亦即作为那一观念可见的、实在的和可理解的表现之总体的文化（如行动和意见、宗教和国家、艺术和科学、民族和城市、经济形式和社会形式，还有语言、法律、习俗、性格、面部轮廓和服装）。与生命和生成息息相关的高级历史，乃是可能的文化的实现。[⑤]

施宾格勒受生命哲学的影响，把文化理解为具有灵魂的活生生的生命领域，认为世界上的各种文化形态或类型都具有不同的灵魂或观念，即基本象征符号。“每一个**文化**都要经过如同个体的人那样的生命阶段，每一个文

① ［德］施宾格勒:《西方的没落》（第一卷·形式与现实），吴琼译，上海三联书店 2006 年版，第 93 页。

② ［德］施宾格勒:《西方的没落》（第一卷·形式与现实），吴琼译，上海三联书店 2006 年版，第 155 页。

③ ［德］施宾格勒:《西方的没落》（第一卷·形式与现实），吴琼译，上海三联书店 2006 年版，第 102 页。

④ ［德］施宾格勒:《西方的没落》（第一卷·形式与现实），吴琼译，上海三联书店 2006 年版，第 103 页。

⑤ 参见［德］施宾格勒:《西方的没落》（第一卷·形式与现实），吴琼译，上海三联书店 2006 年版，第 53 页。

化皆有其孩提、青年、壮年与老年时期。”[①] 他断定，世界上曾存在、尚存在九大文化类型（古典文化、阿拉伯文化、埃及文化、中国文化、印度文化、巴比伦文化、墨西哥文化、俄罗斯文化及西方文化），它们都有不同的文化心灵，其中他所重点关注的是古典文化和西方文化，它们的灵魂分别是阿波罗式的心灵（精神）和浮士德式的心灵（精神）。关于这两种心灵及其差异，施宾格勒作了这样的阐述："我们将用**阿波罗式的**心灵这个名称（与尼采的用法很类似）来意指古典文化的心灵，这一心灵选择感觉地在场的个别实体作为理想的延展物类型。与之相反，我们则具有**浮士德式的**心灵，它的原始象征是纯粹的和无限度的空间，它的'实体'是西方文化，该文化随着10世纪的时候在易北河与塔古斯河之间的北方平原上罗马风格的出现而大放异彩。裸体塑像属于阿波罗心灵，赋格曲的艺术属于浮士德心灵。体现阿波罗心灵的有：机械静力学、奥林匹亚神祇的感性崇拜、政治上个体的希腊城邦、俄狄浦斯的宿命以及菲勒斯象征；体现浮士德心灵的则有：伽利略动力学、天主教和新教教义学、巴洛克时代的伟大王朝及其内阁外交、李尔的命运以及从但丁的贝亚德（Beatrice）到《浮士德》第二部最后一行诗句中的圣母理想。以轮廓来界定单个形体的绘画是阿波罗式的，而借助光和阴暗对比来构型空间的绘画是浮士德式的——这便是波吕格诺图斯的壁画与伦勃朗的油画之间的区别。阿波罗式的生存是希腊人的生存，他描述他的自我是'索马'（soma），他整个地缺乏内在发展的观念，因此也整个地缺乏实际的历史，不管是内在的还是外在的；浮士德式的生存是随着对自我的深刻意识和内省而导引出来的一种生存，是在回忆录、反思、反省、展望和良知中所见证到的一种决断的个人性的文化。”[②] 施宾格勒还对阿波罗式的心灵与浮士德式的心灵之间的差异，以及它们与阿拉伯文化的麻葛式的差异作了更细致的比较分析。[③] 施宾格勒之所以特别重视几大不同文化类型的心灵，是因为他认为："每一伟大的文化都不过是某个单一的、独特地构成的心灵的实现和形式。”[④]

---

① ［德］施宾格勒：《西方的没落》（第一卷·形式与现实），吴琼译，上海三联书店2006年版，第104—105页。

② ［德］施宾格勒：《西方的没落》（第一卷·形式与现实），吴琼译，上海三联书店2006年版，第175页。

③ 参见［德］施宾格勒：《西方的没落》（第一卷·形式与现实），吴琼译，上海三联书店2006年版，第六章（B）阿波罗式、浮士德式与麻葛式的心灵。

④ ［德］施宾格勒：《西方的没落》（第一卷·形式与现实），吴琼译，上海三联书店2006年版，第124页。

在施宾格勒看来，对心灵的有意识的感受，就会形成心灵的“意象”。“‘心灵’，对于已从单纯的活着、感觉着的状态发展到警觉的、敏锐的状态的人来说，乃是一种源自十分原始的生与死的体验的**意象**。”[①]意象同思维一样古老，但与深思熟虑的思考不同，它是一种体验，而非一种理解。施宾格勒认为，浮士德式的心灵意象也与阿波罗式的心灵意象不同，甚至相反。在阿波罗式的心灵意向中，我们具有的是心灵实体，而在浮士德式的心灵意向中，我们具有的是作为想象单位的心灵空间。实体是由诸多部分组成的，而空间则是过程的场所。既然每一种文化都是有生命的，因而它们都必然会以自己的方式走向消亡。“每一种文化都各有**自身的精神消亡的方式**，此方式乃是出自其作为一个整体的生命之必然性。”[②]

施宾格勒对“文化”与“文明”这两个概念作了严格的区分。他把文明理解为一种文化的有机逻辑的结果、完成和终局。“每一文化，皆有**其自身的文明**。”[③]施宾格勒宣称是他第一次在一种周期的意义上用这两个概念来表达一个严格的和必然的有机发展系列。文明是文化的必然命运，是一种发展了的人性所能达到的最外在的和最人为的状态，“它们是一种结论，是继生成之物而来的已成之物，是生命完结后的死亡，是扩张之后的僵化，是继母土和多立克样式、哥特样式的精神童年之后的理智时代和石制的、石化的世界城市。它们是一种终结，不可挽回，但因内在必然性而一再被达成。”[④]作为一种历史进程，纯粹的文明就正在于那些已经变成无机的或僵死的形式的苟延残喘中。“文化和文明，一个是心灵的活生生的实体，一个则是心灵的木乃伊。对西方的生存来说，两者的分际在大约1800年的时候就出现了，即一方是地处偏远的生命，它有着自身的、通过内部的成长而形成的充盈性和确然性，有着从哥特式的童稚时期到歌德和拿破仑这种伟大的、不间断的演进；而另一方则是我们的伟大城市那秋天般的、人工的、无根的生命，受才智所构建的形式的支配。文化和文明，一个是诞生于大地母亲的有机体，

---

① ［德］施宾格勒:《西方的没落》(第一卷·形式与现实)，吴琼译，上海三联书店2006年版，第288页。

② ［德］施宾格勒:《西方的没落》(第一卷·形式与现实)，吴琼译，上海三联书店2006年版，第340页。

③ ［德］施宾格勒:《西方的没落》(第一卷·形式与现实)，吴琼译，上海三联书店2006年版，第30页。

④ ［德］施宾格勒:《西方的没落》(第一卷·形式与现实)，吴琼译，上海三联书店2006年版，第30页。

一个是从固化的结构发展而来的机械物。文化人过着灵性的生活，文明人则在空间中、在实体和‘事实’中过着外在的生活。前者感受为命运的东西，后者理解为因与果的联系”[①]。施宾格勒认为，文明的发展经历了三个阶段：文明从文化中解脱出来；优雅精致的文明形式的产生；文明的僵化。[②] 到了僵化阶段，文明就到了毁灭的前夜。

在施宾格勒看来，从文化到文明的过渡，是在公元前四世纪的古典世界完成的，出现了巴比伦文明、埃及文明、印度文明、中国文明、罗马文明等，而在西方世界是在19世纪完成的，迄今为止，西方处于文明衰落的过程之中。这个过渡是有明确的节点的：“如同开头的浮士德之于结尾的浮士德是文化对文明一样，伯里克利时代的希腊之于恺撒时代的罗马，亦复如此。”[③] 关于文化的诞生和没落，施宾格勒有一段集中的表述：“当一个伟大的心灵从一度童稚的人类原始精神中觉醒过来，自动脱离了那原始的状态，从无形式变为一种形式，从无涯与永生变为一个有限与必死的东西时，文化便诞生了。它在一块有着可确切界定的风景的土地上开花结果，就像植物一般。当这心灵以民族、语言、教义、艺术、国家、科学等形态实现了其所有的可能性之后，它便会熄灭，而回复至原始的心灵状态。但是，其活生生的生存，那界定和展现各完成阶段的一系列伟大时代，乃是一种内在的热忱的奋斗，为的是维持其**文化的理念**，以对抗**原始混沌**的力量，对抗无意识深处的怨诉。不仅艺术家要反抗物质的阻力，反抗自身观念的窒息。事实上，每一文化都与广延或空间有着一种深刻象征的、几乎神秘的关系，它也要努力在广延和空间中并通过广延和空间来实现自身。一旦目标达成——文化的观念、其内在可能性的整个内涵皆已实现，并已变成外部现实——文化立刻便会僵化，它便会克制自己，它的血液便会冷冻，它的力量便会瓦解，它便会变成文明，我们可以在‘埃及主义’、‘拜占廷主义’、‘满清主义’这样的字眼中，感受并理解这一点。它们就像一个已经衰老朽败的巨大原始森林，枯朽的树枝伸向天空，几百年，几千年，如同我们在中国、印度、伊斯兰世界所看到的。……每一个活生生的文化都要经历内在与外在的完成，最

① ［德］施宾格勒：《西方的没落》（第一卷·形式与现实），吴琼译，上海三联书店2006年版，第337页。

② 参见［德］施宾格勒：《西方的没落》（第二卷·世界历史的透视），吴琼译，上海三联书店2006年版，第96页。

③ ［德］施宾格勒：《西方的没落》（第一卷·形式与现实），吴琼译，上海三联书店2006年版，第338页。

终达至终结——这便是历史之‘没落’的全部意义所在。在这些没落中，古典文化的没落，我们了解得最为清楚和充分；还有一个没落，一个在过程和持久性上完全可以与古典的没落等量齐观的没落，将占据未来一千年中的前几个世纪，但其没落的征兆早已经预示出来，且今日就在我们周围可以感觉到——这就是西方的没落。”[①]这段话也可以看作是他关于西方没落观点的理论依据。

文化作为生命有机体，会把自身表现为各种形式，形成为各种象征。“如同植物的存在是经由发叶、开花、抽枝、结果等在形式、外形和仪态上获得其表现一样，一种文化的存在则是经由其宗教的、理智的、政治的和经济的形态来获得其表现的。”[②]而且这些表现形式是同所表现的文化共存亡的。“在宗教、艺术、政治、社会生活、经济、科学等方面所有伟大的创造和形式，在所有文化中无一例外的都是**同时代地**实现自身和走向衰亡的。”[③]在《西方的没落》中，施宾格勒根据他的“世界历史形态学”通过文化的种种不同形式和象征考察展示了西方没落的必然性和现状。

施宾格勒认为，数学是一种最严密的科学，是一种真正的艺术，也是一种最高级的形而上学。“和上帝的概念一样，数字包含有作为自然之世界的终极意义。因此，数字的存在可以说是一种奥秘，每一文化的宗教思想都留有数字的印记。”[④]每一种文化都拥有它的数学视野和数学思想，而这是它形诸文字的数学所不可能充分表达的。施宾格勒断定，所存在的任何数学的风格整个地都依赖于它所扎根的文化，依赖于那构成它的特定人类。施宾格勒认为，古典数学与西方数学之间有一些不同之处，如：古典的数学重大小和长度，与时间观念密切相关，而西方数学重多方延伸，与空间观念有关；古典数学重比例，西方数学重函数。但是，它们也有共同的命运，即当它们达到顶峰的时候，也就意味着它们开始走向衰亡。施宾格勒把毕达哥拉斯等人发明的古典文化自身所独有的“数”，即可以度量的量，称为“阿波罗

① ［德］施宾格勒:《西方的没落》（第一卷·形式与现实），吴琼译，上海三联书店2006年版，第104页。

② ［德］施宾格勒:《西方的没落》（第一卷·形式与现实），吴琼译，上海三联书店2006年版，第108页。

③ ［德］施宾格勒:《西方的没落》（第一卷·形式与现实），吴琼译，上海三联书店2006年版，第110页。

④ ［德］施宾格勒:《西方的没落》（第一卷·形式与现实），吴琼译，上海三联书店2006年版，第54页。

式的数”，而把笛卡尔及帕斯卡尔等人发明的西方文化中作为关系的数称为“浮士德式的数”。“浮士德式的数”从代数到几何再到函数的发展过程，到高斯、黎曼等人那里达到顶峰。“到了这一顶峰之后，我们的西方数学，作为**浮士德心灵的观念的投影和最纯粹的表现**，已耗尽了其每一种内在的可能性，完成了它的命运，就这样，它终止了自身的发展，一如古典文化的数学在公元前 3 世纪终结了一样。”①

在科学和自然知识方面，施宾格勒认为，虽然静力学、化学和动力学实际上对应于阿波罗式的心灵、麻葛式的心灵、浮士德式的心灵中的物理体系，但就物理学而言，物质和形式的概念属于古典文化；具有可见的神秘属性的实体观念属于阿拉伯文化；力和质量的观念属于浮士德文化。阿波罗式理论的特点是安静地思考，而浮士德式的理论自始至终贯穿着一种运动的假设。希腊人习惯于思考可见的存在的本质是什么，而我们总会问支配生成的不可见的物体运动的原因是什么，它的存在可能性究竟有多大；希腊人乐于专注地研究可见物体，而我们感兴趣的则是如何操控自然，如何发现机械性的实验奥秘。这就是浮士德式与阿波罗式的自然知识的不同。两者之间的差别在许多意象上有所反映，如物质构成的微粒、树林、河流、房屋等等。以原子观为例，古典的原子观认为原子是一种极小的实体微粒，是可感知的实体；西方原子观认为它是一种极微小的数量，是抽象不可见的，而且还是一种极其微小的能力。总的看，阿波罗的自然意象建立在个别事物之上，浮士德式的自然意象建立在整体的空间之上，它们构成两种对立的象征。浮士德式的自然知识的最终目标，就是要将一切知识都融入到一个庞大的形态学的关系系统中。但是，作为浮士德文化的组成部分，浮士德式的自然知识也有诞生、衰亡的过程，而且这个过程与浮士德文化的兴亡盛衰相伴随，它们使西方文化在有生之年，在空间上上演了一出历史剧。“然后，经过这一番挣扎追寻之后，西方科学已精衰力竭，它将返回到它的精神故乡。”②

在施宾格勒看来，不仅在数学和科学方面，而且在种类繁多的艺术方面，阿波罗心灵与浮士德心灵也存在着对立，由此也可以看出西方走向没落的迹象。就音乐而言，听觉与视觉一样，可以成为沟通心灵的桥梁。但是，

① ［德］施宾格勒:《西方的没落》(第一卷·形式与现实)，吴琼译，上海三联书店 2006 年版，第 88 页。

② ［德］施宾格勒:《西方的没落》(第一卷·形式与现实)，吴琼译，上海三联书店 2006 年版，第 408 页。

希腊人不懂得这个道理，因而领略不到音乐唤起的幻象带来的高级享受。他们只知道用肉眼感觉大理石，对于眼睛和耳朵希望接受的印象来说，人就是一个整体的接受器。而对于近代西方人来说，音乐与绘画早已互相渗透。不过，公元16世纪前后，随着晚期哥特风格的终结，西方音乐迎来了它的青春期；而到了19世纪，罗可可风格的衰落标志着伟大的浮士德风格的终结。于是，经过三个世纪的发展之后，西方音乐面临着难以抗拒的衰亡的命运。在绘画方面，阿波罗式的心灵认为，经验可见的形体就是它自身存在方式的完整表现；而浮士德的心灵则认为，这种表现不是体现于人的身体，而是体现在人的个性和性格之中。在人性理想方面，两者之间也同样存在对立。例如，在浮士德的宗教艺术中，母性的形象总是最高贵的；而在希腊人的想象中，女神的形象或者是雅典那那样的勇敢的女战士，或者是阿芙洛狄忒那样的荡妇。古典女性形象的身体总能够给人以力量，而西方的艺术形象中圣母的有形身体完全消失不见了。但是，在音乐走向衰亡的前后，绘画建筑等艺术也宣告死亡。“苦涩的结论是：随着西方的形式的艺术的终结，所有的一切也将不可挽回地走向完结。19世纪的危机只是垂死的挣扎。跟阿波罗式的艺术、埃及艺术和其他一切艺术一样，浮士德式的艺术也将衰老而终，在实现了它的内在可能性之后，在完成了它在其文化进程中的使命之后，它便一去不返了。”①

城市对于文化的发展具有极为重要的意义。施宾格勒认为，“农民是没有历史的”②，“世界的历史即是城市的历史”③。“所有伟大的文化都是城镇文化。……**世界历史便是市民的历史**，这就是‘世界历史’的真正尺度，这一尺度使得世界历史与人的历史非常鲜明地区分开来。民族、国家、政治、宗教、所有的艺术以及所有的科学，全都有赖于**一种**原初的人类现象，那就是城镇。”④施宾格勒认为，区分城镇与乡村的东西，不是大小，而是一种心灵的存在。城镇心灵的诞生是一个真正的奇迹。一种全新的群众心灵突然地从

① ［德］施宾格勒：《西方的没落》（第一卷·形式与现实），吴琼译，上海三联书店2006年版，第284页。

② ［德］施宾格勒：《西方的没落》（第二卷·世界历史的透视），吴琼译，上海三联书店2006年版，第84页。

③ ［德］施宾格勒：《西方的没落》（第二卷·世界历史的透视），吴琼译，上海三联书店2006年版，第83页。

④ ［德］施宾格勒：《西方的没落》（第二卷·世界历史的透视），吴琼译，上海三联书店2006年版，第79页。

它的文化的一般精神中产生出来。它一旦觉醒了，就为自己形成了一种可见的实体，从那些各有自己的历史的、成片的乡村的农田和茅舍中出现了一个整体。这个整体生活着、呼吸着、生长着，并获得了一种面貌和一种内在的形式与历史。从此以后，除了个别的房屋、庙宇、教堂和宫殿以外，城镇的形象也展现出来。"这种城市就是一个世界，就是世界**本身**。只有作为一个整体，作为一个人类的住处，城市才有意义，而房屋仅是构成城市的石头。"①城市是才智。大都市是"自由的"才智。②但"城市不仅意味着才智，而且意味着金钱"③。随着城市的发展达到这样一种地步，以至于它无须再去抵御乡村和武士精神，而是相反，它变成了一种专制，乡村及其基本的社会秩序在对它作绝望的自卫斗争时，一个新的时代便到来了。在施宾格勒看来，如果说文化的早期阶段的特点是城市从乡村中诞生出来，晚期阶段的特点是城市与乡村之间的斗争，那么，文明时期的特点就是城市战胜乡村，由此而使自己摆脱土地的控制，但最后必然走向自身的毁灭。"从原始的以物易物的中心成长为一个文化城市，最后成长为世界都市，为了它那壮丽的演进的需要，它首先牺牲了其创造者的血液和心灵，然后，为了适应文明的精神，它又牺牲了这一成长的最后花朵——就这样，命中注定地，它要走向最后的自我毁灭。"④不过，施宾格勒也承认，西方文明的世界城市也远未达到其发展的顶峰。⑤

施宾格勒认为，所有的经济生活都是一种心灵生活的表现。⑥生命有与相适应的政治状态和经济状态，它们相互叠复、相互支持、相互对抗，但政治状态无条件地是第一位的。经济和政治是同一活生生地涌动的存在之流的两个方面，它们当中的每一个都体现了宇宙涌动的脉动，这涌动就潜藏在个

① ［德］施宾格勒：《西方的没落》（第二卷·世界历史的透视），吴琼译，上海三联书店2006年版，第88页。

② ［德］施宾格勒：《西方的没落》（第二卷·世界历史的透视），吴琼译，上海三联书店2006年版，第85页。

③ ［德］施宾格勒：《西方的没落》（第二卷·世界历史的透视），吴琼译，上海三联书店2006年版，第86页。

④ ［德］施宾格勒：《西方的没落》（第二卷·世界历史的透视），吴琼译，上海三联书店2006年版，第95页。

⑤ 参见［德］施宾格勒：《西方的没落》（第二卷·世界历史的透视），吴琼译，上海三联书店2006年版，第89页。

⑥ 参见［德］施宾格勒：《西方的没落》（第二卷·世界历史的透视），吴琼译，上海三联书店2006年版，第438页。

人生存的代代相继中。所有高级的经济生活都是在农民的基础上并超越于农民发展起来的。农民的经济是生产性的经济，它全然为了自己而生产和利用。后来有一种掠夺性的经济来与生产性的经济相对抗。这种经济把生产性的经济作为对象加以利用。有一种属于“人”的原始经济，这种经济跟植物和动物的经济一样，它完全支配着原始时代。伴随着国家从城市进行放射性的统治，出现了都市的货币经济，而随着文明时代的到来，在世界城市的民主政治取得胜利的同时，这种货币经济发展成为金钱的独裁。① 施宾格勒认为，浮士德式的货币，不是铸造出来的，而是从一种生活中产生出来的，是一种有效力的中心，它就是那种生活的内在品质，能够把心中的想法提升到具有事实的意义。“**以金钱的方式来思考，就能产生出钱**——这就是世界经济的秘密。”② 在西方文明时代，金钱是才智能量的形式，统治者的意志，政治的和社会的、技术的和精神的创造力，以及对美好生活的渴望，全都集中于此。对金钱的普遍关心是我们的文明中一件充满希望的事实，金钱和生活是不可分割的，金钱是使生活得以社会地分配的筹码，它就是生活。民主政治也不过是金钱与政治力量之间已达成的一种均势。③ 在经济上，除了金钱之外，还有很多其他的东西也体现了浮士德式的特点。例如，浮士德式技术努力按自己的意志去指挥世界，向自然冲击，决心做自然的主人；浮士德式人才变成为他创造的奴隶，“他的命数以及他赖以为生的生活安排，已经被机器推上了一条既不能站立不动又不能倒退的不归路”。④

在施宾格勒看来，人类是在自然中培育出来的，而作为等级的人类，即是自己培育出来的。在原始等级兴起之时，文化也开始显露自身。“等级是最有生气的，文化在那里进入完成的轨道，成为‘生命自行显露的形式’。”⑤ 人类精英所产生的文化，就是人类把自己推进到更高级阶段的存在状态的表现。施宾格勒认为，把奴隶、自由民和贵族区分开来，是一种原始

---

① 参见［德］施宾格勒:《西方的没落》(第二卷·世界历史的透视)，吴琼译，上海三联书店 2006 年版，第 444 页。

② ［德］施宾格勒:《西方的没落》(第二卷·世界历史的透视)，吴琼译，上海三联书店 2006 年版，第 458 页。

③ 参见［德］施宾格勒:《西方的没落》(第二卷·世界历史的透视)，吴琼译，上海三联书店 2006 年版，第 451 页。

④ 参见［德］施宾格勒:《西方的没落》(第二卷·世界历史的透视)，吴琼译，上海三联书店 2006 年版，第 468 页。

⑤ ［德］施宾格勒:《西方的没落》(第二卷·世界历史的透视)，吴琼译，上海三联书店 2006 年版，第 308 页。

的区分。后来出现了僧侣。随着城市一起，但比城市更年轻，出现了作为“第三等级”的市民、资产阶级。贵族和僧侣这两个等级是相互排斥的，而在这个等级中，贵族才是真正的等级，是血统和种族的总和，也是一种更高级的农民。但是，真正“回归自然”的文明，意味着贵族的消亡。此后，贵族就只是一种尊称。“正因如此，**文明化的**历史成了表面的历史，没有关联地指向一些明显的目标，并由此成为宇宙中无形式的东西，依赖于伟大人物的偶然成就，缺乏内在的稳固性、谱系和意义。”①

在施宾格勒看来，单个的阶级或家族是历史潮流中最小的单位，邦族则是其最大的单位。“一个具有文化形制的民族——亦即，一个具有历史性的民族——可称为是一个邦族。”② 文化就是国家形式的邦族的存在。③ 国家是男人事务，它是对保护整体、抵御入侵、预见危险的关切，尤其是对积极进攻的关切。具有伟大形制的国家和它的两个原始等级即贵族和僧侣一样悠久。国家与贵族的区别在于：作为一个阶级独自存在的贵族只以自身为参照去感受邦族的其他阶级，并只想在那种意义上运用权力；而国家则要关照所有的人，对于贵族，它只是将作为主要的关切对象加以关照。施宾格勒认为，西方从文化向文明转变的结果，以及大陆国家在文明肇始之初的基本形式，就是“君主立宪”，其最极端的情形，就是我们现今所谓的共和国。④ 在他看来，城市的自由概念，即摆脱某种东西而获得的自由，把自己局限在一种仅仅反王朝的意义上，而共和国的热情又仅仅是依赖于这种情感的。议会政治并不像巴洛克国家那样是文化的一个顶峰，而是“获得了其成熟形式的晚期文化与一个无形式的世界中的伟大人物的时代之间的一种过渡”⑤，今天正处在全面的衰退中。“金钱以民主政治的形式赢得了胜利。”⑥ 施宾格勒

① ［德］施宾格勒：《西方的没落》（第二卷·世界历史的透视），吴琼译，上海三联书店2006年版，第313页。

② ［德］施宾格勒：《西方的没落》（第二卷·世界历史的透视），吴琼译，上海三联书店2006年版，第334页。

③ ［德］施宾格勒：《西方的没落》（第二卷·世界历史的透视），吴琼译，上海三联书店2006年版，第334页。

④ 参见［德］施宾格勒：《西方的没落》（第二卷·世界历史的透视），吴琼译，上海三联书店2006年版，第386页。

⑤ ［德］施宾格勒：《西方的没落》（第二卷·世界历史的透视），吴琼译，上海三联书店2006年版，第389页。

⑥ ［德］施宾格勒：《西方的没落》（第二卷·世界历史的透视），吴琼译，上海三联书店2006年版，第406页。

指出，我们进入了巨大冲突的时代，这是一个从拿破仑主义过渡到恺撒主义的演化阶段，相当于中国的“战国时期”，至少要经过两个世纪之久。这个战国时期开始于拿破仑和他的专横暴戾的苛政，而恺撒主义是指这样一种政府：“不论它可能有什么样的宪法结构，在其本质上都是一种向彻底的无形式的倒退。”[①] 恺撒主义的到来打破了金钱的霸权和它的政治武器民主政治。作为 20 世纪真正女王的机器，连同它的人类仆从，都面临着屈从于一个更强大的力量的危险。与此同时，金钱也已经走到了它胜利的尽头。最后的冲突，即金钱与血之间的冲突，已迫在眉睫。在那场冲突中，文明将取得其最后的形式。[②]

施宾格勒指出，西方已经进入了帝国主义阶段，而帝国主义是所有文化走向文明的最典型标志。“应当把**帝国主义**看作正在消逝的文化的典型象征；它的化石，如埃及帝国、罗马帝国、中华帝国、印度帝国是可以千百年地继续存在下去的——作为一些僵死的物体、一些无定形的和无精神的人群，一种伟大历史的残剩碎片而存在下去。帝国主义是不折不扣的**文明**。西方的命运正在不可逆转地陷入这种现象的形式中。”[③] 施宾格勒指出，我们是文明化的人，不是哥特式或罗可可式的人，我们不得不考虑文化晚期生命的冷酷事实，与之平行的不是伯里克利时代的雅典，而是恺撒时代的罗马。[④] 西方的未来不是永远向着我们今天的理想无限制地上升和前进，而是在形式和延续性有着严格的限制和规定，它还将持续数百年。施宾格勒感叹说：“有生就有死，有青春就有衰老，有一般的生命，也就有生命的形式及其时限。现代是一个文明化的时代，断然不是一个文化化的时代，事实上，有大量的生命能量终将因为不可能挥发而散尽。这或许令人感伤，在悲观主义的哲学和诗歌中，可能且必将为此悲叹不已，但我们无力扭转乾坤。”[⑤] 施宾格勒相信，**每一既成的事物都是必死的**。民族、语言、种族和文化都是暂时的。从现在

① ［德］施宾格勒:《西方的没落》(第二卷·世界历史的透视)，吴琼译，上海三联书店 2006 年版，第 406 页。

② 参见［德］施宾格勒:《西方的没落》(第二卷·世界历史的透视)，吴琼译，上海三联书店 2006 年版，第 470 页。

③ ［德］施宾格勒:《西方的没落》(第一卷·形式与现实)，吴琼译，上海三联书店 2006 年版，第 36 页。

④ 参见［德］施宾格勒:《西方的没落》(第一卷·形式与现实)，吴琼译，上海三联书店 2006 年版，第 39 页。

⑤ ［德］施宾格勒:《西方的没落》(第一卷·形式与现实)，吴琼译，上海三联书店 2006 年版，第 39 页。

开始再过几个世纪，将不再有一种西方文化，不再有德国人、英国人或法国人，如同罗马人在查士丁尼时代便不复存在一样。这不是说人类的世代延续会断裂，而是一个民族的内在形式——是这种内在形式使那世世代代作为一个单一的姿态结合在一起的——将不复存在。[①]

需要特别提出的是，在约 70 年后，美国学者弗朗西斯·福山在 1989 年发表的《历史的终结？》[②]一文中提出了一种与施宾格勒完全不同的观点，即历史终结论。福山认为，伴随着自由民主 18—19 世纪在欧美的全面胜利，以及 20 世纪对法西斯主义和共产主义等意识形态的成功对抗，作为一种正统的政治体系，自由民主已经在世界范围内获得了胜利。因此，自由民主有可能成为人类意识形态进步的终点，成为人类统治的最后形态，并且将构成历史的终结。在他看来，经过漫长的历史沧海桑田变化，其他的统治形态都走向了衰落，唯独自由民主保存了下来。福山的这篇论文发表不久，以苏联为核心的苏东共产主义体系迅速解体，柏林墙也瞬间坍塌，维持半个世纪的冷战以西方资本主义的暂时胜利宣告结束。因此，《历史的终结？》一文成了一篇及时的预言，因而在全世界引起了广泛的反响。福山的结论及历史事实的印证，值得我们对施宾格勒的西方没落论的反思和重新评价。

（三）汤因比论文明兴衰

汤因比（Arnold Joseph Toynbee, 1889—1975）是英国历史学家、历史哲学家。他的伯父阿诺德·汤因比（Arnold Toynbee, 1852—1883）也是一位历史学家，专门研究经济发展史。他早年在牛津大学巴利奥古学院、雅典英国学院学习，曾在外交部情报司工作，后任伦敦大学、伦敦经济学院教授，曾担任皇家国际事务学会外事研究部主任和外交部研究司司长。汤因比对历史有其独到的眼光，他的 12 册巨著《历史研究》（*A Study of History*, 1934—1961）讲述了世界各个主要民族的兴起与衰落，他因此被誉为“近世以来最伟大的历史学家”“现代学者最伟大的成就”。他的著作除《历史研究》外，还有《经受着考验的文明》（*Civilization on Trial*, 1948）《西方文明的前景》（*The Prospects of Western Civilization*, 1949）、《世界与西方》（*The World and the West*, 1953）、《原子的时代的民主》（*Democracy in the Atomic*

① 参见［德］施宾格勒:《西方的没落》（第一卷·形式与现实），吴琼译，上海三联书店 2006 年版，第 161—162 页。

② Francis Fukuyama, “The End of History?”, *The National Interest*, No.16（summer）: 3-19, 1989.

Age, 1956)、《从东方到西方：绕世界旅行》(*East to West: A Journey round the World*, 1958)、《希腊精神：一种文明的历史》(*Hellenism: The History of a Civilization*, 1959)、《拯救未来》(*Surviving the Future*, 1971)、《人类与大地母亲：世界叙事史》(*Mankind and Mother Earth: A Narrative History of the World*, 1976)、《希腊人及其遗产》(*The Greeks and Their Heritages*, 1981)等。汤因比继承和发扬了施宾格勒的生命主义历史哲学思想，虽然他不认为人类各文明犹如一个有机体，但肯定其存在和发展具有一般规律，都会经历起源、成长、衰落和解体四个阶段。文明的这种周期性变化并不表示文明停滞不前，在旧文明中生成起来的新生文明会比旧文明有所进步。文明兴衰的基本原因在于挑战和应战。一个文明如果能够成功地应对挑战，就会诞生和成长起来；反之，就会走向衰落和解体。

汤因比提出，历史研究"可以自行说明问题的单位"既不是一个民族国家，也不是另一极端上的人类全体，而是他称为社会的某一群人类。他称之为"社会"或"文明"。他认为，在今天的世界上还有五个这样的社会即西方社会、东正教社会、伊斯兰社会（包括伊朗社会和阿拉伯社会）、印度社会和远东社会。此外还有一些死灭了的社会的化石遗物，包括：古代希腊社会、叙利亚社会、古代印度社会、古代中国社会、来诺斯社会、印度河流域文化、苏末社会、赫梯社会、巴比伦社会、埃及社会、安第斯社会、墨西哥社会、尤卡坦社会和马雅社会。其中有些社会还可以作进一步的划分，如东正教社会可分为拜占庭东正教社会和俄罗斯东正教社会、远东社会可分为中国社会和朝鲜—日本社会。所有这些社会都有一个共同的特点，这就是只有它们具有文明。在所有这些社会中，其中大部分都是另一个社会或几个社会的亲体或子体。在他看来，从旧社会转变到新社会有三个因素：作为旧社会最后阶段的一个统一国家；在旧社会里发展起来的而转过来又发展了新社会的一个教会；以及一个蛮族英雄时代的混乱入侵。在这三个因素里，第二个是最重要的，而第三个是最不重要的。①

汤因比在这里批评了那种"历史统一"或"文明统一"的观点，这种观点否认存在着如此多可辨识的社会品种，认为只有一个社会，即西方社会。汤因比认为导致这种错误观点的原因在于，在近代，西方文明以它的经济制度之网笼罩了全世界，而且在实现了一种以西方为基础的经济统一之后，又

① 参见［英］汤因比：《历史研究》上，曹未风等译，上海人民出版社 1966 年版，第 18 页。

来了一个以西方为基础的政治统一。除了由于西方文明在物质方面的世界性胜利而产生的假象之外，这种错误还有三个来源：自我中心的错觉，“东方不变论”的错觉，以及认为进步是沿着一根直线发展的错觉。在汤因比看来，“虽然世界各地的经济和政治的面貌是西方化了，但是它们的文化面貌却大体上维持着在我们西方社会开始经济的和政治的征服事业以前的本来面目。”① 他指出，当我们西方人把别人唤作“土著”的时候，这就等于在我们的观念里把他们的文化特色暗中抹杀了。

在探讨文明社会的起源之前，汤因比首先讨论了原始社会与文明社会之间的区别。他认为，两者之间的区别不在于有没有制度，因为制度是人和人之间的表示非个人关系的一种手段，在所有的社会里都有。分工也不是两种社会之间的根本区别，因为我们在原始社会的生活里也还能看得见初步的分工。在汤因比看来，文明社会与原始社会之间的根本区别在于模仿的方向。模仿行为是一切社会生活的属性，文明社会和原始社会里都有这种行为。然而，在这两种社会里，模仿的方向却不同。“我们知道在原始社会里，模仿的对象是老一辈，是已经死了的祖宗，虽然已经看不见他们了，可是他们的势力和特权地位却还是通过活着的长辈而加强了。在这种对过去进行模仿的社会里，传统习惯占着统治地位，社会也就静止了。在另一方面，在文明社会里，模仿的对象是富有创造精神的人物，这些人拥有群众，因为他们是先锋。在这种社会里，那种‘习惯的堡垒’是被切开了的，社会沿着一条变化和生长的道路有力地前进。”② 由于存在着这种区别，所以从原始社会到文明社会的过渡，是一种从静止状态到活动状态的过渡。

汤因比通过研究发现，文明的起源的情形也是如此：“文明的起源原来是通过内部无产者脱离现存文明以前的那个已经失去创造能力的少数统治者的行为而产生的。”③ 在他看来，如果一个还在生长中的文明社会的少数创造者或萎缩成了一个在解体中的文明少数统治者，这就意味着这个社会已经从活动的阶段进入了静止的状态。对于这种静止状态来说，无产者脱离少数统治者的运动却是一种有力的反动，它能使一个社会从静止状态又过渡到活动状态里，因此产生一种新的文明。“所有的文明的起源——不论是否有亲属

① ［英］汤因比:《历史研究》上，曹未风等译，上海人民出版社 1966 年版，第 46 页。
② ［英］汤因比:《历史研究》上，曹未风等译，上海人民出版社 1966 年版，第 60 页。
③ ［英］汤因比:《历史研究》上，曹未风等译，上海人民出版社 1966 年版，第 62 页。

关系——都可以借用史末资将军的一句话：‘人类又在行动了’。”①

许多观察家都认为，这种一动一静的交替的节奏，这种前进、停止、又前进的交替的节奏乃是宇宙本身的一种基本性质。那么，这种促使人类生活重新运动的因素是什么呢？汤因比首先否认了两种因素：种族和环境。就种族而言，汤因比批驳了白色人种优越论的观点，认为所有的文明都是由许多人种共同创造的。例如，北欧人有功于古代印度、古代希腊、西方、俄罗斯东正教四个文明，可能还有赫梯文明。因此，种族优越性绝不是六千年以来世界各地先后从静变到动的原因。汤因比也列举了许多事实证明环境的因素并不能成为创造文明的积极因素。例如，古代中国文明常被看作是黄河的产物，因为它正巧是在黄河流域出现的。但是，多瑙河流域虽然在气候特点、土壤、平原及山地面貌上同黄河非常相似，它却没有产生相似的文明。如果文明的起源不是生物因素或地理环境因素单独发生作用的结果，那么一定是它们两者之间某种交互作用的结果。汤因比从神话历史上的一些神话受到启发，发现文明的起源是一些挑战和应战交互作用的产物。通过对 21 个文明起源的考察，汤因比得出了这样的结论：所有子体文明，“一方面毫无例外地都在它们所继承的先驱文明瓦解之中遇到了人为的挑战，另一方面有些文明也像那些没有亲属关系的文明遇到的挑战一样，遇到过自然环境的挑战。”②至于那些没有亲属关系的文明除了自然环境的挑战之外，是否也在它们从原始社会生长出来的时候遇到过人为的挑战，则完全缺乏历史依据。尽管如此，有一点是可以肯定的，即无论是子体文明，还是没有亲属关系的文明在起源的过程中都遇到了挑战。

有一种观点认为，文明的起源是由于生活环境的条件特别方便。汤因比列举了大量的事例反驳了这种观点。其中他讲了一个希罗多德《历史》中记载的“阿尔铁姆巴列司的劝告”故事。有个名叫阿尔铁姆巴列司的人给波斯帝国的居鲁士大帝献策：“既然宙斯削平了阿司杜阿该斯而把霸权赋予波斯人，特别是波斯人当中的居鲁士，既然我们所有的土地既狭小又不平坦，因此让我们迁出这块地去，去找一块更好的地方罢。我们边界上这样的地方是很多的，在更远的地方，这样的地方也是很多的。这样的地方我们只要弄到一块，我们就可以做出使人们更加惊叹的事情。在我们目前统治了这样多的人以及整个亚细亚的时候，难道我们还有一个比现在更好的机会吗？”居鲁

① ［英］汤因比：《历史研究》上，曹未风等译，上海人民出版社 1966 年版，第 62 页。

② ［英］汤因比：《历史研究》上，曹未风等译，上海人民出版社 1966 年版，第 98 页。

士听了这些话后对这计划并不是特别赞赏，但还是命令他们可以这样做。不过，他也警告他们，这样做必须准备不再做统治者，而要做被统治的臣民。温和的土地产生温和的人物；极其优良的作物和勇武的战士不是从同一块土地上产生出来的。[①] 汤因比讲这个故事，以及对其他事例的考察，是要说明安逸对于文明是有害的，而恶劣的环境条件并不都是坏事，有时它是一种刺激，也是一种挑战，人们会在这种刺激下勇敢地应对这种挑战，从而产生新的文明。“只有在亚当和夏娃被逐出了伊甸乐土以后，他们的子孙才动手去发明农业、冶金术和乐器。”[②]

汤因比讨论了环境挑战的具体情形。他把环境分成两类：一类是自然环境，另一类是人为环境。对于自然环境，他进行了两种比较：一是不同程度的困难的自然环境的刺激效果的比较；二是不管地方原来的性质如何，而只是从地方的新旧程度不同的刺激效果进行比较。[③] 关于前者，他具体分析了困难地方的刺激。其中所举的例子之一是中国的黄河和长江下游地区的不同困难情况。他认为，黄河在古代一年四季无法通航，每个冬天它或是结成坚冰或是塞满浮冰，而冰溶后又发生破坏性的洪水；而长江流域却一直通航，它水患也比黄河少得多，而且冬天也温和得多。然而古代中国文明却诞生在黄河两岸而不是诞生在长江流域。关于后一种比较，汤因比分析了新地方的刺激。他认为，开拓新地方的行为本身也有刺激作用。他举例说，在远东社会，什么地方表现出最大的生命力呢？最突出的代表无疑是日本人和广东人。从历史的观点来看，这些人都是出现在新地方的，他们在新地方创造了自己的文明。在汤因比看来，如果说新地方比旧地方具有更大的刺激力量的话，那么凡是在新旧两地之间隔了一段海洋的，刺激力量更大。而这种作用如果是发生在民族大迁徙期间表现得更为突出。跨海迁移使不同种族体系大混合，使原始社会制度萎缩，所产生的新政治不再是以血族为基础，而是以契约为基础的。

人为环境有一定社会外部人为环境和内部人为环境两种情形。前一种情形可以包括这样一些社会或国家的行为，它们对于邻居的行为在开始的时候就是双方都占有着某些特定的区域。在相互接触的过程中，从处于被动地位

① ［古希腊］希罗多德：《历史：希腊波斯战争史》下册，王以铸译，商务印书馆 1959 年版，第 677—678 页。

② ［英］汤因比：《历史研究》上，曹未风等译，上海人民出版社 1966 年版，第 108 页。

③ 参见［英］汤因比：《历史研究》上，曹未风等译，上海人民出版社 1966 年版，第 109 页。

的这些社会的立场看，它们所遇到的人为刺激是外部的或外来的。[①] 这种情形主要包括两种形式：一个是以一种突然打击的形式出现的，另一个是以一种不断施加压力的形式出现的。第二种情形则是指这一社会中两个同处一地的社会阶级中的一个阶级对另一个阶级的行为，其形式是内部的惩戒，汤因比称之为“遭遇不幸的刺激”。[②]

文明诞生于非常艰难的环境，那么能不能说环境越困难刺激文明的力量就越强呢？汤因比说他逐一研究上述五种类型刺激的应战（困难地方、新地方、打击、压力和遭遇不幸）结果，证明“挑战愈强，刺激就愈大”。但是，这并不意味着可以使挑战的强度无限地增加，从而得到无限增加的刺激。如果挑战和刺激超过了一定限度，挑战和刺激愈强，效果反而会愈减少，以至完全不可能引起应战。汤因比因此提出了一条这样的法则：“足以发挥最大刺激能力的挑战是在中间的一个点上，这一点是在强度不足和强度过分之间的某一个地方。”[③] 在汤因比看来，成功的应战是两极之间的一个中间点。在挑战严重不足的情况下，反应的程度也较少，而挑战的严重性达到了最高程度，应战的成功并不会相应地达到最高点。在超过了中间点之后，挑战的严重性增加，随之而来的并不是应战成功程度的增加，反而是应战减少。因此，在挑战与应战的相互作用之间还有一条“报酬递减律”。因此，可以得出一个结论：“在严重程度上有一个中间点，在这一点上刺激是强的，我们可以把这一点定名为‘最适度’以便于同‘最高度’相对比。”[④] 汤因比举了一个伊斯兰教的一次挑战如何引起了一次“最适度”反应的例子。公元8世纪时，法兰克人面前出现了一次挑战，引起了一个经历好几百年还无休止的反攻，其结果不仅把伊斯兰教的信徒们逐出了伊比利亚半岛，而且还大大地超过了原来的预期，把西班牙人和葡萄牙人送到了海外去，遍布世界的各大洲。也正是在这个过程中，穆斯林学者把亚里士多德的著作带到了西方基督教世界里。[⑤]

汤因比认为，并不是度过了诞生和童年的种种危难的文明，都毫无例外

---

① 参见［英］汤因比：《历史研究》上，曹未风等译，上海人民出版社1966年版，第133页以后。

② ［英］汤因比：《历史研究》上，曹未风等译，上海人民出版社1966年版，第155页。

③ ［英］汤因比：《历史研究》上，曹未风等译，上海人民出版社1966年版，第174页。

④ ［英］汤因比：《历史研究》上，曹未风等译，上海人民出版社1966年版，第181—182页。

⑤ 参见［英］汤因比：《历史研究》上，曹未风等译，上海人民出版社1966年版，第200—201页。

地长大到“成年”。他把这种没有长大的文明称为“停滞的文明”。这种文明虽然存在，但没有生长。在他看来，像波利尼西亚人的文明、游牧民族的文明，以及爱斯基摩人、东正教的奥斯曼人，以及古代希腊的斯巴达人都属于这样的文明。“所有这些停滞的文明之所以丧失了活动的能力，是由于它们曾经用力过猛的缘故。它们对于挑战的应战所花的力量的严重程度达到了刺激发展和引起失败的边缘。”[①] 例如，爱斯基摩人，他们的文化本来是北美洲印第安人生活方式的一种特殊的发展，特别适应北冰洋沿岸的生活环境，他们在冬天也居留在冰雪上依靠捕捉海豹为生。然而，残酷无情的北冰洋上的自然环境给他们规定了一种丝毫不能变动的时间表，其结果他们不是北冰洋的主人，反而成了它的奴隶。这样他们的文明至今还勉强地维持生命，但却停滞了下来，没有进一步的生长。汤因比通过考察发现，所有这些停滞发展的社会都有两个显而易见的共同特征，即等级和专业化。所谓等级，就是这样的社会所包括的个体生物并不属于同一类，而是分属于两三种显然不同的类别，如爱斯基摩社会的打猎人犬类助手，游牧社会里的牧羊人、他们的畜类助手和他们的畜群。就专业化而言，“他们把人类性格的无穷发展可能性放弃到了最大的程度，而换上了没有发展可能性的动物性格才达到了这种程度”[②]。生物学表明，任何一种动物如果适应某一种高度特殊化的生活环境到了过分精细的程度，它们就会走进一条死胡同，不再有发展进化的前途。这正是停滞文明的命运。

在汤因比看来，停滞文明的教训表明，产生最大的应战并不是某一挑战是否是最适度的最后标准。“真正的最适度挑战不仅刺激它的对象产生一次成功的应战，而且还要刺激它积聚更大的力量继续向前进展一步：从一次成就走向另一次新的斗争，从解决一个问题走向提出另一个新问题，从阴过渡到阳”[③]。他认为，要把这种运动变成一种重复的不断发生的有节奏的运动，就必须有一种生命之流（柏格森语），以便于把那种挑战的对象从平衡推动到不平衡，好让它再面对一种新的挑战，因此刺激它再产生一种以新的平衡方式出现的新应战，其后再产生新的不平衡，以此方式不断前进，以至于无穷。在汤因比看来，真正的进步包括在“升华”的过程之中，这是一个克服物质障碍的过程，社会的精力通过这个过程解放，对挑战进行应战。这

① ［英］汤因比：《历史研究》上，曹未风等译，上海人民出版社 1966 年版，第 206 页。
② ［英］汤因比：《历史研究》上，曹未风等译，上海人民出版社 1966 年版，第 229 页。
③ ［英］汤因比：《历史研究》上，曹未风等译，上海人民出版社 1966 年版，第 236 页。

个过程是内部的，不是外部的，是属于精神的，不是属于物质的。“生长的衡量标准就是走向自决的进度；而走向自决的进度乃是描述‘生命’走进它自己王国的那个奇迹的一种散文式的公式。”①汤因比认为，一切生长的动力都来自于富有创造性的个人，或一小群个人，而他们的任务是双重的：一是完成他们的启示或发现，不论属于什么性质；二是把他们所属的社会改变方向到这一个新的生活方式中来。这一改变方向的过程可以两种办法实现：或者群众取得了那些改变了创造性个人的实际经验，或者由他们从外部加以模仿，即“学样”。事实上，除少数人之外，所有其他人只能够采取第二种办法。广大的普通群众只能采取这个办法学他们领袖的样子。如果从社会与个人的角度看，生长乃是这个社会的具有创造力的少数人，在他们的环境不断地向他们提出新挑战时所不断进行的新的应战过程中，不断创造的“隐退和复出”的过程。由于文明生长的过程就表现为处于生长阶段中的文明不断进化与不断增强自决能力的过程，因此不同文明的生活就日益表现了多样化的形式。

在汤因比看来，在我们能够辨认出来的 26 个文明中，16 个已经死亡，在其余的 10 个中，除西方文明之外，有 9 个已经衰落。文明为什么会走向衰落？有一种观点认为，文明的衰落是由于非人力所能控制的因素造成的。例如，施宾格勒认为，社会是一种有机体，因而像其他生物一样，也有从青年到老年的自然发展过程。汤因比不赞成这种观点，而且他也不认为社会是有机体。他还以大量历史事实证明，文明的衰落并不是由于它丧失了对于环境的控制能力，例如无论哪一个文明衰落都不是由于外来侵略造成的。他认为，外部敌人的最大作用只是能在一个社会自杀而还没有断气的时候，给它最后一击。“如果外来进攻以一种暴力打击的形式出现在一个文明历史的任何一个阶段，那么除了在它的最后的垂死的阶段以外，这些外来的进攻，看起来都不会起破坏的作用，反而会发出积极的刺激作用。”②因此，汤因比认为，衰老的文明的死亡并不是由于什么凶手的罪行，因此也不是什么暴行的牺牲品，而是“自杀身死”。在他看来，文明衰落的总结为三点：“少数人的创造能力的衰退，多数人的相应的撤销了模仿的行为，以及继之而来的全社会的社会团结的瓦解。”③在任何一个社会的历史中，如果创造的少数人成为

① ［英］汤因比：《历史研究》上，曹未风等译，上海人民出版社 1966 年版，第 262 页。

② ［英］汤因比：《历史研究》中，曹未风等译，上海人民出版社 1966 年版，第 36—37 页。

③ ［英］汤因比：《历史研究》中，曹未风等译，上海人民出版社 1966 年版，第 4 页。

统治的少数人，而企图用武力来维持它的已经无法维系的地位的话，那么在统治者方面的这样一种性质上的改变，就会在它的对方无产者方面引起离心运动，他们就会不再羡慕和模仿那些统治他们的人，他们这时会因为被降格为“下等人”而起来反抗他们所受的奴役。这些“无产者”在他们利用自己的身份出现时从一开始就分成了界限分明的两个部分：一是“内部无产者”，他们属于社会成员的大多数；二是“外部无产者”，他们是一些住在疆界以外的蛮族，他们激烈地反对合并，建立统一的国家。这样一来，就在社会内部引起了导致社会衰落的阶级斗争。

但是，不要以为衰落的文明自然而不可避免地会解体。汤因比指出，历史上有这样一种事实，即有些文明衰落之后，又出现了停滞的现象，进入了一个相当长的僵化时期。例如，古代埃及从开始衰落到其文化残迹最后消灭，足足经过了两千年。汤因比认为，文明解体的最突出特征是社会分裂为三块：少数统治者，内部无产者和外部无产者。在生长阶段，创造性的少数人对于不断出现的新挑战总是能够进行胜利的应战，而到了解体的阶段，他们则总是失败，他们丧失了吸引力，不再受到多数人的模仿与服从。因此，他们不得不更加诉诸武力来控制内部的无产者和外部的无产者，建立“统一国家”作为维持他们自己权威和他们的文明的一种手段。“内部无产者”到了这个时期也与这些少数统治者脱离了，变成了一群心情不满、愤愤不平的人，他们往往创造一种“统一教会”作为他们自己的信仰和组织。“统一国家”是命中注定要毁灭的，而“统一教会”却将成为产生一个新生文明的桥梁和基础。“外部无产者”到了这个时候也把他们自己组织起来，向这个行将灭亡的文明冲击，而不再争取被他吸收合并。其结果，斗争和自相残杀的战争越来越多，这进一步加速了文明解体的过程。① 另一方面，当一个社会开始解体的时候，个人在社会生长阶段表现的行为、情感和生活特征也发生了变化。自暴自弃和自我克制取代了创造性，逃避责任和殉道成了模仿的替代物；流离感和罪恶感增加了，杂乱感和整齐划一感占了绝对的上风；在生活方面，复古主义、未来主义、超然无我、神化等盛行。

在汤因比看来，所有这一切都无法改变解体过程的深化，即使通过采取上述办法使一种文明拖上几百年，甚至几千年，但是结果还是毫无例外地要灭亡。汤因比认为，面对社会解体的挑战，执剑的救世主、复古主义者和未

① 参见［英］汤因比:《历史研究》中，曹未风等译，上海人民出版社 1966 年版，第 406—409 页。

来主义者、戴着帝王面具的哲学家这三种不同的创造性天才，想以他们的权力和精力负责应战的任务，但他们所采取的每一种方法总是立即或终归失败。最后留下的只有耶稣基督。“上帝是这样热爱这个世界，所以他献出他的独生子；谁相信他，谁就不会毁灭，而获得永生。”①

在汤因比看来，在世界所有文明中，只有西方文明是唯一仅存的尚未明显解体的文明。“西方文明是它这种社会中没有显示不可置辩的解体征兆的唯一现存代表。”“只有西方社会可能还是处在生长阶段。”②另一方面，西方在许多方面它已经遍及于全世界，因而它的前景就是“西方化了的世界”的前景。但是，西方社会在与战争和军国主义作斗争方面并未取得成功，而战争和军国主义乃是一个社会衰落的最有力的原因。而且它废除了奴隶制，民主和教育也获得了空前的成就，但社会已经分裂为统治的少数、内部和外部的无产者，虽然在对付西方化世界里复杂的内部无产者问题上取得了某些显著的成绩。“人类史上空前第一次，整个人类在一个珍贵而难保的篓子中受着累卵之危。”③今天，一个现已遍及于全世界的西方社会把全人类的命运掌握在自己的手中，而此刻西方自己的命运又悬于一个在莫斯科的人和一个在华盛顿的人的指端，他们只要按一下电钮，便能触发一个原子弹。在他看来，两次世界大战的结果，列强的数目已经由变动不定的几个缩减成为两个——美国和苏联。在汤因比看来，人类面临着第三次世界大战的威胁。在一个使用原子武器或细菌武器的第三次世界大战中，恐怕连人间居住的天涯海角，死神也不会放过。在这种情况下，人类前途的最大希望在于美国和苏联的政府和人民能够有耐心来追求一种被称为“和平共处”的政策。“在这样动荡不定和模糊不明的情况下，一种武断的乐观主义跟一种武断的悲观主义同样是不恰当的；人类的这一代没有选择的余地，只有尽力认清一个道理，这就是人类现在正处于生死关头，而且不可能臆测到将来的结果怎样。”④

为了应对人类面临的威胁，汤因比提出要建立世界政府。他认为现代科学技术特别是交通运输为建立世界政府提供了便利条件。不过，世界政府的建立不是通过联合国组织的发展，而是通过两个政治上“兴旺的公司”即美

① ［英］汤因比:《历史研究》中，曹未风等译，上海人民出版社1966年版，第386页。
② ［英］汤因比:《历史研究》下，曹未风等译，上海人民出版社1964年版，第371页。
③ ［英］汤因比:《历史研究》下，曹未风等译，上海人民出版社1964年版，第371页。
④ ［英］汤因比:《历史研究》下，曹未风等译，上海人民出版社1964年版，第398页。

国政府和苏联政府的发展。在美国与苏联之间，美国又比苏联更合适。“如果当代的人类能在这两者之间自由选择的话，在任何西方观察者看起来，凡是对于这个问题能够独立判断的当代男女，其中有决定性的大多数人将宁愿选择做美国人而不愿做苏联人。使美国成为无可比拟地略胜一筹的优点比共产主义的俄国陪衬者显得很突出。”①除了要建立世界政府之外，汤因比还提出要在经济方面和精神方面采取措施。他说：“我们应做些什么来拯救自己呢？在政治方面，应建立起一个符合宪法的合作的世界政府机构；在经济方面，在自由经营与社会主义之间（根据不同时间、不同地点的各种不同的实际要求）寻找可行的折中方案；在精神生活方面，把世界的上层建筑放回到宗教的基础上去。”②在这三项任务中，从长远来看，宗教方面的任务是最主要的，但其他两项更为迫切。汤因比认为，今天西方世界正在努力寻找通向这项目标的道路。如果我们达到了这三个目标，那么我们也许可以自称，我们已经取得了为我们的文明生存而进行的最近这场战斗的胜利。

（四）马尔库塞的批判社会理论

马尔库塞（Herbert Marcuse, 1895—1979）是德裔美籍哲学家、社会理论家、政治理论家、法兰克福学派著名左翼代表人物。他出生于德国柏林的一个犹太人家庭，年轻时曾参加社会民主党，不久退党，在柏林大学和弗莱堡大学跟随胡塞尔、海德格尔学习哲学，并在海德格尔指导下完成博士论文《黑格尔的本体论与历史性理论》（*Hegel's Ontology and Theory of Historicity*, 1932）。1933年进入法兰克福社会研究所，后随该所迁居美国，1940年加入美国国籍，曾任职于美国国务院情报研究局，第二次世界大战后在哥伦比亚大学、哈佛大学、布兰代其大学和圣地亚哥的加利福尼亚大学任教。20世纪末他积极支持学生造反运动，被誉为“新左派哲学家”“青年造反者的明星和精神父亲”。马尔库塞深受黑格尔、胡塞尔、海德格尔、弗洛伊德等人的影响，同时也受马克思早期著作的很大影响。他的主要著作有：《理性与革命：黑格尔与社会理论的兴起》（*Reason and Revolution: Hegel and the Rise of Social Theory*, 1941），《爱欲与文明：对弗洛伊德的哲学探讨》（*Eros and Civilization: A Philosophical Inquiry into Freud*, 1955），《苏联马克思主

---

① ［英］汤因比：《历史研究》下，曹未风等译，上海人民出版社1964年版，第400—401页。

② ［英］汤因比：《文明经受着考验》，沈辉等译，顾建光校，浙江人民出版社1988年版，第34页。

义：批判的分析》（*Soviet Marxism: A Critical Analysis*, 1958），《单向度的人》（*One-Dimensional Man*, 1964），《否定：批判理论文集》（*Negations: Essays in Critical Theory*, 1968），《论解放》（*An Essay on Liberation*, 1969），《反革命与起义》（*Counterrevolution and Revolt*, 1972），《审美的向度：走向对马克思主义美学的批评》（*The Aesthetic Dimension: Toward a Critique of Marxist Aesthetics*, 1978）等。有学者将马尔库塞思想发展的轨迹概括为"从存在到理性""从理性到爱欲""从爱欲到批判""从批判到美"。① 这一概括是客观准确的。贯穿于这一演变过程的是马尔库塞对否定性和批判性方法的推崇和论证，并将其运用于对资本主义社会现实的否定和批判。

马尔库塞是法兰克福学派最激进的思想家，对资本主义进行了深入系统的批判，成为现当代西方批判社会理论的最卓越代表。法兰克福学派（Institut für Sozialforschung / Frankfurt School）的发源地和中心是德国法兰克福歌德大学的社会研究所（Institute for Social Research），该所 1923 年建立于法兰克福，当时隶属于法兰克福大学。1930 年，霍克海默（Max Horkheimer, 1895—1973）担任该所所长，并于次年创办了《社会研究杂志》（*Zeitschrift für Sozialforschung*），从此，法兰克福学派开始形成。该学派是现当代西方影响最大的批判社会理论学派，也被认为是现当代西方马克思主义的重要流派之一。实际上，法兰克福学派虽然主张对现实社会进行批判，并自称为马克思主义者，但并不反对市场经济，主张财产公有制和建立共产主义社会，因而实质上并不是马克思主义的，甚至可以说是批判马克思主义社会主义特别是批判苏联社会主义的。法兰克福学派的创始人是德国的霍克海默（Max Horkheimer, 1895—1973），其他成员有阿道尔诺（Theoder Wiesengrund Adorno, 1903—1969）、马尔库塞、哈贝马斯、内格特（Oskar Negt, 1934—）、施密特（Alfred Schmidt, 1831—1912）、韦默尔（Albrecht Wellmer, 1933—）和奥菲（Klaus Offe, 1941—）等。他们可以分为左右两翼。左翼以马尔库塞为代表，右翼以哈贝马斯为代表。

霍克海默作为法兰克福学派的创始人，不仅在于他所领导的社会研究所成为了该学派的圣地，而且在于他为该学派的整个社会理论——"批判的社会理论"定下了基调。霍克海默早年在慕尼黑大学、弗莱堡大学、法兰克福大学学习哲学，获博士学位，后任法兰克福大学哲学教授，兼任哲学系主

① 参见赵越胜：《马尔库塞》，袁澍涓主编：《现代西方著名哲学家评传》上卷，四川人民出版社 1988 年版，第 380—417 页。

任。他担任社会研究所所长之后，因 1933 年春希特勒上台时而将社会研究所迁往日内瓦、巴黎，而后迁到美国。1950 年，他从美国回到西德，在法兰克福恢复了社会研究所并自任所长，于 1973 年退休。其主要代表作有《传统理论与批判理论》（*Traditional and Critical Theory*, 1937）、《工具理性批判》（*Critique of Instrumental Reason*, 1937）、《启蒙的辩证法》（*Dialectic of Enlightenment*, 1947，与阿道尔诺合著）、《理性的遮蔽》（*Eclipse of Reason*, 1947）、《批判理论论文集》（*Critical Theory: Selected Essays*, 1972）等。

霍克海默 1937 年在《社会研究杂志》上发表的题为《传统理论与批判理论》这篇批判理论的纲领性文章中，提出并阐述了“批判的社会理论”（critical theory of society），试图通过批判理论“使激进的社会和文化批判恢复生机活力”。他认为，批判理论乃是一种“以社会本身为对象的人类活动”，“在真正的批判思想里，解释不只意味着一个逻辑过程，而且也意味着一个具体的历史过程。在这个过程里，整个社会结构和理论家与社会的关系都发生了变化，即主体和思想的作用都发生了变化。”[①] 批判理论对现代资本主义社会进行了坚决的批判，并提出了建设一个更加公正、人道的社会的构想，并寄希望于将社会推向那种能确保一种真实、自由和公正生活的理性制度的力量。社会批判理论不仅反对资本主义，而且也反对这一社会中的种种理论体系，即“传统理论”。在他看来，传统理论产生于现存社会制度并把现存社会制度作为自然的、永恒的东西接受下来，以维护现存社会制度为宗旨。它把对历史事件作解释看作是与操纵物理自然过程相似的，需要积累一大批知识，并因而使理论概念绝对化，变成了具体化的意识形态范畴，而理论的批判功能却因此丧失。与传统理论不同，批判理论独立于现存社会制度之外，把现存社会制度理解为一个系统的过程，在对现存社会秩序的批判中破坏一切既定的、事实的东西，证实它们的不真实性，从而加以否定。它不在于揭示某些社会弊病，并提出救世良方，而是把一切弊病看作是现存社会结构的组织方式必然造成的，拒绝承认现存社会结构中具有任何有用的、适宜的和富有价值的因素。因此，批判理论超越一切资产阶级意识形态，是一种现实的、具体的人的立场和政治实践，它所唯一感兴趣的是废除社会不公正。“传统理论可以把一些事物看作是理所当然的：它在正常运行的社会

① ［德］霍克海默:《批判理论》，李小兵等译，重庆出版社 1989 年版，第 202 页。

里的肯定作用、它与一般需要的满足的公认为间接和模糊的关系，以及它对自我更新的生活过程的参与。……批判理论追求的目标——社会的合理状态，则是由现存的苦难强加给它的。设计这样一种解决苦难的办法的理论，不会为既存现实服务，而又能吐露那个现实的秘密。”①同时，传统理论只从现存的经验事实出发，忽视了对人的关心和人的作用，导致了“主体与客体相分离”的二元论。“个别客观事实的起源、思想借以把握事实的概念系统的实际应用以及这类系统在活动中的地位，都被看作是外在于理论思想本身的东西”。“这种异化用哲学术语表达就是价值与研究、知识与行动以及其他极端之间的分离”。②“批判理论”则持人本主义观点，它重视人、关心人，把人看作是全部历史活动方式的生产者，强调从“对立的总体性”的角度理解现实，从而得出了“主体客体同一”的结论。批判理论对传统理论和社会现实的批判，是立足于对自身的批判的。批判理论家在关心消除社会不公正的同时，也不断地否定自己的理论，其原则是思想活动的内在本身使它面向历史的变化，面向人们之间公正关系的建立。这就是马尔库塞所指出的：“批判理论是对其自身的批判，是对那些构成它自己基础的社会因素的批判。③

霍克海默在阐述自己的批判社会理论的同时，对资本主义社会现实进行了严厉的揭露和批判。根据他和阿道尔诺的看法，资本主义社会的弊端至少体现在三个方面：首先，人性堕落，个人贬值，而这是与社会的进步联系在一起的。“经济生产力的提高，一方面为世界变得更加公正奠定了基础，另一方面又让机器和掌握机器的社会集团对其他人群享有绝对的支配权。在经济权力部门面前，个人变得一钱不值。社会对自然的暴力达到了前所未有的程度。一方面，个体在他使用的机器面前消失不见了，另一方面，个体又从机器那里得到了莫大的好处。”④其次，精神消亡、文化消解。“随着财富的不断增加，大众变得更加易于支配和诱导。社会下层在提高物质生活水平的时候，付出的代价是社会地位的下降，这一点明显表现为精神不断媚俗化。精神的真正功劳在于对物化的否定。一旦精神变成了文化财富，被用于消

① ［德］霍克海默：《批判理论》，李小兵等译，重庆出版社1989年版，第206页。

② ［德］霍克海默：《批判理论》，李小兵等译，重庆出版社1989年版，第199页。

③ ［德］马尔库塞：《现代文明与人的困境——马尔库塞文集》，李小兵等译，上海三联书店1989年版，第202页。

④ ［德］霍克海默、阿道尔诺：《启蒙辩证法：哲学断片》，渠敬东、曹卫东译，世纪出版集团／上海人民出版社2006年版，前言第3—4页。

费，精神就必定会走向消亡。精神信息的泛滥，枯燥游戏的普及，在提高人的才智的同时，也使人变得更加愚蠢。”[①] 他们认为，到了20世纪，工厂像铁幕一样，消解了一切文化。最后，幸福的因素变成了不幸的源泉。他们认为，在近代，社会没有主体，社会发生经济危机，生产出现过剩，其灾难降临到社会大众。20世纪以后，权力集团成为了社会主体，他们便制造世界范围内的法西斯恐怖，于是“进步变成了退步”。十分清洁的工厂以及里面的一切，大众汽车和体育场馆，所有这些东西“变成了意识形态的帷幕，遮蔽的是现实的无可救药”。[②] 在霍克海默、阿道尔诺看来，资本主义社会现实中的种种问题的根源在于启蒙思想，在于启蒙思想家对现代社会的错误设计。他们认为，启蒙已经倒退成了神话，而其原因不能到本身已经成为目的的民族主义神话、异教主义神话以及其他现代神话中去寻找，而只能到畏惧真理的启蒙本身去寻找。“启蒙思想的概念本身已经包含着今天随处可见的倒退的萌芽。”[③]

在霍克海默和阿道尔诺看来，启蒙的根本目标是要使人们摆脱恐惧，成为自主的主人，但其结果却是“被彻底启蒙的世界却笼罩在一片因胜利而招致的灾难之中”[④]；启蒙的纲领是要唤醒世界，祛除神话，“然而，被启蒙摧毁的神话，却是启蒙自身的产物”[⑤]。他们认为，经验哲学之父培根早就归纳了启蒙的主旨。这就是，人类的理智应当去战胜迷信，支配自然，获得知识，而知识就是力量，其理想就是建立包罗万象的体系。知识是可算计的、实用的，因而对于启蒙运动来说，任何不符合算计与实用规则的东西都是值得怀疑的。这样，那种试图对世界本原进行报道、命名和叙述的神话就无法成立了。然而，当启蒙思想这样做的同时，也就“抹除了自我意识的一切痕迹”，并使自身成为必须加以怀疑的对象。“启蒙为了粉碎神话，吸取了神话中的

① ［德］霍克海默、阿道尔诺：《启蒙辩证法：哲学断片》，渠敬东、曹卫东译，世纪出版集团/上海人民出版社2006年版，前言第4页。

② ［德］霍克海默、阿道尔诺：《启蒙辩证法：哲学断片》，渠敬东、曹卫东译，世纪出版集团/上海人民出版社2006年版，前言第4页。

③ ［德］霍克海默、阿道尔诺：《启蒙辩证法：哲学断片》，渠敬东、曹卫东译，世纪出版集团/上海人民出版社2006年版，前言第2—3页。

④ ［德］霍克海默、阿道尔诺：《启蒙辩证法：哲学断片》，渠敬东、曹卫东译，世纪出版集团/上海人民出版社2006年版，第1页。

⑤ ［德］霍克海默、阿道尔诺：《启蒙辩证法：哲学断片》，渠敬东、曹卫东译，世纪出版集团/上海人民出版社2006年版，第5页。

一切东西，甚至把自己当作审判者陷入了神话的魔掌。”[①] 于是，启蒙倒退成神话，神话就是启蒙。欧洲文明的发展表明，每一种彻底粉碎自然奴役的尝试都只会在打破自然的过程中，更深地陷入到自然的束缚之中。“抽象，这种启蒙工具，把它的对象像命运一样，当作它必须予以拒斥的观念而加以彻底清算。抽象的同一支配使得每一种自然事物变成可以再现的，并把这一切都用到工业的支配过程中，在这两种支配下，正是获得自由的人最终变成了‘群氓’，黑格尔称他们是启蒙的结果。”[②] 于是，人类为其权力的膨胀付出了他们在行使权力过程中不断异化的代价。

霍克海默的批判理论和对资本主义社会现实的批判，在马尔库塞那里得到更彻底的发展。马尔库塞一方面在批判弗洛伊德的精神分析理论的基础上构建一种“非压抑性文明”的理论，另一方面以这种理论为依据对苏联马克思主义和资本主义现实进行了系统的批判。马尔库塞将法兰克福的批判社会理论推向了一个新的阶段，他因此成为法兰克福学派最著名的理论家。

马尔库塞早年在海德格尔门下攻读博士学位，认真研究了存在主义哲学，但并不满意它的一些观点。他认为，对存在的意义的分析必将导致对存在者的关注，而对存在者的关注又必然涉及存在者的历史哲学。因此，对存在的研究注定要包含历史于其中。这样，他的眼光就从本体论转向了历史哲学，转向了历史哲学大家黑格尔，同时他也受到马克思的影响。他在他 1932 年出版的博士论文中提出，黑格尔哲学最突出的优点是它的方法中所蕴涵的批判力量，其特性是辩证的和历史的。用黑格尔的方法看问题，则存在的基本意义是主客体的统一（统一着的统一体）。同时，马尔库塞受马克思的影响，注意到黑格尔的唯心主义逻辑削弱了它自身历史阶段的批判思想，因为它强调绝对知识，这实际上取消了认识的时间性，从而使批判成为相对的。1932 年，马克思的《巴黎手稿》发表了，这部著作迫使人们用新的眼光来看待马克思主义。马尔库塞很快发表的《历史唯物论的基础》一文，认为《巴黎手稿》实际上是对经济学进行的哲学批判，它贯穿于马克思理论发展的始终。在马尔库塞看来，马克思的理论批判使全部人类历史，使人这一存在者的规定产生了革命性的变革，这种批判为人类的历史抉择提供

---

① ［德］霍克海默、阿道尔诺：《启蒙辩证法：哲学断片》，渠敬东、曹卫东译，世纪出版集团 / 上海人民出版社 2006 年版，第 8 页。

② ［德］霍克海默、阿道尔诺：《启蒙辩证法：哲学断片》，渠敬东、曹卫东译，世纪出版集团 / 上海人民出版社 2006 年版，第 9 页。

了新的前景。他还指出，马克思对劳动的分析就是把人当作历史主体分析，它和资产阶级把人当作商品、物品的理论是截然不同的。同时，他也欣赏马克思对人的感性的注意。法西斯主义的兴起重新唤起了人们对理性主义大师黑格尔的热情。马尔库塞试图通过重新解释和理解黑格尔哲学重树理性的权威，其成果就是《理性与革命》(1941 年)。在这部著作中，马尔库塞反复论述理性概念的含义，认为理性是资产阶级革命的旗帜，但它并没有清晰专一的含义，其含义是随着资产阶级地位的变化而变化的。他通过深入的辨析认为，理性虽然有过多种含义，但其根本意义在于它的批判性和否定性，而正是这种批判和否定的力量使它和自由合而为一。同时，为了反对纳粹理论家对黑格尔的歪曲，反驳那些把纳粹主义兴起归罪于黑格尔哲学的理论家，马尔库塞着重强调了黑格尔哲学的批判内容。他指出，黑格尔辩证法的目的在于说明理性必然实现自身，同时也使自由和幸福成为现实。理性的批判功能使一切可能性展现在人们眼前，召唤人们改造现实，因为它告诉人们，"凡是现实的都是合理的，凡是现实的都是应该灭亡的"。[①] 需要指出的是，马尔库塞的这种思想，在后来霍克海默与阿道尔诺合著的《启蒙的辩证法》(1947 年）里被发展成为作为法兰克福学派批判社会理论哲学基础的否定辩证法的雏形，而这种否定辩证法的理论在阿道尔诺的《否定的辩证法》(1966 年）中得到了系统而全面的阐述。

第二次世界大战的爆发，使马尔库塞感到以民主自诩的工业化国家也会背叛启蒙精神和理性原则，变成疯狂的法西斯政权。马尔库塞感到更为严重的是，在这个事关人类生死存亡的时刻，工人阶级却保持沉默，德国的大部分无产者更是成了纳粹党的拥护者。这时，马尔库塞受弗洛伊德的启发，意识到个人的心理活动在历史进程中也具有重要作用。同时，在科学技术成为主要生产力的现代，掌握科学技术的个人心理状态和活动越来越具有决定性意义。因此，需要一种具有历史性和批判性的心理学。马尔库塞指出："人在现时代所处的状况使心理学与社会政治哲学之间的传统分野不再有效，因为原先自主的、独立的精神过程已被个体在国家中的功能即其公共生存同化了。于是心理学问题变成了政治问题，个人的失调比以前更直接地反映了整个社会的失调，对个人失调的医治因而也比以前更直接地依赖于对社会总失

① 参见赵越胜:《马尔库塞》，袁澍涓主编:《现代西方著名哲学家评传》上卷，四川人民出版社 1988 年版，第 382—390 页。

调的医治。”[①]马尔库塞认为，弗洛伊德所创立的精神分析学就是这样一种心理学，应该通过这种心理学进行批判以揭示心理学观念的社会学的、政治学的实质，并在此基础上构建一种新文明即“非压抑性文明”的理论。于是，他为此作出了巨大努力，其成果就是他的《爱欲与文明》。他在谈到该书的主旨时指出，它所要表达的是“这样一种乐观的、委婉的甚至是积极的思想”:“发达工业社会的成就能使人扭转进步的方向，打破生产与破坏、自由与压抑之间命运攸关的联合，换言之，它能使人懂得作乐的科学，以使人在反抗死亡威胁的一贯斗争中，学会按照自己的生命本能，用社会财富来塑造自己的环境。”[②]在马尔库塞看来，要解放追求和平与安宁的本能需要，要解放“非社会性的”、自主的爱欲，首先必须从压抑性的富裕中解脱，必须扭转进步的方向。而要如此，就要找到一个新的出发点，“使人能在没有‘内心禁欲’的前提下重建生产设施，因为这种内心禁欲为统治和剥削提供了心理基础”[③]。

在马尔库塞看来，弗洛伊德认为文明以持久地征服人的本能为基础，而且这个赛程是不可避免、不可逆转的。人的本能需要的自由满足与文明社会是相抵触的，因为进步的先决条件是克制和延迟这种满足。因而幸福绝不是文化的价值标准，幸福必须服从作为全日制职业的工作纪律，服从一夫一妻制婚姻的约束，服从现存的法律和制度。对于弗洛伊德来说，“所谓文化，就是有条不紊地牺牲力比多，并把它强行转移到对社会有用的活动和表现上去。”[④]马尔库塞认为，在现代社会的技术发达的文明地区，个人的这种牺牲已有了很好的补偿:“自然实际上已经被完全征服了，更多的人的更多需要得到了满足。……生产的持续提高，使大家生活得更好的指望越来越现实了。”[⑤]但是，在马尔库塞看来，进步的加速似乎与不自由的加剧联系在一起，在整个工业文明的世界，人对人的统治，无论是在规模上还是在效率

① ［美］马尔库塞:《爱欲与文明——对弗洛伊德思想的哲学批判》，黄勇、薛明译，上海译文出版社1987年版，第一版序言第12页。

② ［美］马尔库塞:《爱欲与文明——对弗洛伊德思想的哲学批判》，黄勇、薛明译，上海译文出版社1987年版，1966年政治序言第1页。

③ ［美］马尔库塞:《爱欲与文明——对弗洛伊德思想的哲学批判》，黄勇、薛明译，上海译文出版社1987年版，1966年政治序言第3页。

④ ［美］马尔库塞:《爱欲与文明——对弗洛伊德思想的哲学批判》，黄勇、薛明译，上海译文出版社1987年版，导言第18页。

⑤ ［美］马尔库塞:《爱欲与文明——对弗洛伊德思想的哲学批判》，黄勇、薛明译，上海译文出版社1987年版，导言第18页。

上，都日益加剧。这种倾向不仅仅是进步道路上偶然的、暂时的倒退，集中营、大屠杀、世界大战和原子弹这些东西也不是向“野蛮状态的倒退”，而是现代科学技术和统治成就的自然结果。更值得注意的是，人对人的最有效征服和摧残恰恰发生在文明之巅，恰恰发生在人类的物质和精神成就仿佛可以使人建立一个真正自由的世界的时刻。马尔库塞指出，现代文明的这些消极方面似乎印证了弗洛伊德有关文明代价的观点，但实际上弗洛伊德并不同意将文明与压抑等同起来，而且他的理论本身似乎已经驳倒了那种认为他一贯否定非压抑性文明可能存在的观点。另一方面，压抑性文明的成就本身似乎已经创造了逐渐废除压抑的前提。因此，必须根据弗洛伊德的理论对这个问题重新展开讨论，以表明“非压抑的文明观不是一种抽象的、乌托邦式的思辨结果”①。

弗洛伊德认为，人的历史就是人被压抑的历史。文化不仅压制了人的社会生存，还压抑了人的生物生存；不仅压制了人的一般方面，还压制了人的本能结构。而这样的压制恰恰是进步的前提。弗洛伊德把人的心理结构分为意识和无意识，后来又分为本我、自我和超我。在他看来，无意识或本我受快乐原则支配，它是与生俱来的，因而更能体现人的本质。无意识中的主要本能是生命本能和死亡本能，即“爱欲”和“死欲”。本能无时不在追求一种纯粹的、作为自在目的的满足，而这种满足是为文化所不能给予的，因而本能对于文化具有一种破坏力量。因此，必须使本能偏离其目标，抑制其目的的实现。“人的首要目标是各种需要的完全满足，而文明则是以彻底抛弃这个目标为出发点的。”②在弗洛伊德看来，动物性的人成为人类的唯一途径就是其本性的根本转变，他称这种转变为从“快乐原则”到“现实原则”（亦称之为“操作原则”）的转变。他相信，快乐原则与现实原则的对立是永恒的，因而不可能存在非压抑性文明。但是，现实原则对快乐原则的征服一开始就是不完全、不稳固的，文明并未一劳永逸地取消“自然状态”，它所欲控制和压抑的东西在文明本身中一直存在着，无意识中保存着受挫的快乐原则追求的目标。“快乐原则的完整力量，尽管遭到外部现实的挫折，或者尽管甚至压根儿不能实现，却仍不仅幸存于无意识中，而且还这样那样地影响

① ［美］马尔库塞：《爱欲与文明——对弗洛伊德思想的哲学批判》，黄勇、薛明译，上海译文出版社 1987 年版，导言第 19 页。

② ［美］马尔库塞：《爱欲与文明——对弗洛伊德思想的哲学批判》，黄勇、薛明译，上海译文出版社 1987 年版，第 3 页。

着替代了快乐原则的现实本身。**被压抑物的这种回归**构成了文明的禁忌史和隐蔽史。”①

在马尔库塞看来，虽然认为不可能存在非压抑文明的观点是弗洛伊德理论的基石，但他的理论中也包含着一些与此相悖的东西，而正是这些东西打破了西方占统治地位的思想传统，甚至暗示了这种传统的逆转。弗洛伊德也承认，人类有一些被禁忌的愿望，即要求造成一种自由与必然统一的状况。在文明社会中存在的一切自由都只是派生的、不彻底的自由，是以放弃完全满足需要为代价的。就幸福乃是需要的完全满足而言，文明中的自由本质上是与幸福相对立的，因为这种自由对幸福作了压抑性的改变或升华。在文明社会以前的最古老、最深层的无意识是获得完全满足的，在这里没有对生活必需品的缺乏和压抑，因而这是自由与必然的直接同一。在文明社会中，虽然不可能实现这种直接同一，但这种在意识中被禁忌的自由与必然的同一在无意识中却得到了支持，因而它的真实性虽然受到意识的否弃，但仍然常萦绕于心际。“它还记忆着个体过去的、实现完全满足的那些发展阶段。而且过去仍在对未来提出要求，因为它使人产生了以文明成就为基础重建天堂的愿望。”② 马尔库塞认为，这是弗洛伊德精神分析中的“暗流”，它表明弗洛伊德的理论包含了“被压抑物在历史中可以回归”的思想。这种思想说明了这样一种相互联系：“个体再次经历了、造成了属系发展中的重大创伤事件，而且本能的原动力完全地反映了个体与属系（特殊与普遍）之间的冲突及解决这个冲突的各种办法。”③

就属系而言，压抑是拥有权力的统治者实施的统治。在马尔库塞看来，弗洛伊德理论的核心是“统治—反抗—统治”这种周期性的循环，但第二次统治不是第一次统治的简单重复。这种循环是统治的前进运动：从原始父亲，经过兄弟宗族，发展到成熟文明所特有的机构化权力制度。在这个前进的过程中，统治变得越来越非个人化、客观化和普遍化，同时也变得越来越合理、有效和多产，最后在充分发展的操作系统原则统治下，使人屈从的是劳动的社会分工本身。“结果，社会利用了个体的劳动力，从而控制了其

① ［美］马尔库塞：《爱欲与文明——对弗洛伊德思想的哲学批判》，黄勇、薛明译，上海译文出版社 1987 年版，第 6 页。

② ［美］马尔库塞：《爱欲与文明——对弗洛伊德思想的哲学批判》，黄勇、薛明译，上海译文出版社 1987 年版，第 8 页。

③ ［美］马尔库塞：《爱欲与文明——对弗洛伊德思想的哲学批判》，黄勇、薛明译，上海译文出版社 1987 年版，第 9—10 页。

本能。个体为了生活也不得不工作，这种工作不仅要求他每天耗费八个或十个或十二个小时，并转移了相应的能量，而且还要求他在工作和业余时间内使自己的举止行为符合操作原则的标准和规定的道德。”①这样，对统治的反抗就成了最大的罪恶，这不仅是对垄断着满足的暴君所犯下的罪恶，而是对确保着为日益满足人类需要所必需物品和服务设施的美好秩序所犯下的罪恶。于是，反抗成了对整个人类社会的犯罪。由于统治变成了一个无偏见的管理制度，指导着超我发展的形象也就变得非人格化了。以前，超我是由主人、酋长、首领来充当，他们以其具体的人格代表着现实原则，但是这些人格化的父亲形象在各种机构后面逐渐地消失了。“随着生产设施的合理化及其功能的多样化，所有的统治采取了管理的形式。而在这种统治发展到登峰造极的时候，集中的经验力量把人完全吞没了。任何人，即使身居高位的人，面对这种设施本身的运动和规律，都显得软弱无力。控制一般由政府机关实施。在这个机关中，无论雇主和雇工都是被控制者。主人不再履行某种个体的功能。”②马尔库塞指出，正是文明的进步将会使统治的合理性变得荒谬了。在他看来，生活必需品的缺乏一开始就成了为机构化的压抑辩护的借口，但在人类知识和对自然的控制能够使人进一步以最少的劳动来满足人类的需要时，这种借口就越来越不管用了。

马尔库塞也注意到，把个体从曾为缺乏和不成熟所辩护的各种压制中解放出来的现实可能性越大，想维持这些压制并使之合理化，以免现存的统治秩序被瓦解的要求也就越强。马尔库塞指出，如果社会不能用它日益提高的生产来减少压抑，那么生产就必然会与个体相对抗，它本身就会成为一种普遍的控制工具，从而形成极权主义的统治。“极权主义笼罩着后期工业文明，生产被统治利益所支配，因而其潜能也被抑制和转移。”③在这种情况下，统治的合理性发展到了有可能动摇其基础的地步，因此必须比以往任何时候更加有力地重申这种合理性。马尔库塞将社会用于抵抗这种威胁的“防御机制”称为超我的“自动化”。这种防御机制主要是为了加强对意识而不是对本能的控制，其目的就是让其放任自流。提倡“无思想的闲暇活动”，推行

① ［美］马尔库塞:《爱欲与文明——对弗洛伊德思想的哲学批判》，黄勇、薛明译，上海译文出版社 1987 年版，第 63 页。

② ［美］马尔库塞:《爱欲与文明——对弗洛伊德思想的哲学批判》，黄勇、薛明译，上海译文出版社 1987 年版，第 69 页。

③ ［美］马尔库塞:《爱欲与文明——对弗洛伊德思想的哲学批判》，黄勇、薛明译，上海译文出版社 1987 年版，第 66 页。

反理智的意识形态，就是这种对意识操纵的若干实例。[①] 由于个体的意识受到幕后操纵的约束，个体对现行的压抑的认识变得含糊不清了。这个过程也改变了幸福的内容。幸福一词所指的已不只是私人的、主观的状态。幸福包含了知识，它是理性动物的特权，但随着意识开始衰退，信息受到控制，个体被大众交往同化，知识也受到了支配和限制，个体并不真正理解所发生的事情。极其强大的教育和娱乐机器把个人同其他人置于一种麻木不仁的状态中，使他们不再萌生任何有害的念头。既然认识全部真理也无助于幸福，那么这样一种总的麻木不仁状态便使个体感到幸福。这样，一个人实行自我抑制所消耗的能量和作出的努力大大减少了，现实原则无需像过去那样不断更新当时流行的价值标准和社会机构的抑制系统，但它的控制作用实际上得到加强。不过，马尔库塞也认为，也有一些组织及其理想，以及哲学体系和文学作品，依然在抵抗着现行的现实原则，他们毫不妥协地表达着人类的恐惧与希望，它们是对现实原则的彻底否定。[②]

在马尔库塞看来，现行劳动社会组织产生的统治和异化，在很大程度上决定着现实原则对本能的要求。那么，这种作为唯一的现实原则的操作原则的持续统治是否不可避免？或者说，这种操作原则是否为一种与之有质的差别的非压抑的现实原则创造了前提？马尔库塞在对弗洛伊德进行批判的基础上提出了超越现实原则的观点。在弗洛伊德看来，快乐原则与现实原则之间不可避免地要发生冲突，而这种冲突是由普遍的缺乏、生活窘困和生存斗争引起并维持的。“生存斗争之所以必然要求对本能作压抑性改变，主要是因为缺乏足够的手段和资源，以全面地、无痛苦地、不费吹灰之力地满足本能需要。”[③] 马尔库塞指出，如果这样，那么对本能的压抑便来自于某些外来因素，就是说，这些因素不是为本能的本性所固有的，而是来自某些本能发展的特定历史条件。弗洛伊德承认没有一种本能结构能超出历史结构，而在马尔库塞看来，历史结构可以区分为两个层次：属系发生的生物的层次，这是动物性的人在与自然斗争中的发展；社会的层次，这是文明个体和群体在相互斗争及其环境斗争中的发展。虽然两者密不可分，但后者相对于前者

① 参见［美］马尔库塞：《爱欲与文明——对弗洛伊德思想的哲学批判》，黄勇、薛明译，上海译文出版社 1987 年版，第 66 页。

② 参见［美］马尔库塞：《爱欲与文明——对弗洛伊德思想的哲学批判》，黄勇、薛明译，上海译文出版社 1987 年版，第 74 页。

③ ［美］马尔库塞：《爱欲与文明——对弗洛伊德思想的哲学批判》，黄勇、薛明译，上海译文出版社 1987 年版，第 95 页。

是外来的因素，因而有更大的相对性。马尔库塞将这种来自于社会的压抑称为“额外压抑”，认为它是在社会阶段产生并得到维持的。[①] 马尔库塞认为，可以考虑设想在历史上存在着这样两个阶段，它们位于本能变迁的对立的两极：一是历史的原始阶段，二是历史的最成熟阶段。第一阶段指的是一种缺乏的非压迫性分配；第二阶段则是在征服了缺乏之后，对一种充分发达的工业社会的合理组织。在这两种条件下，本能的变迁当然是很不相同的，但有一个重要特征则为它们所共有：“本能发展是非压抑性的，就是说，本能至少不承受为统治利益所必要的额外压抑。”[②] 马尔库塞认为，这种性质反映了对人类性欲和社会的基本需要即衣着、饮食、闲暇的普遍满足。这些需要在第一阶段是原始的，而在第二阶段则大大地扩展和改善了，它们的普遍满足将无需苦役，就是说，人类生存不受异化劳动的支配。在马尔库塞看来，在成熟文明中，优厚的物质财富和精神财富将使人的需要得到无痛苦的满足，而统治再也不能按部就班地阻止这样的满足了。在这种情况下，可供转入必要的本能能量将微乎其微，这就会使由外部力量维持的压抑性压制土崩瓦解，因而快乐原则与现实原则之间的对抗关系也将朝着有利于快乐原则的方向发生变化。“爱欲，即爱本能将得到前所未有的解放。”[③] 这样，本能摆脱了压抑性理性的暴力，走向了自由的、持久的生存关系，它们将产生一种新的现实原则。[④] 而在非压抑条件下，性欲“成长为”爱欲，它将在有助于加强和扩大本能需要的持久的、扩展的关系（包括工作关系）中走向自我升华。“随着性欲转变为爱欲，生命本能也发展了自己的感性秩序，而理性就其为保护和丰富生命本能而理解和组织必然性而言，也变得感性化了。于是审美经验的基础再次出现了，而且不只是在艺术家的文化中，还在生存斗争本身中。”[⑤]

马尔库塞指出，所有技术的进步，对自然的以及人和社会的合理化，都

① 参见［美］马尔库塞：《爱欲与文明——对弗洛伊德思想的哲学批判》，黄勇、薛明译，上海译文出版社 1987 年版，第 95—96 页。

② ［美］马尔库塞：《爱欲与文明——对弗洛伊德思想的哲学批判》，黄勇、薛明译，上海译文出版社 1987 年版，第 110 页。

③ ［美］马尔库塞：《爱欲与文明——对弗洛伊德思想的哲学批判》，黄勇、薛明译，上海译文出版社 1987 年版，第 111 页。

④ 参见［美］马尔库塞：《爱欲与文明——对弗洛伊德思想的哲学批判》，黄勇、薛明译，上海译文出版社 1987 年版，第 144 页。

⑤ ［美］马尔库塞：《爱欲与文明——对弗洛伊德思想的哲学批判》，黄勇、薛明译，上海译文出版社 1987 年版，第 164—165 页。

未能而且也不能根除异化劳动的必要性，即机械地、不悦地、以一种代表个体的自我实现的方式工作的必要性。不过，“在摆脱了统治的要求之后，劳动时间和劳动能量在量上的减少，将导致人类生存发生质的变化：决定人类生存内容的，不是劳动时间，而是自由时间。不断扩展的自由王国真正成了消遣的王国，即个体机能得到自由消遣的王国。”①个体的机能在得到这样的解放以后，就将产生新的实现形式和发现世界的形式，而这些形式又会转而改变必然王国，改变生存斗争。“由于生存斗争成了一种合作努力，以求争取个体需要的自由发展和自由满足，所以压抑性理性让位于一种新的满足的合理性，在这里理性与幸福汇聚了。”②

解放爱欲，构建非压抑性的文明，是马尔库塞终生为之奋斗的事业。为达此目的，决定性的一步是彻底批判发达工业社会，因为它是一种全新的控制形式。“分析的焦点是发达工业社会。在发达的工业社会中，生产和分配的技术装备由于日益增加的自动化因素，不是作为脱离其社会影响和政治影响的单纯工具的总和，而是作为一个系统来发挥作用的。……在这一社会中，生产装备趋向于变成极权性的，它不仅决定着社会需要的职业、技能和态度，而且还决定着个人的需要和愿望。因此，它消除了私人与公众之间、个人需要与社会需要之间的对立。对现存制度来说，技术成了社会控制和社会团结的新的、更有效的、更令人愉快的形式。”③在马尔库塞看来，当代工业社会压制了其中的反对派和反对意见，压制了人们内心中的否定性、批判性和超越性的向度，从而使这个社会成了单向度的社会，使生活于其中的人成了单向度的人，因此当代工业社会是一种“没有反对派”的极权主义社会。

马尔库塞认为，掌握了科学和技术的工业社会之所以组织起来，是为了更有效地统治人和自然，是为了更有效地利用其资源。但是，劳动的最高生产率有可能被用来使劳动永恒化，最有效的工业化也能够为限制和操纵需要服务。“到达这一点时，在富裕和自由掩盖下的统治就扩展到私人生活和公共生活的一切领域，从而使一切真正的对立一体化，使一切不同的抉择同化。技术的合理性展示出它的政治特性，因为它变成更有效统治的得力工

① ［美］马尔库塞：《爱欲与文明——对弗洛伊德思想的哲学批判》，黄勇、薛明译，上海译文出版社 1987 年版，第 164 页。

② ［美］马尔库塞：《爱欲与文明——对弗洛伊德思想的哲学批判》，黄勇、薛明译，上海译文出版社 1987 年版，第 165 页。

③ ［美］马尔库塞：《单向度的人：发达工业社会意识形态研究》，刘继译，世纪出版集团 / 上海译文出版社 2008 年版，导言第 6 页。

具，并创造出一个真正的极权主义领域，在这个领域中，社会和自然、精神和肉体为保卫这一领域而保持着持久动员的状态。”①

不过，马尔库塞也指出，在发达工业社会，社会的政治需要变成个人的需要和愿望，它们的满足刺激着商业和公共福利事业，而所有这些似乎都是理性的具体体现。然而，这个社会作为总体却是非理性的。它的生产率对于人的需要和才能的自由发展是破坏性的，它的和平要由经常的战争威胁来维持，它的发展取决于对各种生存竞争（个人的、国家的、国际间的生存竞争）的实际可能性的压抑。当代社会的力量，无论是智力的还是物质的，都比以往大得无可估量，这意味着社会对个人的统治的程度也比以往大得无可估量。

在马尔库塞看来，发达工业社会的单向度性或极权主义体现在社会生活的各个方面。从政治领域看，发达工业社会成功地实现了政治对立面的一体化，消除了危害社会继续存在的政治派别和政治力量。“‘社会’这个范畴本身曾表示社会地位和政治地位的尖锐冲突，社会是一种与国家对抗的东西。同样，‘个人’、‘阶级’、‘家庭’曾经是指还没与已确立的生活条件一体化的那些领域和力量——紧张和矛盾的领域。随着工业社会日益发展的一体化，这些范畴正在丧失它们的批判性含义，而趋于变成描述性、欺骗性和操作性的术语。”②今天，以前社会面临的各种麻烦问题不是正在被清除，就是正在被隔离，引起动乱的因素也得到控制：“在作为促进、支持，有时甚至是控制性的力量的政府干预下，国民经济按照大公司的需要进行集中；这种经济与军事联盟、货币整顿、技术援助和发展规划的世界性体系相协调；蓝领工人和白领工人、企业中的领导和劳工、不同社会阶层的闲暇活动及愿望逐渐同化；学业成绩与国家培养目标之间的预定和谐得到促进；公众舆论的共同性侵入私人事务；私人卧室成为大众传播媒介的渲染对象。”③政治领域内的这种趋势通过对立派别明显的一致或趋同而清楚地显现出来。在国际共产主义的威胁下，美国两党在外交政策上的合作跨越了竞争性的利益集团，在国内方面各大党的政纲变得越来越难以分别。这些对立派别的一致，包容

① ［美］马尔库塞：《单向度的人：发达工业社会意识形态研究》，刘继译，世纪出版集团/上海译文出版社2008年版，第16页。

② ［美］马尔库塞：《单向度的人：发达工业社会意识形态研究》，刘继译，世纪出版集团/上海译文出版社2008年版，导言第5页。

③ ［美］马尔库塞：《单向度的人：发达工业社会意识形态研究》，刘继译，世纪出版集团/上海译文出版社2008年版，第17页。

了曾经表现为整个制度的对立面的那些阶级。

马尔库塞认为，资本主义的发展已经改变了无产阶级和资产阶级这两大对立阶级的结构和功能，使他们不再成为历史变革的动因。“维持和改善现制度这个凌驾于一切之上的利益，在当代社会最发达的地区把先前的敌手联合起来了。”① 发达工业社会的劳动阶级正在经历一个决定性的转变，而造成这一转变的因素有四个方面：一是机械化不断降低着在劳动中所耗费的体力的数量和强度。先前资本主义社会中无产者是在劳役重压下的牲畜，因而对他那个社会持完全否定的态度，而技术发达社会的工人由于劳动时间缩短劳动强度大大减轻而“过着明显缺乏否定性的生活”。二是同化的趋势表现在职业的层次中，非生产性工人的数量增加，“蓝领”朝着与“白领”成分有关的方向转化。三是劳动特点和生产工具的变化改变了劳动者的态度和意识。在工作中形成的技术组织，以及工人参与企业，使工人与工厂形成了更为紧密的依存关系。在一些技术最发达的企业，工人们甚至夸耀他们在企业中得到的既得利益。四是新的技术工作强行削弱了工人阶级的否定地位。“工人阶级似乎不再与已确立的社会相矛盾。”在马尔库塞看来，所有这些方面都起到了遏制社会变革的作用。②

从文化领域看，在发达工业社会，高层文化与低级文化和社会现实同一起来，出现了一种“压抑性的俗化趋势”。与政治一体化相伴随的是文化领域中的一体化，其重要体现就是高层文化正在屈从于流行在当代工业社会发达地区的俗化趋势。高层文化过去总是与社会现实相矛盾，而且只是具有特权的少数人才能享受它的乐趣，描绘它的理想。而在工业发达社会，高层文化失去合法性，被现实所拒斥。高层文化中包含着社会现实的对立的、异己的和超越性的因素，这些因素借助高层文化而构成现实的另一种向度。工业发达社会则通过消费高层文化中的这些因素来消除文化与社会现实之间的对立。“清除**双向度**文化的办法，不是否定和拒斥各种‘文化价值’，而是把它们全部纳入已确立的秩序，并大规模地复制和显示它们。”③ 当高层文化变成物质文化的组成部分时，整个社会的文化就同化为物质文化。这种文化具

① ［美］马尔库塞：《单向度的人：发达工业社会意识形态研究》，刘继译，世纪出版集团 / 上海译文出版社 2008 年版，导言第 4 页。

② 参见［美］马尔库塞：《单向度的人：发达工业社会意识形态研究》，刘继译，世纪出版集团 / 上海译文出版社 2008 年版，第 21—29 页。

③ ［美］马尔库塞：《单向度的人：发达工业社会意识形态研究》，刘继译，世纪出版集团 / 上海译文出版社 2008 年版，第 47 页。

有一个共同特征，即商品形式。对于它们来说，重要的是交换价值，而不是真实的价值。人们知道或感觉到广告和政治演讲未必是真的或正确的，但还是要去听、去读，甚至让自己受其指导。当竞选领袖和政治家在电视、电台和舞台上说出自由、完善这些伟大字眼的时候，这些字眼变成了毫无意义的声音，它们只是在宣传、商业、训练和消遣中才能获得意义。理想与现实同化到这种程度，说明理想"已被从心灵、精神或内心世界的高尚领域里拽了出来，并被转换为操作性术语和问题"①。

从话语领域看，发达工业社会形成了一种全面管理的封闭语言。发达工业社会的宣传机构塑造了单向度行为表达自身的交流领域。该领域的语言具有许多操作主义的特点，其中之一是："魔术似的、专横的、礼仪的要素充斥于言语和语言之中，话语的作为认知和认知评判发展阶段的那些中间环节被剥夺。"② 马尔库塞认为，这种仪式化的极权主义评议遍布当代世界，遍布民主和非民主、资本主义和非资本主义的国家。对于这种语言而言，即便所传播的是消息而不是命令，要求的是选择而不是忠顺，是自由而不是屈从，它本身也仍然是一种控制手段，而不仅仅是控制的反映。这种语言的控制是通过下列途径来实现的：减少语言形式和表征反思、抽象、发展、矛盾的符号；用形象取代概念。"魔术似的仪式化语言的新颖之处就在于，人们一方面并不相信或关心人家告诉他的东西，另一方面却仍然在根据它行动。所以，人们并不'相信'操作概念的陈述，但人们工作、买卖及拒不倾听其他说法的行为又使这种陈述得到了辩护。"③

从思想领域看，实证主义、分析哲学的流行也表明单向度思维方式、单向度哲学的胜利。在马尔库塞看来，自从"实证主义"一词出现以来，它就一直包含着三层意思：一是认识依据对事实的经验而获得有效性；二是认知活动以物理科学为确定性和精确性的模型；三是相信知识要进步必须以此为方向。由此出发，实证主义把各种形而上学、先验论和唯心主义当作蒙昧主义的落后思想方式加以反对。这样，哲学领域中的其他向度，即使以前是真正合理的，如今也不再是合理的和科学的了，哲学的批判性和否定性丧失。

---

① ［美］马尔库塞：《单向度的人：发达工业社会意识形态研究》，刘继译，世纪出版集团／上海译文出版社 2008 年版，第 47 页。

② ［美］马尔库塞：《单向度的人：发达工业社会意识形态研究》，刘继译，世纪出版集团／上海译文出版社 2008 年版，第 69 页。

③ ［美］马尔库塞：《单向度的人：发达工业社会意识形态研究》，刘继译，世纪出版集团／上海译文出版社 2008 年版，第 83 页。

“哲学思想变成肯定性的思想；哲学批判则只是在社会结构的**范围之内**进行，并把非实证的观念攻击为单纯的玄思、幻想或奇谈怪论。”①当代实证主义的后期阶段将“形而上学”词汇拒之门外，关注语言的意义和用法，关心普通言语的能力和常识，但这种分析提供了大量素材的语言是一种净化了的语言，而被净化的语言不仅是“非正统的”的语言，而且也包括那些其表达的内容不同于社会提供的内容的表达方式。“语言分析实际上是从普通评议在谈论中所展示的东西出发来进行抽象的——是从残缺不全的人和自然出发来进行抽象的。”而且，引导这种分析的往往并不是普通语言，而是放大了的语言原子、无聊的言语片断。在马尔库塞看来，在精确性和明晰性方面，分析哲学可能是无与伦比的，是正确的，但这就是它的全部东西。然而，这不仅不够，而且对哲学思想和批判思想还有破坏的作用。马尔库塞认为，哲学是在思想中进行反抗和谋划的意识形态。这种意识形态的特性正是哲学的宿命，无论是科学主义还是实证主义都不可能克服的宿命。而且它的意识形态作用可能只是治疗性的，即按照现实性的实际面目来显示现实，显示这一现实不准存在的东西。然而，“在极权主义时代，哲学的治疗任务会是一项政治任务，因为已确立的日常语言领域势必结成一个受到全面操纵和灌输的领域。”②

最后，从生活领域看，发达工业社会使人们的生活方式和价值追求日益同化。一方面，所有人不分阶级和社会地位，其生活方式趋同：工人和他的老板享受同样的电视节目并漫游同样的游乐胜地；打字员打扮得同她雇主的女儿一样漂亮；黑人也拥有凯迪拉克牌高级轿车；所有人阅读同样的报纸。另一方面，所有人价值追求也趋同。“人们似乎是为商品而生活。小轿车、高清晰度的传真装置、错层式家庭住宅以及厨房设备成了人们生活的灵魂。”③由于生活方式和价值追求的同化，由于大家都“分享制度的好处”，“在工业社会前一阶段似乎代表新的生存方式之可能性的那些历史力量正在消失”。“在工业文明的最发达地区，社会控制已被潜化到这样的地步，甚至连个人的抗议在根本上也受到影响。拒绝‘随大流’的思想情绪显得神经

① ［美］马尔库塞：《单向度的人：发达工业社会意识形态研究》，刘继译，世纪出版集团/上海译文出版社2008年版，第138页。

② ［美］马尔库塞：《单向度的人：发达工业社会意识形态研究》，刘继译，世纪出版集团/上海译文出版社2008年版，第158页。

③ ［美］马尔库塞：《单向度的人：发达工业社会意识形态研究》，刘继译，世纪出版集团/上海译文出版社2008年版，第9页。

过敏和软弱无力。”①

总之，发达工业社会是一个单向度的极权主义社会。不过，造成它的极权主义性质的主要不是恐怖与暴力，而是技术。“我们社会的突出之处是，在压倒一切的效率和日益提高的生活水准这双重的基础上，利用技术而不是恐怖去压服那些离心的社会力量。”②这就是它的新颖之处，也是它的矛盾所在：“发达工业文明的内在矛盾正在于此：其不合理成分存在于其合理性中。这就是它的各种成就的标志。掌握了科学和技术的工业社会之所以组织起来，是为了更有效地统治人和自然，是为了更有效地利用其资源。当这些成功的努力打开了人类实现的新向度时，它就变得不合理了。”③

那么，有没有可能将人类从这种极权主义社会中解放出来呢？马尔库塞认为，难度非常大。“与既定生活制度无所不在的效力相对照，其历史的替代选择总显得是一种乌托邦似的东西。”④但是，这并不意味着批判理论就要放弃这一领域。马尔库塞指出，下述事实为当代社会的批判理论及其必然发展提供了根据：“社会整体日益增长的不合理性；生产率的浪费和限制；对侵略扩张的需要；经常的战争威胁；剥削的加剧；人性的丧失。”⑤马尔库塞认为，所有这些都指向这样一种历史的替代性选择：“有计划地利用资源并花费最小量的劳动以满足根本的需要；把闲暇时间变为自由时间；并使生存斗争和平化。”⑥马尔库塞也注意到，这些事实和历史替代性选择还只是一些没有联结在一起的碎片，或者像一个缄默的对象世界，没有主体，没有在新方向上改变客体的实践。就是说，批判理论既不是完善系统，也没有具备付诸实践的社会条件。不过，有一点是马尔库塞所肯定的，即：“以技术合理性为媒介的各对立面的一体化，**在其全部现实性**上，也必定是一种幻想中的一

① ［美］马尔库塞：《单向度的人：发达工业社会意识形态研究》，刘继译，世纪出版集团／上海译文出版社 2008 年版，第 9 页。

② ［美］马尔库塞：《单向度的人：发达工业社会意识形态研究》，刘继译，世纪出版集团／上海译文出版社 2008 年版，导言第 2 页。

③ ［美］马尔库塞：《单向度的人：发达工业社会意识形态研究》，刘继译，世纪出版集团／上海译文出版社 2008 年版，第 15 页。

④ ［美］马尔库塞：《单向度的人：发达工业社会意识形态研究》，刘继译，世纪出版集团／上海译文出版社 2008 年版，第 200 页。

⑤ ［美］马尔库塞：《单向度的人：发达工业社会意识形态研究》，刘继译，世纪出版集团／上海译文出版社 2008 年版，第 199—200 页。

⑥ ［美］马尔库塞：《单向度的人：发达工业社会意识形态研究》，刘继译，世纪出版集团／上海译文出版社 2008 年版，第 200 页。

体化，它既没有消除日益增长的生产率和对其压抑性使用之间的矛盾，也没有消除解决这一矛盾的根本需要。”[①]只是解决这一矛盾的斗争已经失去了传统的形式：“人民”，即先前的社会变革酵素，已经“上升”成为社会团体的酵素。现在只剩下社会地位更在这些保守公众之下的“生活在社会底层的流浪汉和局外人，不同种族、不同肤色的被剥削者和被迫害者、失业者和不能就业者”[②]。他们生存在民主进程之外，其生活就是对结束无法容忍的生活条件和体制的最直接、最现实的要求。因此，即使他们的意识不是革命性的，他们的反对也是革命性的。“他们的反对是从外部打击现存制度因而没有被该制度引向歧路；它是一种破坏游戏规则并在这样做时揭露该游戏是受操纵的游戏的根本力量。”[③]马尔库塞断定，他们开始拒绝玩游戏这一点，可能标志着一个时期终结的开端。

（五）阿伦特对极权主义和社会异化的批判

汉娜·阿伦特（Hannah Arendt, 1906—1975），犹太裔美国政治理论家和政治哲学家。她出生于德国汉诺威市的一个犹太人家庭，在马堡和弗莱堡大学攻读哲学、神学和古希腊语，后到海德堡大学雅斯贝尔斯的门下，获哲学博士学位。1933 年纳粹上台后流亡巴黎，1941 年到了美国，1951 年成为美国公民。流亡之前，阿伦特以一个犹太人的身份协助犹太组织工作，为此曾被纳粹政府关押过。去美国之后，她为流亡者杂志《建设》撰写评论等，做过肯舍出版社的编辑，1952 年担任过“犹太文化重建委员会”的负责人。自 1954 年开始，阿伦特在加利福尼亚大学、普林斯顿大学、哥伦比亚大学、社会研究新学院、纽约布鲁克林学院等院校开办讲座，后担任芝加哥大学、社会研究新学院教授。她的主要著作有：《极权主义的起源》（*The Origins of Totalitarianism*, 1951），《人的状况》（*The Human Condition*, 1958）、《在过去与未来之间》，《论革命》（*On Revolution*, 1963），《艾克曼在耶路撒冷：关于陈词滥调的恶的报告》（*Eichmann in Jerusalem: A Report on the Banality of Evil*, 1963），《黑暗时代的人们》（*Men in Dark Times*，1968），《过去与未来

① ［美］马尔库塞：《单向度的人：发达工业社会意识形态研究》，刘继译，世纪出版集团 / 上海译文出版社 2008 年版，第 202 页。

② ［美］马尔库塞：《单向度的人：发达工业社会意识形态研究》，刘继译，世纪出版集团 / 上海译文出版社 2008 年版，第 202 页。

③ ［美］马尔库塞：《单向度的人：发达工业社会意识形态研究》，刘继译，世纪出版集团 / 上海译文出版社 2008 年版，203 页。

之间：政治思想的六种运用》（*Between Past and Future: Six Exercises in Political Thought*, 1968），《论暴力》（*On Violence*, 1970），《共和的危机》（*Crises of the Republic*, 1972），《心灵生活》（*The Life of the Mind*, 1978）等。阿伦特是一位思想活跃、目光敏锐、关切现实问题的政治思想家，她研究和回答了一系列政治领域的重大问题，如革命问题、暴力问题、权威问题、公民不服从问题、政治中的谎言问题、战犯审判问题、独裁统治下的个人责任问题，以及权威问题、自由问题、教育和文化危机问题，等等。"汉娜·阿伦特试图勾勒出'政治的'在我们这个时代的性质，人们彼此联合在一起的方式，以及在面对我们是谁、我们能够做什么等问题时，'政治的'又作了怎样的回答。这就是她对公共生活研究独特而有价值的贡献。虽然亚里士多德、康德、马克思、尼采、海德格尔和雅斯贝尔斯都影响了她，但阿伦特却不是以上任何一个人的信徒。当然她绝不只是简单地与他们保持一种批评的距离，她还对他们著作中的那些困扰人难题刨根问底；其创新之处在于，阿伦特用一种整合的而非独断或鹦鹉学舌的方式来思考这些难题。"①不过，她所关注的核心问题是人的境况问题，研究的视野从反犹主义到帝国主义再到极权主义，最后扩展到现代社会的异化。她对极权主义和现代异化（包括世界异化和地球异化）的批判使她享有崇高的国际声望，其中有许多观点至今仍然具有重要的警示意义。丹尼尔·贝尔称"汉娜·阿伦特是一位富有思想、令人不安的社会批评家"②。

阿伦特对极权主义的批判是基于她对时代疑虑和担忧的心情之上的。她一生经历过两次世界大战，其间一系列局部战争和革命从未间断过。第二次世界大战后，人类并没有获得所希望的和平，相反生活在两个超级大国争霸可能导致的第三次世界大战的恐怖之中。她指出，在这种情况下，我们从来没有像今天这样对未来感到无法预料，我们从来没有像今天这样依赖那些不会遵从常识和自我利益法则的各种疯狂的政治力量。我们不再期望最终能恢复那种旧世界秩序及其一切旧传统，也不再期望五大洲的人们重新统一团结。因为他们被扔进由战争和革命的暴力产生的混乱之中，无论他们生活的条件和环境有多么不同，但他们"精神上的无家可归达到了前所未有的规

① ［加］汉森：《汉娜·阿伦特：历史、政治与公民身份》，刘佳林译，凤凰出版传媒集团/江苏人民出版社2004年版，导言第4页。

② ［美］丹尼尔·贝尔：《资本主义文化矛盾》，严蓓雯译，江苏人民出版社/人民出版社2010年版，第46页。

模，漂流无根的心绪达到了前所未有的深度”[①]。在阿伦特看来，这一切的根源在于极权主义。“极权主义企图征服和统治全世界，这是一条在一切绝境中最具毁灭性的道路。它的胜利就是人类的毁灭；无论在哪里实行统治，它都开始摧毁人的本质。然而若想躲避本世纪的各种毁灭性的力量，又几乎是徒劳无功的。”[②]阿伦特认为，今天的极权主义是“反犹主义”，“帝国主义”。它们一个接着一个，一个比一个更野蛮。这种严酷的现实表明，人类尊严需要一种新的保障，而这种保障只有在一种新的政治原则、新的世界法律中才能找到。阿伦特给自己确定的任务不是寻求这种新的保障，而是要揭露近代以来的人类社会如何从反犹主义走向帝国主义、从帝国主义走向极权主义的历史过程，以给人类以警示。

阿伦特认为，反犹主义（antisemitism）是 19 世纪的一种世俗的意识形态，但在 19 世纪 70 年代以来，反犹主义一词还不为人知晓。因此，反犹主义不是两种不同宗教教义互相敌对而煽动起来的对犹太人的仇视，因为从罗马帝国开始一直到今天，犹太人连续不断地遭到迫害、驱逐和屠杀。在阿伦特看来，19 世纪以前，犹太人相信自己是上帝的选民这一古老的神话，因而脱离异教世界，尤其是脱离基督教，与世界处于隔离状态，而这种隔离状态并不完全出于异教徒的仇视或缺乏启蒙，而是由于“种族的根源”。反犹主义并不是猖狂的民族主义以及仇外情绪的爆发，恰恰相反，它“是在传统的民族主义衰朽时生长起来的，并且恰恰在欧洲的民族国家制度及其权力失衡被摧毁时达到了顶峰”[③]。在阿伦特看来，纳粹的意识形态集中于反犹主义，但纳粹并非单纯的民族主义者。不光是纳粹，还有 50 年的反犹主义历史，都明显地证实反犹主义和民族主义不是一回事。其证据之一，19 世纪最后几十年里一批最初的反犹主义政党也是在国际上最早联合的组织，从一开始就召集了国际会议，关注国际的协调行动。在阿伦特看来，像希特勒等人的反犹主义倾向所表现的是由各种难以相互融合的政治动机和社会因素组成的混合状态。“犹太人命中注定走向历史事件的风暴中心，决定性的力量无疑的是政治力量；但是社会对反犹主义的反应以及个人对犹太问题的心理

① ［美］阿伦特：《极权主义的起源》，林骧华译，生活 · 读书 · 新知三联书店 2008 年版，第 1 页。

② ［美］阿伦特：《极权主义的起源》，林骧华译，生活 · 读书 · 新知三联书店 2008 年版，第 3 页。

③ ［美］阿伦特：《极权主义的起源》，林骧华译，生活 · 读书 · 新知三联书店 2008 年版，第 37 页。

反应，却同时对犹太血统的每一个个人的残暴与有组织、有计划的侵害有关。”①

那么反犹主义的根源何在呢？阿伦特认为，根源在于犹太人在公共事务中的作用和影响，但却拥有财富。她以法国大革命时期法国贵族的遭遇对此加以说明。法国大革命时，群众对贵族阶级充满了狂暴的仇恨。他们之所以比以前更加仇视贵族，是因为贵族即将丧失权力而并不伴随着失去财富。只要贵族还拥有无上的司法权力，他们就不仅被人容忍，而且还受人尊敬。当贵族失去特权，尤其是丧失剥削和压迫的特权时，人们觉得他们是寄生虫，在统治国家方面不起任何作用。换言之，剥削和压迫都不是引起群众怨恨的主要原因，而没有可见的政治作用却拥有财富才是他们不可容忍的，因为谁也不理解无功为何受禄。反犹主义的情形亦如此。“当犹太人同样地丧失了他们在公共事务中的作用和影响，除了财产之外一无所有时，反犹主义就达到了顶峰。”② 在希特勒执掌政权时，德国银行业早已是犹太人的天下，他们控制银行业已有 100 多年，而统计学家预言，德国和犹太人在经过社会地位和数量上的逐步增长之后会迅速衰落。在西欧各国，情况几乎相同。法国的德雷富斯事件③ 发生在第三帝国时期，就是因为当时犹太人已经丧失了第二帝国统治下所享有的重要社会地位，但他们仍然拥有大量的财富。阿伦特指出：“反犹主义运动十分牢固地根植于‘犹太—异教’关系中特有的各种现实，即犹太人一方面在民族国家的发展中，另一方面在非犹太社会里所扮演的角色。”④

在阿伦特看来，犹太人社会地位的丧失与民族国家解体直接相关。从 17 世纪后期开始，欧洲民族国家兴起，民族国家出于新的商业利益的需要，允许犹太人享有某些特权，将犹太人作为一个特殊的团体保持下来。犹太人

① ［美］阿伦特：《极权主义的起源》，林骧华译，生活·读书·新知三联书店 2008 年版，第 138 页。

② ［美］阿伦特：《极权主义的起源》，林骧华译，生活·读书·新知三联书店 2008 年版，第 38—39 页。

③ 德雷福斯事件（Affaire Dreyfus）是 19 世纪末发生在法国的一起政治事件。1894 年底，一名法国犹太裔军官阿尔弗雷德·德雷福斯被误判为德国间谍，法国社会因此爆发严重的冲突和争议。此后经过重审以及政治环境的变化，冤案终于 1906 年 7 月 12 日获得平反，德雷福斯也成为国家的英雄。阿伦特认为，反犹主义在这一事件中达到了顶点，所以她在《极权主义的起源》中专门用一章讨论“德雷福斯案件”。

④ ［美］阿伦特：《极权主义的起源》，林骧华译，生活·读书·新知三联书店 2008 年版，第 10 页。

世世代代充当放债人的经验，使他们自然地进入和掌管金融业，从事日常金融活动。第一次世界大战前几十年，民族国家解体，帝国主义崛起，犹太民族作为一个群体就和民族国家一起解体了。在帝国主义时代，因为他们没有政治权力，所以他们成了被蔑视的对象。贵族、自由派、激进的知识分子，以及小资产阶级都是资本主义社会的无阶级地位者，他们随时都有可能成为暴民。"资本主义社会中一切无阶级地位者到末了都随时准备联合起来建立自己的暴民组织"①。正是这种暴民组织对犹太人的不满情绪，汇聚成了反犹太主义运动。他们为了清除犹太人，联合天主教和新教，发动各阶层的民众参与，并组织了反犹太人的政党。进入20世纪后，犹太人又转身到了商业、服装业、文化业，并形成了犹太知识分子群。但与此同时，犹太人也变成了不被社会接纳的人和被仇恨的目标。犹太人被看作市侩和暴发户，犹太人商业上的成功，他们的卑微、市侩气等，都成为人们反犹的理由。犹太人问题转变成为一种社会动荡的触媒，一个分崩离析的社会可能围绕着这个问题在意识形态上重新聚集起来，资本主义社会中一切失去社会地位的人正是这样联合起来的，他们以公开犯罪的方式走上了反犹的道路。

阿伦特认为，反犹主义的产生和发展也与犹太人的同化问题，以及犹太人旧有宗教价值与精神的世俗化有关。"犹太知识分子的世俗化和同化改变了自我意识和自我诠释，使旧有的记忆和希望荡然无存，只剩下属于一个上帝特选民族的意识。"②这种意识使犹太人相信，他们天生比别的种族更聪明、更好、更健康、更适于生存，是历史的动力和社会的中坚。当犹太人受到来自外部的物质消灭和来自内部精神解体的威胁时，他们产生了一种自我安慰式的奇怪的、错误的观念，认为反犹太主义可能成为一种使犹太人保持结合的手段，从而为他们的生存提供永恒保证。他们将现代反犹主义误解为旧日宗教上的仇视犹太人。正是这种观念导致他们低估了眼前存在着的前所未有的危险。阿伦特指出："反犹主义远非那种使犹太民族获得生存的神秘保证，而是清楚地揭示成为种族灭绝的威胁。"③

阿伦特所说的帝国主义是指欧洲殖民帝国主义。她认为，帝国主义产生

---

① ［美］阿伦特：《极权主义的起源》，林骧华译，生活·读书·新知三联书店2008年版，第139页。

② ［美］阿伦特：《极权主义的起源》，林骧华译，生活·读书·新知三联书店2008年版，第121页。

③ ［美］阿伦特：《极权主义的起源》，林骧华译，生活·读书·新知三联书店2008年版，第43页。

于殖民主义，是在19世纪最后三分之一的时间由民族国家制度同经济与工业的发展不相适应而引起的。因为这时的“民族国家制度既无力制定新规则，处理已转变为全球事务的外交事务，也无力对世界实行罗马帝国统治式的和平”。“它在政治上的狭隘性和目光短浅必定走向极权主义的灾难，它那前所未有的恐怖掩盖着可怕事件，以及更可怕的精神状态。”①到1814年左右，这种新形式的政权开始其为扩张而扩张的政治，它的终结以1914年英国放弃对印度的统治为标志。在阿伦特看来，“这个时代的某些基本方面显示出非常接近于20世纪的极权主义现象，因此可以认为这整个时期是即将来到的大灾难的前奏阶段。”②帝国主义标志着民族国家的解体，同时包含了后来产生极权主义运动和极权主义政府的几乎全部必要成分。③

阿伦特认为，帝国主义时期欧洲内部的中心事件是资产阶级的政治解放。此前，资产阶级还是欧洲历史上第一个在经济上取得杰出成就而不渴望政治上统治的阶级。在民族国家内，资产阶级是同民族国家的发展而一起发展起来的。当它已使自己具有统治阶级的实力时，它仍然将一切政治决策权交给国家。只是当民族国家证明已不再适应资本主义经济进一步发展时，国家与社会之间的潜在对抗才变为公开的权力斗争。在阿伦特看来，在一切政府形式中，民族国家最不能适应无限增长，因为“它的基础不是无限的人类生产力”。而帝国主义的原则却是“为扩张而扩张”。“帝国主义的中心政治观念就是将扩张当作永久的最高政治目标。”④阿伦特指出：“资本主义生产中的统治阶级由于它的经济扩张受到民族国家限制而起来反抗限制时，帝国主义就产生了。资产阶级出于经济需要而转向政治；因为它如果不想放弃资本主义制度，要遵循其经济不断增长的内在规律，它就必须将这条规律强加给它的政府，宣布以扩张为外交政策中最终的政治目标。”⑤然而，在帝国主义时期，国家与资产阶级都不能赢得决定性的胜利，国家自始至终抵制帝国主

---

① ［美］阿伦特:《极权主义的起源》，林骧华译，生活·读书·新知三联书店2008年版，第16页。

② ［美］阿伦特:《极权主义的起源》，林骧华译，生活·读书·新知三联书店2008年版，第183页。

③ 参见［美］阿伦特:《极权主义的起源》，林骧华译，生活·读书·新知三联书店2008年版，第15—16页。

④ ［美］阿伦特:《极权主义的起源》，林骧华译，生活·读书·新知三联书店2008年版，第186页。

⑤ ［美］阿伦特:《极权主义的起源》，林骧华译，生活·读书·新知三联书店2008年版，第187页。

义的野蛮狂妄抱负，而资产阶级则尝试利用国家及其暴力工具来达到经济目的，但往往不能成功。在这种情况下，资产阶级寄希望于并利用暴民打碎民族国家。德国资产阶级就将全部赌注押在希特勒身上，渴望借用暴民的帮助来统治国家。资产阶级最终借助暴民的力量确立了自己的政治统治权。在阿伦特看来，暴民由各个阶级被排斥的人组成，他们是从资本主义组织过程中兴起的。“暴民不仅是渣滓，也是资产阶级社会直接产生的副产品，所以它同资产阶级从来不会完全分离。”① 根据对帝国主义产生历史的考察，阿伦特认为，“帝国主义应该被认为是资产阶级取得政治统治权的第一个阶段，而不是资本主义的最后阶段。”② 阿伦特指出，资产阶级虽然取得了成功，但付出了沉重的代价。“资产阶级成功地摧毁了民族国家，但是只赢得了牺牲代价极大的一场胜利；暴民们完全能够凭自身从事政治活动，将资产阶级连同一切其他阶级和机构全都扫除。”③

阿伦特认为，在帝国主义统治的几十年里，采取了两种实施政治组织和统治外国民族的新手段：其一是以种族为政体的原则；其二是以官僚政治为海外统治原则。阿伦特指出了帝国主义采取这两条原则的必要性：“倘若不以种族代替民族，争夺非洲和投资狂热很可能停留在毫无目的的淘金热中‘死神与贸易共舞’的状态（康拉德语）。若不以官僚政治代替政府，不列颠的印度属地很可能落入‘在印度的法律破坏者’（伯克语）手中，造成无法无天状态，而不会改变整个时代的政治气候。”④ 据阿伦特的考察，种族思想根源可以上溯至 18 世纪，而在 19 世纪同时出现在西方所有的国家。19 世纪末 20 世纪初以来，种族主义一直是帝国主义政策中一种强有力的意识形态。它虽然吸收了各种旧的种族观点，并且使它们复兴，但旧的种族观点单凭自身难以创造或衍生成种族主义，成为一种世界观和意识形态。在阿伦特看来，种族主义从一开始就蓄意冲破一切国界，并且否认国家—政治的存在。种族主义破坏了人们的爱国主义信念，一贯否定人民的国家组织赖以建

① ［美］阿伦特:《极权主义的起源》，林骧华译，生活·读书·新知三联书店 2008 年版，第 222 页。关于暴民与资产阶级的关系，阿伦特虽然作了很多阐述，但仍然很不好理解。有兴趣的读者，可进一步阅读她关于这一问题的最集中阐述“暴民与资本联盟”（同上书 211 页以后）。

② ［美］阿伦特:《极权主义的起源》，林骧华译，生活·读书·新知三联书店 2008 年版，第 201 页。

③ ［美］阿伦特:《极权主义的起源》，林骧华译，生活·读书·新知三联书店 2008 年版，第 184 页。

④ ［美］阿伦特:《极权主义的起源》，林骧华译，生活·读书·新知三联书店 2008 年版，第 259 页。

立的伟大原则，即由全人类的观念所保障的各民族平等的团结的原则。所以阿伦特断定："种族主义的确会给西方世界带来末日，因此也会给整个人类文明带来毁灭。"[①]她非常严肃地指出："当俄国人变成了斯拉夫人，当法国人自认是'土著部队'指挥者，当英国人变成了'白人'，德国人在灾难性的诅咒中变成了雅利安人，那么这种转变本身就意味着西方人的末日。因为无论知识渊博的科学家们怎么说，从政治角度来看，种族不是人类的开端，而是终结；不是各民族的起源，而是衰亡；不是人的自然诞生，而是他的非自然的死亡。"[②]

关于帝国主义的第二原则，阿伦特认为，帝国主义实行的是强权政治，强权政治追求的是世界的霸权。"帝国主义时代强权政治最主要的特点是，地区性的、有限的、因而也是可预料的民族利益的目标转为无限地追求强权，漫遍全世界并使之变成荒原，在民族和领土方面无特定目标，失却可预测的方向。"[③]在阿伦特看来，这种对强权的追求，在不同国家有不同的表现形式。像英国这样的国家，他们在殖民统治方法和正常的国内政策之间划了一条明确的界线，因此相当成功地避免了帝国主义政策对自己国内造成的恶果。而欧洲大陆国家采取的是"泛运动"（pan-movement）的形式，这种运动的目标可以说是整个民族帝国主义化，组织整个民族去掠夺外国领土，使异族永远沦为低等民族，以这样的方式使国内和国外政策统一起来。[④]阿伦特认为，纳粹主义和布尔什维克主义大多成因于泛日耳曼主义和泛斯拉夫主义。这些"泛主义"一致同意，"生在'大陆国家'，身为'大陆民族'，它们必须在大陆寻找殖民地，从权力中心开始，在地缘上连续扩张"[⑤]。英国的观念是"我要统治海洋"，而俄国的观念是"我要统治陆地"。在阿伦特看来，各种泛运动虽然没有成功，但和海外帝国主义相比，它对暴民的语言煽动性更具有魅力，从一开始就产生了更大的吸引力。

---

① ［美］阿伦特：《极权主义的起源》，林骧华译，生活·读书·新知三联书店2008年版，第224页。

② ［美］阿伦特：《极权主义的起源》，林骧华译，生活·读书·新知三联书店2008年版，第224页。

③ ［美］阿伦特：《极权主义的起源》，林骧华译，生活·读书·新知三联书店2008年版，第12页。

④ 参见［美］阿伦特：《极权主义的起源》，林骧华译，生活·读书·新知三联书店2008年版，第221页。

⑤ ［美］阿伦特：《极权主义的起源》，林骧华译，生活·读书·新知三联书店2008年版，第304页。

阿伦特认为，资产阶级的强权统治导致了极权主义运动，并最终形成了极权主义政权。“第一次世界大战之后发生了一系列的革命，极权主义运动兴起，破坏议会政府，紧接着是各种各样的新暴政，法西斯主义和半法西斯主义，一党专政与军事独裁，最后是表面上牢固地建立在群众支持基础上的极权主义政府。”①资产阶级和暴民奉行个人主义，资产阶级以无情竞争为基础建立的社会是贪得无厌的社会，这种社会造成了对公共生活的冷漠甚至敌视，这不仅体现在社会层面上，而且首先体现在它自己的阶级内。极权主义运动兴起就是群众不能够容忍资产阶级个人主义，以及其他各种个人主义，并因而力图获得政治权力。“在那些群众为了某些原因渴望政治组织的地方，极权主义运动就有可能产生。”②

对于什么是极权主义，阿伦特作过很多阐释，而最典型的表达也许就是以下这段话：“极权主义是一种现代形式的暴政，是一个毫无法纪的管理形式，权力只归属于一人。一方面是滥用权力，不受法律节制，屈从于统治者的利益，敌视被统治者的利益；另一方面，恐惧作为行动原则，统治者害怕人民，人民害怕统治者——这些在我们全部的传统中都是暴政的标志。”③

在阿伦特看来，群众是极权主义运动的土壤，因而极权主义运动把目标确定为组织群众，并且获得了成功。这里所说的“群众”不是像欧洲大陆民族国家中的利益党派一样的阶级，并非由于一种共同利益的意识才聚合的，他们是缺乏一种具体的、明确表现的和有限的实际目标的人群组合。“群众这个术语只用于人民，或者由于人数过众，或者由于漠不关心，或者两者兼具时，而不能整合进任何以共同利益为基础的组织、政党、市政府、职业组织、工会。他们潜在地生存于每一个国家，由大量中立的、政治上无动于衷的、从不参加政党、几乎不参加民意测验的大多数人构成。”④群众不仅表现出政治冷淡，而且一有机会就到处发表他们的强烈反对意见。其结果导致了阶级制度的崩溃，而阶级制度的崩溃则意味着政党制度的自动崩溃。大陆政

① ［美］阿伦特:《极权主义的起源》，林骧华译，生活·读书·新知三联书店 2008 年版，第 17 页。

② ［美］阿伦特:《极权主义的起源》，林骧华译，生活·读书·新知三联书店 2008 年版，第 406 页。

③ ［美］阿伦特:《极权主义的起源》，林骧华译，生活·读书·新知三联书店 2008 年版，第 575 页。

④ ［美］阿伦特:《极权主义的起源》，林骧华译，生活·读书·新知三联书店 2008 年版，第 407 页。

党制度崩溃的最初迹象，不是老党员们的退出，而是年青一代不愿意成为新党员，并因而失去了未经组织的群众的默许和支持。同时，阶级保护墙的倒塌又将一切政党背后迟钝的大多数人转变为一种无组织、无结构、由愤怒的个人组成的群众。群众也不同于前面所说的“暴民”。阿伦特指出，群众与暴民只有一个共同点，即“两者都站在一切社会分支和正常的政治代表之外”[①]，而两者的区别在于“暴民继承了——尽管以一种扭曲的形式——占主导地位的阶级的标准和态度，而群众则只反映、并且多少有些歪曲一切阶级对公共事务的标准和态度”[②]。群众的标准不是取决于他们曾经从属过的具体阶级，而是取决于普遍的影响和社会上一切阶级心照不宣和不言而喻地共有的信念。不过，阿伦特认为，尽管群众不同于暴民，但当代最有天才的群众领袖却仍然产生于暴民，而不是群众，希特勒、斯大林都是如此。希特勒早年的正常成员几乎全是不适应环境的人、失败者、冒险家，他们只是资产阶级社会的反面，而斯大林也是来自布尔什维克党的由流放者和革命者组成的密谋组织。

极权主义的特点是行动主义，它们在一切政治活动中都选择恐怖主义。在阿伦特看来，恐怖主义有其特殊的吸引力。“恐怖主义的吸引人之处在于它变成了一种哲学，表达失落、厌恶、盲目仇恨，这是一种政治的表现，用炸弹来表现自我，兴奋地看着公众以行动来响应，绝对愿意付出生命的代价，以成功地迫使正常的社会阶层承认一个人的存在。”[③]这种精神和手法，就是戈培尔在纳粹德国最终战败之前很久就曾宣布过的，假如战败，几百年也不会被遗忘。这即是中国古谚所说的：“不能流芳百世，也要遗臭万年。”阿伦特认为，正是这种恐怖主义哲学和极权主义本身的锐气吸引了知识界的精英和暴民。暴民所需要的就是戈培尔所说过的，走向历史，哪怕付出的代价是毁灭。精英与此不同，他们主张隐姓埋名，否认天才存在，努力证明人是辉煌的，而伟大人物则是微不足道的。尽管两者之间有区别，但每当底层社会使体面社会恐惧而接受其平等地位时，精英会因之感到高兴。“精英成员们根本不反对以文明的毁灭为代价，满怀兴趣地看到那些过去被不公正地

① ［美］阿伦特：《极权主义的起源》，林骧华译，生活·读书·新知三联书店2008年版，第409页。

② ［美］阿伦特：《极权主义的起源》，林骧华译，生活·读书·新知三联书店2008年版，第409—410页。

③ ［美］阿伦特：《极权主义的起源》，林骧华译，生活·读书·新知三联书店2008年版，第430页。

排除在社会之外的人被挤进了这个社会。”[1]精英与暴民之间的暂时联盟大多依靠这种对毁灭的欣赏心态，前者看着后者摧毁体面的社会。不过，阿伦特指出，虽然精英在极权主义早期产生过一些作用，甚至成为了极权主义的鼓吹者，但凡是在极权主义运动取得政权的地方，早在政权开始它们的最大犯罪之前，就已经抛弃了这一群同情者。因为知识的、精神的、艺术的创造力对于极权主义者来说，都像暴民的歹徒一样危险。“绝对的统治并不容许任何一个生活领域中的自由创造力，不容许任何一种无法完全预见的活动。执政的极权主义无一例外地排斥一切第一流的天才，无论他们是否同情极权主义，使取而代之的是一些骗子和傻瓜，因为他们缺少智慧和创造力，而这正是他们的忠诚的最好保障。”[2]

在极权主义国家里，宣传和恐怖相辅相成。由于极权主义运动发生于一个本身是非极权主义的世界，因而它被迫使用那种普遍认为是宣传的手段。这种宣传的范围总是“外部范围”，包括国内居民中的非极权主义阶层和国外的非极权主义国家。在这样的情况下，极权主义使用暴力与其说是恐吓民众，不如说是为了贯彻其意识形态的教条和谎言。对于极权主义运动内部来说，所实行的并不是宣传，而是灌输，在极权主义拥有绝对控制权的地方，更是用灌输来代替宣传。宣传是“心理战”的组成部分，但心理战达到了目的之后，还会继续利用恐怖手段。在恐怖统治达到极致的地方，如在集中营，灌输就完全消失了，甚至在纳粹德国，宣传也被明确禁止。“宣传也许是极权主义一种最重要的对付非极权主义世界的工具；相反，恐怖是它的统治形式的本质。”[3]

宣传与组织也是相辅相成的。极权主义运动在夺取权力之前的阶段最吸引人的新组织手段是创建了前锋组织。前锋组织一方面将运动的成员孤立起来，将他们与外部世界隔开；另一方面也向他们提供一种虚假的外部世界状况，以防止真实状况对他们产生冲击，因而它比灌输更有效。在运动内部则实行自上而下指定官员，任命权最终垄断在一个人手里。于是，“领袖意志”就变成了极权主义国家里的“最高法律”。极权主义的精英结构（尤其是冲

① ［美］阿伦特:《极权主义的起源》，林骧华译，生活·读书·新知三联书店2008年版，第431页。

② ［美］阿伦特:《极权主义的起源》，林骧华译，生活·读书·新知三联书店2008年版，第439页。

③ ［美］阿伦特:《极权主义的起源》，林骧华译，生活·读书·新知三联书店2008年版，第443页。

锋队和党卫军）都不是为了具体的防御或进攻目的而建立的，而是一支假军队，是恣意施暴和谋杀的组织，其目的是用有组织的暴力来保护党员不接触外部世界。处于运动中心的是领袖，它是使整个运动运行不息的发动机。他上升至领袖地位，依靠的是一种处理党内权力斗争的极端能力。当领袖地位确立之后，特别是确立了“领袖的意志就是党的法律”时，个人的能力就不再具有决定性作用。这时领袖就成为不可取代的了，因为运动的整个复杂结构会由于缺少他的指挥而失去存在的理由。领袖代表运动，他宣称他以官方的身份替任何一名成员或官员的行动或错误行为负个人责任。据此，每一名官员不仅由领袖指定，而且也是他的活的化身。“领袖与每一个由他指定的下级领导人之间完全一致，垄断一切责任，这也是极权主义领袖与一个普通独裁者和暴君之间最显著的关键区别。”①

在阿伦特看来，在极权主义运动夺取政权时，它的危机在于一方面可能接管了国家机器而“僵化”成一种绝对政府形式，另一方面运动的自由可能被它掌权之后的领土边界所限制。“对于极权主义运动来说，两种危险同样是致命的：走向绝对主义的发展会终止运动的内在驱动力，而走向民族主义的发展将会阻挠它的外部扩张，但是，若没有外部扩张，运动就不能继续生存。”②因此，出自极权控制和全球统治的双重要求而几乎自动发展的政府形式，最典型的是托洛茨基的口号：“不断革命。”之所以要不断革命，是因为“当革命的制度变成了一个民族的生活方式时，极权主义就会失去它的‘全面’性质，变成服从于各国法律，根据这种法律，每个国家拥有特定的领土、人民、历史传统，凭此与其他国家发生联系”③。在极权主义运动执政后发动的革命带有相当激进的性质。从一开始起，他们有意识地努力维持国家与运动之间的根本区别，努力防止运动的“革命”机构被政府所吸收。为此，他们采取了这样一种方法，即允许在运动中只有次要作用的党员上升至国家机构的层级体系。“一切真正的权力都在运动的组织机构里，而在国家和军事机器之外。在运动内部决定一切国家事务，运动始终是国家的行动中

① ［美］阿伦特：《极权主义的起源》，林骧华译，生活·读书·新知三联书店2008年版，第478页。

② ［美］阿伦特：《极权主义的起源》，林骧华译，生活·读书·新知三联书店2008年版，第494—495页。

③ ［美］阿伦特：《极权主义的起源》，林骧华译，生活·读书·新知三联书店2008年版，第497页。

心”①。在国家之上，在表面权力的背后和眼花缭乱的职位中，存在着一切权力的更迭，而在无效率的混乱之下，存在着国家的权力中心、秘密警察的超级效率和超级工作能力。强调警察是唯一的权力工具，相应地忽略表面上更强大的军队，这是一切极权主义政权的重要特征。极权统治的手段不仅比较严厉，而且其形式与其他政治压迫形式（如专制政府、僭主暴政、独裁）有本质的区别：“凡是在它崛起执政的地方，它建立全新的政治制度，摧毁一个国家所有的社会、法律和政治传统。无论它的意识形态来自何种具体的民族传统或特殊的精神根源，极权主义政府总是将阶级转变成群众，撤换政党制度（不是一党制，而且用群众运动来替代政党制度），将权力中心从军队转移到警察，建立一种公开走向主宰全世界的外交政策。”②

阿伦特认为，极权统治在指导它的臣民的行为时，所需要的只是准备将每个人同等地归入杀人者角色或被害者角色。这种取代了行动原则的两面准备就是意识形态。一切意识形态都包含了极权主义成分，但这些成分只有在极权主义运动中才充分体现出来，而一切意识形态的真实本性只有在它们扮演极权统治工具的角色时才暴露出来。但是，制造受害者和杀人者的却不是意识形态本身，而是它的内在逻辑性。其强制力量产生于我们对自相矛盾的恐惧：“如果你拒绝，你就自相矛盾，由于这种自相矛盾，就使你的整个生命毫无意义；你说的 A，通过它逻辑地产生的 B 和 C，主宰了你的整个生命。”③极权统治者所依靠的就是这种使我们能够强迫自己的强迫力。这种强迫力是逻辑性暴政。极权恐怖的强制力量用它的铁掌迫使孤立的人组成的群众集合起来，并且在一个对于他们而言已成为荒野的世界里支持他们；另一方面，逻辑推论的自我强制力量使每一个个体在他独自的孤立状态中反对一切他人。恐怖只有对那些相互隔离孤立的人才能实施绝对统治。所以，一切专政政府主要关注的事情之一就是造成这种孤立。孤立是恐怖的开端、结果，也是恐怖的最肥沃土壤。“孤立是一种人被驱入的绝境，他们的政治生活、他们追求一种共同目的的共同行动都被摧毁。然而孤立（尽管会摧毁力量和行动能力）不仅未影响人的所谓生产性活动，而且也是这种活动所必需

① ［美］阿伦特：《极权主义的起源》，林骧华译，生活·读书·新知三联书店 2008 年版，第 527 页。

② ［美］阿伦特：《极权主义的起源》，林骧华译，生活·读书·新知三联书店 2008 年版，第 574 页。

③ ［美］阿伦特：《极权主义的起源》，林骧华译，生活·读书·新知三联书店 2008 年版，第 589 页。

的。"[①]因为，人只要他是一个制作工具的人，就会倾向于使自己孤立，暂时离开政治范围。不过，在政治行动方面失去地位的孤立的人也会被物的世界抛弃，其前提是他不再被看作是制作工具的人，而被看作是劳动的动物，他的必要的"自然新陈代谢"与任何人无关。孤立因此就变成了孤独。以孤立为基础的暴政一般不触及人的生产能力，但是，对"劳动者"的暴政会自动地成为对孤独（而不仅仅是对孤立）的人的统治，而且倾向于变成极权主义。

对于极权主义，阿伦特后来有一个总结性的陈述，这一陈述有助于更准确地把握她关于极权主义的基本看法。她说："在我对于极权主义的研究中，我试图表明，极权主义现象，尽管具有令人震惊的反功利主义特征和不可思议的对现实的漠视，但分析到最后，它建立在这样的信念基础上：任何事都是可能的，不仅仅是可允许的，不论在道德上还是在其他方面，就像早期虚无主义的情形一样。极权主义体系想要证明，行动可以以任何假设为基础，在融贯一致的行动推演中，特殊的假设会变成真的，会变成实际实在的现实。作为融贯行动之出发点的假定可以要多疯狂有多疯狂；行动总是以制造事实为结束，而事实到那时总是'客观'真实的。于是，最初仅仅是个假设，可以被实际的事情证实或证伪的东西，在融贯行动的推演中变成了一个永远无法反驳的事实。换句话说，作为演绎出发点的公理并不需要像传统形而上学和逻辑学认为的那样，是一个自明真理；它也根本不需要符合在行动一开始被给定的客观世界内的事实；行动的过程如果是融贯一致的，它就会发展下去，直至创造出一个世界，在这个世界内，假设变成了公理性的和自明的。"[②]

阿伦特对极权主义的批判主要集中在《极权主义的起源》一书，但并非仅限于该书，她在其他多本著作中从不同的角度对有关极权主义的问题也进行了一些更具体、更深入的分析梳理。其中一个重要问题是关于独裁特别是极权独裁统治之下的个人责任问题。第二次世界大战后，战争中的纳粹战犯受到了一系列审判，如纽伦堡大审、法兰克福（或奥斯维辛）审判。这些审判提出了一个"如何确立责任以及决定罪行的范围"的问题。对于这一问

① ［美］阿伦特：《极权主义的起源》，林骧华译，生活·读书·新知三联书店2008年版，第591页。

② ［美］阿伦特：《过去与未来之间》，王寅丽、张立立译，译林出版社2011年版，第83—84页。

题，一般的法律与道德概念无法提供合理的解释：其一，被控诉犯下“集体屠杀犹太人”的纳粹官员并非杀害个别的犹太人。他们被称为“案牍的谋杀者”，即单凭手谕、电话、电报等工具，而非运用实质的暴力工具执行屠杀命令。其二，这种“行政谋杀”或“组织性之罪行”是由纳粹党通过国家公权进行，被指控的纳粹官员是执行国家的命令，而纳粹官员不过是国家的“零件”而已。这两个基本问题导致德国战后在反思批判纳粹德国官员之责任归属问题上陷入道德的困惑。阿伦特曾到耶路撒冷出席了战犯艾希曼的审判。在法庭上，辩方为艾希曼辩护的一个重要理由是：他只是一个小小的零件。法庭马上提出一个问题：你为何成为了一个零件，或者说，在这样一种情况下还继续做一个零件呢？对于这一问题，阿伦特从极权主义独裁统治的角度对战犯作了某种开脱。她认为，尽管根据法庭程序独裁统治下的个人责任问题不允许从人到体制的责任转嫁，但也不能对体制完全置之不理。因为在任何独裁统治之下，更不用说在极权独裁之下，政府中的决策者已从少数缩减至一个人，因此也只有这一个人在政治上是负全责的，其他从上到下所有参与公共事务的人事实上就是一个零件。当然，这也并不意味着其他人都不负有个人责任。阿伦特认为，服从国家的命令实际上就是支持国家，如果在独裁统治下的人们即使不积极抵制和反抗，而只是拒绝支持，即不服从，那就足以使独裁统治无法继续下去。在阿伦特看来，在政治和道德事务中，没有“服从”这回事。纳粹战犯虽然从没有主动犯下罪行而法庭仍要求他们对所做的事情负责，其原因就在这里。阿伦特认为，这绝不只是一个用词的改变，而是意义非凡的。“向那些参与罪行并服从命令的人提出的问题绝不应该是‘你为何服从’，而应该是‘你为何**支持**’。这种用词的改变，对于那些知道单纯的‘词语’对人的心灵具有奇怪而强大的影响的人来说，就绝非只是语义的区别了。如果我们能够把‘服从’这个毁灭性的词语从我们的道德和政治思想词汇中剔除，那我们就会受益匪浅。”①

阿伦特对极权主义的批判主要是对希特勒的纳粹德国、斯大林的苏联的批判，后来她进一步将批判的范围扩展到了整个现代社会，试图揭示现代人的境况，警告人们所面临的世界异化和地球异化。在阿伦特看来，现代已经从理论上完成了对劳动的赞美，并导致整个社会事实上变成了一个劳动者社会。“这个社会是一个即将从劳动的锁链中解放出来的劳动者社会，并且这

① ［美］阿伦特：《反抗“平庸之恶”》，杰罗姆·科恩编，陈联营译，世纪出版集团 / 上海人民出版社 2014 年版，第 71 页。

个社会不知道还有什么更高级、更有意义的活动存在，值得它去为之争取从劳动中解放出来的自由。这个社会是平等主义的社会，因为人们以劳动的方式共同生活，在这里没有阶级留下来，没有一种带有政治或精神性质的贵族留下来，让人的其他能力可以得到保存和更新。甚至总统、国王和总理都把他们的职位看成社会生活必需的一项工作。”① 阿伦特给自己规定的研究任务是研究我们正在做什么，而这种研究是从人类的积极活动及其三种根本性形式即劳动、工作和行动审视的。

阿伦特用积极生活（*vita activa*）一词来表示劳动（labor）、工作（work）和行动（action）这三种根本性的人类活动。这三种活动之所以是根本性的，是因为它们每一个都相应于人在地球上被给定的基本境况（the basic condition），而且这三种活动和它们的相应境况都与人存在的最一般状况密切相关。劳动是与人身体生物过程相应的活动，身体自发的生长、新陈代谢和最终死亡，都要依靠劳动产出和输入生命过程的生存必需品。劳动的人之境况是生命本身。劳动不仅确保了个体生存，而且保证了人类生命的延续，因而它与出生和死亡密切相关。工作是与人存在的非自然性相应的活动，即人的生存既不包含在物种周而复始的生命循环内，它的有死性也不能由物种的生命循环来补偿。工作提供了一个完全不同于自然环境的“人造”事物世界。每一个人都居住在这个世界之内，但这个世界本身却注定要超过他们所有的人而长久地存在。工作的人之境况是世俗性（worldliness）。工作和它的产物——人造物品，为有死者生活的空虚无益和人寿命的短促是一种持久长存的尺度，因而与有死性（mortality）紧密相关。行动是唯一不需要以物或事为中介的，直接在人们之间进行的活动，相应于复数性（plurality）的人之境况，即不是单个人，而是人们生活在地球上和栖息于世界。行动，就其致力于政治体制的创建和维护而言，为历史创造了条件，因而与诞生性（natality）密切相关。上述三者都承担着为陌生人来到这个世界上的、源源不绝的新来者提供和维护世界，为他们作规划和考虑的责任。就此而言，它们都根植于诞生性。不过，三者中的行动与人的诞生性境况联系最为紧密。我们之所以能在世界上感触到诞生内在具有的新开端，仅仅是因为新来者具有全新地开始某事的能力，也就是行动的能力。在这一创新的意义上，行动的要素亦即诞生性的要素内含在所有人类活动之中。而且，在这三

① ［美］阿伦特:《人的境况》，王寅丽译，世纪出版集团 / 上海人民出版社 2009 年版，前言第 4 页。

种境况中，复数性是一切政治生活特有的条件，既是必要条件，也是充分条件，而作为活动的行动则是最出色的政治活动，因而诞生性而非有死性是政治思想的中心范畴。①

人的境况不仅包括给予人生命的那些处境，也包括人自己创造出来的人为处境。积极生活投入其中的世界是由人的活动所造成的物组成的，但这些完全由于人方得以存在的物常常反过来限制了它们的创造者。在传统上，“积极生活”一词从“沉思生活”中获得了它的意义，它服务于一个活的肉体沉思的需求。苏格拉底最初重视沉思，他把沉思看作人的活动的最高层次，个体有死的人因为这种能力可以在身后留下不可磨灭的印迹，获得属于自己的不朽，因而具有一种永恒的“神性”。沉思在传统等级中获得了极大的重要性，从此就统治了贯穿我们整个传统的形而上学思想和政治思想。但是，它也模糊了积极生活内部的各种区分，尽管柏拉图已经注意到了关注永恒和过哲学家的生活与追求不朽和过公民的恁治、“政治生活”之间存在内在矛盾和相互冲突。马克思和尼采最终颠覆了传统的等级秩序，但这种状况在现代并没有根本扭转。不过，两者有一个共同的假定，即“同一种主要的人类关切支配着人的所有活动”②，因为没有一个囊括一切的原则的话，秩序就无法建立。阿伦特认为，这个假定并不是事实，实际上“积极生活”一词的使用本身就预设了各类活动背后的关切是不一样的，其他关切不高于、也不低于“沉思生活”的主要关切。“一面是积极投身于此世事务的各类活动样式，一面是在沉思中达到顶点的纯思想，它们分别对应于两种完全不同的人类主要关切”③，这一点一直以来就以这样或那样的方式显现出来了。

积极生活，就它是人积极投身于做事情的生活而言，总是扎根在一个人和人造物的世界当中，决不能离开它或超越它。物和人共同组成了人的每一种活动的环境，没有这个环境，活动就是无意义的，而这个环境，即我们出生于其中的世界，没有人的活动就不存在。这种人的存在与行动合一的特殊关系，似乎充分证明了亚里士多德的“人是政治动物”是有道理的。但是，人所结成的政治组织不仅不同于以家庭为中心的自然组合，而且与后者直接

---

① 参见［美］阿伦特:《人的境况》，王寅丽译，世纪出版集团 / 上海人民出版社 2009 年版，第 1—3 页。

② ［美］阿伦特:《人的境况》，王寅丽译，世纪出版集团 / 上海人民出版社 2009 年版，第 8 页。

③ ［美］阿伦特:《人的境况》，王寅丽译，世纪出版集团 / 上海人民出版社 2009 年版，第 9 页。

对立。古希腊城邦的出现意味着人在其私人生活之外得到了第二种生活，即政治生活；今天每个公民也都属于两种存在秩序，而且在他私有的生活和他公有的生活之间存在一道鲜明的分界线。“存在于人类共同体中并为人类共同体所必需的活动中，只有两种被看作是政治的并构成亚里士多德所谓的‘政治生活’，即行动和言说，从这两者中产生出了人类事务的领域，而一切仅仅是必需的和有用的东西都被排除在政治生活外。”①

然而，随着社会的兴起，家庭走向衰落，家庭单位已经被吸收到了相应的社会团体之中。这种团体成员之间的平等与家庭成员在家长专制权力下的平等毫无共同之处，因为在社会中到处相同的利益和全体一致的意见以纯粹数量的方式起作用，所形成的强力最终废除了代表共同利益和正当意见的一个人的实际统治。其显著的政治特点是社会被一只“看不见的手”引导，被无人所统治。最初是行为取代行动，最后是科层取代行为，无人统治取代个人统治。现代社会发展的最后阶段是大众社会吞没了国家的所有阶层，“社会行为”变成了衡量各个生活领域的标准，生命过程本身也以这样或那样的形式被导入了公共领域。“随着社会的兴起，随着家庭和家务活动进入公共领域，古老的政治和私人领域以及更晚近建立的私密空间不可抗拒地被吞噬的倾向，已经变成了社会这个新领域的典型特征之一。”②在阿伦特看来，过去，自发的行动只是从家庭中被排除，而现代社会在它的所有方面都排除了自发行动的可能性。“取而代之的，是社会期待从它每个成员那里得到的某种行为，社会通过施加无数各式各样的规则，使它的成员都‘规范化’，排除任何自发的行动或特立独行的成就。”③于是，顺从主义成了现代社会的典型特征。

阿伦特认为，私人领域的消除对于人类是一种威胁，这可以从私生活的非剥夺的性质看出。我们的公共所有物与我们的私人所有物之间的区别首先在于，我们私人拥有的，即日常使用和消费的东西要比公共世界的任何部分更迫切地为我们所必需。这种必需性不仅在人的任何需要和操心中始终占首位，而且它也能防止冷漠和创造性的消失。“必需性和生命的联系如此紧密，

① ［美］阿伦特：《人的境况》，王寅丽译，世纪出版集团 / 上海人民出版社 2009 年版，第 15—16 页。

② ［美］阿伦特：《人的境况》，王寅丽译，世纪出版集团 / 上海人民出版社 2009 年版，第 29 页。

③ ［美］阿伦特：《人的境况》，王寅丽译，世纪出版集团 / 上海人民出版社 2009 年版，第 26 页。

以至于在必需性完全被消除的地方，生命本身也受到了威胁。”[①]但从公共领域的角度看，这种必需性是对自由的剥夺，因为人的任何更高级的欲望或追求都比不上生存压迫的强度。然而，必需性的消除决不会自动导致自由的建立，相反会模糊自由和必然的界限，因为“自由仅仅存在于政治领域内，必然性主要是一种前政治现象，是私人家庭组织特有的”[②]。私生活的非剥夺性质不仅在于它具有必需性，而且具有隐藏性。“一个人私有财产的四面墙垒，为他提供了离开公共世界后唯一可靠的藏身之处，让他不仅可以摆脱发生在公共世界内的一切事情，而且可以摆脱其特有的被他人所见和所听的公开性。”[③]私有财产是一个私人所有的藏身之处，它是保护这种需要隐藏的黑暗以抵挡公共之光的唯一有效途径。从私生活而非政治体的角度看，私人领域和公共领域之间的区别，等于应该隐藏的东西和应该显示的东西之间的区别。自有史以来直到我们的时代，人身体部分的存在，这一与生命过程本身的必需性有关的东西，都需要隐藏在私生活中。

在阿伦特看来，虽然私人和公共的区别与必然和自由的对立相对应，但这绝不是说只有必然的、耻辱的东西在私人领域才有它们的位置。“‘私人’和‘公共’这两个词的最基本意义表示有些东西需要隐藏，另外一些东西需要公开展示，否则它们都无法存在。”[④]如果我们仔细考察就会发现，每种人类活动都在世界中有它恰当的位置，对于积极生活的主要活动——劳动、工作和行动来说也是如此。阿伦特以“善功”为例进行了分析。她认为，绝对意义的善是随着基督教的兴起才出现。耶稣以言行教导的唯一活动是善的活动，而他所理解的善有一种藏起来以回避人的看和听的倾向。在基督教看来，善功一旦为人所知，变成了公开的，就失去了它作为善的特征，失去了它仅仅为善的性质。善一旦公开显示，就不再是善的了，尽管它还可以用于有组织的慈善行为和团结行为。只有在善不被察觉，甚至不被行善的人自己察觉的情况下，善才能存在。善作为一种一贯的生活方式，在公共领域的范

---

① ［美］阿伦特:《人的境况》，王寅丽译，世纪出版集团 / 上海人民出版社 2009 年版，第 46 页。

② ［美］阿伦特:《人的境况》，王寅丽译，世纪出版集团 / 上海人民出版社 2009 年版，第 19 页。

③ ［美］阿伦特:《人的境况》，王寅丽译，世纪出版集团 / 上海人民出版社 2009 年版，第 46—47 页。

④ ［美］阿伦特:《人的境况》，王寅丽译，世纪出版集团 / 上海人民出版社 2009 年版，第 48 页。

围内不仅是不可能的，甚至对公共领域是破坏性的。马基雅维里曾敏锐地意识到行善的这种毁灭性质，所以教导人们“如何不善”。显然，他的意思并不是告诉人们必须学会如何作恶。他关于政治行动的标准是荣耀，这与古希腊的标准一致，而在他看来，恶与善都同样与荣耀无缘。阿伦特指出，基督教的善功活动甚至在私人领域也没有一席之地，因而它是极端的。她选择做善功这样一个极端例子是为了表明，对政治共同体进行历史评判应当相应于积极活动本身的性质。这样进行评判，“就能决定积极生活内的哪些活动应该公之于众，哪些应该隐之于私”①。

阿伦特认为，有三大事件站在现代的门槛上并决定了它的性质：一是美洲的发现和接着发生的对整个地球的开发；二是宗教改革通过教会和修道院财产的褫夺开始了剥夺个人财产和积累社会财富的双重过程；三是望远镜的发明和一种从宇宙角度来看待地球自然的新科学的发展。这三大事件的后果就是世界异化。“现代的标志是世界异化，而非马克思所设想的自我异化。”②世界异化的第一个阶段以残酷、悲惨和物质贫困为特征。“劳苦大众”的数量不断上升，剥夺使他们失去了家庭和财产的双重保护，而现代以前，家庭和财产一直庇护着个体的生命过程和受制于生命必然性的劳动活动。异化的第二阶段肇始于社会成为这个生命过程的主体，正如家庭从前是它的主体一样。阿伦特认为，欧洲民族国家体系的衰落，地球在经济和地理上的萎缩，以至于繁荣和萧条成了世界范围内的现象，人类变成了一个真正的实体，所有这些都标志着世界异化已经开始达到了最后阶段。阿伦特指出：“正像家庭及其财产被阶级成员及国家疆域所取代一样，人类现在也开始取代民族国家社会，地球取代了有限的国家疆域。但无论未来带给我们的是什么，由剥夺发起并以财富的不断增长为特征的世界异化过程，都将会采取更加激烈的形式，假如允许它按自身内在的规律发展的话。”③她认为，人不能像他作为国家的公民那样成为世界的公民，社会成员也不能像家庭成员拥有他们的私人财产那样集体地拥有财产，因此，世界范围社会的兴起必然同时导致公共领域的衰落和私人领域的衰落。公共世界的衰微必然导致孤独

① ［美］阿伦特：《人的境况》，王寅丽译，世纪出版集团 / 上海人民出版社 2009 年版，第 52 页。

② ［美］阿伦特：《人的境况》，王寅丽译，世纪出版集团 / 上海人民出版社 2009 年版，第 203—204 页。

③ ［美］阿伦特：《人的境况》，王寅丽译，世纪出版集团 / 上海人民出版社 2009 年版，第 205 页。

大众的形成，而公共世界的暗淡无光又开始于人们丧失了他们在世界中私人所有的部分。

在阿伦特看来，伴随着世界异化的不断加深，现代社会导致了这样一种境况，就是人不论往何处去，遇到的都只是他自己。所有地球和宇宙过程都把自身揭示为人造过程，或潜在的人造过程。这些过程在一如既往地吞没了给定事物稳固的客观性之后，最终让整体的那个无所不包的过程变成了无意义的，而它原本被人构想出来，是为了赋予所有过程以意义的，为了去行动的。阿伦特指出："在世界极端异化的条件下，无论是历史，还是自然，都不再是可理解的了。这种世界的双重失落，即在最广义上的自然世界失落和人造世界的失落（后者亦包括全部历史），在其后留下了一个无共同世界的人的社会。"①她认为，这个共同世界本来是使人们之间既联系又分别，但现在人们只能要么生活在绝望的孤独分隔状态下，要么被挤压成一团。在她看来，今天的大众社会无非就是这样一种在人们当中自动确立起来的组织生活形态，在其中，人们虽然彼此联系，但已丧失了曾经对所有人来说是共同的世界。

与世界异化相伴随的是地球的异化。世界决定了现代社会的进程和发展，而地球异化成为并始终是现代科学的标志。阿伦特认为，与现代作为整个自然科学发展基础的地球异化相比，在剥夺与财富积累的双重过程中产生的世界异化，就显得无足轻重了。在阿伦特看来，从伽利略发明望远镜开始，引领人类进入现代的是新工具的发现，"即哥白尼的'站在太阳上……俯视星球的男子汉'形象"②。这不仅是一种形象或姿态，而且实际上暗示了人类虽身处地球，却能从宇宙角度来思考的惊人能力，以及一种更惊人的把宇宙规律用做在地球上行动的指导法则的能力。哥白尼将阿基米德点往前移了一步，从地球移到了宇宙。"这个点离地球之远和它对地球的影响之大，也许是阿基米德和伽利略都不敢想象的。"③

差不多在哥白尼把阿基米德点从地球移到了宇宙的同时，笛卡尔把阿基米德点从物理世界移到了人的心灵。现代哲学开始于笛卡尔的普遍怀疑，但

---

① ［美］阿伦特：《过去与未来之间》，王寅丽、张立立译，译林出版社 2011 年版，第 85 页。

② ［美］阿伦特：《人的境况》，王寅丽译，世纪出版集团 / 上海人民出版社 2009 年版，第 211 页。

③ ［美］阿伦特：《人的境况》，王寅丽译，世纪出版集团 / 上海人民出版社 2009 年版，第 210 页。

这种怀疑不是作为人类忙乱的一种内在控制机制，以防止思想的欺骗和感觉的假象，也不是针对人类以及时代的道德偏见的一种怀疑主义，甚至不是作为科学探索和哲学思辨的一种批判方法。笛卡尔怀疑的范围之广阔，意图之根本，远非这些具体内容所能规定的。“笛卡尔第一个对这种现代的怀疑作了概念化表述，在他之后，这种怀疑变成了推动一切思想的自明的、无声的发动机，所有思考都围绕着旋转的不可见轴心。”①笛卡尔理性完全建立在心灵只能认识它自身产生出来的东西，并且在一定意义上始终保持在它自身范围内的隐含假设之上，因而它的最高范围是现代所理解的数学知识。这种知识不是从心灵之外给予心灵的，而是心灵自身产生的形式知识，它甚至不需要自身之外的感觉对象的刺激或激发。这样，理性就在笛卡尔以及霍布斯那里都变成了“根据结果计算”，变成了演绎和归纳的机能，即一个人在任何时候都可以在他自身之内发动的过程。笛卡尔把阿基米德点移入人的心灵，让人们无论走到哪里，都在自身之内拾着它，从而让人们完全脱离了既定的现实，即脱离了作为一种地球居民的人类境况。

在阿伦特看来，紧紧追随阿基米德点的发现和同时产生的笛卡尔式怀疑的，是深思生活与积极生活等级秩序的倒转。这种倒转是现代发现最重要的精神后果，同时也是唯一不可避免的后果。现代科学的广泛应用并不是因为一种实用的要求，就是说现代技术的起源不是为了提高和改善人在地球上的生活状况，而是为了对纯粹非实用的对无用之知的追求。例如，作为最早的现代器具的钟表，就不是为了实际生活的目的，而是为了高度“理论的”目的发明的。尽管有了这个发明之后整个地改变了人类生活的节奏和形态，但就发明者而言，它的发明只是一个偶然结果。这里的关键不是真理和知识不重要，而是真理和知识只能靠“行动”，而不能靠沉思来获得。“正是一种器具，一种人手的作品——望远镜，最终迫使自然（或者更准确地说是宇宙）吐露了它的秘密。”②信任做而不信任沉思或观察的理由，在最初的积极探索获得之后变得更有说服力了。从此以后，思变成了做的婢女，正如它曾经是神学的婢女一样。现在，沉思本身变得完全没有意义了。于是，“积极生活内的几种活动中，制作和制造活动——技艺人的特权，首先上升到了从

① ［美］阿伦特:《人的境况》，王寅丽译，世纪出版集团 / 上海人民出版社 2009 年版，第 218 页。

② ［美］阿伦特:《人的境况》，王寅丽译，世纪出版集团 / 上海人民出版社 2009 年版，第 230 页。

前由沉思所占据的地位。”[①]

阿伦特认为，工具装备的进步使人必须从技艺人那里取得帮助以获取知识，这使得这些活动从它们原来在人类能力等级中较低的位置上升到更高的地位。不仅如此，更为关键的是，制造和制作的因素在实验中的出现。实验生产着它自己的观察现象，从而一开始就依赖于人的生产能力。为了知识的目的而应用实验，始终都基于这样一种信念，即人只能知道他自己制造的东西。康德说：“给我物质，我就能用它建造一个世界，也就是说，给我物质，我就能向你显示一个世界是如何从它当中演变出来的。”康德的话简练地表明了制（making）和知（knowing）在现代的融合。[②]如此一来，生产力和创造性成了现代在其初期阶段上的最高理想甚至偶像，它是技艺人、作为建筑师和制造者的人的固有标准。这其中隐含着人们关注的焦点从“为什么”和“什么”的问题向“如何”问题的转变，隐含着知识的实际对象不再是事物或永恒的运动，而必然是过程，从而科学的对象不再是自然或宇宙，而是历史，即自然或生命或宇宙的形成史。“这意味着沉思不再被相信能够带来真理，它失去了在积极生活内的地位，从而也离开了普通人的经验范围。”[③]

在阿伦特看来，沉思和制作的倒转似乎应把技术人（制造者和制作者）提升到人类可能性的最高等级，而不是把作为行动者的人或作为劳动动物的人提升到人类可能性的最高等级。然而，“他却被剥夺了在制作过程开始之前和制作过程结束之后，都一直存在的永恒尺度，不能在制作活动中形成真实可靠的绝对标准。”[④]阿伦特认为，技艺人的最终失败表明作为他的世界观结晶的功利原则已经不适用了，已经被“最大多数人的最大幸福”原则所取代。按照边沁的观点，不仅有助于促进生产力的东西是有用的，减轻痛苦和辛劳的东西也是有用的。就是说，最终的衡量标准根本不是功用或使用，而是“幸福”，即在物的生产和消费中体验到的痛苦和快乐的总量。在18世纪和19世纪早期，边沁等人主张的快乐主义广为流行，但与此同时形成了

① ［美］阿伦特:《人的境况》，王寅丽译，世纪出版集团/上海人民出版社2009年版，第233—234页。

② ［美］阿伦特:《人的境况》，王寅丽译，世纪出版集团/上海人民出版社2009年版，第234页。

③ ［美］阿伦特:《人的境况》，王寅丽译，世纪出版集团/上海人民出版社2009年版，第241页。

④ ［美］阿伦特:《人的境况》，王寅丽译，世纪出版集团/上海人民出版社2009年版，第243页。

另一种比任何苦乐计算所能提供的原则更为有效的原则，这就是生命的原则。这种原则隐含着这样的观点，即在所有快乐主义体系中，痛苦和快乐、恐惧和欲望实际想要达到的根本不是幸福，而是促进个体生命或保证人类生存。生命本身永远是其他一切事物参照的最高标准，个人的利益以及人类的利益总是被赞同于个人的生命或种群的生命，仿佛生命理所应当是最高的善。于是，生命高于任何其他东西的信念获得了“自明真理”的地位，而且一直延续到我们当前的时代。

“我们的时代已经开始把整个现代甩到了后面，用一个职业者社会代替了劳动社会。”①职业者社会是劳动社会的最后阶段。这种社会“要求它的成员成为一种纯粹的自动化机能，似乎个人生命已经真正融入了物种整体的生命过程，此时唯一需要个人作出的积极决定就是随波逐流，也即，放弃他的个性，忘记他个人仍然感觉着的生活的痛苦与艰辛，默认一种昏昏沉沉的、‘让人麻醉的’功能化行为类型”②。阿伦特感叹说，现代肇始于人的活力如此史无前例、生机勃勃的迸发，却终结于历史上已知的最死气沉沉、最贫乏消极的状态中。她还指出，还有一种更危险的迹象表明，只要人们愿意，就可以演变为动物物种，而且确实处在这一演化的边缘上了。

（六）贝尔对资本主义文化矛盾的揭露

丹尼尔·贝尔（Daniel Bell, 1919—2011）是当代美国社会学家、作家、编辑，哈佛大学荣誉退休教授。贝尔在20世纪四五十年代主要从事新闻工作，曾任《新领袖》杂志主编、《幸福》杂志编委和撰稿人。在20世纪六七十年代，他在哥伦比亚大学和哈佛大学担任社会学教授，还从事一些与未来研究和预测有关的活动，担任过美国文理学院“2000年委员会”主席、美国总统“八十年代议程委员会”委员等职。贝尔因研究后工业主义方面的贡献而声名卓著，被誉为“战后美国领军的知识分子之一”。1974年全美知识精英普测时，他曾名居10位影响最大的著名学者之列。他有三本著名的著作:《意识形态终结》(*The End of Ideology*, 1960)，《后工业社会来临：社会预测的探险》(*The Coming of Post-Industrial Society: A Venture in*

① ［美］阿伦特:《人的境况》，王寅丽译，世纪出版集团/上海人民出版社2009年版，第251页。

② ［美］阿伦特:《人的境况》，王寅丽译，世纪出版集团/上海人民出版社2009年版，第254页。

Social Forecasting, 1973)，《资本主义文化矛盾》(*The Cultural Contradictions of Capitalism*,1976)。此外还有《新的美国权利》(*The New American Right*, 1955)、《提升应享权利的革命》(*The Revolution of Rising Entitlement*, 1975)、《第三次技术革命及其可能的经济社会后果》(*The Third Technological Revolution and Its Possible Socioeconomic Consequences,* 2008)等。贝尔在他的《资本主义文化矛盾》及后来为之写的“1978年再版前言”和“1996年版后记”中对资本主义文化的内在矛盾，特别是资本主义经济与现代主义文化之间的矛盾，作了深刻的揭露和剖析，阐明了现代性、现代主义、现代化之间的区别与联系，并对西方从工业社会走向后工业社会的前景进行了预测。他在“1996年版后记”中谈到他写这部著作的三个论述主旨：一是禁欲与贪欲之间的张力。按照韦伯的观点，现代资本主义由加尔文宗教和早期清教思想所鼓励的禁欲才得以成为可能，然而事实上只有欲望和即时需求得到满足，当代资本主义才能生存。二是资本主义社会和现代主义之间的张力。尽管两者同出一母，但一开始就手足相残。三是法律从道德中分离。当市场成为所有经济关系甚至社会关系的度量衡后，国家不再干预涵盖私人行为的道德领域。①

贝尔指出，他所说的“资本主义文化矛盾”不仅仅是指资本主义本身的文化矛盾，也在更宽泛的意义上指资产阶级社会的文化矛盾。他认为，资产阶级社会是靠商业行会和制造业行会建立起来的新世界，资产阶级使经济活动而不是军事或宗教关切成为社会的主要特征。“资本主义是这么一种社会经济体系：它适应以成本和价格之合理核算为基础的商品生产，以及以再投资为目的的财富的不断积累。”②但是，这种新形式的经济体系融合了一种独特的文化和性格结构。就文化而言，它的特征是自我实现，即将个人从传统束缚和归属纽带（家庭和血缘）中解脱出来，使得他能按自己的意愿“塑造”自己；在性格结构中，则有自我控制和先劳动后享受的规范，有在追求明确目标的过程中发生作用的有意义的行为规范。经济体系、文化和性格结构的相互关系构成了资产阶级文明。贝尔指出，资产阶级最初想在一个共同框架下将经济、性格结构和文化整合起来，但不久就面临着矛盾。第一个矛

① 参见［美］丹尼尔·贝尔：《资本主义文化矛盾》，严蓓雯译，江苏人民出版社 / 人民出版社 2010 年版，第 301—303 页。

② ［美］丹尼尔·贝尔：《资本主义文化矛盾》，严蓓雯译，江苏人民出版社 / 人民出版社 2010 年版，1978 年再版前言第 6 页。

盾是:“随着资本主义的演变，由消费耐用品的技术革命释放出来的获取欲望，依靠分期付款方式和消费品信用贷款的帮助，毁坏了性格中的基石——新教伦理的朴素、谨慎和先劳动后享受的消费观。”①第二个矛盾是审慎的资产阶级文化向文化现代主义投降。对变化的开放性、社会和地理上的可移动性，以及体验的直接性都产生了一个共同现象，即贝尔所称的“距离的丧失”，即审美距离、社会距离和心理距离的丧失，“观众被他们所目睹的场景吸引和包围”②。这一切都偏离了自文艺复兴以来定义了的西方文化的“宇宙理性观”。

在贝尔看来，当代资本主义的矛盾来自于一些条缕的拆分，而这些条缕曾经将文化与经济糅合在一起。同时，当代资本主义的矛盾也来自享乐主义的影响，享乐主义成了资本主义社会的价值观。贝尔把资本主义社会视为技术经济结构、政治和文化三个截然不同领域的不协调混合，每一个领域都服从于不同的轴心原则。而且社会变革有不同的“节奏”，这三个领域间，没有简单的决定性关联。技术经济秩序中的变化，其本质是线性的，功用和效益原则为革新、取代和更替提供了原则。更有效益或更具生产力的机器、流程取代了那些效益低的机器、流程，这是进步的一种意义。但是，文化领域总存在着回归，回到那些对人类生存苦恼的关注和疑问上。尽管答案会有变化，而提问方式也可能衍生于社会的其他变革。在贝尔看来，资本主义是这样一种经济政治文化体系:经济上围绕着财产机构和商品生产建构起来；政治上不同的斗争群体在政坛上一较高下，但基本自由受到保障；而文化基础则是以下事实:交易关系即买卖关系渗透到社会大部分领域。总之，“这三个领域并不互相重合，也有着不同的变革节奏；它们遵循不同的规范，这些规范将不同甚至是相反的行为类型合法化。是这些领域间的不相调和造成了社会的各种矛盾。”③

在贝尔看来，资本主义的技术经济秩序关注生产的组织和商品与服务的分配，它构建了社会的职业和阶层体系，使用技术是为了工具性目的。“在现代社会中，技术领域的轴心原则是**功能理性**，其调节模式是**经济化**。从本

① ［美］丹尼尔·贝尔:《资本主义文化矛盾》，严蓓雯译，江苏人民出版社/人民出版社 2010年版，第317页。

② ［美］丹尼尔·贝尔:《资本主义文化矛盾》，严蓓雯译，江苏人民出版社/人民出版社 2010年版，第317页。

③ ［美］丹尼尔·贝尔:《资本主义文化矛盾》，严蓓雯译，江苏人民出版社/人民出版社 2010年版，第9页。

质上来说，经济化意味着效益、最低投入、最大回报、最大限度利用、最优选择和关于雇佣和资源混合的相似判断标准。其对比是成本和收益，通常用财政术语表达出来。其轴心结构是官僚制度和等级制度，这些制度源于功能的专门化、部门化和协调合作的需求。其价值观只有一个衡量标准，即效用。其变化也只有一个原则，即不断更新产品或生产流程的能力，因为它们更为有效，也能以更低成本取得更大回报，这就是生产性原则。其社会结构是一个具体世界，这个结构不是由人，而是由角色构成，它由确定了等级和功能之间关系的组织化图表设计而定。权威在于地位，而不在于个人，社会交流（在必须相互配合的工作中）是角色之间的关系。人变成了一样东西或一个'物'，这不是因为企业是非人性的，而是因为工作任务的完成必须服从于组织的目的。既然任务是功能性的、工具性的，那么企业管理层也主要是技术官僚。"①贝尔认为，包括资本主义社会在内的所有现代工业社会的核心是经济增长。"经济增长成了发达工业社会的世俗宗教：它是个人动机的源泉，是政治团结的基础，是动员社会为共同目的奋斗的根基。"②但是，经济增长不可避免地和通货膨胀密切相关，而且任何民主政治经济都不可能既消除通货膨胀，又不导致灾难性的政治后果。因此，经济增长是资本主义所特有"矛盾"的根源，这种矛盾可能导致资本主义经济的毁灭。③

对于资本主义技术经济秩序的形成，贝尔不同意韦伯的观点。韦伯认为，资本主义制度虽然现在已经不再求助于任何宗教力量的支持了，然而资本主义精神的形成与加尔文主义和新教伦理的影响有关。这种伦理所体现的是"一个人对天职负有责任"的职业观念，也体现为节制欲望的禁欲观念。"新教伦理作为一种生活方式便是虔诚、节俭、自律、审慎、对工作的全力投入以及先劳动后享受的消费观念。"④而"存钱——或节欲——是新教伦理的核心。"⑤对身体的刺激来说，"伴随着适度的素食饮食和冷水浴，'努力工

① ［美］丹尼尔·贝尔:《资本主义文化矛盾》，严蓓雯译，江苏人民出版社 / 人民出版社 2010 年版，第 9—10 页。

② ［美］丹尼尔·贝尔:《资本主义文化矛盾》，严蓓雯译，江苏人民出版社 / 人民出版社 2010 年版，第 254 页。

③ 参见［美］丹尼尔·贝尔:《资本主义文化矛盾》，严蓓雯译，江苏人民出版社 / 人民出版社 2010 年版，第 255 页。

④ ［美］丹尼尔·贝尔:《资本主义文化矛盾》，严蓓雯译，江苏人民出版社 / 人民出版社 2010 年版，第 308 页。

⑤ ［美］丹尼尔·贝尔:《资本主义文化矛盾》，严蓓雯译，江苏人民出版社 / 人民出版社 2010 年版，第 73 页。

作是你的使命’是给所有性诱惑开出的处方，它可以抵抗宗教怀疑和道德上的无价值感”①。韦伯强调禁欲的意义，然而贝尔认为资本主义的起源除此之外，还有桑巴特（Werner Sombart, 1863—1941）所强调的贪欲。桑巴特认为，“资本主义企业家”有六种基本类型：海盗、地主或农庄主、公务员（企业创办人）、投机商、贸易商（最初是中间商后来成了企业家）、手艺人或作坊主（后来成了制造商）。在贝尔看来，不管早期资本主义的萌芽到底在哪里，可以肯定从一开始禁欲就和贪欲互相缠绕在一起。“一个是资产阶级精于算计的精神；而另一个是现代经济和技术表达出来的永不安宁的浮士德式动机，其格言是‘无边无际的边界’，其目的是彻底改造自然。两种冲动的互相纠结构成了合理性这个现代观念。而两者间的张力为奢华炫耀加上了道德约束，这种炫耀是征服在早期阶段的特色。”②在哲学上，边沁发动了对禁欲主义的攻击，认为禁欲违背了人类“自然”的享受天性，即追求快乐，避免痛苦。禁欲的伤害在于，不管其目的多纯粹，它都会导致对人的“专制”。因此，资产阶级社会有着双重起源：“一个源头是清教，即辉格党资本主义，它不仅强调经济活动，也强调性格（审慎、正直、视工作为天职）的养成。另一个是世俗的霍布斯主义，这是一种激进的个人主义，它认为人的欲望是无限的，这种欲望在政治领域可以通过君权统治加以限制，但在经济和文化领域可以为所欲为。”③

资产阶级社会的政治是社会公正和权力的竞技场。“它控制权力的合法使用，调节冲突（自由主义社会用法律），以维持由社会传统或宪法（成文或不成文）体现出来的正义观。政治的轴心原则是合法性。在民主政治中，其原则是，只有被统治者一致同意，统治者才能行使其控制和管理权力。”④政治领域规范着冲突，其轴心原则是平等，包括法律面前人人平等，公民权利平等，机会平等，甚至是结果平等。由于将这些权利解释成应享权利，因而政治秩序渐渐地干预起经济和社会领域，以便能重新调整由经济体系产生

① ［美］丹尼尔·贝尔：《资本主义文化矛盾》，严蓓雯译，江苏人民出版社/人民出版社2010年版，第308页。

② ［美］丹尼尔·贝尔：《资本主义文化矛盾》，严蓓雯译，江苏人民出版社/人民出版社2010年版，1978年再版前言第11页。

③ ［美］丹尼尔·贝尔：《资本主义文化矛盾》，严蓓雯译，江苏人民出版社/人民出版社2010年版，第85页。

④ ［美］丹尼尔·贝尔：《资本主义文化矛盾》，严蓓雯译，江苏人民出版社/人民出版社2010年版，第10页。

的社会职位和分配。政治的轴心结构是表达与参与。表达社会不同部分之利益的政治党派和社会群体，其存在成为表达的工具或参与决定的手段。政治体系在管理方面是技术官僚型的。在资本主义社会，“官僚统治和平等之间的紧张关系构成了如今的社会冲突。”①

在贝尔看来，资本主义的本质特征不是需求，而是欲求。欲求是心理上而不是生理上的，且其本性就是无所限制。社会再也不被看作受共同目标统领的共同体，而是独立个人的组合，这些个人都只追求他们自己的满足。因此，欲求实质上就是贪欲。正因为有这种贪欲，人被看作是能将利润最大化的工具，而不是人。同时，当社会中的每个人都加入到“想要更多”的队列中，并将这种欲望视为合理，而资源却是有限的时候，我们就会发现政治需求与经济限度之间的紧张关系。我们在此可以看见一种越界，“没有限制的欲望”借此从经济领域移向政治领域。贝尔认为，20 世纪后半叶的西方政治，有五种因素在结构上共同改变了旧的市场体系。其一，对经济增长和生活水平提高的习惯性期待变成了应享权利，因而如今正面临一场要求越来越多的应得权利的革命。其二，不同需求之间不可调和，不同的价值观不相容。各种价值观之间有着内在固有的互不相容，比如自由与平等、效益与自发、知识与快乐就是如此。然而，我们没有足够的资源可以同时实现这些目标，选择完成哪些目标就成了无法逃避的问题。其三，经济增长带来了巨大的“溢出”后果，如汽车数量增多导致雾霾，农药化肥量不断增加污染水域。其四，资源成本不断上涨导致全球性通货膨胀。其五，经济和社会的关键决策集中到政治战场上，而不是在弥散性的总量市场内。这些因素作用的共同结果是国家指导性经济扩张，我们逐渐转向了国家管理的社会。在这种后工业社会，“阶级斗争”已经不再是企业内管理人员和工人的冲突，而是不同机构部门争着影响国家预算。只要国家支出接近国民生产总值的 40% 或超过 50%，主要政治问题就是金钱分配和税收政策了。②

在贝尔看来，对于一个社会、一个群体或一个个人来说，文化是借助内聚力来维持身份认同的连续过程。这种内聚力，是靠延续的审美观点、有关自我的道德概念和展示了这些观念的生活风格而获得的。文化因此是感性领

---

① ［美］丹尼尔·贝尔：《资本主义文化矛盾》，严蓓雯译，江苏人民出版社 / 人民出版社 2010 年版，1978 年再版前言第 8 页。

② 参见［美］丹尼尔·贝尔：《资本主义文化矛盾》，严蓓雯译，江苏人民出版社 / 人民出版社 2010 年版，第 23—25 页。

域，是情感和道德风尚的领域，是想要规范这些情感的思想的领域。①“文化领域是意义的领域，是以想象的形式，通过艺术和仪式，特别是那些‘不可思议事件’来理解世界的努力。”②这里所说的“不可思议事件”是指任何一个有自我意义的人在他一生中某个时刻都必须面对的源自生存困境的悲剧与死亡。在这样的时候，人会清楚地意识到构塑其他所有问题的根本问题。在贝尔看来，宗教就是理解这些“苦难”的最古老努力，因而它在历史上是文化象征的源泉。从历史上看，文化和宗教一直交织在一起。“如果说科学是对自然整一的寻求，那么，宗教就是在文明的不同历史阶段对文化整一的寻求。为了建构起这种完整统一，宗教将传统作为意义的内在机理，摈弃那些威胁到宗教的道德规范的艺术作品，守卫着文化的入口。”③贝尔指出，现代运动打破了这种完整，它从三个方面做到了这一点：一是坚持审美有其独立性，可以和道德规范相分离；二是更看重重新的和实验性的东西；三是将自我作为文化鉴赏的试金石。这场运动最具进攻性的先驱是自封为所谓“先锋”的现代主义。

那么，什么是现代主义？“现代主义”与“现代性”和“现代化”是既有关系又有区别的概念。贝尔对这三个概念作了辨析。他指出，现代性是一种精神，它是一种观点态度，是世界性，甚至是世界主义，而且作为今天的一种“官方”观点，它已变成惯例，甚至已经陈腐。现代主义则是一种提倡实验的文化运动，一种“距离的丧失”，以及艺术家定义什么是艺术的那种权威。现代化则是一套机构变化，特别是在经济和行政管理层面，使社会适应新技术变革，并刺激经济发展。④显然，在这三个概念中，现代性是根本性的，它不仅意味着现代观念，而且意味着这种观念转变成为了现实。在这种转变的过程中，意识形态发挥了重要作用。“意识形态是把观念转化成了社会的杠杆。”⑤贝尔从与意识形态关系的角度对现代性的实质作了深刻的阐

---

① 参见［美］丹尼尔·贝尔:《资本主义文化矛盾》，严蓓雯译，江苏人民出版社 / 人民出版社 2010 年版，第 36 页。

② ［美］丹尼尔·贝尔:《资本主义文化矛盾》，严蓓雯译，江苏人民出版社 / 人民出版社 2010 年版，1978 年再版前言第 11—12 页。

③ ［美］丹尼尔·贝尔:《资本主义文化矛盾》，严蓓雯译，江苏人民出版社 / 人民出版社 2010 年版，1978 年再版前言第 12 页。

④ 参见［美］丹尼尔·贝尔:《资本主义文化矛盾》，严蓓雯译，江苏人民出版社 / 人民出版社 2010 年版，第 307 页注①。

⑤ ［美］丹尼尔·贝尔:《意识形态的终结》，张国清译，江苏人民出版社 2001 年版，第 459 页。

述。他说:“在文化的视野里，意识形态是现代性的维度之一。在过去的几百年里，西方世界经历了在意识方面的非同寻常的巨变。现代性，这股令人震惊的强大力量，远不只是科学的出现，技术的爆炸，大革命的理念，人民大众进入社会，尽管它包括了所有这一切。现代性源于原始的普罗米修斯的启示，这种启示现在获得新的力量，它旨在要求人们去改造自然和改造自己:使人成为变革的主人，成为使世界适应自觉的计划和愿望的设计者。”①不过，贝尔认为，今天，西方的这种意识形态已经衰落了，正在走向终结。“一个非同寻常的事实是，正当19世纪旧的意识形态和思想争论已经走向穷途末路的时候，正在崛起的亚非国家却正在形成着一些新的意识形态以满足本国人民的不同需要。”

贝尔称现代主义是“为了总是处于‘先进意识’前列而自我追求一种风格或感觉的努力”②。它是一种持续了100多年之久的不断向社会结构发起一再更新进攻的文化风尚、文化情绪、文化运动。贝尔从三个方面对现代主义作了论述:第一，从主题上看，现代主义是一种狂乱，和秩序特别是资产阶级的有条不紊截然相反。它强调自我，从不停止对经验的探索。在这种探索中，人无法设置任何审美界限，甚至无视道德规范，任由千变万化的想象力自由驰骋。更重要的是，这种体验在其渴望中没有任何边界，也没有什么是神圣的。第二，从体系上看，在“距离的丧失”的现象中，有某种共同语法。“距离的丧失”是指通过消除审判和心理距离努力获得直接、冲击、刺激和感性。“在消除审美距离的过程中，沉思冥想被抛弃，观众被包裹在体验中。而在消除心理距离的过程中，强调（用弗洛伊德的话）梦境和幻觉、本能和冲动的‘原始过程’。”③从手段上看，极度重视介质。在过去几十年里，艺术家越来越不重视内容或形式，而重视艺术介质本身，如音乐中重视抽象的声音，诗歌中重视音韵。20世纪60年代，有一股后现代主义潮流蔓延开来，将现代主义逻辑发展到了极致。“跟现代主义用美学证明生活的正当性不同，后现代主义完全用本能来替代。只有冲动和快感是真实的、值得生活肯定的;其余无非都是神经衰弱和死亡。甚而，不管传统现代主义有多

① ［美］丹尼尔·贝尔:《跋:为重读〈意识形态的终结〉，1988年》，丹尼尔·贝尔:《意识形态的终结》，张国清译，江苏人民出版社2001年版，第505页。

② ［美］丹尼尔·贝尔:《资本主义文化矛盾》，严蓓雯译，江苏人民出版社/人民出版社2010年版，第47页。

③ ［美］丹尼尔·贝尔:《资本主义文化矛盾》，严蓓雯译，江苏人民出版社/人民出版社2010年版，1978年再版前言第13页。

大胆，它不过是在想象中，在艺术的边界内表现冲动。……后现代主义则溢出了艺术容器。它撕碎了边界，坚持获得知识的途径是付诸行动而不是做出区分。‘事件’和‘环境’、‘街道’和‘场景’不是艺术而是生活的合适舞台。”①

贝尔指出，不可否认，现代主义导致了西方文化巨大创造力的涌现。然而，它早在马克思主义之前就开始攻击资产阶级社会，破坏了资本主义社会结构。它还使文化的内在统一性丧失，特别是使反对道德规范的反律法主义蔓延，更重要的是使艺术和生活之间的界限变得十分模糊，以至于曾是想象中被允许的事情被那些想使生活成为艺术作品的人加以实践。此外，艺术基准也不是共同见解或标准，而是每个人自我的判断。这样，文化领域就成了一个自我表达和自我满足的地方。“它是反制度的，也是反道德法律的，个人成了满足的衡量标准，他的感情、感受和判断，而不是质量与价值的一些客观标准，决定了文化对象的高下。”②这样一来，每个个体的“自我”就越来越跟技术经济秩序的角色需求发生冲突。在贝尔看来，最初，资本主义经济冲动和现代性的文化驱动有着共同源泉，即自由和解放思想，其具体体现是经济事务中的“粗犷个人主义”和文化中“没有限制的自我”。但是，它们之间迅速地产生了敌对关系：“资产阶级精于算计的精神和有条不紊的克制约束，跟对感性和兴奋的孜孜寻求发生了冲突，后者从文艺复兴延续到了现代主义身上。当工作和生产机构变得官僚化，个人缩减成各种角色时，这种对抗日益加深，以至于工作场所的规范越来越和对自我探索和自我满足的强调相异。”③

与社会行为的合法性从宗教转变成现代主义文化相伴随的，是对“性格”的强调转变成对“个性”的强调。前者是道德编码和守纪目标的合一，而后者通过强制寻求个体差异来提升自我。简言之，不是工作而是生活方式，成了满足的源泉和社会中值得去做之事的标准。后现代主义更“以解放、色欲、冲动自由等等之类为名，为攻击价值观和‘普通人’行为的动机

① ［美］丹尼尔·贝尔：《资本主义文化矛盾》，严蓓雯译，江苏人民出版社 / 人民出版社 2010年版，第53页。

② ［美］丹尼尔·贝尔：《资本主义文化矛盾》，严蓓雯译，江苏人民出版社 / 人民出版社 2010年版，1978年再版前言第8页。

③ ［美］丹尼尔·贝尔：《资本主义文化矛盾》，严蓓雯译，江苏人民出版社 / 人民出版社 2010年版，1978年再版前言第15—16页。

模式提供了心理先锋”[①]。另一方面，既然市场是社会结构和文化相会之处，于是又出现了经济开始转而生产由文化展示出来的生活方式。“我们的技术文明不仅是生产（和通讯）的革命；也是感性的革命。”[②]其中最突出的独特性在于数字、相互影响、自我意识和未来定向。我们遇到的人，我们必须掌握的名字、事件和知识的范围扩大了。我们得跟许多人直接地、象征地联系，这不仅导致了社会差异和心理差异，也导致了求变求新的欲望、对感性的寻求、文化的类并。在身份认同方面也从原来的家庭和阶级定位转向了寻求同一代人的感觉，于是，个人的经验而不是传统、权威、天启神谕成了理解和身份的源泉。同时，我们的社会成了一个从各方面都“面向未来”的社会：政府必须为未来增长谋划，公司必须为未来需求打算，个人必须考虑职业规划。社会不再以自生的方式发展了，而是被特殊的目标驱动着。这四种因素构成了个人对世界的反应。数字和相互影响造就了对直接、冲击、感性和同步这些现代感觉的强调；自我意识的浮现和流动社会的压力，导致了对待社会的更为开放、更为自觉的反应模式——反叛、异化、退隐、淡漠或顺从。[③]在贝尔看来，资产阶级社会不仅各领域之间存在着矛盾，经济领域之内也产生出更深的矛盾。“在资本主义企业内，生产和组织机构领域内部名义上的风气仍然是工作、先劳动后享受、职业定位、献身企业。然而在市场上，由充满诱惑和性的漂亮图像包装起来的商品，却推动了一种享乐主义的生活方式，它允诺给人以带着欲望面子的感官满足。……这种矛盾的后果就是，公司会发现其职员白天是正人君子，晚上却放荡不羁。”[④]

在贝尔看来，如果说资本主义是程式化的，那么现代主义则是琐碎浅薄的。在这种矛盾中，近年来建立起来的是时尚和时髦的庸俗统治：“对**文化界**来说是‘多样性’，对中产阶级来说是享乐，对大众来说是色欲追求。而时尚之本性，正是将文化浅薄化。”[⑤]在贝尔看来，新教伦理曾被用来规定有

---

① ［美］丹尼尔·贝尔：《资本主义文化矛盾》，严蓓雯译，江苏人民出版社 / 人民出版社 2010 年版，第 54 页。

② ［美］丹尼尔·贝尔：《资本主义文化矛盾》，严蓓雯译，江苏人民出版社 / 人民出版社 2010 年版，第 93 页。

③ 参见［美］丹尼尔·贝尔：《资本主义文化矛盾》，严蓓雯译，江苏人民出版社 / 人民出版社 2010 年版，第 93—97 页。

④ ［美］丹尼尔·贝尔：《资本主义文化矛盾》，严蓓雯译，江苏人民出版社 / 人民出版社 2010 年版，1978 年再版前言第 17 页。

⑤ ［美］丹尼尔·贝尔：《资本主义文化矛盾》，严蓓雯译，江苏人民出版社 / 人民出版社 2010 年版，1978 年再版前言第 19 页。

节制的积累，但自从新教伦理与资本主义社会分离后，剩下的就只有享乐主义了。在贝尔看来，享乐主义世界是时尚、色情、广告、电视和旅行的世界。它是虚伪的世界，人在其中为了期望而活，为那些将要到来而不是已经拥有的东西而活。而且，那一定是不费力气就能得到的东西。例如，《花花公子》的畅销（到 20 世纪 70 年代累计销量 600 万册）并非偶然，而是因为它鼓励对男性性威力的幻想。在 20 世纪 50 年代和 60 年代，性欲高潮崇拜替代了财富崇拜，成为了美国生活的基本欲望。① 贝尔将这种享乐主义盛行的社会称为“大众社会”。他对这种社会作了如下描述：“交通和通讯革命促成了人与人之间更加密切的交往，以一些新的方式把人们连结了起来；劳动分工使得人们更加相互依赖；某一方面的变动将影响到所有其他的方面；尽管这种相互依赖性日益加强，但是个体之间却变得日益疏远起来。家庭和地方社群的古老而原始的信仰受到质疑；没有什么统一的价值观念能取代它们的位置。最重要的一点是，一个受过教育的精英再也不能塑造人们的意见和趣味。结果，社会习俗和道德处在不断表面化和细分化了。与此同时，日益增强的空间和社会流动性不断增强着人们对身份的关注。人们不再拘泥于穿着或头衔所标识的那些固定的或已知的身份，而是假定了多重的角色，并不得不在一连串新的情境中证明自己。由于所有这一切，个体丧失了前后一致的自我感，其焦虑不断增加，并且产生了对新信仰的渴望。” ②

贝尔指出：“如今，在文化上（如果不是道德的话）证明资本主义正当的是享乐主义，即以快乐为生活方式。在当今普遍流行的自由主义风气中，文化意象的模本就是现代主义者的冲动，其意识形态原理是将冲动探求作为行为方式。这就是资本主义的文化矛盾。这就是导致现代性之双重羁绊产生的原因。” ③ 在贝尔看来，资本主义文化矛盾是出自现代性社会本性的更为普遍的问题。这个问题就是：“工业主义的品格特征建立在经济和节俭基础上：即讲求效率、追求最低成本、最大限度利用、最优选择和功能理性。然而，正是这种品格和西方世界的先进文化潮流发生了冲突，因为现代主义文化强调反认知和反智性模式，它渴望回到表达的本能源头。一个强调

---

① 参见［美］丹尼尔·贝尔：《资本主义文化矛盾》，严蓓雯译，江苏人民出版社 / 人民出版社 2010 年版，第 74 页。

② ［美］丹尼尔·贝尔：《意识形态的终结》，张国清译，江苏人民出版社 2001 年版，第 5 页。

③ ［美］丹尼尔·贝尔：《资本主义文化矛盾》，严蓓雯译，江苏人民出版社 / 人民出版社 2010 年版，第 21 页。

功能理性、专家决策和论功行赏；一个强调天启情绪和行为的反理性模式。正是这种断裂导致了所有西方资产阶级社会的历史文化危机。这种文化矛盾作为社会的致命分裂而长期存在。”①这种矛盾最终只会摧毁资本主义本身的根基。

不过，在贝尔看来，如今现代主义已耗尽其所有，没有张力了，其创造冲动松懈下来。现代主义已经衰竭，它变成了一个空空的容器，再也不能构成威胁。享乐主义也只是模仿着它毫无想象力的嘲弄。但是社会秩序既缺乏一种作为生命力象征表达的文化，也缺乏一种作为动机或纽带力量的道德冲动。②困扰资产阶级社会的更深刻的危机，会让一个国家失去活力，给个人动机造成混乱，并注入一种“及时行乐”的观念，从而削弱民众意志。贝尔指出，现代性的真正问题是信仰问题，亦即精神危机。这种精神危机势必将我们带回到虚无主义：“没有过去或未来，只有无尽虚空。”③贝尔认为，解决这一矛盾的出路在于宗教。“宗教可以恢复的是世代之间的连续性，把我们带回到生存困境面前，这些生存困境是人性和关怀他人的基础。然而此种连续性不能人为制造出来，也不是文化革命可以发动的。连续性来自于给人以生活悲剧感的那些体验，这生活正处于界限和自由的刀口。”④不过，宗教源自个体想分享共同觉悟的那种最深层需要，不是由“灵魂工程师”创造出来的。⑤

那么，存在着深刻内在矛盾的资本主义社会的前景如何呢？贝尔提出了一种“后工业社会”的概念图式。贝尔认为，社会学家总是试图充当先知或者预言家，我们的时代也是如此。在社会结构发生显著变动的时代，每一位社会学理论家都在心中构造了一幅独特的关于未来社会的概念图式，设想了一套关于未来社会的标语口号。对于新生国家或欠发达国家的未来，人们已经有了定论，无论是上层人物改革社会，还是民众使社会获得新生，它们

---

① ［美］丹尼尔·贝尔：《资本主义文化矛盾》，严蓓雯译，江苏人民出版社 / 人民出版社 2010 年版，第 89 页。

② 参见［美］丹尼尔·贝尔：《资本主义文化矛盾》，严蓓雯译，江苏人民出版社 / 人民出版社 2010 年版，第 19、89 页。

③ ［美］丹尼尔·贝尔：《资本主义文化矛盾》，严蓓雯译，江苏人民出版社 / 人民出版社 2010 年版，第 28 页。

④ ［美］丹尼尔·贝尔：《资本主义文化矛盾》，严蓓雯译，江苏人民出版社 / 人民出版社 2010 年版，第 30 页。

⑤ 参见［美］丹尼尔·贝尔：《资本主义文化矛盾》，严蓓雯译，江苏人民出版社 / 人民出版社 2010 年版，1978 年再版前言第 21 页。

都必然使国家工业化、现代化、西方化。然而，发达工业国家的前景却云遮雾绕。“尽管每个社会预言家都感到一个时代即将终结，但是对于未来可能会是怎样却莫衷一是。”[①]贝尔根据他对发达工业社会的历史和现状考察和探索，提出发达工业社会将为后工业社会所取代。他所说的后工业社会是相对于工业社会而言的。他将人类社会划分为三种类型，也可以说划分为三个历史阶段：前工业社会、工业社会和后工业社会。[②]前工业社会生活是用传统方式靠原始体力工作，对世界的看法则受自然环境变化的制约，生活节奏由偶然因素决定，因而主要是和自然的争斗，当今世界上仍有大部分地区处于如此情形。工业社会是技术化和理性化的世界，标准化产品在批量生产，因而它是一场和人造自然的争斗。而到了后工业社会，所关注的是服务，包括人的服务、职业服务和技术服务，因而它是人和人的争斗。就是说，人越来越脱离自然，也越来越少跟机器打交道，人只跟人生活在一起，跟人打交道。[③]具体地说，后工业社会包括五大要素，也可以说是它不同于工业社会和前工业社会的主要特征：第一，经济部门从商品生产向服务经济转变；第二，在职业分布中，专业、技术阶级占首位；第三，其轴心原则是，理论知识居于中心地位，成为创新的源泉和制定社会政策的根据；第四，未来发展方面的技术实行控制和进行评价；第五，创造新的“智力技术”[④]进行决策，“新的智力技术与众不同之处，在于它力图确定合理的行动，并力图找出达到这一目的的手段”[⑤]。显然，贝尔的分析并不是一种克服了工业社会文化矛盾的全新社会，而是工业社会的继续和发展。贝尔自己明确说：“从历史发展角度说，后工业社会是工业社会所展现的各种趋势的

---

① 参见［美］丹尼尔·贝尔：《后工业社会》（简明本），彭强编译，科学普及出版社 1985 年版，第 27 页。

② 参见［美］丹尼尔·贝尔：《资本主义文化矛盾》，严蓓雯译，江苏人民出版社 / 人民出版社 2010 年版，第 159—162 页。

③ ［美］丹尼尔·贝尔：《后工业社会》（简明本），彭强编译，科学普及出版社 1985 年版，第 14 页。

④ 这里所说的“智力技术”是指自 1940 年以来伴随着信息论、控制论、博弈论、决策论、效用论、随机过程等新领域出现所产生的一些具体方法，如线性规划、统计决策论、马可夫链应用、最大最小解等。人们可以用这些方法来预测在某种战略环境中可能做出的各种不同选择的最优后果。参见［美］丹尼尔·贝尔：《后工业社会》（简明本），彭强编译，科学普及出版社 1985 年版，第 11 页。

⑤ 参见［美］丹尼尔·贝尔：《后工业社会》（简明本），彭强编译，科学普及出版社 1985 年版，第 2—13 页。

继续，而且其中很多发展趋势是早已预见到了的。”[①]这些趋势中应该包括发达工业社会（资本主义社会）的文化矛盾。不过，贝尔没有提及甚至也没有意识到这一点。

二、柏格森、弗洛伊德、海德格尔等人的非理性主义

西方近现代非理性主义思潮始于叔本华、尼采的意志主义。受意志主义的影响，西方先后兴起了以柏格森为代表的生命哲学和以海德格尔为代表的存在主义哲学，这两个哲学流派基本上继承了意志主义开创的非理性主义传统，只是对人的本体乃至世界的本体是什么的回答，从非理性的意志扩展到非理性的生命，进而扩展到非理性的存在。差不多与此同时，弗洛伊德所开创的精神分析学派从心理学的角度也得出了关于人的非理性主义结论，这种结论在某种意义上给哲学非理性主义提供了论证或印证。这种哲学和心理学的非理性主义对西方理性主义传统产生了比意志主义更强有力的冲击，正是在它们以及意志主义的共同影响下，在西方形成了一股影响更广泛的后现代主义文化思潮。

（一）柏格森的直觉主义

柏格森（Henri-Louis Bergson, 1859—1941），法国哲学家，生命哲学的主要代表人物。他在巴黎高等师范学校获得博士学位后长期在该校的法兰西学院任教，是法国科学院院士，1927年获得诺贝尔文学奖。他有四部主要著作：《时间与意志自由》（*Essai sur les données immédiates de la conscience / Time and Free Will*, 1889），《物质与记忆》（*Matière et mémoire / Matter and Memory*, 1896），《创造进化论》（*L'Evolution créatrice / Creative Evolution*, 1907）、《道德和宗教的两个根源》（*Les deux sources de la morale et de la religion / The Two Sources of Morality and Religion*, 1919）。此外还有由文章和讲演稿构成的文集《思想和运动》（*La Penseé et le Mouvent*）等。柏格森继承并发展了狄尔泰和齐美尔等人的生命哲学思想，并进一步将对世界本体的把握与人的直觉关联起来，强调直接经验或直觉的过程对于理解实在比抽象的理性主义和科学更有意义，因而他的生命哲学具有鲜明的直觉主义色彩，也

① ［美］丹尼尔·贝尔：《后工业社会》（简明本），彭强编译，科学普及出版社1985年版，第28—29页。

正是这种直觉主义，体现了柏格森生命哲学的非理性主义性质。

生命哲学是一种以“生命”为世界本体（本原）的非理性主义流派。它产生于19世纪70年代，直接渊源于叔本华、哈特曼（Eduard Von Hartman, 1842—1906）等人的意志主义，其性质与几乎同时的尼采哲学相近。尼采强调盲目的强力意志，而生命哲学则强调盲目的生命冲动，认为宇宙中一切事物都充满活力，生命冲动是本原和万物的本质。生命哲学的创始人是德国哲学家狄尔泰，其他代表有齐美尔（Georg Simmel, 1858—1907）、奥铿（Rudolf Eucken, 1846—1926）等。狄尔泰（Wilhelm Dilthey, 1833—1911）是德国历史学家、哲学家、解释学哲学家。他在叔本华和哈特曼的意志主义和新康德主义的影响下，创立了生命哲学。他认为，哲学研究的对象既不是单纯的物质，也不是单纯的精神，而是将这两者紧密联系起来的东西，即生命。在他看来，生命是世界的本原，而这种本原不是实体而是活力，是一种不可遏止的永恒冲动，是一股转瞬即逝的流动，是一种能动的创造力量。它既井然有序，又盲目不定；既有一定方向，但又是不能确定的。一切外在世界的存在物，如日月星辰、山河大地等等，都不过是生命冲动的外化。自然界不是别的，无非是生命冲动遇到障碍所形成的东西，它只是体现自身的工具。他认为，我们每个人都能通过自我而体验到它。它首先表现出来的是知觉、思想、情感，然后表现为语言、道德、哲学、法律、艺术、宗教国家、社会制度以及历史等等。一切社会生活现象不过是“生命”的客观化。齐美尔也是德国哲学家，他在继承狄尔泰的生命哲学思想的基础上把生命划分为“增加的生命”和“提高的生命”。前者指“生命”在一定形成阶段的表现形式，包括无机界与有机界、家庭、社会等；后者是指“生命”在精神阶段的“高级”实现，包括宗教、艺术、科学和政治制度、历史文化等文化现象。齐美尔还将生命哲学与康德哲学结合起来用以解释社会历史问题，认为作为精神（生命）外化的历史事实，是一堆未加工整理的、分散的质料，它们是不可理解的，只有当人们运用先验的形式（观念）来加以理解时，它们才构成连续的、相互联系的具体历史。在他看来，正常社会体现了“生命”的和谐，而革命是对和谐的破坏。建立在个人和社会集团的生物的、心理的需要之上的各种社会不平等和剥削制度，是永恒不变的社会结构，任何时代只能改变其形式，而不是改变其结构。

在对于世界本体认识的问题上，柏格森基本上坚持了狄尔泰的世界本原在于原始冲动的观点，不过他似乎将原始冲动限于生命。他提出，应该把生命比作一种冲动，因为来自物理世界的形象都不能确切地形成关于生命的概念。生命是一种盲目的、非理性的、永动不息而又不知疲惫的原始冲动，就像一条永流不息的长河。“这是一条无底、无岸的河流，它不借可以标示出的力量而流向一个不能确定的方向，即使如此，我们也只能称它为一条河流，而这条河流只是流动。”[①]在柏格森看来，这条河如此生机勃勃，是我们见到的任何河都无法比拟的。它是一种状态的连续，其中每一个状态都既预示着以后，又包含着以往。生命冲动是心理的、精神的，而不是物理的、物质的。“生命实际上是心理的，是包含相互渗透的各种各样条件的精神本质。”[②]生命的原始冲动是生命不断进化和创造的根源。“原始冲动从一代的种质传给下一代的种质，经过在种质之间形成联系的成熟有机体。这种冲动在它经过的进化路线上保存下去，是变异的内在原因，至少是有规律地遗传、积累和创造新物种的变异的内在原因。一般说来，当物种从共同的祖先分离后，其差异将在其进化过程不断增加。”[③]与以前的生命哲学家相比较，柏格森生命哲学的突出特点在于，他更强调世界的本原（绝对）只能在直觉里给予我们。

在柏格森看来，虽然哲学家对世界本体（绝对）有各种不同的见解，但大致上有两种基本观点：第一种的前提是围绕对象转，它要依靠所采取的立足点以及用来表达的符号；第二种的前提则是钻进对象，它不从任何“观点”出发，也不依靠任何符号。格柏森认为，第一种认识只是停留在相对的东西上，而第二观点认为认识则可以达到绝对。他以空间中某一物体的运动为例对此加以说明。当我把这种运动联系到不同轴或不同原点的坐标体系上，就是说，以不同的符号来转述它时，我就是以不同的方式表达了它。在这种情况下，我都是站在对象本身以外，因而我所说的这种运动是“相对的运动”。而我把一种内在的东西或精神状态归结给了运动和对象，同时我也体会到了这种状态，我通过一种想象活动努力把自己放进了这种状态，这时我就在谈到一种“绝对的运动”。“这样，我就会按照对象是动的或不动的，按照它采取这种或那种运动而得到不同的感觉了；我所感觉到的东西，就不会依我对于对象所能采取的观点为转移了，因为我是在对象本身之中的；它也不会依我所能用来转述对象的符号为转移了，因为我已经根本放弃转述，

① ［法］柏格森：《形而上学导言》，刘放桐译，商务印书馆1963年版，第68页。
② ［法］柏格森：《创造进化论》，姜志辉译，商务印书馆2004年版，第213页。
③ ［法］柏格森：《创造进化论》，姜志辉译，商务印书馆2004年版，第78页。

直接掌握原物；总之，我就不会从外面——以某种方式从我出发——去理解运动，而是从里面，在运动本身中去理解它了；我就会得到一种绝对了。”[①]据此，柏格森得出了绝对只能在一种直觉里给予我们的结论。

什么是直觉？柏格森说：“所谓直觉就是指那种理智的体验，它使我们置身于对象的内部，以便与对象中那个独一无二、不可言传的东西相契合。”[②]就是说，直觉是人的理智的一种认识活动，与其他的认识活动不同，其特点是深入到对象的内部并形成对对象的真实认识。直觉是在时间中进行的，是一个源自过去、走向未来的不断延续的过程。“我们所说的直觉首先是建立在内在的时间之上的。它抓住了一个不并列的连续、内部的增长，以及一个不断延伸到未来的现在，在这个现在中就有着过去不间断的延伸。这是心灵与心灵的直观，没有什么能插入其间。”[③]柏格森将“直觉”与“分析”加以比较来阐明直觉的特点。他认为，与直觉不同，分析的做法是把对象归结成一些已经熟知的、为这个对象与其他对象所共有的要素，进行分析就是把一件东西用某种不是它本身的东西表达出来。“所以，任何一项分析都是一种转述，一种使用符号的阐述，一种由于采取一连串观点而获得的表述；从多少个观点出发，就是指出所研究的对象与其他被认为已经知道的对象之间有多少种联系。”[④]分析永远不知满足地要求掌握它绕着转的那个对象，还无穷无尽地增加观点的数目，以便达到对对象的完全认识；同时，它也无休无止地变换着各式各样的符号，以便使对对象的转述变得完满。与分析不同，直觉在可能的情况下则是一个单纯的进程。柏格森认为，分析是实证科学的活动。实证科学首先是用符号来进行研究。例如，生物科学就只研究生物的可见形态、器官和解剖成分，它对各种形态进行比较，把比较复杂的归结成比较简单的，以那种可见符号的东西去研究各种生命机能。形而上学则采用的直觉的方法。“不是采取一些观点去对待实在，而是置身于实在之中，不是对实在作出分析，而是对实在取得直觉，总之，是不用任何词句、任何转述或象征性的表述，直接掌握实在——那么，这就是形而上学。

① ［法］柏格森：《形而上学引论》，洪谦主编：《西方现代资产阶级哲学论著选辑》，商务印书馆1964年版，第135页。

② ［法］柏格森：《形而上学引论》，洪谦主编：《西方现代资产阶级哲学论著选辑》，商务印书馆1964年版，第137页。

③ ［法］柏格森：《思想和运动》，高修娟译，安徽人民出版社2013年版，第26页。

④ ［法］柏格森：《形而上学引论》，洪谦主编：《西方现代资产阶级哲学论著选辑》，商务印书馆1964年版，第137页。

因此形而上学乃是要求不用符号的科学。”[①]

柏格森认为，有一种外在的、却又直接给予我们心灵的实在，而“这个实在就是运动性”[②]。在他看来，没有什么业已成就的事物，有的只是正在生成的事物；没有什么自我保持的状态，有的只是变化的状态，静止永远只是表面的，也可以说是相对的。如果我们对关于物质和精神的种种理论一无所知，对关于外部世界是真实的还是观念的种种争论一无所知，我们所面对的就是“形象”。“当我的感官向它们敞开时，所获得的就是这些形象；当我的感官关闭时，就无法获得这些形象。”[③]对于柏格森来说，形象并不是实在，而是一个特定的存在物。“它比理想主义者所说的‘表现’要大，又未及现实主义者所说的‘物体’。它是介于‘物体’和‘表现’之间的存在物。”[④]所有这些形象的基本组成部分都遵循永恒的规律，相互作用与反作用。在柏格森看来，我们所说的物质，不过是“形象”的集合。这个概念只是简单的常识。[⑤]在所有这些形象中，有一种形象与其他形象截然不同。对于这个形象，我不仅通过外在的感觉来了解它，还通过内在的感情了解它：“它就是我的身体。”[⑥]“在物质世界的集合中，我的身体是一个形象，其运动正如其他形象一样，接收并且反射运动。可能唯一的区别在于，在一定范围内，我的身体似乎能够对它接收到的东西的保存方式进行选择。”[⑦]

在柏格森看来，形象也好，作为形象集合的物质也好，都不是真正的实在，真正的实在是绵延。那么，什么是他所说的绵延呢？对于柏格森来说，它是“一种性质式的众多体”，“一种有机体式的演化”，“一种纯粹的多样性”而“没有彼此判然有别的性质”，它的各瞬间“并不是外于彼此的”。[⑧]而且，绵延不是一个取代另一个的瞬间，不是只有现在，没有过去在现在中的延

---

① ［法］柏格森：《形而上学引论》，洪谦主编：《西方现代资产阶级哲学论著选辑》，商务印书馆1964年版，第137页。

② ［法］柏格森：《形而上学引论》，洪谦主编：《西方现代资产阶级哲学论著选辑》，商务印书馆1964年版，第146页。

③ ［法］柏格森：《物质与记忆》，姚晶晶译，安徽人民出版社2013年版，第1页。

④ ［法］柏格森：《物质与记忆》，姚晶晶译，安徽人民出版社2013年版，“作者前言”第1页。

⑤ 参见［法］柏格森：《物质与记忆》，姚晶晶译，安徽人民出版社2013年版，“作者前言”第1页。

⑥ ［法］柏格森：《物质与记忆》，姚晶晶译，安徽人民出版社2013年版，第1页。

⑦ ［法］柏格森：《物质与记忆》，姚晶晶译，安徽人民出版社2013年版，第4页。

⑧ ［法］柏格森：《时间与自由意志》，吴士栋译，商务印书馆1958年版，第155页。

伸，没有演变，也没有具体的绵延。“绵延是入侵将来和在前进中扩展的过去的持续推进。从过去在不断增长的时间起，过去也无限期地保留下来。”①更重要的是，绵延是自我对意识状态发生作用的过程。“在我自身之内正发生着一个对于意识状态加以组织并使之互相渗透的过程，而这过程就是真正的绵延。”②绵延是一种不可分的连续性，是持续、接续的不可分的过程，而这就是时间。“真正的持续就是人们一直所称呼的时间，却是作为不可分的被感知到的时间。”③

柏格森认为，绵延只存在于意识之中，并不存在于物质世界，是内在的绵延。“我们在外界找不到绵延，只找到同时发生。”④但是，绵延是与空间相对而言的。“在绵延之外有一个实在的空间；在其中，种种现象跟我们的意识状态同时出现又同时消失。有一个实在的绵延；在其中，多样性的瞬间互相渗透，每个瞬间都可以跟一种同时存在于外界的状况联系起来，并且因为有了这番联系又都可以跟其他瞬间分隔得开。”⑤在柏格森看来，空间是纯一的，其各个瞬间是同一的，一个接着一个而不互相渗透。空间的各物构成一个无连续性的众多体，每一个无连续的众多体都是经过一种在空间的开展过后而构成的。也就是说，空间没有绵延，甚至没有陆续出现，外界的先后状态都是单独地存在着的。只是对于我们的意识而言，它们的众多性才是真实的，我们的意识能首先保持它们，然后把它们在彼此关系上加以外化，从而把它们并排置列起来。柏格森认为，“意识所以能保持它们，乃是由于外界的这些不同状态引起了种种意识状态，而这些意识状态互相渗透，不知不觉地把自己组成一个整体，并通过这个联系过程把过去跟现在联在一起。意识所以能把它们在彼此关系上加以外在化，乃是由于意识想到它们的根本区别（当后一状态出现时，前一状态已经不再存在），就把它们看成一个无连续性的众多体；而这等于在它们每个原来分别存在于其中的空间里，把它们排成行列。”⑥在柏格森看来，意识为了这个目的所使用的空间恰恰是所谓的纯一时间。正是在这种意义上，柏格森把“纯一空间”称为“空间的第四维”。⑦

---

① ［法］柏格森：《创造进化论》，姜志辉译，商务印书馆 2004 年版，第 10 页。
② ［法］柏格森：《时间与自由意志》，吴士栋译，商务印书馆 1958 年版，第 73 页。
③ ［法］柏格森：《思想和运动》，高修娟译，安徽人民出版社 2013 年版，第 175 页。
④ ［法］柏格森：《时间与自由意志》，吴士栋译，商务印书馆 1958 年版，第 155 页。
⑤ ［法］柏格森：《时间与自由意志》，吴士栋译，商务印书馆 1958 年版，第 74 页。
⑥ ［法］柏格森：《时间与自由意志》，吴士栋译，商务印书馆 1958 年版，第 81—82 页。
⑦ 参见［法］柏格森：《时间与自由意志》，吴士栋译，商务印书馆 1958 年版，第 74 页。

柏格森认为，运动是纯一绵延的生动逼真的象征。一般认为，一种运动发生于空间之内。当我们肯定运动是纯一的并可分的时候，我们所想到的是运动物体所经过的空间，好像这空间和运动自身是两个可以交换代替的项目一样。但是，如果我们深入思考就会发现，运动物体的先后位置确实占有空间，但它由一个位置移到另一个位置的过程不是个空间问题。“它是一种在绵延中开展的过程，并且除非是对于有意识的观察者而言，它是不存在的。”[①]这里所涉及的不是一件物体，而是一种进展。就其为自一点至另一点的过渡而言，运动是一种在心理上的综合，是一种心理的、因而不占空间的过程。就是说，“运动在绵延之中而绵延在空间之外”[②]。因此，柏格森也把绵延称为“实在的运动性”。

那么，我们是如何从内部直觉绵延或实在的运动性呢？柏格森首先肯定，至少有一种实在是我们大家从内部通过直觉，而不是通过分析把握的。这就是在时间历程中的我们自己，即我们的绵延着的自我。柏格森断定，我们可以对别的东西没有理智的体验，但对于我们自己却是确有体验的。实际上，当我们被引导到这种实在的内部时，我们必定以这种实在为范例去表象其余的实在。在这个过程中，我们的理智在遵从它的自然倾向活动的时候，是一方面凭借着固定的感觉，另一方面凭借着不变的概念进行的。它从不动的东西出发，把运动只是理解成不动性的函项，只是用不动性来表达运动。这样做对实证科学来说是必要的，但也把实在的真正本质放过了。“**十分清楚，我们的思维可以从运动的实在中抽出一些固定的概念；但是根本不可能用概念的固定性重新建立实在的运动性**。”但是，我们的理智也可以走一条相反的途径：“它可以置身于运动的实在之内，采取实在的那种不断变化的方向，总之，它可以通过一种**理智的体验**把握实在，这种体验就称为直觉。”[③]柏格森指出，这样做是困难非常大的，因为心灵必须强迫自己扭转它所习惯的思想活动的方向。但是，这样做却是具有非常重大意义的，因为这样做可以获得绝对的知识。“**使用既成的概念取得的符号知识是相对的，这种知识是从固定的东西向运动的东西前进的；但是直觉的知识绝不是相对的，它是置身于运动的东西内部，掌握事物本身的命脉的**。这种直觉达到了

① ［法］柏格森：《时间与自由意志》，吴士栋译，商务印书馆 1958 年版，第 74 页。

② ［法］柏格森：《时间与自由意志》，吴士栋译，商务印书馆 1958 年版，第 77 页。

③ ［法］柏格森：《形而上学引论》，洪谦主编：《西方现代资产阶级哲学论著选辑》，商务印书馆 1964 年版，第 147 页。

绝对。"① 柏格森指出，我们研究哲学，正是要扭转思想活动的习惯方向。

柏格森具体描述了我们怎样从直觉绵延着的自我到直觉自身之外的运动着实在的。

他认为，当我向内观照我的自我的时候，我首先发现的是物质世界来到它那里的各种知觉。这些知觉是明晰的、或者是可以排成一列的。它们力求聚集起来组成各种对象。接着我又发现一些记忆，它们以不同的程度与那些知觉相联系。这些记忆仿佛是从我的自我深处解脱出来的，被那些与它们相似的知觉拉到了表面上，盖在自我上面。最后我感到有一些趋势、一些运动习惯、一批潜在的活动以不同的程度与这些知觉紧密地结合在一起。我发现这些具有明晰形态的要素越是彼此分明，就越与我判然有别。它们从内部向外面伸展着，结成一个圆球的表面，这个圆球具有越变越大、没有外界的趋势。但是，如果我把自我从外围向中心收拢，在自我的深处去寻求那个整齐划一、固定不变、绵延不绝的自我本身，我所发现的就是完全另外一种东西。这种东西就是"一股连续不断的流"，是任何一种流都不能同它相比的流。"这是一系列的状态，其中每一个状态都预告着随之而来的状态，也都包含着已经过去的状态。"② 只有当我们跑到它们的后面，转过身来回顾它们的踪迹的时候，它们才形成不同的状态；而当正在感受它们的时候，它们则是由一种共同的生命紧密地结合着，根本无法说这一个到哪里为止，那一个从哪里开头。"事实上它们中间的任何一个都是无始无终的，全都是互相渗透、打成一片的。"③

柏格森认为，这种流是一种意识的流，它没有两个完全相同的瞬间。"意识是旋生旋灭，不断地更新的。"④ 它同时具有质的多样性、进展的连续性和方向的统一性。因此，我们不能用任何形象来表述它，更不能用概念（即抽象的、一般的或单纯的观念）来表述它。然而，柏格森指出，我对于我的自我历程的原始感觉，固然是无法用任何形象完全再现出来的，我也并没有设

① ［法］柏格森：《形而上学引论》，洪谦主编：《西方现代资产阶级哲学论著选辑》，商务印书馆 1964 年版，第 148 页。

② ［法］柏格森：《形而上学引论》，洪谦主编：《西方现代资产阶级哲学论著选辑》，商务印书馆 1964 年版，第 138 页。

③ ［法］柏格森：《形而上学引论》，洪谦主编：《西方现代资产阶级哲学论著选辑》，商务印书馆 1964 年版，第 138 页。

④ ［法］柏格森：《形而上学引论》，洪谦主编：《西方现代资产阶级哲学论著选辑》，商务印书馆 1964 年版，第 139 页。

法把它再现出来的必要。而且，一个人如果自己不能对于构成它的本质的绵延获得直觉，那就没有任何东西能够向他提供这直觉，概念也不行，形象也同样不行。但是，形象至少有使我们不脱离具体的东西的好处。“任何形象都不能代替我们对于绵延的直觉，但是，许多由各种很不相同的事物借来的不同的形象，把各自的作用聚集在一起，却可以把意识正好引导到一点上，使我们能够在这一点上得到某一种直觉。”① 由于选择了各种尽可能彼此不相干的形象，也就可以防止其中的任何一种窃据我们所要取得的直觉的地位。这些形象各不相同，我们的心灵需要聚精会神地对待它们，长此以往，意识也就逐渐习惯于一种十分特殊而又十分确定的状态。只有在这种状态中，它才能毫无遮盖地把自己显示出来。而且意识也必定会自愿地作出这种努力，因为没有一样东西是简简单单地摆在它的面前的。意识无论如何要采取它必须采取的那种态度，才能作出我们所希望的那种努力，从自己达到直觉。与此相反，那些过分简单的概念之所以不能适用于这个领域，正是在于它们事实上是一些符号，这些符号代替了它们所标示的对象，根本不要求我们作出任何努力。每一个概念在对象方面所指的，都只是这个对象与其他对象共有的东西，都是对象与那些同它相似的对象之间的一种比较。如果把概念一个一个排列起来，也就以对象的各个部分重新构成了对象的全体，获得了对象的精神等价物。但实际上，这些一字排开的概念所能提供的只不过是一种对于对象的人为的拟构，它们只能把对象的某些一般的、非个别的方面化为符号。“如果以为可以用概念把握住一种实在，那是枉然，概念给我们提供的只不过是实在的影子而已。”②

如果形而上学只能通过直觉来进行研究，如果直觉是以绵延的运动性为对象的，如果绵延是心理性质的东西，那么，我们是不是会把哲学家的活动仅仅限制于单纯地考察他自身呢？柏格森认为，如果这样看的话，那就不是绵延的真正本性，同时也误解了形而上学直觉的那种本质上能动的性质。柏格森强调，他所说的直觉不是一个的活动，而是一个无限的活动系列，这些活动毫无疑问都属于同一种类型，但其中的每一个活动却是很特殊的，这些形形色色的活动与所有的存在等级相适应。就绵延而言，如果我们企图对

① ［法］柏格森：《形而上学引论》，洪谦主编：《西方现代资产阶级哲学论著选辑》，商务印书馆1964年版，第139页。

② ［法］柏格森：《形而上学引论》，洪谦主编：《西方现代资产阶级哲学论著选辑》，商务印书馆1964年版，第140—141页。

它进行分析，把它分解成一些现成的概念，那么绵延就被看成许许多多的瞬间，由一种统一性像一根线似的把它们连成一串。但是，如果我们通过一种直觉的努力，一下子置身于具体的绵延历程之中，情形则完全不同。那时，我们将会找不出任何逻辑上的根据来设定各种各样的、形形色色的绵延，只有我们的这种绵延，除此以外，不会有任何别的绵延。这就如同除了橙色以外世界上不能有任何别的颜色似的。一种建立在颜色上的意识，是从内部体验到橙色，而不是从外部感觉到橙色的，它将会感到自己处在红色与黄色之间，甚至还会预感到在后一种颜色的底下有整整一段光谱，是从红到黄的那种连续性的自然延长。同样，“那种对于我们的绵延的直觉，也根本不是像纯粹的分析所做的那样，让我们悬挂在空中，而是使我们接触到那种把一切绵延连成一气的连续性，这种连续性我们是必须设法追索的，不管是向下的，还是向上的：在这两种情况之下，我们都能通过一种越来越强的努力把自己推广到无限，在这两种情况之下，我们都越出我们自己的范围。”① 在第一种情况下，我们是向一种越来越松的绵延前进，这种绵延的搏动要比我们的绵延快，把我们的简单知觉分解了，把它的质冲淡成为量。其极端状态是我们用来给物质下定义的那种纯粹的同质性，那种纯粹的重复。在第二种情况下，我们是向一种越来越紧、越来越收敛、越来越浓烈的绵延前进，这种绵延的极端状态是永恒性。这种永恒性已经不是那种概念上的永恒性，那种死亡的永恒性，而是一种生命的永恒性。“这是一种生气勃勃的永恒性，因而是一种健行不息的永恒性，在这种永恒性里将可以找出我们自己的绵延，正如在光中可以找出振动一样，这种永恒性将是全部绵延的凝聚，正如物质性是它的稀释一样。直觉运行于这两个极端之间，这种运动就是形而上学。”②

柏格森运用他的生命哲学研究社会问题，特别是着重研究了道德和宗教问题。在他看来，道德有两个来源，一是义务，二是抱负（aspiration）。义务是做某事或不做某事的必要性，源于社会对个体施加的压力。而社会之所以要对个体施加这种压力是因为个体之于社会如同细胞之于肌体，为了形成和维持社会，就需要种种规则。道德义务就是自然设计出来用以维持社会团结一致的一种手段。抱负与义务不同，它不是出于为社会所必需的那种

① ［法］柏格森：《形而上学引论》，洪谦主编：《西方现代资产阶级哲学论著选辑》，商务印书馆1964年版，第145页。

② ［法］柏格森：《形而上学引论》，洪谦主编：《西方现代资产阶级哲学论著选辑》，商务印书馆1964年版，第146页。

压力，而是出于英雄人物的“抱负”和创造。它不是用规则，而是用“忠诚”“自我牺牲”“隐忍”“仁爱”等德性去感召人们，因而是一种比义务更高尚的道德。但是，两者又是相互联系的，特别是有着共同的来源。无论是“道德压力”还是“道德抱负”都不过是“生命冲动”的两种互补形式，都是“创造进化”所需的两种手段。前者维持个体生活其中的社会的团结，后者则帮助打破逐渐趋于封闭的这种团结而形成一种新的生活方式。所以，道德的两种形式都是适应生命进化的要求而产生出来的，都是生物学意义上的。“让我们最后说，全部道德，无论它是压力还是抱负，在本质上都是生物学的。”①

宗教本质上也是生物学的。在柏格森看来，宗教是自然为对付“理智”所可能带来的危险而采取的一种防范手段。理智虽然在使人利用事物、支配事件、控制事情方面取得了了不起的成就，但它倾向于使人只追求个人利益而不顾群体，使人因意识到死亡而沮丧，使人患得患失，迟疑不决，从而挫伤“生命冲动”。于是，宗教则以畏惧、禁忌、戒律等手段防范理智只顾个人的离心倾向；以灵魂不朽、来世、再生来抵消对死亡的恐惧；以神秘、奇迹之类的信仰来帮助克服人因种种无法控制的因素而产生的犹豫不决和畏缩后退。总之，宗教不过是自然设计出来解决人类因具有智慧而带来的种种危险的，它是为了进化不致半途而废而配置给人的一种防范机制。在论述道德与宗教的同时，柏格森还提出社会领域内存在着封闭与开放的区别。“封闭社会”是“成员凝聚在一起，对其余的人类社会毫不关心，总是警惕着忙于自卫，随时准备进行战斗”②的社会。在柏格森看来，人属于封闭社会，正如蚂蚁属于它的巢穴，这是人类社会刚刚出现于自然时的样子。封闭社会服从本能，开放社会服从智慧。在逐渐开放的社会中，道德义务可能扩展自己的领域，但它本来是适用于封闭社会的。这种社会之所以能存在下去，是因为它抗拒智慧的消解作用，死死地维护一种信心并把它传递给群体内的每个成员，而那种信心只有通过一种产生于神话创造功能的宗教才是不可缺少的。“开放社会”则是“在本质上是向所有的人敞开”③的社会。它那些杰出

① ［法］柏格森:《道德与宗教的两个来源》，王作虹、成穷译，北京联合出版公司 2014 年版，第 77 页。

② ［法］柏格森:《道德与宗教的两个来源》，王作虹、成穷译，北京联合出版公司 2014 年版，第 199 页。

③ ［法］柏格森:《道德与宗教的两个来源》，王作虹、成穷译，北京联合出版公司 2014 年版，第 200 页。

的精英们不时的梦想，总是在各种创造中体现出自身，每次创造活动都多少对人类发生着深远的影响和改变，克服着以往不能克服的困难。在柏格森看来，“封闭社会”和“开放社会”是不断转化的。经由杰出精英的创造行为，帮助封闭的社会变得开放了；之后，“暂时打开的门又关上了”，社会又回到了封闭状态；这时又需要新的杰出精英作出新的努力来打破这一局面。这是一个无限前进的进化过程。这种进化的动力还是“生命冲动”：“生命冲动，它因不能把物质向前推进而终止在封闭社会，但后来又被寻找出来——不是被大众所寻找，而是被少数精英重新发现。这样，通过某些卓越的人物，生命冲动被向前推进，那些卓越人物每一个都是由一个成员构成的物种。”①

（二）弗洛伊德主义

西格蒙德·弗洛伊德（Sigmund Freud, 1856—1939），奥地利精神分析学家，精神分析学的创始人，被世人誉为“精神分析之父”。他生于奥地利摩拉维亚（Moravia，现属捷克）的一个犹太人家庭，4 岁时全家迁居到维也纳，他的一生几乎都是在那里度过的。著有《梦的解析》（亦译为《释梦》，*Die Traumdeutung / The Interpretation of Dreams*, 1899）、《日常生活中的心理病理学》（*Zur Psychopathologie des Alltagslebens / The Psychopathology of Everyday Life*, 1901）、《性学三论》（*Drei Abhandlungen zur Sexualtheorie / Three Essays on the Theory of Sexuality*, 1905）、《图腾与禁忌》（*Totem und Tabu / Totem and Taboo*, 1913）、《论自恋》（*Zur Einführung der Narzißmus / On Narcissism*, 1914）、《超越快乐原则》（*Jenseits des Lustprinzips / Beyond the Pleasure Principle*, 1920）、《自我与本我》（*Das Ich und das Es / The Ego and the Id*, 1923）、《幻象之未来》（*Die Zukunft einer Illusion / The Future of an Illusion*, 1927）、《文明及其不满》（*Das Unbehagen in der Kultur / Civilization and Its Discontents*, 1929）、《摩西与一神论》（*Der Mann Moses und die Monotheistische Religion / Moses and Monotheism*, 1939）、《精神分析引论》（*Abriß der Psychoanalyse / An Outline of Psycho-Analysis*, 1940）等。

弗洛伊德提出的精神分析学说后来并不被认为是有效的临床治疗方法，但它不仅激发了后人提出各式各样的精神病理学理论，在临床心理学的发展史上具有重要意义；更重要的是，它给人的非理性心理的合法性提供了论

① ［法］柏格森:《道德与宗教的两个来源》，王作虹、成穷译，北京联合出版公司 2014 年版，第 200—201 页。

证，改变了人类对自身的认识，从心理学的角度给非理性主义观念提供了支持。宾克莱对弗洛伊德作出的下述评价是客观公允的："弗洛伊德是本世纪的一个伟大的先驱人物。他提出的关于精神生活的无意识各方面左右人的力量的学说，对改变人是以理性为主的动物这个旧观念起了重大作用。"[①]弗洛伊德本人对他的学说的历史地位所作的自我评价也许更为精到。他说，在这个世界中，有三次革命给予人类对其自身所具有的那喀索斯主义（自恋）观念以沉重的打击：第一次是哥白尼的革命，他证明地球不是宇宙的中心，而只是无穷大的宇宙体系中的一个很小；第二次革命是达尔文完成的，他证明人类起源于动物，和动物一样具有一种难以磨灭的兽性；第三次是来自心理学的最为致命的打击，这就是证明"'自我'并不是自己家宅的主人，它必须满足于大脑中潜意识是如何进行的少许信息"。在他看来，正是通过对人类自身所持的那喀索斯主义的这三次革命性打击，人类越来越认清了自己的本来面目。[②]

精神分析的对象是精神或心灵，弗洛伊德所说的"精神"指心理生活，而心理生活是某个结构的功能。它涉及精神的躯体器官和活动场所——脑或神经系统，以及间意识活动。弗洛伊德通过研究人类个体的发展，提出认识的结构包括三个部分：本我（id）、自我（ego）和超我（super-ego）。

弗洛伊德认为，我们生命的核心是由混沌的本我构成的。本我是精神中最古老的部分。"本我是遗传的，是生来就有的，而首要的是，本我是由本能构成的。本能源出于肉体组织，并以我们未来的形式在这里［在本我中］得到了最初的精神表现。"[③]在弗洛伊德看来，在本我的需要所引起的紧张背后存在着的力，就是本能。"**本能**体现着作用于心灵的肉体欲求。"[④]他将本我称为"混乱"，比喻为"一口充满了沸腾着的兴奋剂的大锅"。[⑤]本能

---

① ［美］L. J. 宾克莱：《理想的冲突——西方社会中变化着的价值观念》，马元德等译，商务印书馆 1983 年版，第 111 页。

② 参见［奥地利］弗洛伊德：《精神分析导论》，车文博主编：《弗洛伊德文集》07，九州出版社 2014 年版，第 232 页。也见江畅：《开拓心域的大陆：哲人科学家——弗洛伊德》，福建教育出版社 1995 年版，第 215—216 页。

③ ［奥地利］弗洛伊德：《精神分析纲要》，车文博主编：《弗洛伊德文集》08，九州出版社 2014 年版，第 284 页。

④ ［奥地利］弗洛伊德：《精神分析纲要》，车文博主编：《弗洛伊德文集》08，九州出版社 2014 年版，第 286 页。

⑤ ［奥地利］弗洛伊德：《精神分析新论》，车文博主编：《弗洛伊德文集》08，九州出版社 2014 年版，第 65 页。

是所有活动的终极原因，其本质具有守恒性。这种守恒性体现在，“有机体不论达到什么状态，均产生一种趋向，即那种状态一经消除，就会重新建立起来”①。本能能够通过移置作用改变其目标，能够相互取代，即一个本能的能量会传递给另一个。本我与外部世界没有直接的交往，甚至只有通过其他作用的媒介，才会为我们自己的知识所理解。本我的直接的和肆意的满足经常会导致与外部世界的危险冲突并引来灭顶之灾。本我并不知晓为确保生存而产生的担忧，因而也不知道焦虑。但是，与外部世界相隔绝的本我有它自己的感觉世界。“它异常敏锐地觉察出在它内部的某些变化，特别是来自它本能需要的紧张性的波动，这些变化作为快乐—不快乐系列中的感受而变成意识。”② 自我知觉、一般感觉以及快乐不快乐的感情，以专横的力量制约着本我中的事件的变迁。本我服从于不可抗拒的快乐原则，快乐原则是要求减少、也许实际上是要求消除本能需要的紧张，达到无忧无虑的境界。

经过长期研究，弗洛伊德最后确定只存在两种基本的本能：爱（欲）本能（eros）或性本能（sexual instincts）和破坏本能。“在本我中，肌体的各种**本能**在起作用，它们本身是两种原始力量（爱欲与破坏）以各种比例相融合的混合物，并且它们通过与不同器官或器官系统的联系而彼此分化开来。这些本能的唯一驱力是获得满足，这被认为是出自器官借助外部世界的对象而发生于其中的某种变化。”③ 爱欲本能包括自我保存本能和种族保存本能相对，自我爱和对象爱相对。“它不仅包括不受禁律制约的性本能本身和受目的制约的或由此派生的具有升华性质的本能冲动，而且包括自我保存本能”④。爱欲本能的目标在于不断地建立更大的统一体，并极力地维护它们。这种目标简言之就是“亲和”。相反，破坏本能的目标是取消联结，因而带来毁灭，其最终目标是使勃勃生机变成无机状态，或者说，“把有机的生命带回到无生命状态”⑤。因此，弗洛伊德也把这种本能称为死的本能。如果我

① ［奥地利］弗洛伊德:《精神分析纲要》，车文博主编:《弗洛伊德文集》08，九州出版社2014年版，第286页。

② ［奥地利］弗洛伊德:《精神分析纲要》，车文博主编:《弗洛伊德文集》08，九州出版社2014年版，第327页。

③ ［奥地利］弗洛伊德:《精神分析纲要》，车文博主编:《弗洛伊德文集》08，九州出版社2014年版，第326页。

④ ［奥地利］弗洛伊德:《自我与本我》，车文博主编:《弗洛伊德文集》09，九州出版社2014年版，第182页。

⑤ ［奥地利］弗洛伊德:《自我与本我》，车文博主编:《弗洛伊德文集》09，九州出版社2014年版，第183页。

们假定生物的出现晚于并且产生于无生物，那死的本能就是趋向于重返更早时的状态。作为死亡本能，当其内在地活动时，便保持着沉静，只有当它转向外部成为破坏本能时，才会引起我们的注意。发生这种转变对于个体是必要的，肌肉的器官即是用于这一目的。当超我形成的时候，大量的攻击本能就被固着在自我的内部，起着自我破坏的作用。这是在文化发展的过程中人类健康所面临的危害之一。压制攻击性，一般来说是对健康有害的，会引起疾病。例如，一个勃然大怒的人，当其攻击受阻时便转向自身，进行自我破坏。一个人无论处于什么情况，总留有某些自我破坏，直到最后扼杀个体，除非个体的力比多被耗尽。从生物性功能看，这两种基本的本能或者相互排斥，或者彼此结合。在这种意义上，吃的活动就是对对象的一种破坏活动，而破坏的最终目的是吸收对象；而性的活动是一种攻击活动，而攻击是为了最亲密的结合。生命的出现就是生命继续的原因，同时也被看作是走向死亡的原因，而"生命本身则是这两种倾向之间的冲突与和解"①。"两种基本本能共存和相互对抗的活动，造成了全部丰富多彩的生命现象。"②弗洛伊德认为，超出生物界，也有与这两种本能相似的力量统辖着无机界，这就是吸引和排斥。

在周围外部现实世界的影响下，本我的一部分经历了特别的发展，从而产生了一个专门的组织。它源于本我的表层，配备了接受刺激的器官，并配备了免受刺激损害的活动程序。"它是从本我的表层中发展出来的，本我的表层通过适应于接受和排斥刺激而直接与外部世界（**现实**）相接触。"③这一特殊组织从此便成为本我与外部世界之间的中介。弗洛伊德将心灵的这一区域称为自我。自我的基本特征在于："由于在感知觉和肌肉活动之间预先建立了联结，自我具有自己控制的随意运动。它的任务是自我保存。"④从外部事件的角度看，自我履行自我的任务，是通过意识到刺激，通过在记忆中贮存有关刺激的经验，通过避免过度刺激（即经由逃避），通过接触适宜刺激

---

① ［奥地利］弗洛伊德:《自我与本我》，车文博主编:《弗洛伊德文集》09，九州出版社2014年版，第183页。

② ［奥地利］弗洛伊德:《精神分析纲要》，车文博主编:《弗洛伊德文集》08，九州出版社2014年版，第287页。

③ ［奥地利］弗洛伊德:《精神分析纲要》，车文博主编:《弗洛伊德文集》08，九州出版社2014年版，第327页。

④ ［奥地利］弗洛伊德:《精神分析纲要》，车文博主编:《弗洛伊德文集》08，九州出版社2014年版，第284页。

（即经由适应），最后通过学会有效的改造外部世界，经由活动使之有利于自己。从内部事件的角度看，与本我相关联，自我履行自我保存的任务，是通过取得对本能欲望的控制，通过是否允许本能愿望得到满足，通过延缓那种满足，直到外部世界中具备了有利时机，实现本能愿望，否则就干脆压抑本能欲望的兴奋。自我的活动是由对刺激产生的紧张的考虑引发的，不管这些紧张是自发的，还是带进来的。这些紧张的出现一般被感觉为不快乐，而它们的减弱则被感觉为快乐。所以，很可能被感觉为快乐或不快乐的，不是这种紧张的绝对强度，而是其某种变化节奏。“自我力求快乐，并设法避免不快乐。预期或预见到不快乐的增长，会伴有**焦虑的出现**。无论是来自外部还是来自内部，不快乐增长的时刻都会被当作**危险**。”①

关于自我，弗洛伊德有一个概括性的表述：“它介于本我与外部世界之间；它接纳前者的本能要求，以便使其得到满足；它从后者引发出知觉，并作为记忆加以利用；它刻意自我保护，抵御来自两方面的过度要求；同时，它的全部决策听命于修正了的快乐原则。”②但是，弗洛伊德指出，自我的这幅写照实际上仅可应用于童年初期结束之时，即到大约5岁。但在这个岁数前后，发生了一个重要的变化：外部世界的一部分至少是部分地不再作为对象，而是通过认同作用被纳入了自我，变成了内部世界的组成部分。这个新的精神构成部分继续发挥着以前由外部世界中的人们所起的作用。“它观察自我，命令自我，评判自我，并以处罚来威胁自我，简直就如同它所取代的父母。”③弗洛伊德把心灵的这个构成部分称为“超我”或“自我理想”。“超我是由自我分化而出，或者与自我相对立，构成了自我必须关注的第三种力量。”④弗洛伊德也将这个部分称为自我之中存在着的“一个等级，一个自我内部的分化阶段”⑤。他认为，当自我与超我非常协调一致地发挥作用时，要区别它们的表现很不容易，我们只在当它作为我们的良心而起评判作用时，

①［奥地利］弗洛伊德：《精神分析纲要》，车文博主编：《弗洛伊德文集》08，九州出版社2014年版，第284—285页。

②［奥地利］弗洛伊德：《精神分析纲要》，车文博主编：《弗洛伊德文集》08，九州出版社2014年版，第332页。

③［奥地利］弗洛伊德：《精神分析纲要》，车文博主编：《弗洛伊德文集》08，九州出版社2014年版，第333页。

④［奥地利］弗洛伊德：《精神分析纲要》，车文博主编：《弗洛伊德文集》08，九州出版社2014年版，第285页。

⑤［奥地利］弗洛伊德：《自我与本我》，车文博主编：《弗洛伊德文集》09，九州出版社2014年版，第170页。

才能意识到它。

在弗洛伊德看来，在漫长的童年期，成长着的人依赖他的父母而生活，使父母的影响得到延伸的特殊作用在自我中形成，并作为沉淀物留存下来，这就是超我。弗洛伊德认为，儿童成长的过程，有一个从父母的权威转变为超我的过程，在这个过程中，父母的外部的限制内化了，超我取代了父母的监视、指导和威胁自我的职能。该过程的基础是"认同"（或译"自居"），即一个自我对另一个自我的同化，其结果第一个自我像第二个自我那样行动，模仿后者，并在某种意义上将后者吸收到自己之中。弗洛伊德将儿童初期对父母的强烈的精神贯注称为"俄狄浦斯情结"。当这种情结消失时，作为对失去对象的补偿，儿童会进一步加强对父母的认同，而这种认同是已被放弃的、对对象的精神贯注的沉淀物，它在儿童后期生活中频繁地发生。在弗洛伊德看来，这种积淀物就是"超我"，它是俄狄浦斯情结的继承者。① 超我有三种职能，即自我监视、良心和（保持）理想。它是每一个道德约束的代表，是追求完美的倡导者。② 弗洛伊德认为，父母的影响，不仅包含着父母的实际人格，而且也包含着通过这些人格而世代相传的家庭、种族和国家的传统，以及这些人格所体现的直接的社会环境的要求。在个体的发展过程中，教师、社会理想的典型，都会作为儿童父母的后来继任者或替代者，他们以同样的方式塑造超我。"超我感受的不仅是父母的个人品质，而且是对它自身可发挥决定性影响的一切。" ③ 在弗洛伊德看来，自我理想（超我）是俄狄浦斯情结的继承者，因而也是本我的最强有力的冲动和最重要的力比多变化的表现。通过建立这个自我理想，自我掌握了它的俄狄浦斯情况，同时也使自己处于本我的支配之下。鉴于自我主要是外部世界的代表，是现实的代表，而超我则和它形成对照，是内部世界的代表，是本我的代表。自我和理想之间的冲突，将最终反映现实的东西和心理的东西之间、外部世界和内部世界之间的这种冲突。通过理想的形成，生物的发展和人类种族所经历的变迁遗留在本我中的一切痕迹就被自我接受过来，并在每个人身上又由自我重新体验了一遍。由于自我理想所形成的方式，自我理想和每一个人在种

---

① 参见［奥地利］弗洛伊德:《精神分析新论》，车文博主编:《弗洛伊德文集》08，九州出版社 2014 年版，第 55—58、70 页。

② 参见［奥地利］弗洛伊德:《精神分析新论》，车文博主编:《弗洛伊德文集》08，九州出版社 2014 年版，第 59 页。

③ ［奥地利］弗洛伊德:《精神分析纲要》，车文博主编:《弗洛伊德文集》08，九州出版社 2014 年版，第 333 页。

系发生上的天赋（即他的古代遗产）有最丰富的联系，“因此，这种我们每个人心理生活中最深层的东西，通过理想的形成，才根据我们的价值观标准变成了人类心灵中最高级的东西。”[①] 弗洛伊德认为，自我理想在一切方面都符合我们所期望的人类的更高级性质，就其是一种代替做父亲的渴望而言，自我理想包含着一切宗教都由此发展而来的萌芽。

关于本我、自我、超我三者之间的关系，弗洛伊德认为，自我的活动在于同时满足本我、超我和现实的要求，也就是说，在于能够相互协调它们的要求。虽然本我和超我存在着基本的差异，但它们有一个共同点，即二者都体现着过去的影响：本我体现着遗传的影响，超我基本上体现着所承继的前人的影响。“超我在本我和外部世界之间占据了一个中间的位置，它本身合并了现在和过去的影响。”[②] 而自我则主要受个体自己的经验，即受偶然的和当下的事件的支配。本我的动力表达了个体有机体生命的真实目的，那就是满足它的先天需要；而依赖焦虑来维持生存或防止危险并不是自我的目的，那是自我的任务，自我的职能在于去寻求最有利和最少危险的方法，从而既能获得满足，又考虑外部世界的要求。超我可以带来新的需要，并使之处于优先的地位，但它的主要作用一直是限制满足。关于本我、自我、超我的相互依存、相互冲突的关系，弗洛伊德以“一仆二主”的比喻来加以生动的描述：“有一句格言告诫我们，一仆不能同时侍二主，可怜的自我处境甚至更糟：它侍候三个严厉的主人，而且要尽力使三个主人的主张与要求达到彼此和谐。这些主张却总是背道而驰，且好像总是互不相容。因而自我经常不能完成任务，这也就不奇怪了。这三个暴君是：外部世界、超我和本我。”[③] 弗洛伊德认为，在正常情况下，这三者处于相对平衡的状态，若这种平衡遭到破坏，人的心理上就会患病。

在弗洛伊德看来，爱欲全部有效的能量最初存在于没有分化的自我——本我之间，并用以抵消同时存在的破坏倾向。弗洛伊德称这种爱欲的能量为“力比多”（libido）。他认为，力比多充满于整个心理器官，它可以划分为三种类型：性欲型，属于这种类型的人的主要兴趣在于爱，对于他们来讲爱被

① ［奥地利］弗洛伊德：《自我与本我》，车文博主编：《弗洛伊德文集》09，九州出版社 2014 年版，第 178 页。

② ［奥地利］弗洛伊德：《精神分析纲要》，车文博主编：《弗洛伊德文集》08，九州出版社 2014 年版，第 334 页。

③ ［奥地利］弗洛伊德：《精神分析新论》，车文博主编：《弗洛伊德文集》08，九州出版社 2014 年版，第 69 页。

看得更重要；强迫型，这种类型以其超我的主导性为特征，该类型的人害怕失去良心失去爱；自恋型，这类人的兴趣在于保护自我，具有独立性并不易受威胁，其自我中充满了大量的进攻性，并随时准备付诸行动。[①] 力比多的一切都与自我相联系。起初，力比多的整个适用部分都蕴藏在自我中，这种状态是纯粹的、原始的自恋（narcissism）。这种纯粹的、原始的自恋结束于自我开始将力比多贯注于对象，这时自恋的力比多转变成了对象的力比多。当一个人处在热恋之中时，力比多的主要部分就转移到了对象上。在人的整个一生中，自我都是一个大贮存库，力比多的贯注由此遣出，达于对象，而又一再地退回于此。力比多在生活中的一个很重要的特点是它的流动性，这种流动性使它易于从一个对象转向另一个对象。力比多的源泉在于肉体，它从身体的各个器官和部分流向自我。这一点从作为力比多一部分的性兴奋看得最清楚。人们以为身体产生性兴奋的最突出部分是性感带，事实上，整个身体都是这种性感区。弗洛伊德认为，“注定会对我们的生活施加决定性影响的性驱力，是从组成它的一些本能的相继作用中逐渐发展起来的。这些本能分别体现着特定的性感带。”[②] 因此，弗洛伊德特别关注性欲的问题。

在他那里，“性欲”是广义的性欲，在某种意义上就是他所说的“爱欲”。他自己明确说：“精神分析扩展了的‘性欲’与先哲柏拉图的‘爱欲’（eros）是多么的相近。”[③] 通常认为，人类的性生活基本上就在于一个人设法使自己的生殖器与某一异性的生殖器相接触，以及作为附带现象和先导活动的亲吻和触摸等。性活动出现在青春期，并且服从于生育的目的。然而，弗洛伊德认为这种观点是与事实不符的：其一，有的人只被同性的个体以及自己的生殖器所吸引；其二，有的人的情欲行为极像是性行为，但他们同时又完全漠视性器官或它们的正常功能，这些人被看作是“性变态者”；其三，某些儿童很早就对他们的生殖器感兴趣，并显示出性兴奋，他们被看作是性倒退者。弗洛伊德认为，精神分析对性欲的看法是与所有流行的观念相矛盾的。精神分析发现：首先，性生活并不仅仅开始于青春期，而是在出生后不久就有了明显的表现。其次，“性”的概念比“生殖器”的概念更为广泛，

① 参见［奥地利］弗洛伊德：《力比多类型》，车文博主编：《弗洛伊德文集》05，九州出版社 2014 年版，第 230 页。

② ［奥地利］弗洛伊德：《精神分析纲要》，车文博主编：《弗洛伊德文集》08，九州出版社 2014 年版，第 288 页。

③ ［奥地利］弗洛伊德：《性学三论》，车文博主编：《弗洛伊德文集》05，九州出版社 2014 年版，第 11 页。

它包括许多不涉及生殖器的活动，因而必须在两者之间作出明确的区分。最后，性活动包括从身体的某些区域获得快感的功能，这一功能后来才成为生育的辅佐。这两种功能经常是根本不一致的。①

弗洛伊德认为，第一个发现是最为出人意料的。关于这一点，他阐述说，在童年早期就有性活动的身体标志，这些标志与后来在成人的性爱生活中遇到的精神现象相联系，如执迷于特殊的对象、嫉妒等。特别是成年的性变态的倾向植根于童年期。“儿童不但有性变态倾向，而且还有性变态行为，这和他们的未成熟程度相适应——总之，**变态的性生活**只不过是一种夸大了的被分割成单一冲动的**婴儿性生活**。”② 弗洛伊德将童年早期的性活动划分为三个时期:（1）口欲期。从出生之日起，作为性感区出现的，并向心灵提出力比多需求的第一个器官是口腔。起初，所有的精神活动都集中为口腔性感带的需求提供满足。这一满足当然主要服从需要于得到营养、自我保存的目的，但婴儿固执地坚持吮吸，证明了早期阶段追求满足的需要。“这种满足尽管源于摄取营养并由摄取营养所引起的，然而却是努力去获得超出营养的快感。为此，可以而且应该把它叫做**性的**。”③（2）肛欲—施虐期。在口欲期，施虐的冲动已偶尔随着牙齿的出现而发生，而其程度在这个时期会大大增长。这时会在攻击和排泄功能中寻求满足，因而它是一种肛欲—施虐冲动。（3）阳具欲期。这是性生活所采取的最终形式的前兆，并且已非常类似于最终形式。不过，在这个阶段起作用的不是两性的生殖器，而仅仅是男性的生殖器，女性的生殖器长时间一直默默无闻。“随着阳具欲望的到来及其发展，童年早期的性欲达到顶点并临近终结。从此，男孩和女孩有了不同的历史。”④ 这些出现在童年早期的现象，构成了有序的发展过程的一部分。它们历经有规律的增长变化，至 5 岁末达到高峰，其后紧接着是间歇。其间，进展停顿下来，许多都被忘却了，并有很大的倒退。在这个潜伏期结束之后，性生活便随着青春发育东山再起。弗洛伊德认为，他们关于神经症病因

① 参见［奥地利］弗洛伊德:《精神分析纲要》，车文博主编:《弗洛伊德文集》08，九州出版社 2014 年版，第 289 页。

② ［奥地利］弗洛伊德:《精神分析导论》，车文博主编:《弗洛伊德文集》07，九州出版社 2014 年版，第 253 页。

③ ［奥地利］弗洛伊德:《精神分析纲要》，车文博主编:《弗洛伊德文集》08，九州出版社 2014 年版，第 290 页。

④ ［奥地利］弗洛伊德:《精神分析纲要》，车文博主编:《弗洛伊德文集》08，九州出版社 2014 年版，第 291 页。

的观点，以及他们的分析治疗技术都源于这些概念。

弗洛伊德对儿童的性作了许多观察和研究，并且作了大量的阐述，其中一个非常重要且引起众多非议的议题是他所提出的“俄狄浦斯情结”（Oedipus complex）。据考证，弗洛伊德是在《爱情心理学》中第一次公开使用这一术语。[①] 对于这一情结本身，弗洛伊德有诸多的阐述，其中比较系统的阐述也许是在《精神分析引论》之中。他认为，在青春之前的童年期，当这一过程在某些方面已经完成时，那么所发现的对象几乎与口欲期的快感本能由营养而选取的最初对象是一致的。尽管实际上不是母亲的乳房，但至少可以说是母亲。因此，母亲可看作为第一个被爱的对象。当然，这里所说的爱着重于性倾向的精神方面，而不考虑身体的或肉体的本能要求。“在儿童以母亲为爱的对象时，他们已开始受到压抑作用的影响，并且开始忘记自己性目标的某一部分。”[②] 弗洛伊德将这种以母亲为爱的对象的选择称为“俄狄浦斯情结”。在他看来，这一情绪所包含的心理学真理在于：“即使将自己的邪恶冲动压抑到潜意识中，并且想要随后告诉自己他已不再对它们承担任何责任，但他仍然以罪恶感而意识到这一责任，尽管他并不知道这种罪疚感的基础。”[③] 弗洛伊德认为，这一发现在对神经症的精神分析解释中具有重要的意义，同时也成为人们反对精神分析的重要原因。

按弗洛伊德的说法，以上所描述的是精神结构的构造和其内部活动着的能量或力量，这是精神分析的第一个基本假设。接下来，他描述了精神分析的第二个假设，即精神所具有的相当独特的特性或品质。他认为，在意识之外的精神过程就是潜意识。弗洛伊德特别强调潜意识问题对于精神分析的意义。他说：“精神分析不能接受意识是心理生活的本质的看法，但很乐意把意识看作是心理生活的一种属性，意识可以和其他属性共存，也可以不存在。”[④] 弗洛伊德的这句话，充分表达了他的精神分析理论的非理性主义性质。在弗洛伊德那里，潜意识在两种意义上使用：一是“描述”意义，指某

① 参见［奥地利］弗洛伊德：《爱情心理学》，车文博主编：《弗洛伊德文集》05，九州出版社 2014 年版，第 132 页。

② ［奥地利］弗洛伊德：《精神分析导论》，车文博主编：《弗洛伊德文集》07，九州出版社 2014 年版，第 268 页。

③ ［奥地利］弗洛伊德：《精神分析导论》，车文博主编：《弗洛伊德文集》07，九州出版社 2014 年版，第 270 页。

④ ［奥地利］弗洛伊德：《自我与本我》，车文博主编：《弗洛伊德文集》09，九州出版社 2014 年版，第 155 页。

种心理状态只具有一种特殊的性质；二是“动力学”意义，指某种心理状态具有一种特殊的功能。[①] 在弗洛伊德看来，某些潜意识过程很容易转变为意识，然后它们又可以退出意识，但能够再度顺利地转变为意识，就是说，它们能够得到再现或回忆。这表明，意识总的来说是非常变动不居的状态，成为意识的仅仅是暂时的。弗洛伊德把这种很容易地从潜意识状态转换成意识状态的潜意识称为“前意识”（preconscious），而把那些没有那么容易有机会成为意识的精神过程和精神材料命名为严格意义上的“潜意识”（unconscious，亦译为“无意识”）。弗洛伊德将意识理解为“心理结构的外表”，并把它作为一种功能，划归到在空间上最靠近外部世界的系统里，这里所说的空间不只是指功能上的，也指解剖意义上的。[②]

因此，弗洛伊德认为精神过程有意识、前意识和潜意识三种品质。他说:“那种潜伏的、只在描述意义上而非动力学意义上的潜意识，我们称之为**前意识**；而把**潜意识**一词留给那种被压抑的动力学上的潜意识，这样我们就有了三个术语，即意识、前意识和潜意识，它们不再具有纯描述意义。”[③] 关于三者之间的关系，弗洛伊德有一个著名的比喻：人的心灵犹如海洋里的冰山，意识只是露出水面的那个小山尖，前意识也只是水面下的一小部分，而潜意识则是水下的冰山的巨大山体。当然，这种区别不是绝对的，也不是不变的。前意识比潜意识更接近意识，而且前意识转化为意识，可以没有我们的任何参与，而潜意识的东西要通过我们努力才能变成意识。而且，在这一过程中，我们常常要克服意识的特别强烈的抵抗。但是，保持某些内部抵抗是正常状态所绝对必须的条件。这种抵抗的放松有规律地发生于睡眠状态中，从而造成了建构梦的必要。另一方面，由于抵抗，前意识的能够暂时变得不要接近，并受到阻隔，此时发生的是某些事情被暂时遗忘了，或者没有记住。要么，前意识的思想甚至能够暂时被遣回潜意识中，这是诙谐的前提。而前意识的材料或过程转回到潜意识的状态是神经错乱的重要诱因。

关于意识、前意识、潜意识与自我、本我、超我之间的关系，弗洛伊德

① 参见［奥地利］弗洛伊德:《自我与本我》，车文博主编:《弗洛伊德文集》09，九州出版社2014年版，第156页。

② 参见［奥地利］弗洛伊德:《自我与本我》，车文博主编:《弗洛伊德文集》09，九州出版社2014年版，第161页。

③ ［奥地利］弗洛伊德:《自我与本我》，车文博主编:《弗洛伊德文集》09，九州出版社2014年版，第157页。

认为，“意识过程处于自我边缘，自我中其余的是潜意识”①。这可以是动物普遍具有的状态，而在人类则增添了复杂性，在自我的内部可以获得意识的品质。这就是言语功能的活动，它使自我中的材料与视知觉，尤其是与听知觉的记忆痕迹牢固联结起来。此后，自我表层的知觉边缘更可能由内部得到同样的激发，像观念和思想过程的变迁这样的内部事件可以成为有意识的。“在主要由思想过程构成的自我的内部，具有的是前意识的品质。”②这是自我的特性，并且为自我所独有。前意识状态一方面具有接近意识的特征，另一方面又具有与言语痕迹相联结的特征，但其性质不能由这两种特性包罗无遗，它也有自己的独特之处。自我的大部分，特别是超我的大部分具有前意识的特性，但它们从潜意识的现象的含义上看，又基本上是潜意识的。“本我独有的主要品质是潜意识性。”③本我与潜意识就像自我与前意识那样紧密相联，只是本我与潜意识的联系要更为密切。从个体及其精神结构的发展史看，最初一切皆属本我，由于外部世界的不断影响，自我从本我中分化出来。在这个缓慢的发展进程中，本我的某些内容转化为前意识状态，因而被带到自我当中。本我的其他内容则原封不动地保留在本我中，成了本我的几乎无法接近的核心。可是，在此发展期间，幼稚和脆弱的自我会把它已经得到的某些材料遣回到潜意识状态，排斥这些材料，并以此来对待本可以吸收的某些新印象，以至于这些受到压制的材料反而能在本我中留下痕迹。弗洛伊德把本我后来接受的部分称作“被压抑的”潜意识。因此，本我中有两个部分：“一个在起源上是生来具有的，一个是在自我的发展过程中获得的。”④在弗洛伊德看来，潜意识当中或本我当中的过程服从的是与前意识自我不同的法则。他把这些法则称为“原发过程”，与此相区别的是“继发过程”，它制约着自我当中或前意识中的事件的进程。

弗洛伊德通过研究发现，在正常、稳定的状态下，自我的疆界通过抵抗防备着本我，这种防备固若金汤。在这种状态下，超我也不会从自我分化出

① ［奥地利］弗洛伊德：《精神分析纲要》，车文博主编：《弗洛伊德文集》08，九州出版社2014年版，第296页。

② ［奥地利］弗洛伊德：《精神分析纲要》，车文博主编：《弗洛伊德文集》08，九州出版社2014年版，第297页。

③ ［奥地利］弗洛伊德：《精神分析纲要》，车文博主编：《弗洛伊德文集》08，九州出版社2014年版，第297页。

④ ［奥地利］弗洛伊德：《精神分析纲要》，车文博主编：《弗洛伊德文集》08，九州出版社2014年版，第298页。

来，因为它们两者的活动和谐一致。但是，潜意识本我的内容在有些状态下有可能强行闯入自我和意识，我们夜里的睡眠正好就是这样的状态。在弗洛伊德看来，我们醒来之后回忆的梦，并非是真正的梦的过程，而不过是个表面，梦的过程就隐藏在这一表面的背后。于是他对梦的"显意"和梦的"隐意"作出了区分。从梦的隐意制造出梦的显意的过程叫作梦的工作。正是通过梦的工作，来自本我的潜意识材料（原始的潜意识和相似的被压抑的潜意识）闯入自我，成为前意识，并且作为自我反对的结果，经历着改变。这种改变弗洛伊德称之为"梦的伪装"。梦的形成可由两种不同方式引起："一方面，或者是通常受压抑的本能冲动（潜意识的欲望）在睡眠中达到了足以被自我感受到的强度；另一方面，或者是醒时遗留的驱力——附有全部冲突着的冲动的前意识思想链条——在睡眠中得到了来自潜意识因素的强化。"①总之，梦或者由本我引起，或者由自我引起。无论以何种方式，梦的形成机制是相同的，这也是必要的动力前提。自我有时任由自己退回到早期的状态，这表明它自己最初是源于本我。在弗洛伊德看来，"梦便是精神病，它具有精神病的全部荒谬、妄想和错觉。"②本我和超我常常联合起来反对受到紧逼的自我，而自我则试图依赖于现实，以保持自己的正常状态。如果本我和超我过于强大，它们就会成功地瓦解和改变自我的组织，使自我与现实的协调关系受到妨碍乃至终结。我们由梦可以看到，"一旦自我与外部世界的现实相分离，它就会在内部世界的影响下滑入精神变态。"③这时，人就会发生精神变态，患精神病。所以，弗洛伊德认为，"梦是许多变态心理现象之首"④。通过研究睡梦中的短暂无害、实际又起着作用的精神异常，给了我们一把理解生活中长期有害的精神疾患的钥匙。

弗洛伊德还运用他的精神分析理论和方法研究社会问题，特别是宗教和道德的起源问题。宗教、道德和社会感这些人类较高级方面的主要成分，最初是同一个东西，它们的获得从种系发生上讲源自恋父情结（Electra，亦译

① ［奥地利］弗洛伊德：《精神分析纲要》，车文博主编：《弗洛伊德文集》08，九州出版社2014年版，第299—300页。

② ［奥地利］弗洛伊德：《精神分析纲要》，车文博主编：《弗洛伊德文集》08，九州出版社2014年版，第305页。

③ ［奥地利］弗洛伊德：《精神分析纲要》，车文博主编：《弗洛伊德文集》08，九州出版社2014年版，第306页。

④ ［奥地利］弗洛伊德：《释梦》上，车文博主编：《弗洛伊德文集》03，九州出版社2014年版，第15页。

为“爱列屈拉情结”），即“通过掌握俄狄浦斯情结本身的实际过程而获得宗教和道德的限制，和为了克服由此而保存在年轻一代成员之间的竞争的需要获得社会情感。”① 在发展所有这些道德的获得物时似乎男性居领先地位，然后通过交叉遗传传递给予妇女。甚至在今天，社会情感也是作为一种建立在对其兄弟姐妹的妒忌和竞争的冲动基础上的上层建筑而在个体身上产生的。由于敌意不能得到满足，便发展了一种与从前竞争对手的认同作用。

弗洛伊德通过蒙昧人与强迫神经症患者的比较，推断了图腾崇拜的本原意义，认为图腾崇拜禁忌反映了人类对乱伦的恐惧，它隐含着禁止部落内部通婚的禁忌。弗洛伊德说：“在所有有图腾的地方，我们都可以发现**一条定规：拥有相同图腾的人们，不可以彼此间发生性关系，因而不可通婚**。”② 这种禁忌构成了蒙昧人的原始道德观。在弗洛伊德看来，蒙昧人的法术思维品质（思想万能）构成了他们泛灵论原始思维模式。泛灵论是第一种思想体系，是第一个完整的宇宙观。“在泛灵论阶段，人类将万能归于**自己**。”③ 在这一思维模式作用下，他们用支配心灵生活的法则来支配实在事实，渐渐形成了自己的神灵观念，并为宗教的形成铺平了道路。弗洛伊德认为，原始民族中的思想万能观念是他们自恋的证据，而且他还据此将人类宇宙的不同发展阶段与个体的力比多发展的不同阶段对应起来：“泛灵论阶段正好在年代和内涵上与自恋相呼应；宗教阶段与对象选择阶段（其特征是儿童对父母的依恋）相呼应；而科学阶段则与个体已经成熟，放弃了快乐原则，使自己适应了现实、并转向去外部世界选择其欲望所指向的对象这样一个阶段相对应着。”④

关于图腾崇拜的起源，弗洛伊德断定，图腾崇拜中的图腾动物乃是共同祖先或“原父”（primal father）的替代物，其禁忌则有其性本能的根据。“假如图腾动物就是父亲，那么，图腾崇拜的两个主要禁忌（其核心是两条

① ［奥地利］弗洛伊德：《自我与本我》，车文博主编：《弗洛伊德文集》09，九州出版社 2014 年版，第 179 页。

② ［奥地利］弗洛伊德：《图腾与禁忌》，车文博主编：《弗洛伊德文集》11，九州出版社 2014 年版，第 9 页。

③ ［奥地利］弗洛伊德：《图腾与禁忌》，车文博主编：《弗洛伊德文集》11，九州出版社 2014 年版，第 87 页。

④ ［奥地利］弗洛伊德：《图腾与禁忌》，车文博主编：《弗洛伊德文集》11，九州出版社 2014 年版，第 89 页。

塔布[①]禁忌即：毋杀图腾，毋与属于同一图腾的女人发生性关系）就在内容上与俄狄浦斯王弑父娶母这两大滔天之罪、与儿童的两原欲（对这两大原欲的不充分压抑以及它们的再觉醒构成了几乎所有精神神经症的核心）吻合了。"[②]在弗洛伊德看来，图腾崇拜来源于那些被父亲驱逐的儿子们联合在一起，杀害并吞食了自己的父亲以后产生的罪恶感、懊恨和怀念。弗洛伊德说，通过追踪对待父亲感情中亲情流的发展可以发现，这一感情流经过变形悔恨，出现在宗教和道德禁戒之中。他特别强调指出："我们切不可忽略的一个事实是，这种感情流总的说来与那些导致弑父（这正是胜利之所在）的冲动是不可分的。在随后很长的一段时间内，那些社会性兄弟感（这也是整个变形过程的基础）继续对社会的发展产生深远的影响。"[③]兄弟们在对血缘关系神圣化的过程中，强调同一氏族所有生命都休戚相关。"兄弟们以此来保障彼此的生命，他们宣称绝不会再像他们联合起来共同对待父亲那样来彼此相待了。他们努力排除重蹈父亲命运的可能。在图腾原有的宗教性杀生禁忌上又新添了社会性杀兄（弟）的禁忌。这一禁忌在经过一段很长的时间之后，才不再仅仅局限于氏族成员之中并获得了一种简单的形式：'不可杀人。'"[④]这样，宗教和道德就产生了：起初，父权部落被兄弟氏族所取代，其存在也是由血缘关系加以保证的；现在，社会以同谋罪中的共犯关系为基础，宗教以带有悔恨的罪恶感为基础，而首先的基础则一部分是社会的迫切需要，一部分是为罪恶感所要求的赎罪行为。

弗洛伊德还从文明发展与人的本能之间的关系出发，对文明社会的本质、起源、作用和弊端等问题做了研究。他认为，人生的目的（或人的本能）就是追求幸福，想要获得幸福和保持幸福。这种努力有两个方向：一是消极的，其目的在于消灭痛苦和不舒服；二是积极的，其目的在于获得强烈的快乐感受。在其狭窄的意义上，"幸福"一词只和后者有关。与这种二分

---

① "塔布"（TABOO），波利尼西亚词，具有不可接近之物的意义，而这种意义主要体现在各种禁忌和限制上。不过，这种禁忌不同于道德的、宗教的禁忌。它既没有理由，也没有明确的来源。它产生于宗教产生之前的时期，可看作是人类最古老的不成文法。参见［奥地利］弗洛伊德：《图腾与禁忌》，车文博主编：《弗洛伊德文集》11，九州出版社2014年版，第23页以后。

② ［奥地利］弗洛伊德：《图腾与禁忌》，车文博主编：《弗洛伊德文集》11，九州出版社2014年版，第127页。

③ ［奥地利］弗洛伊德：《图腾与禁忌》，车文博主编：《弗洛伊德文集》11，九州出版社2014年版，第140页。

④ ［奥地利］弗洛伊德：《图腾与禁忌》，车文博主编：《弗洛伊德文集》11，九州出版社2014年版，第140页。

相一致，人类的活动也向两个方向发展，这要看他们寻求现实的主要的甚至唯一的目的究竟是哪一个。在弗洛伊德看来，正是快乐的原则的程序决定着生活的目的，这个原则从一开始就支配着心理结构的操作。但是，快乐原则的程序和整个世界是矛盾的，既和宏观世界有矛盾，又和微观世界有矛盾。“快乐原则简直无法付诸实施，宇宙的所有规则往往与它背道而驰。”①

弗洛伊德认为，我们受到的痛苦和威胁主要来自三个方面：（1）我们的身体，它注定要衰老和死亡；（2）外部世界，它能用最强大的和最无情的破坏力量对我们大发雷霆；（3）我们和他人的关系，它比其他不幸福更令人痛苦，更是一种不可避免的命运。②如果在这些可能遭受的痛苦的压力下，人类倾向于降低他们寻求幸福的要求，如果一个人宁愿享受而不愿谨慎从事，他很快就会使自己受到惩罚。对于这三种痛苦的根源，弗洛伊德认为前两种是不可避免的，我们绝对不可能征服它们。至于第三个根源，我们根本不愿意把它看作是一个根源，因为我们不理解，为什么我们自己制定的这些规则不能为我们每一个人提供保护和利益呢？在弗洛伊德看来，防止或消除这些痛苦有三种方法：一是化学的方法，即使人酒精中毒的方法。这是最野蛮但也是最有效的方法。二是使力比多移置的方法，这是一种“使本能的目的改变方向，使它们不受外界阻挠”③的方法。这种方法利用“本能的升华作用”从工作中获得快乐，如艺术家在创作中获得快乐。三是退隐的方法，这种方法“把现实看作是一切痛苦的根源，看作是唯一的敌人，人们是不可能和它生活在一起的”④，因而像隐士一样对这个世界不予理睬，隔断同现实的一切联系。弗洛伊德认为，在绝望和对抗中走上这条路的人，一般说来将不会走得太远，因为现实对他的影响太强烈了。

弗洛伊德认为，除了以上这些避免痛苦以获得快乐的方法之外，还有一种积极的获得幸福的方法，即求爱求美的方法。弗洛伊德把这种方法看作是生活的艺术。求爱是一种“使爱成为万事之中心，并且从爱和被爱寻找一切

① ［奥地利］弗洛伊德：《文明及其缺憾》，车文博主编：《弗洛伊德文集》12，九州出版社2014年版，第83页。

② 参见［奥地利］弗洛伊德：《文明及其缺憾》，车文博主编：《弗洛伊德文集》12，九州出版社2014年版，第83、92页。

③ ［奥地利］弗洛伊德：《文明及其缺憾》，车文博主编：《弗洛伊德文集》12，九州出版社2014年版，第86页。

④ ［奥地利］弗洛伊德：《文明及其缺憾》，车文博主编：《弗洛伊德文集》12，九州出版社2014年版，第87页。

满足的生活方式”[①]。他认为，爱得以表现自己的形式之一即性爱使我们最强烈地体验到一种压倒一切的快感，为我们追求幸福提供了一种模式。除了求爱之外还有求美，在美成为被我们的感觉和我们的判断所发现的一切的地方，生活中的幸福主要是在美的享受中寻求的。“作为生活的一个目的，这种对待美的态度对受苦的威胁毫无防备，但它却能做出大量补偿。对美的享受会产生一种特殊的、轻微‘中毒’的感觉。美并没有任何明显的用途；它在文化目的中的必要性也是不明显的，然而，文明没有它却不行。”[②]弗洛伊德认为，对美的爱是某种冲动的一个完美实例，“美”和“吸引力”最初是性对象的属性。不过，美的性质依附于某些第二性征，而非第一性征。弗洛伊德最后还谈到一种避免痛苦的生活方式，即逃往神经症的方式。这是一个人还很年幼的时候就采用的一种逃避方式。那些后来在获得幸福的努力已化为泡影的人，那些因绝望而企图反抗的人，也会采取这种方式。宗教成功地挽救了许多可能采取这种方式而会患上精神病的人，因为它强烈要求每个人都要同样按照宗教自己的途径来获得幸福和免遭痛苦。

有一种观点认为，我们所谓的文明本身应该为我们所遭受的大量痛苦负主要责任，而且如果我们把这种文明放弃，或者回到原始状态中去，我们就会幸福得多。弗洛伊德具体分析了产生这种观点以及对文明采取敌对态度的原因。他认为，对文明的谴责是建立在对现存文明状态的一种深深的、长期的不满的基础上的，而这至少可追溯到基督教征服异教的时候。另一个重要原因是，经过几代人的努力，人类在自然科学及其技术应用方面取得了非凡的进展，并以前所未有的方式确立了人类对自然的控制，但“所有这些新获得的控制空间和时间的能力，这种对自然力量的征服，对数千年来久已渴望的这些东西的满足，并没有增加人类期望从生活中所能获得的快乐满足的数量，也没有使他们感到更幸福”[③]。由此得出的正确结论只能是，控制自然的能力不是人类获得幸福的唯一前提条件，正如它不是文明努力的唯一目标那样。什么是文明？弗洛伊德说：“文明这个词描述了人类全部的成就和规则，这些成就和规则把我们的生活同我们动物祖先的生活区分开来，并且服务

① ［奥地利］弗洛伊德：《文明及其缺憾》，车文博主编：《弗洛伊德文集》12，九州出版社2014年版，第88页。

② ［奥地利］弗洛伊德：《文明及其缺憾》，车文博主编：《弗洛伊德文集》12，九州出版社2014年版，第89页。

③ ［奥地利］弗洛伊德：《文明及其缺憾》，车文博主编：《弗洛伊德文集》12，九州出版社2014年版，第94页。

于两个目的——保护人类免受自然之害和调节他们的相互关系。”①根据这种对文明的理解，弗洛伊德认为文明有三个基本特征：其一，文明的出发点是“人类用来使地球能为人类服务，保护人类免受残暴的自然力量之害的一切活动和财产”②。文明在这一方面比任何其他方面更毋庸置疑。由此来看，对于一个国家来说，只有一切对人类有用的事物得到了关注和有效的贯彻实施时，才能说这个国家达到了高水平的文明。其二，它尊重和鼓励人类的高级心理活动（包括智力、科学、艺术的活动等）取得观念方面的成就。这主要体现在宗教、哲学，以及为人的理想等方面。其三，人们之间的相互关系得以调节的方式。其中的第一个要求是公正，即“保证使一项法律一旦制定，就不会为任何个人的利益而遭到破坏”③。弗洛伊德认为，文明的发展是人类所经历的一个特殊过程，可以根据人类本能倾向上所产生的变化来描述这个过程的特点。他具体地从性格形成、升华作用和本能克制这三个方面对文明过程进行了分析。他认为，文明是在本能克制的基础上建立起来的，而这正是人们对一切文明都持敌意的原因。“我们的文明建立在对本能的压制之上。每一个体都必须做出一定的牺牲，如人格中的权力欲、进攻性及仇恨性。正是由于此文明才得以产生——物质财富与精神财富的共享。”④

在弗洛伊德看来，本能中最受压抑的是性本能（性欲），他为此花了大量的篇幅讨论文明对性欲的压制及其严重后果。他非常重视性欲的满足对于人生幸福的意义。他说：“一个人发现，性欲的（生殖的）爱给他提供了最大的满足，这样，这种爱实际上就成了他的一切幸福的一个原型，人们一定会在他的一生中继续沿着这条性关系的道路去寻求他的幸福，使这种生殖器的性兴奋成为他的生活的中心点。”⑤他认为，如果我们看到人类的性本能不仅仅为了生育，而且还为了获得某种快感，那么我们的视野就更为扩展。但是，人们在这样做时面临着多种危险和难题，因而各个时代的明智之士都最

① ［奥地利］弗洛伊德：《文明及其缺憾》，车文博主编：《弗洛伊德文集》12，九州出版社2014年版，第96页。

② ［奥地利］弗洛伊德：《文明及其缺憾》，车文博主编：《弗洛伊德文集》12，九州出版社2014年版，第96页。

③ ［奥地利］弗洛伊德：《文明及其缺憾》，车文博主编：《弗洛伊德文集》12，九州出版社2014年版，第101页。

④ ［奥地利］弗洛伊德：《“文明的”性道德与现代神经症》，车文博主编：《弗洛伊德文集》05，九州出版社2014年版，第113页。

⑤ ［奥地利］弗洛伊德：《文明及其缺憾》，车文博主编：《弗洛伊德文集》12，九州出版社2014年版，第107页。

严厉地告诫我们，不要采取这种生活方式，尽管对于很多人来说，这种生活方式还保留着它的吸引力。其结果是，“天性刚烈、公开反抗文明要求的人将剧增，而天性柔弱的人，一方面要承受文化的压力，一方面又要抵抗本能的冲动，这种冲突所导致的神经症也会猛增。”①

弗洛伊德根据性本能本身的进化特点将文明划分为三个阶段：第一阶段，性本能完全与生育无关而自由活动。第二阶段，除了生育之外其他的性本能均受到压制。第三阶段，生育变成了“合法”的性目标。今日“文明的”性道德反映的就是第三阶段的特点。在第二阶段，凡是被称作性变态的性行为都受到禁止，而正常的性交可以自由进行。到了第三阶段，性道德的要求更严格：男女两性婚姻前都要禁欲，独身者的禁欲则要保持终身；婚姻以外的任何性行为均被禁止。弗洛伊德认为，像这样地控制性本能是很难做到的。“要控制住像性本能这样强烈的冲动，个体必须付出全部的力量。依靠升华，即将性本能由性目标移至更高级的文化目标，也只是极少数人间断地才能做得到的，在炽热强盛的青春期最难做到。”② 如此一来，大部分人要么患上神经症，要么受到伤害。经验表明，社会上的多数人天性上不适于禁忌。由于文明的性道德甚至对婚后的性交也施以限制，夫妻只能仅用少数有利于生育的动作达到相互满足，其结果是，令人满足的性交时间只有几年，同时我们不得不将因考虑妻子的健康而节欲的时间扣除在外。如果从婚姻具有满足性需要的意义上看，三五年之后，婚姻就等于失败了，因为节育破坏了性快乐，伤害了夫妻间美好感情，甚至导致疾病的产生和对性交的恐惧。“对性交的恐惧，首先导致夫妻身体柔情的丧失殆尽，其次是心理情感的隔阂，原先激情似火的爱随即便荡然无存了。”③ 精神上的失望和肉体满足的被剥夺，使大部分夫妻又回到了婚前状态，只是这时性幻觉的丧失使他们感到更糟糕，他们必须重新用自己的刚毅驾驭性本能或将其转移。但是，经验表明，即使在最严格的性戒律面前，人们也会暗暗地为性自由的便利，放纵自我。经验也昭示，担负繁衍人类的女性只能将很少的性本能用于升华，因而婚姻的幻灭会使女性患严重的神经症。对性的普遍禁欲导致了文明的进步，

① ［奥地利］弗洛伊德：《“文明的”性道德与现代神经症》，车文博主编：《弗洛伊德文集》05，九州出版社 2014 年版，第 117 页。

② ［奥地利］弗洛伊德：《“文明的”性道德与现代神经症》，车文博主编：《弗洛伊德文集》05，九州出版社 2014 年版，第 117 页。

③ ［奥地利］弗洛伊德：《“文明的”性道德与现代神经症》，车文博主编：《弗洛伊德文集》05，九州出版社 2014 年版，第 118 页。

同时也导致了少部分人患有严重的疾病，远不止神经症，而且神经症的严重性在很大程度上也未被充分认识。

弗洛伊德明确指出："除了牺牲性的满足之外，文明还要求作出其他的牺牲。"① 这些牺牲，无非还是对爱欲的压制。在弗洛伊德看来，今天对于人类来说至关重要的问题是，他们的文化发展是否以及在多大程度上将成功地控制由于人类的攻击本能和自我毁灭本能所造成的社会生活的混乱。在这种情况下，我们只能借助爱欲的作用来战胜死的本能。但是，弗洛伊德对此也充满了忧虑。"人类对自然力量的控制已经达到了这样的程度，以至于借助于它们的帮助，他们能毫无困难地互相消灭，直到最后一个人。人类也知道这一点，因此引起了他们目前极大的不安，使他们很不愉快，心情非常焦虑。现在，人们期待着，这两种'苍天神力'中的另一种，即不朽的爱欲，将施展它的威力，在与同样不朽的对手的斗争中表现自己。但是，谁能预言会获得什么样的成功和取得什么结果呢？"②

（三）海德格尔的"此在""能在"

马丁·海德格尔（Martin Heidegger, 1889—1976）是德国哲学家，存在主义哲学的创始人和主要代表，哲学解释学的创始人。他出生于德国西南巴登邦的天主教家庭。他早年在弗莱堡大学学习，深受老师胡塞尔的影响，毕业后先后在弗莱堡大学、马堡大学任教。他的主要著作有：《存在与时间》（Sein und Zeit / 1927）。他曾在政治上追随希特勒法西斯政权，受到纳粹政府的青睐，担任弗莱堡大学校长，他还带领全校教职人员宣誓效忠希特勒。纳粹政权跨台后，他继续在弗莱堡大学任教，过着隐居式的生活。海德格尔的主要著作有：《存在与时间》（*Sein und Zeit / Being and Time*, 1927），《康德与形而上学的问题》（*Kant und das Problem der Metaphysik / Kant and the Problem of Metaphysics*, 1929），《形而上学引论》（*Einführung in die Metaphysik / Introduction to Metaphysics,* 1935，1953），《林中路》（*Holzwege / Off the Beaten Track*, 1950），《理由的原则》（*Der Satz vom Grund / The Principle of Reason*, 1955—1956），《同一性与差异性》（*Identität und Differenz /*

---

① ［奥地利］弗洛伊德：《文明及其缺憾》，车文博主编：《弗洛伊德文集》12，九州出版社2014年版，第113页。

② ［奥地利］弗洛伊德：《文明及其缺憾》，车文博主编：《弗洛伊德文集》12，九州出版社2014年版，第150页。

Identity and Difference, 1957），《思维的话语》（*Gelassenheit / Discourse On Thinking*, 1959），《通向语言的道路》（*Unterwegs zur Sprache / On the Way To Language*, 1959），《诗、语言和思想》（1972）等。海德格尔的哲学通常以20世纪30年代为界分为前后两个时期：前期着重研究“存在”问题，特别是作为“此在”的人沉沦现状及其本真状态；后期则着重于“存在”与“语言”关系的研究，并对东方哲学思想发生了浓厚兴趣。海德格尔早期试图透过人“沉沦”非本真状态揭示人“能在”的本真状态，对人的存在作出了非理性主义的解释，并因此开创了存在主义哲学流派。

有研究者认为，海德格尔毕生从事哲学，几无它鹜。① 然而，他像康德一样，虽然是一位纯粹的哲学家，但他的思想深处发生着革命，这种革命通过他的著作影响着整个人类的历史进程。海德格尔生活的早期，正是西方现代文明的弊端暴露得日益充分的时代，世界大战、世界性经济危机、社会生活的商品化和资本化、科学技术对人类的控制等等，促使他对作为人类生存根基的本体论（ontology，亦译为“存在论”）观念和原则进行深刻的反思。他反思的结果得出了这样一种结论：西方自古以来的本体论是一种不彻底的本体论，其根本问题在于，它没有揭示作为一种特殊存在的存在于世界中的人（他称为“此在”）的那种“能在”（Seinkönnen / potentiality-for-Being）的本真状态，即人是那种具有各种可能性可供选择的自由主体。由于缺乏这种形而上学的揭示，所以在现实生活中，此在的本真状态被遮蔽，而在现代文明世界，它更湮没于“常人”的控制之下。于是，他呼唤人们警醒，从“沉沦”状态“返回事物本身”，意识到自己的“能在”的本性。因此，海德格尔的哲学看起来是纯学理的形而上学，而实质上是一种具有根本性意义的社会德性思想和原则，它意味着人类社会的根本规定性是自由，那种每个人都能在其中不受干预地自由选择自己生活的社会，才是真正理想的社会。

海德格尔是从对“存在”② 的意义的追问开始他的哲学的。他认为，这一形而上学问题曾使柏拉图和亚里士多德为之思殚力竭。他们的形而上学思想

① 陈嘉映：《海德格尔哲学概论》，生活·读书·新知三联书店1995年版，第21页。

② “存在”的德文对应词是“sein”。这个词在德语中是系动词，相当于英语中的系动词“to be”，有时也作为名词单独使用。“sein”的现在分词是“seiend”，相当于英语中“to be”的现在分词“ being”。中文对“sein”和“to be”有不同的法，如“是”、“在”、“存在”等。“seiend”和“ being”有时也被中译为“在者”或“存在者”。

虽然以各种各样的偏离着“润色”一直保持到黑格尔的“逻辑学”中，但作为实际探索的专门课题已经无人问津了。“于是，那个始终使古代哲学思想不得安宁的晦蔽物竟变成了具有昭如白日的自明性的东西，乃至于谁要是仍然追问存在的意义，就会被指责为在方法上有所失误。”[①]具体地说，存在着三种成见，海德格尔对这三种成见都进行了辨析。第一种成见认为，“存在”是“最普遍的”概念。但是，“存在”是最普遍的概念，并不意味着它是最清楚的概念，再也用不着更进一步的讨论了。“‘存在’这个概念毋宁说是最晦暗的概念了。”第二种成见认为，“存在”这个概念是不可定义的。这话有道理，因为“存在”作为最普遍概念，既不能用定义方法从更高的概念界定，又不能由较低的概念来描述。但是，“存在的不可定义性并不取消存在的意义问题，它倒是要我们正视这个问题。”第三种成见是，“存在”［是］是自明的概念。我们都懂得“天**是**蓝的”，“我**是**快乐的”等等。然而，这种通常的可理解不过表明了不可理解而已。“我们向来已生活在一种存在之领悟中，而同时，存在的意义却隐藏在晦暗中，这就证明了重提存在的意义问题是完全必要的。”海德格尔认为，“自明的东西”，而且只有“自明的东西”应当成为并且应当始终是分析工作的突出课题即“哲学家的事业”。海德格尔从这个方面分析的结论是：“存在问题不仅尚无**答案**，而且甚至这个问题本身还是晦暗和茫无头绪的。”[②]

海德格尔提出，如果存在的意义问题是一个基本问题，或者说，唯有它才是基本问题，那么就须对这一问题的发问本身作一番适当的透视。海德格尔认为，任何发问都是一种寻求，而任何寻求都有从它所寻求的东西方面而来的事先引导。也就是说，发问不仅包含有问题之所问，而且也包含有被问及的东西。就存在的意义而言，当我们寻求它的时候，它已经以某种方式可供我们利用。前面所说的，我们都懂得“天是蓝的”，“我是快乐的”等等，这表明我们已经活动在对存在的某种领悟中了；明确提出存在的意义、存在的概念的问题，都是从对存在的某种领悟中生发出来的。用海德格尔的话说，“我们不知道‘存在’说的是什么，然而当我们问道‘存在是什么？’时，我们已经栖身在对‘是’［‘在’］的某种领悟之中了，尽管我们还不能

① ［德］海德格尔：《存在与时间》，陈嘉映、王庆节译，熊伟校，生活·读书·新知三联书店1987年版，第4页。

② 参见［德］海德格尔：《存在与时间》，陈嘉映、王庆节译，熊伟校，生活·读书·新知三联书店1987年版，第5—6页。

从概念上确定这个‘是’意味着什么。”[①]就是说，存在问题所寻求的东西并非全然陌生的东西，只是在最初它还是完全无法把握的东西。在这个有待回答的问题中，所问的是存在，这个存在是使存在者之被规定为存在者的东西。我们对存在者的领会总是以对存在有领会为基础的。“存在者的存在本身不‘是’一种存在者。”[②]所以，寻求存在的意义，不能靠从一个存在者追溯到另一个存在者这种方式，而要从一种“本己的”（eigen / its own）展示方式。这种揭示存在的本己展示方式在本质上有别于对存在者的揭示。同时，存在的意义（“问之何所问”）也要求一种本己的概念方式，这种概念方式也有别于那些用以规定存在者的含义的概念。海德格尔这里所要说明的归根到底就是，存在是存在者的规定性，不能将存在的意义等同于存在者的意义。作出这一区别对于理解海德格尔的形而上学具有重要意义，因为他认为以前的形而上学都是关于存在者的形而上学，而不是关于真正意义的存在的形而上学，因而是一种无基础的形而上学。**“任何存在论，如果它未首先充分地澄清存在的意义并把澄清存在的意义理解为自己的基本任务，那么，无论它具有多么丰富多么紧凑的范畴体系，归根到底它仍然是盲目的，并背离它最本己的意图。”**[③]

在海德格尔看来，只要问之所问是存在，而存在又总意味着存在者的存在，那么，在存在问题中，被问及的东西恰恰就是存在者本身。就是说，要从存在者身上逼问出它的存在来，但若要存在者能够如实地给出它的存在性质，就须如存在者本身所是的那样通达它。存在者是各种各样的，那么，我们应当在哪种存在者身上破解存在的意义呢？海德格尔认为，这种存在者就是能够追问存在意义的我们自己，即“此在”[④]。“这种存在者，就是我们自己向来所是的存在者，就是除了其他存在的可能性外还能够发问存在的存在者。我们用此在这个术语来称呼这种存在者。”[⑤]这看起来陷入了一种循

① ［德］海德格尔:《存在与时间》，陈嘉映、王庆节译，熊伟校，生活·读书·新知三联书店 1987 年版，第 8 页。

② ［德］海德格尔:《存在与时间》，陈嘉映、王庆节译，熊伟校，生活·读书·新知三联书店 1987 年版，第 8 页。

③ ［德］海德格尔:《存在与时间》，陈嘉映、王庆节译，熊伟校，生活·读书·新知三联书店 1987 年版，第 15 页。

④ “此在”（Dasein）是海德格尔哲学中的最基本概念之一，它由德语中的两个词“Da”（在此）和“Sein”（存在）拼合而成，其意为“存在于此”。

⑤ ［德］海德格尔:《存在与时间》，陈嘉映、王庆节译，熊伟校，生活·读书·新知三联书店 1987 年版，第 10 页。

环论证：必须先根据存在者的存在来规定存在者，然后又要根据此在这种存在者才能提出存在问题。海德格尔认为，这里没有什么循环论证，“只不过在这里问之所问（存在）明显地‘向后关联到或向前关联到’发问活动本身，而发问又是某种存在者的存在样式。存在问题最本己的意义中就包含有发问活动同发问之所问的本质相关性。”[①] 当然，作为存在者的此在同存在问题本身所具有的关联一样，是一种与其他存在者同存在所具有的关联不同的关联。在海德格尔看来，此在包含有一种先于本体论的存在，作为其存在者上的机制，此在以如下方式存在：“它以存在者的方式领会着存在这样的东西。”[②] 海德格尔将时间性（Zeitlishkeit / temporality）作为此在这种存在者的存在的意义。他说，在未经言明地领会着解释着存在这样的东西之际，此在所由出发之域是时间。海德格尔指出，必须这样本然地理解时间，即时间是对存在的一切领域及对存在的每一解释的境域。在他看来，如果我们从时间来理解存在，如果事实上只有从时间才能理解存在的种种不同样式的样式化过程及其种种衍生物衍生化过程，那么，存在本身（而不仅是存在“在时间中”的存在者）的“时间”性质是明白可见的。“时间性的”并不等于“在时间中存在着的”，因为“非时间性的东西”和“超时间性的东西”就其存在来看也是“时间性的”，而且不是在缺乏的意义上的，而是在积极意义上的。他认为，我们关于存在意义的论述，必须能表明如果我们能正确看出和正确解释的话，那么所有本体论的中心难题植根于时间现象，并且必须表明这是怎样的一种情形。

“此在本质上就是：存在在世界之中。”[③] 在海德格尔看来，从存在者的状态上看，此在这一种存在者与众不同之处在于，这个存在者为它的存在本身而存在，也即是后来萨特所说的“自为的存在。”此在的这一存在机制意味着，“这个此在在它的存在中对这个存在具有存在关系”；也意味着，“此在在它的存在中无论以任何一种方式、任何一种表述者领会着自身”。这种存在者的状况是：“它的存在是随着它的存在并通过它的存在而对它本身开展出来的。**对存在的领悟本身就是此在的存在规定**。此在作为存在者的与众不

① ［德］海德格尔：《存在与时间》，陈嘉映、王庆节译，熊伟校，生活·读书·新知三联书店 1987 年版，第 11 页。

② ［德］海德格尔：《存在与时间》，陈嘉映、王庆节译，熊伟校，生活·读书·新知三联书店 1987 年版，第 22 页。

③ ［德］海德格尔：《存在与时间》，陈嘉映、王庆节译，熊伟校，生活·读书·新知三联书店 1987 年版，第 17 页。

同之处在于，它存在论地**存在**。”[①]海德格尔把此在这样或那样地而且无论如何总要以某种方式与之相关的那个存在称为“生存”(Existenz /existence)。[②]生存问题是此在的一种存在者状态上的“事务”。此在总是从它的生存来领会自己本身，总是从它本身的可能性来领会自己本身。这种可能性意味着此在是它自身或不是它自身，此在或者自己挑选了这些可能性，或者陷入了这些可能性，或者它本身就已经是在这些可能性中成长起来的。生存只是被当下的此在自身以抓紧的方式或耽误的方式决定着，生存问题只能通过生存活动本身才能弄清楚。海德格尔把以这种方式进行的对生存活动本身的领悟称为生存状态上的领悟。追问生存的本体论结构（这些结构的联系叫作“生存状态”），就是要解析什么东西组成生存，也就是要对此在作生存的[③]分析。在海德格尔看来，其他一切本体论所源出的基础本体论（Fundameutal ontologie / fundamental ontology）必须从对此在作生存分析中寻找。

海德格尔认为，此在这种存在者的存在总是我们的存在，在其中，它自己对它的存在有所作为，它已被交托给它自己的存在了。因此，“对这种存在者来说，存在乃是与它自己性命攸关的东西。”[④]由此可以看出，此在具有双重的性质：其一，它的“本质”在于它的“去存在”（Zu-sein / to be）。海德格尔认为，如果谈得上这种存在是什么，那么这种“是什么”也必须从它的生存来理解。“此在的‘本质’在于它的生存。”[⑤]这个存在者身上的各种性质并不是看上去现成的存在者的现成属性，而是对它来说总是去存在的种种可能方式。“此在总是从它所**是**的一种可能性、从它在它的存在中随便怎样领会到的一种可能性来规定自身为存在者。”[⑥]其二，那么对于这个存在者而言在其真正意义的存在上是一种结果的存在，在每一种情形下都是我的存

① ［德］海德格尔:《存在与时间》，陈嘉映、王庆节译，熊伟校，生活·读书·新知三联书店1987年版，第16页。

② ［德］海德格尔:《存在与时间》，陈嘉映、王庆节译，熊伟校，生活·读书·新知三联书店1987年版，第16页。

③ “生存的”(existenaial / existential）一词，在陈嘉映、王庆节的译本中均译为“生存论的”，我以为这样译不好理解，不如直接译为“生存的”。

④ ［德］海德格尔:《存在与时间》，陈嘉映、王庆节译，熊伟校，生活·读书·新知三联书店1987年版，第52页。

⑤ ［德］海德格尔:《存在与时间》，陈嘉映、王庆节译，熊伟校，生活·读书·新知三联书店1987年版，第52页。

⑥ ［德］海德格尔:《存在与时间》，陈嘉映、王庆节译，熊伟校，生活·读书·新知三联书店1987年版，第54页。

在。就是说，此在在本体论上永远都不可能是某类存在者中的一员和样本，在每一种情形中都具有“属我性”(Jemeinigkeit / mineness)。当人们表达“我是（存在)”或“你是（存在)”时，必须总是使用人称代词。我的存在又总是这样或那样去存在的方式，因此，这个为它的存在而存在的存在者把自己的存在作为它本己的可能性来对之有所作为。“此在总作为它的可能性来**存在**，这不仅只是把它的可能性作为现成的属性来‘有’它的可能性。因为此在本质上总是它的可能性，所以这个存在者**可以**在它的存在中‘选择’自己本身、获得自己本身；它也可以失去自身，或者说绝非获得自身而只是‘貌似’获得自身。只有当它就其本质而言可能是**本真的**存在者时，它才可能还没有获得自身。”① 在海德格尔看来，存在有本真状态（Eigentlichkeit / authenticity）和非本真状态（Uneigentlichkein / inauthenticity）两种样态。这两种样态是由于此在从根本上说是由属我的这一点所规定的。海德格尔认为，此在的上述两种性质已经表明，它的生存（existentia）先于它的本质（essentia)，以及它在每一个情形下都具有属我性，因而它没有而且绝不会只是作为在世界范围内的现实东西的存在方式，它是一种独特的现象领域。②

此在是向来在世界之中的方式存在着的存在者。只因为此在如其所在地就在世界之中，所以它才能接受对世界的关系。“在世界之中”是此在的一种基本机制。在世界中存在首先要弄清“世界”的观念。在海德格尔看来，“世界之为世界”是一个本体论概念，指的是“在世界之中”的一个组建环节的结构。我们把此世看作是此在的生存规定性，因而世界之为世界本身是一个生存环节。它是一个实际上的此在作为此在“生活”“在其中”的东西。“在这里又存在有各种不同的可能性：世界是指‘公众的’我们世界或者是指‘自己的’而且最切近的（家常的）周围世界。”③ 日常此在的最切近的世界就是周围世界。海德格尔把日常在世的存在称为“在世界中与在世界内的存在者打交道”。“这种存在者的存在方式是当下上手性。”④ 这种打交道分散

① ［德］海德格尔:《存在与时间》，陈嘉映、王庆节译，熊伟校，生活·读书·新知三联书店 1987 年版，第 53 页。

② 参见［德］海德格尔:《存在与时间》，陈嘉映、王庆节译，熊伟校，生活·读书·新知三联书店 1987 年版，第 52—54 页。

③ ［德］海德格尔:《存在与时间》，陈嘉映、王庆节译，熊伟校，生活·读书·新知三联书店 1987 年版，第 81 页。

④ ［德］海德格尔:《存在与时间》，陈嘉映、王庆节译，熊伟校，生活·读书·新知三联书店 1987 年版，第 88 页。

在形形色色的烦忙方式中，这是一种操作者的、使用着的烦忙。在这里，此在烦忙融身于上手的用具。

此在首先和通常沉迷于它的世界，那么，此在在日常生活中所是者为谁？海德格尔认为，此在的所有存在结构，其中也包括用以回答这个谁的问题的现象，都是此在存在的方式。我们可以借以回答这一问题追究到那些同在此一样源始的此在的结构。"这些结构就是：**共同存在与共同此在**。"①世界向来已经总是我和他人共同分有的世界，因此此在的世界是共同世界，而"在之中"就是与他人共同存在，他人在世界之中的自在存在就是共同此在。共在是每一自己的此在的一种规定性，只要他人的此在通过他的世界而为一种共在开放，共同此在就表明它是他人此在的特点。只有当自己的此在具有共在的本质结构，自己的此在才作为对他人来说可以照面的共同此在而存在。共同此在也必须从烦（Sorge / care）的现象来阐释，正如周围世界打交道的活动须从烦的现象来解释一样，因为"此在的一般存在即被规定为烦"②。但是，烦忙的存在性质不能适合于共在，因为此在作为共在对之有所作为的存在者本身也是此在。"这种存在者不被烦忙，而是处于烦神之中。"③为衣食"烦忙"，看护病体，都是烦神；互相关心、互相反对、互不相照、互不关涉，都是烦神的可能的方式。

此在作为日常的杂然共在，就处于他人可以号令的范围中，这样就会发生不是他自己存在，而是他人从它身上把存在拿去了。他们高兴怎样，就怎样拥有此在的各种日常的存在可能性。在这里，这些他人不是确定的他人，而是任何一个他人都能代表这些他人。人本身属于他人之列并且巩固着他人的权力。"这样的'他人'就是那些在日常的杂然共在中首先和通常'在此'的人们。"④这个他人不是这个人，不是那个人，不是人本身，不是一些人，不是一切人的总数，而是个中性的东西：常人。在海德格尔看来，杂然共在把本己的此在完全消解在"他人的"存在方式中，而各具差别和突出之

① ［德］海德格尔：《存在与时间》，陈嘉映、王庆节译，熊伟校，生活·读书·新知三联书店 1987 年版，第 140 页。

② ［德］海德格尔：《存在与时间》，陈嘉映、王庆节译，熊伟校，生活·读书·新知三联书店 1987 年版，第 149 页。

③ ［德］海德格尔：《存在与时间》，陈嘉映、王庆节译，熊伟校，生活·读书·新知三联书店 1987 年版，第 149 页。

④ ［德］海德格尔：《存在与时间》，陈嘉映、王庆节译，熊伟校，生活·读书·新知三联书店 1987 年版，第 155 页。

处的他人则又更消失不见了。在这种不触目而又不能定局的情况中，常人展开了他的真正独裁。常人怎样享乐，我们就怎样享乐；常人对文学艺术怎样阅读怎样判断，我们就怎样阅读和怎样判断；常人对什么东西愤怒，我们就对什么东西愤怒。“这个常人不是任何确定的人，而一切人（却不是作为总和）都是这个常人，就是这个常人指定着日常生活的存在方式。”① 常人本身有自己去存在的方式。杂然共在有一种保持距离的货币，而这种倾向的根据在于杂然共在本身为“平均状态”而烦忙。常人本质上就是为这种平均状态而存在，因此常人实际上保持在下列种种平均状态之中：本分之事的平均状态，人们认可之事和不认可之事的平均状态，人们允许他成功之事和不允许他成功之事的平均状态，等等。这样，任何优越状态都被不声不响地压住，一切奋斗得来的东西都要变成唾手可得的了，任何秘密都失去了它的力量。这种为平均状态而烦又揭开了此在的一种本质性的倾向，即“对一切存在可能性的平整”。海德格尔认为，保持距离、平均状态、平整作用都是常人的存在方式，而这几种方式又组建着“公众意见”。公众意见当下调整着对世界与此在的一切解释并始终保持为正确的。公众意见使一切都晦暗不明又而把如此掩蔽起来的东西硬当成众所周知的东西与人人可以通达的东西。常人预定了一切判断和决定，他也就从每一个人身上把责任拿走了。海德格尔指出：“每人都是他人，而没有一个人是他本身。这个常人，就是日常此在是**谁**这一问题的答案，这个**常人**却是**无此人**，而一切此在在相杂共在中又总已经听任这个无此人摆布了。”②

此在从来就随身带着它的此。不仅实际上此在并不缺乏它的此，而且，此在若缺乏这个此就不成其为具有这种本质的存在者。“在此”是此在现身的情形。所谓“在此”（Da-sein）是指此在在“现身”“领会”的情态中，即处于存在本身展露开来的状态中。“**此在就是它的展开状态**。”③ 在海德格尔看来，“现身”与“领会”是组建此在的两种同等原始的方式，它们同等源始地由言谈加以规定。

海德格尔认为，“现身是一种生存上的基本方式，此在在这种方式中乃

① ［德］海德格尔：《存在与时间》，陈嘉映、王庆节译，熊伟校，生活·读书·新知三联书店1987年版，第156页。

② ［德］海德格尔：《存在与时间》，陈嘉映、王庆节译，熊伟校，生活·读书·新知三联书店1987年版，第157页。

③ ［德］海德格尔：《存在与时间》，陈嘉映、王庆节译，熊伟校，生活·读书·新知三联书店1987年版，第163页。

是它的此。”[①]具有此在性质的存在者是它的此，其方式是，它或明言或未明言地现身于它的被抛状态中。在现身情态中，此在总被带到它自己面前来了，它总已经发现了它自己。不是那种有所感知地发现自己摆在眼前，而是带有情绪的自己现身。情绪不是以观望着被抛状态的方式开展的，而是作为趋就和背离的方式来开展的，而这种背离仍总是以现身的方式来是它所是的东西。海德格尔认为，现身状态有两种本体论的本质性质。第一个本质性质是："**现身在此在的被抛状态中开展此在，并且首先和通常以闪避着的背离方式开展此在**。"[②]第二个本质性质是："世界、共同此在和生存是被同样源始地展开的，现身状态是它们的这种同样源始的展开状态的一种生存上的基本方式，因为展开状态本身本质上就是在世。"[③]现身状态的这两种性质表明了被抛状态的开展和整个"在世界中"的当下开展。除此之外，海德格尔还指出了需加注意的第三点，即世界的这种属于"在之中"的先行的展开状态是由现身参与规定的。在海德格尔看来，从本体论上来看，现身状态中有一种开展着指向世界的状态，发生牵连的东西是从这种指派状态方面来照面的。海德格尔认为，现身的样式之一是"怕"。怕涉及三个方面：怕之何所怕、害怕以及怕之何所以怕。从这三个方面着眼，一般现身状态的结构就映现出来了。怕的整个现象可能变化其组建环节，于是就产生出害怕和种种不同的存在可能性。怕的所有变式都是自我现身的可能性，它们都指出了此在作为在世也是会"惧怕的"。这种本质性的现身状态的可能性虽然不是此在的唯一可能性，但却是它一般所具有的。

领会同现身一样，也源始地构成此之在。领会总是带有情绪的领会，这种带有情绪的领会是此在存在的基本样式，因而不能将"领会"理解为其他种种可能性的认识方式中的一种。海德格尔认为，世界的在此乃是"在之中"，同样，这个"在之中"也在"此"，作为此在为其故而在的东西在"此"。在"为其故"之中，"存在在世界之中"本身就是展开的，而其展开状态就被称为"领会"。在对为其故的领会之中，植根于这种领会的意蕴是一同展开的。领会的展开状态作为"为其故"的展开状态以及意蕴的展开状

① 参见［德］海德格尔：《存在与时间》，陈嘉映、王庆节译，熊伟校，生活·读书·新知三联书店 1987 年版，第 171 页，译文有变动。

② ［德］海德格尔：《存在与时间》，陈嘉映、王庆节译，熊伟校，生活·读书·新知三联书店 1987 年版，第 167 页。

③ ［德］海德格尔：《存在与时间》，陈嘉映、王庆节译，熊伟校，生活·读书·新知三联书店 1987 年版，第 168 页。

态同源始地涉及整个在世。意蕴就是世界本身向之展开的东西。“为其故”和意蕴是在此在中展开的，也就是说，此在是为它自己而在世的存在者。① 海德格尔认为，领会是这样一种能在的存在：这种能在从不作为尚未责成的东西有所期待；作为本质从不现成的东西，这种能在随此在之在在生存的意义上存在。“此在的存在方式是：它对这样去存在或那样去存在总已有所领会或无所领会，此在‘知道’它于何处随它本身一道存在，也就是说，随它的能在一道存在。”② 这里所说的“知道”并非产生于一种内在的自我感知，而是属于此之在的，而这个此之在在本质上就是领会。在海德格尔看来，作为领会的此在向着可能性筹划它的存在，领会的筹划活动具有造就自身的本己可能性。海德格尔把领会的造就自身的活动称为“解释”。领会在解释中有所领会地具有它所领会的东西，领会在解释中并不成为别的东西，而是成为它自身。解释活动有一种衍生样式，这就是“陈述”（“判断”）。陈述奠基于领会，它“是有所传达有所规定的展示”③。

海德格尔认为，言谈和现身、领会一样在本体论上是源始的。“现身在世的可理解状态道出自身为言谈。”④ 言谈是解释与陈述的根据，而把言谈道说出来即成为语言。言谈是按照含义对现身在世的可领会状态的分解，它包含有如下构成环节：言谈的关于什么（言谈所及的东西）；言谈之所云本身；传达和公布。它们都是植根于此在的存在机制的生存性质，从本体论上说，唯有这些东西才使语言成为可能。

以上海德格尔所讨论的此在在世的展开状态，即此在现身、领会和言谈的情形，是此在在世的源始（本真）的状态。接着，他又进一步讨论了此在在世的实际状态，这是一种此在在世的一种非本真状态。他提出，现在所要研究的问题是：如果在此作为日常在世，要保持在常人的存在样式之中，那么，在世的展开状态的生存性质有哪些？常人具有一种特殊的现身状态，具有一种特别的领会、解释和言谈吗？海德格尔认为，假若我们考虑在现

① 参见［德］海德格尔：《存在与时间》，陈嘉映、王庆节译，熊伟校，生活·读书·新知三联书店 1987 年版，第 175 页。

② ［德］海德格尔：《存在与时间》，陈嘉映、王庆节译，熊伟校，生活·读书·新知三联书店 1987 年版，第 176 页。

③ ［德］海德格尔：《存在与时间》，陈嘉映、王庆节译，熊伟校，生活·读书·新知三联书店 1987 年版，第 191 页。

④ ［德］海德格尔：《存在与时间》，陈嘉映、王庆节译，熊伟校，生活·读书·新知三联书店 1987 年版，第 197 页。

实生活中此在首先和通常混迹于“常人”之中，为常人所宰治，那么对上述问题作出回答就变得愈发紧迫了。因为，此在被抛在世恰恰首先是被抛入常人的公众意见之中，而这种公众意见就意味着常人特有的展开状态。海德格尔认为，闲谈、好奇、两可，是此在日常借以在“此”、借以开展出在世的方式的特性。这些特性作为生存规定性并非现成具备在此在身上，它们一同构成此在的存在。日常此在就是以闲谈、好奇、两可的方式存在着的。正是在这些特性中以及在这些特性的存在上的联系中，绽露出日常存在的一种基本方式，即“沉沦”。在海德格尔看来，此在作为沉沦的此在，已经从作为实际在世的它自己脱落，而它向之沉沦的东西，却不是在它继续存在的过程中碰上的某种存在者，而是本来就属于它存在的那个世界。因此，“沉沦是此在本身的生存规定”[①]。世界是有引诱力的，此在为它自己准备了要去沉沦的不断的引诱。而且，常人的自信与坚决传布着一种日益增长的无须本真地现身领会的情绪。一般人自以为培育着而且过着完满真实的“生活”，这种自以为是把一种安定带入此在，似乎一切都在“最好的安排中”，一切大门都敞开着。“沉沦在世对自己本身是起引诱作用同时也**起安定作用**的。”[②]但是，这种在非本真存在中的安定，却不是把人们诱向寂静无为的境界，而是赶到了畅行无阻的境界中去了。沉沦于世界的存在不得安宁，起引诱作用的安定加深了沉沦。“多方探求的好奇与迄无宁静的一切皆知假充为一种包罗万象的此在之领悟。归根到底却仍然没有确定而且没有诘问：究竟要加以理解的是**什么**？仍然没有领会：领会本身就是一种能在，这种能在唯有在**最本己**的此在中才必定变成自由的。”[③]这样，此在就在趋向一种异化，在这种异化中，最本己的能在对此在隐而不露。所以，“沉沦在世是起引诱作用和安定作用的，同时也是**异化着**的。”[④]

海德格尔认为，经过以上分析，此在的生存状况的整体的主要特征都得到了剖析，也为把此在的存在“概括地”阐释为烦的现象奠定了基础。在海

① 参见［德］海德格尔：《存在与时间》，陈嘉映、王庆节译，熊伟校，生活·读书·新知三联书店 1987 年版，第 214 页，译文有变动。

② ［德］海德格尔：《存在与时间》，陈嘉映、王庆节译，熊伟校，生活·读书·新知三联书店 1987 年版，第 215 页。

③ ［德］海德格尔：《存在与时间》，陈嘉映、王庆节译，熊伟校，生活·读书·新知三联书店 1987 年版，第 216 页。

④ ［德］海德格尔：《存在与时间》，陈嘉映、王庆节译，熊伟校，生活·读书·新知三联书店 1987 年版，第 216 页。

德格尔看来，从生存状态上看，自己存在的本真状态在沉沦中被封锁了、被挤开了，但这种封锁状态只是一种展开状态的遮夺。其体现在于，此在在它本身面前逃避，逃到了本真状态的“后面”来了。所以沉沦的避走不是由于对在世内存在者害怕而发生的逃走，而是起因于畏（Angst / anxiety）。[①] 畏之所畏者不是任何世内存在者，而“就是**在世本身**”[②]。在海德格尔看来，畏虽然是沉沦的避走的原因，但同时也在此在中公开出向最本己的能在的存在，公开出了为了选择与掌握自己本身的自由而需要的自由的存在。畏使此在个别化为其最本己的在世的存在，这种最本己的在世的存在着自身，从本质上向各种可能性筹划自身。“因此有所畏以其所为而畏者把此在作为可能的存在开展出来，其实就是把此在开展为只能从此在本身方面来作为个别的此在而在其个别化中存在的东西。”[③] 在海德格尔看来，常人把得到安定的自安自信、把不言自明的“在家”带到此在的平均日常生活中去，而畏则将此在从其消散于“世界”的沉沦中抽回来了。日常的熟悉自行垮台了，此在个别化了，但却是作为在世的存在个别化的。“在之中”进入了非在家的本体论“样式”，此在进入了“茫然失其所在”的状态。沉沦着的逃避入公众意见之在家状态就是在非在家状态之前的逃避，也就是在茫然失其所在状态之前的逃避。因为畏暗中总已规定着在世的存在，所以在世的存在才能够作为烦忙现身地寓于“世界”的存在而害怕。“怕是沉沦于‘世界’的、非本真的而且其本身对这回事还昧而不明的畏。”[④] 畏使怕成为可能。

有所畏作为现身状态是在世的一种方式，畏之所畏者是被抛的在世，畏之所为畏者是能在世。因此，畏的整个现象就把此在显示为实际生存着在世的存在。这一存在的诸基础本体论性质就是生存状态、实际性与沉沦，它们之间存在着一种源始的联系，这种联系即构成所追寻的结构整体的整体性。那么如何标画这种整体性本身的特征呢？海德格尔认为，它需要从下述结构中把握，即“此在之存在说明：先行于自身已经在（世）的存在就是寓于

① 参见［德］海德格尔：《存在与时间》，陈嘉映、王庆节译，熊伟校，生活·读书·新知三联书店 1987 年版，第 225 页。

② ［德］海德格尔：《存在与时间》，陈嘉映、王庆节译，熊伟校，生活·读书·新知三联书店 1987 年版，第 225 页。

③ ［德］海德格尔：《存在与时间》，陈嘉映、王庆节译，熊伟校，生活·读书·新知三联书店 1987 年版，第 227 页。

④ ［德］海德格尔：《存在与时间》，陈嘉映、王庆节译，熊伟校，生活·读书·新知三联书店 1987 年版，第 229 页。

（世内照面的存在者）的存在。”[①] 这一存在满足了烦这个名称的含义，而这个名称则被用于纯粹本体论生存的方式。“烦”就是此在之存在，在世的本质就是烦。“烦构成了此在的结构整体的整体性。”[②] 烦作为此在存在的结构整体，是先行于自身的存在。它是通向最本己的能存在，在这种存在中，就有为本真的各种生存状态上的可能性所需的自由存在之可能性的生存本体论条件。而且，此在已经在（世界）中。此在筹划自己、先行于自身脱离不开它当所处的环境。同时，先行于自身已经在（世）的存在就是寓于（世内照面的存在者）的存在。“此在的存在是烦，烦包括实际性（被抛）、生存（筹划）与沉沦。”[③] 作为存在者，此在就是被抛的此在，但却不是把它自身带入它的“此”。作为存在者，此在被规定为这样一种能在：它听到它自身，但却不是作为它自身把自己给予本己的。只要此在存在，此在作为烦就总是它的“它存在且不得不存在”。“去作为本己的、被抛的根据存在，这就是能在；而烦就是为这一能在而烦。”烦总是烦忙与烦神。寓于上手事物的存在可以被理会为烦忙，而与他人的在世内照面的共同此在一起的存在可以被理会为烦神。烦作为源始的结构整体性，在生存上先天地处于此在的任何实际“行为”与“状态”之前，也就是说，总已经处于其中了。

前面所获得的结果是：“此在之存在即烦。”[④] 那么，从这一结果能够进入到这一整个的源始统一的问题吗？海德格尔把生存规定为以它的存在本身为本旨的有所领会的能在。而能在作为向来是我的能在，对本真状态或非本真状态以及对这两种状态的无差别样式，乃是自由的。海德格尔指出，前此的阐释从平均日常状态入手，只限于分析无差别的或非本真的生存活动。虽然这条道路能够到达生存的生存状态的具体规定，但对生存机制的本体论特征的揭示仍然有本质的缺陷。我们曾主张烦就是此在机制的结构整体的整体性，然而日常生活却恰恰是生与死“之间”的存在。“如果生存规定着此在之在而生存的本质则是由能在参与组建起来的，那么，只要此在生存，此在

① ［德］海德格尔：《存在与时间》，陈嘉映、王庆节译，熊伟校，生活·读书·新知三联书店 1987 年版，第 233 页。

② ［德］海德格尔：《存在与时间》，陈嘉映、王庆节译，熊伟校，生活·读书·新知三联书店 1987 年版，第 284 页。

③ ［德］海德格尔：《存在与时间》，陈嘉映、王庆节译，熊伟校，生活·读书·新知三联书店 1987 年版，第 339 页。

④ ［德］海德格尔：《存在与时间》，陈嘉映、王庆节译，熊伟校，生活·读书·新知三联书店 1987 年版，第 280 页。

就必定以能在的方式向来**尚不是**某种东西。由生存构成其本质的存在者本质上就对抗着把它作为整体存在者的可能性。"[①]有一点是无可否认的，即前此的此在生存分析不能声称自己具备了源始性（primordiality）。在先有（fore-having）之中曾经一直有的只是此在的非本真存在和作为不完整此在的存在。如果此在之存在的阐释应成为源始的，就需要把此在之存在所可能具有的本真性与整体性从生存上阐示出来。因此，就需要把此在作为整体置于先有之中。而这就意味着首先还得把这一存在者的"能整体存在"（potentiality-for-Being-a-whole）问题提出来。只要此在存在，在此在中就有某种它所能是、所将是的东西悬而未决。而"终结"本身就属于这种悬而未决。"在世的'终结'就是死亡。这一属于能在也就是说属于生存的终结界定着、规定着此在的向来就可能的整体性。"[②]在海德格尔看来，只有获得了一种在本体论上足够充分的死亡概念，也就是说，只有获得生存的死亡概念，才可能把此在在死亡中的"向终结存在"，从而也就是把这一存在者的整体，纳入对可能的整体存在的讨论。但按照此在的方式，死亡只在一种生存状态上的"向死亡存在"（Sein zum Tode / Being towards death）之中才存在。这一种存在的生存结构证明是此在的能整体存在的本体论上的构成状态。但此在的生存性的源始本体论基础乃是时间性。只有根据时间性，烦这种此在之存在的关联的结构整体性才能从生存上得到理解。如果时间性构成此在存在的源始意义，而这一存在者却为它的存在本身而存在，那么烦就需用"时间"，并从而算计到"时间"。此在的时间性造就"计时"。在这种计算中所经历的"时间"是时间性的最切近的现象方面，世内存在者就在这种"时间之中"照面。"在时间的境域中，对一般存在的意义所作的筹划可以得到完成。"[③]

什么是死亡？海德格尔给死亡下了一个完整的定义："**死亡作为此在的终结乃是此在最本己的、无所关联的、确知的、而作为其本身则不确定的、超不过的可能性**。**死亡**作为**此在**的终结**存在**在这一存在者向其终结的存在之

① ［德］海德格尔：《存在与时间》，陈嘉映、王庆节译，熊伟校，生活·读书·新知三联书店1987年版，第280—281页。

② ［德］海德格尔：《存在与时间》，陈嘉映、王庆节译，熊伟校，生活·读书·新知三联书店1987年版，第281页。

③ ［德］海德格尔：《存在与时间》，陈嘉映、王庆节译，熊伟校，生活·读书·新知三联书店1987年版，第283页。

中。”[①]在他看来，死亡是此在“向终结存在”，它使此在成为“整全”，然而此在达到这一境界之日，又是自己失去之时。“此在在死亡中达到整全同时就是丧失了此之在。”[②]此在的死亡是不再能此在的可能性，当此在作为这种可能性悬临于它自身之前时，它就被充分地指引向它的最本己的能在了。在悬临于自身之际，此在之中对其他的一切关联都解除了。“这种最本己的无所关联的可能性同时就是最极端的可能性。此在这种能在超不过死亡这种可能性。死亡是完完全全的此在之不可能的可能性。于是死亡绽露为最本己的、无所关联的、超不过的可能性。”[③]此在领会和体验的死总是别人的死。死是不可代替的，“**任谁也不能从他人那里取走他的死**。”[④]只要此在还继续存在着，他就始终并且在本质上“尚未”是它将是的东西（死），而已死的他人则不再“在此”。死本身就属于此在之在，死是此在必然要遭遇的。只要此在继续存在着，它就不得不承担起死这种在的方式。死亡对此在不是偶然的可能，而是此在注定的命运。“只要此在生存着，它就已经被抛入了这种可能性。”[⑤]这就是死亡的被抛性。但是，此在对他被抛进死亡这一事实常常缺乏明确的、理性的认识。这种被抛入死的被抛状态只有在畏中才被彻底地展开。畏最根本的就是畏死。这种畏死是此在最本己的、与他人无关的能在的畏，是不可克服的。因此，畏死不是由于个人的“懦弱”而成为此在的基本情绪的，而是此在的基本现身状态，是被抛的此在对自己的“向终结存在”最深刻的“知”。实际上，人在活着的时候就在领会着死，就以自己的所作所为表现了他如何对待自己的死。

“死亡是此在的最本己的可能性。”[⑥]但是，此在当下和多半对它的“向死亡存在”采取一种暧昧隐讳的态度。“此在首先和通常以在死亡**之前**逃避的

① ［德］海德格尔:《存在与时间》，陈嘉映、王庆节译，熊伟校，生活·读书·新知三联书店1987年版，第310页。

② ［德］海德格尔:《存在与时间》，陈嘉映、王庆节译，熊伟校，生活·读书·新知三联书店1987年版，第286页。

③ ［德］海德格尔:《存在与时间》，陈嘉映、王庆节译，熊伟校，生活·读书·新知三联书店1987年版，第300—301页。

④ ［德］海德格尔:《存在与时间》，陈嘉映、王庆节译，熊伟校，生活·读书·新知三联书店1987年版，第288页。

⑤ ［德］海德格尔:《存在与时间》，陈嘉映、王庆节译，熊伟校，生活·读书·新知三联书店1987年版，第301页。

⑥ ［德］海德格尔:《存在与时间》，陈嘉映、王庆节译，熊伟校，生活·读书·新知三联书店1987年版，第315页。

方式掩蔽着最本己的向死亡存在。只要此在生存着，它就实际上死着，但首先和通常是以沉沦的方式死着。”[①]好像死总是别人的死，死似乎关系到所有的人，但又恰恰与我无关。不是我在死，而是他人在死。对死的这种超然的麻木不仁，使得日常此在与死疏远，即与最本己的、与他人无关的能在相异化。日常状态中此在把自己放到了在“常人”中失去自己的地位上，“而常人则为此首并肯增加了向自己掩藏其最本己的向死亡存在的诱惑”[②]。日常此在沉沦着，以隐蔽的方式感受着、期待着死。这就是海德格尔所谓的“非本真的向死亡存在”。

在海德格尔看来，日常此在的“向死亡存在”的根本特征还可以从人必然要死的“确实性”和何时死的“不确定性”表现出来。日常此在多半确信死是不可避免的，但并不确定自己何时死。正因为如此，此在在日常生活中对他自己确实要死多半视而不见。针对这种面对死亡的沉沦，海德格尔提出，“死亡是此在本身向来不得不承担下来的存在可能性。”[③]那么，我们就要向这种可能性存在，这样就为此在开展出它的最本己的能在：人只有真正领会和懂得了死，才能领会懂得生；畏死能使人反过来获得生的动力，自己承担起自己的命运，开拓出自己的生命道路，“能够**本真地作为它自己**而存在”[④]。同时，“在这种能在中，此在就可以看清楚，此在在它自己的这一别具一格的可能性中保持其为脱离了常人的，也就是说，能够先行着总是已经脱离常人的。”[⑤]这一结论就是所谓的“本真地向死亡存在”或“先行到死”。

海德格尔所谓的“本真的向死亡存在”，是指如其本来面目的把死亡了解为此在的一种最本己的可能性，“**不能闪避**最本己的无所关联的可能性，不能在这一逃遁中**遮蔽**这种可能性和为迁就常人的理解力而歪曲地解释这种

① ［德］海德格尔:《存在与时间》，陈嘉映、王庆节译，熊伟校，生活·读书·新知三联书店1987年版，第302页。

② ［德］海德格尔:《存在与时间》，陈嘉映、王庆节译，熊伟校，生活·读书·新知三联书店1987年版，第304页。

③ ［德］海德格尔:《存在与时间》，陈嘉映、王庆节译，熊伟校，生活·读书·新知三联书店1987年版，第300页。

④ ［德］海德格尔:《存在与时间》，陈嘉映、王庆节译，熊伟校，生活·读书·新知三联书店1987年版，第315页。

⑤ ［德］海德格尔:《存在与时间》，陈嘉映、王庆节译，熊伟校，生活·读书·新知三联书店1987年版，第315页。

可能性”[①]。本真的向死存在，并不意味着总想着死，去实现死或消极地等待着死的来临，而是自始至终确确实实地把死看作是在人生旅途中被揭示出来的可能性。海德格尔把这种对待死亡的积极态度称为“先行到死”。在他看来，这种先行到死的积极态度能够使人着眼于死亡来筹划本真的自己。之所以如此，这是因为：首先，先行到死能使此在把死作为它最本己的可能性来体验和领会，这样它就会把自身限制在自己的可能性中，使自己得以充分的自我实现。其次，先行到死能把此在引向它的最终不可超越的可能性，从而可以使此在不至于停留在已达到的诸可能性，不至于懦弱地逃避死亡，相反向着它的终结无所牵挂地自由地展示它的各种可能性，自由地选择它自己、成为它自己。最后，它能使此在从大畏走向大无畏，直面死亡，通过对死亡的自觉摆脱“常人”的纠缠而成为具有独立人格的自由人。海德格尔将在生存上所筹划的本真向死亡存在的特征概括作了如下描述：“**先行向此在揭露出丧失在常人自己中的情况，并把此在带到主要不依靠烦忙烦神而是去作为此在自己存在的可能性之前，而这个自己却就在热情的、解脱了常人的幻想的、实际的、确知它自己而又畏着的**向死亡的自由**之中**。”[②]

在海德格尔看来，因为此在已丧失于常人之中，所以它首先得找到自己，而要找到自己，它就得在它可能的本真状态中被显示给予它自己。“此在需要某种能自身存在的见证，即见证此在按照**可能性**向来已经是这种能自身存在。”[③]在海德格尔看来，“良知的声音”就是这样一种见证。因为“良知的呼唤具有把此在向其最本己的能自身存在召唤的性质，而这种能自身存在的方式就是**召唤**此在趋往最本己的罪责存在。”[④]海德格尔认为，此在迷失在常人的公论和闲谈之中而对本己的自我充耳不闻。一种打断去听常人的可能性在于直接呼唤。“这呼声必定以不嘈不杂、明白意义、无容好奇的方式呼唤着”，“**以这种方式呼唤着而令人有所领会的东西即是良知**”。[⑤]呼声不报

① ［德］海德格尔：《存在与时间》，陈嘉映、王庆节译，熊伟校，生活·读书·新知三联书店1987年版，第312页。

② ［德］海德格尔：《存在与时间》，陈嘉映、王庆节译，熊伟校，生活·读书·新知三联书店1987年版，第319页。

③ ［德］海德格尔：《存在与时间》，陈嘉映、王庆节译，熊伟校，生活·读书·新知三联书店1987年版，第321页。

④ ［德］海德格尔：《存在与时间》，陈嘉映、王庆节译，熊伟校，生活·读书·新知三联书店1987年版，第322页。

⑤ ［德］海德格尔：《存在与时间》，陈嘉映、王庆节译，熊伟校，生活·读书·新知三联书店1987年版，第324页。

道任何事件，也不借任何声音呼唤。吃亏在无家可归的沉默样式中言谈。因为吃亏不是把被召唤者呼入常人的公众闲谈中去，而是从这处闲谈回到生存的能在的缄默之中。呼声的情绪来自畏，唯有这样一种呼声使此在能够把它自身筹划到它最本己的能在上去。“**良知公开了作为烦的呼声**：呼唤者是此在，是在被抛状态为其能在而畏的此在。被召唤者是同一个此在，是向其最本己的能在（先行于自己）被唤起的此在。”[①]良知的呼声，即良知本身，在存在上之所以可能，就在于此在在其存在的根基处是烦。

海德格尔认为，良知向本己的自我呼唤，就是向此在的“有罪”呼唤。海德格尔的“有罪”概念不是通常意义上的或宗教意义上的“有罪”，它是指一种对应该是和能够是的东西的“缺少”。“此在之为此在就是有罪责的”[②]，因为它丧失了本己的存在的意义。呼声是烦的呼声，罪责存在组建着我们称之为烦的存在。正确地倾听召唤就是在其最本己的能在中领会自己，而这种自身筹划的所向就是能以最本己的本真方式成为有罪责的。此在有所领会地让自己被唤上前去，准备着能被召唤。“此在以领会呼声的方式**听命于它最本己的生存可能性**。此在选择了它自己。”[③]海德格尔认为，本真呼声的领会就是“愿有良知”。愿有良知是指在其罪责存在中从它自身出发而让最本己的自身“在自身中行动”，它作为在最本己能在中的自我领会，是此在的展开状态。此在在愿有良知之中的展开状态，是由畏之现身情绪、筹划自身到最本己的罪责存在上去的领会，以及缄默这种言谈组建而成的。“这种出众的、此在在本身之中由其良知加以见证的本真的展开状态，**这种缄默的、时刻准备畏的、向着最本己的罪责存在的自身筹划**，我们称之为**决心**。”[④]决心是此在展开状态的一种突出样式。决心这一本真的自身存在并不把此在从世界解脱出来，并不把此在隔绝在一个漂游无据的我中，相反，“决心恰恰把自身带到当下有所烦忙地寓于上手事物的存在之中，把自身推

① ［德］海德格尔：《存在与时间》，陈嘉映、王庆节译，熊伟校，生活·读书·新知三联书店1987年版，第331—332页。

② ［德］海德格尔：《存在与时间》，陈嘉映、王庆节译，熊伟校，生活·读书·新知三联书店1987年版，第341页。

③ ［德］海德格尔：《存在与时间》，陈嘉映、王庆节译，熊伟校，生活·读书·新知三联书店1987年版，第343页。

④ ［德］海德格尔：《存在与时间》，陈嘉映、王庆节译，熊伟校，生活·读书·新知三联书店1987年版，第353页。

到有所烦神地共他人存在之中”[①]，“对当下实际的可能性的有所开展的筹划与确定”[②]。总之，决心是先行到死、倾听良心呼声和对自己负责的统一。这是海德格尔为人们提供的理想的行为模式。

（四）萨特的“存在先于本质”

让 – 保罗·萨特（Jean-Paul Sartre, 1905—1980）是法国哲学家、文学家、戏剧家、评论家和社会活动家，存在主义的主要代表。萨特一生中拒绝接受任何奖项，包括1964年的诺贝尔文学奖。萨特于1955年9月访问中国，受到高规格的接待，9月29日在人民大会堂出席了周恩来主持的国庆招待会，10月1日登上天安门城楼参加了国庆观礼。萨特的作品涉及哲学、文学、戏曲等多方面，主要哲学著作有：《存在与虚无》（*L'étre et le néant / Being and Nothingness*, 1943），《存在主义是一种人道主义》（*L'existentialisme est un humanisme / Existentialism is a Humanism*, 1946），《辩证理性批判》（*Critique de la raison dialectique / Critique of Dialectical Reason*, 1960, 1985），《伦理学手册》（*Cahiers pour une morale / Notebooks for an Ethics*, 1983），《真理与存在》（*Vérité et existence / Truth and Existence*, 1989）。萨特对存在主义学派的思想观点进行了系统的总结，可以说是存在主义的一位集大成思想家。他对存在主义思想作了诸多阐述，揭示了存在主义区别于其他各种哲学流派的核心内容和思想实质。他指出：“存在主义的核心思想是什么呢？是自由承担责任的绝对性质；通过自由承担责任，任何人在体现一种人类类型时，也体现了自己——这样的承担责任，不论对什么人，也不管在任何时代，始终是可理解的——以及因这种绝对承担责任而产生的对文化模式的相对性影响。”[③]萨特不仅深刻阐释了存在主义基本观点，而且还运用文学手段宣传存在主义哲学思想，使存在主义的影响迅速扩大，并渗透到了各种意识形态和生活方式之中。他还试图将存在主义与马克思主义结合起来，或者不如说用存在主义修改马克思主义，所以他的存在主义又被称为“存在主义的马克思主义”。

---

① ［德］海德格尔：《存在与时间》，陈嘉映、王庆节译，熊伟校，生活·读书·新知三联书店1987年版，第354页。

② ［德］海德格尔：《存在与时间》，陈嘉映、王庆节译，熊伟校，生活·读书·新知三联书店1987年版，第355页。

③ ［法］萨特：《存在主义是一种人道主义》，周煦良、汤永宽译，上海译文出版社1988年版，第23页。

萨特以胡塞尔的现象学作为理论依据，从现象入手，以意识为中心对存在问题作出了系统的阐述。他虽然赞成胡塞尔的现象就是本质的观点，但对存在的现象（the phenomenon of being）与现象的存在（the being of the phenomenon）作了区分。他认为，显现不是由任何与它不同的实在物（a existent）支撑的，它有自己特有的存在，即显现的存在。在萨特看来，如果这种显现的存在是“现象的存在”，那么就有与之不同的“存在的现象”。“现象是自身显露的东西，而存在则以某种方式在所有事物中表现出来，因为我们能够谈论存在，并且对它有某种领会。因此应该有一种存在的现象，也可以写成存在的显现。”① 他分析说，单个的对象中，我们总能区别出颜色、气味等不同性质来，并能据此确定它们所隐含的本质。这种“对象—本质”的总体构成一个有组织的整体。不过，这种本质并不在对象之中，它是对象的意义，是把它显露出来的显现系列的原则。更值得注意的是，无论是对象的性质，还是对象的意义，都不是存在。对象并不像可以返回到意义那样返回到存在。在萨特看来，“不能把存在定义为在场（présence）——因为不在场（absence）也显露存在，因为不在那里仍然意味着存在。”② 对象并不拥有存在，它的实存（existence）既不是对存在的分有，也与存在没有任何别的关系。它存在，这是定义它的存在方式的唯一途径，而对象既不掩盖存在，也并不揭示它。在萨特看来，实存物是一种现象，就是说它表明自身是诸性质的有机总体。但实存物是其本身，而非它的存在。存在只是一切揭示的条件，它是“为揭示的存在”（being-for-realing）而非“被揭示的存在”（revealed being）。萨特举例说，我们可以超越这张桌子或这张椅子走向它的存在，并提出“桌子的存在”或“椅子的存在”问题。但是，这时我已将我的眼睛从桌子的现象转开，以便集中于存在的现象。而这个“存在的现象”不再是所有揭示的条件，而是被揭示的东西本身，即一种显现。这种显现本身反过来又需要一个存在，以这种存在为基础，它才能揭示它自身。在萨特看来，这种存在的现象才是“本体论的”。它是对存在的诉求，而作为现象，它要求一种超现象的基础。“存在的现象要求存在的超

① ［法］萨特:《存在与虚无》，陈宣良等译，杜小真校，生活·读书·新知三联书店 1987 年版，第 5 页。

② Jean-Paul Sartue, Being and Nothingness, China Social Sciences Publishing House, 1993, xlix. 参见［法］萨特:《存在与虚无》，陈宣良等译，杜小真校，生活·读书·新知三联书店 1987 年版，第 6 页。

现象性。”①但是，这并不意味着存在总是隐藏在现象背后的，也不意味着现象是指涉一种不同的存在的显现，现象只是作为显现而实存着，即在存在的基础上表达自身。

萨特认为，意识存在着超现象性。任何意识都是对某物的意识，而这意味着超越性是意识的构成结构。“也就是说，意识生来就被一个不是自身的存在支撑着。”②在他看来，这就是所谓的本体论证明。他根据胡塞尔的意向性理论指出，所谓意识是对某物的意识，是指意识的存在只体现在对某物即对某个超越的存在的揭示性直观上，而进行揭示的直观意味着有某种被揭示的东西存在，意识在其存在中暗指一种非意识的、超现象的存在。所以萨特说，说意识是对某物的意识，就是指意识必定是作为一个存在的一种“被揭示的—揭示”（revealed-revelation）而产生它自己的，这种存在不是意识，而当意识揭示它时它已经实存着的。这样，我们就离开了纯粹的显现而达到了充实的存在。意识是一种其实存设定它的本质的存在，反过来说，它是一种存在的意识，其本质隐含着它的实存，在其中显现呼唤着存在。萨特根据海德格尔给“此在”下的定义，对于意识作了以下定义：“**意识是这样一种存在，只要这个存在暗指着一个异于其自身的存在，它在它的存在中关心的就是它自己的存在**。”③根据上面的讨论，萨特对存在的现象得出了如下明确的结论：意识是实存物的“被揭示的—揭示”，而实存物是在自己的存在的基础上显现在意识的面前的。然而，一个实存物的存在的主要特性绝不是给意识揭示它本身。实存物不能与其存在相剥离，存在是实存物不可须臾离开的基础，存在对于实存物来说无处不在，但又无处可寻。没有一种存在不是某种存在方式的存在，没有一种存在不是通过既显示存在同时又掩盖它这样的存在方式而被把握的。意识总能够超越实存物，但不是走向它的存在，而是走向这种存在的意义。④

在萨特看来，对存在的意义的说明只对现象的存在有效，而对意识的存

---

① ［法］萨特：《存在与虚无》，陈宣良等译，杜小真校，生活·读书·新知三联书店1987年版，第7页。

② ［法］萨特：《存在与虚无》，陈宣良等译，杜小真校，生活·读书·新知三联书店1987年版，第21页。

③ ［法］萨特：《存在与虚无》，陈宣良等译，杜小真校，生活·读书·新知三联书店1987年版，第22页。

④ 参见［法］萨特：《存在与虚无》，陈宣良等译，杜小真校，生活·读书·新知三联书店1987年版，第22—23页。

在是与现象的存在完全不同的，因而其意义要根据另一种类型的存在的“被揭示的—揭示”作出特有的解释。这另一种类型的存在是不同于现象的存在相对立的“自为的存在”（l’être-pour-soi / being-for-itself），而现象的存在就是“自在的存在”（l’être-en-soi / being-in-itself）。[①] 在这两类存在中，“真正说来，自为是诸存在者由之揭示它们的存在方式的存在。”[②]

萨特认为，自在存在有三个特点：“**存在存在**。存在是自在的。存在是其所是。”[③] 首先，自在存在存在，这意味着存在既不能派生于可能，也不能归并到必然，它是偶然的。一个实存的现象永远不可能派生另一个实存物，因为它是实存物。同时，它也不可派生于一种可能，因为可能是自为的结构，属于另一个存在的领域。“自在的存在永远既不是可能的，也不能是不可能的，它**存在**。”[④] 自在的也是非创造的，它没有存在的理由，它与别的存在没有任何关系，它永远是多余的。其次，自在存在也是自在的。它就是它自身。它是自因的。它既不是被动性也不是能动性。它超乎肯定和否定之外。也不应该把这种存在称为“内在性”，因为内在性是与自己的关系，而自在存在并不是与自己的关系。“它就是它自己。它是不能自己实现的内在性，是不能肯定自己的肯定，不能活动的能动性，因为它是自身充实的。”[⑤] 最后，自在是其所是。如果存在是自在的，这就意味着它不像对自我的意识那样返回到自身，它就是那个自身。“事实上，存在本身是不透明的，这恰恰因为它是自身充实的。更好的表达是：**存在是其所是**。”[⑥] 自在的存在是不透明的，没有能对立于“在外面”的“在里面”，没有类似于一个判断、一条法则、一个自我意识的“在里面”。它没有奥秘，它是实心的，是自己与自己的综合。它是其所是，也意味着它本身甚至不能是其不是，它不包含任

---

① 参见［法］萨特：《存在与虚无》，陈宣良等译，杜小真校，生活·读书·新知三联书店 1987 年版，第 25 页。

② ［法］萨特：《存在与虚无》，陈宣良等译，杜小真校，生活·读书·新知三联书店 1987 年版，第 552 页。

③ ［法］萨特：《存在与虚无》，陈宣良等译，杜小真校，生活·读书·新知三联书店 1987 年版，第 27 页。

④ ［法］萨特：《存在与虚无》，陈宣良等译，杜小真校，生活·读书·新知三联书店 1987 年版，第 27 页。

⑤ ［法］萨特：《存在与虚无》，陈宣良等译，杜小真校，生活·读书·新知三联书店 1987 年版，第 25 页。

⑥ ［法］萨特：《存在与虚无》，陈宣良等译，杜小真校，生活·读书·新知三联书店 1987 年版，第 25 页。

何否定，它是完全的肯定性。它不知道“相异性”，它永远不把自身当作异于其他存在的存在，它在存在中是孤立的，而它与异于它的东西没有任何联系，也不能支持与其他存在的任何联系。它脱离了时间性，它存在着，当它崩溃的时候甚至不能说它不再存在了。

在萨特看来，自为就是人的实在。“人的实在自为地存在。”① 而人的存在是与虚无密不可分的。“每当我们用一种新观点来研究人的实在的时候，我们都会发现不可分割的一对：存在与虚无。”② 与自在的存在不同，自为的存在是存在的虚无化。“自为除了是存在的虚无化之外，没有别的实在。”③ 这种存在指的是自在的存在，“事实上，自为不是别的，只不过是自在的纯粹虚无化”④。

在萨特看来，自在中没有虚无，但有虚无存在。不过，虚无总是某种存在的虚无，并没有一种独立的虚无存在。“无论如何应该有一种存在（它不可能是‘自在’），它具有一种性质，能使虚无虚无化、能以其存在承担虚无，并以它的生存不断地支撑着虚无，通过这种存在，虚无来到事物中。”⑤ 那么，虚无在哪里存在呢？萨特认为，虚无是意识与自在发生关系时才表现出来的，或者说夹在自在存在和意识之间。在他看来，虚无依存于存在，存在本身则不一定非有虚无不可，存在自己存在。而且，自在的存在也不会自己“过渡”到虚无，存在的消失也不是虚无的出现，存在消失虚无也会消失。“**虚无纠缠着存在**”⑥，存在可以被虚无所否定，但虚无不可能把存在整个否定。“**不存在**的虚无，只可能有一个借来的存在，它只是从存在中获得其存在的；它的存在的虚无只是处在存在的范围中，而存在的完全消失并不是非存在统治的降临，相反是虚无的同时消失。非存在只存在于存在的表

① ［法］萨特:《存在与虚无》，陈宣良等译，杜小真校，生活·读书·新知三联书店 1987 年版，第 297 页。

② ［法］萨特:《存在与虚无》，陈宣良等译，杜小真校，生活·读书·新知三联书店 1987 年版，第 172 页。

③ ［法］萨特:《存在与虚无》，陈宣良等译，杜小真校，生活·读书·新知三联书店 1987 年版，第 787 页。

④ ［法］萨特:《存在与虚无》，陈宣良等译，杜小真校，生活·读书·新知三联书店 1987 年版，第 786 页。

⑤ ［法］萨特:《存在与虚无》，陈宣良等译，杜小真校，生活·读书·新知三联书店 1987 年版，第 53 页。

⑥ ［法］萨特:《存在与虚无》，陈宣良等译，杜小真校，生活·读书·新知三联书店 1987 年版，第 45 页。

面。”[①] 萨特认为，虚无只能是存在的虚无，而且虚无不是使整个存在虚无，而只是使个别的存在虚无化。“虚无只能在存在的基础上被虚无化；如果虚无被给出，它就既不在存在之前，也不在存在之后，一般地说也不在存在之外。虚无像蛔虫一样盘卷在存在的心中。”[②]但是，虚无不能自己存在，它必须依赖一个存在。自在的存在本身不能产生虚无，它本身中没有一点虚无的影子。“**使虚无来到世界上的存在应该是它自己的虚无**。”[③] 在萨特看来，“人是使虚无来到世界上的存在。”[④]

那么，为了使虚无通过人而来到存在中，人在他的存在中应该是什么呢？萨特认为就是人的自由。“笛卡尔继斯多亚之后给了人的实在所具有的这种可能性一个名称，以便分泌出一种使它隔离开，这个名称就是自由。”[⑤] 萨特问，如果虚无是由于人的自由而出现在世界上的，那么人的自由应该是什么呢？他认为，自由作为虚无的虚无化所需要的条件，不是突出地属于人的存在本质的一种属性。在他看来，人的存在是先于人的本质的，而人的存在就是自由。就是说，不是像以往思想家所说的人是自由的，而是人就是自由。“人的自由先于人的本质并且使人的本质成为可能，人的存在的本质悬置在人的自由之中。因此我们称为自由的东西是不可能区别于‘人的实在’之**存在**的。人并不是首先存在以便后来成为自由的，人的存在和他‘是自由的’这两者之间没有区别。”[⑥]“存在先于本质”是萨特存在主义的一个最著名的命题。关于这一命题，他后来在《存在主义是人道主义》中作了明确的表述。“我们说存在先于本质的意思指什么呢？意思就是说首先有人，人碰上自己，在世界上涌现出来——然后才给

① ［法］萨特:《存在与虚无》，陈宣良等译，杜小真校，生活·读书·新知三联书店 1987 年版，第 45 页。

② Jean-Paul Sartue, Being and Nothingness, China Social Sciences Publishing House, 1993, p.21. 参见［法］萨特:《存在与虚无》，陈宣良等译，杜小真校，生活·读书·新知三联书店 1987 年版，第 52 页。

③ ［法］萨特:《存在与虚无》，陈宣良等译，杜小真校，生活·读书·新知三联书店 1987 年版，第 53 页。

④ ［法］萨特:《存在与虚无》，陈宣良等译，杜小真校，生活·读书·新知三联书店 1987 年版，第 55 页。

⑤ Jean-Paul Sartue, Being and Nothingness, China Social Sciences Publishing House, 1993, p.24. 参见［法］萨特:《存在与虚无》，陈宣良等译，杜小真校，生活·读书·新知三联书店 1987 年版，第 55 页。

⑥ ［法］萨特:《存在与虚无》，陈宣良等译，杜小真校，生活·读书·新知三联书店 1987 年版，第 56 页。

自己下定义。”[①] 他接着阐述说，人性是没有的，因为没有上帝提供一个人的概念。人就是人。这不仅说他是自己认为的那样，而且也是他愿意成为的那样，即他从无到有、从不存在到存在之后愿意成为的那样。人除了自己认为的那样之外，什么都不是。萨特把这种看法称为“存在主义的第一原则”，认为这也就是人们称作它的“主观性”所在。在萨特看来，人作为自由存在是意识的存在，而意识则应是对自由的意识。那么这种对自由的意识采取的形式是什么呢？他认为，在自由中的人的存在是虚无化形式下它自己的过去。当人的存在意识到存在的时候，他应该具有某种面对过去和将来并作为既同时是过去和将来，又不是过去和将来的方式。在萨特看来，正是在焦虑中人获得了对他的自由的意识。“可以说焦虑是自由这种存在着的意识的存在方式，正是在焦虑中自由在其存在里对自身提出问题。”[②]

克尔凯郭尔把焦虑的特征表示为在自由面前的焦虑，而海德格尔则把焦虑看作是对虚无的把握。在萨特看来，对焦虑的这两种描述并不矛盾，相反它们互相包含在对方之中。“焦虑事实上是对作为我的可能性的那种可能性的确认，就是说，它是在意识发现自己被虚无与其本质相割离、或被其自由本身与将来相分离时形成的。”[③] 但是，焦虑是自由本身对自由的反思的把握，从这个意义上看，它是间接的，而且也不能说，只有在反思的水平上就足以把握焦虑了。事实上，一切事物的发生都似乎说明我们针对焦虑的基本的和直接的行为是逃避。面对焦虑的逃避不只是面对将来排解的努力，它还企图消除过去的威胁。“在这里，我企图逃避的，就是我的超越性本身，因为它支持并超越了我的本质。我断言我以自在的存在的方式是我的本质。”[④] 逃避是为了不知，但是我不能不知道我正在逃避，而且对焦虑的逃避只是获得焦虑意识的一种方式。于是严格说来，焦虑既不可能被掩盖，也不可能被消除。不过，逃避焦虑和成为焦虑完全不可能是一回事。如果我为了逃避焦虑而成为我的焦虑，那就假设了我能在与我所是的东西的关系中使我自己偏

---

① ［法］萨特:《存在主义是一种人道主义》，周煦良、汤永宽译，上海译文出版社 1988 年版，第 8 页。

② ［法］萨特:《存在与虚无》，陈宣良等译，杜小真校，生活·读书·新知三联书店 1987 年版，第 61 页。

③ ［法］萨特:《存在与虚无》，陈宣良等译，杜小真校，生活·读书·新知三联书店 1987 年版，第 69 页。

④ ［法］萨特:《存在与虚无》，陈宣良等译，杜小真校，生活·读书·新知三联书店 1987 年版，第 77 页。

离了中心，我能以“不是焦虑”（not-being it）的形式成为焦虑，我能在焦虑本身的内部舍弃一种虚无化的能力。这种虚无化的能力就我逃避焦虑而言使焦虑虚无化，就我为了逃避焦虑而成为焦虑而言使它本身虚无化。萨特把这种态度称为“坏信仰”（mauvaise foi / bad faith，亦被中译为“自欺”）。[①]如此一来，问题不在于从意识中排除焦虑，也不在于在一种潜意识的心理现象中构成它。当我理解了我所是的焦虑的时候，我有使我自己犯了坏信仰的罪，而且这种旨在填满我与我自己的关系中我所是的虚无的坏信仰，严格说来隐含着它所压抑的虚无。

在萨特看来，在坏信仰中，没有犬儒主义的诺言，也不知道准备骗人的概念。坏信仰的首要活动是为逃避它所是的东西而逃避他不能逃避的东西。逃避的真正谋划向坏信仰揭示存在内部的碎裂，而这种碎裂正是坏信仰所希望的。真正说来，在我们面对我们的存在时所能采取的两种直接态度，是以这种存在的真正本性以及它与自在的直接关系为条件的。好信仰力求逃避我的存在的碎裂，而走向它应该是而实际上不是的自在；坏信仰则力求通过我的存在的内在碎裂来逃避自在。但是，它否认这种真正的碎裂，正如它否认它本身是坏信仰一样。坏信仰力求通过“不是其所是”（not-being-what-one-is）从在“是其所不是”的样式中我所不是的自在中逃避。它否认自己是坏信仰，并且追求在“不是其所不是”（not-being-what-one-is-not）样式中我所不是的自在。“如果坏信仰是可能的，那是因为它是人存在的每一种谋划的直接而永恒的威胁，是因为意识在它自己的存在中隐藏着一种永恒的坏信仰的危险。这种危险的根源在于这样的事实，即意识的本性自发地就要成为它不是的东西和不是它所是的东西。”[②]

这样，萨特就从虚无（否定）追溯到自由，从自由追溯到坏信仰，又从坏信仰追溯到意识的存在，而意识是坏信仰的可能性的必要条件。在他看来，反思前的意识是（对）自我（的）意识，而自我规定了意识的存在本身。自我不能是自在的存在的一种属性，就其本性而言，它是一个被反思者。自我反映，但它恰恰反映的是主体，它表明主体和它自身之间的关系。

① Cf. Jean-Paul Sartue, *Being and Nothingness*, China Social Sciences Publishing House, 1993, p.44. 参见［法］萨特：《存在与虚无》，陈宣良等译，杜小真校，生活·读书·新知三联书店 1987 年版，第 79 页。

② Jean-Paul Sartue, *Being and Nothingness*, China Social Sciences Publishing House, 1993, p.70. 参见［法］萨特：《存在与虚无》，陈宣良等译，杜小真校，生活·读书·新知三联书店 1987 年版，第 112 页。

“自我事实上不能被理解为一个实在的实存者：主体不能是自我，因为我们已经看到与自我的重合会使自我消失。但它同样**不能不是**自我，因为自我指示了主体自身。因此，**自我**代表着主体内在性对其自身的一种理想距离，这是一种**不是它自己的重合**的方式，一种在把它设立为统一性的时候逃避同一性的方式，简言之，就是一种在作为没有毫无多样痕迹的绝对一致的同一性，与作为多样性综合的统一性之间不断保持永久不稳定平衡的方式。这就是作为意识的本体论基础的**自为**的存在的法则以它自身出场的形式成为它自身。”①

在萨特看来，存在对于自我的在场意味着存在对于自我的分离。同一律是对自在的存在内任何关系的否定；相反，面对自我的在场假定，有一道不可触知的缝隙滑入存在。如果存在是自我在场，那是因为它整个说来不是自我。在场是一种重合的直接消解，因为它假定分离。但是，如果我们现在要问是什么使主体与它自身分离，我们就不得不承认它是虚无。意识之内的这种缝隙是纯粹的否定，除了它否定、除了只有当我们看不见时存在之外，它什么都不是。这个作为存在的虚无同时又作为虚无化的能力的否定物，是一个虚无。在这样的纯粹性中，我们不能在任何别的地方把握它。在别的每一个地方，我们必须以一种方式或另一种方式赋予它作为虚无的自在存在。但是，在意识内部出现的虚无并不存在。它是“被让存在”的（made-to-be）。例如，信仰就不是一种存在与另一种存在的毗连，它是它自己对自己的出场。否则，自为的统一性就会分解成两个自在的二元性。这样，自为必须是它自己的虚无。身为意识的意识存在是要与作为对作为它自己出场的它本身保持距离而实存，而这个存在将其带进它的存在的空的距离是虚无。这样，为了自我实存，这一点就是必要的，即这种存在的统一性包括它自己的虚无作为同一性的虚无化。总之，“自为是那种就它不能与它自身重合而言规定它自身实存的存在。”②

萨特认为，自我的存在就是价值。价值实际上受到无条件地存在与不存在这双重特性影响。价值既为价值，它就拥有存在，但这种规范的实存者严

---

① Jean-Paul Sartue, *Being and Nothingness*, China Social Sciences Publishing House, 1993, pp.76-77. 参见［法］萨特：《存在与虚无》，陈宣良等译，杜小真校，生活·读书·新知三联书店 1987 年版，第 117—118 页。

② Jean-Paul Sartue, *Being and Nothingness*, China Social Sciences Publishing House, 1993, p.78. 参见［法］萨特：《存在与虚无》，陈宣良等译，杜小真校，生活·读书·新知三联书店 1987 年版，第 120 页。

格说来不具有作为实在的存在。它的存在是要成为价值，而不是存在。价值的存在作为价值似乎是不具有存在的东西的存在，这样价值似乎是难以理解的。如果把它看作为存在，人们就可能完全误解它的非实在性，并且可能使它成为一种事实的要求。在这种情况下，存在的偶然性就扼杀了价值。但是，如果反过来人们只看到价值的理想性，人们就会从价值那里抽出存在，那么由于缺乏存在，价值也就崩溃了。在萨特看来，价值是在存在之外，至少以某种方式拥有存在，其意义就是一个存在向着它超越自己存在的东西。"任何价值化了的活动都是向着……对其存在的脱离。"[①] 价值永远并处处都是外在于一切超越的，因而可以把它看作是一切存在超越的不受限制的统一。如此，价值就和那一开始超越自己存在、而且超越由之来到存在之中的实在，就都和人的实在合二为一了。价值是一切超越的不受限制的彼在，它一开始就应该是超越着的自身存在的彼在。"它是一切欠缺的所欠缺者，而不是欠缺者。价值，就是自我，因为它纠缠着自为的核心，即自为为之存在的肯定方面。"[②] 价值纠缠存在，是因为存在自我奠定，而不是因为它存在：价值纠缠自由。"这意味着价值与自为的关系是特别特殊的：价值是自为应该是的存在，因为自为是其存在的虚无的基础。"[③]

在萨特看来，自为的超越表现为自为中包含着三重关系：与自我的关系，与自在的关系和与他人的关系，而这三种关系又表现为人的实在的三种存在方式，也就是它存在的"三维"，即时间性、超越性和为他。

自为向它自己的可能的超越，引出了时间性的问题。在萨特看来，自在不拥有时间性，相反，自为是时间性。[④] 时间不是自在存在的方式，而是自为存在的方式。时间性体现出自为与其自身的关系，是自为体现其自我性的一维。在萨特看来，时间是不可分割的整体，时间的过去、现在和将来的三维不是时间的组成部分，而是一个综合整体的几个环节。"时间性明显地是一种有组织的结构。过去、现在、将来这所谓时间的三要素不应当被看作

---

① ［法］萨特：《存在与虚无》，陈宣良等译，杜小真校，生活·读书·新知三联书店 1987 年版，第 138 页。

② ［法］萨特：《存在与虚无》，陈宣良等译，杜小真校，生活·读书·新知三联书店 1987 年版，第 139 页。

③ ［法］萨特：《存在与虚无》，陈宣良等译，杜小真校，生活·读书·新知三联书店 1987 年版，第 139 页。

④ 参见［法］萨特：《存在与虚无》，陈宣良等译，杜小真校，生活·读书·新知三联书店 1987 年版，第 277 页。

是必须凑合在一起的‘材料’的集合，而应当被看作是一个原始综合的有结构的诸环节。”[①]他认为，现在是自为本身，现在是非存在，这就是虚无化本身。“现在的意义，就是面对……在场。”[②]我的现在，就是我的在场。自为在使自己成为自为的过程之中就自己面对存在在场了，而且当它停止成为自为的时候，也就停止了它的在场。正因为如此，自为被定义为对存在的在场。自为是面对整个的自在存在在场的，或者，正是自为的在场使得自在的存在作为总体存在。现代以否定连接着过去和未来，而自己本身却是无法把握的，因为现在刚一把握住，它就成了过去，而还没有把握住它时，它还是将来。它就是“是其所不是和不是其所是”本身。“过去就是一个受自在捕捉又被自在淹没的自为。”[③]过去是在与现在的联系中才有意义的，没有了现在的过去是自在的。就人的实在而言，过去就是它的本质，本质是过去了的存在。过去作为自在，总是“是其所是”的，正是在这种意义上，萨特说“存在先于本质”。至于将来，萨特认为，“自在不能成为将来”[④]，只有一种存在，可能拥有一个未来，那就是要成为其存在的存在，而不仅仅是存在的存在。这种存在就是自为的存在。只有自为才有将来，“将来是通过人的实在才来到世界上的”[⑤]，而且将来才使过去和现在有意义。因此，时间的真正起点是将来而不是过去。时间性就是自为的一种连续不断的自我否定的存在方式。“时间性不是存在，而是构成其自身虚无化的存在之内部结构，即自为的存在所固有的**存在方式**。自为是要以时间性分散的方式成为其存在的存在。”[⑥]

萨特认为，如果把认识看成是自为和自在之间的关系，认识就不是反思的而是直觉的。除了直观的认识之外没有别的认识，而直观就是意识面对事物在场。在萨特看来，时间性是自为存在向自为的自我，即“可能”超越的

① ［法］萨特:《存在与虚无》，陈宣良等译，杜小真校，生活·读书·新知三联书店 1987 年版，第 154 页。

② ［法］萨特:《存在与虚无》，陈宣良等译，杜小真校，生活·读书·新知三联书店 1987 年版，第 172 页。

③ ［法］萨特:《存在与虚无》，陈宣良等译，杜小真校，生活·读书·新知三联书店 1987 年版，第 171 页。

④ ［法］萨特:《存在与虚无》，陈宣良等译，杜小真校，生活·读书·新知三联书店 1987 年版，第 176 页。

⑤ ［法］萨特:《存在与虚无》，陈宣良等译，杜小真校，生活·读书·新知三联书店 1987 年版，第 176 页。

⑥ ［法］萨特:《存在与虚无》，陈宣良等译，杜小真校，生活·读书·新知三联书店 1987 年版，第 201 页。

方式；而直观的认识则是自为存在向自在的自我，即世界、自在的存在超越的方式，它体现了自为存在的第二维，即超越性。萨特认为，认识建立的自为与自在是否定的。他将这种自为与自在之间的否定关系称为“内在的否定”的关系。认识就是肯定自为设置了不同于它自己的存在，而说外物不是自己的同时也就肯定了外物是什么，也就肯定了外物存在。既然认识肯定了一切都是存在，除了存在之外什么都没有，那么世界就被肯定为一个“整体”了。但是，意识也不能凭空建立起一个世界，它需要先有自在的存在存在，而意识在认识世界时，在与自在发生关系时，就把自己的一些特性给予了存在，使存在具有了质、量、潜在性和工具性等规定。而且世界表现出来的时间性也是自为赋予的。普遍时间是通过自为来到世界中的。这样，认识作为自为和自在的关系，使自在和自为构成了一个存在的整体。这个存在整体不是自在，而是一个人化了的世界，是自为向外的超越中与自在结合而产生的世界，是一个以自我为中心向外无限扩展的东西，即一个“自在的自我”。这是一个超越性的自我、外在化了的自我，是一种在直觉认识的出神状态中表现出来的自我。由此看来，绝对客观自在的存在，只能是一个抽象，人在对它的追求中使自己成为一个超越性的世界。

萨特提出，到目前为止的讨论还没有涉及身体和感官问题，而谈到身体，不管其功能可能是什么，它首先显现为被认识的东西，而且其特性即本质上是被他人认识的东西。“我认识的东西是别人的身体，而我关于我的身体**知道**的主要的东西来自别人认识它的方式。这样，我的身体的本性把我推向他人的存在和我的为他的存在。”[①] 在萨特看来，对人的实在来说，我与我的身体一起发现了与自为存在同样重要的另一种存在方式，即“为他”（*L'étre* pour autrui / Being-for-Others）。萨特认为，他人的存在是自为在自身的体验中发现并肯定的。“坏信仰”就是意识面对他人并企图向他人掩盖自己的存在的一种意识现象。其中最能反映意识之间的关系的体验是“羞耻”。“羞耻按其原始结构是**在某人面前**的羞耻。”[②] 显然，这就断定了他人的存在。确立他人的存在本身，就事先设定了是我在设定他人存在，也就确立了我的为他结构。而这种确立过程已是意识间的关系了。也就是说，正是在与他人

① ［法］萨特:《存在与虚无》，陈宣良等译，杜小真校，生活·读书·新知三联书店 1987 年版，第 295—296 页。

② ［法］萨特:《存在与虚无》，陈宣良等译，杜小真校，生活·读书·新知三联书店 1987 年版，第 298 页。

的交往中发现他人及自我的为他结构的存在的。萨特认为，身体是自为的存在，但它不是相异于意识的他物。“自为的存在完全应该是身体，并且完全应该是意识：它不可能与身体统一。同样，为他的存在完全是身体；那里没有统一于身体的‘心理现象’；身体后面什么也没有。相反身体完全是‘心理的’。”① 身体有与自为相应的三维：“我使我的身体存在：这是身体的存在的第一维。我的身体被他人使用和认识的，这是它的第二维。……我作为被身为身体的他人认识的东西而为我地存在。这是我的身体的本体论第三维。”② 在萨特看来，身体就是自为，它就是意识，身体间的关系就是意识间的关系。要找到意识间交往的最根本、最直接的关系，就应该从赤裸裸的肉体间的关系出发，因为此时衣服、化妆品等工具性的事物都不隔在当中，从而实现了身体的自我性。为此，萨特赋予性关系以特殊的地位。

在讨论了自在、虚无、自为的结构以及自为与自身、世界和他人的关系之后，萨特认为可以建立某种存在与虚无的统一了。他是以有（avoir / having）、做（faire / doing）和是（être / being）这三个词展开论述的。他认为，这三个概念是人的实在的基本范畴，它们把人所有的行为综合在它们名下。③ 有，即拥有，占有，化归己有；做，即作为、行动、创造；是即存在。这三个范畴虽然不可分割地联系着，但它们并非平级的，其中“是”即存在是处于核心地位的概念。但是，这里所说的存在不是指自在，而是指自为即自由（“人的存在”），因为自在“是其所是”，无力建立自在与自为的统一，只有作为“是其所不是及不是其所是”的自为才能建立这种统一。在萨特看来，一切存在都是以某种方式存在的，自由的存在方式就是“做”，正是“做”的行动使自由这种代表着本身是虚无的意识自为成为存在。“行动，就是改变世界的**面貌**，就是为着某种目的而使用某些手段，就是造成一个工具性的、有机的复合。”④ 但是行动作为意识或自为的行动，也就是以虚无为前提的，人把某物做成某物，这就是使一物虚无化而使另一物做成。活动需要

① ［法］萨特：《存在与虚无》，陈宣良等译，杜小真校，生活·读书·新知三联书店 1987 年版，第 400 页。

② ［法］萨特：《存在与虚无》，陈宣良等译，杜小真校，生活·读书·新知三联书店 1987 年版，第 456 页。

③ 参见［法］萨特：《存在与虚无》，陈宣良等译，杜小真校，生活·读书·新知三联书店 1987 年版，第 555 页。

④ ［法］萨特：《存在与虚无》，陈宣良等译，杜小真校，生活·读书·新知三联书店 1987 年版，第 557 页。

动力，这种动力在于活动者的欲望。“欲望从根本上讲是**存在**的欲望，并且它的特性是自由的存在的欠缺。”[①]“欲望是存在的欠缺。因此，它直接**建立在**它所欠缺的存在上。”[②] 欲望的对象是自在的存在，“自为与这个被欲望的自在的关系是化归己有”[③]。在这种意义下，一切行动都是为了“拥有”，把自在的存在化归己有以获得自己所欠缺的东西。在化归己有的过程中，原本是虚无的自为与自在的存在达到统一而使虚无成为存在，于是，人的实在也就出现了。然而，这种统一并不可能完全实现的，因为这种统一是由虚无来进行的，虽然虚无想使自己成为存在，可它的本性只是使存在虚无化，于是存在与虚无的统一就变成了一个持续不断的无限过程。这是一种向存在与虚无、自在与自为的最终统一不断超越的过程，也是一种人实现其“成为自在与自为综合起来融合为一体的存在”[④] 的真正目的的过程。

在萨特看来，行动的首要条件便是自由。行动涉及动力和目的，这三者中的任何一个结构都要求另外两项作为它的意义，而三者组成的整体不再以任何单一的结构来解释。它的出现作为自在的时间化的纯粹虚无化，与自由是同一回事，“正是活动决定它的目的和动力，活动是自由的表现。”[⑤] 萨特认为这种对自由的理解还是肤浅的，还应当更准确地描述自由。人们常常针对某种特殊的本质的结构来解释自由，萨特断然指出：“自由没有本质。它不隶属任何逻辑必然性；正是在谈及自由时，我们应该重复海德格尔在概括地谈到此在时所说的话：‘在自由中，存在先于并支配本质。’”[⑥] 他认为，我不能描述别人和我本身所共有的自由，我也不能考察自由的本质。恰恰相反，自由才是所有本质的基础，因为人是在超越了世界走向他固有的可能性时揭示出世界的内部的本质的。

---

① ［法］萨特：《存在与虚无》，陈宣良等译，杜小真校，生活·读书·新知三联书店 1987 年版，第 748 页。

② ［法］萨特：《存在与虚无》，陈宣良等译，杜小真校，生活·读书·新知三联书店 1987 年版，第 736 页。

③ ［法］萨特：《存在与虚无》，陈宣良等译，杜小真校，生活·读书·新知三联书店 1987 年版，第 748 页。

④ ［法］萨特：《存在与虚无》，陈宣良等译，杜小真校，生活·读书·新知三联书店 1987 年版，第 797 页。

⑤ ［法］萨特：《存在与虚无》，陈宣良等译，杜小真校，生活·读书·新知三联书店 1987 年版，第 562 页。

⑥ ［法］萨特：《存在与虚无》，陈宣良等译，杜小真校，生活·读书·新知三联书店 1987 年版，第 563 页。

为了帮助读者准确把握他的自由观，萨特对他在《存在与虚无》中关于自由的论述作了概述。他说他从第一章（即“否定的起源”）起就已经确定：如果否定是通过人的实在来到世界上的，人的实在就应该是一个能实现与世界以及它自身的虚无化脱离的存在，而这种脱离的永恒可能性与自由是一回事。另一方面，还发现这种把我在“已存在”形式下所是的东西虚无化的永恒可能性给人带来了一种特殊的存在类型。后来进而指出，决定人的实在就是他自己的虚无。存在，对于自为来说，就是把它所是的自在虚无化。在这些情况下，自由和这种虚无化只能完全是一回事。正是由于虚无化，自为才像脱离其本质一样脱离了它的存在；也正是由于虚无化，自为才总是异于人们谈及它时所说的东西，因为至少它是脱离了这个名称本身的存在，是已经在人们给它取的名字和人们所承认的它的属性之外的存在。

萨特指出：“说自为应是其所是，说它在不是其所是时是其所不是，说存在先于本质并是本质的条件，或反过来按黑格尔的公式说‘本质是过去的存在’，其实说的都是同样的一件事，即人是自由的。”[①] 他进一步强调指出，我命定是为着永远超出我的本质超出我的动作的动力和动机而存在。“我命定是自由的，这意味着，除了自由本身以外，人们不可能在我的自由中找到别的限制，或者可以说，我们没有停止我们自由的自由。”[②] 在萨特看来，人有一种掩盖自由的倾向，就像自为想掩盖虚无并加入作为他真正的存在方式的自在一样。但萨特认为，那些在存在的重压下想扼杀自由的企图会失败，它们会在焦虑面对自由突然出现时崩溃了，而这正好充分表明自由说到底是和处在人的内心中的虚无相吻合的。人是自由的，因为他不是自我，而是自我在场，那种是其所是的存在不可能是自由的。“自由，显然就是在人的内心中**被存在的**、强迫人的实在**自我造就**而不是去存在的虚无。”[③] 对于人的实在来说，存在就是自我选择。他所能容纳和接受的任何东西都不是从外部，也不是从内部而来的，人的实在完全是孤立无援的，他被完全地抛置于连最小的细节都变成存在这难以忍受的必然性中。因此，自由不是一个存在，它只是人的存在，也就是说是人的存在的虚无。“人不能时而自由时而受奴役，

① ［法］萨特:《存在与虚无》，陈宣良等译，杜小真校，生活·读书·新知三联书店 1987 年版，第 565 页。

② ［法］萨特:《存在与虚无》，陈宣良等译，杜小真校，生活·读书·新知三联书店 1987 年版，第 565 页。

③ ［法］萨特:《存在与虚无》，陈宣良等译，杜小真校，生活·读书·新知三联书店 1987 年版，第 566 页。

人或者完全并且永远是自由的，或者他不存在。”①这就是说，不是因为人在活动，在创造，人才自由了的。自由并非人争取得来的东西，人生来自由，什么东西都剥夺不了人的自由。一个人可以不选择、不活动，那只不过是他选择了不选择、不活动，不选择就是他的选择。

萨特对他关于自由的含义及其与自为、虚无、人的实在的关系的看法作了如此的阐述:“我们指出过，自由和自为的存在是一回事，人的实在严格地就他应该是其固有的虚无而言是自由的。我们说过，人的实在在许多领域中应该是这种虚无：首先在时间化中，就是说总是和他本身保持着距离，这意味着它永远不能听任他的过去来规定这样或那样的活动——其次在作为对某物的意识或（对）自身（的）意识的涌现中，就是说自我在场并不仅仅是自我，这就意味着除了对存在的意识外，意识中没有任何别的东西，并且因而没有任何意识外的东西能引发意识——最后，他是超越性，就是说他并不是首先存在以便随后和这种或那种目的发生联系的某物，而是相反，他一开始就是谋划的存在，就是说是由他的目的所确定的存在。”②

在萨特看来，自由一开始就是与给定物（自在）相关的。他首先肯定，给定物不是自由的原因（因为它只能产生给定物），也不是自由的理由（因为种种原因所有的“理由”都是通过自由才来到世界上的)，同样不是自由的必要条件和必须使用的必不可少的质料。给定物丝毫不进入自由的构成之中，因为这种构成使自己内化为对给定物的内在否定。但是，“给定物是自由在做自我选择时竭力否认的那种纯粹的偶然性，它是存在的充实，自由在尚未存在的目的的光辉照亮它时给它染上了不足和否定的色调，它在**自由存在**时就是**自由本身**，无论自由做什么，都不能脱离它的存在。”③萨特将“自由在世界存在的充实中的偶然性”称为“处境”（situation）。他认为，处境是自在的偶然性和自由的共同产物，是一种模棱两可的现象，自为不可能在这种现象中分辨出自由所带来的东西和天然存在所带来的东西。④ 自由与处

① ［法］萨特:《存在与虚无》，陈宣良等译，杜小真校，生活·读书·新知三联书店 1987 年版，第 566 页。

② ［法］萨特:《存在与虚无》，陈宣良等译，杜小真校，生活·读书·新知三联书店 1987 年版，第 581 页。

③ ［法］萨特:《存在与虚无》，陈宣良等译，杜小真校，生活·读书·新知三联书店 1987 年版，第 625 页。

④ 参见［法］萨特:《存在与虚无》，陈宣良等译，杜小真校，生活·读书·新知三联书店 1987 年版，第 626 页。

境关系密切："只有在处境中的自由，也只有通过自由的处境。"[①]人的实在到处都碰到并不是他的创造的抵抗和障碍，但这些抵抗和障碍只有在人的实在所是的自由选择中并通过这种选择才有意义。萨特具体分析了给定物的几种不同方式对自由的影响，这些方式包括：我的位置、我的过去、我的周围、我的邻人、我的死亡。他认为对这些给定物的分析有助于我们对处境这个东西有一个较为明确的概念。[②]

人的环境是人自由创造的，人为了一定的目标超越自在的存在本身，就给了这些存在以意义而把它们安排成一种环境。当然，这种创造不是凭空的，自在的存在为这种创造提供了工具和手段。但另一方面，环境又总是人活动的一种敌对力量，环境一旦出现，人就只能接受它，这种为了某种目的创造出来的环境反过来制约目的的实现（不是制约人的自由）。同时，没有一成不变的环境，环境也将随着个人在时间的进展而变化，因而环境又只是自我的外围，对环境的创造正是对自我的创造。萨特由此得出了这样的伦理结论，即人对世界负责。他说："我们以上的意见的主要结论，就是人，由于命定是自由，把整个世界的重量担在肩上：他对作为存在方式的世界和他本身是有责任的。"[③]既然世界是由人在活动中创造的，人就始终背负着这个世界，它是"我的"，我无法逃避它，正像我无法逃避自由一样。例如，一个人虽然没有发动战争，也没有参加战争，但"我同样对战争负有深重的责任，就如同是我本人宣告了这场战争，我不能不将战争并入我的处境之中，我不能不完全地介入到我的处境中并在它上面打上我的印记，否则，我就不存在，我应该是既无悔恨又无遗憾地存在，正如我是没有托辞地存在一样，因为，从我在存在中涌现时起，我就把世界的重量放在我一个人身上，而没有任何东西、任何人能够减轻这重量"[④]。同时，我也必须对我自己负责。虽然我不是自由选择到世界上来的，但是我仍然可以选择我出生的意义，埋怨我的出生就已经是给我的出生以意义。我的活动创造的不只是世界，还有我

① ［法］萨特：《存在与虚无》，陈宣良等译，杜小真校，生活·读书·新知三联书店 1987 年版，第 627 页。

② 参见［法］萨特：《存在与虚无》，陈宣良等译，杜小真校，生活·读书·新知三联书店 1987 年版，第 701 页以后。

③ ［法］萨特：《存在与虚无》，陈宣良等译，杜小真校，生活·读书·新知三联书店 1987 年版，第 708 页。

④ ［法］萨特：《存在与虚无》，陈宣良等译，杜小真校，生活·读书·新知三联书店 1987 年版，第 710—711 页。

自己的本质。我的无限自由使我对自己责任成为无可推诿的。“这种绝对的责任不是从别处接受的：它仅仅是我们的自由的结果的逻辑要求。”①

正因为如此，萨特说，人是痛苦的。“存在主义者坦然说人是痛苦的。他的意思是这样——当一个人对一件事情承担责任时，他完全意识到不但为自己的将来作了抉择，而且通过这一行动同时成了为全人类作出抉择的立法者——在这样一个时刻，人是无法摆脱那种整个的和重大的责任感的。”②萨特认为，存在主义的第一个后果就在于，它使人人明白自己的本来面目，并且把自己存在的责任完全由自己担负起来，不是指仅仅对自己负责，而是指对所有人负责。

三、后现代主义

后现代主义（Postmodernism）是20世纪末在西方具有重大影响的文化思潮，它在20世纪80年代初还被认为是一个在欧洲作祟的“幽灵”，如今已然“成为一个家喻户晓的用语”。尽管今天关于后现代主义的著述汗牛充栋，但至今没有一个关于后现代主义公认的定义，其歧义性可谓是空前的。不过，后现代主义至少可以从三个层面加以理解，即文学艺术上的后现代主义；社会文化上的后现代主义；哲学上的后现代主义。其中后现代主义哲学是这一思潮的理论基础。③王治河先生的下述两段话有助于我们总体把握和正确认识后现代主义哲学：“在思维方式上坚持一种流浪者的思维，一种专事摧毁的否定性思维，坚持对以划一思维和二元对立思维为特征的现代思维方式的否定，是所有的后现代哲学思潮所共同具有的特征。至于否定、摧毁的对象，每个思潮则各有专攻。”“后现代哲学的一个重要贡献在于促使我们重新省察人与世界、人与人的关系，也就是重新省察思维与存在的关系。这意味着，我们以往对世界（主观世界和客观世界）的认识发生了问题，用罗蒂的话说就是，传统的那一套认识世界的范畴和框架已不适用了。后现代哲学用一个未知的、不确定的、复杂的、多元的世界概念取代了传统的给定的

① ［法］萨特：《存在与虚无》，陈宣良等译，杜小真校，生活·读书·新知三联书店1987年版，第708页。

② ［法］萨特：《存在主义是一种人道主义》，周煦良、汤永宽译，上海译文出版社1988年版，第10页。

③ 参见王治河：《后现代哲学思潮研究》（增补本），北京大学出版社2006年版，第3—5页。

世界概念。在此基础上，提出了确定是相对的、不确定是绝对的思想。”①这里我们简要阐述几位有代表性的哲学家的后现代主义社会德性思想。

（一）福科的知识考古学

米歇尔·福柯（Michel Foucault, 1926—1984）是法国哲学家、观念历史学家、社会理论家、哲学和文学批评家，法国后结构主义的重要代表人物，被认为是“20世纪极富挑战性和反叛性的法国思想家”。他早年就读于巴黎高等师范学校，曾师从结构主义马克思主义者阿尔都塞（Louis Althusser, 1918—1990）和存在主义者梅洛—庞蒂（Maurece Merleau-Ponty, 1908—1961），曾经是法国共产党党员。他曾在瑞典、突尼斯等地工作和任教，自1970年起任法兰西学院思想体系史教授，直至去世。他患有严重的忧郁症，甚至企图自杀，死于艾滋病。他的主要著作有:《精神疾病与心理学》（*Maladie mentale et personnalité*, 1954, re-edited as *Maladie mentale et psychologie / Mental Illness and Psychology*, 1962），《疯狂与文明：古典时期疯狂史》（*Histoire de la folie à l'âge classique - Folie et déraison / Madness and Insanity: History of Madness in the Classical Age*, 1961），《临床医学的诞生》（*Naissance de la Clinique - une archéologie du regard medical / The Birth of the Clinic, and The Order of Things*, 1963），《死亡与迷宫》（*Raymond Roussel / Death and the Labyrinth: the World of Raymond Roussel*, 1963），《词与物：人文学科考古学》（*Les Mots et les choses - une archéologie des sciences humaines / The Order of Things: An Archaeology of the Human Sciences*, 1966），《知识考古学》（*L'Archéologie du Savoir - une archéologie des sciences humaines / Archaeology of Knowledge*, 1969），《规训与惩罚》（*Surveiller et punir: naissance de la prison / Discipline and Punish*, 1975），《性史》（*Histoire de la sexualité / The History of Sexuality*）等。其中《性史》共三卷（本计划六卷）：第一卷《知识的意志》（*Vol I: La volonté de savoir / Vol I: The Will to Knowledge*, 1976）、第二卷《享用快乐》（*Vol II: L'Usage des plaisirs / Vol II: The Use of Pleasure*, 1984）、第三卷《关怀自我》（*Vol III: Le Souci de soi / Vol III: The Care of the Self*, 1984）。第四卷“肉体的忏悔”据说已经写成，但因艾滋病发作夺去他的生命而未改完，家人遵照他的“不出版遗著”的愿望而至今未出版该著。

① 王治河：《后现代哲学思潮研究》（增补本），北京大学出版社2006年版，前言第2、3页。

此外，福柯1970年到1984年在法兰西学院讲授“思想体系史”的讲稿也先后被整理出版，被称为“法兰西学院课程讲义”（Collège de France Course Lectures），共有13部。福柯虽然著作很多，但所做的探索可归结为在权力与知识的关系这个大的语境中对理性和理性主体进行激烈的批判。[①] 福柯研究的问题比较边缘，研究方法非同寻常，而研究的内容却非常丰富，他的文本似乎至今没有多少人完全读懂。这里只是就他的后结构主义的非理性主义倾向作些解读。福柯的思想差不多都体现在他对历史的述说之中，但这种述说不是历史学家的述说，而是思想家的述说，或者不如说是拿历史说事，即所谓“六经注我”。他把他的这种思想方法称为“知识考古学”，后来也称为“知识系谱学”。他的这种方法所直接针对的是结构主义，同时也针对近代以来思想史领域流行的“实证性认识论化”，以“使思想史摆脱其先验的束缚”[②]，它充分体现了福柯对近代西方文明的批判态度和非理性主义倾向。

结构主义是一种以反人本主义思潮特别是存在主义面目出现的哲学思潮。它源于20世纪初的结构主义语言学派的先驱者、瑞士语言学家索绪尔（Ferdinand de Saussure, 1857—1913），20世纪50、60年代自法国开始流行于西欧其他一些国家以及美国。20世纪50年代，在科学技术革命带来的科学发展一体化（整体化）趋向的影响下，欧美的一些社会科学家、人文科学家对他们领域中流行的非理性主义的观点和方法感到不满，要求以新的观点和方法代替它。于是，在心理学、语言学和人类学等领域形成了一种结构主义的观点和方法。结构主义的最重要代表人物有：描述语言学派的代表人物布龙菲尔德（Leonard Bloomfield, 1887—1949）、“转换—生成语法”学派的代表人物乔姆斯基（Noam Chomsky, 1928— ）、结构主义人类学家列维－斯特劳斯（Claude Levi-Strauss, 1908—2009）、结构主义的马克思主义者阿尔图塞（Louis Althusser, 1918—1990）等。

“结构”是结构主义的核心概念。“结构”（structure）一词来源于拉丁文“structura”，原意是由部分构成的整体。结构主义者对“结构”的理解不尽一致，但瑞士发生认识论心理学家皮亚杰（Jean Piaget, 1896—1980）在《结构主义》一书中对“结构”一词所下的定义比较有影响。他认为，结构有以

① 参见盛宁:《人文困惑与反思——西方后现代主义思潮批判》，生活·读书·新知三联书店1997年版，第92页。

② ［法］福柯:《知识考古学》，谢强、马月译，生活·读书·新知三联书店2007年版，第225页。

下三个特征：其一，整体性，即是按一定组合规则构成的整体；其二，转换性，即结构中的各个成分或部分可按照一定的规则相互替换，而并不改变结构本身；其三，自身调整性，即组成结构的各个成分互相制约，互为条件而不受任何外部因素的影响。① 结构主义者一般将结构划分为深层结构和表层结构，前者是指现象的外部关系，后者则是指现象的内部关系，但他们所强调和寻求的是深层结构。因此，结构主义中“结构”实际上指的是“深层结构”。

在结构主义者看来，一切由人类行为构成的社会现象，表面看来似乎杂乱无章，其实内蕴着一定的结构。这种结构支配并决定着一切社会现象的性质和变化。因此，人文学科的研究不能局限于主体自身，而应深入到现象的深层结构。列维－斯特劳斯就认为，语言学与人文科学的关系就如同数学与物理学的关系，前者对后者有方法论的指导意义，因而与物理学一样，人文科学应认清它的对象的内在的实在性，而不能局限于主体感觉所能得到的水平上。② 总体上看，结构主义具有以下五个特点：一是强调整体性的研究，反对孤立、局部的研究。二是强调认识事物内部的结构，反对单纯地研究外部现象，其具体方法是“分析”（把对象或现象分解成为各个原始组成）和“配置”（把各个部分按一定的假设性理论模式组合起来，“重现”现象的深层结构）。三是强调内部因素的研究而忽视或否定外部因素的研究。四是强调静态（共时态）的研究而忽视或反对历史（历时态）的研究。例如，结构主义语言学家索绪尔就认为，语言是一个系统，语言学应该分成共时语言学和历史语言学。共时语言学研究作为系统的语言，所以特别重要；历时语言学只研究个别语言要素的演变，不能构成系统，所以同共时语言学比较起来并不怎么重要。③ 五是强调结构的不以人的意志为转移的客观作用，而忽视或否定人的主观能动作用，认为一切社会现象和文化现象的性质和意义都是其先验结构决定的，人的一切行为都无意识地受结构的支配。从上述基本观点及其特点不难看出，结构主义是完全针对自叔本华开始的人本主义思潮的，它反对人本主义突出个体（无论是其意志，还是其生命或存在）的主体

---

① 参见［瑞士］皮亚杰：《结构主义》，倪连生、王琳译，商务印书馆 1984 年版，第 3—11 页。

② 参见夏基松：《现代西方哲学教程新编》下册，高等教育出版社 1998 年版，第 621 页。

③ 参见［瑞士］索绪尔：《普通语言学教程》，高名凯译，岑麟祥、叶蜚声校注，商务印书馆 1980 年版，第 8 页。

性、自决性和创造性，主张把社会历史的中心从个体或自我转移到结构上来，这即是他们所谓的“主体移心化”。

福柯像结构主义者一样，将研究的目光聚焦于对象即历史现象（知识）的深层结构，但与他们不同的是，他所关注的不是对象的共时结构，而是更关注对象的历史变化。在他看来，“将历史分析变成连续的话语，把人类的意识变成每一个变化和每一种实践的原主体，这是同一思想体系的两个方面。”① 他受弗洛伊德主义的影响，试图走进历史城堡本身，对“历史重大遗迹作本质的描述”②。为此，福柯批评了两种历史研究的方法。一种是传统的历史研究方法，这种方法大致上就是福柯所讲的“思想史的方法”。这种方法把历史看作是从事于“记录”过去的重大遗迹，把它们转变为文献，并使这些遗留印迹说话。福柯认为，这种印迹本身常常是吐露不出任何东西的，要么它们无声地讲述的事情与希望它们讲述的风马牛不相及。另一种方法是今天所采取的方法。这种方法指的是结构主义的方法特别是列维－斯特劳斯的人类学方法。这种方法则将历史看作是将文献转变成重大遗迹，并且在那些人们试图辨别前人遗留印迹曾经是什么的地方，让历史展示出大量的素材，以供人们区分、组合、寻找合理联系，以构成整体。对于这两种方法来说，考古学不过是一门探究无声的古迹、无生气的印迹、无前后关联之物和过去遗留之物的学科。然而，对于福柯来说，考古学“只有重建某一历史话语才具有意义”③，而历史应当趋向于考古学，致力于对历史重大遗迹作本质的描述。

福柯所说的考古学不是通常意义上的考古学，而是关于知识的考古学。他所谓的“知识”，不是指各门学科的知识，而是指人类对于自己所面对的世界的全部理解和把握。从历史的角度看，就是人类的历史。他所关心的不是“知识”本身，而是这种“知识”是如何形成的。在福柯看来，人类迄今为止所积累的知识虽然看起来完全严密，但实际上它是非常不稳定的，其中存在着无数的“裂缝”“断层”，而且是由一套一套各处独立的“话语”累积而成的。这种知识形成的方法是将知识主体绝对地置于首位，认为它具有

① ［法］福柯：《知识考古学》，谢强、马月译，生活·读书·新知三联书店2007年第3版，第13页。

② ［法］福柯：《知识考古学》，谢强、马月译，生活·读书·新知三联书店2007年第3版，第7页。

③ ［法］福柯：《知识考古学》，谢强、马月译，生活·读书·新知三联书店2007年第3版，第7页。

从事理性、逻辑的思维的能力，能将原本是断裂的话语片段连接在一起，将其裂缝抚平，使其成为具有“统一性”和“连续性”的完整整体。显然，这种方法所假定的知识主体及其所具有的构建功能，只能是先验的或超验的。在福柯看来，这种知识形成的过程，无非是人的理智按一定的认知范式所进行的一种理性的实践活动。在这种理性实践活动中，真正起作用的是“权力”。与这种方法不同，福柯说他的考古学“旨在重新发现在何种基础上，知识和理论才是可能的；知识在哪个秩序空间内被构建起来；在何种历史先天性基础上，在何种确实性要素中，观念得以呈现，科学得以确立，经验得以在哲学中被反思，合理性得以塑成。”① 具体地说，考古学要探讨“知识”为什么会被认定为“知识”，以及经过一套什么样的机制运作而被认定为“知识”的，它在形成过程中所遵循什么样的规则、规定、标准、程序，以及其中必然将涉及的各种分类、信念和惯用的方法等。在研究的过程中，福柯特别关注“知识”形成过程中的不平衡关系、非回报性关系，其中包括哪些被包容吸纳了，哪些被排斥了，移向中心的有哪些，被排挤到边缘的又有哪些，所有这一切又有什么规律等等。

需要指出的是，知识考古学对历史、知识和西方文明形态的批判，其锋芒甚至直指作为理性主体的“人”本身。在《词与物》的“前言”中，福柯说：“想到人只是一个近来的发明，一个尚未具有200年的人物，一个人类知识中的简单褶痕，想到一旦人类知识发现一种新的形式，人就会消失，这是令人鼓舞的，并且是深切安慰的。”② 在该书的结尾又说：“诚如我们的思想之考古学所轻易地表明的，人是近期的发明。并且正接近其终点。……人将被抹去，如同大海边沙地上的一张脸。”③ 福柯这里所说的“人”，当然不是指生理意义上的人，而是指西方17世纪以来从人本主义中萌生而由浪漫主义强化的“人”的概念。这种概念意义上的人，是作为宇宙主体和中心的理性的人。福柯所说的“人就会消失”或“人将被抹去”，是指他的知识考古学将还其本来面目于人。他没有明确这种人是什么样的人，但肯定不是其本质是理性的人。

① ［法］福柯：《词与物——人文科学考古学》，莫伟民译，上海三联书店2001年版，“前言”第10页。

② ［法］福柯：《词与物——人文科学考古学》，莫伟民译，上海三联书店2001年版，“前言”第13页。

③ ［法］福柯：《词与物——人文科学考古学》，莫伟民译，上海三联书店2001年版，第506页。

福柯认为，考古学的提出是历史认识论的变化。这种变化产生一些重要后果：第一，从表层效果看，观念史中的断裂增加，历史中出现长时段。就传统形式而言，旨在确定事实之间或者过去的事件之间的关系，这是简单的因果关系、循环的确定关系、对立关系、表达关系。序列已经建立起来，任务是确定各个因素之间的邻界。新的历史则是要建立序列，包括确定每一系列各自的成分，规定它的界线，揭示它特有的关系类型，找出它的规律，并且更多地描述不同序列之间的关系，以便建立序列中的序列或某些"范围"。第二，不连续性的概念在历史学科中占据了显要位置。对于古典形式的历史而言，不连续既是已知的，又是不可想象的。为了使事件的连续性显现出来而回避、抑制、消除那些以分散的事件形式呈现的东西。新的历史却把不连续性看作是历史分析的基本成分之一，认为它在历史分析中兼有三种职能：首先它构成历史学家有意识的行为，而不是他们不得不从他所要研究的材料中接受的东西；其次它还是历史学家描述的结果，而不是历史学家的分析所要删除的东西；最后它是研究工作要不断进行阐明的概念，而不是把它当作两个肯定形态之间的一致的、无差别的空白而被忽略。福柯认为，不连续性亦即断裂作为对象向历史学家提供历史。它是一种决定着自己的对象，并使得对它的分析更为有效的积极因素。"如果不以这种断裂为起点，历史学家还能从什么地方开始呢？"①第三，"全面历史"的主题和可能性开始消失，而一种与前者截然不同的"总体历史"的东西已初步形成。"全面历史"旨在重建某一文明的整体形式，某一社会的原则，某一时期的全部现象所共有的意义，涉及这些现象的内聚力的规律。人们常把它比喻为某一时代的"面貌"。"总体历史"所规定的任务是，确定什么样的关系形式可以在社会不同的序列之间得到合乎情理的描述，这些序列能形成什么样的垂直系统，它们之间的关联和支配关系是怎样的，在哪些不同的整体中一些成分会同时出现。"一个全面的描述围绕着一个中心把所有的现象集中起来——原则、意义、精神、世界观、整体形式；相反地，总体历史展开的却是某一扩散的空间。"②第四，在新历史面临的一些方法论问题中，有一些很早就已存在，但如今却成为新历史的标志。这主要体现在对变化的重视方面。福柯认为，很

① ［法］福柯：《知识考古学》，谢强、马月译，生活·读书·新知三联书店 2007 年第 3 版，第 9 页。

② ［法］福柯：《知识考古学》，谢强、马月译，生活·读书·新知三联书店 2007 年第 3 版，第 10 页。

久以来，历史学家就在测定、描述和分析结构了，但他们却从来不觉得有必要自问他们是否把“活生生的、脆弱的、颤抖的‘历史’漏过去了”。这种将结构同变化对立起来的做法既不适合于历史范畴的确定，也不适合于结构方法的确定。①

福柯指出，历史的这一认识论的变化并不是从昨天才开始的，但至今仍未完成，其收效也姗姗来迟。他说，他在《疯癫与文明》《临床医学的诞生》和《词与物》中已经勾勒出了这种新的历史研究方式的轮廓。例如，他在《词与物》中提出，他并不关心向客观性迈进的被描述的知识，而设法阐明的是认识领域，是“认识型”，在其中撇开所有参照了其理性价值或客观形式的标准而被思考的知识，奠基了自己的确实性，并因此宣明了一种历史，但这并不是它愈来愈完善的历史，而是它的可能性状况的历史。如此叙述，“应该显现的是知识空间内的那些构型，它们产生了各种各样的经验知识”。他指出，这样一种事业，与其说是一种传统意义的历史，还不如说是一种考古学（unearchéologie）。在他看来，这个考古学已经揭示出了西方文化认识型中的两个巨大的间断性：第一个间断性开创了古典时代（大约 17 世纪中叶），而第二个间断性则在 19 世纪初标志着我们的现在性开始。而且考古学分析还能表明，在整个古典时代，表象理论与语言理论、自然秩序理论和财富及价值理论之间存在着连贯性。② 不过，在上述这些著作中，福柯试图通过这项研究测量出一般发生在历史领域中的变化，并对一些属于思想史的方法、界限和主题提出质疑，还想通过这项研究在历史领域中解脱人类学的束缚。但是，这些任务还是零乱的，没有在整体上联结起来，而他的《知识考古学》则是要使它们一致起来。福柯指出，他这部著作的出发点是一个比较简单的问题，即话语的断裂所依据的重要单位不是作品、作者、书籍或者主题等单位，而是他所建立的一整套概念（话语的形式、实证性、文献），划出的领域（陈述，陈述的范围，话语的实践），一种可能既不是形式化的也不是解释性的方法的特殊性。总之，他所使用的是一整套“器具”。他说：“我的所作所为，就好像是发现了一个新的领域，而为了弄清

① 参见［法］福柯：《知识考古学》，谢强、马月译，生活·读书·新知三联书店 2007 年第 3 版，第 11—12 页。

② 参见［法］福柯：《词与物——人文科学考古学》，莫伟民译，上海三联书店 2001 年版，前言第 9—12 页。

这个领域，我必须使用全新的方法和测定手段。”[①]不过，他认为这还不够，还必须指出考古学的分析在什么方面不同于思想史的描述，否则他就没有权利心安理得。

福柯认为，描述思想史这样的学科的特征不是一件容易的事，因为它的对象不确定，没有明确的界限，使用的方法东拼西凑，步骤上也既无正确性，亦无固定性。不过，我们可以从它的两个作用辨识它：一方面，它讲述邻近的和边缘的历史。它不讲述科学的历史，而是讲述那些不完整的、不严格的知识的历史，这些知识历经坎坷却从未能够达到科学性的形式。“在一些话语的重大的建树的间隙中，它揭示出以话语重大建树为基础的脆弱地基。这就是漂移不定的语言，无定形的作品，无关联主题的学科。这是观点、谬误、心理类型，而不是知识、真理、思想形式的分析。”[②]但是，另一方面，思想的任务却是要贯通那些现存的学科，研究和重新阐述它们。“它包揽科学、文学和哲学等历史领域”，“已成为研究相互影响的学科，成为对同心圆的描述，这些同心圆把作品圈在中央，突出它们，把它们连结起来，并把它们插入所有并非它们的范围中去”。[③]这两种作用是相互连接的，就其最一般的形式来看，它不停地描述着从非哲学到哲学，从非科学到科学，从非文学到作品本身的过渡。起源、连续性、总体化，这就是思想史的重要主题，也正是由于这些主题，它才同某种现在看来是传统的历史分析形式重新连接起来。与此不同，考古学的描述却恰恰是对思想史的摈弃，对它的假设和程序的系统的拒绝，它试图创造另外一种已说出东西的历史。

在福柯看来，在考古学的分析与思想史之间存在着众多的区别，其中重要的体现在关于新事物的确定、关于矛盾的分析、关于比较的描述和关于转换的测定等四个方面，正是这些区别凸显了考古学的特殊性。第一，考古学所要确定的不是思维、描述、形象、主题，不是萦绕在话语中的暗藏的或明露的东西，而是话语本身，即服从于某些规律的实践。它探讨话语，不是把它们看作资料、符号或本该是透明的成分，而是要穿过不透明性找到本质

① ［法］福柯：《知识考古学》，谢强、马月译，生活·读书·新知三联书店2007年第3版，第149页。

② ［法］福柯：《知识考古学》，谢强、马月译，生活·读书·新知三联书店2007年第3版，第150页。

③ ［法］福柯：《知识考古学》，谢强、马月译，生活·读书·新知三联书店2007年第3版，第150、151页。

的深度。“它不是一门阐述性学科，因为它不寻找隐藏得更巧妙的‘另一种话语’。它拒不承认自己是‘寓意的’。”[①]第二，考古学的问题是确定话语的特殊性，指出话语所发挥的规则作用在哪些方面对于其他话语是不可缺少的，并沿着话语的外部边缘追踪话语以便更清楚地确定它们。它不试图发现那种缓和地把话语同它前面的、周围的和后面的东西联系起来的连续的和不知不觉的过渡，它不注意话语从它们原来不是的东西变成它们所是的东西的时机，也不关注话语由于松开了它们形态的稳固性而要渐渐地丧失它们的同一性的时机。“考古学不想缓慢地从观念的模糊领域走向序列的特殊性或科学的最终的稳定性；它不是一部‘光荣经’，而是对话语方式作出差异分析。”[②]第三，考古学根本没有被排在作品的主宰形态的地位上，也不试图捕捉从无名的地位中脱颖而出的时机。它确定话语实践的类型和原则，当然，这些话语实践是横贯作品的，它有时完全支配和控制作品，有时却也只支配它们的一部分。因此，创作的主体、作品存在的理由和它的一致原则，是考古学所不关注的。所以，“它既不是心理学，也不是社会学，更不是一般所说的创造的人类学。”[③]第四，考古学并不设法通过在已说出的东西的同一性本身中重新找回这些东西来重复它们。“考古学不是什么别的东西，仅仅只是一种再创作：就是说在外在性的固有形式中，一种对已写出的东西调节转换。这不是向起源的秘密本身的回归；这是对某一话语——对象的系统描述。”[④]

福柯运用他的考古学方法着重研究了惩罚权力和性的问题，形成了他的两部名著《规训与惩罚》和《性经验史》。这两部著作都以权力关系及其运作方式作为研究的对象，但侧重点有所不同。在《规训与惩罚》中，福柯是以身体作为研究权力关系运作的支点，讨论的是权力如何依靠制约身体的“规训”程序贯穿于整个社会之中；而在《性经验史》中特别是其中的《认知的意志》中，他进一步以“性经验”作为权力关系运作的支点，关注性经

① ［法］福柯：《知识考古学》，谢强、马月译，生活·读书·新知三联书店2007年第3版，第152页。

② ［法］福柯：《知识考古学》，谢强、马月译，生活·读书·新知三联书店2007年第3版，第153页。

③ ［法］福柯：《知识考古学》，谢强、马月译，生活·读书·新知三联书店2007年第3版，第153页。

④ ［法］福柯：《知识考古学》，谢强、马月译，生活·读书·新知三联书店2007年第3版，第154页。

验与这一权力机制的关系，并且试图提出一套新的“权力理论”。①

在《规训与惩罚》中，福柯考察了惩罚权力的历史，通过这种历史的考察阐明了现代监狱的诞生。他认为这一历史包括两个主要阶段：第一阶段是中世纪末和“旧制度”时期实施作为王权武器的酷刑，其特点是肉体惩罚；第二阶段是 19 世纪初开始剥夺财富与权利，后来出现了使用现代规训技术的监狱，同时也附加某些惩罚因素，如强制劳动甚至监禁、限量供应食物、性生活被剥夺等。在福柯看来，“在这种惩罚日益宽松的现象背后，人们可以发现惩罚作用点的置换，而且可以看到，通过这种置换出现了一个新的对象领域，一个新的事实真理体系以及一大批在刑事司法活动中一直不为人们所知的角色。一整套知识、技术和‘科学’话语已经形成，并且与惩罚权力的实践愈益纠缠在一起。”② 福柯给自己规定的研究任务是，论述关于现代灵魂与一种新的审判权力之间相互关系的历史，论述现行的法学—法律综合体的系谱。在这种综合体中，惩罚权力获得了自身的基础、证明和规则，扩大了自己的效应，并且用这种综合体掩饰自己超常的独特性。③

在《性经验史》中，福柯直接针对的是弗洛伊德和拉康的精神分析理论。这种理论从压抑与解放的二元对立出发，认为性从来只是被否认和被压抑的，而福柯却发现，从 16 世纪以来，性不仅被压抑，而且也被激活起来，不断被生产和繁殖出来，而这正是各种权力关系在性经验的机制中运用的结果。在他看来，压抑与解放恰恰是权力机制中互相关联的两个方面。这种权力机制表现为对肉体的惩戒权力和对人口调节的权力，而在“身体”和“人口”的连接点上，性变成了以管理生命为中心的权力的中心目标。“我们大家都生活在‘性’社会里，或者说是生活在‘性’之中。权力机制告诫身体、生命、繁衍生命的东西、增强人种的东西注意自己的力量、控制能力或者供人使用的能力。权力‘向’性谈论性，如健康、后代、种族、人类的未来和社会有机体的生命力。性不是什么标志或者象征，它是对象和目标。其重要性不在于它的稀有性或暂存性，而是它的执著和潜伏存在，事实上，它到处可见，同时又令人生畏。权力突出它、引发它，把它作为生育器官来使

① 参见［法］福柯：《性经验史》（增订版），佘碧平译，世纪出版集团 / 上海人民出版社 2005 年版，《增订本前言》。

② ［法］福柯：《规训与惩罚》（修订译本），刘北成、杨远婴译，生活·读书·新知三联书店 2012 年第 4 版，第 24 页。

③ 参见［法］福柯：《规训与惩罚》（修订译本），刘北成、杨远婴译，生活·读书·新知三联书店 2012 年版，第 24 页。

用；为了不让它逃避，在使用它时，必须控制它，它是一个‘具有器官价值的用品’。”①

（二）德里达的解构主义

雅克·德里达（Jacques Derrida, 1930—2004）是法国哲学家，解构主义创始人和主要代表。他出生于阿尔及利亚，毕业于巴黎高等师范学校，曾到哈佛大学进修一年。他长期在巴黎高等师范学校任教，担任过哲学系主任，还先后在美国霍普金斯大学、耶鲁大学、加州大学任客座教授。20 世纪 60 年代，他是巴黎先锋派刊物《如是》（Tel Quel）的核心人物。他的主要著作有：《声音与现象：胡塞尔现象学中的符号问题导论》（*La voix et le phénomène: introduction au problème du signe dans la phénoménologie de Husserl / Speech and Phenomena and Other Essays on Husserl's Theory of Signs*, 1967），《书写差异》（*L'écriture et la différence / Writing and Difference*, 1967），《论文字学》（*De la grammatologie / Of Grammatology*, 1967），《播撒》（*La dissémination / Dissemination*, 1972），《哲学的边缘》（*Marges de la philosophie / Margins of Philosophy*, 1972），《绘画中的真理》（*La Vérité en peinture / The Truth in Painting*, 1978），《论精神：海德格尔与问题》（*De l'esprit: Heidegger et la question /Of Spirit: Heidegger and the Question*, 1987），《谁害怕哲学？》（*Du droit à la philosophie / Who's Afraid of Philosophy?* 1990），《马克思的幽灵——债务国家、哀悼活动和新国际》（*Spectres de Marx: l'état de la dette, le travail du deuil et la nouvelle Internationale / Spectres of Marx*1993），《死亡的礼物》（*Donner la mort / The Gift of Death*, 1993），《无赖》（*Voyous: deux essais sur la raison/ Rogues: Two Essays on Reason*, 2003），《我所是的动物》（*L'animal que, donc, je suis / The Animal That Therefore I Am*, 2006），《野兽与主权》（*Séminaire La bête et le souverain*. Volume I, 2001—2002; II, 2002—2003 / *The Beast and the Sovereign*. Volume I, 2008; II, 2010）等。德里达针对结构主义的主张进行解构，通过发展巴尔特（Roland Barthes, 1915—1980）的后结构主义思想建立了解构主义。他终身反对西方传统中占主导地位的逻各斯中心主义和言语（语音）中心主义，否定终极意义，消解二元对立，清除概念淤积，拒斥形而上学，为新的写作方式和阅读方式开辟了广泛的可能

① ［法］福柯：《性经验史》（增订版），佘碧平译，世纪出版集团 / 上海人民出版社 2005 年版，第 95—96 页。

性。对此，他在接受《世界报》记者的访谈时作了明确的阐述。他说："从我开始我的研究起，可能就是'解构主义'研究本身，我就始终对诸如瓦莱里、胡塞尔或海德格尔等在现代性名义下表达的欧洲中心主义持极端批判立场。解构主义总的来说是一项事业，很多人正确地把它视作对于任何欧洲中心主义怀疑的举动。"[①] 德里达的解构包括西方哲学、西方宗教和西方文学的解构，后来还扩展到政治、法律和马克思主义政治思想。他的解构"不是否定，而是按照传统内在的发生的法则去阅读它，拆开或撑开它内部的张力，重新唤醒其活力，同时在它的内部以及在它所排斥的外部一道，在文本的'边缘'来解读和再书写"[②]。

在德里达看来，哲学与非哲学之间并不存在一种静态的、明晰的界限。从这种角度上看，哲学的性质，哲学自身的运动，就在于征服一切空间，在于不肯接受存在着哲学的某种外部。哲学家正是认为哲学不受限制的那种人，他倾向的是将非哲学纳入、内化到哲学之中。"这个界限永远不是给定的，因此必须不断地同时查测揭示它定居之地，观察它的位移，并去移动它，既然这种界限不是静态的，问题就变成了'什么'是哲学的问题。"[③] 德里达赞同海德格尔的这样一种看法，即：哲学本质上不是一般的思想，哲学与一种有限的历史相联，与一种语言、一种古希腊的发明相联：它首先是一种古希腊的发明，其次经历了拉丁语与德语"翻译"的转化等等，它是一种欧洲形态的东西，在欧洲文化之外存在着同样具有尊严的各种思想与知识，但将它们叫做哲学是不合理的。的确，哲学不是各种思想模式中的一种，它有一种特殊性和一种使命，它有一种与众不同的雄心，即成为放诸四海皆准的东西。但是，这种哲学并非全部思想，非哲学的思想、超出了哲学的思想是可能存在的。比如，当人们去思考哲学本身，思考哲学是什么时，这种思考本身就不是哲学的。德里达指出，他所感兴趣的正是这种东西，他的解构从某种角度说正是哲学的某种非哲学思想。

"解构"是（la dé-construction）德里达在胡塞尔和海德格尔的"拆毁"概念的基础上提出的一种超出哲学的非哲学思想。他在谈到这种思想时明

---

① ［法］德里达：《解构与思想的未来》（上），杜小真等译，夏可君校，吉林人民出版社2011年版，第19页。

② ［法］德里达：《解构与思想的未来》（上），杜小真等译，夏可君校，吉林人民出版社2011年版，"编者导言"第4页。

③ ［法］德里达：《书写与差异》上册，张宁译，生活·读书·新知三联书店2001年版，"访谈代序"第9页。

确指出，“在传统的哲学对立中，并没有对立双方的和平共处，而只有一种暴力的等级制度。其中，一方（在价值上，逻辑上等等）统治着另一方，占据着支配地位。消除这种对立首先就是在某个选定的时刻颠倒那个等级关系。”① 但是德里达所说的解构远不只是对这种对立双方的等级关系的颠倒，而是通过双重姿态、双重科学、双重写作来实施对传统对立的颠倒，并对系统全面置换。“只有在这种条件下，解构才会提供在它批评的领域里进行调和的手段，而这个对立的领域也是充满散漫的力量的领域。”② 德里达认为，不存在那种一般的解构，解构只存在于既定文化、历史、政治情境下的一些解构形态。解构是针对每种情境的，每一种情境都有某种必要的策略，这种策略依情况的不同而有别。显然，今天的解构、解构形态与四十年前是不一样的，因为情况发生了变化，哲学场域、政治场域发生了变化。“解构，是那种来临并发生的东西，不是大学里限定了的东西，它并不总是需要一个实施某种方法的行动者。那些使社会、技术转型了的事件就是解构性的事件。”③

德里达的解构主义所直接针对的是结构主义。他肯定结构主义的意义，认为“结构主义首先是一种观照探险，一种向所有对象发问方式的改变，向历史对象——尤其是它自己的对象”④。他称结构主义激活了我们所称的西方思想，而这一思想的命运是随西方疆域外的回撤而向外延伸的。“结构主义因而以其最内在的意向，像对语言提出的所有问题那样，脱离了使之成为可能且天然从属其问题范畴并于其间壮大自己的古典思想史。”⑤ 然而，值得关注的是，结构主义本身带有不可还原的非反省的自发性的领域，也有一些它未明言的关键的幽暗处。德里达将结构主义解释成一种注意力的间歇或对力的关注的松弛。当人们不再有能力从力的内部去了解力，即去创造时，就开始着迷于已经创造出来的形式。所有时代的文学批评都是如此，所以它们注定都是结构主义的。结构主义在自己的概念、系统和方法中思考着自身，并

① J. Derrida, *Positions*, Minuit Paris, 1972, pp.56-7.

② J. Derrida, *Marges de la Philosophie*, Minuit Paris, 1972, p.392.

③ ［法］德里达:《书写与差异》上册，张宁译，生活·读书·新知三联书店 2001 年版，“访谈代序”第 15 页。

④ ［法］德里达:《书写与差异》上册，张宁译，生活·读书·新知三联书店 2001 年版，第 1 页。

⑤ ［法］德里达:《书写与差异》上册，张宁译，生活·读书·新知三联书店 2001 年版，第 3 页。

从此意识到了自己与力的分离。为了报复力，它有时以深度和严肃去表明那种分离不只是论述作品的话语条件，也是作品本身存在的重要条件。这也正是为什么人们有时能从那些伴随“结构”分析技巧和精妙数理逻辑的喧嚣后面感受到一种深沉的调子，一种忧郁的情绪。这就使得结构主义意识不过是一种思想对于过去，即一般事实的意识而已。“它是一种对已成的，已构筑的，已创立的东西的反省。它因而注定具有历史的、末世的和迫近黄昏的性质。”①

在德里达看来，结构中并非只有形式、关系和构成，它还有连带性和永远具体的总体性。结构主义也讲整体性，它本身同时包括形式和意义，但这种脱离了自身力量的整体所意味的却是在形式中被重新思考的意义，而结构不过是形式与意谓的形式统一体。虽然将内容即意义的生命力中立化，能使结构的凹凸与线条更为明晰，但这有点像荒无人烟的城市构建，它被某种自然或艺术的灾难弄成了骷髅架子。德里达认为，说结构主义意识就是一种灾难意识并非自相矛盾，因为“它既有被毁性又有摧毁性，即所谓**非建构性**，整个意识的解构性，至少在（意识离开形式）坠落（以便分析形式）这个意识进入全面运动状态的时刻是如此”②。德里达说，人在那危在旦夕时会感受到结构，因为巨大的危险把我们的目光集中在神经质关键上，那石头既维系着整个建筑的可能性，也凝结了它的脆弱性。“因而结构在人们有序地威胁下可以更清楚地被理解，不仅它的骨架而且也包括它的隐秘处，在那里既不是构架也非遗迹，而是不稳定性。”③

解构“不是一种伟大的方法论，也不是一种伟大的思想技术”④，但也有某种共同的东西。首先要回顾。回顾就是行使记忆的权力，去了解我们生活于其间的文化是从哪里来的，传统是从哪里来的，权威与公认的习俗是从哪里来的。所以，没有无记忆的解构，这一点具有普世有效性。即便记忆内容各有不同，但每一次都必须为今日文化中占主导地位的东西作谱系学研究。

① ［法］德里达：《书写与差异》上册，张宁译，生活·读书·新知三联书店2001年版，第5页。

② ［法］德里达：《书写与差异》上册，张宁译，生活·读书·新知三联书店2001年版，第6页。

③ ［法］德里达：《书写与差异》上册，张宁译，生活·读书·新知三联书店2001年版，第6页。

④ ［法］德里达：《书写与差异》上册，张宁译，生活·读书·新知三联书店2001年版，“访谈代序”第17页。

“那些如今起规范作用的、具有协调性、支配性的因素都有其来历。而解构的责任首先正是尽可能地去重建这种霸权的谱系：它从哪儿来的，而为什么是它获得了今日的霸权地位？”[①]其次，解构的责任是尽可能地转变场域。解构不是一种简单的理论形态，而是一种介入伦理及政治转型的形态，也就是去转变一种存在霸权的情境，去转移霸权、叛逆霸权并质疑霸权。“从这个角度讲，解构一直都是对非正当的教条、权威与霸权的对抗。”[②]德里达强调，解构并不是“否定”一个事实，而是要使解构的一切保持鲜活性。因此，解构总是一种肯定，一种投入，也是一种承诺。就是说，它总是一种肯定的“是”：“首先对思想说是，对那种不能被还原成某种文化、某种哲学、某种宗教的思想说是。对生活说是，也就是说对那种有某种未来的东西说是。对要来的东西说是。假如我们想通过记忆去改变事物，那是因为我们喜爱将至的生活甚于死亡或者完结。因此，对思想、生活与未来来说，不存在终极目的，只存在无条件的肯定。”[③]再次，解构是可以重复的，因而有教学的可能。解构虽然不是一种方法，但它能够被重复，因而可以被传授。“它有一种可以被传授的风格或者说姿态，因为它们能够被重复。即便这种重复根据不同的对象、不同的上下文而有所变化。”[④]最后，解构有一些共同的规则。德里达强调，解构并不是一种方法，但是我们的确可以从中找到一定的规则，至少是临时性的规则。此外，解构是在结构内部进行的。在德里达看来，解构活动并不触动外部结构，而是居住在这种结构之中，只有这样，解构活动才是可能的、有效的，也才能有的放矢。[⑤]

解构与语言的关系十分密切，在某种意义上可以说是对语言的解构，当然这种语言并不是日常语言，而是文化的一些领域中成体系的具有霸权性的语言，如哲学、宗教、文学、政治、法律等领域的语言。对于解构与语言的关系，德里达明确说：“在某个既定时刻，我曾说过如果要我给‘解构’下

---

① ［法］德里达：《书写与差异》上册，张宁译，生活·读书·新知三联书店 2001 年版，“访谈代序”第 15 页。

② ［法］德里达：《书写与差异》上册，张宁译，生活·读书·新知三联书店 2001 年版，“访谈代序”第 15—16 页。

③ ［法］德里达：《书写与差异》上册，张宁译，生活·读书·新知三联书店 2001 年版，“访谈代序”第 16 页。

④ ［法］德里达：《书写与差异》上册，张宁译，生活·读书·新知三联书店 2001 年版，“访谈代序”第 16 页。

⑤ 参见［法］德里达：《论文字学》，汪家堂译，世纪出版集团 / 上海译文出版社 1999 年版，第 32 页。

个定义的话，我可能会说‘一种语言以上’。哪里有‘一种语言以上’的体验，哪里就存在着解构。世界上存在着一种以上的语言，而一种语言内部也存在着一种以上的语言。这种语言多样性正是解构所专注与关切的东西。因为首先，我并不简单地相信语言与思想间的差异。思想是通过语言进行的，哲学就与某种语言或某种语族相联。所以，解构哲学，自然就是对某种语言指定某种思想这种局限性的关切。一种语言可以赋予思想以各种资源，同时也限制了它。因而，必须思考这种‘有限’的资源。”① 另一方面，之所以要对霸权性语言进行解构，是因为只有通过解构，才能将这种语言从其霸权性中解放出来。“每回我们借助解构挣脱一种霸权并从中解放出来，就重新质疑了一种语言的那种没有被思考过的权威。”②

许多人认为解构是反人道主义、非理性主义的，德里达认为这种看法是误解。他指出，他为了解构而去质疑某种关于人、人性或理性的构型时，即去思考人工理性本身时，问题就不简单地是人性的或理性的，但也不是反人性的、非人性的或非理性的。他为自己辩护说，他每一次都以解构的方式就理性之源、人的观念的历史提出问题，有人指责他是反人道主义、非理性主义的，但情况并非如此。“我认为可以有一种思考理性、思考人、思考哲学的思想，它不能还原成其所思者，即不能还原成理性、哲学、人本身，因此它也不是检举、批判或拒绝。说存在着其他的东西要思考而且以不同于哲学的方式去思考的可能性，并非是对哲学不敬的一种标志。同样地，要思考哲学就必须以某种方式超出哲学：也必须从别处着手。而在解构一词名义下被寻找的正是这种东西。”③

德里达自己所致力于解构的是西方文化长期占统治地位的逻各斯中心主义和语音中心主义，即解构“观看”和“声音”的霸权。

自古希腊以来，西方文化传统一直受逻各斯中心主义（lobocentrisme）的支配，而逻各斯主义是一种哲学观念。“形而上学的历史，尽管千差万别，不仅自柏拉图到黑格尔（甚至包括莱布尼兹），而且超出这些明显的界限，自前苏格拉底到海德格尔，始终认定一般的真理源于逻各斯：真理的历

① ［法］德里达：《书写与差异》上册，张宁译，生活·读书·新知三联书店 2001 年版，“访谈代序”第 23 页。

② ［法］德里达：《书写与差异》上册，张宁译，生活·读书·新知三联书店 2001 年版，“访谈代序”第 23—24 页。

③ ［法］德里达：《书写与差异》上册，张宁译，生活·读书·新知三联书店 2001 年版，“访谈代序”第 12 页。

史、真理的真理的历史，一直是文字的堕落以及文字在‘充分’言说之外的压抑。”[①]德里达认为，从希腊发明的哲学中可以看到对所谓希腊语中的那个大写逻各斯的某种承认与臣服。这种逻各斯既是理性、话语、比例关系，又是计算和言语。它也指“聚集”，即系统的观念。这种系统稳定的观念，自我聚集的观念与逻各斯观念是联系在一起的。不过，聚集的模式多种多样，它们不一定都是系统，系统观念只是这种聚集的一种特殊形式。在德里达看来，尽管西方哲学史存在着差异和断裂，但把逻各斯作为中心的母题却是恒常的，我们在所有地方都能找到它。因此，西方哲学是逻各斯中心主义的。“逻各斯中心主义就是作为存有论的哲学，也就是作为在者所是科学的那种哲学。而意味着存有论或无论什么科学学科的那个‘论 / 逻辑’（logie），正好就是某种聚集性的合理性观念。”[②]

在德里达看来，逻各斯中心主义是与语音中心主义（phonocetrisme，亦译为“言语中心主义”）联系在一起的，也就是说与一种给予声音以特权的文化联系在一起的。语音中心主义是逻各斯中心主义的特殊形式，“我们所说的逻各斯中心主义即表音文字（如，拼音文字）的形而上学”[③]，因此德里达把语音中心主义称为逻各斯语音中心主义（logophonocentrisme）。“它主张言语与存在绝对贴近，言语与存在的意义绝对贴近，言语与意义的理想性绝对贴近。”[④]德里达认为，正是借助语音，主体通过听—说（它们是一个不可分离的系统）影响自身，并通过理想性的因素而与自身相关联。因此，语音中心主义与作为在场的一般存在意义的历史规定相融合，与取决这种一般形式并在其中组成它们的体系和历史系统的所有次要规定相融合。这些次要规定包括事物向视觉显现为本质，它作为实体 / 本质 / 存在的显现，作为此刻或瞬间的暂时显现，我思、意识、主体性的不同显现，他人与自我的共现、作为自我的意向现象的主体间性等等。“因此，逻各斯中心主义支持将在者的存在规定为在场。”[⑤]

在德里达看来，逻各斯中心主义的在场哲学，导致了逻各斯时代由于重

---

① ［法］德里达:《论文字学》，汪堂家译，世纪出版集团/上海译文出版社1999年版，第4页。

② ［法］德里达:《书写与差异》上册，张宁译，生活·读书·新知三联书店2001年版，“访谈代序”第11页。

③ ［法］德里达:《论文字学》，汪堂家译，世纪出版集团/上海译文出版社1999年版，第3页。

④ ［法］德里达:《论文字学》，汪堂家译，世纪出版集团/上海译文出版社1999年版，第15页。

⑤ ［法］德里达:《论文字学》，汪堂家译，世纪出版集团/上海译文出版社1999年版，第16页。

视声音而贬低文字，文字曾视为中介的中介，并陷入意义的外在性之中。而且，它还导致了所指（signatum）与能指（signans）的区分。这种区分的后果是，使阅读与写作、符号的创造与解释、作为符号的织体（tissu）的一般文本处于次要地位，而真理或由逻各斯的因素并在逻各斯因素内构成的意义则处于优先地位。即便事物、“所指对象”并不与造物主上帝的逻各斯发生直接关系，所指无论如何与一般逻各斯（有限或无限的逻各斯）直接相关，与能指，即文字的外在性间接相关。① 然而，语言学家和符号学家一般都将这种区分看作不言自明的事情。德里达认为，西方传统之所以得以形成并持续存在，是因为所指的序列决不与能指的序列同时出现，它至多与能指的序列保持（在存在时间上）具有微妙差别的颠倒关系或平行关系。符号必定是异质的统一体，因为所指（意义或事物，意向对象或实在）本质上不是能指，不是在能指上留下的痕迹。在任何情况下，它的意义并非由它与可能的痕迹的关系构成。“所指的形式本质乃是**在场**，它靠近作为**语音**的逻各斯的特权乃是在场的特权。”②

声音、语音与观看、哲视（theorein）在西方文化中是两种霸权，它们不是互相排斥的，人们可以同时赋予哲视和声音特权。德里达所说的“哲视”指的是西方哲学家的主张的直觉主义。所谓直觉指的是“看”。直觉主义一直是这样一种观念，它认为在思想中有某个时刻事物是直接地被提供给看的。在德里达看来，柏拉图、康德、胡塞尔等思想家赋予“理论”或本质的特权，是与触觉的特权兼容的。对于所有从柏拉图到胡塞尔为止的西方思想家来说，“最终都在可触性中得以完成，也就是说在他们的文本中总存在一个时刻，在那里被看到的东西也被接触到，在那里知识的圆满具有那种接触的形式”③。德里达断定，那些表面上赋予理论哲视或本质的、甚至是现象的东西（即那种向观看显现的东西）以特权的思想家，都同时赋予了触觉以特权，而触觉则是作为理论视域的终极目的而存在的。德里达认为，逻各斯中心主义和语音中心主义从根本上歪曲了思、说、写的关系，特别是歪曲了说与写的关系。在他看来，“说”绝不是“思”的再现，两者之间从一开始

① 参见［法］德里达：《论文字学》，汪堂家译，世纪出版集团 / 上海译文出版社 1999 年版，第 19 页。

② ［法］德里达：《论文字学》，汪堂家译，世纪出版集团 / 上海译文出版社 1999 年版，第 24 页。

③ ［法］德里达：《书写与差异》上册，张宁译，生活 · 读书 · 新知三联书店 2001 年版，“访谈代序”第 18 页。

就存在差别，说的东西与思的东西并不是一回事，说出的东西充其量只能与思的东西相近，而且说出的东西比思的东西要么多些要么少些。说与写之间也存在着明显差异，不仅写比说更具本原性，而且写往往更能反映语言的差别性，说却常常掩盖乃至取消这种差别性。

德里达特别重视语言的差别性，为此他还生造了 différance（中译为“分延”或“延异”）一词。在法语中，différance 与 différence 读音相同，仅听读音无法区别它们，根据字形却可以做到这一点。因此，写最能体现语言是一个差别系统的事实。德里达通过对列维－斯特劳斯《悲惨的热带》和卢梭《语言起源论》的解读进一步印证了这一点。différance 一词来自法文“différer”，原本有区别（differ）和延迟（deffer）两个意思，但名词化为差异（différance）之后就只剩下一个差别意思了，而“分延”则同时含有这两个意思，表示差别的延缓或包含延缓的差别。德里达创造“分延”这个词是有意将其与“差异”（différence）加以区别，以表示与逻各斯中心主义相信一种固定意义的存在相反，他相信意义是永远都处于延缓之中的，而且存在着差别，这种差别不是同时性的差别，而是历时性的差别，是自由活动的差别。语言和文本的意义因差别而存在。差别不是自我封闭的东西，而是一种永远无法完成的功能。这就意味着文本不是一个已完成了的文集，不是一本书或书边空白之间存在的内容，而是文字之间互为参照的“痕迹”。因此，“差别乃是语言学价值的根源。”[①] 实际上，在德里达那里，分延不仅有语言学意义，还有本体论意义。他曾经谈到，相对于差别而言，不管是实体性的、本体论的还是“实体—本体论的”在者与存在都是派生的，而与分延相比，在者与存在同样是派生的。在“此在的超越性”中，实体—本体论差别及其根据并不是绝对本源的东西，分延才是更“本源”的东西。[②] 由于dirrérance的存在，人们原以为有中心和本源的地方其实无中心和本源，一切都变成了话语，变成了充满差别的系统，在系统之外并不存在超验所指。德里达在许多著作中都论及此问题，最集中的讨论是在《立场》（*Positions*,1981）中。

德里达解构主义的主旨一方面是要突破原有的系统，打开其封闭的结构，排除其本源和中心，消除其霸权性；另一方面则是要将解构后的系统的各种因素暴露于外，看看它隐含着什么，排除了什么，然后使原有因素与外

---

① ［法］德里达:《论文字学》，汪堂家译，世纪出版集团/上海译文出版社1999年版，第74页。

② 参见［法］德里达:《论文字学》，汪堂家译，世纪出版集团 / 上海译文出版社 1999 年版，第 31—32 页。

在因素自由重构，从而产生一种无限可能性的意义网络，以增强其活力。如果我们以解构的方式读原有的文本，就会发现原有文本的界限已不复存在，而成了向我们无限开放，向其他文本无限开放的场域，里面的东西不断涌出，外面的东西不断进去对原有的东西进行替补。在这种意义上，每一次解构都会出现新意，并且这种新意并非固定不变，而是在各种可能的文本相互交织中组成“意指链”。意义无规则、无固定方向地“撒播”在解构了的文本之间。但撒播本身并非意义，而是意义的种植。解构证明了意义的不断生成性，也证明了文本的非自足性和无限开放性。德里达终生致力于“解构”，就是因为他充分地意识到了解构的这种特殊意义。他在说明他为什么对文学的解构有特别的兴趣时表明了这一点。他说：“从一开始我的工作就一直受到文学经验的吸引。而且从一开始我所感兴趣的问题就是：书写是什么？更确切地说是：书写是如何变成文学写作的？书写中发生了什么才导致了文学？”[①]之所以对文学解构有特别的兴趣，是因为他意识到：首先，文学一直是一种书写形式；其次，常常有些文学作品比某些哲学作品更具有哲学思想的东西，因此也比这些作品更多地具有解构的力量；最后，在欧洲文学史上曾存在过不受检查地说任何东西的权力的时期，因而文学与民主制度之间存在着某种有意思的同盟关系，而这意味着政府不能干涉或无权限制那种公开说话、公开出版的权力。由于这些原因，文学问题在德里达看来对于解构而言是个至关重要的问题。所以，他“常常是在‘利用’文学文本”或“对文学文本的分析”来展开一种解构思想的。[②]德里达的解构主义，正如他自己所辩护的并非人们望文生义地理解的那样，是反人道主义的、非理性主义的，而是反对具有独特话语体系的思想和现实领域的霸权、中心和封闭性的，它所追求的是自由、开放、活力、创新。显然，这是一种与西方传统不同的全新思想观点和思维方式。

（三）利奥塔论后现代状态

让－弗朗索瓦·利奥塔（Jean Francois Lyotard, 1924—1998）是法国哲学家，后现代主义理论家。利奥塔曾在法属阿尔及利亚和法国的中学任教10

① ［法］德里达：《书写与差异》上册，张宁译，生活·读书·新知三联书店2001年版，“访谈代序”第19—20页。

② ［法］德里达：《书写与差异》上册，张宁译，生活·读书·新知三联书店2001年版，“访谈代序”第20页。

年，在高等教育机构供职 20 年，在“社会主义或野蛮”及以后的“工人权力”团体从事了 12 年的理论和实践工作，对法国占领阿尔及利亚持积极批判态度。其后在巴黎第八大学任教，也曾一度在美国加州大学厄湾分校和亚特兰大的艾默瑞大学等处任教，1971 年获文学博士学位。主要著作有：《现象学》（*La Phénoménologie / Phenomenology*, 1954），《话语，图形》（*Discoures, figure / Discourse, Figure* 1971），《利比多经济学》（*Économie libidinale / Libidinal Economy*, 1974），《公正的游戏》（*Au juste: Conversations / Just Gaming*, 1984），《后现代状态：关于知识的报告》（*La Condition postmoderne: Rapport sur le savoir / The Postmodern Condition: A Report on Knowledge*, 1979），《差异：争论中的片语》（*Le Différend / The Different: Phrases in Dispute*, 1983），《非人道：时代的反思》（*L'Inhumain: Causeries sur le temps / The Inhuman: Reflections on Time*, 1988），《旅行：法律、形式、事件》（*Pérégrinations: Loi, forme, événement / Peregrinations: Law, Form, Event,* 1988），《后现代寓言》（*Moralités postmodernes / Postmodern Fables*, 1993）等。利奥塔的影响主要不在于他的后现代主义思想，而在于他在 20 世纪 70 年代后期将后现代主义与对后现代性影响人类状况的分析连接起来。

像法国其他后结构主义者和后现代主义者一样，利奥塔也是以批判逻各斯中心主义和结构主义闪亮登上法国哲学舞台的，但其切入点是关于话语与图形的对立。在利奥塔看来，在柏拉图所奠定的整个逻各斯中心主义传统中，以探求真理为己任、以真理掌握者自居的哲学家将话语及话语的秩序（逻辑、语法、范畴等）紧紧与知识、理性、精神联系起来，由此断定存在一个非物质的、超验的世界，并将它视为人类所应该追求的唯一理想。与这一话语相对立的是图形（感觉经验、艺术、想象力等），它所代表的是假象、感性、肉体，它们是话语秩序所应该清除的令人误入歧途、堕落、脱离其精神存在的本质的无序。在这种对立中，利奥塔公开宣称，他要站在图形的立场，捍卫“眼”。

基于“图形”的立场，利奥塔对逻各斯中心主义和语言中心主义进行了解构。其第一个对象是黑格尔的精神现象学及美学中的辩证法。西方逻各斯中心主义最初采取的形式是在真假 / 善恶二元论模式下对感性因素的贬斥乃至废黜，黑格尔则采取了另一种策略。这一策略就是以充分肯定感性领域的独特地位为掩饰，将这一领域完全吸收到逻各斯的秩序之中。利奥塔指出：“这正是黑格尔所认识到的：‘被瞄向的，不被说……被瞄向的感性的此（le ceci）是语言所无法达到的……我们称为无法表达的东西……是唯一被瞄向的东西’，并且这一被瞄向的东西是‘非真实者’、‘非理性者’。”[①]黑格尔在指出感性确定性不能纳入语言中之后，马上在两个对立面之间建立了一个过渡，提出感性确定性不是直接的，它需要中介。“逻各斯正是以此方式才能以对我们而言自在的方式被重新纳入似乎最原始的自为中”[②]。因此，感性领域虽然是与逻各斯领域彻底异质的，但它们在形式、秩序、活动的方式上相通，它们异质同型。

但是，这样一来，黑格尔就面临着一个外在性与内在性的对立，也就是在他那里，“意义”有两种运用，即作为意思的内在意义和作为指称的外在意义。代表这两种意义的所指和能指之间并没有必然的联系，于是，黑格尔就确立语言活动或符号这一存在所特有的任意性。“在符号中，能指相对于观念来说是任意的，在象征中，观念固有于能指之中。”[③]利奥塔认为，正是这种任意性预示着现代逻辑标志的形式主义，并且为索绪尔语言学中能指与所指的区分奠定了基础。我们知道，索绪尔对“语言”与“言语”作出了区别，把语言看成由符号组成的一个自足的体系，其符号不是简单地与事物相对应。索绪尔将符号称为“能指”，而把它所代表的概念称为“所指”。“所指”与“能指”之间的对应关系是人为的、任意的。[④]这样，“能指”符号在语言系统中就只有区别性的功能，并不反映“所指”，“所指”是隐藏在符号（能指）背后的意义。这样，由符号组成的语句系列的“意义”需要阐释，它是阐释的结果。显然，索绪尔的这种语言示义理论是黑格尔语言任意性思想的系统化。在利奥塔看来，这样一套符号示义原则公认仅仅是“二维平面式”的，忽视了符号示义过程中认识主体的能动性。他认为，符号在示义的过程中不可能是“无动因的”，它不仅必须通过认识的主体来完成，而且认识主体在整个释义的过程中发挥着能动的作用。

利奥塔从对黑格尔的解构转向了对索绪尔语言理论的解构。他认为，这一解构与对黑格尔的解构具有同一性质，只是角度不同。他指出：“通过从一开始就将自己对于语言活动的思考置于普通符号学的类目之下，索绪尔规

---

① ［法］利奥塔：《话语，图形》，谢晶译，世纪出版集团/上海人民出版社2012年版，第39页。

② ［法］利奥塔：《话语，图形》，谢晶译，世纪出版集团/上海人民出版社2012年版，第40页。

③ ［法］利奥塔：《话语，图形》，谢晶译，世纪出版集团/上海人民出版社2012年版，第43页。

④ 参见［瑞士］索绪尔：《普通语言学教程》，高名凯译，岑麒祥、叶蜚声校注，商务印书馆1980年版，第102页。

定人们也规定自己，在符号的范畴内思考语言元素。正是以这种方式，他得以最终树立语言的任意性或无理据性概念：语言符号与其他符号形成对比，就像‘被制定的’事物对立于‘自然的’事物，‘无理据的’事物对立于‘有理据的’事物。”[①]在利奥塔看来，语言活动不是由符号所形成的。话语展开于其中的那个空间并不是同质的，而是一分为二的：间断性的空间，意思在其中被创造（根据能指的模式）；指称的空间，它围绕着话语的边缘并使话语向其参照对象开放。利奥塔认为，意思无法穷尽意义，意思和指称联合在一起也无法穷尽意义。我们不能停留在这两个空间之间的非此即彼，必须注意到还存在着另一个空间，这就是图形性的空间。这一空间“被埋藏了起来，它并不使自己被看，也不使自己被思，它在话语中及知觉中以侧面的、转瞬即逝的方式，作为混淆这些话语和知觉的因素呈现自己”[②]。“它是欲望的专属空间，是画家和诗人不断发起的与自我和文本所做斗争的筹码。”[③]

在利奥塔看来，“图形”与“符号示义”所提供的“意义”并不是同一个概念，因为“图形”中注入了认识主体的意向性的能动把握。利奥塔认为，索绪尔语言学讨论的符号示义只停留在“话语”的层面，即由概念构成的理性结构对于意识的再现。在语言系统中，而且只能在语言系统中，“话语”以“再现”的方式言说事物的意义；而“图形”则不同，它是一种无法言说的“视像”，它不接受有关“再现”的一套法则，而诉诸“看”。“看”是眼的功能，所以，利奥塔称他的《话语，图形》一书是“对眼的捍卫，是它的定位”[④]。眼的行动“是激情，是误入歧途”。按照安德烈·布雷东的说法，“眼睛存在于野性的状态”，而利奥塔认为，野性的东西是作为沉默的艺术，而艺术的立场是对话语立场的一次驳斥。在《话语，图形》的一开始，利奥塔就针对法国诗人、剧作家克洛代尔（Paul Claudel, 1868—1955）的“眼倾听”（意即可见的即是可读的、可听到的、可理解的）观点提出：“被给予的东西并非一份文本，其中存在着某种厚度，或毋宁说某种差异，这一差异具有根本性，它并不有待于读，而是有待于看；这一差异，以及揭

① ［法］利奥塔：《话语，图形》，谢晶译，世纪出版集团/上海人民出版社2012年版，第81页。

② ［法］利奥塔：《话语，图形》，谢晶译，世纪出版集团/上海人民出版社2012年版，第157页。

③ ［法］利奥塔：《话语，图形》，谢晶译，世纪出版集团/上海人民出版社2012年版，第157页。

④ ［法］利奥塔：《话语，图形》，谢晶译，世纪出版集团/上海人民出版社2012年版，第3页。

示这一差异的不动的能动性，正是在表意活动中不断被遗忘的因素。”[①]正因为如此，他宣称，哲学应该“站在图形因素的立场上”。

以《话语，图形》为起点，利奥塔将声讨的矛头指向现代性，这一声讨成为了他的后现代性标志。他是从知识的角度对后现代状况展开分析的。他所说的“后现代”，指的是最发达社会中的知识状况。[②]

利奥塔认为，正在到来的社会基本上不属于牛顿的人类学，如结构主义或系统理论，而更属于“语言粒子语用学”[③]。于是，他运用维特根斯坦的“语言游戏”理论作为分析后现代社会知识状况的方法，他称这种理论为“语用学”。“当维特根斯坦从零开始重新研究语言时，他把注意力集中在话语的作用上，他把通过这种方法找到的各种陈述叫做语言游戏。”这一术语意味着，各种类型的陈述都应该用一些规则确定，这些规则可以说明陈述的特性和用途；这和象棋游戏一模一样，象棋是由一组规则说明的，这些规则确定了棋子的特性，即移动棋子的恰当方法。[④]利奥塔认为，语言游戏理论有三个特点：一是它们的规则本身并没有合法化，但这些规则是明确或不明确地存在于游戏者之间的契约；二是没有规则便没有游戏，即使稍微改变一条规则也将改变游戏的性质；三是任何陈述都应该被看成是游戏中的“招数”。利奥塔认为，语言游戏规则的不确定性和多样性，决定了后现代知识（包括叙事知识和科学知识）的异质标准。所谓“异质标准”就是多元标准，即不具有放之四海而皆准的统一标准。他还将这种情形称为“异教主义”，即一种对各种语言游戏给予同等的尊重，而不让任何一种游戏占特权地位的主张。总之，后现代社会，不论是叙事知识还是科学知识都是多元的、可变的。

利奥塔指出，在最近几十年中，科学知识成为首要的生产力。然而，科学知识并不是全部的知识，它曾经是多余的，并且总是处在与另一种知识的竞争和冲突之中。这另一种知识就是叙述性的知识或叙事知识。“人们使用知识一词时根本不是仅指全部指示性陈述，这个词中还掺杂着做事能力、处世能力、倾听能力等意义。因此这里涉及的是一种能力，它超出了确定并实施唯一真理标准这个范围，扩展到了其他的标准，如效率标准（技术资格）、正义和/或幸福标准（伦理智慧）、音美和色美标准（听觉和视觉），

① [法]利奥塔:《话语，图形》，谢晶译，世纪出版集团/上海人民出版社2012年版，第1页。

② 参见[法]利奥塔:《后现代状态》，车槿山译，南京大学出版社2011年版，第1页。

③ [法]利奥塔:《后现代状态》，车槿山译，南京大学出版社2011年版，第5页。

④ 参见[法]利奥塔:《后现代状态》，车槿山译，南京大学出版社2011年版，第37页。

等等。按照这种理解，所谓知识就是那个让人说出‘好的’指示性陈述的东西，但它也能让人说出‘好的’规定性陈述、‘好的’评价性陈述……它不是关于某一类陈述（例如认知性陈述）的能力，它不排除其他的陈述。相反，它对话语的许多目的而言都具有‘好的’性能：认识、决定、评价、改变……由此出现了它的一个主要特点：它与各种能力扩展而成的‘建构’相吻合，它是在一个由各种能力构成的主体中体现的唯一的形式。”①这种知识还有一个特点，那就是它与习俗之间存在着相似性。在利奥塔看来，叙事是这种知识最完美的形式。

利奥塔认为，叙事知识有多重意义。首先，它一方面可以规定能力标准，这是叙事被讲述时所处的那个社会的标准，另一方面可以用这些标准来评价社会实现的或可能实现的性能。其次，叙事形式不同于知识话语的发达形式，它自身接纳了多种多样的语言游戏，其中很容易有指示性陈述、道义性陈述、疑问性陈述、评价性陈述等等。“叙事带来或实施各种能力的标准，这些能力在叙事的紧密组织中相互结合，形成有序的排列，这就是这种知识的特点。”②第三，叙事具有传递性。叙述者声称自己只是因为曾经听说过这个故事所以才获得了讲述它的能力，而实际上他通过听这个故事，也可能获得同样的权威。就是说，实际的叙述者自己也可以像古人一样成为叙述故事中的主人公。第四，叙事的内容似乎属于过去，但却是与叙述行为永远同时的。在利奥塔看来，由于叙事知识具有以上意义，因而民间叙述语用学与众所周知的西方语言游戏之间存在着不可通约性。“叙事确定能力的标准，并且/或者阐释标准的实施。这样一来，叙事便界定了有权在文化中自我言说、自我成形的东西，而且因为叙事也是这种文化的一部分，所以就通过这种方式使自己合法化了。”③

与叙事知识不同，科学知识就其古典形态而言，可以区分为研究游戏和教学游戏。利奥塔指出：“研究需要教学，教学是研究必不可少的补充。因为科学家需要一个能够成为发话者的受话者，即对话者。否则，能力无法更新，最终将使辩论成为不可能，而没有辩论就不可能检验科学家的陈述。”④他认为，这种知识的语用学与叙述知识的语用学相比较，有以下五个特征：

① ［法］利奥塔：《后现代状态》，车槿山译，南京大学出版社 2011 年版，第 74—75 页。
② ［法］利奥塔：《后现代状态》，车槿山译，南京大学出版社 2011 年版，第 77—78 页。
③ ［法］利奥塔：《后现代状态》，车槿山译，南京大学出版社 2011 年版，第 83 页。
④ ［法］利奥塔：《后现代状态》，车槿山译，南京大学出版社 2011 年版，第 91 页。

其一，科学知识要求唯一一种语言游戏，即指示性陈述，而排除其他的陈述，而其可接受性标准是它的真理价值。其他的陈述在推论中只起连接作用，推论的结果只是一个指示性陈述。其二，科学知识由于与其他那些组合起来构成社会关系的语言游戏分离，它是一个间接因素，而不再像叙述知识那样是社会关系的一个直接因素。在现代社会中科学知识的语言游戏是以机构的形式集中的，这些机构由一些有资格的专业人员主持。这样，就出现了科学知识与社会的关系问题。其三，研究游戏中要求的能力只涉及陈述者的位置，对受话者的能力没有特殊要求（只有教学中才要求这种能力），对指谓的能力没有任何要求。其四，科学陈述不能从它被讲述这个事实本身获得任何有效性。它本身从来都无法避免“证伪”。“知识是以前得到承认的陈述积累而成的，但它总是可以被否定的。”① 其五，科学游戏因而意味着历时性，即一种记忆和一种设想。“人们假定，科学陈述的实际发话者了解过去关于这个指谓的各种陈述（著作目录），他之所以再次对同一个主题作出陈述，仅仅是因为这个陈述与过去的陈述不同。”②

通过对叙事知识与科学知识的比较，利奥塔得出了两个结论：第一，科学知识的存在并不比非科学知识的存在更必然，也并不更偶然。两者都是由整体的陈述构成的，这些陈述都是游戏者在普遍规则的范围内使用的“招数”。每一种知识都有自己的特殊规则，那些被认为正确的“招数”不可能在各处都相同，偶然情况除外。“我们不能从科学知识出发来判断叙述知识的存在和价值，反过来做也不行：这两处的相关标准是不一样的。”③ 第二，叙述知识不存在自身合法化的问题，因为它通过传递的语用学，不借助辩论，也不提出证据，就使自己获得了信任。它不理解科学话语的问题，但对它表现出宽容，起初还将它作为叙事文化中的一个品种。相反，科学知识考察叙事陈述时发现，这些陈述从来没有经过论证，因而将它们归入另一种由公论、习俗、权威、成见、无知、空想等构成的思想状态，认为它们是野蛮、原始、不发达、落后、异化的。它们不过是一些寓言、神话，只适合妇女和儿童。因此，人们试图用科学知识的光明照亮这种愚昧主义，使之变得文明，接受教育，得到发展。显然，利奥塔的这两种结论是对科学主义哲学家试图用科学改造哲学的否定。

---

① ［法］利奥塔:《后现代状态》，车槿山译，南京大学出版社 2011 年版，第 95 页。
② ［法］利奥塔:《后现代状态》，车槿山译，南京大学出版社 2011 年版，第 95 页。
③ ［法］利奥塔:《后现代状态》，车槿山译，南京大学出版社 2011 年版，第 96 页。

在利奥塔看来，科学在起源时便与叙事发生冲突，用科学自身的标准加以衡量，大部分叙事其实只是寓言。但是，“在传统知识的表达中叙述的形式占主导地位”，而且只要科学不想沦落到仅仅陈述实用规律的地步，只要它还寻求真理，它就必须使自己的游戏规则合法化，于是它制造出关于自身地位的合法化话语，这种话语就叫做哲学。在利奥塔看来，当科学求助于诸如精神辩证法、意义阐释学、理性主体或劳动主体解放、财富的增长等某个大叙事时，简言之，当科学求助于哲学时，这就是“现代”。在现代社会，科学依靠元话语使自身合法化。然而，到了后现代社会，科学原来所依靠的元叙事受到了怀疑。“我们可以把对元叙事的怀疑看作是‘后现代’。”[①] 在利奥塔看来，怀疑是科学进步的结果，但这种进步也以怀疑为前提。在他看来，叙事知识的合法性原是建立在“元叙事”（meta-narrative）或“大叙事”（great narrative）的基础上的，而正如前面已指出的，“元叙事”和“大叙事”是无需论证、无可怀疑的基础性的叙事，即“具有合法化功能的叙事”。在利奥塔看来，这样一些原被看作无可怀疑的“元叙事”，到了后现代，失去了可信性。导致叙事没落的原因可以列出很多，如第二次世界大战以来科技飞跃发展、激进的自由资本主义在凯恩斯主义掩护下退却之后重新获得发展等。但是，利奥塔认为，这种衰落的萌芽在于19世纪大叙事的固有的“非合法化”和虚无主义，而首先是思辨机制对知识而言具有一种暧昧性。[②]

利奥塔指出，后现代社会是一个电子计算机化的社会，在这个社会中，一切科学知识已在电脑病的控制下完全商品化、技术化和工具化了，人完全成了追求高效率的机器部件，知识则已彻底变成追求高额利润的商品。统治者所要求的是高度的统一和一致，高度的制度化和规范化，而后现代的知识状况却是分散和不一致的、反制度和反规范的，从而造成了统治力量与新知识之间的冲突和矛盾。虽然有一些理论试图缓和、解除这种矛盾，但都是不成功的。不过，利奥塔还是乐观的，认为后现代社会并不意味着没有拯救之路，人们不应该悲观，因为后现代知识有其独特的优势。他说，后现代社会知识不再是权威者奴役人的工具，它坚持宽容的异质标准，而不是专家式的一致性标准。它属于创造者的悖论推理（paralogy）。[③] 现在的问题是：社会关系的合法化，公正的社会，是否可能依据一种类似科学活动的悖论来实现？这种

① ［法］利奥塔：《后现代状态》，车槿山译，南京大学出版社2011年版，第4页。

② 参见［法］利奥塔：《后现代状态》，车槿山译，南京大学出版社2011年版，第136页以后。

③ 参见［法］利奥塔：《后现代状态》，车槿山译，南京大学出版社2011年版，第7页。

悖论是什么？在利奥塔看来，后现代社会不可能像哈贝马斯所主张的那样通过协商来达成“共识”，从而形成统一的社会规范。在后现代社会“共识”是一条永远无法达到的地平线，倒是“异议”应该得到强调。在这样的社会，“依靠大叙事的做法被排除了”，但“‘小叙事’依然是富有想象力的发明创造特别喜欢采用的形式”。[①] 利奥塔认为，在这种多样化的异质社会，只能发展一种“悖论推理”。这是一种尊重、宽容不同见解的推理，它通过语言游戏的语用学，以宽容为原则，以广阔的气度尊重各种不同的见解，存异而不求同。

（四）格里芬的建设性后现代主义

大卫·格里芬（David Ray Griffin, 1939—）是美国过程哲学家，建设性后现代主义主要代表人物。他 1970 年在克莱尔蒙特研究生大学获博士学位，毕业后在代顿大学教神学和东方宗教。1973 年，他返回克莱尔蒙特，和科伯（John B. Cobb, 1925—）一起在克莱尔蒙特神学院建立了过程研究中心（the Center for Process Studies），并担任该中心的合作主任。1983 年他又在圣巴巴拉市着手建立后现代世界中心（the Center for a Postmodern World），并于 1987 年担任纽约州立大学比较后现代哲学书系的编辑。2002 年曾与中国教育部部长袁贵仁教授共同主持北京《怀特海与中国》国际学术研讨会。格里芬是过程神学（process theology）最著名的倡导者。过程神学是根据怀特海（Alfred North Whitehead 1861—1947）和哈特肖姆（Charles Hartshorne, 1897—2000）的过程哲学创立的。他的主要学术著作有：《过程基督论》（*A process Christology*, 1973），《过程神学：一种引导性解释》（*Process Theology: An Introductory Exposition*, with John B. Cobb, 1976），《物理学与时间的终极意义：波墨、普里高津与过程哲学》（*Physics and the Ultimate Significance of Time: Bohm, Prigogine and Process Philosophy*, 1986），《科学的返魅：后现代的主张》（*The Reenchantment of Science: Postmodern Proposals*, 1988），《精神性与社会：后现代的视野》（*Spirituality and Society: Postmodern Visions*, 1988），《后现代神学的多样性》（*Varieties of Postmodern Theology*, 1989），《后现代世界中的上帝与宗教：后现代神学论文集》（*God and Religion in the Postmodern World: Essays in Postmodern Theology,* 1989），《原型的过程：怀特海的自我与神》（*Archetypal Process: Self and Divine in Whitehead*, 1990），《神

① ［法］利奥塔：《后现代状态》，车槿山译，南京大学出版社 2011 年版，第 213 页。

圣的交互联系：后现代精神性、政治经济学和艺术》（*Sacred Interconnections: Postmodern Spirituality, Political Economy and Art*, 1990），《原始真理与后现代神学》（*Primordial Truth and Postmodern Theology*, 1990），《上帝、能力与恶：过程神正论》（*God, Power, and Evil: A Process Theodicy*, 1991）《建设性后现代哲学奠基者：皮尔士、詹姆斯、柏格森、怀特海和哈特肖姆》（*Founders of Constructive Postmodern Philosophy: Peirce, James, Bergson, Whitehead, and Hartshorne*, 1993），《危机中星球的后现代政治：政策、过程与总统的视野》（*Postmodern Politics for a Planet in Crisis: Policy, Process, and Presidential Vision*, 1993），《犹太神学与过程思想》（*Jewish Theology and Process Thought*, 1996），《心灵学、哲学与精神性：一种后现代探索》（*Parapsychology, Philosophy, and Spirituality: A Postmodern Exploration*, 1997），《两种伟大的真理：科学自然主义与基督教信仰的新综合》（*Two Great Truths: A New Synthesis of Scientific Naturalism and Christian Faith*, 2004），《没有超自然主义的返魅：过程宗教哲学》（*Reenchantment Without Supernaturalism: A Process Philosophy of Religion*, 2000），《宗教与科学自然主义：克服冲突》（*Religion and Scientific Naturalism: Overcoming the Conflicts*, 2000），《深度的宗教多元主义》（*Deep Religious Pluralism*, 2005），《怀特海另类后现代哲学：对当代相关性的论证》（*Whitehead's Radically Different Postmodern Philosophy: An Argument for Its Contemporary Relevance*, 2007）等。美国“9·11事件”之后，格里芬围绕这一事件出版了一系列时事评论方面的著作，并因此曾获诺贝尔和平奖提名。格里芬将怀特海过程哲学中包含的后现代主义思想加以发扬光大，形成了在当代具有广泛影响的建设性后现代主义学说。

在格里芬看来，怀特海是后现代思想的先驱者。他指出：“20世纪60年代和70年代，思想家们开始有些规律性地使用‘后现代’这一术语。当时之所以这样，是因为‘后现代’一语应用于怀特海的哲学特别合适。事实上，那时有关‘后现代思想’的观念通常都是和怀特海有关的。”① 格里芬认为，怀特海的哲学不仅是后现代主义的一种，它更是一种高级的后现代主

① ［美］格里芬：《怀特海的另类后现代哲学》，周邦宪译，北京大学出版社2013年版，第1页。国内也有学者认为，所谓“后现代”是对“现代”的批判继承，而不是回归到“前现代”，在这个意义上，怀特海的哲学是当之无愧的“后现代”。但与其他后现代哲学不同，它有三大独特的特征：其一，它的认识论反对感官感知是首位的；其二，它的本体论以具有内在价值和内部关系的事件取代了物质实体；其三，它的这些观点立足于现代科学。参见［美］格里芬：《怀特海的另类后现代哲学》，周邦宪译，北京大学出版社2013年版，“中译者序”。

义，因为它最好地处理了人们普遍认为的现代哲学所导致的那些问题。因此，把怀特海的哲学描述为后现代的，有助于发掘出他哲学中的那些本可能会被错过或至少被低估的方面。①

怀特海在其代表作《过程与实在》中的开篇就指出，他的首要任务就是要把思辨哲学作为一种形成重要知识的方法来加以界定和辩护。他对他所说的“思辨哲学”作了如下界定：“思辨哲学力求构成一种融贯的、合乎逻辑的、必然的普遍观念体系，通过这样的观念体系可以解释我们经验的每一个要素。”②他认为，这种思辨哲学是一种具有普遍必然性的理论，它肯定存在着一种宇宙的本质，这种本质排除超出自身以外的关系，认为那是对它的合理性的破坏。思辨哲学就是要追求这种本质。怀特海也称他的哲学为“有机哲学”。这种哲学承认有一种终极的东西，而这种终极的东西是通过种种偶性而成为现实的。只有这样，它才能通过它的种种偶性体现来刻画，没有这些偶性就没有现实性。怀特海认为，这种终极的东西就是“创造性”，而上帝就是创造性的原初的、非时间性的偶性。有机哲学不同于一元论哲学。一元论哲学把终极的东西不合理地看作是一种最终的、“显赫的”、超越任何归于偶性之上的实在，而有机哲学更接近于印度或中国的某些思想特征，而不是像西亚或欧洲的思想特征。它“一方面使过程成为终极的东西；而另一方面则使事实成为终极的东西”③。根据这种有机哲学，偶性世界中的各种偶性的综合统一体构成机体，从原子到星云、从社会到人都是处于不同等级的机体。机体有自己的个性、结构、自我创造能力。机体的根本特征是活动，活动表现为过程。因此，整个世界就表现为一种活动变化的过程。其背后并不存在不变的物质实体，只有不断进化的活动的结构，自然界因而是有生机的。自然和生命密不可分，只有两者的融合才构成真正的实在，亦即构成宇宙。人只是自然的一部分，不能凌驾于自然之上。偶性世界是上帝从许多处于潜在可能状态的世界中挑选出来的，因此上帝是现实世界的泉源，是具体实在的基础。

格里芬不仅系统深入地阐发了怀特海有机哲学（过程哲学）中包含的上述后现代主义思想，而且在此基础上，特别是根据现代科学的最新发展，对

---

① 参见［美］格里芬：《怀特海的另类后现代哲学》，周邦宪译，北京大学出版社 2013 年版，第 2 页。

② ［英］怀特海：《过程与实在——宇宙论研究》，李步楼译，商务印书馆 2011 年版，第 9 页。

③ ［英］怀特海：《过程与实在——宇宙论研究》，李步楼译，商务印书馆 2011 年版，第 18 页。

后现代主义作出了更系统的阐释，并将怀特海的后现代主义思想发展为建设性后现代主义思想体系。

在格里芬看来，后现代一词在近些年来迅速地流传表明，人们越来越不满足于现代性，越来越强烈地感觉到，“我们可以，而且应该抛弃现代性，事实上，我们必须这样做，否则，我们及地球上的大多数生命都将难以逃脱毁灭的命运”①。人们不再把现代性看作是所有历史一直苦苦寻求以及所有社会都应遵守的人类社会的规范，而越来越视之为一种畸变。现代主义世界观也越来越不被人们认作是“终极真理”，而被当作众多的世界观之一来对待。格里芬认为，虽然目前的反现代情绪比以往任何时候都要普遍和强烈，但这种情绪并不是一种试图回归“前现代”的情形，而是“一种认为人类可以而且必须超越现代的情绪”②。

不过，后现代一词除了蕴含着上述情绪之外，它还有许多其他含糊不清的用法，其中有些用法是相互矛盾的。甚至在哲学领域和神学领域，后现代一词也代表了两种截然不同的立场。每一种立场都试图从以 17 世纪的培根、笛卡尔、伽利略、牛顿的科学为基础的世界观出发来超越现代主义，同时又试图通过与这种世界观互为条件的世界秩序来超越现代性。但是，这两种立场是不同的。

一种立场是解构性的或消除性的后现代主义。这是一种与文学艺术的后现代主义密切相关的哲学上的后现代主义，它发端于实用主义、物理主义、维特根斯坦、海德格尔、德里达以及其他一些近期的法国思想家。“它以一种反世界观的方法战胜了现代世界观；它取消或消除了世界观中不可或缺的成分，如上帝、自我、目的、意义、真实世界以及作为与客观相符合的真理。由于有时受拒斥极权主义体系的伦理考虑所驱使，这种类型的后现代思想导致了相对主义甚至虚无主义。因而它还可称作超现代主义，因为它的消除是将现代前提运用于其必然结论的结果。”③

另一种立场则是格里芬所采取的立场，即建设性的或修正的后现代主义。格里芬认为，建设性后现代主义是一种科学的、道德的、美学的和宗教

① ［美］格里芬编:《后现代科学：科学魅力的再现》，马季方译，中央编译出版社 2004 年版，“英文版序言”第 19 页。

② ［美］格里芬编:《后现代科学：科学魅力的再现》，马季方译，中央编译出版社 2004 年版，“英文版序言”第 20 页。

③ ［美］格里芬编:《后现代科学：科学魅力的再现》，马季方译，中央编译出版社 2004 年版，“英文版序言”第 21 页。

的直觉的新体系。它试图战胜现代价值观，但不是通过消除上述各种世界观本身存在的可能性，而是通过对现代前提和传统概念的修正来建构一种后现代的世界观。它并不反对科学本身，而是反对那种允许现代自然科学数据单独参与构建我们世界观的科学主义。建设性后现代主义的构建活动不仅仅局限于一种修正后的世界观，它同样是关于一个与一种新的世界互倚的后现代世界。这种后现代世界是超越现代世界的，它超越现代社会存在的个人主义、人类中心论、父权制、机械化、经济主义、消费主义、民族主义和军国主义。“一种后现代世界一方面将涉及具有后现代精神的后现代的个人，另一方面，它最终要包含一个后现代的社会和后现代的全球秩序。”①后现代世界是一种新的科学、一种新的精神和一种新的社会。这三个方面的全面发展是互为条件的。“只有当人们具备了一种后现代精神，即超越了使现代科学成为模棱两可现象的二元论，只有当人们生活在一个从把地球作为一个整体的利益着眼的社会中，才会充分发展一种返魅的和自由的科学。同样，只有在一个以后现代科学为后盾的后现代社会中，相互联系的、生态的、星球的、后父权制的精神才能变为主导思想。最后，如果后现代科学不能被人们广泛接受，而且不具备一种后现代精神，便不可能出现一个超越个人主义、民族主义、军国主义、人类中心论和男性中心论的社会。”②格里芬认为，建设性后现代主义为我们时代的生态、和平、女权及其他解放运动提供了依据。

格里芬认为，建设性后现代主义具有解构性后现代主义以及其他后现代思想所不具备的优势，因而建设性后现代主义运动能够取得成功。首先，从前的反现代运动主要是号召回到前现代社会的生活和思想方式中去，而不是呼吁向前进步；而建设性后现代主义认为人类精神是不能后退的，现代世界已取得了空前的进步，不能因为反对其消极特征而抛弃这些进步。当然，它也要从曾被现代性所拒斥的各种形式的前现代思想和实践中恢复其自身的真理和价值观。因此，建设性后现代主义是现代真理和价值观与前现代真理和价值观的创造性结合。其次，从前的反现代运动要么拒斥现代科学，要么从根本上假设它是不合理的，因而只能建立在现代性消极的社会和精神后果之

---

① ［美］格里芬编：《后现代科学：科学魅力的再现》，马季方译，中央编译出版社 2004 年版，“英文版序言”第 21 页。

② ［美］格里芬编：《后现代科学：科学魅力的再现》，马季方译，中央编译出版社 2004 年版，前言第 25—26 页。

上。与之不同，建设性后现代主义运动把自然科学本身当作反现代世界观的根据。第三，对现代性及其世界观在社会上和精神上的毁灭性，建设性后现代运动比其他以往任何运动都揭示得更加透彻。最后，也是最与众不同的，建设性后现代运动意识到现代性的持续危及到了我们星球上的每一个幸存者。这种意识极大地推动了人们去认识后现代世界观的特征，去设想人与人、人类与自然界及整个宇宙之间关系的后现代方式。格里芬认为，所有这些方面表明，先前那些后现代运动的失败并不能说明建设性后现代运动不可能取得成功。

格里芬的建设性后现代主义主要是围绕科学和世界的祛魅（disenchantment）和返魅（reenchantment）展开的。他认为，过去一百多年来，有一个被广泛接受的假设，即“科学必然和一种‘祛魅’（disenchanted）的世界观联盟，其中没有宗教意义和道德价值。”[①] 他把这种世界观称为“顽固自然主义”。这种世界观崇尚物质自然主义、决定论、还原论以及虚无主义，因而排斥自由、价值以及我们生活中对终极意义的信念。格里芬认为，现代性及对现代性的不满皆来源于马克斯·韦伯所称的“世界的祛魅”（the disenchantment of the world）。这种祛魅的世界观既是现代科学的依据，又是现代科学产生的先决条件，并且是科学本身的结果和前提。现代科学导致了自然本身的祛魅。所谓“自然的祛魅”，从根本上讲，是指“不论自然具有任何主体性、经验和感觉”。“由于这种否认，自然被剥夺了其特性——即否认自然具有任何特质，而离开了经验，特性又是不可想像的。”[②] 席勒比韦伯早一个世纪就谈到了自然的祛魅，他用的是 Entgotterung 一词，字面上的含义是自然的非神性化。韦伯在形容祛魅时用的是 Entzauberung 一词，字面上的含义是“驱除魔力”。自然祛魅观点最初是在二元论的超自然论框架内由伽利略、笛卡尔、波义耳和牛顿等人提出的，对于他们来说，神性绝对不是世界所固有的，神对于世界来说完全是一个外在的存在，它从外部将运动和法则施予世界。因此，自然法则与反映人类社会成员习性的社会法则完全不同，自然失去了所有使人可以感受到亲情的任何特性和可遵循的任何规范。

格里芬指出，二元论的超自然论认为，灵魂和个人神性具有解释功能和

① ［美］格里芬编:《后现代科学：科学魅力的再现》，马季方译，中央编译出版社 2004 年版，“中文版序言”第 16 页。

② ［美］格里芬编:《后现代科学：科学魅力的再现》，马季方译，中央编译出版社 2004 年版，第 2—3 页。

因果力量，但它在解释世界的过程中得出了世界祛魅的观点。其过程是这样的：在物理学中客观化、机械化和还原论的方法最初取得了成功，这种成功很快使人们坚信，这种方法应适用于现实中的所有事物。首先，上帝被剥夺了除原始创造力量以外的一切因果力量，然后思想家们将这种自然神论变成了彻底的无神论。其次，原来被看作是实在的人类灵魂或人的心灵后来被看作只不过是大脑所具有的一种性质而已，因而将因果性归因为人性力量的泛灵论观点遭到了彻底的否定，用基本的非人性过程解释一切的还原论方法被广泛接受。如此一来，整个世界就被祛魅了。“这种祛魅的观点意味着，不仅在‘自然界’，而且在整个世界中，经验都不占有真正重要的地位。因而，宇宙间的目的、价值、理想和可能性都不重要，也没有什么自由、创造性、暂时性或神性。不存在规范甚至真理，一切最终都是毫无意义的。”①

在格里芬看来，现代思想家们一直认定，这种世界祛魅的观点是出于科学本身的需要。例如，达尔文认为，时间的“变化无常”将使科学变得无能为力，以至于无论神的还是人的自然活动都必然从我们的世界中驱除。科学需要一种还原论的解释，而真正的心灵致动是不存在的。“不仅科学家，而且许多哲学家都赞同下述观点：科学必然使世界祛魅，并证实经验以及作为经验前提的那些性质是无效的。”②现代思想家们普遍认为，祛魅与科学是携手并进的。这种共识一方面假定，科学只能适用于那些已经祛魅了的事物，即去除了生命的事物；另一方面假定，科学方法运用于一切事物这一事实证明了祛魅观点的正确；此外还假定，用纯粹的非人性化词汇就可使人足以理解它，因为非人性化的词汇不包括有创造性、以价值观或规范为根据的自决，以及一切被认作神圣的东西。在格里芬看来，由于现代科学祛魅了世界，许多人也随之便得以祛魅了，我们与我们的身体和整个自然被割裂开来。

格里芬认为，具有讽刺意味的是，具有祛魅性质的现代科学开始了一个由祛魅的科学而结束自身的进程。因为，如果所有的人类活动都是无意义的，那么作为其中之一的科学必定也一样毫无意义。“现代科学最后的祛魅表现在这样一个结论上，即现代科学本身的发现证明了整个宇宙的无意义，

① ［美］格里芬编：《后现代科学：科学魅力的再现》，马季方译，中央编译出版社 2004 年版，第 4 页。

② ［美］格里芬编：《后现代科学：科学魅力的再现》，马季方译，中央编译出版社 2004 年版，第 8 页。

其中必定包括科学家和他们的科学。”[①]为解决作为一个整体的宇宙的祛魅问题所采取的方法是，在作为有目的性的人类与自然其他事物之间设定界限，超出这个范围，科学的方法便不适用。但是，这种基本的二元论遭到了下列事实的挑战：“人类行为，包括人类经验，在很大程度上取决于因果分析；如同所有其他物种一样，我们人类也是进化过程的产物；要理解由推理、目的或最终原因所运作的人类的心是如何与严格地由机械原因所运作的身体各部位之间的相互作用是相当困难的，对于知识的统一方法具有普遍的压力。”[②]因此，试图通过一种基本的二元论阻止完全的祛魅，是不可能达到目的的。

然而，当现代性的祛魅趋势遍及世界多数角落的时候，一股反向运动开始在哲学、历史学、科学心理学以及各学科中抬头。这一运动在20世纪后半叶获得了巨大发展的势头，它割裂了科学与祛魅之间的联系，为科学的返魅开辟了道路。格里芬认为，科学与祛魅之间貌似必不可少的联系之所以被割裂，主要有四个理由。

第一是关于科学性质的新认识。科学不是一种超越价值的事业，更精确地讲，其价值不同于真理纯粹的理智价值，其因素亦不同于理性的和经验的因素。过去认为，除科学本身所固有的价值之外，作为认知体系的科学被认为基本上是与价值无关的；而现在认为，这种分离是不可能的，社会因素对科学产生的影响是实质性的，而非肤浅的。而且科学团体与其他职业和机构在自身社会权力上的利益现在被认为是它所特许的“科学的”世界得以产生的条件。

第二是关于现代科学起源的新认识。格里芬认为，有三种结果扭转了长期以来一直存在的关于现代科学起源的假设：第一种是今天的无神论和唯物论世界观不具有17世纪现代科学的缔造者们的权威，他们的关于自然的机械论观点被并入了一种超自然的和二元论的框架之中，这对他们来说是不可避免的。第二种是即便这种不公正的、用机械的眼光对待人类以外的自然的机械论观点，也不被认为是现代科学根基的许多发明的结果。第三种是越来越多的人相信，真正的科学不是以机械论为前提，而关于自然的机械论观点

① ［美］格里芬编：《后现代科学：科学魅力的再现》，马季方译，中央编译出版社2004年版，第8页。

② ［美］格里芬编：《后现代科学：科学魅力的再现》，马季方译，中央编译出版社2004年版，第10页。

更适合于神学和社会学推理，而不适用于经验推理。

第三是科学的新发展。量子物理学的出现，不仅摧毁了笛卡尔—牛顿世界观，而且还孕育了一个全新的世界观。这种世界观仿佛又回到了古老的神秘主义世界观（如道教或佛教）上。它是一种非实在论的、现象论的解释，这种解释避免了那种不依赖于人类测量的亚原子实在世界的描述。

第四是对心物关系的思考。从哲学的角度看，反驳关于自然的机械论和非泛灵论观点的主要根据在于，这种观点难于解释心与物之间的关系问题。心和身是相互作用的，这是显而易见的事实。然而，二元论和唯物论将自然的基本单位看作是无知觉的，这一支撑着关于世界祛魅的现代观点的前提是荒谬的，它导致了诸如心与身、心与物、心与脑等诸多难以自圆其说的理论难题。①

在格里芬看来，有一种强大的哲学观点与哲学、社会学、科学史学以及科学本身的诸多发展相融合，动摇着世界的现代祛魅观点的基础，这种哲学就是怀特海所倡导的后现代有机论。这种后现代有机论可以视作亚里士多德、伽利略和炼金术诸范式的综合体。后现代有机论认为，“所有原初的个体都是有机体，都具有哪怕是些许的目的因”②。它不认为一切可视的物体（如石头、行星）都是原初的个体，甚至类似于原初个体。相反，它认为原初的有机体可以被组织成为两种形式：一是一个复合的个体，它产生一个无所不包的主体；二是一个非个体化的客体，它不存在统一的主体性。动物属于第一类，石头属于第二类。这意味着不存在什么本体论的二元论，只存在着一种组织的二元性，这种二元性重视二元论者不愿放弃的重要而明显的差别：即既存在着这样的事物，其行为只能根据动力因和其自身对这些原因的有目的的反应来理解；也存在着这样的事物，其行为在多数情况下可以不考虑目的因或终极因来理解。正是在这种意义上，科学内部存在着二元性。③

格里芬也把后现代有机论称为“灵活自然主义”，而将现代的二元论、唯物论称为“顽固自然主义”。他说：“放弃顽固自然主义世界观并不意味着

① 参见［美］格里芬编：《后现代科学：科学魅力的再现》，马季方译，中央编译出版社 2004 年版，第 11—31 页。

② ［美］格里芬编：《后现代科学：科学魅力的再现》，马季方译，中央编译出版社 2004 年版，第 32 页。

③ 参见［美］格里芬编：《后现代科学：科学魅力的再现》，马季方译，中央编译出版社 2004 年版，第 32 页。

否定科学中的自然主义世界观。科学中的自然主义或可称为灵活的自然主义。它拒绝对正常的因果关系作超自然的解释。近代科学家如波义耳和牛顿都允许这样的超自然主义。……他们实际上是创造了一种机械论观点来支持这种超自然主义神学。后来，科学家拒绝了这种超自然主义，转而支持自然主义世界图景。这当然是正确的。不过，他们抵制超自然主义的同时却仍然站在受超自然主义支持的机械论自然观的立场上。这样，广泛被接受的自然主义便等同于顽固的自然主义。在这里，任何神意，以及自由、价值、意义等都失去了其立足之地。”① 顽固自然主义不但拒绝介入生活意义的讨论，同时，它对科学本身也是不合适的。与顽固自然主义不同，灵活自然主义虽然也是一种自然主义，但它是一种广泛意义上的自然主义。其中，自由、价值的客观实在性、神在世界中的作用（通过它的作用，价值才得以在我们生活中产生影响）、生态伦理以及对泛心理学，如超感官视觉、心灵感应以及中国气功师的外气发放等问题的研究，甚至死后生命问题等等，都占有一席之地。“在这个世界观里，科学和宗教、科学和道德价值之间的冲突，这些现代西方思想带来的悲剧和破坏，都一一得以避免了。”②

格里芬的基本结论是：“鉴于现代科学导致了世界的祛魅和科学本身的祛魅，今天，一些因素正在聚集起来，形成一种后现代的有机论；在这种有机论中，科学和世界都开始返魅。后现代的有机论除了为解决主要源于祛魅而产生的现代性的特殊问题提供了依据外，还在理解科学本身的统一性方面为科学提供了比以往更好的依据。”③

格里芬认为，后现代的有机论作为建设性后现代主义，既反对超自然主义，也反对虚无主义。“与虚无主义相反，建设性后现代主义像中国传统的宗教和哲学一样，认为宇宙体现着内在的道德和审美原则，如为下一代照看好世界。”“与超自然主义相反，建设性后现代主义相信神圣实在，但它并不认为这一神圣实在能够单方面地阻止人类毁灭他们自己。尽管‘天堂’确实曾生育了我们，但天堂用了数十亿年才做到这一点。我们现在有力量毁灭我

① ［美］格里芬编：《后现代科学：科学魅力的再现》，马季方译，中央编译出版社 2004 年版，“中文版序言”第 16—17 页。

② ［美］格里芬编：《后现代科学：科学魅力的再现》，马季方译，中央编译出版社 2004 年版，“中文版序言”第 17 页。

③ ［美］格里芬编：《后现代科学：科学魅力的再现》，马季方译，中央编译出版社 2004 年版，第 43 页。

们所依存的生命生态网。”[①]格里芬指出，建设性后现代主义与将宇宙看作一个属灵的地方的世界观不同，它认真对待科学，把科学视为来自天堂的灵感，而不相信对天国的信仰使我们能够忽视物理学、化学和生物学的原则。而且，作为后现代主义者，我们在宗教上并不附属于现代性。如果现代生活的某些特征有毁灭我们的威胁，我们就必须摒弃这些特征。正如生态学家比尔·麦克基本（Bill McKibben）所指出的，不仅“廉价的石化燃料”使“现代性”成为可能，而且“石油代表了现代生活的本质”。建基于石油和煤炭的生活方式产生了现代性“最根深蒂固的经济和政治习性”，即“增长”。如果我们必须在经济增长和挽救文明之间作出选择，我们只能不顾文明。这一选择表明，像许多宗教信仰一样，现代性委身于“持续的经济增长”是不理性的。“如果我们有望幸存的话，我们的文明必须摒弃现代性及其对经济增长的宗教性委身。”[②]

建设性后现代主义针对现代精神和现代社会生活，倡导后现代精神和后现代社会生活。在格里芬看来，个人主义和二元论是现代精神的体现。“个人主义意味着否认人本身与其他事物有内在的关系，即是说，个人主义否认个体主要由他（或她）与其他人的关系、与自然、历史、抑或是神圣的造物主之间的关系所构成。”[③]人们对个人主义的理解不尽相同，但无论如何解释，现代性总是意味着对自我的理解由群体主义向个人主义的一个重大转变。“现代性不是把社会或共同体看成首要的东西，‘个人’只是社会的产品，仅仅拥有有限的自主性；而是把社会理解为为达到某种目的而自愿地结合到一起的独立的个人的聚合性。当然，现代性也不得不承认个人的一些关系，尤其是与其父母的关系的重要性。但它只把这些关系当作例外看待。作为一种理想，人们一直强调的是个人独立于他人的重要性。”[④]

在格里芬看来，个人主义这个词通常用来刻画现代精神与社会及其机构间的关系特点，而二元论这个词则用来表达现代精神与自然世界的关系。二

---

① ［美］格里芬：《生态危机：建设性后现代主义是否有助益？》，载于曾繁仁、［美］格里芬主编：《建设性后现代思想与生态美学》上卷，山东大学出版社 2013 年版，第 34 页。

② ［美］格里芬：《生态危机：建设性后现代主义是否有助益？》，载于曾繁仁、［美］格里芬主编：《建设性后现代思想与生态美学》上卷，山东大学出版社 2013 年版，第 35 页。

③ ［美］格里芬：《导言：后现代精神和社会》，格里芬编：《后现代精神》，王成兵译，中央编译出版社 2012 年版，第 22 页。

④ ［美］格里芬：《导言：后现代精神和社会》，格里芬编：《后现代精神》，王成兵译，中央编译出版社 2012 年版，第 23 页。

元论的机械主义自然观认为，人的灵魂、思想或自我与其他事物完全不同，自然界是毫无知觉的，灵魂本质上独立于身体。由于现代性接受了这种自然观，因而为了证明人的自由，它就理所当然地要求承认这种差异的存在。在与自然的关系上，二元论是不折不扣的个人主义，它为现代性肆意统治和掠夺自然的欲望提供了意识形态上的理由。“这种统治、征服、控制、支配自然的欲望是现代精神的中心特征之一。”① 格里芬认为，现代性的激进的个人主义和二元论的基本倾向，在人类文化历史上是空前绝后的，同样空前绝后的是现代性与时间的关系。现代的“进步神话”通过把“现代科学”和原始的以及中世纪的“迷信”加以对照的办法来诋毁过去和传统，把现代性说成是“启蒙”，把过去则说成是“黑暗的时代”。现代性的另一个取向是未来主义，这是一种几乎完全从将来而不是从对过去的关系中寻找现在的意义的倾向。“实际上，这种倾向意味着对过去持一种遗忘的、漠不关心的态度，它割断与过去的联系，沉醉于对新颖性的追求。”②

在对待神圣之物的关系方面，现代精神和以前的人类存在的模式之间同样存在着差别。对于中世纪的人来说，神圣之物既是超验的，又是无所不在的，而新教则抛弃了上帝无所不在的观念，转而认为上帝是纯粹超验的存在。早期的神学科学家们又把这一趋势推向了极端，使得上帝完全置身于尘世之外，哲学中的机械主义自然观则否认上帝存在于自然之中。这种自然神论是一神论向彻底的无神论过渡的中间驿站。“现代精神的第二阶段从根本上实现了向无神论的彻底转变。这一转变实现了向**世俗主义**的过渡，而世俗主义通常被看作是现代性的一个主要特色。”③ 这种世俗主义推崇个人利益，认为与建立在要求个人做出更多的道德行为基础之上的制度相比，以自我利益为基础的经济制度能够给予每个人带来更多的利益。“强权即公理。”除了他人的力量，没有理由可以限制人们自己行使权力来努力实现自我利益。然而，从另一个角度看，现代精神也说明它是一种单面的男性精神。重契约轻习俗、重知觉轻直觉、重客观轻主观、重事实轻价值等态度，都可以被看作是男性优于女性这一观点的表现形式。现代性重申并在某些方面强化了大男

① ［美］格里芬:《导言：后现代精神和社会》，格里芬编:《后现代精神》，王成兵译，中央编译出版社 2012 年版，第 24 页。

② ［美］格里芬:《导言：后现代精神和社会》，格里芬编:《后现代精神》，王成兵译，中央编译出版社 2012 年版，第 24 页。

③ ［美］格里芬:《导言：后现代精神和社会》，格里芬编:《后现代精神》，王成兵译，中央编译出版社 2012 年版，第 25 页。

子主义观点和男性精神。格里芬认为，从超自然主义到世俗主义变迁的主要后果是，它涉及人类与道德和美学准则的关系，因而马克斯·韦伯将这一变迁称为“世界的祛魅”过程的最后一步。

在格里芬看来，从超自然主义的二元论到无神论的唯物主义的转变，导致了可分别称为虚无主义、相对主义、科学主义、决定论和选择主义等观点的出现。虚无主义否定任何终极价值或意义，并因而否定关于我们应如何生活的客观准则。相对主义则认为一切价值判断都是相对于某种有限的目的和视角而言的，在价值问题上不存在更好或更坏的问题。科学主义和实证主义主张，专注于探知事实而不是价值的现代自然科学方法是探知真理的唯一方法，把理性仅仅限定为工具理性，理性不能处理目的和价值问题，只能回答怎样才能最好地实现以非理性为基础的目的这类问题。决定论意味着任何事物的出现都是必然的，因而那种认为人类可以通过选择来改变历史进程的观点只不过是一种幻想而已。选择主义则主张，只有在非理性决策的基础上，才可以接受终极性的目的和价值，人们可以作出不同的选择，但没有谁能为他自己的这种选择提供理性根据，从而证明自己的决策比他人的决策更高明。①

对于现代社会，格里芬认为它有四个基本特征：第一是集中化。个人主义是对小型的、亲密的、有机的社区和机构的破坏，所形成的是集中化。这种集中化从经济学的角度看是工业化，从社会学的角度看是城市化，从政治学的角度看则反映在国家主义之中。“那种使人们具有亲密的面对面的关系且能解决大部分生活问题的结构，大部分已被摧毁或被削弱了，以致个人的‘社会关系’越来越受制于大型工厂、国民经济、大城市和民族国家等仅涉及人们生活的极抽象部分的大型非人格化群体。”②第二是分离。现代分离的特征之一是世俗化。“这种世俗化是一种生活的各个方面，如政治、艺术、哲学、教育等挣脱教会控制的过程。”③这种分离过程的第二个方面是经济领域同政治领域的分离。这种分离“对于作为政治哲学的**自由主义**和作为经济哲学的**资本主义**的形成是非常关键的，而自由主义和资本主义两者在许

① 参见［美］格里芬：《导言：后现代精神和社会》，格里芬编：《后现代精神》，王成兵译，中央编译出版社 2012 年版，第 26—27 页。

② ［美］格里芬：《导言：后现代精神和社会》，格里芬编：《后现代精神》，王成兵译，中央编译出版社 2012 年版，第 30 页。

③ ［美］格里芬：《导言：后现代精神和社会》，格里芬编：《后现代精神》，王成兵译，中央编译出版社 2012 年版，第 31 页。

多解释者看来乃是现代性最核心的东西”①。这种分离意味着经济从道德中获得解放，因为自主的市场只能由行为者的不同的自我利益来引导。第三是机械化。工业化和技术代表了机器变成社会中心这一过程。“除了生活的完全机械化之外，还存在着一种使人类社会自身尽可能像一台高效机器那样运转的倾向。”②现代的劳动分工以及与之紧密相关的“零件化”现象就是一个例子。在这种分工当中，每一位工人都是工业机器中的一个可更换的元件。第四是实利主义或经济主义。人与物之间的关系高于人与人之间的关系，道德观被经济所替代，它注重收入、财富、物质的繁荣，并把它们视为社会生活的核心。人被看作是经济动物。“当用这种抽象的方式去看待人类时，无限度地改善人的物质生活条件的欲望就被看成是人的内在本性。”③这种实利主义的另一信条是，无限丰富的物质商品可以解决所有的人类问题。于是，国民总产值成了衡量一个社会运行状况的标志。格里芬认为，以上四个特征从不同的角度反映了现代性这一极端复杂和独特的社会现象。

格里芬认为，与现代精神和现代社会以个人主义为中心不同，后现代精神以强调内在关系的实在性为特征。依据现代观点，人与他人和他物的关系是外在的、“偶然的”、派生的。与此相反，后现代思想家把这些关系描述为内在的、本质的和构成性的。“个体并非生来就是一个具有各种属性的自足的实体，他（她）只是借助这些属性同其他事物发生表面上的相互作用，而这些事物并不影响他（他）的本质。相反，个体与其躯体的关系、他（她）与较广阔的自然环境的关系、与家庭的关系、与文化的关系等等，都是个人身份的**构成性**的东西。”④后现代精神的第二个特征是有机主义。在这一点上，后现代精神同时超越了现代的二元论和实利主义。与信奉二元论的现代人不同，后现代人并不感到自己是栖身于充满敌意和冷漠的自然之中的异乡人，相反他们拥有一种在家园感，他们把其他物种看成是具有其自身的经验、价值和目的的存在，并能感受到他们同这些物种之间的亲情关系。“借

① ［美］格里芬：《导言：后现代精神和社会》，格里芬编：《后现代精神》，王成兵译，中央编译出版社2012年版，第32页。

② ［美］格里芬：《导言：后现代精神和社会》，格里芬编：《后现代精神》，王成兵译，中央编译出版社2012年版，第35页。

③ ［美］格里芬：《导言：后现代精神和社会》，格里芬编：《后现代精神》，王成兵译，中央编译出版社2012年版，第36页。

④ ［美］格里芬：《导言：后现代精神和社会》，格里芬编：《后现代精神》，王成兵译，中央编译出版社2012年版，第38页。

助这种在家园感和亲情感，后现代人用在交往中获得享受和任其自然的态度这种后现代精神取代了现代人的统治欲和占有欲。”[①]同时，这种与自然融为一体的后现代意识同实利主义的现代意识之间有着天壤之别。后现代精神承认，人类具有非凡的自决能力，这种能力就像一柄双刃剑，它既可以用来谋利，也可以用来作恶，因而强调要把对福祉的特别关注与对生态的考虑融为一体。后现代精神的第三个特征在于它与时间亦即过去和未来也有某种新的关系。现代性的激进的个人主义最初是以未来的新名义使人们摆脱了过去，但它却最终削弱了人们对未来的关注，使他们自我拆台式地关注目前。后现代精神并不是要回到前现代的传统主义，而是要恢复人们对过去的关注和敬意。“在后现代精神看来，当下的经验在某些方面和某种程度上自身包容了整个过去的经验。”[②]后现代精神还包含了对未来利益的基础，而现代的激进的个人主义则无法提供这样的基础。由于现代性认为未来与现在没有内在的联系，个人的合理的自我利益也就被假定不会超出他的有限生命之外。后现代思想则认为，目前的一些东西确有未来的意义，未来必须从现在的土壤中生长出来，现在的贡献中实际上包含着对未来的贡献。同时，后现代思想还为未来利益提供了另一个基础，即认为我们是由我们同神圣实体的关系构成的。“因为我们关注不朽的神圣实体，所以我们就应关注世界的未来。”[③]后现代精神的最后一个特征是后父权制观点。“如果说现代性是父权制文化的极端表现，因而，对现代性的恐惧唤起了人类心灵对父权制所包含的东西的恐惧的话，那么，对现代精神的超越可能还会导致对父权制精神的超越，因而也是对过去**数千年**的主流的超越。”[④]格里芬认为，后现代精神的这一向度使许多过去可望不可及的事成为可能。

就后现代社会而言，格里芬认为，后现代思想要克服个人主义和“分离”，强调社会政策应当指向保存和重建不同形式的地方社区，因而它是公共的或社区主义的。不过，在这一问题上，后现代主义与新保守主义之间存

---

① ［美］格里芬:《导言：后现代精神和社会》，格里芬编:《后现代精神》，王成兵译，中央编译出版社 2012 年版，第 38—39 页。

② ［美］格里芬:《导言：后现代精神和社会》，格里芬编:《后现代精神》，王成兵译，中央编译出版社 2012 年版，第 40 页。

③ ［美］格里芬:《导言：后现代精神和社会》，格里芬编:《后现代精神》，王成兵译，中央编译出版社 2012 年版，第 41 页。

④ ［美］格里芬:《导言：后现代精神和社会》，格里芬编:《后现代精神》，王成兵译，中央编译出版社 2012 年版，第 42—43 页。

在着一些差别：首先，新保守主义主要以家庭和教会为中心，而后现代主义还支持诸如生物区域和文化地区等其他形式的地方社区。其次，新保守主义者支持在很大程度上支撑着目前的巨型结构，尤其是资本主义的经济和民族国家制度及其军事设施的中介机构。后现代思想家则都反对目前的全球经济秩序，主张应大幅度地降低民族国家的重要性，将民族国家目前的某些职能分配给较小的区域，其他的职能则分配给全球性机构。再次，新保守主义把宗教看作是一个让人们满足于经济不平等的根源，后现代思想家则关心走向更翩翩少年的平等，**既**关心每一社会之内的平等**也**关心社会之间的平等，并认为宗教是支持这一转变的潜在源泉。最后，新保守主义拥护支持宗教的公共政策，但仅限于基督教和犹太教，而后现代主义者尤其欢迎一种宗教多元化的社会，他们希望各种传统宗教都承认自己只是普通的团体，他们可以通过欣赏其他宗教的真理和价值得到相互改造。对于后现代社会思想家来说，“如果要有一个健全的和可以维系的社会，则公共生活必须反映宗教价值。”①

格里芬提出，强调内在联系、有机性和创造性的后现代社会思想的另一个总体特征是，它力图克服致使现代社会机械化的方法。除此之外，后现代社会的思维还拒斥支撑着现代社会政策的实利主义以及被这种实利主义信条所驱动的追求无限增长的政策。格里芬认为，一旦我们使社会的经济方面返回到它的正常位置，而不使它成为一种宗教，那么，那种认为在工作时间中获得机器般的高效率比人的享受更为重要的观点就不再是什么不言自明的真理了。除此之外，实利主义的终结还会带来其他的好处。“一旦金钱和物质利益不再构成我们的宗教，经济财富不再是社会地位的充分条件，一旦我们开始按照这样一种认识去生活，即认为超出了一定的限度，经济财富就不会增进幸福，那么就会大大增加实现全球平等的可能性。在这种全球平等中，所有的人至少都具有为健康地和创造性地生活所必需的起码的经济保障。”②

关于后现代精神和后现代社会同现代精神和现代社会之间的差异，格里芬作了一个总体性的概括：“现代精神开始于一种二元论的、超自然的精神，结束于一种虚假的精神性或反精神；而后现代性则是向一种真正的精神的回

① ［美］格里芬：《导言：后现代精神和社会》，格里芬编：《后现代精神》，王成兵译，中央编译出版社 2012 年版，第 45 页。

② ［美］格里芬：《导言：后现代精神和社会》，格里芬编：《后现代精神》，王成兵译，中央编译出版社 2012 年版，第 46—47 页。

归，这种精神吸收了前现代精神的某些成分。”①需要指出的是，格里芬并非对现代性持完全否定的态度。他认为，现代性也确实具有一些值得后现代性去继承和发扬的好品质。“这些品质包括进步的理想和法国大革命中提出的‘自由、平等、博爱’的三位一体的理想。”②

格里芬是一位过程神学家，后现代神学是他的建设性后现代主义思想的重要组成部分。在他看来，在现代世界中，神学已经失去了恩宠。神学在中世纪曾有“科学女王”的美称，而现在它在各种知识领域却不值得一提了。在学术界，一般认为神学有两种类型：一是保守的、原教旨主义的神学，它以诉诸超自然的启示为基础，而这种启示并不受历史的检验，所做出的关于世界的诊断也不靠科学来证明。二是现代自由主义神学，它由于不去断定任何有意义的东西而回避与现代历史的和科学的知识的冲突，它用一种宗教掩盖现世主义的虚无实在图景。在格里芬看来，前一种神学是不科学的，而后一种神学又是空洞的，因而二者都有可能被忽视。格里芬指出，今天，后现代世界曙光已经展现了，而对唯物主义世界观和对以物质进步救世的信念淡薄了，一种后现代世界观正在兴起。在这种新的语境下，可以期望神学的地位和性质发生变化。他相信，宗教精神将会成为个人和社会的基础，神学有望成为后现代世界公民舆论的中心。前述两种神学在现代世界不起作用，在后现代社会也不能起作用。后现代世界观支持后现代科学，也受到后现代科学的支持，它的兴起为后现代神学提供了一种在其中得到认同的语境。这种后现代神学与自由主义神学不同，它是和真正的宗教世界观结合在一起的；与现代保守的原教旨主义神学也不同，它不采取反科学的、反理性的立场。这种后现代神学属于第三种神学形式，“它通过对实在所做的一种更理性化、也更经验化的描述，而向现代世界观挑战。”③

一般认为，自然主义与无神论的观点是相同的，而超自然主义则设定一个神圣实体。格里芬指出，与这两种现代假定相反，后现代神学所提出的自然主义则是有神论的，而且是一种自然主义的有神论。“根据这种自然主义有神论或万有在神论，上帝是宇宙的灵魂，是包罗万有的经验统一体，并且

① [美]格里芬：《导言：后现代精神和社会》，格里芬编：《后现代精神》，王成兵译，中央编译出版社 2012 年版，第 22 页。

② [美]格里芬：《导言：后现代精神和社会》，格里芬编：《后现代精神》，王成兵译，中央编译出版社 2012 年版，第 47 页。

③ [美]格里芬：《后现代宗教》，孙慕天译，中国城市出版社 2003 年版，第 5 页。

是使宇宙成为一个统一体的原动力。”①

在认识论上，后现代神学是以非感性知觉的论断为基础的，而这种非感性知觉所指的不仅是其发生，而且还指我们同周围环境发生关系的基本模式，而感性知觉就是由此生发出来的。非感性知觉可以看作是后现代神学的根基。后现代神学的本体论基础是泛经验主义，它承认某种神秘的、涵盖万有的经验是非常自然的。按照这种观点，感觉和内在价值都是构成自然的所有个体固有的属性。这是一种传统的实在论观点，从这种观点看，狗、细胞以及分子，都可以说是实在的。

在后现代神学中，与经验并列的另一个关键词是创造。这两个词是一起使用的。“一切经验都是创造性的经验。”② 格里芬认为，创造力是终极的实在，它是通过从上帝到电子的所有个体体现出来的。它体现于多元化的有限个体和体现于神化的个体一样，都是本质性的。这就是说，上帝不可能是创造力的唯一持有者，它不可能中断或恣意操纵世界上的事件。“创造性，或更广义的能力，同样既属于上帝又属于有限存在物的王国。上帝影响着一切有限事件，但却并不完全决定它们，因为它们也要受先前的有限事件的影响，还要受本身的自我决定能力的影响。所以，世界对上帝的相对自主性，并不是基于神对全能性的随心所欲地自我限制，而现在和以后则又可以中止这种限制；而是实在的一种固有的特性。”③

后现代神学的自然主义有神论，与其独特的自然学说一起，为科学和神学的关系提供了一种新的理解。后现代神学反驳了那种认为进化论与有神论的创世说必然彼此冲突的现代假定，提出了一种直截了当地谈论有神进化论的方式。后现代神学还把关于人性的高层次学说和对自然的生态学立场结合起来，认为内在价值是所有实体都固有的。“在这种观点看来，所有的东西，从人类到微生物，甚至连电子和石头，都假定具有同等的内在价值。这里，内在价值的等级，向着具有更大价值的有机体进化的方向性，乃是关键概念，而在神的眼中，价值、内在价值以及生态价值都应予以保护。”④

在格里芬看来，后现代世界观，包括一种新的泛灵论和一种新的有神论，它们使死后生活再一次具有了先验的可能性。新泛灵论即后现代泛灵论

---

① ［美］格里芬:《后现代宗教》，孙慕天译，中国城市出版社 2003 年版，第 158 页。
② ［美］格里芬:《后现代宗教》，孙慕天译，中国城市出版社 2003 年版，第 8 页。
③ ［美］格里芬:《后现代宗教》，孙慕天译，中国城市出版社 2003 年版，第 159 页。
④ ［美］格里芬:《后现代宗教》，孙慕天译，中国城市出版社 2003 年版，第 9 页。

是由怀特海和哈茨霍恩提出的。他们的观点与典型的前现代泛灵论有三点区别：第一，它认为只有有形的有生命物体才可能成为动物，才具有作为整体的有机体的知觉和自我运动能力，而有很多有形的物体是没有生命的。第二，它设定层次各异的生灵，其中有体验的未必有自觉的体验，更不用说自我体验了。第三，它不认为世界的基元是永恒的灵魂，而把宇宙的基元看成是瞬时经验，这种基元是经验的起因。① 除上述三种区别之外，格里芬还指出后现代泛灵论还有三个特点：其一，人的心灵或灵魂是在个体上不同于大脑，而不是在本体论上不同于组成大脑的细胞。其二，在接受其他事物对自身的影响这种意义上，每一个体无论是否有感觉器官，都在理解它的环境，"从电子到动物的心灵，非感性知觉始终都在发生作用" ②。其三，它认为各种生命或灵魂都拥有不同程度的能力，而高层次的个体比低层次的个体有更大的自决定能力和更大的影响其他个体的能力。

格里芬认为，这种后现代泛灵论允许在自然主义基础上确证死后生活。他指出："与唯物主义的观点相对立，由于灵魂在个体上并不等同于脑，所以原则上可以设想灵魂在肉体死后继续生活下去。" ③ 在格里芬看来，灵魂对世界的知觉不仅仅是感性知觉，在身体中，灵魂借助其肉体感官对外部世界的知觉，是以灵魂对身体本身，特别是对其大脑的知觉为前提的，而这种知觉并不是感性的。灵魂除了直接体察到它自己的身体，也直接体察到他人的身体和他人的灵魂。所以，与其肉体感官分离的灵魂仍然有知觉能力，只是这种能力不是感性的，而是超感性的。在肉身死亡之后，灵魂的超感性知觉就取代了感性知觉，成为关于周围世界知识的主要来源。而且，灵魂一旦不再从其身体接受感觉资料，它的非感性知觉就会变得更加自觉，更加规则，更加可靠。"在摆脱了来自肉体的新鲜刺激的状态下，对上帝和自己过去的知觉，在认识上可能比以前平常情况下更加强烈。在这种状态下，根据对上主的神圣体验回思往昔，灵魂就能脱胎换骨地回心向善。" ④ 格里芬断定：人在肉体死亡后仍然活着是有证据的，对于那些预先假定这可能是真实的而对之进行考察的人来说，这种证据是难以忘怀的。他不仅提供了死后生活可能

① 参见［美］格里芬：《后现代宗教》，孙慕天译，中国城市出版社2003年版，第155—156页。
② ［美］格里芬：《后现代宗教》，孙慕天译，中国城市出版社2003年版，第158页。
③ ［美］格里芬：《后现代宗教》，孙慕天译，中国城市出版社2003年版，第160页。
④ ［美］格里芬：《后现代宗教》，孙慕天译，中国城市出版社2003年版，第161页。

性的间接证据，而且还提供了直接的证据。①

格里芬认为，后现代神学有助于人类从公共领域的恶势力中，特别是从帝国主义、核威慑主义、更普遍的军国主义中解放出来。“自然主义有神论给我们以效仿宇宙无上威力的宗教渴求，它有助于塑造一种与超自然主义和唯物主义不同的人格类型，而超自然主义和唯物主义二者都把这种无上威力描绘成专横而全能的神。这类现代学说总是倾向于塑造斗士或政治权力的追逐者，而自然主义有神论则提倡劝信培灵的学说，从而倾向于塑造宁谧的灵魂。”②这种宁谧的灵魂想要的是与其余的事物和平共处，因而自然要寻求构建促进和睦关系的社会关系的社会秩序，也自然要寻求和平解决那些仍然存在的不可避免的冲突。格里芬相信：“只要我们深入地构思和设想神性，就会肯定人类有效仿神性的倾向。这样，后现代神学在深层次上盛行于我们的文化，就会有力地克服我们对帝国主义和核威慑论的沉湎。”③

① 参见［美］格里芬:《后现代宗教》，孙慕天译，中国城市出版社2003年版，第169页以后。
② ［美］格里芬:《后现代宗教》，孙慕天译，中国城市出版社 2003 年版，第 12 页。
③ ［美］格里芬:《后现代宗教》，孙慕天译，中国城市出版社 2003 年版，第 255 页。

主要参考文献

（一）英文著作（以作者姓氏字母顺序为序）

[1] Adams, James Truslow, *The Epic of America,* Simon Publications, 1931.

[2] Cahn, Steven M., Peter Markie, *Ethics: History, Theory, and Contemporary Issues*, Oxford University Press, 1998.

[3] Derrida, J., *Positions*, Minuit Paris, 1972.

[4] Heidegger, Martin, *Being and Time*, China Social Sciences Publishing House, 1999.

[5] Li, Deshun (ed.), *Values of Our Times: Contemporary Axiological Research in China*, Springer, 2003.

[6] Murdoch, Iris, *The Sovereignty of Good,* London: Roulledge, 1970.

[7] Nozick, Nobert, *Anarchy, State and Utopia*, China Social Sciences Publishing House, 1999.

[8] Raphael, D. D., *Concepts of Justice*, Oxford: Clarendon Press, 2001.

[9] Rawls, John, *A Theory of Justice*, China Social Sciences Publishing House, 1999.

[10] Sartre, Jean-Paul, *Being and Nothingness*, China Social Sciences Publishing House, 1999.

[11] Spengler, Oswald, *The Decline of the West*（An Abridged Edition）, Unwin Hyman, Ltd., 2006.

（二）中文译著（以作者国别拼音为序）

[12][奥地利]弗洛伊德:《弗洛伊德文集》03、05、07、08、09、11，车文博主编，九州出版社 2014 年版。

[13][奥地利]凯尔森:《法与国家的一般理论》，沈宗灵译，商务印书馆 2013 年版。

[14][德]哈贝马斯:《包容他者》，曹卫东译，上海人民出版社 2002 年版。

[15][德]哈贝马斯:《公共领域的结构转型》，曹卫东、刘北城等译，学林出版社 1999 年版。

[16][德]哈贝马斯:《合法化危机》，刘北城、曹卫东译，上海人民出版社 2009 年版。

[17][德]哈贝马斯:《后民族结构》，曹卫东译，上海人民出版社 2002 年版。

[18][德]哈贝马斯:《后形而上学思想》，曹卫东、付德根译，译林出版社 2012 年版。

[19][德]哈贝马斯:《交往行为理论——行为合理性与社会合理化》，曹卫东译，上海人民出版社 2004 年版。

[20][德]哈贝马斯:《交往与社会进化》，张博树译，重庆出版社 1989 年版。

[21][德]哈贝马斯:《现代性的哲学话语》，曹卫东译，译林出版社 2011 年版。

[22][德]哈贝马斯:《在事实与规范之间——关于法律和民主法治国的商谈理论》（修订译本），童世骏译，生活·读书·新知三联书店 2011 年第 2 版。

[23][德]哈贝马斯:《重建历史唯物主义》（修订版），郭官义译，科学文献出版社 2013 年版。

[24][德]哈贝马斯等:《全球化与政治》，中央编译出版社 2000 年版。

[25][德]海德格尔:《存在与时间》，陈嘉映、王庆节译，熊伟校，生活·读书·新知三联书店 1987 年版。

[26][德]黑格尔:《哲学史讲演录》第四卷，贺麟、王太庆译，商务印书馆 1978 年版。

[27][德]胡塞尔:《纯粹现象学通论:纯粹现象学和现象学哲学的观念》第一卷,[荷]舒曼编,李幼蒸译,商务印书馆1992年版。

[28][德]胡塞尔:《欧洲科学的危机与超越论的现象学》,王炳文译,商务印书馆2001年版。

[29][德]胡塞尔:《现象学的观念》,倪梁康译,夏基松、张继武校,上海译文出版社1986年版。

[30][德]霍克海默、阿道尔诺:《启蒙辩证法:哲学断片》,渠敬东、曹卫东译,世纪出版集团/上海人民出版社2006年版。

[31][德]霍克海默:《批判理论》,李小兵等译,重庆出版社1989年版。

[32][德]马尔库塞:《现代文明与人的困境——马尔库塞文集》,李小兵等译,上海三联书店1989年版。

[33][德]马克思、恩格斯:《共产党宣言》,中共中央编辑局编译:《马克思恩格斯文集》2,人民出版社2009年版。

[34][德]施宾格勒:《西方的没落》(第二卷·世界历史的透视),吴琼译,上海三联书店2006年版。

[35][德]施宾格勒:《西方的没落》(第一卷·形式与现实),吴琼译,上海三联书店2006年版。

[36][法]柏格森:《创造进化论》,姜志辉译,商务印书馆2004年版。

[37][法]柏格森:《道德与宗教的两个来源》,王作虹、成穷译,北京联合出版公司2014年版。

[38][法]柏格森:《时间与自由意志》,吴士栋译,商务印书馆1958年版。

[39][法]柏格森:《思想和运动》,高修娟译,安徽人民出版社2013年版。

[40][法]柏格森:《物质与记忆》,姚晶晶译,安徽人民出版社2013年版。

[41][法]柏格森:《形而上学导言》,刘放桐译,商务印书馆1963年版。

[42][法]德里达:《解构与思想的未来》(上),杜小真等译,夏可君校,吉林人民出版社2011年版。

[43][法]德里达:《论文字学》,汪家堂译,世纪出版集团/上海译文

出版社 1999 年版。

[44][法] 德里达:《书写与差异》上册，张宁译，生活·读书·新知三联书店 2001 年版。

[45][法] 福柯:《词与物——人文科学考古学》，莫伟民译，上海三联书店 2001 年版。

[46][法] 福柯:《规训与惩罚》(修订译本)，刘北成、杨远婴译，生活·读书·新知三联书店 2012 年版。

[47][法] 福柯:《性经验史》(增订版)，佘碧平译，世纪出版集团 / 上海人民出版社 2005 年版。

[48][法] 福柯:《知识考古学》，谢强、马月译，生活·读书·新知三联书店 2007 年版。

[49][法] 利奥塔:《后现代状况》，车槿山译，南京大学出版社 2011 年版。

[50][法] 利奥塔:《话语，图形》，谢晶译，世纪出版集团 / 上海人民出版社 2012 年版。

[51][法] 马里旦:《人和国家》，沈宗灵译，中国法制出版社 2011 年版。

[52][法] 马里旦:《自然法: 理论与实践的反思》，[加] 斯威特编，鞠成伟译，中国法制出版社 2009 年版。

[53][法] 托克维尔:《论美国的民主》上卷，董果良译，商务印书馆 1988 年版。

[54][古希腊] 柏拉图:《国家篇》,《柏拉图全集》第 2 卷，王晓朝译，人民出版社 2003 年版。

[55][古希腊] 希罗多德:《历史: 希腊波斯战争史》下册，王以铸译，商务印书馆 1959 年版。

[56][古希腊] 修昔底德:《伯罗奔尼撒战争史》上册，商务印书馆 1964 年版。

[57][古希腊] 亚里士多德:《政治学》，颜一、秦典华译，苗力田主编:《亚里士多德全集》第九卷，中国人民大学出版社 1994 年版。

[58][加] 汉森:《汉娜·阿伦特: 历史、政治与公民身份》，刘佳林译，凤凰出版传媒集团 / 江苏人民出版社。

[59][加] 泰勒:《本真性的伦理》，陈炼译，上海三联书店 2012 年版。

[60][加]泰勒:《自我的根源——现代认同的形成》，韩震等译，译本出版社2012年版。

[61][美]宾克莱:《理想的冲突——西方社会中变化着的价值观念》，马元德等译，商务印书馆1983年版。

[62][美]阿伦特:《反抗“平庸之恶”》，杰罗姆·科恩编，陈联营译，世纪出版集团/上海人民出版社2014年版。

[63][美]阿伦特:《极权主义的起源》，林骧华译，生活·读书·新知三联书店2008年版。

[64][美]阿伦特:《人的境况》，王寅丽译，世纪出版集团/上海人民出版社2009年版。

[65][美]巴伯:《强势民主》，彭斌、吴润洲译，吉林人民出版社2011年版。

[66][美]波斯纳:《超越法律》，苏力译，中国政法大学出版社2001年版。

[67][美]波斯纳:《道德和法律理论的疑问》，苏力译，中国政法大学出版社2001年版。

[68][美]波斯纳:《法理学问题》，苏力译，中国政法大学出版社2002年版。

[69][美]波斯纳:《法律的经济分析》(第七版)，蒋兆康译，法律出版社2012年版。

[70][美]波斯纳:《法律和道德理论的疑问》，苏力译，中国政法大学出版社2001年版。

[71][美]博登海姆:《法理学——法律哲学与法律方法》，邓正来译，中国政法大学出版社2004年版。

[72][美]达尔:《多元主义民主的困境——自治与控制》，周军华译，吉林人民出版社2011年版。

[73][美]达尔:《论民主》，李柏光、林猛译，商务印书馆1999年版。

[74][美]达尔:《论民主》，李风华译，人民大学出版社2012年版。

[75][美]达尔:《论政治平等》，谢岳译，上海人民出版社2010年版。

[76][美]达尔:《美国宪法的民主批判》，佟德志译，东方出版社2007年版。

[77][美]达尔:《民主及其批评者》(上、下)，曹海军、佟德志译，吉

林人民出版社 2011 年版。

[78][美] 达尔:《民主理论的前言》(扩充版),顾昕译,东方出版社 2009 年版。

[79][美] 丹尼尔 · 贝尔:《后工业社会》(简明本),彭强编译,科学普及出版社 1985 年版。

[80][美] 丹尼尔 · 贝尔:《意识形态的终结》,张国清译,江苏人民出版社 2001 年版。

[81][美] 丹尼尔 · 贝尔:《资本主义文化矛盾》,严蓓雯译,江苏人民出版社 / 人民出版社 2010 年版。

[82][美] 德沃金:《认真对待权利》,信春鹰、吴玉章译,上海三联书店 2008 年版。

[83][美] 德沃金:《原则问题》,张国清译,江苏人民出版社 2008 年版。

[84][美] 德沃金:《至上的美德——平等的理论与实践》,冯克利译,江苏人民出版社 2008 年版。

[85][美] 蒂利:《民主》,魏洪钟译,上海人民出版社 2009 年版。

[86][美] 富勒:《法律的道德性》,关戈译,商务印书馆 2005 年版。

[87][美] 格里芬编:《后现代精神》,王成兵译,中央编译出版社 2012 年版。

[88][美] 格里芬:《后现代宗教》,孙慕天译,中国城市出版社 2003 年版。

[89][美] 格里芬:《怀特海的另类后现代哲学》,周邦宪译,北京大学出版社 2013 年版。

[90][美] 格里芬编:《后现代科学:科学魅力的再现》,马季方译,中央编译出版社 2004 年版。

[91][美] 汉密尔顿、杰伊、麦迪逊:《联邦党人文集》,程逢知、在汉、舒逊译,商务印书馆 1980 年版。

[92][美] 亨廷顿:《文明的冲突与世界秩序的重建》,周琪等译,新华出版社 2002 年版。

[93][美] 科恩:《论民主》,聂崇信、朱秀贤译,商务印书馆 1988 年版。

[94][美] 罗尔斯:《正义论》,何怀宏、何包钢、廖申白译,中国社会

科学出版社 1988 年版。

[95][美]罗尔斯:《政治自由主义》，万俊人译，译林出版社 2011 年版。

[96][美]罗尔斯:《作为公平的正义：正义新论》，姚大志译，中国社会科学出版社 2011 年版。

[97][美]马尔库塞:《爱欲与文明——对弗洛伊德思想的哲学批判》，黄勇、薛明译，上海译文出版社 1987 年版。

[98][美]马尔库塞:《单向度的人：发达工业社会意识形态研究》，刘继译，世纪出版集团 / 上海译文出版社 2008 年版。

[99][美]马塞多:《自由主义美德：自由主义宪政中的公民身份、德性与社群》，马万利译，译林出版社 2010 年版。

[100][美]诺齐克:《苏格拉底的困惑》，郭建玲、程郁华译，北京大学出版社 2013 年版。

[101][美]诺齐克:《无政府、国家与乌托邦》，何怀宏等译，中国社会科学出版社 1991 年版。

[102][美]庞德:《法理学》第一卷，邓正来译，中国政法大学出版社 2004 年版。

[103][美]庞德:《法律与道德》，陈林林译，中国政治大学出版社 2003 年版。

[104][美]庞德:《通过法律的社会控制》，沈宗灵译，楼邦彦校，商务印书馆 1984 年版。

[105][美]佩特曼:《参与和民主理论》，陈尧译，上海人民出版社 2012 年版。

[106][美]萨托利:《民主新论》，冯克利、阎克文译，上海人民出版社 2009 年版。

[107][美]萨托利:《政党与政党体制》，王明进译，商务印书馆 2006 年版。

[108][美]塞拉·本哈比主编:《民主与差异：挑战政治的边界》，黄相怀、严海兵等译，中央编译出版社 2009 年版。

[109][美]桑德尔:《自由主义与正义的局限》，万俊人等译，译林出版社 2011 年版。

[110][美]桑德尔:《公正——该如何做是好？》，朱慧玲译，中信出版

社 2012 年版。

[111][美]桑德尔:《金钱不能买什么——金钱与公正的正面交锋》，邓正来译，中信出版社 2012 年版。

[112][美]桑德尔:《民主的不满——美国在寻求一种公共哲学》，曾纪茂译，刘训练校，江苏人民出版社 2012 年版。

[113][美]塔玛纳哈:《论法治——历史、政治和理论》，李桂林译，武汉大学出版社 2010 年版。

[114][美]托马斯·弗里德曼:《世界是平的：21 世纪简史》，湖南科技出版社 2006 年版。

[115][美]沃尔泽:《阐释和社会批判》，任辉献、段鸣玉译，江苏人民出版社 2010 年版。

[116][美]沃尔泽:《正义诸领域：为多元主义与平等一辩》，褚松燕译，译林出版社 2009 年版。

[117][美]沃尔泽:《论战争》，任辉献、段鸣玉译，江苏人民出版社 2011 年版。

[118][美]沃尔泽:《正义与非正义战争：通过历史实例的道德论证》，任辉献译，江苏人民出版社 2008 年版。

[119][美]熊彼特:《资本主义、社会主义和民主》，杨中秋译，电子工业出版社 2013 年版。

[120][美]詹姆斯·罗西瑙:《没有政府的治理》，张胜军，刘小林译，江西人民出版社 2001 年版。

[121][瑞士]皮亚杰:《结构主义》，倪连生、王琳译，商务印书馆 1984 年版。

[122][瑞士]索绪尔:《普通语言学教程》，高名凯译，岑麟祥、叶蜚声校注，商务印书馆 1980 年版。

[123][瑞士]索绪尔:《普通语言学教程》，高名凯译，岑麟祥、叶蜚声校注，商务印书馆 1980 年版。

[124][印]阿马蒂亚·森:《贫困与饥荒》，王宇、王文玉译，商务印书馆 2001 年版。

[125][印]阿马蒂亚·森:《以自由看待发展》，任赜、于真译，刘民权、刘柳校，中国人民大学出版社 2012 年版。

[126][印]阿马蒂亚·森:《理性与自由》，李风华译，中国人民大学出

版社 2012 年版。

[127][印]阿马蒂亚·森:《正义的理念》，王磊、李航译，刘民权校译，中国人民大学出版社 2012 年版。

[128][印]阿马蒂亚·森:《论经济不平等/不平等之再考察》，王利文、于占杰译，社会科学文献出版社 2006 年版。

[129][印]阿马蒂亚·森、[阿根廷]贝纳多·科利克斯柏格:《以人为本——全球化世界的发展伦理学》，马春文、李俊江等译，长春出版社 1912 年版。

[130][英]奥斯丁:《法理学的范围》，刘星译，北京大学出版社 2013 年版。

[131][英]宾汉姆:《法治》，毛国权译，中国政治大学出版社 1912 年版。

[132][英]伯林:《自由论》(修订版)，胡传胜译，凤凰出版传媒集团/译林出版社 2011 年版。

[133][英]哈特:《法理学与哲学论文集》，支振锋译，法律出版社 2005 年版。

[134][英]哈特:《法律的概念》，许家馨、李冠宜译，法律出版社 2011 年版。

[135][英]哈耶克:《个人主义与经济秩序》，贾湛、文跃然等译，施炜校，北京经济学院出版社 1989 年版。

[136][英]哈耶克:《通往奴役之路》，王明毅、冯兴元等译，中国社会科学出版社 1997 年版。

[137][英]哈耶克:《致命的自负》，冯克利、胡晋华译，冯克利统校，中国社会科学出版社 1997 年版。

[138][英]哈耶克:《自由秩序原理》上，邓正来译，生活·读书·新知三联书店 1997 年版。

[139][英]赫尔德、[英]麦克格鲁主编:《全球化理论: 研究路径与理论论争》，王生才译，刘贞晔审校，社科科学文献出版社 2009 年版。

[140][英]赫尔德、安东尼·麦克格鲁:《治理全球化权力、权威与全球治理》，曹荣湘、龙虎译，社会科学文献出版社 2004 年版。

[141][英]赫尔德:《民主的模式》(最新修订版)，燕继荣等译，王浦劬校，中央编译出版社 2008 年版。

[142][英]赫尔德:《全球盟约:华盛顿共识与社会民主》,周军华译,社科科学文献出版社2005年版。

[143][英]怀特海:《过程与实在——宇宙论研究》,李步楼译,商务印书馆2011年版。

[144][英]凯恩斯:《就业、利息和货币通论》,徐毓枬译,凤凰出版集团/译林出版社2011年版。

[145][英]柯尔:《费边社会主义》,夏遇南、吴澜译,商务印书馆1984年版。

[146][英]柯尔:《社会学说》,李平沤译,商务印书馆1959年版。

[147][英]拉兹:《法律的权威——法律与道德论文集》,朱峰译,法律出版社2005年版。

[148][英]拉兹:《法律体系的概念》,吴玉章译,中国法制出版社2003年版。

[149][英]拉兹:《实践理性与规范》,朱学平译,中国法制出版社2011年版。

[150][英]麦克格鲁主编:《全球化理论:研究路径与理论论争》,王生才译,刘贞晔审校,社科科学文献出版社2009年版。

[151][英]汤因比:《历史研究》上,曹未风等译,上海人民出版社1966年版。

[152][英]汤因比:《历史研究》中,曹未风等译,上海人民出版社1966年版。

[153][英]汤因比:《历史研究》下,曹未风等译,上海人民出版社1964年版。

[154][英]汤因比:《文明经受着考验》,沈辉等译,顾建光校,浙江人民出版社1988年版。

[155][英]约翰·密尔:《论自由》,许宝骙译,商务印书馆1959年版。

(三)中文著作(以作者姓氏拼音为序)

[156]艾四林、王贵贤、马超:《民主、正义与全球化——哈贝马斯政治哲学研究》,北京大学出版社2010年版。

[157]曾繁仁、[美]格里芬主编:《建设性后现代思想与生态美学》上卷,山东大学出版社2013年版。

[158] 陈炳辉等:《参与式民主的理论》,厦门大学出版社 2012 年版。

[159] 陈嘉映:《海德格尔哲学概论》,生活·读书·新知三联书店 1995 年版。

[160] 陈胜才:《自由主义民主的重建及其局限——萨托利民主思想研究》,中国社会科学出版社 2013 年版。

[161] 鄂振辉:《自然法学》,法律出版社 2005 年版。

[162] 龚群:《罗尔斯政治哲学》,商务印书馆 2006 年版。

[163] 何包钢:《民主理论:困境和出路》,法律出版社 2008 年版。

[164] 何霜梅:《正义与社群——社群主义对以罗尔斯为首的新自由主义的批判》,人民出版社 2009 年版。

[165] 洪谦主编:《西方现代资产阶级哲学论著选辑》,商务印书馆 1964 年版。

[166] 江畅、戴茂堂:《西方价值观念与当代中国》,湖北人民出版社 1997 年版。

[167] 江畅:《开拓心域的大陆:哲人科学家——弗洛伊德》,福建教育出版社 1995 年版。

[168] 江畅:《理论伦理学》,湖北人民出版社 2000 年版。

[169] 江畅:《社会主义核心价值理论研究》,北京师范大学出版社 2012 年版。

[170] 江畅主编:《比照与融通:当代中西价值哲学比较研究》,湖北人民出版社 2010 年版。

[171] 李德顺:《走向民主法治:当代中国政治文明的价值体系初探》,法律出版社 2011 年版。

[172] 倪梁康:《现象学及其效应——胡塞尔与当代德国哲学》,商务印书馆 2014 年版。

[173] 盛宁:《人文困惑与反思——西方后现代主义思潮批判》,生活·读书·新知三联书店 1997 年版。

[174] 孙伟平:《价值差异与社会和谐——全球化与东亚价值观》,湖南师范大学出版社 2008 年版。

[175] 佟德志编:《宪政与民主》,江苏人民出版社 2008 年版。

[176] 万俊人主编:《20 世纪西方伦理学经典》I、II、III、IV,中国人民大学出版社 2004 年、2005 年版。

[177] 王振东:《现代西方法学流派》, 中国人民大学出版社 2006 年版。

[178] 王振东:《自由主义法学》, 法律出版社 2005 年版。

[179] 王治何:《后现代哲学思潮研究》(增补本), 北京大学出版社 2006 年版。

[180] 夏基松:《现代西方哲学教程新编》下册, 高等教育出版社 1998 年版。

[181] 应克复等:《西方民主史》(第三版), 中国社会科学出版社 2012 年版。

[182] 袁澍涓主编:《现代西方著名哲学家评传》上卷, 四川人民出版社 1988 年版。

[183] 张翠:《民主理论的批判与重建——哈贝马斯政治哲学思想研究》, 人民出版社 2011 年版。

[184] 张旭昆:《经济思想史》, 中国人民大学出版社 2012 年版。

[185] 赵敦华:《当代英美哲学举要》, 当代中国出版社 1997 年版。

人名术语索引

（所标页码为本书页码；文中出现次数太多的词条不标页码，只将字体加粗。）

C

D

E

F

N

O

P

Q

R

S

T

W

X

后 记

本书是《西方德性思想史》现代卷上，主要研究20世纪初以来的西方社会德性思想，展示其历史演进。

进入20世纪以后，西方社会物质文明日渐繁荣，资本主义制度日趋完善，特别是经过两次世界大战后，西方文明走向高度发达。与此同时，诸多社会问题也日益凸显出来。这些社会问题激发了西方思想家的探索热情，他们适应时代变化提出了极其丰富的社会德性思想。这些社会德性思想不仅对西方社会产生了直接影响，而且也对当代世界发生了广泛影响。西方现当代德性思想与近代及古代德性思想不同，对社会德性问题的研究与对个人德性问题的研究发生了明显的分离。一些政治哲学家、经济学家、法学家等基本上只关注社会德性问题的研究，而不涉及个人德性问题。在20世纪中叶以前，伦理学家虽然研究道德问题，但关注的重点是元伦理学问题和一般价值问题，基本上也不涉及个人德性问题。一直到20世纪50年代，西方伦理学界才逐渐关注个人德性问题，到20世纪80年代出现了德性伦理学复兴的热潮，这一热潮一直持续到今天。总体上看，20世纪初到20世纪50年代，西方关于个人德性问题的研究几乎是一片空白。而与之形成鲜明对照的是，自20世纪初直到今天，西方的社会德性问题的研究持续繁荣兴盛。

总体来看，西方现当代社会德性思想大致上可划分为五大阵营：

一是自由主义。自20世纪30年代开始，在西方占主导地位的自由主义内部发生了重大分歧。经济学家凯恩斯、政治哲学家罗尔斯等人提出了一种不同于近代自由主义（古典自由主义）的新自由主义。其主要特点是针对西方社会贫富两极分化和周期性经济危机等问题，主张国家对社会经济生活的适度干预，主张在坚持自由原则的前提下注重社会平等，甚至将社会公正作为社会首要的价值。针对这种新自由主义主张，经济学家哈耶克、政治哲学家诺齐克等人主张坚持古典自由主义，反对国家对社会经济生活的干预，坚守自由至上原则。

二是民主主义。针对西方近现代社会实行代议制民主暴露出的各种问题，熊彼特、柯尔、佩特曼、巴伯、达尔、萨托利、哈贝马斯等人提出了多种新民主主义主张，而一些自由主义思想家仍然坚持代议制民主。这些新民主主义思想在某种意义上可以说是近代共和主义在新时代的继续。

三是法治主义。近代许多思想家都曾主张实行法治，但那时西方社会没有多少法治实践，也没有系统的法治理论。自 20 世纪初开始西方社会普遍实行了法治，而法治的实践暴露出了近代法治主张和设计的诸多问题。针对这些现实存在的法治问题以及法治理论的缺失，20 世纪一大批思想家提出了自己的系统法治理论，形成了不同的法治主义流派，如分析法学、新自然法法学、社会法学、经济法学等。这些思想家的基本立场很难简单地归入自由主义或共和主义，虽然他们的理论观点存在着尖锐分歧，但他们都主张实行法治，从这种意义上我们将他们统称为法治主义者。

四是社群主义。与民主主义、法治主义在许多方面仍然坚持自由主义主张不同，社群主义对自由主义基本上持反对态度，它更强调共同体的重要意义，强调公民个人德性及其培养的重要性。从理论渊源上看，它不同程度地受到了古典德性伦理学和近代共和主义、社会主义影响。其主要代表人物有桑德尔、泰勒、瓦尔泽等人。与其他阵营相比较，社群主义的主张者相对较少。

五是资本主义及其现代化的批判者。这是一个相当大的阵营，其中比较重要的有法兰克福学派、生命哲学和存在主义等非理性主义思潮，以及后现代主义思潮。这些思想家一般都对资本主义制度及现代西方文明持强烈的批判态度，在这种意义上说，他们对现实的批判继承了近代社会批判思想家的传统，但与近代的现实批判者特别是社会主义者不同，他们一般都没有多少正面的主张，即没有提出对未来社会的构想。需要特别指出的是，在现当代西方，似乎再也没有出现主张社会主义的著名思想家。在所有这些社会德性思想流派中，自由主义仍然是西方现当代的主流价值观和主流意识形态。

本书是以上述五大阵营为基本线索对西方现当代社会德性思想进行整理的，其阐述详略的根据是思想家对西方现当代主流价值观的贡献，以及在今天看来其思想本身所具有的价值。在写作过程中，本书仍然坚持作者在《西方德性思想史》古代卷和近代卷写作中的四条原则，即忠于元典、突出重点、尊重原貌、总体观照。西方现当代思想家众多、著述丰富且深刻，由于作者时间和学识所限，本书所述难免存在缺失、误解的问题，恳请同行和读者批评指正。

江畅

2015 年 12 月 20 日

责任编辑：张伟珍
封面设计：吴燕妮
责任校对：胡　佳

图书在版编目（CIP）数据
西方德性思想史 · 现代卷（上）/ 江畅 著. — 北京：人民出版社，2016.7
ISBN 978 - 7 - 01 - 016158 - 7
I. ①西… II. ①江… III.①伦理思想 - 思想史 - 西方国家 - 现代
IV.①B82-091
中国版本图书馆CIP数据核字（2016）第091500号

书　　名　西方德性思想史
XIFANG DEXING SIXIANGSHI
卷　　次　现代卷（上）
著　　者　江　畅
出版发行　人民出版社
（北京市东城区隆福寺街99号　邮编：100706）
邮购电话　（010）65250042　65289539
经　　销　新华书店
印　　刷　北京汇林印务有限公司
版　　次　2016年7月第1版　2016年7月北京第1次印刷
开　　本　710毫米 × 1000毫米　1/16
印　　张　55.25
字　　数　931千字
印　　数　0,001 – 2,000册
书　　号　ISBN 978 – 7 – 01 – 016158 – 7
定　　价　142.00元